# 河南省地质灾害及防治研究

## （上卷）

河南省地质环境监测院　　编著

黄河水利出版社
·郑州·

# 内 容 提 要

本书全面、系统地收集整理了新中国成立以来，特别是2000年以来河南省地质灾害调查、风险区划、监测、预警、应急管理以及勘查治理方面的理论研究与实践成果，论述了全省地质灾害的类型、时空分布特征、成因机制、灾情特征及防治技术方法，并对18个省辖市、66个地质灾害多发县（市、区）的地质灾害发育特征进行了详细阐述。本书可供从事地质灾害防治工作的人员及高等院校地质灾害有关专业师生参考。

**图书在版编目(CIP)数据**

河南省地质灾害及防治研究：全2册 / 河南省地质环境监测院编著. —郑州：黄河水利出版社，2013.7
ISBN 978-7-5509-0486-6

Ⅰ.①河…　　Ⅱ.①河…　　Ⅲ.①地质灾害-防治-研究-河南省　Ⅳ.①P694

中国版本图书馆CIP数据核字（2013）第096358号

组稿编辑：王路平　电话：0371-66022212　E-mail：hhslwlp@126.com

出 版 社：黄河水利出版社
　　　　　地址：河南省郑州市顺河路黄委会综合楼14层　　　　邮政编码：450003
发行单位：黄河水利出版社
　　　　　发行部电话：0371-66026940、66020550、66028024、66022620(传真)
　　　　　E-mail：hhslcbs@126.com
承印单位：河南省瑞光印务股份有限公司
开本：787 mm×1 092 mm　1/16
印张：56
字数：1 300千字　　　　　　　　　　　　印数：1—1 000
版次：2013年7月第1版　　　　　　　　　印次：2013年7月第1次印刷

定价：260.00元（全2册）

# 《河南省地质灾害及防治研究》
# 编委会

总 顾 问：庞震雷

主　　编：甄习春
副 主 编：商真平　戚　赏
编写人员：岳超俊　张　伟　田东升　马　喜
　　　　　杨军伟　冯全洲　于松辉　李　华
　　　　　黄景春　方　林　张青锁　赵承勇
　　　　　李满洲　赵郑立　郭功哲　姚兰兰
　　　　　魏秀琴　赵振杰　徐振英　魏玉虎
　　　　　王继华　井书文　刘占时　豆敬峰

# 前　言

地质灾害是指由自然因素或者人为活动引发的危害人民生命和财产安全的山体崩塌、滑坡、泥石流、地面塌陷、地裂缝、地面沉降等与地质作用有关的灾害。

河南省位于我国中部，横跨中国南北地质、地理分界线和生物、气候过渡带，河流众多，地形地貌多样，地质环境条件复杂，是我国中部地区地质灾害多发省份之一。据不完全统计，2001～2010年，全省共发生地质灾害1 202起，其中滑坡753起，崩塌179起，泥石流43起，地面塌陷227起，累计造成64人伤亡，直接经济损失43 223万元。

地质灾害具有隐蔽性、突发性，预报预警和防范难度较大，社会影响面广，全省地质灾害防治工作仍面临严峻形势。首先，河南地处亚热带、温带气候过渡区，中西部山地、丘陵分布广，地形地貌起伏变化大，地质构造复杂，具有地质灾害易发、多发的地质环境条件。近年来，全球气候变化异常，导致我省局部地区突发性强降水等极端气候事件增多，由此引发地质灾害的概率进一步增加。其次，人为因素引发的地质灾害呈上升趋势。今后一段时期是建设中原经济区的关键时期，城镇化、工业化快速发展，基础设施建设力度加大，特别是交通、能源、水利等重大基础设施项目的实施，劈山修路、切坡建房、造库蓄水等工程建设可能引发的滑坡、崩塌、泥石流地质灾害不容忽视。部分城市及区域地下水开采强度不断增大，地下水水位下降引发地面沉降的现象有加重趋势。再次，矿山地质灾害危害较大。我省是矿业大省，未来5年对矿产资源的需求将持续增长，矿产资源勘查开发强度持续加大，采矿活动引发的地面塌陷、地裂缝、泥石流等灾害范围广、危害大。最后，地质灾害隐患点多，防治任务十分艰巨。根据初步调查统计，全省现有地质灾害隐患点5 220处，其中特大型191处，大型732处，威胁65.8万人的生命安全，潜在经济损失94.38亿元。

河南省地质环境监测院是省级公益性地质环境监测机构，承担着全省地质灾害调查、监测、预警、防治的重要职责。2001年以来，我院在地质灾害调查与区划、预警预报、监测与应急以及重大地质灾害勘查治理等方面做了大量工作。这些工作绝大部分在我省首次开展，填补了省内地质灾害工作的多项空白，其成果资料为我省地质灾害防治工作发挥了重要作用。为了系统总结我院近10年来取得的地质灾害防治工作成果，普及地质灾害防治知识，推进全省地质灾害防治工作的深入开展，我院组织有关人员在综合以往地质灾害成果资料的基础上，编写了《河南省地质灾害及防治研究》一书。全书分上、下两卷，上卷主要内容为全省地质灾害情况综述，以及地质灾害防治技术等；下卷主要内容为全省主要市、县地质灾害分布特征。

河南省地质环境监测院院长庞震雷担任本书编写工作总顾问，给予指导。编写工作由甄习春副院长总负责，院技术质量管理办公室具体组织。具体分工如下：编写工作策划方案、章节大纲由甄习春负责拟订，典型地质灾害照片由甄习春负责收集整理；前言、第二篇第1章、第3章、第7章及第三篇各省辖市地质灾害概述内容由甄习春负责编写；第一篇第1章至第9章及第三篇博爱县、巩义市、固始县、汝阳县、商城县、襄城县、新乡市凤泉区、信阳市浉河区内容由戚赏负责编写；岳超俊参与第二篇第1章、第7章及第三篇栾川县、内乡县、嵩县、新郑市内容编写；第二篇第2章由冯全洲负责编写；第二篇第4章、第5章、第6章由商真平负责编写；张伟负责焦作市区、灵宝市、卢氏县、洛宁县、陕县、舞钢市、镇平县内容编写；马喜负责鹤壁市区、辉县市、浚县、泌阳县、淇县、汝州市内容编写；田东升负责光山县、南召县、确山县、遂平县、桐柏县、鲁山县内容编写；杨军伟负责孟津县、平顶山市区、淅川县、新野县、叶县内容编写；于松辉负责登封市、方城县、社旗县、新密市内容编写；黄景春负责宝丰县、郏县、西峡县内容编写；李华负责济源市、渑池县、宜阳县、义马市等内容编写；张青锁负责罗山县、偃师市、新县内容编写；方林负责伊川县、长葛市、禹州市内容编写；赵郑立负责安阳市区、三门峡市区内容编写；赵承勇负责安阳县、林州市内容编写；郭功哲负责卫辉市、信阳市平桥区内容编写；王继华负责永城市内容编写；徐振英负责荥阳市内容编写；姚兰兰、豆敬峰负责郑州市区内容编写；魏秀琴负责修武县内容编写；井书文负责沁阳市内容编写；赵振杰负责新安县内容编写；刘占时负责洛阳市区内容编写。全书由甄习春最后统编定稿。商真平负责出版协调工作。

本书主要参考、引用了河南省地质环境监测院近几年完成的有关地质灾害成果资料，凝聚了很多同志的辛勤劳动，不能一一列举，在此表示衷心的感谢和敬意！书中可能存在不妥甚至错误之处，敬请业内广大同仁和读者批评指正。

**编　者**

2012年12月于郑州

# 目 录

# 第二篇　地质灾害防治技术

# 第三篇　分　论

# 第一篇
# 总　论

# 第1章　河南省地质灾害分布概况

## 1.1　地质环境背景

河南省山地丘陵面积约7.4万$km^2$，地质环境条件复杂，气候在时间、空间上的差异很大，容易发生地质灾害，是我国中部地区地质灾害多发省份之一。

### 1.1.1　自然地理

#### 1.1.1.1　气象

河南省处于暖温带和亚热带气候过渡区，气候具明显的过渡特征。我国暖温带和亚热带的地理分界线——秦岭至淮河线贯穿河南省境内的伏牛山脊和淮河沿岸，此线以南的信阳、南阳及驻马店部分地区属亚热带湿润、半湿润季风气候区，以北属暖温带干旱、半干旱季风气候区。全省多年平均气温12.8～15.5 ℃，其分布趋势是由南向北递减。7月气温最高，月平均气温27～28 ℃，1月气温最低，月平均气温–2～2 ℃。全年无霜期在190～230 d之间。

省内降水量年际变化较大，且时空分布不均。年降水量自南向北递减，山区多于平原和丘陵地区。多年平均降水量为600～1 200 mm。淮河以南年降水量可达1 000～1 200 mm，黄淮河之间（包括豫西山区）年降水量为700～900 mm，南阳盆地年降水量为750～850 mm，豫北及豫西黄土地区年降水量仅为600～700 mm。从降水强度看，暴雨分布有两个分布区，一个是西南部秦岭—外方山—桐柏山—大别山一线，另一个位于太行山区。

#### 1.1.1.2　水文

河南省境内河流分属黄河、淮河、长江及海河水系，由西向北、东、南呈放射状分流。全省共有大小河流1 500余条，其中流域面积在100 $km^2$以上的河流有470多条，1 000 $km^2$以上的有50多条，超过5 000 $km^2$的有16条。

黄河干流自西向东横贯河南省中北部，其主要支流有伊洛河、沁河、天然文岩渠、金堤河等，境内流长711 km，流域面积3.62万 $km^2$，占全省面积的21.7%，其干流上建有三门峡水库和小浪底水利枢纽工程。

淮河发源于河南省境内桐柏山主峰太白顶下，横贯河南省东南部，流经大别山北麓，主要支流有竹竿河、潢河、史灌河、洪河、沙颍河、涡河等，境内流长340 km，流域面积约8.83万 $km^2$，占全省总面积的52.8%。

长江水系流经河南省西南部，在境内主要有唐河、白河、湍河、丹江等支流，流域面积2.72万 $km^2$，占全省总面积的16.3%。

海河水系在河南省境内流域面积最小，只有1.53万 $km^2$，占全省总面积的9.2%。境内主要支流有漳河、卫河、淇河等。

### 1.1.1.3 植被

河南省地处中原，全省包含亚热带湿润区和暖温带半湿润区两个气候区，土壤、气候等自然条件较好，适宜多种林木生长。主要植被类型有针叶林、阔叶林、针叶阔叶混交林、竹林、灌木丛、灌草丛及草甸等。森林基本上都是天然次生林，而且大多为幼林或疏林，成片林地主要分布在太行山、伏牛山、桐柏山、大别山四大山系中，平原地区主要为农田林。植被类型的分布受气候、地貌、土壤等因素的制约，具有明显的水平和垂直分带性。

至2010年底，河南省森林面积4万km$^2$，森林覆盖率22.64%，自然保护区面积达到75.49万hm$^2$。

## 1.1.2 地形地貌

地形地貌是地质环境中的基本要素之一。地形地貌形态、空间展布及其组合关系，控制着地质灾害的宏观分布及长期动态演化。

河南省境内北、西、南三面为山地、丘陵和台地，东部为平坦辽阔的黄淮海平原，西南为南阳盆地。地势总的特征是西高东低，呈阶梯状下降。其中山地、丘陵面积7.4万km$^2$，平原面积9.3万km$^2$。

### 1.1.2.1 山地丘陵

西北部的太行山构成山西高原与华北平原的天然分界。太行山自河北进入河南后，延伸方向出现明显转折，辉县以北为南北向，辉县—博爱间，转为北东—南西向，博爱以西一直到省界，则为东西向展布。太行山在河南境内长达185 km，山地海拔多在500～1 000 m，最高海拔1 725 m。由于走向断裂发育，断崖峭壁林立，加之横向河谷深切，呈现山高谷深、山势陡峻雄伟的断块山地的地貌特征。山地中分布的一系列构造盆地，如林州盆地、临淇盆地、南村盆地等，构成山地中的负地貌形态。

豫西山地，包括小秦岭、崤山、熊耳山、外方山、嵩箕山、伏牛山等，属于秦岭山脉的东延部分，是境内面积最大的山地。豫西山地由西呈扇形分别向东北、东、东南展布，为黄河、长江、淮河三大水系的分水岭，伏牛山主脊为我国亚热带和暖温带在境内的分界线。豫西山地的主要山峰海拔多在1 500 m以上，较高的山峰海拔超过2 000 m，灵宝境内的老鸦岔脑海拔2 413.8 m，为河南省最高峰。省内较大的河流均发源于豫西山地，且山脉与河流谷地相间分布。在豫西山地与太行山之间的黄河流域，分布着一种特殊的地貌——黄土地貌，按形态可将其分为黄土陵（梁、峁）和黄土塬（台塬）。黄土陵（梁、峁）主要分布在郑州以西—偃师一带，黄土梁长轴方向多东西向或北西—南东向，黄土峁两侧对称，坡度平缓，面积较小；黄土塬（台塬）主要分布在孟津以西—灵宝一带以及洛河两岸，塬面较平坦，但微有倾斜，冲沟发育呈树枝状。

豫南山地，指横亘于豫鄂两省边界的桐柏山和大别山，两山首尾相接，呈东西向展布，是长江、淮河两大水系的分水岭，也是我国南北之分界线。海拔多在300～800 m之间，只有主峰超过1 000 m，如太白顶海拔1 140 m。

### 1.1.2.2 南阳盆地

南阳盆地是全省最大的山间盆地，属南襄盆地的一部分，北、东、西三面环山，地势由盆地边缘向中心缓缓倾斜，具有明显的环状和阶梯状地貌特征，盆地海拔在200 m以下。东西宽120 km，南北长150 km，呈椭圆形，面积约11 900 km$^2$。

#### 1.1.2.3 黄淮海平原

位于河南省东部的黄淮海平原为华北平原的西南部分，它由一系列河流冲积扇组合而成，而且以黄河大冲积扇为主体。黄河由西向东横穿其中部，由于黄河下游是著名的"地上悬河"，宽阔的河道高出两岸堤外平原3~8 m，成为淮河和海河两大水系的分水岭。黄淮海平原总的地势是西高东低，黄河以北略向北东倾斜，黄河以南略向东南倾斜。其海拔从西部、北部山地边缘的200 m左右及南部山地边缘的120 m左右逐渐下降至东部的50 m以下，信阳淮滨沿淮河一些地方降至30 m以下，成为河南省地势最低处。由于历史上河流的频繁决口泛滥和改道，古河道高地、古河道洼地、沙丘沙地、决口扇形地极为发育，成为平原上的一个显著特点。

### 1.1.3 区域地质

#### 1.1.3.1 地层

河南省横跨华北板块南部和扬子板块北部，各时代地层均有分布。河南省地层综合分区图见图1-1-1。各时代地层岩性见表1-1-1、表1-1-2、表1-1-3。

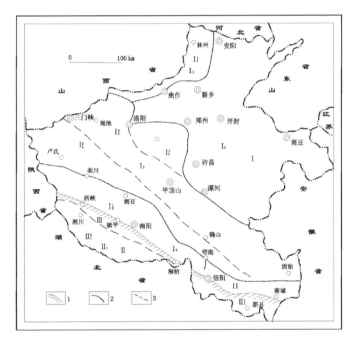

1—地层区界线； 2—地层分区界线； 3—地层小区界线；Ⅰ—华北地层区；$I_1$—山西分区；$I_1^1$—太行小区；$I_2$—豫西—豫东南分区；$I_2^1$—嵩箕小区；$I_2^2$—渑确小区；$I_2^3$—卢明小区；$I_3$—北秦岭分区；$I_3^1$—南召小区；$I_3^2$—信商小区；$I_4$—华北平原分区；Ⅱ—扬子地层区；$II_1$—南秦岭分区；$II_1^1$—西大小区；$II_1^2$—淅川小区

图1-1-1 河南省地层综合分区图

表1-1-1　河南省地层岩性表（华北地层区）

| 界 | 系（群） | 统 | 厚度(m) | 岩性简述 |
|---|---|---|---|---|
| 新生界<br>（Kz） | 第四系<br>（Q） | 全新统<br>（Qh） | 3~60 | 为河流冲积层，局部有湖泊相沉积和风积，厚3~40 m，最大厚度分布在开封一带，厚60 m |
| | | 上更新统<br>（$QP_3$） | 5~60 | 在豫西为河流相沉积，厚5~10 m，灵宝—郑州有风积为主的马兰黄土，厚10~40 m，东部平原为冲积沉积，厚20~60 m |
| | | 中更新统<br>（$QP_2$） | 10~60 | 在豫西为河流-湖泊相沉积，豫西南有冲洪积层 |
| | | 下更新统<br>（$QP_1$） | 43~220 | 为河流-湖泊相沉积，局部有冰碛层分布 |
| | 新近系<br>（N） | | 500~800 | 在卢氏、汤阴、洛阳盆地及濮阳凹陷有分布 |
| | 古近系<br>（E） | | 1 000~3 150 | 在谭头、卢氏、三门峡、洛阳、济源盆地出露 |
| 中生界<br>（Mz） | 白垩系<br>（K） | | 1 108~1 807 | 分布零星，宝丰大营有中基性火山岩，汝阳九店有凝灰岩夹砾岩，义马、三门峡、谭头盆地主要为河流相紫红色粉砂岩 |
| | 侏罗系<br>（J） | | 497 | 为湖泊相、沼泽相砂岩、泥岩夹煤层 |
| | 三叠系<br>（T） | 上统($T_3$) | 2 718 | 为砂岩、泥岩、夹泥灰岩、煤层、油页岩 |
| | | 中统($T_2$) | 199~609 | 为砂岩与泥岩互层 |
| | | 下统($T_1$) | 329~849 | 为紫红色砂岩夹泥岩 |
| 上古生界<br>（$Pz_2$） | 二叠系<br>（P） | 下统($P_2$) | 366 | 为砂岩、页岩夹煤层 |
| | | 上统($P_1$) | 1 100 | 为砂岩、泥岩夹煤层、海绵岩、厚层长石石英砂岩、粉砂岩 |
| | 石炭系<br>（C） | 上统 | 149 | 为铁铝质岩系、灰岩夹砂岩、泥岩及煤层 |

续表1-1-1

| 界 | 系（群） | 统 | 厚度(m) | 岩性简述 |
|---|---|---|---|---|
| 下古生界（Pz₁） | 奥陶系（O） | 中统（O₂） | 84~672 | 分布在三门峡—禹州以北，平行不整合于下统或上寒武统之上，主要为白云岩、灰岩 |
| | | 下统（O₁） | 60 | 为燧石团块白云岩、细晶白云岩 |
| | 寒武系（∈） | 上统（∈₃） | 76~293 | 为泥质白云岩、白云岩 |
| | | 中统（∈₂） | 306~634 | 为含云母页岩、海绿石砂岩夹灰岩、鲕状灰岩 |
| | | 下统（∈₁） | 37~483 | 为含磷砂岩、含膏白云岩、云斑灰岩、泥质白云岩 |
| 上元古界（Pt₃） | 栾川群（Pt₃ln） | | 2 495~3 126 | 平行不整合于官道口群之上，为浅海陆棚-局限台地相沉积的石英岩、云母石英片岩、大理岩，夹炭质页岩，顶部有变粗面岩 |
| | 洛峪群（Pt₃ly） | | 212~611 | 为滨海-浅海相沉积的页岩、石英砂岩、白云岩 |
| 中元古界（Pt₂） | 官道口群（Pt₂gh） | | 1 793~3 076 | 不整合于熊耳群之上，下部为海滩相石英砂岩，上部为局限台地相含叠层石大理岩 |
| | 汝阳群（Pt₂ry） | | 939~2 346 | 不整合于熊耳群之上，为海滩-潮坪相沉积，主要为石英砂岩夹页岩，上部为砾屑白云岩 |
| | 熊耳群（Pt₂xn） | | 4 154~8 545 | 不整合于登封群、太华群、嵩山群之上，底部为碎屑岩，主体为陆内裂谷生成的玄武岩、粗面岩、安山岩、流纹岩 |
| 下元古界（Pt₁） | 嵩山群（Pt₁sn） | | 1 170~3 228 | 不整合于登封群之上，为滨海-浅海相沉积，由石英岩、云母片岩、千枚岩夹白云岩组成 |
| 太古界（Ar） | 登封群（Ardn） | | | 由花岗-绿岩带组成，花岗质岩系属TTG岩系，绿岩带下部为超铁镁火山岩，上部为沉积岩系 |
| | 太华群（Arth） | | | 下部为英云闪长岩，上部为绿岩带，属科马提岩及沉积岩系 |

表1-1-2 河南省地层岩性表（北秦岭分区）

| 界 | 系（群） | 组 | 厚度(m) | 岩性简述 |
|---|---|---|---|---|
| 新生界（Kz） | 第四系（Q） | | | 广泛分布于平原、山间盆地及山前丘陵一带 |
| | 新近系（N） | | | 在吴城、平昌关盆地有分布 |

续表1-1-2

| 界 | 系（群） | 组 | 厚度(m) | 岩性简述 |
|---|---|---|---|---|
| 中生界<br>（Mz） | 白垩系（K） | | 400~2 800 | 在南召马市坪盆地为河流、湖泊相的砂岩、泥岩；在大别山北麓下统为陆相火山岩，厚680～2 800 m；上统为河流相砾岩、砂岩、黏土岩，厚400～1 300 m |
| | 侏罗系（J） | | 1 793~3 600 | 在南召马市坪盆地为河流、湖泊相的砂岩、泥岩；在大别山北麓为河流-冲积扇沉积形成的砾岩、砂岩、黏土岩 |
| | 三叠系（T） | | | 分布在卢氏五里川、南召留山盆地，为湖泊、沼泽相含煤沉积岩系 |
| 上古生界<br>（Pz₂） | 石炭系（C） | | 7 800 | 分布在大别山北麓，为冲积扇、海滨、河湖相沉积的砂岩、页岩夹砾岩、煤层、灰岩 |
| | | 柿树园组 | 1 167~1 591 | 为复理石沉积，为绢云石英片岩夹大理岩 |
| | | 小寨组 | 3 000~5 200 | 为浊流沉积的黑云石英片岩、石榴云母石英片岩，顶部夹基性火山岩 |
| | | 雁岭沟组 | 557 | 为大理岩、石墨大理岩 |
| 下古生界<br>（Pz₁） | 二郎坪群<br>（Pz₁er） | | 1 402~5 310 | 为蛇绿岩套、细碧岩、石英角斑岩，夹炭质云母片岩及大理岩 |
| 上元古界<br>（Pt₃） | 峡河群<br>（Pt₃xh） | | | 为大陆边缘生成的云母石英片岩、斜长角闪片岩，夹条带状大理岩 |
| 中元古界<br>（Pt₂） | 宽坪群<br>（Pt₂kn） | | | 为陆缘沉裂谷形成的拉斑玄武岩、复理石砂岩、云母大理岩 |
| 下元古界<br>（Pt₁） | 秦岭群<br>（Pt₁qn） | | | 为陆缘沉积，由角闪岩和云母质片麻岩组成 |

表1-1-3  河南省地层岩性表（南秦岭分区）

| 界 | 系（群） | 统 | 组 | 厚度(m) | 岩性简述 |
|---|---|---|---|---|---|
| 新生界<br>（Kz） | 第四系<br>（Q） | | | 3~60 | 广泛分布于平原、山间盆地及山前丘陵一带 |
| | 新近系N、古近系（E） | | | 1 000~8 000 | 在李官桥盆地出露，厚1 000~2 000 m；在南阳凹陷厚达8 000 m，为含油岩系 |
| 中生界<br>（Mz） | 白垩系（K） | | | 2 263 | 分布在西峡、淅川盆地，为河流相紫红色砂岩、砾岩、泥岩 |

续表1-1-3

| 界 | 系（群） | 统 | 组 | 厚度(m) | 岩性简述 |
|---|---|---|---|---|---|
| 上古生界<br>（Pz₂） | 石炭系（C） | 中统 | | 90~640 | 为开阔台地-海滨沼泽沉积的灰岩、黏土岩 |
| | | 下统 | | 920 | 为浅海陆棚沉积的灰岩、白云岩 |
| | 泥盆系（D） | | | 914 | 分布在淅川地区，上统为海滩沉积的砂岩、页岩、泥岩及灰岩 |
| | | | 南湾组 | 6 893 | 为绢云石英片岩 |
| 下古生界<br>（Pz₁） | 志留系（S） | 下统 | | 43~73 | 为浅海陆棚-台地沉积，为页岩、泥灰岩、泥岩 |
| | 奥陶系<br>（O） | 上统 | | 300 | 为灰岩夹泥岩 |
| | | 中统 | | 96~416 | 为玄武玢岩、粉砂岩、泥质灰岩 |
| | | 下统 | | 583 | 为白云岩、白云质灰岩 |
| | 寒武系<br>（∈） | 上统 | | 551.7~1 563 | 为白云岩、含燧石团块白云岩 |
| | | 中统 | | 54~278 | 为白云质灰岩、泥质灰岩、粉砂岩 |
| | | 下统 | | 58.9~116.6 | 为硅质岩、页岩、薄层灰岩 |
| | 苏家河群<br>（Pz₁sj） | | | | 主要为云母片麻岩夹角闪石片麻岩、大理岩 |
| 上元古界<br>（Pt₃） | | | 龟山组 | | 为浊流沉积，主要为石英岩夹角闪片岩、大理岩 |
| | 毛堂群<br>（Pt₃mt） | | | | 下部为石英角斑岩及火山碎屑岩，上部为细碧岩夹绢云片岩 |
| 下元古界<br>（Pt₁） | 陡岭群<br>（Pt₁dl） | | | | 为活动陆缘沉积，主要由混合岩、斜长角闪片麻岩及大理岩组成 |
| 太古界<br>（Ar） | 大别山群<br>（Ardb） | | | | 由花岗质岩系及表壳岩系组成，前者为TTG岩系，后者为沉积岩系 |

### 1.1.3.2 地质构造

河南省在大地构造上跨华北板块和扬子板块，镇平—龟山韧性剪切带为主缝合线。三门峡—鲁山、西官庄—镇平和龟山—梅山三条北西向区域性断裂带将河南省划分为三个基本构造单元，自北向南分别为华北板块、华北板块南缘构造带和扬子板块北缘构造带。对河南构造演化史影响较大的13条北西向断裂带（见图1-1-2），其特征如下：

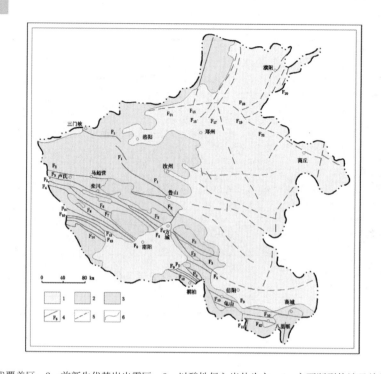

1-新生代覆盖区；2-前新生代基岩出露区；3-以酸性侵入岩体为主；4-主要断裂构造及编号：

F₁-三门峡-鲁山断裂带，F₂-马超营-拐河-确山断裂带，F₃-栾川-明港断裂带，F₄-景湾韧性断裂带，F₅-瓦穴子-小罗沟断裂带和道士湾、王小庄、小董庄韧性剪切带，F₆-邵家庄-小寨断裂带，F₇-朱阳关-大河断裂带，F₈-寨根韧性断裂带，F₉-西官庄-镇平-松扒韧性断裂带和龟山-梅山韧性断裂带，F₁₀-丁河-内乡韧性剪切带和桐柏-商城韧性剪切带，F₁₁-定远韧性剪切带，F₁₂-木家垭-固庙-八里畈韧性剪切带，F₁₃-新屋场-田关韧性剪切带，F₁₄-淅川-黄风垭韧性剪切带，F₁₅-任村-西平罗断裂，F₁₆-青羊口断裂，F₁₇-太行山东麓断裂，F₁₈-长垣断裂，F₁₉-黄河断裂，F₂₀-聊城-兰考断裂，F₂₁-盘古寺断裂，F₂₂-新乡-商丘断裂；5-主要陷伏断裂构造；6-地层界线

**图1-1-2　河南省主要断裂构造分布图**

1. 三门峡—鲁山断裂带（F₁）

断裂带西起三门峡，向东经观音堂、宜阳南、鸣皋，向南平移至田湖，经九店、背孜至鲁山后被第四系覆盖。断裂带倾向南西，倾角35°～65°，断裂破碎带宽50～200 m，由断层角砾岩、碎裂岩、断层泥等组成。该断裂为熊耳群向北逆冲推覆的底板断裂带，在断裂带北侧浅层次的逆冲推覆断裂、牵引褶皱和正断裂等均较发育。

2. 马超营—拐河—确山断裂带（F₂）

西自陕西延入河南，向东经卢氏县潘河、马超营后南移至鲁山县赵村附近，向东经下汤、黄土岭、拐河、独树至确山县胡庙，再向东没入第四系。马超营断裂带在平面上可分为三段：

潘河—马超营段，走向270°～280°，断裂破碎带宽约1 km，断裂带产状变化较大，为一叠加在韧性断裂基础上的脆性断裂带，表现为官道口群由南向北逆冲推覆到熊耳群

之上。

赵村—独树段，为一韧性剪切带，在赵村—下汤区间与近东西向的车村—鲁山脆性断裂带近平行展布，下汤—拐河间走向310°左右。断裂带宽300 m左右，倾向南、西南，倾角40°～80°，表现为熊耳群的强片理化及糜棱岩化和长城纪片麻状花岗岩的糜棱岩化，片理化现象向韧性断裂带两侧逐渐变弱。

独树—确山胡庙段，为一韧性剪切带，断裂带宽0.5～1 km，走向290°～310°，倾向北东或南西，倾角60°～80°，由超糜棱岩、糜棱岩化花岗岩和片理化花岗岩组成。

3. 栾川—明港断裂带（$F_3$）和景湾韧性断裂带（$F_4$）

西自陕西延入河南，向东经卢氏县黑沟、栾川县南、庙子、南召县头道河、方城县维摩寺、泌阳县羊册、桐柏县庙西庄，至信阳县明港向东没入第四系。在庙子以西断裂带为叠加在韧性断裂带基础上的向北逆冲的脆性断裂带，在庙子—头道河间为一叠加在韧性断裂带基础上的脆性断裂带，头道河—方城间为栾川群等向南滑覆岩片的底板断裂带，方城以东为一韧性断裂带。

4. 瓦穴子—小罗沟断裂带和道士湾、王小庄、小董庄韧性剪切带（$F_5$）

西自陕西延入河南，向东经卢氏县官坡、瓦穴子、汤河、老君山南，至南召县小罗沟向东没入南阳盆地。在桐柏地区分布的小董庄韧性剪切带倾向南，在桐柏河前庄背形南翼分布的道士湾韧性剪切带倾向南，在背形北翼分布的王小庄韧性剪切带倾向北。

5. 邵家庄—小寨断裂带（$F_6$）

展布于卢氏县穆家庄、邵家庄、西峡县小寨、军马河、二郎坪，向东为海西期牧虎顶花岗岩体吞蚀。小寨断裂带为小寨组与二郎坪群间的构造边界，为一韧、脆性结合断裂带，邵家庄以西断裂带宽数十米至数百米不等，倾向南，倾角35°～60°；邵家庄以东断裂带宽80～120 m，以倾向南西为主，局部倾向北东，倾角65°～85°。

6. 朱阳关—大河断裂带（$F_7$）

西自陕西延入河南，向东经卢氏县官坡、朱阳关、西峡县军马河、内乡县夏馆、马山口、桐柏县大河，向东延入湖北省小林地区。朱阳关断裂带分为韧性断裂带和叠加在韧性断裂带基础上的脆性断裂带两部分。

7. 寨根韧性断裂带（$F_8$）

分布于西峡县土地岭、寨根、黑虎庙、流峪沟一带，断裂带向西与朱阳关—大河断裂带相交，向东逐渐接近并平行于西官庄—松扒断裂带展布，在赤眉以东构成西官庄—松扒断裂带的组成部分。断裂带宽数百米，倾向南西，倾角45°～60°，由糜棱岩组成。

8. 西官庄—镇平—松扒韧性断裂带和龟山—梅山韧性断裂带（$F_9$）

前者简称西官庄断裂带，后者简称龟—梅断裂带。

西官庄断裂带，由陕西省商南县延入我省，向东经西峡县西官庄、镇平县北、桐柏县松扒，在淮河店附近进入湖北省。沿断裂带发育有宽1～2 km的糜棱岩带，糜棱面理以倾向南西为主，部分地段倾向北东，倾角60°～80°，运动方向为由西南向东北逆冲推覆。

龟—梅断裂带，西端起自信阳市游河地区，向东延至商城县南消失在商城岩体之中。沿断裂带发育有宽2～3 km的糜棱岩带，糜棱面理倾向南，倾角56°～80°，运动方向为由南西向北东逆冲推覆。

9. 丁河—内乡韧性剪切带和桐柏—商城韧性剪切带（$F_{10}$）

丁河—内乡韧性剪切带由陕西省山阳、青山延入我省，向东经西峡县骡马店、丁河、庙湾之后为白垩系、第四系覆盖，在桐柏县鸿仪河至桐柏县城再次出露，向东进入湖北省。在骡马店地区断裂破碎带宽约20 m，由碎粉岩、碎粒岩等组成，倾向北，倾角50°～70°；在桐柏地区为一韧性剪切带，剪切带宽100～300 m，糜棱面理倾向北西为主，部分倾向南东，倾角60°～75°。

桐柏—商城韧性剪切带西端起自浉河港以北，经春秋庙、营房到商城南。剪切带宽100～300 m，倾向南西为主，局部倾向北东，倾角55°～65°。

10. 定远韧性剪切带（$F_{11}$）

分布于定远地区，呈北西—南东向展布，向西为花岗岩体吞蚀，向东与桐柏—商城韧性剪切带相交，长约30 km，剪切带内发育宽约2 km的糜棱岩带，倾向北。

11. 木家垭—固庙—八里畈韧性剪切带（$F_{12}$）

西自陕西延入河南，向东经木家垭、西峡县、内乡县、桐柏县固庙后进入湖北省。沿剪切带发育1.5～3 km的花岗糜棱岩带，倾向北东，倾角40°～70°，叠加在韧性剪切带基础上的脆性断裂带宽数十米，倾向北，倾角30°。

12. 新屋场—田关韧性剪切带（$F_{13}$）

分布在淅川县新屋场、小陡岭、中蒲塘、田关、黄营一带，向东进入南阳盆地为第四系覆盖，省内长80 km，断裂带倾向北，倾角45°～65°。

13. 淅川—黄风垭韧性剪切带（$F_{14}$）

呈北西西向展布于淅川县石门、前湾、石槽沟、淅川县城北、弧山、黑风垭、黄风垭一带，向东为第四系覆盖，长约80 km，剪切带由多条韧性断裂带和脆性断裂带组成。

### 1.1.3.3 岩浆岩

河南省岩浆活动频繁，可分为8期，岩浆岩分布广泛，侵入岩出露面积11 250 km²，火山岩7 284 km²。岩类较全，从超基性到酸性都有分布。

全省已发现出露侵入岩体466个，其中酸性岩类占85%，中性岩类10%，其余为基性—超基性岩和碱性岩。河南侵入岩有南北老、中间新的分布特征。王屋山期前的侵入岩仅分布在华北区，为前造山阶段侵入岩。晋宁期侵入岩分布在华北区及南秦岭区，说明华北、扬子板块构造体制开始，出现板块俯冲，造山开始。加里东—华力西期花岗岩分布在北、南秦岭区，为俯冲—碰撞造山阶段侵入岩。燕山期花岗岩分布在华北区及南秦岭区的桐柏—大别山一带，为后造山阶段花岗岩。

河南省岩浆喷发活动剧烈，火山岩分布广泛，王屋山期5 300 km²，加里东期1 580 km²，燕山期330 km²，喜山期74 km²，嵩阳期和中条期火山岩已遭受深变质。

## 1.1.4 新构造运动与地震

### 1.1.4.1 新构造运动特征与地震活动

河南省新构造运动的特征以垂直升降运动为主，受其影响，地壳升降运动不仅使地层产生形变，亦使古地理发生了演变。上升区遭受侵蚀剥蚀，下降区接受堆积，形成平原、山地和山间盆地。本区新构造运动的特点和表现具有明显的继承性、差异性和震荡性。

据《河南省构造体系与地震图说明书》，河南省共厘清53条活动断裂，其中控制4.5级以上地震的活动断裂10条（见表1-1-4）。从活动断裂的展布规律看，活动明显的首推北东向断裂，其次为北西向和近东西向断裂。上述活动断裂基本控制着全省的地貌形态、水系格局、新生代沉积厚度、温泉出露和地震活动。

表1-1-4  河南省控制面波震级≥4.5级地震活动断裂一览表

| 序号 | 名称 | 长度（km） | 走向 | 性质 | 活动特征 |
|---|---|---|---|---|---|
| 1 | 青羊口断裂 | >100 | NE | 正断层 | 控制汤阴地堑的西界，沿断裂带有新生代橄榄玄武岩分布，新乡1773年5.5级地震、1967年3～11月连续3次3.5～4级地震、1978年6月2次4.5级地震与其有关 |
| 2 | 汤东断裂 | >110 | NE | 隐伏正断层 | 控制汤阴地堑东界，浚县1814年2月5.25级地震与其有关 |
| 3 | 黄河断裂 | 100 | NNE | 隐伏正断层 | 控制黄河流向，濮阳1502年10月6.5级强震与其有关 |
| 4 | 聊兰断裂 | 100 | NE | 隐伏正断层 | 控制东明坳陷东界，山东菏泽1937年8月1日7级强震、1969年山东韩城5.5级地震与其有关 |
| 5 | 鄢陵太康断裂 | 120 | 近EW | 隐伏正断层 | 太康县1675年5.5级地震与其有关 |
| 6 | 温塘会兴断裂 | 67 | NE | 正断层 | 控制三门峡灵宝盆地，陕县1802年5级地震、平陆1815年6.75级地震与其关系密切 |
| 7 | 朱阳关夏馆断裂 | 510 | NW | 正断层 | 控制新生代小盆地及燕山期岩浆活动，光山1959年4.5级地震与其有关 |
| 8 | 大别山北麓山前断裂 | 150 | 近EW | 正断层 | 控制山前新生代盆地及燕山期岩浆活动，光山1959年4.5级地震与其有关 |
| 9 | 小潢河断裂 | 70 | NNE | 正断层 | 控制小潢河发育，潢川1959年7月5级地震及光山1959年4.5级地震与其有关 |
| 10 | 方城南阳断裂 | 85 | NE | 正断层 | 1946年南阳6.5级地震发生在该断裂与朱夏断裂交会部位 |

河南省自公元前1767年至公元2010年的3 777年间，有历史记载及仪器记录的地震有六七百次，其中震级4.75级以上地震25次，6级以上地震7次，最高震级6.5级（2次）。河南省地震具有强震少、频度低、破坏小的特点。目前河南仅有4个明显的小震群，即林州小震群、辉县南村小震群、内乡马山口小震群和丹江水库小震群，其中丹江水库小震群为水库诱发地震。

### 1.1.4.2  区域地壳稳定性

按照中华人民共和国国家标准《中国地震动参数区划图》（GB 18306—2001），河南省地震动参数（地震动峰值加速度）值为<0.05$g$、0.05$g$、0.10$g$、0.15$g$、0.20$g$，对应的地震基本烈度分别为<Ⅵ、Ⅵ、Ⅶ、Ⅶ、Ⅷ，结合《工程地质调查规范》（DZ/T

0097—1994）中关于地壳稳定性的规定（见表1-1-5），河南省属区域地壳稳定—较不稳定区。

表1-1-5　区域地壳稳定性评价表

| 地震基本烈度 | ≤Ⅵ | Ⅶ | Ⅷ |
|---|---|---|---|
| 区域地壳稳定性 | 稳定 | 较稳定 | 较不稳定 |

1. 区域地壳稳定区（≤Ⅵ）

位于河南省中南部，约占全省面积的70%，行政区域包括信阳市、南阳市、驻马店市、平顶山市、周口市、漯河市、三门峡市东南部、洛阳市大部、许昌市南部及商丘市、开封市东南部。

2. 区域地壳较稳定区（Ⅶ）

位于河南省北部，约占全省面积的20%，行政区域包括三门峡市大部、许昌市北部、郑州市、开封市西北部、焦作市、鹤壁市西部、安阳市大部及濮阳市西部、新乡市东部。

3. 区域地壳较不稳定区（Ⅷ）

位于河南省北部，约占全省面积的10%，行政区域包括新乡市西部和北部、鹤壁市南部、安阳市中部及濮阳市东部。

## 1.1.5　工程地质

根据岩石、土体的地质成因类型和岩性、物理力学强度及岩体组合形态，河南省岩土体类型划分及其工程地质特征如下。

### 1.1.5.1　岩体工程地质类型及特征

1. 岩浆岩体

包括各地质时期的侵入岩和喷出岩，为全省出露面积较大岩体。其整体性好，力学强度高，工程地质条件良好。

2. 变质岩体

（1）坚硬块状混合岩、混合片麻岩岩组：由太古界登封群、大别群、上亚群及下元古界陡岭群组成。岩性以混合岩、混合花岗岩、混合角闪斜长片麻岩为主。块块组合形态，岩石坚硬，抗风化能力弱。

（2）坚硬、较坚硬薄层状石英片岩岩组：由下元古界嵩山群、秦岭群的陶湾组、宽坪组，上元古界二郎坪群的小寨组，中元古界信阳群组成。岩性以绢云母石英片岩、二云石英片岩为主。其抗压强度与片理方向有关，垂直片理方向的抗压强度大于平行片理方向。抗风化能力弱。片理和少数软弱夹层是影响边坡稳定的主要因素。

（3）较坚硬变细碧岩岩组：由上元古界二郎坪群的火神庙组及大庙组组成。岩性为变细碧岩、变火山角砾岩等。块状组合形态，抗压强度较低。

（4）较坚硬块状片麻岩组：由太古界的太华群、下元古界苏家河群组成。岩性以片麻岩为主，夹片岩。块状组合形态，整体性较好。抗压强度垂直片理方向与平行片理方向差异较大，抗风化能力低，风化厚度大。

3. 碎屑岩体

一般具有较发育的层理或似层理。可分为：

（1）坚硬层状砾岩、石英砂岩岩组：由上元古界洛峪群、栾川群及中元古界汝阳群、官道口群高山河组组成。岩性以砂砾岩、石英砂岩为主，砂岩、含砾砂岩、钙质泥岩、页岩次之。岩石坚硬致密，抗风化、抗水性强，为良好的工程建筑地基。但由于岩体硬脆，在构造作用下易呈碎块，软弱夹层力学强度低，易风化。

（2）坚硬层状钙质、硅质胶结砂岩、砂砾岩岩组：以石炭系和三叠系为主。岩性以钙质、硅质胶结的石英砂岩、砂砾岩、长石石英砂岩为主。软弱夹层抗压程度低，抗风化能力差。

（3）较坚硬薄层砂岩、页岩夹灰岩岩组：包括志留系、泥盆系、二叠系、侏罗系。岩性以砂岩、长石石英砂岩、粉砂岩、砂页岩为主，薄层泥灰岩、灰岩、煤层次之。薄层岩石软硬不均。

（4）软弱层状泥灰岩、泥岩、砂岩、砂砾岩、页岩组：主要为古近系、白垩系。岩性主要为砂岩、钙质泥岩、泥灰岩、砂质页岩、砂质砾岩、黏土岩等。质地较软，抗压强度不均。

4. 碳酸盐岩体

包括未变质及变质的碳酸盐岩，层状组合形态。岩体一般力学强度较高。但由于水的溶蚀作用，在岩体中形成不同规模的溶洞。

坚硬层状石灰岩岩组：由寒武系、奥陶系灰岩、白云质灰岩、鲕状灰岩、泥质条带灰岩夹薄层页岩组成。层状组合形态，岩体较完整，致密坚硬。抗风化能力较强，中等岩溶化。

坚硬大理岩、白云岩岩组：包括下元古界秦岭群的雁岭沟组、陶湾组，中元古界的官道口群及上元古界震旦系等。岩性以大理岩、白云岩为主，云母大理岩、白云质大理岩、石墨大理岩夹片岩、片麻岩次之。层状组合形态，致密坚硬，中等岩溶化。

### 1.1.5.2 土体工程地质类型及特征

1. 砾质类土

主要分布在朝川—宝丰及板桥水库北部。岩性以砾石及砂为主，卵石、漂砾次之。较疏松，粒间连接弱，孔隙比高，力学强度低。

2. 砂土类

分布在内黄至后河、白道口、武丘至封丘的黄陵、长垣的聚村以及黄河以南郑州、开封、兰考等地。岩性以细砂、粉细砂为主，中粗砂次之。松散，力学强度低。

3. 黏性土

广泛分布于黄淮海平原、山间盆地及河谷平原。由全新统冲积、上更新统冲湖积及中更新统冲洪积层组成。岩性为粉土、粉质黏土、黏土，松软可塑，中等压缩性。

4. 特殊性土

主要包括黄土类土、胀缩土、淤泥质软土、新黄泛沉积土及盐碱土。普遍存在力学强度低、性状差等特点，在水利、工民建等工程建设时须特殊处理。

### 1.1.6 水文地质

#### 1.1.6.1 含水岩组及其富水性

按地下水的赋存条件和含水岩组的特征，可将含水岩组划分为松散岩类孔隙含水岩组、碳酸盐岩类裂隙岩溶含水岩组、碎屑岩类孔隙裂隙含水岩组、基岩裂隙含水岩组4种基本类型。

1. 松散岩类孔隙含水岩组

分布在黄淮海冲积平原、山前倾斜平原和灵三、伊洛、南阳等盆地中，面积约10.93万km$^2$，地下水主要赋存在第四系、新近系砂、砂砾、卵砾石层孔隙中，沉积物主要由第四系、新近系冲积、冲洪积、湖积、冰水沉积物组成。含水层厚度由山前向平原逐渐变大，由数米增至数十米，颗粒也相应地由粗变细。受黄河、淮河多次改道、古地理环境变化的影响，含水岩组的分布多呈条带状。现根据松散岩类含水层的岩性组合及埋藏条件，将其划分为浅层、中层、深层三个含水层。

浅层地下水含水层（埋深< 60 m）：分布在黄淮海冲积平原、太行山前倾斜平原、南阳、伊洛、灵三盆地和淮河及其支流河谷地带，含水层主要为冲积、冲洪积砂、砂砾、卵砾石，结构松散，分选性好，普遍为二元结构，具埋藏浅、厚度大、分布广而稳定、渗透性强、补给快、储存条件好、富水性好等特点。该含水层一般为潜水，局部为微承压水。堆积物来源和沉积环境不同，含水层的水文地质特征差异较大。

中层地下水含水层（埋深60～300 m）：该深度内主要是更新统含水层。在豫西黄土地区、各山前缓岗地区和淮河平原有古、新近系含水层分布。由于构造、古地理、气候及成因不同，各地沉积厚度和埋藏深度差别很大，黄河平原主要是中上更新统冲洪积、冲积砂层，淮河平原、南阳盆地、灵三和洛阳盆地等主要是中下更新统岩层。开封东部、周口、灵三盆地、伊洛盆地西部，150~350 m处含水层不发育，一般为粉细砂和胶结的砂砾岩，单位涌水量1～5 m$^3$/（h·m）。

深层地下水含水层（埋深300～500 m）：豫西黄土地区、各山前缓岗地区和淮河平原主要是古、新近系含水层，黄海平原和南阳盆地主要是下更新统。含水层岩性由冲积相、冰水相、湖积相等沉积物组成，顶板埋深及厚度明显受基地构造控制。各地沉积厚度和埋藏深度差别很大，具有自山区向平原含水层埋深逐渐增大、岩性颗粒由粗变细的特征。大多为淡水，但在局部地段有咸水分布。

2. 碳酸盐岩类裂隙岩溶含水岩组

碳酸盐岩类含水岩组是基岩山区最有供水意义的含水岩组，岩性主要为震旦系、中上寒武系、奥陶系的灰岩、白云质灰岩、泥质灰岩，分布在太行山、嵩箕山、淅川以南山地。一般沿层面和裂隙发育有溶洞、溶隙等，构成降水、地表水入渗的良好通道，是地下水径流、储存的有利场所。

碳酸盐岩夹碎屑岩含水岩组主要分布在焦作以西、嵩山南部、箕山东部、外方山东西两端和淅川以北等山地，由下寒武系和部分石炭系组成，富水性极不均一，下寒武系泉水流量在32～314.7 m$^3$/h，其他7.6～20.7 m$^3$/h，单位涌水量1～10 m$^3$/（h·m）。

3. 碎屑岩类孔隙裂隙含水岩组

主要是二叠系、三叠系、侏罗系、白垩系、古新近系和部分石炭系、震旦系，分布于王屋山、新渑山地、嵩山北麓、箕山西南、平顶山及太行山、大别山前和山间盆地等，含水层主要为砂砾岩和砂岩。受岩性、地质构造、补给条件等因素控制，泉水流量有所差异，淅川县上寺泉水流量达540 $m^3/h$，济源、渑池泉水流量5.4～18 $m^3/h$，而宜阳、临汝、大别山北麓泉水流量仅0.004～3.6 $m^3/h$，富水性一般较弱。

4. 基岩裂隙含水岩组

系指变质岩和岩浆岩类裂隙含水岩组，分布在伏牛山、桐柏山、大别山区，由花岗岩、片麻岩、片岩、千枚岩、石英岩、白云岩、大理岩组成。地下水赋存在构造破碎带和风化裂隙中，其风化裂隙深度15～35 m，局部达75 m，泉点较多，泉水流量一般为5.4～20 $m^3/h$，栾川三岔口泉水最大流量达122.4 $m^3/h$。

### 1.1.6.2 地下水补给、径流与排泄特征

1. 基岩山区

碳酸盐岩类分布区：构造断裂较发育，裂隙、岩溶也发育，为降水和地表水体的渗入创造了条件。以泉的形式或沿断裂带向平原区排泄地下水。

碎屑岩类分布区：多为砂岩、页岩，虽然褶皱断裂较发育，但降水补给较少，富水程度差。地下水多分布在相对隔水层之上，在低洼及沟谷两侧以泉的形式排泄地下水。

岩浆岩类和变质岩类分布地区：降水沿构造裂隙、风化裂隙入渗为主要补给源。但裂隙多被风化物充填，入渗量较少。裂隙延伸不长，地下水就地以泉的形式排泄。

2. 平原地区

平原地区地形平坦，地表岩性为粉土、粉细砂、粉质黏土，有利于降水入渗。降水为主要补给源，以蒸发及人工开采的形式排泄地下水。

## 1.1.7 经济社会概况与人类工程活动

### 1.1.7.1 河南省社会经济概况

截至2010年底，河南省辖18个省辖市，21个县级市、88个县、50个市辖区。全省共有949个镇、929个乡、493个街道办事处。2010年底人口9 400万人，居全国首位，人口密度594人/$km^2$。

河南省土地总面积16.7万$km^2$，其中山地面积4.44万$km^2$，丘陵面积2.96万$km^2$，平原面积9.30万$km^2$。在山地丘陵面积中，太行山脉0.83万$km^2$，伏牛山脉4.97万$km^2$，桐柏山脉0.21万$km^2$，大别山脉1.39万$km^2$。

2010年末河南省林地面积4万$km^2$，森林覆盖率22%。

2010年全省国内生产总值突破2万亿元大关，达到22 942.68亿元，其中第一产业3 263.20亿元、第二产业13 226.84亿元、第三产业6 452.64亿元，人均国内生产总值19 593元。

河南省城镇化进程近年发展很快，2010年建成区面积1 857 $km^2$，是2005年的1.19倍。中原经济区已经被列为国家级重点开发区域，区内以郑州为中心，由郑、洛、汴、新、焦、许等城市构成的中原城市群，在交通、能源、通信等基础设施方面一体化趋势正在加强，中心城市对区域经济社会发展的吸引力、辐射力明显增强，成为中原经济区的核心，洛阳、开封、商丘、安阳等已成为区域中心城市和旅游胜地。

河南省土地肥沃，是全国主要粮棉油产区，主要粮食作物有小麦、玉米、水稻、红薯和大豆等，主要经济作物有烤烟、芝麻、棉花等。近年来农业经济发展迅速，产业结构不断调整优化，正由农业大省向农工一体化模式发展，人民生活水平明显提高。2010年粮食产量达到1 087.4亿斤（1斤=0.5 kg），连续5年超千亿斤。

河南也是矿业大省，矿产资源种类繁多。截至2010年底，全省已发现各类矿产127种，其中已探明储量的75种，已开发利用的90种，全省矿山数量4 488个，矿产品产量达到3万亿t，矿业产值855.6亿元。河南已成为全国五大矿业省份之一。

### 1.1.7.2 人类工程经济活动

人类工程经济活动是地质灾害形成的重要因素之一。随着工业文明的发展，矿产和地下水资源被充分开发和利用，人类工程经济活动在为人类带来大量物质财富的同时，也造成了资源枯竭和环境恶化。各类工程的地表及地下开挖、大量抽取地下水、对山体表层及植被的破坏、不适当和盲目的堆载等，都严重地破坏了斜坡、地表和地层的平衡稳定，严重地破坏了地质环境，从而引起或加剧地质灾害的发生。地质灾害的发生与人类工程活动的强度、规模、范围密不可分，不规范的人类工程经济活动是引发各种地质灾害的重要因素。

省内主要人类工程经济活动中，对地质环境影响较大的，有矿产资源开发、水利水电工程建设、交通建设、村镇建设、地下水开采等。

#### 1. 矿产资源开发

我省储量与开发具有较大优势的矿产有煤、石油、天然气、铝土矿、钼、金、银、耐火黏土、萤石、水泥灰岩等，其中煤、铝土矿、耐火黏土、钼、金等矿产采选加工业在全国占有重要地位，对我省社会经济发展有重大影响。2010年，全省固、液体矿石产量为24 191.95万t，比上年减少635.82万t。其中：国有及国有控股矿山企业固体矿产年产量5 551.86万t，比上年减少1 951.44万t；其他经济类型矿山（点）固体矿产年产量为18 155.08万t，比上年增加834.61万t。原油年产量485.01万t，比上年减少14.26万t；天然气年产量15.5亿m³，比上年减少1.01亿m³。

在矿产资源开发过程中不可避免地会引发地质灾害，如滑坡、崩塌、泥石流、地面塌陷、地裂缝等（见照片1-1-1、照片1-1-2）。

照片1-1-1 巩义市采矿废渣堆积形成泥石流物源

照片1-1-2 博爱县煤矿开采诱发地裂缝

至2010年底，全省矿山地质灾害数量共1 196处，占全省地质灾害总数的20.18%，造成直接经济损失311 832.0万元，占地质灾害经济损失总数的71.8%（见表1-1-6）。

表1-1-6　河南省矿山地质灾害统计表

| 灾种 | 滑坡 | 崩塌 | 泥石流 | 地面塌陷 | 地裂缝 | 合计 |
|---|---|---|---|---|---|---|
| 数量（处） | 92 | 126 | 69 | 837 | 72 | 1 196 |
| 经济损失（万元） | 525.1 | 414.8 | 12 754.6 | 296 287.5 | 1 850.0 | 311 832.0 |

2. 水利水电工程建设

河南省水利水电工程建设，对当地地质环境产生了不同程度的影响，常常引发崩塌（塌岸）、滑坡、地面塌陷等灾害，其原因有四个方面：

一是堤防失修，汛期洪水迅猛，造成河堤被冲刷侧蚀，引发崩滑（塌岸）灾害，如沁阳市沁河塌岸（见照片1-1-3）。

二是不合理的河道采砂等人类工程活动改变了堤岸稳定，导致水流方向改变，造成塌岸，如新野县白河开采建筑用砂和淘铁砂等人类工程活动（见照片1-1-4）。

照片1-1-3　沁阳市沁河塌岸破坏耕地

照片1-1-4　新野县白河采砂活动

三是水库蓄、泄水，造成库区水位突升突降，浸润和软化库岸或河岸边坡，使库（河）岸边坡失稳，从而引发滑坡及崩塌。例如小浪底水库建成后，由于蓄水、放水及在此过程中水浪的冲击，山体边坡失稳、矿坑进水、坍塌，导致岩体风化加速，岩土体松软，引发大量滑坡、崩塌、塌岸、地面塌陷等地质灾害，在黄河沿岸的下冶镇、大峪镇、邵原镇等乡镇表现最为突出。

四是水利水电工程建设与采矿等人类工程活动的相互作用，引发地质灾害并造成水利工程破坏。这种现象也比较多见。如济源市克井镇引沁渠，由于年久失修，每至汛期，多处地段出现渗水，造成堤岸滑坡，威胁周围居民安全，在克井镇煤矿采空区地段，地面塌陷造成引沁渠大面积下沉，对河道造成严重破坏。

3. 交通建设

河南省交通工程近年来发展迅猛，交通道路之类的人类建设工程，在山地丘陵区通常要进行大量的线状场地开挖、切坡，改变了原有的斜坡形态，甚至造就了新的边坡，破坏了斜坡原有的稳定状态，使斜坡出现滑坡、崩塌等地质灾害，这在公路施工过程中已成为普遍现象。如河南省商城县长竹园乡S216省道滑坡，因公路切坡形成长70 m，宽200 m，高50 m，体积达70万m³的不稳定坡体，对S216省道及灌河形成极大威胁。

4. 村镇建设

随着河南省新农村建设的深入，农村住宅建设发展较快，由于山区地形地貌条件的限制，合适的建设用地较紧张，村民大多就近开挖边坡、平整坡地用于住房建设，造成切坡后边坡失稳。另外，由于选址不当，部分房屋建在滑坡体或不稳定斜坡体上，造成房屋变形破坏（见照片1-1-5）。

河南省西部洛阳、郑州、三门峡、济源等黄土丘陵区，部分村民开挖窑洞居住，由于土质节理、裂隙发育，在雨水渗透、浸泡、窑顶植物根劈作用下，常发生窑洞崩塌及滑坡现象（见照片1-1-6）。

房屋建在滑坡体上，由前后排房屋的房顶倾斜对比可以确定房屋变形情况

垂向裂隙加上灌木植物根劈作用，在降雨作用下形成崩塌，破坏房屋

照片1-1-5 商城县汪冲乡穆家湾滑坡　　　　照片1-1-6 洛宁县赵村乡黄土崩塌

5. 地下水开采

河南省地下水开采历史悠久，20世纪70年代以来，省内地下水超采越来越严重，供需矛盾渐趋突出。地下水开采强度较大的城市主要有郑州、开封、商丘、许昌、濮阳、焦作。郑州市因地下水开采等因素已经形成局部地面沉降，造成井管变形等危害。濮阳市区振兴路—京开大道一带2010～2011年沉降值超过8 mm。区域地下水开采强度较大的地区主要分布在豫北地区，形成的较大漏斗主要有温县—孟州漏斗区、濮阳—清丰—南乐漏斗区等。大面积抽取地下水造成地下岩土性质变化，改变土层荷载，从而形成地面沉降。

# 1.2　河南省地质灾害概况

## 1.2.1　地质灾害类型

根据汇总整理的县（市、区）地质灾害调查及2010年补充核查资料，截至2010年底，河南省地质灾害点总数共5 967处（其中隐患点5 220处），地质灾害种类有滑坡、崩塌、泥石流、地面塌陷、地裂缝、地面沉降6种，其中以滑坡、崩塌数量最多，分别占全部地质灾害点总数的34.1%和41.4%（见图1-1-3、表1-1-7）。

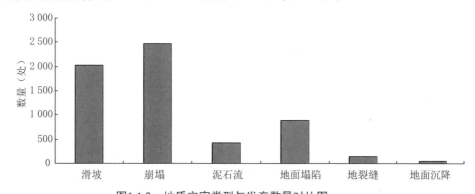

图1-1-3　地质灾害类型与发育数量对比图

表1-1-7　　河南省地质灾害点统计表

| 地质灾害类型 | 滑坡 | 崩塌 | 泥石流 | 地面塌陷 | 地裂缝 | 地面沉降 | 合计 |
|---|---|---|---|---|---|---|---|
| 数量（处） | 2 033 | 2 470 | 425 | 897 | 141 | 1 | 5 967 |
| 占百分比（%） | 34.1 | 41.4 | 7.1 | 15.0 | 2.4 | | 100 |

注：本表所列为《地质灾害防治条例》限定灾种，据前述地质灾害概念说明，黄土湿陷并入地面塌陷，不稳定斜坡分别并入滑坡及崩塌隐患，河流塌陷并入崩塌。

## 1.2.2　地质灾害发育特征

### 1.2.2.1　地域分布特征明显

地质灾害的形成与演化往往受制于一定的区域地质地貌条件，因此其空间分布上也表现出区域性特点。我省西北部太行山，西部小秦岭、崤山、熊耳山、外方山、伏牛山及豫南桐柏山、大别山地，是突发性地质灾害崩塌、滑坡、泥石流多发区；地面塌陷多分布在采矿活动较为集中的郑州、平顶山、鹤壁、义马、永城等平原或低丘区；地裂缝则在采矿区和平原区零星分布；地面沉降主要分布在地下水开采集中的郑州、开封、许昌、濮阳等城市及周边。

### 1.2.2.2　成因多元化

不同地质灾害类型成因各不相同，除采矿地面塌陷及其衍生地裂缝、地面沉降外，我省大多数地质灾害类型成因具有多元性，其诱发因素主要有气象、地形地貌、岩性、地质构造、人为因素、水文、植被等。

### 1.2.2.3　人为因素影响日益增大

如前所述，我省影响地质灾害发育的人类工程经济活动有矿产资源开发、水利水电工程建设、交通建设、村镇建设、地下水开采等，随着社会生产力的发展和人类需求的不断增长，各种经济开发活动对地质环境的影响日益增强，使地质环境恶化并导致次生（人为）地质灾害数量不断增加。比如：郑州、濮阳等地超采地下水诱发地面沉降，永城等煤矿区开采煤炭资源诱发大面积地面塌陷，山区新农村建设中的村镇、交通建设大量切坡诱发崩塌、滑坡等。据研究统计，全省5 967处地质灾害点中，与人类工程活动相关的有3 831处，占地质灾害点总数的64.2%，其中与矿业开发有关的1 196处、与开采地下水有关的4处、与村镇及交通建设有关的2 631处。人类工程经济活动已成为影响地质灾害发育的主要因素之一。

### 1.2.2.4 不同灾害类型之间具有一定关联性

河南省不同地质灾害类型之间，存在大量的伴生、次诱发现象。比如在博爱、汝阳、巩义等县（市），石灰石、钼矿、铝土矿开采造成大量沿沟分布的不稳定边坡，失稳斜坡岩石松动、碎裂，沿矿区（或沟谷）形成崩塌、滑坡带，加上沿沟谷堆放的采矿弃渣，极有可能形成泥石流物源，在暴雨期诱发沟谷型泥石流（见照片1-1-7）；而在煤矿开采区，往往在诱发地面塌陷的同时，还伴生地裂缝、崩塌、滑坡等关联性地质灾害（见照片1-1-8）。

照片1-1-7　博爱石河崩塌及采矿弃渣
形成泥石流物源

照片1-1-8　永城白阁采煤塌陷区伴生地裂缝

### 1.2.2.5 崩塌、滑坡、泥石流灾害具有突发性和隐蔽性

崩塌、滑坡、泥石流等突发性地质灾害多以个体形式出现，群体形式较少（个别群发性泥石流除外），具有骤发性、历时短、爆发力强、成灾快、危害大的特征。

同时，地质灾害影响因素更是复杂多样，岩体岩性、构造特征、地表形态、气候与水文环境、人为因素均是地质灾害形成、发生和发展的重要因素。因此，地质灾害发生的时间、地点、强度都有很大的不确定性，可以说地质灾害的发生具有隐蔽性和难以预测性。

河南省突发性地质灾害与渐进性地质灾害经济损失对比统计表见表1-1-8。

表1-1-8　河南省突发性地质灾害与渐进性地质灾害经济损失对比统计表

| 灾害类型 | | 经济损失（万元） | 合计（万元） | 占百分比（%） |
|---|---|---|---|---|
| 突发性地质灾害 | 滑坡 | 2 757.35 | 78 929.85 | 18.6 |
| | 崩塌 | 11 477.00 | | |
| | 泥石流 | 64 695.50 | | |

续表1-1-8

| 灾害类型 | | 经济损失（万元） | 合计（万元） | 占百分比（%） |
|---|---|---|---|---|
| 渐进性地质灾害 | 地面塌陷 | 340 580.60 | 344 553.70 | 81.4 |
| | 地裂缝 | 3 973.10 | | |
| | 地面沉降 | | | |

## 1.2.3 地质灾害规模特征

滑坡、崩塌、泥石流、地裂缝、地面塌陷等灾种规模分级标准分别见表1-1-9、表1-1-10、表1-1-11。

表1-1-9 滑坡、崩塌、泥石流规模分级标准

| 级别 | 滑 坡（万m³） | 崩 塌（万m³） | 泥石流（万m³） |
|---|---|---|---|
| 巨型 | ≥1 000 | ≥100 | ≥50 |
| 大型 | 100～1 000 | 10～100 | 20～50 |
| 中型 | 10～100 | 1～10 | 2～20 |
| 小型 | <10 | <1 | <2 |

表1-1-10 地裂缝规模分级标准

| 级别 | 规 模 |
|---|---|
| 巨型 | 地裂缝长>1 km，地面影响宽度>20 m |
| 大型 | 地裂缝长>1 km，地面影响宽度10～20 m |
| 中型 | 地裂缝长>1 km，地面影响宽度3～10 m，或长≤1 km，宽10～20 m |
| 小型 | 地裂缝长>1 km，地面影响宽度3 m，或长≤1 km，宽<10 m |

表1-1-11 地面塌陷规模分级标准

| 级别 | 塌陷或变形面积（km²） |
|---|---|
| 巨型 | ≥10 |
| 大型 | 1～10 |
| 中型 | 0.1～1 |
| 小型 | <0.1 |

按上述规模分级标准划分，河南省5 966处地质灾害（不含地面沉降）中，巨型102处、大型489处、中型1 098处、小型4 277处（见表1-1-12）。各省辖市巨型和大型地质灾害点分布情况见表1-1-13、图1-1-4。

表1-1-12　河南省地质灾害规模统计表

| 类型 | 数量（处） | 规模级别 | | | |
|---|---|---|---|---|---|
| | | 巨型（处） | 大型（处） | 中型（处） | 小型（处） |
| 滑坡 | 2 033 | 3 | 58 | 202 | 1 770 |
| 崩塌 | 2 470 | 1 | 84 | 408 | 1 977 |
| 地面塌陷 | 897 | 13 | 257 | 363 | 264 |
| 地裂缝 | 141 | | 2 | 3 | 136 |
| 泥石流 | 425 | 85 | 88 | 122 | 130 |
| 地面沉降 | 1 | | 1 | | |
| 合计 | 5 967 | 102 | 490 | 1 098 | 4 277 |

表1-1-13　各省辖市巨型和大型地质灾害点统计表

| 序号 | 市名 | 数量（处） | | |
|---|---|---|---|---|
| | | 巨型 | 大型 | 合计 |
| 1 | 郑州市 | 3 | 61 | 64 |
| 2 | 安阳市 | 3 | 48 | 51 |
| 3 | 鹤壁市 | 2 | 43 | 45 |
| 4 | 新乡市 | 2 | 9 | 11 |
| 5 | 焦作市 | 6 | 7 | 13 |
| 6 | 济源市 | 3 | 29 | 32 |
| 7 | 洛阳市 | 27 | 51 | 78 |
| 8 | 三门峡市 | 5 | 71 | 76 |
| 9 | 南阳市 | 35 | 35 | 70 |
| 10 | 平顶山市 | 11 | 82 | 93 |
| 11 | 信阳市 | 5 | 11 | 16 |
| 12 | 驻马店市 | | 12 | 12 |
| 13 | 许昌市 | | 18 | 18 |
| 14 | 商丘市 | | 12 | 12 |
| 合计 | | 102 | 489 | 591 |

## 1.2.4　地质灾害灾情特征

至2010年底，河南省共发现5 966处地质灾害（不含地面沉降），根据地质灾害灾情分级标准（见表1-1-14），全省特大型地质灾害73处，占地质灾害点总数的1.2%；大型117处，占地质灾害点总数的2.0%；中型197处，占地质灾害点总数的3.3%；小型5 579处，占地质灾害点总数的93.5%（见图1-1-5、表1-1-15）。

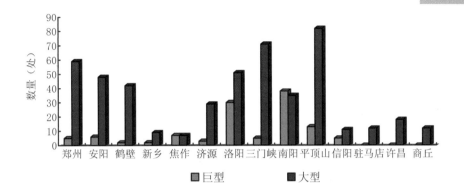

图1-1-4 各市地质灾害规模对比统计图

表1-1-14 地质灾害灾情分级标准表

| 灾情等级 | 死亡人数（人） | 经济损失（万元） |
|---|---|---|
| 特大型 | ≥30 | ≥1 000 |
| 大型 | 10～30 | 500～1 000 |
| 中型 | 3～10 | 100～500 |
| 小型 | <3 | <100 |

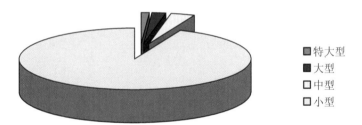

图1-1-5 地质灾害不同灾情等级数量对比图

表1-1-15 河南省各类地质灾害点灾情等级及数量统计表

| 灾害类型 | 数量（处） | 数量与经济损失 | | | | |
|---|---|---|---|---|---|---|
| | | 特大型（处） | 大型（处） | 中型（处） | 小型（处） | 经济损失（万元） |
| 滑坡 | 2 033 | | 11 | 16 | 2 006 | 2 757.35 |
| 崩塌 | 2 470 | | 20 | 39 | 2 411 | 11 477.00 |
| 泥石流 | 425 | 17 | 24 | 27 | 357 | 64 695.5 |
| 地面塌陷 | 897 | 56 | 62 | 111 | 668 | 340 580.6 |
| 地裂缝 | 141 | | | 4 | 137 | 3 973.1 |
| 地面沉降 | 1 | | | 1 | | |
| 合计 | 5 967 | 73 | 117 | 198 | 5 579 | 423 483.55 |

我省12个省辖市分布有特大型和大型地质灾害点。其中特大型73处，造成182人死亡，损坏房屋112 747间、耕地53 985.3亩，直接经济损失290 688.7万元；大型117处，造成64人死亡，损坏房屋42 938间、耕地26 957亩、各类道路1 001 km，直接经济损失54 468.0万元。各市特大型和大型地质灾害灾情分布见图1-1-6和表1-1-16。各市特大型和大型地质灾害灾情经济损失对比见图1-1-7。

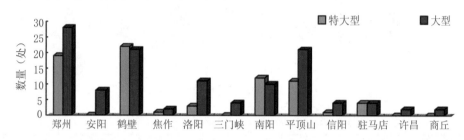

图1-1-6　各市特大型和大型地质灾害灾情数量对比统计图

表1-1-16　各市特大型和大型地质灾害灾情分类统计表

| 序号 | 市名 | 数量（处） | | 灾情 | |
|---|---|---|---|---|---|
| | | 特大型 | 大型 | 死亡人数（人） | 经济损失（万元） |
| 1 | 郑州市 | 19 | 28 | 19 | 59 342.2 |
| 2 | 安阳市 | | 8 | 33 | 7.2 |
| 3 | 鹤壁市 | 22 | 21 | 1 | 56 921.2 |
| 4 | 焦作市 | 1 | 2 | | 2 766.0 |
| 5 | 洛阳市 | 3 | 11 | | 8 307.9 |
| 6 | 三门峡市 | | 4 | | 1 000.0 |
| 7 | 南阳市 | 12 | 10 | 13 | 124 864.7 |
| 8 | 平顶山市 | 11 | 21 | 180 | 73 222.5 |
| 9 | 信阳市 | 1 | 4 | | 1 021.0 |
| 10 | 驻马店市 | 4 | 4 | | 11 161.0 |
| 11 | 许昌市 | | 2 | | 1 277.2 |
| 12 | 商丘市 | | 2 | | 5 265.8 |
| | 合计 | 73 | 117 | 246 | 345 156.7 |

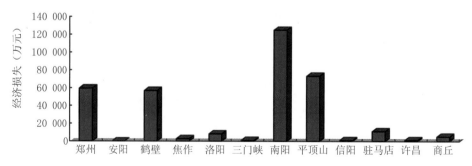

图1-1-7　各市特大型及大型地质灾害灾情经济损失对比图

## 1.2.5　地质灾害险情特征

地质灾害险情分级标准见表1-1-17。

表1-1-17　地质灾害险情分级标准表

| 险情等级 | 威胁人数（人） | 潜在经济损失（万元） |
|---|---|---|
| 特大型 | ≥1 000 | ≥10 000 |
| 大型 | 500～1 000 | 5 000～10 000 |
| 中型 | 100～500 | 500～5 000 |
| 小型 | <100 | <500 |

　　至2010年底，河南省5 967处地质灾害中，存在隐患的有5 221处，占地质灾害点总数的87.5%，威胁657 922人，潜在经济损失943 858.27万元。其中，险情特大型150处，占地质灾害隐患点总数的2.9%；险情大型813处，占隐患点总数的15.6%；险情中型1 520处，占隐患点总数的29.1%；险情小型2 738处，占隐患点总数的52.4%。濮阳市区地面沉降1处，未统计其威胁人数与潜在经济损失。

　　地质灾害险情分级对比见图1-1-8。各类地质灾害险情分级统计见表1-1-18。

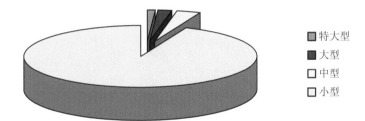

图1-1-8　河南省地质灾害险情分级对比图

表1-1-18　河南省地质灾害险情分级统计表

| 类型 | 数量（处） | 险情等级 | | | | 威胁人数（人） | 潜在经济损失（万元） |
|---|---|---|---|---|---|---|---|
| | | 特大型（处） | 大型（处） | 中型（处） | 小型（处） | | |
| 滑坡 | 1 800 | 10 | 216 | 448 | 1 126 | 92 572 | 121 054.77 |
| 崩塌 | 2 220 | 13 | 176 | 791 | 1 240 | 91 176 | 100 546.20 |
| 地面塌陷 | 733 | 74 | 256 | 179 | 224 | 309 817 | 483 050.7 |
| 地裂缝 | 65 | 4 | 12 | 25 | 24 | 10 828 | 42 857.7 |
| 泥石流 | 402 | 49 | 153 | 77 | 123 | 153 529 | 196 348.9 |
| 地面沉降 | 1 | | | | 1 | | |
| 合计 | 5 221 | 150 | 813 | 1 520 | 2 738 | 657 922 | 943 858.27 |

全省特大型和大型地质灾害隐患点分布见图1-1-9和表1-1-19。

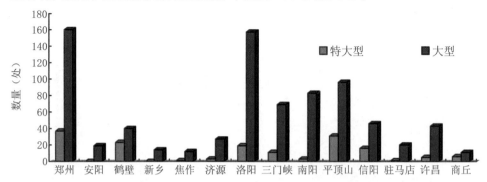

图1-1-9　各省辖市特大型和大型地质灾害隐患点数量对比统计图

表1-1-19　各省辖市特大型和大型地质灾害隐患点分类统计表

| 序号 | 市名 | 数量（处） | | 险情 | |
|---|---|---|---|---|---|
| | | 特大型 | 大型 | 威胁人数（人） | 潜在经济损失（万元） |
| 1 | 郑州市 | 31 | 166 | 125 818 | 160 341.3 |
| 2 | 安阳市 | | 19 | 4 324 | 1 520.0 |
| 3 | 鹤壁市 | 23 | 40 | 1 650 | 114 750.6 |
| 4 | 新乡市 | | 14 | 3 723 | 2 596.4 |
| 5 | 焦作市 | 1 | 12 | 4 632 | 7 439.6 |
| 6 | 济源市 | 3 | 27 | 12 837 | 8 781.6 |
| 7 | 洛阳市 | 19 | 157 | 85 113 | 30 521.6 |
| 8 | 三门峡市 | 11 | 69 | 51 905 | 69 469.0 |
| 9 | 南阳市 | 3 | 93 | 26 871 | 65 057.1 |
| 10 | 平顶山市 | 31 | 96 | 83 760 | 221 202.4 |
| 11 | 信阳市 | 16 | 46 | 48 532 | 26 572.1 |
| 12 | 驻马店市 | 1 | 20 | 6 715 | 27 636.0 |
| 13 | 许昌市 | 5 | 43 | 26 235 | 12 859.0 |
| 14 | 商丘市 | 6 | 11 | 16 876 | 26 470.4 |
| | 合计 | 150 | 813 | | 775 217.1 |

各省辖市特大型和大型地质灾害隐患点潜在经济损失对比见图1-1-10。

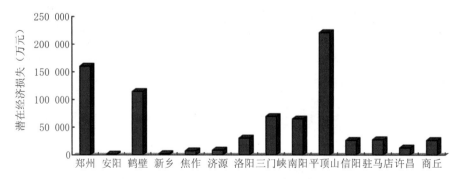

图1-1-10　各省辖市特大型及大型地质灾害隐患点潜在经济损失对比图

## 1.2.6 地质灾害发育特征与发育程度评价

河南省地质灾害发育最明显的特征是地域性强，分布集中，与地质环境条件密切相关。此外，随着人类工程经济活动的增强，其对地质环境的影响也越来越严重，常常成为多种地质灾害发育的重要影响因素。

### 1.2.6.1 地质灾害发育的控制因素

河南省地质灾害发育主要受控于地形地貌、岩土性质、岩层结构与构造、水文地质、水文气象及人类工程活动等因素。

在所有影响因素中，地形地貌是滑坡、崩塌、泥石流等突发性地质灾害的主控因素。影响地质灾害发育的主要地形地貌因素有地形坡度、坡面形状、临空面、沟谷的切割程度等。不同的地形地貌类型控制着地质灾害的发育类型，高大的自由临空面是崩塌、滑坡产生的有利地形，山高坡陡且较开阔的"V"形沟谷为泥石流的产生提供了良好条件。河南省境内地貌类型复杂多样，在豫西、豫北、豫南山地丘陵区，有利于地质灾害发育的地形大范围发育，是崩塌、滑坡、泥石流的集中发育区。

岩土体的坚固密实程度、风化程度及软化性、抗剪强度、颗粒大小、形状、透水性及可溶性，直接影响各类地质灾害的发生。如豫南商城—新县一带的风化片麻岩，多发育突发性顺层滑坡，往往避让不及造成人员伤亡；豫西黄土丘陵区，则因黄土层存在大量风化裂隙，造成黄土密实度与抗剪强度降低而发生黄土崩塌，是该地区土质崩塌的主要类型；洛阳市的汝阳、伊川一带，分布有范围较大的结构疏松、透水性好的残坡积土，降雨后易发生滑坡。

地质结构是控制地质灾害发生的主要因素之一，构造复杂、断裂发育、新构造活动强烈地区，往往成为地质灾害隐患区。如巩义市浅井滑坡，斜坡坡顶即为五指岭断层（$F_{16}$）的下盘，该断层倾向南西，与斜坡方向基本一致，其北部被姜沟上岭断层切断，降雨由断层下盘破碎带下渗，沿$Q_2$黏土坡积物与$\in_{2m}$砂岩接触面侧流，造成接触面黏土抗剪能力降低，使坡积黏土产生蠕滑而成为滑坡（见图1-1-11）。

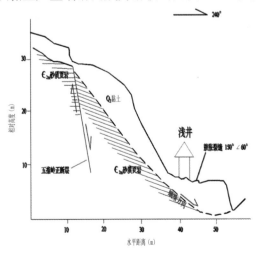

图1-1-11 巩义市浅井滑坡剖面示意图

此外，岩层中各种软岩结构面（带）的发育、分布、组合及其与斜坡的关系、下伏岩土面的形态和坡向、坡度都直接影响着斜坡变形破坏的发生和形态。

水文气象与降水是自然因素中对地质灾害的发生影响最广泛、最突出的因素，包括气温、降水量及降水强度、季节变化、地表水系的发育、切割及冲刷等。如豫西山区的坡积物滑坡、黄河塌岸，豫南山区的坡面泥石流等，降水与水文条件是其发育的主控因素。

随着工业文明和经济建设的快速发展，不合理的人类工程经济活动也成为引发地质灾害的另一主要因素。河南省与地质灾害相关的主要人类工程经济活动有矿产资源开发、水利水电工程建设、交通建设、城镇建设等，其中因矿产资源开发而造成的地质灾害不但数量多、范围大，其经济损失也最为严重。

#### 1.2.6.2　地质灾害发育程度评价方法

仅仅从地质灾害的数量分布并不能客观认识地质灾害地域分布特征，一个地区的地质灾害发育程度，不仅是该地区地质灾害数量的体现，而且是地质灾害的空间数量分布、面积分布与体积分布的综合表现。为了更明确地认识我省地质灾害发育规律与发育程度，我们采用地质灾害"发育度"的概念来量化表示地质灾害发育程度，进而开展地质灾害发育程度分区评价。

1. 网络剖分

在数学模型建立之前，为提高计算精度，首先以 $5\ km \times 5\ km$（单元面积25 km$^2$，即图上 $1\ cm \times 1\ cm$）作为一个单元，对河南省行政区域进行网络剖分，全省共划分为6 680个单元格。

2. 数学模型与计算参数取值

发育度（$F$）是一个描述地质灾害现状的概念，是代表区域地质灾害频率（$f$）、面积（$S$）和体积（$V$）等地质灾害发育因子特征的函数，公式为

$$F_i = R_{fi} + R_{si}^{\frac{1}{2}} + R_{vi}^{\frac{1}{3}} + r \qquad (1\text{-}1\text{-}1)$$

式中　$F_i$——第 $i$ 单元的灾害发育度；

$R_{fi}$——第 $i$ 单元的灾害频数比；

$R_{si}$——第 $i$ 单元的灾害面积模数比；

$R_{vi}$——第 $i$ 单元的灾害体积模数比；

$r$——修正系数。

3. 地质灾害频数比（$R_{fi}$）

地质灾害频数比 $R_{fi}$ 计算公式为

$$R_{fi} = \rho_{fi} / \rho_f \qquad (1\text{-}1\text{-}2)$$

式中　$\rho_{fi}$——第 $i$ 单元灾害点数与单元面积的比值，跨单元的灾害点可重复统计；

$\rho_f$——河南省灾害总数与河南省面积（km$^2$）的比值，取0.035 8（无量纲），其计算结果见表1-1-20。

4. 地质灾害面积模数比（$R_{si}$）

地质灾害面积模数比 $R_{si}$ 计算公式为

$$R_{si} = \rho_{si} / \rho_s \qquad (1\text{-}1\text{-}3)$$

表1-1-20　河南省地质灾害数量与行政区总面积比值（$\rho_f$）计算表

| 灾种 | 滑坡 | 崩塌 | 泥石流 | 地面塌陷 | 地裂缝 | 地面沉降 | 合计 |
|---|---|---|---|---|---|---|---|
| 数量（处） | 2 033 | 2 470 | 425 | 897 | 141 | 1 | 5 967 |
| $\rho_f$ | 0.012 25 | 0.014 79 | 0.002 54 | 0.005 37 | 0.000 84 | 0.000 01 | 0.035 8 |

注：1. 泥石流以流域面积计；

2. 地裂缝以群缝分布面积计。

式中　$\rho_{si}$——第$i$单元灾害点分布面积与单元面积的比值；

$\rho_s$——灾害点总面积（km$^2$）与河南省总面积（km$^2$）的比值，取0.045 16（无量纲），其计算源数据（各地质灾害类型总面积）从河南省地质灾害数据库中提取汇总，计算结果见表1-1-21。

表1-1-21　河南省地质灾害发育面积与行政区总面积比值（$\rho_s$）计算表

| 灾种 | 滑坡 | 崩塌 | 泥石流 | 地面塌陷 | 地裂缝 | 地面沉降 | 合计 |
|---|---|---|---|---|---|---|---|
| 面积（km$^2$） | 25.69 | 10.07 | 3 187.50 | 4 259.36 | 53.78 | 5.45 | 7 541.85 |
| $\rho_s$ | 0.000 15 | 0.000 06 | 0.019 09 | 0.025 51 | 0.000 32 | 0.000 03 | 0.045 16 |

注：1. 泥石流以流域面积计；

2. 地裂缝以群缝分布面积计。

5. 地质灾害体积模数比（$R_{vi}$）

地质灾害体积模数比$R_{vi}$的计算公式为

$$R_{vi} = \rho_{vi} / \rho_v$$

（1-1-4）

式中　$\rho_{vi}$——第$i$单元灾害点总体积（m$^3$）与单元面积（25 km$^2$）的比值（不换算单位）；

$\rho_v$——调查区内灾害点总体积（m$^3$）与调查区面积（167 000 km$^2$）的比值（不换算单位），取22 926.3，其计算结果见表1-1-22。

表1-1-22　河南省地质灾害发育体积与行政区总面积比值（$\rho_v$）计算表

| 灾种 | 滑坡 | 崩塌 | 泥石流 | 地面塌陷 | 地裂缝 | 地面沉降 | 合计 |
|---|---|---|---|---|---|---|---|
| 体积（m$^3$） | 376 915 727 | 564 719 679 | 3 639 335 625 | 115 675 698 | 1 017 823 | 4 360 | 7 114 587 132 |
| $\rho_v$ | 2 257.0 | 3 381.6 | 23 588.8 | 692.7 | 6.1 | 0.1 | 22 926.3 |

注：泥石流体积以流域面积与松散堆积物厚度乘积计。

式（1-1-1）适用于滑坡、崩塌、泥石流等三维空间展布的地质灾害类型，对于地面塌陷、地面沉降、地裂缝等二维灾害类型，其体积计算中，我们分别以各单元中塌陷陷坑（沉降区）平均深度（总沉降量）、地裂缝平均深度代替三维计算中的高度，以完成其体积计算。

6. 修正指数（$r$）

因河南省县（市、区）地质调查原则之一是"以人为本"，无人居住山区可能有地质灾害点遗漏，为客观反映整个调查区内灾害发育程度，根据河南省各地貌分区特征，对式（1-1-1）采用修正指数$r$，一般取0～2.0，平原区地质灾害数量最少，本次平原区取0，丘陵区取1.25，中低山区取1.75。

7. 单元计算

根据上述式（1-1-2）、式（1-1-3）、式（1-1-4）、式（1-1-1），分别计算各单元地质灾害频数比（$R_{fi}$）、面积模数比（$R_{si}$）、体积模数比（$R_{vi}$）及地质灾害发育度（$F_i$）。因单元格数量达6 680个，手工计算烦琐，我们采用FoxPro编程进行计算，其流程图（ANSI）设计如下：单元地质灾害频数比（$R_{fi}$）、单元地质灾害面积模数比（$R_{si}$）、单元地质灾害体积模数比（$R_{vi}$）、单元地质灾害发育度（$F_i$）计算流程图分别见图1-1-12、图1-1-13、图1-1-14、图1-1-15。

8. 发育程度分级

由上述程序计算各单元$F_i$值，根据单元$F_i$值计算结果，我们将地质灾害发育程度以定性-半定量方式划分为强烈、较强烈、中等、一般4个等级（见表1-1-23）。

表1-1-23　地质灾害发育等级与发育度（$F_i$）值对应表

| 发育度（$F_i$） | ≥10.00 | 7.14～10.00 | 3.57～7.14 | ≤3.57 |
|---|---|---|---|---|
| 地质灾害发育等级 | 强烈 | 较强烈 | 中等 | 一般 |

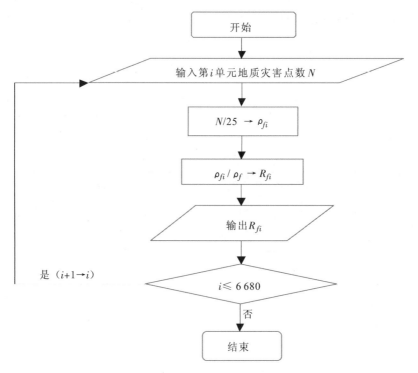

图1-1-12　单元地质灾害频数比（$R_{fi}$）计算流程图

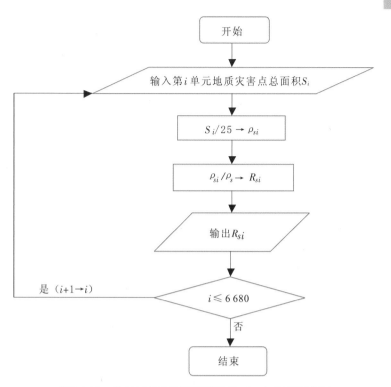

**图1-1-13　单元地质灾害面积模数比（$R_{si}$）计算流程图**

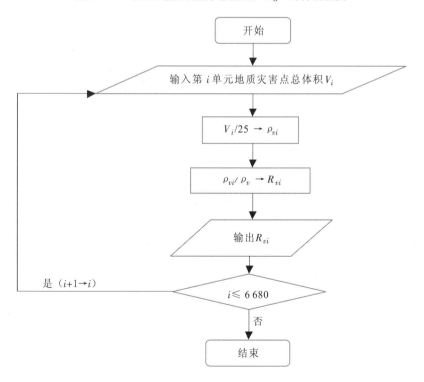

**图1-1-14　单元地质灾害体积模数比（$R_{vi}$）计算流程图**

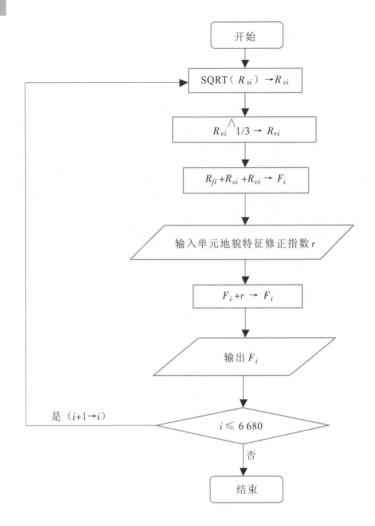

**图1-1-15　单元地质灾害发育度（$F_i$）计算流程图**

据此对照各单元$F_i$值计算结果，对6 680个单元格地质灾害发育等级进行分类统计，见表1-1-24。

**表1-1-24　地质灾害发育度（$F_i$）计算区间统计表**

| 地质灾害发育等级 | 强烈 | 较强烈 | 中等 | 一般 |
|---|---|---|---|---|
| 单元格数量（个） | 1 143 | 296 | 406 | 4 835 |
| 对应面积（km²） | 28 575 | 7 400 | 10 150 | 120 875 |

#### 1.2.6.3　发育程度分区

按地域与灾害种类不同，将河南省地质灾害空间分布划分为7个区，其中地质灾害强烈发育区4个，较强烈发育区、中等发育区和一般发育区各1个（见图1-1-16）。

1. 秦岭—桐柏山山地地质灾害强烈发育区

该区山体由西向东北、东、东南方向呈折扇展布，包括崤山、熊耳山、外方山、伏

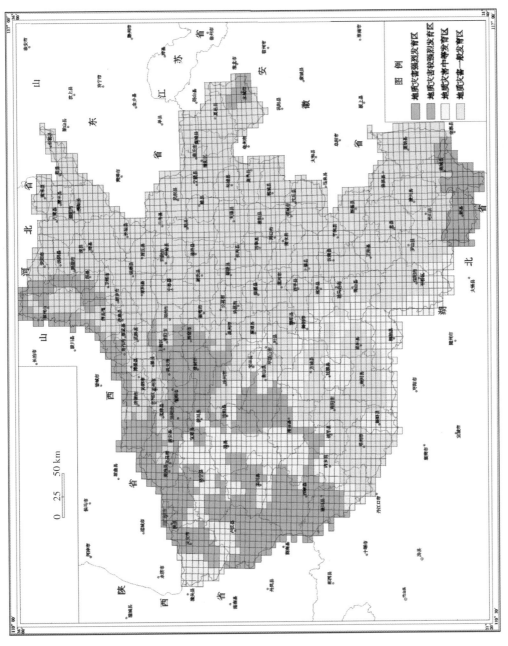

图1-1-16 河南省地质灾害发育程度量化分区评价图

牛山及嵩箕山。地貌以中山为主，多悬崖峭壁，沟谷深切，多呈"V"字形，地面高程500～2 000 m，高差200～800 m，山体主要由岩浆岩、变质岩及碳酸盐岩组成。

该区北部受东西向构造带控制，褶皱、断裂发育，而南部受伏牛—大别弧形构造控制，北西向断裂密集分布。

该区地形高差大，植被较少，矿区众多，因长期采掘及尾矿堆积，地面塌陷、泥石流、崩塌及滑坡发育强烈，对当地村庄、河道形成较大威胁。

2. 黄土丘陵区地质灾害强烈发育区

主要分布在3个区域：①三门峡—灵宝黄土塬、梁区；②卢氏—渑池、嵩县—伊川黄土覆盖低山丘陵区；③洛阳—郑州黄土丘陵岗地区。其中黄土塬、梁区和黄土覆盖低山丘陵区地面高程250～800 m，冲沟发育，多呈"V"字形，切割深度20～50 m，黄土多具湿陷性。本区内黄土崩塌、滑坡常成群出现，发育强烈。另外，因开采煤、铝土等矿产，区内地面塌陷、矿渣堆积型泥石流亦较为发育。沿黄河右岸，本区可见多处数百米至数千米长的塌岸带。

3. 豫东平原地面塌陷强烈发育区

分布于商丘东部的永城一带，区内采煤历史较长，已形成较大范围的采空区，进而发展成为地面塌陷并伴生地裂缝，属地面塌陷强烈发育区。

4. 太行山山地地质灾害强烈发育区

地形为中低山、丘陵，中夹林州断陷盆地，相对高差300～700 m。太行山区山势陡峭，构造切割强烈，以溶蚀作用为主，岩溶较发育，出露地层为奥陶、寒武系灰岩；王屋山区则侵蚀切割强烈，沟谷多呈"V"字形，出露地层以碎屑岩为主。

该区受新华夏系构造控制，自第三纪以来，以抬升作用为主，因该区处于新华夏系构造和东西向构造的复合部位，山体切割强烈，加上煤、铁开采等人类工程活动强烈，地质灾害类型以崩塌、地面塌陷为主。此外，本区滑坡、泥石流在局部地区较为发育，地裂缝则在地面塌陷区以伴生状态存在，在新构造运动活跃地段，如修武县古汉地裂缝，则与构造活动有关。

5. 大别山北麓地质灾害较强烈发育区

该区分布于桐柏、信阳、新县、商城一线，包括桐柏山及伏牛山余脉及大别山地，地貌多为低山丘陵区，河谷发育，多呈"U"形，其中大别山地植被覆盖率较高。地表出露地层以变质岩为主，花岗岩及碳酸盐岩次之。桐柏山地以褶皱为主，大别山地则处于伏牛—大别弧形构造带与新华夏系反复接合部位，活动断裂发育。

该区滑坡、崩塌发育较强烈，其诱发因素多为交通建设、村镇建设、水利水电工程建设中人工开挖边坡。另外，风化基岩在区内多有分布，亦常在暴雨期诱发滑坡、崩塌。

6. 豫西、豫西南地质灾害中等发育区

指豫西、豫西南中山区、人类工程经济活动相对较少的低山丘陵区，该区人类工程经济活动不集中，呈点状分布，地质环境破坏程度相对较小，为地质灾害中等发育区。

7. 地质灾害一般发育区

指豫中、豫东大部分地区及南阳盆地，该区地貌以平原为主，矿山稀少，地质灾害发育一般。

# 1.3　地质灾害形成机制

地质灾害的形成和发生与地形地貌、岩土体类型、降水、地质构造、新构造活动、水文（水系）、植被及人类工程经济活动等有着一定的内在联系。

## 1.3.1　地质灾害分布与地形地貌

### 1.3.1.1　地形地貌对地质灾害的控制作用

地形地貌是崩塌、滑坡、泥石流等几种突发性地质灾害类型和形成规模的主控因素。从微观上看，影响地质灾害发育的主要地形地貌因素有地形坡度、坡面形状、临空面、沟谷的切割程度等，不同的地貌类型制约着地质灾害类型和分布特征，高大的自由临空面是崩塌、滑坡产生的有利地形，山高坡陡且较开阔的"V"形沟谷是泥石流产生的良好条件。从宏观即区域地貌形态上看，河南省崩塌、滑坡、泥石流等突发性地质灾害多发生于山地、丘陵区；而大多数地面塌陷、地裂缝及地面沉降则受人类工程活动的控制，主要发生于丘陵、山前岗地和平原区（见图1-1-17）。从宏观来看，通常情况下，地形高差越大，切割变形越强烈，崩塌、滑坡越发育，如豫西、豫北、豫南的山地丘陵区。那些具备较充分的汇水和物源的形成区、足够坡度的流通区、比较宽敞的堆积区则是自然沟谷型泥石流形成的有利条件。从微地貌看，适宜的斜坡坡度、高度、斜坡形态，形成便于岩体崩落、滑动的临空面，对崩塌、滑坡的形成具有直接作用。

我省西部为山地丘陵区，地貌处于第二级地貌台阶向第三级地貌台阶过渡阶段，太行山、崤山、熊耳山、外方山、伏牛山均处于第二级地貌台阶，而桐柏山—大别山则构成第三级地貌台阶的横向突起。我省主要岩体崩塌、滑坡及泥石流地质灾害多处于第二级地貌台阶和第三级地貌台阶的突起部位；土质崩塌多位于第二级地貌台阶与第三级地貌台阶交接部位；而地面塌陷、地裂缝、地面沉降则处于第三级地貌台阶（平原和盆地）内（见表1-1-25）。

表1-1-25　河南省地质灾害区域地貌分布特征分析表　　　　（单位：处）

| 地质灾害类型 | 第二级地貌台阶 | 第三级地貌台阶 | 第三级地貌台阶（桐柏山—大别山） |
|---|---|---|---|
| 滑坡 | 1 080 | 98 | 855 |
| 崩塌 | 1 604 | 145 | 721 |
| 泥石流 | 366 | 2 | 57 |
| 地面塌陷 | | 897 | |
| 地裂缝 | 13 | 128 | |
| 地面沉降 | | 1 | |

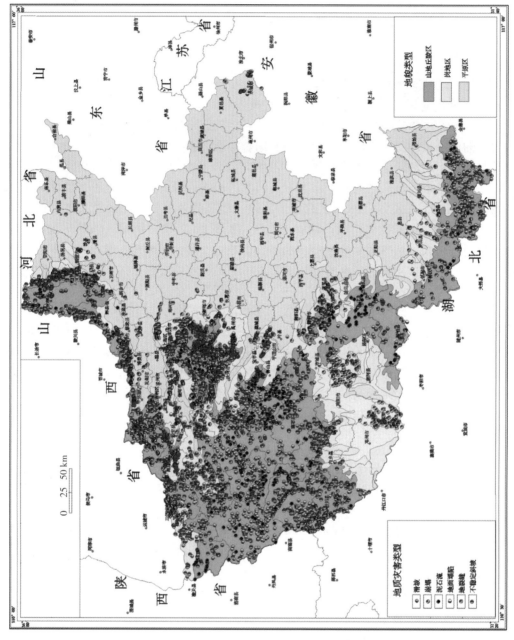

图1-1-17　河南省地质灾害与地貌关系叠加图

#### 1.3.1.2　不同地貌单元地质灾害发育特征分析

　　不同的地貌单元所发育的地质灾害数量、类型各不相同。河南省大的地貌类型可分为山地丘陵和黄淮海平原2个大类。而山地丘陵又可细分为豫西山地、太行山地、豫南山地和南阳盆地4个次级地貌单元。各地貌单元地质灾害发育数量见图1-1-18。

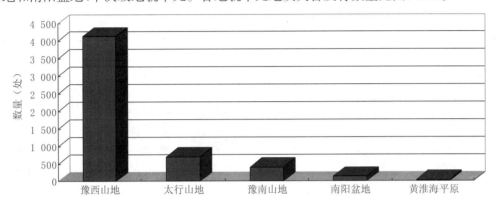

图1-1-18　河南省各地貌单元地质灾害发育数量统计图

　　1. 太行山地

　　该地貌分区包括安阳市、鹤壁市西部、新乡市和焦作市西北部、济源市北部。共发育地质灾害704处，其中滑坡155处，占灾害点总数的22%；崩塌107处，占灾害点总数的15.2%；地裂缝23处，占灾害点总数的3.3%；地面塌陷259处，占灾害点总数的36.8%；地面沉降123处，占灾害点总数的17.5%；泥石流37处，占灾害点总数的5.2%。

　　该地貌分区的地面高程为200～1 000 m，地质灾害类型以地面塌陷、崩塌和滑坡为主。按地质灾害类型与地貌特征，又可细分为西北段和中北段两大地段。

　　西北段属太行山地中、低山和高丘陵区，海拔500～1 000 m，地表出露岩性多为寒武、奥陶系的灰岩、白云岩，沿河地带可见元古界石英砂岩出露。本区山高谷深、地势陡峻，斜坡坡度多在55°以上，相对高差一般大于30 m，是滑坡、崩塌高发区。如辉县市暖窑庙危岩体，位于辉县市上八里镇回龙村，岩性为元古界石英砂岩，发育3组裂隙，块度80 m×10 m×200 m，一垂直裂缝由山顶直达底部（见照片1-1-9），裂缝上大下小，易受降雨、地震以及爆破振动影响，破坏其稳定性，威胁其下部公路、行人及车辆安全；再如辉县市水圪浪崩塌，位于齐王寨村东公路边水圪浪瀑布上方，坡体岩性为元古界石英砂岩，已产生裂缝，上下贯通，呈上大下小的"T"形，崩塌体高28 m，厚4 m，宽20 m，发育2组节理，裂隙宽5～25 cm，下部支撑点最薄处仅40余cm，岩体与山体已大部分脱离，威胁过往行人安全和公路畅通（见照片1-1-10）。

　　中北段是指林州盆地和临淇盆地以东丘陵区、焦作和济源北部丘陵区，是地下开采形成的地面塌陷高发区。该地区为山地向山前岗地过渡地带，地貌上以低丘为主，地表出露岩性为寒武、奥陶系灰岩、白云岩，以煤为主的地下开采活动强烈，主要矿业集团有焦煤、鹤煤等。如焦作矿区地面塌陷分布较为广泛，主要分布于解放区、山阳区、中站区、马村区。主要塌陷区（段、点）有庄村塌陷、田涧村苗圃塌陷、嘉禾屯村塌陷（见照片1-1-11）、中马村西塌陷、桶张河村东塌陷、岗庄村西焦东矿塌陷、冯营塌

照片1-1-9　辉县市暖窑庙崩塌　　　　　　照片1-1-10　辉县市水圪浪崩塌

陷、中马矿罗庄塌陷、九里山矿区塌陷、演马庄矿塌陷、韩王矿塌陷、王庄李封矿塌
陷、红砂岭赤铁矿塌陷、朱村四矿塌陷、中站区煤矿塌陷、西冯封村塌陷等。塌陷坑
平面呈不规则圆形或椭圆形，直径一般为500～2 000 m，个别大于2 000 m，现仍存在隐
患。塌陷区边缘常伴生地裂缝，均和采煤有关。

照片1-1-11　焦作市嘉禾屯村地面塌陷

2. 豫西山地

豫西山地位于京广铁路以西的洛阳市、三门峡市、郑州市西部和平顶山市及许昌市
的西部，是河南省地质灾害多发区。共发育地质灾害4 132处，其中滑坡1 031处，占灾
害点总数的25.0%；崩塌1 218处，占灾害点总数的29.5%；泥石流350处，占灾害点总数
的8.5%；地面塌陷673处，占灾害点总数的16.3%；地裂缝73处，占灾害点总数的1.7%；
其他787处，占灾害点总数的19.0%。

该地貌分区属秦岭山脉东延部分，主体山脉向东、北、东南三个方向延展，除基岩
山地地貌外，沿黄河一线，还发育有黄土丘陵地貌，其表现形态为黄土塬和黄土梁峁，

冲沟极其发育。按地貌与地质灾害点关系特征，可以将该区细分为豫西中低山丘陵区和黄土丘陵区两个地貌单元。

豫西中低山丘陵区包括河南省中西部的小秦岭、崤山、熊耳山、外方山、嵩箕山、伏牛山等山地及其延展丘陵地带，该区矿产资源丰富，地质灾害类型以人为因素诱发的地面塌陷、泥石流及伴生崩塌、滑坡为主，灾害数量多、危害严重。如金堆城钼业公司地面塌陷，位于河南省汝阳县南部，因钼业开采形成的地面塌陷受地貌控制，其发育具有明显的基岩山地地面塌陷特征。一是塌陷区内伴生大量其他灾害类型。受地貌影响，地表无明显塌陷特征，但引起多处房屋裂缝，在采区内尤其是硐附近、地形变化较大的陡坡、陡坎、人工切坡处，形成一系列滑坡、崩塌（见照片1-1-12）。二是单体陷坑规模不大。两处地面塌陷分别位于东沟

照片1-1-12　金堆城钼业公司采空区内形成滑坡

村的油坊店和韩庄村境内，两塌陷区相连，塌陷面积分别为0.12 km$^2$和0.049 8 km$^2$，分别为中型、小型地面塌陷。

豫西黄土丘陵区最典型的地貌特征是冲沟遍布，凡冲沟分布地段，岸边及冲沟陡崖处土体壁立，坡面坡度多在70°～90°，在长期风化作用下，加上地质构造的影响，土体节理裂隙发育，是造成黄土崩塌的主要地貌类型。

3. 豫南山地

该地貌分区包括河南南部、桐柏山和大别山北麓，行政区划上以信阳市为主，该区海拔多在300～800 m，主峰海拔超过1 000 m以上。共发育地质灾害471处，其中滑坡281处，占灾害点总数的59.7%；崩塌77处，占灾害点总数的16.3%；地裂缝6处，占灾害点总数的1.3%；滑坡及崩塌107处，占灾害点总数的22.7%。

4. 南阳盆地

整体地貌形态是以盆地为中心的阶梯状地貌，盆地海拔在200 m以下，地势较平坦，除在盆地边缘及阶梯处发育有崩塌外，盆地内以胀缩土形成的小型地裂缝为主。共发育地质灾害145处，其中滑坡3处，占灾害点总数的2.0%；崩塌81处，占灾害点总数的55.9%；地裂缝61处，占灾害点总数的42.1%。

5. 黄淮海平原

本区为平原地貌，地质灾害类型以采煤形成的地面塌陷、地裂缝为主，具有典型的平原地面塌陷特点，即地面塌陷在地表表现为凹陷盆地形态，多以碟形洼地为主，剖面形态常为漏斗状，边缘与非塌陷区逐渐过渡，其间没有明显的界线。在永城采煤塌陷区，受开采布局影响，凹陷盆地平面形态多近长条形，地面塌陷面积大于采空区面积（见表1-1-26）。

表1-1-26　永城煤矿区地面塌陷与采空区面积对比表

| 单位 | 矿井名称 | 塌陷面积<br>（km²） | 采空区面积<br>（km²） | 塌陷与采空<br>区面积比值 |
|---|---|---|---|---|
| 永煤集团 | 陈四楼煤矿 | 12.03 | 4.81 | 2.50 |
| | 城郊煤矿 | 0.67 | 0.60 | 1.12 |
| | 车集煤矿 | 2.82 | 0.88 | 3.20 |
| 神火集团 | 新庄煤矿 | 11.07 | 9.37 | 1.18 |
| | 葛店煤矿 | 5.34 | 4.80 | 1.11 |
| 合计 | | 31.93 | 20.46 | 1.56 |

　　根据地表变形特征，盆地中心的平底部分，地表下沉均匀且下沉值最大，一般无明显裂缝；在盆地过渡地段，地面向盆地中心倾斜，对建筑物破坏作用较大，地表出现明显裂缝，裂缝规模一般较大（见照片1-1-13），视为裂缝区；塌陷区边缘，地表变形值小，地面裂缝轻微，一般不对建筑物构成破坏，可视为地面塌陷的边界。

照片1-1-13　永城矿区地裂缝

### 1.3.2　地质灾害发育与岩土体类型

　　全省5 966处地质灾害（不含地面沉降）中，与土体有关的有4 453处，占全部地质灾害点的74.6%。从岩性上看，结构松散、抗剪强度和抗风化能力差、在水作用下容易发生变化的黏土、黄土及其他松散坡积覆盖物，是河南省地质灾害发育的主要母体。而硬度差、力学强度相对较弱的层状泥灰岩、泥岩、砂岩、页岩和易风化的岩浆岩、片麻岩则属于易产生地质灾害的岩质母体（见照片1-1-14、照片1-1-15）。全省地质灾害与岩土体类型统计结果见表1-1-27。

照片1-1-14　商城县风化花岗岩滑坡

照片1-1-15　固始县风化砂岩滑坡

此外，性质坚硬、结构完整、抗剪强度大、抗风化能力强的混合岩、胶结砂岩、砂砾岩、灰岩，因斜坡整体性好，一般不易发生地质灾害，且坡体遭受人为破坏时，其发生地质灾害的概率仍低于其他岩类。

表1-1-27　地质灾害与岩土体类型统计表

| 岩土体类型 | | | 灾害点数（个） |
|---|---|---|---|
| 土体 | 砾质土 | | 82 |
| | 砂土类 | | 27 |
| | 黏性土 | | 2 850 |
| | 特殊性土 | 黄土 | 1 353 |
| | | 胀缩土 | 66 |
| | | 其他特殊性土 | 75 |
| 岩体 | 岩浆岩体 | | 155 |
| | 变质岩体 | 坚硬块状混合岩、混合质片麻岩组 | 25 |
| | | 坚硬、较坚硬薄层状石英片岩组 | 70 |
| | | 较坚硬变质岩组 | 20 |
| | | 较坚硬块状片麻岩组 | 152 |
| | 碎屑岩体 | 坚硬层状砾岩、石英砂岩组 | 457 |
| | | 坚硬层状钙质硅质胶结砂岩、砂砾岩组 | 38 |
| | | 较坚硬薄层状砂岩、页岩夹灰岩组 | 45 |
| | | 软弱层状泥灰岩、泥岩、砂岩、砂质砾岩、页岩组 | 401 |
| | 碳酸岩体 | 坚硬层状石灰岩组 | 125 |
| | | 坚硬层状大理岩、白云岩组 | 26 |

### 1.3.3　降水与地质灾害

降水特别是强降水是诱发地质灾害的最主要因素。从统计数据看，河南省境内绝大多数突发性地质灾害（崩塌、滑坡、泥石流）都由降水引发，降水主要影响因子有降水量、降水时间与降水强度，尤以降水强度关联度最为明显。而其他地质灾害类型，如地裂缝，其发育特点亦受降水作用影响，但降水不是决定性因素，地面塌陷则与降水关联度较低。

### 1.3.4　地质构造与地质灾害

河南省新构造运动是以垂直升降运动为主的，在上升区形成的山地、山间丘陵、黄土台塬区域，是地质灾害易发和多发区域。上升区与新构造运动相关的活动断裂有方城—南阳断裂、大别山北麓断裂、朱阳关—夏馆断裂、温塘会兴断裂等。这些新构造运动造成上升区活动断裂相互交错、岩体支离破碎，成为我省滑坡、崩塌、泥石流等突发性地质灾害诱发的主要因素之一，直接导致太行山区、豫西山地及豫南山地等构造活动强烈区地质灾害频发。

对于崩塌、滑坡等突发性地质灾害来说，其与省内地质构造的关系极为密切，新构造运动造成的地貌差异及其对岩土体类型的影响，则对泥石流的形成及其物源的产生作用较大，同时亦对崩塌、滑坡产生间接影响。

### 1.3.5　地表水与地质灾害

从宏观上看，河南省滑坡、崩塌、泥石流等突发性地质灾害多发生在河流的上游。由于新构造运动上升区河流多沿构造线的软弱带发育，此区域内河谷较为狭窄，流速较大，切割严重，为沟谷型泥石流的生成提供了所需条件。河南省境内沟谷型及矿渣堆积型泥石流的发生均与水系发育有关。

而在河流中游地段，如黄河三门峡至郑州段，沿岸多发育崩塌、塌岸、滑坡。黄河的二级河流，如伊洛河，其支流多属黄土冲沟，其流域多是土质崩塌密集分布区，如荥阳、巩义等地。

### 1.3.6　人类工程经济活动与地质灾害

开挖坡脚、破坏植被、不合理的地下开采、矿山废弃渣与尾矿随意堆放、河流的冲刷与侧蚀、河流水库水位升降、斜坡加载、爆破振动等人类工程活动常常引发或加剧地质灾害。人类工程活动对地质灾害的影响可分为直接影响和间接影响两个方面。

直接影响是指人类工程活动直接诱发各种地质灾害活动，主要包括：在铁路、公路、房屋、水利工程建设及采矿活动中，因开挖、加载等原因，出现崩塌与滑坡，同时，工程建设、采矿活动等大量弃渣又为泥石流提供了大量固体碎屑物，引发泥石流，不合理的库、坝建设也是泥石流的直接诱因之一。过量开采地下水引发地面沉降，地下采矿活动直接诱发地面塌陷和地裂缝，露天采矿引发崩塌与滑坡等，这些都说明人类工程经济活动是地质灾害形成的直接诱发因素。

间接影响主要指人类工程活动使地质环境恶化，间接导致地质灾害的发生和发展。比如斜坡体林改耕、林木乱砍滥伐、超量开发利用水资源等，使得森林植被、土地资源、地下水资源遭受破坏，这些工程活动不一定直接导致地质灾害的发生，但它对地质环境的影响往往是广泛和深刻的，一旦引发地质灾害，其治理难度往往较大。

省内与地质灾害有关的人类工程经济活动主要有矿产资源开发、水利水电工程建设、交通建设、村镇建设及地下水开采五大类。随着河南省经济社会的快速发展，人类工程经济活动对地质环境的影响越来越大，加速了地质环境的变化，不规范、不合理的人类工程经济活动直接诱发或加剧了地质灾害的发生（见照片1-1-16、照片1-1-17）。

通过统计发现，人类工程经济活动引发的地质灾害呈愈发增多和加剧的趋势（见表1-1-28）。

照片1-1-16　永城市采煤地面塌陷形成积水区

照片1-1-17　商城县切坡建房引发滑坡冲垮房屋

表1-1-28　　不同年代人类工程经济活动诱发地质灾害数量统计表　　　（单位：处）

| 地质灾害类型 | 20世纪50年代前 | 20世纪50年代 | 20世纪60年代 | 20世纪70年代 | 20世纪80年代 | 20世纪90年代 | 2000年后 |
|---|---|---|---|---|---|---|---|
| 滑坡 | 3 | 7 | 31 | 24 | 126 | 285 | 850 |
| 崩塌 | 1 | 3 | | 12 | 30 | 97 | 1 044 |
| 泥石流 | | 6 | 12 | 63 | 35 | 72 | 81 |
| 地面塌陷 | 1 | 6 | 17 | 52 | 154 | 335 | 332 |
| 地裂缝 | | 1 | 1 | 4 | 10 | 16 | 94 |
| 地面沉降 | | | | | | 1 | |

# 第2章 崩 塌

崩塌是河南省主要灾种之一。截至2010年底，河南省发生崩塌2 470处，是全省发育数量最多的灾种，其规模以中、小型为主，因其突发性甚于滑坡，有记录以来全省崩塌共造成137人死亡，占地质灾害死亡人数的29.4%。

## 2.1 崩塌类型与分布特征

### 2.1.1 崩塌类型

在全省2 470处崩塌中，土质崩塌2 062处，占崩塌点总数的83.5%；岩质崩塌408处，占崩塌点总数的16.5%（见图1-2-1）。

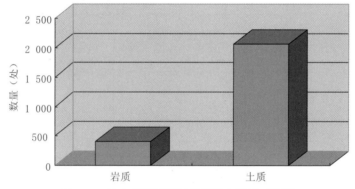

图1-2-1 河南省不同岩性崩塌发育数量对比图

#### 2.1.1.1 岩质崩塌

在省内408处岩质崩塌中，人工岩质320处、自然岩质88处。除自然风化破碎造成崩塌外，岩质崩塌多系采矿和切坡形成，崩塌的形成多因采矿工艺不当或切坡后未实施卸载或护坡所致。如巩义市西村镇坞罗水库北侧的兴华石料厂崩塌，其崩塌体岩性为二叠系石千峰组褐红色砂岩，砂岩呈层状，厚薄不一，最薄处厚度仅0.15 m，岩石风化程度较高，易破碎，2组裂隙（70°∠85°、105°∠87°）与岩石层面一起将岩体分割成块体状，开采后导致岩体临空失稳而发生崩塌。失稳斜坡坡向110°，临空面坡度近90°，崩塌体体积170 m³（见图1-2-2）。

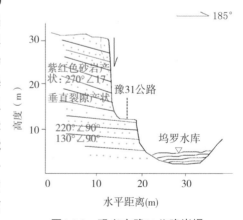

图1-2-2 巩义市豫31公路崩塌

#### 2.1.1.2 土质崩塌

土质崩塌是河南省分布最广泛的崩塌类型。全省共发生人工土质崩塌1 134处、自然土质崩塌928处。其表现特征是以剥落为主，规模一般较小，但因其突发性强、随机性大，形成的危害性较大，极易造成伤亡。

土质崩塌体岩性构成主要为粉土、粉质黏土、砂砾石层、黄土或黄土状土等，坡体结构松散，孔隙、裂隙发育。其平面形态为矩形或不规则形，剖面形态为直线。其分布以民居房屋前后、交通路线侧壁、河堤、矿山采场等陡崖（坎）处居多（见照片1-2-1、照片1-2-2）。

照片1-2-1　荥阳市土质崩塌破坏窑洞　　　　照片1-2-2　巩义市粉质黏土崩塌摧毁房屋

### 2.1.2 崩塌分布特征

#### 2.1.2.1 分布特征

从地域分布看，崩塌以洛阳市、郑州市、南阳市分布最为集中（见图1-2-3、图1-2-4）。豫西、豫西南是我省山地丘陵的主要分布地区，采矿等人类工程活动也比较强烈。此外，郑州—洛阳—三门峡一线是我省黄土丘陵的主要分布地区，在黄土梁峁、冲沟两侧，崩塌往往集中分布，呈现群发性特点。

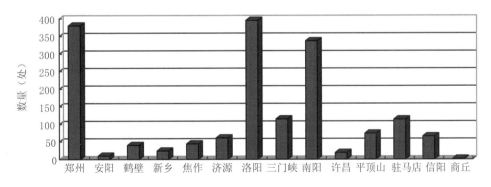

图1-2-3　河南省各市崩塌数量分布对比图

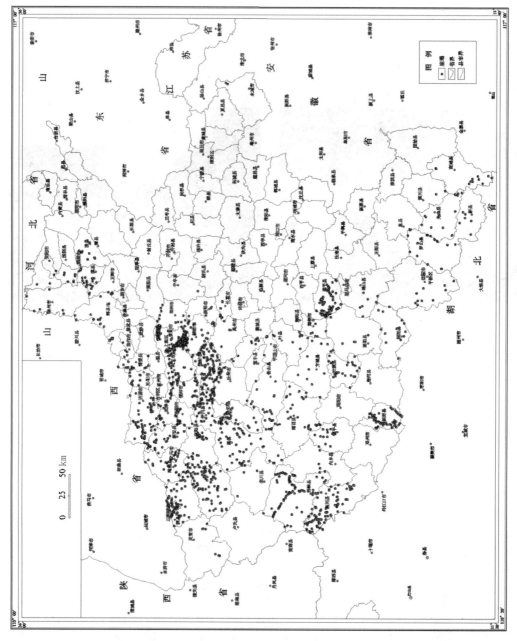

图1-2-4　河南省崩塌分布散点图

从时间上看，河南省内崩塌与降水关系密切，河南省降水强度最大的时间集中在7~9月，这3个月正是河南崩塌多发季节。图1-2-5显示，7、8、9三个月共发生崩塌1 763处，占崩塌点总数的71.4%，说明雨季尤其是强降雨期是崩塌的主要诱发因素。

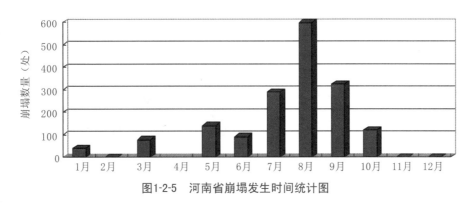

图1-2-5 河南省崩塌发生时间统计图

### 2.1.2.2 崩塌的类别

根据地质灾害数据库中划分的崩塌表现类型，河南省崩塌主要有坠（剥）落式、倾倒式、流（滚）动式3种。

1. 坠（剥）落式

坠（剥）落是岩块或土石以自由落体的运动方式从陡峭边坡或悬崖掉落，多发生在自然或人工形成的陡直边坡，而坡顶上方多为强烈风化的块体，由于振动或强降水引发坠落或剥落。坠（剥）落崩塌现象在河南各崩塌发育区均有出现，但以层状岩区及豫西黄土丘陵区最具代表性（见照片1-2-3）。

2. 倾倒式

倾倒是大量风化破碎岩（土）块向下坡方向倾斜，导致重心脱离斜坡顶部，然后集中发生滚落的一种方式。岩层被多组节理切割成块状岩块时或者土层疏松并具垂直裂隙时最易发生倾翻，许多符合倾翻破坏条件的斜坡，在开始阶段表层风化严重、岩（土）体大范围破碎，而发生倾倒的斜坡坡度一般为70°~80°（见照片1-2-4）。

照片1-2-3 博爱县青天河层状砂岩危岩体　　　照片1-2-4 汝阳县城关镇张河采石场倾倒式崩塌

### 3. 流（滚）动式

俗称"滚石"，多为独立的岩石个体突然从坡体滚落。流（滚）动式崩塌体一般发育于斜坡中上部，或黄土陡坎部位等，斜坡坡度一般为45°～80°，坡体临空好且位能差较大，易失稳崩落（见照片1-2-5）。

#### 2.1.2.3 崩塌的规模特征

据统计，在河南省发育的2 470处崩塌中，规模为巨型1处，大型84处，中型408处，小型1 977处，小型崩塌占崩塌总数的80%（见图1-2-6）。

照片1-2-5 汝阳县十八盘滚石崩塌

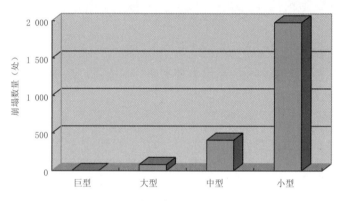

图1-2-6 河南省崩塌规模发育对比图

#### 2.1.2.4 人类工程活动对崩塌的影响

统计显示，河南省境内已发生崩塌2 470处，人工岩质和人工土质共计1 454处，占崩塌总数的近60%。这类崩塌与人类工程活动在时间上具有相关性，有些崩塌是在工程施工过程中发生的，如汝阳县张河采石场崩塌；有些则是在工程完成后发生的，但其发生原因与工程施工密切相关，如大部分切坡建房和公路建设引起的崩塌。

## 2.2 崩塌形成机制

### 2.2.1 崩塌的形成条件

崩塌的形成主要与地形地貌、岩性、岩土体结构等因素有关，诱发因素包括降水、风化作用、植被、振动、人类工程活动等。

#### 2.2.1.1 地形地貌条件

1. 坡度

陡峻的斜坡地形是形成崩塌的首要条件。对河南省2 470处崩塌所处的斜坡坡度区间进行统计（见表1-2-1），可以看出，斜坡坡度在70°～90°之间时，崩塌数量占总崩塌数量的72.3%，其崩塌形式多以坠（剥）落式出现；斜坡坡度在45°～70°之间的占23.9%，崩塌多以倾倒式出现；斜坡坡度小于45°的占3.4%，崩塌多以流（滚）动式出现；统计还发现，11处崩塌所处斜坡坡度大于90°，即斜坡倒悬情况，占崩塌点总数的0.4%。

表1-2-1　河南省崩塌数量与所处斜坡坡度统计表

| 斜坡坡度（°） | <45 | 45～50 | 50～60 | 60～70 | 70～80 | 80～90 | >90 |
|---|---|---|---|---|---|---|---|
| 崩塌数量（处） | 83 | 70 | 152 | 368 | 774 | 1 012 | 11 |
| 百分比（%） | 3.4 | 2.8 | 6.2 | 14.9 | 31.3 | 41.0 | 0.4 |

2. 坡向与坡形

发生崩塌的斜坡坡形有凸形、凹形、直线形、阶梯形等。根据对与坡形、坡向相关的地质灾害数量的分类统计，崩塌多发育于大于45°的高陡坡，坡向以阳坡为主。对坡形而言，凹形坡一般不易发育崩塌，坡形以直线形为主，其次为凸形（见表1-2-2）。

表1-2-2　地质灾害与微地貌特征关系表

| 地质灾害种类 | 坡向（°） | | 坡形 | | |
|---|---|---|---|---|---|
| | 90～270 | 270～360或 0～90 | 凸形 | 凹形 | 其他 |
| 崩塌数量（处） | 1 153 | 528 | 620 | | 1 061 |

3. 地面高程

通过分类统计，崩塌的发育与地面高程有一定的关联度，如图1-2-7所示。全省崩塌2 470处，地面高程多为600 m以下，特别是在地面高程为100～400 m的区域内最为集中，此高程区域共发生崩塌1 452处，占崩塌总数的58.8%。

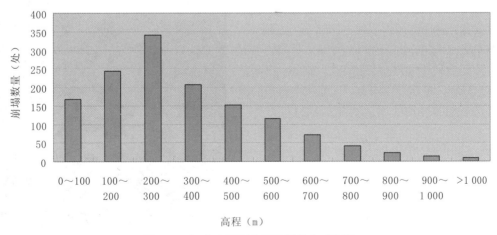

图1-2-7　河南省不同高程崩塌发育对比图

#### 2.2.1.2 岩性条件

岩性对边坡崩塌的控制作用非常明显。统计表明，黄土、黄土状土、黏土等松散土质形成的崩塌2 062处，占崩塌总数的83.5%，规模多为中、小型，说明在新构造的升降运动作用下，土质边坡发生崩塌的可能性最大。此外，大理岩、石英片岩、砂岩、泥岩、片麻岩、卵砾石层等层状岩石形成的崩塌281处，占崩塌总数的11.4%；花岗岩、安山岩、灰岩等块状岩体形成的崩塌96处，占崩塌总数的3.9%；其他岩性形成的崩塌31处，占1.2%。

#### 2.2.1.3 岩土体结构条件

通过对岩土体结构类型与突发性地质灾害崩塌、滑坡之间的关系进行统计，岩土体结构对崩塌影响巨大（见表1-2-3）。统计显示，我省崩塌发育的岩土体结构以松散结构的土体最多，分别占崩塌总数的83.5%。在岩质崩塌中，均以发育有节理裂隙的岩体结构对崩塌影响最大，占崩塌总数的12.8%。

表1-2-3 不同岩土体结构类型与崩塌发育数量对照表

| 岩土体结构类型 | 节理裂隙 | 层理结构 | 风化界面 | 松散土体 | 软硬互层 | 其他 |
|---|---|---|---|---|---|---|
| 崩塌发育数量（处） | 315 | 19 | 45 | 2 062 | 9 | 20 |

河南省土质崩塌多发生在原始形态被破坏的松散结构土体中。岩质崩塌多发生在层状结构、碎裂结构的岩体中，岩体多由一至多个不良结构面控制，从而导致岩体破碎，为崩塌发育创造条件。当斜坡由完整的、物理力学性质良好的岩体构成时，斜坡具有较高的稳定性；当岩体不完整，力学强度降低，或岩层顺坡向、结构面发育时，其稳定性较差，易发生崩塌。对于崩塌而言，在不同部分发育有不同方向、不同规模的结构面，它们的不同组合构成了不同类型的岩体结构，各种结构面的强度明显低于岩体的强度。因此，倾向临空面的软弱结构面的发育程度、延伸长度及该结构面的抗压强度是控制岩质崩塌的主要因素。

如新县新集镇白果树崩塌，斜坡坡势陡峭，坡度82°，坡向122°，岩性为片麻岩，节理、裂隙极度发育，主要有两组节理，产状160°∠81°，252°∠9°，体积14 m×30 m×5 m，下部缺少支撑，且与母体产生裂缝，裂缝宽1～30 cm，已向公路方向倾斜（见照片1-2-6）。该崩塌主要是由修路开挖坡脚过陡所致，威胁到行人和公路。

照片1-2-6 新县新集镇白果树省道崩塌

### 2.2.2 崩塌的诱发因素

#### 2.2.2.1 降水因素

为反映降水量对崩塌的影响程度，将降水量与发生的崩塌数量进行了统计，结果见表1-2-4。

表1-2-4　各降水区间崩塌发育数量统计表

| 降水量（mm） | <600 | 600～700 | 700～800 | 800～900 | 900～1 000 | 1 000～1 100 | 1 100～1 200 |
|---|---|---|---|---|---|---|---|
| 崩塌数量(处) | 345 | 1 516 | 786 | 442 | 71 | 183 | 159 |

由表1-2-4中可看出，河南省崩塌多集中发育在降水量为600～800 mm的区域内，占到总灾害数量的65.7%。

#### 2.2.2.2　振动因素

省内关于振动作用对崩塌的影响研究较少。通过对崩塌失稳因素中振动作用的分析，发现振动往往会加剧崩塌的发生。一是岩体风化程度高时，施工振动会加剧裂隙的宽度。二是强降雨后，施工或其他振动会进一步降低危岩体的抗剪强度，使诱发崩塌的可能性加大。

#### 2.2.2.3　风化因素

对岩质崩塌来说，岩体表面风化程度越高，其强度越低，发生崩塌的可能性越大。另外，同一坡面不同岩体的差异性风化，也是加剧岩体失稳的诱因之一。此外，风化破碎的岩体结构面，被风化物碎屑、残坡积土充填后，在降水、气温变化等风化营力的作用下，会大大降低岩体的抗剪强度，导致不稳定岩体发生崩塌。

#### 2.2.2.4　植被因素

在一定条件下，植被作用对岩土体崩塌有重要影响。其主要体现在，生长在岩石裂隙、节理、层面或者土体裂隙中的树木根系，由于其不断地延伸和变粗，从而使岩土体裂隙产生并不断扩张，岩土体稳定性发生进一步破坏，进而导致崩塌的形成，也称为植物根劈作用（见照片1-2-7）。

#### 2.2.2.5　人为因素

通过对河南省县市地质灾害调查分析，影响崩塌发育的人类工程活动主要有修建道路、住房、水利工程和矿山开

灌木的根系对黄土裂隙的根劈作用是诱发崩塌的因素之一

照片1-2-7　郑州市惠济区黄土崩塌

采等，这些活动以切坡、加载改造了自然斜坡，或地下采空、开采过程中振动爆破等造成应力失衡，使其失去原有稳定状态，在重力作用下发生崩塌。

1. 切坡与加载

修建道路、住房建设、水利工程建设等人类工程经济活动中的切坡与加载现象比较普遍，但往往缺少相应的稳定斜坡措施，致使斜坡在施工后失稳产生变形破坏，诱发崩塌。如济源市某公路，切坡后未采取护坡措施，导致沿线多处崩塌（见照片1-2-8）。

2. 矿山开采

山地丘陵区铁矿、钼矿、煤矿等地下开采形成采空区，在地形变化剧烈的陡峭斜坡，常常诱发崩塌（见照片1-2-9）。

照片1-2-8　济源市公路边坡崩塌　　　　　照片1-2-9　济源市克井镇煤矿采空区诱发次生崩塌

3. 振动与爆破破坏

施工过程中的爆破活动使边坡岩土体受到破坏引发崩塌的例子屡见不鲜，而且往往造成人员伤亡。如巩义市米河镇魏寨采石场崩塌造成3人死亡的悲剧，其起因就是采石过程中爆破方法不当引起崩塌。

## 2.2.3　崩塌发育阶段

崩塌体崩落的过程很快，但其形成与发展是有一定过程的，大致可分为形成、位移、崩落三个阶段。

### 2.2.3.1　潜在崩塌体的形成阶段

斜坡上的崩塌体不是原来就有的，它是在地质构造作用、斜坡重力作用、风化作用等营力的共同作用下，不断演变而成的。边坡岩体在漫长的地质时期中，经历了历次地质构造作用、重力作用、风化作用和地貌演变作用，形成了不同产状的构造结构面或风化结构面，其中倾向临空面且在边坡上出露的结构面最不稳定，为形成潜在崩塌体打下了基础。

在重力及阳光、降水、气温等风化营力的长期作用下，岩体中的结构面渐趋张开，当各产状结构面相互贯通时，潜在崩塌体就形成了。某些后期的人为因素，如切坡等，使应力失衡而加剧结构面的张开，对潜在崩塌体的形成具有促进作用。

### 2.2.3.2　潜在崩塌体蠕动位移阶段

潜在崩塌体形成之后，并不意味着马上就要发生急剧的崩塌现象，一般会有较长的蠕动位移阶段。此时临空结构面的抗剪力大于下滑力，若另外一组或多组产状垂直的结构面多次充水浸润，结构面被泥化，充填物张力变大，再加上其他营力作用（如根劈作用），垂直于临空面的结构面将导致临空结构面抗剪强度大大降低，当抗剪强度小于下滑力时，潜在崩塌体就会向下滑动，导致崩塌突然发生。

### 2.2.3.3　突然崩落阶段

当潜在崩塌体重心滑移出边坡后，突然而急剧的崩塌就会产生，崩落过程一般几秒至几十秒就会完成。崩塌体在崩塌过程中翻滚、跳跃、坠落、互相撞击，最后堆于坡脚。

# 2.3　崩塌稳定性评价

对河南省崩塌现状稳定性进行分析，将崩塌划分为稳定性差、稳定性较差和稳定性好三个类别（见表1-2-5）。评价结果表明，稳定性差或较差的崩塌占崩塌总数的89.8%（见表1-2-6），在自然因素和人为因素的作用下极易造成人员伤亡和较大经济损失。

表1-2-5　崩塌（危岩体）稳定性野外判别表

| 环境条件 | 稳定性差 | 稳定性较差 | 稳定性好 |
|---|---|---|---|
| 地形地貌 | 前缘临空甚至三面临空，坡度>55°，出现"鹰嘴"崖，顶底高差>30 m，坡面起伏不平，上陡下缓 | 前缘临空，坡度>45°，坡面不平 | 前缘临空，坡度<45°，坡面较平，岸坡植被发育 |
| 地质结构 | 岩性软硬相间，岩土体结构松散破碎，裂缝裂隙发育切割深，形成了不稳定结构体、不连续结构面 | 岩体结构较碎，不连续结构面少，节理裂隙较少。岩土体无明显变形迹象，有不规则小裂缝 | 岩体结构完整，不连续结构面少，无节理、裂隙发育。岸坡土堆较密实，无裂缝变形 |
| 水文气象 | 雨水充沛，气温变化大，昼夜温差明显。或有地表径流、河流流经坡角，其水流急，水位变幅大，属侵蚀岸 | 存在大暴雨引发因素 | 无地表径流或河流水量小，属堆积岸，水位变幅小 |
| 人类活动 | 人为破坏严重，岸坡无护坡。人工边坡坡度>60°，岩体结构破碎 | 修路等工程开挖形成软弱基座陡崖，或下部存在凹腔，边坡角40°～60° | 人类活动很少，岸坡有砌石护坡。人工边坡角<40° |

表1-2-6　河南省崩塌稳定性分析统计表

| 稳定性 | 目前稳定状况 | | |
|---|---|---|---|
| | 稳定性差 | 稳定性较差 | 稳定性好 |
| 崩塌（处） | 1 367 | 853 | 250 |
| 百分比（%） | 55.3 | 34.5 | 10.2 |

# 2.4 典型崩塌灾害

## 2.4.1 汝阳县城关镇张河采石场崩塌

### 2.4.1.1 地质环境背景

　　该崩塌位于城关镇张河村采石场，为丘陵地貌，位于罗沟河右岸，海拔420 m左右，斜坡坡向280°，坡度85°，坡高75 m。地表出露岩性主要为寒武系中统棕黄色灰岩，被3组裂隙分解成碎块状，其产状为200°∠75°、110°∠56°、290°∠85°。坡上植被极差，斜坡中上部灰岩极度松散破碎，沿坡150 m长度内均为采区，坡体破坏严重，块石随时可能崩落（见照片1-2-10）。

照片1-2-10　汝阳县城关镇张河采石场崩塌

### 2.4.1.2 崩塌特征

　　该崩塌体岩性为黄褐色灰岩，岩石风化破碎，调查中可见崩塌体坡向280°，坡度35°，长30 m，宽17 m，平均厚2.5 m，体积1 275 m³，呈倒锥状堆于坡前，巨大的石块甚至滚落到离坡脚50 m远的公路边侧。2004年12月、2005年3月分别发生2次崩塌，死亡2人。

### 2.4.1.3 形成原因

　　该崩塌是岩体自身结构特征、人为工程活动、岩体风化等多因素综合作用的结果。灰岩被裂隙分割，结构破碎，风化作用加剧了裂隙的发展，在切坡、振动等人为外在因素的作用下，破碎的岩体在重力作用下产生崩塌。

## 2.4.2 商城县两河口崩塌

　　两河口崩塌位于长竹园乡两河口村省道S216南段，为岩质崩塌，规模小型。崩塌体岩性为侏罗纪早期侵入的花岗岩，未风化，呈黄褐色。崩塌所处地貌类型为中低山区，崩塌体裂隙较发育，诱发因素为人工切坡造成陡坡失稳，在暴雨下激发。它被2组裂隙分割成破碎块状，裂隙产状为170°∠70°，260°∠48°，已崩塌体积5 160 m³，斜坡坡度70°，坡体前缘有拉张裂缝存在，长65 m，宽0.20～0.30 m，深1.0～1.5 m（见照片1-2-11），目前仍存在再次崩塌的可能。

照片1-2-11　商城县两河口崩塌

### 2.4.3　新县白果树崩塌

　　新县白果树崩塌位于新县新集镇白果树村省道旁。白果树崩塌的形成与地貌、构造、岩性、植被和人类活动有关，具有突发性强、速度快、分布范围广和一定的隐蔽性等特点。

　　其形成机制是：岩土体在断裂、节理作用下产生裂缝，与母体分离，受降雨、重力、地震、爆破等影响而产生坠落。影响因素有人为和自然两种，人为因素主要体现在人工筑路、采石、切坡建房等工程活动中，破坏植被或削坡过陡造成临空面；自然因素则主要表现为岩体节理、裂隙发育，由于遭受风化、重力卸载、地震等，岩块脱离母体向下滑落而形成崩塌。

　　修路开挖坡脚过陡，坡度82°，坡向122°，该危岩体岩性为片麻岩，节理、裂隙极度发育，主要有两组节理，产状为160°∠81°、252°∠9°，体积14 m×30 m×5 m，下部缺少支撑，且与母体产生裂缝，裂缝宽1～30 cm，已向公路方向倾斜，不稳定（见照片1-2-12）。目前其威胁到行人和公路。建议对其加强监测、减少振动，采用削方减载等措施，早期防治，以除隐患。

照片1-2-12　新县白果树崩塌

# 第3章 滑 坡

## 3.1 滑坡类型与分布特征

### 3.1.1 滑坡类型

按滑体（或隐滑体）物质组成不同，划分为岩质滑坡和土质滑坡两大类，五个亚类。河南省2 033处滑坡中，岩质滑坡629处、土质滑坡1 404处（见表1-3-1）。

表1-3-1 滑坡类型划分表

| 类 | 亚类 | 数量（处） | 占百分比（%） |
|---|---|---|---|
| 土质滑坡 | 黄土滑坡 | 157 | 7.7 |
| | 残积层滑坡 | 966 | 47.5 |
| | 堆积层（填土）滑坡 | 281 | 13.8 |
| 岩质滑坡 | 原生结构面滑坡 | 485 | 23.9 |
| | 次生结构面滑坡 | 144 | 7.1 |

#### 3.1.1.1 黄土滑坡

黄土滑坡主要分布于河南省洛阳市、郑州市、三门峡市。其滑体物质组成一般为黄土或黄土状土，地质时代一般为上更新统（$Q_3$）、全新统（$Q_4$），因其时代较新，结构疏松，稳定性差，较多形成滑坡。时代较老的黄土，如下更新统（$Q_1$）、中更新统（$Q_2$）黄土，其结构相对致密，稳定性好，在切坡状态下以形成崩塌为主。

黄土滑坡的形成有其特定的地形条件。黄土中粉土颗粒含量较高，其中粗粉粒（0.05～0.01 mm）含量在50%以上，黏粒含量仅占10%左右，且黄土结构疏松、侵蚀作用强烈，又兼黄土中具有较发育的节理系统，多具有5～6组构造节理，这些节理多垂直贯穿黄土各层，在长期降雨作用下形成冲沟，这种高陡边坡及塬边地形极易为滑坡营造有利条件。

黄土滑坡的形成也有其独特的地质因素。黄土的大孔结构及垂直节理、裂隙的存在，有利于地表水沿节理裂隙入渗至下伏黏土隔水层，在隔水层（黏土层）与黄土之间形成滑动面，造成黄土失稳滑动。

由于黄土这种结构上的特殊性，黄土滑坡所形成的滑面一般较陡，因而滑动速度快，成灾概率高。在郑州市的巩义、荥阳等市，均发生多起黄土滑坡阻塞道路或致人伤亡事件（见照片1-3-1）。

由于沿黄河（邙岭）一线黄土地貌具有相同或相近的地形、地质条件，所以这些地带黄土滑坡往往以滑坡群形式存在。

### 3.1.1.2　残积层滑坡

此类滑坡是河南省境内最主要的土质滑坡类型。全省1 404处土质滑坡中，残积层滑坡共966处，占68.8％。其滑体多为第四纪成因的各种黏性土，滑坡外形多呈横向展布，即沿滑坡滑动方向较短，而垂直于滑动方向则较长，一般具弧形后缘滑壁（见照片1-3-2）。形成这种展布形态的原因多是滑坡所处地貌为丘陵地带，第四纪坡积黏土又多堆积于坡脚，在人工切坡后失稳形成滑坡。

照片1-3-1　巩义市河洛镇黄土滑坡阻塞公路　　　照片1-3-2　汝阳县靳村乡滑坡弧形后缘滑壁

第四纪残坡积的黏性土体一般为松散结构，透水性较好，黏聚力和结合力较低。特别是降水大量入渗后，土体呈饱水状态，可塑性强，抗剪强度显著降低，土体比重明显增大，上部饱水的疏松土层与下部较密实的土层间或下部基岩为相对隔水层时，接触面易形成饱水软土滑腻带（面），摩擦力和黏聚力大为降低，上部土体很容易沿此接触面发生滑动，从而形成滑坡。

以下为汝阳县付店镇苇园滑坡实例：

苇园滑坡所处斜坡岩土体为第四系中更新统残坡积黏土，性状松散，细颗粒状，透水性好，斜坡植被较好，多见幼树及灌木，黏土层含少量砾石，斜坡坡向325°，坡度45°，原始斜坡坡高约120 m，为一凹形土质斜坡（见图1-3-1）。

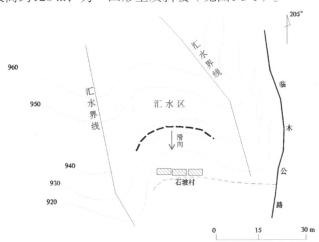

图1-3-1　汝阳县苇园滑坡平面示意图

2005年10月5日，连续一周降雨后，斜坡中部处出现一巨大弧形裂缝，裂缝平均宽20 cm，深1.2 m，长35 m，其后裂缝不断加宽。10月6日，饱水黏土开始从裂缝处滑动，形成的滑坡体长30 m，宽80 m，平均厚度1.5 m，体积3 600 m³。至调查时，滑距已达0.8 m，裂缝发展成高1 m、长30 m的曲折弧状滑壁，滑坡舌部已推至坡下居民房后，致使1间房屋产生裂缝。目前该滑坡极不稳定，威胁坡下2户8人及16间房屋安全。

滑坡所处斜坡为一典型凹形坡，有利于雨水的汇集，汇水面积达9 600 m²，坡体岩性为Q₂坡积黏土，土质松散，连接性差，吸水性强。连续一周的降雨使大量雨水汇集到凹形坡内，致使坡内黏土饱水，其与下层隔水层之间接触带形成滑动面，加之斜坡下部因建房形成高约1.5 m的较陡切割面，致使坡体前缘临空，加快了滑坡的形成和移动（见图1-3-2）。

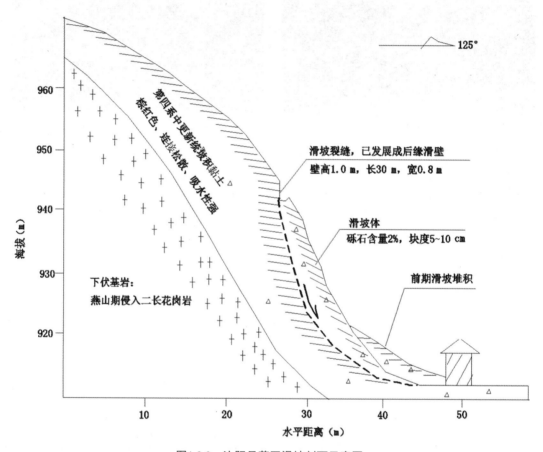

图1-3-2　汝阳县苇园滑坡剖面示意图

### 3.1.1.3　堆积层（填土）滑坡

堆积层（填土）滑坡在我省发育较少，仅发生于人工堆填的特殊地段，如河堤、丘陵地带的房基、路基等。由于堆填土方压填不实，其密实度与基底或相邻土体密实度差异过大，当堆填区具备临空面时，受降水或洪水冲刷影响，易发生堆填土滑坡（见照片1-3-3、照片1-3-4）。

临河建房，临河面人工堆填地基松软，产生滑坡，损坏房屋

地基填土疏松，临坡面发生滑坡，损坏房屋

照片1-3-3  汝阳县靳村乡河堤滑坡　　　　　照片1-3-4  汝阳县椿树村张沟软弱地基滑坡

统计发现，我省堆积层（填土）滑坡规模多为小型，其形成的主要原因是沿沟（河）堤填土，地基处理不良，造成基底软弱，结构疏松，透水性强，遇雨水浸润，则易发生滑坡。

#### 3.1.1.4　原生结构面滑坡

原生结构面滑坡指滑体由新近系之前的完整岩体或块体组成的滑坡，河南省境内的原生结构面滑坡，以顺层岩质滑坡最为常见和典型。原生结构面滑坡具如下特点。

1. 岩体完整

顺层岩质滑坡岩体虽然被多组节理、裂隙切割，但仍保留清晰的原岩外貌和宏观上的整体性。

2. 岩体以层状为主

顺层岩质滑坡与岩性及构造关系极为密切，且多出现在层状岩体，尤其是软硬相间的沉积岩中。从构造上来讲，多出现在背斜或向斜的一翼或单斜构造内，滑面倾角一般为20°～45°，当岩层倾斜方向被切坡临空时，极易发生顺层滑坡，其滑动的规模和范围严格受结构面控制。

3. 滑带以层理面为主

顺层的岩质滑坡，其滑面一般为层理面，由于长期的降水沿裂隙面渗入层理，构成层理面的软弱夹层受地下水作用逐渐变得软弱、破碎而丧失原有结构，最终演变成层间错动带，使上覆岩石极易沿其滑动。

4. 常具多层或多级滑动现象

由于岩体中存在多层软弱夹层，在横剖面上层状岩体便容易沿不同的层间软弱夹层滑动，层状明显，多层之间并不相互交叉。

5. 多为高速滑坡

顺层岩质滑坡的岩体结构特点，决定它在初始滑坡时就具有较高的滑动速度，从而形成高速滑坡。

如商城县双椿铺乡三教洞村玉庄滑坡，为岩质滑坡，于2003年7月10日初现，2004年8月14日再次滑动。滑体岩性为石炭系层状灰黄—灰褐色砂岩。砂岩层厚0.05～0.1 m，黏土覆盖物厚度0.30 m左右。砂岩具两组裂隙：225°∠90°、295°∠90°，滑体砂岩产状：305°∠14°，斜坡坡向245°，坡度35°。该滑坡滑体后缘裂缝遍布，多呈弧形交错分布，最长处40 m，宽2 m，深1.5～2.5 m，裂缝内清晰可见砂岩层理（见照片1-3-5、照片1-3-6）。

商城县玉庄滑坡，砂岩裂隙、滑面层理清晰可见

商城县玉庄滑坡，后缘巨大裂缝，砂岩层理与滑体滑面较为明显

照片1-3-5　商城县玉庄顺层砂岩滑坡　　　照片1-3-6　商城县玉庄滑坡裂隙

分析其滑动原因如下：滑体砂岩倾向与斜坡坡向基本一致，倾角小于坡角，滑面即为裂隙面，暴雨时雨水沿垂直裂隙面下灌，使近倾斜裂隙充水，摩擦力减小，产生滑动。沿此坡左右100 m范围内，均有裂缝出现，雨季或受强震动时仍有可能产生新的滑坡。

### 3.1.1.5　次生结构面滑坡

次生结构面滑坡在我省以碎块石滑坡较为常见，多发生于构造破碎带、岩石风化强烈地段、人工弃体沿斜坡堆积带。在我省大别山、桐柏山、伏牛山等风化花岗岩、砂岩分布区及豫西、豫西北采矿弃渣分布区出现较多。其主要发育特征是岩体极度破碎，碎块石滑体内充填大量第四系坡积物，但碎石含量居主导地位，而滑带（或滑面）多为岩石结构面、未风化或半风化层、人工弃体底部等，此类滑坡在中度降水时以蠕滑形式出现，暴雨时则近于流体（见照片1-3-7、照片1-3-8）。

商城县风化花岗岩滑坡，岩石强烈风化，暴雨时形成的滑坡近于流体

商城县双椿铺镇风化砂岩滑坡，碎块石夹杂较多第四纪坡积黏土

照片1-3-7　商城县风化花岗岩滑坡　　　照片1-3-8　商城县双椿铺镇风化砂岩滑坡

### 3.1.2 滑坡分布特征

#### 3.1.2.1 分布特征

从滑坡地域分布看，洛阳市、三门峡市、南阳市、信阳市分布最为集中（见图1-3-3）；从地貌分布看，滑坡在西部、西北部、西南部、南部山区丘陵区均有分布，但分布极不均衡，以丘陵区为主（见图1-3-4）。

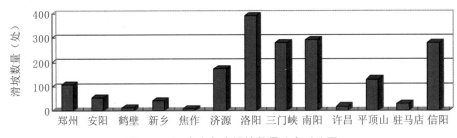

图1-3-3　河南省各市滑坡数量分布对比图

#### 3.1.2.2 滑坡规模特征

河南省滑坡按规模分，小型滑坡1 770处，占滑坡总数的87.1%。巨型3处，大型58处，中型202处，占滑坡总数的12.9%（见图1-3-5）。滑坡发生地多为公路、村镇建设的切坡地段，切坡规模一般不大，单位灾害体形成的高角度失稳临空面积较小，影响范围不大。

#### 3.1.2.3 滑坡的滑床滑体特征

由于河南省滑坡多数规模较小，滑体岩性多为层状岩、第四纪土、碎块石等，大部分滑坡滑床埋藏深度较小，一般为数米，部分滑坡滑床埋深不到1 m。

#### 3.1.2.4 滑坡的诱发特征

我省滑坡诱发的主导因素90%以上为暴雨，10%为工程活动。而滑坡发生时间以8月居多（见图1-3-6）。大雨或暴雨使岩土体块浸湿及孔隙裂隙充水饱和，使岩土体抗剪强度大为降低。尤其是反复强降水，为多数滑坡发生或复活的主要诱因。

#### 3.1.2.5 滑坡的复活性

河南省已发现的2 033处滑坡中，尚存在隐患1 600处，占滑坡总数的78.7%，说明已发生滑坡多数具备再次滑动（复活）的可能性。其原因：一是滑坡点具备了再次发生滑坡的基本条件，如高陡边坡、顺坡层理、持续切坡等；二是滑坡复活诱发因素持续存在，甚至可能会反复作用，根据对数据库中滑坡复活诱发因素的统计，多集中在降雨、坡体切割两方面，尤以降雨为主。

#### 3.1.2.6 人类工程经济活动对滑坡的影响

随着社会经济的发展，人类工程经济活动越来越成为滑坡的重要诱发因素。据本次统计，滑坡影响因素中，存在人为因素（包括削坡过陡、坡脚开挖、坡体切割、植被破坏等）的有1 035处，占滑坡总数的50.9%。

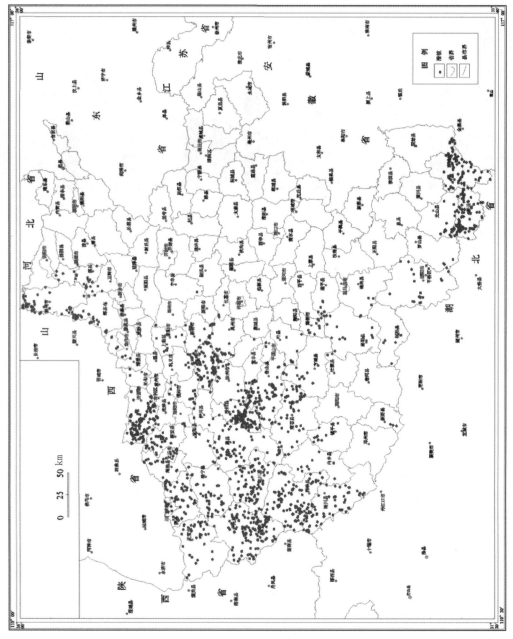

图1-3-4　河南省滑坡分布散点图

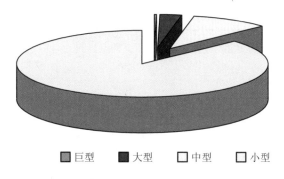

图1-3-5　河南省滑坡规模分布对比图

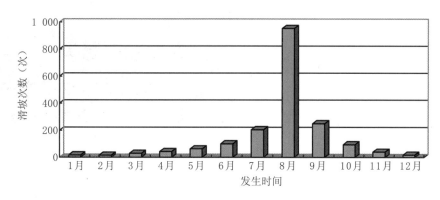

图1-3-6　河南省滑坡次数与发生时间对比图

# 3.2　滑坡形成机制

滑坡的形成主要包括形成条件和诱发因素两个方面。滑坡的形成条件是指存在于斜坡体中相对稳定不会有急剧变化的斜坡体固有特征，包括地层岩性、地质构造、地形地貌及水文地质条件等；滑坡的诱发因素是指施加于斜坡体的可能发生急剧变化的非斜坡体的自然或人为因素。

## 3.2.1　滑坡形成条件

### 3.2.1.1　地形地貌条件

影响滑坡发生的地形地貌条件主要包括地形坡度、坡形、坡向、地面高程等。

1. 斜坡坡形

地形的切割强度、斜坡的高度、坡度和坡面形态，是影响斜坡稳定性的重要因素。由于岩性、构造、气象、水文及人类活动的影响，滑坡坡面形态呈现出多样性，主要有凹形、凸形、阶梯形、直线形等（见表1-3-2）。

表1-3-2　河南省滑坡形态统计表

| 坡形 | 凹形 | 凸形 | 阶梯形 | 直线形 |
|---|---|---|---|---|
| 数量（处） | 301 | 883 | 326 | 523 |
| 占滑坡总数比例（%） | 14.8 | 43.4 | 16.0 | 25.7 |

总的说来，中上部较陡的凸形坡、较易汇水的凹形坡，较有利于滑坡的发生。如商城县伏山乡石冲村欧湾滑坡，即为一典型的掌状凹地，2003年8月，强降水导致汇水量增加，滑坡突然发生，造成40余间民房被毁（见照片1-3-9）。

另外，斜坡的坡向与岩层面的倾向组合对滑坡的产生有重大影响，同倾向有利于滑坡发生，反倾向则不利于滑坡发生。同倾向坡且层面倾角小于斜坡坡角时，发生顺层滑坡的概率就更大，如商城县双椿铺镇玉庄滑坡，即为一典型顺层滑坡。

照片1-3-9　商城县伏山乡石冲村欧湾滑坡

2. 斜坡坡度与坡向

不同斜坡坡度与坡向区间滑坡数量统计结果见表1-3-3。从表中数据可以总结出如下规律：河南省滑坡多发生在坡度中等（30°～45°）、坡向倾向于阳坡（90°～270°）坡形上。

表1-3-3　滑坡与微地貌特征关系表

| 地质灾害名称 | 坡度（°） | | | 坡向（°） | |
|---|---|---|---|---|---|
| | ≤30 | 30～45 | ≥45 | 90～270 | 270～360或0～90 |
| 滑坡 | 580 | 1 032 | 209 | 1 085 | 736 |

从微观地形上看，滑坡多发生在山坡坡角在10°～45°、下陡中缓上陡、上部近环（弧）状坡形上，这种斜坡有利于坡积物的堆积，形成既利于地表水汇集又利于地表水下渗的地形条件，如汝阳县十八盘乡青山村小学滑坡即属此例（见照片1-3-10）。

3. 地面高程

滑坡的发生同地面高程有一定的关联度。对河南省2 033处滑坡分析后发现，滑坡主要集中发育在地面高程为100～800 m的区域内，特别是在地面高程为200～600 m的区域内最集中，此高程区域内发育的滑坡数量占到滑坡总数的42.4%（见图1-3-7）。

从宏观地势上看，我省岩质滑坡多分布在400～1 200 m高程区域，按地貌区分，该高程区属于第二级地貌台阶及其向第三级地貌台阶过渡区域，这些地区的共同地质构造

特点是，地形起伏大，构造复杂，地表岩体破碎，地形切割较为强烈，符合构成滑坡的
条件。

照片1-3-10 汝阳县十八盘乡青山村小学滑坡弧形滑床

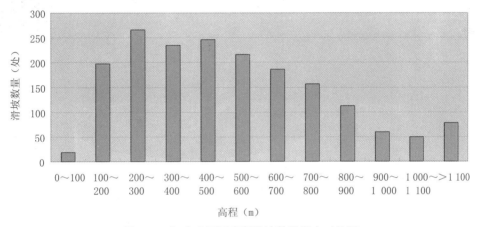

图1-3-7 河南省不同高程滑坡数量发育对比图

如商城县伏山乡石冲村欧湾滑坡，该滑坡处于一凹形坡内，松散风化花岗岩层厚度
约6 m，其下为未风化花岗岩层，居民房屋建于坡前风化层上，沿房下展至坡下沟前，
居民从沟中取黏土堆积成平地，黏土经过夯实，成为隔水墙，使其后风化层成为良好的
储水体。2003年7月13日，雨水连续冲刷6 d，因房后山坡排水沟被破坏，雨水汇集至房
后松散花岗岩层中，松散层饱水后近于流体，冲垮隔水墙，致使建于松散层上的40间平
房被摧毁，幸无人员伤亡。滑体体积达1.344万m³，滑坡发生后，滑坡体底部仍有细水流
出，形成暗溪（见图1-3-8）。

### 3.2.1.2 地层岩性条件

有利于滑坡成生的主要岩性为力学强度较低的软弱—较坚硬的层状和软硬相间的砂
页岩、花岗岩以及松散结构土体。滑坡岩性统计结果见表1-3-4。其中松散结构土体滑坡
占滑坡总数的57.4%（以黏土和粉质黏土占比例最大），岩体滑坡占35.6%（以砂岩、页
岩、花岗岩、破碎石占比例最大），其他岩土类型滑坡占7%。

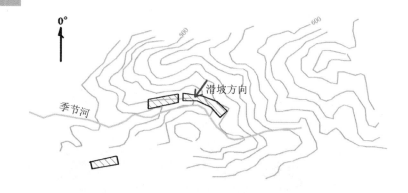

图1-3-8　商城县欧湾滑坡平面图

表1-3-4　河南省滑坡地层岩性统计表

| 岩性 | | | 数量（处） | 占比例（%） |
|---|---|---|---|---|
| 大类 | 小类 | 岩性名称 | | |
| 岩类 | 砂页岩组 | 砂岩 | 233 | 11.5 |
| | | 页岩 | 54 | 2.7 |
| | 砂砾岩岩组 | 砂砾岩 | 21 | 1.0 |
| | 变质岩岩组 | 片岩 | 8 | 0.4 |
| | | 片麻岩 | 16 | 0.8 |
| | | 大理岩 | 9 | 0.4 |
| | | 板岩 | 7 | 0.3 |
| | 碳酸盐岩类 | 灰岩 | 15 | 0.7 |
| | 火山岩 | 安山（玢）岩 | 12 | 0.6 |
| | | 凝灰岩 | 6 | 0.3 |
| | | 角闪岩 | 8 | 0.4 |
| | | 闪长岩 | 5 | 0.2 |
| | 侵入岩岩组 | 花岗岩 | 135 | 6.6 |
| | 其他岩类 | 破碎石 | 182 | 9.0 |
| | | 泥岩 | 14 | 0.7 |
| 土类 | | 黏土 | 703 | 34.6 |
| | | 粉质黏土 | 215 | 10.6 |
| | | 粉土 | 86 | 4.2 |
| | | 黄土（黄土状土） | 119 | 5.9 |
| | | 堆填土 | 42 | 2.1 |
| 岩土混合 | | | 143 | 7.0 |
| 合计 | | | 2 033 | |

### 3.2.1.3 岩土体结构条件

岩体的结构、产状特征直接影响滑坡的形成和发展。河南省滑坡多发生在层状结构、碎裂结构及散体结构的岩土体中，当倾向与坡向基本一致，或者倾角大于坡角时，岩土体便易沿此类结构面发生滑动（见表1-3-5）。

表1-3-5　河南省滑坡产状特征统计表

| 特征 | 滑坡倾向与坡向基本一致 | 滑坡倾角大于坡角 | 受断裂影响 |
|---|---|---|---|
| 数量（处） | 1 620 | 1 851 | 17 |
| 占滑坡总数比例（%） | 79.7 | 91.0 | 0.8 |

对于滑坡而言，各种节理、裂隙、层理，具抵抗风化能力的岩性界面的砂岩、泥岩、片麻岩及结构松散、抗剪强度低、在水作用下容易发生变化的松散覆盖层、黄土、黏土是诱发滑坡的物质基础。另外，当岩层具有力学强度弱与较强的互层结构时，也易产生滑坡现象。岩土体结构类型与突发性地质灾害滑坡之间关系统计结果见表1-3-6。

表1-3-6　不同岩土体结构类型与滑坡发育数量对照表

| 岩土体结构类型 | 节理裂隙 | 层理结构 | 风化界面 | 松散土体 | 软硬互层 | 其他 |
|---|---|---|---|---|---|---|
| 滑坡发育数量（处） | 390 | 59 | 143 | 1 404 | 27 | 10 |

由表1-3-6看出，我省滑坡发育的岩土体结构以松散结构的土体最多，占滑坡总数的69.1%，在岩质滑坡中，均以发育有节理裂隙的岩体结构对崩塌、滑坡影响最大，占滑坡总数的15.8%。

### 3.2.1.4 地质构造条件

从宏观上看，地质构造和新构造运动在很大程度上决定了滑坡的发育程度。根据我们对滑坡数据与构造关系的分析，在次级地质构造发育地段，其对突发性地质灾害尤其是滑坡活动有重要影响。断裂构造不仅使斜坡岩土体发育大量的裂隙，甚至使斜坡变得支离破碎，进而促进斜坡岩土体的风化和地表水的浸润破坏活动，降低斜坡的稳定性，而增加滑坡崩塌发生的可能性。

为分析地质构造与滑坡分布在区域上的成生关系，对河南省滑坡与地质构造图进行了叠合（见图1-3-9），各主要断裂构造附近滑坡数量统计结果见表1-3-7。主要断裂区共发育滑坡2 154处，占该类型滑坡总数（3 710处）的58.1%，可见在断裂构造活动区域，尤其是次生构造活动区，岩石破碎，稳定性差，极易诱发自然滑坡与崩塌。进一步分析发现，当斜坡的走向与断裂方向平行时，发生滑坡概率较高，在断裂交会区，发生崩塌规模相对较大，在次生断裂构造集中分布区，岩石破碎相对强烈，易发生崩塌。

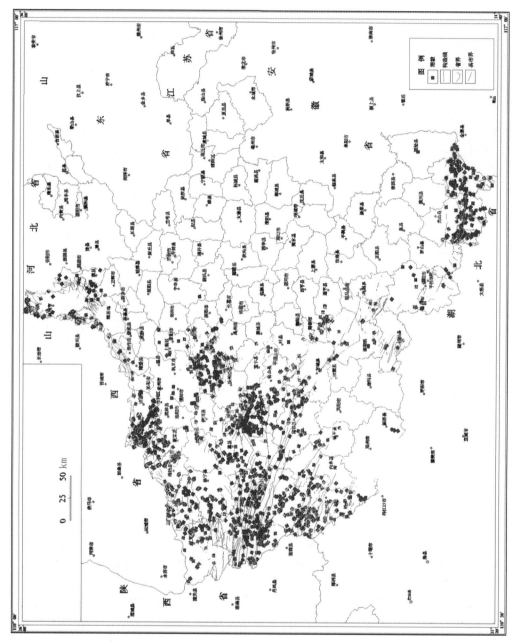

图1-3-9 河南省滑坡与地质构造分布叠加图

表1-3-7 河南省主要构造与滑坡数量对照表

| 序号 | 构造名称 | 滑坡数量（处） |
|---|---|---|
| 1 | 任村—西平罗断裂（$F_{15}$）、青羊口断裂（$F_{16}$）、太行山东麓断裂（$F_{17}$）、盘古寺断裂（$F_{21}$）分布区 | 83 |
| 2 | 焦作—济源—三门峡次生断裂展布区 | 285 |
| 3 | 登封—新密—禹州—汝州次生断裂展布区 | 446 |
| 4 | 马超营—拐河—确山断裂带（$F_2$）、栾川—明港断裂带（$F_3$）、景湾韧性断裂带（$F_4$）、瓦穴子—小罗沟断裂带和道士湾、王小庄、小董庄韧性剪切带（$F_5$） | 572 |
| 5 | 西官庄—镇平—松扒韧性断裂带和龟山—梅山韧性断裂带（$F_9$）、丁河—内乡韧性剪切带和桐柏—商城韧性剪切带（$F_{10}$）、木家垭—固庙—八里畈韧性剪切带（$F_{12}$）、新屋场—田关韧性剪切带（$F_{13}$）、淅川—黄风垭韧性剪切带（$F_{14}$） | 768 |

### 3.2.1.5 水文地质条件

河南省滑坡与水文地质条件关系密切，这里所说的水文地质条件，是指滑坡及周边岩土体受降水入渗与浸润后的地下水特征。由于河南省滑坡绝大多数发生在地下水侵蚀基本面以上，因此滑坡与通常意义上的地下水关系较小。

据从河南省地质灾害数据库中提取信息统计，在2 033处滑坡中，受地下水入渗或浸润主导或部分影响的达1 941处，占滑坡总数的95.5%，其他相关因素主要是人为因素，如卸荷、加载、坡脚开挖等。

滑坡所在斜坡坡体中存在相对不透水的隔水层，其上覆岩（土）体具有较好的渗水性，下渗的地表水在隔水底板上部汇集、蔓延，降低该部位岩土体的抗剪强度，导致上覆岩（土）体滑动。河南省内顺层的岩质滑坡、大部分黏性土滑坡、堆填土滑坡以及破碎石滑坡均具备这种特征。

## 3.2.2 滑坡诱发因素

### 3.2.2.1 降水因素

根据统计，因降水引发的滑坡为1 941处，可以说绝大多数滑坡都与降水有关，降水是滑坡的最直接诱发因素。降水除产生坡面径流外，有相当一部分渗入到坡体中，加大了坡体重量，增加了下滑力。降水渗透到隔水层顶面时，产生汇集现象，使层间软弱夹层软化甚至泥化，降低摩擦力，形成滑面或滑带。降水对滑坡的诱发作用可从降水强度、降水量、降水时间三个方面来分析。

1. 降水强度与滑坡关系

根据县市地质灾害调查数据统计，各降水强度区间内发生的滑坡数量见表1-3-8。

表1-3-8 各降水强度区间滑坡发生数量统计表

| 降水强度（mm/d） | 小雨 <10 | 中雨 10~25 | 大雨 25~50 | 暴雨 50~100 | 大暴雨 100~200 | 特大暴雨 >200 | 合计 |
|---|---|---|---|---|---|---|---|
| 滑坡数量（处） | 37 | 68 | 234 | 489 | 420 | 693 | 1 941 |

由表1-3-8中可得出如下规律，河南省降水强度在超过50 mm/d时，诱发滑坡的数量明显增多，而降水强度达到特大级别时，诱发滑坡数量则是大雨级别的3倍，这充分说明降水强度是诱发滑坡最主要的因素之一（见图1-3-10）。

2. 降水量与滑坡关系

为反映降水量对滑坡的影响程度，根据县市地质灾害调查数据库内滑坡降水量资料对各降水区间内发生的滑坡数量进行了统计，结果见表1-3-9。

表1-3-9　各降水区间滑坡发生数量统计表

| 降水量（mm） | <600 | 600～700 | 700～800 | 800～900 | 900～1 000 | 1 000～1 100 | 1 100～1 200 | 合计 |
|---|---|---|---|---|---|---|---|---|
| 滑坡数量(处) | 345 | 556 | 440 | 355 | 71 | 115 | 59 | 1 941 |

由表1-3-9中可总结出以下规律，河南省滑坡多集中发育在降水量为600～800 mm区域内（见图1-3-11）。由此可见，并不是降水量越大，滑坡发育密度就越大，这从另一角度说明，滑坡是由多种因素共同作用的结果。

以商城县为例，我们对有记录以来滑坡与年降水量之间的关系绘图分析，可以看到降水量与滑坡发生数量基本呈正相关关系（见图1-3-12）。

3. 降水时间与滑坡的关系

滑坡与降水时间关系密切。河南省降水一般集中在7～9月，也是滑坡多发时段。图1-3-13显示，7、8、9三个月全省共发生滑坡1 763处，占全年滑坡总数的86.7%，说明雨季时期的强降雨是诱发滑坡的主要因素。

再以汝阳县为例，统计发现，该县滑坡的发生时间多在每年的7～8月，这与该县气象资料上统计的多年月平均集中降水时间是一致的。汝阳县确定的118处滑坡中，7月38处，8月67处，9月5处，其他月份8处，据汝阳县气象资料，8月是一年中降水强度最大的月份，其降水量虽低于7月，滑坡数量却占滑坡总数的56.8%，高居全年各月份首位（见图1-3-14）。

### 3.2.2.2　地表水因素

从微观上看，滑坡的发育还与河流的弯曲度、流向、流速等水动力因素有关，这些水动力条件的变化，直接后果就是对滑坡产生地表水的冲蚀，使岩土体平衡状态遭受破坏。

地表水冲蚀作用对滑坡影响主要表现为坡脚冲刷，坡脚岩土体被冲蚀，减少了斜坡下部维系坡体平衡的抗力，从而导致滑坡。

如信阳市浉河区董家河乡清塘村河湾组滑坡，其原始斜坡坡向270°，坡高20 m，坡度40°，斜坡前缘为一小河，对斜坡前缘常年冲刷侧蚀。自2003年5月以来，即在凹坡边界形成沿坡向的2条纵向裂缝，2003～2006年，裂缝之间坡体向小河产生蠕滑，造成位于裂缝上方的3间平房产生裂缝，裂缝逐年加大，房屋于2004年8月倒塌。该滑坡体岩性为第四系残坡积黏土坡积物，其滑面为坡积黏土与下伏花岗岩接触面。滑体长40 m、宽60 m、厚3.0 m，体积7 200 m³（见图1-3-15、图1-3-16）。

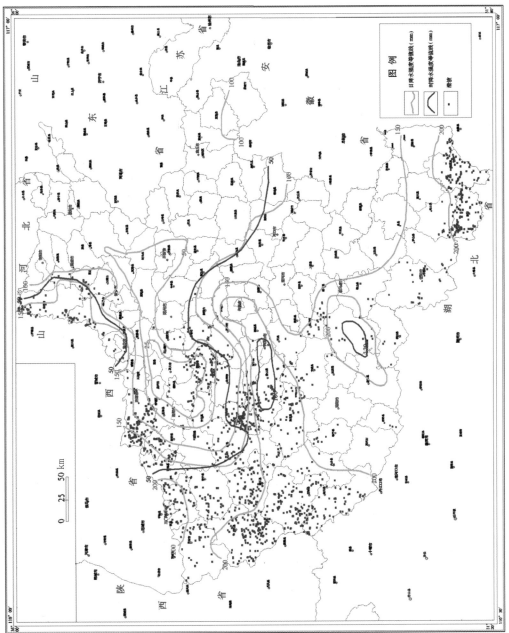

图1-3-10 河南省滑坡分布与降水强度叠加图

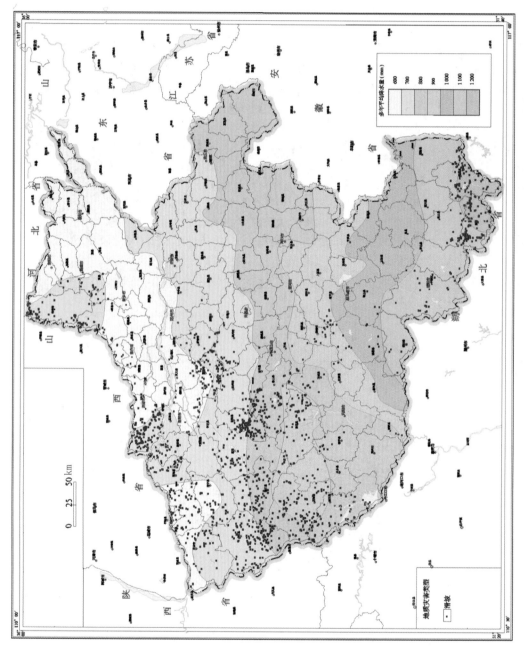

图1-3-11 河南省滑坡分布与降水量关系图

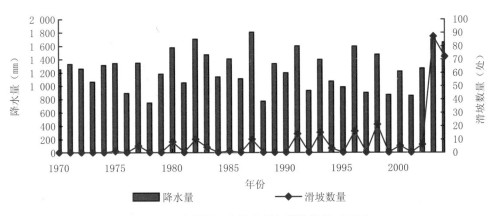

图1-3-12 商城县历年降水量与滑坡数量对比图

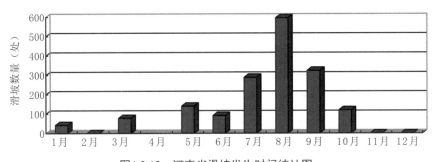

图1-3-13 河南省滑坡发生时间统计图

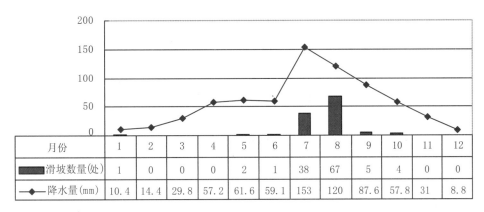

| 月份 | 1 | 2 | 3 | 4 | 5 | 6 | 7 | 8 | 9 | 10 | 11 | 12 |
|---|---|---|---|---|---|---|---|---|---|---|---|---|
| ■ 滑坡数量(处) | 1 | 0 | 0 | 0 | 2 | 1 | 38 | 67 | 5 | 4 | 0 | 0 |
| ◆ 降水量(mm) | 10.4 | 14.4 | 29.8 | 57.2 | 61.6 | 59.1 | 153 | 120 | 87.6 | 57.8 | 31 | 8.8 |

图1-3-14 汝阳县滑坡数量与降水集中月份关系图

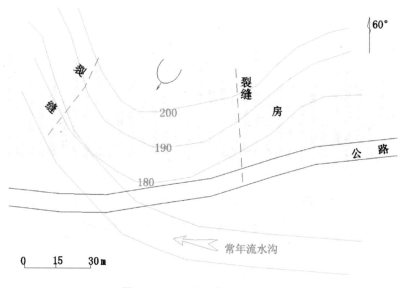

图1-3-15　河湾滑坡平面示意图

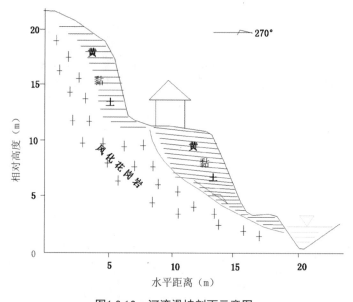

图1-3-16　河湾滑坡剖面示意图

### 3.2.2.3　植被因素

　　水土流失造成植被破坏是滑坡的诱因之一。河南省中西部的黄土丘陵区、外方山地前缘，植被较少，水土流失较严重，滑坡发育强烈；在豫北、豫西、豫南丘陵地带，人类的耕植活动对原始植被的破坏较为严重，小型滑坡发育强烈。如汝阳县十八盘乡汝河村八里滩组，当地居民将房后坡地改林地为耕地，造成滑坡（见照片1-3-11）。

照片1-3-11 汝阳县林改耕诱发滑坡

但事实上，植被对滑坡的影响比较复杂。植被类型不同，对滑坡的影响也不相同。我省西部、西北部山区多见的乔灌木，其自身就会增加隐患坡体的重量，但它又有利于坡体中水分的蒸发。植物根系在其影响所及范围内增加了土层抗剪强度，但是所谓的根劈作用又会促进岩土体裂隙的发展而有利于地表水下渗，从而加速滑坡的产生。一般来说，浅根系的草皮植物对浅层滑坡有促进作用。如河南省宝丰县张八桥镇祁庄村陈河滑坡，斜坡土体至基岩平均厚0.4 m，沿坡植物以丛生草本灌木为主，1999年7月沿土岩接触面产生滑动，形成滑坡（见照片1-3-12），而木本植物则对浅层滑坡有阻碍作用，但对深层滑坡有促进和加速作用。

照片1-3-12 河南宝丰草本植被对浅表层滑坡有促进作用

#### 3.2.2.4 人为因素

我省人类活动对滑坡的影响主要有以下五种方式。

1. 开挖坡角与增加荷载

由于房屋建设、公路建设、水利工程建设或其他原因开展的削方挖坡，造成斜坡下部失去支撑，或由于在斜坡上增加荷载（如滑坡体上建房等），斜坡重力失衡而下滑。

坡脚开挖是人为诱发滑坡的最主要因素。近年河南省社会经济发展势头迅猛，各种交通工程建设、新农村建设范围广、规模大，坡脚开挖与削坡成为诱因之一。据统计，全省共有1 382处滑坡与坡脚开挖有关，占滑坡总数的68.0%。

**2. 地下采矿活动引发次生滑坡**

在山地丘陵区进行的地下采矿活动，必然形成采空区，采空区上部岩体变形，造成斜坡应力失衡，进而引发滑坡。河南省内煤矿、铝土矿、高岭土矿、铁矿、钼矿等开采区较普遍。地下采矿工程必然形成采空区，在具备了合适的地形、地貌条件，比如采空区上方为较陡斜坡、松散岩土体、斜坡下部临空方向有可能形成滑坡的地层等时，就有可能引发次生滑坡。

**3. 人工开挖原始斜坡**

在采石、修路、建房等工程活动中，往往破坏坡脚岩土，人为增大原有斜坡体坡度，或将较缓的斜坡人工改变为陡坡险坡，从而为滑坡创造条件。

**4. 河流与库区岸边滑坡**

水库蓄水、河道堆积废渣、河道采砂等改变地表水流向或改变地表水位，促使库岸边坡再造，从而诱发滑坡发生，这种现象在信阳地区、焦作地区、三门峡地区等沿河及水库区较为常见。

**5. 破坏植被诱发滑坡**

在山坡上乱砍滥伐破坏植被，使坡体涵养水分功能丧失，造成水土流失，又便于降水渗入而诱发滑坡。

### 3.2.3 滑坡形成阶段

从发展到失稳滑动，滑坡形成过程可以概化为四个阶段。

#### 3.2.3.1 局部失稳的蠕动挤压阶段

一定地质结构的斜坡，由于人工开挖坡脚、河流冲蚀、人工削坡、降水等自然或人为因素影响，引起坡体内部应力调整，在斜坡中下部产生应力集中，使其剪应力超过岩土体的抗剪强度而产生蠕变。随着塑性区的扩大，局部坡体向下挤压，引起后部稳定坡体间产生主动破裂和拉开，形成滑坡主拉裂缝。随时间推移，这种裂缝将由断续向连通转变，如铁生沟滑坡。

主拉裂缝产生后，为地表水下渗产生有利条件，滑体中部（主滑段和牵引段）失稳而向下推挤抗滑地段，滑坡两端出现羽状裂缝，抗滑段坡体出现鼓胀裂缝或剪切裂缝（见照片1-3-13）。

照片1-3-13 铁生沟滑坡中部剪切裂缝在蓄水池边侧表现

当抗滑段坡体裂缝与两侧裂缝贯通时，表明滑动面已经形成而进入滑动阶段。

#### 3.2.3.2　整体失稳缓慢滑动阶段

当滑体裂缝与两侧裂缝贯通后，标志抗滑地段滑面形成而开始缓慢滑动。不具备抗滑地段的滑坡，如碎块石滑坡和混合岩土滑坡，只要主滑段失稳即开始滑动。

#### 3.2.3.3　加速滑动和剧滑破坏阶段

当滑面贯通开始滑动后，随滑移距离增加，滑带土强度逐渐降低，阻滑力减小，加之降水入渗等因素作用，滑坡开始加速运动并产生破坏。当滑床较陡或无抗滑地段时，其加速滑动的时间周期会更短。

#### 3.2.3.4　稳定阶段

当滑动完成，作用于滑坡的降水、人工切坡、削坡、冲蚀等因素不再连续作用或采取了工程措施时，滑坡将进入暂时稳定或稳定阶段。

## 3.3　滑坡稳定性评价

滑坡稳定性的判别按表1-3-10共划分为稳定性差、稳定性较差和稳定性好三个级别。

对河南省滑坡现状稳定性进行评价，其结果见表1-3-11。河南省2 033处滑坡中，稳定性差和较差滑坡共1 800处，另233处滑坡已处于稳定状态。

表1-3-10　滑坡稳定性野外判别表

| 滑坡要素 | 稳定性差 | 稳定性较差 | 稳定性好 |
|---|---|---|---|
| 滑坡前缘 | 滑坡前缘临空或隆起，坡度较陡且常处于地表径流的冲刷之下，有发展趋势并有季节性泉水出露，岩土潮湿、饱水 | 前缘临空，有间断季节性地表径流流经，岩土体较湿 | 前缘斜坡较缓，临空高差小，无地表径流流经和继续变形的迹象，岩土体干燥 |
| 滑体 | 坡面上有多条新发展的滑坡裂缝，其上建筑物、植被有新的变形迹象 | 坡面上局部有小的裂缝，其上建筑物、植被无新的变形迹象 | 坡面上无裂缝发展，其上建筑物、植被未有新的变形迹象 |
| 滑坡后缘 | 后缘壁上可见擦痕或有明显位移迹象，后缘有裂缝发育 | 后缘有断续的小裂缝发育，后缘壁上有不明显变形迹象 | 后缘壁上无擦痕和明显位移迹象，原有的裂缝已被充填 |
| 滑坡两侧 | 有羽状拉张裂缝或贯通形成滑坡侧壁边缘裂缝 | 形成较小的羽状拉张裂缝，未贯通 | 无羽状拉张裂缝 |

表1-3-11　河南省滑坡稳定性分析统计表

| 稳定性 | 目前稳定状况 | | |
|---|---|---|---|
| | 稳定性差 | 稳定性较差 | 稳定性好 |
| 滑坡（处） | 1 565 | 235 | 233 |
| 百分比（%） | 77.0 | 11.6 | 11.4 |

# 3.4　典型滑坡灾害

## 3.4.1　巩义市铁生沟滑坡

铁生沟滑坡位于巩义市铁生沟村豫31公路北侧山坡。自1992年初现滑坡以来，一直处于缓慢变形中，其后缘紧靠平顶山，前缘延伸至矿办公区内，呈北高南低阶梯状下落之势，坡度25°～30°。滑坡体平面上呈圈椅状，南北长约340 m，东西宽约330 m，面积近6.32万 m$^2$，最厚处约40 m，最薄处12 m左右，滑坡体体积102万 m$^3$，为大型滑坡。其滑动方向230°左右（见图1-3-17、图1-3-18）。

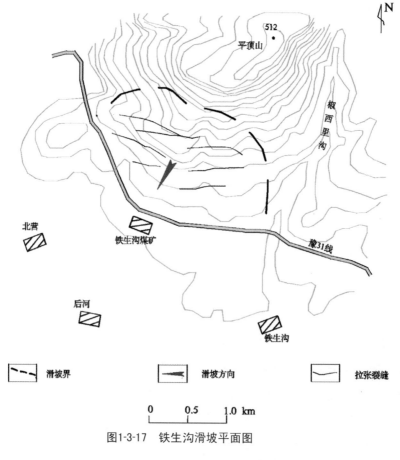

图1-3-17　铁生沟滑坡平面图

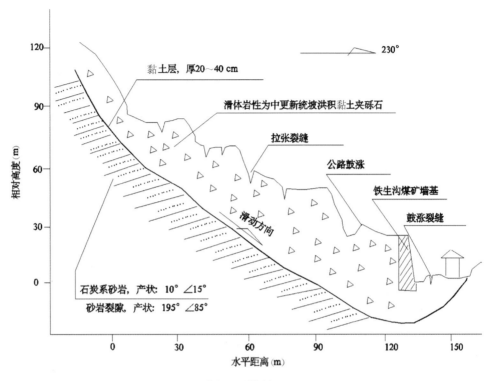

图1-3-18　铁生沟滑坡剖面图

　　滑坡体岩性主要由大小不等的碎石、砾石夹黏土、粉黏土组成，接近滑坡体底部有一层不均匀的黏土层，厚度20～40 cm，构成该滑坡体的滑动面。滑坡有近平行的3条拉张裂缝，其中主裂缝（为继承性裂缝）走向93°，裂缝宽度0.4～0.6 m，缝两侧垂直位移1.6～1.9 m，另2条裂缝宽0.5 m左右。滑坡前缘（豫31公路）隆起高度达1.0 m左右。

　　铁生沟滑坡形成及诱发因素如下。

　　1. 地貌因素

　　滑坡处于丘陵区，地面高程310～560 m，自平顶山坡顶至坡底微地貌呈16级台阶状延伸至沟底，台阶面积大小不一，阶面多水平或略微内倾，雨季易截水而增大雨水向坡体的渗透量。

　　2. 岩性因素

　　滑坡体下伏基岩为二叠系上统石盒子组砂岩、泥质砂岩、泥岩，其大致产状为10°∠15°。与滑坡坡向正好相反，砂岩具一组垂直裂隙，产状为195°∠85°，与滑坡坡向一致，且砂岩顶部风化程度较重。基岩与上覆第四系坡积物之间具一薄层黏土、粉黏土层，厚度20～40 cm，坡积物岩性为褐黄色黏土夹砾石，厚度最大40 m。黏土层遇水膨胀，自重增加后沿裂隙及黏土滑面滑动，成为滑坡的主要原因。

3. 降水因素

持续的降水入渗，会导致土体强度降低，凝聚力减小，使滑动带的抗剪切能力下降。同时，在重力的作用下，滑坡体的蠕动变形加速，尤其2003年该区出现多次强降雨，致使该滑坡滑动速度加快。

4. 人为因素

因省道豫31公路改善工程施工，在滑坡体前缘公路上开挖路面，开挖最大深度达2.3 m。滑坡体前缘的开挖，在一定程度上影响了斜坡的稳定性，成为滑坡体滑动的诱因之一。

## 3.4.2 辉县市龟山滑坡实例

龟山滑坡体位于辉县市薄壁镇宝泉水库北岸。地理坐标：东经113° 28′ 10″，北纬35° 28′ 25″。龟山滑坡体东西长550～800 m，南北宽260～350 m，滑坡体最大厚度为210 m，平均厚度约110 m，体积为2 100万 m³，属巨型滑坡。

滑坡体地层组成从西向东依次为寒武系下统馒头组、毛庄组，寒武系中统徐庄组、张夏组地层，并以张夏组灰岩、白云岩为主（见图1-3-19）。

滑坡体表层大部分已呈胶结状态，内部一般较完整，基本保持原岩结构，滑体底界面平整、光滑，为摩擦镜面，镜面上镶嵌有滑带中的角砾岩，并且还发育有擦痕、擦沟。

滑带为寒武系下统馒头组第一段底部泥灰岩，滑带厚度0～5 m。滑带岩性由角砾、泥、泥灰岩搓碎组成。角砾大小混杂，呈次棱角—棱角状，泥质或钙质胶结。滑面高程652～736 m区域处于水位变动带。

滑床主体为中元古界汝阳群浅变质石英砂岩。滑体运动方向总体向西或南西西滑动，前缘滑体滑距可达510 m，后缘滑体滑距达250 m。

根据滑带物质测年资料，滑体年龄14万～21万年，由此判断滑体形成于中晚更新世。

龟山滑坡体是由滑动构造引起的，滑带即为滑动构造面。形成演化过程大致可分为三个阶段：

第一阶段：正常岩层受断层、裂隙切割和河流的侵蚀，形成与周围岩层分离的块状岩体，在峪河及宝泉沟处具有高陡边坡和有效临空面。

第二阶段：在地壳运动和地震力的作用下，分离的块状岩体沿较弱的泥灰岩向临空方向滑动。

第三阶段：滑体滑动后，进一步经受地质构造运动、河流的侵蚀、风化及人为等因素的影响，形成了现状地貌。

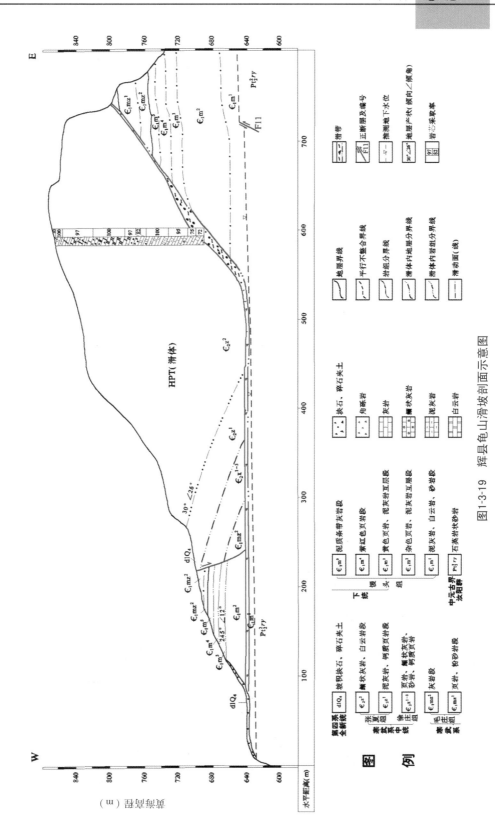

图1-3-19　辉县龟山滑坡剖面示意图

# 第4章 泥石流

## 4.1 泥石流类型与分布特征

### 4.1.1 泥石流类型

根据2010年统计资料，全省泥石流沟425处。根据泥石流形成的地形特征，可分为沟谷型泥石流和坡面型泥石流。根据泥石流物质组成及流体力学特征，可划分为稀性泥石流、黏性泥石流和矿渣型泥石流。

#### 4.1.1.1 沟谷型泥石流

全省沟谷型泥石流共382处，其特点是沟谷明显，可以明确划分出形成区、流通区和堆积区。泥石流的发生、运动、堆积过程相对完整，规模较大，一般流域面积超过 $1.0\ km^2$。

以商城县苏仙石乡琉璃河泥石流为例论述沟谷型泥石流的基本特征（见图1-4-1）。

图1-4-1 商城县苏仙石乡琉璃河泥石流平面示意图

琉璃河泥石流位于商城县东南部的苏仙石乡，2004年8月14日泥石流暴发时，一日降水量就达259.6 mm，时降水量达62.2 mm。强降水导致滑坡大量发生，激发泥石流并增加了其物质来源，如苏仙石乡柯楼小学一处滑坡就为此次泥石流提供物源2.1万m³。

形成区处于中低山区，流域面积大，且多为峡谷地带，沟谷深切，纵坡梯度大，沟谷两侧山坡坡形陡峻。沟床纵坡大，暴雨期有利于水源、物源的汇集，但琉璃河所处区域植被较好，泥石流搬运物质以碎石为主。岩性为白垩系上统的金刚台组灰紫、灰黑色安山玢岩夹绿、紫红色流纹斑岩及火山碎屑岩类。流通区岩性多为全风化花岗岩及砂岩，以此岩类形成的滑坡、崩塌构成了泥石流的物质来源。流通区为一狭长沟谷，长约3.7 km，使泥石流速度变快，动能增加，沟谷两侧松散物堆积或风化岩层分布较多，滑坡发育。堆积区则为三面环山的平坦谷地，地形开阔，多被开辟成耕地。琉璃河泥石流流通区居民较多，河谷两侧山坡多被开发成茶园，原始植被被破坏，茶叶根系短小，不利于水土保持，而且河谷两侧居民多切坡建房，人为因素是滑坡、崩塌产生而成为泥石流物源的重要因素之一。

#### 4.1.1.2　坡面型泥石流

全省发生坡面型泥石流35处，其特征是沟浅、坡陡、流程短、规模小，一般流域面积小于1.0 km²，发生、运动过程沿山坡或坡面冲沟进行，堆积在坡脚或冲沟的沟口，堆积区呈棱形或三角形，泥石流的干扰范围相对较小。

以商城县丰集乡青山村坡面泥石流为例说明其特征（见图1-4-2、照片1-4-1）。

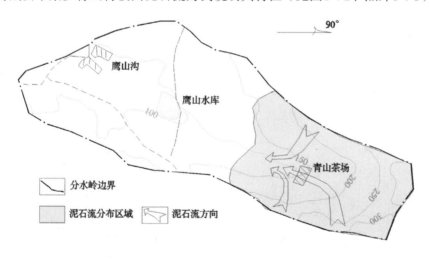

**图1-4-2　商城县青山村坡面泥石流平面图**

商城县丰集乡青山村坡面泥石流主要分布在丰集乡的青山、洞冲两个行政村，其发育特征为：

（1）数量多，具群发性。如青山坡面泥石流群仅鹰山沟谷两侧就有18处，洞冲坡面泥石流群沿信叶公路有16处，泥石流形状多呈梳状，近于平行排列。

（2）规模小，分布集中。如青山坡面泥石流分布范围仅0.32 km²，运移的固体物质总量仅1.8万m³。

照片1-4-1　　商城县青山村坡面泥石流

（3）覆盖层较薄，下伏基岩埋藏浅。青山、洞冲两处坡面泥石流松散覆盖层厚度仅0.5 m左右，雨季松散物饱水后极易沿基岩面产生流动。

（4）坡度大。坡面泥石流所在山坡坡度在30°～50°，低缓坡很少。

（5）自然植被破坏严重，以耕植层为主。发生坡面泥石流的山坡，均种植有茶叶，原始植被少见，茶叶根系较短，使土质松软，保土能力差，有利于泥石流的产生。

（6）流体岩性主要为松散坡积物夹碎石。青山及洞冲两处坡面泥石流岩性均为$Q_{p2}^{al}$黏性土夹石炭系肉红色、褐色砂岩碎块，碎块石砾度10～25 cm。

（7）突发性强，流路与坡向一致。

### 4.1.1.3　稀性泥石流

稀性泥石流也叫水石流，省内共发现稀性泥石流沟58处。其特点是，水为洪流的主要成分，也是搬运介质，流态多呈紊流状，固体物含量低于40%，黏性土含量少，而以砾石为主，停积后常形成石海。如固始县大千寺沟泥石流即为此类（见照片1-4-2、照片1-4-3）。

照片1-4-2　　固始县大千寺沟泥石流全貌

照片1-4-3　　固始县大千寺沟泥石流堆积区砾石堆积

### 4.1.1.4　黏性泥石流

省内共发现黏性泥石流沟172处，其特点是洪流以固体物质为主，占60%以上，流体呈黏性，堆积物无分选性。

以修武县山门河泥石流为例论述其特征。

山门河泥石流位于修武县西村乡，总面积约130 km²，山门河属大沙河支流，有明显的形成区、流通区和堆积区，是一条典型的泥石流沟，从形态上看，西村以上山门河三条支沟为山门河泥石流沟的形成区。从西村到山口外的巡返一带是泥石流形成的流通区，总长度约1 km。这里东西两侧为小山包，海拔分别为400 m和528 m，山坡坡度约20°，坡脚由于河流冲刷和人工切割变得陡峭，沟宽50～80 m，呈"U"字形，沟床由于废渣堆积不太顺直，纵坡降62‰。沟谷两侧焦作市属的采矿点密布，废渣随意堆放，暴雨来临时，洪水挟带着上游和沟内的堆积物涌向下游。出山后焦作市区境内的巡返—马村一带为堆积区，呈锥字形分布，大小石块混杂堆积。当洪水过大时，堆积区会向下游延伸和扩大。

新中国成立以来，山门河共发生7次灾害性泥石流，平均8年发生一次，其中以1970年、1996年、2000年较为严重。泥石流的频频发生，对修武县西村乡和焦作市的马村区、待王镇的6.8万居民生命财产安全和焦—辉公路、焦—新铁路的正常运行构成严重威胁。

#### 4.1.1.5 矿渣型泥石流

在矿产资源集中开采区还存在大量以矿山弃渣为物源的泥石流沟。已经发现矿渣型泥石流沟共187处，其是河南省泥石流最主要的类型。

沟谷内废渣堆积量与矿山开采规模及矿山坑口数量、开采时间成正比。沟内坑口数量多、规模大、开采时间长，堆积的废石废渣量就多，可能形成的泥石流规模就大，若遇高强度集中暴雨，极易激发形成泥石流，潜在危害巨大（见照片1-4-4）。

照片1-4-4　汝阳县王坪泥石流沟

### 4.1.2 泥石流分布特征

#### 4.1.2.1 地域分布

省内泥石流空间分布，一是在豫西秦岭、伏牛山区，如灵宝市、鲁山县、栾川县；二是在豫西北的太行山地、豫南的大别山地，其他地区则分布较为分散（见图1-4-3）。从地域分布看，以洛阳、三门峡、南阳、平顶山泥石流分布最为集中（见图1-4-4）。

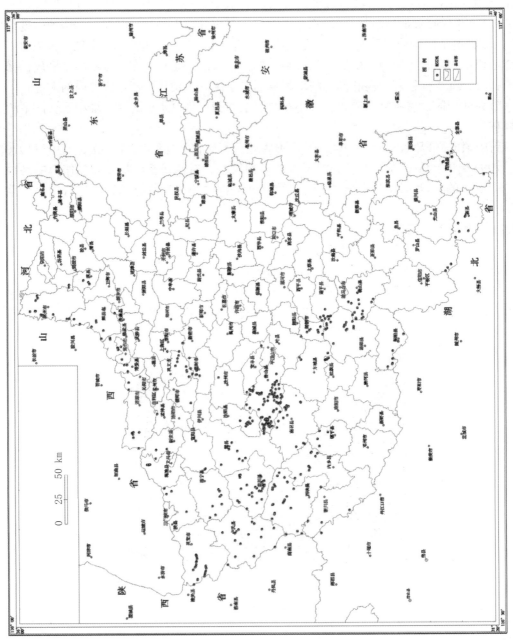

图1-4-3 河南省泥石流分布散点图

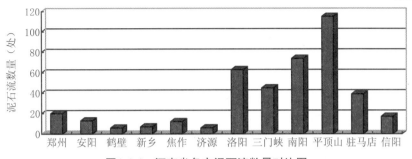

图1-4-4 河南省各市泥石流数量对比图

#### 4.1.2.2 泥石流发育特征

泥石流发生时间相对集中,主要在汛期。根据统计,全省发生在7、8月的泥石流共315处,占泥石流总数的74.1%(见图1-4-5)。从年份来看,20世纪70年代以后河南省泥石流处于快速发展期(见图1-4-6)。其中70年代119处,80年代45处,90年代84处,2000年以后117处。分析其原因,可能与人类工程活动的加剧有一定关系。

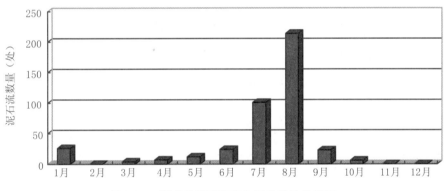

图1-4-5 河南省泥石流发生月份统计分析图

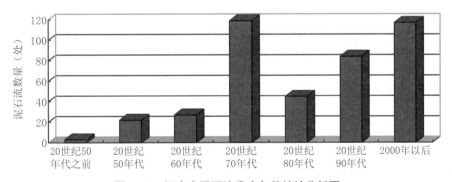

图1-4-6 河南省泥石流发生年份统计分析图

不同类型泥石流发育特点概述如下：

（1）稀性泥石流（水石流）中细粒、黏土物质少，流体稠度小，容重小，浮托力弱，石块以翻滚、跳跃运动为主，沿途粗、细粒径先后停积，如前述固始县大千寺沟泥石流；黏性泥石流中细粒及黏土成分多，流体容重大，黏度大，浮托力强，固体物质呈现悬浮状，无停积分选性，呈整体、阵发性流动。

（2）沟槽弯曲，河道阻塞严重时，泥石流流量大；降水持续时间长时，泥石流流动过程亦长；稀性泥石流流体透水性强，沿途流量损失大，黏性泥石流流体透水性差，沿途流量损失小。

（3）泥石流挟带固体物质多，动能消耗大，其流速小于等量洪水流速；由于沟槽中颗粒粗大，河床粗糙，稀性泥石流流速一般偏小；黏性泥石流中细粒物质多，容重大，凝聚力大，惯性大，流速大。另外，泥石流横截面中部流速高于两侧，表面流速高于底部。

（4）泥石流的冲击力随着颗粒的增大而增加，泥石流遇急弯或障碍物时有冲越爬高现象。

（5）泥石流的冲淤过程表现为涨水冲、退水淤，先冲后淤；沟槽集中时冲，分散时淤；流量大，冲淤变化大，流量小，冲淤变化小；沟槽深窄时冲，宽浅时淤；沟槽弯道外侧冲，内侧淤；沟床坡度大时以冲为主，坡度缓时以淤为主；坡度由缓变陡时冲，由陡变缓时淤。

### 4.1.2.3 泥石流易发性评价

泥石流的易发程度可分为高易发、中易发、低易发、不易发4个等级（见表1-4-1）。根据评价，河南省425处泥石流易发程度分析统计结果见表1-4-2，以不易发程度居多，占72.2%。表1-4-3为泥石流易发程度评分表。

表1-4-1　泥石流易发程度分级

| 易发程度 | 总分 |
| --- | --- |
| 高易发(严重) | >114 |
| 中易发(中等) | 84～114 |
| 低易发 | 40～84 |
| 不易发 | ≤40 |

表1-4-2　河南省泥石流易发程度分析统计表

| 稳定性 | 易发程度 | | | |
| --- | --- | --- | --- | --- |
| | 高易发 | 中易发 | 低易发 | 不易发 |
| 泥石流数量（处） | 12 | 68 | 38 | 307 |
| 百分比（%） | 2.8 | 16.0 | 8.9 | 72.2 |

表1-4-3　泥石流易发程度评分表

| 序号 | 影响因素 | 权重 | 量级划分 | | | | | | | | |
| --- | --- | --- | --- | --- | --- | --- | --- | --- | --- | --- |
| | | | 高易发（A） | 得分 | 中易发（B） | 得分 | 低易发（C） | 得分 | 不易发（D） | 得分 |
| 1 | 崩塌、滑坡及水土流失（自然的和人为的）严重程度 | 0.159 | 崩塌、滑坡等重力侵蚀严重，多深层滑坡和大型崩塌，表土疏松，冲沟十分发育 | 21 | 崩塌、滑坡发育多，多浅层滑坡和中小型崩塌，有零星植被覆盖，冲沟发育 | 16 | 有零星崩塌、滑坡和中小型坡和冲沟存在 | 12 | 无崩塌、滑坡和冲沟存在 | 1 |
| 2 | 泥沙沿途补给长度比（%） | 0.118 | >60 | 16 | 60~30 | 12 | 30~10 | 8 | <10 | 1 |
| 3 | 沟口泥石流堆积活动 | 0.108 | 河形弯曲或堵塞，大河主流受挤压偏移 | 14 | 河形无较大变化 | 11 | 河形无变化，大河主流在高水偏，低水不偏 | 7 | 河形无变化，流在高水不偏 | 1 |
| 4 | 河沟纵坡（°） | 0.090 | >12 | 12 | 12~6 | 9 | 6~3 | 6 | <3 | 1 |
| 5 | 区域构造影响程度 | 0.075 | 强抬升区，六级以上地震区 | 9 | 抬升区，4~6级地震区，有中小断层或无断层 | 7 | 相对稳定区，4级以下地震区，有小断层 | 5 | 沉降区，构造影响小或无影响 | 1 |
| 6 | 流域植被覆盖率（%） | 0.067 | <10 | 9 | 10~30 | 7 | 30~60 | 5 | >60 | 1 |
| 7 | 河沟近期一次变幅（m） | 0.062 | >2 | 8 | 2~1 | 6 | 1~0.2 | 4 | <0.2 | 1 |
| 8 | 岩性影响 | 0.054 | 软岩、黄土 | 6 | 软硬相间 | 5 | 风化和节理发育的硬岩 | 4 | 硬岩 | 1 |
| 9 | 沿途松散物储量（万m³/km²） | 0.054 | >10 | 6 | 10~5 | 5 | 5~1 | 4 | <1 | 1 |
| 10 | 沟岸山坡坡度（°） | 0.045 | >32 | 6 | 32~25 | 5 | 25~15 | 4 | <15 | 1 |
| 11 | 产沙区沟谷横断面 | 0.036 | V形谷、谷中谷、U形谷 | 5 | 拓宽U形谷 | 4 | 复式断面 | 3 | 平坦型 | 1 |
| 12 | 产沙区松散物平均厚度（m） | 0.036 | >10 | 5 | 10~5 | 4 | 5~1 | 3 | <1 | 1 |
| 13 | 流域面积（km²） | 0.036 | 0.2~5 | 5 | 5~10 | 4 | 10~100 | 3 | >100 | 1 |
| 14 | 流域相对高差（m） | 0.030 | >500 | 4 | 500~300 | 3 | 300~100 | 3 | <100 | 1 |
| 15 | 河沟堵塞程度 | 0.030 | 严 | 4 | 中 | 3 | 轻 | 2 | 无 | 1 |

# 4.2 泥石流的成因

泥石流的形成取决于地形地貌条件、物源条件以及水源条件三个方面。

## 4.2.1 地形地貌条件

泥石流既是山区地貌演化中的一种外营力，又是一种地貌现象或过程。泥石流的发生、发展和分布无不受到山地地貌特征的影响。在河南的西部、北部和南部山区，山体不断抬升，河流切割剧烈，地形相对高差大，为泥石流提供了必需的地形条件。这些地区坡地陡峻，坡面土层稳定性差，地表水径流速度和侵蚀速度快。这些地貌条件有利于泥石流的形成。

地形地貌对泥石流的发生、发展主要有两方面的作用：一是通过沟床地势条件为泥石流提供位能，赋予泥石流一定的侵蚀、搬运和堆积的能量；二是在坡地或沟槽的一定演变阶段内，提供足够数量的水体和土石体。沟谷的流域面积、沟床平均比降、流域内山坡平均坡度以及植被覆盖情况等都对泥石流的形成和发展起着重要的作用。

根据河南省地质灾害数据库提供的信息，影响河南省泥石流分布的地形地貌因素主要有沟谷形态、沟床纵坡降、沟坡地形等。

### 4.2.1.1 沟谷形态

河南省沟谷型泥石流形成区多为树叶状区域，有利于水和碎屑物质的聚集。中流流通区多为较窄的沟谷，沟床纵坡较大，为泥石流提供了较强的动能。堆积区一般为宽阔的平原（如焦作山门河泥石流）或主河的一岸（如固始县大千寺沟泥石流），使碎屑物质有堆积的场地。

### 4.2.1.2 沟床纵坡降

沟床纵坡降对泥石流的形成与运动具有重要作用，我们对县市地质灾害调查表中的泥石流沟床纵坡降数据进行了统计，见表1-4-4。

表1-4-4 河南省泥石流沟床纵坡降与泥石流分布数量统计表

| 沟床纵坡降（%） | <5 | 5~10 | 10~30 | 30~40 | >40 |
|---|---|---|---|---|---|
| 泥石流数量（处） | 0 | 68 | 275 | 78 | 4 |

由表1-4-4中可以看出，河南省泥石流发生时的主沟纵坡降一般在10%~30%，占泥石流沟总数的64.7%。单从主沟纵坡降这一因素讲，并不是坡降越高，泥石流暴发概率就大。

### 4.2.1.3 沟坡地形

除矿渣堆积型泥石流沟外，河南省泥石流中，沟坡地形是影响泥石流物质来源的主要因素，其作用是为泥石流直接提供物质。沟坡坡度是影响泥石流固体物质补给方式、数量和泥石流规模的主因，其补给方式一般为滑坡、崩塌、滚石、坡面泥石流等（见照片1-4-5）。

照片1-4-5　固始县杨山煤矿泥石流沟侧滑坡

河南省沟谷型泥石流（矿渣堆积型除外）沟坡坡度统计见表1-4-5。

表1-4-5　河南省沟谷型泥石流形成区沟坡坡度统计表

| 沟坡坡度（°） | <10 | 10～30 | 30～70 | >70 |
|---|---|---|---|---|
| 数量（处） | 2 | 41 | 189 | 34 |

由表1-4-5可知，河南省自然沟谷型泥石流形成区沟坡坡度多在30°～70°，其余为高陡坡和缓坡地形。

### 4.2.2　物源条件

物源条件是指物源区土石体的分布、类型、结构、性状、储备方量和补给的方式、距离、速度等。而土石体的来源又取决于地层岩性、风化作用和气候条件等因素。

#### 4.2.2.1　地质条件

地质条件直接决定了泥石流的物质来源，在河南省泥石流分布区，泥石流物源与所处地区岩性关系密切。如豫南大别山地，其固体物质多为风化强烈的花岗岩、砂岩、泥岩，其次为沿坡的残坡积层；豫西外方山和秦岭山地，泥石流物源多为开采铅锌矿、钼矿、金矿后的废弃矿渣，采冶活动形成的尾矿库（坝）及松散坡积物等；而在豫北太行山地，泥石流物源则多为风化的岩屑、开采灰岩等固体矿产形成的矿渣堆积或崩滑堆积体等（见照片1-4-6）。

照片1-4-6　博爱县石河泥石流沟

#### 4.2.2.2　构造条件

从宏观角度看，泥石流与地质构造及新构造运动是密不可分的，它是泥石流物质来源的主要影响因素之一。在河南省断裂体系内，地层破碎、新构造运动强烈，不良物理地质现象严重，泥石流暴发可能性就大。为验证地质构造与泥石流之间的成生关系，对河南省发育泥石流与地质构造图进行了叠合（剔除矿渣堆积型泥石流，见图1-4-7）。

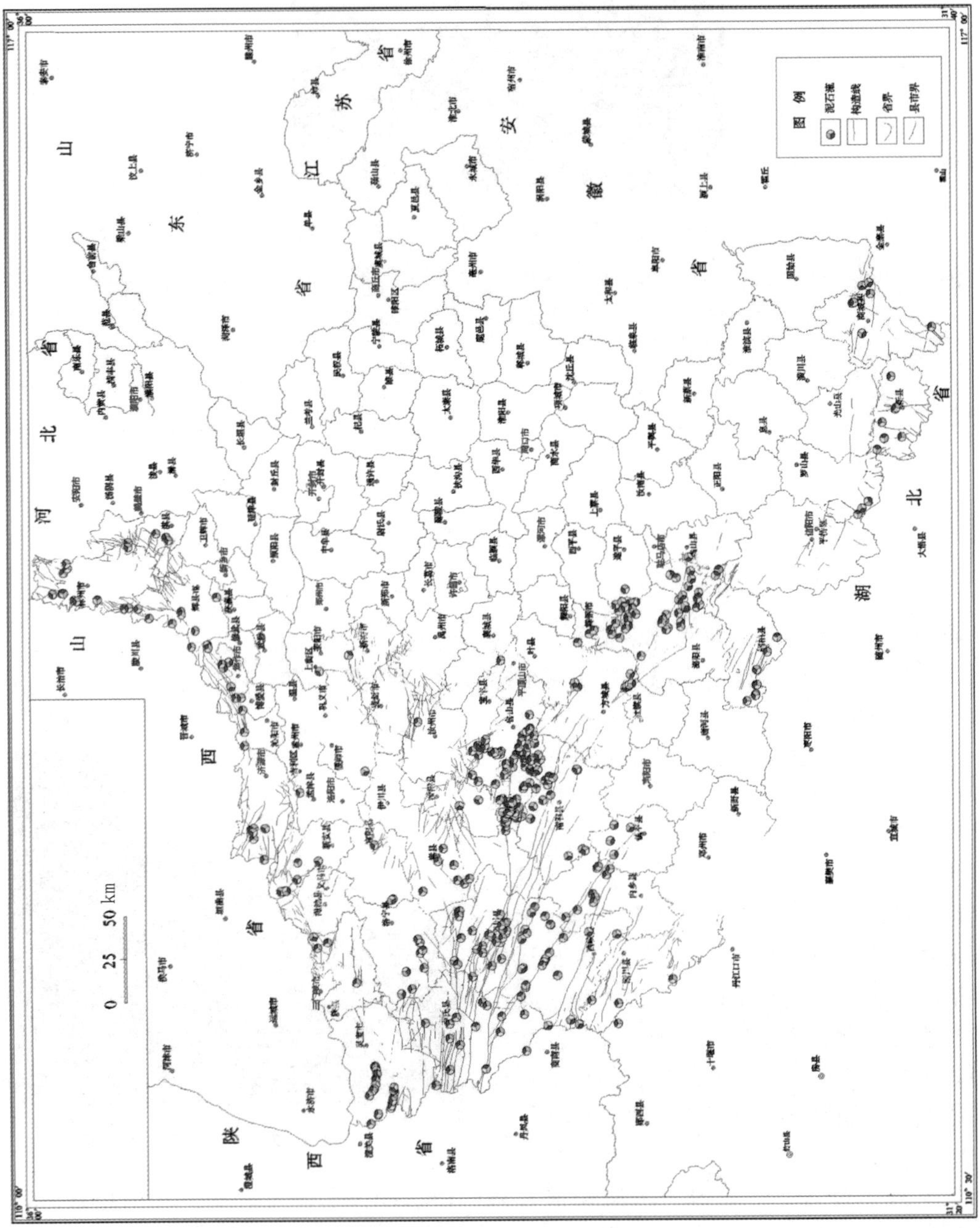

图1-4-7 河南省泥石流分布与构造关系图

根据叠合结果，对各主要断裂构造附近发育的泥石流数量进行统计，见表1-4-6。

表1-4-6 河南省主要构造与泥石流发育数量对照表

| 序号 | 构造名称 | 泥石流数量（处） |
|---|---|---|
| 1 | 任村—西平罗断裂（$F_{15}$）、盘古寺断裂（$F_{21}$） | 27 |
| 2 | 三门峡—鲁山断裂带（$F_1$） | 19 |
| 3 | 马超营—拐河—确山断裂带（$F_2$）、栾川—明港断裂带（$F_3$） | 54 |
| 4 | 西官庄—镇平—松扒韧性断裂带和龟山—梅山韧性断裂带（$F_9$）、丁河—内乡韧性断裂带和桐柏—商城韧性剪切带（$F_{10}$） | 38 |

上述4个主要断裂区共发育自然沟谷型泥石流138处，占该类型泥石流总数（195处）的70.8%。可见，在断裂构造活动强烈区域，由于差异性升降运动，岩层受挤压破碎，降低了岩石的稳定性，诱发自然滑坡与崩塌，为泥石流的发生准备了丰富的碎屑源。

### 4.2.2.3 人为因素

人类不合理的工程经济活动与泥石流的发育与分布有密切关系，对泥石流影响最为显著的当属矿产资源开发。由于固体矿产资源开发而产生的大量废石、尾矿渣、尾矿砂，是泥石流形成的一个重要物源。

全省泥石流共425处，其中矿渣堆积型为187处，占泥石流总数的44%，其物源主要包括固体矿渣碎屑堆积、（固体、液体）尾矿库等。同时，在泥石流形成区开展的不合理的边坡改造、植被破坏等造成的滑坡体、崩塌体，也是泥石流的物源之一。

各类固体矿产资源在掘进、开采及选冶过程中都会产生大量废石，据河南省矿山地质环境调查，全省矿山年废渣排放量2 043.41万t，累计积存量达27 476.02万t（见表1-4-7）。矿山开采多位于山地丘陵地带的沟谷内，沟内坑口数量多、规模大，堆积的废石矿渣就多，开采时间长，历史积累的物质就多，形成泥石流的规模就大。

表1-4-7 河南省矿山企业废渣排放量统计表

| 类型 | 数量（处） | 年产出量（万t） | 年排放量（万t） | 累计积存量（万t） |
|---|---|---|---|---|
| 尾矿 | 339 | 1 013.40 | 598.69 | 9 578.20 |
| 废石（土） | 1 862 | 1 435.07 | 940.09 | 8 671.87 |
| 煤矸石 | 1 367 | 692.21 | 501.62 | 9 222.44 |
| 粉煤灰 | 53 | 15.24 | 3.01 | 3.51 |
| 合计 | 3 621 | 3 155.92 | 2 043.41 | 27 476.02 |

　　河南省因采矿活动形成泥石流规模较大的是小秦岭矿区和栾川钼矿区。小秦岭矿区内大西峪、枣乡峪、大湖峪、杨砦峪等9条沟谷流域内集中分布有30家矿山企业，沟内坑口密布，废石尾矿堆积量巨大，最小的苍珠峪堆积量13万t，最大的枣乡峪、大湖峪堆积量达240万t之多。栾川上房沟、三道庄钼矿区露天开采剥离的废石、土及尾矿堆积量近亿吨，形成巨大的潜在泥石流。

　　从岩性来看，河南省山地丘陵区第四系各种成因的松散堆积物最容易受到侵蚀、冲刷，因而山坡上的残坡积物、沟床内的冲洪积物以及崩塌、滑坡所形成的堆积物等都是泥石流固体物质的主要来源。另外，随着人类工程活动的加剧，大量的废弃矿渣沿山谷、河道堆积，不仅危及行洪通道，也成了泥石流暴发的重要物源之一（见照片1-4-7）。

照片1-4-7　巩义市五指岭矿区弃渣

## 4.2.3　水源条件

　　降水，尤其是强降水是泥石流的主要诱发因素。泥石流主要受大量集中降水和暴雨的激发，同时水又是泥石流的组成部分和搬运介质。泥石流具有与降水相关的季节性。因此，泥石流的发生、发育与发展，也受降水强度、降水量、降水时间及集水面积的控制。

### 4.2.3.1　降水量与泥石流关系

　　将泥石流分布与多年平均降水量区间进行统计，结果见表1-4-8。由表中可总结出以下规律，河南省泥石流多集中发育在降水量为600～900 mm区域内，占总灾害数量的79.9%。而在700～800 mm高发区域内发育的泥石流以矿渣堆积型为主，这当中人为因素诱发的泥石流占主导地位。河南省泥石流分布与多年平均降水量关系见图1-4-8。

表1-4-8　各降水量区间泥石流发育数量统计表

| 降水量（mm） | <600 | 600～700 | 700～800 | 800～900 | 900～1 000 | 1 000～1 100 | 1 100～1 200 |
|---|---|---|---|---|---|---|---|
| 泥石流数量(处) | 42 | 84 | 149 | 100 | 22 | 17 | 3 |

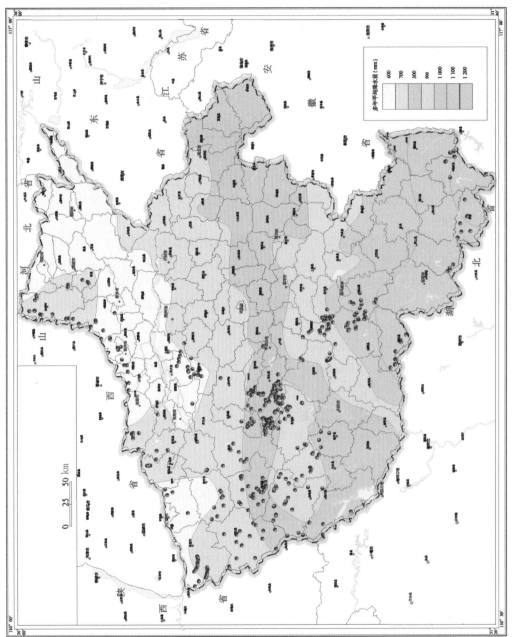

图1-4-8 河南省泥石流分布与降水量关系图

#### 4.2.3.2 降水强度与泥石流关系

根据数据库内泥石流与降水量资料，对各降水强度区间内发生泥石流的数量进行了分析，得出的结果见表1-4-9。

表1-4-9 各降水强度区间泥石流发生数量统计表

| 降水强度（mm/d） | 小雨<br><10 | 中雨<br>10~25 | 大雨<br>25~50 | 暴雨<br>50~100 | 大暴雨<br>100~200 | 特大暴雨<br>>200 |
|---|---|---|---|---|---|---|
| 泥石流数量(处) | | 1 | 8 | 21 | 28 | 34 |

由表1-4-9可总结出以下规律，降水在达到暴雨及以上级别时，泥石流的发生明显增多。可见，强降水是泥石流常见的激发条件，在具备了充分松散固体物质条件和适宜的地形条件时，只要出现暴雨，就会激发泥石流的发生，且暴雨强度和所发生泥石流的规模成正相关关系。

单凭多年平均降水量来判定是不全面的，根据县市地质灾害调查表中对各县市降水量统计，对部分泥石流暴发时降水量中的24 h最大降水量、1 h最大降水量、10 min最大降水量与泥石流暴发时间进行比对，见表1-4-10及图1-4-9。可以看出，河南省泥石流暴发时，24 h最大降水量在110.3~336.8 mm之间，1 h最大降水量在41.8~116.4 mm之间，10 min最大降水量在19.7~32.5 mm之间，不同时间间隔降水量数值差异较大。结合5处泥石流的地形地貌特点分析，当地形陡峻、高差较大、沟谷深切、流程短时，在较低的降水条件下亦可暴发泥石流，如灵宝市大湖峪泥石流；反之，则需要较高的降水量与降水强度，如泌阳县大龙潭沟泥石流。

表1-4-10 部分泥石流与降水强度统计表

| 泥石流名称 | 24 h最大降水量<br>（mm） | 1 h最大降水量<br>（mm） | 10 min最大降水量<br>（mm） |
|---|---|---|---|
| 林州草垛沟泥石流 | 248.9 | 71.7 | 19.7 |
| 焦作山门河泥石流 | 271.8 | 84.4 | 28.4 |
| 灵宝市大湖峪泥石流 | 110.3 | 41.8 | 26.2 |
| 商城县琉璃河泥石流 | 259.6 | 62.2 | 23.1 |
| 泌阳县大龙潭沟泥石流 | 336.8 | 116.4 | 32.5 |

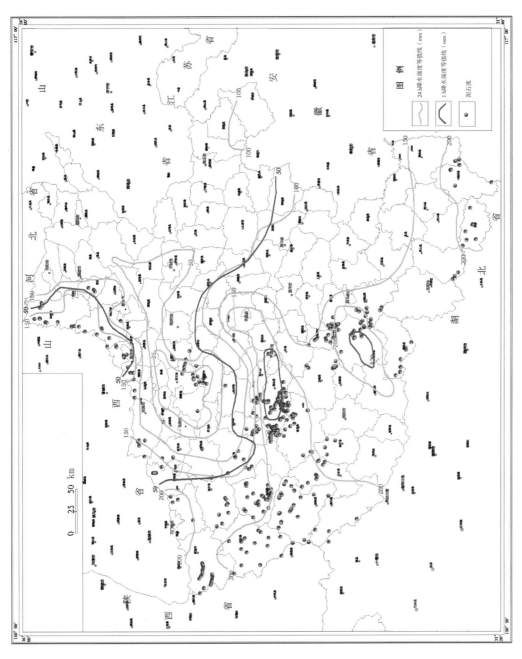

图1-4-9 河南省泥石流分布与降水强度关系图

#### 4.2.3.3 降水时间与泥石流关系

对河南省425处泥石流首次发生时间进行统计（见表1-4-11），发现其与降水强度最大的7～9月高度吻合。

表1-4-11　河南省泥石流历年发生频率逐月统计表

| 月份 | 1 | 2 | 3 | 4 | 5 | 6 | 7 | 8 | 9 | 10 | 11 | 12 |
|---|---|---|---|---|---|---|---|---|---|---|---|---|
| 泥石流数量（处） | 5 | 2 | 1 | 2 | 20 | 7 | 123 | 205 | 52 | 3 | 2 | 3 |

#### 4.2.3.4 泥石流分布规律与集水面积的关系

通过对河南省自然沟谷型泥石流（矿渣堆积型及坡面泥石流除外）进行统计（见表1-4-12），我们发现，河南省泥石流多形成在集水面积相对较小的沟谷内，其中集水面积0.2～5 km²和5～50 km²的占85%，集水面积小于0.2 km²的（如汝阳县十八盘乡小泥石流沟）及集水面积大于50 km²的（如焦作山门河泥石流）均较少。

表1-4-12　泥石流分布与集水面积关系统计表

| 集水面积（km²） | <0.2 | 0.2～0.5 | 0.5～5 | 5～50 | >50 |
|---|---|---|---|---|---|
| 泥石流数量（处） | 30 | 68 | 111 | 183 | 33 |

# 4.3　典型泥石流灾害

## 4.3.1　栾川县石庙乡七姑沟泥石流

七姑沟位于栾川县石庙乡政府南，距县城7 km。自1953年以来，共发生泥石流5次，累计经济损失达1 500余万元，死亡9人。

#### 4.3.1.1　泥石流形成的条件

1. 气象、水文

该泥石流沟处于亚热带到暖温带的过渡地带，多年平均降水量为818.7 mm，最大年降水量1 370.4 mm（1964年），最小年降水量564.9 mm（1991年）；七姑沟为伊河上游支流之一，河沟径流量年际、年均及水位变幅较大，年平均流量0.5 m³/s，汛期可达276 m³/s，具有暴涨暴落、流量及水位变幅大的特征。

2. 地形、地貌

七姑沟位于伏牛山深山区，石庙乡政府即位于七姑寨西、七姑沟口开阔平坦地带。沟口石庙街地面高程800 m，而七姑沟脑界岭处海拔为2 050 m，相对高差达1 250 m。流域面积48 km²。观星村以上为上游，由两条支沟组成，沟谷呈"V"形，河床宽10～20 m，纵坡降为235‰，河床残留巨大漂石直径达5 m以上；观星村至石庙村为中下游，呈宽缓的"U"形谷，为泥石流流通及堆积区，砌石河道约宽20 m。

3. 地层岩性

流域内自分水岭至沟口依次为奥陶系细碧玢岩、燕山期斑状黑云母花岗岩、下宽坪群红崖沟组、青白口系云岔口组和第四系，该泥石流沟发育特征见图1-4-10。

图1-4-10 七姑沟泥石流平面示意图

### 4. 构造

该泥石流沟位于三川—栾川复向斜南翼，区内控制性构造为叫河—陶湾—后坪断裂。该断裂为华北地台和秦岭褶皱系的分界线，走向290°～300°，倾角60°～80°，沿断裂带形成规模巨大的挤压片理化带和构造角砾岩带。

据2001年版《中国地震动参数区划图》，该泥石流沟处于Ⅵ度区。

#### 4.3.1.2 泥石流成因

自然因素：地质构造环境为泥石流提供了大量物源，高差悬殊的地形为泥石流提供了巨大的能量，降雨为泥石流提供了动力条件。

人为因素：陡坡耕作，森林植被破坏，淤地坝坝体质量差。

#### 4.3.1.3 易发程度评价

参照《县（市）地质灾害调查与区划基本要求》实施细则，该泥石流沟评定分值为

103分，判定七姑沟泥石流为形成阶段、沟谷型、危害极严重、具中等易发性的高容重稀性水石流。

### 4.3.2　泌阳县贾楼乡大龙潭沟泥石流

陡岸泥石流沟位于贾楼乡东陡岸村东大龙潭沟内，沟中现有居民371户1 493人，房屋1 855间。该沟已多次发生泥石流，泥石流毁坏房屋133间。尤以2002年6月22日暴雨引发的泥石流最为严重，冲走牛3头、羊70只，冲毁耕地600亩。

该泥石流沟位于白云山西坡，为低山地貌，地势陡峻，沟谷呈"V"形。地层岩性以燕山期花岗岩坡积物及碎石较多，物质来源丰富，汇水面积大。沟口位于康沟村，沟口宽24 m，两边山坡坡度为40°左右，纵坡降253‰。沟口外扇形地较完整，扇长170 m，宽52 m，全沟现已淤高1 m。

目前，该泥石流沟改道从贾庄村中冲出一条河道，河道中砾石淤积2～3 m厚，如再遇暴雨，将直接危及贾庄村等下游村庄的安全（见图1-4-11）。

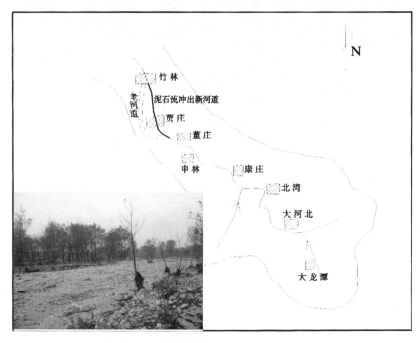

**图1-4-11　大龙潭沟泥石流平面示意图**

### 4.3.3　内乡县马山口镇青山河泥石流

青山河泥石流于1970年、1971年、1981年曾发生3次规模较大的泥石流灾害，累计经济损失1亿元，死亡104人。

#### 4.3.3.1　泥石流发生的自然背景

1. 气象、水文

青山河流域地处亚热带北部边缘，属季风型大陆性气候，多年平均降水量756.5 mm，最大年降水量1 498.8 mm（1983年），最小年降水量506.5 mm（1999年）。青山河流域面积131.9 km²。流域形状呈漏斗状，极有利于暴雨径流的汇集。据《内乡县志》，默河多年平均过境水量为4 000万m³，其流量一般为1.2 m³/s，最大洪峰流量1 740 m³/s。其水灾具有历时短、来势凶猛、陡涨陡落、流量及水位变幅大的特点。

2. 地形、地貌

青山河泥石流位于伏牛山南坡，南阳盆地北缘，地势北高南低，高差悬殊，沟壑纵横。最高海拔1 514.8 m（光秃山），最低海拔205 m，相对高差1 309.8 m。主沟长28.4 km，平均纵比降15.96%，平面形态呈漏斗状，形成了北高南低的喇叭口地形，易造成降水汇集迅速，常引起山洪暴发和泥石流发生（见图1-4-12）。

图1-4-12　青山河泥石流沟平面图

3. 地层岩性

青山河流域出露地层，由老至新分别为下元古界秦岭群、下古生界二郎坪群、中生界白垩系和新生界第四系。主要岩性为：下元古界秦岭群石槽沟组混合岩含石榴黑云斜长片麻岩，斜长角闪片岩夹大理岩；中元古界秦岭群雁岭沟组含石墨大理岩，白云石墨大理岩夹斜长角闪岩、石榴夕线石片岩，石墨片岩；下古生界二郎坪群小寨组黑云变粒岩与云石英片岩夹角闪变粒岩；中生界白垩系高沟组紫红色砾岩、砂砾岩、粗砂岩及砂质泥岩；新生界第四系漂砾、砾卵石、砂砾石、亚砂土及亚黏土。

4. 构造

区域构造为北秦岭褶皱带二郎坪—刘山岩地向斜褶皱束和塞根—彭家寨地背斜褶皱束，褶皱构造和断裂构造非常发育，尤其是北西向的韧性剪切带（深大断裂），均具规模大、延伸稳定、变形强烈、活动期次多、性质复杂的特点。通过该区的主要断裂有朱阳关—夏馆断裂带、西官庄—镇平断裂带、磨坪—九岩沟断裂带。沿断裂带形成大规模的挤压片理化带和构造角砾岩带。据2001年版《中国地震动参数区划图》，青山河流域处于地震烈度Ⅵ度区。

### 4.3.3.2　泥石流成因

自然因素包括：①地质构造环境为泥石流提供了大量物源。②高差悬殊的地形为泥石流提供了动力条件。③降水为泥石流提供了水源。

人为因素包括陡坡耕作、森林植被破坏等。

### 4.3.3.3　易发程度评价

依据《县（市）地质灾害调查与区划基本要求》实施细则，该泥石流沟评定分值97分。据有关资料分析，青山河泥石流仍处于活跃期，尤其以潭沟为代表的支沟，从地貌发育阶段来看，应处于壮年期，泥石流处于活跃期。

# 第5章　地面塌陷

## 5.1　地面塌陷的类型

河南省共发生地面塌陷897处。按照成因，可分为采空型地面塌陷、岩溶型地面塌陷和黄土陷穴3类。

### 5.1.1　采空型地面塌陷

河南省地面塌陷主要与煤、铁、钼、高岭土、铝土等矿产开采有关。地下采矿时，特别是采煤时，在回采过程中巷道及采空区围岩支护是临时性的，不能制止上覆岩土体的变形发展，使得松动带的半径和塌陷拱的高度发展很大，并在采空区上覆岩土体中形成明显的三带，即冒落带、裂隙带和弯曲带（见图1-5-1）。它们都属于地下采掘所引起的上部覆岩的松动范围，称之为采动区。

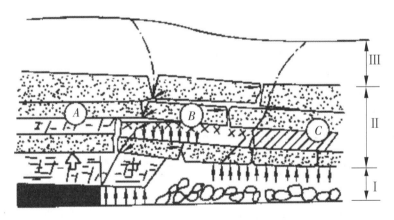

Ⅰ—冒落带；Ⅱ—裂隙带；Ⅲ—弯曲带

A—塌陷波及区；

B—弯曲变形区；C—充分采动区

**图1-5-1　覆岩移动三带示意图**

当地下矿层被采出后，采空区在自重及其上覆岩层的压力下，产生向下弯曲和移动。当顶板岩层的拉张应力超过该岩层的抗拉强度时，直接顶板首先发生断裂和破碎并相继冒落，接着上覆岩层相继向下弯曲、移动，进而发生断裂和断层。随着采矿工作面向前掘进，采动影响的岩层范围不断扩大。当矿层的开采范围扩大到相应程度时，在地表就会形成一个比采空区大得多的盆地，从而危及地表建筑物和农田。由于上覆岩层的采动，地面变形，产生地面下沉盆地或开采塌陷盆地。按地面变形破坏程度的不同，可划分为边界区、危险区和断裂区。如图1-5-2所示，在边界区仅发生很小的下沉，一般不影响地面建筑物的正常使用，断裂区地面则发生一系列地裂缝，建筑物将受到破坏。

从平面上看，地表塌陷区比其下部的采空区范围大，中间塌陷区沉降速度及幅度最

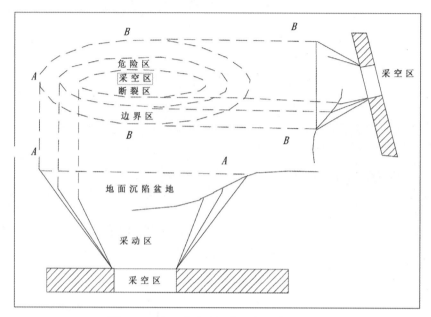

图1-5-2　地下采矿引起地面变形破坏特征

大，无明显地裂缝产生。如果煤层埋藏浅、厚度不大，冒落带直达地表，则在采空区正上方形成下宽上窄的地裂缝。

### 5.1.2　岩溶型地面塌陷

河南省3处岩溶型地面塌陷成因各不相同，其中安阳县岩溶型地面塌陷与水库蓄水有关，南召县2处岩溶型地面塌陷诱发因素则为地表振动和地面加载。

### 5.1.3　黄土陷穴

该类塌陷主要形成于黄土塬区，第四系中更新统（$Q_2$）细粒黄土中，土体中垂直节理、裂隙发育，区内黄土节理多为垂直或陡倾节理（偶尔发育横向节理），倾角一般大于70°，在降雨过程中坡面径流部分沿节理或裂隙下渗，并在相对隔水层（古土壤）受阻改变流向，由高向低沿相对隔水层运动。由于该类土体不但颗粒细小，而且存在较多的可溶盐类，在降雨入渗过程中，同时发生机械潜蚀和化学潜蚀，并以机械潜蚀为主，在降雨及地下径流长期作用下，大孔隙发展成为潜蚀洞穴并不断扩张，沿雨水下渗径流方向形成多个串珠状潜蚀洞，并逐渐连通。一旦遇大的暴雨，土洞冒顶，则形成串珠状潜蚀土洞塌陷，经扩张连通后，形似裂缝。它是黄土区沟谷之自然雏形，经溯源侵蚀，最终演变成黄土沟谷。

# 5.2　地面塌陷发育特征

## 5.2.1　地面塌陷的分布

受煤、铁、铝土、高岭土等固体矿产成因控制，采空地面塌陷空间分布较为集中，从地域上看主要分布在安阳—鹤壁、郑州、焦作—济源、渑池—新安、平顶山、永城一带，分属鹤煤、郑煤、焦煤、义煤、平煤、永煤和神火等7大矿业集团（见图1-5-3、图1-5-4）。

岩溶塌陷在河南省分布极少，多属自然塌陷，规模小，分布零星分散，多呈单体陷坑形式。

## 5.2.2　地面塌陷形态特征

### 5.2.2.1　采空地面塌陷的形态特征

采空地面塌陷以冒落式为主，其发育形态表现为多样性和不重复性。平面形态表现为长条形、椭圆形、近圆形、串珠形、环状线形和不规则形；剖面形态表现为移动盆地形、圆柱形、圆锥形等。根据上覆岩层及地形地貌的不同，可分为沉陷式和地堑式两种形态。

1.沉陷式地面塌陷

焦作煤矿区、郑州、新密、宜洛、平顶山东郊煤矿区，地表形态多处于丘陵向平原的过渡地带，永城矿区位于豫东平原，地势相对平坦，且煤系地层上覆巨厚的第四系沉积物。松散层厚40～100 m，岩性以亚黏土、黏土、淤泥质土为主，具可塑性。煤层采空后，煤层上覆岩层发生沉陷，松散层发生塑性变形，波及地表之后，多在采空区上方形成一个比采空区大得多的沉陷盆地（移动盆地）。当采空区布置许多平行回采工作面时，其地表形成波浪式连续沉陷盆地。

2.地堑式地面塌陷

地堑式地面塌陷主要分布于中低山及丘陵区，地层以石炭系、二叠系为主，上覆松散层较薄，岩性以砂岩、泥质软硬互层为主，在河南省主要分布在安阳、鹤壁、三门峡、郑州西部、平顶山韩梁矿区等。

由于受地形地貌的影响，塌陷后多形成局部漏斗式的沉陷坑，并伴生锯齿状的地裂缝，有些形成陡坎地形，通常不积水，如巩义市大峪沟矿区，沉陷形成阶梯状陡坎（见照片1-5-1）。该类型地面塌陷的单个陷坑规模往往不大，但密集分布，呈鸡窝状，有时被地裂缝贯通成为串珠状。即使地下大面积开采形成的移动盆地波及地表，由于地形地貌单元的分割，地表变形特征也不同于平原区的沉陷盆地，仅局部地形较平坦地段陷坑明显，大部分地段沉陷加剧地表起伏，垂直变形表现显著。

地堑式地面塌陷的最主要特点是形成一系列平行或弧状落差裂缝，裂缝切割塌陷区多个微地貌单元，形成数量众多的崩塌、滑坡（见照片1-5-2）。

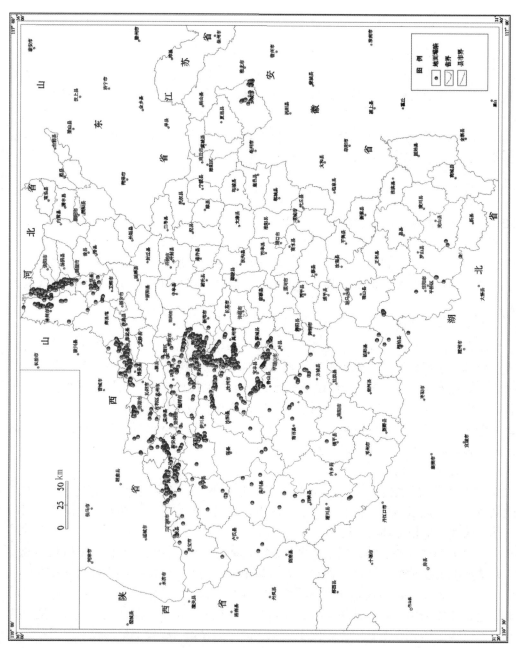

图1-5-3 河南省采空塌陷分布散点图

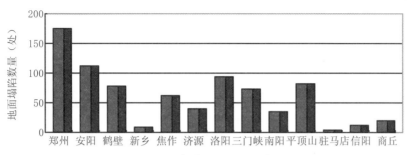

图1-5-4 河南省各市地面塌陷分布对比图

照片1-5-1 大峪沟煤矿地面塌陷形成阶梯状陡坎

照片1-5-2 大峪沟煤矿地面塌陷派生小型土质崩塌

#### 5.2.2.2 岩溶塌陷形态特征

我省3处岩溶塌陷均属自然塌陷，其分布零星分散，呈单体陷坑形式。陷坑形状为圆形或接近方形，深4~15 m，分布面积10~100 000 m²，所处地形为山间凹地或山坡，上覆地层为第四系黄土，岩溶地段岩性为灰岩或条带状大理岩。

# 5.3　地面塌陷稳定性评价

地面塌陷稳定性评价标准见表1-5-1。

表1-5-1　塌陷体稳定性评价标准表

| 稳定性分级 | 塌陷微地貌 | 堆积物性状 | 地下水埋藏及活动情况 | 说　明 |
|---|---|---|---|---|
| 稳定性差 | 塌陷尚未或已受到轻微充填改造，塌陷周围有开裂痕迹，坑底有下沉开裂迹象 | 疏松，呈软塑至流塑状 | 有地表水汇集入渗，有时见水位，地下水活动较强烈 | 正在活动的塌陷，或呈间歇缓慢活动的塌陷 |
| 稳定性较差 | 塌陷已部分充填改造，植被较发育 | 疏松或稍密，呈软塑至可塑状 | 其下有地下水流通道，有地下水活动迹象 | 接近或达到休止状态的塌陷，当环境条件改变时可能复活 |

续表1-5-1

| 稳定性分级 | 塌陷微地貌 | 堆积物性状 | 地下水埋藏及活动情况 | 说　明 |
|---|---|---|---|---|
| 稳定性好 | 塌陷已被完全充填改造，植被发育良好 | 较密实，主要呈可塑状 | 无地下水流活动迹象 | 进入休亡状态的塌陷，一般不会复活 |

河南省地面塌陷稳定性评价结果见表1-5-2。

表1-5-2　河南省地面塌陷稳定性评价表

| 稳定级别 | 稳定性差 | 稳定性较差 | 稳定性好 |
|---|---|---|---|
| 数量（处） | 534 | 199 | 164 |
| 占百分比（%） | 59.5 | 22.2 | 18.3 |

# 5.4　典型地面塌陷灾害

## 5.4.1　永城矿区张大庄采空地面塌陷

### 5.4.1.1　发育特征

该地面塌陷位于城厢乡张大庄村，为永城煤电集团有限责任公司陈四楼煤矿地下煤层采空所致，巷道埋深约383 m，始塌于1997年4月。塌陷坑形状为近圆形，坑口直径达2 000 m，塌陷坑中心深度3.5 m，南北跨越城厢乡和陈集镇2个乡镇，涉及5个行政村、17个自然村，塌陷面积3.42 km$^2$，规模为大型（见照片1-5-3）。该塌陷不同程度毁房5 356间（见照片1-5-4），破坏、影响耕地3 347亩（1亩=1/15 hm$^2$），常年积水面积2.4 km$^2$，已形成一个大的积水湖泊，大部分村庄被迫搬迁，现威胁人数888人。塌陷坑目前尚未稳定，仍在发展，采取的防治措施为部分村庄搬迁避让，耕地补偿，效果差。

### 5.4.1.2　形成条件及诱发因素

煤矿采空区地面塌陷的规模受地质地貌条件、采煤方式、采空区大小，岩土层岩性、厚度，煤层厚度、倾角，地下水条件等因素影响。

地形地貌：工作区广大地区为黄淮冲积平原，地势平坦，植被发育，居民点集中，地下煤炭资源丰富，现有已投产的城郊、陈四楼等五对矿井，特殊的地理环境造成采空区形成地面塌陷后危害严重。

矿层因素：矿层埋深越大，变形扩展到地表所需的时间越长，地表变形值越小，变形比较平缓均匀，但地表移动盆地的范围加大；矿层厚度越大，地表变形值越大；矿层倾角大时，水平移动值增大，地表出现地裂缝的可能性增大，盆地和采空区的位置更不相对应；松散覆盖层越厚，地表变形值越小，地表移动盆地范围加大。松散覆盖层主要为黏性土时，则地表出现地裂缝的可能性增大；若松散覆盖层主要为粉土，则出现中、大型地面沉陷陷坑的可能性增大。

照片1-5-3　张大庄地面塌陷　　　　　　　照片1-5-4　张大庄地面塌陷积水

地质构造因素：矿层倾角平缓时，盆地位于采空区正上方，形状基本上对称于采空区。矿层倾角较大时，盆地在沿矿层走向方向仍对称于采空区，而沿倾角方向，随着倾角的增大，盆地中心更加向倾斜的方向偏移；岩层节理裂隙发育，会促使变形加快，增大变形范围，扩大地表裂缝区；断层会破坏地表移动的正常规律，改变移动盆地的大小、位置，断层带上的地表变形更加剧烈。

岩性因素：永城煤系地层之上堆积有塑性大的厚层新生界松散覆盖层，含煤岩层产生的破坏，常会被前者缓冲或掩盖，使地表变形平缓，但地表变形增大。

地下水因素：地下水活动可加快变形速度，扩大变形范围，增大地表变形值，特别是抗水性弱的岩层。永城矿区松散覆盖层厚度大，地下水位高，土体饱水，在采矿沉陷过程中，土体孔隙中地下水大量被挤出，土体固结压密，加之自重导致自身下陷，造成地面塌陷深度大于煤层开采厚度。

开采条件：矿层的开采和顶板处置方法及采空区的大小、形状、工作面推进速度等，都影响地表变形值、变形速度和变形形式。工作区矿井均为立井，单水平或多水平上下山开拓，走向长壁或倾向长壁开采，全部冒落法管理顶板，往往造成地表大面积塌陷。

## 5.4.2　洛宁县东宋乡牛庄黄土陷穴

黄土陷穴在洛宁县东宋、王村、马店等处均有分布。该类塌陷主要受土体（物理、化学）性质及节理控制，尤其黄土节理在一定程度上控制着塌陷的发展方向及深度。现以东宋乡牛庄黄土陷穴为例，说明节理在该类塌陷发展过程中的作用。

### 5.4.2.1　地质环境条件

1998年雨季，东宋牛庄先后出现3处该类塌陷（见图1-5-5），现以牛庄黄土陷穴（Ln015）为例，说明塌陷形成与节理的关系。

东宋乡位于县城东北，地处洛宁断陷盆地，属黄土台塬地貌，渡洋河由西北向东南经该区注入洛河。土质为第四系中更新统（$Q_2$）粉土、粉质黏土并含多层古土壤。土体中含有大量的可溶盐类，且大孔隙发育。3条塌陷均为串珠状土洞塌陷，塌陷呈长条状，最长的130 m，最短的20 m。

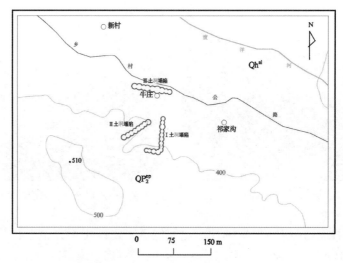

图1-5-5　东宋乡牛庄黄土陷穴分布示意图

#### 5.4.2.2　塌陷区节理发育状况

区内黄土节理发育类型主要有构造节理、卸荷节理、风化节理及滑塌节理等，由于3处塌陷均处于地形陡变处（塬面冲沟边缘），卸荷节理和滑塌节理较为发育。塌陷区节理密集，一般2～4组/m，且节理面开启较大，局部地段因节理开启大而发展为小的（张性）裂缝，有利于径流潜蚀。尤其Ln015、Ln016所处部位节理密集，且节理面开启度较大。

在牛庄东塌陷（Ln015），现场测量3组节理，产状：295°∠91°、43°∠77°、340°∠95°；在牛庄西塌陷（Ln016），现场测得4组节理，产状：33°∠81°、280°∠88°、347°∠105°、62°∠88°；在牛庄北塌陷（Ln017），现场未测到节理。

#### 5.4.2.3　塌陷优势节理拟配

牛庄东塌陷呈长条状折线形（见图1-5-6），夹角近90°，较长的130 m，走向190°，较短的65 m，走向295°。优势节理产状：295°∠91°、340°∠95°，为一对共轭节理。

牛庄西塌陷（Ln016）呈长条形，走向为60°，优势节理产状：347°∠105°。

由此可见，节理在塌陷形成过程中，在一定程度上起控制作用。

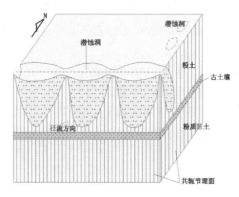

图1-5-6　东宋乡牛庄黄土陷穴剖面示意图

# 第6章  地裂缝

## 6.1  地裂缝类型与成因

河南省共发育地裂缝141处。其中和人类工程活动相关的有72处，占地裂缝总数的51.1%。

按其成因，可分为人工采矿型地裂缝和膨胀土、黄土湿陷等自然因素型地裂缝2类。

### 6.1.1  人工采矿型地裂缝

矿区地裂缝是地下矿产开采后，其上覆岩层与底板岩层的应力平衡状态遭到破坏，从而产生移动、变形和破坏的现象。地下矿产采出后，采空区顶板岩层在自重及其上部覆岩作用下，向下弯曲、移动。当其内部拉应力超过岩石强度极限时，直接顶板便断裂、破碎而冒落。其上部的老顶岩层以梁或悬臂梁弯曲的形式，沿层面的法线方向移动、弯曲，进而产生断裂和离层。随回采工作面推进，新采动后的上覆岩层也随之移动，当采空区范围达到一定大小时，岩层移动过程将发展到地表，随着回采工作面的继续推进，在地表将形成一个范围较大的洼地或沉陷盆地。

由于开采深度、开采厚度、采矿方法、顶板管理方式等因素的不同，地表移动和变形的形式也不一样。当开采深度和采厚比值较小时，地表可能出现较大的裂缝，反之，地裂缝则较小。

如煤矿和铝土矿区，地裂缝多呈群缝伴生于地面塌陷区周围边缘地带，其走向与井巷掘进方向大体一致，而裂缝宽度和深度则受地形地貌、矿种埋藏深度及产状控制，地裂缝以拉张型为主。

地下采矿区地裂缝的空间展布总是受采空区的范围和方向控制，特别是有煤矿的地方，几乎都有地裂缝发育。

采矿引起的地裂缝并非是地表变形一开始就产生的，而是地表点的主应力达到一定值后才开始逐步形成的。地表某一点达到此应力值时的已开采面积（即裂缝临界开采面积）的大小取决于开采深度、开采厚度、上覆岩层的物理力学性质和岩土结构等因素，产生裂缝的应力值则取决于地表土的物理力学性质。

虽然因采矿引起的地裂缝在地表的表现看似纵横延伸、形态各异，但实际上它们的显现却有一定规律。由于矿产开采规模大小各异，产生的采空区规模各不相同，引起的地裂缝在地表形态的表现上是各种各样的。就采煤而言，大型煤矿采空区一般是规则的，地表变形也是逐渐变化的，在沉陷盆地边缘产生的拉张裂缝也是按规律分布的，一般呈线状分布在采空区的沉陷边界上，大致与采空面相互平行。

地裂缝的宽度主要受拉张应力作用的大小控制，同时也和上覆土的土质、岩土的物理力学性质有很大关系；地裂缝的深度受矿产的采厚比、开采规模、上覆岩土层的组合关系、岩土力学性质等众多因素影响，深度也各不相同。

在平面表现上，地裂缝一般为不规则的折线，采矿区地裂缝一般有一定规律的走向，部分地裂缝在平面上表现为弧形；在垂直形态上，平直光滑的地裂缝较少，多呈凹凸不平的形态，在垂向上多近于90°，裂缝一般表现为上宽下窄，呈"V"字形，部分地裂缝显示为槽形或漏斗形。

## 6.1.2 自然因素型地裂缝

### 6.1.2.1 膨胀土地裂缝

膨胀土在大量吸水后体积膨胀，而在释水后体积又大幅度收缩，这种反复胀缩活动使地表形成地裂缝而造成灾害。它分布在不同时代和不同成因的膨胀土发育区，特别是在时代较老的残积、坡积、冲积膨胀土区最严重。膨胀土地裂缝还受气候、植被、地貌、水文等条件影响。通常在气候干旱或者旱涝无常、膨胀土含水量变化剧烈的情况下，地裂缝最严重。膨胀土地裂缝的规模一般都比较小，长度多在数十米，宽度不超过10 cm，深度多在3 m以内。地裂缝形态多呈上宽下窄的"V"字形。伴随膨胀土的反复胀缩变形，地裂缝时闭时张，时大时小。在地裂缝活动的同时，常产生一定的侧向压力，因此引起局部地面隆起或下沉。

在膨胀土分布区，膨胀土具蒙脱石含量较高，高塑限、高液限、高收缩性，埋藏深度较小，厚度较大等特点。在阴雨连绵的年份或季节，由于地表土体湿度大，土层发生膨胀，地裂缝呈闭合状态；在干旱炎热极端气候条件下，地下水位下降，土体干缩变形，产生地裂缝。

膨胀土地裂缝主要分布在淮河冲积平原和南阳盆地等地段。膨胀土根据岩性成因类型，可分为棕黄色、黑色两类黏性土。其中，棕黄色黏性土为中更新统坡洪积沉积，黏土矿物以伊利石、蒙脱石为主，呈坚硬-硬塑状态，网状裂隙发育，含大量钙核，呈次圆-次棱角状；黑色黏性土为上更新统冲湖积沉积，黏土矿物以蒙脱石、伊利石为主，土体结构致密，呈坚硬-硬塑状态，垂直、倾斜裂隙发育，裂隙短小。

### 6.1.2.2 黄土湿陷地裂缝

黄土湿陷地裂缝是由于黄土(以新黄土为主)或黄土状土受地表水或地下水浸湿后，发生湿陷而形成的地裂缝所造成的灾害。它多环绕湿陷洼地发育，规模一般不大，主要危害房屋、道路和耕地。黄土湿陷地裂缝零星分布在豫西黄土丘陵地区。由于降水量较少而蒸发量大，地下水位不断下降，盐类因之析出，胶体凝结产生加固黏聚力，在湿度不大的情况下，黄土自身重力不足以克服土中形成的加固黏聚力，从而形成欠压密状态，在一定的外因作用下（如长时间的强降水），则加固黏聚力丧失而产生湿陷变形，造成地面构筑物破坏，并在湿陷区边缘黄土冲沟边侧形成地裂缝（见图1-6-1）。

此外，在安阳、濮阳一带，因特定的气候、地形地貌、地层和水文地质条件，在局部地段可形成小规模地裂缝，危害不大。在信阳和驻马店一带，20世纪70年代，曾发生大规模的不明成因地裂缝，造成一定危害，其可能与构造活动有一定关系。

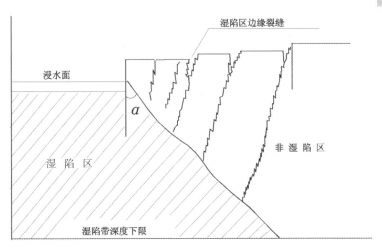

图1-6-1 黄土湿陷机制示意图

# 6.2 地裂缝发育特征

## 6.2.1 地裂缝分布特征

从区域上看，省内地裂缝主要发育在焦作、济源、平顶山、商丘等矿区及南阳等地（见图1-6-2）。

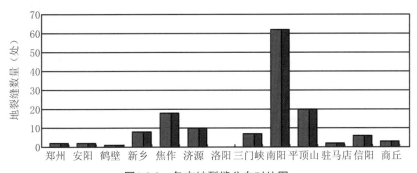

图1-6-2 各市地裂缝分布对比图

## 6.2.2 地裂缝稳定性特征

据各县市区划地质灾害调查信息，全省141处地裂缝，已闭合或充填76处，占地裂缝总数的53.9%；尚未稳定的65处，占地裂缝总数的46.1%。

# 6.3 典型地裂缝灾害

### 6.3.1 平顶山市区青草岭地裂缝

该地裂缝位于石龙区西部青草岭，北端（俗称"大口子"）与宝丰县境内的娘娘山相连，南端与鲁山县境内燕子岭相连。其主裂缝南起石龙区张庄村西南部的山坡上，北到大口子，走向325°～345°，纵贯整个青草岭。裂缝南端坐标为：东经112°52′24″、北纬33°51′12″，北端坐标为：东经112°50′39″、北纬33°53′37″。现场勘测数据显示，该裂缝已经形成宽度85～170 m的裂缝带，长度约4 500 m，裂缝带面积为0.35 km²，且裂缝带仍有加剧之势（见照片1-6-1、照片1-6-2）。目前已毁坏207国道90 m，造成经济损失18万元。

照片1-6-1　青草岭地裂缝1　　　　　　　照片1-6-2　青草岭地裂缝2

青草岭地裂缝的发育和采煤密切相关，地裂缝空间分布受采空区的范围和方向控制。

### 6.3.2 永城矿区白阁地裂缝

城厢乡李庄村白阁地裂群缝（YC02）位于陈四楼煤矿采空塌陷区内，由地下采煤诱发所致。该群缝始发于2002年4月，盛发于2003年8～9月，大致平行于采空区，长2 000 m，走向330°，倾角90°。群缝由4条呈直线、折线形，长1 000～2 000 m、宽0.3～0.8 m、深1.2～2.5 m的单缝组成，单缝间距30～60 m，总影响宽度200 m，为巨型地裂缝（见照片1-6-3、照片1-6-4）。白阁地裂缝影响2个行政村的7个自然村，造成3 784间房屋不同程度开裂，影响耕地2 059亩，部分生产桥梁和机井被毁坏，造成经济损失785.3万元。

目前该地裂群缝尚未稳定，仍在发展，采取的主要防治措施为部分填埋裂缝，效果差。随着采空区的增大，造成的损失会更加严重。

照片1-6-3　白阁村地裂缝

照片1-6-4　白阁小学地裂缝延展区

### 6.3.3　巩义市巴沟黄土湿陷地裂缝

巴沟黄土湿陷位于站街镇巴沟村，湿陷区面积合计1.2 km²，已造成24间房屋被毁、550间房屋及102孔窑洞出现裂缝，80 m公路出现开裂，直接经济损失288.7万元。

从巩义市域来看，区内湿陷性黄土分布在北部沿黄河、伊洛河两岸的黄土冲沟内，行政区域包括河洛镇的井沟、赵沟、马峪沟、礼泉及站街镇的南窑湾、北窑湾、马沟等地，岩性为第四系上更新统浅黄色轻粉土、粉黏土，土质疏松，孔隙及垂直裂隙较为发育（见照片1-6-5）。

照片1-6-5　巴沟黄土孔隙及垂直裂隙

巴沟内局部黄土天然含水量10.1%～23.7%，孔隙比0.772～0.992，湿陷系数0.015～0.108，按《湿陷性黄土地区建筑规范》（GB 50025—2004）标准，其总体属Ⅰ级（轻微）非自重湿陷，部分地段属Ⅱ级（中等）湿陷。据9个探井资料，10 m深度内，总湿陷量4.7～28.95 cm，自重湿陷量0.8～9.4 cm。当地2003年8月出现长时间高强度降水，加之巴沟村东侧豫联工业园排水亦从巴沟经过，地表水体大量入渗，造成巴沟、闫沟、南窑湾3条沟大面积湿陷，沿巴沟形成4条近东西向（90°～110°）地裂缝，造成大量经济损失，并严重威胁3条沟内居民的安全。

# 第7章 地面沉降

## 7.1 地面沉降分布特征

地面沉降特征是波及范围广、下沉速率缓慢、不易察觉，但对建筑物或其他地面工程危害较大。

河南省地面沉降，主要是随着工农业生产发展、人口增加及城市规模扩大，大量抽取地下水导致地下水位持续下降、地面产生缓慢下沉变形，造成地面工程裂缝、井口相对抬高、地基出露等危害（见照片1-7-1、照片1-7-2）。

照片1-7-1 濮阳市城区地面沉降造成
墙体基础相对抬高

照片1-7-2 郑州市省直干休所井管抬高现象

我省有记录的地面沉降均与开采地下水有关。其发生地主要有郑州、开封、洛阳、许昌、濮阳、安阳等。其危害主要是地表下沉，形成区域性沉降带，对地表构（建）筑物造成破坏，如房屋开裂、管道变形、井孔相对上升等。我省已对濮阳市开展了较长系列的地面沉降监测，下面以该市为例描述地面沉降特征。

濮阳市开展地面沉降监测工作始于2000年前后，目前市区共有水准点26个。2010～2011年度监测结果见表1-7-1。

由表1-7-1可知，濮阳市2010～2011年高差在0～8 mm，说明市区地面沉降具有不均匀性。因该市地面沉降监测点未能完整控制地面沉降范围，据监测数据及沉降量等值线图，濮阳市地面沉降范围约在5.45 km²，与漏斗中心区展布基本一致。

表1-7-1 濮阳市2010～2011年度地面沉降监测值比较表

| 点号 | 2010年高程（m） | 2011年高程（m） | 高差（mm） |
|---|---|---|---|
| BM1 | 50.436 | 50.436 | 0 |
| PS9 | 49.830 | 49.830 | 0 |

续表1-7-1

| 点号 | 2010年高程（m） | 2011年高程（m） | 高差（mm） |
|---|---|---|---|
| PS3 | 50.949 | 50.946 | −3 |
| PS8 | 49.760 | 49.767 | 新点 |
| PS4 | 50.312 | 50.313 | 1 |
| PS5 | 49.196 | 49.192 | −4 |
| PS2 | 49.930 | 49.931 | 1 |
| PS18 | 50.280 | 50.452 | 新点 |
| PS1 | 50.692 | 50.685 | −7 |
| 南里商 | 49.582 | 49.575 | −7 |
| PS17 | 51.671 | 51.666 | −5 |
| PS16 | 51.723 | 51.715 | −8 |
| PS6 | 52.133 | 52.127 | −6 |
| PS19 | 51.761 | 51.408 | 新点 |
| PS20 | 52.275 | 52.112 | 新点 |
| PS12 | 52.433 | 52.430 | −3 |
| PS23 | 52.902 | 52.905 | 新点 |
| PS22 | 52.399 | 52.399 | 0 |
| PS14 | 52.262 | 52.260 | −2 |
| PS13 | 52.407 | 52.389 | 新点 |
| PS30 | 51.580 | 51.570 | 新点 |
| PS21 | 52.569 | 52.570 | 1 |
| PS24 | 51.990 | 51.993 | 3 |
| PS15 | 52.429 | 52.428 | −1 |
| PS11 | 51.565 | 51.995 | 新点 |
| PS10 | 51.934 | 51.934 | 0 |
| PS7 | 50.188 | 50.191 | 3 |

# 7.2　地面沉降成因

因抽水而引起地面沉降的地区，地层主要由各含水层及其相对隔水的黏性土层相叠组成，各层间在一定的水压下有着水力联系，抽水使含水层的水头（或水位）下降，并牵动相关的水头下降，导致孔隙水压力减小，有效应力增加。有效应力的增加，等同于给土层施加一附加压应力，使土层产生压缩变形，各土层的变形叠加，导致地面的整体下沉。

# 第8章　地质灾害易发程度评价

地质灾害的发育、发生与地形地貌、地层岩性、地质构造和人类工程活动、大气降雨等自然、人为因素关系密切。地质灾害易发区是指容易发生地质灾害的地区或地质灾害多发区。通过对地质灾害影响因素进行量化统计分析，可以对全省地质灾害易发程度进行分区评价。

## 8.1　地质灾害易发程度评价方法

### 8.1.1　数学模型的建立

通过地质灾害"发育度"（反映地质灾害发育频率、面积、体积特征）、"潜势度"（反映区内地质环境脆弱程度）、"危险度"（反映由潜势度及降水、人类工程活动、地震等诱发因素综合形成的灾害发生的可能性）三种反映地质灾害特征值的计算结果进行易发性分区。首先进行地质灾害发育程度分区评价，然后对地质灾害潜势度和危险度进行评价，从而建立"三度空间指标"的评价体系，并据此开展全省地质灾害易发性评价与分区。

#### 8.1.1.1　潜势度数学模型

地质灾害危险性划分的重要依据之一是区域地质环境特征对地质灾害产生的影响程度，这一特征可用地质灾害潜势度来表现，地质灾害潜势度是指某一地区在没有任何降水、地震和人类工程经济活动等诱发因素影响下地质环境孕育地质灾害的潜在能力，公式为

$$Q_i = \sum_{j=1}^{n} (a_i b_j) \tag{1-8-1}$$

$$(i=1, 2, \cdots, m; j=1, 2, \cdots, n)$$

式中　$Q_i$ —— 第$i$单元的潜势度指数；

　　$i$ —— 评价单元数；

　　$j$ —— 评价因子数；

　　$a_i$ —— 第$j$评价因子在第$i$单元中的赋值；

　　$b_j$ —— 第$j$评价因子的权重；

　　$m$ —— 最多评价单元数，取6 680；

　　$n$ —— 最多评价因子数，取10。

潜势度评价选取的地质灾害各因子取值标准见表1-8-1。

表1-8-1　地质灾害各因子取值标准表

| 判别因子 | | | | 判别指标分级（分值） | | | | | 权重 |
|---|---|---|---|---|---|---|---|---|---|
| 类 | 一级因子 | 二级因子 | 单位 | Ⅰ（8） | Ⅱ（5） | Ⅲ（3） | Ⅳ（1） | Ⅴ（0） | |
| 基础因子 | 地形地貌 | 高程 | m | >500 | 200～500 | 100～200 | 60～100 | <60 | 0.02 |
| | | 山坡坡度 | ° | >75 | 45～75 | 20～45 | 10～20 | <10 | 0.2 |
| | | 斜坡结构类型 | | 顺向斜坡 | 土质斜坡 | 斜向斜坡 | 横向斜坡 | 反向斜坡 | 0.2 |
| | | 沟谷密度 | km²/条 | >5 | 3～5 | 1～3 | 1 | 0 | 0.05 |
| | 植被 | 盖度 | % | <5 | 5～15 | 15～50 | 50～80 | >80 | 0.1 |
| | 岩组 | 岩组类型 | | 软弱的、全风化岩组，节理裂隙极度发育 | 半风化至全风化岩组，裂隙发育 | 半坚硬未风化岩组，节理裂隙发育 | 半坚硬未风化岩组，节理裂隙中等发育 | 岩石坚硬，完整性好，节理裂隙不发育 | 0.25 |
| | | 地质构造 | | 复杂 | 中等 | | 简单 | 不发育 | 0.05 |
| 响应因子 | | 灾害频数比 | | >10.71 | 7.14～10.71 | 3.57～7.14 | 0～3.57 | 0 | 0.08 |
| | | 灾害面积模数比 | | >10.0 | 1.0～10.0 | 0.1～1.0 | 0～0.1 | 0 | 0.05 |
| | | 灾害体积模数比 | | >0.5 | 0.05～0.5 | 0.01～0.05 | 0～0.01 | 0 | 0.05 |

#### 8.1.1.2　危险度数学模型

以表征地质环境脆弱程度的地质灾害潜势度计算为基础，加入地质灾害诱发因素，就可以判断地质灾害发生的可能性，相应地以地质灾害危险度来表示。危险度的判别因子选取原则是：从地质环境的角度出发，既考虑地质灾害形成的内在基本因素（即潜势度），又兼顾诱发地质灾害的外部因素，即诱发因子。根据河南省地质灾害现状，选取人工切坡、降水、水利工程建设、矿山开采活动、地震等因素为危险度计算中的诱发因子（见表1-8-2）。

表1-8-2  地质灾害危险度各因子取值标准表

| 判别因子 | | | | 判别指标（分值） | | | | | 权重 |
|---|---|---|---|---|---|---|---|---|---|
| 类 | 一级因子 | 二级因子 | 单位 | I（5） | II（4） | III（3） | IV（2） | V（1） | |
| 潜势度 | | | | >4.38 | 2.65～4.38 | 2.05～2.65 | 0.32～2.05 | ≤0.32 | 0.4 |
| 诱发因子 | 降水量 | 1日最大降水量 | mm | ≥250 | 200～250 | 100～200 | 50～100 | ≤50 | 0.18 |
| | | 年均降水量 | mm | ≥1 200 | 1 000～1 200 | 800～1 000 | 600～800 | ≤600 | 0.02 |
| | 地震活动 | 地震烈度 | | ≥VIII | VII～VIII | VI～VII | V～VI | ≤V | 0.05 |
| | 人类活动 | 切坡严重程度 | | 强烈 | 严重 | 中等 | 轻微 | 无 | 0.2 |
| | | 水电工程破坏程度 | km²/km² | ≥0.85 | 0.65～0.85 | 0.45～0.65 | 0.25～0.45 | ≤0.25 | 0.075 |
| | | 矿山开采活动 | | 强烈 | 严重 | 中等 | 轻微 | 无 | 0.075 |

注：统计时间区间为1970～2010年。

其计算公式为

$$W_i = \sum_{j=1}^{p}(d_i k_j)$$

（1-8-2）

$$(i=1, 2, \cdots, m; j=1, 2, \cdots, p)$$

式中　$W_i$——第$i$单元危险度指数；

　　　$p$——评价因子个数，按表1-8-2取值为7；

　　　$m$——评价区单元个数；

　　　$d_i$——第$j$评价因子在第$i$单元的取值；

　　　$k_j$——第$j$评价因子的权重。

　　地质灾害危险度是在地质灾害发育度计算基础上，综合考虑地质环境条件与地质灾害诱发因素所得，我们将其作为地质灾害易发性分区的基础数据。

### 8.1.2  网络剖分

　　根据上述公式，采用栅格处理方法，对河南省行政区范围进行单元网格剖分。为计算方便，同发育度计算时网格剖分相同，以5 km×5 km（单元面积25 km²，即图上1 cm×1 cm）作为一个单元，对全省行政区域进行网络剖分，共划分为6 680个单元格，以单元格为最小单位进行信息提取及量化。

### 8.1.3　单元计算

通过式（1-1-2）、式（1-1-3）、式（1-1-4）得出滑坡、崩塌、泥石流、地面塌陷、地裂缝及地面沉降6大类地质灾害的各单元发育度指标（灾害频数比、灾害面积模数比、灾害体积模数比），作为潜势度计算的响应因子，使其通过表1-8-1参与量化计算过程，同时利用式（1-1-1）计算出的单灾种单元发育度计算结果，利用式（1-8-1）、式（1-8-2）进行潜势度、危险度计算，最终得出各单元滑坡、崩塌、泥石流、地面塌陷、地面沉降、地裂缝的潜势度、危险度值，藉以划定各灾种的易发程度分区和开展单灾种地质灾害易发性评价。

同发育度计算一样，我们采用FoxPro编程进行计算，地质灾害潜势度、危险度计算流程图（ANSI）设计如下。

#### 8.1.3.1　单灾种地质灾害潜势度（$Q_i$）计算流程

单灾种地质灾害潜势度（$Q_i$）计算流程见图1-8-1。

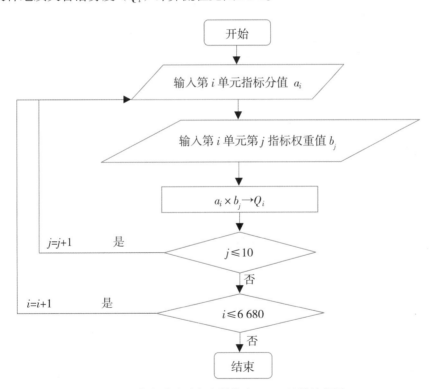

图1-8-1　单灾种地质灾害潜势度（$Q_i$）计算流程图

#### 8.1.3.2　单灾种地质灾害危险度（$W_i$）计算流程

单灾种地质灾害危险度（$W_i$）计算流程见图1-8-2。

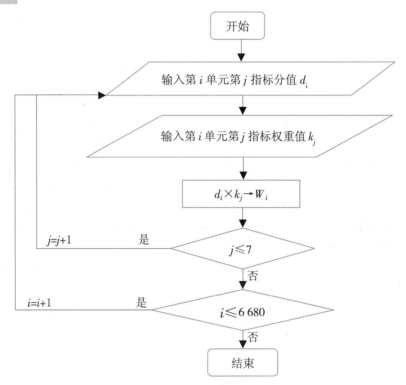

图1-8-2　单灾种地质灾害危险度（$W_i$）计算流程图

## 8.1.4　计算结果

### 8.1.4.1　潜势度计算结果

据此对照各单元$Q_i$值计算结果，对全省6 680个单元格各地质灾害种类潜势度进行统计，见表1-8-3、表1-8-4、表1-8-5。

表1-8-3　滑坡、崩塌地质灾害潜势度（$Q_i$）计算区间统计表

| 潜势度$Q_i$等级 | ≥4.38 | 4.38~2.65 | 2.65~0.32 | ≤0.32 |
|---|---|---|---|---|
| 单元格数量（个） | 1 560 | 164 | 720 | 5 035 |
| 对应面积（km²） | 39 000 | 4 100 | 18 000 | 125 875 |

表1-8-4　地面塌陷、地面沉降、地裂缝地质灾害潜势度（$Q_i$）计算区间统计表

| 潜势度$Q_i$等级 | ≥4.38 | 4.38~2.65 | 2.65~0.32 | ≤0.32 |
|---|---|---|---|---|
| 单元格数量（个） | 126 | 42 | 192 | 6 320 |
| 对应面积（km²） | 3 150 | 1 050 | 4 800 | 158 000 |

表1-8-5　泥石流地质灾害潜势度（$Q_i$）计算区间统计表

| 潜势度$Q_i$等级 | ≥4.38 | 4.38～2.65 | 2.65～0.32 | ≤0.32 |
|---|---|---|---|---|
| 单元格数量（个） | 177 | 314 | 70 | 6 119 |
| 对应面积（km²） | 4 425 | 7 850 | 1 750 | 152 975 |

### 8.1.4.2　危险度计算结果

由式（1-8-2）及表1-8-2计算全省地质灾害危险度并进行分区，各灾种单元计算结果见表1-8-6、表1-8-7、表1-8-8。

表1-8-6　滑坡、崩塌地质灾害危险度（$W_i$）计算区间统计表

| 危险度$W_i$等级 | ≥4.00 | 4.00～2.50 | 2.50～0.75 | ≤0.75 |
|---|---|---|---|---|
| 单元格数量（个） | 521 | 944 | 1 057 | 4 158 |
| 对应面积（km²） | 13 025 | 23 600 | 26 425 | 103 950 |

表1-8-7　地面塌陷、地面沉降、地裂缝地质灾害危险度（$W_i$）计算区间统计表

| 危险度$W_i$等级 | ≥4.00 | 4.00～2.50 | 2.50～0.75 | ≤0.75 |
|---|---|---|---|---|
| 单元格数量（个） | 92 | 78 | 177 | 6 333 |
| 对应面积（km²） | 2 300 | 1 950 | 4 425 | 158 325 |

表1-8-8　泥石流地质灾害危险度（$W_i$）计算区间统计表

| 危险度$W_i$等级 | ≥4.00 | 4.00～2.50 | 2.50～0.75 | ≤0.75 |
|---|---|---|---|---|
| 单元格数量（个） | 140 | 163 | 270 | 6 107 |
| 对应面积（km²） | 3 500 | 4 075 | 6 750 | 152 675 |

### 8.1.4.3　各单元单灾种地质灾害易发程度的确定

由上述程序计算各单元$Q_i$值和$W_i$值，根据单元$W_i$值计算结果，将各单元单灾种地质灾害易发程度以定量方式划分为高易发、中易发、低易发和非易发4个等级，各等级与单元地质灾害危险度（$W_i$）对应关系如表1-8-9所示。

表1-8-9　地质灾害易发程度与危险度对应关系表

| 危险度 | ≥4.00 | 4.00～2.50 | 2.50～0.75 | ≤0.75 |
|---|---|---|---|---|
| 易发程度 | 高易发 | 中易发 | 低易发 | 非易发 |

# 8.2　地质灾害易发程度分区

## 8.2.1　单灾种易发程度划分方法

以上计算是以单元格为单位确定其易发程度，在进行区域单灾种易发程度分区时，为使分区边界更贴近实际，我们分别使用4.00、2.50、0.75作为易发区边界线。根据单元易发区的取值，相邻单元之间的易发性分区界线采用内插法确定，来消除图面因单元格取值造成的锯齿，最终完成区域单灾种易发程度分区。

## 8.2.2　单灾种地质灾害易发程度评价

根据地质灾害发育的类型特点及上述危险度计算结果，分别对崩塌、滑坡、泥石流、地面塌陷（地裂缝）进行单灾种地质灾害易发程度评价。

### 8.2.2.1　崩塌、滑坡易发程度分区评价

共确定崩塌、滑坡高易发区5处，中易发区2处，低易发区1处，非易发区1处（见图1-8-3）。

1.崩塌、滑坡高易发区

分为豫西黄土丘陵崩塌、滑坡高易发亚区，豫西南山地崩塌、滑坡高易发亚区，灵宝—卢氏崩塌、滑坡高易发亚区，太行山地崩塌、滑坡高易发亚区，豫东南崩塌、滑坡高易发亚区。面积38 543 km²，占全省总面积的23.1%。

豫西黄土丘陵崩塌、滑坡高易发亚区：包括三门峡市北部、渑池中部、义马、新安中部、孟津北部、偃师中部、巩义北部、荥阳中部、汝阳北部、伊川中东部、登封和新密中部、上街区，面积7 558 km²，占全省总面积的4.5%，地貌以丘陵为主，西部部分地区为低山。该区地质灾害类型以崩塌、滑坡为主，共777处。其中崩塌562处、滑坡215处。

豫西南山地崩塌、滑坡高易发亚区：主要位于西南部的伏牛山、外方山区，行政区域包括洛宁县大部、卢氏县和栾川县中南部、嵩县中部、汝阳南部、鲁山西部、西峡县及南召县东部一隅，面积16 334 km²，占全省总面积的9.8%，地貌以低山、丘陵为主，基岩出露较多。该区地质灾害类型以滑坡、崩塌为主，共1 061处。其中崩塌350处、滑坡711处。

灵宝—卢氏崩塌、滑坡高易发亚区：位于河南省西南部，行政区域包括灵宝市、卢氏县西北部、三门峡市区南部、洛宁县西北一隅，面积4 678 km²，占全省总面积的2.8%，地貌以中低山、丘陵为主，基岩出露较多。该区地质灾害类型以滑坡为主，其次为崩塌，共87处。其中崩塌10处、滑坡77处。

太行山地崩塌、滑坡高易发亚区：包括渑池和新安北部、济源大部、沁阳北部、焦作北部、博爱北部、辉县北部、新乡市凤泉区、鹤壁市区西北部、林州市、安阳县西部，面积6 427 km²，占全省总面积的3.8%，地貌以丘陵为主，西部为低山区。该区北部

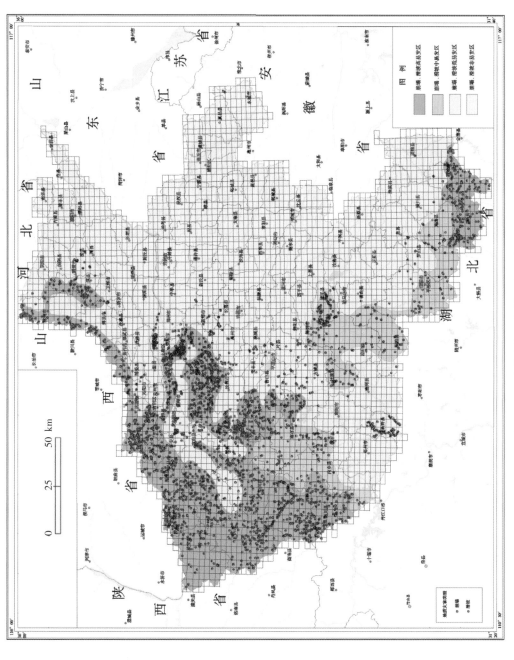

图1-8-3 河南省崩塌、滑坡易发程度分区图

基岩裸露，南部以黄土丘陵为主，地质灾害类型以崩塌、滑坡为主，共547处。其中崩塌201处、滑坡346处。

豫东南崩塌、滑坡高易发亚区：主要位于河南省东南部的大别山北麓，行政区域包括新县、商城及固始县西南部，面积3 546 km²，占全省总面积的2.1%，地貌以低山、丘陵为主，基岩出露较多，风化花岗岩、片麻岩广泛分布。该区地质灾害类型以滑坡为主，其次为崩塌，共274处。其中滑坡248处、崩塌26处。

2. 崩塌、滑坡中易发区

分为南阳—内乡崩塌、滑坡中易发亚区和桐柏—泌阳崩塌、滑坡中易发亚区。面积16 946 km²，占全省总面积的10.1%。

南阳—内乡崩塌、滑坡中易发亚区：位于南阳市，行政区域包括内乡和南召的大部、镇平北部和嵩县南部，面积5 995 km²，占全省总面积的3.6%，地貌以低山、丘陵为主。该区地质灾害类型主要为崩塌、滑坡，共96处。其中崩塌46处、滑坡50处。

桐柏—泌阳崩塌、滑坡中易发亚区：主要位于桐柏山北延地区，行政区域包括桐柏县、泌阳县与社旗县大部、舞钢市南部、遂平县西部、确山县西部，面积10 951 km²，占全省总面积的6.5%，地貌以低丘陵为主。该区地质灾害类型以崩塌为主，其次为滑坡，共208处。其中崩塌161处、滑坡47处。

3. 崩塌、滑坡低易发区

位于河南省中西部，地貌上主要为丘陵及山前低丘地带，行政区域包括洛宁东南部、栾川北部、宜阳县大部、嵩县中北部、新安东南部、洛阳市区、伊川西北部、偃师中部、巩义中部、新郑西北部、荥阳中北部、汝州大部、宝丰、鲁山中部、方城北部、叶县西南部，面积12 123 km²，占全省总面积的7.3%。地质灾害类型以崩塌为主，其次为滑坡，共184处。其中崩塌121处、滑坡63处。

4. 崩塌、滑坡非易发区

位于河南省中东部及南阳盆地，地貌以平原为主，面积99 388 km²，占全省总面积的59.5%，因地势较平，不具备发育崩塌滑坡的条件。

#### 8.2.2.2 泥石流易发程度分区评价

共确定泥石流高易发区4处、中易发区3处、低易发区1处、非易发区1处（见图1-8-4）。

1. 泥石流高易发区

分为灵宝泥石流高易发亚区、鲁山—卢氏泥石流高易发亚区、桐柏山北麓泥石流高易发亚区和登封—巩义泥石流高易发亚区。面积8 780 km²，占全省总面积的5.2%。

灵宝泥石流高易发亚区：位于灵宝市西部，面积669 km²，占全省总面积的0.4%，地貌以中低山、丘陵为主，基岩出露较多，共有泥石流22处。

鲁山—卢氏泥石流高易发亚区：行政区域包括西峡县东部、卢氏县南部、栾川县中西部、嵩县中部、汝阳县南部、鲁山县西部、南召县北部，面积5 902 km²，占全省总面积的3.5%，地貌以低山、丘陵为主。该区以地下采矿为主的人类工程活动强烈，以矿渣堆积、尾矿坝等泥石流沟谷为主，共176处。

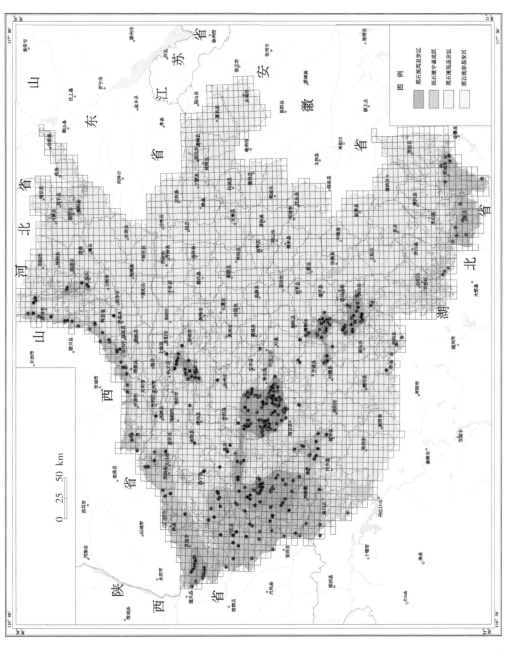

图1-8-4 河南省泥石流易发程度分区图

桐柏山北麓泥石流高易发亚区：主要位于桐柏山北延地区，行政区域包括泌阳县东部、确山县西部、舞钢市南部、社旗县东部、遂平县西部，面积1 574 km²，占全省总面积的0.9%，地貌以低丘陵为主。共发育泥石流50处。

登封—巩义泥石流高易发亚区：包括登封市北部及巩义市南部，面积635 km²，占全省总面积的0.4%，地貌以丘陵为主。以矿渣堆积型泥石流为主，共18处。

2. 泥石流中易发区

分为太行山地泥石流中易发亚区、豫西南泥石流中易发亚区和大别山北麓泥石流中易发亚区。面积19 406 km²，占全省总面积的11.6%。

太行山地泥石流中易发亚区：位于太行山南麓，行政区域包括林州市西部与东部、鹤壁市山城区、淇县西部、辉县西部、焦作西北部、博爱北部、沁阳及济源北部，面积3 138 km²，占全省面积的1.9%，地貌以低山、丘陵为主。以矿渣堆积型泥石流为主，共46处。

豫西南泥石流中易发亚区：位于渑池县大部、义马市北部、新安县西部、陕县北部、三门峡市区、灵宝市大部、卢氏县大部、洛宁县西部、西峡县大部、栾川县西北部，面积13 452 km²，占全省总面积的8.0%，地貌以中低山、丘陵为主，基岩出露较多。以矿渣堆积型泥石流为主，共69处。

大别山北麓泥石流中易发亚区：行政区域包括新县大部、商城县南部，面积2 816 km²，占全省面积的1.7%，地貌以低山、丘陵为主。以自然沟谷及矿渣堆积型泥石流为主，共20处。

3. 泥石流低易发区

位于桐柏山—大别山一线，行政区域包括桐柏县南部、信阳市西部及南部、罗山县南部，地貌以丘陵为主，泥石流类型以自然沟谷型为主，共13处。面积2 720 km²，占全省总面积的1.6%。

4. 泥石流非易发区

位于河南省中东部及南阳盆地、伊洛河盆地，地貌以平原为主。面积136 094 km²，占全省总面积的81.5%。

### 8.2.2.3　地面塌陷（地裂缝）易发程度评价

共确定地面塌陷（地裂缝）高易发区5处、中易发区1处、低易发区2处、非易发区1处（见图1-8-5）。

1. 地面塌陷（地裂缝）高易发区

分为鹤煤矿区地面塌陷（地裂缝）高易发亚区、焦作—济源—义马矿区地面塌陷（地裂缝）高易发亚区、郑州—平顶山矿区地面塌陷（地裂缝）高易发亚区、永城矿区地面塌陷（地裂缝）高易发亚区。面积12 687 km²，占全省总面积的7.5%。

鹤煤矿区地面塌陷（地裂缝）高易发亚区：大部分位于鹤煤集团矿区内，行政区域包括安阳县、林州市东部、鹤山区、淇县、辉县东部，面积3 351 km²，占全省总面积的2.0%，地貌以丘陵、平原为主。共发育地面塌陷189处、地裂缝7处。

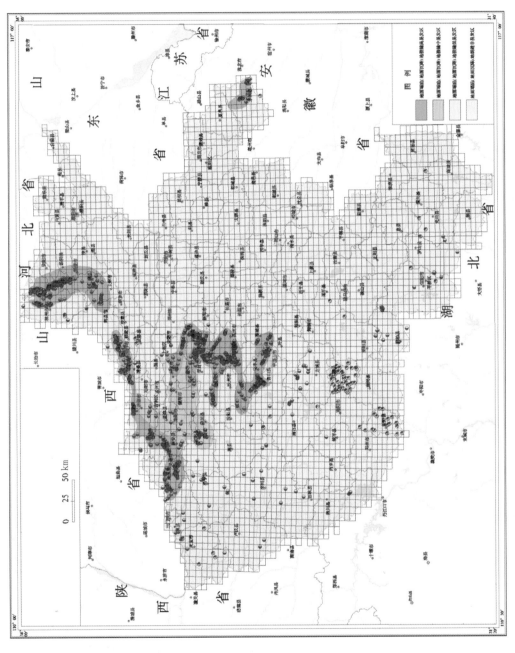

图1-8-5　河南省地面塌陷（地裂缝）易发程度分区图

焦作—济源—义马矿区地面塌陷（地裂缝）高易发亚区：大部分位于焦煤集团、义煤集团和济源矿区，行政区域包括修武县、焦作市、济源市、沁阳市4县（市）北部、济源市、新安县、渑池县中部和义马市，面积3 200 km²，占全省总面积的1.9%，地貌以丘陵、岗地为主。共发育地面塌陷185处、地裂缝27处。

郑州—平顶山矿区地面塌陷（地裂缝）高易发亚区：大部分位于郑煤集团、平煤集团矿区内，行政区域包括荥阳西部和南部、巩义东部、新密大部、登封南部、禹州大部、汝州南部、宝丰西部和平顶山市区，面积5 584 km²，占全省总面积的3.3%，地貌以丘陵、岗地、平原为主。共发育地面塌陷378处、地裂缝18处。

永城矿区地面塌陷（地裂缝）高易发亚区：位于永城市境内，平原地貌，面积552 km²，占全省总面积的0.3%。共发育地面塌陷20处、地裂缝2处。

2. 地面塌陷（地裂缝）中易发区

其分布以洛阳市为主，行政区域包括济源市南部、孟津县南部、新安县南部、宜阳县东部、伊川县西北部、偃师市，地貌以黄土丘陵、平原为主。共发育地面塌陷45处。面积4 060 km²，占全省总面积的2.4%。

3. 地面塌陷（地裂缝）低易发区

分为南阳—三门峡地面塌陷（地裂缝）低易发亚区和桐柏山—大别山前地面塌陷（地裂缝）低易发亚区2个亚区。面积18 250 km²，占全省总面积的10.9%。

南阳—三门峡地面塌陷（地裂缝）低易发亚区：位于河南省西南部，行政区域包括灵宝东部、洛宁大部、西峡北部、卢氏东南部、栾川中部、嵩县南部、汝阳南部、鲁山西南部、南召东部、方城中北部，以丘陵、平原为主，面积10 984 km²，占全省总面积的6.6%。共发育地面塌陷65处、地裂缝6处。

桐柏山—大别山前地面塌陷（地裂缝）低易发亚区：位于桐柏山、大别山至淮河山前地带，行政区域包括桐柏县北部、信阳市区中部，罗山、光山、潢川、固始、商城5县（市）中北部，地貌以平原为主。共发育地面塌陷16处、地裂缝6处。特别是沿桐柏—罗山—潢川—固始一线，历史上曾发生过大规模地裂缝，但近年极少再现。面积7 266 km²，占全省总面积的4.3%。

4. 地面塌陷（地裂缝）非易发区

位于河南省大部分地区，地貌从中山、丘陵至平原均有表现，地下采矿等人类工程活动相对较少，为非易发区。面积132 003 km²，占全省总面积的79%。

### 8.2.3 地质灾害易发程度综合分区评价方法

地质灾害易发程度综合分区评价体系见图1-8-6。

将前述方法划定的各单元崩塌、滑坡，泥石流，地面塌陷（地裂缝）3大类地质灾害的易发程度分区进行叠加，采取就高不就低的方法，综合划分出各单元的地质灾害高易发区、中易发区、低易发区和非易发区，从而得出河南省行政区域地质灾害易发程度分区。

按主要地质灾害类型的不同，高、中、低易发区又划分为相应的亚区。

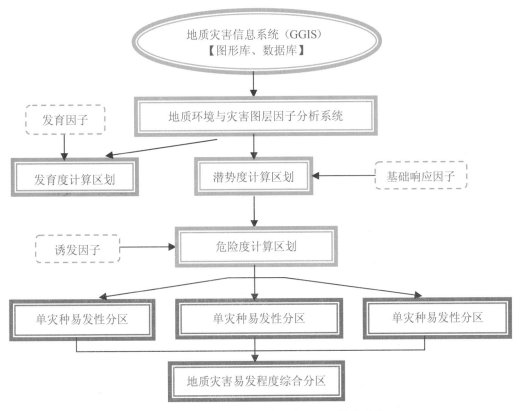

图1-8-6　地质灾害易发程度综合分区评价体系图

## 8.2.4　地质灾害易发程度分区

根据地质灾害易发程度综合评价方法对全省地质灾害易发程度进行分区评价，共确定地质灾害高易发区6处、中易发4处、低易发区3处、非易发区2处（见图1-8-7）。

### 8.2.4.1　地质灾害高易发区

1.豫北太行山崩塌、滑坡、泥石流、地面塌陷高易发区（$I_1$）

分布于林州市北部和西部、安阳县西部、鹤壁市山城区、淇县和卫辉市西北部、辉县市北部及焦作市、修武县、沁阳市、博爱县北部，面积3 913 km²，占河南省总面积的2.3%。区内地形高度200～1 000 m，出露地层以寒武奥陶系岩性为主。该区以景区建设、切坡建房修路、地下采矿等人类工程活动为主。形成的地质灾害类型以地面塌陷、崩塌为主，其次为滑坡、泥石流和地裂缝。此区共有地质灾害点673处，包括地面塌陷253处、崩塌222处、滑坡142处、地裂缝23处、泥石流33处。

2.豫中、豫西黄土塬崩塌、地面塌陷高易发区（$I_2$）

分布于郑州市黄河右岸、巩义市、登封市、荥阳市、新密市、新郑市西部、偃师市西北部和南部、伊川县东部、汝州市东北部、禹州市北部、长葛市西北部一隅，面积6 902 km²，占河南省总面积的4.1%。区内地形高度200～500 m，黄土丘陵地貌。

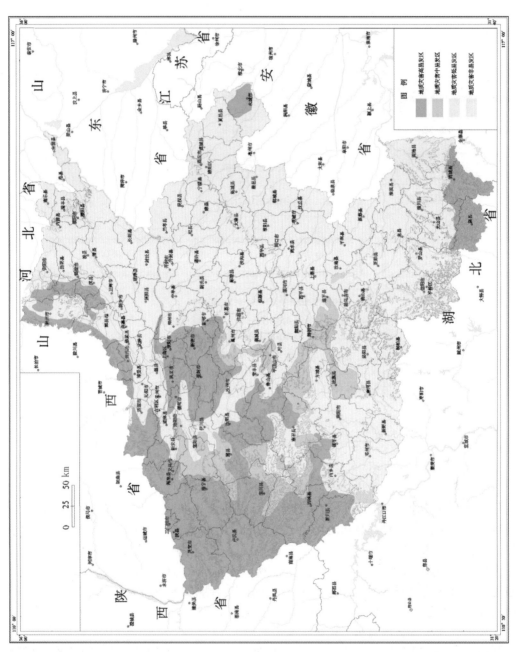

图1-8-7 河南省省地质灾害易发程度综合分区图

该区冲沟发育，地下采矿等人类工程活动强烈。形成的地质灾害类型以崩塌和地面塌陷为主，其次为滑坡。此区共有地质灾害点1 157处，包括地面塌陷295处、滑坡213处、崩塌625处、地裂缝2处、泥石流22处。

3. 豫西崤山和熊耳山、豫西南外方山、伏牛山滑坡、崩塌、泥石流高易发区（$I_3$）

分布于济源市西部、新安县北部、义马市、渑池县、三门峡市区、灵宝市西北部、陕县大部、洛宁县、栾川县大部、卢氏县东南部、嵩县中部、汝阳县、汝州市西南部、宝丰县和鲁山县西部、南召县东部、西峡县中部和西部、淅川县西部、内乡县中部、镇平县北部，面积18 424 km²，占河南省总面积的11%。区内地形高度200～1 000 m，为河南省主要基岩出露区。该区以景区建设、切坡建房修路、地下采矿等人类工程活动为主。形成的地质灾害类型以滑坡、崩塌为主，其次为泥石流和地面塌陷。此区共有地质灾害点2 357处，包括地面塌陷183处、滑坡1 160处、崩塌771处、地裂缝30处、泥石流213处。

4. 豫东永城地面塌陷高易发区（$I_4$）

分布于永城市，面积736 km²，占河南省总面积的0.4%。区内地形高度34～40 m，地表被大面积巨厚松散层覆盖。该区以采煤等人类工程活动为主。形成的地质灾害类型以地面塌陷为主，其次为地裂缝。此区共有地质灾害点22处，包括地面塌陷20处、地裂缝2处。

5. 豫东南大别山北麓滑坡、崩塌高易发区（$I_5$）

分布于新县、商城县中南部、固始县西南隅，面积3 546 km²，占河南省总面积的2.1%。区内地形高度200～1 000 m，出露地层以元古代岩性及侵入花岗岩为主，岩石风化剧烈。该区以切坡建房修路等人类工程活动为主。形成的地质灾害类型以滑坡为主，其次为崩塌和泥石流。此区共有地质灾害点368处，包括滑坡307处、崩塌47处、泥石流14处。

6. 豫西崤山和熊耳山、豫西南外方山、伏牛山滑坡、泥石流高易发区（$I_6$）

分布于灵宝市大部、陕县南部、卢氏县大部、西峡县中部和东北部，面积7 305 km²，占河南省总面积的4.4%。区内地形高度500～1 500 m，出露地层以基岩为主，丘陵地带，沿坡第四系松散覆盖物范围较大。该区以切坡建房修路等人类工程活动为主。形成的地质灾害类型以滑坡为主，其次为崩塌和泥石流。此区共有地质灾害点196处，包括滑坡126处、崩塌32处、泥石流33处、地面塌陷2处、地裂缝3处。

### 8.2.4.2 地质灾害中易发区

1. 豫西崤山、熊耳山崩塌中易发区（$II_1$）

分布于洛阳市区西部、新安县南部、宜阳县大部、嵩县北部，面积2 947 km²，占河南省总面积的1.8%。区内地形高度300～1 000 m。该区以切坡建房修路等人类工程活动为主。形成的地质灾害类型以崩塌为主，其次为滑坡和地面塌陷。此区共有地质灾害点209处，包括滑坡44处、地面塌陷30处、崩塌132处、泥石流3处。

2. 豫西伏牛山、外方山滑坡、崩塌中易发区（$II_2$）

分布于嵩县南部、栾川县西南部、西峡县东北部、内乡县北部、南召县西南部，面积3 011 km²，占河南省总面积的1.8%。区内地形高度1 000～1 500 m，属中低山地貌。

该区以切坡建房修路等人类工程活动为主。形成的地质灾害类型以滑坡、崩塌为主，其次为泥石流。此区共有地质灾害点119处，包括地面塌陷4处、滑坡57处、崩塌44处、泥石流14处。

3. 豫西外方山东麓地面塌陷中易发区（Ⅱ₃）

分布于平顶山市区北部、襄城县西部、郏县东南部、禹州市西部和北部，面积1 113 km²，占河南省总面积的0.7%。区内地形高度100～250 m，属低丘地貌。该区以切坡建房修路、地下采矿等人类工程活动为主。形成的地质灾害类型以地面塌陷为主，其次为崩塌和滑坡。此区共有地质灾害点133处，包括滑坡8处、崩塌27处、地面塌陷93处、地裂缝4处、泥石流1处。

4. 豫西南伏牛山东麓崩塌、滑坡、地裂缝中易发区（Ⅱ₄）

分布于社旗县、方城县东南部和北部、舞钢市、遂平县西部、叶县和鲁山县西南部，面积4 187 km²，占河南省总面积的2.5%。区内地形高度200～500 m，属低丘地貌。南阳盆地东北边缘膨胀土广泛分布，该区以切坡建房修路等人类工程活动为主。形成的地质灾害类型以崩塌、滑坡地裂缝为主，其次为泥石流、地面塌陷。此区共有地质灾害点374处，包括滑坡85处、地裂缝42处、地面塌陷15处、崩塌202处、泥石流30处。

### 8.2.4.3 地质灾害低易发区

1. 豫西南熊耳山、伏牛山滑坡、崩塌、泥石流低易发区（Ⅲ₁）

分布于嵩县南部、南召大部、内乡南部和北部、镇平中南部，面积3 664 km²，占河南省总面积的2.2%。区内地形高度200～1 000 m，属丘陵、低山地貌。该区以切坡建房修路等人类工程活动为主。形成的地质灾害类型以崩塌、滑坡为主，其次为泥石流。此区共有地质灾害点51处，包括滑坡21处、崩塌20处、泥石流10处。

2. 豫南桐柏山北麓崩塌、滑坡、泥石流低易发区（Ⅲ₂）

分布于桐柏县大部、确山县西部、泌阳县东部，面积3 450 km²，占河南省总面积的2.1%。区内地形高度200～500 m，属丘陵地貌。该区以切坡建房修路、地下开采等人类工程活动为主。形成的地质灾害类型以崩塌、滑坡和泥石流为主。此区共有地质灾害点112处，包括滑坡30处、地面塌陷12处、崩塌36处、泥石流34处。

3. 豫东南大别山北麓崩塌、滑坡低易发区（Ⅲ₃）

分布于信阳市浉河区和平桥区南部、罗山县东南部、光山县南部，面积3 052 km²，占河南省总面积的1.8%。区内地形高度100～500 m，属丘陵地貌。该区以切坡建房修路等人类工程活动为主。形成的地质灾害类型以崩塌、滑坡为主，其次为地面塌陷。此区共有地质灾害点79处，包括滑坡29处、地面塌陷6处、崩塌38处、泥石流3处、地裂缝3处。

### 8.2.4.4 地质灾害非易发区

1. 南阳盆地地质灾害非易发区（Ⅳ₁）

位于南阳盆地，行政区域包括方城县南部、南阳市区、唐河县、泌阳县西南部、镇平县南部、邓州市、淅川县东南部、新野县北部，面积12 943 km²，占全省面积的7.8%。该区地势平坦，仅在地形变化较大地段，有少量小型滑坡、地裂缝及河流塌岸，地质灾害发育频度小、规模小、危害不大。

2. 黄淮海平原地质灾害非易发区（Ⅳ₂）

大部分地区位于豫东平原，面积91 807 km²，占全省面积的55%。该区地势平坦，仅在山前地形变化较大地段，如鹤壁、新乡、焦作、信阳的山前地带，有少量小型滑坡、地裂缝及河流塌岸，地质灾害发育频度小、规模小，危害不大。

## 8.2.5 县（市、区）地质灾害易发程度分区

由上述地质灾害易发程度综合区划结果，划分地质灾害高易发区县（市、区）39个，中、低易发区县（市、区）27个。

### 8.2.5.1 地质灾害高易发区

地质灾害为高易发区的县（市）有巩义市、新密市、荥阳市、登封市、偃师市、新安县、栾川县、嵩县、宜阳县、洛宁县、伊川县、汝州市、宝丰县、鲁山县、淇县、安阳县、林州市、辉县市、禹州市、修武县、沁阳市、泌阳县、济源市、陕县、渑池县、灵宝市、卢氏县、南召县、西峡县、镇平县、内乡县、淅川县、桐柏县、永城市、光山县、固始县、商城县、罗山县、新县。

### 8.2.5.2 地质灾害中、低易发区

地质灾害为中、低易发区的县（市、区）有郑州市城区、新郑市、汝阳县、洛阳市城区、孟津县、舞钢市、叶县、郏县、安阳市城区、鹤壁市、浚县、卫辉市、新乡市凤泉区、焦作市城区、博爱县、长葛市、襄城县、义马市、三门峡市城区、方城县、新野县、社旗县、信阳市平桥区、信阳市浉河区、确山县、遂平县、平顶山市城区。

# 第9章 地质灾害防治区划

地质灾害防治区划，是以保护人民群众生命财产安全为根本，以强化全社会地质灾害防治意识为基本原则，重点考虑地质环境条件和地质灾害类型组合，充分研究不同区域影响地质灾害发生、分布规律及危害特征的地质环境条件的差异性，根据"区内相似、区际相异"的原则，开展防治区划。

## 9.1 地质灾害防治区划原则

依据河南省地质灾害易发程度分区，防治区划主要针对地质灾害易发程度中等以上地区，考虑社会经济重要性因素，从中选出人口密集、社会财富集中、有重要基础设施和工矿设施及国民经济发展重要规划区，作为地质灾害重点防治区（点）。

## 9.2 地质灾害重点防治分区

### 9.2.1 地质灾害重点防治区

全省共划分为5个地质灾害重点防治区，总面积28 581 km²，占全省面积的17%（见表1-9-1、图1-9-1）。

表1-9-1 地质灾害重点防治区统计表

| 防治区名称 | 代号 | 面积（km²） | 占全省面积（%） |
|---|---|---|---|
| 豫北太行山崩塌、滑坡、泥石流、地面塌陷重点防治区 | Ⅰ | 3 075 | 1.8 |
| 豫西—豫中黄土崩塌、滑坡、地面塌陷重点防治区 | Ⅱ | 9 695 | 5.8 |
| 豫西崤山、熊耳山及豫西南伏牛山、外方山区泥石流、滑坡、地面塌陷重点防治区 | Ⅲ | 11 529 | 6.9 |
| 豫东南大别山区滑坡重点防治区 | Ⅳ | 3 546 | 2.1 |
| 豫东永城矿区地面塌陷重点防治区 | Ⅴ | 736 | 0.4 |

#### 9.2.1.1 豫北太行山崩塌、滑坡、泥石流、地面塌陷重点防治区（Ⅰ）

分为淇县—林州盆地东重点防治段和淇县—林州盆地西重点防治段，面积3 075 km²，占全省总面积的1.8%。行政区域包括林州市西部和东部、安阳县西部、鹤壁市山城区中部、淇县和卫辉市西北部、辉县市西北部和东北部，修武县、焦作市区、博爱县、沁阳市、济源市5县（市）北部。该区主要人类工程活动为切坡修路建房，煤、

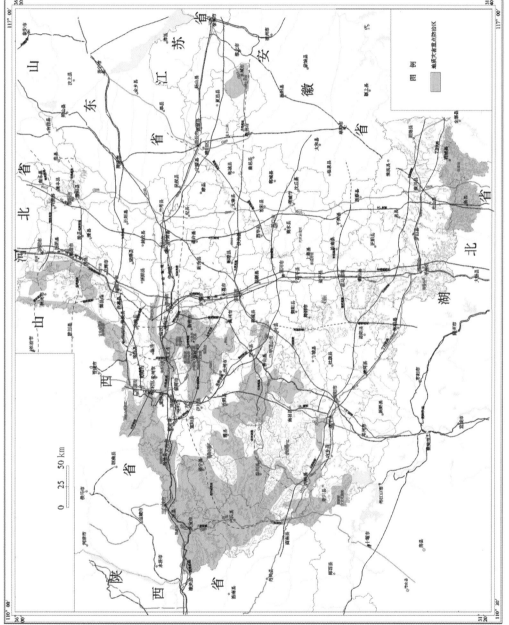

图1-9-1　河南省地质灾害重点防治分区图

铁等固体矿产开采。防治区重要景区有林州市太行大峡谷、云台山景区、王屋山景区、青天河景区等。共有大型以上地质灾害隐患点141处，包括滑坡16处、崩塌2处、地面塌陷78处、地裂缝11处、泥石流15处、不稳定斜坡19处。险情特大型和大型地质灾害威胁27 165人，潜在经济损失135 088.2万元。防治措施主要为完善排水设施、清除危险滑体、坡面防护、土地复垦、裂缝填埋等。

#### 9.2.1.2 豫西—豫中黄土崩塌、滑坡、地面塌陷重点防治区（Ⅱ）

行政区域包括济源市西部、孟津县和新安县北部、义马市、渑池县大部、陕县北部、三门峡市区、灵宝市东北部、偃师市北部、巩义市北部和南部、荥阳市北部和西部、上街区、郑州市区北部、新密市大部、登封市、伊川县东部、汝州市北部、禹州市西北部，面积9 695 km²，占全省总面积的5.8%。该区主要人类工程活动为切坡修路建房，煤、铝土等固体矿产开采等。防治区重要的景区为沿黄河旅游景区带，重要交通、水利工程有连霍高速、陇海铁路、黄河小浪底水利工程、嵩山景区、黄河堤防三门峡至郑州段等。共有险情大型以上地质灾害隐患点358处，包括滑坡83处、崩塌92处、地面塌陷146处、泥石流37处。险情特大型和大型地质灾害隐患威胁219 211人，潜在经济损失246 413.7万元。防治措施主要为完善排水设施、清除危险滑体、坡面防护、削坡卸荷、土地复垦等。

#### 9.2.1.3 豫西崤山、熊耳山及豫西南伏牛山、外方山泥石流、滑坡、地面塌陷重点防治区（Ⅲ）

行政区域包括洛宁县中北部、平顶山市区北部、襄城县西南部、鲁山县西北部、汝州市西南部、汝阳县中南部、嵩县中北部、南召县东北部、栾川县中部、卢氏县大部、西峡县中部和西部、淅川县西部，面积11 529 km²，占全省总面积的6.9%。该区主要人类工程活动为切坡修路建房，煤、铅、锌、钼等固体矿产开采等。重要景区为南阳宝天曼、洛阳西泰山、平顶山尧山景区等。共有险情大型以上地质灾害隐患点367处，包括滑坡100处、崩塌39处、地面塌陷93处、泥石流131处、地裂缝4处。险情特大型和大型地质灾害隐患点威胁180 490人，潜在经济损失313 036.7万元。防治措施主要为完善排水设施、清除危险滑体、坡面防护、削坡卸荷、土地复垦、清理废弃矿渣、裂缝填埋等。

#### 9.2.1.4 豫东南大别山滑坡重点防治区（Ⅳ）

行政区域包括新县、商城县大部、固始县西南部、光山县南部，面积3 546 km²，占全省总面积的2.1%。主要人类工程活动为切坡修路建房、水库渠道建设等。防治区重要景区为南湾景区、鸡公山景区、汤泉池度假区、金钢台国家地质公园等。共有险情大型以上地质灾害隐患点62处，包括滑坡42处、崩塌14处、地面塌陷1处、泥石流5处。险情特大型和大型地质灾害隐患点威胁48 532人，潜在经济损失26 572.1万元。防治措施主要为完善排水设施、清除危险滑体、坡面防护、削坡卸荷等。

#### 9.2.1.5 豫东永城矿区地面塌陷重点防治区（Ⅴ）

行政区域位于永城市，面积736 km²，占全省总面积的0.4%。主要人类工程活动为采煤。共有险情大型以上地质灾害隐患点17处，包括地面塌陷16处、地裂缝1处。险情特大型和大型地质灾害隐患点威胁16 876人，潜在经济损失26 470.4万元。防治措施主要为土地复垦、裂缝填埋等。

## 9.2.2　重要地质灾害防治点

在全省重点防治区内共确定重要地质灾害防治点57处，其中崩塌13处、滑坡29处、泥石流13处、地面塌陷2处（见表1-9-2）。

表1-9-2　河南省重要地质灾害防治点一览表

| 省辖市 | 序号 | 重要防治点位置 | 灾害类型 | 防治措施 |
|---|---|---|---|---|
| 郑州市 | 1 | 郑州市惠济区古荥镇张定邦村 | 崩塌群 | 搬迁避让为主 |
| | 2 | 荥阳市汜水镇虎牢关楼沟 | 崩塌群 | 搬迁避让为主 |
| | 3 | 登封市唐庄乡龙头村 | 滑坡 | 工程治理为主，辅以搬迁避让 |
| | 4 | 郑州市上街区峡窝镇沙固村 | 崩塌 | 工程治理为主，辅以搬迁避让 |
| | 5 | 登封市徐庄镇祁沟村王庄里沟 | 滑坡 | 搬迁避让为主，辅以工程治理 |
| | 6 | 登封市唐庄乡花峪村 | 泥石流 | 搬迁避让为主，辅以工程治理 |
| | 7 | 荥阳市广武镇王顶村庙沟组 | 崩塌 | 搬迁避让为主，辅以工程治理 |
| 洛阳市 | 8 | 伊川县窑头村 | 滑坡 | 工程治理为主 |
| | 9 | 嵩县白河乡白河街南山 | 滑坡 | 搬迁避让为主，辅以工程治理 |
| | 10 | 栾川县龙王幢村 | 滑坡 | 搬迁避让为主，辅以工程治理 |
| | 11 | 新安县石井乡峪里村 | 滑坡群 | 工程治理为主 |
| | 12 | 栾川县白土乡康山村康山沟及磨石沟 | 泥石流 | 工程治理为主 |
| | 13 | 洛宁县城北 | 崩塌 | 工程治理为主，辅以搬迁避让 |
| | 14 | 嵩县黄庄乡黄庄村四组 | 滑坡 | 工程治理为主 |
| | 15 | 偃师市府店镇双塔村 | 崩塌群 | 搬迁避让为主，辅以工程治理 |
| | 16 | 栾川县石庙镇常门村干江沟 | 泥石流 | 搬迁避让为主，辅以工程治理 |
| | 17 | 嵩县饭坡乡赵庄小学附近 | 崩塌 | 搬迁避让为主 |
| 三门峡市 | 18 | 卢氏县县城北坡 | 崩塌 | 工程治理为主，辅以搬迁避让 |
| | 19 | 灵宝市五亩乡风脉寺十三组 | 滑坡 | 搬迁避让为主，辅以工程治理 |
| | 20 | 三门峡市湖滨区磁钟乡磁钟村 | 崩塌群 | 搬迁避让为主，辅以工程治理 |
| | 21 | 卢氏县范里镇柳泉村柏树坡组 | 滑坡 | 搬迁避让为主，辅以工程治理 |
| | 22 | 灵宝市豫灵镇安头村沟底河组 | 崩塌 | 工程治理为主，辅以搬迁避让 |
| | 23 | 义马市义马村 | 地面塌陷 | 搬迁避让为主 |
| | 24 | 卢氏县西沙河 | 泥石流 | 工程治理为主，辅以搬迁避让 |
| | 25 | 渑池县段村乡四龙庙村 | 滑坡 | 工程治理为主，辅以搬迁避让 |
| | 26 | 灵宝市五亩乡第一中学 | 滑坡 | 搬迁避让为主，辅以工程治理 |
| | 27 | 义马市新区办事处石门社区 | 崩塌 | 搬迁避让为主，辅以工程治理 |

续表1-9-2

| 省辖市 | 序号 | 重要防治点位置 | 灾害类型 | 防治措施 |
|---|---|---|---|---|
| 南阳市 | 28 | 西峡县军马河乡孙门村送客岭沟 | 滑坡 | 工程治理为主，辅以搬迁避让 |
| | 29 | 西峡县石界河乡通渠村 | 滑坡 | 工程治理为主 |
| | 30 | 淅川县西簧乡穆家沟村 | 滑坡 | 搬迁避让为主 |
| | 31 | 内乡县夏馆镇牡珠琉 | 滑坡 | 搬迁避让为主 |
| | 32 | 西峡县子母沟 | 泥石流 | 工程治理为主，辅以搬迁避让 |
| | 33 | 方城县广阳镇中南机械厂 | 滑坡 | 工程治理为主 |
| | 34 | 西峡县石界河乡小沟 | 滑坡 | 搬迁避让为主，辅以工程治理 |
| | 35 | 西峡县石界河乡烟镇河 | 泥石流 | 工程治理为主，辅以搬迁避让 |
| 平顶山市 | 36 | 汝州市蟒川镇任村陶湾组 | 滑坡 | 工程治理为主 |
| | 37 | 鲁山县尧山镇响马河 | 泥石流 | 工程治理为主 |
| | 38 | 郏县堂街镇龙王庙 | 滑坡 | 搬迁避让为主 |
| 驻马店市 | 39 | 泌阳县铜山乡柳河村田沟 | 泥石流 | 工程治理为主，辅以搬迁避让 |
| | 40 | 确山县任店镇猴庙村涂楼 | 滑坡 | 工程治理为主 |
| | 41 | 泌阳县铜山乡肖庄 | 泥石流 | 搬迁避让为主，辅以工程治理 |
| 新乡市 | 42 | 辉县市香木河北沟 | 泥石流 | 工程治理为主 |
| | 43 | 辉县市秋沟 | 滑坡 | 工程治理为主 |
| | 44 | 辉县市沙窑乡水磨村梯西坡 | 滑坡 | 搬迁避让为主，辅以工程治理 |
| 信阳市 | 45 | 新县西山路土坯凹 | 滑坡 | 工程治理为主，辅以搬迁避让 |
| | 46 | 罗山县朱堂乡天桥村 | 泥石流 | 搬迁避让为主，辅以工程治理 |
| | 47 | 新县县城红高粱酒店 | 滑坡 | 工程治理为主，辅以搬迁避让 |
| | 48 | 商城县伏山镇余子店 | 泥石流 | 工程治理为主，辅以搬迁避让 |
| | 49 | 固始县城关镇蓼城东路 | 滑坡 | 工程治理为主，辅以搬迁避让 |
| 焦作市 | 50 | 沁阳市西万龙门河 | 泥石流 | 工程治理为主 |
| 安阳市 | 51 | 林州市任村镇前峪村 | 滑坡 | 工程治理为主 |
| | 52 | 林州市任村镇井头村 | 滑坡 | 工程治理为主 |
| | 53 | 林州市石板岩乡桃花洞 | 滑坡 | 搬迁避让为主 |
| | 54 | 林州市任村镇圪针林 | 滑坡 | 工程治理为主，辅以搬迁避让 |
| 濮阳市 | 55 | 清丰县前游子庄村 | 地面塌陷 | 工程治理为主，辅以搬迁避让 |
| 鹤壁市 | 56 | 淇县桥盟乡大石岩村中心小学 | 崩塌 | 工程治理为主 |
| | 57 | 淇县东赵庄 | 崩塌 | 搬迁避让为主 |

# 第二篇
# 地质灾害防治技术

# 第1章　地质灾害监测

## 1.1　巩义铁生沟滑坡监测预警

### 1.1.1　滑坡概况

#### 1.1.1.1　位置交通与自然地理

铁生沟滑坡位于巩义市夹津口镇铁生沟村，北距巩义市约25 km。巩义至许昌公路（豫31公路）东西向穿越滑坡体。滑坡地处嵩山西北侧山前丘陵区，滑坡体北侧紧邻小平顶山，地势北高南低，地面标高365～410 m，滑坡区地面坡度约15°，属剥蚀丘陵地貌，冲沟较为发育（见图2-1-1）。

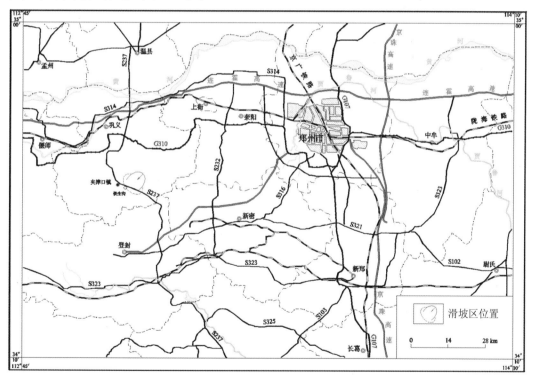

图2-1-1　滑坡区交通位置示意图

巩义市属暖温带大陆性季风气候，光热充足，降水偏少，四季分明。多年平均气温14.6 ℃，多年平均降水量587.3 mm，日最大降水量100.0 mm。多年平均蒸发量1 950 mm，全年无霜期234 d。2005年降水量616.6 mm，2006年降水量504.9 mm，但降水时间分布不均，多年月平均降水量以7～9月为最高，占全年总降水量的60%以上。

滑坡区南部为涉村河（坞罗河），发源于南部嵩山山区，为本区主要泄洪河道。该河现在基本为一季节性河流，流量较小，铁生沟段最高洪水位为312 m。

### 1.1.1.2　地质环境条件

滑坡区及周围出露基岩为由上古生界二叠系上石盒子组黄绿、灰、紫红色页岩、泥岩、粉砂岩、长石石英砂岩等组成的湖泊–河流相沉积层，出露于低山丘陵区及沟谷内，产状：10°∠15°，累计厚度400～600 m；第四系分为残坡积物和黄土类地层。残坡积物分布于低山丘陵区前缘，岩性为碎块石、粉质黏土等，厚度0～40 m。黄土类地层则形成河谷阶地，厚度大于20 m，与上述坡积物呈过渡关系。

该滑坡体组成岩性以第四系坡积物为主，可大致分为上下两个岩性段。其中，上段由粉土和粉质黏土组成，厚度一般小于10 m；下段底部以碎块石为主，向上过渡为碎块石与黏土互层（见图2-1-2）。

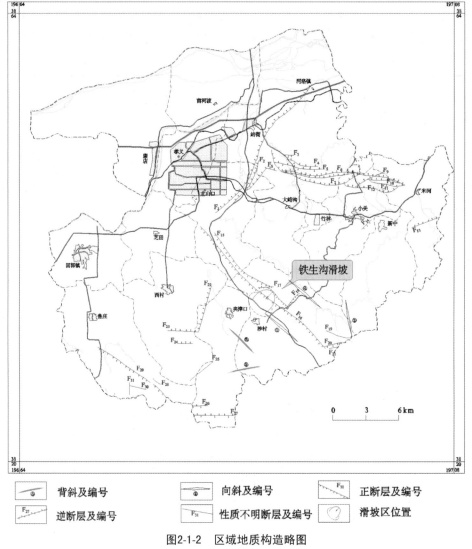

图2-1-2　区域地质构造略图

铁生沟滑坡在构造上位于上庄向斜核部,受五指岭断层影响,区域为一箕形褶皱,向斜轴部出露二叠系地层(见图2-1-2),局部构造形态走向近东西,倾向北西,倾角10°~15°。根据《中国地震动参数区划图》(GB 18306—2001),该区地震动峰值加速度为0.10,相当于地震基本烈度Ⅶ度区。据历史资料记载,本区未发生中强以上地震。1966年以来,里氏2.2~3.7之间的弱震发生过4次,地震活动具有强震少、弱震频的特点。

滑坡区浅层地下水为松散堆积层孔隙、裂隙水,受岩性控制,富水性差。因煤矿开采影响,区域基岩裂隙水基本疏干。大气降水渗入地下,转化为地下孔隙、裂隙水向南部涉村河径流。地下水对滑坡体的影响分为两个方面:一部分孔隙水赋存于岩土体孔隙、裂隙中,增加了滑坡体的自重;少量赋存于滑带加重了对滑带的浸润和贯通。

滑坡区内岩土体类型较为单一,属松散土体类黏性土多层结构土体,岩性主要为粉质黏土、粉土夹碎块石,土质松散,粒间联结极弱,孔隙比大,透水性好,力学强度低。

### 1.1.1.3　人类工程活动

主要人类工程活动为边坡开挖、矿产开采和坡地耕作。滑坡区位于铁生沟煤矿矿区范围内工业广场东北一带。该矿1997年10月投产,主要开采二叠系二$_1$煤,开采深度320~420 m。年产煤量从最初的数万吨逐步增加到目前的近100万t,累计动用储量600万t。该矿区主要开采矿区南部上山方向煤层,根据矿山企业提供的2006年第四季度开采区范围图,其北部开采边界距豫31公路900 m左右。厂矿建设用地所形成的坡脚开挖,以煤矿工业广场场地北侧较为强烈,其次为豫31公路建设削坡。以上两级开挖形成的陡坎相距仅10余m,在坡体下部形成累计高达20 m的高陡临空面,直接导致滑坡的形成和发展。

随着退耕还林措施的实施,现滑坡体表面仅剩少量坡耕地。

### 1.1.1.4　滑坡变形特征

该滑坡为一工程切坡活动所造成的大型土质滑坡。自1992年以来,就处于缓慢变形中。经1993~1994年的初步勘查治理,滑坡体的滑动局部得到了一定控制,虽然每年雨季仍有不同程度的活动,但都未造成大的灾害和损失。但是,2003年7月以来,特别是10月以后,该滑坡体滑动变形速度加快。

滑坡体后缘变形特征:滑坡体后缘分布3条拉张裂缝,其中主裂缝走向93°左右,缝宽0.4~0.6 m,长度大于150 m,缝两侧垂直位移1.6~1.9 m;其余两条为当时新增裂缝,缝宽0.4 m,长15~20 m,缝两侧垂直位移0.6 m左右。

滑坡体前缘变形特征:出现多处鼓丘和裂缝,如豫31公路,在60 m长度范围内出现严重变形隆起,高达70 cm,隆起带宽度2~4 m,且有数条宽度5 cm以上的裂缝;监狱北侧挡土墙出现多处裂缝和变形,2003年10月初以来20多天时间内墙体最大相对位移量近20 cm;监狱巡逻道地面鼓丘高达50 cm;监狱围墙多处出现5 cm以上的裂缝,且严重变形,最大位移量近15 cm,围墙沉降缝两侧相对位移量近15 cm;监狱围墙内多处出现高度大于50 cm的鼓丘,地面裂缝宽度12~15 cm。

滑坡两翼变形特征:滑坡东翼武警支队院内石砌陡坎壁外突0.5 m,围墙因受滑坡体挤压出现了多处裂缝，且已严重变形，院内地面有数条小型羽状裂缝；西翼变形裂缝缝宽0.3 m，走向254°，长度80 m左右。由于该滑坡的持续变形，已产生了较大危害：因受滑坡直接威胁，原巩义监狱于2004年初整体搬迁，原铁生沟煤矿停产半年以上；公路路面鼓胀现象及北侧切削坡面坍塌现象严重，只能半幅通车。

### 1.1.1.5 滑坡成因

滑坡的形成与地形地貌、地质、降水及人类工程活动等因素有关。该区覆盖层为沿自然山坡分布的坡、洪积松散堆积物，其下部分布有不连续的黏土层，形成自然滑动面，原始稳定性差。后因煤矿建设和公路建设先后两次进行坡脚开挖，形成两级高度8 m左右的临空面，而该处位于滑坡体坡脚的关键部位，直接降低了坡体抗滑力，在降水的持续作用下，诱发滑坡体发生。

### 1.1.1.6 前期防治工作

1992年11月～1993年4月，豫中地质勘查公司洛阳分公司对巩义铁生沟滑坡进行过物探、钻探等初步勘查工作，对滑坡的规模、性质，滑坡区覆盖层厚度、岩性等进行了较全面的调查，沿滑坡体南北方向施工5个钻孔，结合物探方法推断滑动面的埋深，并对滑坡的防治提出了意见，编写了《滑坡体工程物探报告》。

1993年底至1994年初，由郑州煤炭设计院设计，投资近350万元，在煤矿工业广场北侧围墙外浇筑了8根截面尺寸为3 m×4 m、桩长25～26 m的防滑锚固桩。近几年，该滑坡仍有不同程度的活动，导致4号楼（1992年建造）墙体严重开裂变成危楼而被迫拆除。

## 1.1.2 监测部署方案

### 1.1.2.1 监测工作概况

河南省地质环境监测院于2000～2006年开展对该滑坡的监测工作，其目的是及时了解和掌握滑坡体的变形特征和变化趋势，做好预警预报，以避免造成重大人员、财产损失，为工程防治提供依据。

监测范围包括整个滑坡区，并扩展至滑坡潜在影响区和滑坡周围自然边界内一定范围。北部和西北部以滑坡主裂缝为界，东、西部以滑坡两侧的自然冲沟为界，南部至滑坡前缘隆起带以南。于2005年7月完成了滑坡监测方案设计，2005年8月完成了监测桩的布设，并开始简易监测，2006年5月完成了全部深部监测孔的施工和安装。2006年6月开始监测。

### 1.1.2.2 监测方案

监测工作选择采用常规监测和简易监测相结合的立体监测方式进行部署。常规监测包括采用全站仪进行地表绝对位移监测，采用钻孔倾斜仪进行深部绝对位移和相对位移监测，滑坡影响因素监测主要为近距离降水量监测。简易监测指采用简易测量工具对滑坡体主要变形部位进行相对位移监测。

监测网由监测线和监测点组成，形成点、线、面、体的三维立体监测网，能全面监测滑坡体的变形方位、变形量、变形速度、时空动态及发展趋势，能监测其致灾因素和相关因素，能满足监测预报各方面的具体要求（见图2-1-3）。

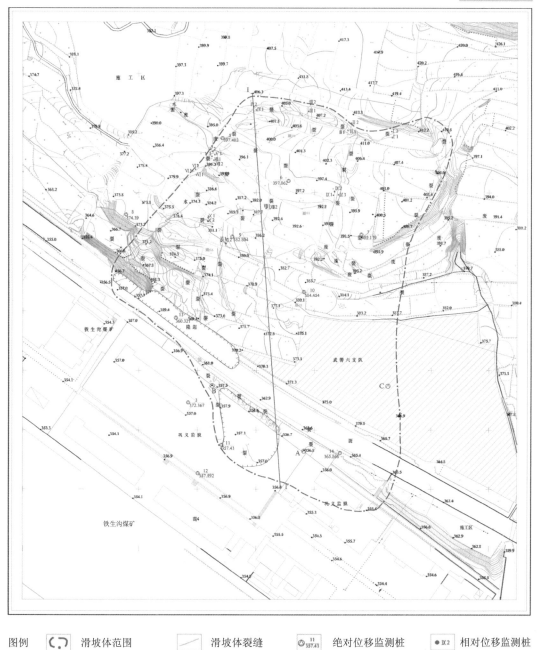

图例　⊂⊃　滑坡体范围　　╱　滑坡体裂缝　　⊙¹¹₁₅₇.₄₃　绝对位移监测桩　　●Ⅸ²　相对位移监测桩

　　　⊙ᴬ　墙体裂缝监测点　　⊢━⊣　剖面线　　⊂⊃　地面隆起区　　▦¹⁰　深部位移监测孔

**图2-1-3　巩义市夹津口镇铁生沟滑坡监测工程布置图**

　　地表绝对位移监测：自滑坡体后缘至前缘共布设3条监测线，分别了解各块段的变形特点。受滑坡体表面通视条件限制，实际点位有所调整。在滑坡体东、南、西南和东部外侧稳定地段分别设定观测基站。

地表相对位移监测：目的是监测滑坡体表面裂缝及建筑物墙体裂缝的扩展情况，其中重点监测部位为滑坡体后缘主裂缝及滑坡体表面剪切裂缝两侧地表相对位移变化。

降水量监测：直接引用滑坡周围的气象站观测资料。

### 1.1.2.3 监测网点布设

**1. 滑坡体深部位移监测**

为掌握滑坡体不同深度应力分布状况及变形特征，分别在滑坡体主滑向布设4个深部位移监测孔，钻探深度达到下部稳定基岩段5 m左右，监测孔平均间距100 m左右，孔深25～45 m，孔径110 mm，采用钻孔倾斜仪实时采集深部变形数据。正常情况下每月监测1次，汛期加密至每月4次。

**2. 地表绝对位移监测**

在滑坡体上布设网格状监测网，即在平行于滑坡主滑方向和垂直于滑坡滑动方向上各布设3条监测线，布设方法大致为方格网形式，共布设监测点14个。地表位移监测主要采用全站仪进行。正常情况下，每月监测1次，汛期加密至每月2次。

**3. 简易监测**

为掌握滑坡变形发展方向、变形速率，以便对滑坡滑动进行预测预警，利用简易监测方便、快捷的特点，对斜坡开裂、隆起及建筑物变形部署简易监测。沿滑坡后缘及集中变形区布设裂缝监测点，具体方法是裂缝两侧设置固定监测点，监测裂缝两侧滑体的相对位移情况。此外，沿现有建筑物开裂处设置3处建筑物墙体变形监测点。

滑坡裂缝监测采用桩标法，即在裂缝两侧设置水泥固定标桩，及时量测标桩之间的相对位移；建筑物裂缝监测采用标钉或灰标测标法进行监测。

斜坡开裂、隆起监测及建筑物变形等简易监测，正常情况下每5 d监测1次，雨季及降水后加密至每日监测1次。当变形速率加大时，应加密至每小时或30 min监测1次，直至发出滑动预警。

**4. 降水量监测**

大气降水为该滑坡体的重要诱发因素之一，为查明降水量及降水过程与滑坡变形特征之间的关系，进而进行临滑预报，进行滑坡地区大气降水量监测是十分必要的，要求测量每次完整降水过程的降水量。

### 1.1.2.4 监测时间和监测频次

按照本次监测工作的目的和任务，除按正常监测周期进行各项监测外，为满足预警预报的要求在汛期适当加密监测。

滑坡体深部位移监测、滑坡体地表位移监测，正常情况下每月监测1次，雨季及降水后加密至每周监测1次。

### 1.1.2.5 监测仪器

地面绝对位移监测采用TCAMOS-2003自动全站仪变形监测系统进行。该系统由瑞士Leika公司自动型TCA系列的全站仪、棱镜、TCAMOS软件、计算机及专用通信供电电缆构成。该系统具有自动完成测量周期、实时评价测量成果、实时显示变形趋势等智能化功能。具体监测方法是分别将滑坡后缘平顶山顶及监狱监舍楼桩点作为基准站，采用两个工作组作业的方式进行。监测工作开始前由仪器经销商安排该仪器软件开发专家对有关监测人员进行关于仪器使用的培训。

深部位移监测采用中国航天工业总公司第三研究院33研究所研制的CX-01、03E钻孔倾斜仪进行，经过初步试测之后，垂向监测间距调整为1 m。

地表相对位移简易监测采用钢卷尺测量，测读数据精确达毫米。

### 1.1.3　监测结果

#### 1.1.3.1　简易监测

简易监测点共计20组，主要用于监测滑坡体及建筑物裂缝的扩张情况。其中Ⅰ～Ⅶ组监测桩位于滑坡体后缘主裂缝一带，Ⅷ～Ⅸ组监测桩位于滑坡体中部，构筑物变形监测点位于滑坡前缘和东南侧，选取代表性监测桩的监测数据进行对比（见表2-1-1），并作出相对位移监测曲线（见图2-1-4～图2-1-10）。

表2-1-1　主要滑坡体裂缝宽度监测结果对比表　　　　（单位：m）

| 时间<br>（年-月-日） | Ⅰ | Ⅱ | Ⅲ | Ⅳ | Ⅴ | Ⅵ | Ⅶ | Ⅸ |
|---|---|---|---|---|---|---|---|---|
| 2005-08-09 | 4.36 | 6.65 | 5.94 | 3.70 | 4.21 | 4.68 | 3.97 | 4.56 |
| 2005-10-27 | 4.37 | 6.76 | 5.99 | 3.72 | 4.27 | 4.75 | 3.99 | 4.53 |
| 2005-11-16 | 4.37 | 6.79 | 6.02 | 3.73 | 4.29 | 4.77 | 3.99 | 4.52 |
| 2006-01-03 | 4.39 | 6.83 | 6.04 | 3.74 | 4.32 | 4.80 | 4.01 | 4.52 |
| 2006-04-05 | 4.41 | 6.88 | 6.08 | 3.76 | 4.37 | 4.84 | 4.02 | 4.51 |
| 2006-06-02 | 4.40 | 6.90 | 6.08 | 3.75 | 4.37 | 4.84 | 4.02 | 4.50 |
| 2006-10-31 | 4.43 | 6.99 | 6.14 | 3.79 | 4.42 | 4.89 | 4.05 | 4.47 |
| 2006-12-15 | 4.44 | 7.01 | 6.15 | 3.80 | 4.43 | 4.92 | 4.06 | 4.47 |

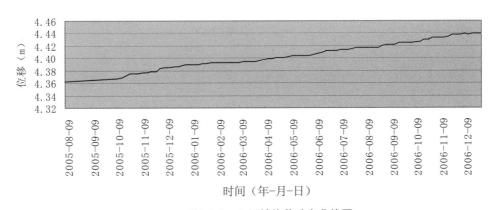

图2-1-4　Ⅰ组桩位移动态曲线图

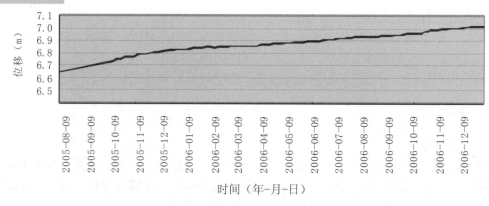

图2-1-5 Ⅱ组桩位移动态曲线图

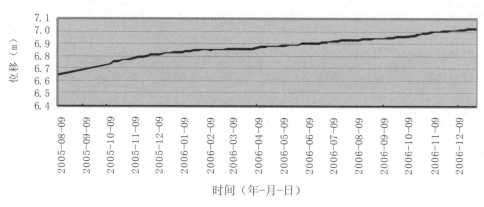

图2-1-6 Ⅲ组桩位移动态曲线图

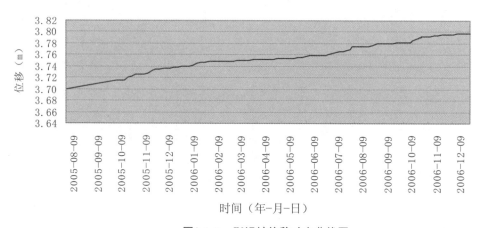

图2-1-7 Ⅳ组桩位移动态曲线图

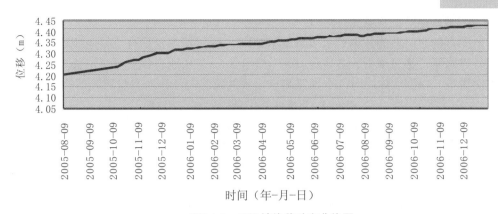

图2-1-8 Ⅴ组桩位移动态曲线图

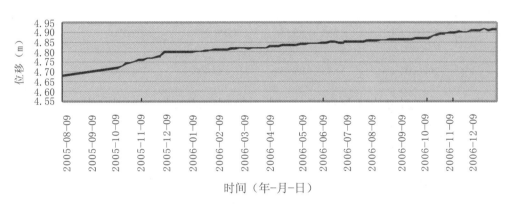

图2-1-9 Ⅵ组桩位移动态曲线图

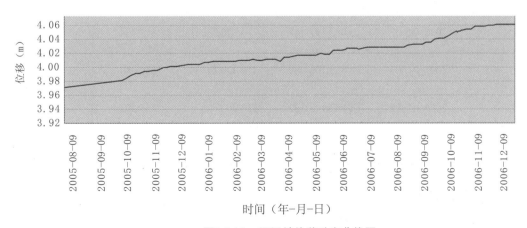

图2-1-10 Ⅶ组桩位移动态曲线图

#### 1.1.3.2 地表绝对位移监测

监测点的起终监测数据列表统计见表2-1-2。受仪器本身垂直位移监测精度的限制，仅从各点水平位移量来看，各点位移量均小于3 cm。从地表各点所测位移方向看，以南西方向为主。根据坡体倾向，个别监测点出现的偏北向位移当为监测数据的波动所致。

表2-1-2　巩义铁生沟滑坡全站仪监测结果

| 监测点 | 监测时间<br>（年–月–日） | X坐标 | Y坐标 | 高程（m） | 矢量位移（m） |
|---|---|---|---|---|---|
| 1 | 2006–04–05 | 3 833 419.941 | 410 977.800 | 397.862 | 南西0.019 2 |
| | 2007–01–05 | 3 833 419.915 | 410 977.610 | 397.880 | |
| 2 | 2006–04–05 | 3 833 371.957 | 411 041.714 | 402.139 | 南东0.003 7 |
| | 2007–01–05 | 3 833 371.954 | 411 041.751 | 399.470 | |
| 3 | 2006–04–05 | 3 833 391.975 | 410 839.406 | 374.390 | 北东0.005 2 |
| | 2007–01–05 | 3 833 391.990 | 410 839.456 | 374.491 | |
| 4 | 2006–04–05 | 3 833 372.523 | 410 929.495 | 382.804 | 南西0.006 9 |
| | 2007–01–05 | 3 833 372.496 | 410 929.432 | 382.756 | |
| 5 | 2006–04–05 | 3 833 326.096 | 410 991.216 | 384.454 | 南西0.011 1 |
| | 2007–01–05 | 3 833 326.095 | 410 991.105 | 384.484 | |
| 6 | 2006–04–05 | 3 833 197.143 | 410 920.385 | 357.434 | 南西0.028 7 |
| | 2007–01–05 | 3 833 196.989 | 410 920.143 | 358.349 | |
| 7 | 2006–04–05 | 3 833 173.362 | 410 900.633 | 357.592 | 南西0.007 7 |
| | 2007–01–05 | 3 833 173.319 | 410 900.569 | 357.704 | |

#### 1.1.3.3 深部位移监测

根据位于滑坡体上的4个监测孔的2006年同步监测资料，利用自动化处理软件，生成各监测孔各测次不同深度的位移曲线。1～4号孔位移曲线见图2-1-11～图2-1-14。

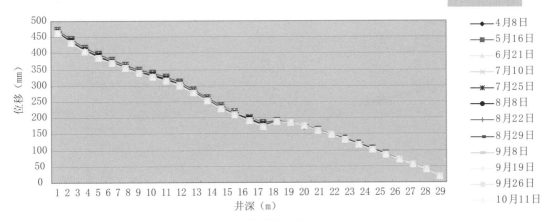

图2-1-11　1号孔位移曲线

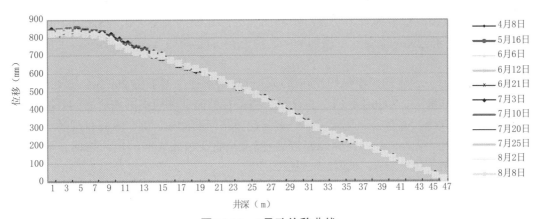

图2-1-12　2号孔位移曲线

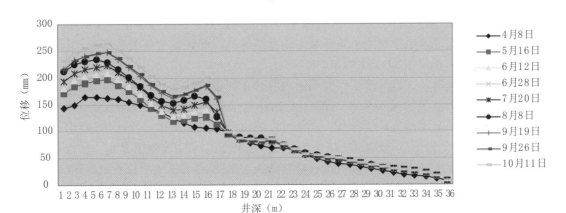

图2-1-13　3号孔位移曲线

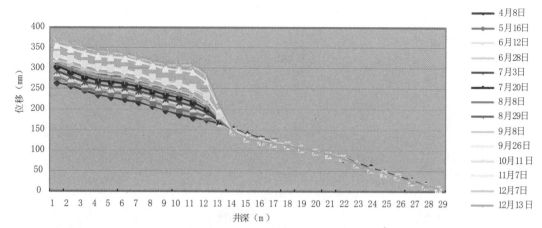

图2-1-14　4号孔位移曲线

#### 1.1.3.4　宏观地质巡查

　　巡查过程中发现，位于滑坡西北侧的主裂缝处于持续扩张过程中，于滑坡体上的废弃蓄水池浆砌池壁表现较为明显。滑坡前缘公路北侧的临空面出现3处以上的崩落现象。临空面下部公路鼓胀带长度增加38 m，隆起高度增加0.5 m左右。针对以上情况及时发出预警信息。

　　2006年7月，铁生沟矿组织职工在滑坡体近后缘部位挖掘了长 200 m、宽 0.5 m、深0.3 m的简易排水沟。2006年10月，巩义市公路段在公路北侧组织削坡后修料石护坡，高约2 m，长约70 m，并把公路地鼓铲平，重铺沥青路面约80 m。据12月18日现场观察，沿滑坡前缘西侧监狱入口处公路原隆起带出现3道垂直于公路方向的地面裂缝，平均间距3 m，平均裂缝宽度1.5 cm，长度2.5 m左右。

### 1.1.4　监测数据分析

#### 1.1.4.1　滑坡体范围确定

　　根据监测及巡视结果来看，铁生沟滑坡后缘紧靠平顶山，前缘延伸至原监狱院内，呈北高南低阶梯状下落之势，坡度为15°。滑坡体在平面上呈一圈椅状，南北长约340 m，东西宽约330 m，面积近10万m²，滑坡体平均厚度约15 m，滑坡体体积约168万m³，为一大型滑坡。根据滑坡后缘裂缝平均开裂方向及滑体前缘建筑物位移关系判断，其平均滑动方向175°左右（见图2-1-15）。

　　利用钻孔倾斜仪进行深部位移监测的内容是监测滑坡体不同深度的位移量。监测孔施工的原则是将监测管深入滑带5 m以下相对稳定层位，根据钻孔倾斜仪的工作原理，将滑带以下的稳定体作为零位移点，这样可以测出滑带以上滑体内各点相对于不动点的位移量在垂直剖面上的分布情况。以下为2006年监测孔1～4的监测情况。

　　监测孔1位于滑坡体中部，从深度—位移曲线（见图2-1-16）上可以看出，在深度17 m处向上监测曲线开始出现转折，据此可将该深度视作滑动面位置。

　　监测孔2位于滑坡体西部，从深度—位移曲线（见图2-1-17）上可以看出，在深度15 m处向上监测曲线开始出现转折，据此可将该深度视作滑动面位置。

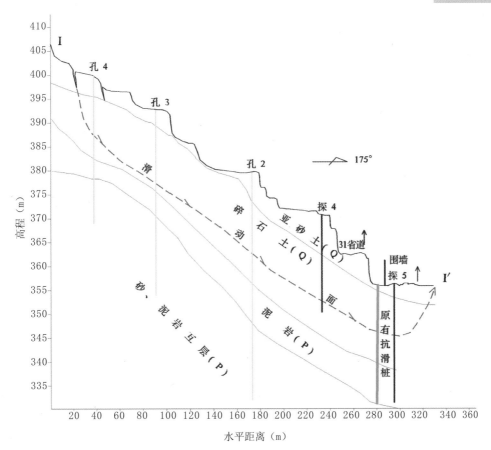

图2-1-15　铁生沟滑坡剖面示意图

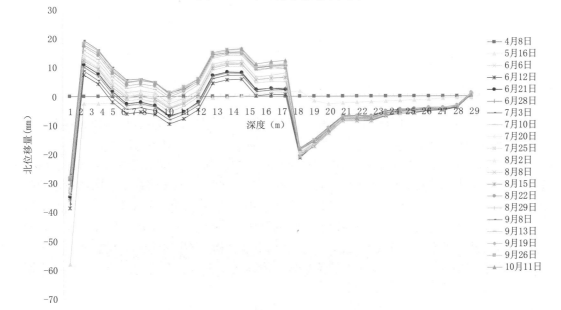

图2-1-16　1号孔相对位移曲线图

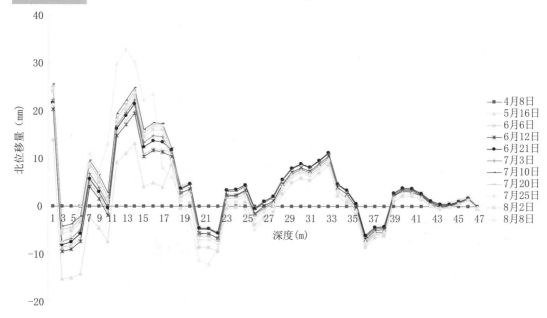

图2-1-17　2号孔相对位移曲线图

监测孔3位于滑坡体中部偏上位置，从深度—位移曲线（见图2-1-18）上可以看出，在深度16 m处向上监测曲线开始出现散开的趋势，位移量增幅达76 mm（以2006年4月8日监测值为零起点），据此可将该深度视作滑动面位置。

监测孔4位于滑坡体西北部，从深度—位移曲线（见图2-1-19）上可以看出，在深度13.5 m处向上监测曲线开始出现散开的趋势，最大位移量增幅达20 mm（以2006年4月8日监测值为起始点），据此可将该深度视作滑动面位置。

从钻孔剖面资料分析，监测孔1、监测孔2 中滑动面位于黏土层与碎块石层的接触带，而监测孔3、监测孔4中滑动面则位于碎块石层内。在钻孔施工过程中钻井液流失严重也间接证明了上述推断。

### 1.1.4.2　变形分析

#### 1.地表变形

综合各监测点的相对位移量，以滑坡体后缘的主裂缝扩张最为明显。以2005年8月监测值为起点，自滑坡体后缘北部至西部Ⅰ、Ⅱ、Ⅲ、Ⅳ、Ⅴ、Ⅵ各监测点，总位移量依次为 80 mm、360 mm、210 mm、100 mm、90 mm、240 mm，而位于滑坡体中下部的Ⅶ、Ⅷ、Ⅸ各监测点的位移量分别为90 mm、50 mm、50 mm，分布于煤矿工业广场外墙的监测点测得的位移量小于 10 mm。Ⅸ组桩间距的缩小是由裂缝两侧的相对错动造成的。值得注意的是，滑体中部南北方向的地表裂缝两侧发生明显错位。如Ⅸ组桩位于近南北走向的裂缝两侧，桩距最大变化量近8 cm，反映出滑坡体横向不同部位位移的差别。

从汛期和枯水期各简易监测点的位移量和位移速率来看，两者差别较小，显示汛期降水对滑坡位移的影响呈现滞后性。

从全站仪的绝对位移监测结果来看，滑坡体多数监测点的位移量较小（小于

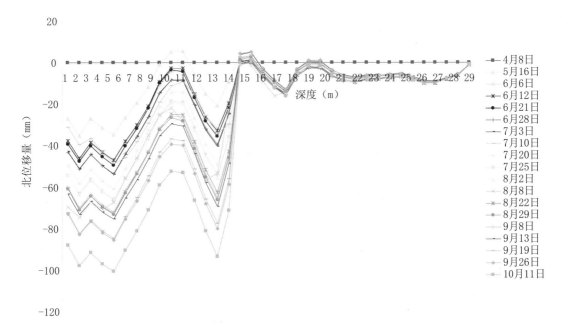

图2-1-18 3号孔相对位移曲线图

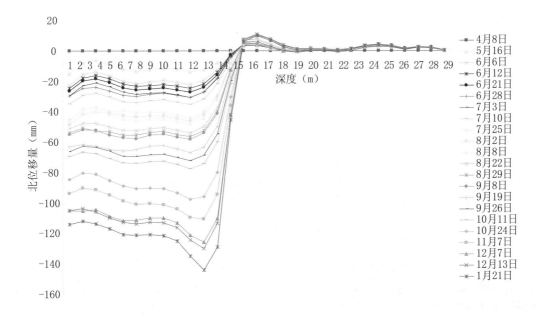

图2-1-19 4号孔相对位移曲线图

3 cm），说明其运动方式以下沉作用为主；水平位移方向以南西向为主，说明滑坡前缘抗滑桩的阻滞作用使滑坡的运动方向发生偏转，即从南东向向南西向偏转。

2. 深部位移

为消除监测孔原始倾斜因素的影响，以初次监测数据为基础，计算出后续监测数据相对初始值的相对误差。

由各监测孔的相对位移曲线（深度—位移曲线）（见图2-1-16～图2-1-19）可知，其主要具有以下特征：

（1）约380 m高程以上的监测结果（3号孔、4号孔）表明滑坡体与下伏基岩分界清楚；3、4号监测孔垂向上位移突变界面分别出现在约15 m和13 m处。界面上下岩土体月均位移速率相差10倍以上。可以准确地确定为滑带位置。滑带影响范围约2 m。

（2）3号孔监测结果表明滑坡体中部的总厚度为16 m左右，并在10～11 m有产生次级滑面的可能，滑带影响厚度均为2 m左右。

（3）4号孔监测结果表明滑坡体后缘附近厚度为14 m左右，滑带影响厚度也为2 m左右。

（4）1号孔的深度—位移曲线在17 m深处分为上下两段：上段各点位移方向向北，且不同深度各点的月平均位移量相近，为1.47～1.68 mm，表明该深度以上坡体总体呈向北等速倾斜；下段岩土体的位移方向与上部相反，月平均位移量为0.09～0.36 mm，且其位移速率呈随深度递减的关系。

（5）2号孔深度—位移曲线较为复杂，总体上位移方向以向北为主，但垂向上间断性地出现局部层位（平均厚度小于2m）位移方向相反的情况。其表明滑坡体分别在2 m、4 m、10 m、16 m处有解体趋势，其中在深度16 m位置出现的上下岩土体位移方向相反的转折点具有分界意义。因为该深度以上的岩土体月平均位移速率局部可达到6.57 mm，故可将该深度确定为滑带位置。

各监测孔在5 m、10 m深度位移历时曲线见图2-1-20、图2-1-21，通过对剖面上的相对位移曲线的对比分析，各监测孔剖面上滑坡体位移变化情况主要具有以下特征：

（1）1号孔在5 m、10 m深度处，观测前期（2006年4月8日～2006年8月8日）向南倾斜，但位移量较小，向南最大位移量仅为6 mm；观测后期（2006年8月8日后）向北滑动，向北最大位移量为5.58 mm。

（2）2号孔在5 m、10 m深度时主要向北倾斜，5 m时最大位移量为向北11.04 mm，平均月位移量为2.2 mm；10 m时最大位移量为向北30.36 mm，月位移量为6.1 mm。

（3）3号孔在5 m深度时在观测期内向南滑动较为剧烈，最大位移量为向南100.7 mm，平均月位移量为14.4 mm；在10 m深度时向南滑动较5 m深度时有所减缓，最大位移量为向南52.5 mm，平均月位移量为7.5 mm。

（4）4号孔在5 m深度时在观测期内向南滑动较为剧烈，最大位移量为向南120.9 mm，平均月位移量为12.1 mm；在10 m深度时向南滑动较5 m深度时略有加大，最大位移量为向南134.9 mm，平均月位移量为13.5 mm。

（5）由上述4个监测孔在地下5 m深度时的位移速率对比可知，3号孔变化速率最大，4号孔其次，2号孔再次，1号孔最小；在10 m深度处的位移速率对比表明，4号孔变

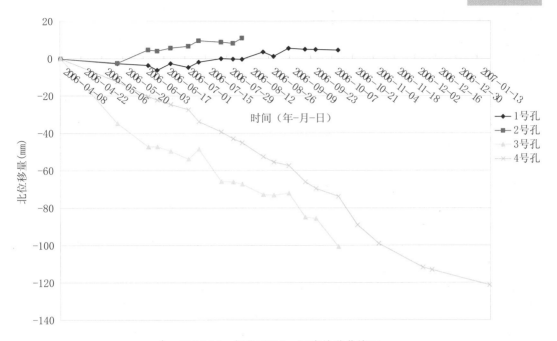

图2-1-20　各监测孔5 m深度位移曲线图

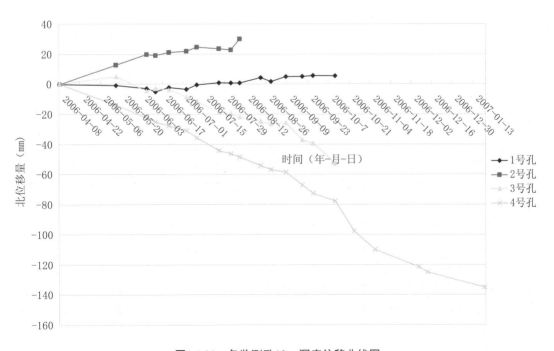

图2-1-21　各监测孔10 m深度位移曲线图

化速率最大，3号孔次之，2号孔、1号孔最小。

以上深部监测结果分析表明，滑坡体在380 m高程以上出现解体现象。滑坡体运动方式从后缘以水平运动为主至中部解体部位逐渐过渡为下沉挤压为主。根据位于滑坡体上的废弃水池侧壁裂缝的扩展情况，滑坡体在标高380 m处宏观上存在解体现象，结合该处深部位移监测结果，说明该处地下可能存在自然或人工孔洞，从而增加了滑坡体中下部运动机制的复杂性。

滑坡区原有防治工程因在勘查阶段未能充分掌握滑坡的动力机制，且防治工程部署偏于滑坡体前缘，故未能充分发挥其抗滑作用。

### 1.1.4.3 滑坡诱发因素分析

该滑坡活动的诱发因素包括人为因素和自然因素。

人为因素主要为滑坡前缘的人工切坡。该滑坡位于小平顶山南麓和涉村河河谷之间。从野外调查得知，该滑坡后缘基岩斜坡段和滑坡前缘南部的河谷阶地均为自然稳定的斜坡地貌，滑坡东西两侧的冲沟以外亦未见斜坡变形迹象（见照片2-1-1～照片2-1-6）。正是豫31公路两侧的两级人工切坡(公路北侧的修路切坡发生于1988年，煤矿工业广场外墙北侧切坡发生于1989年) 形成后，1992年开始出现斜坡变形现象，所以人工切坡是导致该滑坡活动的根本因素。

1994年该滑坡治理工程完成后，不到10年时间该滑坡又恢复活动。2003年降水总量达 982.4 mm，其中主汛期（6、7、8、9月）降水量达674.1 mm，是1982年（年降水量990.6 mm）以来的第二个降水峰值，其间滑坡区未有规模较大的人类工程活动，目前铁生沟矿区北部开采边界距滑坡南缘900 m 左右。这说明导致该滑坡复活的主要自然因素是大气降水。

### 1.1.4.4 滑坡稳定性分析

在该滑坡前缘，人类工程活动造成的两级高陡临空面形成后，滑坡前缘的集中剪应力带失去了阻滞体，改变了斜坡体内应力分布状态，使得该处斜坡体开始处于应力重新调整过程中。而该滑坡体物质成分为坡积碎石土含黏土层，抗剪强度较小，所以其内部应力调整幅度过大时，只有通过其本身的位移变形来实现。因为坡脚处两级削坡相距仅10余m，其累计高度与滑坡厚度相近，使得该斜坡体内部的应力调整幅度很大。而在滑坡体中下部存在碎石土与黏土层互层现象，其接触面抗剪强度最低，且近平行于滑坡体内剪应力迹线，所以易形成滑动面。因为滑体前缘抗滑桩的阻挡作用，滑体前缘的剪切滑动受到限制，但滑体中上部持续滑动仍产生强大的推挤力量，这样桩体对滑体前缘阻滞力的垂直分力使得滑体在桩体附近产生垂直向上的运动，形成公路北侧的路面隆起。同时，因该滑坡体的主要物质成分为坡积碎石土含黏土层，在含水条件下随着重度增加其流变性加剧，所以在重力和抗滑桩水平阻滞分力作用下具有流变特征。滑体的流变性特征使得桩间岩土体穿越抗滑桩继续向前运移，直至受到稳定土体的再次阻滞形成剪出带，进而形成垂直向上的运动，这样就产生了地面隆起。滑体上部以碎石土为主，其深部位移量远高于滑坡前缘，说明其变形方式以平行位移为主，作用力来源于滑坡体自重应力。

从4个深部监测孔的监测资料得知，各孔内位移突变带位于相近深度，其构成的滑

照片2-1-1　滑坡区俯瞰

照片2-1-2　施工监测孔

照片2-1-3　滑坡深部位移监测

照片2-1-4　全站仪监测

照片2-1-5　蓄水池东侧壁受损

照片2-1-6　地表简易监测

面接近平行于斜坡面，说明其已处于近乎连通状态。随着滑坡体变形量的积累，剪切应力同时在滑坡体前缘不断增加，一旦超出其抗剪强度，滑坡运动将不可避免。

通常滑坡发育过程可分为4个阶段，即蠕动变形阶段、等速变形阶段、加速变形阶段和临滑阶段。从目前变形状况看，该滑坡沿着潜在的剪切面或软弱面（层）剪切滑移而贯通，逐渐形成统一的剪切滑移面。后缘弧形拉张裂缝贯通，形成弧形拉裂圈，并与两侧剪张裂缝连接，呈现整体滑移边界；滑体出现明显错落下沉，后缘壁明显，前缘鼓胀。上述变形特征基本相当于临滑阶段。只是近年来大气降水量偏低，未能达到触发滑坡滑动的临界降水量，该滑坡目前仍处于加速变形阶段至临滑阶段。

# 1.2 西峡县通渠庄组滑坡监测方案设计

## 1.2.1 滑坡概况

通渠村通渠庄组滑坡位于西峡县桑石界河乡北部（见照片2-1-7），距乡政府所在地13 km，地处中山区。滑坡体长235 m，宽180 m，厚度2~15 m，纵向变化较大，山体坡度约22°，坡向NE20°；滑坡平面形态呈半圆形，剖面形态呈凹形、阶梯形，综合计算方量为10.2万 $m^3$，该滑坡属中型滑坡；滑坡体主要由花岗岩强风化层及第四系残坡积物组成，滑面为岩浆岩强弱风化层界面（见图2-1-22）。表层残坡积物成分为粉质黏土，厚0.5~1.0 m，滑坡表面植被为灌木丛和山茱萸林。

照片2-1-7 通渠庄组滑坡

据调查，该山体滑坡于2010年7月发生滑动，现不稳定并处于不断发展之中，滑坡后缘拉裂缝方向130°，裂缝断续长80 m左右，宽0.10~0.20 m，深1.50~2.00 m，汛期逐渐加宽；于滑坡体中、后缘形成系列错落陡坎，高0.5~1 m，滑坡体前缘石砌挡墙有变形迹象，滑坡体前缘坡脚冒渗混水。滑坡威胁50间房屋、1所小学、200名村民、612名师生的生命、财产安全。

## 1.2.2 监测方法和技术要求

### 1.2.2.1 监测方法的选择

滑坡监测目的在于通过监测获取崩滑体变形破坏的各种特征信息，分析动态变化规律，进而预测预报崩滑灾害发生时间、空间、强度（规模），为防灾、减灾提供依据。目前，国内外滑坡崩塌监测主要采用了宏观地质观测法、简易监测法、设站观测法、仪表观测法及自动遥测法等五种类型监测方法，以监测崩滑体的三维位移、倾斜变化及有关物理参数与环境影响因素。由于崩滑体类型不同、特征各异、变形机制和变形阶段不

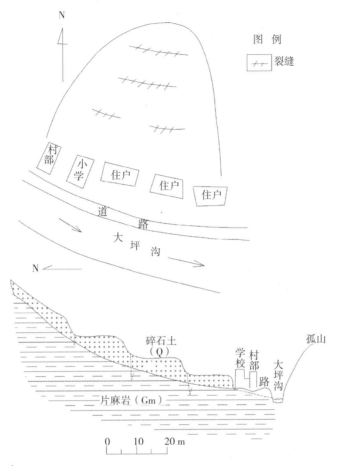

图2-1-22 通渠庄组滑坡平面及剖面示意图

同，监测技术方法也不尽相同。

鉴于通渠庄组滑坡由坡积层和基岩风化层组成，且处于蠕动变形阶段至等速变形阶段，采用目前国内外较成熟的滑坡监测技术布设监测。根据《崩塌、滑坡、泥石流监测规范》(DZ/T 0221—2006)有关要求，地表变形监测采用全球定位系统（GPS）测量法，辅以自动裂缝位移计监测法。地下变形监测采用深部横向位移监测法（钻孔倾斜仪）。滑坡形成与变形相关因素监测包括地下水动态监测和地表水动态监测、降水量监测。

监测仪器的布置采取"点—线—面"相结合的方法，首先选取滑坡的典型剖面方向，在剖面方向上布设GPS监测点、深部位移计、坡体裂缝计，同时可选取多条监测剖面，通过钻孔的纵横交叉及相关监测仪器的布设从而形成监测网。

1. 全球定位系统（GPS）监测

GPS监测的基本原理是用GPS卫星发送的导航定位信号进行空间后方交会测量，确定地面监测点的三维位移坐标。其主要优点包括：观测点之间无需通视，选点方便；观测不受天气条件的限制，可以进行全天候监测；观测点的三维坐标可以同时测定。该法特别适合地形条件复杂、起伏大或建筑物密集、通视条件差的滑坡监测。

现场调查滑坡体，根据滑坡的具体情况确认滑坡趋势和主要发生位置，按照滑坡体的主线布设监测点，监测点既要能反映滑坡体整体变形方向、变形量，又要能反映滑坡体范围和变形速率；同时，在滑坡体外部选择稳定的基准点，基准点主要作为变形的基准，视为没有位置移动；按照GPS静态观测要求，组织外业进行GPS静态观测，同时充分利用HNGICS基准站连续观测数据，组成GPS监测网；内业进行GPS数据预处理，分析GPS数据的观测质量等，利用GPS静态数据处理软件进行GPS网数据处理（基线处理、闭合环分析等）；最终生成成果文件，分析观测质量，同时结合以往观测成果，分析确定滑坡监测点位置变形情况，为滑坡治理提供指导依据。GPS监测流程见图2-1-23。

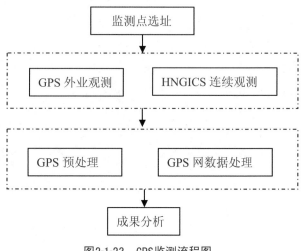

图2-1-23　GPS监测流程图

1）GPS监测网布设

为了测定滑坡的变形，在滑坡体外稳定的岩体上选择布设1个基准点，作为滑坡监测的基准。监测网坐标系统选择WGS84坐标系统，以HNGICS基准站作为起算点，确保GPS网点的位置基准达到毫米级精度。

根据当地滑坡体特点选择监测点，这些点既要能反映滑坡体整体变形方向、变形量，又要能反映滑坡体范围和变形速率。每个点还要考虑接收卫星信号情况，测点上空不能有树木等大面积遮挡物。在滑坡面上，根据滑坡范围与地形环境要素选择布设5个监测点，在每个监测点上都建造GPS监测墩。基准点和监测点均用钢筋混凝土浇灌，并设有强制对中装置。

2）监测方式

采用4台Trimble 5800 GPS双频接收机，监测方式采用静态相对定位方式，以HNGICS系统为基准，进行数据采集。首期监测外业作业时，有1台GPS接收机置于基准点JZ1点进行连续观测，其余3台GPS接收机分别在滑坡变形监测点上观测，观测2 h后，一监测点接收机保持不动，另两台接收机迁至JC4、JC5上，继续观测2 h。在以后各期监测中，监测点观测4~6 h。

采用天宝（Trimble）R8 GNSS系统，Trimble R8 GNSS是一款多通道、多频带的集接收机、天线和数传电台于一体的GNSS(Global Navigation Satellite System)系统。Trimble R8 GNSS综合了先进的接收机技术和经过验证的系统设计，支持GNSS的Trimble R跟踪技术，具有强大的RTK解算引擎和成熟可靠的系统设计（见照片2-1-8）。

GPS监测的监测点均部署于两个滑坡体上，平均每个滑坡体上部署5个监测点。在滑坡外围稳定区分别部署1个GPS基准点。

2. 自动裂缝位移监测

地表相对位移监测选用航天惯性研制的WYZ-501无线地表位移计（见照片2-1-9），该仪器量程大、精度高，由太阳能供电，用于滑坡地表裂缝监测，可实现位移计绳头位移测量、供电电源电压测量、信号滤波及温度补偿、数据无线传输。其主要技术指标如下：

有效量程：0 ~ 1 000 mm；

分辨率：0.5 mm；

测量精度：优于0.1%FS；

工作温度范围：−20 ~ 50 ℃；

自动裂缝位移计部署在滑坡主裂缝部位，每个滑坡部署2 ~ 3个。

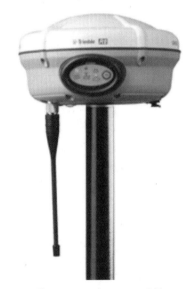

照片2-1-8 天宝R8GNSS系统

照片2-1-9 自动裂缝位移计工作现场

3. 钻孔倾斜仪监测

该方法用于监测滑坡体内任意深度的倾斜变形，以反求其横向（水平）位移，以及滑带位置、厚度、变形速率等，其精度高，资料可靠，测读方便，易于保护，采用适合于变形缓慢、匀速变形阶段的监测技术。

采用CX-06B滑动式测斜仪（见照片2-1-10），兼容水平位移和垂直位移（剖面沉降）的测量并且具有电源管理功能，使用时间更长。主要技术指标有：

分辨率：0.02 mm/500 mm（相当于8角秒）；

测量范围：−50° ~ +50°；

综合误差：± 4 mm/ 1 5 m；

最小测量步距：500 mm；

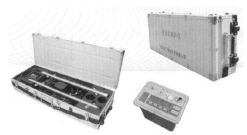

照片2-1-10 CX-06B滑动式测斜仪

适应测斜管内径范围：Φ56～72 mm；

测头、电缆耐水压：不小于0.8 MPa(相当于80 m水深)；

数字显示：4.5位；

导轮间距：500 mm；

记录方式：自动记录数据；

测头尺寸：Φ32×660 mm；

温度范围：−10～+50 ℃；

测头质量：不大于2.5 kg；

电源：可充电电池；

持续工作时间：不小于8 h。

深部位移监测孔主要沿滑坡主剖面方向布置，平均每个滑坡部署4个监测孔，具体位置宜部署在滑坡具有代表性的变形敏感部位。

4. 地下水位、地表水位监测

每个滑坡单体设置地下水位监测孔1个，地下水位监测选择在滑坡体中下部由钻孔改造成的水文孔内进行。地表水位监测在滑坡体前缘的河谷侧进行。

5. 雨量监测

降水是影响滑坡变形的主要因素之一。采用自动雨量站作为雨量监测设备，降水自动触发工作，根据设定阈值实现现场声光报警，其监测历时曲线形式见图2-1-24。

两个滑坡体前缘各设置一个雨量监测点。雨量监测应考虑地形地貌的影响，雨量监测仪尽量布设在滑坡体无植被及建筑物遮挡的地方。

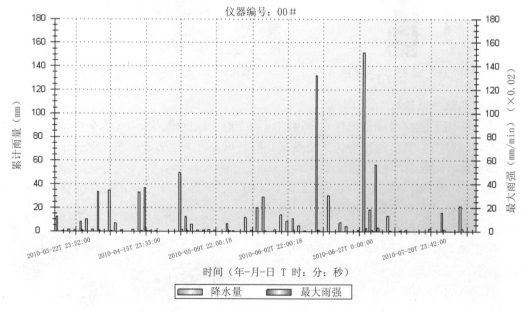

图2-1-24　自动雨量监测仪输出成果图

#### 1.2.2.2　监测技术要求

按照监测对象分为滑坡监测、泥石流监测。其中，灾害体的雨量监测在区域监测网络中统一考虑，统一以小时雨量进行监测，监测精度要求不低于0.1 mm。滑坡监测内容包括地面位移监测、深部位移监测、地下（表）水位监测和雨量监测。泥石流监测内容包括次声和雨量监测。

滑坡地面相对位移监测：滑坡的相对位移监测主要采用自动裂缝位移测量等方法，能够测量不同时间的裂缝宽度，可以得出变形速率，要求监测精度为1 mm。监测频率要求为：手动监测汛期不少于4次/月，平时不少于2次/月。

滑坡深部变形监测：主要采用滑动式钻孔倾斜仪监测，获取滑体内部不同深度的位移。为增加深部位移监测量程和深部位移监测的有效期限，同时校核滑动式深部位移监测数据，在通渠庄组滑坡设置固定式钻孔倾斜仪监测点1处。利用该系统监测滑体内垂向深度及底部滑带变形，要求监测精度达到毫米级。滑动式钻孔倾斜仪人工监测频率为每月2次。

泥石流监测中的次声监测：以自动监测为主，监测频率根据泥石流发生情况，可自动激发和控制。泥石流泥位监测在每次泥石流活动之后及时进行。

雨量监测：降水是滑坡、泥石流等突发性地质灾害的最重要诱发因素。雨量监测采用自动雨量计进行监测，要求监测精度达到0.1 mm。降水过程中监测频率不小于1次/h。

地下水位监测：分别在两个滑坡体上进行。监测频率不低于每周1次。

地表水位监测：分别在两滑坡前缘的河道进行。监测频率及监测时间与地下水位监测同步。

#### 1.2.2.3　监测仪器安装要求

1. 深部位移监测系统安装要求

（1）用岩芯钻在选定的观测地段钻孔，钻孔直径以大于测斜管外径30 mm为宜，钻孔铅直度偏差在50 m内应不大于1°。在钻进过程中应按地质调查要求编制钻孔柱状图。根据钻孔岩芯取样分析结果，确定固定测斜仪探头安装数量和位置，明确主滑方向。

（2）检查测斜管是否平直，两端是否平整，对不符合要求的测斜管应进行处理或舍去。

（3）将测斜管一端套上管接头，在其两导槽间对称钻4个孔，用铆钉（铝合金管）或自攻螺丝（ABS塑料管）将管接头与测斜管固定，然后在管接头与测斜管接缝处用橡皮泥或防水胶、塑料胶带将其缠紧，以防止回填灌浆浆液渗入管内（见图2-1-25）。

（4）将一端带有管接头的测斜管进行预接，预接时管内导槽必须对准，以确保测量探头导轮畅通无阻及保持导槽方向不变。预接好以后按步骤（3）要求打孔，并在对接处做好对准标记及编号。经过逐根对接后

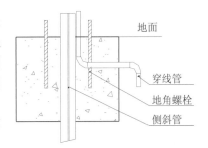

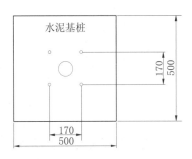

图2-1-25　固定式测斜仪水泥基桩

（单位：mm）

的测斜管便可运往工地使用。

（5）测斜管的底部端盖的安装密封同步骤（3）。

（6）将灌浆管系在测斜管外侧距测斜管底端1 m处，随测斜管一同下入孔底为止。

（7）按照预先要求的水灰比配制浆液，自下而上进行灌浆，为防止在灌浆时测斜管浮起，宜预先在测斜管内注入清水。当需回收灌浆管时可采用边灌浆边拔管的方法，但不能将灌浆管拔出浆面，以保证灌浆质量。水泥浆凝固后的弹性模量应与钻孔周围岩体的弹性模量相近，为此应事先进行试验确定配比。

（8）在土体钻孔中埋设测斜管时可采用粗砂回填密实，填砂时须边填砂边冲水。

（9）待灌浆完毕拔管或回填砂后，测斜管内要用清水冲洗干净，做好孔口保护设施，防止碎石或其他异物掉入管内，以保证测斜管不受损坏。

（10）待水泥浆凝固或填砂密实稳定后，量测测斜管导槽的方位、管口坐标及高程，对安装埋设过程中发生的问题要作详细记录。

（11）测斜管安装埋设后，对孔口进行保护，防止异物掉入。

2. 自动裂缝位移计安装

自动裂缝位移计的安装一般选择在有明显裂缝或滑坡趋势的坡体上。位移信号传感器安装在地势较高或相对稳定的坡体上，钢丝绳固定端安装在有滑坡趋势的坡体上。位移信号传感器与钢丝绳固定端之间的距离一般不超过30 m，上下之间角度不超过45°。其水泥基桩尺寸见图2-1-26。

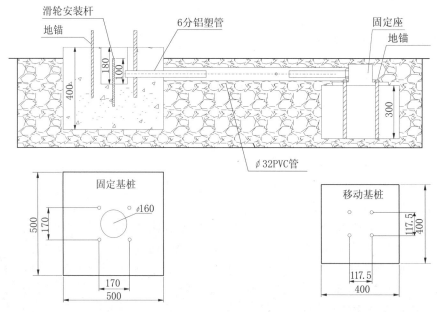

**图2-1-26  水泥基桩示意图**（单位：mm）

3. 自动雨量站安装基础施工

自动雨量站安装之前需要制作设备安装用的水泥基桩，水泥基桩尺寸为500 mm×500 mm×400 mm，中心均布4根M16地脚螺栓，相邻地脚螺栓之间相距170 mm，具体尺寸如图2-1-27所示。

4.监控中心准备工作

根据信号传输条件拟将监控中心设在河南省地质环境监测院。监测设备安装调试前，监控中心应具备的条件如下：

（1）数据库服务器1台，硬件要求：CPU处理器PIV 3.0 GHz以上，内存2 G及以上，硬盘80 G以上（保证数据存储要求）；

（2）COM端口至少1个；

（3）固定IP地址1个；

（4）网络域名1个（若不需网络发布可不申请）。

图2-1-27 自动雨量站水泥基桩（单位：mm）

# 1.3 西峡县烟镇沟泥石流监测方案设计

## 1.3.1 泥石流沟概况

烟镇沟泥石流位于西峡县石界河乡北部（见图2-1-28），为老灌河支沟，沟口距乡政府约500 m，地处中山区，沟口坐标：东经111°19′52.5″，北纬33°36′27.2″。烟镇沟近南北向展布，向南汇入老灌河，流域呈倒喇叭形，面积为137.27 km²，属中、低山地貌，流域内最高海拔1 706 m，最低海拔为500 m，相对高差为1 206 m，流域沟谷两侧山坡坡度40°～50°。受大的构造活动影响，沟谷两侧岸坡陡峭，岩体节理、裂隙发育，风化强烈。

烟镇沟泥石流属沟谷型泥石流，沟谷呈复合型，支沟发育，较大的支沟有西北东南走向的大坪沟与东北西南走向的杨盘沟，大坪沟长11.8 km，杨盘沟长13.7 km，两条沟在通渠村南侧汇合，纵坡降5%。在汇合处以上两支沟呈"V"形，以下主沟为"U"形谷。

根据泥石流流域地形条件、成灾状况及侵蚀、搬运和堆积特征，将该泥石流沟划分为形成流通区和堆积区，大坪沟与杨盘沟交汇处以上为形成区，交汇处以下为流通区、堆积区。泥石流物源主要来源于形成区冲沟内的风化崩解碎石，仅杨盘沟泥石流支沟达400余条，构成该沟泥石流物源的主体，其次为两侧坡脚的坍塌和沟谷物质的再搬运。

烟镇沟历史上多次发生泥石流灾害，最近一次发生于2010年7月24日，其中，大坪沟内泥石流冲毁房屋100余间、桥梁3座，杨盘沟内泥石流冲毁房屋150间、桥梁3座，死亡7人，通渠庄以下冲毁6座桥梁。

目前，烟镇沟泥石流处于发展期，易发程度高，威胁沟内居民生命财产安全。其中大坪沟受威胁的有200户、900人、房屋900间、耕地200亩；杨盘沟受威胁的有150户、600多人、房屋600间、耕地30亩、桥梁3座。

## 1.3.2　监测工作部署

泥石流监测内容主要包括泥石流泥位监测、雨量监测和次声监测（见图2-1-29）。

### 1.3.2.1　泥石流泥位监测

泥石流泥位监测点设在泥石流沟卡口及转弯地段，监测点3～4个。

### 1.3.2.2　泥石流次声监测

泥石流在形成和运动过程中，声发射信号中有次声成分，这种次声成分为确定性信号（即有确定的时域和频域特性），几乎不衰减且约等于声速，以空气为介质传递。因为泥石流次声速度约为340 m/s，远大于泥石流运动速度（通常为10 m/s左右）。次声监测单元能在泥石流到达前率先捕捉到它的次声信号，有足够的提前量来实现报警。其提前量视流域泥石流源地和流通区至沟口距离而定，通常为数分钟至数十分钟。

泥石流次声监测系统具有报警、数据采集和分析等智能化功能；设备由传感器、主机组成，传感器为驻极体电容传声器，主机为单片机控制的信号处理、数据采集、存储和分析系统，获得泥石流次声信号的波形和频谱特征图。

采用DFW-NI泥石流次声监测仪。其主要技术指标如下：

传感器灵敏度：50 mV/Pa。

数据采样频率：50~100 Hz。

整机为交直流两用：

　　额定电压AC：220 V/50 Hz，DC：±12 V；

　　工作电压AC：176～264 V，40～60 Hz，DC：±10~±15 V；

功耗：<4 W。

传感器的低频特性：10 Hz或5 Hz以下衰减不大于10 dB。

可充电电源：断电后可持续工作约10 h。

使用的环境温度：–10~+50 ℃。

相对湿度：≤90%（20±5 ℃）。

环境条件：无易燃、易爆、腐蚀性气体，无导电尘埃等。

设置两个泥石流次声监测点，每条支沟各设置一个，分别设置在泥石流形成区与流通区交界处（即大坪与核桃园附近）。

在烟镇沟两个泥石流支沟内泥石流形成区上部分别部署一个自动化雨量站。

## 1.3.3　监测技术要求

### 1.3.3.1　泥石流次声监测系统

整套设备可放在泥石流沟附近和沟口外，一般放置在距离泥石流沟5～8 km范围内的房间内，为减少次声信号反射或折射的影响，房间需要保持良好的通气（风）条件，以让次声信号顺利进入。整套设备可置放在室内任一稳定的台面上，或将设备用膨胀螺栓固定在墙上。房间内应提供220 V市电电源插座，接通电源后系统即可工作。

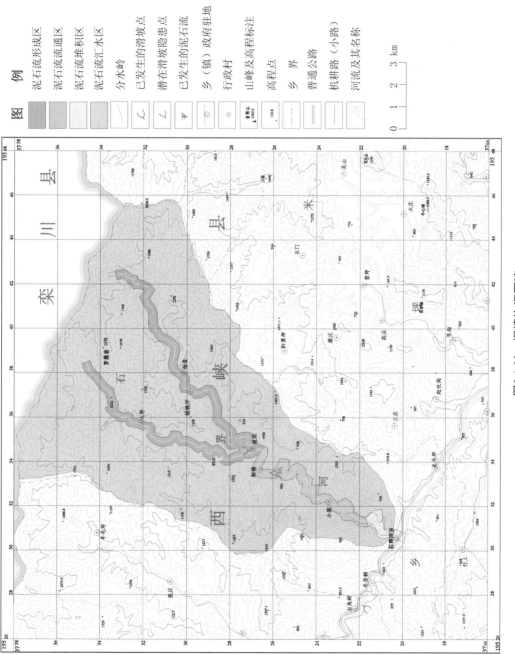

图2-1-28　烟镇沟泥石流

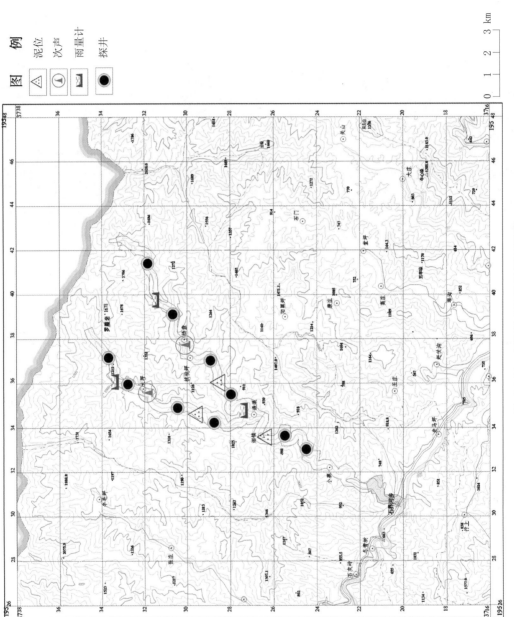

图 2-1-29 烟镇沟石流泥石流监测部署图

#### 1.3.3.2 监测要求

泥石流监测中的次声监测：以自动监测为主，监测频率根据泥石流发生情况，可自动激发和控制。泥石流泥位监测在每次泥石流活动之后及时进行。

雨量监测：降水是泥石流等突发性地质灾害的最重要诱发因素。雨量监测采用自动雨量计进行监测，要求监测精度达到0.1 mm。降水过程中监测频率不小于1次/h。

# 1.4 群测群防体系建设

地质灾害群测群防是群众性预测预防地质灾害工作的统称。地质灾害群测群防是相对于重点地质灾害专门性防治而言的。专门性防治是指由政府或企业专门投入经费，委托专业部门，采用专业技术进行的地质灾害防治工作。由于我国地质灾害类型和数量特别多、分布特别广，而国家财力有限，所以不可能对所有地质灾害进行全面防治，只能对那些严重威胁城镇、矿区、交通干线、重大工程安全的地质灾害进行重点防治。对一般性地质灾害，则主要通过宣传培训，使当地群众增强减灾意识，掌握防治知识，并依靠当地政府，在地质灾害易发区开展以当地民众为主体的监测、预报、预防工作。地质灾害群测群防是中国特色地质灾害防治体系的重要组成部分，为减轻地质灾害、避免人员伤亡和经济损失发挥了重要作用。

## 1.4.1 指导思想和建设原则

### 1.4.1.1 指导思想

地质灾害群测群防体系建设应以科学发展观为指导，以建设"灾患情况、防灾措施明了，防灾责任人、监测人明确，防灾工作明白卡、避险明白卡到位，值班网络、应急系统健全"的地质灾害群测群防网络为目标，以建立健全村（居）群测群防工作制度和开展群众性地质灾害防治知识宣传培训等为主要内容，以创新工作方法、组织形式和活动方式为动力，坚持强化基础、突出特色、开拓创新、注重实效的原则，进一步完善中国特色地质灾害群测群防工作新格局。

### 1.4.1.2 构建原则

（1）坚持以县（市、区）、乡镇（街道）两级政府为主导，基层群众自治组织、企事业单位和广大人民群众直接参与的原则。

（2）坚持"属地管理、分级负责"的原则，按照地质灾害规模和危险性程度落实各级组织的责任，制定防灾措施。

（3）坚持"谁引发、谁监测，谁受威胁、谁负责监测"的原则。

## 1.4.2 目标、任务

### 1.4.2.1 建设目标

根据本辖区地质灾害易发区和隐患点分布、发育规律及威胁、危害现状，结合地质灾害易发区普查成果，建立覆盖本辖区的"灾患情况、防灾措施明了，防灾责任人、监测人明确，监测、预警措施到位，值班网络、应急系统健全"的地质灾害群测群防网络体系，培养提高乡镇（街道）、村组（社区）基层干部群众地质灾害自我防控、自己监测、自觉避让的意识和能力，最大限度减轻、减少因地质灾害造成的人员伤亡和经济损失。

### 1.4.2.2 主要任务

（1）建立各级地质灾害群测群防预警机构，针对地质灾害的不同特点，建立健全群测群防、群专结合的监测体系。

（2）通过巡查和监测，掌握地质灾害（隐患）点的变形情况，在出现临灾征兆时进行临灾预报和应急避灾处置。

（3）建立并及时更新完善地质灾害调查与监测数据库及信息系统，实现灾害信息网上实时发布。

（4）广泛开展群测群防知识宣传教育工作，重点完成县（市、区）级、乡镇（街道）级和村组（社区）级群测群防知识培训。

## 1.4.3 防治职责

地质灾害群测群防体系由市级、县（市、区）级、乡镇（街道）级、村组（社区）级及地质灾害隐患点五级监测网构成。各级人民政府负责本级地质灾害群测群防体系建立和运行。

### 1.4.3.1 市级人民政府

（1）负责全市地质灾害群测群防工作的组织、协调、督促、检查。

（2）负责全市地质灾害气象水文预警预报及信息上传下达。

（3）负责编制、发布、实施市级地质灾害年度防治方案和应急预案。

（4）负责组织开展全市地质灾害防治知识宣传培训。

（5）负责落实市级地质灾害群测群防工作经费。

（6）负责所辖区域内中型以上地质灾害应急调查和处置，并按有关规定及时上报省人民政府或国土资源部。

（7）负责市级地质灾害监测和预警系统建设与管理，指导各县（市、区）开展群测群防网络体系建设。

### 1.4.3.2 县（市、区）级人民政府

（1）负责组织实施和督促所辖区域内的地质灾害群测群防工作，建立本县（市、区）地质灾害群测群防监测体系，落实地质灾害防灾责任人。

（2）负责开展本辖区地质灾害预警预报，及时传送地质灾害预警预报信息及各类气象灾害预警信息。

（3）负责编制县（市、区）级地质灾害年度防治方案、重点地质灾害专项防灾预案和突发性地质灾害应急预案。

（4）负责组织开展所辖区域内地质灾害隐患的排查、巡查、核查工作，及时有效地处理存在的问题，落实防治措施及各级应急人员、防灾责任人、监测人。

（5）负责落实地质灾害群测群防工作所需经费。

（6）负责所辖区域内小型以上地质灾害应急调查和处置，并按有关规定及时上报市政府和主管部门。

（7）负责辖区内地质灾害的监测和预警系统建设与管理、群测群防的技术指导和管理、群测群防的信息管理，指导各乡镇(街道)开展群测群防网络体系建设。

（8）负责组织开展本辖区地质灾害防治知识宣传培训。

### 1.4.3.3　乡镇（街道）人民政府

（1）负责实施和督促检查所辖区域内的地质灾害群测群防工作，建立本辖区地质灾害群测群防体系，落实地质灾害防治责任人、监测人。

（2）负责及时传送地质灾害预报信息及各类气象灾害预警信息。

（3）编制本辖区地质灾害防治方案和地质灾害应急工作预案。

（4）负责所辖区域内地质灾害隐患的排查、巡查、核查工作，定期上报所辖区域内地质灾害隐患点的巡查、监测数据，及时有效地处理存在的问题。

（5）负责落实和协调群测群防工作所需经费。

（6）协助做好所辖区域内小型以上地质灾害灾情和险情的应急调查和处置，并按规定上报上级政府和主管部门。

（7）负责组织开展本辖区地质灾害防治知识宣传培训。

### 1.4.3.4　村组（社区）

（1）协助乡镇 (街道)落实辖区内地质灾害(隐患)点和易发区的群测群防工作，建立本村、组地质灾害监测小组，接受当地政府和上一级主管部门的指导与监督。

（2）贯彻落实县（市、区）和乡镇(街道)地质灾害防治方案和应急预案。

（3）负责及时传送地质灾害预报信息及各类气象灾害预警信息，协助乡镇 (街道)确定群测群防监测责任人。

（4）负责组织开展群测群防监测工作，定人、定点、定时对地域内的地质灾害(隐患)点和易发区进行巡查和监测，做好监测记录和巡查记录，定期上报监测资料，同时做好原始记录的保存。

（5）负责督促检查监测设施保护和监测点记录上报工作。

（6）遇到紧急情况时，及时发布预警信号疏散危险区内群众，并协助政府做好抢险救灾工作。

### 1.4.3.5　企事业单位

（1）负责本单位地域内地质灾害群测群防工作，接受当地政府和上级主管部门的指导和监督。

（2）做好地质灾害隐患点（区）的定人、定点、定时监测工作，落实"三查"制度。

（3）负责及时传送地质灾害预报信息及各类气象灾害预警信息。

（4）负责落实地质灾害防治责任制及群测群防监测人，及时将监测结果上报当地政府和主管部门。

### 1.4.3.6　监测人

（1）负责对地质灾害隐患点进行定时、定量监测和巡查工作。

（2）负责监测设施的保护与管理，并做好监测工具和仪器的使用和保管工作。

（3）负责做好监测记录和巡查记录，定期上报监测资料，同时做好原始记录的保存。

（4）遇到紧急情况时，及时发布预警信号疏散危险区内群众，并协助政府做好抢险救灾工作。

### 1.4.4 基本要求和主要内容

#### 1.4.4.1 明确群测群防范围和重点

已划定的地质灾害易发区和已发现的隐患点均应列入群测群防的范围，各县（市、区）应将以下地质灾害（隐患）点和易发区作为群测群防的重点：

（1）危险性大、稳定性差、成灾概率高、险情严重的。

（2）对集镇、学校、医院、村庄、工矿及重要居民点人民生命、财产安全构成威胁的。

（3）曾经造成严重经济损失的。

（4）威胁公路、铁路、江河等重要生命线工程的。

（5）威胁重大基础设施工程的。

#### 1.4.4.2 明确监测责任单位和监测责任人

（1）自然因素诱发的地质灾害群测群防责任落实到乡镇（街道）、村组（社区）以及灾害隐患点受威胁的村民（居民），应选择责任心强、有一定文化知识的村民作为灾害隐患点的监测人。

（2）危及铁路、公路、水利水电、电力、通信等基础设施的地质灾害隐患点，由设施的主管部门负责监测。

（3）威胁学校、厂矿企业、事业单位的地质灾害隐患，由处于威胁区域内的学校、企事业单位负责监测。

（4）矿产资源开采、水电开发、工程建设等其他人为因素诱发的地质灾害，由诱发责任单位负责监测。

#### 1.4.4.3 做好群测群防宣传培训

县（市、区）、乡镇（街道）和各级国土资源部门要做好宣传工作，指导群众认识地质灾害前兆，学会预防、避让地质灾害，发放防灾工作明白卡和防灾避险明白卡；对选定的防灾责任人、监测人要进行地质灾害防治知识的培训，使其掌握灾害前兆特征、简易监测方法和监测仪器使用、预警预报方式、紧急疏散等知识，不断提高防灾责任人、监测人的防灾知识和技术水平。县（市、区）国土资源部门组织各乡镇（街道）工作人员每年举办至少一期群测群防学习培训，各县（市、区）每年要对辖区内监测人员进行不少于一次的业务培训。通过宣传培训，努力达到 "四应有"、"四应知"、"四应会"的基本要求，切实提高人民群众防灾、减灾、抗灾的意识和能力。

（1）乡镇（街道）、村组（社区）做到 "四应有"。

应有地质灾害防治方案、群众应急避险预案；应有地质灾害防治值班制度、监测制度、巡查制度、速报制度；应有地质灾害防治责任人、监测人、协管员；应有地质灾防治简易监测工具、通信工具。

（2）防灾责任人和监测人做到"四应知"。

应知辖区内隐患点和易发区情况和威胁范围；应知群众避险场所和转移路线；应知险情灾情报告程序和办法；应知灾害点监测时间和次数。

（3）防灾责任人和监测人做到"四应会"。

应会识别地灾发生前兆；应会使用简易监测仪器和监测方法；应会对监测数据记录进行分析和初步判断；应会指导防灾和应急处置。

#### 1.4.4.4 落实群测群防各项措施

1. 监测措施

简易监测方法包括变形位移监测法、裂缝相对位移监测法、目视检查监测法等；仪器监测是指在监测点上安装观测装置（如滑坡伸缩监测报警仪、木桩、雨量器、流速器等）定期进行观测。监测和巡查周期一般为10 d或半月，汛期每周一次；降水时要增加观测次数，每日至少监测一次；遇强降水应加密观测次数，必要时每天监测3～5次。若发现监测点有异常变化、进入临灾状态，应进行24 h不间断监测，并做好监测记录。

2. 汛期气象预警预报措施

市、县国土资源、气象、水文等部门要相互配合协作，共同开展好汛期地质灾害气象水文预报预警工作，及时通过电视、报纸、网络、传真、短信等方式发布可能发生地质灾害的气象信息，使人民群众及时了解地质灾害信息，提前做好防范工作。努力提高预报的准确性，更好地指导地质灾害群测群防工作。

3. 灾前报警措施

灾害前兆或紧急情况出现后，监测责任人和单位要及时报告；群测群防点要配备报警工具（如哨子、警报器、号角、铜锣等，每点要固定一种报警器材）；已经安装滑坡监测报警仪的，要加强仪器管护，保证仪器能正常使用；适时组织进行防灾演练，让村民（居民）熟悉报警声音，一旦听到警报声，要自觉、迅速地做出反应。

4. 应急处置和紧急避让措施

紧急避让措施包括：将危险区域内的人员及时撤离至安全地带；及时上报所在乡镇政府（街道办事处），同时上报县（市、区）政府、县（市、区）国土资源局等相关部门；设定警戒线，圈定和封闭危险区，设置警示牌；严格执行24 h值班制度，加强巡逻，严防群众进入危险区域。临时避让场地要选择在村（居）附近的安全地带；要指定一条或几条撤离的安全线路；要让有关群众熟悉场地和线路。各级政府及有关部门要备足帐篷、被褥、饮用水、食品等防雨、防饥物资以及急救药品，村组（社区）要做好紧急避险和应急处理等有关工作。

#### 1.4.4.5 严格执行群测群防工作制度

1. 汛期值班制度

汛期是地质灾害频发期，也是地质灾害防范关键期，各级政府和有关部门要建立汛期24 h值班制度，明确值班地点、联系电话，保障通信畅通。汛期，各级政府的分管领导和有关部门负责人要24 h开通手机；有群测群防任务的村（社区）要有固定电话、无线通信设备，保持与乡镇政府（街道办事处）联络畅通；村组（社区）干部和防灾责任人、监测人要按照当地乡镇政府（街道办事处）和国土资源部门的部署，做好汛期值班工作，及时报告情况。

2. 灾害点监测制度

地质灾害隐患点（区）的监测是群测群防的基础性工作，要根据灾害点实际情况，制定具体的监测责任制度；要根据地质灾害气象水文预警预报信息、地质环境条件等实际情况，科学、合理地确定监测时间，做到适时监测；同时，要认真做好监测记录、分析和监测数据上报工作。

3. 险情巡查制度

村组（社区）干部和防灾责任人、监测人应根据地质灾害情况，适时组织开展区域内灾情险情巡查。如发现灾害发生前兆或异常情况，要立即报警和采取组织群众转移避让等应急措施。各县（市、区）国土资源局、乡镇政府（街道办事处）要落实好"汛前排查、汛中检查、汛后复查"的"三查"制度，及时发现隐患和险情。

4. 灾情速报制

包括灾前的险情报告和灾后的灾情速报两方面。防灾责任人、监测人和群众在巡查、监测和日常生活过程中，如发现灾害前兆或异常情况，要立即向乡镇政府（街道办事处）和国土资源部门报告并组织避让；灾情一旦发生，乡镇政府（街道办事处）和村组（社区）应立即组织应急抢险队伍开展应急处置和施救，同时向县（市、区）政府和上级国土资源部门报告。

险情灾情报告要严格按照速报制度要求，在规定的时限内上报，报告要讲清灾害点的具体位置、发生时间、灾害规模、危险程度、受灾人员基本情况等，做到"情况准确、上报迅速、续报完整"。

### 1.4.4.6　编制好地质灾害防治方案及预案

1. 年度地质灾害防治方案

各县（市、区）国土资源部门应依据地质灾害防治规划，制订年度地质灾害防治方案，报本级人民政府批准并公布。

年度地质灾害防治方案应包括下列内容：地质灾害预防重点，主要地质灾害点的分布，威胁对象与范围，重点防范期，防治措施，监测、预防责任人等。

2. 重点地质灾害专项防灾预案

各县（市、区）国土资源部门在编制年度地质灾害防治方案时，要编制本区域内重要地质灾害（隐患）点预案和专项防灾预案。

重点地质灾害专项防灾预案应包括下列内容：地质灾害威胁的对象与范围，监测责任人，灾害发生时的预警信号、报警方式、人员与财产转移路线、应急通信保障、医疗救治、疾病控制，应急机构和有关部门（单位）的职责分工，抢险救援人员的组织，应急救助物资的准备等。

3. 突发性地质灾害应急预案

为建立健全各种突发性地质灾害应急机制，提高应急反应能力，应编制和完善突发性地质灾害应急预案。

突发性地质灾害应急预案应包括下列内容：应急机构和有关部门的职责分工；抢险

救灾人员的组织和应急，救援装备、资金、物资的准备；地质灾害的等级与影响分析准备；地质灾害调查、报告与处理程序；发生地质灾害时的预警信号、应急通信保障；人员和财产撤离转移路线、医疗救治、疾病控制等应急行动方案；宣传培训和演练等。

### 1.4.4.7　建立健全群测群防点档案和信息系统

各县（市、区）国土资源部门应对辖区内地质灾害隐患点和易发区、群测群防点基本情况建立档案，在专业机构的指导下，建立相应的地质灾害群测群防数据库及管理信息系统，并上报市国土资源局录入全市信息系统，以实现对地质灾害群测群防点基本信息的存储、查询、统计、分析和管理。

地质灾害（隐患）点的建档资料应包括下列主要内容：名称、位置、类型、规模、特征、威胁范围和对象、监测手段方式、监测周期、监测人与责任人（电话、住址等信息）、应急处理措施（重要隐患要有专项防灾预案）、撤离路线图、防灾工作明白卡、防灾避险明白卡等。群测群防监测原始记录也要汇交到县（区）国土资源部门存档，并上报市国土资源局汇总后录入信息系统，所有监测数据应以数字化形式储存在信息系统中，同时必须以纸介质形式备份保存，按照月报、季报、半年报、年报要求及时更新。

### 1.4.4.8　做好地质灾害隐患的治理

按照"预防为主、避让与治理相结合"的原则，积极开展地质灾害隐患的治理。

**1. 自然因素诱发的地质灾害的治理**

对一些可以通过简单工程进行治理的危岩体、不稳定斜坡、滑坡、泥石流沟等，按照专家组应急排查提出的治理意见，及时组织有关部门和当地群众采取去除危岩、削坡卸载、填埋裂缝、清通沟谷堆积物等简易工程措施进行治理，及时排危除险；对自然因素诱发的较大的地质灾害隐患，积极申报国家和省级地质灾害治理项目并进行治理；对不易治理、治理费用大的地质灾害，按照专家组应急排查提出的避让建议，实施选址搬迁。

**2. 人为工程活动引发的地质灾害的治理**

严格按照《地质灾害防治条例》"谁引发、谁治理"的原则，对因修建公路、水利设施、挖沙取土、削壁建房、矿山开采等人为工程活动引发的地质灾害，加大执法力度，明确治理责任，依法督促责任单位承担治理责任。要重点加强人口密集村镇、公路和江河沿线、重要基础设施、矿区等地质灾害易发区域工程活动的监控，最大限度地减少和消除隐患威胁。

## 1.4.5　保障措施

### 1.4.5.1　加强领导，落实责任

县（市、区）、乡镇（街道）两级人民政府要加强群测群防的组织领导，健全以村干部和骨干群众为主体的群测群防队伍，要将地质灾害隐患点（区）的预防、监测工作落实到村组（社区）等基层组织，划定责任区，指定负责人，制定具体措施，做到任务明确、责任到人、措施到位。对在地质灾害群测群防工作中作出重要贡献的单位和个人，由当地政府给予表彰和奖励。对因群测群防工作不落实，给人民群众生命财产造成重大损失的，要严肃追究有关领导和直接责任人的责任。

### 1.4.5.2　加强指导，确保成效

地质灾害群测群防是一项专业性、技术性、基础性、群众性很强的工作，各级国土资源等有关部门要在当地政府领导下，加强地质灾害群测群防建设的指导。县（市、区）政府、乡镇政府（街道办事处）要深入调查研究，摸清情况，制订方案，明确本地区地质灾害群测群防建设的主要任务和工作重点。

### 1.4.5.3　加强协调，保障经费

各级政府要将地质灾害防治费用和群测群防员补助资金纳入财政保障范围，根据本地实际增加用于地质灾害防治工作的财政投入。各村组（社区）也要组织受威胁的群众进行投工投劳，主动开展监测工作。

### 1.4.5.4　加强部门配合协作

各县（市、区）人民政府是地质灾害防治的责任主体，国土资源、民政、建设、交通、水利、气象、教育等有关部门按照各自的职责负责有关的地质灾害防治工作。各相关单位主要领导作为本单位第一责任人，要切实落实领导责任，把地质灾害防治工作抓实抓好。各有关部门要密切配合、通力合作、互通情报，确保群测群防体系正常运转，地质灾害防治信息畅通，应急响应迅速、高效。特别是国土、气象、水利部门要开展好地质灾害气象水文预报预警工作，使人民群众及时了解地质灾害信息，提前做好防范工作。

### 1.4.5.5　加强培训，提高水平

各级政府要重视地质灾害防治知识培训工作，切实加大培训力度，使基层干部群众进一步掌握地质灾害防治知识，力争做到人人知道灾害前兆、监测方法、报警方式、躲避路线等，为群测群防体系的有效运行和提高群测群防工作水平奠定广泛的群众基础。

# 第2章　汛期地质灾害预警预报

　　2003年，中国气象局和国土资源部签署了《关于联合开展地质灾害气象预报预警工作协议》，标志着我国汛期地质灾害气象预报预警工作正式启动。此后，各省（市、区）相继开展此项工作。河南省地质灾害气象预警预报工作起步较早，于2004年5月完成初级系统建设，2004年汛期系统进行试运行，2005年汛期系统进入正式运行。

## 2.1　汛期地质灾害预报研究现状与方法

### 2.1.1　"地质灾害预警"的起源

　　"地质灾害预警"一词在20世纪90年代才出现，但泥石流等单灾种的预警研究则起步较早。铁路运行中关于泥石流爆发的警报出现于20世纪60年代，70年代形成了比较科学的泥石流预警系统，90年代开始局部地区的滑坡泥石流群测群防预警工作。

　　自20世纪80年代末起，随着联合国"国际减轻自然灾害十年（INDR）"计划的启动，包括滑坡在内的自然灾害引起了国际社会的空前重视，许多国际和区域性自然灾害合作研究计划相继实施，极大地推动了全球范围内包括降雨引发的地质灾害预测预报研究。1995年，在"减灾十年"行动中期，联合国会员大会要求国际减灾十年计划秘书处分析全球及各国对包括滑坡在内的各类自然灾害的早期预警能力，提出开展相关的国际合作研究的建议与计划，进而促进、提高全球对自然灾害的预测预报能力和研究水平。为此，国际减灾十年秘书处成立了包括地质灾害在内的6个专家工作小组。1997年专家组提交了"国家及局部地区灾害早期预警能力评述报告"，报告提出了建立国家和局部地区不同层次上有效的早期预警系统的指导原则。专家组报告指出，有效的、不同层次的早期预警系统必须建立在科学的、不同层次的灾害危险性评价基础上，其中包括灾害敏感性、危险性和易损性分区评价等。只有这样，灾害早期预警才有实际意义，才能真正为不同层次的决策者制定减灾对策提供科学依据。对于斜坡灾害，专家组报告指出，由于斜坡类型多样、发育条件复杂、诱发因素变化多端，所以准确的斜坡预测预报非常困难。以目前的研究水平而言，从长、中、短三个时段进行斜坡预报预测可能较为现实。各种类型的斜坡灾害图，如斜坡分布图、易发性分区图、危险性分区图、风险性分区图等可预测灾害的长期发展趋势。对区域性的降雨滑坡，在深入、详细的前期研究和大量的资料积累基础上，建立斜坡、降雨统计关系，根据天气演变模式和降雨强度、降雨持续时间变化，可进行该类斜坡的中期和短期预报。1999年，联合国会员大会决定在"国际减轻自然灾害十年"计划结束后，继续实施"国际减灾战略（ISDR）"，成立国际减灾战略秘书处。该秘书处随后成立了跨国际组织的特别工作小组。2000年，特别工作小组在瑞士日内瓦召开第一次工作会议，决定将推动灾害早期预警作为工作时间表上的首要任务，并将着重致力于协调全球的早期预警实践，促进和推广将早期预警作为减灾的主要对策之一。

## 2.1.2 国内外地质灾害气象预报工作进展

目前，至少已有中国香港（1984）、美国（1987）、日本（1985）、巴西（1998）、委内瑞拉（2001）和波多黎各（1993）等6个国家或地区曾经或正在进行面向公众的区域性地质灾害实时预报，预报精度可以达到以小时衡量。这些国家或地区的共同特点是，拥有长期、比较完整的降雨资料，具有布置密度比较合理的降雨遥控监测网络和先进的数据传输系统，完成了详细的灾害调查和深入的灾害发育特征、灾害易发区或危险区分区评价研究。在这些国家和地区中，以中国香港和美国预警系统的发展过程最具代表性。

1985年，美国地质调查局（USGS）和美国气象服务中心（NMS）联合在旧金山湾地区建立了泥石流预警系统，主要根据是斜坡岩土体的含水量必须达到某一界限值才可能在一次降雨过程中发生泥石流，一旦达到估测的界限含水量，就跟踪监听气象预报，经综合分析，确定降雨强度使泥石流发生的概率较大时，即由气象服务中心（NMS）播报，提醒相关地区的公众注意。旧金山湾地区滑坡、泥石流成功预报后，夏威夷州、俄勒冈州和弗吉尼亚州分别于1992、1997年和2000年在滑坡、泥石流频发区建立了类似的预报模型，并进行了数次实时预报。2000年美国地质调查局制定的未来十年"全国斜坡灾害减灾战略框架"中计划：①重新启动旧金山湾地区地质灾害实时预报系统；②选择其他的地质灾害多发区，建立类似预报系统；③加强斜坡机理和发展过程研究，进一步完善预报模型；④编制更实用的四类滑坡灾害图（斜坡分布图、斜坡敏感性分区图、斜坡灾害概率图、滑坡灾害风险图），为各级决策者制定减灾对策提供更有效的服务。

中国香港地区于1984年启动了灾害预警系统。采用雷达图像解译小范围地质构造，从而确定滑坡发生的潜在区域。该系统由86个自动雨量计组成监测网络，将资料定时传给管理部门。确定1小时降水量75 mm和24小时降水量175 mm为地质灾害警报的临界降水量，若预测24小时内降水量达到175 mm或60分钟内市区雨量超过75 mm，即认为达到灾害预报阈值，即由政府发出警报。香港的预报结果显示，1小时降水量大于75 mm时，平均发生滑坡35处，实际发生滑坡5 551处。自从预警系统启动以来，平均每年发布3次滑坡警报，实际警报一年1～5次。灾害警报发布通常在每年的最强降雨时段。另外，即使降水量低于警报值，但是当1天发生滑坡15处或更多时，灾害警报也会立即生效。

对于汛期群发型突发性地质灾害的预警，国内主要技术方法有以下几种：

（1）危险性概率方法。2002年，四川省总站开通该省"汛期地质灾害气象预警预报"工作，主要采取危险性概率方法进行预报。其思路为将全省划分为若干个计算单元，分别采集地形地貌、地层岩性、地质构造等地质环境背景，确定地质灾害危险程度基础资料，建立单元地质灾害致灾因素概率模型、危险性概率模型和预报预警模型分级标准，进行地质灾害危险性分区；结合四川省气象台汛期每天发布的全省降雨预报数据进行处理，与地质环境背景条件进行叠加计算，评价得出当日地质灾害气象预报预警信息。其研究从基础地质环境条件出发，建立了将地质灾害形成条件因子进行概率量化的数学模型；运用风险概率的理论，对地质灾害发生概率、危险性区划评价进行了系统研究，并建立了地质灾害气象预报预警模型、预报准则和地质灾害气象预报预警信息传输、发布、接收、处理反馈等程序，大大提升了地质灾害区域性预测评价及预报预警的研究程度，为区域性地质灾害易发区预报预警探索了一条新路子，具有很高的实用价值和推广价值。

（2）基于临界过程降水量判据图的预警方法。2003年，中国地质环境监测院开通国家级"汛期地质灾害气象预报预警"，主要理论依据为刘传正博士提出的"基于临界过程降水量判据图的预警方法"。其做法为首先根据地质环境背景条件和气象特征，对全国地质灾害易发区进行地质灾害气象预警区划，分为若干个预警小区，并进行相关分析，然后建立各预警小区的地质灾害气象预警判据。地质灾害临界过程降水量判据图的预警方法抓住了气象因素诱发地质灾害的关键方面，但是预警精度必然受到所预警地区面积大小、地质灾害事件样本数量、地质环境复杂程度及其均一性和地质演化历史的限制，单一临界雨量指标作为预警判据的代表性是有限的。

（3）神经元方法。2003年，浙江省开通该省"汛期地质灾害气象预报预警"，主要采用神经元方法。其做法为将GIS和ANN（人工神经网络）两种新兴技术互相融合，利用ANN的自学习功能，通过对已知滑坡灾害点的时空分布、地形（坡度、坡向、高程等）、构造及地层岩性、第四纪覆盖层类型及其分布、人类工程活动、与已知滑坡灾害分布对应的历史降雨数据（包括降雨强度、降雨持续时间等）、植被这些要素的学习训练，在系统中自动获得诱发滑坡的临界降水量的统计参数，结合当天全省降雨预报数据进行叠加计算，评价得出地质灾害气象预报预警信息。其中的关键是在预警预报系统的建模过程中，以降水量、降雨强度和降雨持续时间作为系统的主要变量处理，而把任一给定点的坡度、地质构造条件、第四纪覆盖物类型及其性质、人类工程活动以及植被等因素作为"稳定"（相对于孕灾时间的变化很小）因素处理。应用GIS在多种有关滑坡灾害信息的基础上进行操作获得的各种结果，可以作为ANN的输入和训练条件，同时ANN的输出又可以作为GIS的资源来管理和进行新的操作和显示。

（4）"四度"递进分析法（AMFP）。2004年，刘传正博士在《区域地质灾害评价预警的递进分析理论与方法》一文中提出针对区域地质灾害调查研究的基本问题，架构了区域地质灾害评价预警研究的理论体系和工作方法，提出用"发育度"描述现状；"潜势度"描述地质环境要素组合；"危险度"描述一种或多种突发因素参与下地质灾害发生的可能程度；"危害度"描述某种"危险度"的地质灾害对一个地区造成的危害程度。四者共同构成区域地质灾害递进分析的理论概念体系。主要包括：

①开展区域地质灾害综合调查；

②建立地质灾害信息系统，包括基于GIS的区域地质灾害空间数据库和分层图形库（GGIS）；

③研究区域地质灾害分布与地形（高程、高差、坡度）、水系、植被、工程地质岩组、地质构造形迹、斜坡类型、降水量分布和地震活动等的统计关系，为评价因子的选取、分级和权重确定提供依据；

④筛选提取评价预警研究因子体系，建立地质灾害发育因子、基础因子、诱发因子

和易损因子体系；

⑤创建研究区域地质灾害"发育度"、"潜势度"、"危险度"和"危害度"（简称"四度"）的概念模型和数学模型；

⑥在满足一定精度比例尺的数字化图上划分计算单元，分别计算研究区域地质灾害"发育度"、"潜势度"、"危险度"和"危害度"；

⑦根据计算结果和应用目的，把相同或相近级别的图斑合并，分别编制区域地质灾害"四度"区划图；

⑧根据"四度"区划结果提出研究区的地质灾害防治规划、分级监测预警目标区和地质环境可持续开发利用对策；

⑨对重点地段或地点专门编制地质灾害防治预案和政府—社会联动的应急反应机制。

上述9个步骤构成区域地质灾害评价预警的时空递进分析理论与方法，简称"四度"递进分析法（AMFP），该方法在三峡库区（54 175 km$^2$）和四川雅安（1 067 km$^2$）进行了应用。

## 2.1.3　地质灾害预测预报的技术方法

近30年来，地质灾害气象预警预报一直是斜坡研究中的热点课题之一，其核心是通过研究降雨与灾害的各种关系，预测可能的地质灾害状态。从目前公开出版的众多文献中可以看出，地质灾害气象预警预报研究内容广泛、研究方法多样。预报内容可分为：时间预报、空间预报和强度预报三类。

### 2.1.3.1　时间预报方法

1. 统计方法

根据历史地质灾害资料和降雨数据，建立地质灾害、降雨之间的经验性的统计关系，寻找临界降雨强度，是目前地质灾害气象预警预报中最常用的研究方法。统计方法的最大优点是仅需依赖历史数据，无需考虑降雨在岩土体中的作用过程和滑坡自身的演变过程。因此，该法简便、容易操作。但是，降雨在地质灾害中的作用和灾害演变过程极其复杂，这种方法的明显缺点是缺乏科学性和严密性。

目前，统计分析中采用的降雨参数分为3类：一是降雨强度、降雨持续时间，二是瞬时降水量和前期降水量，三是长期累积降水量。

分析中采用的灾害数据也可分为3类：一是直接的灾害数据，二是群发性地质灾害事件，三是基于不同规则的分类灾害数据。

当降雨参数的选取不适合研究区的降雨特点时，研究结果必然与实际有较大出入。而直接使用灾害数据，很可能导出错误的临界降雨指标，例如：若将数千立方米的浅层小型滑坡与数百万立方米的深层大型滑坡的诱发降雨数据放在一起分析，很难得出符合实际的降雨、灾害关系。目前，降雨引发的地质灾害预报研究中常用两类统计方法，即简单统计方法和精确统计方法。

简单统计方法：在地质灾害气象预警预报研究中，简单统计方法应用最广。用这种统计方法建立的地质灾害、降雨关系可分为两类：一类是降雨与直接由其引发的灾害数据关系，由于直接的灾害数据基础欠合理，这类研究方法在最新文献中已不多见。另一类是降雨与分类灾害数据关系，由于这类灾害数据基础较为合理，所以该类方法目前仍被广泛使用。

精确统计方法：在年均降水量高的地区，灾害发生启动的临界降水量亦高。反之，干旱地区，灾害发生启动的临界降水量低。目前，精确统计方法在降雨滑坡预报中的应用越来越广。考虑斜坡岩土体对降雨的适应性和年均降水量（MAP）对斜坡岩土性质的影响之后，有关学者提出了修正的临界降雨模型，并在实际应用中取得了较好的效果。也有学者发现，在各类降雨参数中，当有连续降雨数据时，利用滚动降水量可以更加客观地确定灾害启动的临界降雨强度和降雨持续时间。

2. 理论模型方法

在经验性预报研究的同时，许多学者致力于理论模型研究。地质灾害形成机理在于雨水入渗斜坡后破坏了斜坡的应力平衡体系。因而，从理论上揭示了雨水入渗后斜坡应力的变化过程，以及雨水在斜坡中的渗透特性和渗透过程，是理论模型研究的关键。理论模型的最大优点是科学表达了降雨在灾害中的作用，严密地表征了降雨、灾害关系。然而，建立理论模型需要大量、深入的基础研究。另外，由于自然界斜坡条件和降雨在滑坡中的作用机理极其复杂，所以理论模型通常建立在一定的假设前提下。

目前应用最广的理论模型有降雨—斜坡稳定性分析模型、降雨入渗的水文地质模型、稳定性分析与降雨入渗的耦合模型。

降雨—斜坡稳定性分析模型：由于降雨斜坡多为浅层小型滑坡，所以无限斜坡模型被广泛用于分析降雨—斜坡稳定性，确定滑坡启动所需的临界含水量、临界孔隙水压力和临界降水量。此外，应用非饱和土力学理论，分析雨水渗透后的斜坡稳定性，也是地质灾害气象预警研究的发展趋势之一。

降雨入渗的水文地质模型：基于实验、监测或理论分析，研究降雨在不同岩土中的渗透特性和入渗过程以及雨水入渗时孔隙水压力的变化，通过解析分析或数值模拟，建立降雨入渗的水文地质模型，如饱和稳定流模型、非稳定流模型、非饱和土水流模型等。

稳定性分析与降雨入渗耦合模型：联合两种理论模型研究降雨斜坡机理，确定灾害启动的临界降雨指标，是目前地质灾害气象预警预报研究中的主要方向之一。

3. 统计学与理论模型的耦合方法

由于统计分析的不严密性和理论模型的假设性，这两类方法单独使用都没有取得公认的突破性结果。在实际应用中，常常是统计模型对历史拟合率高，而实际预报能力差；理论模型在各种条件简单时效果明显，条件复杂时与现实相差较远。所以，将两种方法联合起来预报地质灾害，是最有前景的研究途径。

此外，研究区域性降雨诱发地质灾害的爆发周期、暴雨活动的周期及其相互关系，也是各国地质灾害气象时间预警预报研究中的主要内容之一。

### 2.1.3.2 空间预报方法

地质灾害气象空间预警预报的重点是区域性的降雨滑坡频发区和易发区。所以，利用编图技术，编制斜坡灾害图是地质灾害气象空间预警预报的主要方法。过去20年中根据不同地形、地貌、地层条件下斜坡岩土对降雨的不同敏感性，编制斜坡敏感性分区图是地质灾害气象空间预警预报的主要途径。随着GIS技术的广泛应用，基于GIS，采用半定量、定量方法，编制斜坡敏感性分区图在各国已非常普遍。近年来，随着对地质灾害认识的深入，利用各种概率模型或其他灾害模型，编制斜坡敏感性分区图和灾害概率图，利用基于概率方法的定量风险评价模型编制斜坡灾害风险性分区图正成为地质灾害气象空间预警预报研究的主要趋势。

特别值得提出的是，如果区域性的地质灾害气象空间预警预报能与区域性的灾害风险评价相结合（如灾害风险性评价图），那么，地质灾害气象预警预报将从事件预报上升到灾害预报。

### 2.1.3.3 强度预报方法

根据降雨与斜坡活动特征的各种关系预测灾害强度，可分为三类：①滑坡规模；②滑坡发生频次；③滑坡速度和斜坡冲程。

在前两类研究中，利用历史数据进行统计分析占主导趋势。在滑坡速度和斜坡冲程预测方面，目前广泛应用的研究方法有两类，即经验公式法及实验模型研究方法。

## 2.2 汛期地质灾害气象预警的技术路线

汛期地质灾害气象预警工作，横跨地质灾害学、气象学、预测学等多种学科，涉及国土资源、气象、广播电视等多个部门，是一项系统工程。应按系统理论方法组建汛期地质灾害气象预警系统，将人员、机构、制度、技术课题、硬件设施等诸元素纳入到统一的系统理论框架中来，依靠该系统的运行来实现预警之目的。河南省汛期地质灾害气象预警系统设置为三个层面，第一层面为组织结构及管理体系，第二层面为技术支持，第三层面为硬件设施（见图2-2-1）。工作流程为：系统建立—系统调试—系统运行—系统维护。工作流程的每一环节，均由系统的三个层面所支撑。

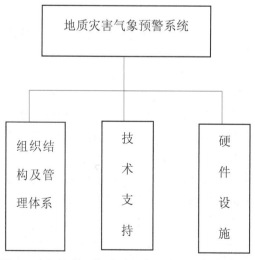

图2-2-1 河南省汛期地质灾害预警系统构成框图

　　系统建立阶段的主要任务为组建专门的技术队伍，完成核心课题的研究，建立健全各项管理制度，配置硬件设备，完成地质灾害气象预警系统的组建工作；系统调试是通过模拟运行，对系统进行测试，及时发现问题，对系统的三个层面进行调整，以保证系统的正常运行；系统运行阶段，指经过测试校正后，系统通过运行实现预警功能的阶段；系统维护贯穿于系统运行各阶段的每个环节，其主要功能是对组织结构及管理体系、技术支持、硬件设施等进行日常维护，保证系统的正常运行，提高预警水平及质量。

　　根据斜坡岩土体含水量必须达到某一界限值才可能在一次降雨过程中产生地质灾害的基本规律，基于地质环境要素和气象因素提出实现地质灾害预警预报的技术路线如下：

　　第一，把全省划分为若干个预警区域。

　　第二，对每个预警区的地质灾害事件（崩塌、滑坡、泥石流）与降雨过程的相关性进行统计分析，建立各预警区的地质灾害事件与临界过程降水量的统计关系图，确定地质灾害事件在一定区域爆发的不同降雨过程临界值，作为预警判据。

　　第三，当接收到省气象台发来的次日雨量预报及当日降雨实况资料后，对每个预警区叠加分析，根据判据图初步判定发生地质灾害的可能性。

　　第四，对判定发生地质灾害可能性较大以上等级（三级以上）的地区，结合该预警区的地质环境、生态环境和人类活动方式、强度等指标进行综合判断，从而对次日降雨过程诱发的地质灾害的空间分布进行预警。

　　第五，把地质灾害预警结果制作成预警图（或数据），经有关领导签发后发回省气象台。

　　第六，省气象台收到预警结果并作适当处理后，与当天的天气预报图同时交省专业气象台进行电视天气节目制作，并由河南电视台负责播出。

　　第七，省地质环境监测院将按预警发布标准分别采用网络、电话、传真等方式，向有关省辖市国土资源部门发布；并跟踪校验预警效果，逐步提高预警准确率。

　　主要预警参数如下：

　　预警对象：预警对象为降雨诱发的区域突发性群发型地质灾害，根据省内地质灾害发育情况及危害程度，确定为崩塌、滑坡、泥石流。

　　预警类型：突发性地质灾害气象预警可分为空间预警和时间预警两种类型。空间预警是比较明确的划定在一定条件下、一定时间段内地质灾害将要发生的地域或地点，主要适用于群发型；时间预警是在空间预警的基础上，针对某一具体的地域或地点（单体），给出地质灾害在某一时段内或某一时刻将要发生的可能性大小，主要适用于单体如大型滑坡、大型泥石流等。本次工作的预警类型主要为空间预警。

　　预警地域：包括豫北、豫西、豫南的地质灾害易发区，含13个省辖市的行政区域，面积6.5万 $km^2$。

　　预警时段：采用24 h短期预警。预警时段是当日20时至次日20时。

　　预警等级：预报等级统一划分为5级，1级为可能性很小，2级为可能性较小，3级为可能性较大，4级为可能性大，5级为可能性很大。其中3级在预报中为注意级，4级在预报中为预警级，5级在预报中为警报级。

# 2.3 地质灾害预警区划

## 2.3.1 地质灾害分布规律统计

地质灾害气象预警涉及的灾种主要为崩塌、滑坡、泥石流等。在各种地质灾害调查成果基础上，利用MAPGIS空间分析功能，分别对地质灾害与地形地貌、地质构造、岩土体类型、植被、水土流失、降雨等诸要素的关系，以及按行政区划的分布情况进行了统计，以期为地质灾害预警区划和预警建模打下基础。

据2004年统计，在全省发现并记录的突发性地质灾害点1 467个，其中滑坡810处，占55.2%；崩塌387处，占26.4%；泥石流270处，占18.4%（见图2-2-2）。在各类地质灾害中，崩塌和滑坡以小型为主（见图2-2-3、图2-2-4），泥石流以小型和中型为主（见图2-2-5）。从全省来看，这些地质灾害点记录，基本反映了河南省突发性地质灾害的分布规律。

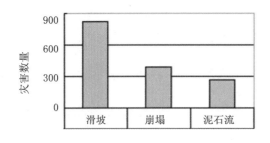

图2-2-2  河南省地质灾害类型分布直方图

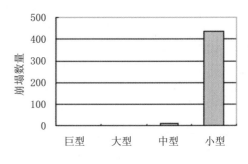

图2-2-3  河南省崩塌规模直方图

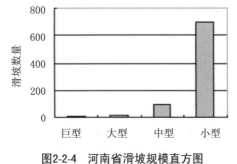

图2-2-4  河南省滑坡规模直方图

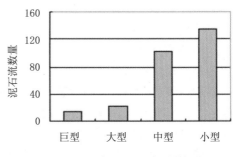

图2-2-5  河南省泥石流规模直方图

### 2.3.1.1  地质灾害地域分布统计

地质灾害在各省辖市的分布特点为，洛阳占24%，三门峡、平顶山各占16%，南阳占13%，其余各市均小于10%（见图2-2-6）。各灾种分布特点为，崩塌：洛阳占34%，南阳占28%，平顶山、郑州各占10%，其余各市均小于10%（见图2-2-7）；滑坡：洛阳占24%，三门峡占22%，信阳占13%，平顶山占11%，其余各市均小于10%（见图2-2-8）；泥石流：平顶山占38%，洛阳占16%，三门峡占14%，其余各市均小于10%（见图2-2-9）。根据统计情况，洛阳、三门峡、平顶山、南阳等地是河南省地质灾害重灾区（见表2-2-1）。

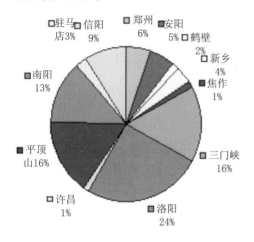

图2-2-6 河南省地质灾害分布图

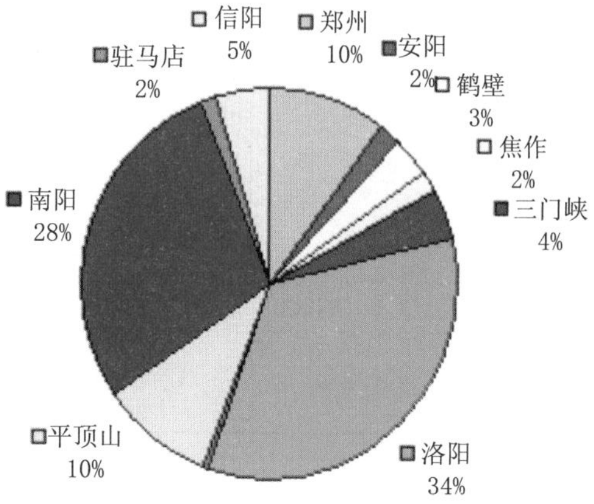

图2-2-7 河南省崩塌分布图

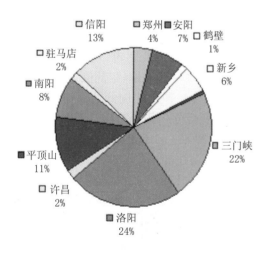

图2-2-8 河南省滑坡分布图

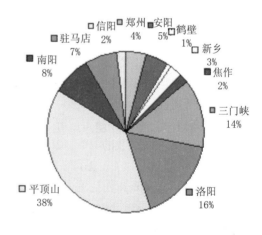

图2-2-9 河南省泥石流分布图

表2-2-1 河南省地质灾害调查结果汇总

| 地市 | 面积（km²） | 灾害总数（个） | 分布频度（个/km²） | 滑坡（个） | 崩塌（个） | 泥石流（条） |
|---|---|---|---|---|---|---|
| 郑州 | 7 446.2 | 82 | 0.011 | 31 | 40 | 11 |
| 安阳 | 7 413 | 75 | 0.010 | 55 | 7 | 13 |
| 鹤壁 | 2 183 | 26 | 0.012 | 10 | 13 | 3 |

续表2-2-1

| 地市 | 面积<br>（km²） | 灾害总数<br>（个） | 分布频度<br>（个/km²） | 滑坡<br>（个） | 崩塌<br>（个） | 泥石流<br>（条） |
|---|---|---|---|---|---|---|
| 新乡 | 8 169 | 53 | 0.007 | 46 | | 7 |
| 焦作 | 4 071 | 16 | 0.004 | 4 | 7 | 5 |
| 三门峡 | 10 496 | 233 | 0.022 | 180 | 16 | 37 |
| 洛阳 | 15 208 | 366 | 0.024 | 190 | 131 | 45 |
| 许昌 | 4 996 | 16 | 0.003 | 15 | 1 | |
| 平顶山 | 7 882 | 236 | 0.030 | 93 | 38 | 105 |
| 南阳 | 26 500 | 197 | 0.007 | 66 | 110 | 21 |
| 驻马店 | 15 083 | 38 | 0.003 | 14 | 6 | 18 |
| 信阳 | 18 915 | 129 | 0.007 | 106 | 18 | 5 |
| 总计 | | 1 467 | | 810 | 387 | 270 |

### 2.3.1.2　地质灾害与位置高程关系统计

河南省地形地貌的特点是北、西、南三面为山地、丘陵，东部为坦荡辽阔的大平原，山地、丘陵面积7.40万km²。其地势是西高东低，从西向东呈阶梯状下降，由西部的中山、低山、丘陵和台地，逐渐下降为平原。根据有限资料积累，河南省突发性地质灾害分布与地形地貌宏观格局具有良好的相关性，突发性地质灾害一般分布于山地丘陵区（见图2-2-10）。

统计得知，突发性地质灾害主要分布在200～1 000 m高程范围内，占总样本数的76%，其中，500～1 000 m高程范围内地质灾害占43%；200～500 m高程范围，地质灾害占33%；当高程>1 000 m和<200 m时，地质灾害较少发生，所占比例分别为14%和10%（见图2-2-11）。各灾种分布情况与总样本分布趋势大致相同：崩塌，500～1 000 m的范围内，占该灾种样本数的41%，200～500 m高程范围占38%，>1 000 m高程范围占7%，<200 m高程范围占14%（见图2-2-12）；滑坡，500～1 000 m高程范围占该灾种样本数的46%，200～500 m高程范围占30%，>1 000 m高程范围占15%，<200 m高程范围占9%（见图2-2-13）；泥石流，200～500 m的范围内，占38%，500～1 000 m的范围内，占33%，>1 000 m高程范围占21%，<200 m高程范围占8%（见图2-2-14）。

### 2.3.1.3　地质灾害与地质构造关系统计

河南省大地构造上跨华北板块和扬子板块。以三门峡—鲁山、西官庄—镇平和龟山—梅山三条北西向区域性断裂带为界，将河南省划分为三个基本构造单元，自北向南分别为华北板块、华北板块南缘构造带和扬子板块北缘构造带。河南省共计有53条活动断裂，其中隐伏活动断裂16条，裸露活动断裂37条，控制4.5级以上地震活动的活动断裂10条。从活动断裂展布规律看，有明显活动的首推北东向断裂，其次为北西向和近东西向断裂。上述活动断裂基本控制着河南省地貌轮廓、水系格局、新生代沉积厚度、温泉出露和地震活动。

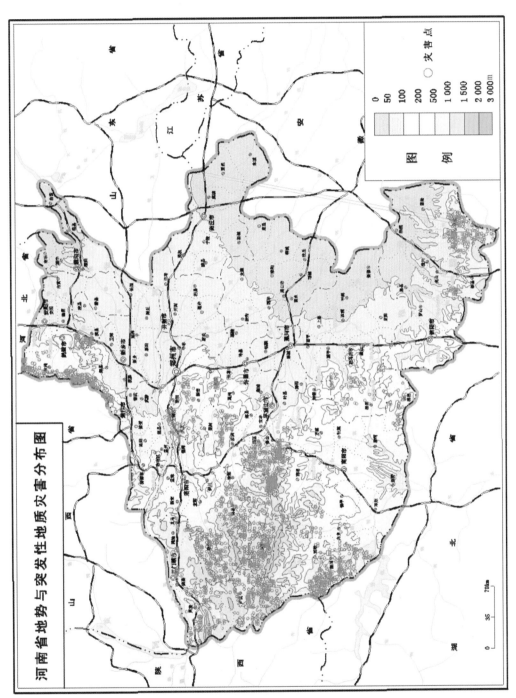

图2-2-10　河南省地势与突发性地质灾害分布图

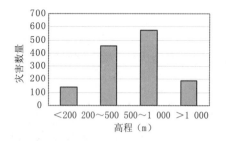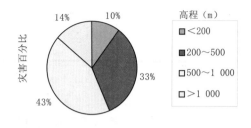

**图2-2-11 不同高程范围地质灾害分布图**

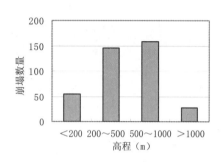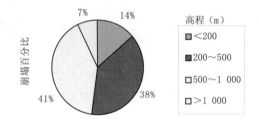

**图2-2-12 不同高程范围崩塌分布图**

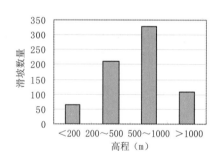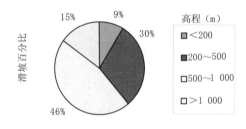

**图2-2-13 不同高程范围滑坡分布图**

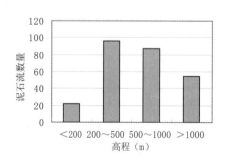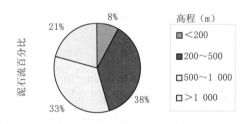

**图2-2-14 不同高程范围泥石流分布图**

地质构造对河南省地质灾害的分布及发育有着明显的影响（见图2-2-15）。

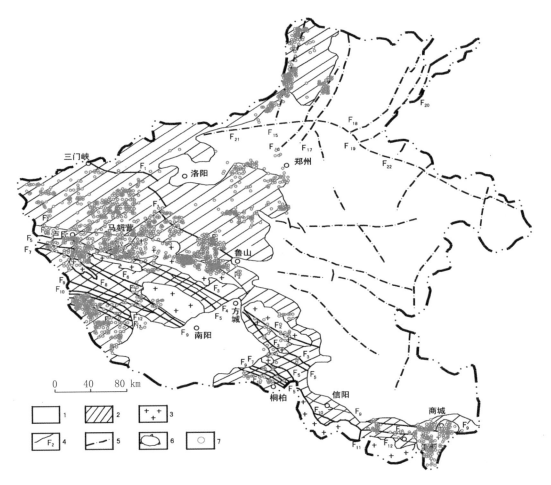

**图2-2-15　河南省构造与突发性地质灾害分布图**

1-新生代覆盖层；2-基岩出露区；3-以酸性侵入岩体为主；4-主要断裂构造及编号；

5-主要陷伏断裂构造；6-构造窗；7-突发性地质灾害

$F_1$：三门峡—鲁山断裂，$F_2$：马超营—拐河—确山断裂带，$F_3$：栾川—明港断裂带，$F_4$：景湾韧性断裂带，$F_5$：瓦穴子—小罗沟断裂带和道士湾、王小庄、小董庄韧性断裂带，$F_6$：邵家—小寨断裂带，$F_7$：朱阳关—大河断裂带，$F_8$：寨根韧性断裂带，$F_9$：西官庄—镇平—松扒韧性断裂带和龟山梅山韧性断裂带，$F_{10}$：丁河—内乡韧性剪切带和桐柏商城韧性剪切带，$F_{11}$：定远韧性剪切带，$F_{12}$：木家垭—固庙—八里畈韧性剪切带，$F_{13}$：新屋场—田关韧性剪切带，$F_{14}$：淅川—黄风垭韧性剪切带，$F_{15}$：任村—西罗平断裂，$F_{16}$：青羊口断裂，$F_{17}$：太行山东麓断裂，$F_{18}$：长垣断裂，$F_{19}$：黄河断裂，$F_{20}$：聊城—兰考断裂，$F_{21}$：盘古寺断裂，$F_{22}$：焦作—新乡—商丘断裂

选取距断裂构造0～5 km、5～10 km、>10 km三种距离进行统计，地质灾害分布占总样本数的比例分别为53%、19%、28%，说明在距断裂构造0～5 km范围内，地质灾害发生频率极高，其次是与断裂构造距离大于10 km，距断裂构造5～10 km范围内地质灾害较少发生（见图2-2-16）。崩塌和泥石流与地质灾害总样本分布趋势相同（见图2-2-17、

图2-2-18），滑坡则出现远离断裂构造地质灾害分布递次减少的现象，三种距离范围内，滑坡分布比例分别为57%、26%、17%（见图2-2-19）。

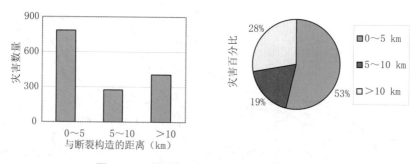

图2-2-16　断裂构造与地质灾害分布关系图

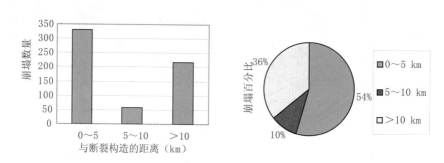

图2-2-17　断裂构造与崩塌分布关系图

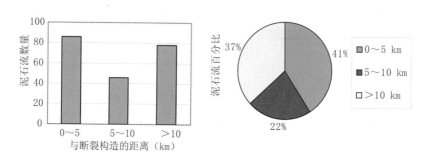

图2-2-18　断裂构造与泥石流分布关系图

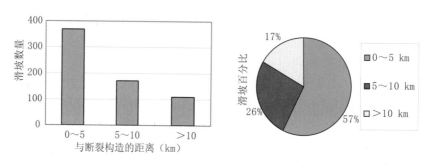

图2-2-19　断裂构造与滑坡分布关系图

#### 2.3.1.4　地质灾害与岩土体类型关系统计

　　岩土体类型的区域分布，不仅反映了特定区域的地质环境条件，地质灾害的发育分布也与其密切相关（见图2-2-20）。根据统计，岩浆岩建造中，地质灾害占总样本数的28%，是地质灾害严重发育的岩土体类型；其次是碳酸盐岩建造及特殊土体类，各为20%；变质岩和碎屑岩区分别为15%、14%；一般土体类中灾害发生较少，仅占3%（见图2-2-21）。各灾种分布比例在不同的岩土体类型中存在着明显的差异。崩塌在各类岩土体中从多到少的分布序列见图2-2-22；滑坡分布序列见图2-2-23；泥石流分布序列见图2-2-24。

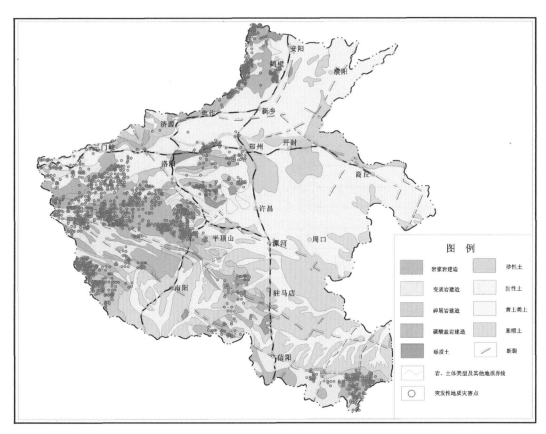

**图2-2-20　河南省岩土体类型与突发性地质灾害分布图**

#### 2.3.1.5　地质灾害与水土流失因素统计

　　地质灾害与水土流失具有较好的相关性，具有随着水土流失程度加重，突发性地质灾害有增多的趋势（见图2-2-25）。当水土流失模数为3 000 ~ 5 000 t/（km²·a）时，地质灾害分布最多，占46%；当水土流失模数为2 000 ~ 3 000 t/（km²·a）时，占24%；水土流失模数1 000 ~ 2 000 t/（km²·a）区域占19%；当水土流失模数为500 ~ 1 000 t/（km²·a）时，灾害分布最少，仅占11%（见图2-2-26）；滑坡、崩塌分布与总样本分布趋势一致（见图2-2-27、图2-2-28）；滑坡分布，当水土流失模数为3 000 ~

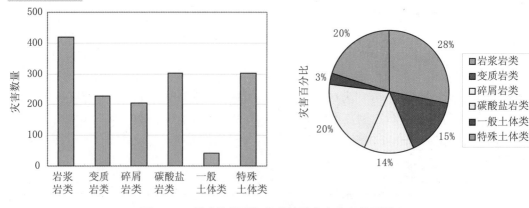

图2-2-21　岩土体类型与各种地质灾害分布关系图

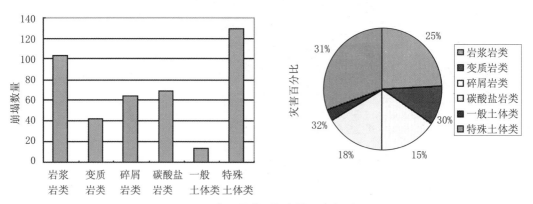

图2-2-22　岩土体类型与崩塌分布关系图

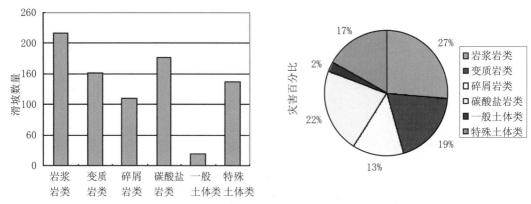

图2-2-23　岩土体类型与滑坡分布关系图

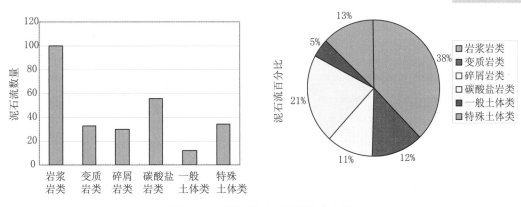

图2-2-24　岩体类型与泥石流分布图

5 000 t/（km$^2$·a）时，占48%，其余模数段分布比例在16%～19%；泥石流在3 000～5 000 t/（km$^2$·a）和1 000～2 000 t/（km$^2$·a）两个模数段各占42%，在2 000～3 000 t/（km$^2$·a）模数段仅占13%（见图2-2-29）。

### 2.3.1.6　地质灾害与降水因素的关系

自1985年以来，河南省最大年降水量为1 089.6 mm（2003年），最小年降水量为

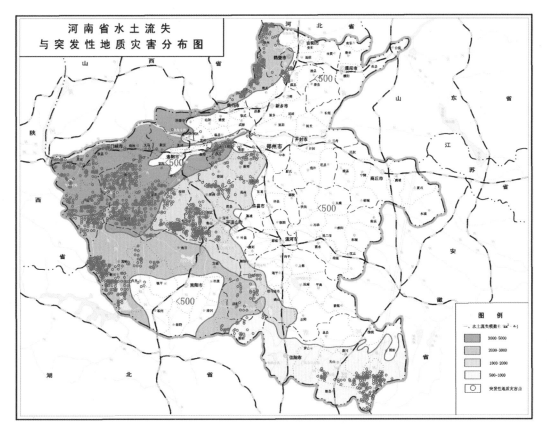

图2-2-25　河南省水土流失与突发性地质灾害分布图

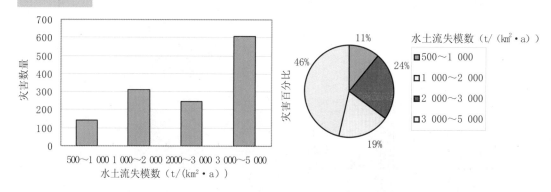

图2-2-26 水土流失模数与地质灾害分布图

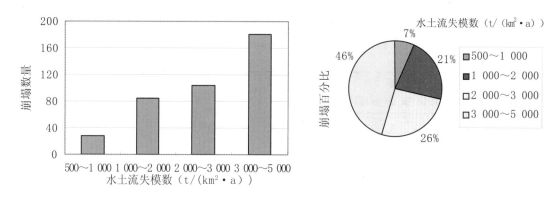

图2-2-27 水土流失模数与崩塌分布图

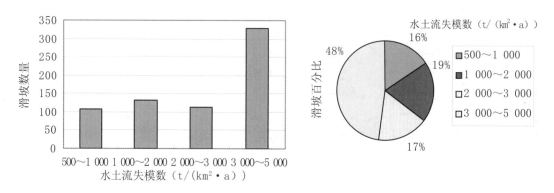

图2-2-28 水土流失模数与滑坡分布图

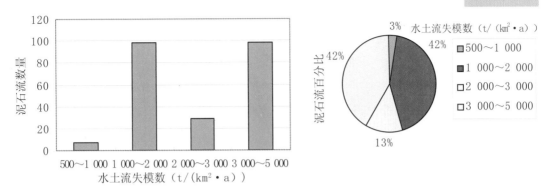

图2-2-29　水土流失模数与泥石流分布图

519.4 mm（1986年），20年来的平均值为726.9 mm（见图2-2-30）。

　　一年内，各月降水量变化呈单峰型，1～7月降水量逐渐增多，7月达最多，之后开始逐渐减少，全省降水量变化年内趋势一致（见图2-2-31）。年降水日数64～132 d，一日最大降水量在83.8～636.4 mm。

　　1985～2004年的暴雨次数统计表明，河南省暴雨主要集中在每年的7、8月，7、8月每月20年统计暴雨次数为15次左右，6、9月每月出现5次左右；全年降水量主要集中在6～9月，约占全年总降水量的80%以上（见图2-2-32）。

　　根据792个突发性地质灾害时间记录，河南省地质灾害集中发生在6、7、8、9四个月，占总样本数的91.7%，其余月份仅占8.3%（见图2-2-33），与河南省汛期出现月份相吻合，说明突发性地质灾害与汛期降雨有极强的相关性。汛期地质灾害集中发生在7、8两个月，其次是6月和9月，5～8月，地质灾害呈单调增趋势；8～10月，地质灾害呈单调减趋势。历年来全省6～10月的灾害次数统计表明，灾害主要集中在每年的7、8月，占全年灾害总数的72.39%以上，6月占全年灾害总数的7.95%，9月占全年灾害总数的11.35%。

　　地质灾害数量与年降水量具如下规律：当全省年降水量<900 mm时，地质灾害随年降水量的增加而增加；当年降水量>900 mm时，地质灾害数量不再随年降水量的增加而

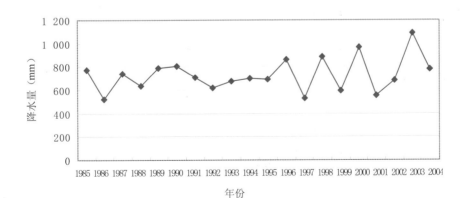

图2-2-30　多年降水量分布图

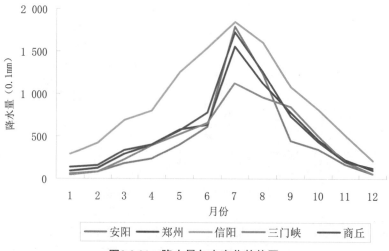

图2-2-31 降水量年内变化趋势图

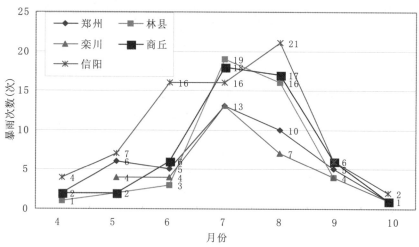

图2-2-32 1985～2004年以来的暴雨次数

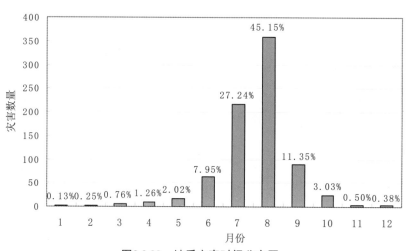

图2-2-33 地质灾害时间分布图

增加，而是稳定在1 400～1 600起（见图2-2-34）。

### 2.3.1.7  地质灾害诱发因素统计

突发性地质灾害与地形地貌、地质构造、岩土体类型、植被分布、水土流失、降

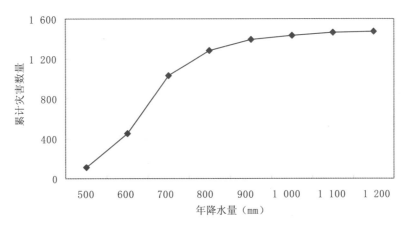

**图2-2-34  年降水量与地质灾害数量关系曲线**

雨、人类工程活动等有关，在诸多因素中，地质环境条件为控制性因素，对地质灾害的分布、形成、发展起着控制性作用；在地质环境条件作用下，因某种事件对地质环境体系施加影响引发地质灾害，该事件称为诱发因素。

经对地质灾害诱发因素统计，河南省降雨诱发型地质灾害占82.6%，人类工程活动诱发的地质灾害占11.1%，其他因素诱发的占5.9%，地震诱发的为0.4%（见图2-2-35）。在各灾种中，崩塌：降雨诱发的占75.6%、人类工程活动诱发的占13.2%、其他为10.3%、地震诱发的占0.9%（见图2-2-36）；滑坡：降雨诱发的占80.7%、人类工程活动诱发的占13.6%、其他为5.5%、地震诱发的为0.2%（见图2-2-37）。

## 2.3.2  地质灾害预警区域划分

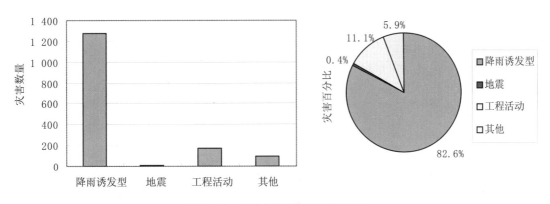

**图2-2-35  地质灾害诱发因素统计图**

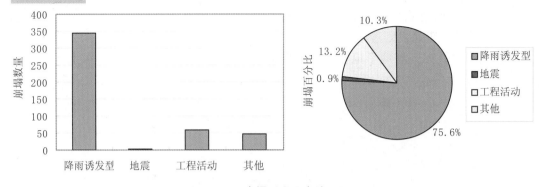

**图2-2-36　崩塌诱发因素统计图**

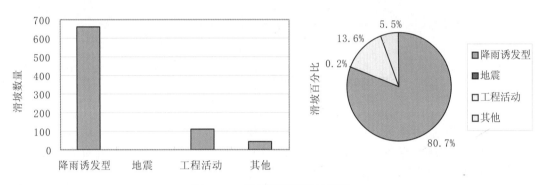

**图2-2-37　滑坡诱发因素统计图**

#### 2.3.2.1　相关研究

2000年，河南省地质科研所与河南省地质环境监测总站联合编制了《1：50万河南省地质灾害类型及发育程度分区图》，该图较好地反映了河南省地质灾害概貌，对地质灾害发育程度进行了分区，鉴于图件用途不同和当时资料所限，未对降雨引发的地质灾害作系统的表述，地质灾害发育程度分区不能用作汛期地质灾害气象预警分区，但对预警区域划分具有重要参考价值。2003年，中国地质环境监测院对全国进行了地质灾害气象预警区划，将全国划分为7个一级预警区，28个二级预警区，河南省分别位于晋冀地区、豫西地区和豫鄂地区等3个二级预警区，满足了全国汛期地质灾害气象预警要求，但作为省级地质灾害气象预警区划，显然需要根据本省实际情况作进一步研究；除此之外，河南省未开展过相关课题研究。

#### 2.3.2.2　理论依据

崩塌、滑坡、泥石流是斜坡地质作用的产物，其形成、发展受斜坡形态、斜坡体物质结构、结构面性质、植被、人类工程活动等因素制约，当斜坡体物质和能量积累到一定程度时，在降雨作用下诱发地质灾害，汛期地质灾害的形成、发展及演化规律由地质环境条件和气象因素综合决定，同时与人类工程活动密切相关。河南省地域辽阔，地质环境及气候条件复杂多样，人类工程活动对地质灾害的影响主要体现在局部斜坡地质环境条件的改变上。因此，汛期地质灾害气象预警区域划分应综合考虑地质环境条件现状和气象条件，其中，地质环境条件为控制性因素，气象条件为诱发因素。

### 2.3.2.3 划分原则及方法

**1. 划分原则**

预警区划的目的，是将预警目标区划分为若干个对降雨敏感程度不同的小区。划分原则考虑如下四条：一是形成突发性地质灾害的斜坡地质环境背景，包括地形地貌、地质构造、岩土体特征；二是地质灾害发育现状；三是人类工程活动对地质环境干预的方式及强度；四是气象因素。

**2. 划分方法**

根据以上划分原则，为综合考虑预警目标区对降雨的敏感程度，首先，编制了河南省汛期突发性地质灾害易发区分布图（图2-2-38）、河南省多年年平均降水量等值线图（图2-2-39）、河南省多年日最大降水量等值线图（图2-2-40）等分析图件。

采用二级划分方法进行预警区划：一级划分按宏观地形地貌格局划定；二级划分按地质地貌组合特征、人类工程活动、地质灾害及降雨分布情况进行。全省共划分出4个预警区，15个预警小区（见表2-2-2、图2-2-41），基本可满足区域预警工作要求。

表2-2-2　汛期地质灾害预警区域划分

| 一级区 | | 二级区 | | 面积（km²） |
|---|---|---|---|---|
| 代号 | 区名 | 代号 | 区名 | |
| A | 豫北山地预警区 | A₁ | 太行预警小区 | 1 874.4 |
| | | A₂ | 太行东麓预警小区 | 2 998.2 |
| | | A₃ | 小浪底预警小区 | 2 926.2 |
| B | 豫西黄土预警区 | B₁ | 三门峡预警小区 | 3 649.1 |
| | | B₂ | 洛河中游预警小区 | 2 995.4 |
| | | B₃ | 伊洛河预警小区 | 4 268.3 |
| C | 豫西山地预警区 | C₁ | 崤山—熊耳预警小区 | 6 254.1 |
| | | C₂ | 伏牛预警小区 | 7 229.1 |
| | | C₃ | 伏牛北麓预警小区 | 6 393.1 |
| | | C₄ | 伏牛南麓预警小区 | 5 538.5 |
| | | C₅ | 嵩箕预警小区 | 4 777.1 |
| | | C₆ | 淅川预警小区 | 3 373.1 |
| D | 豫南山地预警区 | D₁ | 大别预警小区 | 3 528.7 |
| | | D₂ | 信阳—商城预警小区 | 3 478.5 |
| | | D₃ | 舞钢—桐柏预警小区 | 5 914.5 |
| 合计 | | | | 65 198.3 |

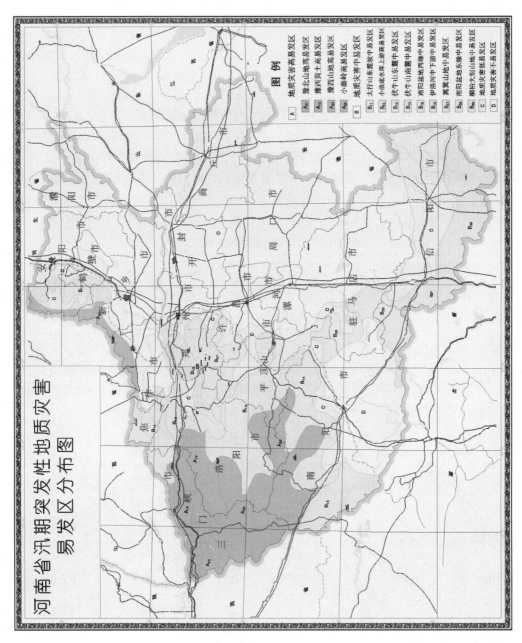

图2-2-38  河南省汛期突发性地质灾害易发区分布图

年平均降水量（mm）

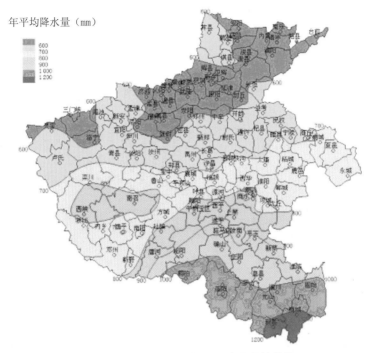

图2-2-39　河南省多年年平均降水量等值线图

日最大降水量（mm）

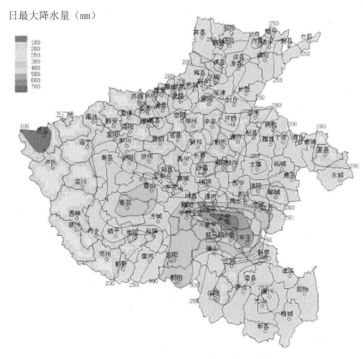

图2-2-40　河南省多年日最大降水量等值线图

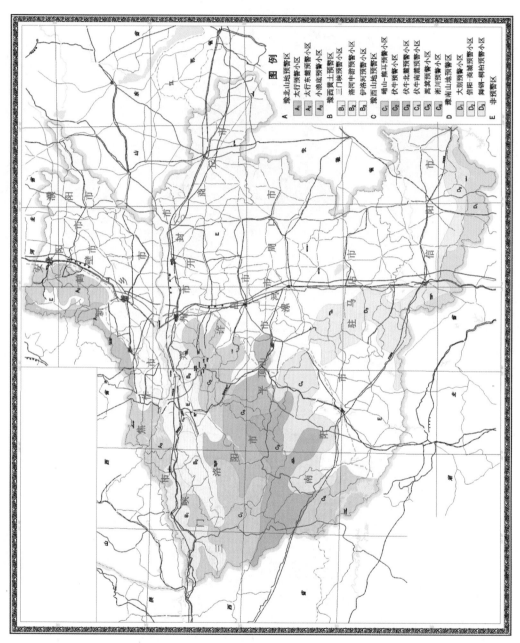

图2-2-41 河南省汛期地质灾害气象预警区划图

#### 2.3.2.4　各预警区地质环境特征

1.豫北山地预警区（A）

豫北山地预警区分布于安阳以西，辉县、焦作、济源、义马以北的太行山区，地貌形态为中低山及丘陵，可进一步划分为三个预警小区。

（1）太行预警小区（$A_1$）。位于太行山主脊东南翼，主要地貌类型为中低山，山脊狭窄，山坡陡峻，"V"形谷发育，构造作用强烈；最高海拔1 955 m，相对高差北部1 000～1 300 m，南部200～300 m；最低侵蚀基准面海拔200～300 m；主要岩性为中元古界石英岩及寒武系灰岩；多年平均降水量550～700 mm，日最大降水量200～250 mm（济源—焦作为100～150 mm）；为地质灾害高易发区，人口密度低，人类工程活动微弱，地质灾害以崩塌、滑坡为主，伴有坡面泥石流发生。

（2）太行东麓预警小区（$A_2$）。位于林州以东，辉县以北，安阳以西地区；主要地貌类型为低山、丘陵，北部山势陡峻，南部较缓，"V"形谷发育；近东西向断裂与北东向断裂呈网格状分布；最高海拔1 069 m，相对高差200～900 m，最低侵蚀基准面200～300 m；主要岩性为寒武系及奥陶系灰岩，溶洞及地下河较为发育；多年平均降水量600～650 mm，日最大降水量200～250 mm；为地质灾害中易发区，人口密度较高，局部地区如水冶镇等地人类采矿活动对斜坡地形破坏较为严重，地质灾害类型以小型崩塌、滑坡为主，伴有少量岩溶塌陷。

（3）小浪底预警小区（$A_3$）。位于济源以西，义马以北地区；北部为中山区，山势陡峻，谷深狭窄，多为"V"形谷，最高海拔1 929.6 m，相对高差200～800 m，最低侵蚀基准面400 m，主要岩性为太古界登封杂岩及中元古界砂岩；南部为低山丘陵区，受流水强烈侵蚀，冲沟发育，多呈"V"形，海拔500～700 m，相对高差200～500 m，最低侵蚀基准面200 m；地表出露为中元古界石英砂岩及寒武系灰岩，局部被第四系中更新统黄土覆盖。多年平均降水量600～650 mm，日最大降水量130～140 mm；为地质灾害中易发区，人口密度不高，重大工程设施为小浪底水利枢纽，地质灾害类型以道路边坡崩塌和库岸崩塌、滑坡为主。

2.豫西黄土预警区（B）

豫西黄土预警区分布于灵宝、三门峡、洛阳、荥阳一线，位于黄土分布区，黄土地貌发育。该区人口密度高，经济发达，地质生态环境脆弱，重大工程设施有陇海铁路、连霍高速公路。可进一步划分为三个预警小区。

（1）三门峡预警小区（$B_1$）。位于灵宝、三门峡、义马一线，主要地貌类型为黄土塬，次为黄土丘陵及河谷平原。黄土塬沿黄河南侧呈东西向带状分布，形态较完整，面积较大，塬侧多为20～50 m的陡壁；南部为黄土丘陵，流水侵蚀十分强烈，"V"形谷广泛分布；本区海拔300～700 m，相对高差350～500 m，最低侵蚀基准面200～250 m；多年平均降水量550～600 mm，日最大降水量80～120 mm；为地质灾害高易发区，由西向东人口密度逐渐增高，主要灾害类型为塬侧、黄河沿岸及交通干线高边坡崩塌、滑坡。

（2）洛河中游预警小区（$B_2$）。分布于洛宁—新安间的洛河中游地区；主要地貌类型为黄土丘陵和黄土塬，其次为河谷平原，流水侵蚀作用强烈，黄土塬形态不完整，面积小；黄土丘陵"U"形冲沟发育；本区海拔200～500 m，相对高差70～100 m，最低侵蚀基准面为150～200 m；多年平均降水量550～600 mm，日最大降水量80～120 mm；为地质灾害中—高易发区，地质灾害以小型崩塌为主，伴有滑坡发生，具有单体规模小、分布面积广等特点。

（3）伊洛河预警小区（$B_3$）。位于洛阳—巩义间的伊洛河两侧；主要地貌类型为黄土丘陵及河谷平原。黄土丘陵海拔200～400 m，相对高差50～100 m，最低侵蚀基准面90～100 m；流水切割作用强烈，地形支离破碎，沟谷多呈"U"形；河谷平原切割较弱；多年平均降水量550～600 mm，日最大降水量80～120 mm；为地质灾害中易发区，本区人口密度高、经济发达，人类工程活动强烈，雨季崩塌、滑坡发育，主要分布在交通干线两侧、黄河沿岸及居民点周围，具有单体规模较小、危害大等特点，偶有大型滑坡发育，如铁生沟滑坡。

3. 豫西山地预警区（C）

豫西山地预警区位于河南省西部及西南部，由秦岭山系组成；主要地貌形态为中低山。人口密度低，人类采矿活动强烈，局部地区地质生态环境破坏严重。可进一步划分为6个预警小区。

（1）崤山—熊耳预警小区（$C_1$）。位于河南省西部的小秦岭、崤山、熊耳山地区；主要地貌类型为中山，地貌形态受断层构造控制明显；山坡陡峭，山峰尖耸，多"V"形谷及深切"U"形谷；海拔1 000～2 000 m，相对高差1 000～1 800 m，最高海拔2 413.8 m，最低侵蚀基准面海拔400 m。小秦岭山体主要由花岗岩、片麻岩组成，崤山山体以石英岩、火山岩为主，熊耳山山体主要由元古界变质岩、震旦系硅质灰岩及燕山期花岗岩组成。多年平均降水量600～750 mm，日最大降水量100～200 mm；为地质灾害高易发区，该区人烟稀少，崩塌、滑坡较集中发育于主要交通干线两侧，小秦岭、栾川县北部采矿历史悠久，尾矿库众多，大量废弃物沿沟谷堆放，极易诱发泥石流灾害。

（2）伏牛预警小区（$C_2$）。位于伏牛山、外方山一线；主要地貌类型为中山，山体近东西走向，北侧陡峭，南侧和缓，山峰峻拔，流水切割强烈，"V"形峡谷发育；最高海拔2 211.6 m，相对高差500～1 200 m，最低侵蚀基准面200 m；山体岩性以古生代花岗岩和元古界变质岩为主。多年平均降水量700～850 mm，日最大降水量100～300 mm；为地质灾害高易发区，该区人烟稀少，崩塌、滑坡发育强烈，伊河南侧支流沟谷如大南沟、七姑沟、南沟等地，汛期易产生泥石流灾害。

（3）伏牛北麓预警小区（$C_3$）。位于栾川、嵩县、汝阳、平顶山地区；主要地貌类型为低山；西部山势陡峭，海拔500～1 000 m，相对高差600 m，最低侵蚀基准面400 m，山体岩性以太古宙花岗片麻岩和侏罗系花岗岩为主；东部山势较缓和，部分地段因流水切割而成陡坡，海拔400～800 m，相对高差200～400 m，最低侵蚀基准面200 m，山体岩性以中元古界石英岩、玄武岩及新近系砂砾岩为主；多年平均降水量600～750 mm，日最大降水量200～250 mm；为地质灾害中易发区，人口密度不大，崩塌、滑坡多集中于道路边坡一带，伊河上游支流沟谷采矿活动强烈，多尾矿库，易产生泥石流灾害。

（4）伏牛南麓预警小区（$C_4$）。位于栾川以南、西峡西北部。主要地貌类型为低山、丘陵，地势受北西—南东向断裂构造控制，西高东低。西部低山区山势陡峻，多深

切 "V" 形谷，海拔400～1 000 m，相对高差500～800 m，最低侵蚀基准面150～200 m，山体岩性主要为早古生代二长花岗岩和白垩系砂岩、含砾砂岩；东部及东南部丘陵区地势较缓和，上覆较厚的风化残积层，侵蚀切割严重，海拔200～400 m，相对高差50～150 m，最低侵蚀基准面50～70 m，山体岩性主要为太古宙二长花岗片麻岩、侏罗纪二长花岗岩和新近系砂砾岩；多年平均降水量650～850 mm，日最大降水量200～350 mm；为地质灾害中易发区，人口密度不大，采矿活动多以零星开采为主，地质灾害类型以崩塌、滑坡为主，多分布在道路及库岸地区，规模大小不等。

（5）嵩箕预警小区（$C_5$）。位于伊川—登封—新密一线以南，汝州—禹州—新郑一线以北地区。地貌类型以低山、丘陵为主。中部嵩山一带为中低山，褶皱断裂和单斜构造明显，受东西向断裂影响，山地多呈单面山形态，南坡陡峭，最高海拔1 512 m，相对高差800～1 200 m，最低侵蚀基准面300 m，山体岩性主要为太古宙变质岩；南部箕山一带以低山为主，山岭狭窄，受东西向断裂控制，山体南陡北缓，南北向冲沟发育，多呈 "V" 形，海拔500～1 000 m，相对高差200～800 m，最低侵蚀基准面300 m，山体岩性以太古宙片麻岩为主；丘陵区主要分布于嵩箕山地外围，多为黄土丘陵，起伏较小，"U" 形冲沟发育，海拔200～500 m，相对高差80～200 m，最低侵蚀基准面100 m，嵩山和箕山之间为登封盆地，海拔300 m左右，地势较平坦，有起伏不大的垄岗，地表岩性主要为第四系黄土状粉土及强风化物；多年平均降水量600～700 mm，日最大降水量100～200 mm；为地质灾害中易发区，人口密度较高，采煤活动强烈，旅游业发达，中低山区以滑坡、泥石流为主，黄土丘陵区以崩塌为主。

（6）淅川预警小区（$C_6$）。位于西峡—淅川—内乡一线西南，地貌类型以岩溶低山丘陵为主，山势较缓；流水侵蚀切割强烈，溶沟纵横，山体破碎，溶洞较发育；海拔200～1 000 m，相对高差80～700 m，最低侵蚀基准面100～150 m；岩性主要为寒武系灰岩，其次为白垩系砂岩；多年平均降水量750～800 mm，日最大降水量150～200 mm；为地质灾害中易发区，重大工程设施为南水北调渠首工程，地质灾害类型以小型崩塌为主，人工采石场易形成高边坡。

4. 豫南山地预警区（D）

豫南山地预警区分布于省境南部的桐柏—大别山脉及丘陵区。重要工程设施为京广、京九、宁西铁路，京珠高速公路、G312、G106。该区降水量较大；可进一步划分为三个预警小区。

（1）大别预警小区（$D_1$）。地貌类型以中、低山为主，山体近东西走向，流水切割较强烈，山高谷深，最高海拔达1 584 m，相对高差500～1 000 m，最低侵蚀基准面100 m，山体岩性主要为太古宙片麻岩、燕山期花岗岩，风化层较厚。多年平均降水量1 000～1 300 mm，日最大降水量200～250 mm；为地质灾害中易发区，人口密度低，地质灾害类型以崩塌、滑坡为主，次为泥石流。

（2）信阳—商城预警小区（$D_2$）。地貌类型以低山、丘陵为主，地表松散层及风化堆积物较厚，受众多河流的强烈切割，地表形态波状起伏，最高海拔516 m，相对高差80～200 m，最低侵蚀基准面50 m。多年平均降水量1 000～1 200 mm，日最大降水量150～250 mm；为地质灾害中易发区，地质灾害类型主要为滑坡、泥石流。

（3）舞钢—桐柏预警小区（$D_3$）。地貌类型以低山、丘陵为主，夹有剥蚀平原及洪积平原，地表松散层及风化堆积物较厚，河流谷地纵横交错，流水侵蚀作用强烈，地形破碎。低山丘陵区最高海拔983 m，相对高差200~800 m，最低侵蚀基准面100~500 m。多年平均降水量800~1 200 mm，日最大降水量300~400 mm；为地质灾害中易发区，地质灾害类型以泥石流为主。

# 2.4 地质灾害预警判据与自动化识别

## 2.4.1 地质灾害预警判据

### 2.4.1.1 理论认识

目前，河南省对地质灾害单体的监测工作尚未全面展开，现有监测资料不成序列且精度较差。建立汛期地质灾害气象预警判据基于如下基本认识：

（1）崩塌、滑坡、泥石流是在斜坡地带产生的，其分布、形成、发展受地质环境条件控制，具明显的地质分带性。数学模型研究中，地质环境条件的控制性作用，已在预警区划中得到充分体现。

（2）崩塌、滑坡与泥石流在形成机理上存在很大差异，但在时空分布上往往相互伴生，或互为因果。比如：在典型斜坡地带，由分水岭至坡脚方向可依次发生崩塌、滑坡、坡面泥石流；在泥石流沟谷两侧可发生崩塌、滑坡；大型崩塌、滑坡可堰塞沟谷，诱发泥石流；一次高强度的降雨过程可同时诱发崩塌、滑坡、泥石流诸灾种。根据河南省地质灾害积累数据较少的实际情况，可以也必须将降雨诱发的崩塌、滑坡、泥石流作为同一地质灾害事件来考虑。

（3）在同一预警小区内，不同的降水量值诱发不同规模、不同数量的地质灾害。

（4）将地质灾害量级（数量、规模）随降水量值增大的过程，视为地质灾害气象过程，过程中的地质灾害事件看作地质灾害气象事件。

（5）高量级的地质灾害气象事件，由低量级的地质灾害气象过程为其储备物质和能量，地质灾害气象过程具连续性；高量级的地质灾害气象事件，也可由高强度的降雨激发产生，地质灾害气象过程同时具突变性。

### 2.4.1.2 判据确定

香港地区根据统计分析资料(见图2-2-42)，提出了一条预警判据曲线，当降水量达到某一量值时，即发出地质灾害预报。刘传正博士在文献[1]中提出"$\alpha \sim \beta$"理论方法（见图2-2-43），利用1 d、2 d、4 d、7 d、10 d和15 d等6个过程降水量数据建立了$\alpha$、$\beta$两条曲线作为预警判据，认为当过程降水量位于$\alpha$线之下时，地质灾害预报等级为1~2级，不对外预报；降水量位于$\alpha \sim \beta$曲线之间时，地质灾害预报等级为3~4级；当降水量位于$\beta$线之上时，地质灾害预报等级为5级；较好地解决了地质灾害预警预报分级问题，中国地质环境监测院据此在2003年开展了"全国汛期地质灾害气象预警预报"，经过2003~2005三年的运行，效果良好。本次工作将最多15日降雨过程扩展成30 d降雨过程，采用1~30 d 30个过程降水量数据建立"$\alpha \sim \beta$"预警判据图，并赋之以新的含义。

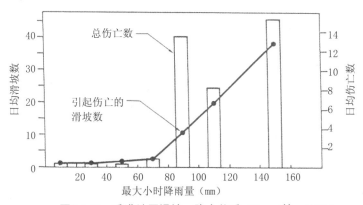

图2-2-42　香港地区滑坡、降水关系（Brand等，1984）

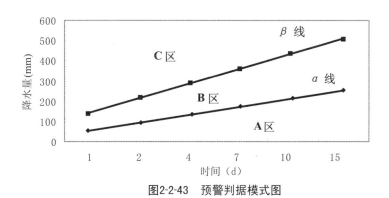

图2-2-43　预警判据模式图

1．"$\alpha \sim \beta$"线的含义

根据有限资料积累和历史经验，一般认为，突发性地质灾害不但与当日激发降水量有关，而且与前期过程降雨关系密切，特别是黄土地区，地质灾害对降雨脉冲的响应具有明显的滞后和延迟效应。选定1～30 d30个过程降水量数据进行统计分析，建立$\alpha \sim \beta$判据曲线。用地质灾害事件与当日激发降水量来描述地质灾害气象过程的突变性，用地质灾害事件与前期过程降水量来描述地质灾害气象过程的连续性；以期建立一个地区诱发突发性地质灾害事件的两种临界雨量判据：当日激发雨量判据和前期过程雨量判据。

资料依据来自县（市）地质灾害调查与区划资料、近年来开展的汛期地质灾害应急调查资料、省气象台提供的相关气象站点多年逐日降水量资料和国家级地质灾害气象预警判据等四个方面。

2．不同过程雨量数据选取

气象部门对日降水量$Q$的预报和统计是按每日20时到次日20时计算的，比如，8月3日预报雨量是指8月2日20时到8月3日20时产生的降水量，预警判据亦采用同步记时方式，若地质灾害发生在当日12时以后，基本可对应于1 d（当日）过程降水量$Q(t_1)$；若灾害事件发生在20时以后的夜间，则对应于当日和前一日（2 d）过程降水量$Q(t_2)$更符合实际。因此，本次工作选定的数据代表性时段为日（24 h），代表性数据记为：

1 d过程降水量$Q_1=Q(t_1)$：        $0 \leqslant t_1 \leqslant 1$

2 d过程降水量$Q_2=Q(t_2)$：        $1 \leqslant t_2 \leqslant 2$

3 d过程降水量$Q_3=Q(t_3)$：        $2 \leqslant t_3 \leqslant 3$

             ⋮                          ⋮

28 d过程降水量$Q_{28}=Q(t_{28})$：        $27 \leqslant t_{28} \leqslant 28$

29 d过程降水量$Q_{29}=Q(t_{29})$：        $28 \leqslant t_{29} \leqslant 29$

30 d过程降水量$Q_{30}=Q(t_{30})$：        $29 \leqslant t_{30} \leqslant 30$

### 3. 临界和过程降水量预警判据图的建立方法

为确定各预警区$Q_1$，$Q_2$，$Q_3$，…，$Q_{28}$，$Q_{29}$，$Q_{30}$的预警判据图，首先建立降雨诱发的地质灾害空间数据库以及历史降水量数据库，然后，根据各预警区地质灾害的空间与时间分布特征，对同期降雨特征值进行相关查询，反演出历史地质灾害发生的降水量临界值及前期连续降雨过程临界值初级数据；进而，进行统计分析，得出各对应临界过程降水量的统计值；再按该临界值在本预警区多年出现的频率，结合国家级预警判据及相关资料进行适当调整，以此作为地质灾害气象预警判据基本数据；最后绘制预警判据图（见图2-2-44）。

图2-2-44中横坐标为时间$t$（$1\,d \leqslant t \leqslant 30\,d$），纵坐标为过程降水量$Q$，得出$Q_\alpha$、$Q_\beta$两条地质灾害事件发生的临界降水量曲线。当实况过程降水量曲线$Q(t)$位于判据图的不同位置时，给出不同的预警结果：

$Q(t) < Q_\alpha$时，过程降水量曲线位于A区，规定预警级别为一、二级；

$Q_\alpha \leqslant Q(t) < Q_\beta$时，过程降水量曲线位于B区，规定预警级别为三、四级；

$Q(t) \geqslant Q_\beta$时，过程降水量曲线位于C区，规定预警级别为五级。

### 4. 各预警区地质灾害诱发降雨过程统计

依据建立的全省汛期地质灾害数据库，选择176个由气象因素诱发的历史地质灾害数据，按河南省气象台提供的相关站点30 d内历史过程降水量数据进行统计。统计结果见各预警小区地质灾害诱发降水量散点图（图2-2-45～图2-2-54）。

### 5. 各预警区预警判据

根据176个数据，在15个预警小区中$Q_\alpha$9个预警小区可形成完整的预警判据图；3个预警小区因资料不全，不能形成完整的预警判据图，其中，$D_2$（信阳—商城）小区可形成20 d判据，$D_3$（舞钢—桐柏）小区只有  线，$C_4$（伏牛南麓）预警小区只能形成散点图；$A_3$（小浪底）、$B_2$（洛河中游）、$C_6$（淅川）三个预警小区完全缺乏资料。资料不全和完全缺乏资料的小区，采用短期判据或参考类似地质环境气象条件资料进行比拟，暂对全省预报工作影响不大。各预警小区预警判据示于图2-2-55～图2-2-69。

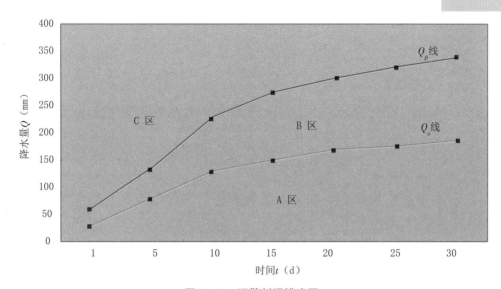

图2-2-44 预警判据模式图

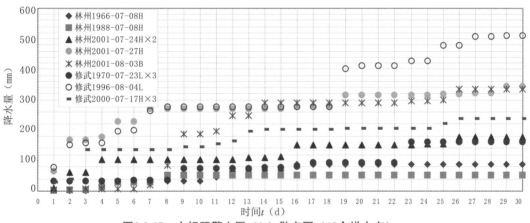

图2-2-45 太行预警小区（$A_1$）散点图（13个样本点）

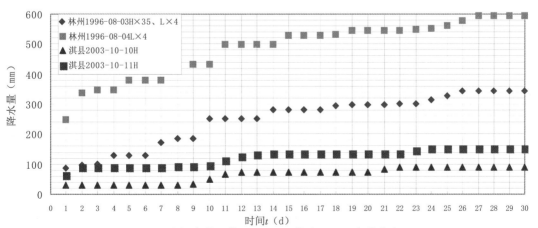

图2-2-46 太行东麓预警小区（$A_2$）散点图（41个样本点）

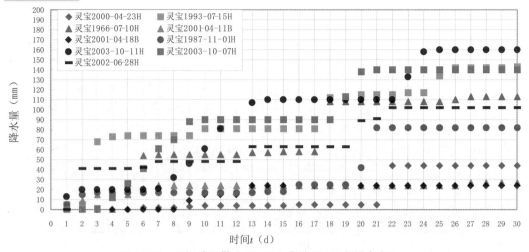

图2-2-47　三门峡预警小区（B₁）散点图（9个样本点）

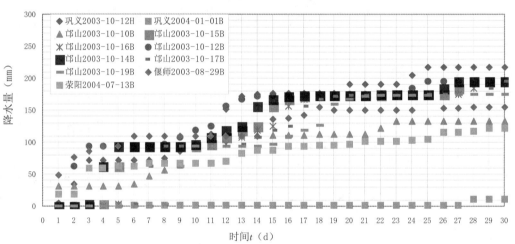

图2-2-48　伊洛河预警小区（B₃）散点图（11个样本点）

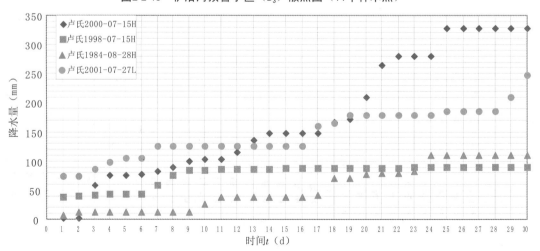

图2-2-49　崤山—熊耳预警小区（C₁）散点图（4个样本点）

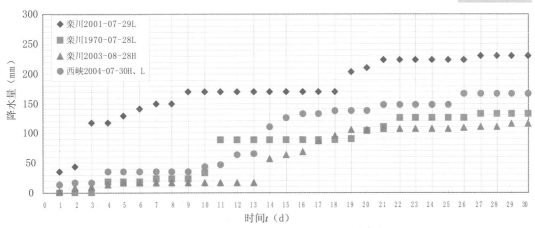

图2-2-50 伏牛预警小区（C₂）散点图（4个样本点）

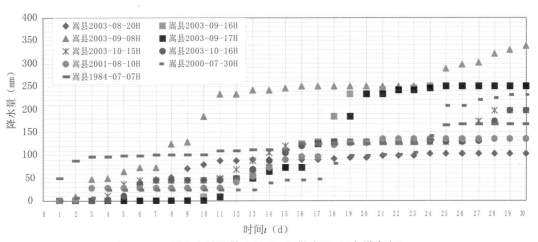

图2-2-51 伏牛北麓预警小区（C₃）散点图（9个样本点）

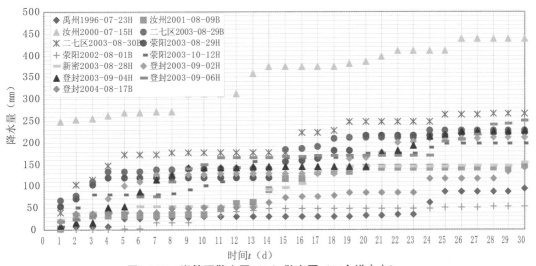

图2-2-52 嵩箕预警小区（C₅）散点图（13个样本点）

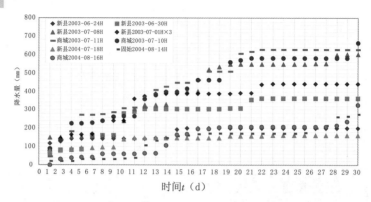

图2-2-53　大别预警小区（$D_1$）散点图（9个样本点）

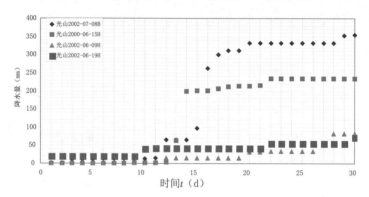

图2-2-54　信阳—商城预警小区（$D_2$）散点图（4个样本点）

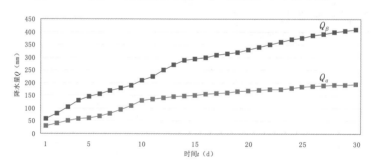

图2-2-55　太行预警小区（$A_1$）判据图（13个样本点）

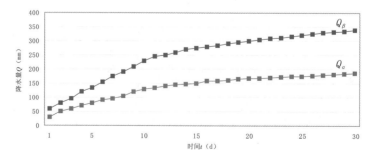

图2-2-56　太行东麓预警小区（$A_2$）判据图（41个样本点）

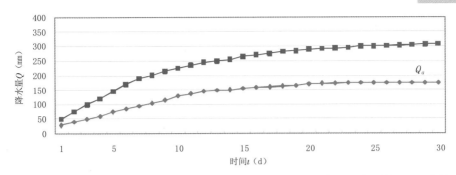

图2-2-57 小浪底预警小区（A₃）预警判据图（参考中国地质环境监测院资料及A2区资料）

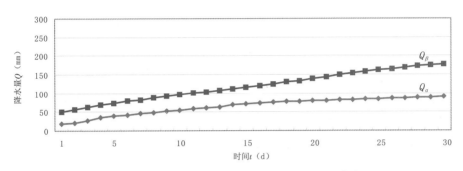

图2-2-58 三门峡预警小区（B₁）判据图（9个样本点）

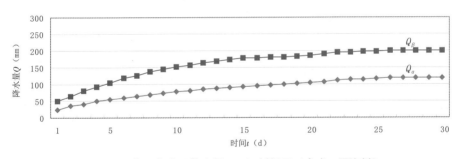

图2-2-59 洛河中游预警小区（B₂）判据图（参考B₁区资料）

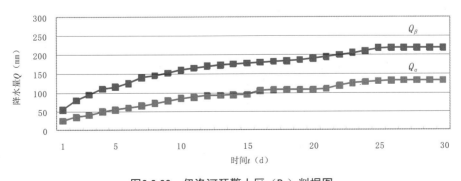

图2-2-60 伊洛河预警小区（B₃）判据图

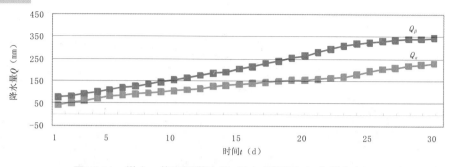

图2-2-61　崤山—熊耳预警小区（C₁）判据图（4个样本点）

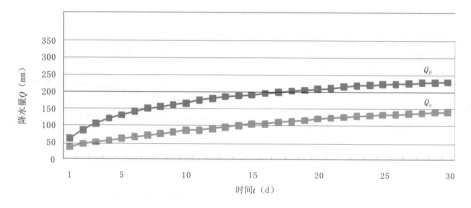

图2-2-62　伏牛预警小区（C₂）判据图

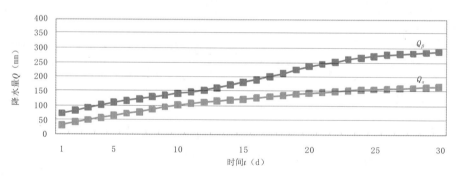

图2-2-63　伏牛北麓预警小区（C₃）判据图（9个样本点）

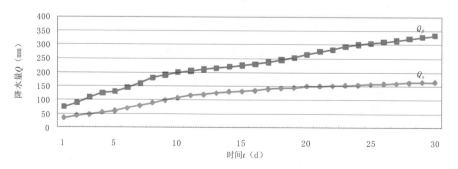

图2-2-64　伏牛南麓预警小区（C₄）判据图（1个样本点，参考C₂、C₃区资料）

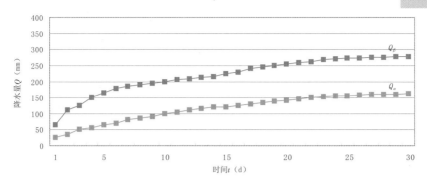

图2-2-65　嵩箕预警小区（$C_5$）判据图

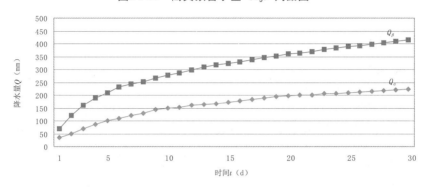

图2-2-66　淅川预警小区（$C_6$）判据图（参考中国地质环境监测院资料及$C_2$区资料）

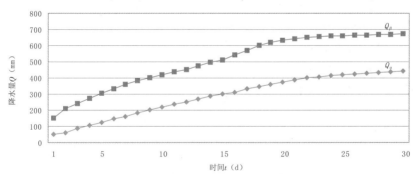

图2-2-67　大别预警小区（$D_1$）判据图

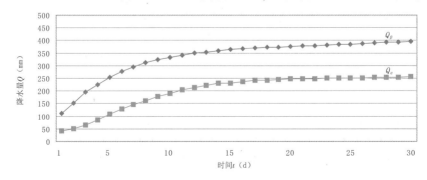

图2-2-68　信阳—商城预警小区（$D_2$）判据图（4个样本点，参考$D_1$区资料）

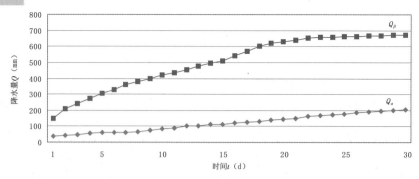

图2-2-69　舞钢—桐柏预警小区（$D_3$）判据图（11个样本点，只能形成$Q_a$线；$Q_\beta$线参考了$D_1$区数据）

## 2.4.2　自动化识别

### 2.4.2.1　问题的提出

在对预警目标区进行预警区划、建立预警判据以后，原则上可根据来雨量，利用预警判据对某一预警区地质灾害发生的时间、地点、级别作出预警判别，但实际情况要复杂得多。首先，降雨资料是以数值型数据进行传输的，同一预警区内，一次降雨形成的雨量千差万别，严格意义上讲，空间上每个点的降水量都是不同的，如果再把每个点的雨量累计30 d（30个数据），会出现庞大的雨量与空间点的组合数据，手动操作无法实现；其次是预警空间精度问题，本次工作将河南省划分为15个预警小区，如果每天预报以预警小区为空间计量单位，势必造成大量的误报、漏报现象；再者是时间限制，每天下午03：30接收降雨资料，04：00前要把当天预警结果传输出去，在半个小时内要完成整个预警过程，必须实现自动化。总之要提高预警精度，在规定的时间内完成资料接收，降水量累计和空间定位，地质灾害等级、位置、时间判定识别，制作预警产品，以及预警产品发布，必须对整个预警过程进行自动化识别，实现整个预警过程的自动化。关于汛期地质灾害气象预警自动化，目前未发现专门性的研究报道，但各省都在研制符合本省实际情况的预警自动化系统。

### 2.4.2.2　系统设计思路

预警自动化过程涵盖了由接收降雨资料到制作预警产品的全过程，内容包括降雨资料分析计算，地质灾害等级判定，地质灾害发生的时间、空间位置识别，制作预警产品，资料接收及预警产品发布等；要求在半个小

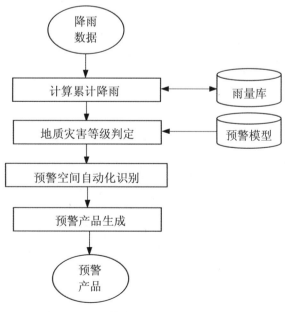

图2-2-70　预警自动化识别系统流程图

时内完成全过程，按一定的空间精度自动生成预警成果图及相关报表，能对过程和结果进行手动干预，满足适时跟踪汛期地质灾害反馈资料，对系统进行维护校验的要求。通过需求分析，建立如下流程图来描述目标系统的物理模型（见图2-2-70）；根据总课题技术思路，以及预警区划、预警判据研究成果，结合河南省地质环境监测院与河南省气象台之间的技术分工和资源配置情况，建立目标系统的逻辑模型（见图2-2-71）。

### 2.4.2.3　多目标约束下的空间预警单元模型

整个预警过程，难点是提高预警精度和解决空间定位问题。采用"多目标约束下的

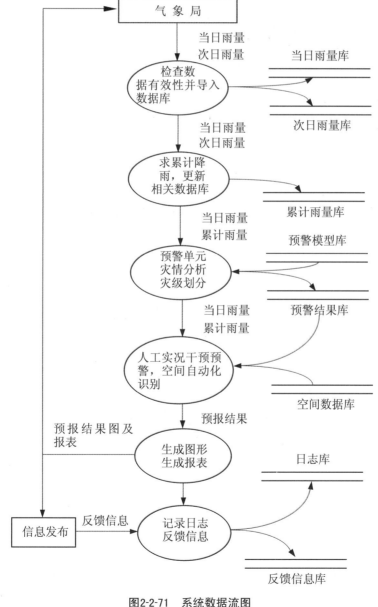

**图2-2-71　系统数据流图**

空间网格剖分法"来提高预警精度,解决地质灾害等级、位置、时间的判定识别问题,从而实现预警过程的自动化。

首先,根据一定的空间尺度对整个预警目标区进行网格剖分,建立预警空间数据库,根据剖分精度解决预警空间精度问题,依据空间数据库的位置属性解决预警空间定位问题;其次,根据预警目标区的地质环境条件、地质灾害发育历史与现状、气象因素、地质灾害隐患点、地质灾害发展趋势、重大工程设施、地质灾害判据、地质灾害预警区划成果等预警约束条件建立关系型数据库;最后将关系型数据库与空间数据库进行关联,得到多目标约束下的空间预警单元模型(见图2-2-72)。

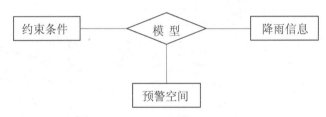

图2-2-72  多维空间预警单元E-R结构图

根据经纬度在1:50万图上对全省国土面积进行单元网格剖分,剖分规格为3′×3′,剖分精度大致相当于4 km×5 km,1:50万图上面积约为1 cm²,共将全省剖分为6 711个单元格,预警区域为2 816个单元格;对全部单元格按从上到下、从左到右的顺序进行编号,然后将每一单元格生成预警小区,把网格编号设定为小区的ID号(见图2-2-73),建立预警空间数据库。

图2-2-73  网格剖分图

将空间数据库与预警区划约束条件相关联可生成预警区划图(见图2-2-74),与雨量信息相关联可生成雨量分布图;据此,将预警空间精度提高到4 km×5 km,且计算机可识读各预警小区的空间位置、形状,记忆雨量信息,识别各种预警等级判别条件,作出准确的预警判别,输出预警成果图。

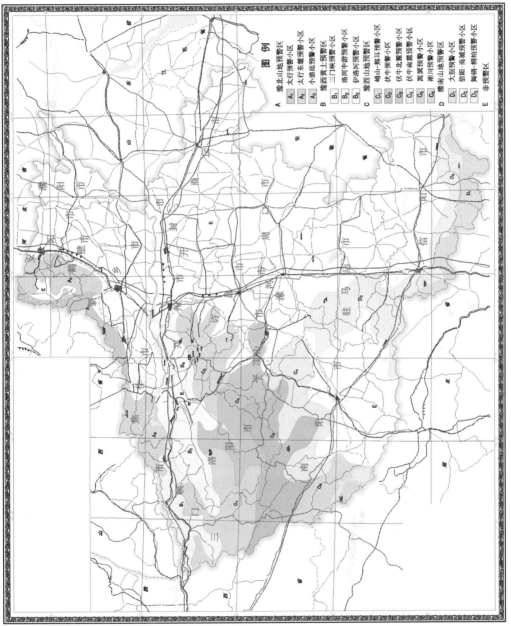

图2-2-74 河南省汛期地质灾害气象预警区划图

#### 2.4.2.4 系统功能结构

分析目标系统的数据流图，根据系统数据流图及相关的处理，归纳出该系统所蕴含的功能模块，建立该系统的功能结构图（见图2-2-75）。该系统应提供如下基本功能：基础信息的维护，降水量及地质灾害等基础数据的采集、更新，滑坡、泥石流等灾害点信息的采集、维护，预警判据（预报模型）的建立、维护，预警空间位置的划分，降水量空间位置的确定，预警结果的判定，预警空间位置的识别，预报结果的生成、发布，相关信息的查询、统计、图示及数据备份。

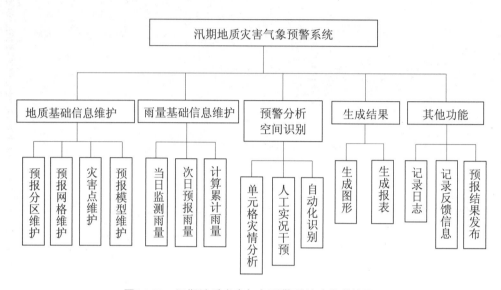

图2-2-75　汛期地质灾害气象预警系统功能结构图

#### 2.4.2.5 数据库建设

考虑到预警过程需对大量数据进行计算、分析、存储、更新、查询的特点，要求数据库管理系统能充分满足各种信息的输入、输出、备份、恢复和存储空间的自动扩展等功能。数据库管理系统和关系型数据库选用oracle 8i，空间数据库的建设以及预警预报产品的生成选用mapgis 6.5。在仔细分析、研究系统需求及数据流图的基础上，抽象归纳出系统所需存取的信息，设计出系统数据库结构框图（图2-2-76）。

#### 2.4.2.6 系统实现

汛期地质灾害预警系统的开发是基于mapgis 6.5的二次开发，开发软件选用powerbuilder 8.0与visual basic 6.0的结合，数据库管理系统选用oracle 8i，系统的主要功能界面说明如下。

1. 预判界面

功能分析：通过将气象局发来的降水量信息按照某种差分方法，具体拆分到相应的单元格，对每个预警单元关联相应的预报模型进行定量计算、评价，把级别相同的单元格合并为一组。图2-2-77为对应于1～30d30个过程降水量的地质灾害预判分组结果，供用户参考、决策。

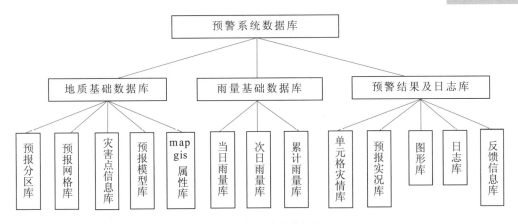

图2-2-76　数据库结构框图

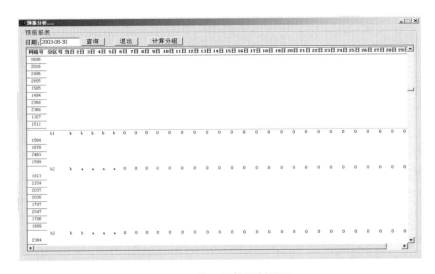

图2-2-77　单元网格预判界面

2. 人工干预及实况图示界面

该界面主要功能见图2-2-78。

（1）生成每日的预警实况曲线。

（2）对预判结果实施人工干预，支持多目标决策，左侧图为级别设定，右侧图为实况曲线干预、雨量信息干预。

（3）生成多种文件格式的预警结果。

3. 预警结果图的生成

通过将单元格预报结果库与预报分区图属性库进行关联，采用图斑合并的方法，合并同预报级别的单元格，并设置相应级别的颜色，生成预警结果图（见图2-2-79）。

### 2.4.2.7　资料传输及产品发布

1. 数据传输手段

预警中心与气象台端的数据传输采用50 M宽带网，FTP站点连接方式。双方通

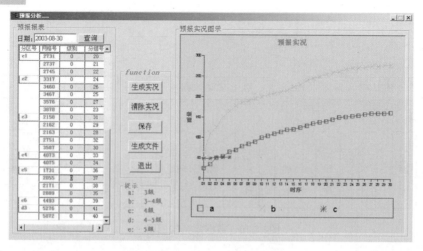

图2-2-78　人工干预及实况界面

过登陆到地质环境监测院指定的FTP站点，实现地质灾害与气象数据的双向交流（见图2-2-80）。预警产品亦通过此种方式向河南省气象影视制作中心传输。

2. 降雨数据传输要求

依据"多目标约束下的空间预警单元模型"实现地质灾害预警自动化，要求每天的降雨预报和实况资料按数值型数据传输到2 816个预警单元上，目前河南省只有119个气象站点，为保证雨量信息的准确性和及时传递，必须运用气象理论和河南省气象探空、探天及地面监测成果编制专门性软件予以实现。

利用省气象台数值预报产品，综合考虑大气动力、热力与水汽等各种要素，将降雨预报场等不同预警空间单元格点地面信息作为因子，通过资料合成、插值实现降雨预报数据的空间网格化转换和自动化输出。

3. 降雨信息传输软件功能

最大程度使雨量信息传输业务集约化、自动化，针对实际业务中的实况降雨的收集、降雨预报的合成和单位间资料的传输编制了本软件。软件具有实况降雨的收集、24h降雨预报的合成、站点到空间预警单元的数据插值、数据库文件自动生成、自动向FTP服务器传送、自动从FTP服务器获取预报结果等功能。

实况降雨数据转换：实况降雨资料采集时段为前一日14时到当日14时的24 h，全省共有117个站点资料进入资料处理模块，通过资料处理模块的插值程序，将站点雨量转换为符合地质灾害判别系统要求的空间预警单元格点雨量（见图2-2-81）。

预报降雨数据转换：通过对河南省气象台的两个中尺度模式 mm5和lsgrem预报结果的集成，并结合省台预报员的主观预报，形成站点降雨24 h预报，并通过插值模块生成预警空间单元格点预报雨量数据（见图2-2-82）。①插值。目前站点到格点的插值采用了距离权重插值法，从等值线上看基本符合分布特征，但对局地性降雨不能体现，而且从目前的技术手段和装备手段来看，局地性降雨还是难以预测的。②文件上传。采用wsftp3.2软件的命令行带参数执行方式，在业务软件中嵌入该命令行程序（"\ws_ftp32 local:\雨量数据库.mdb //218.28.35.35/降水量/雨量数据库.mdb"）。③文件下载。采取类似

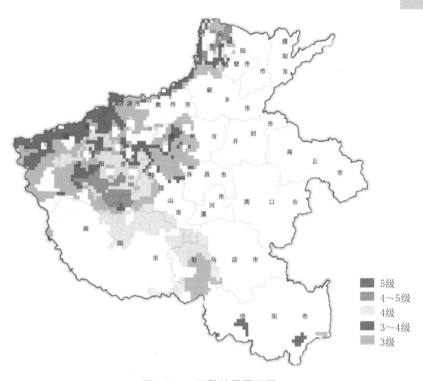

图2-2-79　预警结果平面图

图2-2-80　河南省地质环境监测院与河南省气象台数据传输界面

方式，将预报结论下载到本地后通过FTP方式上传到河南省气象台局域网。

数据传输：通过定时器的设置提取实况降雨资料和预报雨量资料，并定时完成上传数据和下载预警结果操作，一般情况下系统自动运行，遇到网络故障时可进行手动执行（见图2-2-83）。

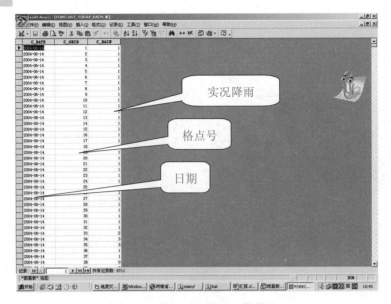

图2-2-81　实况降雨单元网格数据

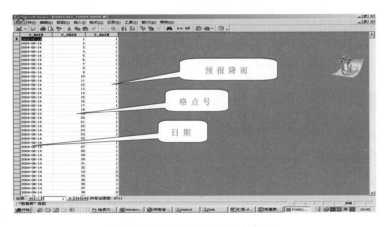

图2-2-82　预报降雨单元网格数据

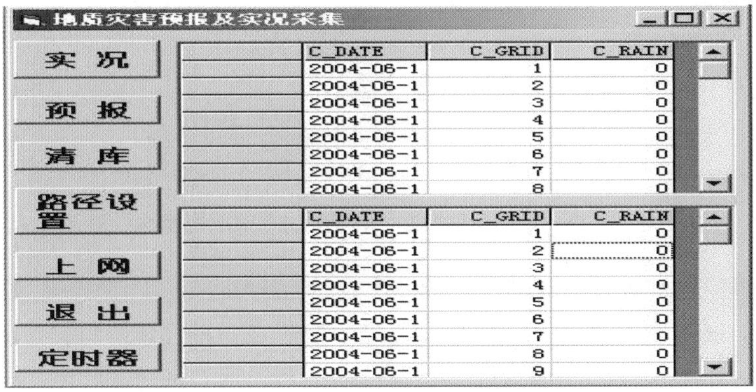

图2-2-83　数据传输系统界面

# 2.5　预警系统的组织结构及管理体系

## 2.5.1　体系的宏观构成

为较好地实现系统功能，将汛期地质灾害气象预警系统的组织结构设置为三级：第一级为管理层，第二级为预警作业层，第三级为监测网络和预警发布媒介（见图2-2-84）。管理层为省国土资源厅地质环境管理处和省气象局业务处；省地质环境监测院与省气象台在管理层的领导下，负责预警主体业务，构成汛期地质灾害气象预警作业层；监测网络由市、县级地质灾害监测网络、气象台站以及气象卫星和天气雷达站组成；预警发布媒介包括电视、网络、传真、电话等信息传播媒介。

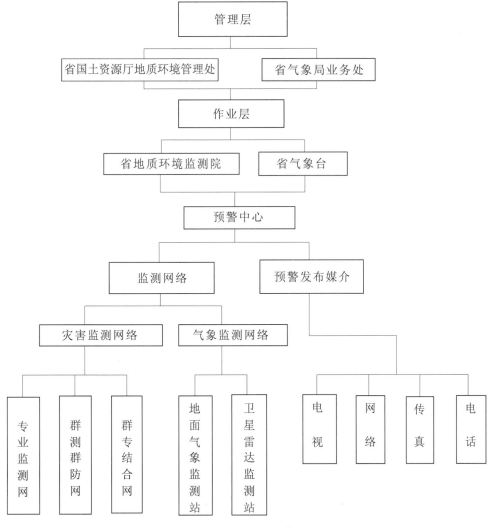

图2-2-84　汛期地质灾害气象预警系统组织框图

## 2.5.2 管理层

管理层负责预警中心的组建，并为其配置资源。其主要职责为：确定系统运行目标，规范系统行为方式；根据国家大政方针及时向系统下达指令；审批对系统运行起支撑作用的重要技术文件，如预警区域划分、预报等级划分、预警判据、预报发布标准等；整合预警中心内部省地质环境监测院与省气象台的关系，协调系统与省电视台等周边环境的关系。

## 2.5.3 预警作业层

预警作业层由省地质环境监测院和省气象台、省专业气象台三个平行的结构单元组成，其主要功能是按照管理层指令，管理和优化监测网络，采集监测网络传输的信息并进行处理，及时向公众和有关省辖市国土资源主管部门发布汛期地质灾害气象预警信息，使系统向管理层指定的方向运行。两个结构单元通过管理层指令和彼此的信息联结耦合在一起，对外显示整体功能。各方分工及机构设置如下。

### 2.5.3.1 系统建立阶段分工

省地质环境监测院提供汛期地质灾害易发区分布图，提供近年来地质灾害监测情况及近年来的地质灾害发生基本情况。

省气象台负责提供易发区内各气象站点多年气象特征值及近几年来各气象站点的逐日降水资料（24 h、最大1 h、最大10 min）等。

双方共同完成预报区域、预报等级的划分，共同制定预报发布标准；建立预警模式，完成降水量和地质灾害历史资料数据库建设。

### 2.5.3.2 预报发布期间的分工

省气象台负责从监测网络采集气象信息并进行处理，将每天的降雨预报及降水量实况数据进行网格化处理后传输给省地质环境监测院；负责地质灾害气象预警电视节目的制作编导，并将节目录像按时送交电视台，以便按时播出。

省地质环境监测院负责从监测网络采集地质灾害信息并进行处理，根据气象和地质灾害信息制定预警产品，以图片、数据的形式在双方指定的时间内传给省气象台，同时，在河南省地质环境信息网发布，重要的灾级通过电话、传真通报有关省辖市国土资源主管部门。

省专业气象台负责地质灾害气象预警电视节目的制作编导，并将节目录像按时送交河南电视台。

### 2.5.3.3 双方机构及人员

省气象台由短期预报科和气象决策服务中心负责提供数据、接收预警结果、开展会商等，省专业气象台气象影视制作中心负责电视节目的编导制作。省地质环境监测院由综合研究室和地质灾害室负责系统组建工作。预警中心负责汛期值班，制作预警产品并进行发布，预警中心设主任1人，地质技术人员2人，计算机人员2人（见图2-2-85）。

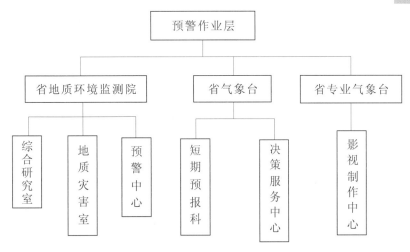

图2-2-85　预警作业层机构设置框图

## 2.5.4　监测网络

监测网络由地质灾害监测网络和气象监测网络组成。地质灾害监测网络由专业监测网、群测群防网及群专结合网组成，每年汛期按月报制度和速报制度向厅环境处反馈灾害发生情况。气象监测网络由遍布全省的119个气象台站和卫星云图接收站以及数字化天气雷达站组成，各台站与省气象台均有专线联结，信息化、数字化程度较高。

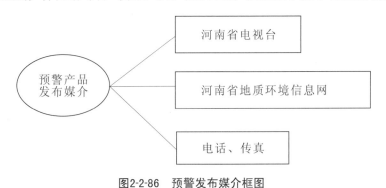

图2-2-86　预警发布媒介框图

## 2.5.5　预警发布媒介

### 2.5.5.1　预警节目制作

预警节目由省专业气象台负责制作。

### 2.5.5.2　预警产品发布媒介

预警产品发布媒介包括电视、网络、电话、传真等媒介（见图2-2-86）。

电视预报准备采取形式，一可与天气预报同时发布，重大灾情灾级可采用公益广告或滚动字幕形式在电视屏幕上高频率出现。网络发布搭载河南省地质环境信息，电话、传真发布在省地质环境监测院实现。

### 2.5.6 管理制度

#### 2.5.6.1 汛期地质灾害气象预警制度

（1）根据《地质灾害防治条例》规定，地质灾害预警属政府行为，任何单位和个人不得擅自向社会发布地质灾害预报。

（2）地质灾害预警是一项经常性的工作，每年汛期地质灾害气象预警的起始和终止时间由管理层确定。

（3）认真搜集地质灾害及气象信息，充分利用各种预报方法进行综合分析，做到每次预报依据清楚，理由充分。

（4）预警产品严格按程序进行校核、审查、会商、签发，确保按时发布。

（5）重大灾情应经管理层批准后发布。在向公众发布的同时，以传真的方式通告该预警区地质灾害主管部门。

（6）收到新的地质灾害灾情报告后，立即核对预警判据，并对判据进行必要的调整。

（7）地质灾害预警信息反馈，按速报制度和月报制度执行。

（8）预警人员应经常对电脑、电话、传真等设备以及互联网、系统软件进行维护，确保预警业务正常开展。

#### 2.5.6.2 预报等级划分及预报发布标准

1. 预报等级划分

预报等级统一划分为5级，1级为可能性很小，2级为可能性较小，3级为可能性较大，4级为可能性大，5级为可能性很大。其中3级在预报中为注意级，4级在预报中为预警级，5级在预报中为警报级。

2. 预报发布标准

原则上1、2级不进行预报发布；3级及3级以上进行预报发布；4级、5级预报等级发生时，在预报发布的同时，将预报结果通报有关省辖市，做好预警工作。预报等级划分及预报发布标准见表2-2-3。

表2-2-3 预报标准及预报等级划分

| 预报等级 | 灾害发生可能性 | 预警级别 | 预警发布标准 | 审查级别 |
|---|---|---|---|---|
| 1 | 可能性很小 | | 不发布 | 预警中心 |
| 2 | 可能性较小 | | 不发布 | 预警中心 |
| 3 | 可能性较大 | 注意级 | 电视、网络发布 | 业务主管审查 |
| 4 | 可能性大 | 预警级 | 电视、网络、传真发布 | 业务主管会商 |
| 5 | 可能性很大 | 警报级 | 电视、网络、传真、电话发布 | 管理层批准 |

### 2.5.6.3 预警审查制度

1. 技术课题

预警区域划分、预警等级划分、预警判据、预报发布标准等重要技术文件，需报管理层审查批准后实施。

2. 预报审查

每天的预报结果发布前，须进行严格的审查。1级、2级预报等级，由预警中心审查；当出现3级及3级以上预报等级时，双方首先进行协商，取得一致意见后，按如下程序发布：当预报等级出现3级（注意级）时，各单位总工或总工授权专人审查后发布；当预报等级出现4级（预警级）时，各单位总工审查后发布；当预报等级出现5级（警报级）时，报管理层批准后发布。

### 2.5.6.4 预警中心岗位责任制

1. 预警中心主任职责

（1）主持预警中心工作，负责汛期地质灾害气象预警日常工作。

（2）负责组织对全省发生的地质灾害进行系统分析研究、改进预警判据，提高预报精度。

（3）掌握本专业国内外发展动态，积极组织地质灾害气象预警科研工作，不断引进、推广、应用先进技术，提高预警水平。

（4）负责与合作单位的业务联系、协调工作。

（5）协调解决工作中遇到的其他问题。

2. 值班预报员职责

（1）按时接收地质灾害及气象资料，及时、准确、慎重地制作预警产品。

（2）预警产品按程序经校核、审查、会商、签发后发布。

（3）当出现重大地质灾害预警级别时，及时向领导反映，迅速组织临时会商。

（4）严守工作岗位，集中精力工作，保证资料传输正确、及时。

（5）及时收听电话、接收传真，做好值班日志。

3. 值班校核员职责

（1）负责预警产品的技术把关工作。

（2）严守工作岗位，认真分析地质灾害及气象资料，发现异常情况，及时对预警产品进行补充、订正。

（3）熟悉和了解本专业国内外发展动态，积极参加地质灾害预警科研工作。

4. 审查人职责

（1）负责预警产品审查工作。

（2）负责组织对重大地质灾害预警级别的会商，并按相关规定上报有关主管部门。

5. 系统维护员职责

（1）负责服务器、预警网络、预警软件的日常维护工作。

（2）迅速排除突发性故障，保证预警系统网络正常运行。

（3）根据实际需要，搞好地质灾害气象预警网络系统软硬件的二次开发。

（4）制定保证网络正常运行的规章制度，并规范遵守。

### 2.5.6.5　预警产品审批手续

预警产品审批按表2-2-4执行。手续不全，不得发布。

表2-2-4　河南省地质灾害气象预警产品审批单

| 收到气象<br>资料时间 | 时　　分 | 发送地质灾害预警产品时间 | 时　　分 |
|---|---|---|---|
| 预警时段 | 月　日　时至　月　日　时 | | |
| 预警结果： | | | |
| 值班预报员 | | 值班校核员 | |
| 预警中心主任 | | 院业务主管 | |
| 院签发领导 | | | |
| 厅环境处 | | | |
| 厅主管领导 | | | |

附：河南省汛期地质灾害气象预警产品（图）

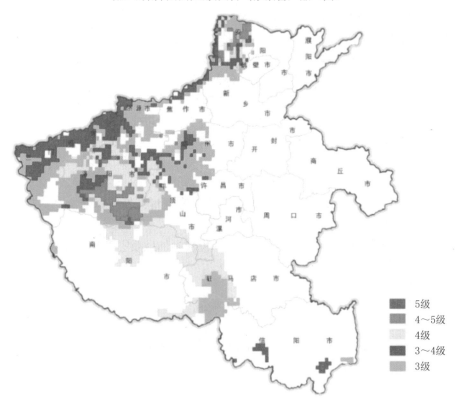

5级
4～5级
4级
3～4级
3级

#### 2.5.6.6　资料传输制度

年　月　日

（1）降雨资料空间精度为3′×3′（经纬度），资料时段为当日20时至次日20时预报值，前一日14时至当日14时实况值。将逐步考虑采用更靠近预报时段的实况值。

（2）省气象台每天15时30分之前，将降雨资料按约定的格式传输给省地质环境监测院。

（3）省地质环境监测院每天16时30分之前，将地质灾害预报结果传输给省专业气象台和省气象台。

（4）专业气象台按照与河南电视台的约定将预报节目录像交送电视台播出。

#### 2.5.6.7　预警效果反馈及跟踪校验制度

（1）预警效果反馈，由管理层责成预警区有关省辖市级国土资源和气象主管部门开展，在灾害发生24～48 h内，向预警中心提供预警信息反馈表（表2-2-5～表2-2-7）。

（2）预警效果跟踪校验，主要由预警中心承担；可根据预报情况，前往灾区进行灾前跟踪，或根据反馈信息，到灾害发生地实地校验。

表2-2-5　汛期地质灾害气象预警信息反馈表（崩塌）

| 地理位置 | 地点 | 县（市）　　　乡（镇）　　　村　　　方位　　　距离（m） | | | | | |
| --- | --- | --- | --- | --- | --- | --- | --- |
| | 坐标 | E：　　　　　　　　　　N： | | | | | |
| 发生时间 | | 年　　　月　　　日　　　时　　　分 | | | | | |
| 降雨特征 | 级别 | 无雨、小雨、中雨、大雨、暴雨、大暴雨、特大暴雨 | | | | | |
| | 日期 | 当日 | 前一日 | 前二日 | 前三日 | 前四日 | 前五日 | 前六日 |
| | 降雨 | | | | | | |
| 崩塌外形特征 | 长度（m） | 宽度（m） | 厚度（m） | 覆盖面积（m²） | 体积（m³） | 最大高差（m） | 位移量（m） |
| | | | | | | | 水平　　垂直 |
| | | | | | | | |
| 灾害成因分析 | | | | | | | |
| 目前稳定状况 | | | | | | | |
| 发展趋势分析 | | | | | | | |
| 主要危害 | 已经造成危害 | 伤（人） | 死亡（人） | | 其他 | 直接经济损失（万元） | |
| | 潜在威胁 | 威胁户数(户) | 威胁人数（人） | | 其他 | 威胁资产（万元） | |
| 防治措施 | | | | | | | |

填表人：　　　　　　　审核人：　　　　　　　　日　期：　年　　　月　　　日

填表单位：　　　　　　　　　　　联系人：　　　　　电话：

表2-2-6　汛期地质灾害气象预警信息反馈表（滑坡）

| 地理位置 | 地点 | 县（市）　　乡（镇）　　村　　方位　　距离（m） | | | | | |
|---|---|---|---|---|---|---|---|
| | 坐标 | E:　　　　　　　N: | | | | | |
| 发生时间 | | 年　　月　　日　　时　　分 | | | | | |
| 降雨特征 | 级别 | 无雨、小雨、中雨、大雨、暴雨、大暴雨、特大暴雨 | | | | | |
| | 日期 | 当日 | 前一日 | 前二日 | 前三日 | 前四日 | 前五日 | 前六日 |
| | 降雨 | | | | | | |
| 滑体性质 | | □岩质　　　　□碎块石　　　　□土质 | | | | | |
| 滑体外形特征 | | 长度（m） | 宽度（m） | 厚度（m） | 覆盖面积（m²） | 体积（m³） | 坡向（°） | 坡度（°） |
| | | | | | | | | |
| | | 平面特征 | | | 剖面特征 | | | |
| | | □半圆 □矩形 □舌形 □不规则 | | | □凸型 □凹型 □直线 □阶梯 □复合 | | | |
| 灾害成因分析 | | | | | | | |
| 目前稳定状况 | | | | | | | |
| 发展趋势分析 | | | | | | | |
| 主要危害 | 已经造成危害 | 伤（人） | 死亡（人） | | 其他 | 直接经济损失（万元） | |
| | | | | | | | |
| | 潜在威胁 | 威胁户数（户） | 威胁人数（人） | | 其他 | 威胁资产（万元） | |
| | | | | | | | |
| 防治措施 | | | | | | | |

填表人：　　　　　　　　审核人：　　　　　　　　日期：　　　年　　月　　日

填表单位：　　　　　　　　　　　　　联系人：　　　　电话：

表2-2-7　汛期地质灾害气象预警信息反馈表（泥石流）

| 地理位置 | 地点 | 县（市）　　　乡（镇）　　　村 | | | | |
| | 坐标 | E:　　　　　　　　N: | | | | |
| 发生时间 | | 年　　月　　日　　时　　分 | | | | |
| 沟名 | 汇水面积（km$^2$） | 水系名称 | 沟长（m） | 沟宽（m） | 沟深（m） | |
| | | | | | | |
| 泥　石　流　沟　与　主　河　关　系 | | | | | | |
| 主河名称 | | 泥石流沟位于主河的方位 | | 沟口至主河道距离（m） | | |
| | | □左岸　　□右岸 | | | | |
| 补　给　源　位　置 | | | 物质组成 | | | |
| □上游　□中游　□下游 | | | | | | |
| 降雨特征 | 级别 | 无雨、小雨、中雨、大雨、暴雨、大暴雨、特大暴雨 | | | | |
| | 日期 | 当日 | 前一日 | 前二日 | 前三日 | |
| | 上游 | | | | | |
| | 中游 | | | | | |
| | 下游 | | | | | |
| 扇形地特征 | 扇长（m） | | 扇宽（m） | | 扇面冲淤变幅（±m） | |
| | | | | | | |
| 成因分析 | | | | | | |
| 现状及趋势 | | | | | | |
| 主要危害 | 已经造成危害 | 伤（人） | 死亡（人） | 其他 | 直接经济损失（万元） | |
| | | | | | | |
| | 潜在威胁 | 威胁户数(户) | 威胁人数（人） | 其他 | 威胁资产（万元） | |
| | | | | | | |
| 防治措施 | | | | | | |

填表人：　　　　　　审核人：　　　　　　日期：　　年　　月　　日

填表单位：　　　　　　　　　　　联系人：　　　　电话：

#### 2.5.6.8 安全措施

（1）与省气象台采用FTP站点方式连接，IP地址进行加密保护，保证服务器只在省地质环境监测院与气象台之间构成回路，以增强网络的安全性。

（2）开通超级一线通，作为网络备份。

（3）服务器配置两台，互为备份。

（4）配置不间断电源，保证系统正常运行。

（5）日常工作期间，利用杀毒软件定时查杀病毒。

（6）服务器及备份电脑，严禁浏览公网。

#### 2.5.6.9 模拟解说词

现在播报由河南省国土资源厅与河南省气象局联合发布的地质灾害气象等级预报，今天晚上到明天，××市××部地质灾害预报等级为×级，请上述地区作好防范措施。

# 2.6 硬件设施

硬件建设主要内容是配置预警工作所必需的设备及器材，包括如下内容（见图2-2-87）。

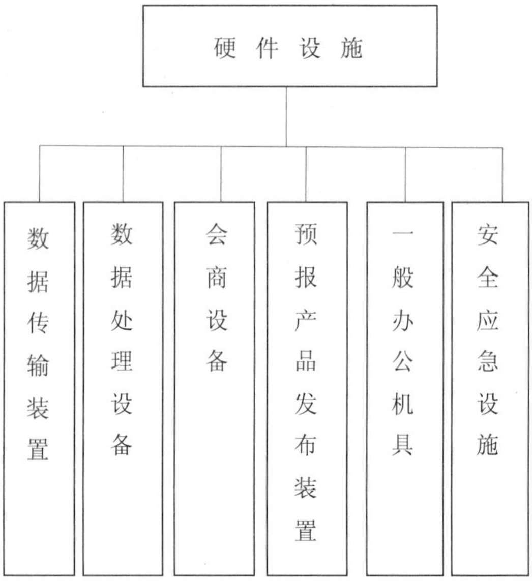

## 2.6.1 数据传输装置

数据传输装置主要功能为满足数据、图片、语音传输要求，主要配置如下：

50 M宽带网，包括专用光纤，光电转换器1台，路由器1台，交换机2台，设备柜1台。

## 2.6.2 数据处理设备

服务器2台，1台用于系统数据处理，生成预报结果，另1台用于预警系统备份和日常数据备份。

## 2.6.3 会商设备

高清晰投影仪1台，会商桌1张，会商椅若干。

## 2.6.4 预报产品发布装置

河南省地质环境信息网，传真机1台，电话1部，打印机1部。

## 2.6.5 一般办公机具

电脑2台，空调1台，精装修办公室2间。

图2-2-87 硬件设施构成

## 2.6.6　安全应急设施

安全应急设施包括备用服务器1台，硬件防火墙1套、杀毒软件1套，拨号上网线路1套，不间断电源1台。

# 2.7　预警系统应用

## 2.7.1　应用概况

### 2.7.1.1　河南省预警系统应用概况

预警系统在2004年6月投入运行，同时在郑州市进行推广应用，经过2004、2005两个气象预警年的运行，取得了较好的效果。

1. 2004年预警成效

省级预警系统在6~9月共发布地质灾害预报35次。其中，地质灾害预报发布等级达到4~5级的天数共有1 d，地质灾害预报发布等级达到4级的天数共有2 d，地质灾害预报发布等级达到3~4级的天数共有14 d，地质灾害预报发布等级达到3级的天数共有35 d。

从收到的地质灾害反馈信息看，汛期共发生地质灾害8起，灾害损失为：死5人，伤1人，毁坏房屋及窑洞189间，毁坏农田39亩，直接经济损失为308.7万元；地质灾害分布地域为：豫西的荥阳、登封各1起，豫南的固始3起、新县1起，豫西南的淅川、西峡各1起；这8起灾害集中发生在7月13日到8月18日的37 d中，平均每4~5 d发生一起地质灾害；灾种类型为崩塌2起，滑坡5起，滑坡、泥石流群发型地质灾害1处。

在这8起地质灾害中，成功预报4起（见表2-2-8），占已发生地质灾害的50%；成功预报的4起地质灾害中，有3起采取了紧急避让措施，成功避免了累计180人伤亡的重大地质灾害事件。未预报的4起地质灾害由局地暴雨引起（见表2-2-9），局地降雨是目前气象预报的难点。

2. 2005年预警成效

2005年，开通了电视预报业务，预报信息受众更广。6月1日起正式开展全省汛期地质灾害预警预报工作，至9月30日，历时122天，其中，预报发布等级达到3级的天数共有47 d，预报发布等级达到4级的天数共有2天，未发布预报的天数共有73 d。从预报区域来看，主要集中在豫西、豫北山区，三门峡、洛阳、郑州西部黄土地区，南阳市北部、东南部，驻马店西部，信阳市西部、南部等地区。

2005年共收到汛期地质灾害反馈信息19起，其中，滑坡11起(群发性滑坡1处)，崩塌5起，突发性地面塌陷1起，滑坡与泥石流复合灾种2起；灾害发生日期为，7月7日到8月22日13起，9月2起，10月1日1起；成功预报11起（见表2-2-8），占已发生地质灾害的58%，安全撤离受灾人员3 231人，减少直接经济损失832.6万元；未预报的8起（见表2-2-9）地质灾害中，有3起的发生日期、致灾因素需进一步查证，5起由局地暴雨引起，局地降雨是目前气象预报的难点。

表2-2-8　河南省2004～2005年汛期地质灾害气象预警成果统计

| 编号 | 时间（年-月-日） | 地点 | 灾种 | 灾情 | 预警区及网格编号 | 预报级别 | 备注 |
|---|---|---|---|---|---|---|---|
| 1 | 2004-07-13 | 荥阳汜水虎牢关村八组 | 崩塌 | 毁窑27孔，塌平房3间，直接经济损失3万余元 | B₃区1280 | 3 | 避免7人伤亡 |
| 2 | 2004-08-17 | 登封大金店陈楼村五组 | 崩塌 | 4间房屋受损，直接经济损失1.5万元 | C₅区2711 | 3 | 避免10人伤亡 |
| 3 | 2004-07-18 | 新县千金乡戴湾村大范洼组 | 滑坡 | 毁房4间，死亡4人，直接经济损失3万元 | D₁区6604 | 3 | |
| 4 | 2004-07-30 | 西峡县军马河乡及石界乡等10村组 | 滑坡、泥石流 | 受灾49户，毁坏房屋147间，直接经济损失约300万元 | C₂区4060 | 3 | 避免163人伤亡 |
| 5 | 2005-07-07 | 淅川县盛湾镇陈庄村明家湾 | 滑坡 | 毁坏房屋16间，直接经济损失16万元 | C₆区5235 | 3 | |
| 6 | 2005-07-11 | 信阳市商城县伏山乡石冲村欧湾 | 滑坡 | 毁坏房屋19间，损坏房屋55间，毁田22亩 | D₁区6641 | 3 | |
| 7 | 2005-07-22 | 荥阳市崔庙镇崔庙村东沟 | 崩塌 | 毁坏房屋6间，死亡1人 | B₃区1540 | 3 | |
| 8 | 2005-07-22 | 荥阳市崔庙镇竹园村下姜组 | 滑坡 | 毁坏房屋3间，致1人轻伤 | B₃区1540 | 3 | |
| 9 | 2005-07-22 | 登封市大冶镇西施村 | 地面塌陷 | 毁坏房屋8间 | C₅区2184 | 3 | |
| 10 | 2005-07-23 | 嵩县旧县镇童子庄村 | 崩塌 | 直接经济损失100万元 | C₃区3229 | 3 | |
| 11 | 2005-07-23 | 惠济区古荥镇黄河桥村三组 | 滑坡 | 毁坏房屋8间 | B₃区1286 | 3 | |
| 12 | 2005-08-16 | 林县石板岩乡高家台村 | 岩体崩塌 | 直接经济损失6.15万元 | A₃区61 | 3 | |
| 13 | 2005-09-02 | 固始县武庙乡 | 滑坡33处 | 毁坏房屋56间 | D₃区6512 | 3 | |
| 14 | 2005-09-25 | 西峡五里桥乡大桥沟村丁营 | 滑坡 | 两户房屋受损，直接经济损失2万元 | C₂区4502 | 3 | |
| 15 | 2005-10-01 | 林县S288线任村盘阳至青年洞 | 坍塌 | 多处岩石坍塌 | A₁区02 | 3 | |

表2-2-9　河南省2004～2005年汛期局地降雨及不明因素致灾统计

| 编号 | 时间（年－月－日） | 地点 | 灾种 | 灾情 | 预警区及网格编号 | 预报雨量（mm） | 判据雨量（mm） | 实际雨量（mm） |
|---|---|---|---|---|---|---|---|---|
| 1 | 2004-07-16 | 淅川县大石桥乡郭家渠村 | 滑坡 | 毁房6间，死、伤各1人，直接经济损失1.2万元 | C₆区4930 | 21 | 35 | 130 |
| 2 | 2004-08-14 | 固始县段集乡桂岭村河沿组 | 滑坡 | 冲毁农田12亩，房屋3户12间 | D₁区6551 | 0 | 50 | 300 |
| 3 | 2004-08-14 | 固始县段集乡桂岭村九店组 | 滑坡 | 冲毁农田17亩，房屋3户11间 | D₁区6558 | 0 | 50 | 300 |
| 4 | 2004-08-16 | 商城县苏仙石乡俞家畈村中湾组 | 滑坡 | 受威胁6户12人，已转移 | D₁区6587 | 11 | 50 | 大到暴雨 |
| 5 | 2005-07-17 | 西峡县米坪镇和太平镇乡 | 滑坡、泥石流 | | C₂区4058 | 2 | 35 | 大到暴雨 |
| 6 | 2005-07-27 | 卢氏县文峪乡姚家山村 | 滑坡 | 威胁16户62人 | C₂区2976 | 2 | 35 | 大雨 |
| 7 | 2005-08-20 | 西峡县桑坪镇石灰岭村瓦房院组 | 滑坡 | 威胁5户26人，房屋35间 | C₂区3963 | 0 | 35 | 大雨 |
| 8 | 2005-08-21 | 淅川县西簧乡梅池村 | 滑坡 | 损房8间，直接经济损失10万元 | C₆区4584 | 3 | 35 | 大到暴雨 |
| 9 | 2005-08-22 | 淅川县荆关乡镇大扒村新屋场 | 崩塌 | 损房16间，直接经济损失20万元 | C₆区4493 | 3 | 35 | 大雨 |
| 10 | 2005年8月中旬 | 鲁山县尧山镇画眉谷 | 滑坡 | 损坏房屋3间 | | | | |
| 11 | 2005年9月 | 平顶山市石龙区青草岭 | 滑坡 | | | | | |
| 12 | 2005年7月1～10日 | 唐河马振武乡栗棚村 | 滑坡、泥石流 | | | | | |

#### 2.7.1.2 郑州市预警系统推广应用概况

1. 2004年预警成效

2004 年，由郑州市国土资源局主持，河南省地质环境监测总站与郑州市气象台密切合作，建立了郑州市汛期地质灾害气象预警系统，该系统是省级预警系统研究成果的推广应用，预警信息发布方式为电视、电话、传真、网络等；6 月初实施预警预报作业，9 月 30 日结束，共发布预警预报消息 19 次；汛期发生地质灾害 2 起，全部预报成功，为地质防治工作提供了有效的技术支持，当地国土资源主管部门及时撤离了受地质灾害威胁的群众，最大程度地减少了灾害损失和人员伤亡。

2. 2005年预警成效

2005 年自 6 月 1 日至 9 月30 日，郑州市汛期地质灾害气象预警系统运行 122 d，发布汛期地质灾害气象预警信息 21 次，根据各市（县、区）不完全情况反馈，共发生突发性地质灾害 3 起，全部预报成功。市（县）、乡、村各级群测群防组织在接到地质灾害气象预警预报信息后，及时撤离受地质灾害威胁的群众，有效减少了人员伤亡和财产损失。

### 2.7.2 成功预报案例

#### 2.7.2.1 西峡县军马河乡等地滑坡、泥石流

2004 年西峡县北山七乡镇普降暴雨，经预警系统分析，该地区降雨曲线已进入预警范围（见图2-2-88），预警中心发布汛期地质灾害预警信息（见图2-2-89）。

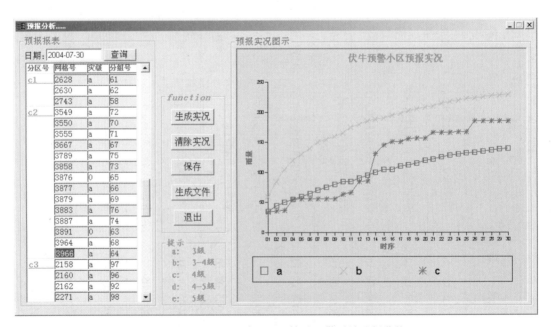

图2-2-88　7月30日西峡军马河等地预警系统分析曲线

图2-2-89　7月30日省级预警图

7月30日11：30至16：00军马河乡等地发生了大范围滑坡、泥石流灾害，共造成房屋倒塌147间，直接经济损失约300万元。由于事先得到地质灾害气象预警预报，有关部门准备充分，积极采取避灾措施，且村民防灾意识较强，成功避免了163人伤亡的重大地质灾害事件。

#### 2.7.2.2　荥阳市汜水镇虎牢关崩塌

2004年7月9日至11日，荥阳市连降大雨，12日降雨停止，预警中心发布河南省汛期地质灾害预警信息（见图2-2-90）。其主要依据为：①经预警系统分析，该地区前期降雨曲线已进入预警范围；②该地区为黄土地区，黄土受降雨下渗和浸润需要一个时间过程，导致黄土对降雨的敏感程度有一个滞后期，根据以往经验，该地区滞后时间为1~5 d（见图2-2-91）。

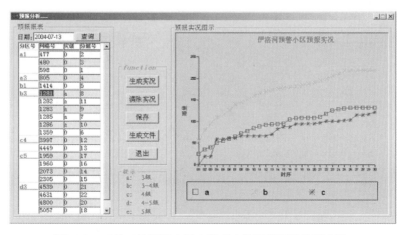

图2-2-90　7月13日荥阳市汜水镇虎牢关预警系统分析曲线

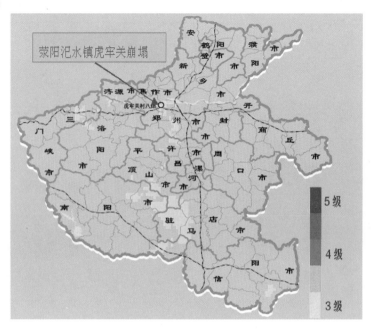

图2-2-91　7月13日省级预警图

2004年7月13日，荥阳市汜水镇虎牢关村多处发生小型崩塌、滑坡，毁田毁路随处可见。13日19时，汜水镇虎牢关村八组（网格号1280）居民季松晨房后发生崩塌，造成2孔窑洞被毁，3间平房受损，大量生活用品被掩埋，直接经济损失3万余元；由于当地地质灾害行政主管部门接到地质灾害预警信息后，及时采取避让措施，避免了7人伤亡的地质灾害事件。

### 2.7.2.3　登封市大金店陈楼崩塌

2004年8月16日，登封市普降大到暴雨，省气象台预测17日该地区为小雨，经预警系统分析，该地区前期降雨曲线已进入预警范围（见图2-2-92）；预警中心发布汛期地质灾害预警预报（见图2-2-93）。

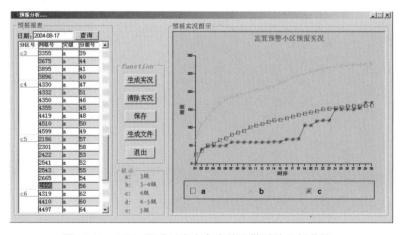

图2-2-92　8月17日登封市大金店镇预警系统分析曲线

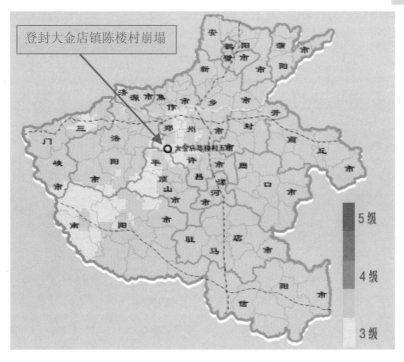

图2-2-93　8月17日省级预警图

　　8月17日1时，登封市大金店镇陈楼村五组（网格号2711）发生黄土崖头崩塌，造成两户居民的4间房屋受损；由于事先得到地质灾害气象预警预报，有关部门准备充分，再加上该村村民防范意识较强，及时避让，避免了10人伤亡的地质灾害事件。

### 2.7.2.4　新县千金乡戴湾村大范洼组滑坡

　　2004年7月17日20时到7月18日8时，信阳地区普降暴雨，降水量达101.8 mm，经预警系统分析，该地区7月17日预报雨量已进入预警范围（见图2-2-94），17日16：30预警中心发布汛期地质灾害预警预报（见图2-2-95）。

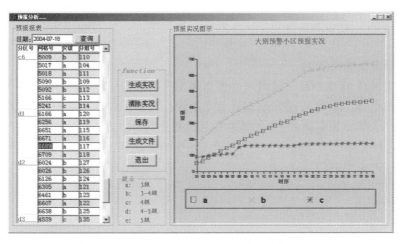

图2-2-94　7月18日新县千金乡预警系统分析曲线

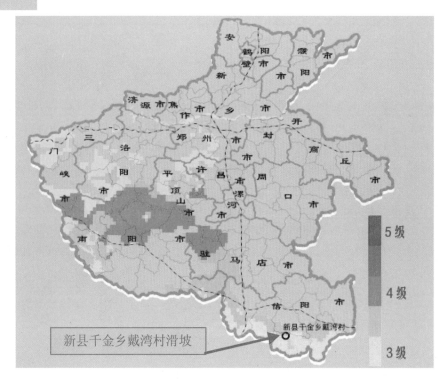

新县千金乡戴湾村滑坡

图2-2-95　7月18日省级预警图

7月18日4：10新县千金乡戴湾村大范洼组（网格号6604）发生滑坡，毁房4间，死亡4人，直接经济损失3万元。

### 2.7.2.5　淅川县盛湾镇陈庄村明家湾组滑坡

2005年7月6日16：20，预警中心发布河南省汛期地质灾害预警信息（见图2-2-96），7月7日淅川县盛湾镇陈庄村明家湾组发生山体滑坡(预报分区网格号$C_6$区5235)，滑坡体积约2 000 $m^3$，造成村民明道银、明安富两家共16间房屋被损坏，直接经济损失达16万元。由于事先得到地质灾害气象预警预报，有关部门准备充分，没有造成人员死亡。

### 2.7.2.6　荥阳市崔庙镇崩塌

2005年7月21日16：25，预警中心发布地质灾害预警信息（见图2-2-97），2005年7月22日14：10，荥阳市崔庙镇发生多处黄土崩塌，其中崔庙村东沟村民组（预报分区网格号$B_3$区1540）居民陈金福家2层6间楼房后墙被推倒，造成1人死亡；竹园村下姜村民组（预报分区网格号$B_3$区1540）3间房屋受损，大量生活用品被掩埋，1人受伤。由于当地地质灾害行政主管部门接到地质灾害预警信息后，及时采取措施进行防范，没有造成更大损失。

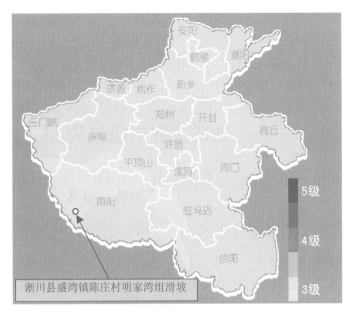

图2-2-96　7月6日省级预警图

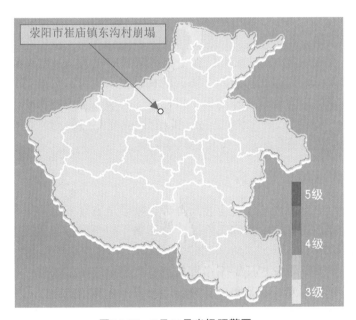

图2-2-97　7月21日省级预警图

# 第3章 地质灾害应急

## 3.1 地质灾害应急机构

地质灾害应急机构主要包括应急管理机构、应急指挥机构、应急抢险专业机构和应急技术支撑机构。

### 3.1.1 地质灾害应急管理机构

省人民政府是全省应急管理工作的最高行政领导机关，负责组织、指挥、协调全省特别重大、重大突发公共事件的处置工作。省人民政府由常务副省长负责应急管理工作，各分管副省长按照职责分工承担相应的应急管理工作责任；省政府各部门在分管副省长的直接领导下，按照职责分工分别承担自然灾害（含地质灾害）、事故灾难、突发公共卫生事件、突发社会安全事件等应急管理工作相应的任务和责任。

省人民政府设立有专门的应急管理办公室（办事机构），履行值守应急、信息汇总、综合协调等职能。

各省辖市、县(市、区)人民政府负责处置本辖区的较大、一般突发公共事件，负责先期处置需要省人民政府组织、指挥、协调的特别重大、重大突发公共事件。各级人民政府主要领导是辖区应急管理工作的第一责任人，县级以上政府都要明确负责应急管理工作的责任领导。省辖市、县(市、区)人民政府设立有专门的应急管理办公室（办事机构），履行值守应急、信息汇总、综合协调等职能。

### 3.1.2 地质灾害应急指挥机构

省人民政府设立突发地质灾害应急指挥部，领导全省突发地质灾害抢险救灾工作，负责特大型、大型地质灾害险情和灾情的应急防御、应急处置与救援工作。其机构组成如下：

总指挥长由主管副省长担任，副指挥长由省人民政府主管副秘书长、省国土资源厅厅长担任。成员包括省发展改革委、省教育厅、省工业和信息化厅、省公安厅、省民政厅、省财政厅、省国土资源厅、省环保厅、省住房和城乡建设厅、省交通运输厅、省水利厅、省农业厅、省林业厅、省商务厅、省卫生厅、省政府国资委、省广电局、省旅游局、省安全监管局、省地震局、省气象局、省军区、武警河南总队、省通信管理局、省电力公司、郑州铁路局、省公安消防总队等部门和单位负责同志。

省突发地质灾害应急指挥部办公室设在省国土资源厅。主任由省国土资源厅主管厅长兼任，副主任由主管副厅长担任。

### 3.1.3　地质灾害应急抢险专业机构

按照灾害应急救援体系建设的要求，建立以公安、武警、解放军、民兵、预备役部队为骨干和突击力量，以抗洪抢险、森林消防、矿山救护、医疗救护等专业应急救援队伍为基本力量，企事业单位专兼职救援队伍和社会志愿者共同参与的应急救援体系。加强各类应急救援队伍建设，改善技术装备，强化培训演练，提高应急救援能力。

加强应急救援专家队伍建设，建立专家数据库，完善专家参与应急管理的工作机制，充分发挥专家的专业特长和技术优势，提高科学处置水平。

推进大中型企业特别是高危行业企业专职或者兼职应急救援队伍建设，积极参与社会应急救援，逐步建立社会化的应急救援机制。研究制定动员和鼓励志愿者参与应急救援工作的办法，切实加强志愿者队伍的招募、组织和培训工作，发挥志愿者在科普宣教、应急处置和恢复重建等方面的重要作用。

### 3.1.4　地质灾害应急技术支撑机构

各级国土资源行政主管部门设立地质灾害应急中心，作为突发地质灾害应急技术支撑机构，主要职责是承担地质灾害应急值守，信息汇总与上报，应急技术支撑服务（应急装备、应急调查监测、应急资料信息等），应急演练，应急技术指导与培训等工作。

经河南省编制委员会办公室批准，河南省国土资源厅于2009年成立"河南省国土资源厅地质灾害应急中心"，与河南省地质环境监测院合署办公，配备有无人驾驶直升机、移动卫星通信指挥车、固定和便携式卫星站等先进设备，为全省地质灾害应急提供技术支撑服务。

## 3.2　地质灾害应急预案

### 3.2.1　编制目的与编制依据

编制地质灾害应急预案的目的是高效有序地做好突发地质灾害应急防御和处置工作，避免或最大程度地减轻地质灾害造成的损失，维护人民生命财产安全和社会稳定。

编制依据主要包括《中华人民共和国突发事件应对法》、《地质灾害防治条例》、《国家突发地质灾害应急预案》及各省(市、区)突发公共事件总体应急预案等。

### 3.2.2　险情和灾情等级划分

地质灾害险情和灾情按危害程度大小分为特大型、大型、中型、小型四级。

#### 3.2.2.1　险情

特大型：受地质灾害威胁，需搬迁转移人数在1 000人（含）以上，或潜在经济损失1亿元（含）以上的地质灾害险情。

大型：受地质灾害威胁，需搬迁转移人数在500人（含）以上、1 000人以下，或潜在经济损失5 000万元（含）以上、1亿元以下的地质灾害险情。

中型：受地质灾害威胁，需搬迁转移人数在100人（含）以上、500人以下，或潜在经济损失500万元（含）以上、5 000万元以下的地质灾害险情。

小型：受地质灾害威胁，需搬迁转移人数在100人（含）以下，或潜在经济损失500万元以下的地质灾害险情。

#### 3.2.2.2　灾情

特大型：因灾死亡和失踪30人（含）以上，或因灾造成直接经济损失1 000万元（含）以上的地质灾害灾情。

大型：因灾死亡和失踪10人（含）以上、30人以下，或因灾造成直接经济损失500万元（含）以上、1 000万元以下的地质灾害灾情。

中型：因灾死亡和失踪3人（含）以上、10人以下，或因灾造成直接经济损失100万元（含）以上、500万元以下的地质灾害灾情。

小型：因灾死亡和失踪3人以下，或因灾造成直接经济损失100万元以下的地质灾害灾情。

### 3.2.3　适用范围和工作原则

突发地质灾害应急预案适用于编制预案的政府所管辖的行政范围。地质灾害种类一般包括滑坡、崩塌、泥石流、地面塌陷等突发地质灾害。

主要工作原则如下：

以人为本、预防为主。建立健全群测群防机制，最大程度地减轻突发地质灾害损失，保障人民群众生命财产安全。

统一领导、分工负责。在各级党委、政府统一领导下，各有关部门根据职能划分，各司其职，密切配合，共同做好突发地质灾害应急防御和处置工作。

分级管理、属地为主。按照灾害级别，实行分级管理、条块结合、以当地政府为主的管理体制，及时有效地做好应对工作。

### 3.2.4　应急机构与工作职责

#### 3.2.4.1　省突发地质灾害应急指挥机构职责

省突发地质灾害应急指挥部的主要职责是：统一领导、指挥和协调全省地质灾害应急防治与救灾工作；分析判断成灾或多次成灾的原因，确定应急防治与救灾工作方案；部署和组织有关部门和有关地区对受灾地区进行紧急救援；协调省军区、省武警总队迅速组织指挥部队参加抢险救灾；指导省辖市人民政府做好地质灾害的应急防治工作；处理其他有关地质灾害应急防治与救灾的重要工作。

省突发地质灾害应急指挥部办公室的主要职责是：贯彻省地质灾害应急指挥部的指示和部署，协调有关省辖市地质灾害应急指挥部、省地质灾害应急指挥部成员单位之间的应急工作，并督促落实；汇集、上报险情、灾情、应急处置与救灾进展情况；提出具体的应急处置与救灾方案和措施建议；组织有关部门和专家分析灾害发展趋势，对灾害损失及影响进行评估，为省地质灾害应急指挥部决策提供依据；组织应急防治与救灾的新闻发布；起草省地质灾害应急指挥部文件、简报，负责省地质灾害应急指挥部各类文件资料的准备和整理归档；承担省地质灾害应急指挥部日常事务和交办的其他工作。

设区市、示范区、县（区、市）人民政府参照省级应急指挥机构的设置和职责设立相应的应急指挥机构，明确工作职责。

### 3.2.4.2 指挥部成员单位职责

省发展改革委：负责组织、协调有关部门做好地质灾害突发事件应急救援物资的储备、调拨和紧急供应。

省教育厅：负责做好危及校舍安全的地质灾害的防治工作；灾害发生时做好在校学生的安全管理和疏散工作，妥善解决灾区学生的就学问题；负责对学生进行防灾减灾应急知识的宣传教育工作。

省公安厅：协助灾区政府对遇险人员进行搜救，动员受灾害威胁的居民以及其他人员疏散、转移到安全地带；对遇难人员遗体进行鉴定；协助灾区有关部门维护社会治安，依法打击违法犯罪活动；迅速疏导交通，对灾区和通往灾区的道路实行交通管制，保证抢险救灾工作顺利进行。

省民政厅：负责组织、协调突发地质灾害事件中受灾群众的临时救助和转移安置工作，组织灾区民房倒塌恢复重建和对灾民进行基本生活救助；负责对灾情损失的评估；组织对遇难人员遗体处置等善后工作。

省财政厅：负责对突发地质灾害事件应急处置省级负担经费的保障落实，督促市、县级财政落实本级财政负担的应急防治资金和救援资金，对突发地质灾害事件应急处置经费进行监督管理。

省住房和城乡建设厅：负责对受灾建筑物的损坏程度进行评估，并报告直接经济损失情况；负责灾后恢复重建规划和工程建设督导工作。

省交通运输厅：负责组织、督促威胁交通干线及附属设施安全的地质灾害防治工作；及时组织抢修损毁的交通设施，确保道路畅通；组织协调应急运力，配合有关部门做好救灾人员、物资的运输工作。

省水利厅：负责水情和汛情的监测以及地质灾害引发的次生洪涝灾害的处置；对影响水利工程设施安全的地质灾害险情采取紧急处置措施，避免水利工程遭受或引发地质灾害。

省国土资源厅：负责突发地质灾害相关信息的收集、分析，按照地质灾害分级报告的规定，审核上报有关部门；组织开展突发地质灾害应急调查，并对灾害发展趋势进行预测，提出应急处置的措施和建议；对必要的应急处置工程进行技术指导。

省商务厅：负责灾区生活必需品市场运行监测，组织协调灾区生活必需品的市场供应。

省卫生厅：负责组织协调医疗卫生部门开展灾区伤员医疗救治、疾病预防控制和卫生监督工作，并根据需要提供技术支持。

省环保厅：负责督促、指导地方人民政府对地质灾害引发环境污染的次生灾害紧急处置工作，并加强监控，及时提供环境监测信息。

省工业和信息化厅：负责组织、督促工矿企业做好所辖生产生活区内及周边危及企业自身安全和威胁群众生命财产安全的地质灾害的防治工作。

省广电局：负责督促、指导广播电视新闻媒体及时发布汛期地质灾害预报预警信息，做好突发地质灾害应急防治的宣传报道工作。

省旅游局：负责组织旅游景区内地质灾害的排查监测和治理工作，组织修复被毁的旅游基础设施和旅游服务设施。

省安全监管局：负责组织、督促相关行业生产经营单位做好对危及自身安全和威胁群众生命财产安全的地质灾害的防治工作。

省通信管理局：负责组织、协调省各基础电信运营企业做好通信应急保障和损毁通信设施的抢通恢复工作。

省地震局：负责提供地质灾害预警预报所需的地震资料信息，对与地震有关的地质灾害或由地质灾害引起的震动进行监测，并对地震的发展趋势进行预测。

省气象局：负责提供地质灾害预警预报所需的气象资料信息，与国土资源管理部门合作，制作发布地质灾害气象预警预报；加强对现场的气象监测预报，为灾害的救援处置提供气象保障。

郑州铁路局：负责组织辖区内危害铁路安全的地质灾害的排查、监测和治理工作；负责灾害发生后的应急处置，并尽快采取措施恢复被破坏的铁路和有关设施，组织运力做好抢险救援人员、物资运输工作。

省电力公司：负责受灾区域损毁供电设备的修复，确保灾区地质灾害应急指挥救援正常用电。

省军区：根据省地质灾害应急指挥部的要求，负责组织民兵预备役部队，必要时协调驻军参加全省突发地质灾害的应急救援。

武警河南总队：根据省地质灾害应急指挥部的要求，组织指挥所属部队参与抢险救灾工作；配合公安机关维护当地社会秩序，保卫重要目标。

其他成员单位和相关部门也要根据职责，参与抢险救灾工作。

### 3.2.4.3 应急专家队伍与职责

各级政府建立地质灾害应急专家队伍，加强对地质灾害应急防御和处置工作的指导及技术支撑。

其主要职责是分析灾害形成原因与判断灾害灾情的发展趋势，提交应急调查技术报告；为应急处置与救灾方案提供技术指导。

省级、设区市级、县（区、市）级地质灾害应急专家队伍应由一定数量的经验丰富的专家组成。同级国土资源部门负责本级地质灾害应急专家队伍的日常管理。

## 3.2.5 预防和预警机制

### 3.2.5.1 预防、预警基础

（1）编制年度地质灾害防治方案。县（市、区）级以上地方人民政府国土资源部门在开展地质灾害调查的基础上，会同本级地质灾害应急指挥部成员单位，依据地质灾害防治规划，年初拟订本年度地质灾害防治方案并组织实施。

（2）建立健全地质灾害监测系统。地方各级人民政府根据当地已查出的地质灾害危险点、隐患点，建立健全地质灾害群测群防网络和专业监测网络，形成覆盖全省的地质灾害监测系统。

（3）发放"防灾明白卡"。地方各级人民政府要根据当地已查出的地质灾害危险点、隐患点，将群测群防工作落实到具体单位、乡（镇）长和村委会主任，要将涉及地质灾害防范措施的"防灾工作明白卡"、"防灾避险明白卡"发到受灾害隐患点威胁的单位、住户及责任人手中。

（4）群众报灾报险。鼓励支持群众和单位通过报信、电话等各种形式向人民政府及有关部门（单位）、有关技术工作机构报告地质灾害信息。各监测单位或监测人发现地质灾害灾情或险情时，应按地质灾害分级标准分别报告县（区、市）、设区市、省地质灾害应急指挥部办公室。

#### 3.2.5.2　监测、预报、预警

（1）监测与巡查。地方各级人民政府要充分发挥地质灾害群测群防和专业监测网络的作用。每年汛期前，由应急指挥部组织国土资源、建设、水利、交通、铁路等部门（单位）进行地质灾害隐患巡查，发现险情及时报告，落实监测单位和监测人；汛中、汛后定期和不定期开展检查，加强对地质灾害重点地区的监测和防范。

（2）接警与处警。各级地质灾害应急指挥部办公室分别设立接警中心，并公布接警电话。

县（区、市）、设区市应急指挥部办公室接到发生地质灾害报警信息后，应迅速组织进行处置，并将情况报告省应急指挥部办公室。省应急指挥部办公室接警后，应初步核实灾情，及时进行分析评估，并报告省地质灾害应急指挥部领导。必要时，省应急指挥部办公室立即派员赶赴事发地，进一步查明情况，指导协助事发地人民政府妥善处置。

（3）预报、预警制度。地质灾害预报由县（区、市）级以上国土资源部门会同同级气象主管部门联合发布，并将预报、预警结果及时报告本级人民政府，同时通过电视、电话、广播等媒体向社会发布。预报内容主要包括地质灾害可能发生的时间、地点、成灾范围和影响程度等。各单位和当地群众要对照"防灾明白卡"要求，做好防灾的各项准备工作。

（4）预报、预警级别与标准。地质灾害气象预报、预警级别，根据《国土资源部与中国气象局关于联合开展地质灾害气象预警工作协议》分为五个级别。1级：可能性很小；2级：可能性较小；3级：可能性较大；4级：可能性大；5级：可能性很大。

地质灾害气象预报、预警标准为：1级和2级预警，为关注级，1级发生地质灾害的可能性很小；2级发生地质灾害的可能性较小。3级预警为注意级，用黄色表示，发生地质灾害的可能性较大；4级预警为警报级，用橙色表示，发生地质灾害的可能性大；5级预警，为加强警报级，用红色表示，发生地质灾害的可能性很大。

（5）预报、预警要求。地方各级人民政府的相关部门要密切合作，及时传送地质灾害险情、灾情、汛情和气象信息，实现各部门间的共享。负责预报、预警单位要建立地质灾害监测、预报、预警等资料数据库，进行地质灾害中、短期趋势预测和临灾预报、预警。

（6）预报、预警信息发布。

①信息发布。地质灾害气象预报、预警信息由同级国土资源部门与气象部门等组成的专家组会商，提出预报等级意见，按程序审批后，由国土资源部门和气象部门联合预报机构在第一时间发布。

当地质灾害气象预报、预警等级为1~2级时，不向公众发布；当预报、预警等级达到3级以上时，通过电视媒体向社会公众发布；当预报、预警等级为4、5级或气象台短时预报（1~6 h）降水量大且持续时间长时，联合预报机构通过电视媒体向社会公众发布，同时用电话或手机短信息，直接向可能发生灾害的县（区、市）、乡（镇）人民政府发布地质灾害预报、预警信息。

②信息获取。预报灾害发生区域内的设区市、县（区、市）级人民政府，国土资源部门、防汛部门、地质环境监测机构主管领导和相关责任人，要及时查收联合预报机构发出的未来24 h区域地质灾害气象预报手机短信。社会公众可从电视等媒体上了解获悉未来24 h地质灾害气象预报、预警图文信息。

（7）预警、预报行动。各级人民政府地质灾害应急指挥部办公室对地质灾害信息进行研究分析，对可能达到3级以上的，及时报告应急指挥部，统一协调部署，提出预警措施和应对方案，并通报相关成员单位。

①当预报等级为5级时，发生地质灾害的可能性很大，群测群防组织应通知基层群测群防监测人员加强巡查，加密监测隐患体和降水量的变化，一旦发现地质灾害临灾征兆，应立即发布紧急撤离信号，并组织疏散受灾害威胁人员，转移重要财产，并将有关重要信息快速报告上级主管部门，启动相应地质灾害应急预案。

②当预报等级为4级时，发生地质灾害的可能性大，群测群防组织应通知基层群测群防监测人员加密监测，将监测结果及时告知受灾害威胁对象，提示其注意防范，做好启动地质灾害应急预案准备。

③当预报等级为3级时，发生地质灾害的可能性较大，群测群防组织应通知基层群测群防监测人员注意查看隐患点变化情况。

④当地质灾害气象预报、预警漏报，而当地局部地区出现持续大雨或暴雨天气时，群测群防责任单位和监测人员应及时告知受灾害威胁对象，提请其注意防范；当发现临灾特征时，应立即组织疏散受灾害威胁人员，转移重要财产，启动相应级别地质灾害应急预案。

## 3.2.6　应急响应

### 3.2.6.1　应急响应启动

按照地质灾害危害程度和影响范围，及其引发的次生灾害类别，有关部门按照其职责和预案启动应急响应。

当同时发生两种以上的灾害且分别发布不同预警等级时，按照最高预警等级灾种启动应急响应。

### 3.2.6.2　应急响应行动

地质灾害应急响应分为特大型地质灾害应急响应（Ⅰ级）、大型地质灾害应急响应

（Ⅱ级）、中型地质灾害应急响应（Ⅲ级）和小型地质灾害应急响应（Ⅳ级）四个响应等级。

1. Ⅰ级响应

启动特大型地质灾害应急预案。事发地设区市、县（区、市）级人民政府应急指挥部立即启动本级地质灾害应急预案，先期开展抢险救灾工作，并在第一时间报告省人民政府应急指挥部。

省人民政府应急指挥部立即启动省级地质灾害应急预案，派出应急工作组，开展应急处置工作，并将有关情况迅速报告国务院及其有关部门。涉及跨越省行政区域的、超出省人民政府处置能力的、或者需要由国务院负责处置的，报请国务院启动国家突发地质灾害应急预案。

省应急指挥部在国务院指挥机构或工作组的指导下，做好现场处置工作。

2. Ⅱ级响应

启动大型地质灾害应急预案。事发地设区市、县（区、市）级人民政府应急指挥部立即启动本级地质灾害应急预案，指挥现场抢险救灾工作，并在第一时间报告省人民政府应急指挥部。

省人民政府应急指挥部启动省级地质灾害应急预案，立即派出应急调查组或救灾工作组，积极开展各项应急工作，并将有关情况迅速报告国务院及国务院有关部门。事后，将应急调查报告及时上报国务院主管部门。

应急指挥部各成员单位，按照省级应急预案规定的职责立即开展工作。

3. Ⅲ级响应

启动中型地质灾害应急预案。事发地设区市、县（区、市）级人民政府应急指挥部及其他有关人员迅速到岗到位，启动本级地质灾害应急预案，做好具体应急处置工作，并在第一时间报告省人民政府应急指挥部及省级有关部门。事后，将应急调查报告及时上报省政府主管部门。

必要时，省地质灾害应急指挥部给予指导支援。

4. Ⅳ级响应

启动小型地质灾害应急预案。事发地县（区、市）级人民政府应急指挥部及其他有关人员迅速到岗到位，启动本级地质灾害应急预案，做好具体应急处置工作，并在第一时间将灾情、险情报告设区市人民政府应急指挥部及有关部门。

设区市人民政府应急指挥部可视情况派出工作组赴灾害现场指导、支援抢险救灾工作。

### 3.2.6.3　应急速报

依据国土资源部《关于进一步完善地质灾害速报制度和月报制度的通知》（国土资发[2006]175号）要求，地质灾害速报时限与速报内容如下。

1. 速报时限

县（区、市）应急指挥部及有关部门（单位）接到当地出现特大型、大型地质灾害报告后，应在1h内速报县（区、市）人民政府与设区市应急指挥部办公室，同时越级速报省应急指挥部办公室，并随时续报重要情况。省应急指挥部接到特大型、大型地质灾害险情和灾情报告后1h内速报省人民政府和国土资源部。

县（区、市）应急指挥部接到当地出现中、小型地质灾害报告后，应在2 h内速报县（区、市）人民政府和设区市应急指挥部办公室，同时越级速报省应急指挥部办公室。省应急指挥部接到中型（或小型）地质灾害险情和灾情报告后3 h（或6 h）内报告省人民政府和国土资源部。

对发现的威胁人数超过500人，或者潜在经济损失超过1亿元的严重地质灾害隐患点，各级应急指挥部办公室接报后，应在2 d内将险情和采取的应急防治措施报省应急指挥部办公室。

2. 速报内容

灾害速报的内容主要包括地质灾害灾情或险情发生的时间、地点、地质灾害类型、灾害体的规模、可能的引发因素和发展趋势，死亡、失踪和受伤的人数以及造成的直接经济损失等，同时提出采取的对策和措施。

发现地质灾害灾情或险情有新的变化时，要及时续报。

### 3.2.6.4　指挥与协调

预案启动后，按照分级管理、属地为主的原则，各级应急指挥部按职责统一负责应急处置工作的组织指挥，必要时设立现场指挥部，具体负责指挥事发现场的应急处置工作。

对于地质灾害跨省行政区域的，报请国务院主管部门协调指挥，由省人民政府与有关省（市、区）人民政府联合采取相应的应急措施。

### 3.2.6.5　应急处置

（1）先期处置。地质灾害灾情或险情发生后，事发地县（区、市）级人民政府应急指挥部及有关部门应立即进行应急处置，并组织群众开展自救互救，全力控制灾害事态扩大，努力减轻地质灾害造成的损失。

（2）大型或特大型地质灾害处置。发生大型或特大型地质灾害灾情或险情，事发地设区市、县（区、市）级人民政府应急指挥部先行组织处置，开展自救和互救。省应急指挥部组织、指挥各成员单位、专家及专业队伍迅速赶赴现场，开展应急处置工作。

### 3.2.6.6　应急安全防护

地质灾害发生地政府和有关部门应当按照《中华人民共和国突发事件应对法》的要求，做好日常的应急安全防护，根据地质灾害预测预报信息，及时疏散可能受威胁的人员，尽量避开灾害可能影响和波及的区域，减轻人员伤亡和财产损失。

### 3.2.6.7　新闻发布

各级人民政府应急指挥部建立新闻发言人制度。地质灾害灾情和险情的发布按照国家关于突发公共事件新闻发布的应急预案和河南省关于突发公共事件新闻发布的应急预案有关规定和要求，及时将地质灾害监测预警情况、灾害损失情况、救援情况等及时准确地向社会公布。

### 3.2.6.8　应急结束

地质灾害的灾情、险情得到有效控制或应急处置工作完成后，各级人民政府视情况及时解除灾情、险情应急响应，开放原划定的地质灾害危险区和抢险救灾特别管制区，并报上一级应急指挥部办公室备案。

### 3.2.7　应急保障

#### 3.2.7.1　应急平台保障

加强地质灾害应急平台建设，保障其语音通信、视频会议、图像显示及预报预警、动态决策、综合协调与应急联动等功能运营运转高效。

省突发地质灾害应急平台体系建设以省地质灾害应急平台为枢纽，以设区市级地质灾害应急平台为节点，县（区、市）级地质灾害应急平台为端点，重点实现预报预警、信息报送、综合研究、决策支持、远程会商、应急指挥等主要功能。

应急平台建设要突出基础支撑系统、综合应用系统、数据库系统和移动应急平台等重点，配备必要的装备。

#### 3.2.7.2　基础支撑系统

建立应急指挥场所、应急通信系统、计算机网络系统、数据共享与交换系统、视频会商系统、图像接入系统、安全保障系统、应急调查系统等基础支撑系统。按照《国土资源部地质灾害应急平台——基础支撑体系建设技术要求》执行。

（1）应急指挥场所。各级应急指挥部应有固定的办公场所，建立应急指挥室、视频会商室和值班室。

（2）应急通信系统。应急通信系统由有线、无线和卫星系统等组成，并配备多路传真机、对讲机等通信设备，保证各单位应急管理日常工作联络安全、畅通。

（3）计算机网络系统。依托卫星宽带和电子政务网，建立计算机网络系统，满足信息共享、图像传输、视频会商和指挥调度等业务的网络需求。

（4）数据共享与交换系统。配备专用数据库服务器，设立地质灾害数据交换中心，采用全省统一数据交换标准和技术规范，实现互联互通和资源共享。

（5）视频会商系统。在省和设区市级地质灾害应急平台配备视频会商中心系统设备(MCU)，在县（区、市）级地质灾害应急平台配备视频会商系统设备，实现各地质灾害应急平台及地质灾害现场的多方音视频会商。

（6）图像接入系统。联通各级地质灾害应急平台图像接入系统，配备视频终端等设备，按照统一的图像编码标准采集、存储、显示、上传图像，使图像共享和互通。

（7）安全保障体系。遵守国家保密规定和信息安全有关规定，依托国土资源主干网信息安全保障体系，严格用户权限控制，确保涉密信息传输、交换、存储和处理等安全。加强各级地质灾害应急平台的供配电、空调、防火、防灾等安全保护措施，逐步完善各级地质灾害应急平台安全管理体制。

（8）应急调查系统。建立完善应急调查人员、调查设备、通信设备等应急调查系统，配备应急调查车、便携式卫星终端设备、无线单兵传输设备、手持激光测距仪、三维激光扫描系统、电子罗盘、便携式计算机、手持GPS、数码摄像机、数码照相机、卫星电话、应急防护装备及应急包等设备。

各级应急调查人员在应急调查时应着统一标识的马甲，及时到达险情或受灾现场，完成突发地质灾害现场调查，实时报告、传递现场信息等。

### 3.2.7.3 综合应用系统

省突发地质灾害应急管理系统，须配备系统运行所需的应用服务器、计算机等设备和应用平台软件，实现应急职守、预报预警、综合业务管理、远程会商、辅助决策、模拟仿真、信息发布等功能。

### 3.2.7.4 数据库系统

完善省突发地质灾害应急平台空间数据库，配备数据库服务器，存储基础信息、地理信息、事件信息、模型、知识、案例和文档等数据，并通过数据共享与交换系统获取分布在各设区市、县（区、市）地质灾害应急平台中的有关数据，为国土资源部地质灾害应急平台和省级地质灾害应急平台提供应急数据。

### 3.2.7.5 移动应急平台

建立野外现场音视频采集、现场通信和指挥调度等应急处置需要的移动应急平台，配备应急指挥车、无人驾驶直升监测飞机及通信设备，实现与国土资源部和省地质灾害应急平台互联互通。

### 3.2.7.6 应急队伍保障

加强各级地质灾害应急队伍建设，应在现有各级地质环境监测（总）站（或滑坡工作办公室）的基础上，保障相应数量的技术人员，满足突发地质灾害应急工作。

地质灾害应急队伍具体承担突发地质灾害应急防御和处置技术工作，包括应急调查评价、监测预警、应急处置、应急信息、远程会商及综合研究等工作。

各级地质灾害应急队伍应具备一定数量的专职技术人员。技术人员须熟悉地质灾害防治管理，精通地质灾害防治业务；具有大学本科以上学历，水文地质工程地质、地质工程、计算机专业，且从事地质灾害防治调查、技术研究或业务管理工作多年。

### 3.2.7.7 应急资金保障

资金投入是确保全省各级突发地质灾害应急防御与处置有效实施的重要保障。按照《地质灾害防治条例》规定，地质灾害防治工作，应当纳入当地政府国民经济和社会发展计划，应急防御与处置经费，应纳入各级人民政府财政预算，并建立稳定的年度经费投入保障机制，视实际情况，经费投入要逐年增长。

### 3.2.7.8 应急物资保障

各级人民政府要组织有关部门、单位，按照各自的职责和预案要求，配备必需的应急装备，做好相关物资保障工作。

### 3.2.7.9 宣传培训

各级地方人民政府及广播电视、新闻出版、文化教育等有关部门应当利用各种媒体和手段，进行多层次多方位的地质灾害防治知识教育，提高公众的防灾减灾意识和自救互救应对能力。

## 3.2.8 应急预案管理、演练与修编

### 3.2.8.1 预案管理

各设区市、县（区、市）级国土资源局，应当会同有关部门参照省突发地质灾害应急预案，制定本行政区域内的突发地质灾害应急预案，报本级人民政府批准后实施。各

设区市的应急预案应报省国土资源厅备案。

#### 3.2.8.2　预案演练

为提高突发地质灾害应急反应能力，各级地方人民政府应急指挥部组织相关部门及抢险救灾应急队伍，按照国务院《突发事件应急演练指南》，每年定期或不定期有针对性地开展应急抢险救灾综合实战演练。各设区市的应急演练方案报省国土资源厅备案。

演练结束后，组织实施单位应进行演练评估和演练总结，并将评估报告按时报同级政府应急管理办公室和上一级政府主管部门。

#### 3.2.8.3　预案修编

突发地质灾害应急预案由国土资源部门负责制定和修编，修编更新后的预案，报本级政府批准。突发地质灾害应急预案的修编期限最长为5年。

### 3.2.9　责任与奖惩

#### 3.2.9.1　奖励

对在地质灾害应急工作中贡献突出需表彰奖励的单位和个人，按照《地质灾害防治条例》相关规定执行。

#### 3.2.9.2　责任追究

对引发地质灾害的单位和个人的责任追究，按照《地质灾害防治条例》相关规定处理；对地质灾害应急防御与处置中失职、渎职的有关部门或相关人员，按照国家有关法律、法规追究责任。

## 3.3　地质灾害应急响应工作方案

### 3.3.1　编制目的

为科学规范、协调有序、快速高效地开展地质灾害应急响应工作，国土资源部门应编制突发地质灾害应急响应工作方案。

### 3.3.2　突发地质灾害应急响应分级

依据地质灾害险情和灾情等信息情况，省级国土资源部门设置Ⅰ、Ⅱ、Ⅲ和Ⅳ等四个级别的突发地质灾害应急响应。

### 3.3.3　信息来源

地质灾害险情和灾情等信息来源主要是：国务院、国土资源部和省（区、市）人民政府领导批示指示，省（区、市）应急办指令、省（区、市）人民政府其他部门商请，市、县（区）速报信息，媒体及其他信息等。

### 3.3.4 启动各级应急方案的决策程序

（1）当发生和发现特大型地质灾害险情和灾情时，启动Ⅰ级应急方案：

①受地质灾害威胁，需转移人数在1 000人以上，或者潜在可能造成的经济损失1亿元以上的地质灾害险情；

②因山体崩塌、滑坡、泥石流、地面塌陷、地裂缝等地质灾害造成30人以上（含30人）死亡，或者直接经济损失1 000万元以上的地质灾害灾情；

③因地质灾害造成大江大河及其支流被阻断，严重影响群众生命财产安全。

（2）当发生和发现大型地质灾害险情和灾情时，启动Ⅱ级应急方案：

①受地质灾害威胁，需转移人数在500人以上、1 000人以下，或者潜在经济损失5 000万元以上、1亿元以下的地质灾害险情；

②因山体崩塌、滑坡、泥石流、地面塌陷、地裂缝等地质灾害造成10人以上（含10人）、30人以下死亡，或者直接经济损失500万元以上、1 000万元以下的地质灾害灾情；

③因地质灾害造成铁路繁忙干线、国家高速公路网线路中断，或者严重威胁群众生命财产安全、有重大社会影响的地质灾害。

（3）当发生和发现中型地质灾害险情和灾情时，启动Ⅲ级应急方案：

①受地质灾害威胁，需转移人数在100人以上、500人以下，或者潜在经济损失500万元以上、5 000万元以下的地质灾害险情；

②因山体崩塌、滑坡、泥石流、地面塌陷、地裂缝等地质灾害造成3人以上（含3人）、10人以下死亡，或者直接经济损失100万元以上、500万元以下的地质灾害灾情。

（4）当发生和发现小型地质灾害险情和灾情时，启动Ⅳ级应急方案：

①受地质灾害威胁，需转移人数在100人以下，或者潜在经济损失500万元以下的地质灾害险情；

②因山体崩塌、滑坡、泥石流、地面塌陷、地裂缝等地质灾害造成3人以下死亡，或者直接经济损失100万元以下的地质灾害灾情。

（5）启动Ⅰ级应急方案时，省（市、区）国土资源厅自动成立地质灾害防治领导小组，下设办公室，负责组织协调工作；启动Ⅱ级以下（含Ⅱ级）应急方案时，不成立领导小组，由地质环境处负责组织协调应急工作。

### 3.3.5 应急方案

各级应急方案由应急响应组织、应急响应行动和应急响应保障等构成。

#### 3.3.5.1 应急响应组织

1. Ⅰ级应急方案

由厅长带队组成应急工作组赴现场，成员主要包括厅办公室、地质环境处、厅地质灾害应急中心和有关单位主要负责人等。

专家组由正高职级专家带队，5人组成。

厅地质灾害应急中心组织应急调查组、信息保障组和预警组，配备远程会商、快速探测和卫星通信等装备，随应急工作组赴现场。

事发地市、县级国土资源行政主管部门主要负责人参加厅应急工作组赴现场。

2. Ⅱ级应急方案

由副厅长带队组成应急工作组赴现场，成员主要包括地质环境处、厅地质灾害应急中心和有关单位主要负责人等。

专家组由正或副高职级专家带队，3人组成。

厅地质灾害应急中心组织应急调查组、信息保障组和预警组，配备远程会商、快速探测和卫星通信等装备，随应急工作组赴现场。

事发地市、县级国土资源行政主管部门主要负责人参加厅应急工作组赴现场。

3. Ⅲ级应急方案

由地质环境处处长或副处长带队组成应急工作组赴现场，成员主要包括地质环境处、厅地质灾害应急中心工作人员等。

专家组由副高职级专家带队，2人组成。

厅地质灾害应急中心组织应急调查组，配备相应设备，随工作组赴现场。

事发地市、县级国土资源行政主管部门有关负责人参加厅应急工作组赴现场。

4. Ⅳ级方案

由事发地市国土资源局领导带队组成应急工作组赴现场，成员主要包括地质环境科及当地地质环境监测站负责人等。

专家组由副高或中级职级专家带队，1～2人组成。

### 3.3.5.2 应急响应行动

现场应急响应行动，分险情和灾情两种情况。

1. 险情应急响应行动

主要包括：快速了解险情和抢险工作进展；开展地质灾害应急调查，评估险情；扩大范围调查地质灾害隐患；专家会商预测险情趋势；架设远程通信设备，实施远程会商；研究提出预警建议和避险排险技术咨询方案；研究决定向地方政府提出技术指导的建议；总结应急工作，提交总结报告，整理资料并归档。

2. 灾情应急响应行动

主要包括：快速了解灾情以及抢险救灾工作进展；开展地质灾害应急调查，评价灾情，预测险情；扩大范围调查区内地质灾害隐患；研究提出抢险救灾技术咨询方案；研究向地方政府提出技术咨询建议；做出地质灾害责任认定；架设远程通信设备，实施远程会商；总结应急工作，提交总结报告，整理资料、归档。

以上是基本处置工作内容，应急工作组可以根据现场实际情况和响应级别不同，商事发地政府视情况增加或减少具体工作内容。

### 3.3.5.3 应急响应保障

1. 人员调配

一般工作人员分现场工作人员和后方工作人员。现场工作人员包括调查处置、信息传输和专用设备操作等方面人员，具体工作时与省（区、市）级应急机构工作人员联合组队；后方工作人员由信息、通信、设备和后勤等方面人员组成，工作重点是为现场工作组提供保障。

专家组由地质环境处根据应急响应等级、灾情险情特征和事发地实际，按照"属地为主、就近优先"的原则，主要从驻事发地地质灾害防治专家库中遴选指派。

2. 装备配置

厅地质灾害应急中心做好应急装备配备与保障工作，定期进行检测与维修，行前做好装备安全性、可用性检查和精度校准；应急结束后做好装备清查和登记入库工作。应急响应前，后方工作装备配置尽可能全面。应急出发前先与事发地市、县级应急机构沟通协调，根据需要确定远程携带的具体设备，并做好备份工作。应急工作装备配置应依据应急响应级别和应急工作需求，酌情而定。

调查监测装备主要包括：无人机、数码摄像机、数码照相机、电子罗盘、地质锤、放大镜、望远镜、手持GPS、激光测距仪、三维激光扫描仪。

通信装备主要包括：远程视频会商系统、卫星电话、对讲机等。

相关软件主要包括：专业制图及影像处理（遥感）软件、快速模拟演示软件、智能方案系统软件、地质工程设计软件等。

车载设备主要包括：车载发电机、车载应急系统等。

劳动保护及其他包括：帐篷、野外工作服装、医药和劳保用品、野外作业安全设备、便携式计算机（带无线网卡）等。

3. 资料保障

总站做好资料整理、集成和质量检查工作，逐步建成应急响应信息平台。应急响应资料要求彩色纸介质和电子版同时准备，精度尽可能满足应急要求，依据具体应急响应工作需求酌情而定。

主要资料包括：行政区划图、地形图、地质图、地质灾害分布图、地质灾害发生区域易发程度分区图、历史灾害情况、发灾点及周边灾害发育情况、地质灾害治理工程信息、近期降雨预报、地震或重大工程等信息、地质灾害气象预警信息、卫星和航空遥感图像及数据等。

## 3.3.6　相关机构与职责

### 3.3.6.1　省国土资源厅地质灾害防治领导小组及职责

当启动Ⅰ级应急方案时，省国土资源厅成立地质灾害防治领导小组。领导小组组长由厅长担任，副组长由主管地质灾害防治工作的副厅长担任，成员由厅办公室、地质环境处和厅地质灾害应急中心主要负责人组成。

领导小组负责应急响应决策指挥，主要职责任务如下：

（1）决定省国土资源厅Ⅰ级应急响应启动；

（2）决定应急响应工作上报国土资源部、省人民政府及有关部门的事宜；

（3）领导厅地质灾害应急工作；

（4）部署国土资源部、省人民政府交办的应急任务；

（5）决定对外发布的地质灾害应急工作情况；

（6）决定省国土资源厅Ⅰ级应急响应终止。

#### 3.3.6.2 厅地质灾害防治领导小组办公室及职责

省国土资源厅地质灾害防治领导小组下设办公室，主任由厅办公室主任担任，副主任由地质环境处和厅地质灾害应急中心主要负责人担任；成员由厅办公室、地质环境处和厅地质灾害应急中心相关人员组成。其主要职责如下：

（1）承办地质灾害应急工作专题会议、活动和文电等工作；

（2）负责接收、核实和向领导小组报告的地质灾害信息，并保持与国土资源部、省政府及有关部门，事发地人民政府、国土资源系统以及应急队伍的联系；

（3）传达领导小组应急指令，并督促检查指令落实情况；

（4）协调厅应急工作组、各部门及事发地政府之间的各项应急工作；

（5）及时向领导小组汇报灾情和抢险救灾工作进展，统一向新闻单位提供灾情及应急工作等信息；

（6）协助、指导事发地政府开展地质灾害应急防治工作；

（7）负责地质灾害应急处置方法和组织实施；

（8）组织开展应急调研、宣传、培训和演练工作，负责地质灾害应急管理方面的交流与合作；

（9）承办省国土资源厅领导交办的其他事项。

#### 3.3.6.3 地质环境处

当启动Ⅰ级应急方案时，地质环境处与厅办公室、厅地质灾害应急中心联合组成领导小组办公室，完成领导小组交办的各项应急工作任务；当启动Ⅱ级及其以下级别应急方案时，地质环境处负责全面协调工作，厅办公室及厅地质灾害应急中心协助。

#### 3.3.6.4 省国土资源厅地质灾害应急中心

省国土资源厅地质灾害应急中心是省国土资源厅突发地质灾害应急响应的技术支撑单位，其主要职责如下：

（1）组建专家组，进行应急专家库建设、管理；

（2）承担地质灾害应急值守、灾情汇总工作及上报；

（3）开展现场应急调查等技术工作；

（4）架构地质灾害事发地与厅之间的远程会商通信网络，确保现场与后方的信息畅通以及会商的顺利进行；

（5）为现场应急工作和专家会商提供相关资料和技术支持，及时开展相关区域地质灾害预警预报和趋势预测；

（6）提出重大地质灾害应急处置的建议措施；

（7）开展地质灾害应急信息平台建设、运行管理与维护；

（8）开展相关科学技术研究和交流合作，推广应用新技术、新方法；

（9）指导相关机构开展地质灾害应急响应工作；

（10）协助编制年度省级地质灾害方案，起草相关技术工作规程和要求，开展防灾减灾知识宣传、应急处置技术培训。

#### 3.3.6.5 地质灾害专家库

地质灾害应急防治专家从具有地质灾害危险性评估、地质灾害治理工程资质单位专家库中遴选，分正高职级、副高职级专家和一般专家等三个层次，分级分类分地区入库。依据地质灾害应急响应级别，选取不同层次专家组成专家组，为厅应急响应工作提供技术支持和咨询服务。

# 3.4　地质灾害应急演练

## 3.4.1　县级突发地质灾害应急抢险救灾综合演练

### 3.4.1.1　演练目的

为认真落实《地质灾害防治条例》，检验县级突发性地质灾害应急预案效果，提高地质灾害防治责任部门的快速反应能力、决策应对能力及广大受地质灾害威胁群众防灾避灾能力，完善抢险救灾体系，应定期开展地质灾害应急抢险救灾综合演练。

### 3.4.1.2　演练任务

地质灾害应急预案演练的任务是在地质灾害隐患点遭受连续降雨、强降雨等因素的诱发，滑坡等灾害有可能产生的紧急情况下，及时启动突发地质灾害应急预案，在县人民政府和国土资源局的统一领导下，组织县各相关部门各司其职，用最短的时间组织地质灾害危险区内受威胁群众的快速有序安全撤离。

### 3.4.1.3　演练的原则

地质灾害应急演练工作遵照的原则为：

（1）以人为本、避让为主的原则；

（2）统一领导、分级负责的原则；

（3）反应迅速、措施果断的原则；

（4）部门配合、分工协作的原则。

### 3.4.1.4　演练的组织领导

成立以县长为组长，副县长为常务副组长，县人武部部长、县政府办公室主任、县国土资源局局长、县教育局局长、地质灾害隐患点所在乡乡长为副组长的应急演练领导小组，成员单位为县委宣传部、应急办、财政局、公安局、国土资源局、发改局、民政局、气象局、交通局、水利局、环保局、建设局、安监局、卫生局、经贸局、农办、教育局、林业局、广电局、供电局、移动公司、联通公司、电信公司及乡人民政府。其中，常务副组长兼任现场指挥长，副组长兼任副指挥长，全面负责演练工作。

领导小组下设办公室于县应急办，由县政府办公室主任任办公室主任，抽调人员专门办公，具体负责处理、协调、督促和指挥演练活动相关事宜。办公室内设综合联络组、交通治安管理组、应急抢险组、灾险情调查监测组、医疗卫生组、后勤物资保障组6个工作组。各组人员组成、工作职责及工作完成时间如下：

（1）综合联络组。

由县政府办公室主任任组长，成员由县武装部、县委宣传部、政府办、国土资源局、气象局、民政局、建设局、交通局、水利局、安监局、公安局、教育局、卫生局和乡政府负责人及地质专家组成。

工作职责：组织制定应急处理和抢险救灾方案，报指挥部审定后送应急抢险小组组织实施；负责应急抢险救灾工作情况与信息的搜集、汇总，并形成书面材料向指挥部负责人报告，并同时向上级主管部门报告；掌握现场抢险救灾工作进度，及时预测灾情发展变化趋势，并研究对策；负责联络应急抢险组、交通治安管理组、灾险情调查监测组、医疗卫生组、后勤物资保障组工作；负责新闻媒体报道工作。

（2）交通治安管理组。

由县公安局局长任组长，成员由县公安局、交通局、交警大队、武警中队、乡政府及其有关部门工作人员组成。

工作职责：维护灾害现场社会治安秩序和交通秩序；负责灾区治安和刑事案件的侦破工作；对地质灾害区现场实施戒严封锁；组织灾区现场治安巡逻保护；负责疏散受灾区内无关人员，协助应急抢险组转移灾民及财产；完成现场抢险救灾指挥部交办的其他工作。

（3）应急抢险组。

由县武装部部长任组长，成员由县武装部、教育局和乡政府及其有关部门工作人员组成。

工作职责：迅速组织武警部队、民兵应急分队赶赴灾区现场组织抢险救灾，负责组织、指导遇险人员开展自救和互救工作；负责统一调集、指挥现场施救队伍，实施现场抢险救灾；负责实施抢险救灾工作的安全措施，抢救遇险人员和转移灾害现场的国家财产；完成现场抢险救灾指挥部交办的其他工作。

（4）灾险情调查监测组。

由县国土资源局局长任组长，成员由县国土资源局、县气象局、县安监局和乡政府及其有关部门工作人员组成。

工作职责：组织专家开展现场调查，查明灾害形成的条件、引发因素、影响范围和人员财产损失情况，确定地质灾害等级；设立专业监测网点，对灾害点现状稳定性进行监测和评估；提出能够阻止或延缓再次发生灾害的措施；提供灾害发生地详细准确的气象预报；提出人员财产的撤离、转移最佳路线和灾民临时安置地点的意见；完成县地质灾害抢险救灾指挥部交办的其他工作。

（5）医疗卫生组。

由县卫生局局长任组长，成员由县卫生局、县人民医院急救中心、乡医院、乡政府及其相关部门工作人员组成。

工作职责：迅速组建、调集现场医疗救治队伍；负责联系、指定、安排救治医院，组织指挥现场受伤人员接受紧急救治和转送医院救治，减少人员伤亡；负责调集、安排医疗器材和救护车辆；负责向上级医疗机构求援；认真搞好灾区的卫生防疫工作，确保在灾情发生后不发生各种传染性疫病。

（6）后勤物资保障组。

由县民政局局长任组长，成员由县民政局、交通局、财政局、教育局、乡政府主要领导及其有关部门工作人员组成。

工作职责：负责抢险救灾经费及时足额到位；负责灾民的临时安置工作；负责救灾物资的调运、储存和发放；为灾民提供维持基本生活必需品和抢险救灾人员的生活保障；确保抢险救灾指挥、通信、联络的优先畅通。

### 3.4.1.5　应急演练预备工作

1. 召开应急演练预备工作会议

会议由县人民政府召集县地质灾害防治领导小组成员、相关部门领导、乡镇群众代表等参加。

会议内容：县人民政府领导讲话，通报进行地质灾害应急抢险救灾预案演练工作的目的意义、标准要求及有关部门的工作任务等情况；座谈应急演练方案实施的有关问题。

2. 参演单位专业队伍和人数以及演练前需准备的物品

县武装部、民兵应急分队、武警中队负责其他参演单位所需迷彩服、十字镐、铲子、钢钎等器材的准备。

消防武警官兵负责消防车辆、消防器材、防毒面具、生命探测仪、登高救援等设备的准备。

县公安局及交警大队负责治安和交通管制警示标志。

县国土资源局负责宣传资料、标语、地质灾害监测设备的准备。

县卫生局负责2辆120急救车辆以及急救器材、卫生防疫消杀和演练灾民的伤病检查治疗器材的准备。

县交通局保证至少2台以上交通标志车辆到场。

县民政局负责救灾、慰问物资、安置灾民相关表卡的填报准备，其中帐篷至少准备3顶以上。

村民代表负责演练前组织、宣传发动。

县建设局负责组织指挥演练场地平整和观摩台搭建。

县教育局负责参演学生的组织和动员。

县电信公司负责准备电话及现场的通信保障。

县气象局、移动公司、供电公司、自来水公司、水利局、安监局、环保局等单位按各自工作职能准备相应器材。

乡干部负责演练前演练区域村民的动员和群众的召集。

乡政府、县国土资源局负责组织落实好参演人员及演练服装的准备。

3. 应急演练工作准备

综合联络组全面负责各项准备工作的协调与筹划。

交通治安管理组熟悉地质灾害点危险性及危险区内的相关情况，制订交通管制及灾区安全保卫的措施，解决有关问题，准备封锁公路、道路通行的禁牌及禁止进入危险区的警示标志。

灾险情调查监测组熟悉地质灾害点的地理环境及滑坡情况，设立监测标志，确定全站仪监测安置地点和进行监测记录等。

应急抢险组、后勤物资保障组熟悉地质灾害点的地理环境及情况，熟悉群众撤离避让路线、灾民临时安置地点及卫生抢救所的临时设置地点的有关情况，做好抢险救灾物资储备调运及有关设备装备与调运工作。

医疗卫生组熟悉灾民临时安置地的有关情况，准备救护车及相关救护医疗器材等，确保抢险救灾或演练应急之用。

乡政府组织应急抢险小分队，小分队由基层民兵组成，人员40人，统一着装，培训演练。

县国土资源局、县教育局、乡政府及相关的乡镇派出所做好紧急撤离群众的训导工作。

### 3.4.1.6　演练工作程序

（1）全体演练单位在指定地点待命。

（2）灾情上报。

（3）县国土资源局赶赴现场开展调查。

（4）启动县突发地质灾害应急预案。

（5）应急抢险：

交通治安管理组：封锁进入危险区的县乡公路、进入地质灾害危险区的村道；同时设置警戒，除抢险救灾人员外，其他人员不得进入该危险区域，对灾区实施治安巡逻，保证灾区安全。

应急抢险组：使用音响设备放警报信息或鸣锣紧急通知危险区域的群众按原定路线有序安全转移，组织40人的民兵预备役人员火速赶往灾区，按照原定的目标任务快速赶到灾区实施抢救，迅速组织灾区群众和物资快速有序安全撤离到各安置点。

灾险情调查监测组：继续跟踪监测灾情，有情况及时报告。

医疗卫生组：组织医疗卫生紧急抢救队伍进入灾区，进行伤、病员的抢救及转移工作。

后勤物资保障组：负责转移到各临时安置点的灾民安置工作，认真做好各安置点灾民的宣传思想巩固工作，解决好灾民的吃、穿、住等问题，确保救灾抢险指挥通信与联络的畅通。

（6）撤离群众。

（7）应急行动结束。

（8）演练工作讲评会。

（9）宣布演练结束。

## 3.4.2　单体地质灾害应急疏散演练（实例）

### 3.4.2.1　应急疏散演练目的

检验和提高基层组织在出现地质灾害临灾征兆情况下的地质灾害应急处置能力，进一步提升群众的防灾避灾意识，确保临灾状况下迅速安全撤离受威胁群众，最大限度地减轻地质灾害造成的损失，保护人民群众的生命财产安全。

#### 3.4.2.2 应急疏散演练的任务

在遭受连续降雨、强降雨等因素的影响下，以某滑坡隐患点出现临灾征兆为演练背景，及时启动《突发地质灾害应急预案》，在镇党委、政府的统一领导下，相关部门各负其责，用最短的时间安全快速撤离受威胁群众，并尽快实施防灾减灾有效措施。

#### 3.4.2.3 应急疏散演练的原则

应急疏散演练按照以下原则执行：

（1）以人为本、避让为主的原则；

（2）统一领导、分级负责的原则；

（3）反应迅速、措施果断的原则；

（4）各小组配合、分工协作的原则。

#### 3.4.2.4 应急疏散演练背景及灾情设置

1. 演练背景

某滑坡点滑坡体前缘由于暴雨原因发生垮塌，大量垮塌物堆积于房屋后，极易发生山体滑坡，严重威胁下方居民生命财产安全。

该滑坡隐患点已经制定《地质灾害隐患点防御预案表》，发放《防灾工作明白卡》、《避险明白卡》，并在显著位置设立了警示牌。

2. 灾情设置

由于突发强降雨，滑坡体出现明显的变形迹象，前缘土体发生垮塌，临灾征兆明显，紧急启动地质灾害Ⅳ级应急响应。

#### 3.4.2.5 应急疏散演练的组织准备

在滑坡所在镇政府的统一领导下，由村委会组织实施。

1. 职责分工

参加演练人员：村"两委"成员、各组组长、所有灾害点监测人、群众。

成立演练指挥部，根据演练方案负责演练全程的指导工作。

由村长任指挥长，设副指挥长2人。

（1）指挥部领导分工：

指挥长职责：全面负责应急抢险救灾工作；决定启动应急预案；指挥应急疏散、抢险工作。

副指挥长主要职责：组织应急抢险、疏散、救灾工作；协调各小组工作；负责调查、监测及为指挥长决策提供支撑。

（2）各小组分工：

治保组：负责维护演练现场秩序，协助对受威胁群众及相关人员进行疏散，转移至安全地带，必要时可强制疏散、抢救人员；疏导交通，确保演练车辆交通顺畅；对危险区实施封锁，禁止非演练车辆进出。

抢险组：负责秩序维护，确保车辆、物资、人员畅通；疏散群众，救灾抢险。

医疗组：负责受伤群众应急救治。

后勤组：负责避难场所内群众的生活资料。

2. 信息报送

由专人负责及时报送演练组织、开展的相关信息。

#### 3.4.2.6 应急疏散演练实施步骤

全体演练小组及参加人员在临时指挥部待命。

（1）副指挥长向指挥长报告：应急疏散演练准备就绪，请指挥长指示。指挥长批准后，演练正式开始。

（2）监测人发现滑坡出现异常现象，发出预定预警信号（敲锣），受威胁群众开始撤离（分片按既定路线撤离），个别群众未能撤离。

（3）滑坡点滑坡发生。

（4）监测人向村值班室报告："滑坡点发生滑坡，目前已初步进行撤离，请求尽快派人处理。"

（5）值班室向应急副指挥长报告："某滑坡点发生滑坡，目前已初步进行撤离，请求尽快派人处理。"

（6）副指挥长向指挥长报告滑坡情况。

（7）指挥部下达启动地质灾害应急预案命令。

（8）立即启动地质灾害应急预案，疏散滑坡点群众至临时避灾场所；治保组立即进入危险区设置警戒区，维护秩序；抢险组立即进入危险区疏散群众，维持秩序，抢险救灾。

（9）命令下达现场，村主任清点转移人数，将受灾群众安置到临时避灾场所。

（10）指挥长发布命令：医疗小组进入救护受伤群众。

（11）抢险分队对威胁区进行检查，确认有无人员滞留，并进行救援行动。副指挥长根据汇报情况进行汇总，上报指挥长：所有人员撤离完毕。

（12）医疗小组报告救助情况。

（13）指挥部领导到临时避灾场所看望受灾群众。

（14）副指挥长向指挥长报告：据现场判断，由于降雨停止，该滑坡点已趋于稳定，建议应急响应结束。

（15）指挥长发布命令：解除封锁和警戒，加强监测，发现情况及时报告。

（16）指挥长向镇政府报告：险情解除，请镇政府指示。经镇政府批准后宣布：应急疏散演练结束。

# 3.5 地质灾害应急调查

## 3.5.1 突发地质灾害应急调查的管理和程序

开展突发地质灾害应急调查的目的是，有效避免和降低滑坡、崩塌、泥石流和地面塌陷等突发地质灾害造成的损失，及时、准确查明灾害发生原因、发展趋势，为应急处置提供技术支撑。地质灾害应急调查一般规定如下：

（1）发生造成人员伤亡和重大财产损失的滑坡、崩塌、泥石流、地面塌陷等地质灾害，或者发现重大地质灾害险情，所在地国土资源（矿管）部门应当立即组织专业技术人员赶赴灾害现场，开展应急调查。发生社会热点关注的地质事件，也应组织有关专业技术人员开展应急调查。

（2）地质灾害应急调查实行属地管理和首问负责制，灾害发生地县级国土资源（矿管）部门负责辖区内突发地质灾害应急调查的组织与实施。技术力量不足可以报告设区市局或省厅，要求技术支持。

小型地质灾害应急调查由设区市局调派专业技术人员协助；中型以上地质灾害应急调查由省厅调派专业技术人员协助。

（3）地质灾害应急调查的主要内容：地质灾害发生的基本情况、形成条件、诱发因素、稳定状况及发展趋势，地质灾害造成的损失及潜在危害，抢险救灾及应急防治工作情况等。

（4）地质灾害应急调查应有2名以上专业技术人员参加，其中1人具有中级以上技术职称。完成现场调查后，应及时把调查结论及应急防治措施与对策建议告知抢险机构和当地政府，并在24 h内编制提交地质灾害应急调查报告。

（5）地质灾害应急调查人员必须以求真、务实、严谨的科学态度，全面、深入、细致地进行现场调查，实事求是地分析判断，认真编制应急调查报告。因疏忽大意、弄虚作假等导致调查失实并造成严重后果的，要承担相应的法律责任。

（6）地质灾害应急调查的工作经费实行分级负担。调派专业技术人员的工作经费，由调派单位负责。

### 3.5.2　地质灾害应急调查报告编写提纲

（1）前言：简述灾害信息来源、应急调查组织及工作情况。

（2）地质灾害基本情况。地质灾害的地理位置及坐标，灾害类型、规模，灾害体特征、发生或发现过程、灾害损失与潜在危害等。

（3）成因分析和发展趋势预测。简述地质灾害发生地的气象水文、地形地貌、地层岩性、地质构造等条件。分析地质灾害形成和发生的原因，评价其稳定性，预测灾害变化和发展趋势，并进行潜在危害程度评估。

（4）抢险救灾及应急处置情况。

（5）防治措施与下一步防灾建议。

（6）附图与附件。反映地质灾害位置及形成条件的大比例尺平面、剖面图，反映地质灾害全貌和主要特征的现场照片、影像资料等。

# 第4章　地质灾害防治工程勘查

## 4.1　滑坡灾害防治技术现状

### 4.1.1　滑坡防治技术简介

20世纪50～60年代，由于对滑坡产生的条件、作用因素、发生和运动机理以及滑坡的危害缺乏足够的认识，我国对滑坡治理基本上属被动治理，常采用地表排水、削方减重、填土反压、建抗滑挡墙等方法。实践证明，采用这些措施仅能使滑坡处于暂时稳定状态，难以达到从根本上整治滑坡的效果。如1981年宝成线水害，造成已治理的20处滑坡复活，复活率达30%。70年代以后，开始系统地研究滑坡类型、分布、产生条件、作用因素及其发生和运动机理，但在滑坡防治技术方法方面，人们仍重视支挡构筑物的作用，强调以支挡为主，偏向于用支挡构筑物特别是抗滑桩来解决问题，而忽视了滑坡的形成条件、发生原因、破坏机理及几何边界条件等。实践证明，不切合实际的支挡工程并不能根治滑坡。

20世纪80年代以来，地质专家和工程技术人员对滑坡治理的思路逐步向综合防治方面发展，采用支挡结合排水治理滑坡，效果显著。同时，引入了主动抗滑的预应力锚固技术，使滑坡抗滑从单纯的被动抗滑进入主动或主动与被动抗滑相结合的新阶段，为滑坡治理带来了新的抗滑方法和理念。进入90年代，这项技术得到了广泛应用，在此后的重大滑坡治理中，预应力锚固技术更是大显身手，所占的比重越来越大。目前，在重大滑坡防治工程中主要采用的有预应力体系、抗滑桩墙体系、地表和地下排水体系、注浆改良体系、减载与反压体系等技术。

#### 4.1.1.1　预应力体系

预应力技术的引入，使滑坡防治工程由被动支护进入到主动支护阶段，充分发挥了滑坡体的潜能。从变形理论上，预应力锚索（杆）增加了整体刚度，充分发挥了滑体的自承能力，形成了具主动制约滑力的复合墙体。由于预应力的施加，滑体内部应力重新分布，大大延长了变形体的塑性变形发展阶段，主动地控制了滑坡的变形破坏过程。

由于滑坡体结构的不同，应该选用相应的预应力锚索类型的施工工艺。对于滑体和滑床均为硬岩而滑带变形明显的情况，选用二次注浆或无黏结承压型锚索效果最佳。它在内锚端和外锚端形成两个明显的压应力区，并逐渐传递到滑体中，用强度破坏理论能很好地加以分析。根据试验结果，在内锚固段为硬岩（波速3 000 m/s）时，用M30水泥砂浆灌注，孔径175 mm，长度为6.0 m时，完全可以承受3 000 kN级的拉拔力，而无需采用扩孔工艺。

滑带为软弱土体时，可以采用一次注浆的摩擦型锚索，但是外锚端通常加设钢筋混凝土面板、格子梁或采用PC工法，摩擦型锚索承压圈接近外锚端，它的作用往往是由外到里，所以严格地说是一种承拉型锚索，更适于变形破坏理论。在长江链子崖危岩体治理中，为了增强陡壁非常破碎的危岩体的完整性，进行了喷锚网处理，经过一年多的监测，未发现有明显的裂缝出现，一方面增加了表壁岩体的切向表面张力，另一方面亦增加了法向压力，抑制了危岩体的扩容破坏，对表层岩体的加固产生了极其良好的作用。

#### 4.1.1.2 抗滑桩、挡墙体系

抗滑桩、挡墙是最为传统的滑坡防治工程措施，属于被动支护范畴。抗滑桩的作用具有明显分段性，它主要控制了位于其上部滑体的变形破坏过程，减轻了下部滑体的推力，从而提高整体稳定性，它更适用于推移式滑坡。在我国，抗滑桩的推力主要通过条块划分来计算确定传递系数。

我国抗滑桩的设计大多按抗弯构件(挠曲桩)进行，桩型以人工挖孔桩为主。当滑带软弱、滑体和滑床岩性较为完整坚硬时，可改用预应力锚固方案。在滑坡体厚度较大、弯矩较高的情况下，为了增强抗滑桩稳定性，现今大多采用了锚拉桩的结构形式，即在桩顶加设一排锚索(杆)，但这种结构往往难以发挥预应力的增强法向应力的功能。

抗滑桩是我国滑坡灾害防治中的主要工程技术，但与国外相比，我国抗滑桩结构形式以便于人工开挖的方桩为主。日本目前大都采用钻孔灌注桩，或大口径(5 m直径)的圆形抗滑桩，机械化施工水平很高。从工程实践上看，今后应该研究基于后张法的预应力抗滑桩，这种桩在复杂地基的施工中更为简便迅速，而且大大提高了抗滑桩的强度。

#### 4.1.1.3 地表和地下排水体系

运用地表和地下排水方法减少地表水入渗，并排除滑体内的水体，是增强滑坡稳定性最为有效而且也是最为简便的手段。但是，水对滑坡体的作用较为复杂，可包括两个方面：①增加土质滑坡体的孔隙水压力，或增加岩质滑坡的静水压力和渗透压力；②地下水对滑带土的不良物理化学作用，以降低滑带的摩擦系数。目前采用的排水方法对于解决前一问题作用较为明显。

位于长江左岸的湖北巴东黄腊石滑坡的治理，主要采用了地表排水和地下排水相结合的措施。稳定性分析表明，地下水位降低$0.2 \sim 0.4 H$ ($H$ 为滑坡体厚度)，基本上可使滑坡满足抗滑稳定要求。现今已完工了长达6 763 m的地表排水沟、近300 m 的地下排水廊道工程，极大地增强了滑坡稳定性。重庆云阳鸡子扒滑坡也是采用地表排水为主体来提高滑坡稳定性的成功范例；在宝塔山滑坡防治工程中，亦提出了地表排水为主、地下排水为辅的方案。由于滑坡体水文地质条件极为复杂，而现今的水文地质分析计算公式主要来自供水水文地质，因此地下排水降低地下水位的措施往往由于数据不足和耗资巨大而较少采用。但是，在我国黄土地区，如宝鸡一带的滑坡，由于地下水往往来自黄土塬的远距离补给，滑坡体范围内的地表入渗反而较少。因此，采用地下排水为主，地表排水等为辅的措施效果明显。宝鸡卧龙寺滑坡的治理就是以地下排水为主的例子。

#### 4.1.1.4 注浆改良体系

它是直接针对滑带特征，采用物理和化学的方法进行滑带物质置换和填充，从而提高其摩擦系数的技术。目前，其在土质和结构松散的岩质滑坡治理中，取得了可喜的效果。

在四川达成铁路金堂滑坡治理中，采用了旋喷桩加固滑带的方法。滑坡体积6.2万 $m^3$，滑带厚约9 m。工程施工钻孔1 003个，进尺5 986 m，旋喷成桩1 003根，总长5 902 m。开挖检测表明，桩径达500～800 mm，与桩周土结合紧密，处理质量良好，单桩允许抗水平推力为195 kN，抗剪强度 $c$ 值平均提高为341 kPa， $\psi$ 值平均达40°，为设计强度的2倍。在甘肃兰州皋兰山滑坡的治理中，其滑坡推力每延米达1 147 t，如此巨大的推力，难以用一般的方法进行治理，因此采用了以旋喷桩进行滑带改良的方案；分析表明，当在滑坡体中下部施工约10 m宽的桩(水泥置换率2%)时，推力可降低到每延米796.9 t。与预应力锚固一样，注浆技术正成为对灾害地质体改良的先进手段。

### 4.1.1.5　减载与反压体系

由于滑坡后缘滑带倾角常远大于前缘倾角，因此运用刷方方法清除滑坡后缘的滑体，可以明显地降低滑坡体的下滑力，同时在滑体前缘进行填方反压，可以明显增加滑体的阻滑力。在山区城镇建设中，由于后缘加载促使滑坡变形的事例逐渐增多，如万县豆芽棚滑坡、西川雅江车达宗滑坡等。乌江鸡冠岭崩塌体爆破工程是采用控制爆破技术对后缘危岩体进行爆破，避免约15万 $m^3$ 危岩体大规模一次性加载于斜坡上的崩塌体上，从而导致整体入江带来更严重后果的实例。在1995年6月湖北巴东二道沟滑坡的应急工程中，采用了在滑坡体前缘插入轻轨，堆填沙袋反压坡脚的方法，增加了滑体前缘的稳定性，降低了滑坡体的自然坡度，提高了整体稳定性，保住了位于滑体后缘的城建局宿舍大楼，也为抗滑桩工程的施工提供了场地。

### 4.1.1.6　我国近期在防治滑坡工程中采用的几种新方法

（1）把预应力锚索创新性地与抗滑桩相结合，形成新的抗滑结构预应力锚索抗滑桩，使桩—预应力锚索组成一个联合受力体系，用锚索拉力平衡滑坡推力，改变了悬臂桩的受力机制，使桩的弯矩大大减小，桩的埋置深度变浅，达到了结构受力合理、降低工程费用、缩短工期的目的。据资料介绍，与普通抗滑桩比，它可节省60%的投资、70%的混凝土、80%的钢材，经济效益十分显著。

（2）开发与应用滑坡内部加固的新型灌浆法，如采用旋喷注浆和钢花管注浆加固滑动带土，通过水泥浆液与岩土体混合、速凝、早强，使滑体与滑面及滑床固结，改善滑动带土质特性，提高抗剪强度，从而达到稳定滑坡的目的。这种技术方法具有施工便捷、机械化程度高、劳动强度低等优点，与抗滑桩、墙被动支挡相比较，属于对滑坡的主动加固。

（3）开发与应用格构锚固工法，与预应力锚索、长大锚杆相结合的现浇混凝土格子梁锚固工法、PC格构锚固工法和QS框架工法都是近几年新开发的较重型的坡面支挡防护结构，可以提供较大的阻滑力。这些工法在近几年修建的公路边坡、滑坡的坡面治理中得到了广泛应用。

（4）开发与应用地下排水技术，垂直排水钻孔与深部水平排水廊洞相结合的排水方法近几年在大型滑坡治理中得到较广泛的应用。地下排水能大大降低孔隙水压力，增加有效正应力，从而提高抗滑力，故稳定滑坡的效果极佳。如湖北巴东的黄腊石滑坡、南昆线八渡车站滑坡就采用了这种方法进行治理。

（5）预应力锚固技术经历20年的发展，取得了长足的进步，承载力越来越大，从数百千牛发展为8 000 kN，在李家峡电站高边坡治理中锚索承载力达到10 000 kN，预应力锚索最长达到75 m，防腐和可再拉张的锚索也进入实际应用。

### 4.1.2　河南省地质灾害防治工程概况

自2004年以来，河南省安排财政资金用于地质灾害防治工程。"十五"期间，完成的地质灾害防治工程主要有新县新集镇滑坡应急治理工程、栾川县潭头镇胡家村楝沟泥石流应急治理工程等。"十一五"期间，完成的地质灾害治理工程有灵宝市庙头村滑坡治理工程、泌阳县贾楼乡陡岸村泥石流治理工程、鲁山县二郎庙泥石流应急勘查治理、卢氏县东沙河泥石流治理工程、汝州市大峪乡班庄村过风口滑坡应急勘查治理工程、栾川县庙子乡街北坡山体滑坡治理工程、镇平县二龙乡赵河泥石流治理工程、商城县双椿铺镇三教洞村玉庄组山体滑坡治理工程及新安县石井乡峪里滑坡群应急勘查工程等项目。"十二五"期间，安排的地质灾害治理工程项目有西峡县军马河乡白果树村郭墁组滑坡防治、淇县北阳乡大水头村滑坡治理、洛宁县底张乡中学黄土崩塌治理、淅川县荆紫关镇小石槽沟滑坡应急勘查治理等项目。

# 4.2　滑坡勘查实例

## 4.2.1　新县向阳新村滑坡防治勘查

### 4.2.1.1　地质环境条件

1. 地理位置

新县向阳新村滑坡位于新县县城西南部向阳路西段南侧100 m、窑洼山北坡坡麓地带（见图2-4-1）。

2. 地形地貌

滑坡体位于新县县城西南部向阳路西段南侧、窑洼山北坡坡麓地带，主要由一层残坡积土覆盖，厚0.2～1.2 m，碎石含量较高。在陡坎处多为全风化的花岗岩出露，含大量石英、长石，黏性土含量较高。滑坡体上除附近居民种植的菜地外，多为树木、植被覆盖。植被覆盖率大于80%。

3. 地层

区域地层主要有早元古界、中元古界、古生界泥盆系、新生界第四系等。滑坡区主要为燕山晚期新县花岗岩体，岩性为灰白色、淡红色细粒二长花岗岩。

4. 水文地质条件

滑坡治理区及其附近地段地下水类型主要为基岩风化裂隙、孔隙水，属潜水。含水层主要为全风化—强风化的中粗粒花岗岩地层。由于全风化—强风化的中粗粒花岗岩地层中，碎粒间多被黏性土充填，渗透系数小，地下水径流速度极慢，因此降水入渗后，全风化—强风化的中粗粒花岗岩岩层使地下水富集，形成潜水。

地下水主要补给来源为大气降水入渗补给，其沿浅层风化岩孔隙裂隙和滑动带软弱界面动移赋存，地下水径流方向为由南向北坡麓地带，在滑坡前沿风化粉质黏土层与花

新县向阳村滑坡位置

**图2-4-1 新县向阳新村滑坡位置图**

岗岩强风化层接合部,部分浅层地下水以小股泉或湿地形式排泄,人为开采地下水活动
较弱,开采量小。

滑坡前沿西北角坡坎下有一民井,据访问,枯水期地下水水位埋深0.70 m左右,丰
水期地下水溢出地表;滑坡体下游约30 m处有一眼大口井,枯水期水位埋深2.5~3.8 m,
相应标高104.10~113.20 m,丰水期水位高至井口,水位变幅较大。2005 年8 月31 日实
测该井水位埋深为0.95 m。

滑坡区地下水水化学类型为$HCO_3^-$—Ca·Mg·Na型水,矿化度为371.0 mg/L,pH值
为7.4,水质良好。

5. 工程地质条件

根据地层结构、岩土体工程地质性质,将滑坡区地层分为松散岩类工程地质岩组、
半坚硬—坚硬岩类工程地质岩组。

(1)松散岩类工程地质岩组。主要为第四系残坡积物,成分为灰褐色黏性土、花

岗岩全风化土及砂粒，结构松散，顶部孔隙及虫孔发育并含植物根系，固结性差，层厚0.2～1.2 m。

（2）半坚硬—坚硬岩类工程地质岩组。为褐黄色、灰白色、淡红色花岗岩，细粒花岗岩结构，块状构造，岩石坚硬，节理、裂隙较少，岩石单轴抗压强度平均值>10 MPa，工程地质性质良好。

#### 4.2.1.2 滑坡特征

1. 滑坡性质和规模

滑坡体位于窑洼山北坡前端，长25.0 m，宽近50 m，滑体中部最大厚度8.0 m，体积约7 000 m³，为小型浅层滑坡。总体滑动方向为北北西向，属牵引式山体滑坡。

滑坡区内地层较简单，除表层为松散残坡积土层外，下伏基岩主要为一套早白垩世早期的细—粗粒二云花岗岩。残坡积土0.2～1.2 m，平均厚度0.7 m左右；其下伏花岗岩风化强烈，由上至下依次分布有全风化、强风化、中等风化、微风化中粗粒花岗岩，总体为一土质滑坡。斜坡地层结构是滑坡形成的主要地质因素，降雨、地下水及边坡下部人工建房也是造成边坡失稳的重要原因。

2. 滑坡结构特征

滑坡体主要由上部残坡积土层和下部全—强风化的细—粗粒二云花岗岩体构成，向下依次为中等风化、弱风化花岗岩。强风化花岗岩地层最小厚度3.8 m，最大厚度8.3 m；中等风化花岗岩地层最小厚度2.1 m，最大厚度大于8.0 m，滑动面呈弧形。

残坡积土层在滑坡体上分布相对较均匀，最大厚度1.2 m，最小厚度0.2 m，平均厚度0.7 m。残坡积土层的分布厚度依地形而变，在较为平缓的台阶平地厚度较大，在坡度较陡或台阶陡坎处厚度较小。该层土呈灰褐色，组分由黏性土、花岗岩全风化土及砂粒混合组成，结构疏松到一般，表层植被发育，土层中含大量植物根系。

下部的全—强风化的细—粗粒二云花岗岩，呈褐黄色—灰白色—淡红色，原岩结构已破坏。上部风化后细粒花岗成分要多于粗粒，呈砂土状，经长期地表水渗透，孔隙间多被黏性土充填，向下颗粒渐变粗，颗粒间被黏性土充填，受上覆地层压密，密实度一般。该层整体上成块状结构，厚层状产出，含较多风化黏性土，结构疏松到一般，最大厚度大于14.0 m。

滑坡体前缘受滑坡体下滑前移的挤压，在前缘平面台阶上接近滑坡陡坎前缘处剪出，剪出角度一般在10°左右，剪出部位在地表形态上呈鼓丘状，最高处达30 cm。

3. 滑带特征

滑带位于风化的花岗岩体中，由强风化—中等风化地层的软弱层构成，滑动面大体上呈弧形。受地表降水入渗及地下水径流影响，强风化花岗岩体中抗剪强度大大降低，在自重作用下，滑体在该层软弱带中发生剪切蠕滑，并逐步形成滑动带。

滑带土厚度一般在0.5～1.0 m，主要为黄褐色—肉红色，很湿到饱和，软塑，以黏性土为主，混杂少许花岗岩。滑动带土层与上覆、下伏的强风化花岗岩地层有明显不同，含水量大、黏性土含量高、结构松软。

4. 滑坡发展演变史

2001年6～7月，滑坡体开始出现蠕动变形现象，至2005年9月的4年多间，该滑坡体每年汛期都出现蠕动现象。

2002年6月，蠕动变形开始加剧，在滑坡体前缘陡坎上部山坡上出现大小裂缝12条，裂缝长、宽不等，不均匀地分布在滑坡体上；滑体前缘地面鼓胀，隆起部分高出地面20~30 cm。

2002年汛期，滑坡体前缘东部向前推移1 m多，将坡下居民的石砌院墙推倒，挤压使其东部房屋山墙歪斜，屋内地坪有鼓起变形现象；同时，前缘隆起变形使陡坎坡度加大产生小型崩塌，将其中间平房南山墙的东部砸出一个宽1.5 m、高近2.0 m的大洞，东边与中间房屋变成危房。2003年汛期，滑坡体前缘东部再次滑移，将东侧房屋外的厨房彻底冲毁，东边房屋进一步倾斜。2004年汛期，滑坡体前缘中部发生蠕滑，将其中间平房的西部又砸出一个宽1 m、高近2.0 m的大洞，同时，前缘的挤压变形使傅姓住户院中地坪隆起30 cm。2005年勘查期间，滑坡体上分布"醉汉林"和多条裂缝，裂缝一般宽10~30 cm，长1.5~8.5 m，可视深度最大达40 cm。滑坡体前缘隆起影响带内房屋严重开裂；房屋倾斜变形程度加剧，严重威胁住户的生命财产安全。

### 4.2.1.3　滑坡勘查

1. 资料收集

滑坡治理区曾先后进行了区域地质、矿产地质、水文地质、环境地质、地质灾害调查等工作，地质工作程度较高。

2. 地形测绘

主要采取控制性测绘，即以滑坡体范围为主，对滑坡可能影响的周边地带及前缘可能威胁的区域进行地形图实测。实测地形图两幅，实测面积0.085 km²。

地面调查和工程地质调绘：对滑坡体及周边外围地带进行调绘，查明滑坡体及周边外围的地层岩性特征、构造特征，形成滑坡的地形地貌条件等；查明滑坡体的形态特征、地下水的分布特征，圈定滑坡周界，查明滑坡形成及诱发因素，并在实测地形图上标注滑坡体滑移变形特征：裂缝的位置、长度及伸展方向、地面隆起的位置及范围等，并进行工程地质分区。本次地质调查面积1.0 km²，工程地质测绘0.05 km²。

3. 勘探

根据勘查任务要求，布置了7条勘探线、9个钻孔、5条探槽、9个探井。

（1）钻探。目的是探明滑坡体下存在的软弱带分布位置、埋深、岩性组成、水位埋深、滑坡体边界、滑床特征，确定滑动面形态及滑坡体在各部位的厚度。

垂直和平行滑坡滑动方向布置6条勘探线，共设勘探孔9个，分别在滑坡体后缘布设3个，中部布设3个，前缘坡底布设3个。根据滑坡体长度、宽度，确定勘探线间距为915.5 m，勘探点间距为6~7 m，孔深应以进入新鲜基岩3~5 m为准，初步设计孔深15~25 m。其中，沿滑坡滑动方向布设的3条勘探线应近于滑动方向，且3个勘探孔应在一条直线上。

滑坡体东部高边坡剖面图见图2-4-2。

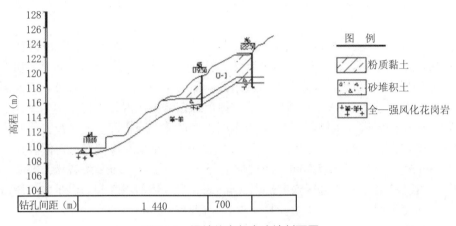

图2-4-2　滑坡体东部高边坡剖面图

（2）探槽。目的是查明滑坡体岩土分界线和滑坡体周界分布特征，查明隐伏在表层土以下的滑坡体后缘、两翼的拉张裂缝及剪裂缝，确定滑坡体各部位边界的具体位置，圈定滑坡体范围。探槽剖面图见图2-4-3、图2-4-4。

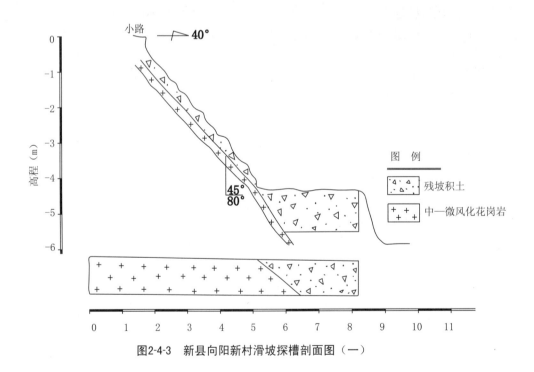

图2-4-3　新县向阳新村滑坡探槽剖面图（一）

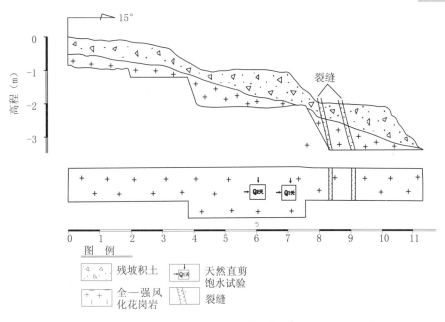

图2-4-4　新县向阳新村滑坡探槽剖面图（二）

（3）探井。目的是了解滑坡体后缘及邻近地段、东部高边坡风化岩埋深、岩石风化程度和厚度，查明滑坡体前缘挤压剪出面的剪出角度，对滑坡体后缘边界进一步确认。同时，了解滑坡体东部高边坡的残坡积层、全风化层厚度及在纵剖面上的分布特征，为边坡的治理设计提供依据。

在滑坡体后缘外共布置探井3个、滑坡体前沿布设探井3个、滑坡体东部高边坡布设探井3个，其中，高边坡上所设探井位置要实测；探井深度以挖穿全风化地层进入强风化基岩1.0～4.2 m为准，设计探井深5 m左右；滑坡体前缘探井以查明滑坡体反翘面为准。探井剖面见图2-4-5。

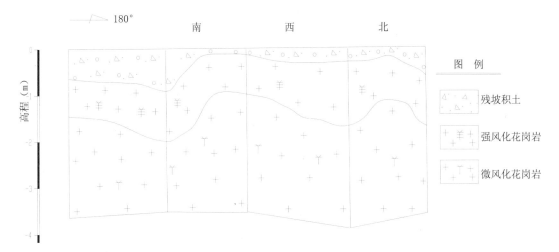

图2-4-5　新县向阳新村滑坡探井剖面图

### 4. 岩（土）样采集

钻探采用XY150-1型工程钻机进行，开孔 $\Phi$ 110 mm，终孔 $\Phi$ 91 mm，地下水位以上采用 $\Phi$ 120 mm薄壁取土器，地下水位以下采用 $\Phi$ 110 mm双管单动薄壁取土器，为回转和锤击法采取不扰动土样。钻孔在钻进过程中，岩芯应按地层顺序排放。

### 5. 圆锥动力触探试验

为评价花岗岩全—中风化层的密实度并确定其承载力，在钻孔中采用63.5 kg自动落锤的重型动力触探进行测试，连续贯入，记录每贯入10 cm的锤击数。根据试验指标结合地区经验进行力学分层，评定土的均匀性和物理性质（状态、密实度）、土的强度、变形参数、地基承载力、单桩承载力；查明滑动面、软硬土层界面的工程地质性质。

### 6. 现场原位剪切试验

为获取残坡积土和中细粒花岗岩全-强风化层的抗剪强度指标，在滑坡体中后部槽探中，利用直剪平推法进行现场大面积原位剪切试验。现场原位剪切试验共测试6组，其中2组天然状态，4组饱水状态。在残积土中天然状态和饱水状态剪切试验各1组，强风化花岗岩中饱水状态剪切试验3组，天然状态剪切试验1组。试验深度：残积土0.5 m，强风化花岗岩1.0～1.5 m。试块尺寸50 cm×50 cm×20 cm；试验设备采用千斤顶、轴排、压力表及百分表等。依据现场条件，现场原位剪切试验的法向应力由堆载平台提供，水平推力的作用线通过剪切面。

为确定残坡积土和全风化花岗岩的天然容重，在4号探槽中间的底部强风化花岗岩层及ZK9孔北侧残坡积土中各进行1组大容积重度试验，试块尺寸50 cm×50 cm×50 cm。通过实测土样重量，注水量测试样体积，实测出滑坡体残坡积土层、全风化花岗岩地层的天然容重。

### 7. 室内试验

根据本工程存在的岩土工程问题，有针对性地进行室内试验。

土的物理性质试验：测定黏性土的天然含水量、比重、天然密度，液限、塑限和有机质含量。

土的压缩—固结试验：测定各层土的压缩模量、压缩系数等变形参数，用来判定土的压缩性，为地基变形验算提供参数。

土的抗剪强度试验：采用直接剪切的试验方法，测定浅部土层的固结不排水抗剪强度。

岩石单轴抗压试验：测定岩石天然、饱和状态下的单轴抗压强度和软化系数，为岩石的强度评价和岩体基本质量等级分类提供依据。

水质腐蚀性分析：按规范要求采取水样，室内进行水质全分析试验，并进行腐蚀性分析，评定其对建筑材料的腐蚀性。

#### 4.2.1.4 滑坡稳定性评价

根据钻探揭露及工程地质调查结果，滑坡体前缘自变形以来，前推了近1.5 m，受前缘挤压变形影响，前缘坡度变陡，且时有岩块、土体崩落，出现塌落堆积，且滑体前缘地面出现鼓胀隆起现象。

根据《工程地质手册》圆弧条分法，估算边坡的稳定安全系数 $F$。计算公式如下：

$$F=\frac{\sum(W\cos\alpha-Uw)\tan\phi'+\sum cl}{\sum W\sin\alpha}$$

式中 $F$——最小稳定系数;

   $W$——土条的重量;

   $l$——滑坡体的长度;

   $\alpha$——土条重量作用线与法向分力的夹角;

   $Uw$——作用于各土条底部滑弧段上的孔隙水压力;

   $c$、$\phi'$——滑面土体的黏聚力和内摩擦角。

根据现场原位剪切试验、室内直剪试验、现场大容积重度试验,结合地区经验,合理选取坡体稳定性计算参数,进行滑坡体稳定性计算。

按《建筑边坡工程技术规范》(GB 50330—2002)规定,边坡稳定性安全系数取1.25作为稳定性判别标准,从计算结果可以看出:该滑坡体在天然状态下,采用现场原位剪切试验的计算参数计算时滑坡体处于稳定状态,采用残余剪切试验的计算参数计算时滑坡体处于不稳定状态。

滑体处在饱和状态下,采用现场原位剪切试验和残余剪切试验的计算参数计算时滑坡体均处于不稳定状态。

综合以上计算结果,该滑坡体仍处于不稳定状态。汛期蠕滑速度可能加快,若遭遇强降雨或持续降雨,发生滑坡的可能性很大。

#### 4.2.1.5 滑坡推力计算与分析

滑坡体主要由残坡积层及全风化—强风化的细—粗粒二云花岗岩地层构成,且残坡积层较薄,下伏全风化—强风化地层风化强烈,呈砂土状,相对均匀。因此,根据土力学原理,将该滑坡体视为一匀质土体滑坡,采用条分法进行滑坡推力计算。计算公式如下:

$$E_i=KW_i\sin\alpha_i+\psi E_{i-1}-W_i\cos\alpha_i\tan_{\phi_i}-c_il_i$$

式中 $E_i$——第$i$+1条块产生的支撑力;

   $E_{i-1}$——第$i$-1条块的剩余下滑力;

   $\psi$——传递系数;

   $\alpha_i$——第$i$条块所在滑动面的倾角;

   $K$——滑坡推力安全系数,取$K$=1.15～1.25;

   $c_i$——滑带岩土的黏聚力;

   $\phi_i$——滑带岩土的内摩擦角;

   $l_i$——滑体下滑部分第$i$条块所在滑面的长度。

根据勘查期间现场原位剪切试验、室内土力学工程试验所取得的指标,并结合区域工程地质经验,在安全系数$K$取值1.15～1.25时,计算出的滑坡体三个断面下滑推力值$E$见表2-4-1。

表2-4-1　滑坡各断面不同安全系数下的下滑推力值　　　（单位：kN/m）

| 状态 | 1—1′断面 | | | 2—2′断面 | | | 3—3′断面 | | |
|------|------|------|------|------|------|------|------|------|------|
| | 1.15 | 1.20 | 1.25 | 1.15 | 1.20 | 1.25 | 1.15 | 1.20 | 1.25 |
| 天然 | 79.2 | 116.3 | 140.9 | 140.5 | 187.4 | 220.7 | 145.5 | 191.1 | 237.8 |
| 饱水 | 199.9 | 236.1 | 267.0 | 288.2 | 349.1 | 403.0 | 345.9 | 399.2 | 457.7 |

## 4.2.2　新安县石井乡峪里滑坡勘查

峪里滑坡群由12个单体滑坡组成，环境条件和成因基本相同，为方便论述，下面仅以Ⅰ号滑坡为例，介绍主要勘查成果。

### 4.2.2.1　滑坡概况及危害程度

峪里滑坡群由12个单体滑坡组成，各滑坡体已产生明显位移，变形区域总面积约2.4万$m^2$，总体积约7.4万$m^3$。滑坡群已造成原万基度假村、原豫财宾馆、原乡粮管所及部分居民房屋开裂并拆迁，公路路面裂缝且路基沉陷，小浪底水库塌岸等，目前仍严重威胁新安电力培训中心（原峪里乡政府）、峪里小学以及当地居民的生命财产安全，威胁人数240人左右，同时威胁新峪公路及村公路约800 m，并对小浪底水库的正常运行构成一定的威胁。

### 4.2.2.2　勘查区地质环境条件

1. 地理位置

勘查区位于河南省新安县石井乡峪里村（原峪里乡政府所在地），小浪底水库上游右岸。勘查区地理坐标为：东经112°00′10″～112°01′29″，北纬35°01′33″～35°02′22″，面积3.0 $km^2$。工作区与新安县城相距58 km，有新峪公路相连，区内乡村之间均有公路相连，交通较为便利（见图2-4-6）。

2. 地形地貌

滑坡群分布在丘陵区，海拔245～410 m。受人类活动影响，Ⅰ、Ⅱ、Ⅲ、Ⅷ、Ⅸ、Ⅹ、Ⅺ、Ⅻ号滑坡体为阶梯状平台，坡度较缓，平均坡度8°～20°；Ⅳ、Ⅴ、Ⅵ、Ⅶ号滑坡体基本保持自然斜坡状态，坡度20°～37°。

3. 地层岩性

据河南省地矿局区域地质调查队1999年编制的《中华人民共和国地质图（邵原镇幅）》（1∶5万），勘查区出露的主要地层由老至新分别为中元古界白草坪组、云梦山组、下古生界寒武系中下统馒头组、上古生界二叠系上统石盒子组、孙家沟组、中生界三叠系刘家沟组及第四系。

4. 水文地质条件

根据勘查区地层岩性及地下水在含水介质中的赋存特征，区内地下水的类型主要为第四系松散岩类孔隙水和碎屑岩类孔隙裂隙水。

（1）松散岩类孔隙水。

①地下水的赋存条件及特征。含水岩组岩性为洪冲积粉质黏土及碎石土，富水性很差，局部以上层滞水的形式存在。各滑体之中广泛分布有松散岩类孔隙水，从钻孔、

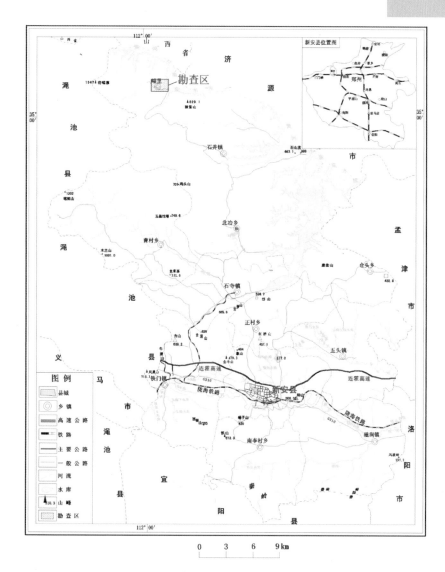

图2-4-6 新安县石井乡峪里滑坡群位置图

探井资料分析可知，部分滑体中存在上层滞水，且不同的滑体浅层地下水相互联系较差。如Ⅴ号滑体前缘的探槽TJ12、TJ13、TJ15处于一条横勘探线上，开挖深度均在10 m左右，高程相差2～3 m，开挖过程中TJ12未见地下水，而TJ13、TJ15内地下水位埋深8.5 m；Ⅵ号滑体探井TJ16、TJ17、TJ18位于滑坡体前缘，开挖深度均为10 m，未见地下水，而位于滑体中的ZK25孔内地下水位埋深12.6 m，位于滑体中的其他孔内的地下水位埋深为23.0～30.0 m。

②地下水的补给条件。浅层地下水的补给来源为大气降水。因勘查区属低山丘陵区，地表岩性为碎石土、洪冲积黏性土，基本上呈松散—中密状态，孔隙极为发育，有利于降水的入渗补给。根据单环法渗入试验结果，碎石土入渗系数为2.63×10⁻³～3.21×10⁻³ cm/s，粉质黏土入渗系数1.05×10⁻³～1.16×10⁻³ cm /s。其中Ⅲ号滑体的入渗系数为

$3.89 \times 10^{-2} \sim 4.56 \times 10^{-2}$ cm/s。

③地下水径流条件。浅层地下水的径流受地形坡度大及含水层岩性的影响，排泄快，地下水流向随地形变化，但总体上自高向低最终排泄入小浪底水库。

④地下水的排泄。区内地下水排泄方式主要为地下径流和蒸发，局部以泉的形式排出地表。在Ⅸ号滑体前缘，地下水沿滑带与滑体接触面以泉的形式流出，流量小于1.0 L/s。

⑤地下水富水程度。区内岩土体入渗能力较强，降水后地下水易于富集，但因地形坡度陡，水平径流条件好，地下水很快被排泄，不利于地下水的赋存，地下水获得的补给量小，属贫水区，单井出水量<3 $m^3$/h。

⑥地下水动态。浅层地下水的动态类型为气象—径流型。

（2）碎屑岩类孔隙裂隙水。

①地下水的赋存条件及特征。碎屑岩类孔隙裂隙水广泛分布，并构成较为完整的、相对独立的地下水系统。其含水岩组主要由中元古界汝阳群中厚层石英砂岩、二叠系中厚层中细粒长石石英砂岩、强风化泥岩及三叠系厚层状石英砂岩组成。岩体历经多期构造运动，构造裂隙、风化裂隙发育，形成基岩裂隙水。滑坡群分布区基岩裂隙水含水岩组全为二叠系中厚层中细粒长石石英砂岩、强风化泥岩。

②地下水的补、径、排条件。基岩裂隙水的补给在低山及丘陵基岩出露区为大气降水，在低山山前的丘陵滑坡分布区除接受降水补给外，也可获得浅层水裂隙通道的径流补给。地下水自北、南、西向东通过孔隙和裂隙通道径流，最终排泄入小浪底水库。

Ⅰ、Ⅺ号滑坡体紧邻小浪底水库，地下水与库水位关系密切。如位于Ⅰ号滑坡体前缘的钻孔ZK1，距水库岸边距离较近，小浪底库水位下降8.0 m时，该孔地下水位相应下降了2.7 m。

③地下水富水程度。基岩裂隙水含水岩组为二叠系泥岩、砂岩。硬脆的砂岩构造裂隙风化裂隙十分发育，构成储水空间，对地下水的补给及储存创造了条件，但造成基岩裂隙地下水之间连通性差，分布不均匀，且勘查区地形起伏较大，不利于地下水赋存，故除构造带附近富水性较好外，总体上属贫水区，根据区域水文地质资料，单井出水量为5～300 $m^3$/d。

④地下水动态。临近小浪底水库周边区域，基岩裂隙水的动态类型为气象—水文型。其他区域基岩裂隙水的动态类型为气象型。

5. 工程地质条件

根据地层结构、岩土体工程地质特性、岩性组合，将勘查区地层分为半坚硬—坚硬岩类和松散岩类工程地质岩组。

（1）半坚硬—坚硬岩类工程地质岩组。

大面积分布于勘查区，由中元古界汝阳群石英砂岩、泥岩，上古生界二叠系中细粒长石石英砂岩、泥岩、硅质泥岩及中生界三叠系细粒岩屑石英砂岩、泥岩组成，具厚层状构造，节理、构造裂隙较发育，软硬岩层相间，抗压强度及抗风化能力差异明显。

中元古界汝阳群石英砂岩、泥岩，抗风化能力较强，并形成低山地貌，岩体较完整、稳定，抗压强度30～80 MPa。

中生界三叠系细粒岩屑石英砂岩、泥岩，分布于丘陵顶部，抗风化能力较强，岩体较完整、稳定，但长石石英砂岩中一般夹有多层灰绿、灰白色泥岩，厚度5～10 m，抗风化能力较差，呈泥状，为软弱结构面，在一定条件下容易造成岩体失稳。

二叠系泥岩抗风化能力差，并形成完整的风化剖面，全风化泥岩（碎石土）一般形成滑体堆积物，天然状态抗剪强度$C$值为15.2～33.5 kPa，$\phi$值12.3°～21.9°，饱和状态的抗剪强度$C$值为12.3～14.7 kPa，$\phi$值8.7°～13.0°。强风化泥岩风化裂隙发育，岩体较破碎，天然状态抗剪强度$C$值为2.18～3.69 MPa，在一定条件下（如斜坡处，人类活动、降雨）容易造成岩体失稳。中风化泥岩一般埋藏于地面下20～25 m，风化裂隙不发育，岩体较完整，天然状态抗剪强度$C$值为4.98～6.32 MPa，饱和状态抗剪强度$C$值为3.24～5.37 MPa，属较稳定岩体。

（2）松散岩类工程地质岩组。

松散岩类工程地质岩组由第四系黏土、粉质黏土、碎石土组成，另外还包括小面积分布的人工填土。

第四系黏土、粉质黏土主要分布于Ⅰ号滑体、Ⅺ号滑体及丘陵间洼地，在勘查区北侧、西北角也有零星分布。在天然状态下，黏土、粉质黏土结构较为致密，压缩系数为0.11～0.279 MPa$^{-1}$，呈可塑—硬塑状态。天然状态抗剪强度$C$值19.09～34.2 kPa，$\phi$值18.7°～27.5°。土体直立性好，力学强度较高。

人工填土主要分布于Ⅶ号滑体及乡卫生院附近。人工填土成分主要为全风化泥岩、砂岩类的风化碎石块、残渣，松散—稍密状态，压缩系数为0.452～0.699 MPa$^{-1}$，属中高压缩性土，透水性强，在一定条件下可形成滑坡。

碎石土主要分布于Ⅵ、Ⅷ、Ⅹ号滑体。碎石土呈中密状态，透水性强，在一定条件下容易滑移失稳。

### 4.2.2.3　滑坡基本特征

1. 地形地貌

滑坡前缘为小浪底水库，平面形态呈扇形，呈南—北向展布（见照片2-4-1、照片2-4-2），滑坡体有321°和7°两个主滑方向。后缘高程约326.0 m，前缘被小浪底水库淹没。沿7°主滑方向地表纵剖面呈现二级主平台地形，一级平台位于滑坡中部，为人类工程活动形成，长约210.0 m，宽约100.0 m，高程298.0～300.0 m；二级平台为新峪公路至滑坡后缘，高程323.0～325.0 m。后缘至新峪公路经人工改造后的地形坡度3°～5°，公路至二级平台为一陡坡地形，坡度为45°～50°，二级平台北端至水库岸边为陡坡地形，坡度为50°～60°。沿321°主滑方向，自然地形为箕形洼地，地面高程275.0～282.0 m，地形坡度约10°。滑坡在轴线两侧发育多级小平台地形，这种平台地形与滑坡多期次发育或者多次牵引式滑动有关。

2. 滑坡空间形态

滑坡后缘陡坎走向70°～75°，高3.0 m，坡度80°，滑坡两侧边界在后缘至新峪公路较清楚，下部大致以冲沟为界。滑坡轴线长度约340.0 m，前缘宽度约250.0 m，后缘宽度约140.0 m，中间最宽处约400.0 m，面积约$1.03 \times 10^5 m^2$，滑体厚度5.4～30.0 m，总体变化趋势表现为中、后部较薄，前缘较厚，平均厚度约16.0 m，体积$1.75 \times 10^6 m^3$属大型滑

照片2-4-1　Ⅰ号滑坡地形地貌（镜头SW190°）　　　照片2-4-2　Ⅰ号滑坡地形地貌（镜头NE10°）

坡。滑坡体前缘发育一次级滑坡体，后缘陡坎明显，陡坎高度约3.0 m，滑坡平面形态呈弓形，纵长约60.0 m，横宽100.0 m左右，滑坡体厚度8.0～10.4 m，面积约4 684 m²，体积 $3.92 \times 10^4$ m³（见图2-4-7）。

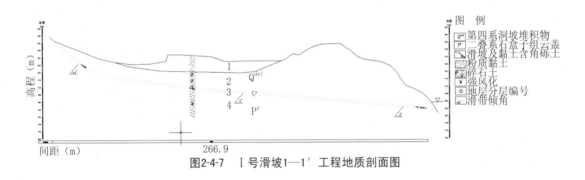

图2-4-7　Ⅰ号滑坡1—1′工程地质剖面图

3.滑坡物质组成及结构特征

Ⅰ号滑坡是发育于第四系黏性土和下伏二叠系云盖山段的泥岩夹薄层砂岩地层中的土质滑坡，以第四系黏性土及二叠系全风化泥岩形成的碎石土组成滑体，以碎石土与基岩（强风化泥岩）界面为滑带，二叠系云盖山段下部泥岩、中细粒石英砂岩、硅质泥岩含煤岩系为滑床。

（1）滑坡体。

根据物质组成和岩性，滑坡体自上而下分为三层。

粉质黏土：灰黄色，可塑，裂隙发育。在7°主滑方向，分布于滑坡体中部表层，厚度0.8～13.5 m，在321°主滑方向，分布于滑体中下部，厚度1.4～6.6 m。

黄绿色、青黄色碎石土：分布于整个滑体，碎石成分以全风化泥岩为主，粒径2～15 cm，呈棱角状或次棱角状，含量约占50%；含块石，块石粒径20～30 cm，呈棱角状。充填物为粉质黏土或粉土，土体一般干或稍湿，孔隙发育，结构一般呈松散—中密状态，该层厚度4.2～9.0 m。

黄绿色、灰绿色夹灰红色碎石土：主要分布于7°主滑方向的滑体上，碎石成分以泥岩为主，偶见砂岩，粒径2～10 cm，呈棱角状或次棱角状，含量约占60%；含块石，块石粒径15～25 cm，呈棱角状。充填物粉质黏土或粉土，土体一般湿或饱和，孔隙发育，结构一般呈中密—密实状态，该层厚度3.0～16.3 m。

（2）滑动带。

鉴别标志为颜色变化、黏土成层性及磨光面。

滑动带位于滑坡堆积碎石土底部与下伏基岩（强风化泥岩）顶界面之间，根据后缘TJ1号探井揭露，滑面倾向近正北，滑面坡度20°～23°，从滑体中部至前缘，滑动带连续舒缓，倾角10°～12°。

滑带土岩性为灰绿色夹紫红色黏土或粉质黏土夹碎石，呈湿—饱和状态，碎石含量一般在20%～30%，粒径一般为1～3 cm，碎石呈次圆—次棱角状。滑带厚度为0.29～0.7 m，平均厚0.46 m。

（3）滑床。

为二叠系云盖山段的泥岩、中细粒石英砂岩、硅质泥岩及煤层，具软硬相间的互层结构，产状290°～320°∠20°～28°。中细粒石英砂岩、硅质泥岩岩石力学强度高，抗风化能力强，岩芯呈短柱状和长柱状；泥岩力学强度低，抗风化能力差，顶部的强风化带泥岩岩芯呈破碎状，风化裂隙发育。

4. 滑坡水文地质

在滑带以上广泛分布着浅层地下水，主要赋存于碎石土层中，为松散岩类孔隙水。根据钻孔揭露，滑坡不同区域的地下水位埋深具有明显的差异。在主滑321°方向，中下部滑体微地貌为箕形洼地，滑体前缘为小浪底水库，地下水位埋深4.4～4.7 m，地表水与地下水有着密切的联系，根据对ZK12号孔的地下水监测资料，库水位下降8.0 m，钻孔水位埋深从4.4 m下降至6.8 m；在主滑7°方向，地下水位埋深7.7～14.2 m，从滑体上部至滑体下部，地下水位埋深逐步增大。该层地下水主要接受大气降雨及地表水的补给，自南向北径流，最终排泄入小浪底水库，地下水位和流量既受季节影响，又与库水位有着密切的联系。根据地表单环法注水试验、钻孔抽（注）水试验结果，结合经验数据，滑坡体的渗透系数综合取值为：粉质黏土$1.15 \times 10^{-4}$ cm/s，碎石土$5 \times 10^{-4}$ cm/s。

勘查期间，钻孔ZK1、ZK4和ZK8内地下水位埋深为19.8～29.3 m，与相邻的钻孔ZK5、ZK6、ZK9内地下水位埋深10.55～13.4 m相比较，水位埋深相差较大，故在上部浅层地下水之下，存在着基岩裂隙水，具微承压性。基岩裂隙水与上部浅层地下水有着密切的联系，浅层地下水通过裂隙通道补给基岩裂隙水，基岩地下水沿裂隙通道由南向北径流，最终排泄入小浪底水库。根据对ZK1号孔的地下水监测，库水位下降8 m时，钻孔水位从27.5 m下降至30.2 m，水位下降2.7 m，由此说明基岩裂隙水与库水位有着密切联系。

勘查期间在钻孔采取3组水样，地下水水化学类型为$HCO_3^- —Ca^{2+} —HCO_3^- \cdot Ca^{2+} \cdot Mg^{2+}$，矿化度为0.4～0.67 g/L，总硬度0.34～0.54 g/L，pH值为7.6～7.85，对混凝土结构无腐蚀性，对钢结构具弱腐蚀性。

5. 滑坡岩土物理力学性质

（1）滑体岩土物理力学性质。

勘查期间在钻孔和探井中采取滑体土样12组，其中5组为粉质黏土，7组为碎石土。

（2）滑带土物理力学性质。

勘查期间在钻孔和探井中采取滑带土样12组进行室内试验。在滑坡后缘浅井中进行1组原位大剪试验。

根据室内试验和原位大剪试验分析，天然$C$值取值范围为22.70～22.36 kPa，$\phi$值为13.7°～15.3°；饱和$C$值取值范围为11.54～12.6 kPa，$\phi$值为10.98°～11.2°。

（3）滑床岩土物理力学性质。

勘查期间在钻孔中采取5组岩样进行室内试验，其中1组强风化泥岩样，2组中风化泥岩样，2组硅质泥岩样，试验项目包括天然重度、单轴抗压强度、抗剪强度、变形模量、泊松比等。试验方法严格按照工程岩体试验方法标准执行。

#### 4.2.2.4 滑坡稳定性分析评价

1. 滑坡变形宏观分析

Ⅰ号滑坡体自小浪底水库1999年蓄水以来就开始变形。2004年，调查发现坡体上的原万基度假村地基出现严重变形，建筑物及地面出现多条裂缝；2005年4月河南省地质环境监测院对该滑坡体进行了应急调查并提交了应急调查报告；之后，当地国土部门为有效保护人民群众的生命财产安全，对坡体上的建筑物进行了拆迁。

变形特征主要为：前缘发育次级小型滑坡，滑坡后缘陡坎高2.5～3.7 m；坡体中间存在横向张拉裂缝，走向20°左右，可见长度一般10～114 m，宽0.2～1.8 m，部分裂缝具分支现象；坡体前缘存在横张裂缝，走向185°～190°，与滑体主滑方向垂直，长度2～3 m，宽度2～5 cm；坡体中部发育纵向剪切裂缝，走向5°，可见长度12 m，现宽度5～30 cm，可见深度1.6 m；处于滑坡体后部的新峪公路路面出现裂缝，其中最宽处约10 cm，平面形态呈树枝状，推测为滑坡侧后边界；通往滑坡区的水泥小路，发生凹陷，下沉深度约30 cm，并使路面破坏；位于滑坡体中后部的原万基度假村所建的挡土墙3处坍塌，并出现多处裂缝，裂缝宽3 cm；坡体中间有一椭圆形塌坑，长轴6 m，宽3.4 m，长轴方向20°，可见深度2.3 m。

2008年7月至2009年4月，先后设置5个变形监测点，其中滑坡前部1个宏观监测点，中部、中后部各1个宏观监测点，后部1个宏观监测点和1个地面裂缝监测点，各监测点监测数据除个别有微小波动外，基本未发生变化，滑坡变形微弱。

2. 滑坡影响因素分析

勘查区内各滑坡的形成有其内在原因，也有其外部因素，两者相互联系、相互补充。内在原因方面有地形地貌、地层岩性、结构构造等因素；外在因素有降雨、小浪底库水涨落、人类工程活动等。

（1）自然因素。

①地形地貌因素。勘查区的地貌单元属低山丘陵区，丘陵区山体坡度一般处于20°～40°，相对高差较大，下陡中缓上陡、下陡上缓和台阶状等易于滑坡形成的坡形比较发育，区内部分区域斜坡向与岩层结构面倾向一致，这些位置的斜坡在长期的重力作用下保持着脆弱的平衡状态，在其他不利因素的综合影响下，极易导致斜坡的变形滑动。滑坡后部及前缘地形坡度较陡，坡体坡度30°～40°，中间地形平缓，坡体坡度3°～5°。

②地层岩性因素。不同时代的地层和各种岩性构成了复杂多变的岩土体，地层的时代与岩石的性质相比，岩性对形成滑坡的影响非常突出，分属不同时代但性质相同或相近的岩层对形成滑坡的影响也是相同或相近的。黏性土岩组、堆积土岩组、砂泥岩岩

组、变质岩岩组和构造破碎岩岩组比较易于产生滑坡，属易滑岩组。

勘查区内大面积分布着二叠系的强风化或全风化泥岩、粉砂岩、长石石英砂岩及第四系残坡积粉质黏土、黏土、碎石土，均为易滑岩组，属黏性土岩组、堆积土岩组和砂页岩岩组，岩土体结构松散破碎，力学强度低，抗剪强度差，有利于地表水入渗，在水作用下容易发生变形破坏。

③结构构造。受区域构造黄河大断裂和东山底断层的影响，勘查区内次级断裂及构造节理发育，与层理一同构成区内软弱面体系，为岩体的风化提供了条件，同时降低了岩体的强度，并为滑面、滑坡周界的形成提供了基础条件。

④地下水作用。勘查区斜坡内浅层地下水位较浅，多处发育上层滞水。地下水能够使岩土软化、降低岩土的抗剪和黏结强度，产生动水压力和孔隙水压力，潜蚀岩土，增大岩土容重，并对透水岩石产生浮托力。

⑤降雨。降雨对滑坡稳定性的影响主要表现为使土体饱和、沿剪切面孔隙水压力增大等，据调查访问，工作区多数滑坡的变形加剧及破坏都发生在每年5~9月大暴雨或持续降雨期间。

（2）人为因素。

①人类活动。公路施工、房屋建筑等工程活动开挖形成临空面，破坏了坡体的自然平衡条件，在自重力作用下，上部岩土层沿软弱结构面产生应力松弛，引发坡体的下滑。煤矿开采活动形成地下采空区，破坏了地层的原有结构和应力平衡，为上部岩体沉陷、岩体破碎并沿坡体下滑创造了条件。

②小浪底水库水位变化。小浪底水库水位的涨落是影响Ⅰ、Ⅺ号滑坡变形、滑动的重要因素，对区内滑坡群的变形也产生着一定影响和作用。当库水位上涨时，滑体地下水位升高，并产生静水压力，对剪切面产生软化作用，同时对岸边岩体进行冲刷、淘蚀，对库区岩土体的稳定性影响较大。当库水位下落时，尤其调水调沙期间，水位下落较快，突然改变静水压力平衡状态，滑体易于随库水位的快速下降，顺势产生变形滑动。

**3. 滑坡形成机制及破坏模式**

断层、构造裂隙及煤矿采空区沉陷改变了岩体的结构和应力状态，使岩体的完整性受到破坏，降低了岩体的抗剪强度，在风化剥蚀、降雨入渗等共同作用下，形成了较厚的松散土体，为坡体变形提供了内在物质基础。

采空区和小浪底水库的建成改变了库区周边的水文地质条件，随着库水位的变化，库区周边的地下水压力、地下水流向均发生变化，在荷载、动水压力及水化学作用下，破坏了采空区的支撑结构和岩体的稳定性，加剧了坡体的变形破坏。

库水对库岸前缘的冲刷、淘蚀，使库岸前缘发生坍塌，为库岸后部岩土体失去支撑而向下滑移变形提供了空间条件。

松散土体在库水位的涨落、降雨、人类工程活动等多因素的综合作用下，沿岩土界面产生滑移和变形破坏。

该滑坡分类从物质组成上属于土质滑坡，从厚度上属于中型滑坡，体积上属于大型滑坡。滑坡前期变形主要表现为采空沉陷，以垂直运动为主；后期运动形式以牵引式为主。监测结果表明滑坡整体基本稳定，但前缘次级滑坡体存在轻微变形，在将来库水位和降雨等不利影响因素组合下有可能发生局部或整体复活。

#### 4.2.2.5 滑坡稳定性极限平衡法分析

1. 计算模型

峪里滑坡群为一系列顺层面或切层面的滑坡体，滑面形态受层面微起伏的总体控制，结合滑面自身形态特点，并充分考虑稳定性计算模型与滑坡特点的适应性，计算模型采用适合于任意形态滑面的推力传递法，如图2-4-8所示。折线滑动法(传递系数法)计算公式如下：

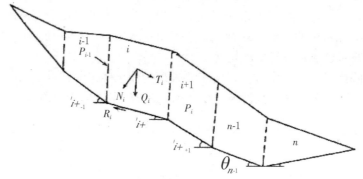

图2-4-8 计算模型图

$$K_s = \frac{\sum\limits_{i=1}^{n-1}(R_i\prod\limits_{j=i}^{n-1}\psi_j) + R_n}{\sum\limits_{i=1}^{n-1}(T_i\prod\limits_{j=i}^{n-1}\psi_j) + T_n}$$

$$\psi_j = \cos(\theta_i - \theta_{i+1}) - \sin(\theta_i - \theta_{i+1})\tan\varphi_{i+1}$$

$$\prod\limits_{j=i}^{n-1}\psi_j = \psi_i \cdot \psi_{i+1} \cdot \psi_{i+2} \dots \psi_{n-1}$$

$$R_i = N_i\tan\varphi_i + c_i l_i$$

$$T_i = W_i\sin\theta_i + P_{Wi}\cos(\alpha_i - \theta_i) + W_i A\cos\theta_i$$

$$N_i = W_i\cos\theta_i + P_{Wi}\sin(\alpha_i - \theta_i) - W_i A\sin\theta_i$$

$$W_i = V_{iu}\gamma + V_{id}\gamma' + F_i$$

$$P_{Wi} = \gamma_W i V_{id}$$

$$i = \sin\alpha_i$$

$$\gamma' = \gamma_{sat} - \gamma_W$$

式中　$K_s$——滑坡稳定性系数（安全系数）；

　　　$\Psi_i$——传递系数；

　　　$R_i$——第$i$计算条块滑体抗滑力，kN/m；

　　　$T_i$——第$i$计算条块滑体下滑力，kN/m；

　　　$N_i$——第$i$计算条块滑体在滑动面法线上的反力，kN/m；

　　　$c_i$——第$i$计算条块滑动面上岩土体的黏结强度标准值，kPa；

　　　$\varphi_i$——第$i$计算条块滑带土的内摩擦角标准值（°）；

　　　$l_i$——第$i$计算条块滑动面长度，m；

　　　$\alpha_i$——第$i$计算条块地下水流线平均倾角，取浸润线倾角与滑面倾角平均值（°）；

　　　$W_i$——第$i$计算条块自重与建筑等地面荷载之和，kN/m；

　　　$\theta_i$——第$i$计算条块底面倾角（°）；

　　　$P_{Wi}$——第$i$计算条块单位宽度的渗透压力，作用方向倾角为$\alpha_i$，kN/m；

　　　$i$　——地下水渗透坡降；

　　　$\gamma_W$——水的容重，kN/m³；

　　　$V_{iu}$——第$i$计算条块单位宽度岩土体的浸润线以上体积，m³/m；

　　　$V_{id}$——第$i$计算条块单位宽度岩土体的浸润线以下体积，m³/m；

　　　$\gamma$　——岩土体的天然容重，kN/m³；

　　　$\gamma'$——岩土体的浮容重，kN/m³；

　　　$\gamma_{sat}$——岩土体的饱和容重，kN/m³；

　　　$F_i$——第$i$计算条块所受地面荷载，kN。

2. 滑坡稳定性计算

（1）计算工况及防治工程等级。

Ⅰ号滑坡作为库岸滑坡，涉及水库运行工况和暴雨工况的组合。

依据《滑坡防治工程设计与施工技术规范》（DZ/T 0219—2006），按照其危害对象、危害人数及可能经济损失、施工难度综合确定其防治工程等级为Ⅱ级。

小浪底水库建成后，正常蓄水水位275.0 m，正常死水位230.0 m，汛期限制水位254.0 m。汛期坝前水位一般在254.0—275.0—254.0 m波动。调水调沙期间，坝前水位一般情况下在230.0—254.0—230.0 m波动。2008年7月3日6时，小浪底水库开始调水调沙，坝前水位245.24 m，调水调沙结束时，回落至222.7 m。

考虑水库设计参数及实际水库运行工况，其稳定性计算工况见表2-4-2。

（2）计算参数选取。

根据室内试验参数统计分析、原位大剪试验、经验类比和反演分析，提出该滑坡稳定性计算参数建议值。

（3）稳定性及推力计算结果。

对该滑坡7个剖面分别进行条块划分（见图2-4-9），按折线型不平衡传递法系数进行滑坡推力计算，其稳定性计算结果见表2-4-3。

表2-4-2　Ⅰ号滑体稳定性计算工况荷载组合

| 工况 | 荷载组合内容 |
|---|---|
| Ⅰ | 自重+现状水位（坝前静水位245 m）（勘查期间水位），安全系数（$K_S$）取1.25 |
| Ⅱ | 自重+坝前静水位254 m+暴雨（50年一遇），安全系数（$K_S$）取1.15 |
| Ⅲ | 自重+坝前静水位275 m+暴雨（50年一遇），安全系数（$K_S$）取1.15 |
| Ⅳ | 自重+坝前水位245.24 m降至222.7 m（2008年调水调沙过程水位），安全系数（$K_S$）取1.10 |
| Ⅴ | 自重+坝前水位275 m骤降至220 m(考虑动水压力)，安全系数（$K_S$）取1.10 |

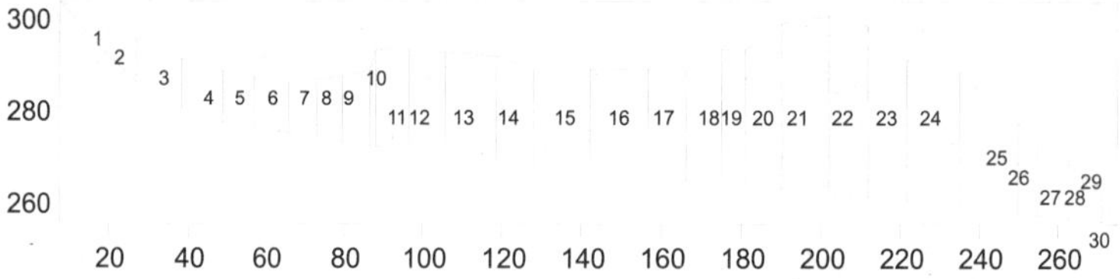

图2-4-9　Ⅰ号滑坡1—1′剖面稳定性计算条分示意图

表2-4-3　　Ⅰ号滑坡稳定性计算结果

| 工况 | 稳定性系数 | | | | | | |
|---|---|---|---|---|---|---|---|
| | 1—1′剖面 | 2—2′剖面 | 3—3′剖面 | 4—4′剖面 | 5—5′剖面 | 6—6′剖面 | 7—7′剖面 |
| Ⅰ 自重+现状水位（坝前静水位245 m） | 1.519 | 1.350 | 1.362 | 1.287 | 1.444 | 1.196 | 1.238 |
| Ⅱ 自重+坝前静水位254 m暴雨（50年一遇） | 1.380 | 1.079 | 1.089 | 1.104 | 1.357 | 1.089 | 1.110 |
| Ⅲ 自重+坝前静水位275 m暴雨（50年一遇） | 1.438 | 1.108 | 1.044 | 1.111 | 1.180 | 1.100 | 1.127 |
| Ⅳ 自重+坝前水位245.24 m降至222.7 m | 1.486 | 1.343 | 1.361 | 1.275 | 1.422 | 1.185 | 1.218 |
| Ⅴ 自重+坝前水位275 m骤降至220 m | 1.024 | 0.978 | 0.966 | 0.985 | 1.062 | 1.020 | 1.074 |

# 4.3　泥石流勘查实例

以泌阳县贾楼乡陡岸村泥石流防治工程勘查为例。

## 4.3.1　自然环境概况

### 4.3.1.1　位置交通

泌阳县贾楼乡陡岸村位于县城东北（见图2-4-10），地处浅山丘陵区，辖13个自然村，13个村民小组，共有1 522人，土地总面积1.269 km²，耕地面积119.8 hm²。泥石流沟内现有大龙潭、北湾、康庄、董庄、贾庄、石头庄等6个自然村，居民138户，567人，耕地41.7 hm²，另有房屋、牲畜、农用机械若干，均不同程度受到泥石流的威胁。

### 4.3.1.2　气象水文

泌阳县属北温带大陆性气候，四季分明，气候湿润，受季风环流影响，冬季多偏北风，夏季多偏南风，冬季寒冷少雨雪，夏季炎热多雨。灾害天气如干旱、涝灾、冰雹时有发生。根据泌阳县气象局资料记载，多年平均气温14.6 ℃，1月份气温最低，平均0.9 ℃，极端最低气温-17.6 ℃；7月份温度最高，平均27.5 ℃，极端最高气温40.4 ℃，年平均无霜期219 d。泌阳县多年平均降水量932.9 mm。年最大降水量为1 451.1 mm（1975年），最小降水量为506.4 mm（1966年），日最大降水量1 059.5 mm（1975年8月7日林庄雨量站），时最大降水量189.5 mm (1975年8月7日老君雨量站)，10 min最大降水量45.2 mm（1975年8月7日林庄雨量站）。降水强度是泥石流形成的主要因素之一。

泌阳县年降水量主要集中在6、7、8三个月，三个月平均降雨总量达到494.9 mm，占全年降水总量的53.1%。

泌阳县降水量年际变化明显，降水量最多达1 451.1 mm（1975年），最少是506.4 mm（1966年），年降水量随年际变化明显。

本区分属长江、淮河两大流域，境内有大小河流153条，大部分为季节性河流，常年性河流较大的有泌阳河、汝河、马谷田河等。

陡岸泥石流沟为贾楼河的支流，为季节性河流，主沟发源于大龙潭沟村南东的山区，经北湾、康庄、董庄、贾庄入贾楼河，全长约7.59 km，流域面积达10.57 km²。

### 4.3.1.3　地形地貌

工作区由南东向北西逐渐由中低山转为丘陵岗地，最高点位于泥石流沟南东段沟脑处的分水岭，海拔980.5 m；最低点位于泥石流沟北西段，海拔135 m左右，相对高差845.5 m。

### 4.3.1.4　地层岩性

华北地层区南缘，出露地层有下元古界和第四系。由老到新简述如下：

（1）下元古界（Pt₁）。为一套中深级变质岩系，地层已混合岩化，且已变质为注入交代混合岩、混合片麻岩及混合花岗岩类，原岩残留体甚少，难以进一步恢复构造及地层分组，故区内的岩层未分层。

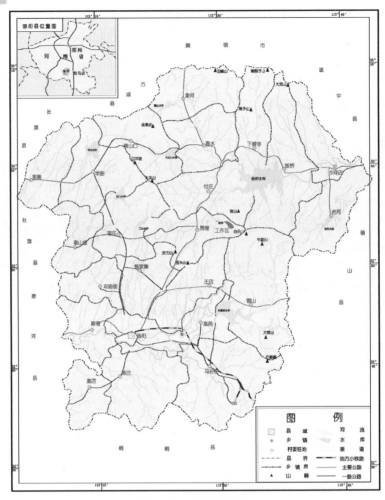

图2-4-10　交通位置图

（2）第四系。第四系上更新统（$Q_3$）主要分布于沟谷两侧。岩性为黄色、褐黄色亚砂土、亚黏土，结构疏松，下部夹多层坡洪积成因的砾石层，夹层厚0.4～1.5 m，呈不稳定薄层状或透镜状，砾石大小混杂，一般粒径3～5 cm，最大可达0.5 m。受后期剥蚀作用破坏，其分布的连续性较差。全新统（$Q_4$）为现代河床冲洪积物、砂砾石、砾石成分主要为混合岩和花岗岩，沟谷中上游粒径一般为50～100 cm，最大达3 m；下游粒径一般为30～60 cm，分布于泥石流的主沟和部分支沟中。

#### 4.3.1.5　地质构造

泌阳县的大地构造位于中朝准地台的南缘，处于秦岭地轴—淮阳地盾豫西褶皱带、华北凹陷及南阴凹陷的衔接部位。地质构造比较复杂。断裂较发育，分布普遍，褶皱次之。对工作区构造格架影响较大的主要有白云山背斜和白云山逆断层。

工作区位于白云山北斜南西翼，距白云山逆断层约4.0 km。受其影响，工作区内岩层扭曲和破碎较强烈，产状沿走向和倾向变化较大。

#### 4.3.1.6 岩浆岩

本区侵入岩主要是花岗岩类，有大小数十个岩体，具多期性和多次性侵入特征。分别为阿森特期、燕山早期和晚期及时代不明的侵入岩体。它们大部呈北西—南东向展布，受区域构造控制，多沿白云山复背斜轴部和两翼分布。

区内出露的主要为燕山晚期的花岗岩体（$\eta\gamma_5^{2-2}$），以细小的岩株产出于大河北西侧的混合岩带中，岩性主要为灰白色细—中粒二长花岗岩。

### 4.3.2 勘查工作部署

#### 4.3.2.1 地质测绘

主要对贾楼乡陡岸村泥石流流域范围及可能受泥石流灾害影响的地段开展1:10 000地质测绘，主要查清及验证地层岩性、地质构造、不良地质现象及植被发育情况。测绘时基岩划分到组，对岩性、构造要重点观察和描述，第四系划分其成因类型。调查斜坡异常点、区的分布位置；特殊地貌形状；地层岩性、构造界线、软弱夹层、各类岩性接触界面；构造、节理发育程度等。圈定泥石流的形成区、流通区和堆积区，查明泥石流沟主沟的形态变化及沿岸崩塌、塌岸、河道内堆积物等主要物源的分布位置、形态、规模。完成地质测绘面积10.65 km²，各类调查点42个，实测地质剖面4条。

对拟布置拦渣坝、排导工程、漫水路工程、泥石流堆积区等地段开展1:1 000工程地质测绘，主要查明拟设工程部位的工程地质条件。完成工程地质测绘面积1.5 km²。

#### 4.3.2.2 工程地质勘查

采用钻探及圆锥动力触探试验、岩石物理力学性质指标试验、现场大容积重度试验及室内土工试验等多种勘查试验手段之间相互结合的勘查方法对泥石流堆积区、拟建拦渣坝坝址区、主要排导工程地段进行工程地质勘查，共完成勘探剖面4条，勘探点16个。主要查明泥石流的堆积厚度，拟建拦渣坝坝址区和主要排导工程地段的地层结构及地基土的物理、力学性质，进行地基基础评价及拦渣坝坝肩稳定性验算。

（1）钻探。钻探采用XY150-1型工程钻机进行，开孔$\Phi$110 mm，终孔$\Phi$91 mm，地下水位以上采用$\Phi$120 mm薄壁取土器，地下水位以下采用$\Phi$110 mm双管单动薄壁取土器，回转和锤击法采取不扰动土样。

（2）圆锥动力触探试验。在钻孔中采用63.5 kg自动落锤的重型动力触探进行测试，连续贯入，记录每贯入10 cm的锤击数。根据试验指标结合地区经验进行力学分层，评定土的均匀性和物理性质（状态、密实度）、土的强度、变形参数、地基承载力、桩基设计参数等。

（3）岩石物理力学性质指标试验。为获取混合岩层的物理力学性质指标，在漫水路工程区和坝址区取一定数量的岩样进行测试。

（4）现场大容积重度试验。为确定冲沟中卵石层的天然容重，在漫水路工程区和坝址区共进行12组现场大容积重度试验。

（5）室内试验。根据本工程存在的岩土工程问题，有针对性地进行室内试验，主要进行碎石土的颗分试验。完成实物工作量统计见表2-4-4。

表2-4-4　完成实物工作量统计

| 项　目 | 类　型 | 单位 | 数量 |
|---|---|---|---|
| 资料收集 | | 份 | 8 |
| 地质（含工程地质）测绘 | 1：10 000 | km² | 10.65 |
| | 1：1 000 | km² | 1.5 |
| | 各类调查点 | 个 | 42 |
| | 实测地质剖面 | 条 | 4 |
| 地形测绘 | 1：1 000 | km² | 1.5 |
| 钻孔 | 取土标贯孔 | 个 | 2 |
| | 动力触探孔 | 个 | 11 |
| | 取土试样孔 | 个 | 3 |
| | 钻探总进尺 | m／孔 | 155.1/16 |
| 原位测试 | 标贯试验 | 次 | 6 |
| | 动探试验 | 次 | 36 |
| 取样 | 岩样 | 件 | 12 |
| | 砂样 | 件 | 12 |
| 现场大容重试验 | | 次 | 7 |

## 4.3.3　泥石流发育特征

### 4.3.3.1　泥石流类型

按照泥石流的地貌条件分类，陡岸泥石流的发生、流动和堆积过程均在一条发育较为完整的沟谷内进行，属沟谷型泥石流；按照泥石流的物质组成分类，陡岸泥石流沟内堆积的多是大颗粒砾石、卵石，黏土和粉土颗粒很少，属水石流；按照泥石流的流体性质分类，属稀性泥石流；按泥石流激发、触发和诱发因素分类，属激发类泥石流；按泥石流动力学特征分类，属水力类泥石流；按泥石流易发程度分类，属中等易发泥石流沟。

### 4.3.3.2　泥石流分区

（1）形成区。形成区范围自陡岸泥石流沟流域分水岭的北东界至大龙潭沟自然村附近，全长2 900 m左右，宽约2 700 m，汇水面积约4.67 km²，河道纵比降149‰。形成区内地貌类型为低山、丘陵区，最高海拔980.5 m，最低为250 m。

该区是泥石流的主要物源区，物源作用类型主要为以下几个类型：重力侵蚀作用、河沟沟槽纵向切蚀和横向切蚀、支沟堆积物。

（2）流通区。东北以大龙潭沟自然村西南为界，西南界则为康庄西南约300 m，全长2 400 m，河道纵比降59‰。流通区地貌类型为低山—丘陵区，最高海拔733 m，最低170 m。

沟谷底部与物源区相比，堆积物数量急剧减少。该区域内对泥石流形成补给的松散堆积物体积为8.7万m³左右。

（3）堆积区。自康庄下游300 m处，河道宽度由5 m左右骤然变为30余m，泥石流流至此地能量骤然得以释放，流速减慢，携带的物质按颗粒大小向下依次堆积，堆积物厚度一般3~5 m，总长1 800 m，总堆积量约20万m³。泥石流堆积物得以很好地分选，在堆积区上部区域，尤其是流通区和堆积区交接处，堆积物颗粒粒径多大于1 m，部分颗粒粒径达到2~2.5 m；中间区域，特大砾石逐渐消失，董庄—贾庄段砾石粒径一般为30~60 mm，贾庄下游砾石粒径多为10~20 mm，且粉土、砂颗粒逐渐增多。

全流域的松散堆积物体积约40万m³，其中能对泥石流形成直接补充的约20万m³。

## 4.3.4　泥石流流体参数

### 4.3.4.1　泥石流峰值流量计算

（1）陡岸设计洪水计算。

①设计降雨频率计算：陡岸泥石流沟设计洪水按《水利部永久性水工建筑物正常运用的洪水标准》及《水利部永久性水工建筑物非常运用的洪水标准下限》（小（一）型水库）标准，泥石流拦挡坝设计洪水频率P=3.3%，校核洪水频率为P=0.33%。

由《河南省中小流域设计暴雨洪水图集》和《中国暴雨参数统计图集》得出泥石流沟流域的平均年最大10 min降水量、平均年最大1 h降水量、平均年最大6 h降水量、平均年最大24 h降水量、离势系数（$C_v$）及偏态系数（$C_s$）。

由离势系数（$C_v$）、偏态系数（$C_s$）及设计频率、校核频率，查皮Ⅲ型曲线的模比系数$K_p$表得到相应的$K_p$值，通过计算得到各断面设计频率的降水量及校核频率的降水量。

②设计频率降雨产生的设计洪峰流量计算：根据《河南省中小流域设计暴雨洪水图集》提供的洪峰流量计算公式：

$$Q = 0.278\varphi\left(\frac{S}{\tau^n}\right)F$$

$$\varphi = 1 - \left(\frac{\mu}{S}\right)\tau^n$$

$$\tau = 0.278\frac{L}{mJ^{\frac{1}{3}}Q^{\frac{1}{4}}}$$

式中　$Q$——设计洪峰流量，m³/s；

　　　$\varphi$——径流系数；

　　　$\tau$——汇流时间，h；

　　　$S$——雨力，mm，即设计年最大1 h降水量；

　　　$\mu$——土壤入渗率，mm/h，泌阳县及其附近范围内该值为2~4 mm/h，本次计算取3 mm/h；

　　　$m$——汇流参数；

　　　$n$——暴雨递减系数。

$$n_1 = 1 - 1.285 \lg(\frac{\partial_1 H_1}{H_{\frac{1}{6}}})$$

$$n_2 = 1 - 1.285 \lg(\frac{\partial_6 H_6}{\partial_1 H_1})$$

$$n_3 = 1 - 1.285 \lg(\frac{\partial_{24} H_{24}}{\partial_6 H_6})$$

式中  $\partial_1$、$\partial_6$、$\partial_{24}$——点面积折减系数，当地规定集水面积≤50 km²时，点面积折减系数取值1；

$H_{\frac{1}{6}}$——年最大10 min降水量，mm；

$H_1$——年最大1 h降水量，mm；

$H_6$——年最大6 h降水量，mm；

$H_{24}$——年最大24 h降水量，mm。

需要说明的是，$n_1$、$n_2$、$n_3$采用的确定为先假设$n = n_1$，如果计算出的汇流时间$\tau <$ 1 h，则说明选用$n_1$正确。如果算出的汇流时间$\tau > 1$ h，则改用$n = n_2$重新计算洪峰流量，如果算出来的1 h$< \tau < 6$ h，说明采用$n = n_2$正确。同样，当$\tau > 6$ h，则采用$n = n_3$进行计算。

③设计频率降雨产生的洪水总量及洪水过程线计算：《河南省中小流域设计暴雨洪水图集》中规定泌阳县及附近地区为河南省山丘区水文Ⅱ分区，前期雨量影响最大值$I_{max} = 40$ mm，同时规定在计算50年及以上机遇的洪水总量时，前期雨量影响值$P_a = I_{max}$，计算10～20年的洪水总量时，前期雨量影响值$P_a = 2/3 I_{max}$，将$P_a$与年最大24 h降水量相加后，查图集中的图25即可得到24 h的径流深$R$，再用洪水总量公式计算：

$$W_{24} = 1\ 000RF$$

式中  $W_{24}$——24 h洪水总量，万m³；

$R$——24 h径流深，mm；

$F$——流域集水面积，km²。

（2）泥石流流量计算。

泥石流的水文、泥沙、水理要素是泥石流防治工程设计的基本数据。由于缺乏详细的观测资料、地区经验及问题本身的复杂性等，本文利用雨洪法和综合成因法对泥石流的流量进行初步计算，并进行对比。

①雨洪法：该计算方法假设泥石流与暴雨同频率、同步发生，且计算断面的暴雨洪水设计流量全部变成泥石流流量。其计算公式为：

$$Q_c = (1 + \phi_c)Q_p \cdot D_c$$

$$\phi_c = \frac{\gamma_c - \gamma_s}{\gamma_H - \gamma_c}$$

式中　$Q_c$——频率为$P$的泥石流流量，$m^3/s$；

$\quad\quad Q_p$——频率为$P$的暴雨洪水设计流量，$m^3/s$；

$\quad\quad \phi_c$——泥石流泥沙修正系数；

$\quad\quad \gamma_c$——泥石流容重，$t/m^3$；

$\quad\quad \gamma_s$——清水的比重，$t/m^3$；

$\quad\quad \gamma_H$——泥石流中固体物质比重，$t/m^3$；

$\quad\quad D_c$——泥石流堵塞系数。

计算参数的确定：

暴雨洪水设计流量（$Q_p$）。

泥石流中固体物质比重（$\gamma_H$）：根据东川泥石流观察资料，泥石流各区段沉积物的容重出入并不大，故《泥石流防治》一书建议在无实测资料时可用其表5-2提供的岩石、土壤比重代替$\gamma_H$值。本次计算取$\gamma_H$=2.66 $t/m^3$。

泥石流容重（$\gamma_c$）：用《泥石流防治》一书推荐的经验公式计算：

$$\gamma_c = \frac{1}{1 - 0.033\,4AI_c^{0.39}}$$

式中　$A$——坍方程度系数，根据《泥石流防治》一书中的"坍方程度系数（$A$）值表（表5-3）"，结合工作区实际情况，本次计算取$A$=1.0；

$\quad\quad I_c$——坍方区平均坡度，本次计算取$I_c$=500‰。

泥石流堵塞系数（$D_c$）：根据《泥石流防治》中表5-4和《地质灾害勘查指南》中表3-11，本次计算取$D_c$=2.2。

②综合成因法：

该方法是20世纪70年代中期苏联和中国首先提出的一种泥石流峰值计算方法，该方法的优点是从成因上综合分析暴雨泥石流的各要素，采用泥石流综合系数或累积系数修正雨洪清水流量，比较符合或接近所发生的最大泥石流峰值流量。

$$Q_c = \eta Q_p$$

式中　$Q_c$——频率为$P$的泥石流流量，$m^3/s$；

$\quad\quad Q_p$——频率为$P$的暴雨洪水设计流量，$m^3/s$；

$\quad\quad \eta$——综合系数。根据C.M.弗莱施曼所研究的取值方法，本次计算$\eta$=4。

计算结果表明，用综合成因法算出的峰值泥石流流量要比用雨洪法算出来的结果大得多。事实上，大量学者研究发现，用多种公式计算出的泥石流峰值流量比实测值要小。

### 4.3.4.2　泥石流流速计算

流速计算采用东川泥石流流速改进公式：

$$V_c = \frac{m_c}{(\gamma_H\phi_c + 1)^{\frac{1}{2}}} R^{\frac{2}{3}} I^{\frac{1}{2}}$$

式中　$V_c$——泥石流过流断面流速，$m/s$；

$m_c$——п.B.巴克诺夫斯基糙率系数；

$R$——水力半径；

$I$——泥石流水面坡度（‰）。

合理选取计算参数后的计算结果表明，陡岸泥石流流量虽然较大，但由于沟谷长，坡降相对平缓，流速不是很大。

#### 4.3.4.3 泥石流体整体冲击压力计算

采用下面公式进行计算：

$$\delta = \lambda \frac{\gamma_c}{g} V_c^2 \sin\alpha$$

式中 $\delta$——泥石流体整体冲击压力，$t/m^2$；

$\gamma_c$——泥石流容重，$t/m^3$；

$V_c$——泥石流流速，m/s；

$g$——重力加速度，$m/s^2$，取$g$=9.8 $m/s^2$；

$\alpha$——建筑物受力面与泥石流冲击压力方向的夹角（°）；

$\lambda$——建筑物形状系数，圆形建筑物 $\lambda$=1.0，矩形建筑物 $\lambda$=1.33，方形建筑物 $\lambda$=1.47。

#### 4.3.4.4 泥石流弯道超高

超高计算公式为：

$$\Delta H = \frac{V_c^2 B}{2gR}$$

式中 $V_c$——泥石流流速，m/s；

$B$——泥面宽，m；

$g$——重力加速度，$m/s^2$，取$g$=9.8 $m/s^2$；

$R$——主流中心弯曲半径。

### 4.3.5 拟建工程场地岩土工程勘察

陡岸泥石流沟的防治，主要采用拦渣坝、排导和漫水路等工程措施。在拟建的两座泥石流拦渣坝轴线方向均匀布置5个勘察孔；漫水路工程区沿其轴线位置共布置6个勘察孔；为了解沟谷内松散堆积物的堆积厚度，在其谷地两侧及中心部位共布设5个勘察孔；共完成各类勘察孔16个。

#### 4.3.5.1 场地地层岩性与结构特征

（1）漫水路工程区：

卵石（Q4al+pl）：浅褐黄色、浅灰黄色、褐黄色，饱和，松散—稍密，组分以粒径大于20 mm的卵石为主，约占总量的60%，含10%左右的漂石、块石，最大粒径大于1 000 mm，次为中粗砂；级配差，分选性较好，成分以石英、长石为主，次为云母及暗色矿物；圆锥动力触探（N63.5）试验击数17.0～53.0击，层厚3.2～6.8 m。

粉质黏土（Q4al+pl）：褐黄色，湿，可塑，含铁锰质氧化物及结核，干强度及韧性一般，局部含少量砾石。标准贯入试验击数平均7.1击，层厚3.3～4.7 m。

全风化混合岩（Pt）：浅灰色—乳白色，主要由长石、石英、黑云母等矿物成分组成，岩石因受风化影响，原岩结构破坏严重，岩芯多呈砂粒状、少量碎块状，岩芯采取率60%左右，岩体基本质量等级为Ⅴ级。圆锥动力触探（N63.5）试验击数52.0～53.0击，层厚0.9～1.3 m。

强风化混合岩（Pt）：浅灰白色—乳白色，局部微黄，主要由长石、石英、黑云母等矿物成分组成，岩石因受风化影响，原岩结构破坏较严重，岩芯多呈碎块状及短柱状，岩芯采取率70%左右；岩体基本质量等级为Ⅴ级。圆锥动力触探试验（N63.5）击数55.0～105.0击，层厚0.5～2.3 m。

弱风化混合岩（Pt）：乳白色，局部深灰色，粗粒变晶结构，厚层状构造，主要由长石、石英、黑云母等矿物成分组成，岩石受风化影响较弱，原岩结构不太严重，岩芯多呈长柱状、柱状，岩芯采取率85%以上；RQD约70%，岩体基本质量等级为Ⅲ级。该层揭露最大层厚6.0 m。

（2）拦渣坝区：

卵石（Q4al+pl）：浅褐黄色，饱和，密实，组分以卵石为主，约占总量的58%，含15%～25%的漂石，孔隙为中粗砂充填，级配稍好，分选性较一般，成分以石英、长石为主，次为云母及暗色矿物；圆锥动力触探（N63.5）试验击数46.0～52.0击，层厚2.5～4.5 m。

弱风化混合岩（Pt）：灰色、浅灰色、乳白色，粗粒变晶结构，局部见交代结构，厚层状、块状构造，矿物成分以石英、长石为主，次为黑云母及角闪石。岩石风化程度较弱，岩质较新鲜，岩芯多呈长柱状、柱状，岩芯采取率90%左右；RQD约85%，岩体基本质量等级为Ⅲ级。该层揭露最大层厚9.5 m。

（3）护堤区：

卵石（Q4al+pl）：浅褐黄色、浅灰黄色、褐黄色，饱和，松散—稍密，组分以卵石为主，约占总量的50%，含20%左右的漂石，最大粒径大于50 cm；次为中粗砂，级配较好，卵石、漂石磨圆度较好，分选性较差，成分以石英、长石为主，次为云母及暗色矿物；圆锥动力触探（N63.5）试验击数44.0～52.0击，层厚3.8～6.8 m。

强风化混合岩（Pt）：浅灰白色—乳白色，主要由长石、石英、黑云母等矿物成分组成，节理裂隙较发育，多数裂隙有铁锰质浸染，岩芯多呈短柱状，岩芯采取率79%以上；RQD约50%，岩体基本质量等级为Ⅴ级，层厚1.0～1.1 m。

弱风化混合岩（Pt）：乳白色，局部深灰色，粗粒变晶结构，块状构造，矿物成分主要为长石、石英、黑云母，次为角闪石，岩质新鲜，致密坚硬，岩芯多呈长柱状、柱状，岩芯采取率93%以上；RQD约88%，岩体基本质量等级为Ⅲ级，层厚3.0～4.6 m。

#### 4.3.5.2　场地各工程地质单元物理力学性质指标

根据现场原位测试成果及室内试验结果，对场区内各单元层岩土体物理力学性质指标进行数据统计。

#### 4.3.5.3　场地地下水条件

陡岸村泥石流河道由南东向北西向流过，源头高程600 m左右，下游石头庄勘察孔位置标高136.0 m左右，高差近500 m，落差大，河谷两岸为陡峭的山体，坡体岩体破碎，风化裂隙发育；地下水主要为基岩裂隙水，补给来源主要为季节性雨水，水位、水量直接受大气降水控制。枯水季节河谷中溪流枯竭，地下水、地表水较贫乏；洪水季节大量雨水携带泥砂碎石顺沟谷而下，易形成泥石流，沟水流量相对较大。在河道的曲折部位及下游堆积区域，卵砾石、漂砾石堆积厚度较大，结构疏松，含有较丰富的孔隙潜水，地下水的补给、径流、排泄条件较好。勘察期间董庄一带地下水位埋深3.76 m。

#### 4.3.5.4 场地岩土工程地质综合评价

（1）拟建场地地层结构与持力层特征。

拦渣坝拟建区，揭露地层除ZK10、ZK15上部2.50～4.50 m为第四系全新统冲洪积的卵石层外，西侧ZK11、ZK12、ZK16均为露头较缓的混合岩，稳定性较好，岩体完整连续，基础持力层可选用混合岩。

漫水路工程区：该区地层上部主要为第四系全新统冲洪积卵石层、部分漂石及粉质黏土，下部为风化程度不同的混合岩，未发现不良地质现象，稳定性较好，基础持力层可选用卵石层。

河床松散堆积区：整个勘察区域沿线两侧河床覆盖较厚的Q4al+pl卵石层及大量漂石，特别是河流拐弯处堆积较厚。

（2）拟建场地地基基础方案论证。

拦渣坝:根据本次勘察成果，建议拦渣坝采用天然地基浅基础形式，基础持力层使用第五层弱风化混合岩；可采用浆砌石坝，筑坝填料可就地取材，采用沟谷中漂石、块石。

漫水路工程:根据现场钻探揭露地层特征，漫水路工程基础可采用天然地基基础形式，均可利用第一层卵石层作基础持力层使用。

（3）场地地震效应。

根据国家标准《建筑抗震设计规范》（GB 50011—2001）第5.1.4条规定，本场地的抗震设防烈度为6度，设计基本地震加速度值为0.05$g$，设计特征周期为0.35 s。根据国家标准《建筑抗震设计规范》（GB 50011—2001）第4.1.3条规定，场地地基土为中软—中硬土，建筑场地类别为Ⅱ类，属建筑抗震不利地段。

#### 4.3.5.5 场地水对建筑材料腐蚀性评价

按《岩土工程勘察规范》划分，环境类型为Ⅱ类。

本次勘察，取拟建拦渣坝坝址地表水样2组，拟建漫水路工程区附近地下水样2组。据水质分析结果，拟建拦渣坝坝址水化学类型为$SO_4$—Ca型～$SO_4$—Ca·Mg型水，pH=7.80～8.00，侵蚀$CO_2$=0.00；拟建桥基区附近地下水化学类型为$HCO_3$·$SO_4$—Ca型～$HCO_3$·$NO_3$—Ca·Mg型水，pH=7.00～7.20，侵蚀$CO_2$=0.93～2.80。场地水对混凝土结构无腐蚀性，对钢筋混凝土结构中的钢筋无腐蚀性，对钢结构具弱腐蚀性。

### 4.3.6 泥石流防治方案

陡岸泥石流沟灾害防治工程安全等级为三级，泥石流灾害防治主体工程设计标准为30年一遇。

#### 4.3.6.1 总体布局

根据陡岸村泥石流流域的地形条件、地质条件、泥石流发育特征、泥石流流体特征、受灾对象及其分布区域等特点，确定主要工程措施是对该泥石流沟流域进行治理，治理的重点放在受灾对象比较集中的泥石流堆积区。工程措施主要为拦渣工程、排导防护工程和漫水路工程相结合。

（1）拦渣工程：流域内北湾村以上的流通区和堆积区内，泥石流的受灾对象主要为少量的农田，该区域是修建拦渣工程的良好场所，选择适宜地段修建1~2座拦渣坝，可起到泄洪、拦渣、调节、固床、稳坡和控制固体物质补给量、预防沟道下切及沟壑发展的功效，大大减小泥石流对下游受灾对象的危害。

（2）排导防护工程：主要分布于堆积区下游，其主要作用是限制泥石流的流速、流向，使泥石流顺畅地通过受灾对象比较集中的区域，排入下游非危害区。

（3）漫水路工程：该项工程分别位于乡镇道路与董庄、贾庄与石头庄之间，用于修复、连接被泥石流毁坏的道路，便于当地群众与外界的交流，并能够在发生异常情况之前使群众及时得以疏散，避开泥石流的危害。

#### 4.3.6.2 防治方案的概略内容、工程项目、主要技术经济指标及优缺点

（1）方案一：

拦渣坝：在上游地段（Ⅳ—Ⅳ断面）设置钢轨桩拦石坝，将直径大于500 mm的泥石流固体物质拦截。该拦石坝由钢轨桩及钢轨支撑体系组成，坝顶设计标高295 m，坝体高度15 m左右，设计库容2万余m³。工程造价47万元。在中游地段（Ⅲ—Ⅲ断面）设置浆砌片石格栅拦石坝，主要将直径大于50 mm的泥石流固体物质拦截。该拦石坝由浆砌片石坝体、格栅排水涵洞、格栅溢洪道、坝顶格栅体系和C20钢筋混凝土心墙组成。坝顶设计标高228 m，坝体高度10 m左右，设计库容4万余m³。工程造价74万元。

排导防护工程：布置在康庄以南100 m处河床东岸及泥石流沟下游贾庄、石头庄、董庄和申林地段，为重力式护堤工程，总长度2 566 m，设计高度2.5~4.0 m，墙顶高度0.3~0.4 m，墙底宽1.5~2.2 m。护堤墙身采用浆砌片石，片石抗压强度不宜小于30 MPa，砂浆为M7.5，考虑到该河段为堆积区，护堤埋深取0.5 m，在局部受冲刷强烈的地段设置石笼减缓泥石流对墙身和墙角的冲击，总砌方量10 600 m³。工程造价207万元左右。

桥涵工程：工程布置在乡镇道路与董庄、贾庄与石头庄之间，两座桥涵均为中桥，荷载等级为Ⅱ级公路的0.8倍，桥长35 m~2×16 m（净跨），桥宽为4.5 m~净3.5+2×0.5 m（护栏），净高3.5~4.5 m。引道工程130~140 m。桥的主体结构上部为2×16 m预应力混凝土空心板，下部桥墩采用圆形独柱式墩，柱径120 cm，桥台采用扶壁式台，基础采用扩大基础。工程造价75万元。

该方案的优点：整套方案具有较强的针对性，各项工程相互关联、切实有效，能够达到控制泥石流发生和发展，减轻或降低泥石流危害的目的，总投资基本合理；拦渣坝坝址、坝高适宜，技术上、经济上均可行；护堤工程位置布置适当，施工简单、管理方便、经济实惠、效益高且可就地取用大量的河卵石，非常便于施工。

该方案的缺点：钢轨桩拦石坝设计、施工工艺复杂，施工环境很差，材料运输困难，且由于坝的主体材料是钢轨，有被人为损坏的可能，后期管理难度较大；桥涵工程的设计荷载等级为Ⅱ级公路的0.8倍，设计等级过高，经济上不可行。桥的主体结构上部为2×16 m预应力混凝土空心板，现场预制难度较大，外面预制向场内运输受道路限

制基本不可行，施工难度较大。

（2）方案二：

拦渣坝：在中游地段（Ⅲ—Ⅲ断面）设置浆砌片石格栅拦石坝，主要将直径大于50 mm的泥石流固体物质拦截。该拦石坝由浆砌片石坝体、格栅排水涵洞、格栅溢洪道组成。坝顶设计标高235 m，坝体高度15 m左右，设计库容6万余$m^3$。工程造价123万元。

排导防护工程：布置在康庄以南100 m处河床东岸及泥石流沟下游贾庄、石头庄、董庄和申林地段。为重力式护堤工程，总长度2 566 m，设计高度3.0～4.5 m，墙顶高度0.3～0.4 m，墙底宽1.8～2.5 m。护堤墙身采用浆砌片石，片石抗压强度不宜小于30 MPa，砂浆为M7.5，考虑到该河段为堆积区，护堤埋深取1.0 m，总砌方量15 180 $m^3$。工程造价296万元左右。

漫水路工程：工程布置在乡镇道路与董庄、贾庄与石头庄之间，均包括漫水路管涵段和非管涵段。漫水路管涵段中间为直径400～500 mm的排水涵管，涵管中心间距为1 m，上部为40～50 cm厚的现浇混凝土，长度30 m左右，宽4 m；非管涵段长105 m左右，宽4 m。工程造价32万元。

该方案总投资451万元。该方案的优点：整套方案的治理重点突出，着重于对泥石流流向、流速在堆积区域的控制和对受灾对象的保护；漫水路工程的设计简便，施工简单，施工取材方便，经济实惠；拦渣坝坝址、坝型适宜，技术上可行。

该方案的缺点：整套方案存在一定的隐患，工程投资较大；拦渣工程的设计存在较大问题，仅在流通区修建一座15 m高的拦渣坝，违背了"做低坝、做群坝"的泥石流治理理念，易造成河道物源积少成多，酿成大祸；护堤工程工程量巨大，没有结合泥石流的实际情况和工程所处的位置进行综合考虑，技术上可行，经济上不节约。

（3）方案三：

拦渣坝:在上游地段（Ⅳ—Ⅳ断面）设置浆砌片石拦石坝，将直径大于500 mm的泥石流固体物质拦截。该拦石坝由浆砌片石坝体、格栅排水涵洞、格栅溢洪道组成，坝顶设计标高295 m，坝体高度8 m左右，设计库容2万余$m^3$。工程造价63万元。

在中游地段（Ⅲ—Ⅲ断面）设置浆砌片石拦石坝，主要将直径大于50 mm的泥石流固体物质拦截。该拦石坝由浆砌片石坝体、格栅排水涵洞、格栅溢洪道组成。坝顶设计标高228 m，坝体高度10 m左右，设计库容4万余$m^3$。工程造价74万元。

排导防护工程:布置在康庄以南100 m处河床东岸及泥石流沟下游贾庄、石头庄、董庄和申林地段。为重力式护堤工程，总长度2 566 m，设计高度2.5～4.0 m，墙顶高度0.3～0.4 m，墙底宽1.5～2.2 m。护堤墙身采用浆砌片石，片石抗压强度不宜小于30 MPa，砂浆为M7.5，考虑到该河段为堆积区，护堤埋深取0.5 m，在局部受冲刷强烈的地段设置石笼减缓泥石流对墙身和墙角的冲击，总砌方量10 600 $m^3$。工程造价207万元左右。

漫水路工程:工程布置在乡镇道路与董庄、贾庄与石头庄之间，均包括漫水路管涵段和非管涵段。漫水路管涵段中间为直径400～500 mm的排水涵管，涵管中心间距为1 m，上部为40～50 cm厚的现浇混凝土，长度30 m左右，宽4 m；非管涵段长105 m左右，宽4 m。工程造价32万元。

该方案总投资376万元。整套方案具有较强的针对性，治理重点突出，各项工程相互关联、切实有效，能够达到控制泥石流发生和发展，减轻或降低泥石流危害的目的，总投资节约；拦渣坝坝址、坝高、坝型适宜，施工简单，取材方便，技术上、经济上均可行；护堤工程位置适当，施工简单、管理方便、经济实惠、效益高且可就地取用大量的河卵石，非常便于施工；漫水路工程的设计简便，施工简单，施工取材方便，经济实惠。

该方案的缺点：上游的浆砌片石拦石坝与钢轨桩拦石坝相比，工程量稍大，工程造价略高。

### 4.3.6.3　治理方案的比较及建议

从6个方面对上述三个泥石流的治理方案进行比较：

（1）泥石流发生、活动条件可控制程度：方案一和方案三均予以基本控制，方案二仅局部予以控制。

（2）对泥石流直接危害的控制程度：三个方案防治重点均突出，基本保证了下游堆积区内受灾对象的安全。

（3）防治措施的可行性程度：从泥石流的特点出发，考虑技术、经济、施工组织及后期管理、维护等因素，方案三可行性程度最高，方案二次之，方案一最差。

（4）各类措施单项投资：方案一桥涵工程投资偏高，护堤工程、拦渣工程投资适宜；方案二护堤工程投资偏高，漫水路工程投资适宜，拦渣工程投资偏低，且风险大。

（5）各方案总投资比较：方案二最高，仅工程费用投资就达451万元；方案三最低，工程费用总投资376万元。

（6）各方案产生的经济效益、社会环境效益：泥石流防治的经济效益即将总防治费用与保护对象价值及防治后产生的直接经济效益等进行比较；社会环境效益即将防治费用与所得直接和间接的社会和环境效益等进行比较。

三个方案治理重点均比较突出，都能有效保护泥石流沟内的主要受灾对象，防治后产生的直接经济效益基本相同，但由于方案三的总投资最好，故方案三的经济效益相对最好。

经综合比较，推荐采用方案三对陡岸村泥石流进行防治。

# 第5章 地质灾害防治工程设计实例

## 5.1 滑坡防治工程设计

本节以新县向阳新村滑坡防治工程设计为例，说明滑坡防治工程设计的方法。

新县向阳新村滑坡体长25.0 m，宽近50 m，滑体中部最大厚度8.0 m，体积约7 000 m³，为小型浅层土质滑坡。总体滑动方向为北北西向，属牵引式山体滑坡。滑坡区内地层较简单，除表层为松散残坡积土层外，下伏基岩主要为一套早白垩世早期的细—粗粒二云花岗岩。残坡积土0.2～1.2 m，平均厚度0.7 m左右；其下伏花岗岩风化强烈，由上至下依次分布有全风化、强风化、中等风化、微风化中粗粒花岗岩。斜坡地层结构是滑坡形成的主要地质因素，降雨、地下水及边坡下部人工建房也是造成边坡失稳的重要原因。

### 5.1.1 总体工程布置

主要治理措施有抗滑桩、挡土墙、削坡减载、地表水排导、生物工程及滑坡监测等。

#### 5.1.1.1 抗滑桩

由于向阳新村滑坡体主要由表层残坡积土和全—强风化的花岗岩体构成，风化层多被黏性土充填，胶结程度中等——一般，且坡度较大，而下伏中等、弱风化的花岗岩密实度高，抗滑动性较好，在经过抗剪性计算后，建议在滑坡体中前部位采用合理尺寸的抗滑桩，增大抗滑力，可有效防止滑体的下滑。

#### 5.1.1.2 挡土墙

通过现场勘查和实地调查，滑坡体前缘东侧部位滑移变形明显，而前缘中部以前地面变形特征显著。为消除前缘坡体上岩土体崩塌滑落物，确保滑坡体下建筑设施的安全，结合滑坡体滑移变形特征，在滑坡体上设置抗滑桩的同时，建议在滑坡体前缘设置重力式挡土墙。

在设置挡土墙时，挡土墙的基础应至稳定地层，高度应避免崩塌滑落物体超越挡墙，同时应充分考虑其排水性能。

针对滑坡体东部的高边坡，因其主要产生一些小规模的岩土体崩塌，威胁对象为坡下的住户，因此建议在高边坡坡脚前缘设置一道挡土墙。此处基岩埋藏较浅，挡土墙基础可设在基岩上；挡土墙高度以2.5～3.0 m为宜，目的在于消除高边坡上崩塌滑落的岩土体对坡下居民房屋及人员生命财产的威胁。挡土墙的设置应考虑排水性能。

#### 5.1.1.3 削坡减载

在滑坡体后缘缓坡地带，可进行一些土体的开挖，以减小滑坡体助滑段的荷载，减小下滑力。同时，将开挖的土体回填至滑坡体前缘地段即重力式挡土墙后，以增大抗滑力。

#### 5.1.1.4　地表水排导

地表水下渗和地下水富集是引发滑坡的主要诱因。为消除或减轻场地地表水和地下水引发滑坡地质灾害的可能性，可在滑坡体后部一定距离外设置"人"字形排导槽，将滑体后部的大气降水引排至滑坡体以外；滑坡体上，针对裂缝的存在，应采取填缝夯实、局部地面硬化措施，最大限度地防止坡体上地表水侵入裂缝，减小滑坡地质灾害发生的可能性。

#### 5.1.1.5　生物工程

在治理工程完工后，应结合当地气候环境，在滑坡体上及其外围地段种植植被、树木，多种植一些固土性强的树木；在高陡边坡地带，要种植草木固土，以避免水土流失。

#### 5.1.1.6　滑坡监测

对滑坡的监测应从进行勘查工作时开始，治理工程完工一年后止。

### 5.1.2　工程设计

#### 5.1.2.1　分项工程设计

1. 防渗与截排水工程

滑坡体内存在多条张拉裂缝，地表水易下渗至滑坡体内，不仅增大滑体重量，而且降低滑面（带）土的强度，增加滑坡下滑推力，产生新的变形与滑动。为消除这一隐患，对滑坡体内的裂缝进行压浆处理，压浆处理后对裂缝挖掘0.50 m左右深度的沟槽，并用黏性土分层回填夯实（要求压实系数不小于0.95），同时在滑坡周界外和滑坡体东侧民房坡面上适当位置修筑环形截排水沟，顺引地表水于滑坡体和民房后坡面以外，在滑坡体下缘支挡工程内侧设置一条截排水沟，将坡体内地表水及时导出。滑坡体内截排水沟及吊沟断面图见图2-5-1～图2-5-4。

2. 减载反压与支挡工程

在滑坡体后缘主滑段采取切方减载，以减小滑坡下滑推力。切方后的土用于回填抗滑桩与挡土墙背后的回填土料。对滑坡前缘东侧挡土墙后的较高坡面也采取切方减载，

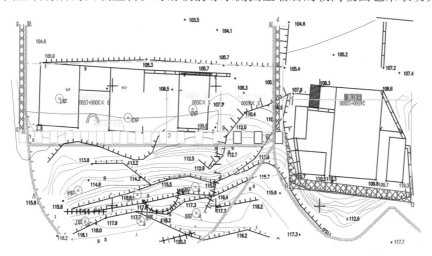

图2-5-1　滑坡防治工程总体平面布置图

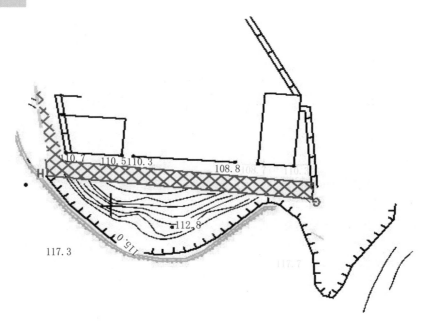

图2-5-2　滑坡体东部高边坡防治工程布置图

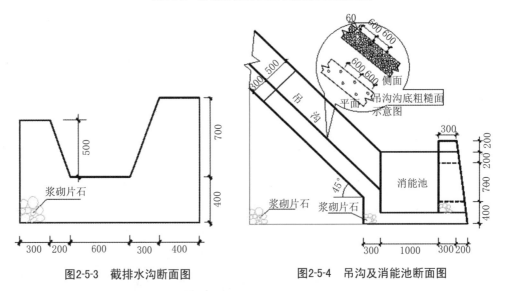

图2-5-3　截排水沟断面图　　　　　图2-5-4　吊沟及消能池断面图

该切方后的土料也用于抗滑桩背后的回填土料。前述两处切方不仅有减载作用，而且作用于桩背后抗滑段的填料还能起到对滑坡体的反压抗滑作用。对滑坡东侧抗滑桩区即Ⅰ区以南按边坡角为31°进行削方减压。

根据各断面抗滑桩的设计推力值，为阻止滑坡体下滑推力，在滑坡体前缘及东侧边坡设置一排抗滑桩，桩顶标高为110.0 m，桩截面均为2.0 m×1.5 m，由东向西分为Ⅰ、Ⅱ、Ⅲ区，其间距分别为4.0 m、3.5 m、3.0 m，桩长分别为15.0 m、18.0 m、20.0 m，并在抗滑桩桩与桩之间设置钢筋混凝土挡土墙，与抗滑桩构成一个支挡体系。钢筋混凝土挡土墙厚度30~50 cm。

3. 土钉墙支护工程

因滑坡体东侧居民房后的坡面较高较陡，若连续降雨存在不稳定状态，为消除这一隐患，对该边坡采取土钉墙支护措施（GH段）；抗滑桩前东、西两侧开挖后边坡高度为2.0～6.0 m（AF段、DE段），也采取土钉墙支护措施。并在坡面设置泄水孔。

#### 5.1.2.2　设计工程量

主要工程工作量见表2-5-1。

表2-5-1　主要工程工作量汇总

| 分项工程 | | C30混凝土（m³） | C25混凝土（m³） | C20混凝土（m³） | M15浆砌片石（m³） | M10水泥砂浆（m³） | 挖土方（m³） | 回填夯实土方（m³） | 总延米（m） | 沥青麻筋（m²） | φ6.5钢筋网片（m²） | 钢材(t) |
|---|---|---|---|---|---|---|---|---|---|---|---|---|
| 抗滑桩工程 | 桩身 | 897 | — | — | — | — | — | — | — | — | — | 63.6 |
| | 锁口及护壁 | — | 388.9 | — | — | — | — | — | — | — | — | 16 |
| 挡土墙工程 | 钢筋混凝土挡土墙 | — | 75.6 | — | — | 46 | — | — | — | — | — | 3.3 |
| 土钉墙工程 | | — | — | 70.5 | — | — | — | — | *917.0 | 10.0 | 940 | 3.47 |
| 附属工程 | 截排水沟与吊沟 | — | — | — | 261.0 | — | — | — | — | — | — | — |
| | 切方 | — | — | 456.0 | — | — | 1 807.3 | — | — | — | — | — |
| | 填方 | — | — | — | — | — | — | 340.0 | — | — | — | — |
| | 裂缝压浆与挖掘回填 | — | — | 112.0 | — | 1 000.0 | 112.0 | 112.0 | — | — | — | — |
| | 泄水孔 | — | — | — | — | — | — | — | 191.0 | — | — | — |

注：*指含桩间b—b断面混凝土挡土墙土钉的总延米长。

# 5.2　泥石流防治工程设计

本节以泌阳县贾楼乡陡岸村泥石流防治工程设计为例，说明泥石流防治工程设计方法。

## 5.2.1　防治工程设计标准

根据《泥石流灾害防治工程设计规范》（DZ/T 0239—2004），确定河南省泌阳县贾楼乡陡岸村泥石流应急治理工程安全等级为三级（见表2-5-2）。

表2-5-2　陡岸村泥石流灾害防治主体工程设计标准

| 防治工程安全等级 | 降雨强度 | 拦挡坝抗滑安全系数 | | 拦挡坝抗倾覆安全系数 | |
|---|---|---|---|---|---|
| | | 基本荷载组合 | 特殊荷载组合 | 基本荷载组合 | 特殊荷载组合 |
| 三级 | 30年一遇 | 1.15 | 1.06 | 1.40 | 1.12 |

## 5.2.2　工程设计

### 5.2.2.1　拦石坝工程设计

综合泥石流流量、流速特征分析，该工程主要由上游格栅拦石坝和中游格栅拦石坝两部分组成。

在上游地段（Ⅰ—Ⅰ断面）设置浆砌片石格栅拦石坝，将直径大于500 mm的泥石流中固体物质拦截，该拦石坝由浆砌片石坝体、格栅排水涵洞、格栅溢洪道组成。

在中游地段（Ⅱ—Ⅱ断面）设置浆砌片石格栅拦石坝，主要将直径大于150 mm的泥石流中固体物质拦截，有效拦截泥石流中的固体物质，确保河水的正常通过，该拦石坝由浆砌片石坝体、格栅排水涵洞、格栅溢洪道组成。

1. 上游格栅拦石坝

设计拦石坝坝顶标高为295.00 m，坝顶面宽度3.80 m，考虑到拦石坝使用后期坝顶溢流，坝顶上、下游两侧设计为圆弧形，坝体最大高度10.33 m，坝顶长度40.50 m，面坡坡率1∶0.35，背坡坡率1∶0.75；在坝体下部近河床处设置格栅排水涵洞，以确保河水潜流通行，从洞顶受力特性考虑，排水涵洞上部呈圆弓形，圆弓半径为1.40 m，下部呈2.80 m×3.40 m矩形；考虑到拦石坝使用过程中库内堆积抬高，在接近排水涵洞洞顶上部设置格栅溢洪道，以便库内堆积抬高后河水的正常通行，溢洪道呈上宽下窄的梯形，宽度3.50～5.10 m，高度3.50 m。

经计算，上游格栅拦石坝坝顶标高以下形成库容约12 856.34 m³；该拦石坝在坝顶标高为295.00 m时，考虑到固体堆积物的最小堆积坡率（$\alpha$ =4.0°），固体堆积物向上游水平延伸距离为283.0 m；在坝顶标高为295.00 m以上时，因堆积坡率形成的固体堆积物的平均厚度约1.50 m，堆积面积为5 320.53 m²，泥石流固体物堆积体积约为7 980.00 m³，故该拦石坝拦截泥石流固体物总方量约为20 836.34 m³。

2. 中游格栅拦石坝

设计拦石坝坝顶标高为230.00 m，坝顶面宽度3.80 m，考虑到拦石坝使用后期坝顶溢流，坝顶上下游两侧设计为圆弧形，坝体最大高度9.37 m，坝顶长度62.37 m，面坡坡率1∶0.35，背坡坡率1∶0.75；在坝体下部近河床处设置格栅排水涵洞，以确保河水潜流通行，从洞顶受力特性考虑，排水涵洞上部呈圆弓形，圆弓半径为1.60 m，下部呈2.25 m×3.20 m矩形；考虑到拦石坝使用过程中库内堆积抬高，在接近排水涵洞洞顶上部设置格栅溢洪道，以便库内堆积抬高后河水的正常通行，溢洪道呈上宽下窄的梯形，宽度3.00 m，高度4.50 m。

经计算中游格栅拦石坝坝顶以下形成库容约32 824.00 m³，该拦石坝坝顶标高为230.00 m时考虑到固体堆积物的最小坡率（$\alpha$ =4.0°），固体堆积物向上游水平延伸距离为310.0 m；在坝顶标高为230.00 m以上时，因堆积坡率形成的固体堆积物的平均厚度约1.50 m，堆积面积为8 015.00 m²；在坝顶标高为230.00 m以上时，泥石流固体物堆积体积约为12 022.50 m³，该拦石坝拦截泥石流固体物总方量约44 846.50 m³。该拦石坝工程量详见表2-5-3。

表2-5-3 拦石坝工程量一览表

| 序号 | 工程名称 | 工作内容 | 单位 | 工作量 |
|---|---|---|---|---|
| 1 | 上游格栅拦石坝 | 基础开挖土石方 | m³ | 1 366.56 |
| | | M7.5浆砌片石坝体 | | 2 225.60 |
| | | C20钢筋混凝土 | | 264.17 |
| | | C15素混凝土垫层 | | 34.97 |
| | | 钢轨埋设（规格38 kg/m） | t | 3.563 |
| 2 | 中游格栅拦石坝 | 基础开挖土石方 | m³ | 784.82 |
| | | M7.5浆砌片石坝体 | | 2 939.17 |
| | | C20钢筋混凝土 | | 224.54 |
| | | C15素混凝土垫层 | | 31.37 |
| | | 钢轨埋设（规格38 kg/m） | t | 7.134 |

#### 5.2.2.2 漫水路工程设计

本次设计分为贾庄过河漫水路工程和董庄过河漫水路工程两部分。

贾庄过河漫水路工程包括漫水路管涵段和非管涵段两部分，全长134.017 m，路幅宽度为4.0 m，总填方为178.38 m³，总挖方131.09 m³。

董庄过河漫水路工程包括漫水路管涵段和非管涵段两部分，全长138.588 m，路幅宽度为4.0 m，总填方为283.32 m³，总挖方66.66 m³。

1. 主要设计技术标准

公路等级：乡村路。

路面设计标准轴载：Bzz—100。

平曲线最小半径：55。

竖曲线最小半径：300。

道路设计最小纵坡：$i=0.50\%$。

道路设计最大纵坡：$i=12.202\%$。

路面结构：水泥混凝土。

道路设计年限：15年。

地震烈度：6度。

2. 漫水路管涵段

贾庄漫水路工程管涵段，长28.5 m，圆管管径500 mm，共布置圆管28个，圆管中心间距为1 m；贾庄漫水路工程管涵段，长29.0 m，圆管管径500 mm，共布置圆管28个，圆管中心间距为1 m。

3. 漫水路非管涵段

贾庄过河漫水路工程非管涵段，全长105.517 m，路幅宽度为4.0 m，总填方为178.38 m³，总挖方131.09 m³；董庄过河漫水路工程非管涵段，全长109.588 m，路幅宽度为4.0 m，总填方为283.32 m³，总挖方66.66 m³。

4. 平面设计

贾庄过河漫水路工程，全长134.017 m；董庄过河漫水路工程，全长138.588 m。

5. 纵断面设计

贾庄过河漫水路工程，采用最小纵坡度0.50%，最大纵坡度10.719%；设竖曲线2处，竖曲线半径分别为400 m、300 m。董庄过河漫水路工程，采用最小纵坡度0.50%，最大纵坡度12.202%；设竖曲线2处，竖曲线半径分别为300 m、300 m。

6. 横断面设计

贾庄过河漫水路工程，道路横断面宽度为4.0 m，混凝土路面宽4.0 m；董庄过河漫水路工程，道路横断面宽度为4.0 m，混凝土路面宽4.0 m。

7. 路基设计

为保证路基的稳定和强度，应将路基范围内的杂草、种植土、砖石瓦块、腐土清除后采用重型压实标准压实，然后用好土分层填筑压实。路基压实应按重型压实标准实施。

路基边坡的处理：路基边坡采用1∶1.5自然放坡，如遇雨季应做好排水工作。边坡坡脚即为征地边界。

8. 路面结构设计

本工程路面结构采用水泥混凝土路面。车行道路面结构设计以双轮单轴轴载100 kN为标准轴载，采用双圆均布垂直和水平荷载作用下的三层弹性体系理论以及路表回弹弯沉、弯拉应力和剪应力三项设计指标。

经计算，车道路面结构（总厚度35 cm）组成如下：15 cm厚C30水泥混凝土；20 cm厚灰土基层，白灰∶土=30∶70（重量比）；重型压实路床（压实度≥95%）。

### 5.2.2.3　防护工程设计

1. 场地工程地质

防护工程分布在陡岸村贾庄、石头庄、董庄、申林泥石流堆积区河岸的两侧及康庄西南侧泥石流流通区河流东岸，主要地层为冲、洪积漂卵石，成分杂乱，结构较松散，密实度较差。河床常年有地表水，在枯水季节地下水补给地表水，雨季地表水补给地下水。

2. 工程设计

陡岸河因历次洪水携带的固体物质堆积，河床抬高，加之河岸低矮，久未疏导整治，在洪水季节河水漫流，严重危及两岸居民生命和财产的安全，并冲毁耕地。

本次治理工作是在陡岸河中、上游设置拦石坝的条件下对上述地段设置重力式护堤防护工程，护堤工程总长2 403.74 m。

由计算可知，河床渠道不产生底蚀冲刷作用的最大流速取4.20 m/s，河床Ⅲ断面计算河堤起始、终止深度均为3.50 m；河床Ⅳ断面计算河堤起始深度为3.50 m，终止深度为3.00 m，另外河床Ⅲ、Ⅳ断面所处的河岸护堤段两岸天然河岸高度分别为0.7~2.4 m、0.9~2.9 m，考虑该河段为堆积区，护堤埋深取0.50 m。综合考虑上述两方面因素，河床Ⅲ断面所处的河岸段重力式护堤设计高度为4.00 m；河床Ⅳ断面河岸段重力式护堤设计高度为3.50 m，河岸段重力式护堤设计高度为3.00 m，康庄以南河岸段重力式护堤设计高度为2.50 m和3.50 m；重力式护堤墙身采用浆砌片石，片石抗压强度不宜小于30 MPa，砂浆为M7.5。

## 5.2.3 工程计算

### 5.2.3.1 计算参数的确定

1. 拦石坝

（1）上游格栅拦石坝：该拦石坝为刚性透水坝，坝体置于⑤层弱风化混合岩中。

（2）中游格栅拦石坝：该拦石坝为刚性透水坝，坝体置于⑤层弱风化混合岩中。

2. 漫水路

在漫水路两侧河岸上设置引道（非漫水段），为防止洪水从漫水路流向河岸护堤外，引道两侧紧临路基设置重力式护堤，路基护堤顶标高与漫水路两岸河岸护堤顶标高相同。

### 5.2.3.2 设计计算

1. 拦石坝

（1）库容计算：根据设计拦石坝坝顶标高及地形图，按水平切块垂直叠加的方法计算了上游格栅拦石坝在295.0 m标高、中游格栅拦石坝在230.0 m标高水平面以下的库容。

（2）稳定性计算：

①上游格栅拦石坝：在考虑地下水、地表水、泥石流的动力作用及堆积至坝顶时产生漫坝溢流最不利组合条件下，根据坝体设计几何尺寸及《浆砌石坝设计规范》（SL 25—91），用重力式坝模型进行了坝体抗滑、抗倾覆稳定性计算和墙体强度验算，泥石流作用于拦石坝上的附加应力按下列公式计算：

$W_f$：溢流重（kPa），$W_f = h_d \cdot \gamma_d$，换算为单位长度的溢流重（kN/m），$W_{f单} = W_f \cdot B$；

$\gamma_d$：设计溢流重度（kN/m³）：$\gamma_d = 16.1$；

$h_d$：设计溢流体厚度（m），$h_d = Q/(V_c \cdot L)$，$h_d = 3.686$；

$B$：坝顶设计宽度（m），$B = 3.80$；

$Q$：泥石流设计流量（m³/s），$Q = 350.80$；

$V_c$：泥石流设计流速（m/s），$V_c = 2.35$；

$L$：坝顶设计长度（m），$L = 40.50$；

$F_{vl}$：泥石流的水平压力（kN/m），$F_{vl} = 1/2 \cdot \left[ \gamma_c \cdot H_c^2 \cdot \tan2（45° - \phi_{a/2}）\right]$；

$\gamma_c$：泥石流重度（kN/m³），$\gamma_c = 16.1$；

$H_c$：泥石流体泥深（m），$H_c = 3.686$；

$\phi_a$：泥石流体内摩擦角（°），$\phi_a = 7$；

$F_{wl}$：泥石流的水平水压力（kN/m），$F_{wl} = 1/2 \cdot \gamma_w \cdot H_w^2$；

$\gamma_w$：水体的重度（kN/m³），$\gamma_w = 9.80$；

$H_w$：水的深度（m），$H_w = 3.686$；

$\sigma$：过坝泥石流的动水压力（kPa），$\sigma = \gamma_c/g \cdot V_c^2$；

$\sigma_单$：换算为单位长度的动水压力（kN/m），$\sigma_单 = \sigma \cdot H_c$；

$g$：重力加速度（m/s²），$g$=9.8；

$F_\delta$：泥石流整体冲击力，$F_\delta=\lambda \cdot \gamma_c/g\ (V_c^2\sin\alpha)$；

$F_{\delta单}$：泥石流整体单宽冲击力（kN/m），$F_{\delta单}=F_\delta \cdot h_d$；

$\lambda$：形状系数，$\lambda$=1.33；

$\alpha$：受力面与泥石流冲压方向的夹角（°），$\alpha$=81.54°。

根据上述计算公式的附加应力及设计计算参数按基本荷载组合计算了上游格栅拦石坝抗滑安全系数、抗倾覆安全系数设计值。

由计算结果可知，上游格栅拦石坝设计其抗滑、抗倾覆及坝体强度满足《泥石流灾害防治工程设计规范》（DZ/T 0239—2004）表2-2安全系数要求。同时，上游格栅拦石坝设计其地基承载力及坝体强度满足《泥石流灾害防治工程设计规范》（DZ/T 0239—2004）第3.3.3条（3）中3.1-13式及（4）技术要求。

②中游格栅拦石坝：在考虑地下水、地表水、泥石流的动力作用及堆积至坝顶时产生漫坝溢流最不利组合条件下，根据坝体设计几何尺寸及《浆砌石坝设计规范》（SL 25—91），用重力式坝模型进行了坝体抗滑、抗倾覆稳定性计算和墙体强度验算，泥石流作用于拦石坝上的附加应力按下列公式计算：

$W_f$：溢流重（kPa），$W_f=h_d \cdot \gamma_d$；

换算为单位长度的溢流重（kN/m），$W_{f单}=W_f \cdot B$；

$\gamma_d$：设计溢流重度（kN/m³），$\gamma_d$=16.1；

$h_d$：设计溢流体厚度（m），$h_d=Q/(V_c \cdot L)$，$h_d$=3.426；

$B$：坝顶设计宽度（m），$B$=3.80；

$Q$：泥石流设计流量（m³/s），$Q$=724.40；

$V_c$：泥石流设计流速（m/s），$V_c$=3.39；

$L$：坝顶设计长度（m），$L$=62.37；

$F_{v1}$：泥石流的水平压力（kN/m），$F_{v1}=1/2 \cdot [\gamma_c \cdot H_c^2 \cdot \tan2(45°-\phi_{a/2})]$；

$\gamma_c$：泥石流重度（kN/m³），$\gamma_c$=16.1；

$H_c$：泥石流体泥深（m），$H_c$=3.426；

$\phi_a$：泥石流体内摩擦角（°），$\phi_a$=7；

$F_{w1}$：泥石流的水平水压力（kN/m），$F_{w1}=1/2 \cdot \gamma_w \cdot H_w^2$；

$\gamma_w$：水体的重度（kN/m³），$\gamma_w$=9.80；

$H_w$：水的深度（m），$H_w$=3.426；

$\sigma$：过坝泥石流的动水压力（kPa），$\sigma=\gamma_c/g \cdot V_c^2$；

$\sigma_单$：换算为单位长度的动水压力（kN/m），$\sigma_单=\sigma \cdot H_c$；

$g$：重力加速度（m/s²），$g$=9.8；

$F_\delta$：泥石流整体冲击力（kPa），$F_\delta=\lambda \cdot \gamma_c/g\ (V_c^2\sin\alpha)$；

$F_{\delta单}$：泥石流整体单宽冲击力（kN/m），$F_{\delta单}=F_\delta \cdot h_d$；

$\lambda$：形状系数，$\lambda$=1.33；

$\alpha$：受力面与泥石流冲压方向的夹角（°），$\alpha$=85.44。

根据上述公式计算的附加应力及设计计算参数，按基本荷载组合计算了中游拦石坝抗滑安全系数、抗倾覆安全系数设计值。

由计算结果可知，中游格栅拦石坝设计其抗滑、抗倾覆设计值满足《泥石流灾害防治工程设计规范》（DZ/T 0239—2004）表2-2安全系数标准值的要求。同时，中游格栅拦石坝设计其地基承载力及坝体强度满足《泥石流灾害防治工程设计规范》（DZ/T 0239—2004）第3.3.3条（3）中3.1-13式及(4)技术要求。

2. 漫水路工程

（1）贾庄漫水路：在考虑地下水、地表水、墙后路基回填土堆积至护堤顶且饱水最不利组合条件下，根据计算参数及护堤设计几何尺寸，采用重力式挡土墙模型对贾庄漫水路路基护堤进行了地基强度、抗滑、抗倾覆稳定性验算。由计算结果可知，贾庄漫水路路基护堤设计满足地基强度、抗滑及抗倾覆要求。

（2）董庄漫水路：在考虑地下水、地表水、墙后路基回填土堆积至护堤顶且饱水最不利组合条件下，根据计算参数及护堤设计几何尺寸，采用重力式挡土墙模型对董庄漫水路路基护堤进行了地基强度、抗滑、抗倾覆稳定性验算。由计算结果可知，董庄漫水路路基护堤设计满足地基强度、抗滑及抗倾覆要求。

3. 防护工程

（1）护堤高度、河床断面：河岸护堤工程护堤的高度由河床断面流量、河床宽度、水流状态、护堤设计材料及几何尺寸综合确定；另由于陡岸河在中、上游分别设置了格栅拦石坝，将该河流泥石流中大于150 mm的固体物质拦截，在下游河床中流动的物质主要是洪水，故在河流下游Ⅲ、Ⅳ断面护堤设计计算时，河流流量采用相应断面的洪水设计洪峰流量；根据流体力学，按设计洪水频率的设计洪峰流量、护堤设计材料、几何尺寸、河流不产生冲刷的最大流速、断面长度、设计的上下断面最小过水断面宽度分别对河床Ⅲ、Ⅳ断面河流按非棱柱型明渠模型进行了洪水过程计算。

上述两断面采取防护工程后对应的东岸B13、B11、B3分段点河床的宽度最小，由下式计算河流过水断面最小水深：

$$A=Q/v_{max}$$
$$A=(b+mh)h$$

式中　$Q$——设计洪峰流量，$m^3/s$；

　　　$v_{max}$——河床不产生冲刷时的最大流速，m/s；

　　　$A$——设计河床过水断面，$m^2$；

　　　$m$——边坡系数；

　　　$b$——河床底宽，m；

　　　$h$——水深，m。

由上述计算结果可知，护堤各段几何尺寸设计及河床过水断面设计满足设计洪峰流量要求。

（2）护堤稳定性：在考虑地下水水位在现地面下0.50 m、地表水水位在河床以上0.50 m的不利组合条件下，根据计算参数及护堤设计几何尺寸，采用重力式挡土墙模型对防护工程不同高度的护堤进行了地基强度、抗滑、抗倾覆稳定性验算。由计算结果可知，防护工程高度为2.50～40.00 m的护堤设计满足地基强度、抗滑及抗倾覆要求。

# 第6章 地质灾害防治工程施工

## 6.1 滑坡防治工程施工

河南省滑坡防治工程多以抗滑桩、抗滑挡墙、护坡、土钉墙、截排水、削坡减载、坡体绿化等工程类型为主。本章对各类主体工程施工方法予以简要说明。

### 6.1.1 抗滑桩

#### 6.1.1.1 施工顺序

抗滑桩工程的施工采取人工爆破开挖，然后进行护壁、安装钢筋笼及混凝土灌注，挖孔采取间隔的方式进行。

#### 6.1.1.2 施工方案

**1. 施工准备**

（1）测定桩位，平整场地。

①使用全站仪、水准仪等测量仪器，对测量控制点进行复核检查，经复核检查各桩点的坐标参数准确无误后，建立施工区测量控制网，并对抗滑桩的开挖轴线、高程进行定位。根据各条桩的断面尺寸，标定抗滑桩的孔口轮廓线，并在互相垂直的引出线上埋设测量标记点。

②根据现场的地形地貌平整施工场地，以便于安装井架及铺设出渣轨道。桩区地表建立截排水及防护设施，对堑顶坡土清刷减载。雨季施工，孔口搭设雨篷。

（2）安装井架。为便于出渣，井架采用三角铁焊接拼制成龙门架，每个孔口安装1台3 t卷扬机作为提升牵引设备。

（3）出渣。第一节护壁（锁口）混凝土灌注完成后在孔口的外侧修筑便道，以便运土手推车运输出渣。

做好各工序所需的机具器材和井下排水、通风、照明设施，并设置滑坡变形位移监测标志。

**2. 桩身开挖**

（1）孔口部分。根据桩身孔口段土质情况将孔口挖到1 m深时，绑扎锁口配筋，可立模灌注壁厚15 cm的第一节钢筋混凝土护壁，此节护壁在孔口0.5～1.0 m高度范围内加厚至50 cm，这部分称为锁口，用来防止下节井壁开挖时孔口沉陷。锁口顶面平整，并略高于原地面。

（2）桩孔掘进，采取边挖边护的方法。一般每节挖深1 m左右后，沿孔壁立模灌注一节钢筋混凝土护壁成矩形框架。上下节护壁间留25 cm左右的空隙以灌注下节护壁混凝土，护壁与围岩接触良好，护壁后的桩孔应保持垂直、光滑。护壁混凝土内要加上Ⅰ级钢筋制成的网片，以保证护壁强度。开挖过程中要做好施工记录，并做好施工段内地质情况描述。

（3）桩身开挖的安全措施。

①爆破：爆破采用浅眼松动爆破方法，即利用电雷管毫秒微差起爆法，以减小对孔壁及周围环境的影响，并在炮眼位置加强支护，禁止大药量、大范围的爆破和多孔同时起爆的情况发生。爆破结束后要用鼓风机往孔内送风15 min以上，确认无害时方可下井作业，孔内施工人员上方2 m处要设置挡土板以遮挡上方落土。

②通风及照明：孔深超过8 m使用鼓风机往孔内送风，孔内照明采用不高于36 V的100 W的低压灯。

（4）桩孔检查。桩在开挖过程中注意孔径、孔斜及平面位置，以保证挖孔质量。开孔时，在孔口护壁上做上标记点，作为孔深检验基点。

3. 钢筋笼的制作安放

在钢筋笼的加工制作过程，做到笼顺直、尺寸准确，钢筋笼直径、主筋间距及箍筋间距保护层的误差符合规范和设计要求，主筋接头数量在同一截面处不大于主筋数量的25%。避开岩石与土结合部位或滑动面。

钢筋笼吊装采用QY-16汽吊起吊入孔，起吊采用三点两吊，一吊使钢筋笼平稳离开地面，二吊使钢筋笼离开地面一定高度后再收紧一端钢丝绳，使之竖起并对准孔中心，平稳放入孔内，下完一节再焊一节，上、下节对正焊直。钢筋笼在吊装过程中不能碰撞孔壁，以免钢筋笼变形。

钢筋笼入孔后，在纵横两个方向上牢固定位，钢筋笼的四周绑上混凝土垫块，以保证钢筋主筋的保护层厚度。

## 6.1.2    挡土墙

为加强对滑坡体的整体防御能力，本工程在抗滑桩间设钢筋混凝土挡土墙，施工工艺流程见图2-6-1。

### 6.1.2.1    施工顺序

钢筋混凝土挡土墙的施工顺序为：基槽开挖→钢筋安装→模板支护→混凝土浇筑→填土、夯实。

### 6.1.2.2    施工方案

（1）基槽开挖：基槽开挖在抗滑桩混凝土强度达到设计的75%以上进行，开挖采用人工配合风镐开挖，基底要密实，以保证其承载力，挡土墙下端入土深为50 cm。

（2）钢筋网加工与安装：根据设计要求，先绑好钢筋网片，其尺寸要符合规范要求，并注意预埋件的位置。设置土钉的地方要提前埋置好，钢筋网按设计位置固定牢固，防止在浇筑混凝土时移位。

（3）模板支护：按照测量放线位置安装墙体模板，模板采用胶竹板，内涂脱模剂，用脚手架固定牢固，在内侧墙体顶面位置画红漆线，以便控制顶面高程。

（4）混凝土的浇筑：混凝土必须按配合比规范上料，搅拌均匀，离析、泌水的混凝土不得入模，混凝土要分层振捣，分层厚度为30 cm，振至无气泡冒出且混凝土表面无明

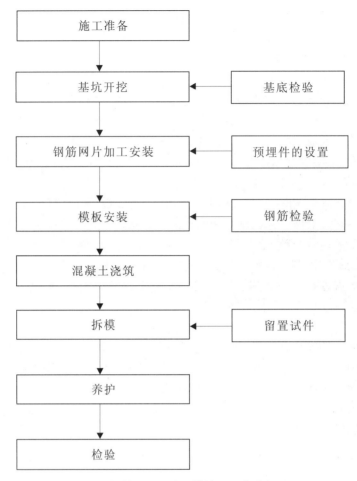

图2-6-1 钢筋混凝土挡土墙施工工艺流程图

显下沉，拔出振动棒。

　　混凝土强度达到设计强度的75%以上时拆除模板，洒水养护。混凝土浇筑过程中要留置试件。

　　（5）泄水管：挡土墙上设置泄水管，泄水管水平间距3～4 m，采用PVC管，管径为100 mm，壁厚为3 mm，管壁上钻3~5 mm的小孔。孔隙率大于7%，外缠土工布。放置时出口向下按3%～5%坡度倾斜。

　　（6）填土、夯实：填土要采用透水性材料，用电蛙夯分层夯实，分层厚为20 cm，压实度达到95%以上。

　　（7）注意事项：挡土墙在施工过程中注意排水和防水，填土分层夯实，每层厚度控制在20 cm以下。

## 6.1.3　截排水沟

　　在边坡与山体交界外侧及坡顶、坡脚处设置截排水沟和吊沟、消能池，其施工方案如下：

（1）基坑开挖：用人工配合风镐进行开挖，其尺寸和沟底高程要按设计进行，基底处理密实，不得有浮土等物存在。

（2）砌筑：截排水沟采用M15砂浆砌筑，砂浆要拌和均匀，石块强度及尺寸要符合规范要求，对于石质基底在砌筑前先洒水湿润再铺一层砂浆，以利黏合；对于土质基底可直接铺设，石缝间用砂浆填满捣实。砌筑过程中在软硬石交界处或每隔15 m设置沉降缝，缝宽2 cm，内夹浸了沥青的木条。砌筑吊沟每隔1 m左右设置一道消能台，以减轻水流冲击能的作用。

（3）抹面：砌筑完成，用M15砂浆对砌体抹面，抹面前先对砌体洒水湿润，清除杂物，抹面层厚2 cm左右，抹面保持有棱有角。

（4）养护：养护采用草袋覆盖的方式进行，草袋上洒水湿润。养护要在砂浆初凝后进行，养护期宜为7～14 d，养护期避免碰撞、振动或承重。

（5）回填土方：边沟砂浆强度达到设计强度的85%时，用土方将沟槽周边填实。

（6）砌体外观检验：砂浆应填塞密实，面要平顺。

# 6.2　泥石流防治工程施工

河南省在治理泥石流中，采用的主要方法有拦渣坝（堆石坝）、排水盲沟、拦洪导流工程、钢轨拦渣坝、排洪涵管、桥涵、重力式挡土墙、土钉墙、漫水路、护堤、导流堤、河道清理、刺槛、生物工程等。

## 6.2.1　拦渣坝

（1）按施工图设计进行测量放线，将坝基范围内所有植被、腐殖土层及松散覆盖层清除，并对削坡部位进行测量，做标记桩，标出施工线，然后用挖掘机进行切方，切除土方用自卸汽车运至指定地点；切方依据设计高程和边坡坡度，按照断面自上而下进行。

（2）在填筑拦渣坝之前先将排洪涵管和排水盲沟的位置确定出来先行施工，并待排洪涵管混凝土龄期达到设计的75%后填筑堆石拦渣坝。在堆石拦渣坝上游山谷中开采石料进行填筑，按每层40～50 cm分层铺料，分层碾压，碾压机械为16 t压路机，压实后的各项指标经检测不低于设计要求；干砌片石护坡砌筑时采用分层错缝，无松动、叠砌和浮塞。

## 6.2.2　拦洪导流工程

拦洪导流工程分拦洪坝、排洪涵管和排水盲沟三部分。

（1）拦洪坝：根据图纸进行放线、削坡；支模后对坝基和坝体分两次支模浇筑，严格按照C20配合比拌制混凝土，并用三轮车运料配合铲车进行浇筑。采用草栅覆盖浇水，对混凝土进行养护，7 d龄期内每天浇水不少于3次。

（2）排洪涵管：先从两端坝基处开始施工，避免了在工序上延误两端大坝的施工。对涵管位置进行放样定位，然后用挖掘机按设计高程挖槽，人工清槽整平后，浇筑C15混凝土垫层；在垫层上绑扎钢筋后支模。模板分两次安装，直墙模板安装完毕再浇筑墙身，然后对圆拱部分进行支模浇筑；每间隔8 m留设伸缩缝，若遇地基变化时加设沉降缝；施工完毕后在混凝土强度达到设计强度的75%以上时对管道两侧进行回填夯实。

（3）排水盲沟：从堆石拦渣坝坝底开始施工，测量放样后，根据设计图纸进行开槽，铺筑碎石层和砂砾层后铺设 $\phi$ 200 mm缸式透水管，然后覆盖砂砾层和碎石层；沿两侧边坡而设的透水管和沟底透水管采用三通绑扎连接。

### 6.2.3　桥涵工程

基坑采用机械开挖，人工配合整修，基底按设计要求进行处理；现场设混凝土拌和站，标准计量，机械拌和，小型翻斗车运送。机械振捣，每一个单项工程连续不间断施工。

墙身及基础采用C15混凝土浇筑；八字墙采用M7.5浆砌片石；桥底铺装采用30 cm厚C15防水混凝土。八字墙砌筑时先砌行列石、转角定位石，墙身砌石采用丁顺相间或二顺一丁，从外向里铺筑。片石铺筑时注意每个工作层的选择和竖缝的留置。

桥台两侧填土在台身混凝土强度达到设计强度的75%以上且盖板现浇完成7 d后，在墙背两边分层、对称填筑并夯实，回填时优先选用了内摩擦角较大的砾石类土、砂类土。

### 6.2.4　挡土墙

按照设计图纸放样定位、开挖基坑，人工整平基底，根据地基情况进行夯实，挡土墙下端入土深为50～100 cm。采用的石料符合设计规定的质量和规格；严格按照配合比拌和砂浆，砂浆随拌随用。砌筑时按分层错缝，坐浆挤紧，嵌填沧满密实，不留空洞，按表面平整、砌缝良好、勾缝平顺的要求施工。沉降缝和泄水孔的位置、质量及数量符合图纸要求。挡土墙在施工过程中注意了排水和防水的设置，对填土分层夯实。

### 6.2.5　土钉墙

土钉墙的施工顺序为：削坡→设置施工平台→成孔→设置土钉→灌浆→下层钢筋网的铺设→喷射第一层混凝土→上层钢筋网的铺设→喷射第二层混凝土→养护→检验（见图2-6-2）。

#### 6.2.5.1　削坡

根据设计人工配合挖掘机、风镐进行，在施工过程中严格按照预先定出的边坡线进行，削坡结束把表面浮着的松土渣清除掉。

#### 6.2.5.2　设置施工平台

为便于钻进工作，采用钢管架及木板等搭设工作平台。施工平台呈"井"字形，左右两侧用侧撑，后面用斜撑，保证了钻机的稳定。

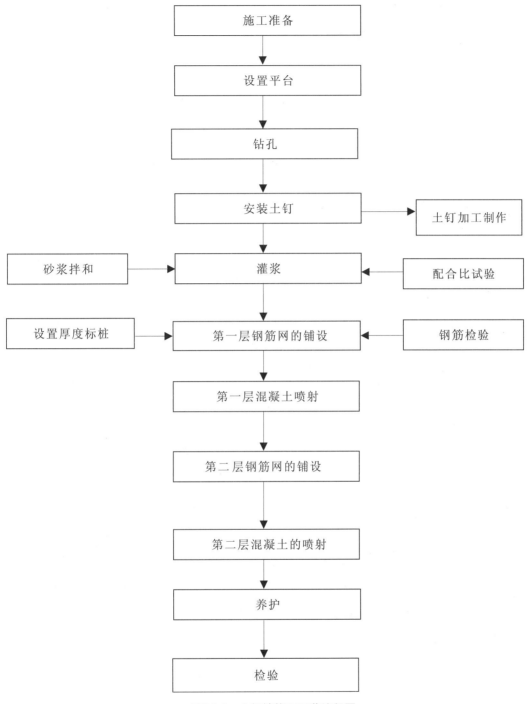

图2-6-2　土钉墙施工工艺流程图

### 6.2.5.3　成孔

采用MGY-60型锚杆钻机成孔，孔径为120 mm，间距为1.5 m。根据钻孔要求，锚杆钻机基座调平后，再将钻头轴线调整为向下方倾斜15°角，严格控制钻进速度和钻进方向，以免钻孔偏斜。钻孔结束后，及时清理干净孔内浮渣，保证成孔质量。

设置土钉：土钉采用Φ20和Φ25钢筋，用定位筋准确定位，其与面层钢筋网连接处用帮条焊接的方式进行，帮条长度为40 cm，焊接牢固可靠。

#### 6.2.5.4 灌浆

采用封口压力注浆的方式，将搅拌均匀的M15砂浆对土钉孔填充密实，以便土钉与岩壁紧密结合，当砂浆灌注至孔口并使返出砂浆与泵入砂浆性能相同时停止，在施工过程中留置试件。

#### 6.2.5.5 挂网

土钉全部完成后，即实施挂网，网片钢筋为直径Φ6.5的Ⅰ级钢筋，为双层双向，并与土钉焊接在一起，焊接长度为40 cm。

#### 6.2.5.6 喷射混凝土面层

根据设计要求在喷射混凝土面层时设置收缩缝，收缩缝沿水平方向每隔15 m设置一道，缝宽20 mm，缝间用沥青浸渗的木条做夹条。混凝土采用C20级砾石混凝土，施工中严格按配合比上料，拌和均匀，运输过程中注意采取防止水分流失及避免振动过大的措施，保证了混凝土质量满足设计要求。

### 6.2.6 导流堤工程

导流堤施工控制质量为B级，M10浆砌石结构，导流堤工程起止桩号为0~0-435和0~0+371，全长806 m。

导流堤施工工艺：导流堤基坑施工放样→基坑开挖（排水）→整平夯实→基础砌筑→墙身砌筑→泄水孔施工→隔水层施工→反滤层施工→台背回填→勾缝→抹面→养护→验收→进行下道工序（见图2-6-3）。

#### 6.2.6.1 施工放样

用全站仪定出导流堤各拐点位置，根据基础长度、宽度和施工宽度，放样基础开挖边线。经现场技术人员和监理工程师检验合格后，开始开挖基坑。

#### 6.2.6.2 基坑开挖

基坑开挖采用挖掘机配合人工跳槽开挖的方式进行，挖一段、砌一段，为保证施工安全，当开挖深度大于2.0 m时，采用1∶1的放坡坡度，并预留0.5 m宽的工作平台。基坑开挖深度、宽度严格按设计要求进行，随时用钢尺进行简单测量；接近设计标高时，借助施工准备时沿槽体布设的高程控制点，用水准仪进行测量，直至达到设计高程或开挖至完整花岗岩。

开挖时预留10~20 cm的深度不挖，在基础施工前由人工清理至设计深度。遇基底为完整基岩时，严格按设计要求进行处理。

结合基坑地下水情况，开挖时在基坑内留置50 cm宽、50 cm左右深的流水槽，并每隔20 m左右设置一直径50 cm左右、深1 m左右的集水坑，以便及时排出基坑内积水。

#### 6.2.6.3 浆砌石

1. 材料准备

块石选用石质坚实、无风化剥落和裂缝的花岗岩石料，其抗压强度不应低于30 MPa，

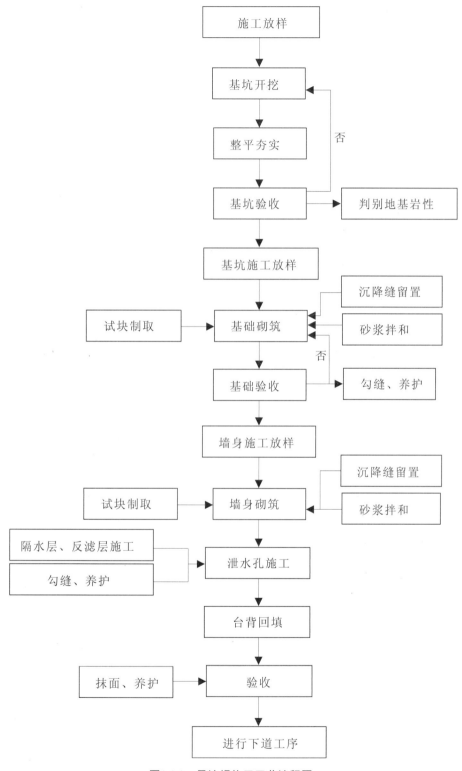

图2-6-3 导流堤施工工艺流程图

其最小厚度不小于20 cm。

砂料选用级配良好、干净的中砂，抹面和勾缝时使用的砂料均经过筛。

水泥选用质量高、信誉好的产品。根据工程进度情况进行了分批购进，采取了搭棚的方法存放，严防受潮、雨淋和超期存放。

砂浆、混凝土配合比设计，试块抗压及中砂、碎石、块石、水泥等原材料试验，均委托具有相应检验资质的实验室进行试验，经检验合格后，方在工程施工中使用。

2. 砂浆拌和

砂浆采用人工拌和或机械拌和的方式进行，拌和时，根据需要量及配合比要求计算出该次拌和需要的砂量与水泥量，用秤称出，倒在量器里计量，做好标记。拌和时先要不加水干拌均匀（一般为翻拌3遍），然后加入适量水拌和均匀。拌和均匀的砂浆要及时使用，并要保证适宜的稠度，在砂浆凝结前使用完毕，一般放置时间为3~4 h，在使用前发生离析、泌水现象的砂浆，在砌筑前应重新拌和，已凝结的砂浆，不得使用。

3. 砌筑

导流堤砌筑前，先要对每个砌筑作业段用木架制成导流堤断面形状，然后对所施工部位进行放样并挂上施工线，砌筑施工之前先清除边坡、基底上的松动石块、碎屑、草木等杂物。砌石采用挤浆法施工，保证砂浆饱满，分成错缝砌筑，严禁出现垂直通缝，避免过长的水平通缝。每两层石块，初步找平一次。砌体采用牛角缝，缝宽一般为5 cm，突出墙体一般为10 cm，砌体灰缝宽度不大于20 mm，每0.7 m²墙内至少设置拉结石、丁字石一块。

砌筑时，底层先铺5 cm左右的稠砂浆，再安放底部块石。砌筑时，块石大面向下，小面向上，根据空隙大小，选用合适的整块小石块挤入石缝的砂浆中，严禁先塞石块后倒砂浆。最下一层砌筑时，将片石的大面朝下，而后上面石块利用其自然形状与下层石块相互交错地衔接在一起，做到上下交错、搭接紧密。砌时，先铺砂浆，而后安放石块，经左右揉动几下，再用手锤轻击，将下面砂浆挤密实。

砌筑时采用分层砌筑，分层高度宜为70~120 cm（3~4层），分层与分层间的砌缝大致找平，层面砌成与斜面相垂直或成水平面，并按规定距离设置伸缩缝。砌体在沉伸缝处断开和取齐，缝两侧石料进行修凿。墙后按规定设防水层和反滤层，墙身留置泄水孔。

浆砌石砌筑按"先砌角石，再砌面石，最后砌腹石"的顺序进行。角石选取比较方正、大小适宜的石块并稍加清凿，角石砌好后将线移挂到角石上，再砌面石，面石留运送填腹石料的缺口，砌完腹石后再封砌缺口。腹石采取往运送石料方向倒退着砌筑的方法，先远处，后近处。腹石与面石一样按规定层次和灰缝砌筑整齐、砂浆饱满，施工时应注意留置试件，数量为每台班一组。墙身砌出地面后，基础必须及时回填夯实，可能的话，利用砂砾石中块体较大者进行干砌回填。墙后填土为砂砾石，砌到设计高程，待达到设计强度的75%以上后及时回填。

#### 6.2.6.4 反滤层和隔水层

沿导流堤后设置一道反滤层，厚度为0.3 m，反滤层顶部距导流堤顶0.5 m。反滤层下部设置一黏土隔水层，厚度为50 cm，宽度为1.5 m。在施工时根据现场情况可采用黏土夯实和细料砂卵石掺加水泥的方式进行制作，水泥掺量为10%左右，要求密实度为90%以上。

### 6.2.6.5 泄水孔

导流堤基础面以上30 cm或130 cm起开始留设0.1 cm×0.1 cm的泄水孔，泄水孔向河道内倾斜，坡降5%，泄水孔间距2.0 m，排距2.0 m。堤身5 m的导流堤，泄水孔上下两排呈梅花状交错排列；堤身6 m的导流堤，泄水孔上下两排至三排呈梅花状交错排列。

### 6.2.6.6 沉伸缝

设置沉伸缝时，根据设计规定的位置，采用调段砌筑的方法，使相邻两段砌石高度错开，并在接缝处做一个外露面，挂线砌筑，达到又直、又平，变形缝用两毡三油或沥青木板结构，厚度约2 cm。

### 6.2.6.7 勾缝、抹面

砌体墙面应采取叨灰勾缝，黏结牢固，要嵌进墙体2~3 cm，密实光洁，横、竖缝交接平整，墙面洁净，清晰美观；导流堤顶部采用3 cm砂浆压顶找平，勾缝为凸缝。

### 6.2.6.8 养护

砌体终凝后，洒水养护，阴天3~4 h洒水1次，晴天每2 h洒水一次，养护时间不少于7 d，养护期间严禁在砌体上踩踏，保证了砌体在养护期内表面一直处于湿润状态。

## 6.2.7 刺槛工程

### 6.2.7.1 施工顺序

施工顺序为：施工放样→基坑开挖→模板支护→混凝土浇注→拆模→养护→验收。工艺流程见图2-6-4。

### 6.2.7.2 施工方法

1. 施工放样

根据沿导流堤布设的导线点和两处刺槛的桩号，用全站仪配合钢尺定出两处刺槛的准确位置，用木桩定出每道刺槛的位置，按1:1的坡度进行放坡，用白灰洒出基坑开挖边线。

2. 基坑开挖

基坑开挖采用挖掘机配合人工进行，开挖的宽度、深度、长度要符合设计要求，并且挖方按三边各留50 cm工作平台、1:1坡度进行放坡。

3. 模板支护

施工采用的模板为钢模板，模板安装按设计施工尺寸定位。安装完经检查符合设计及规范要求支挡牢固后，方可用素混凝土浇注。

4. 混凝土浇注

混凝土浇注前必须经过试配，按照试配的配合比进行施工，浇注时，随时检查模板有无变形、移位或漏浆，如漏浆在缝隙处填塞木板条、水泥袋、纸片等措施加以处理。

混凝土采用搅拌机拌和。首次拌和必须严格按照重量配合比过磅进行，然后换算成相应的体积比，在手推车上作好标注，以后每次拌和骨料不得超过该标记，并将重量配合比及换算后的体积配合比明示于搅拌现场。搅拌时间为2.5 min左右，以后恢复正常配

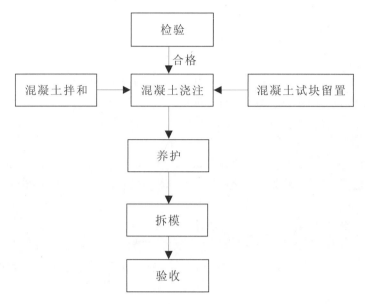

图2-6-4　刺槛施工工艺流程图

合比。装料顺序为砂—水泥—石子，然后加水搅拌。

采用软轴插入振捣器振动，振动点成矩形，点距30 cm左右，相邻两平台振动点相错分部。振捣时间一般为10～30 s，以混凝土不再明显下沉、内部不再冒气泡、表面平整、外观均匀出现砂浆层来判断是否振好。振捣时要求垂直插入，慢插慢提。插入式振捣器振到设计高程后，用平板式振动器初步找平，初步找平后的现浇板上严禁行人碾压，初凝后，全面找平。施工时按规范留置混凝土试块，进行28 d抗压强度试验。

5. 养护

终凝后，用麻袋片、棚布、稻草等物覆盖，洒水养护，阴天3～4 h洒水1次，晴天每2 h洒水1次，养护时间不少于7 d，养护期间严禁踩踏。

6. 拆模

混凝土浇注完毕后，拆模时间不少于3 d。

# 第7章　地质灾害风险区划

## 7.1　国内外研究现状

### 7.1.1　地质灾害风险概念与研究意义

地质灾害风险，是指地质灾害活动及其对人类生命财产造成破坏损失的可能。地质灾害风险具有必然性、随机性、模糊性、不均衡性等特点。开展地质灾害风险评估与区划是减轻地质灾害损失的非工程性重要措施，成为21世纪防灾减灾的主要研究方向之一。按地质灾害风险评价区域范围，分为点评价、面评价、区域评价。基本内容包括危险性评价、易损性评价、破坏损失评价、防治工程评价，由此构成多层次的评价系统。地质灾害风险评价采用系统工程思想和层次分析、相关分析、模糊聚类分析、工程分析、经济分析，以及指数法、定数法、概率法、资产评估法等进行研究。

地质灾害风险评价在国民经济发展中具有重要的作用，可以为国土资源规划、重大工程选址以及地质灾害治理、监测、预报及制定救灾应急措施和保护环境提供科学依据。一是为国土资源规划和重大工程选址提供依据。通过对地质灾害进行全国和区域性的风险评价与区划，可以为各种重大工程建筑的选址，合理利用土地资源和环境保护提供依据。各种工程活动和土地开发利用，都必须以可持续发展为前提。各种重大工程建筑应建在地质灾害风险程度较低的地区。二是为防治地质灾害提供依据。通过对地质灾害进行危险性评价、易损性评价，可以为地质灾害的防治提供依据，对规模不同的地质灾害采取不同的防治措施进行治理或综合治理。如果地质灾害危险性低、易损性小，则宜采用工程防治措施；如果地质灾害危险性高、易损性大，则应采用躲避或搬迁措施；在无法躲避、无合适搬迁地址，或不允许搬迁时，则宜采用高标准的工程措施。三是为地质灾害监测、预报、预警提供依据。通过地质灾害危险性评价、期望损失分析，可以为地质灾害监测站的选点提供依据。对重点地区的地质灾害进行实时监测并及时对各种地质灾害信息进行分析，作出预报、预警，使损失降低到最低程度。四是为地质灾害的应急措施提供依据。根据地质灾害危险性评价、易损性评价、风险评价，提出在发生不同规模地质灾害时的应急方案，并为灾后重建提供依据。五是为环境保护和可持续发展提供依据。地质灾害除受自然因素控制外，主要是由于人类不合理地开发利用资源环境而引起，因此合理开发利用资源环境、控制地质灾害的发生或减小地质灾害损失是保持国民经济可持续发展的基础。

中原城市群已被国家"十二五"规划列为重点开发区域，是中原经济区的主要组成部分。范围包括郑州、开封、洛阳、平顶山、新乡、焦作、许昌、漯河和济源等9个省辖市。中原城市群地质地貌条件复杂，自然地理条件和人类工程活动类型区域差异较大，为地质灾害多发区。地质灾害主要发生于郑州、焦作、济源、洛阳、平顶山的山区及丘陵区。灾情严重的灾种主要是采空地面塌陷、崩塌、滑坡和泥石流。有关调查资料表明，近30年来，中原城市群范围内共发生地质灾害约2 000起，人员伤亡超过300人，经济损失超过10亿元，严重影响着该地区社会经济的持续快速发展。同时，城市化进程的加快，各城市之间的经济联系日益紧密，迫切需要从城市群总体上把握地质灾害风险水平。

河南省地质环境监测院岳超俊等完成的中原城市群地质灾害风险区划成果是我省首次开展的区域地质灾害风险评估研究，对促进中原城市群科学发展、实施防灾减灾、保障社会经济可持续发展、维护地区社会稳定具有非常重要的作用和意义。

## 7.1.2 国内外地质灾害风险研究现状

国内外对自然灾害的研究历史非常久远，但灾害风险评估作为灾害研究领域中一门新的边缘学科，随着近几十年来灾害损失的日益严重和相关学科理论与技术的迅速发展而兴起，尚没有形成完整的理论与方法。国内外在自然灾害风险评估工作方面取得了诸多重要进展，不但为减灾发挥了重要作用，而且为灾害风险评估逐步走向成熟奠定了基础。

### 7.1.2.1 国外地质灾害风险研究

20世纪60年代以前，自然灾害研究主要局限于灾害机制及预测研究，重点调查分析灾害形成条件与活动过程。70年代以后，随着自然灾害造成损失的急剧增加，人们把减灾工作提到前所未有的程度。一些发达国家首先拓宽了灾害研究领域，在继续深入研究灾害机制的同时，开始进行灾害评估工作。美国首先对加利福尼亚州的地震、滑坡等10种自然灾害进行了风险评估。通过研究，得出1970～2000年加利福尼亚州10种自然灾害可能造成的损失为550亿美元；如果采取有效的防治办法，生命伤亡可减少90%，经济损失也可以明显减少。

1970～1976年，美国内务部地调所（USGS）和住房与城市发展部的政策发展与研究办公室，联合支持了旧金山海湾地区环境与资源计划研究。这项研究的目的是推进地球科学信息在区域规划和决策中的应用。研究中初次使用了减灾成本、未来损失成本或损失机会成本等新方法来评价土地利用方案，提供了一个评价和比较不同土地使用与不同灾害制约因素以及资源的共同基础。与此同时，美国一个多学科专家小组开展了自然灾害风险评价与减灾政策研究，其目的是提高对自然灾害危害水平的认识，探讨各种减灾政策的有效性，分析减灾政策制定体系的各种制约因素，从而为政府提出一系列建议或可行的措施。研究小组选择了洪水、地震、台风、风暴潮、海啸、龙卷风、滑坡、强风、膨胀土等9种自然灾害，对美国各县发生的灾害建立起一套预测模型；在此基础上，估算了9种灾害到2000年的期望损失值。

进入20世纪80年代，对各种自然灾害的研究得到了更加广泛而又深切的关注。1989年由美国国家科学院的全国研究理事会（NRC）及联邦所属科学和减灾机构召集，由17位成员组成的国家委员会分工协作，制订了减灾十年计划。该计划把自然灾害评估列为研究的重要内容，提出在以下三个方面深化研究：引起自然灾害的物理过程和生物过程，社会可以调用的减轻自然灾害物理效应的技术能力，人类相互作用系统的特征及对灾害事件的反应。与此同时，继续开展了单项的或综合的灾害灾情评估工作。日本、英国等一些国家则进行了地震、洪水、海啸、泥石流、滑坡等灾害评估，并且有关的减灾法规中强调灾情调查、统计、评价以及据此确定的减灾责任与救助措施。

为了推进广泛的国际间协调与合作，联合国在1987年通过决议，确定在20世纪最后十年开展"国际减轻自然灾害十年"活动。1991年联合国国际减灾十年（IDNDR）科技委员会提出了《国际减轻自然灾害十年的灾害预防、减少、减轻和环境保护纲要方案与目标》（PREEMPT）。规划的三项实事中的第一项就是进行灾害评估，并提出了"各个国家对自然灾害进行评估，即评价危险性和脆弱性"，把自然灾害灾情评估纳入实现减灾目标的重要措施。国际减灾活动得到许多国家的积极响应，使灾害研究空前发展。具体表现在：研究机构和队伍不断壮大，灾害学术刊物不断增加，专业会议频频召开，灾害研究领域迅速扩大，人类对灾害的认识不断丰富和深化。美国的《自然灾害观测者》、《科学事件快报》，英国的《灾害管理》、《灾害研究和实践》，日本的《自然灾害科学》，瑞典的《意外事件、自然灾害委员会通讯》等刊物相继问世。国际性减灾会议频繁召开：1980年在美国召开了国际灾害预防会议；1984年在我国台湾召开了减轻自然灾害国际研讨会；1985年在马德拉斯（现名称为金奈）召开了印度—美国减轻风灾会议；1988年在美国召开了地质灾害讨论会；1991年在中国北京召开了国际地质灾害研讨会；1992年在加拿大温哥华召开了地质技术与自然灾害研讨会。与此同时，还召开了多次国际自然和人为灾害会议：第一届会议于1982年在美国夏威夷召开，第二届于1986年在加拿大里木斯基举行，第三届于1988年在墨西哥因森达举行，第四届于1991年在意大利培卢基举行，第五届于1993年在中国青岛举行。1994年5月在日本横滨、2005年1月在日本神户、2006年8月在瑞士召开了世界减灾会议。2004年在日本筑波与东京召开了关于水灾害与风险管理的两个国际研讨会等。

为了推动国际减灾目标的实现，一些国际组织提出了重大自然灾害评估的国际合作计划，如20世纪90年代联合国国际减灾十年科技委员会批准的"全球地震危险性评估计划"（Global Seismic Hazard Assessment Program）。

### 7.1.2.2　国内地质灾害风险研究

我国是世界上记录灾害历史最悠久、史料最丰富的国家之一。新中国成立以后，国家特别重视减灾工作，为了有效地防灾、救灾，特别加强灾情调查评估，取得了显著成绩。但由于历史的局限，早期的灾情研究主要局限于灾害事件现象和破坏损失情况的统计描述。20世纪80年代以后，随着灾害对社会经济影响的日益严重和国际灾害研究的迅速发展，我国灾害评估研究开始兴起，并得到蓬勃发展，取得的成果不但有力地支持了我国的减灾事业，而且推动了世界灾害研究水平的提高。

在地质灾害领域，风险评估开始兴起与发展，可以分为两个阶段。20世纪80年代以前，地质灾害研究主要局限于对灾害分布规律、形成机制、趋势预测等方面的分析，基本依附于水文地质、工程地质和有关的研究工作；20世纪80年代以后，地质灾害研究开始突破传统的研究模式，研究水平不断提高，研究内容日益丰富，开始向新的独立学科发展，随之，灾害风险评估开始起步。

在地质灾害勘查、研究项目中，越来越深入地开展了灾情评估工作。例如，由原国家计委国土地区司和原地质矿产部地质环境管理司共同组织的全国地质灾害现状调查，对全国地质灾害损失程度和分布情况进行了估算评价；张业成、张梁等在对中国近40年地质灾害灾情分析的基础上，运用AHP法分析评价了中国地质灾害的危害程度，进行了全国地质灾害的危险性区划等一系列工作；刘希林等根据大量调查统计资料，提出了判断泥石流危险程度和评估泥石流泛滥堆积范围的方法；胡瑞林等将计算机技术应用于地质灾害评价，初步提出了地质灾害评价的计算机模型预测系统与方法；罗元华、张梁、孟荣等在借鉴国外和国内其他领域研究成果的基础上，根据环境经济理论，对地质灾害与经济损失分析的理论基础进行了探讨。

1999年，国土资源部颁布了《地质灾害防治管理办法》，意味着我国首先在建设用地领域建立了地质灾害危险性评估制度，并将此项工作在全国各地逐步推进。2003年11月，《地质灾害防治条例》颁布，以国务院行政法规的形式确立了地质灾害危险性评估制度的法律地位，使评估工作走上法制化、规范化轨道。我国建立地质灾害危险性评估制度以来，全国已开展了3万余个地灾危险性评估项目，涉及交通、水利水电、工业建筑、民用建筑、管线等线性（油气）工程、市政建设、矿山建设、城镇规划、旅游设施、军事工程等领域。这方面工作为地质灾害灾情评估提供了有益的经验。

在进行专业灾害评估研究和实践的同时，不少专家对自然灾害风险评估理论和方法进行了日益深入的探讨和总结。例如，于光远于1987年在全国灾害经济学讨论会上，对自然灾害经济理论进行了阐述，提出了灾害经济学属于守业经济学，减灾的经济效果表现为"负负得正"的经济效益；马宗晋于1988年提出了用"灾度"表示自然灾害破坏损失规模的意见；高庆华于1991年提出了建立自然灾害评估系统的总体构想；张梁等于1994年根据环境经济学理论，初步论证了地质灾害的属性特征和灾情评估的经济分析方法；黄崇福等于1994年提出了自然灾害风险评估的模型体系；李永善、张显东、于庆东、罗云等分别对自然灾害经济损失、防治工程效益等评价方法进行了探讨。

2001~2002年，中国国土资源经济研究院和中国地质大学（武汉）工程学院、中国地质科学院岩溶地质研究所、国土资源部实物地质资料中心联合进行了"全国地质灾害风险区划研究"，项目完成的主要任务有：一是建立地质灾害风险评价与区划的科学理论，提出相应的指标体系、模型、方法和计算机技术，实现对地质灾害风险的定量化评价与区划，提高地质灾害研究水平。二是运用地理信息系统（GIS）技术，对全国崩塌、滑坡、泥石流、地面塌陷4种常见的、多发的地质灾害进行危险性评价、易损性评价及风险评价，编制基于MAPGIS技术的全国地质灾害风险区划电子地图，为地质灾害动态风险管理提供技术支撑。三是研究地质灾害的自然属性和社会属性，分析中国地质灾害对社会经济的直接危害和深远影响，从灾害活动—社会经济这一新的角度更加深刻地反映中国地质灾害的本质特征，揭示影响中国地质灾害风险分布的自然条件和社会经济条件。四是紧密结合中国社会经济发展和减灾需要，提出面向21世纪的减灾对策建议，为国家和地区制定地质灾害减灾规划、部署和实施防治工程、提高管理水平提供科学依据，为全面开展我国市（县）级地质灾害风险区划提供科学示范。

近年来，国内还召开了多次有关自然灾害评估的学术会议，对灾害评估理论、方法、实践成果进行了总结交流。如1987年、1990年、1991年先后3次召开了全国灾害经济学术讨论会；1988年召开了全国森林灾害经济学学术讨论会；1992年召开了全国地质灾害经济学术研讨会；1991年召开了全国水利经济效益研讨会；1991年和1992年两次召开了云南省灾害经济损失评估座谈会；1991年召开了全国灾害经济损失评估学术讨论会；2003年8月21～22日，全国地质灾害防治领域重大科学问题研讨会在北京举行。这些活动促进了部门之间、地区之间以及不同学科之间的交流，对灾情评估起到了重要的推动作用。

　　总之，我国自然灾害风险评估工作，在理论和实践方面都取得了丰富成果，与世界同类研究相比，许多内容处于国际领先水平，为今后的深入研究奠定了重要基础。所有这些，标志着我国自然灾害灾情评估已进入全面发展时期。

# 7.2　技术路线与研究方法

## 7.2.1　技术路线

　　研究工作基于"城乡一体化调控"思想，突破城市"点"的局限，将地质灾害风险区划研究范围扩大，实现城市跳跃式地沿各类轴线向区域新的范围扩展，在已有大量基础数据支持的基础上，对中原城市群范围内包括郑州、开封、洛阳、平顶山、新乡、焦作、许昌、漯河和济源等9市的地质灾害危险源、易损源进行整合，实现区域性地质灾害风险区划。

　　以构成地质灾害的地质灾害体的危险性和承灾体的易损性为切入点，研究其构成因素和相互关系，从而确定不同类型、不同地区和不同时期各类直接与间接致灾因子的作用水平（见图2-7-1）。

　　利用GIS、GPS科学技术，并结合实地调查成果，对地质灾害、人口、居民地、物质财富、土地资源和各类承灾体的价值等进行调查。建立各类地质灾害危险性评价指标体系，提出评价方法。采用GIS技术，对研究区内滑坡、地面塌陷等多发的地质灾害进行危险性评价、易损性评价及风险评价。采用层次分析法和实证权重模拟方法等进行综合研究，对中原城市群进行地质灾害风险区划。编制基于MAPGIS技术的中原城市群地质灾害风险区划电子地图，为地质灾害动态风险管理提供技术支撑。

## 7.2.2　研究方法

### 7.2.2.1　资料收集

　　（1）地形地貌、气候条件、区位优势、居民状况、交通及经济概况、土地资源等自然地理背景资料。

　　（2）区域地质、矿产地质、水文地质、工程地质、环境地质等区域地质环境条件资料。

　　（3）有关地质灾害调查、区划、勘查、评估和治理工程资料，社会经济现状和规

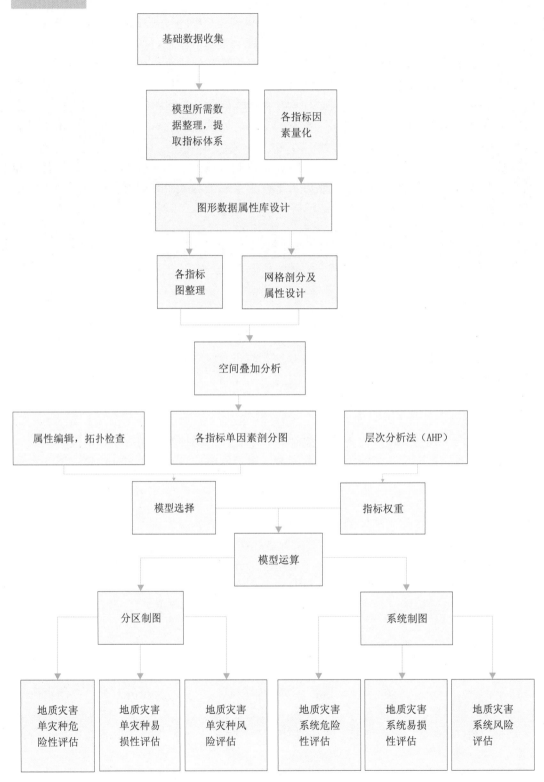

图2-7-1 技术路线图

划资料，特别是地质灾害易发区内地质灾害体和受灾体特征资料。

#### 7.2.2.2　野外补充调查

依据工作区内的地质灾害分布及中原城市群四大产业带布局规划、旅游资源布局、铁路运输规划、高速公路规划、干线公路网规划及煤炭产业布局，把工作区划分为重点补充调查区和一般调查区。重点补充调查区的主体位于漯河—许昌—郑州—新乡一线的西边，面积4.72万 $km^2$，占80.5%，其他区域为一般调查区，面积1.15万 $km^2$，占19.5%。

地质灾害野外补充调查工作按照《县（市）地质灾害调查与区划基本要求》实施细则的有关要求进行。调查点采用GPS定位，调查内容填入统一的调查表格（附表），辅以数码设备拍照、录像，客观全面地反映调查内容。

#### 7.2.2.3　地质灾害风险评价

地质灾害风险评价是对一个复杂系统的分析过程，所采用的方法包括层次分析法，参数合成法（专家经验指数综合评判法），数理多元统计模型法：回归分析、判别分析、聚类分析、主成分分析和因子分析，模糊与灰色聚类方法，信息模型评价法，实证权重法，非线性模型预测法（BP神经网络法），地质灾害风险分析等。

层次分析法（AHP法）是对一个包括多方面因子而又难以准确量化的复杂系统进行分析评价时，根据各因子之间以及它们与评价目标的相关性，理顺组合方式和层次，据此建立系统评价的结构模型和数学模型；对模型中的各种模糊性因子，根据它们的强度以及对影响对象的控制程度，确定标度指标和作用权重；将这些指标作为基本参数，代入评价模型，逐级进行定量分析并最终取得评价目标。根据地质灾害风险系统组成，大致可通过4个层次的统计分析完成评价工作：以各种要素为主体的基础层统计分析；以危险性、易损性、减灾能力为目标的过渡层分析；以期望损失为目标的准则层分析；以风险度或风险等级为最终目标的目标层分析。

实证权重模拟方法的主要原理是利用滑坡历史分布数据，建立滑坡分布与各影响因子之间的统计关系，即根据不同类别影响因子中滑坡分布的统计情况来确定各影响因子对滑坡灾害的权重大小。利用另一时期的滑坡分布历史数据对评价结果进行检验和成功率预测，调整不合理的边界，进行影响因素的独立性分析，找出最关键的影响因子，在此基础上再计算各影响因素的权重。

#### 7.2.2.4　数据库建设

数据库的数据来源是中原城市群地质灾害调查数据。数据的性质为不含空间位置信息的属性数据。

数据库的数据内容为本次调查所取得的地质灾害、人口、建筑物、生命线工程（公路、铁路、能源输送管道）、基础设施（水利工程、能源工程）、物质财富、土地资源等承灾体的数据。

图像库的内容为本次调查中实地拍摄的图片数据、利用扫描仪扫描得到的图像数据文件、基础环境地质图形库、承灾体图形库及成果图图形库等，对这些数据以文件的形式进行存储和管理。

# 7.3 中原城市群概况

## 7.3.1 交通位置与经济社会概况

中原城市群以郑州为中心，包括郑州、开封、新乡、焦作、济源、洛阳、平顶山、漯河和许昌等9个省辖市，34个县（市）、33个市辖区，843个乡镇。面积5.87万 $km^2$，占全省的35.3%（见图2-7-2）。

根据《中原城市群总体发展规划纲要》，"十一五"期间，郑州市的核心地位显著提升，9个城市的功能和主导产业定位基本明晰，发展的整体合力明显增强；郑汴洛城市工业走廊、新—郑—漯（京广）产业发展带、新—焦—济（南太行）产业发展带、洛—平—漯产业发展带四大产业带初具雏形，培育形成一批优势企业；初步形成以郑州为中心，东连开封、西接洛阳、北通新乡、南达许昌的大"十"字形核心区，奠定区域经济协调发展的基础；区域综合交通运输体系基本完善，形成区域内任意两城市间两小时内通达的经济圈；城市功能显著增强，人居环境进一步改善，和谐城市建设迈出实质性步伐。区内总人口4 012.5万人，占全省的41%。区域内聚集了省内60%的城市，城镇分布密度7.2个/1 000 $km^2$，城镇化率达到39.5%，高于全省平均水平8.7个百分点；人口密度678人/$km^2$。

中原城市群是我国中部地区城镇最为密集的地区，也是我省城镇化发展最快的地区。该区域城镇密度和人口密度是全省平均水平的1.4倍。劳动力素质相对较高，消费市场广阔，存在着巨大的发展潜力。该区域东邻发展势头强劲的沿海发达地区，西接广袤的西部地区，对承东启西、拉动中部崛起具有重要作用。中原城市群是全国现代陆路交通的重要枢纽和通信枢纽之一，交通通信网络完备，通信能力居全国前列，公路密度52.2 km/100 $km^2$，郑州航空港地理优势明显，铁路交通区位优势突出。随着连霍、京珠、阿深等高速公路的贯通和国家规划建设的陇海、京广高速铁路客运枢纽在郑州的形成，区位优势更加突出。除已有的管道运输条件外，西气东输工程和已开工的南水北调中线工程建成后，将极大地改善本区域经济和社会发展的条件。

该区是我国中西部地区重要的能源、原材料和装备业基地。2004年工业增加值达到2 326亿元，占全省的60.2%。该区矿产资源和农产品资源丰富，已发现矿种超过全省的3/5。其中钼矿、铝土矿、水泥灰岩、煤炭、耐火黏土等矿产资源，在河南省乃至全国占据明显优势。主要资源禀赋条件好，开发利用方便。粮食、油料、生猪、肉牛、花木、烟叶、中药材等产品资源也在全省乃至全国占有重要地位。依托丰富的资源，煤炭、电力、食品、冶金、建材、机械、轻纺等工业发展已具有一定规模。区域发电装机总容量达到1 669万 kW，煤产量达到1.04亿 t，电解铝产量达到111万 t，分别占全省的69%、70.7%、68.5%。郑州的汽车、卷烟、电子信息制造业、铝工业和商贸流通等有一定的比较优势；洛阳是全国重要的老工业基地之一，装备制造、铝电、石化、建材等产业占有重要地位；平顶山、焦作是大型能源基地；开封是具有悠久文化底蕴和古都韵味的特

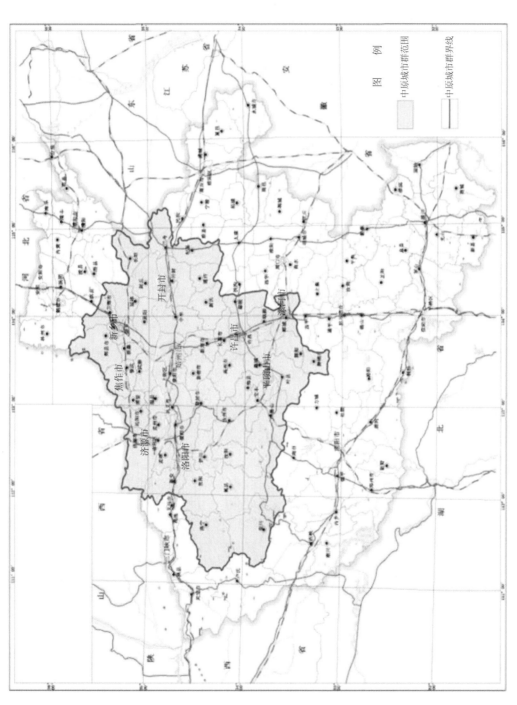

图2-7-2　中原城市群交通位置图

色城市；新乡等城市轻纺、电器工业基础较好；漯河的食品工业，许昌的电力装备制造业等全国闻名。各具特色的产业，为城市群的协调发展奠定了良好基础。

### 7.3.2　地形地貌

城市群的北部、西部处于中国地貌第二级台阶，东部和南部则属于第三级台阶，地势西北高、东南低，从西北向东南呈阶梯状下降，由西部的中山、低山、丘陵向东逐渐过渡为平原。

北部的太行山是豫晋两省的界山，构成山西高原与华北平原的天然分界。西部和西南部山地，包括崤山、熊耳山、外方山、嵩箕山、伏牛山等，属于秦岭山脉的东延部分，是区内面积最大的山地。从新安县到郑州邙山，分布有黄土地貌，分为黄土丘陵和黄土台塬。北部和东部平原区属华北平原西南部的一部分。平原区总的地势是西高东低，黄河以北略向北东倾斜，黄河以南略向东南倾斜。

### 7.3.3　气象、水文

中原城市群地区属于暖温带半湿润气候。大陆性季风气候特征明显，春季多风干旱，夏季炎热多雨，秋季晴和日照足，冬季寒冷少雪。全年平均降水量600～900 mm，具有从南向北递减趋势。多年平均气温为12.2～14.9 ℃，多年平均无霜期183～236 d，年日照时数2 000～2 600 h。年均降水量在524～766 mm，60%以上的降水量多集中在6～9月。全区多年平均水面蒸发量800～1 100 mm。

工作区有大小河流千余条，由西向北、东、南呈放射状分流，多属海河、黄河。其中海河水系主要流经豫北地区，黄河自西向东横贯工作区中北部。

### 7.3.4　地层

本区地层发育齐全，从太古界到新生界均有出露。自老到新为太古界（Ar）登封群和太华群，古元古界（$Pt_1$）嵩山群（$Pt_1Sn$）、银鱼沟群（$Pt_1Yn$），中元古界（$Pt_2$）熊耳群、汝阳群和官道口群，新元古界（$Pt_3$）栾川群和洛峪群，下古生界（$Pz_1$）寒武系和奥陶系，上古生界（$Pz_2$）石炭系（C）、二叠系（P），中生界（Mz）三叠系、侏罗系、白垩系，新生界（Kz）古近系、新近系和第四系。

### 7.3.5　地质构造

本区在大地构造上属华北板块。以三门峡—鲁山、西官庄—镇平两条北西向区域性断裂带为界，将本区划分为两个基本构造单元，自北向南分别为华北板块构造带和华北板块南缘构造带。

华北板块构造带主要有太行山东麓断裂带、聊城—兰考断裂带、三门峡—鲁山断裂带。华北板块南缘构造带主要有马超营—拐河断裂带（简称马超营断裂带）、栾川—明港断裂带（简称栾川断裂带）。此外，分布有北西向构造和北北东向构造。

### 7.3.6　水文地质

依据地下水赋存条件和含水介质类型，将地下水含水层划分为松散岩类孔隙含水层、碳酸盐岩类岩溶含水层、基岩类（包括变质岩类、岩浆岩类、碎屑岩类）裂隙含水层。其中，松散岩类孔隙含水层又划分为浅层潜水（微承压水）含水层组和中深层承压水含水层组，碳酸盐岩类岩溶含水层划分为元古界白云岩含水层组、奥陶系灰岩含水层组、寒武系灰岩含水层组和碳酸盐岩夹碎屑岩含水层组。

# 7.4　中原城市群地质灾害发育特征

中原城市群范围内地质灾害呈现多样性，主要类型为崩塌、滑坡、泥石流、地面塌陷、地裂缝、地面沉降。地质灾害多因人类工程经济活动引起。崩塌、滑坡多沿交通沿线分布。地面塌陷、地裂缝、泥石流多发育在采矿区，特别是地面塌陷、地裂缝煤矿区最为发育，如平顶山、焦作、新密等煤田开采区。泥石流多发生在金属矿区，如栾川康山金矿、红庄金矿、三道庄钼矿、南泥湖钼矿等较为发育，呈现集中性和密集性规律。地质灾害点共2 378处，其中滑坡灾害点950处，崩塌灾害点710处，泥石流灾害点207处，地面塌陷灾害点467处，其他伴生地质灾害点44处。

### 7.4.1　滑坡

滑坡为最发育的地质灾害类型，区内已发现滑坡950处，在豫西山区及豫北山地丘陵区广泛分布，占全省滑坡总数的50%以上，具有面广、量多、活动性强、破坏性大的特点。滑坡类型以堆积层滑坡为主，其次为黄土滑坡，岩质滑坡较少。滑坡规模以中小型为主，占滑坡总数的90%以上。较为典型的滑坡有巩义铁生沟滑坡、栾川潭头西坡滑坡、栾川白土乡马超营公路边滑坡、汝州市大峪镇班庄村过风口滑坡与高岭村辉泉组滑坡、新安县小浪底库区峪里乡滑坡、济源小浪底库区大峪镇上寨村滑坡。

### 7.4.2　崩塌

崩塌与滑坡分布特征相近。区内发现崩塌710处，其中岩质崩塌400余处，堆积层崩塌300处。崩塌的分布有3个特征：一是分布在基岩山区的脆性地层中，如伏牛山、太行山等地的基岩崩塌；二是分布在洛阳以西的第四系黄土丘陵区；三是分布在人类工程活动强烈的矿山及边坡陡峭的交通沿线(如陇海铁路洛阳—荥阳段)。崩塌具有发生突然、来势凶猛的特点，危害较大，主要表现为阻断交通、毁坏房屋、毁坏耕地、危害矿山及人畜安全。

### 7.4.3　泥石流

区内已调查泥石流沟207处。受地形和地质条件制约，泥石流在区内太行山北段，豫西山地区鲁山县尧山镇和栾川县南川一带分布较为集中。区内泥石流多发生在中低山区及黄土丘陵地区。泥石流多发生在6～9月，降水是激发泥石流的重要因素，尤其是年内第一次连续降水过程中的暴雨阶段，地表松散物质被侵蚀、搬运，由暴雨激发形成泥石流。丰水年泥石流暴发频繁。泥石流具有同一地点多次发生、同一时期多处发生的特点。在山区或黄土丘陵区，沟谷深切，地形陡峻，为崩塌、滑坡等地质灾害的形成提供了地形、势能条件，不仅极易形成崩塌、滑坡灾害，还作为泥石流的物源，对泥石流的起动、规模、危害等产生重要影响。地形条件主要控制泥石流的发育、分布和演化，地形高差、沟床比降、流域面积、流域形状不仅决定汇水量的大小和汇流速度，而且还决定了泥石流运动的位能和势能。

豫西、豫北山地位于我国第二级地貌阶梯边缘地带，地壳长期处于隆起状态，山高坡陡，高差悬殊，切割强烈，山坡坡度一般为25°～50°，有些达70°以上，流域形状多呈不规则的长条形、葫芦瓢形，为泥石流的形成提供了有利的地形条件。在物源、地形有利的条件下，降水则是泥石流的激发因素和促使泥石流活动的动力条件。区内年均降水量在522～760 mm，汛期（6～8月）降水量270.0～500.0 mm，占年降水量的40%～60%，1 d最大降水量大部分地区在100.0～300.0 mm，最大可达500.0 mm，这种降水特点有利于泥石流的形成。泥石流主要发生在汛期强降水过程中，据鲁山县二郎庙镇几次灾害性泥石流降水特征调查分析，当12 h降水量达到167.0 mm以上，1 h降水强度达80.0 mm以上，或者12 h降水量达240.0 mm以上和1 h降水强度达到59.5 mm以上时，可激发泥石流。

此外，人类不合理的经济活动与泥石流的产生有密切关系。一是毁林垦荒，陡坡耕种，加速水土流失，导致泥石流发生。二是在矿山建设和资源开采过程中易诱发各种环境地质问题，矿山废渣和尾矿不仅占压大量土地、污染环境，而且极易形成恶性泥石流灾害。

## 7.4.4　地面塌陷

地面塌陷主要由采矿活动引起，其中以煤矿开采引起的地面塌陷为主(见表2-7-1)。其中平顶山矿区，形成较大塌陷坑20多个，塌陷面积15 667.04 hm²，最大塌陷深度达14.7 m；焦作矿区形成较大塌陷坑17个，塌陷面积2 686.13 hm²，最大塌陷深度达7 m；郑州矿区地面塌陷面积3 664.59 hm²，最大塌陷深度达11.4 m。

表2-7-1　中原城市群主要矿山地面塌陷分布情况表

| 序号 | 省辖市 | 调查企业数量（家） | 采矿场占地面积（hm²） | 采空区面积（hm²） | 地面塌陷数量（家） | 塌陷面积（hm²） | 经济损失（万元） |
|---|---|---|---|---|---|---|---|
| 1 | 郑州市 | 13 | 19 333.16 | 3 735.48 | 28 | 3 664.59 | 50 915.49 |
| 2 | 济源市 | 2 | 1 424.00 | 200.00 | 4 | 1 014.00 | 3 360.00 |
| 3 | 焦作市 | 9 | 8 788.61 | 1 250.98 | 27 | 2 686.13 | 16 694.95 |
| 4 | 洛阳市 | 9 | 5 166.87 | 443.33 | 12 | 28.37 | 142.00 |
| 5 | 平顶山市 | 72 | 33 554.19 | 12 525.60 | 97 | 15 667.04 | 3 286 073.29 |
| 合计 | | 105 | 68 266.83 | 18 155.39 | 168 | 23 060.13 | 3 357 185.73 |

　　根据塌陷的形式，地面塌陷可分为沉陷式、地堑式和冒落式3类。沉陷式地面塌陷主要分布于焦作、郑州、新密、宜洛、平顶山东部，煤矿区大多数位于丘陵向平原过渡地带，沉陷式塌陷的特殊危害是地面形成槽形移动盆地；地堑式地面塌陷主要分布于中低山丘陵区，地层以石炭系、二叠系为主，上覆松散层较薄，岩性以砂岩、泥质软硬岩互层为主，如郑州荥阳巩义登封矿区、平顶山韩梁等煤矿区，其特点是存在一系列平行或弧状落差裂缝，在丘陵山区，最大危害是形成崩塌、滑坡或山体滑移，威胁生命财产安全；冒落式地面塌陷多由金属矿山开采引起，地面塌陷比较集中，规模比采煤形成的沉陷式塌陷小，主要分布在栾川康山金矿、红庄金矿、三道庄钼矿、南泥湖钼矿等矿区。

## 7.4.5　地面沉降、地裂缝

　　豫北部分地区、许昌市区、洛阳城区不同程度地存在由于开采地下水引起的地面沉降现象。以许昌市区为例，1985年对1958年大地水准点进行复核时发现地面沉降现象，当时测得的最大沉降量为188 mm。1989年复测时，测得的最大沉降值为88 mm，最大沉降点与区域地下水抽水沉降漏斗中心相吻合，说明该类地面沉降与地下水开采直接有关。在中原城市群范围内，也时有地裂缝现象见诸报道。但限于地面沉降、地裂缝监测资料的缺乏，风险评估时暂不予以考虑。

# 7.5　RS和GIS技术在地质灾害风险评价中的应用

## 7.5.1　RS技术

　　遥感图像包含了丰富的地质、地理信息，通过对多波段的遥感图像进行综合分析、对比及解译，同时结合数字图像处理技术，对遥感图像进行融合、增强、变换等处理，能有效地获取和识别地质灾害发生的环境信息，弥补大范围地质灾害评价资料难收集的问题。

### 7.5.1.1　ETM+遥感影像

　　Landsat 7卫星于1999年发射，装备有Enhanced Thematic Mapper Plus（ETM+）设备，ETM+被动感应地表反射的太阳辐射和散发的热辐射，有8个波段的感应器，覆盖了从红外到可见光的不同波长范围，ETM+的具体参数见表2-7-2。

　　根据中原城市群的范围，确定采用陆地卫星ETM+数据8景，见图2-7-3、表2-7-3。

### 7.5.1.2　数字高程模型DEM的生成

　　数字高程模型（Digital Elevation Model，简称DEM）是根据在某一投影平面（如高斯投影平面）上规则网格点的平面坐标（$X$，$Y$）及高程（$Z$）的数据集，进行模拟的一个曲面。DEM以缩微的形式再现了地表起伏变化特征，具有形象、直观、精确的特点。DEM的网格间隔应与其高程精度相适配，并形成有规则的网格系列。

　　生成DEM的方法有多种，采集方式如下：

　　（1）直接从地面测量。如用GPS、全站仪、野外测量等。

表2-7-2　ETM+参数及各波段用途

| 图像类型 | 波段 | 波长范围（μm） | 分辨率（m） | 光谱信息识别特征及实用范围 |
|---|---|---|---|---|
| M+ | 1 | 0.450～0.515 | 30 | 可见光蓝绿波段，用于水体穿透、土壤植被分辨 |
| | 2 | 0.525～0.605 | 30 | 可见光绿色波段，用于植被分辨 |
| | 3 | 0.630～0.690 | 30 | 可见光红色波段，处于叶绿素吸收区域，用于观测道路、裸露土壤、植被种类效果很好 |
| | 4 | 0.775～0.900 | 30 | 近红外波段，用于估算生物数量，尽管这个波段可以从植被中区分出水体，分辨潮湿土壤，但是对道路辨认效果不太理想 |
| | 5 | 1.550～1.750 | 30 | 中红外波段，这被认为是所有波段中最佳的一个，用于分辨道路、裸露土壤、水，它在不同植被之间有好的对比度，并且有较好的穿透大气、云雾的能力 |
| | 6 | 10.40～12.50 | 60 | 热红外波段，感应发出热辐射的目标 |
| | 7 | 2.09～2.35 | 30 | 中红外波段，对岩石、矿物的分辨很有用，也可用于辨识植被覆盖和湿润土壤 |
| | 8 | 0.52～0.90 | 15 | 全色波段，得到的是黑白图像，用于增强分辨率，提高分辨能力 |

图2-7-3　中原城市群遥感影像图（543波段合成）

表2-7-3　ETM+卫星数据一览表

| 序号 | 轨道号 | 数据类型 | 时间（年–月–日） | 波段 | 数据质量 |
|---|---|---|---|---|---|
| 1 | 123—035 | ETM | 2000–05–16 | B1~B8 | 合格 |
| 2 | 123—036 | ETM | 2000–08–20 | B1~B8 | 合格 |
| 3 | 123—037 | ETM | 2002–07–09 | B1~B8 | 合格 |
| 4 | 124—035 | ETM | 2000–05–07 | B1~B8 | 合格 |
| 5 | 124—036 | ETM | 2001–05–10 | B1~B8 | 合格 |
| 6 | 124—037 | ETM | 2002–06–14 | B1~B8 | 合格 |
| 7 | 125—036 | ETM | 2002–04–02 | B1~B8 | 合格 |
| 8 | 125—037 | ETM | 2000–06–15 | B1~B8 | 合格 |

（2）根据航空或航天影像，通过摄影测量途径获取。例如，立体坐标仪观测及空三加密法、解析测图仪采集法、数字摄影测量自动化法等。

（3）从现有地形图上采集。例如格网读点法、数字化仪手扶跟踪及扫描仪半自动采集法等。

城市群是一个大范围的区域，采用地面测量很难覆盖到整个区域，因此本次研究采用第二种方法，利用航空数据（SRTM数据）得到DEM图（见图2-7-4）。本书得到的DEM图主要用于城市群风险性区划基础指标信息的提取，如坡度、坡向和等高线的提取。

#### 7.5.1.3　遥感解译

利用遥感技术提取地质灾害发生的地质背景，不仅可以提取进行地质灾害定性评价的地质条件，而且可以对大多数地质条件进行量化，以便于进行地质灾害的定量化评

Value
High : 2174

Low : 58

图2-7-4　中原城市群DEM图

价。本次研究结合数字高程模型和ETM+遥感图像，进行地形地貌、土地利用类型、植被覆盖度等地质条件的提取。

1. 地形地貌

由于崩塌、滑坡、泥石流是重力直接或间接作用下发生的地质灾害，因此地形地貌是影响它们发育的一个非常重要的因素。虽然地貌单元的划分在遥感图像上可以非常容易地实现，但是在地质灾害的评价模型中不好量化，大多数评价模型以地形坡度和坡向来表征地形地貌，坡度是地形地貌的一个重要描述参数之一（坡度是重力地质灾害形成的一个重要条件），而坡向可以结合岩体的结构面产状来划分坡体结构。

选取地形坡度和坡向来代替地形地貌作为重要的评价因子。根据前面得到的数字高程模型（DEM）并利用GIS软件得到地形坡度、坡向图（见图2-7-5、图2-7-6）。

2. 等高线

利用DEM在GIS中提取出城市群的等高线图（见图2-7-7、图2-7-8）。

3. 植被覆盖度

植被的覆盖情况与地质灾害的发生关系密切。在植被遥感中，NDVI（Normalization Difference Vegetation Index）的应用最为广泛。NDVI是植被生长状态及植被覆盖度的最佳指示因子。许多研究表明，NDVI与绿色生物量、植被覆盖度、光合作用等植被参数有关。NDVI的时间变化曲线可反映季节和人为活动的变化，因此NDVI被认为是监测地区或全球植被或生态环境变化的有效指标。NDVI经比值处理，可以部分消除与太阳高度角、卫星观测、地形、云或阴影和大气条件有关的辐照度条件变化等的影响。

该指数对土壤背景的变化较敏感，可在很大程度上消除地形和群落结构阴影的影响，并削弱大气的干扰，因而大大扩展对植被覆盖度的监测灵敏度，常用来反映植被状况、植被覆盖率、生物量等信息，是反映生态环境的重要指标，故常被用来研究区域与

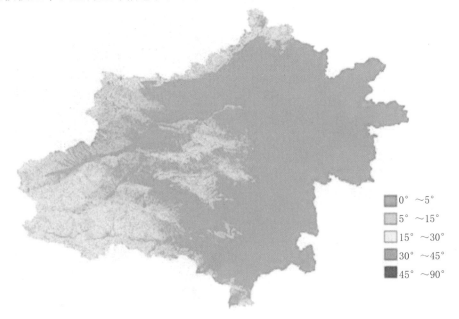

| ■ | 0°～5° |
| | 5°～15° |
| □ | 15°～30° |
| ■ | 30°～45° |
| ■ | 45°～90° |

图2-7-5　中原城市群坡度图

图2-7-6　中原城市群坡向图

图例：
Flat(-1)
North(0~22.5)
Northeast(22.5~67.5)
East(67.5~112.5)
Southeast(112.5~157.5)
South(157.5~202.5)
Southwest(202.5~247.5)
West(247.5~292.5)
Northwest(292.5~337.5)
North(337.5~360)

图2-7-7　中原城市群等高线图

全球的植被状态。对于陆地表面主要覆盖层而言，云、水、雪等覆盖层在可见光波段的反射作用比近红外波段高，因而其NDVI值为负值；岩石、裸土在两波段有相似的反射作用，因而其NDVI值近于0；而在有植被覆盖的情况下，NDVI值为正值，且随植被覆盖度

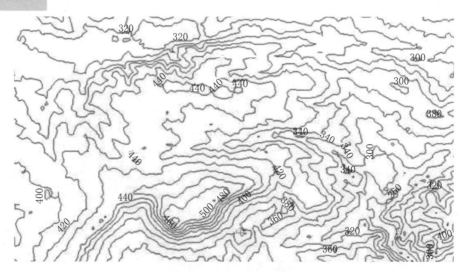

**图2-7-8　城市群等高线图（局部）**

的增大而增大。

利用ETM+数据，进行归一化差值计算，求取植被指数NDVI，计算公式为

$$\text{NDVI} = \frac{DN_{NIR} - DN_R}{DN_{NIR} + DN_R}$$

式中　$DN_{NIR}$——近红外波段地表反射率；

　　　$DN_R$——可见光红色波段地表反射率。

根据植被指数换算植被覆盖度，计算结果见图2-7-9。

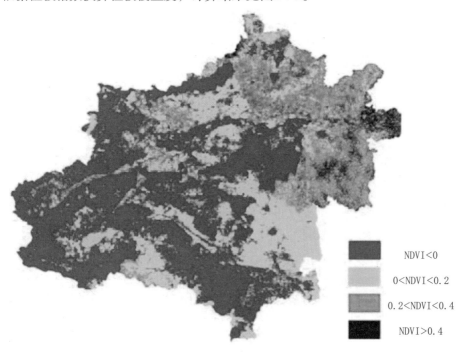

| | NDVI<0 |
| | 0<NDVI<0.2 |
| | 0.2<NDVI<0.4 |
| | NDVI>0.4 |

**图2-7-9　中原城市群植被覆盖度分布图**

## 7.5.2 GIS技术

地理信息系统（GIS）是管理和研究空间数据的技术系统，其基本特点是具有多维结构特征，可实现信息的多层次分析，并且地理信息系统的空间数据具有明显的时序特征，使得描述的信息反映出动态变化的特征，已被广泛应用于社会环境、自然环境、资源与能源条件的综合评价和地质灾害风险评估等方面。

中原城市群地质灾害风险评估项目正是在充分认识城市群的地质环境、构造背景、成因机制及其他各种影响因素的前提下，将GIS引入地质灾害风险评估，通过GIS与模糊层次综合评判模型（AHP-Fuzzy）、可拓模型、BP神经网络模型的耦合技术，基于MAPGIS二次开发建立了城市群地质灾害风险评估系统，为中原城市群各城市的规划、开发、建设等决策提供技术支持。评估系统操作界面见图2-7-10。

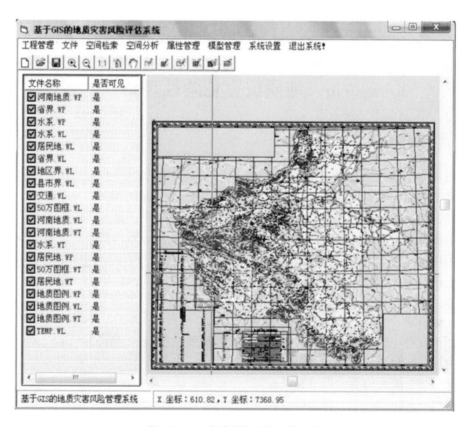

图2-7-10 地质灾害风险评估系统

本系统操作十分简单，但功能十分强大。可利用界面上的按钮添加研究对象的各个指标（单因子）。如：研究滑坡灾害危险性，把影响滑坡灾害的各个指标添加到系统中，下面的指标体系文本框即会显示所应包括的指标集。还可利用按钮打开WP文件

（MAPGIS区文件），该文件中的内容就是研究对象的区域范围。另外，还可利用按钮打开本次滑坡研究时的指标权重表。

GIS在本次风险区划中最主要的应用就是分析各种单因子（影响区划的因素），如灾害规模、密度、地质构造、工程地质岩组（岩性）、地貌类型、相对高差、坡度、沟床纵比降、降水量等指标的属性。

它的工作思路主要是：

（1）基于AHP法，可以得到待评价对象的指标体系权重。

（2）利用GIS可以统计得到各单因子的属性值。譬如灾害密度：在已划分好单元网格的城市群范围内，一个网格内的总滑坡数量可以由GIS很快统计得出，进而可以求得本单元网格的滑坡灾害密度。

（3）根据GIS统计结果对每一个因子划分等级。

（4）基于步骤（1）确定的权重、步骤（2）确定的等级，把所有影响评估对象的各因子添加在二次开发的城市群地质灾害风险评估系统中，经过模糊综合评判计算，最终得到评估对象的属性等级。

# 7.6  地质灾害危险性评价

## 7.6.1  数学模型

地质灾害危险评价是一项复杂的系统工程，众所周知，各个指标对地质灾害发生的作用程度是不相同的；同样各个指标之间相互影响、相互制约而又相互牵连；同时它们对危险性分析与评价的分区标准也是外延不清晰的模糊概念。此外，由于各指标对风险性评价的重要程度难以直接比较出来并加以量化，因此中原城市群地质灾害危险性评价选用了AHP–模糊综合评判方法，其评价过程见图2-7-11。

### 7.6.1.1  层次分析法（AHP）基本原理

层次分析法（AHP）就是通过两两因素对比，逐层比较多种关联因素，最后确定其整体特征的方法。

采用AHP确定权重，建立层次结构模型。该模型共分3层（见图2-7-12）。

最上层——地质灾害风险评价，即目标层；

中间层——研究内容，即准则层；

最下层——影响因素，即指标层。

### 7.6.1.2  权重确定

基于上述AHP原理方法，通过改进的AHP法来确定中原城市群地质灾害各级指标的权重系数（见表2-7-4、表2-7-5、表2-7-6）。

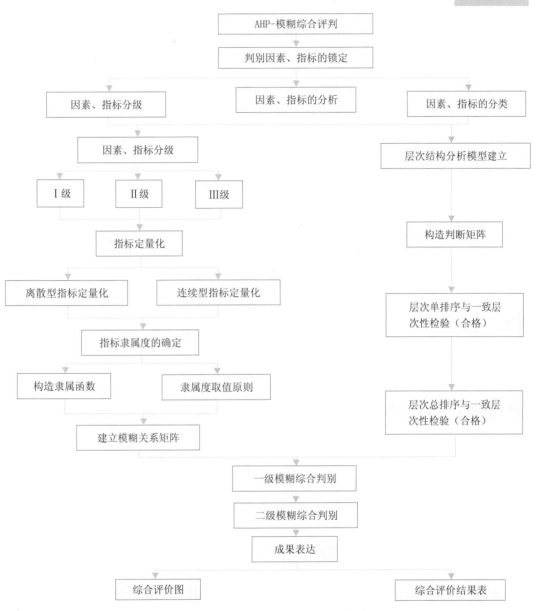

图2-7-11　AHP-模糊综合评判地质灾害

图2-7-12　地质灾害风险评估框图

表2-7-4 崩塌、滑坡危险性评估权重表

| 二级评价指标 | 一级评价指标 | 一级权重 | 二级权重 | 总权重 |
|---|---|---|---|---|
| 灾害现状 | 崩塌、滑坡规模 | 0.226 | | 0.042 |
| | 崩滑密度 | 0.376 | 0.186 | 0.070 |
| | 崩滑频次 | 0.398 | | 0.074 |
| 地形条件 | 相对高差 | 0.306 | | 0.078 |
| | 坡度 | 0.311 | 0.256 | 0.080 |
| | 植被发育程度 | 0.133 | | 0.034 |
| | 地貌类型 | 0.250 | | 0.064 |
| 地质条件 | 工程地质岩组 | 0.405 | | 0.132 |
| | 地质构造发育程度 | 0.435 | 0.325 | 0.141 |
| | 水系分布 | 0.160 | | 0.052 |
| 诱发条件 | 年平均降水量 | 0.285 | | 0.066 |
| | 8~9月大于50 mm暴雨日数 | 0.289 | 0.233 | 0.067 |
| | 地震烈度 | 0.219 | | 0.052 |
| | 人类活动 | 0.207 | | 0.048 |

表2-7-5 泥石流危险性评估权重表

| 二级评价指标 | 一级评价指标 | 一级权重 | 二级权重 | 总权重 |
|---|---|---|---|---|
| 灾害现状 | 泥石流规模 | 0.226 | | 0.044 |
| | 泥石流密度 | 0.376 | 0.105 | 0.073 |
| | 泥石流频次 | 0.398 | | 0.078 |
| 地形条件 | 相对高差 | 0.226 | | 0.065 |
| | 坡度 | 0.211 | | 0.061 |
| | 植被发育程度 | 0.123 | 0.327 | 0.035 |
| | 沟床纵比降 | 0.230 | | 0.066 |
| | 地貌类型 | 0.210 | | 0.060 |
| 地质条件 | 松散物动储量 | 0.550 | | 0.168 |
| | 工程地质岩组 | 0.129 | | 0.039 |
| | 地质构造发育程度 | 0.255 | 0.306 | 0.078 |
| | 水系分布 | 0.066 | | 0.020 |
| 诱发条件 | 年平均降雨量 | 0.285 | | 0.075 |
| | 8~9月大于50 mm暴雨日数 | 0.289 | 0.262 | 0.076 |
| | 地震烈度 | 0.219 | | 0.057 |
| | 人类活动 | 0.207 | | 0.054 |

表2-7-6　地面塌陷危险性评估权重表

| 二级评价指标 | 一级评价指标 | | 一级权重 | 二级权重 | 总权重 |
|---|---|---|---|---|---|
| 灾害现状 | 地面塌陷规模 | | 0.206 | 0.260 | 0.056 |
| | 塌陷密度 | | 0.326 | | 0.086 |
| | 塌陷频次 | | 0.198 | | 0.050 |
| | 地裂缝密度 | | 0.270 | | 0.068 |
| | 地貌类型 | | 0.414 | | 0.064 |
| 地质条件 | 工程地质岩组 | | 0.519 | 0.237 | 0.123 |
| | 地质构造发育程度 | | 0.355 | | 0.084 |
| | 水系分布 | | 0.126 | | 0.030 |
| 诱发条件 | 年平均降水量 | | 0.080 | 0.503 | 0.040 |
| | 8～9月大于50 mm暴雨日数 | | 0.098 | | 0.049 |
| | 地震烈度 | | 0.157 | | 0.079 |
| | 人类活动 | 采矿规模 | 0.347 | | 0.175 |
| | | 采矿管理 | 0.318 | | 0.160 |

### 7.6.1.3　模糊综合评判

模糊综合评判就是根据已经给出的评判标准以及评价因素数值，首先进行单因素评价，形成单因素评价矩阵A，再确定每个因素对评价目标贡献的大小，即权重集合（采用AHP法确定权重），经模糊合成，得到对系统总体作出评价的评语，即

$$R*A=B$$

其中，$B=(B_1，B_2，\cdots，B_n)$；$B_i$为评价对象的第$i$条评语的隶属度。

关于评判矩阵A与权重集R的合成方法，已建立了多种数学模型。鉴于城市群地质灾害是18种因素共同作用的结果，故选用能反映18个因素对评判对象综合影响的"加权平均型"模型，这种模型可以对所有因素依其权重大小均衡兼顾。采用"加权平均型"模型进行模糊合成，权重集R由层次分析法求得。

1. 建立模糊综合评判模型

根据模糊综合评判原理，将中原城市群地质灾害危险评判问题定义为有限论域$U$，把影响危险性程度的$n$个因素作为$U$中的各元素，则可表示为

$$U=[u_1,u_2,\cdots,u_n]$$

定义灾害危险性分级为评价集$V$，共分为$m$个危险性级别，则可表示为

$$V=[v_1,v_2,\cdots,v_n]$$

论域中每个影响因素隶属于$V$函数，定义为$U$的模糊集$\widetilde{A}$，则可表示为

$$\widetilde{A}=[u_{\widetilde{A}}(u_1),u_{\widetilde{A}}(u_2),\cdots,u_{\widetilde{A}}(u_n)]$$

其中，每个$u_{\widetilde{A}}(u_i)$应该满足$0\leqslant\mu_{\widetilde{A}}(u_i)\leqslant1,u_i\in U$。它表示第$i$个影响因素对不同级别的隶属程度。当$u_{\widetilde{A}}(u_i)=1$时，$u_i$全部属于$\widetilde{A}$，当$u_{\widetilde{A}}(u_i)=0$时，$u_i$完全不属于$\widetilde{A}$。

例如，塌陷危险性分级可用$V$的模糊子集$\widetilde{B}$来评定，$\widetilde{B}$为分级模糊向量，表示为

$$\widetilde{B}=(b_1,b_2,\cdots,b_m)$$

则模糊关系矩阵（各单因素指标评判矩阵）为

$$\widetilde{R}=\begin{pmatrix} \alpha_{11} & \alpha_{12} & \cdots & \alpha_{1j} & \cdots & \alpha_{1m} \\ \alpha_{21} & \alpha_{22} & \cdots & \alpha_{2j} & \cdots & \alpha_{2m} \\ \vdots & \vdots & & \vdots & & \vdots \\ \alpha_{i1} & \alpha_{i2} & \cdots & \alpha_{ij} & \cdots & \alpha_{im} \\ \vdots & \vdots & & \vdots & & \vdots \\ \alpha_{n1} & \alpha_{n2} & \cdots & \alpha_{nj} & \cdots & \alpha_{nm} \end{pmatrix}$$

目的是用$n$个因素，通过$U$与$V$之间的模糊关系矩阵$\widetilde{R}$，求出模糊向量$\widetilde{B}$，即

$$\widetilde{B}=\widetilde{A}*\widetilde{R}$$

由$\widetilde{B}$向量，按最大隶属度原则得到分级评判结果，即为塌陷危险性分级模糊综合评判结果。

例如，一级评判选用影响因素指标15个，即$n=15$；评判分级为5级，即$m=5$。二级评判选用影响因素指标4个，即$n=4$；评判分级亦为5级，即$m=5$。

模糊综合评判的关键是建立$U$和$V$之间的模糊关系矩阵$\widetilde{R}$和$U$的模糊集$\widetilde{A}$，即影响因素与各危险性分级间的关系，亦即隶属度及权重。

2. 隶属度的确定

模糊关系运算中的隶属度是指分类指标从属于某种类别的程度大小，一般以隶属函数来刻画。隶属函数的确定是一项十分困难的工作，目前尚无一套完整而具有普遍意义的确定方法。人们往往是根据具体研究对象采取一定的统计推断得到，多数情况下是以正态函数替代隶属函数，使用起来很不方便，而且物理意义也不够明显。在总结和分析前人确定隶属度成功经验和失败教训的基础上，结合中原城市群工作区的实际情况，本次评判采用剖分面积元的方法来确定各因素的隶属度，则有

$$a_{ik}=\begin{cases} 0 \\ S_k/S & (k=1,2,3;i=1,2,\cdots,11) \\ 1 \end{cases}$$

式中　0——第$i$个单因素在单元中第$k$项评语所占面积为零；

$S_k/S$——第$i$个单因素在单元中第$k$项评语所占面积比；

$a_{ik}$——第$i$个单因素在第$n_{ij}$个单元中对第$k$项评语的隶属度。

这种方法确定的隶属度，直观且易于计算，也符合实际情况，是一种可行方法。

通过运用比较，AHP-模糊综合评判和可拓物元法的运用所受限制少，可对小范围或者大区域进行区划研究。

## 7.6.2　地质灾害危险性区划指标体系的建立

### 7.6.2.1　指标体系的建立原则及结构层次

指标体系的建立是地质灾害危险性、风险性定量评价和预测的基础。通过指标体系的建立，可以指导地质灾害勘查、规范地质灾害信息的定量化标准、统一预测及决策的依据，最终达到信息标准化及信息共享，有效地为地质灾害风险区划和预测决策服务。指标体系的建立需遵循以下原则。

1. 科学性和系统性

应在地质灾害系统科学研究的基础之上选择能够反映地质灾害预测的内涵和目标的综合指标与主要指标。建立一个目标明确、结构清晰的多因素、多层次的综合性指标体系，微观与宏观分析相结合，静态分析和动态发展相结合。

2. 通用性和适用性

由于地质灾害产生于复杂的地质环境和社会环境中，并具有特定的时空分布规律，建立评价指标体系时应尽量考虑到通用性和适用性，尽可能满足不同类型地质灾害预测的需要。由于场地工程地质条件的差异及社会经济结构的不同，需保证在针对某种类型地质灾害预测时根据实际条件进行指标优化和筛选的余地。

3. 层次性

地质灾害预测的内容是十分丰富的，既包括空间预测、预报，又包括风险预测。按照研究对象的规模，又可分为区域性研究、地区性研究和场地性研究。显然，地质灾害预测的层次不同，评价指标也不尽相同。评价指标体系应具有与地质灾害预测相对应的层次性，随着预测深度的深化，指标体系也应逐步深化、细化。

4. 可操作性和实用性

指标体系的建立是为人们进行地质灾害预测服务的。因此，指标体系的实用性是最基本的要求。由于预测对象的复杂性，人们往往为了能够达到对研究对象的更全面、更准确的描述，选择了许多评价指标，而这些指标往往不仅在量化及操作上存在较大困难，还可能对预测结果产生干扰，无形中加重了预测的工作量及难度，有时还可能影响预测结果的准确性。因此，建立的指标体系必须简单且可操作性强。

### 7.6.2.2　构建层次

在地质灾害影响因素分类的基础上，根据预测目标和内涵的不同，可采用层次分析的方法，建立相应的评价指标体系（见图2-7-13）。根据预测目的、预测内容的不同，可将指标体系的最高层次——目标层次划分为两大类，即危险性预测、风险预测，可进一步依据研究对象的分布范围的大小划分为不同的亚类。针对不同的预测对象，进行相应的影响因素分析，初

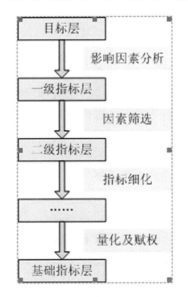

图2-7-13　指标体系构建结构层次图

步确定出对预测有影响的因素，如地质环境因素、动力环境因素、人类工程经济活动因素等，构造出指标体系的一级指标层。对于不同的预测目标，指标选择的侧重点不同，可选择不同的预测指标准则，具体到某一区域斜坡或某一类型地质灾害时，其基础指标要进行一定的取舍和细化，预测成功的关键在于因素筛选和因素权重赋值。

### 7.6.3　地质灾害危险性评价指标的确定

地质灾害危险性主要是地质灾害自然属性特征的体现，其核心要素是地质灾害的活动程度。地质灾害危险性分为历史灾害危险性和潜在灾害危险性。前者是指已经发生的地质灾害的活动程度，后者是指具有灾害形成条件，但尚未发生的地质灾害的可能活动程度。因此，可以把危险性评价指标分为三大类：灾害现状指标、基础条件指标、诱发条件指标。

#### 7.6.3.1　灾害现状

历史地质灾害危险性的标志是地质灾害的规模、分布密度和频次。这些要素决定了地质灾害的破坏强度、危害范围和发生次数，从而进一步影响地质灾害的破坏损失程度。历史地质灾害危险性构成及指标见表2-7-7。

表2-7-7　历史地质灾害危险性构成及指标

| 灾害种类 | 灾害规模 | 灾害频次 | 灾害密度 | 灾害危害强度 |
|---|---|---|---|---|
| 崩塌、滑坡 | 灾害体体积（万m³） | 平均频度（次/a） | 处/km² | 根据规模、受灾体破坏度划分 |
| 泥石流 | 堆积物体积（万m³） | 平均频度（次/a） | 泥石流危害面积占评价区比例（%） | 根据泥石流淤埋度、受灾体破坏度划分 |
| 地面塌陷 | 塌陷面积（m²） | 平均频度（次/a） | 处/km² | 根据分布密度、受灾体破坏度划分 |

#### 7.6.3.2　基础条件

1. 岩土类型及性质（工程地质岩组）

岩土体是崩塌、滑坡和泥石流灾害的物质基础，其类型及其工程性质对崩塌、滑坡活动具有决定性作用。岩土体越坚硬，抗变形能力越强，则其抗灾条件越好；反之，抗灾条件越差。对于大型滑坡而言，不仅要研究岩土体类型和性质，而且要研究其空间组合方式，如碳酸盐岩和碎屑岩中的软弱夹层往往是该地层中发生大型滑坡的控制性因素。同时，崩滑堆积物往往成为泥石流发生的物质来源，例如崩滑发育地区，若出现地形和降水条件不利组合，常导致泥石流灾害。

2. 地貌类型

地貌条件决定了崩塌、滑坡、泥石流的区域分布，是形成崩塌、滑坡、泥石流灾害的最基础条件。相对高差、坡度等是地貌的重要构成因素，影响着多种突发性灾害的发生。通常地形高差越大，坡度越陡，崩塌、滑坡灾害发育越强烈。影响泥石流的特殊因素——沟床纵比降实质上与坡度类似。

3. 地质构造

地质构造是控制崩塌和滑坡灾害规模的基础条件之一。构造发育，岩土体结构破碎，促进了岩土体风化作用和地下水作用，降低了岩土体工程性质，更易发生地质灾害。活动构造容易引起地震，而地震又是地质灾害的诱发因素之一。对于泥石流而言，切割越强烈，松散物动储量的累积越多，越易引发泥石流灾害。

4. 其他

基础条件中其他因素包括植被覆盖率、水位埋深、水系分布等。植被覆盖对加强岩土体的稳定性是有帮助的，水位埋深往往在地裂缝、地面塌陷等灾害的影响因素中占重要地位，水系分布影响也不可忽略。

### 7.6.3.3　诱发条件

诱发条件即外界动力因素。它是在具备基础条件的基础上，导致地质灾害活动的诱发因素。诱发因素主要有降水、地震、人类活动。

降水是最主要也是最常见的诱发因素。地表水进入岩土体，一方面导致地下水位上升，孔隙水压力上升，有效应力下降，另一方面导致岩土体强度下降，从而引发崩塌、滑坡、泥石流灾害。通常采用年均降水量、暴雨量等指标体现降水作用强度。

地震是另一个自然诱发因素。伴随着地震往往出现大规模的崩塌、滑坡、泥石流灾害，大范围地裂缝和地面塌陷等灾害。

人类活动所包括的范围广泛。矿山开发容易导致采空塌陷灾害的发生，路基边坡切割容易引发崩塌、滑坡地质灾害，水库蓄水、人工灌溉、大规模土地利用变更等因素都是影响地质灾害发生的人为因素。

## 7.6.4　地质灾害危险性分级

地质灾害种类包括崩塌、滑坡、泥石流、地面塌陷等4种。指标的选择总体划分为灾害现状、基础因素（地形条件和地质条件）和诱发条件3类。中原城市群地质灾害危险性区划指标及等级划分见表2-7-8、表2-7-9、表2-7-10。地质灾害规模及危险级别对照表见表2-7-11，其中灾害规模引自《县（市）地质灾害调查与区划基本要求》实施细则中地质灾害规模级别划分标准。

表2-7-8　滑坡、崩塌灾害危险性区划指标及等级划分

| 评价指标 | | 危险程度等级 | | | | |
| --- | --- | --- | --- | --- | --- | --- |
| | | 无危险 | 低危险 | 中危险 | 高危险 | 极高危险 |
| 灾害现状 | 崩塌、滑坡规模 | 无 | 小 | 中 | 大 | 巨大 |
| | 崩塌、滑坡密度（处/km²） | 0~0.25 | 0.25~0.5 | 0.5~1 | 1~1.5 | >1.5 |
| | 崩塌、滑坡频次（次/a） | 0 | 0~0.3 | 0.3~0.8 | 0.8~2 | >2 |
| 地形条件 | 相对高差（m） | <50 | 50~150 | 150~350 | 350~500 | >500 |
| | 坡度（°） | <5 | 5~15 | 15~30 | 30~50 | >50 |
| | 植被发育程度（%） | >70 | 30~70 | 15~30 | 5~15 | <5 |
| | 地貌类型 | 平原盆地 | 丘陵 | 低山 | 低中山 | 高中山 |

续表2-7-8

| 评价指标 | | 危险程度等级 | | | | |
|---|---|---|---|---|---|---|
| | | 无危险 | 低危险 | 中危险 | 高危险 | 极高危险 |
| 地质条件 | 工程地质岩组 | 坚硬块状中厚层状碎屑岩 | 坚硬中薄层状碎屑岩 | 层状碎屑岩、黏土岩、页岩 | 软弱状碎屑岩、黏土岩、页岩、火山碎屑岩 | 软弱状炭质粉砂岩、炭质页岩、第四系松散坡积物 |
| | 地质构造发育程度（m/km$^2$） | 0~100 | 100~450 | 450~650 | 650~1 000 | >1 000 |
| | 水系分布（m/km$^2$） | 0~1 000 | 1 000~3 500 | 3 500~5 000 | 5 000~7 000 | >7 000 |
| 诱发条件 | 年平均降水量（mm） | 0~600 | 600~650 | 650~700 | 700~820 | >820 |
| | 8~9月大于50 mm暴雨日数（d） | 0 | 1 | 2~3 | 3~5 | >5 |
| | 地震烈度 | <Ⅳ | Ⅴ~Ⅵ | Ⅶ | Ⅷ | >Ⅷ |
| | 人类活动 | 无或微弱 | 较微弱 | 一般 | 强烈 | 极强烈 |
| 等级赋值 | | 1 | 3 | 5 | 7 | 9 |

表2-7-9 泥石流灾害危险性区划指标及等级划分

| 评价指标 | | 危险程度等级 | | | | |
|---|---|---|---|---|---|---|
| | | 无危险 | 低危险 | 中危险 | 高危险 | 极高危险 |
| 灾害现状 | 泥石流规模 | 无 | 小 | 中 | 大 | 巨大 |
| | 泥石流密度（处/km$^2$） | 0~0.25 | 0.25~0.5 | 0.5~0.75 | 0.75~1 | >1 |
| | 泥石流频次（次/a） | 0 | 0~0.2 | 0.2~0.5 | 0.5~1 | >1 |
| 地形条件 | 相对高差（m） | <50 | 50~150 | 150~350 | 350~500 | >500 |
| | 坡度（°） | 0~5 | 5~15 | 15~30 | 30~50 | >50 |
| | 植被发育程度（%） | >70 | 30~70 | 15~30 | 5~15 | <5 |
| | 沟床纵比降（‰） | 0~10 | 10~50 | 50~100 | 100~300 | >300 |
| | 地貌类型 | 平原盆地 | 丘陵 | 低山 | 低中山 | 高中山 |
| 地质条件 | 松散物动储量（万m$^3$） | <5 | 5~10 | 10~15 | 15~20 | >20 |
| | 工程地质岩组 | 坚硬块状中厚层状碎屑岩 | 坚硬中薄层状碎屑岩 | 层状碎屑岩、黏土岩、页岩 | 软弱状碎屑岩、黏土岩、页岩、火山碎屑岩 | 软弱状炭质粉砂岩、炭质页岩、第四系松散坡积物 |
| | 地质构造发育程度（m/km$^2$） | 0~100 | 100~450 | 450~650 | 650~1 000 | >1 000 |
| | 水系分布（m/km$^2$） | 0~1 000 | 1 000~3 500 | 3 500~5 000 | 5 000~7 000 | >7 000 |

续表2-7-9

| 评价指标 | | 危险程度等级 | | | | |
| --- | --- | --- | --- | --- | --- | --- |
| | | 无危险 | 低危险 | 中危险 | 高危险 | 极高危险 |
| 诱发条件 | 年平均降水量（mm） | 0 ~ 600 | 600 ~ 650 | 650 ~ 700 | 700 ~ 820 | >820 |
| | 8 ~ 9月大于50 mm暴雨日数（d） | 0 | 1 | 2 ~ 3 | 3 ~ 5 | >5 |
| | 地震烈度 | <Ⅳ | Ⅴ ~ Ⅵ | Ⅶ | Ⅷ | >Ⅷ |
| | 人类活动 | 无或微弱 | 较微弱 | 一般 | 强烈 | 极强烈 |
| 等级赋值 | | 1 | 3 | 5 | 7 | 9 |

表2-7-10　地面塌陷危险性区划指标及等级划分

| 评价指标 | | 危险程度等级 | | | | |
| --- | --- | --- | --- | --- | --- | --- |
| | | 无危险 | 低危险 | 中危险 | 高危险 | 极高危险 |
| 灾害现状 | 地面塌陷规模 | 无 | 小 | 中 | 大 | 巨大 |
| | 塌陷密度（处/km²） | 0 ~ 0.25 | 0.25 ~ 0.5 | 0.5 ~ 0.75 | 0.75 ~ 1 | >1 |
| | 塌陷频次（次/a） | 0 | 0 ~ 0.1 | 0.1 ~ 0.4 | 0.4 ~ 0.8 | >0.8 |
| | 地裂缝密度（处/km²） | 0 ~ 0.25 | 0.25 ~ 0.5 | 0.5 ~ 0.75 | 0.75 ~ 1 | >1 |
| | 地貌类型 | 平原盆地 | 丘陵 | 低山 | 低中山 | 高中山 |
| 地质条件 | 地质构造发育程度（m/km²） | 0 ~ 100 | 100 ~ 450 | 450 ~ 650 | 650 ~ 1 000 | >1 000 |
| | 工程地质岩组 | 坚硬块状中厚层状碎屑岩 | 坚硬中薄层状碎屑岩 | 层状碎屑岩、黏土岩、页岩 | 软弱状碎屑岩、黏土岩、页岩、火山碎屑岩 | 软弱状炭质粉砂岩、炭质页岩、第四系松散状砾石、砂土、粉土 |
| | 水系分布（m/km²） | 0 ~ 1 000 | 1 000 ~ 3 500 | 3 500 ~ 5 000 | 5 000 ~ 7 000 | >7 000 |
| 诱发条件 | 人类活动　采矿规模 | 无地下采矿活动 | 较小 | 中等 | 较大 | 大 |
| | 人类活动　采矿管理 | | 严格按有关规程开采 | 基本按有关规程开采 | 不按有关规程开采 | 乱挖滥采 |
| | 年平均降水量（mm） | 0 ~ 600 | 600 ~ 650 | 650 ~ 700 | 700 ~ 820 | >820 |
| | 8 ~ 9月大于50 mm暴雨日数（d） | 0 | 1 | 2 ~ 3 | 3 ~ 5 | >5 |
| | 地震烈度 | <Ⅳ | Ⅴ ~ Ⅵ | Ⅶ | Ⅷ | >Ⅷ |
| 等级赋值 | | 1 | 3 | 5 | 7 | 9 |

表2-7-11　地质灾害规模及危险级别对照表

| 规模 | 危险级别 | 滑坡（万 $m^3$） | 崩塌（万 $m^3$） | 泥石流（万 $m^3$） | 地面塌陷（万 $m^3$） |
|------|----------|------------------|------------------|-------------------|---------------------|
| 巨型 | 巨大 | >1 000 | >100 | >50 | >10 |
| 大型 | 大 | 100 ~ 1 000 | 10 ~ 100 | 20 ~ 50 | 1 ~ 10 |
| 中型 | 中 | 10 ~ 100 | 1 ~ 10 | 2 ~ 20 | 0.1 ~ 1 |
| 小型 | 小 | <10 | <1 | <2 | <0.1 |
| 不发育 | 无 | 0 | 0 | 0 | 0 |

## 7.6.5　地质灾害危险性区划

采用2 km×2 km的网格剖分1∶10万的中原城市群地理、地质及各灾种地质灾害简图，共剖分15 236个网格，以每个单元网格作为最小的危险性评价单元。运用MAPGIS软件处理表2-7-7中的各种指标，制作成指标数据库和图件库，所有图件均为1∶10万比例尺。利用AHP-模糊综合评判、可拓模型、BP神经网络3种评估方法，根据指标权重及指标等级划分，将地质灾害的各影响因子分别与灾害分布进行叠加分析，最终评估各灾种的危险性等级。

各灾种危险性区划图共划分成5个危险性等级：极高危险性、高危险性、中危险性、低危险性、无危险。单灾种的危险性区划研究基于地质灾害现状、基础环境因素和诱发因素，这样的区划研究成果既反映了地质灾害的空间分布规律，又反映了地质灾害在一定时间范围内的发生与发展趋势，具有空间尺度和时间尺度的统一。

### 7.6.5.1　崩塌危险性区划

中原城市群崩塌灾害危险性区划结果见图2-7-14。

崩塌灾害极高危险区：嵩县所占比例最大，分布在境内的西北部、中部及南部；其次是汝阳县南部的贾店一带；另外，在济源市的北部和登封市的北部也有零星分布。

崩塌灾害高危险区：栾川县80%的地区处于高危险区；辉县的西北至北部的东北-西南向带状区域、嵩县中部和新安西北部也处于高危险区。

崩塌灾害中危险区：鲁山、嵩县、汝阳3县的下汤镇、十八盘、黄庄及寄料镇成为城市群内最大的崩塌灾害中危险区块；嵩县的大章、山峡以及北部地区，洛宁县30%的地区处于中危险区；另外，小面积分布在栾川、宜阳、登封、巩义、汝州、禹州、新密、济源以及辉县、修武、焦作、博爱的北部。

崩塌灾害低危险区：济源、新安、孟津、宜阳、洛宁、伊川、巩义及新密的大部分区域处于低危险区；另外，小范围分布在城市群中部和西南部的登封、汝州、鲁山及平顶山地区。

崩塌灾害无危险区：城市群崩塌灾害无危险地区所占比例为50%以上，主要分布在城市群东部、北部及东南地区。

### 7.6.5.2　滑坡危险性区划

中原城市群滑坡灾害危险性区划结果见图2-7-15。由于计算时采用的权重表和等级

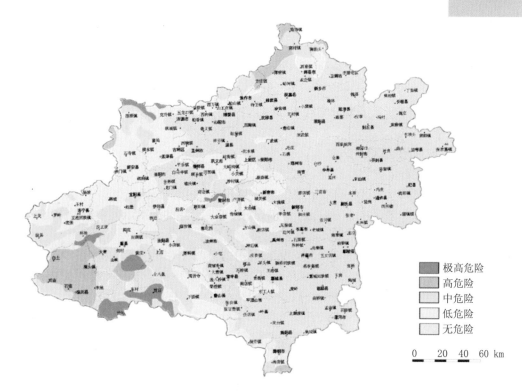

图2-7-14　中原城市群崩塌灾害危险性区划图

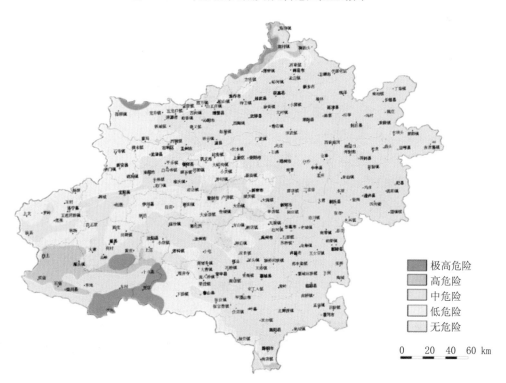

图2-7-15　中原城市群滑坡灾害危险性区划图

划分表与崩塌相同，因此区划成果很接近。

滑坡灾害极高危险区：主要分布在嵩县南部、汝阳南部及鲁山西部，这与崩塌灾害区划极高危险性成果相同；其他零星分布在嵩县中部、济源北部小范围及修武、辉县北部小范围地区。

滑坡灾害高危险区：主要分布在栾川境内；嵩县、汝阳以及辉县境内也有小范围分布。

### 7.6.5.3  泥石流危险性区划

中原城市群泥石流灾害危险性区划结果见图2-7-16。

泥石流灾害极高危险区：分布较少，仅在栾川县的中部少量分布。

泥石流灾害高危险区：分布在栾川大部分地区、嵩县的南部以及鲁山的东部；在登封北部及城市群北部呈长条状展布有泥石流高危险区。

泥石流灾害中危险区及低危险区：大部分分布在城市群的中西部地区，有济源、新安、宜阳、洛宁、伊川、汝阳、新密及巩义等县市；在登封、汝州及禹州的3市交界也有零星分布；另外，在焦作、博爱、修武及辉县也有少量分布。

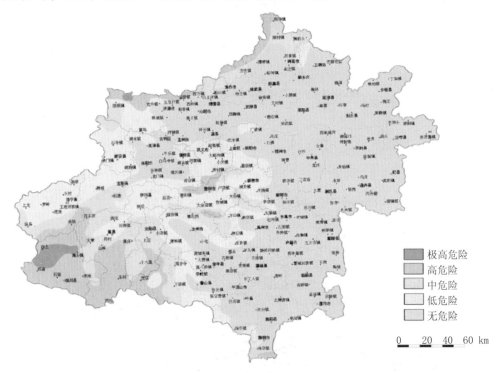

极高危险
高危险
中危险
低危险
无危险

0  20  40  60 km

图2-7-16  中原城市群泥石流灾害危险性区划图

### 7.6.5.4  地面塌陷危险性区划

中原城市群地面塌陷灾害危险性区划结果见图2-7-17。地面塌陷灾害呈两极分化严重的特点，除极高危险性分布地区外，大部分地区都是低或者无危险区，体现了人类采矿活动为地面塌陷发育的决定性因素。

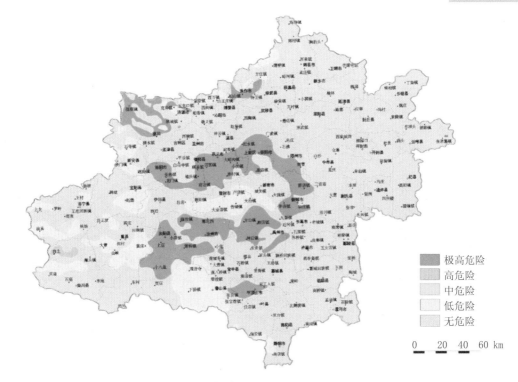

图例：
极高危险
高危险
中危险
低危险
无危险

0　20　40　60 km

图2-7-17　中原城市群地面塌陷灾害危险性区划图

地面塌陷灾害极高危险区：分布在汝阳、汝州、禹州、新郑、郑州东南部、荥阳、巩义、偃师、洛阳及焦作等县市；在济源市内呈河流网状分布。

地面塌陷灾害高危险区：在栾川西北部有小面积分布。

除上述极高、高危险区外，城市群范围内其他县市均为低、无危险区。

#### 7.6.5.5　多灾种综合危险性区划

多灾种综合危险性区划方法是，建立综合危险性指标体系，分别用AHP法制定指标权重，再用模糊综合评判系统进行等级划分。

综合指标体系中指标等级见表2-7-12，各指标权重见表2-7-13。中原城市群地质灾害综合危险性区划结果见图2-7-18。其中，极高危险区、高危险区范围较小，主要是中、低、无危险区。

综合地质灾害极高、高危险区：极高危险区分布在嵩县的南部地区、鲁山西部地区；高危险区分布在栾川、嵩县及汝阳境内。极高危险区、高危险区在城市群范围内分布不广，集中于城市群西南部。

综合地质灾害中危险区：主要分布在城市群西部地区。洛宁县大部分地区属于中危险区，新安、济源、宜阳、嵩县、汝阳、汝州、禹州、巩义以及城市群北部小范围地区也处于中危险区。

综合地质灾害低危险区：低危险区在城市群区划中所占比例约为30%，主要分布在中西部的如下县市：荥阳、新密、巩义、登封、孟州、偃师、伊川、孟津、洛阳、宜阳、新安南部、济源东部等。

综合地质灾害无危险区：无危险区在城市群区划中所占比例为50%左右，主要分布在城市群东部地区。

表2-7-12 地质灾害综合危险性区划指标及等级划分

| 评价指标 | | 危险程度分级 | | | | |
|---|---|---|---|---|---|---|
| | | 无危险 | 低危险 | 中危险 | 高危险 | 极高危险 |
| 灾害现状 | 灾害规模 | 无 | 小 | 中 | 大 | 巨大 |
| | 灾害密度（处/km²） | 0～0.25 | 0.25～0.5 | 0.5～0.75 | 0.75～1.0 | >1.0 |
| | 灾害频次（次/a） | 0 | 0～0.3 | 0.3～0.8 | 0.8～2 | >2 |
| 地形条件 | 相对高差（m） | 0～50 | 50～150 | 150～350 | 350～500 | >500 |
| | 坡度（°） | 0～5 | 5～15 | 15～30 | 30～50 | >50 |
| | 沟床纵比降（‰） | 0～10 | 10～50 | 50～100 | 100～300 | >300 |
| | 植被发育程度（%） | >70 | 30～70 | 15～30 | 5～15 | <5 |
| | 地貌类型 | 平原盆地 | 丘陵 | 低山 | 低中山 | 高中山 |
| 地质条件 | 工程地质岩组 | 坚硬块状中厚层状碎屑岩 | 坚硬中薄层状碎屑岩 | 层状碎屑岩、黏土岩、页岩 | 软弱状碎屑岩、黏土岩、页岩、火山碎屑岩 | 软弱状炭质粉砂岩、炭质页岩、第四系松散坡积物 |
| | 地质构造发育程度（m/km²） | 0～100 | 100～450 | 450～650 | 650～1 000 | >1 000 |
| | 水系分布（m/km²） | 0～1 000 | 1 000～3 500 | 3 500～5 000 | 5 000～7 000 | >7 000 |
| | 松散物动储量（万m³） | <5 | 5～10 | 10～15 | 15～20 | >20 |
| 诱发条件 | 年平均降水量（mm） | 0～600 | 600～650 | 650～700 | 700～820 | >820 |
| | 8～9月大于50 mm暴雨日数（d） | 0 | 1 | 2～3 | 3～5 | >5 |
| | 地震烈度 | <Ⅳ | Ⅴ～Ⅵ | Ⅶ | Ⅷ | >Ⅷ |
| | 人类活动 | 无或微弱 | 较微弱 | 一般 | 强烈 | 极强烈 |
| 等级赋值 | | 1 | 3 | 5 | 7 | 9 |

表2-7-13 地质灾害综合危险性指标体系各指标权重

| 二级评价指标 | 一级评价指标 | 一级权重 | 二级权重 | 总权重 |
|---|---|---|---|---|
| 灾害现状 | 灾害规模 | 0.226 | 0.176 | 0.040 |
| | 灾害密度（处/km²） | 0.376 | | 0.067 |
| | 灾害频次（次/a） | 0.398 | | 0.070 |

续表2-7-13

| 二级评价指标 | 一级评价指标 | 一级权重 | 二级权重 | 总权重 |
|---|---|---|---|---|
| 地形条件 | 相对高差（m） | 0.286 | 0.286 | 0.082 |
| | 坡度（°） | 0.311 | | 0.089 |
| | 沟床纵比降（‰） | 0.080 | | 0.023 |
| | 植被发育程度（%） | 0.133 | | 0.038 |
| | 地貌类型 | 0.190 | | 0.054 |
| 地质条件 | 工程地质岩组 | 0.445 | 0.295 | 0.131 |
| | 地质构造发育程度（m/km²） | 0.315 | | 0.093 |
| | 水系分布（m/km²） | 0.106 | | 0.031 |
| | 松散物动储量（万m³） | 0.130 | | 0.038 |
| 诱发条件 | 年平均降水量（mm） | 0.285 | 0.243 | 0.070 |
| | 8～9月大于50 mm暴雨日数（d） | 0.289 | | 0.070 |
| | 地震烈度 | 0.219 | | 0.053 |
| | 人类活动 | 0.207 | | 0.050 |

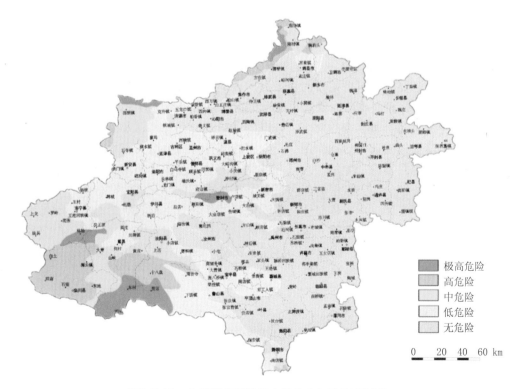

图2-7-18　中原城市群地质灾害综合危险性区划图

# 7.7 地质灾害易损性评价

## 7.7.1 承灾体易损性评价与区划理论方法

### 7.7.1.1 地质灾害承灾体易损性定义

地质灾害承灾体易损性评价是地质灾害风险区划中的重要一环。但目前尚无统一的易损性定义和评价方法。易损性定义可以分为3类：一是用承灾体本身指标来反映承灾体的特性，例如南非海岸带海平面上升的易损性研究；二是把自然现象与社会后果联系起来，或认为是相互联系的两个系统的函数，或认为应相互叠加；三是用自然现象的社会后果来定义易损性概念。我国学者的观点多属于第三类，但各有见解，有指承灾区社会经济水平分布及其承灾能力的，也有指特定社会的人们及其所拥有的财产对自然灾害的承受能力的。

1. 探究地质灾害承灾体易损性概念的3个前提

研究地质灾害承灾体易损性应把握3点：一是地质灾害的概念；二是承灾体的概念；三是对地质灾害风险区划来说应具有实用性和可操作性。

地质灾害是指地球在内动力、外动力和人类工程动力作用下发生的危害人类生命财产，破坏人类赖以生存与发展的资源和环境，阻碍人们正常生产和生活的不幸事件。在这个定义中，动力是产生灾害的源泉，而地质事件表述为两个现象：一是地质动力现象；二是伴随地质动力现象这一质变过程而存在的或人类生命受危害，或人类的资源、环境及物质财产受破坏，或人们的正常生产生活受阻碍的现象。只有这两种现象同时并存才有地质灾害存在。要描述一个具体地质灾害的危害，描述地质动力现象的具体规模、能量级别是必要的，但更重要的在于描述人类受损失的程度。地质灾害的概念更强调人类所受的损失，而地质动力现象的规模和能量级别只是地质灾害的必要条件。

人类本身的生命、所拥有的财产、赖以生存的资源和环境以及正常生产与生活（简称生存资源）遭受地质动力活动作用，受危害的部分称为地质灾害承灾体。地质动力活动作用于生存资源并不都产生危害。只有被危害的生存资源才是承灾体。承灾体是人类生存资源的受危害部分，灾区里的生存资源不都是承灾体。灾区所在行政区域里的生存资源当然不都是承灾体。承灾体总体是遭受危害的各部分生存资源的总和。根据地质灾害风险区划的需要，构成承灾体总体的各个部分的基本计量单位可以选择，但它要受经济活动记录详细程度的限制。由此可以给各类承灾体画出一条"边缘线"。

2. 地质灾害承灾体易损性概念

在地质灾害中，生存资源受损失的程度与地质动力现象的种类和特性参数有关，同时也与生存资源本身的种类和特性有关。同一特定承灾体对作用于其上的按特性参数划分的各级地质灾害的价值损失不同。我们认为，地质灾害承灾体易损性是指在地质灾害中，某类承灾体的最大可能损失价值占其总体灾前一刻的重估总值的比重或百分比。它体现的是承灾体对各类各级地质动力活动的价值损失响应特性，是地质动力活动作用于生存资源时其规模和强度与人类所受损失的数量关系。

在已经发生的地质灾害中，可以看到的是一个个具体的承灾体的价值损失。如果进行大量的反复试验，那么试验结果会服从某种分布；如果进行大量统计，统计结果也会服从某种分布。期望值即为承灾体的最大可能损失价值。

#### 7.7.1.2　描述地质灾害承灾体易损性的指标

1. 价值指标优于实物量指标

承灾体的自然属性不尽相同，可以用实物指标来反映各因子在地质灾害中受损失或最大可能损失的程度。使用实物量指标易于找到灾前灾后各因子的实物量，所反映的具体承灾体的损失量和损失程度直观、明确。但有3点不足：一是性质各异的因子相当多，无法从总体上反映承灾体的损失程度；二是由于各因子实物量的性质不同，不能相加，因而不能直接得出承灾体综合性损失程度指标；三是不便于把地质灾害造成的经济损失纳入国民经济核算。对于地质灾害风险区划来说，面对的不是具体的地质灾害，而是未来可能发生的地质灾害，实物量指标的优点得不到体现，因而使用价值指标远优于实物量指标。固然，在某些特定场合也可以使用实物量指标评价承灾体易损性，这时，地质灾害承灾体易损性定义可以表述为在地质灾害中某类承灾体的最大可能损失占其总体的比重或百分比。这样定义地质灾害承灾体易损性不改变它反映各类承灾体对各类各级地质动力活动作用于其上时的响应特性的本质，但易损性数值会有差异。

实物量指标的缺点正是价值指标的优点。按地质灾害的定义，生存资源包括：

（1）以物化劳动形式存在的物质财富，包括属于机关企事业单位所有的一切财产和属于居民个人所有的一切财产。为便于讨论，在不致混淆的情况下，称这一类为物质财富。

（2）资源，只包括未经人类劳动加工的自然资源和环境资源。

（3）新增价值，即社会再生产过程中新创造的价值。

（4）公民的生命和健康。对于物质财富和新增价值，用价值指标来评价承灾体易损性不会有疑问。资源有价值（这一点被广为认同，至于为什么有价值、怎样定价，此处不作展开讨论），也可以用价值指标评价承灾体易损性。

2. 公民的生存安全价值

市场经济发展到今天，在商品明细表里还没有"生命"和"健康"这两种商品。人不是商品，生命和健康没有价值。在地质灾害中，死者的生命不能计价，伤者的健康也不能计价。那么，在地质灾害中，地质动力活动作用于人时，承灾体的价值是劳动力价值。根据地质灾害承灾体易损性定义，可以规定生存安全的死伤损失的易损性为百分之百。劳动力的易损性视劳动者在地质灾害中劳动能力的降低程度而定。用死伤损失和劳动力两者的易损性加权计算生存安全的易损性。但是，这一认识依然存在问题，仅作为理论探索。

3. 从理论到实践的选择

人作为承灾体，对如何评价其易损性存在不同认识。鉴于目前人们的认识状况，我们把人的伤亡从地质灾害承灾体易损性的价值指标中独立出来，用实物指标反映。这样就有两类不同内容不同指标的地质灾害承灾体易损性。

基于如上原理，在中原城市群易损性区划中把人与资源分别进行区划分析，我们还可以对资源进行细分，分为物质财富和土地资源两类。

## 7.7.2 人口易损性评价与区划

### 7.7.2.1 人口分布概况

中原城市群工作区包括郑州、开封、洛阳、平顶山等在内的9个省辖市，374个建制镇，总人口4 012.5万人，占河南省人口的41%，人口密度达678人/km²。各城市人口分布概况见表2-7-14。

表2-7-14 各城市人口分布概况

| 城市 | 人口（万人） | 乡村人口（万人） | 人口密度（人／km²） |
|---|---|---|---|
| 郑州 | 657 | 261 | 882 |
| 开封 | 480 | 316 | 744 |
| 洛阳 | 646 | 390 | 431 |
| 平顶山 | 496 | 312 | 629 |
| 新乡 | 555 | 358 | 679 |
| 焦作 | 343 | 200 | 842 |
| 济源 | 67 | 39 | 346 |
| 许昌 | 452 | 299 | 904 |
| 漯河 | 252.9 | 172.7 | 966 |

### 7.7.2.2 研究思路和方法

综前所述，把人的易损性评价与资源区别对待是有必要的。统计近50年来各县市死亡人数，进而求得年平均死亡人数，再根据定义得到某地区的人口易损性值，最后根据人口易损性值进行易损性区划。

1. 人口易损性与时间的关系

一天24 h，人的活动场所是变化的。利用GIS操作不便，因此本研究的人口易损性不考虑时间的影响。

2. 人口易损性与人口密度的关系

人口密度越大，最大可能人员伤亡数就越多，即一地区人口密度越大，人口易损性值越大。

如果考虑得详细，能够得到各地区的人口年龄结构分布，人口易损性区划的结果将更为准确。从老年人到青年人再到儿童，虽然其生命价值相等，但是由于行动能力的大小区别，老年人与儿童密度高的区域其易损性较大；反之亦然。

人口易损性与受教育程度相关。教育程度越落后地区其易损性越大；反之亦然。

人口易损性与富裕程度相关。贫穷地区，其人口的地质灾害风险意识往往很低，并且农村多处于地质灾害易发区。农业人口比例越高，易损性越大；反之亦然。

综上所述，人口密度必须经过修正才能代表人的价值。影响因素有年龄结构、文化程度、城乡分布等三个方面。

因此，可以得到人口密度这一指标最后的定量赋值：

$$PD_1 = K \times pd_1$$
$$K = (a+b+c)/3$$

式中　$PD_1$——修正后人口密度值，人/$km^2$；

　　　$pd_1$——修正前人口密度值，人/$km^2$；

　　　$K$——修正系数；

　　　$a$——老年人和儿童在总人口中的比例；

　　　$b$——文盲、半文盲在总人口中的比例；

　　　$c$——农业人口在总人口中的比例。

中原城市群人口密度修正因子见表2-7-15。

表2-7-15　中原城市群人口密度修正因子表

| 地名 | $a$（%） | $b$（%） | $c$（%） |
|---|---|---|---|
| 洛宁 | 32.85 | 13.14 | 76.4 |
| 宜阳 | 32.315 | 12.926 | 74.26 |
| 新安 | 30.977 5 | 12.391 | 68.91 |
| 孟津 | 32.367 5 | 12.947 | 74.47 |
| 偃师 | 32.475 | 12.99 | 74.9 |
| 伊川 | 30.812 5 | 12.325 | 68.25 |
| 汝阳 | 32.22 | 12.888 | 73.88 |
| 嵩县 | 32.727 5 | 13.091 | 75.91 |
| 栾川 | 31.912 5 | 15.765 | 72.65 |
| 洛阳 | 28.985 | 7.594 | 60.94 |
| 鲁山 | 31.982 5 | 15.793 | 72.93 |
| 汝州 | 31.692 5 | 15.677 | 71.77 |
| 宝丰 | 31.502 5 | 15.601 | 71.01 |
| 郏县 | 32.99 | 16.196 | 76.96 |
| 襄城 | 33.717 5 | 15.487 | 79.87 |
| 叶县 | 32.502 5 | 15.001 | 75.01 |
| 舞钢 | 25.945 | 8.378 | 48.78 |
| 平顶山 | 30.987 5 | 10.395 | 68.95 |
| 舞阳 | 32.195 | 13.878 | 73.78 |
| 临颍 | 30.88 | 13.352 | 68.52 |
| 漯河 | 30.725 | 13.29 | 67.9 |
| 许昌市 | 29.932 5 | 12.973 | 64.73 |
| 禹州 | 30.72 | 12.83 | 69.35 |
| 长葛 | 30.36 | 13.144 | 66.44 |
| 鄢陵 | 32.747 5 | 14.099 | 75.99 |
| 许昌县 | 30.98 | 13.392 | 68.92 |

续表2-7-15

| 地名 | a（%） | b（%） | c（%） |
|------|--------|--------|--------|
| 尉氏 | 32.952 5 | 10.181 | 76.81 |
| 通许 | 32.94 | 10.176 | 76.76 |
| 杞县 | 33.11 | 10.244 | 77.44 |
| 开封市 | 30.152 5 | 9.061 | 65.61 |
| 兰考 | 32.377 5 | 9.951 | 74.51 |
| 开封县 | 33.442 5 | 10.377 | 78.77 |
| 辉县 | 31.78 | 9.712 | 72.12 |
| 获嘉 | 31.487 5 | 9.595 | 70.95 |
| 原阳 | 33.042 5 | 9.217 | 77.17 |
| 延津 | 32.555 | 9.022 | 75.22 |
| 封丘 | 33.532 5 | 9.413 | 79.13 |
| 长垣 | 33.075 | 9.23 | 77.3 |
| 卫辉 | 29.757 5 | 7.903 | 64.03 |
| 新乡 | 32.705 | 9.082 | 75.82 |
| 武陟 | 32.712 5 | 9.085 | 75.85 |
| 修武 | 30.55 | 8.22 | 67.2 |
| 博爱 | 31.162 5 | 8.465 | 69.65 |
| 济源 | 25.66 | 6.264 | 47.64 |
| 孟州 | 28.387 5 | 7.355 | 58.55 |
| 沁阳 | 30.097 5 | 8.039 | 65.39 |
| 温县 | 31.235 | 8.494 | 69.94 |
| 焦作 | 28.022 5 | 7.209 | 57.09 |
| 荥阳 | 31.067 5 | 5.427 | 69.27 |
| 巩义 | 30.877 5 | 5.351 | 68.51 |
| 登封 | 32.382 5 | 5.953 | 74.53 |
| 新密 | 31.815 | 5.726 | 72.26 |
| 新郑 | 29.087 5 | 4.635 | 61.35 |
| 中牟 | 32.5 | 6 | 75 |
| 郑州 | 26.437 5 | 3.575 | 50.75 |

3. 人口易损性与威胁人数的关系

一般而言，威胁人数越多，其人口易损性越大；反之亦然。中原城市群地质灾害威胁人数见表2-7-16。

表2-7-16　中原城市群地质灾害威胁人数

| 地名 | 滑坡威胁人数（人） | 泥石流威胁人数（人） | 地面塌陷威胁人数（人） | 地裂缝威胁人数（人） | 崩塌威胁人数（人） | 总威胁人数（人） |
|---|---|---|---|---|---|---|
| 洛宁 | 2 544 | 2 740 | 321 | 0 | 978 | 6 583 |
| 宜阳 | 1 056 | 10 | 3 250 | 0 | 793 | 5 109 |
| 新安 | 7 307 | 720 | 10 004 | 980 | 0 | 19 011 |
| 孟津 | 2 223 | 0 | 403 | 0 | 0 | 2 626 |
| 偃师 | 908 | 0 | 1 030 | 0 | 7 295 | 9 233 |
| 伊川 | 672 | 0 | 3 711 | 0 | 1 874 | 6 257 |
| 汝阳 | 2 697 | 1 368 | 428 | 0 | 713 | 5 206 |
| 嵩县 | 2 462 | 6 503 | 80 | 0 | 7 445 | 16 490 |
| 栾川 | 3 768 | 41 187 | 1 715 | 1 662 | 0 | 48 332 |
| 洛阳 | 0 | 0 | 0 | 0 | 367 | 367 |
| 鲁山 | 713 | 5 625 | 8 650 | 6 699 | 333 | 22 020 |
| 汝州 | 3 178 | 0 | 549 | 0 | 1 329 | 5 056 |
| 宝丰 | 1 411 | 40 | 13 133 | 3 150 | 0 | 17 734 |
| 郏县 | 249 | 120 | 0 | 230 | 483 | 1 082 |
| 襄城 | 269 | 0 | 114 | 0 | 500 | 883 |
| 叶县 | 416 | 20 | 2 140 | 0 | 32 | 2 608 |
| 舞钢 | 565 | 190 | 0 | 0 | 39 | 794 |
| 平顶山 | 1 323 | 0 | 37 527 | 7 718 | 10 | 46 578 |
| 舞阳 | 0 | 0 | 0 | 0 | 0 | 0 |
| 临颍 | 0 | 0 | 0 | 0 | 0 | 0 |
| 漯河 | 0 | 0 | 0 | 0 | 0 | 0 |
| 许昌市 | 0 | 0 | 0 | 0 | 0 | 0 |
| 禹州 | 1 142 | 0 | 18 656 | 0 | 319 | 20 117 |
| 长葛 | 70 | 0 | 200 | 0 | 200 | 470 |
| 鄢陵 | 0 | 0 | 0 | 0 | 0 | 0 |
| 许昌县 | 0 | 0 | 260 | 0 | 0 | 260 |
| 尉氏 | 0 | 0 | 0 | 0 | 0 | 0 |
| 通许 | 0 | 0 | 0 | 0 | 0 | 0 |
| 杞县 | 0 | 0 | 0 | 0 | 0 | 0 |
| 开封市 | 0 | 0 | 0 | 0 | 0 | 0 |
| 兰考 | 0 | 0 | 0 | 0 | 0 | 0 |
| 开封县 | 0 | 0 | 0 | 0 | 0 | 0 |

续表2-7-16

| 地名 | 滑坡威胁人数（人） | 泥石流威胁人数（人） | 地面塌陷威胁人数（人） | 地裂缝威胁人数（人） | 崩塌威胁人数（人） | 总威胁人数（人） |
|------|------|------|------|------|------|------|
| 辉县 | 2 678 | 685 | 0 | 0 | 0 | 3 363 |
| 获嘉 | 0 | 0 | 0 | 0 | 0 | 0 |
| 原阳 | 0 | 0 | 0 | 0 | 0 | 0 |
| 延津 | 0 | 0 | 0 | 0 | 0 | 0 |
| 封丘 | 0 | 0 | 0 | 0 | 0 | 0 |
| 长垣 | 0 | 0 | 0 | 0 | 0 | 0 |
| 卫辉 | 0 | 0 | 0 | 0 | 0 | 0 |
| 新乡 | 0 | 0 | 0 | 0 | 0 | 0 |
| 武陟 | 0 | 0 | 0 | 0 | 0 | 0 |
| 修武 | 117 | 1 145 | 4 025 | 527 | 0 | 5 814 |
| 博爱 | 0 | 165 | 2 420 | 1 030 | 0 | 3 615 |
| 济源 | 4 154 | 1 398 | 9 261 | 604 | 0 | 15 417 |
| 孟州 | 0 | 0 | 0 | 0 | 0 | 0 |
| 沁阳 | 589 | 390 | 917 | 304 | 0 | 2 200 |
| 温县 | 0 | 0 | 0 | 0 | 0 | 0 |
| 焦作 | 463 | 90 | 27 123 | 0 | 0 | 27 676 |
| 荥阳 | 203 | 2 036 | 0 | 650 | 0 | 2 889 |
| 巩义 | 3 425 | 560 | 1 280 | 1 361 | 2 185 | 8 811 |
| 登封 | 1 590 | 411 | 620 | 0 | 208 | 2 829 |
| 新密 | 620 | 0 | 46 252 | 3 506 | 144 | 50 522 |
| 新郑 | 60 | 0 | 510 | 0 | 281 | 851 |
| 中牟 | 46 | 0 | 218 | 0 | 0 | 264 |
| 郑州 | 250 | 0 | 8 237 | 90 | 0 | 8 577 |

**4. 人口易损性与建筑物类型的关系**

地质灾害发生在人烟稀少的地方和人口相对集中的城镇与乡村，地质灾害生命损失会有极大的差异。即使在人口密度相差不多的同一地区，发生地质灾害也会因人所处的建筑物类型不同，损失有所差异。本次研究按抗震设计规划值来区分建筑物的抗灾能力。抗震烈度越大，人口易损性越小；反之亦然。某一地区的建筑物抗震烈度虽然相同，但是由于功用不同，所以加入经济、土地功用等因素进行修正。

$$JD_1 = K \times jd_1$$
$$K = （a+b）/2$$

式中　　$JD_1$——修正后建筑物抗震烈度；

　　　　$jd_1$——修正前建筑物抗震烈度；

　　　　$K$——修正系数；

$a$——经济贫富修正因子；

$b$——土地功用修正因子。

修正前抗震烈度原则上是在地震烈度的基础上加1。据此得到中原城市群县市$jd_1$（见表2-7-17）。特别指出，抗震烈度越大，易损性越小。

人口分布密度、威胁人数及建筑物类型指标权重和等级见表2-7-18和表2-7-19。

表2-7-17　中原城市群$jd_1$

| 地名 | 抗震烈度 | 地名 | 抗震烈度 | 地名 | 抗震烈度 |
|---|---|---|---|---|---|
| 洛宁 | 7 | 临颍 | 7 | 卫辉 | 7 |
| 宜阳 | 7 | 漯河 | 7 | 新乡 | 7 |
| 新安 | 7 | 许昌市 | 7 | 武陟 | 7 |
| 孟津 | 7 | 禹州 | 7 | 修武 | 7 |
| 偃师 | 7 | 长葛 | 7 | 博爱 | 7 |
| 伊川 | 7 | 鄢陵 | 7 | 济源 | 7 |
| 汝阳 | 7 | 许昌县 | 7 | 孟州 | 7 |
| 嵩县 | 7 | 尉氏 | 7 | 沁阳 | 7 |
| 栾川 | 7 | 通许 | 7 | 温县 | 8 |
| 洛阳 | 7 | 杞县 | 8 | 焦作 | 8 |
| 鲁山 | 7 | 开封市 | 8 | 荥阳 | 8 |
| 汝州 | 7 | 兰考 | 8 | 巩义 | 9 |
| 宝丰 | 7 | 开封县 | 9 | 登封 | 8 |
| 郏县 | 7 | 辉县 | 8 | 新密 | 8 |
| 襄城 | 7 | 获嘉 | 8 | 新郑 | 8 |
| 叶县 | 7 | 原阳 | 8 | 中牟 | 8 |
| 舞钢 | 7 | 延津 | 8 | 郑州 | 8 |
| 平顶山 | 7 | 封丘 | 7 | | |
| 舞阳 | 7 | 长垣 | 7 | | |

表2-7-18　人口易损性评估指标权重

| 评价因子 | 因子权重 |
|---|---|
| 修正后人口密度 | 0.35 |
| 受威胁人口数 | 0.5 |
| 建筑物类型 | 0.15 |

表2-7-19　人口易损性评估指标等级

| 评价因子 | 零易损 | 低易损 | 中易损 | 高易损 | 极高易损 |
|---|---|---|---|---|---|
| 修正后人口密度（人/km$^2$） | 0~250 | 250~600 | 600~700 | 700~850 | >850 |
| 受威胁人口数（千人） | 0 | 0~1 | 1~5 | 5~10 | >10 |
| 建筑物类型（抗震烈度/度） | >9 | 9 | 8 | 6~7 | <6 |

我们并不希望在某个定值定义它是否是巨灾（马宗晋等根据我国地质灾害情况提出了灾度的概念，同时给出灾度等级的判别方法：分为巨、大、中、小、微5等，定义死亡达10万人为巨灾，以下每降低一个数量级，降低一个灾度），因为基于这样定值的评定方法虽然对灾害后果有了一个定量的描述，但是对人口易损性综合评价缺乏切实可行的指导。

### 7.7.2.3 人口易损性评判结果

人口易损性评判以县（市）行政区划为单元，评判结果见图2-7-19。

人口极高易损区：在城市群内仅有4个市（县）属于极高易损区，分别是栾川、鲁山、平顶山及焦作市。这4个市（县）的人口受威胁数均大于2万人，平顶山和栾川大于4万人。但是新密市受威胁人数大于5万人，却不属于极高易损区。

人口高易损区：主要分布在城市群中部的偃师、巩义、郑州、新密与禹州等地区，城市群西北部的济源、新安2个市（县），城市群西南部的宝丰、嵩县等地区。

人口中易损区：主要分布在城市群西部的洛宁、宜阳、伊川、汝阳及汝州等县市，城市群北部的博爱、修武2个县。

人口低易损区：呈南北向沿城市群正中轴分布在辉县、沁阳、孟津、荥阳、登封、郏县及叶县等地区。

人口零易损区：此区占城市群比重约为35%，主要分布在城市群东部地区，西部的洛阳市、孟州市、温县等地也属于零易损区。

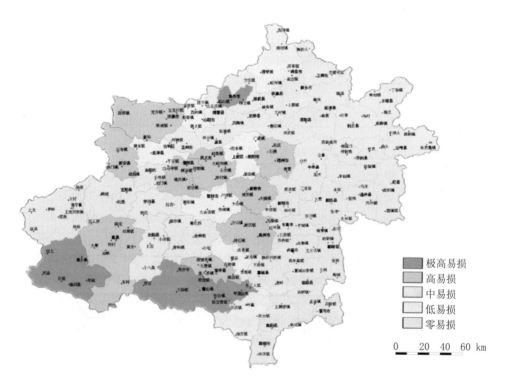

| | 极高易损 |
| --- | --- |
| | 高易损 |
| | 中易损 |
| | 低易损 |
| | 零易损 |

0  20  40  60 km

**图2-7-19  中原城市群人口易损性区划图**

### 7.7.3　物质财富易损性评价与区划

#### 7.7.3.1　物质财富易损性研究

各类地质灾害承灾体总体的价值分析如下：

获得的数据均为2006年数据，个别县市的数据是缺漏的，通过插值（按年代），或者和邻近县市类比，留下最合理的那个数据。

居民房屋分为城镇、农村两大类。根据收集的年鉴资料及中国宏观数据库系统数据，收集到了城市群各县市的人均住房面积、城镇人口、农村人口等数据，可以求得总的住房面积，再根据各县市的房屋建筑均价，最终可以得到该县市的房屋价值。根据如上思路，各县市的房屋价值是一致的，如果研究过程细致，完全可以做到按乡镇的数据进行研究，即可得到各乡镇一致的房屋价值。因此，按县市数据进行研究给结果带来一个弊端，也是本次研究的一个难点，各单元网格的房屋指标等级在很大区域范围内将出现一致的现象（譬如在某一县的所有网格），最终导致房屋指标精度不够。但是，就两大类研究方法而言，可以接受这一精度影响带来的结果误差范围。人均可支配收入指标体现当地的生活水平状态（见表2-7-20），可支配收入越高，易损性等级越高；反之亦然。

表2-7-20　人均可支配收入指标等级划分

| 评价因子 | 零易损 | 低易损 | 中易损 | 高易损 | 极高易损 |
|---|---|---|---|---|---|
| 人均可支配收入（千元） | 4 ~ 5.5 | 5.5 ~ 6.3 | 6.3 ~ 7 | 7 ~ 8 | >8 |

在中原城市群范围内，交通干线特别是高速公路网线密度很大，而且多分布在山地丘陵区，因此单独将交通干线密度作为物质财富易损性的数据源是很有必要的。通过GIS空间分析功能，我们可以得到中原城市群所分各网格的交通干线密度（见表2-7-21）。干线密度越小，此指标的易损性等级越低；反之亦然。

表2-7-21　中原城市群交通干线密度指标等级划分

| 评价因子 | 零易损 | 低易损 | 中易损 | 高易损 | 极高易损 |
|---|---|---|---|---|---|
| 交通干线密度（m/km$^2$） | 0 ~ 100 | 100 ~ 300 | 300 ~ 600 | 600 ~ 1 000 | >1 000 |

中原城市群范围的景区旅游业相当发达，考虑这个因素也是十分必要的。根据各景区的A级划分和大致覆盖面积，划分景区等级（见表2-7-22）。

表2-7-22　中原城市群景区指标等级划分

| 评价因子 | 零易损 | 低易损 | 中易损 | 高易损 | 极高易损 |
|---|---|---|---|---|---|
| 景区等级 | 无景区 | AAA级，影响10 km$^2$ | AAA级，影响20 km$^2$ | AAAA级，影响20 km$^2$ | AAAAA级，影响>10 km$^2$ |

中原城市群物质财富易损性评估指标权重见表2-7-23。

表2-7-23　中原城市群物质财富易损性评估指标权重

| 评价因子 | 因子权重 |
|---|---|
| 居民住房 | 0.184 |
| 工业总产值 | 0.2 |
| 农业总产值 | 0.2 |
| 人均可支配收入 | 0.105 |
| 交通干线密度 | 0.203 |
| 景区等级 | 0.108 |

### 7.7.3.2　物质财富易损性评价结果

中原城市群物质财富易损性区划结果见图2-7-20。

物质财富极高易损区：分布在城市群的偃师、禹州、宝丰和平顶山市。这基本上是沿着行政单元所划分的区划结果。

物质财富高易损区：分布在伊川、栾川2县。这也是由行政单元属性主导的区划结果。

物质财富中易损区：中易损区的区划成果很大部分体现了单元网格属性主导思路。如宜阳、洛宁、汝阳、北部的博爱、新郑以及开封等地都是由单元网格属性主导所得的区划结果。其他分布在城市群北部的焦作和修武。

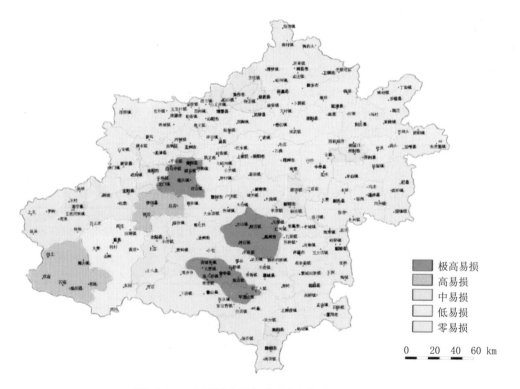

图2-7-20　中原城市群物质财富易损性区划图

物质财富低易损区：在城市群中只分布有1个县，嵩县。结果由行政单元属性主导。

物质财富零易损区：在城市群范围内所占比例达70%以上。

## 7.7.4　土地资源易损性评价与区划

### 7.7.4.1　城市群土地资源概况

中原城市群所辖区域现有土地面积5.87 万 km²，占全省土地面积的35.3%，其中西部主要为山区和丘陵，东部为平原区，主要农作物有小麦、稻谷、玉米、花生、油菜籽、棉花等。

郑州市：总面积7 446.2 km²，建成区面积262 km²。2006年末耕地面积37 000 hm²，年内减少耕地面积1 800 hm²。常用耕地面积33 550 hm²，临时性耕地面积3 450 hm²。

开封市：总面积6 266 km²，2006年末耕地面积39.44 万 hm²。

洛阳市：总面积15 208 km²，其中耕地面积35.8 万 hm²，城市建成区面积131 km²。

新乡市：总面积8 629 km²，其中市区面积346 km²，2005年末耕地总面积45.426 万hm²，常规耕地面积40.327 万 hm²，临时用地面积5.099 万 hm²。

平顶山市：总面积7 882 km²，2006年末耕地面积32.37 万 hm²，其中水田0.31 万 hm²。人均占有耕地面积60 hm²，城市建成区面积58 km²。

焦作市：总面积4 071 km²，其中耕地面积19.3 万 hm²，中心城区建成区面积76 km²。

济源市：总面积1 931 km²，其中建成区面积35 km²。

许昌市：总面积5 260 km²，其中耕地面积32 万 hm²，城市建成区面积45.8 km²。

漯河市：总面积2 617 km²，其中可耕地面积16.6 万 hm²，2005年全市农作物总播种面积38.278 万 hm²，城市建成区面积48 .6 km²。

### 7.7.4.2　土地资源易损性研究理论及方法

1. 土地资源易损性定义

土地资源是地质灾害最直接的主要承灾体，自然资源易损性可以近似等价于土地资源易损性。土地类型有耕地、林地、草地、建筑用地、水域等，各种土地利用百分比如图2-7-21所示。

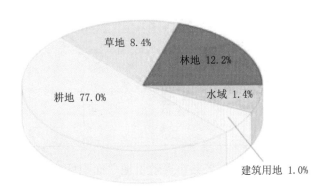

图2-7-21　土地利用百分比

土地易损性定义为，在一定区域内（城市群范围内），地质灾害对土地资源（主要是耕地）造成的最大可能损失值占其灾害前土地资源价值的比重或百分比。土地资源价值仅指土地本身的价值，不包括土地上的物质产品和固定设施的价值，它们属于物质财富易损性研究的范畴。

目前，对土地资源价值有不同认识，各种认识都有各自存在的理论依据，但是很多操作在大范围城市群土地资源易损性评估过程中难以进行。特别是用地价来计算土地资源价值，土地资源价值的核算工作在我国处于起步阶段。

我们采用土地资源价值评估系统，以价值权重代替土地价格，能够消除土地资源易损性计算中的地区差异性。以耕地为参照，定义其价格权重为1，将其他类型土地等效转化为该类土地。用已有统计资料，如近几十年来地质灾害对土地资源（主要是耕地）的损毁面积的平均值，除以该县各类用地折合成耕地的总面积，其比值即为该县土地资源的易损性。这样这个比值以县为单位进行评价，消除了各地的差异性。

2. 土地价值权重的确定

耕地价格权重为1，根据调研结果，参照国家土地管理局1995年所编《中国地价》等文献，结合不同用地类型产出对各县国民生产总值的贡献程度，确定其他不同用地类型的土地权重（见表2-7-24）。

林地是城市群范围内百分比含量第二位的用地类型，说明城市群山区丘陵面积的确不小。参照全国地质灾害风险区划中定义的用材林、经济林、灌丛的价值权重为0.85，林地覆盖度较小，其价值权重为0.8，因此在城市群研究范围内把林地价值权重定为0.84。

草地在城市群中占有率为8.3%，是第三位用地类型。其价值权重定为0.7。

水域在城市群中占有率为1.4%，包括河流、湖泊、水库、坑塘、沟渠等水面面积。其价值权重定为0.5。

建筑用地这一类型比较特殊，由于其有建筑特性，往往是人类居住生活聚集的场所，因此虽然面积小，但是价值权重却高。在本次研究中，我们认为交通用地、居民点用地归在建筑用地内，其价值权重定为4。

土地资源易损度可用地质灾害造成的耕地毁损面积除以全县各类用地折合成耕地的总面积进行计算。

表2-7-24　土地资源用地类型价值权重表

| 土地类型 | 所占百分比（%） | 价值权重 |
|---|---|---|
| 耕地 | 77.0 | 1 |
| 林地 | 12.2 | 0.84 |
| 草地 | 8.40 | 0.7 |
| 水域 | 1.40 | 0.5 |
| 建筑用地 | 1.0 | 4 |

根据价值权重原理，中原城市群各县市等效耕地总面积见表2-7-25。

表2-7-25　中原城市群各县市等效耕地总面积

| 地名 | 面积（km²） | 耕地面积（km²） | 林地面积（km²） | 草地面积（km²） | 水域面积（km²） | 建筑用地面积（km²） | 等效耕地面积（km²） |
|---|---|---|---|---|---|---|---|
| 洛宁 | 2 311.9 | 1 310.4 | 581.5 | 419.9 | 0 | 0 | 2 092.8 |
| 宜阳 | 1 660.3 | 1 303.1 | 209.9 | 139.2 | 0 | 8.0 | 1 608.9 |
| 新安 | 1 158.1 | 932.6 | 152.8 | 68.6 | 0 | 4.0 | 1 125.0 |
| 孟津 | 810.7 | 668.7 | 0 | 86.7 | 27.2 | 28.0 | 855.0 |
| 偃师 | 952.4 | 758.1 | 80.4 | 97.9 | 1.2 | 14.8 | 954.1 |
| 伊川 | 1 065.2 | 1 065.2 | 19.6 | 82.4 | 4.0 | 0 | 1 141.3 |
| 汝阳 | 1 331.7 | 644.5 | 467.7 | 219.5 | 0 | 0 | 1 190.9 |
| 嵩县 | 2 990.5 | 1 315.6 | 1 314.1 | 143.2 | 16.0 | 0 | 2 527.7 |
| 栾川 | 2 474.3 | 320.2 | 1 808.2 | 345.0 | 0 | 0 | 2 080.6 |
| 洛阳 | 469.0 | 390.2 | 0 | 0 | 22.8 | 56.0 | 625.6 |
| 鲁山 | 2 410.7 | 978.9 | 591.1 | 222.4 | 110.7 | 4.0 | 1 702.4 |
| 汝州 | 1 577.2 | 1 408.7 | 43.1 | 117.5 | 0 | 8.0 | 1 559.1 |
| 宝丰 | 754.8 | 693.5 | 3.5 | 40.1 | 17.6 | 0.1 | 733.6 |
| 郏县 | 721.8 | 605.1 | 4.4 | 58.0 | 54.4 | 0 | 676.5 |
| 襄城 | 938.6 | 914.6 | 0 | 24.0 | 0 | 0 | 931.4 |
| 叶县 | 1 375.4 | 230.3 | 0 | 0 | 4.0 | 0 | 232.3 |
| 舞钢 | 622.8 | 506.8 | 83.1 | 29.0 | 0 | 4.0 | 612.9 |
| 平顶山 | 414.9 | 294.6 | 0 | 3.1 | 65.3 | 51.9 | 537.1 |
| 舞阳 | 789.6 | 118.0 | 0 | 0 | 0 | 0 | 118.0 |
| 临颍 | 797.9 | 762.1 | 1.3 | 0 | 0 | 34.6 | 901.4 |
| 漯河 | 57.2 | 42.5 | 0 | 0 | 0 | 14.8 | 101.7 |
| 许昌市 | 1 066.9 | 415.3 | 0.8 | 0 | 0 | 5.4 | 437.7 |
| 禹州 | 1 472.0 | 1 199.9 | 11.5 | 256.5 | 0 | 4.0 | 1 405.2 |
| 长葛 | 647.6 | 634.8 | 0 | 0 | 0 | 12.7 | 685.8 |
| 鄢陵 | 856.8 | 852.8 | 0 | 0 | 0 | 4.0 | 868.8 |
| 许昌县 | 1 070.8 | 1 055.6 | 0 | 0 | 0 | 15.3 | 1 116.6 |
| 尉氏 | 1 308.7 | 1 277.1 | 31.7 | 0 | 0 | 0 | 1 303.7 |
| 通许 | 769.9 | 770.0 | 0 | 0 | 0 | 0 | 770.0 |
| 杞县 | 1 264.8 | 1 264.7 | 0 | 0 | 0 | 0 | 1 264.7 |
| 开封市 | 404.2 | 328.4 | 0 | 0 | 23.8 | 52.0 | 548.2 |

续表2-7-25

| 地名 | 面积<br>（km²） | 耕地<br>面积<br>（km²） | 林地<br>面积<br>（km²） | 草地<br>面积<br>（km²） | 水域<br>面积<br>（km²） | 建筑用<br>地面积<br>（km²） | 等效耕<br>地面积<br>（km²） |
|---|---|---|---|---|---|---|---|
| 兰考 | 1 110.5 | 1 075.8 | 0 | 0 | 26.8 | 8.0 | 1 121.1 |
| 开封县 | 1 447.0 | 1 416.8 | 0 | 0 | 30.2 | 0 | 1 432.0 |
| 辉县 | 1 696.0 | 943.1 | 219.4 | 495.2 | 0 | 38.2 | 1 626.6 |
| 获嘉 | 474.3 | 474.3 | 0 | 0 | 0 | 0 | 474.3 |
| 原阳 | 1 311.5 | 1 238.8 | 0 | 0 | 68.7 | 4.0 | 1 289.1 |
| 延津 | 956.3 | 925.1 | 0 | 0 | 31.2 | 0 | 940.7 |
| 封丘 | 1 193.4 | 1 115.3 | 0 | 0 | 78.0 | 0 | 1 154.3 |
| 长垣 | 1 072.6 | 1 025.7 | 0 | 0 | 46.9 | 0 | 1 049.1 |
| 卫辉 | 875.3 | 636.7 | 37.8 | 179.8 | 0.8 | 20.2 | 875.5 |
| 新乡 | 707.9 | 664.0 | 0 | 2.3 | 0 | 41.7 | 832.3 |
| 武陟 | 802.5 | 773.1 | 0 | 0 | 13.5 | 16.0 | 843.8 |
| 修武 | 716.6 | 407.3 | 175.2 | 134.1 | 0 | 0 | 648.4 |
| 博爱 | 476.0 | 321.1 | 6.7 | 144.2 | 0 | 4.0 | 443.7 |
| 济源 | 1 897.6 | 1 146.7 | 440.4 | 294.8 | 15.7 | 0 | 1 730.8 |
| 孟州 | 498.3 | 451.0 | 0 | 23.7 | 23.7 | 0 | 479.4 |
| 沁阳 | 586.7 | 433.2 | 60.2 | 90.7 | 2.6 | 0 | 548.6 |
| 温县 | 477.8 | 454.8 | 0 | 12.9 | 10.1 | 0 | 468.9 |
| 焦作 | 374.9 | 250.3 | 6.0 | 98.7 | 0 | 20.0 | 404.4 |
| 荥阳 | 1 013.9 | 609.6 | 28.5 | 313.4 | 62.3 | 0 | 884.1 |
| 巩义 | 1 054.9 | 511.5 | 152.3 | 349.7 | 28.2 | 13.2 | 951.0 |
| 登封 | 1 218.5 | 999.2 | 116.3 | 98.9 | 0 | 4.0 | 1 182.2 |
| 新密 | 1 005.7 | 837.7 | 97.5 | 58.5 | 0 | 12.0 | 1 008.5 |
| 新郑 | 880.0 | 866.8 | 4.1 | 5.1 | 0 | 4.0 | 889.8 |
| 中牟 | 1 431.3 | 1 372.0 | 12.3 | 0 | 47.0 | 0 | 1 405.8 |
| 郑州 | 1 035.1 | 926.0 | 0 | 11.4 | 21.6 | 76.0 | 1 248.8 |

　　在研究过程中，发现灾害损毁耕地面积数据难以统计，选取等效耕地面积占该县市总面积的百分数大小作为这个县的易损性指数，即用绝对数作为参考，百分数越大，易损性越大；反之亦然。土地资源易损性指数采用全县各类用地折合成耕地的总面积除以全县实际土地面积进行计算（见表2-7-26、图2-7-22）。

表2-7-26　中原城市群等效耕地面积占该县市总面积的百分数

| 地名 | 百分数 | 地名 | 百分数 | 地名 | 百分数 |
|---|---|---|---|---|---|
| 洛宁 | 0.905 | 临颍 | 1.13 | 卫辉 | 1 |
| 宜阳 | 0.969 | 漯河 | 1.778 | 新乡 | 1.176 |
| 新安 | 0.971 | 许昌市 | 0.14 | 武陟 | 1.051 |
| 孟津 | 1.055 | 禹州 | 0.955 | 修武 | 0.905 |
| 偃师 | 1.002 | 长葛 | 1.059 | 博爱 | 0.932 |
| 伊川 | 1.071 | 鄢陵 | 1.014 | 济源 | 0.912 |
| 汝阳 | 0.894 | 许昌县 | 1.043 | 孟州 | 0.962 |
| 嵩县 | 0.845 | 尉氏 | 0.996 | 沁阳 | 0.935 |
| 栾川 | 0.841 | 通许 | 1 | 温县 | 0.981 |
| 洛阳 | 1.334 | 杞县 | 1 | 焦作 | 1.078 |
| 鲁山 | 0.706 | 开封市 | 1.356 | 荥阳 | 0.872 |
| 汝州 | 0.989 | 兰考 | 1.01 | 巩义 | 0.902 |
| 宝丰 | 0.972 | 开封县 | 0.99 | 登封 | 0.97 |
| 郏县 | 0.937 | 辉县 | 0. 959 | 新密 | 1.003 |
| 襄城 | 0.992 | 获嘉 | 1 | 新郑 | 1.011 |
| 叶县 | 0.169 | 原阳 | 0.983 | 中牟 | 0.982 |
| 舞钢 | 0.984 | 延津 | 0.984 | 郑州 | 1.207 |
| 平顶山 | 1.295 | 封丘 | 0.967 | | |
| 舞阳 | 0.149 | 长垣 | 0.978 | | |

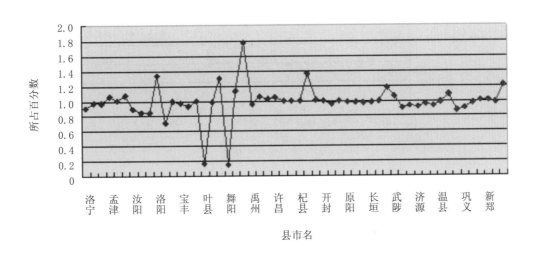

图2-7-22　中原城市群等效耕地面积占该县市总面积的百分数

进一步整理统计，得到如下结论：

0<百分数≤0.2：这一百分数段定义为土地资源零易损级。叶县、舞阳两个县的耕地覆盖率低，土地价值即可认为低。

0.2<百分数≤0.91：此百分数段定义为土地资源低易损级。包括洛宁、汝阳、嵩县、栾川、鲁山、修武、巩义及荥阳等县市，虽然地质灾害较为严重，但因其地处山区，耕地覆盖率低，土地利用价值也不高，因此属于低易损级（见图2-7-23）。

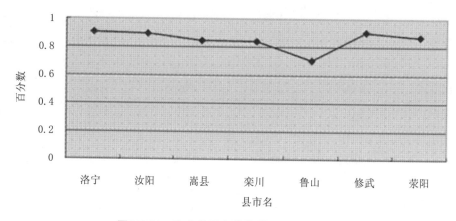

**图2-7-23 洛宁等县市等效耕地面积百分比图**

0.91<百分数≤1：此百分数段定义为土地资源中易损级。中原城市群中易损级包含的城市最多。

1<百分数≤1.2：此百分数段定义为土地资源高易损级（见图2-7-24）。

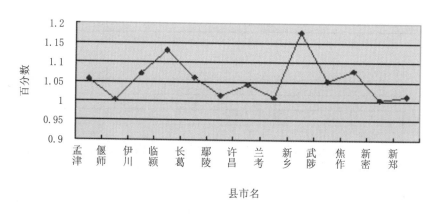

**图2-7-24 孟津等县市等效耕地面积百分比图**

1.2<百分数≤2：此百分数段定义为土地资源极高易损级（见图2-7-25）。

综上所述，中原城市群各县市土地资源易损性等级见表2-7-27。

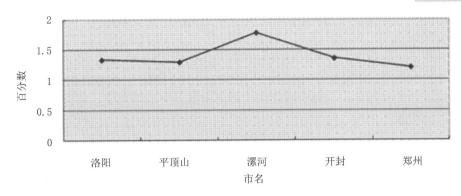

图2-7-25　洛阳等市等效耕地面积百分比图

表2-7-27　中原城市群各县市土地资源易损性等级

| 地名 | 等级 | 地名 | 等级 | 地名 | 等级 |
|------|------|------|------|------|------|
| 洛宁 | 低 | 临颍 | 高 | 卫辉 | 中 |
| 宜阳 | 中 | 漯河 | 极高 | 新乡 | 高 |
| 新安 | 中 | 许昌市 | 低 | 武陟 | 高 |
| 孟津 | 高 | 禹州 | 中 | 修武 | 低 |
| 偃师 | 高 | 长葛 | 高 | 博爱 | 中 |
| 伊川 | 高 | 鄢陵 | 高 | 济源 | 中 |
| 汝阳 | 低 | 许昌 | 高 | 孟州 | 中 |
| 嵩县 | 低 | 尉氏 | 中 | 沁阳 | 中 |
| 栾川 | 低 | 通许 | 中 | 温县 | 中 |
| 洛阳 | 极高 | 杞县 | 中 | 焦作 | 高 |
| 鲁山 | 低 | 开封市 | 极高 | 荥阳 | 低 |
| 汝州 | 中 | 兰考 | 高 | 巩义 | 低 |
| 宝丰 | 中 | 开封 | 中 | 登封 | 中 |
| 郏县 | 中 | 辉县 | 中 | 新密 | 高 |
| 襄城 | 中 | 获嘉 | 中 | 新郑 | 高 |
| 叶县 | 零 | 原阳 | 中 | 中牟 | 中 |
| 舞钢 | 中 | 延津 | 中 | 郑州 | 极高 |
| 平顶山 | 极高 | 封丘 | 中 | | |
| 舞阳 | 零 | 长垣 | 中 | | |

### 7.7.4.3　土地资源易损性评价结果及描述

中原城市群各县市土地资源易损性评价结果见图2-7-26。

土地资源极高易损区：分布在5个地区，郑州市、开封市、洛阳市、平顶山市和漯河市。

土地资源高易损区：分布在郑州地区的新密、新郑2市，长葛、许昌、临颍及鄢陵4县

（市），洛阳附近的伊川、偃师及孟津3县（市），另外分布在新乡、武陟、焦作及兰考4县（市）。

土地资源中易损区：中易损区在城市群范围内所占比例较大，约占40%。分布在城市群西北、东北部，中部的登封、禹州、汝州、宝丰、郏县、襄城，以及南部的舞钢。

土地资源低易损区：主要分布在城市群西南部，中部的巩义、荥阳，北部的修武，南部的漯河市郊区。

土地资源零易损区：在城市群中分布很少，仅为叶县与舞阳2县。这说明中原城市群的土地价值普遍较高，所评估的易损性普遍较大。

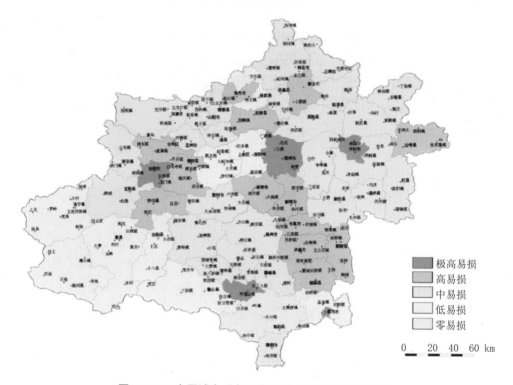

图2-7-26　中原城市群各县市土地资源易损性区划图

## 7.7.5　地质灾害综合易损性评价与区划

### 7.7.5.1　综合易损性研究思路及方法

选择修正后人口密度、威胁人数、建筑物类型、居民住房、工业总产值、农业总产值、人均可支配收入、交通干线密度、景区等级以及等效耕地面积占实际总面积百分比共10个指标。仍然利用AHP–模糊综合评判系统进行综合易损性评价。各单元网格的易损性数值见表2-7-28。指标权重见表2-7-29。

表2-7-28　易损性等级赋值

| 等级 | 零易损 | 低易损 | 中易损 | 高易损 | 极高易损 |
|------|--------|--------|--------|--------|----------|
| 赋值 | 0 | 3 | 5 | 9 | 14 |

表2-7-29　中原城市群综合地质灾害易损性评估指标权重

| 二级评价指标 | 一级评价指标 | 一级权重 | 二级权重 | 总权重 |
|---|---|---|---|---|
| 人口 | 修正后人口密度（人/km²） | 0.35 | 0.45 | 0.157 5 |
| | 威胁人数（千人） | 0.5 | | 0.225 |
| | 建筑物类型（抗震烈度/度） | 0.15 | | 0.067 5 |
| 物质财富 | 居民住房（元） | 0.184 | 0.4 | 0.073 6 |
| | 工业总产值（元） | 0.2 | | 0.08 |
| | 农业总产值（元） | 0.2 | | 0.08 |
| | 人均可支配收入（元） | 0.105 | | 0.042 |
| | 交通干线密度（m/km²） | 0.203 | | 0.081 2 |
| | 景区等级 | 0.108 | | 0.043 2 |
| 土地资源 | 等效耕地面积占实际总面积百分比 | 1 | 0.15 | 0.15 |

### 7.7.5.2　综合易损性评估结果

经AHP-模糊综合评判得到中原城市群地质灾害综合易损性区划图（见图2-7-27）。

综合影响极高易损区：在城市群范围内分布在郑州市、禹州市及平顶山市。可以说明3市综合考虑人口、物质财富及土地资源的影响，易损等级最大。

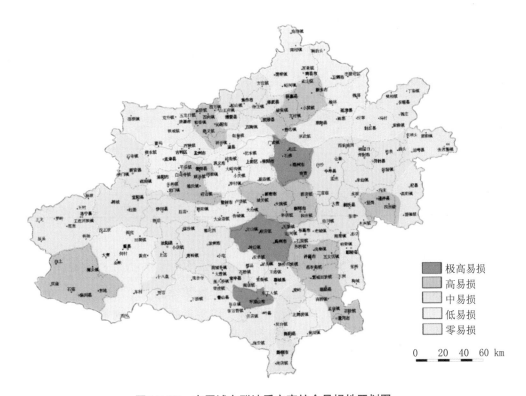

图2-7-27　中原城市群地质灾害综合易损性区划图

综合影响高易损区：主要分布在城市群西南的栾川，中部的偃师、新密及新郑，北部的沁阳、获嘉、新乡，以及温县西北部、武陟东部地区，东南部的许昌、临颍、漯河及通许等地，以及鄢城的东部地区。

综合影响中、低易损区：在城市群范围内所占比例大约为55%。主要分布在城市群的西部、北部、南部及东部等地区。西部地区的地质灾害危险性高，但是易损性却并不高。

综合影响零易损区：分布在洛宁、济源、孟州、温县、原阳、封丘、长垣、兰考、杞县、叶县、襄城、鲁山等县市。

# 7.8 人口、物质财富、土地资源风险区划

1992年联合国人道主义事务部给出了风险的定义，灾害风险是指在一定区域及给定时间段内，由于特定灾害而引起的人们生命财产和经济活动的期望损失值，并给出风险评价的表达式为

$$风险（R）=危险性（H）×易损性（V）$$

即风险度定量关系为危险性与易损性两者之积。三者的取值范围均为0～1或0～100%。联合国所给出的风险定义以及计算方法已逐渐地为广大学者和相关机构所认同，并得到应用。

地质灾害风险区划采用AHP-模糊综合评判方法，等级划分见表2-7-30。

表2-7-30 风险区划等级确定

| 危险性 / 风险性 / 易损性 | 无 | 低 | 中 | 高 | 极高 |
|---|---|---|---|---|---|
| 无 | 无 | 无 | 无 | 无 | 无 |
| 低 | 无 | 低 | 低 | 中 | 高 |
| 中 | 无 | 低 | 中 | 高 | 高 |
| 高 | 无 | 中 | 高 | 极高 | 极高 |
| 极高 | 无 | 高 | 高 | 极高 | 极高 |

## 7.8.1 地质灾害人口安全风险区划

地质灾害人口安全风险区划方法是，各单元危险性等级即为单一地质灾害单元危险性等级，各单元易损性等级即为人口易损性等级。将两者叠加，得到单一地质灾害人口安全风险等级，最后根据风险等级进一步得到区划结果。

### 7.8.1.1 崩塌灾害人口安全风险区划

中原城市群崩塌灾害人口安全风险区划见图2-7-28。极高风险区面积约为1 800 km²，约占研究区总面积的3.08%；高风险区面积约为3 700 km²，约占研究区总面积的

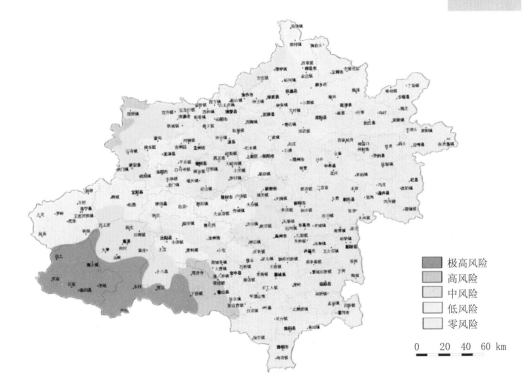

**图2-7-28 中原城市群崩塌灾害人口安全风险区划图**

6.32%；中风险区面积约为5 700 km²，约占研究区总面积的9.74%；低风险区面积约为5 300 km²，约占研究区总面积的9.06%；零风险区面积约为42 000 km²，约占研究区总面积的71.80%。

极高—高风险区主要分布在栾川县、嵩县南部、汝阳县南部以及鲁山县一带，这些地区地形非常复杂，以中低山地貌为主，相对高差比较大，且降水量比较大，这些条件均有利于崩塌灾害的发生，受灾害威胁人口比较多。此外，在新安县北部、济源市西部一带及焦作市、修武县北部、辉县市西部一带也分布一定范围的高风险区，这些地区历史崩塌灾害比较多，为高山—中高山地貌，坡度较大，降水丰富，有利于崩塌灾害的发生，且人口密度较大，人类活动较为频繁。

中风险区主要分布在嵩县北部、汝阳县南部一带，巩义市、新密市、禹州市一带，新安县、济源市一带，修武县西北部等地区，地貌类型以中低山为主，相对高差多为中等等级。

低风险区主要分布在洛宁县、宜阳县、伊川县、登封市、孟津县西部等地区。研究区其余大部分为零风险区，主要分布在研究区北部和东部，这些地区大部分以平原为主，不利于崩塌地质灾害的发生。

#### 7.8.1.2 滑坡灾害人口安全风险区划

中原城市群滑坡灾害人口安全风险区划见图2-7-29。极高风险区面积约为1 400 km²，约占研究区总面积的2.41%；高风险区面积约为3 100 km²，约占研究区总面积的5.35%；中风险区面积约为4 900 km²，约占研究区总面积的8.45%；低风险区面积约为4 600 km²，约

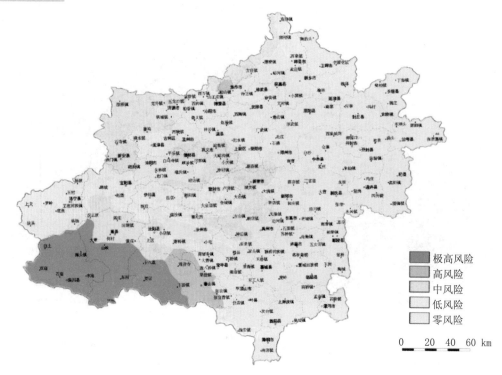

图2-7-29　中原城市群滑坡灾害人口安全风险区划图

占研究区总面积的7.93%；零风险区面积约为44 000 km²，约占研究区总面积的75.86%。

极高—高风险区主要分布在栾川、嵩县南部、汝阳南部以及鲁山县一带，这些地区地形非常复杂，以中低山地貌为主，相对高差比较大，且降水量比较大，这些条件均有利于滑坡灾害的发生，受灾害威胁人数比较多。此外，在焦作市一带分布一定面积的高风险区，这些地区历史崩塌灾害比较多，为中低山地貌，坡度较大，降水丰富，有利于滑坡灾害的发生，且人口密度较大，人类活动较为频繁。

中风险区主要分布在嵩县北部、汝阳县南部一带，巩义市、新密市、禹州市一带，新安县、济源市一带，修武县西北部等地区，地貌类型以低山丘陵为主，相对高差多为中等等级。

低风险区主要分布在洛宁县、宜阳县、伊川县、登封市、孟津县西部等地区。研究区其余大部分为零风险区，主要分布在研究区北部和东部，这些地区大部分以平原为主，不利于滑坡灾害的发生。

### 7.8.1.3　泥石流灾害人口安全风险区划

中原城市群泥石流灾害人口安全风险区划见图2-7-30。极高风险区面积约为1 900 km²，约占研究区总面积的3.24%；高风险区面积约为5 900 km²，约占研究区总面积的10.07%；中风险区面积约为6 900 km²，约占研究区总面积的11.77%；低风险区面积约为5 900 km²，约占研究区总面积的10.07%；零风险区面积约为38 000 km²，约占研究区总面积的64.85%。

极高风险区主要分布在栾川县，栾川县地形条件复杂，历史上泥石流灾害较多，以

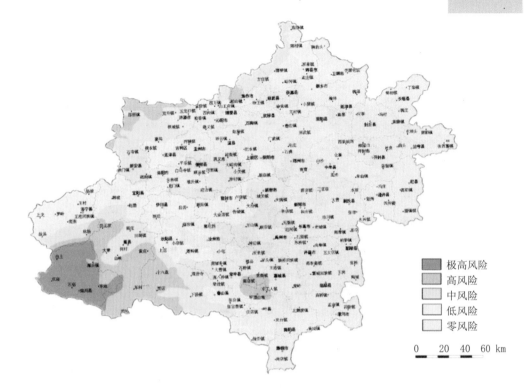

**图2-7-30　中原城市群泥石流灾害人口安全风险区划图**

中低山地貌为主，相对高差比较大，松散物动储量比较大，且降水丰富，这些条件均有利于泥石流灾害的发生，受灾害威胁人数比较多。

高风险区主要分布地区有嵩县、汝阳县、鲁山县西部一带，平顶山市附近，新安县北部、济源市西部一带以及焦作市西部等地区，这些地区以中低山地貌为主，坡度较大，降水丰富，有利于泥石流灾害的发生，且人口密度较大，人类活动较为频繁。

中风险区主要分布在洛宁县东南部、嵩县北部、鲁山县、禹州市、新密市、巩义市、新安县、济源市、修武县西北部等地区，地貌类型以中低山为主，相对高差多为中等等级。

低风险区主要分布在洛宁县、宜阳县、伊川县、汝阳县北部、汝州市、登封市、孟津县西部等地区。研究区其余大部分为零风险区，主要分布在研究区北部和东部，这些地区大部分以平原为主，极少有泥石流灾害发生。

### 7.8.1.4　地面塌陷灾害人口安全风险区划

中原城市群地面塌陷灾害人口安全风险区划见图2-7-31。极高风险区面积约为1 700 km²，约占研究区总面积的2.87%；高风险区面积约为1 600 km²，约占研究区总面积的2.70%；中风险区和低风险区面积较小，总共约为1 000 km²，约占研究区总面积的1.69%；零风险区面积约为55 000 km²，约占研究区总面积的92.74%。

极高风险区主要分布在济源市、焦作市、偃师市、巩义市、郑州市南部、禹州市、平顶山市等地区，这些地区植被覆盖率较低，人口密度较大，人类工程活动如矿山开采工程等比较频繁，历史上地面塌陷灾害较多，受灾害威胁人数比较多。

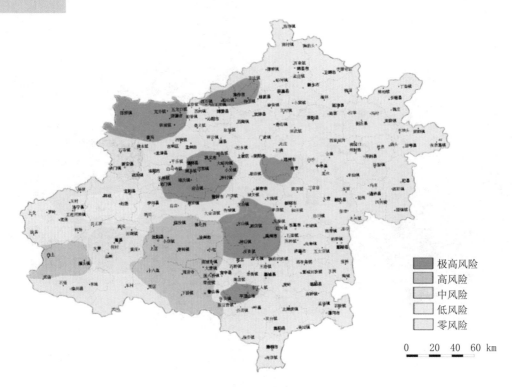

极高风险
高风险
中风险
低风险
零风险

0　20　40　60 km

图2-7-31　中原城市群地面塌陷灾害人口安全风险区划图

高风险区主要分布地区有汝州市、汝阳县、鲁山县一带，栾川县北部等地区及荥阳大部分地区，这些地区以中低山地貌为主，降水丰富，且人口密度较大，人类活动较为频繁。

中风险区主要分布在嵩县北部、新安县等地区，地貌类型以中低山为主，相对高差多为中等。

低风险区主要分布在洛宁县、宜阳县等地区。研究区其余大部分为零风险区，主要分布在研究区北部和东部，这些地区大部分以平原为主，无采矿活动。

## 7.8.2　地质灾害物质财富风险区划

地质灾害物质财富风险区划方法是，各单元危险性等级即为单一地质灾害单元危险性等级，各单元易损性等级即为物质财富易损性等级。将两者叠加，得到单一地质灾害物质财富风险等级，最后根据风险等级进一步得到区划结果。

### 7.8.2.1　崩塌灾害物质财富风险区划

中原城市群崩塌灾害物质财富风险区划见图2-7-32。极高风险区和高风险区面积较小，共约为2 300 km²，约占研究区总面积的3.89%；中风险区面积约为1 200 km²，约占研究区总面积的2.03%；低风险区面积约为1 600 km²，约占研究区总面积的2.71%；零风险区面积约为54 000 km²，约占研究区总面积的91.37%。

高风险区主要分布在栾川县—嵩县南部一带，宝丰县—平顶山市一带，禹州市，偃

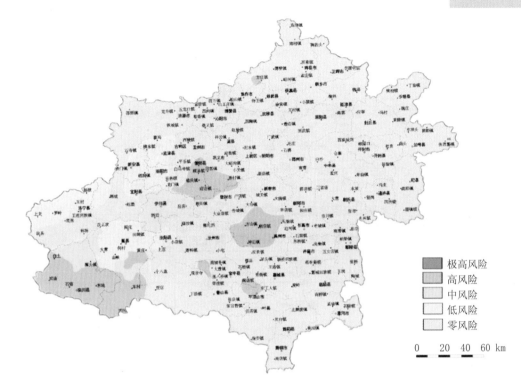

图2-7-32　中原城市群崩塌灾害物质财富风险区划图

师市—巩义市一带等地区，这些地区地形条件复杂，以中低山地貌为主，相对高差、坡度比较大，工程地质岩组以有利于灾害发生的组合为主，河网密集，历史上崩塌灾害较多，人类工程活动也较频繁，物质财富易损性较高。

中—低风险区主要分布在洛宁县、新安县北部、嵩县、伊川县、洛阳市、新安县一带，以低山—丘陵地貌为主，多为中等坡度，降水丰富。研究区其余大部分为零风险区，主要分布在研究区北部和东部，这些地区地势平坦，无崩塌灾害发生。

#### 7.8.2.2　滑坡灾害物质财富风险区划

中原城市群滑坡灾害物质财富风险区划见图2-7-33。极高风险区和高风险区面积较小，共约为1 800 km²，约占研究区总面积的3.04%；中风险区面积约为1 000 km²，约占研究区总面积的1.69%；低风险区面积约为1 400 km²，约占研究区总面积的2.36%；零风险区面积约为55 000 km²，约占研究区总面积的92.91%。

极高—高风险区主要分布在栾川县—嵩县南部一带，宝丰县—平顶山市一带，禹州市，偃师市—巩义市一带等地区，这些地区地形条件复杂，以中低山地貌为主，相对高差较大，河网密集，历史滑坡灾害较多，人类工程活动强度较大，物质财富易损性较高。

中—低风险区主要分布在洛宁县、新安县北部、嵩县、伊川县、洛阳市一带，这些地区以低山—丘陵地貌为主，多为中等坡度，降水丰富。研究区其余大部分为零风险区，主要分布在研究区北部和东部，这些地区地势平坦，无滑坡灾害发生。

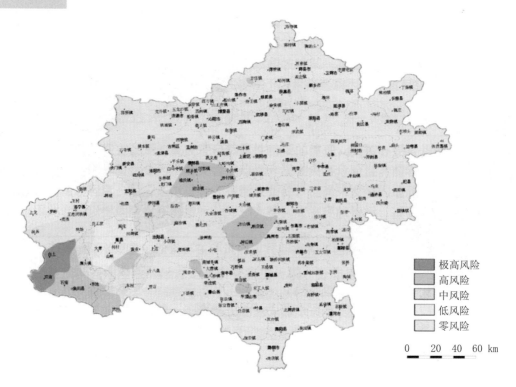

图2-7-33  中原城市群滑坡灾害物质财富风险区划图

### 7.8.2.3  泥石流灾害物质财富风险区划

中原城市群泥石流灾害物质财富风险区划见图2-7-34。极高风险区和高风险区面积较小，共约为2 800 km²，约占研究区总面积的4.78%；中风险区面积约为1 800 km²，约占研究区总面积的3.06%；低风险区面积约为2 100 km²，约占研究区总面积的3.58%；零风险区面积约为52 000 km²，约占研究区总面积的88.59%。

极高—高风险区主要分布在栾川县，宝丰县—平顶山市一带，禹州市，偃师市一带等地区，这些地区地形条件复杂，以中低山及丘陵地貌为主，相对高差比较大，松散物动储量较大，历史上泥石流灾害较多，人类工程活动也较多。

中—低风险区主要分布在洛宁县、新安县北部、嵩县、伊川县、宜阳县、洛阳市、孟津县一带，研究区西北部的修武县、博爱县也有小面积的分布，这些地区以低山—丘陵地貌为主，多为中等坡度，降水丰富。研究区其余大部分为零风险区，主要分布在研究区北部和东部，这些地区地势平坦，无泥石流暴发。

### 7.8.2.4  地面塌陷灾害物质财富风险区划

中原城市群地面塌陷灾害物质财富风险区划见图2-7-35。极高风险区和高风险区面积较小，共约为1 000 km²，约占研究区总面积的1.69%；中风险区和低风险区面积较小，约为230 km²，约占研究区总面积的0.39%；零风险区面积约为58 000 km²，约占研究区总面积的97.92%。

极高—高风险区主要分布在洛阳市—偃师市一带，平顶山市，汝阳县，新郑市，禹

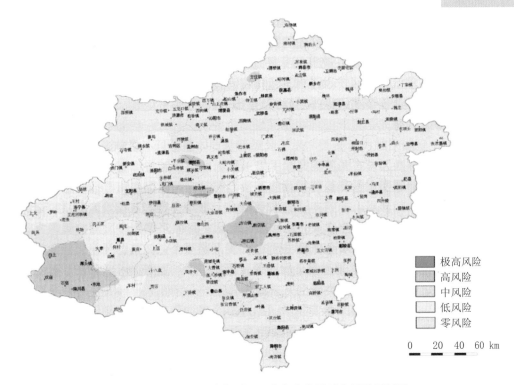

图2-7-34 中原城市群泥石流灾害物质财富风险区划图

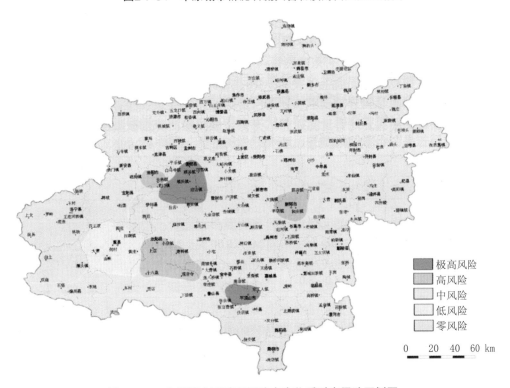

图2-7-35 中原城市群地面塌陷灾害物质财富风险区划图

州市等地区，这些地区地形条件复杂，以低山、丘陵地貌为主，工程地质岩组为有利于灾害发生的组合，植被覆盖率比较低，人类工程活动频繁，历史上地面塌陷灾害较多。

中—低风险区主要分布在栾川县、嵩县、伊川县一带，地貌类型以中—低山区为主，植被覆盖率较低，河网较为密集，地质灾害危险性等级以中—低为主。研究区大部分为零风险区，主要分布在研究区北部和东部，这些地区大部分以平原为主，地势平坦，无地下采矿活动。

### 7.8.3 地质灾害土地资源风险区划

地质灾害土地资源风险区划方法是，各单元危险性等级即为单一地质灾害单元危险性等级，各单元易损性等级即为土地资源易损性等级。将两者叠加，得到单一地质灾害土地资源风险等级，最后根据风险等级进一步得到区划结果。

#### 7.8.3.1 崩塌灾害土地资源风险区划

中原城市群崩塌灾害土地资源风险区划见图2-7-36。极高风险区和高风险区面积较小，共约为2 200 km²，约占研究区总面积的3.78%；中风险区面积约为4 000 km²，约占研究区总面积的6.87%；低风险区面积约为10 000 km²，约占研究区总面积的17.18%；零风险区面积约为42 000 km²，约占研究区总面积的72.17%。

**图2-7-36 中原城市群崩塌灾害土地资源风险区划图**

极高—高风险区主要分布在嵩县南部、偃师市南部、济源市北部及辉县市西部等地区，这些地区地形条件复杂，以中低山地貌为主，相对高差较大，工程地质岩组为有利于灾害发生的组合，人类工程活动频繁，历史上灾害较多，土地资源易损性较高。

中风险区主要分布在栾川县、宜阳县南部、伊川县、孟津县、新密市等地区，地貌类型以中—低山为主，相对高差多为中等等级。

低风险区主要分布在洛宁县、嵩县北部、汝阳县、鲁山县、宜阳县北部、汝州市、登封市、新安县、巩义市等地区。研究区其余大部分为零风险区，主要分布在研究区北部和东部，这些地区大部分以平原为主，不利于地质灾害的发生。

### 7.8.3.2 滑坡灾害土地资源风险区划

中原城市群滑坡灾害土地资源风险区划见图2-7-37。极高风险区和高风险区面积较小，共约为1 700 km²，约占研究区总面积的2.86%；中风险区面积约为3 100 km²，约占研究区总面积的5.22%；低风险区面积约为9 600 km²，约占研究区总面积的16.16%；零风险区面积约为45 000 km²，约占研究区总面积的75.76%。

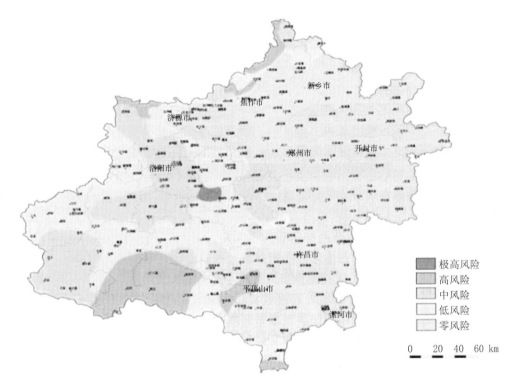

**图2-7-37 中原城市群滑坡灾害土地资源风险区划图**

极高—高风险区主要分布在嵩县南部、偃师市南部、济源市北部及辉县市西部等地区，这些地区地形条件复杂，以中低山地貌为主，相对高差较大，工程地质岩组为有利于灾害发生的组合，人类工程活动频繁，历史上灾害较多，土地资源易损性较高。

中风险区主要分布在栾川县、宜阳县南部、伊川县、孟津县、新密市等地区，地貌类型以中低山地貌为主，相对高差多为中等等级。

低风险区主要分布在洛宁县、嵩县北部、汝阳县、鲁山县、宜阳县北部、汝州市、登封市、新安县、巩义市等地区。研究区其余大部分为零风险区，主要分布在研究区北部和东部，这些地区大部分以平原为主，不利于地质灾害的发生。

### 7.8.3.3 泥石流灾害土地资源风险区划

中原城市群泥石流灾害土地资源风险区划见图2-7-38。极高风险区和高风险区面积较小，共约为1 900 km²，约占研究区总面积的3.24%；中风险区面积约为6 800 km²，约占研究区总面积的11.59%；低风险区面积约为12 000 km²，约占研究区总面积的20.44%；零风险区面积约为38 000 km²，约占研究区总面积的64.73%。

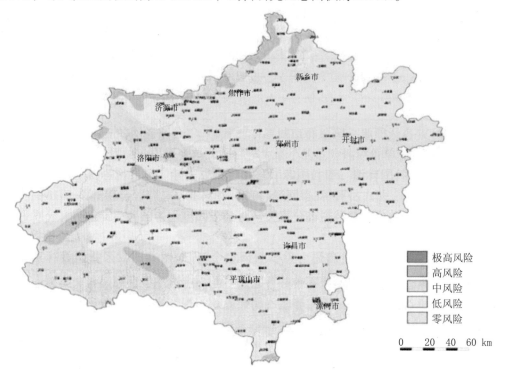

图2-7-38　中原城市群泥石流灾害土地资源风险区划图

极高—高风险区主要分布在洛宁县东南部，汝阳县南部，洛阳市南部、偃师市南部、登封市北部、新密市西北部一带，济源市北部，焦作市西北部及辉县市西北部等地区，这些地区地形条件复杂，以中低山地貌为主，相对高差较大，工程地质岩组为有利于灾害发生的组合，人类工程活动频繁，降水丰富，历史上灾害较多，土地资源易损性较高。

中风险区主要分布在栾川县、嵩县南部、鲁山县西部一带，宜阳县南部、伊川县、汝州市北部一带，新安县北部、孟津县、偃师市东北部、新密市一带等地区，地貌类型以中—高山为主，相对高差多为中等等级，降水较为丰富。

低风险区主要分布在洛宁县、嵩县北部、汝阳县、鲁山县、宜阳县北部、汝州市、登封市、新安县、巩义市等地区。研究区其余大部分为零风险区，主要分布在研究区北部和东部，这些地区大部分以平原为主，不利于地质灾害的发生。

### 7.8.3.4 地面塌陷灾害土地资源风险区划

中原城市群地面塌陷灾害土地资源风险区划见图2-7-39。极高风险区面积约为800 km²，约占研究区总面积的1.36%；高风险区面积约为2 700 km²，约占研究区总面积

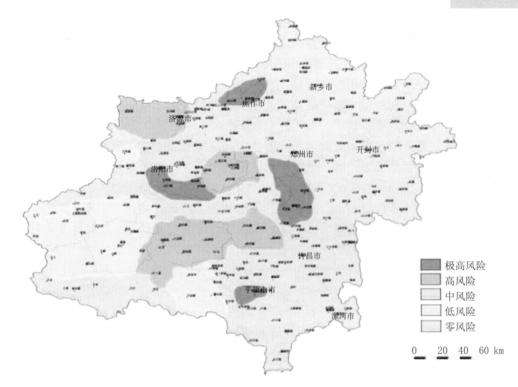

**图2-7-39　中原城市群地面塌陷灾害土地资源风险区划图**

的4.60%；中风险区面积约为150 km²，约占研究区总面积的0.26%；低风险区面积约为1 000 km²，约占研究区总面积的1.71%；零风险区面积约为54 000 km²，约占研究区总面积的92.07%。

极高风险区主要分布在焦作市，洛阳市、偃师市南部，郑州市南部、新密市西部、新郑市、平顶山市等地区。

高风险区主要分布在济源市、巩义市、汝阳县、汝州市、禹州市等地区，这些地区地形条件复杂，工程地质岩组为有利于灾害发生的组合，矿山开采情况严重，降水丰富，历史上灾害较多，土地资源易损性较高。

中—低风险区主要分布在洛宁县、宜阳县南部、栾川县北部、嵩县北部一带，鲁山县等地区，地貌类型以中—低山为主，相对高差多为中等等级，降水较为丰富。研究区其余大部分为零风险区，主要分布在研究区北部和东部，这些地区大部分以平原为主，极少有采矿等工程活动，不易发生地面塌陷地质灾害。

### 7.8.4　地质灾害综合风险区划

地质灾害承灾体综合风险区划方法是，各单元危险性等级为综合地质灾害单元危险性等级，各单元易损性等级即为综合承灾体易损性等级。将两者叠加，得到地质灾害承灾体综合风险等级，最后根据风险等级进一步得到区划结果。

中原城市群地质灾害综合风险区划见图2-7-40。极高风险区和高风险区面积较小，共约为1 500 km²，约占研究区总面积的2.57%；中风险区面积约为2 300 km²，约占研究区总面积的3.93%；低风险区面积约为4 700 km²，约占研究区总面积的8.03%；零风险区面积约为50 000 km²，约占研究区总面积的85.47%。

极高—高风险区主要分布在栾川县、偃师市南部、禹州市等地区，这些地区地形条件复杂，以中低山地貌为主，相对高差较大，工程地质岩组为有利于灾害发生的组合，地下水超采情况严重，降水丰富，历史上灾害较多。

中风险区主要分布在宜阳县南部、汝阳县南部一带、新安县、偃师市、新密市、焦作市西北、辉县市西北部等地区，地貌类型以中低山为主，相对高差多为中等等级，降水较为丰富。

低风险区主要分布在汝阳市、宝丰县、孟津县、洛阳市、登封市、巩义市东部等地区。研究区其余大部分为零风险区，主要分布在研究区北部和东部，这些地区大部分以平原为主，极少有地质灾害发生。

图2-7-40　中原城市群地质灾害综合风险区划图

# 河南省地质灾害及防治研究

## （下卷）

河南省地质环境监测院　编著

黄河水利出版社

·郑州·

# 《河南省地质灾害及防治研究》
# 编委会

总 顾 问：庞震雷

主　　编：甄习春
副 主 编：商真平　戚　赏
编写人员：岳超俊　张　伟　田东升　马　喜
　　　　　杨军伟　冯全洲　于松辉　李　华
　　　　　黄景春　方　林　张青锁　赵承勇
　　　　　李满洲　赵郑立　郭功哲　姚兰兰
　　　　　魏秀琴　赵振杰　徐振英　魏玉虎
　　　　　王继华　井书文　刘占时　豆敬峰

# 前　言

　　地质灾害是指由自然因素或者人为活动引发的危害人民生命和财产安全的山体崩塌、滑坡、泥石流、地面塌陷、地裂缝、地面沉降等与地质作用有关的灾害。

　　河南省位于我国中部，横跨中国南北地质、地理分界线和生物、气候过渡带，河流众多，地形地貌多样，地质环境条件复杂，是我国中部地区地质灾害多发省份之一。据不完全统计，2001～2010年，全省共发生地质灾害1 202起，其中滑坡753起，崩塌179起，泥石流43起，地面塌陷227起，累计造成64人伤亡，直接经济损失43 223万元。

　　地质灾害具有隐蔽性、突发性，预报预警和防范难度较大，社会影响面广，全省地质灾害防治工作仍面临严峻形势。首先，河南地处亚热带、温带气候过渡区，中西部山地、丘陵分布广，地形地貌起伏变化大，地质构造复杂，具有地质灾害易发、多发的地质环境条件。近年来，全球气候变化异常，导致我省局部地区突发性强降水等极端气候事件增多，由此引发地质灾害的概率进一步增加。其次，人为因素引发的地质灾害呈上升趋势。今后一段时期是建设中原经济区的关键时期，城镇化、工业化快速发展，基础设施建设力度加大，特别是交通、能源、水利等重大基础设施项目的实施，劈山修路、切坡建房、造库蓄水等工程建设可能引发的滑坡、崩塌、泥石流地质灾害不容忽视。部分城市及区域地下水开采强度不断增大，地下水水位下降引发地面沉降的现象有加重趋势。再次，矿山地质灾害危害较大。我省是矿业大省，未来5年对矿产资源的需求将持续增长，矿产资源勘查开发强度持续加大，采矿活动引发的地面塌陷、地裂缝、泥石流等灾害范围广、危害大。最后，地质灾害隐患点多，防治任务十分艰巨。根据初步调查统计，全省现有地质灾害隐患点5 220处，其中特大型191处，大型732处，威胁65.8万人的生命安全，潜在经济损失94.38亿元。

　　河南省地质环境监测院是省级公益性地质环境监测机构，承担着全省地质灾害调查、监测、预警、防治的重要职责。2001年以来，我院在地质灾害调查与区划、预警预报、监测与应急以及重大地质灾害勘查治理等方面做了大量工作。这些工作绝大部分在我省首次开展，填补了省内地质灾害工作的多项空白，其成果资料为我省地质灾害防治工作发挥了重要作用。为了系统总结我院近10年来取得的地质灾害防治工作成果，普及地质灾害防治知识，推进全省地质灾害防治工作的深入开展，我院组织有关人员在综合以往地质灾害成果资料的基础上，编写了《河南省地质灾害及防治研究》一书。全书分上、下两卷，上卷主要内容为全省地质灾害情况综述，以及地质灾害防治技术等；下卷主要内容为全省主要市、县地质灾害分布特征。

　　河南省地质环境监测院院长庞震雷担任本书编写工作总顾问，给予指导。编写工作由甄习春副院长总负责，院技术质量管理办公室具体组织。具体分工如下：编写工作策划方案、章节大纲由甄习春负责拟订，典型地质灾害照片由甄习春负责收集整理；前言、第二篇第1章、第3章、第7章及第三篇各省辖市地质灾害概述内容由甄习春负责编写；第一篇第1章至第9章及第三篇博爱县、巩义市、固始县、汝阳县、商城县、襄城县、新乡市凤泉区、信阳市浉河区内容由戚赏负责编写；岳超俊参与第二篇第1章、第7章及第三篇栾川县、内乡县、嵩县、新郑市内容编写；第二篇第2章由冯全洲负责编写；第二篇第4章、第5章、第6章由商真平负责编写；张伟负责焦作市区、灵宝市、卢氏县、洛宁县、陕县、舞钢市、镇平县内容编写；马喜负责鹤壁市区、辉县市、浚县、泌阳县、淇县、汝州市内容编写；田东升负责光山县、南召县、确山县、遂平县、桐柏县、鲁山县内容编写；杨军伟负责孟津县、平顶山市区、淅川县、新野、叶县内容编写；于松辉负责登封市、方城县、社旗县、新密市内容编写；黄景春负责宝丰县、郏县、西峡县内容编写；李华负责济源市、渑池县、宜阳县、义马市等内容编写；张青锁负责罗山县、偃师市、新县内容编写；方林负责伊川县、长葛市、禹州市内容编写；赵郑立负责安阳市区、三门峡市区内容编写；赵承勇负责安阳县、林州市内容编写；郭功哲负责卫辉市、信阳市平桥区内容编写；王继华负责永城市内容编写；徐振英负责荥阳市内容编写；姚兰兰、豆敬峰负责郑州市区内容编写；魏秀琴负责修武县内容编写；井书文负责沁阳市内容编写；赵振杰负责新安县内容编写；刘占时负责洛阳市区内容编写。全书由甄习春最后统编定稿。商真平负责出版协调工作。

本书主要参考、引用了河南省地质环境监测院近几年完成的有关地质灾害成果资料，凝聚了很多同志的辛勤劳动，不能一一列举，在此表示衷心的感谢和敬意！书中可能存在不妥甚至错误之处，敬请业内广大同仁和读者批评指正。

编　者

2012年12月于郑州

# 目 录

# 第二篇　地质灾害防治技术

## 第三篇 分 论

# 第三篇
# 分　论

# 第1章 郑州市

## 概 述

郑州市是河南省省会，辖中原区、二七区、金水区、惠济区、上街区、管城回族区、巩义市、新郑市、登封市、新密市、荥阳市、中牟县，另设省级新区郑州新区（含郑东新区）、1个国家级高新技术产业开发区、1个国家级经济技术开发区。总面积7 446.2 km²，人口862.65万人。

郑州市西部为中低山丘陵区，地形起伏较大。东部为黄河冲积平原，地势平坦。

郑州市地质灾害类型有崩塌、滑坡、泥石流、地面塌陷及地裂缝等。崩塌分为土质崩塌和岩质崩塌。土质崩塌主要分布于巩义、荥阳黄土丘陵地区。岩质崩塌主要分布于嵩山、箕山基岩丘陵地区，尤以嵩山背斜两翼和箕山背斜北翼最甚。滑坡主要分布于北部黄土丘陵地区以及基岩山丘黄土覆盖和风化坡积物地带。泥石流发育程度一般，主要分布于西部、西南部基岩山区及出山口地带，北部黄土丘陵地区亦有少量泥石流分布。成因均系自然暴雨型。地面塌陷分为采空地面塌陷和黄土陷穴两种。采空地面塌陷主要分布在登封、新密、新郑、巩义等煤矿开采区。黄土陷穴系黄土湿陷作用引起，主要发生在黄土丘陵地区。除采空地面塌陷伴生地裂缝外，郑州市郊沟赵、马寨等地曾发生不明成因地裂缝，规模为小型；此外，郑州市城区有地面沉降发生。

郑州市地质灾害危害较为严重。据2010年不完全统计，自1992年以来，全市共发生地质灾害百余起，以崩塌、滑坡、地面塌陷灾害为主，死亡37人，伤数十人，毁坏房屋数百间，破坏了大量的耕地、电力及水利设施等，直接经济损失超过5 000万元。郑州市现有各类地质灾害隐患点783处。其中，滑坡105处，崩塌383处，泥石流沟20处，地面塌陷170处，地裂缝4处，不稳定斜坡101处。

## 1.1 巩义市

巩义市位于郑州市西部，面积1 041 km²，下辖15个镇、5个街道办事处，292个行政村，人口79.3万人。全市耕地面积50.7万亩（1亩=1/15 hm²），主要粮食及经济作物有小麦、玉米、谷子、棉花、烟叶、油菜等。矿产资源较为丰富，主要开采利用的矿种有煤、铝土、硫铁、熔剂灰岩、耐火黏土、水泥灰岩、镓、陶瓷土、水泥配料用黏土等。巩义市经济发达，综合经济实力连续14年居全省县（市）首位，是全国财政收入百强（县）市。

### 1.1.1 地质环境背景概况

#### 1.1.1.1 地形地貌

巩义市地势东南高西北低。按地貌形态、成因类型，地貌可划分为构造侵蚀中低山、构造剥蚀丘陵、黄土丘陵、冲洪积倾斜平原4种类型。东南部为中低山地貌，西北部及北部为丘陵、岗地。嵩山玉柱峰，最高海拔1 440 m。

#### 1.1.1.2 气象、水文

巩义市属暖温大陆性季风气候，多年平均气温14.6 ℃，多年平均降水量587.3 mm，最高年降水量990.6 mm（1982年），最低年降水量316.0 mm（1981年）。但降水时间分布不均，多年月平均降水量以7～9月为最高，占全年总降水量的61.7%。

巩义市主要属黄河流域，公川、卧龙、王窑一带属淮河流域。主要河流除过境河流黄河外，还有汜水河、伊洛河及其支流东泗河、西泗河、曹河等。其中伊洛河为常年性河流，其余均为季节性河流。

#### 1.1.1.3 地层岩性与地质构造

地层主要有新生界第四系（Q）、中生界三叠系（T）、上古生界二叠系（P）和石炭系（C）、下古生界奥陶系（O）与寒武系（∈）、中元古界马鞍山群（$Pt_2m$）、下元古界嵩山群。

地质构造以断裂构造为主，褶皱构造不甚发育。主要褶皱构造有五指岭复向斜、嵩山背斜、上庄向斜、盘龙尖背斜、宋岭背斜。主要构造有沙鱼沟断层（$F_1$）、古堆窑断层（$F_2$）、八里庄南断层（$F_3$）、南庄—西沟断层（$F_4$）、柏疙瘩断层（$F_5$）等。

#### 1.1.1.4 新构造运动与地震

巩义市新构造运动主要表现为新生代以来的间歇性抬升，第四纪沉积物厚度不大，沟谷发育，剥蚀及流水侵蚀作用明显。地震基本烈度为Ⅶ度。

#### 1.1.1.5 水文地质、工程地质

巩义市地下水可划分为松散层孔隙水、碳酸盐岩类裂隙岩溶水和基岩裂隙水3种类型。按地貌、地层岩性、岩土体坚硬程度及结构特点，岩土体工程地质类型分为松散土体类、半坚硬岩类、坚硬岩类3类。其中松散土体类主要分布在山前丘陵地带及山间沟谷、河流两侧，半坚硬岩类主要分布于市域东南部、南部丘陵地段，坚硬岩类广泛分布于中部丘陵地带。

### 1.1.2 人类工程活动特征

巩义市主要人类工程活动有矿业开发、地下水开采、交通工程建设、水利工程建设、城乡建设等，其中以矿山开采强度最大，对地质环境影响程度亦最高。

#### 1.1.2.1 矿业开发

矿业开发是巩义市最主要的人类工程活动，矿山开采造成了大量地质环境问题，如滑坡、崩塌、地面塌陷、地裂缝等矿山地质灾害以及矿渣堆放、含水层破坏、地貌景观破坏等生态环境问题。

#### 1.1.2.2　地下水开采

巩义市地下水开采主要集中在城区，目前城区范围内岭区开采量已逐年减少，地下水开采主要集中在滩区，已形成地下水降落漏斗，面积超过3 km²，水质也有恶化趋势。此外，矿山疏干排水量大量增加也是地下水位下降的主要因素之一。

#### 1.1.2.3　交通工程建设

巩义市交通较发达，主要有郑西高速铁路、陇海铁路、G310国道、连霍高速公路、S314和S237省道等，全市通车里程达1 347 km，交通线路建设中产生了大量边坡开挖（如连霍高速公路、豫31省级公路），部分地段形成滑坡、崩塌隐患，危及过往车辆及行人安全。

#### 1.1.2.4　水利工程建设

巩义市有数座中小型水库及多条灌渠，水库建设中的库岸边坡不稳，易对水库及库坝下村庄及耕地形成威胁。另外，沿黄河及伊洛河右岸存在规模较大的塌岸现象，虽已部分治理，但目前仍有相当长地段存在河岸崩塌危险。

#### 1.1.2.5　城乡建设

在中低山区及黄土丘陵区，居民切坡建房较为普遍，由此形成的高陡坡易产生崩塌及滑坡危险。尤其是中北部黄土丘陵区，因黄土崩塌已造成多起人员伤亡。

### 1.1.3　地质灾害类型及特征

#### 1.1.3.1　地质灾害类型

巩义市地质灾害类型有滑坡、崩塌、泥石流、不稳定斜坡、地裂缝、地面塌陷6种，共56处（见表3-1-1）。其中人为因素为主诱发的45处，占80.4%；自然因素为主诱发的11处，占19.6%。

表3-1-1　巩义市地质灾害类型及数量分布统计表　　　　　　（单位：处）

| 乡镇 | 地质灾害类型 | | | | | | 合计 |
|---|---|---|---|---|---|---|---|
| | 滑坡 | 崩塌 | 泥石流 | 不稳定斜坡 | 地裂缝 | 地面塌陷 | |
| 米河 | | 1 | 1 | 1 | | | 3 |
| 新中 | 1 | | 1 | 1 | | 1 | 4 |
| 竹林 | | | | | | 1 | 1 |
| 小关 | | | 2 | | | | 2 |
| 大峪沟 | | 1 | 1 | 1 | | 4 | 7 |
| 涉村 | 1 | | 1 | 4 | 1 | 1 | 8 |
| 夹津口 | 2 | | 2 | | | 3 | 7 |
| 西村 | | 3 | | 1 | | 1 | 5 |
| 站街 | | 1 | | | | 1 | 2 |
| 河洛 | | 6 | | 1 | | | 7 |
| 鲁庄 | | | 1 | | | 2 | 3 |
| 康店 | | 6 | | | | 1 | 7 |
| 合计 | 4 | 18 | 9 | 9 | 1 | 15 | 56 |

### 1.1.3.2 地质灾害特征

巩义市有12个乡镇存在地质灾害。从地域分布特征看，地质灾害集中在米河—小关—大峪沟以及西村—夹津口—涉村煤矿、铝土矿、磁铁矿、硅石矿采区及北部沿黄河、伊洛河黄土丘陵、冲沟分布区。从统计资料上看，采矿区以地面塌陷为主，规模一般较大；黄土区地质灾害以崩塌为主，规模小。

#### 1. 滑坡

全市发生滑坡4处，其规模为大型1处、中型2处、小型1处。滑坡形成土石方量180.2万 m³，主要分布于新中、夹津口、涉村3个乡镇，其诱发因素均与切坡修路、采矿开挖等人为活动有关。

从滑体岩性来看，4处滑坡（群）中，以土质滑坡为主，共3处，岩性以第四系黄色黏土坡积物为主，部分滑体夹大量砾石，以铁生沟滑坡最为典型。

铁生沟滑坡位于铁生沟煤矿沿豫31公路北侧山坡上。自1992年出现以来，滑坡一直处于缓慢变形中，其后缘紧靠平顶山，前缘延伸至矿办公区内，呈北高南低阶梯状下落之势，坡度25°～30°。滑坡体呈圈椅状，南北长约340 m，东西宽约330 m，面积近6.32万 m²，最厚处约40 m，最薄处12 m左右，滑坡体体积102 万 m³，为大型滑坡。其滑动方向230°左右。滑坡形成及诱发因素主要包括地形地貌因素、岩性因素、降水因素及人类工程活动等。

#### 2. 崩塌

崩塌包括山体崩塌与河流塌岸，共发生18处，其中山体崩塌16处，河流塌岸2处。

山体崩塌是巩义市分布最多的地质灾害种类，包括岩质崩塌4处，土质崩塌12处。土质崩塌表现特征以剥落为主，多发生于黄土冲沟内陡峭直立的黄土壁临空面一侧，崩塌规模均为小型，体积300～10 000 m³不等。但因其突发性强，形成的危害性极大。岩质崩塌多系采矿和切坡形成，崩塌体岩性主要为寒武系灰岩、二叠系石英砂岩和石炭系铝土页岩等，崩塌的形成多因采矿工艺不当或切坡后未实施卸载或护坡。

河流塌岸主要集中在伊洛河及黄河右岸，塌岸产生原因多为：河堤土质松散，植被较差，堤岸边坡不稳定，加之汛期水流速度快、水位高，对河流凹岸产生强烈的冲刷侵蚀，致使河岸下部形成凹槽，上部悬空，经过数年至数十年的作用，形成数千米长的塌岸带。

#### 3. 泥石流

市域分布沟谷型泥石流9处，以矿渣型泥石流为主。主要分布在沿大峪沟—小关及西村—涉村两处东西向条带状区域内，主要系采矿遗弃的废土（石）堆积于沟谷内或沟谷两侧山坡形成，大量的废渣阻塞洪水通道并成为沟谷泥石流物源。9处矿山废渣堆积量达102.12万 m³，若遇高强度集中暴雨，易形成泥石流。

9处泥石流，规模为大型3处、中型3处、小型3处。其易发程度为，8处属中易发级别，1处为低易发级别。

#### 4. 不稳定斜坡

不稳定斜坡共9处，按岩性分，岩质4处，土质5处；按规模分，大型1处，中型7处，小型1处。发育区域为涉村、西村、河洛、大峪沟、米河、新中6个乡镇内，以涉村镇为最多，共4处。

不稳定斜坡仍以点状分布为主，比较分散；规模以中型为主；岩质斜坡岩性以灰岩、砂岩、石英岩为主，多有裂隙发育，控制面多为岩石层面或节理裂隙面。土质斜坡多为$Q_2$坡积黏土，遇水易膨胀，可塑性强，控制面多为坡积物与下伏基岩接触面。

不稳定斜坡的成灾条件因位置、岩性而区别较大，岩质斜坡多因人工开挖形成（如红石山不稳定斜坡），少部分为风化等自然形成（如慈云寺不稳定斜坡）。土质斜坡成灾条件个别为切坡形成（如神南5组不稳定斜坡），其他为构造活动（如浅井和罗泉不稳定斜坡）。其失稳因素以人工再开挖、降水为主，部分危岩体遇震动亦可能失稳成灾（如慈云寺不稳定斜坡）。

5. 地裂缝

巩义市地裂缝发育数量较多，但多属伴生，形成地质灾害的只有1处。地裂缝主要分布于以下4类地段：

矿山采空区：如煤矿和铝土矿区，地裂缝多呈群缝伴生于地面塌陷区周围边缘地带，其走向与井巷掘进方向大体一致，而裂缝宽度和深度则受地形地貌、矿种埋藏深度及产状控制，地裂缝以拉张型为主。

黄土湿陷区（如巴沟黄土湿陷区）：地貌以湿陷性黄土冲沟为主，地裂缝多沿冲沟两侧（即浸水土体周边）发育，走向与冲沟长轴方向一致，深度和宽度一般不大，力学上具拉张性，以群缝为主，群缝的疏密受湿陷规模、深度和黄土节理影响，一般呈"V"字形。

滑坡崩塌区：滑坡崩塌地段（尤其是滑坡）地裂缝一般垂直或接近垂直于崩塌或滑坡方向而存在（如铁生沟滑坡），形状近似弧形平行或呈群雁状排列，裂缝的宽度和深度受制于滑动长度及滑体与滑床接触面的埋藏深度，力学上以拉张型为主，在铁生沟滑坡的前缘，亦出现鼓胀型裂缝。在滑坡体两侧，亦常出现走向与斜坡坡向一致的近直线形裂缝，力学上呈剪切性质。

活动断层区：裂缝多与构造活动有关，如浅井10组不稳定斜坡，受断层活动影响，沿断层下盘平行于断层展布一条长50 m、深2.5～3.0 m、宽0.3～0.7 m的构造裂缝。

6. 地面塌陷

根据调查，地面塌陷15处。因采矿形成的地面塌陷13处、黄土陷穴2处。采矿地面塌陷分布于新中、竹林、大峪沟、涉村、夹津口、西村、站街、鲁庄、康店等9个乡镇。

巩义市煤矿分布在北山口、大峪沟、小关、鲁庄、夹津口、涉村、西村、新中、米河、竹林等10个乡镇，其中7个乡镇共9家煤矿造成程度不等的地面塌陷。湿陷性黄土分布在北部沿黄河、伊洛河两岸的黄土冲沟内，行政区域包括河洛镇的井沟、赵沟、马峪沟、礼泉及站街镇的南窑湾、北窑湾、马沟等地，岩性为第四系上更新统浅黄色轻粉土、粉黏土，土质疏松，孔隙及垂直裂隙较为发育。

## 1.1.4 地质灾害灾情

巩义市已发生地质灾害38处，灾情特大型3处、大型10处、中型10处、小型15处。地质灾害类型为地面塌陷、崩塌、滑坡、地裂缝4种，崩塌（河流塌岸）、滑坡灾害共形成土石方量921.66万m³，地面塌陷（黄土湿陷）形成塌陷区面积378.33万m²，地裂缝影响面积30 000 m²。因灾死亡11人，摧毁房屋1 843间、窑洞1 263孔，半毁房屋627间、窑洞102孔，破坏耕地1 918亩，影响耕地1 404亩，破坏道路2 577 m，毁坏河堤4 200 m，造成直接经济损失10 551.8万元。

按照灾种统计，滑坡4处，直接经济损失205.3万元。崩塌18处，直接经济损失148.5万元。地面塌陷15处，直接经济损失10 121.2万元。地裂缝1处，直接经济损失76.8万元。

## 1.1.5 地质灾害隐患点特征及险情评价

### 1.1.5.1 地质灾害隐患点分布特征

巩义市中东部及中南部主采矿区，是人为活动可能引发地面塌陷、地裂缝、滑坡及崩塌灾害的地段。北部黄土丘陵、冲沟区，因黄土丘陵等地质环境条件，容易发生黄土崩塌、滑坡、河流塌岸、黄土陷穴、地裂缝等灾害。

### 1.1.5.2 地质灾害隐患点险情评价

在56处地质灾害隐患点中，险情特大型8处、大型3处、中型24处、小型21处。按灾种分，滑坡险情特大型1处、中型1处、小型2处；崩塌险情特大型2处、中型6处、小型10处；不稳定斜坡险情大型2处、中型5处、小型2处；地面塌陷险情特大型4处、中型4处、小型7处；泥石流险情级别特大型1处、大型1处、中型5处、小型2处；地裂缝险情中型1处。

## 1.1.6 特大型、大型地质灾害隐患点

根据险情评价，共确定险情特大型、大型重要地质灾害隐患点8处。

### 1.1.6.1 红旗煤矿地面塌陷

位于大峪沟矿务局红旗煤矿采区内，陷坑长1 250 m，宽740 m，中心深度1.5 m左右，长轴方向80°，威胁采区内615人、2 100间房屋、105孔窑洞和2 000 m国道安全，险情为特大型。

### 1.1.6.2 新中煤矿地面塌陷

位于新中煤矿新、老采区内，陷坑呈长条形，长484 m，平均宽150 m，中心最大深度3 m，长轴方向35°，威胁采区内760人、1 900间房屋、400亩耕地安全，险情为特大型。

### 1.1.6.3 浅井1组不稳定斜坡

位于涉村镇浅井村1组，土质斜坡，斜坡体岩性为$Q_2$坡积黄色黏土，斜坡高20 m，宽70 m，长600 m，体积84万m³，该斜坡处于$F_{16}$断层下盘，分析其失稳与构造活动性有关，斜坡前缘地面可见数条微型鼓胀裂缝。该不稳定斜坡造成浅井1组550间房屋出现裂缝，威胁103人、1 113间房屋安全，险情级别为大型。

### 1.1.6.4 罗泉6组不稳定斜坡

位于涉村镇罗泉村6组，土质斜坡，斜坡体为$Q_2$坡积黏土，斜坡高40 m，斜长148 m，宽350 m，体积207.2万m³，坡度45°，坡向235°。该斜坡距$F_{16}$断层500 m左右，其失稳可能与构造活动有关，斜坡中上部可见轻微弧形拉张裂缝，斜坡两侧曾出现过折线形

剪切裂缝，雨季较明显，裂缝多年来时断时现。该不稳定斜坡造成罗泉6组55间房屋出现裂缝，威胁120人、110间房屋安全，险情级别为大型。

#### 1.1.6.5 铁生沟滑坡

位于夹津口镇铁生沟村G310国道北侧平顶山南坡，土质滑坡，滑体岩性为$Q_2$黄土夹卵砾石，长350 m，宽190 m，平均厚度15 m，体积100.75万 $m^3$，斜坡平均坡度25°，坡向195°，卵砾石含量约20%，砾石块度20~70 cm，滑床岩性为元古界砂岩，产状：10°∠15°，与滑坡方向相反。滑坡为一多层台阶状，滑体中上部扇状分布多条拉张裂缝，滑坡舌部隆起高度超过0.5 m，已造成1 000 m公路损毁，130间房屋被破坏。目前该滑坡仍处于活动之中，威胁1 000户、4 000人、220间房屋安全，险情级别为特大型。

#### 1.1.6.6 巴沟村黄土湿陷

位于站街镇巴沟村，影响范围包括南瑶湾等黄土冲沟区，湿陷区长3 000 m，宽400 m，面积120万 $m^2$，长轴方向90°，始发于2002年7月。沿巴沟两侧冲沟边缘发育有两条平行裂缝，成为湿陷区边界。该湿陷区已造成巴沟及其周围冲沟550间房屋和102孔窑洞出现裂缝，摧毁24间房屋，威胁680人及陇海铁路的安全，险情级别为大型。

#### 1.1.6.7 铁生沟煤矿地面塌陷

位于夹津口镇铁生沟煤矿新、老采区内，陷坑呈长条形，平均长1 200 m，宽700 m，陷坑中心最大深度0.5 m，长轴方向70°。

#### 1.1.6.8 石窟寺崩塌

位于巩义市河洛镇著名景点石窟寺内，崩塌体岩性为$Q_3$黄土状土，下伏基岩为二叠系浅灰黄色砂岩，长10 m，宽25 m，厚2 m，体积300 $m^3$，不稳定体高32 m，体积8 000 $m^3$，沿坡中上部可见多条垂直节理形成的剪切裂缝。该崩塌威胁石窟寺北魏石刻及坡顶唐塔安全。

### 1.1.7 地质灾害易发程度分区

全市地质灾害易发程度分为高易发区、中易发区、低易发区、非易发区4个区（见表3-1-2、图3-1-1），其中，高易发区面积114.4 km²，中易发区面积77.9 km²，低易发区面积501.8 km²，非易发区面积346.9 km²。

表3-1-2 巩义市地质灾害易发程度分区表

| 等 级 | 亚 区 | 面积（km²） |
|---|---|---|
| 高易发区 | 关帝庙—五指岭滑坡、崩塌、泥石流及地面塌陷高易发亚区 | 56.2 |
| | 柏林—孙寨地面塌陷高易发亚区 | 20.7 |
| | 康店—站街崩塌（河流塌岸）高易发亚区 | 37.5 |
| 中易发区 | 康店东—河洛西崩塌、黄土湿陷中易发亚区 | 41.5 |
| | 民权—封门沟—亚沟泥石流中易发亚区 | 36.4 |
| 低易发区 | 中南部崩塌低易发亚区 | 471.4 |
| | 康店南黄土湿陷、崩塌低易发亚区 | 30.4 |
| 非易发区 | | 346.9 |

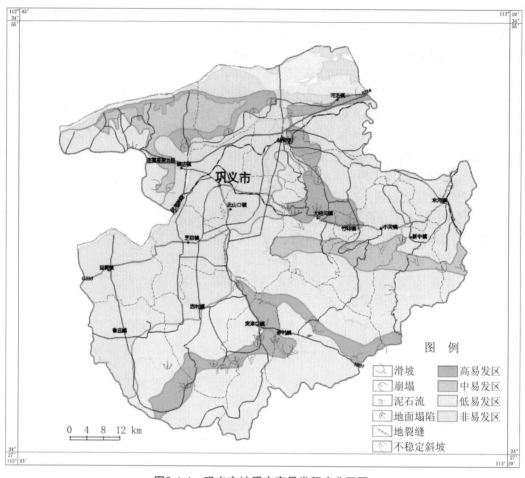

图3-1-1　巩义市地质灾害易发程度分区图

#### 1.1.7.1　地质灾害高易发区

1. 关帝庙—五指岭滑坡、崩塌、泥石流及地面塌陷高易发亚区

位于鲁庄镇东南部邢村至夹津口镇的铁生沟、S237公路（坞罗段）至涉村镇的后村、涉村镇的罗泉至新中镇的教练坑一带，面积56.2 km²。人类工程活动强烈，地表形态破坏严重，主要地质灾害类型有地面塌陷、地裂缝、滑坡、崩塌及泥石流等。重要隐患点有浅井1组、罗泉6组不稳定斜坡、铁生沟滑坡等。

2. 柏林—孙寨地面塌陷高易发亚区

分布于310国道以北的大峪沟、竹林二镇北部，面积20.7 km²。人类工程活动以采煤为主，重要矿山有大峪沟矿务局等。地质灾害类型以采煤、高岭土形成的地面塌陷为主，地表景观破坏严重，采空区及矸石堆积面积大，影响面广。

3. 康店—站街崩塌（河流塌岸）高易发亚区

位于康店镇的焦湾至神南、河洛镇的巴沟至英峪及大峪沟镇的杨李一带，面积37.5 km²，地质灾害类型以黄土崩塌、黄土湿陷、河流塌岸为主。区内黄土崩塌沿冲沟两侧发育，失稳坡体顶部多见由垂直黄土裂隙发展而成的张性裂缝，遇震动或强降水极易形成崩塌。区内重要地质灾害隐患点为站街镇巴沟村黄土湿陷、河洛镇石窟寺崩塌、黄河（英峪段）塌岸等。

#### 1.1.7.2 地质灾害中易发区

1. 康店东—河洛西崩塌、黄土湿陷中易发亚区

分布于康店镇中东部及河洛镇西部（原南河渡）的黄土丘陵区，面积41.5 km²。冲沟两侧黄土崩塌发育，沿赵沟—井沟—马峪沟一线分布有大范围湿陷性黄土，并伴生有多处地裂缝，对公路、耕地威胁较大。

2. 民权—封门沟—亚沟泥石流中易发亚区

分布于大峪沟南部的民权—小关镇的山怀—新中镇池沟一带，面积36.4 km²。本区主要为小关铝矿采区，并有多处小型矿点，采矿弃渣沿沟、坡堆积，堵塞行洪通道，形成多处泥石流隐患，重要隐患点有封门沟泥石流隐患、亚沟泥石流隐患、汜水河泥石流隐患等。

#### 1.1.7.3 地质灾害低易发区

1. 中南部崩塌低易发亚区

分为嵩山北坡和东庄—西头—源村两个段。

嵩山北坡段位于嵩山主峰以北的卧龙—韵沟—郭峪—五指岭一带，面积99.9 km²，采矿活动相对较少，居民点分布稀疏，但山势陡峻，沟谷纵横，地质灾害类型以崩塌为主。区内为巩义市主要旅游区——嵩阴风景区所在地。

东庄—西头—源村段位于巩义市中部，包括鲁庄中东南部、西村中南部、北山口中南部、大峪沟、小关、米河三镇南部及涉村北部，面积371.5 km²。本亚区居民多切沟、坡建房居住，小型崩塌数量较多，著名的浮戏山风景区位于此亚区内。

2. 康店南黄土湿陷、崩塌低易发亚区

位于康店镇西南部及南部，面积30.4 km²，地貌以黄土丘陵为主，冲沟较发育，部分地段黄土具湿陷性，形成的灾害种类以小型崩塌及黄土陷穴为主。

#### 1.1.7.4 地质灾害非易发区

位于黄河滩区、伊洛河两岸、鲁庄镇及回郭镇地区，面积346.9 km²。本区无采矿等人类工程活动，地质灾害一般不发育。

### 1.1.8 地质灾害重点防治区

全市共确定重点防治区面积181.3 km²，占市域面积的17.4%，可分为3个重点防治亚区（见表3-1-3、图3-1-2）。

重点防治区范围包括竹林镇、涉村镇中西部、夹津口镇中北部、西村镇南部及北山口、小关、新中、大峪沟、米河5镇中部与康店、河洛镇沿黄河、伊洛河右岸。区内是矿业主采区，同时也是人口密度较高地区，重要交通如连霍高速、陇海铁路、郑州至西安客运铁路专线、310国道均经过本区。地质灾害类型为滑坡、崩塌（河流塌岸）、地面塌陷（黄土湿陷）、泥石流等。

表3-1-3　地质灾害重点防治分区表

| 分区名称 | 亚区 | 代号 | 面积（km²） | 占全市面积（%） | 威胁对象 |
|---|---|---|---|---|---|
| 重点防治区 | 南部地面塌陷、泥石流、滑坡及崩塌重点防治亚区 | A₁ | 61.3 | 5.9 | 居民、道路、耕地、建筑、矿山、景区 |
| | 中东部地面塌陷、泥石流重点防治亚区 | A₂ | 56.7 | 5.4 | 居民、道路、矿山、建筑 |
| | 北部崩塌重点防治亚区 | A₃ | 63.3 | 6.1 | 居民、道路、河堤、建筑、景区 |

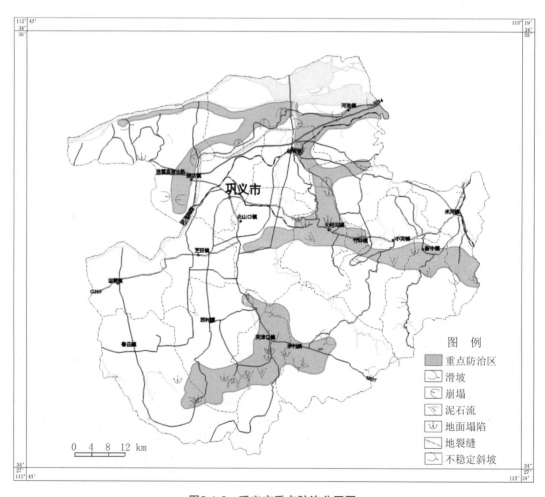

图3-1-2　巩义市重点防治分区图

重点防治区内有地质灾害隐患点48处，其中滑坡7处、崩塌17处、泥石流隐患9处、地面塌陷（黄土湿陷）14处、地裂缝群1处。共威胁8 956人、8 212间房屋（窑洞）、5 460 m道路、3 496亩耕地安全。

#### 1.1.8.1　南部地面塌陷、泥石流、滑坡及崩塌重点防治亚区

范围包括涉村镇中西部、夹津口镇中北部、西村镇南部及鲁庄镇南部一隅，面积61.3 km²。该区以煤、铝土矿开采为主，地貌景观破坏强烈，需重点防治的灾种为矿渣泥石流和地面塌陷。沿S237公路至浅井一带，需重点防治山体滑坡与崩塌。重点防治点有罗泉不稳定斜坡、铁生沟滑坡、浅井不稳定斜坡、S237公路崩塌群等。

#### 1.1.8.2　中东部地面塌陷、泥石流重点防治亚区

范围包括北山口、新中、小关、大峪沟、米河5镇中部与竹林镇，面积56.7 km²。该区煤、高岭土、铝土、灰岩石料等矿产资源开采强度大，需重点防治地面塌陷和矿渣型泥石流。重点防治点有红旗煤矿地面塌陷、竹林养猪场地面塌陷、新中煤矿地面塌陷、亚沟泥石流隐患等。

#### 1.1.8.3　北部崩塌重点防治亚区

范围包括康店、河洛2镇沿黄河及伊洛河段，河洛镇巴沟至杨里段以及郑州至西段客运专线段，面积63.3 km²。该亚区地貌为黄土丘陵区，冲沟呈树枝状展布，以黄土湿陷与黄土崩塌为主的地质灾害发育，需重点防治地段有沿黄河塌岸带、沿伊洛河黄土崩塌带、以巴沟为中心的黄土湿陷带，以及以陇海铁路、连霍高速、郑西铁路专线为中心的交通线崩塌隐患。

# 1.2　登封市

登封市位于郑州市西部，总面积1 220 km²。全县辖7乡、6镇，1个工业区、3个办事处、317个行政村、1 660个自然村，人口64.82万人。登封市现在已经形成了旅游经济和矿业经济两大支柱产业。

## 1.2.1　地质环境背景概况

### 1.2.1.1　地形地貌

登封市海拔在228～1 512 m之间，地势南部和北部高，中部低缓。依据地貌形态特征、成因类型等，将调查区地貌划分为构造侵蚀中低山、构造剥蚀丘陵、侵蚀堆积河谷三种类型。嵩山山岭海拔一般在1 000～1 200 m，形成登封、偃师、巩义的自然分界，最高峰玉寨山海拔1 512.4 m，为全市诸峰之冠。箕山山岭地带海拔一般为800～1 100 m。中部低山丘陵区，海拔在228～500 m。

### 1.2.1.2　气象、水文

登封市属北温带大陆性气候。多年平均降水量为599.8 mm，年最大降水量909.2 mm（1983年），最少年降水量428.1 mm（1981年），年平均蒸发量1 300 mm。降水多集中在6、7、8、9四个月。空间分布不均，多年平均降水量由南北中低山区向中部丘陵岗地呈递减趋势。

登封市处于淮河流域和黄河流域的分界处。石道乡以西为黄河流域，以东为淮河流域。境内淮河流域面积1 067.5 km²，主要河流有颍河、洗耳河等；黄河流域在境内流域面积为152.5 km²。

### 1.2.1.3　地层岩性与地质构造

地层主要有太古界登封群（Ar）、元古界嵩山群（Pt）、古生界（∈、O、C）、中生界—三叠系（T）、新生界（N、Q）等。

境内经过多期次构造运动，不同期次、不同方向的构造叠加与改造，致使本区构造形态异常复杂，构成了纷繁多样的构造格架，对登封市的地质灾害影响较大。其构造形迹可归纳为南北向构造、东西向构造、北西向构造和北东向构造。

### 1.2.1.4　新构造运动与地震

区内新构造运动主要表现为升降运动及地震活动。新生代以来，长期处于间歇性上升状态，沟谷发育，剥蚀及流水侵蚀作用明显，第四系沉积物厚度不大。登封市地震基本烈度为Ⅵ度。

### 1.2.1.5　水文地质

地下水划分为松散岩类孔隙水、碳酸盐岩类岩溶水和基岩裂隙水三种类型。松散岩类孔隙水主要分布于调查区中部山前岗丘地带及山间洼地地区，含水层为第四系松散堆积物，一般堆积物厚度较小。碳酸盐岩类岩溶水主要分布在告成以东大冶至宣化之间、箕山和嵩山北侧，含水层岩性主要为寒武、奥陶、石炭系灰岩、白云质灰岩等。基岩裂隙水主要分布于北部、南部山区，部分零星分布于基岩丘陵地区。

### 1.2.1.6　工程地质

登封市岩土体工程地质类型分为黏性土、砂或砂砾石双层土体（$Q_4^{al}$、$Q_3^{al+pl}$、$Q_2^{al+pl}$），冰渍泥砾单层土体（$Q_1^{gl}$），层状半胶结状粉砂岩、砂岩组（E、N），中厚层较软砂岩组（T、P、C），中厚层状岩弱溶化较硬石灰岩、白云岩组（O、∈），片状较硬石英片岩、绢云石英片岩组（Pt、Ar），巨厚层状坚硬石英岩状砂岩、石英岩组（$Pt_2m$、$Pt_1l$），块状中等风化较硬花岗岩组（δ、β、γ）8类。

## 1.2.2　人类工程活动特征

人类工程活动主要有矿业开发、交通建设、城乡建设、旅游开发等。其中以矿业开发规模最大，对地质环境影响程度亦最高。

### 1.2.2.1　矿业开发

矿业开发是登封市最主要的人类工程活动，造成了大量地质环境问题，如滑坡、崩塌、地面塌陷、地裂缝等矿山地质灾害以及地下水破坏、生态环境地质问题等。

### 1.2.2.2　交通建设

登封市主要交通线路有237国道、207国道、郑少高速公路、少洛高速公路等，交通线路建设中产生了大量边坡开挖（登封—白坪公路券门水库），部分地段形成滑坡、崩塌隐患，危及过往车辆及行人安全。

### 1.2.2.3　城乡建设

人工开挖边坡主要存在于低山丘陵区。由于居民受环境居住条件所限，常以开挖边坡形成新的宅基地，边坡的开挖使其临空面增大，破坏了原有斜坡的稳定性，经常发生崩塌、滑坡灾害。如东金店乡任村，切坡建房时切坡过陡，而使斜坡失稳，发生崩塌、滑坡，使房屋受损倒塌。

#### 1.2.2.4　旅游开发

登封市人类历史文化遗产、自然风景名胜分布较广，旅游资源十分丰富，建有许多旅游景区。在景区开发建设中，对原生地质环境有一定改造，可能引发滑坡、崩塌等灾害，对景区本身及游人的安全造成威胁。如少林景区初祖庵南边山坡，为修建旅游道路，对坡脚进行的开挖，使斜坡失稳，发生滑坡。又如嵩山景区嵩岳运动处，现在下面修建有景区道路，山顶岩石风化严重，常发生小型崩塌，威胁景区设施和游客安全。

### 1.2.3　地质灾害类型及特征

#### 1.2.3.1　地质灾害类型

登封市地质灾害类型主要为地面塌陷、崩塌、滑坡、泥石流，共有地质灾害244处（见表3-1-4），其中地面塌陷44处，占总数的18.0%；崩塌111处，占总数的45.5%；滑坡80处，占总数的32.8%；泥石流9处，占总数的3.7%。

表3-1-4　登封市已发生地质灾害调查点分布情况统计表　　（单位：处）

| 乡镇* | 调查点类型 | | | | 小　计 |
| --- | --- | --- | --- | --- | --- |
| | 地面塌陷 | 滑坡 | 崩塌 | 泥石流 | |
| 大冶镇 | 13 | 5 | 20 | | 38 |
| 宣化镇 | 5 | 7 | 8 | 1 | 21 |
| 卢店镇 | | 1 | 6 | | 7 |
| 君召乡 | 1 | 6 | 9 | | 16 |
| 石道乡 | 1 | 4 | 7 | | 12 |
| 徐庄乡 | 4 | 9 | 6 | | 19 |
| 唐庄乡 | 5 | 12 | 3 | 2 | 22 |
| 白坪乡 | 1 | 3 | 1 | | 5 |
| 颍阳镇 | 2 | 5 | 5 | | 12 |
| 送表乡 | 6 | 6 | 3 | | 15 |
| 东金店乡 | | 4 | 5 | | 9 |
| 告成镇 | 3 | 1 | 7 | | 11 |
| 大金店乡 | 2 | 6 | 17 | | 25 |
| 中岳办 | | 4 | 1 | | 5 |
| 阳城区 | 1 | | 2 | | 3 |
| 嵩阳办 | | 1 | 5 | | 6 |
| 少林办 | | 2 | | 3 | 5 |
| 少管局 | | 2 | | | 2 |
| 嵩管委 | | | 4 | 3 | 7 |
| 公路局 | | 2 | 2 | | 4 |
| 合计 | 44 | 80 | 111 | 9 | 244 |
| 所占比例（%） | 18.0 | 32.8 | 45.5 | 3.7 | 100 |

注：*含乡、镇、办事处、管委会、管理局等，简称乡镇，下同。

### 1.2.3.2　地质灾害特征

**1. 地面塌陷**

登封市的地面塌陷的发育特征表现在以下几个方面：

（1）与人类采矿活动密切相关。

登封市煤炭资源丰富，开采历史较长，形成的地面塌陷灾害也较早，最早的塌陷出现在新中国成立前，是位于宣化镇的岳窑村和白坪乡的寨东村，但由于开采的规模较小，形成的灾害规模小，对当地的地质环境的破坏也不严重。

1980年以后，登封市开始大规模地开采煤炭资源，形成大规模的采空区，进而形成地面塌陷和地裂缝地质灾害，对当地的地质环境和人民群众的生命财产安全造成危害。

（2）形态特征与地质条件有关。

东部的黄土丘陵区，煤层上面覆盖有较厚的第四系的覆盖层，地面塌陷多以陷坑的形式出现，由于第四系的覆盖，发生较为缓慢，但塌陷面积比采空区要大。南部的低山丘陵区，上覆岩层均为坚硬、中硬、较软岩层或其互层，地面塌陷的出现形式多为地表裂缝，局部有陷坑出现，该种形式的塌陷具有一定的突发性，危害较大。

（3）分布广、危害大。

地面塌陷分布在大冶、徐庄、宣化、送表、白坪、告成、阳城区、颍阳、君召、石道等10个乡镇，塌陷分布总面积为96 km$^2$。在规模上，巨型2处，大型19处，中型13处，小型10处。地面塌陷主要毁坏耕地、村庄、公路和其他设施。

（4）伴生大量地裂缝。

地面塌陷发生时常伴生塌陷式地裂缝，多发生在塌陷区边缘，对耕地和房屋的影响较大。对耕地内的小型裂缝村民在平整土地时已大多数填埋，但山坡上的规模较大的裂缝依然存在威胁。

**2. 滑坡**

登封市滑坡主要分布在北部、南部中低山区，地形陡峻、风化强烈的斜坡地带及中东部黄土丘陵和黄土覆盖丘陵地区。前者土质滑坡、岩质滑坡兼有；后者主要为土质滑坡。

登封市滑坡发育特征如下：

（1）滑坡规模小，单体成灾范围小。全市80处滑坡，中型滑坡14处，其余为小型滑坡。单个滑坡波及的范围小，造成的直接经济损失小。

（2）滑坡分布分散，受人为因素影响显著。多为切坡开挖所形成，造成滑坡分散分布的特点。

（3）以土质滑坡为主。滑体岩性类型不复杂，多为松散碎石土、粉质黏土和砂土。

（4）滑床埋藏浅，以浅层滑坡为主。滑床埋藏深度一般仅数米，部分滑坡滑床埋深不到1 m。滑动带多为泥岩、泥状页岩。

**3. 崩塌**

崩塌是登封市的主要地质灾害之一。本次共调查崩塌111处。登封市的崩塌具有以下特征：

（1）与人类工程活动关系密切。

崩塌主要分布于卢店、告成、东金店、大金店，以及颍阳、君召、石道3个乡镇的中部地区。该地区为黄土丘陵地区，冲沟发育，居民居住在冲沟内，切坡建房现象比较普遍，崩塌的形成与工程活动密切相关。

（2）以土质崩塌为主，规模小。

登封市已经发生崩塌111处，规模中型1处，其余110处均为小型。一般为数十立方米至数百立方米不等，个别灾害点规模可达上万立方米。黄土丘陵地区，冲沟发育，沟谷多呈"U"形，边坡高度在8~30 m之间，坡度在80°~90°之间，土体节理发育，容易发生崩塌。

（3）多发生在汛期。

灾害集中发生在雨季，发生较突然，降水是主要诱发因素。

4. 泥石流

登封市泥石流沟9处，其中，有5处已发生过泥石流，4处为潜在泥石流沟谷。其主要分布在北部的中低山区，组成物质为风化物及人工弃体。沟谷形状多为"V"形，松散物源量在3.2万~34万 m³之间，沟谷两边山坡坡度在30°~70°之间，流域面积多在2.2~25 km²，泥沙含量少，多为水石流。

## 1.2.4 地质灾害灾情

据统计，登封市已发生地质灾害244处，灾情特大型的地质灾害点有14处，大型7处，中型5处，小型218处。崩塌、滑坡、地面塌陷、泥石流等地质灾害造成22 539亩耕地受损，毁坏房屋1 169间、省道2 000 m，60个小型工厂被毁坏，15个村委、学校被迫搬迁，经济损失42 399.8万元。

## 1.2.5 地质灾害隐患点特征及险情评价

### 1.2.5.1 地质灾害隐患点分布特征

登封市现有地质灾害隐患点231处。其中，崩塌93处，滑坡68处，地面塌陷38处，泥石流9处，不稳定斜坡23处（见表3-1-5）。

表3-1-5 登封市地质灾害隐患点分布情况统计表

| 乡 镇 | 调查点类型 | | | | | 小计（处） | 所占比例（%） |
| --- | --- | --- | --- | --- | --- | --- | --- |
| | 地面塌陷（处） | 滑坡（处） | 崩塌（处） | 泥石流（处） | 不稳定斜坡（处） | | |
| 大冶镇 | 11 | 4 | 12 | | | 27 | 11.7 |
| 宣化镇 | 4 | 5 | 7 | | 2 | 18 | 7.8 |
| 卢店镇 | | 1 | 5 | | | 6 | 2.6 |
| 君召乡 | 1 | 4 | 8 | | | 13 | 5.6 |
| 石道乡 | 1 | 4 | 7 | | 1 | 13 | 5.6 |
| 徐庄乡 | 4 | 7 | 3 | | 2 | 16 | 6.9 |
| 唐庄乡 | 3 | 9 | 1 | 2 | 7 | 22 | 9.5 |
| 白坪乡 | 1 | 3 | 1 | | 2 | 7 | 3.0 |

续表3-1-5

| 乡　镇 | 调查点类型 | | | | | 小计（处） | 所占比例（％） |
|---|---|---|---|---|---|---|---|
| | 地面塌陷（处） | 滑坡（处） | 崩塌（处） | 泥石流（处） | 不稳定斜坡（处） | | |
| 颖阳镇 | 2 | 5 | 4 | | | 11 | 4.8 |
| 送表乡 | 5 | 6 | 2 | | | 13 | 5.6 |
| 东金店乡 | | 4 | 4 | | 1 | 9 | 3.9 |
| 告成镇 | 3 | | 7 | | | 10 | 4.3 |
| 大金店乡 | 2 | 5 | 17 | | 1 | 25 | 10.8 |
| 中岳办 | | 4 | 1 | | | 5 | 2.2 |
| 阳城区 | 1 | | 2 | | 1 | 4 | 1.7 |
| 嵩阳办 | | 1 | 5 | | | 6 | 2.6 |
| 少林办 | | 2 | | 3 | | 5 | 2.2 |
| 少管局 | | 2 | | | | 2 | 0.9 |
| 嵩管委 | | | 4 | 4 | 3 | 11 | 4.8 |
| 公路局 | | 2 | 3 | | 3 | 8 | 3.5 |
| 合计 | 38 | 68 | 93 | 9 | 23 | 231 | 100 |
| 所占比例（％） | 16.5 | 29.4 | 40.2 | 3.9 | 10 | | 100 |

### 1.2.5.2　地质灾害隐患点险情评价

登封市现有231处地质灾害隐患点中，险情为特大型的11处，大型31处，中型122处，小型67处。其中，中型崩塌64处，小型崩塌29处；大型滑坡14处，中型滑坡33处，小型滑坡21处；特大型地面塌陷10处，大型地面塌陷15处，中型地面塌陷2处，小型地面塌陷11处；特大型泥石流1处，大型泥石流1处，中型泥石流7处；不稳定斜坡，险情大型1处、中型16处、小型6处。

预测地质灾害潜在经济损失77 037.4万元，其中，预测崩塌经济损失3 434万元，预测滑坡经济损失4 246.4万元，预测泥石流经济损失1 308万元，预测地面塌陷经济损失66 726万元，预测不稳定斜坡经济损失1 323万元；预测地质灾害威胁57 647人的安全，其中，滑坡威胁5 283人，崩塌威胁3 061人，地面塌陷威胁49 303人。

### 1.2.6　特大型、大型地质灾害隐患点

根据险情评价，共确定险情特大型、大型重要地质灾害隐患点42处（见表3-1-6）。

表3-1-6　登封市重要地质灾害隐患点一览表

| 序号 | 名称 | 位置 | 变形时间（年-月） | 潜在威胁 | 险情 |
|---|---|---|---|---|---|
| 1 | 陈家门滑坡 | 宣化镇三岔口村陈家门 | 2002-08 | 130间，130人 | 大型 |
| 2 | 后坡滑坡 | 宣化镇佛洞村后坡 | 2002-08 | 305间，240人 | 大型 |

续表3-1-6

| 序号 | 名 称 | 位 置 | 变形时间<br>（年-月） | 潜在威胁 | 险情 |
|---|---|---|---|---|---|
| 3 | 王子沟滑坡 | 少林办少林村王子沟 | 2004-08 | 房屋450间，120人 | 大型 |
| 4 | 张庄村滑坡 | 徐庄乡张庄村 | 2003-08 | 房屋260间，耕地50亩，210人 | 大型 |
| 5 | 申家门滑坡 | 徐庄乡张庄村申家门 | 1999-08 | 房屋185间，耕地80亩，141人 | 大型 |
| 6 | 王庄里滑坡 | 徐庄乡祁沟村王庄里沟 | 1975-08 | 房屋315间，230人 | 大型 |
| 7 | 龙头村滑坡 | 唐庄乡龙头村 | | 房屋150间，120人 | 大型 |
| 8 | 刘家门滑坡 | 中岳办东张庄村刘家沟 | 2005-07 | 房屋1 000间，500人 | 大型 |
| 9 | 周家庄滑坡 | 中岳办东十里铺周家沟 | | 房屋300间，180人 | 大型 |
| 10 | 贯宝山滑坡 | 送表乡和沟村贯宝山 | 1998-08 | 房屋200间，150人 | 大型 |
| 11 | 鸽子窑滑坡 | 颍阳镇竹园村鸽子窑 | 2002 | 房屋235间，耕地30亩，150人 | 大型 |
| 12 | 老庄沟村滑坡 | 石道乡老庄沟村 | | 学校1所，170人 | 大型 |
| 13 | 张湾滑坡 | 大金店陈楼村张湾 | 2002-07 | 房屋96间，耕地30亩，110人 | 大型 |
| 14 | 西土门滑坡 | 东金店土门村西土门 | 1955-08 | 房屋300间，245人 | 大型 |
| 15 | 大冶镇地面塌陷 | 登封市大冶镇 | 1974 | 耕地4 510亩，房屋、居民 | 特大型 |
| 16 | 东刘碑地面塌陷 | 登封市大冶镇东刘碑村 | 1985 | 耕地2 200亩，房屋、居民 | 特大型 |
| 17 | 岳窑村地面塌陷 | 登封市宣化镇岳窑村 | 1950 | 耕地1 200亩，房屋、居民 | 特大型 |
| 18 | 祁沟村地面塌陷 | 登封市徐庄乡祁沟村 | 1971 | 耕地1 200亩，房屋、居民 | 特大型 |
| 19 | 屈沟村地面塌陷 | 登封市大徐庄乡屈沟村 | 1980 | 耕地500亩，房屋、居民 | 特大型 |
| 20 | 马峪口地面塌陷 | 登封市大徐庄乡马峪口村 | 1988 | 耕地120亩，房屋、居民 | 特大型 |
| 21 | 白坪乡地面塌陷 | 登封市白坪镇 | 1975 | 耕地3 836亩，房屋、居民 | 特大型 |
| 22 | 双庙村地面塌陷 | 登封市告成镇 | 1980 | 耕地2 500亩，房屋、居民 | 特大型 |
| 23 | 王堂村地面塌陷 | 登封市颍阳镇王堂村 | | 耕地500亩，房屋、居民 | 特大型 |
| 24 | 水峪地面塌陷 | 登封市告成镇 | 1983 | 耕地1 460亩，房屋、居民 | 特大型 |
| 25 | 东施村地面塌陷 | 登封市大冶镇 | 1984 | 耕地527亩，房屋、居民 | 大型 |
| 26 | 石岭头村地面塌陷 | 登封市大冶镇石岭头村 | 1974 | 耕地500亩，房屋、居民 | 大型 |
| 27 | 阳沟村地面塌陷 | 登封市大冶镇朝阳沟村 | 1990 | 耕地500亩，房屋、居民 | 大型 |
| 28 | 朱垌村地面塌陷 | 登封市宣化镇 | 1949 | 耕地1 580亩，房屋、居民 | 大型 |
| 29 | 寺沟村地面塌陷 | 登封市宣化镇 | 1997 | 耕地140亩，房屋、居民 | 大型 |
| 30 | 高坡村地面塌陷 | 登封市徐庄乡高坡村 | 2004 | 耕地400亩，房屋、居民 | 大型 |
| 31 | 送表乡地面塌陷 | 登封市送表乡 | 1992 | 耕地420亩，房屋、居民 | 大型 |
| 32 | 马窑地面塌陷 | 登封市送表乡马窑村 | 1990 | 耕地100亩，房屋、居民 | 大型 |
| 33 | 刘楼村地面塌陷 | 登封市送表乡刘楼村 | 1990 | 耕地400亩，房屋、居民 | 大型 |
| 34 | 梁庄村地面塌陷 | 登封市送表乡 | 1990 | 耕地1 360亩，房屋、居民 | 大型 |
| 35 | 石破窑村地面塌陷 | 登封市君召乡 | 1990 | 耕地300亩，房屋、居民 | 大型 |
| 36 | 苗庄地面塌陷 | 登封市石道乡 | 1990 | 耕地600亩，房屋、居民 | 大型 |
| 37 | 桑园地面塌陷 | 登封市大金店镇 | 1970 | 耕地820亩，房屋、居民 | 大型 |

续表3-1-6

| 序号 | 名称 | 位置 | 变形时间（年–月） | 潜在威胁 | 险情 |
|---|---|---|---|---|---|
| 38 | 陈楼地面塌陷 | 登封市大金店镇陈楼村 | 2002 | 耕地200亩，房屋、居民 | 大型 |
| 39 | 垌上村地面塌陷 | 登封市告成镇垌上村 | 1992 | 耕地300亩，房屋、居民 | 大型 |
| 40 | 王河泥石流 | 唐庄乡 | | 耕地300亩，房屋、居民 | 大型 |
| 41 | 花峪泥石流沟 | 唐庄乡花峪沟 | | 耕地30亩，房屋180间 | 特大型 |
| 42 | 登槽小学不稳定斜坡 | 大金店镇登槽小学教学楼后面 | | 学校教学楼 | 大型 |

## 1.2.7 地质灾害易发程度分区

按照地质灾害发育程度，划分为地质灾害高易发区（A）、地质灾害中易发区（B）和地质灾害低易发区（C），见表3-1-7、图3-1-3。

表3-1-7 登封市地质灾害易发程度分区表

| 等级 | 亚区 | 面积（km²） |
|---|---|---|
| 高易发区 | 南部中低山区滑坡、崩塌高易发区 | 124.80 |
| | 鸽子窑—邵窑—券门滑坡、崩塌高易发区 | 72.99 |
| | 荟翠山低山区滑坡、崩塌高易发区 | 36.21 |
| | 北部中低山区滑坡、崩塌、泥石流高易发区 | 231.88 |
| | 大冶—白坪—颖阳地面塌陷高易发区 | 262.19 |
| 中易发区 | 中部石道—大金店—芦店滑坡、崩塌中易发区 | 107.74 |
| | 颖阳—石道北部山区滑坡、崩塌中易发区 | 68.24 |
| 低易发区 | 颖阳—大金店—芦店地质灾害低易发区 | 315.95 |

### 1.2.7.1 地质灾害高易发区

分布在登封市南部和北部的中低山及丘陵区，面积728.07 km²，占全市总面积的59.68%。已发生地质灾害点198处，经济损失42 254.4万元。存在地质灾害隐患点185处。各亚区简述如下。

1. 南部中低山区滑坡、崩塌高易发区（$A_{1-1}$）

位于登封市南部低山丘陵区，包括颖阳、君召、石道、送表、大金店、白坪、徐庄、宣化等8个乡镇的部分地区，面积124.80 km²。已发生地质灾害21处，经济损失118.7万元。其中崩塌6处，滑坡14处，地面塌陷1处。存在地质灾害隐患点17处，其中崩塌5处，滑坡11处，地面塌陷1处。

2. 鸽子窑—邵窑—券门滑坡、崩塌高易发区（$A_{1-2}$）

位于中南部的低山丘陵区，包括颖阳、君召、石道、送表、大金店、东金店、白坪、告成等8个乡镇的部分地区，面积72.99 km²。已发生地质灾害26处，其中崩塌18

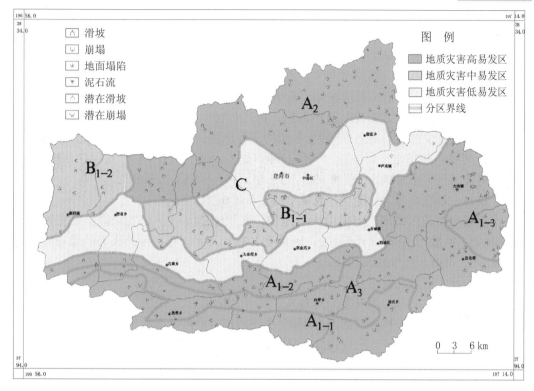

图3-1-3　登封市地质灾害易发程度分区图

处，滑坡8处，经济损失90万元。存在地质灾害隐患点29处，其中崩塌17处，滑坡8处，不稳定斜坡4处。

3. 荟翠山低山区滑坡、崩塌高易发区（$A_{1-3}$）

位于登封市东部的荟翠山地区，包括大冶镇和宣化镇的部分地区，低山丘陵地貌，面积36.21 km²。已发生地质灾害8处，其中崩塌3处，滑坡5处，经济损失17.2万元。存在地质灾害隐患点9处，其中崩塌3处，滑坡4处，不稳定斜坡2处。

4. 北部中低山区滑坡、崩塌、泥石流高易发区（$A_2$）

位于登封市北部中低山区，包括颖阳、君召、石道、大金店、唐庄、中岳区、少林办、嵩阳办、少林寺管理局、嵩山管理委员会等10个乡镇的部分地区，面积231.88 km²。已发生地质灾害56处，其中崩塌18处，滑坡24处，泥石流沟9处，地面塌陷5处，经济损失578.8万元。存在地质灾害隐患点58处，其中崩塌16处，滑坡20处，泥石流沟9处，地面塌陷2处，不稳定斜坡11处。

5. 大冶—白坪—颖阳地面塌陷高易发区（$A_3$）

位于登封市南部低山丘陵区，包括颖阳、君召、石道、送表、大金店、白坪、徐庄、宣化、大冶、告成等10个乡镇的部分地区，面积262.19 km²。已发生地质灾害87处，其中崩塌32处，滑坡19处，地面塌陷36处，经济损失41 449.7万元。存在地质灾害隐患点72处，其中崩塌20处，滑坡15处，地面塌陷33处，不稳定斜坡4处。

#### 1.2.7.2 地质灾害中易发区

主要分布于登封市西北部山区和中部丘陵岗地区，面积175.98 km²，占总面积的14.42%。已发生地质灾害43处，发生经济损失159万元。存在地质灾害点43处，预测经济损失1 390.8万元。各亚区简述如下。

1. 中部石道—大金店—芦店滑坡、崩塌中易发区（B₁₋₁）

位于登封市的中部，属丘陵岗地地貌，包括君召、石道、大金店、东金店、告成、芦店、中岳区、少林办、嵩阳办等9个乡镇的部分地区，面积107.74 km²。已发生地质灾害34处，其中崩塌26处，滑坡7处，地面塌陷1处，经济损失119.1万元。存在地质灾害隐患点35处，其中崩塌25处，滑坡7处，地面塌陷1处，不稳定斜坡2处。

2. 颖阳—石道北部山区滑坡、崩塌中易发区（B₁₋₂）

位于登封市的西北部，属低山岗地地貌，面积68.24 km²。已发生地质灾害9处，其中崩塌6处，滑坡2处，地面塌陷1处，经济损失39.9万元。存在地质灾害隐患点8处，其中崩塌5处，滑坡2处，地面塌陷1处。

#### 1.2.7.3 地质灾害低易发区

位于登封市的中部，属丘陵岗地地貌，涉及包括君召、石道、大金店、东金店、告成、芦店、中岳区、少林办、嵩阳办等9个乡镇的部分地区，面积315.95 km²。已发生地质灾害3处，其中崩塌2处，滑坡1处，经济损失4.4万元。存在地质灾害隐患点3处。

### 1.2.8 地质灾害重点防治区

登封市地质灾害重点防治区总面积728.07 km²，占全市总面积的59.68%，分布在登封市南部和北部的中低山及丘陵区（见表3-1-8、图3-1-4）。

表3-1-8 登封市地质灾害重点防治分区表

| 分区名称 | 分区代号 | 亚区名称 | 亚区代号 | 面积（km²） | 灾害点（处） | 隐患点（处） | 特大型、大型隐患点（处） |
|---|---|---|---|---|---|---|---|
| 重点防治区 | A | 北部山区滑坡、崩塌、泥石流重点防治亚区 | A₁ | 231.88 | 56 | 58 | 5 |
| | | 南部低山和东部丘陵区崩塌、滑坡、地面塌陷重点防治亚区 | A₂ | 496.19 | 142 | 127 | 36 |
| 合计 | | | | 728.07 | 198 | 185 | 41 |

#### 1.2.8.1 北部山区滑坡、崩塌、泥石流重点防治亚区（A₁）

位于登封市北部，涉及唐庄乡、中岳区、嵩阳办、少林办、嵩山管理委员会、少林寺管理局、大金店镇、石道乡、君召乡、颖阳镇等10个乡镇，面积231.88 km²。世界著名旅游景区少林寺景区和嵩山景区均在该区。该区存在地质灾害隐患点58处，地质灾害

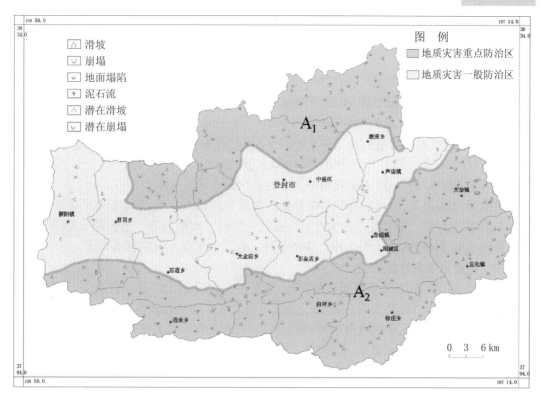

**图3-1-4　登封市重点防治分区图**

的主要类型为泥石流、滑坡、崩塌等，特大型、大型地质灾害隐患点5处，预测直接经济损失4 377.2万元。

### 1.2.8.2　南部低山和东部丘陵区崩塌、滑坡、地面塌陷重点防治亚区（A₂）

位于登封市南部和东部，是煤炭、铝土资源集中开采区。涉及大冶镇、告成镇、宣化镇、徐庄乡、大金店镇、白坪乡、东金店乡、送表矿区、石道乡、君召乡、颖阳镇等11个乡镇及矿区，面积496.19 km²。存在地质灾害隐患点127处，地质灾害的主要类型为地面塌陷、滑坡、崩塌等，预测直接经济损失71 035.4万元。

# 1.3　新密市

新密市位于郑州市西南，总面积1 001 km²。全市辖13个乡镇、3个办事处，307个行政村、2 739个自然村，总人口78.16万人。全市平均人口密度780.8 人/km²，耕地面积64万亩。主要开采利用煤炭、铝钒土、石灰石、硅石等矿产资源。

## 1.3.1　地质环境概况

### 1.3.1.1　地形地貌

新密市地处低山丘陵区，地势西北高、东南低，西、北、南三面环山，中部丘壑相间，东部地势较为平坦。海拔一般350~825 m，最高海拔1 108.5 m，最低海拔114 m。地貌可划分为构造侵蚀低山、构造剥蚀丘陵、冲洪积平原3种类型。

#### 1.3.1.2 气象、水文

新密市属温带大陆性半干旱气候，四季分明，雨量适中。年平均气温14.3 ℃，7月最高气温42 ℃，1月最低气温-14.3 ℃，多年平均降水量658.4 mm，最高达1 058.8 mm（2003年），最小降水量为73.98 mm（1996年），日最大降水量103.5 mm（1982年8月22日），最大1小时降水量97.1 mm（1982年8月22日），10 min最大降水量为29.7 mm（1982年8月22日），降水日数90 d。年内降水量分配不均，主要集中于6~8三个月，占全年降水量的54%左右。降水主要集中分布在新密市中部以及东部一带。

境内河流30余条，以五指岭主峰为界，北属黄河水系，南部属淮河水系。主要河流有双洎河、绥水、溱水河、妥水河、洧水河、泽河、椿板河等。地表径流量随季节变化，夏秋季节流量较大。主要水库有李湾水库、红石峡水库、云岩宫水库等。

#### 1.3.1.3 地层岩性与地质构造

新密市基岩出露区占全市面积的3/5，地层由太古界、元古界、古生界、新生界等地层组成。地质构造特征明显，基底、盖层分明。基底构造表现在下元古界内的紧密褶皱，轴向近南北、轴面向西或向东倾斜的复式背斜和向斜、断裂比较发育。

#### 1.3.1.4 新构造运动与地震

区内新构造运动在燕山运动所塑造的构造骨架基础上，有着明显的继承性。新构造形态和迹象表明主要为升降运动。在嵩山、箕山地区发育着悬谷、溶洞、溶蚀洼地等，并成数层分布，亦是新构造运动间歇性上升的标志。区内升降运动总的趋势是西及西北部山区相对上升，而东部平原区则发生相对振荡下降。

#### 1.3.1.5 水文地质、工程地质

新密市地下水类型划分为松散岩类孔隙水、碎屑岩类孔隙裂隙水、碳酸盐岩岩溶裂隙岩溶水、基岩裂隙水。根据岩土体特征，将新密市岩土体划分为4个工程地质岩组，即厚层稀裂状较软石英片岩组，中厚层稀裂状中等岩溶化硬白云岩组，中厚层具泥化夹层软粉砂岩组，砂卵石、中细砂双层土体。

### 1.3.2 人类工程活动

主要人类工程活动有矿业开发、交通工程建设、水利工程建设、切坡建房等，其中以矿业开发规模最大，对地质环境影响程度亦最高。

#### 1.3.2.1 矿业开发

矿业开发是新密市最主要的人类工程活动，矿业开发造成了大量地质环境问题，如滑坡、崩塌、地面塌陷、地裂缝地质灾害，矿渣堆放可能造成泥石流隐患，矿坑排水疏干破坏地下水系统平衡，废水排放形成环境污染等。

#### 1.3.2.2 交通工程建设

新密市境内有郑少高速、郑尧高速、S316、S321、S232、S323等公路。交通线路建设中产生了大量边坡开挖（如郑少高速公路、S316公路），部分地段形成滑坡、崩塌隐患，危及过往车辆及行人安全。

#### 1.3.2.3　水利工程建设

市域内兴建了数座中小型水库及多条灌渠，水库建设中的库岸边坡不稳，易对水库及库坝下村庄及耕地形成威胁。

#### 1.3.2.4　切坡建房

低山区及黄土丘陵区，居民切坡建房较为普遍，由此形成的高陡坡易产生崩塌及滑坡危险，尤其是东北部黄土丘陵区，因黄土崩塌已造成多起人员伤亡事故。

### 1.3.3　地质灾害的类型及特征

#### 1.3.3.1　地质灾害类型

新密市已发生地质灾害92处（见表3-1-9），其中，地面塌陷84处，占已发生灾害总数的91.3%；崩塌7处，占已发生灾害总数的7.6%；滑坡1处，占已发生灾害总数的1.1%。

表3-1-9　新密市地质灾害类型及数量分布统计表　　　　（单位：处）

| 乡镇 | 地质灾害类型 | | | | | | 合计 |
|---|---|---|---|---|---|---|---|
| | 滑坡 | 崩塌 | 泥石流 | 不稳定斜坡 | 地裂缝 | 地面塌陷 | |
| 牛店镇 | | 3 | | | | 14 | 17 |
| 米村镇 | | | | | | 6 | 6 |
| 西大街 | | | | | | 1 | 1 |
| 新华路 | | | | | | 2 | 2 |
| 城关镇 | | | | | | 6 | 6 |
| 平陌镇 | | 1 | | | | 7 | 8 |
| 超化镇 | | | | | | 11 | 11 |
| 来集镇 | | 1 | | | | 17 | 18 |
| 苟堂镇 | | | | | | 2 | 2 |
| 岳村镇 | | | | | | 11 | 11 |
| 刘寨镇 | | | | | | 2 | 2 |
| 白寨镇 | 1 | 2 | | | | 5 | 8 |
| 袁庄乡 | | | | | | | |
| 大隗镇 | | | | | | | |
| 合计 | 1 | 7 | | | | 84 | 92 |

#### 1.3.3.2　地质灾害特征

新密市地质灾害主要分布于新密市中部、西部及东北部一带，行政区域涉及牛店镇、米村镇、城关镇、平陌镇、超化镇、来集镇、苟堂镇、岳村镇、刘寨镇和白寨镇等12个乡镇。以地面塌陷为主，规模一般较大。黄土区以崩塌为主，规模小。

1. 滑坡

已发生滑坡1处，规模为小型。位于白寨镇杨树岗村，主要是因为在开挖山体时，把废弃的碎石土堆积于山坡上，在雨季期间，由于自重力的增加，引起下滑，把山坡下的房屋推倒，当场砸死两人。

2. 崩塌

共发生崩塌7处，大型1处，小型6处；岩质2处，土质5处。共形成土石方量2.304 2万 $m^3$。

土质崩塌是本市最主要的崩塌种类，其主要表现特征为剥落，崩塌多发生于黄土冲沟内陡峭直立的黄土壁临空面一侧，崩塌规模均为小型，体积84～10 000 $m^3$不等，但因其突发性强，危害性较大。岩质崩塌多因采矿形成，崩塌体岩性主要为寒武系灰岩、二叠系石英砂岩和石炭系铝土页岩等，因采矿工艺不当或切坡后未实施卸载或护坡所致。

3. 地面塌陷

地面塌陷是新密市最主要的地质灾害，全部为采矿引发的地面塌陷，范围广，分布于中西部的牛店、超化、平陌、岳村、米村、来集、白寨等乡镇。地面塌陷规模，大型17处、中型32处、小型35处。

地面塌陷的形成机制是，地下矿层大面积采空后，上部岩层失去支撑，产生移动变形，原有平衡条件被破坏，随之产生弯曲、塌落，以致发展到使地表下沉变形。塌陷坑在地表上表现为凹陷盆地形态，剖面形态为缓漏斗状，常称移动盆地或开采塌陷盆地。其四周略高，中间稍低，中心深度一般为0.5～10.0 m，平均为5 m，边缘与非塌陷区逐渐过渡，其间没有明显的界线。凹陷盆地平面形态多为近长条形，其次为方形、近圆形，长度一般为60～2 500 m，宽度一般为60～2 000 m，面积大于采空区面积。这主要是由于煤矿开拓巷道多为长方形布局而形成的，煤层厚度不等，最薄为2 m，最厚为山西组的二₁煤层，达5～10 m。由于开采煤层厚度不同，覆盖层厚薄不一，形成不同程度的塌坑和积水湖。全市塌坑的积水面积为5.2 $km^2$，若干个塌陷坑连为一体，形成大的塌陷区。

## 1.3.4　地质灾害灾情

新密市已发生地质灾害92处，类型为地面塌陷、崩塌、滑坡3种。按照灾情大小，特大型4处、大型7处、中型27处、小型54处。按灾害类型划分，地面塌陷84处，造成经济损失19 194万元；崩塌7处，直接经济损失32万元；滑坡1处，造成4人死亡，直接经济损失20万元。

## 1.3.5　地质灾害隐患点的特征及险情评价

### 1.3.5.1　地质灾害隐患点分布特征

新密市地质灾害隐患点103处（见表3-1-10），类型以地面塌陷、崩塌、滑坡为主。其中，地面塌陷84处，占地质灾害隐患点总数的81.55%；滑坡6处，占地质灾害隐患点总数的5.83%；崩塌12处，占地质灾害隐患点总数的11.65%；不稳定斜坡1处，占地质灾害隐患点总数的0.97%。

表3-1-10　新密市地质灾害隐患点分布统计表　　　　　（单位：处）

| 乡　镇 | 地质灾害类型 | | | | | | 合　计 |
| --- | --- | --- | --- | --- | --- | --- | --- |
| | 滑坡 | 崩塌 | 泥石流 | 不稳定斜坡 | 地裂缝 | 地面塌陷 | |
| 牛店镇 | 1 | | | 1 | | 14 | 16 |
| 米村镇 | | | | | | 6 | 6 |
| 西大街 | | | | | | 1 | 1 |
| 新华路 | | | | | | 2 | 2 |
| 城关镇 | | | | | | 6 | 6 |
| 平陌镇 | 1 | 2 | | | | 7 | 10 |
| 超化镇 | | 5 | | | | 11 | 16 |
| 来集镇 | | | | | | 17 | 17 |
| 苟堂镇 | | | | | | 2 | 2 |
| 岳村镇 | 2 | 3 | | | | 11 | 16 |
| 刘寨镇 | | | | | | 2 | 2 |
| 白寨镇 | 1 | 1 | | | | 5 | 7 |
| 袁庄乡 | | 1 | | | | | 1 |
| 大隗镇 | 1 | | | | | | 1 |
| 合　计 | 6 | 12 | | 1 | | 84 | 103 |

　　地面塌陷隐患点主要分布在牛店镇、米村镇、来集镇、超化镇、平陌镇、岳村镇、白寨镇等煤矿采空区；崩塌隐患点主要分布在平陌镇、超化镇、岳村镇、白寨镇、袁庄乡；滑坡隐患点主要分布在牛店镇、平陌镇、岳村镇、白寨镇、大隗镇；不稳定斜坡主要分布在牛店镇。

### 1.3.5.2　地质灾害隐患点险情评价

　　在103个地质灾害隐患点中，险情特大型8处、大型24处、中型29处、小型42处。按灾种分，滑坡险情中型1处、小型5处；崩塌险情中型4处、小型8处；不稳定斜坡险情小型1处；地面塌陷险情特大型7处、中型25处、小型28处。

　　地质灾害隐患点共威胁到30 991人。按灾害种类统计，地面塌陷隐患点84处，威胁人数30 277人，耕地17 825亩，房屋80 357间，预测经济损失50 337.2万元。崩塌隐患点12处，威胁人数94人，耕地20亩，房屋110间，预测经济损失137.2万元。滑坡隐患点6处，威胁人数605人，耕地50亩，房屋1 205间，预测经济损失711万元。不稳定斜坡隐患点1处，威胁人数15人，房屋10间，预测经济损失5万元。

## 1.3.6　特大型、大型地质灾害隐患点分布

　　全市共有32处特大型和大型地质灾害隐患点，均为地面塌陷，主要分布在牛店镇、米村镇、城关镇、新华路办事处、超化镇、来集镇、岳村镇、白寨镇、刘寨镇及苟堂镇

（见表3-1-11）。

表3-1-11 重要地质灾害隐患点危险性初步评估与预测结果表

| 序号 | 乡镇 | 室内编号 | 位置 | 灾害类型 | 规模 | 险情 | 威胁对象 | | 稳定性 | 危险性预测 |
|---|---|---|---|---|---|---|---|---|---|---|
| | | | | | | | 人口（人） | 资产（万元） | | |
| 1 | 牛店镇 | XM001 | 李湾村 | 地面塌陷 | 中型 | 大型 | 700 | 400 | 差 | 次危险 |
| 2 | | XM002 | 李湾村 | 地面塌陷 | 中型 | 大型 | 600 | 330 | 差 | 次危险 |
| 3 | | XM003 | 李湾村 | 地面塌陷 | 中型 | 大型 | 300 | 400 | 差 | 危险 |
| 4 | | XM014 | 石匠窑村 | 地面塌陷 | 小型 | 大型 | 280 | 676 | 差 | 危险 |
| 5 | | XM015 | 高村 | 地面塌陷 | 小型 | 大型 | 800 | 4 030 | 较差 | 危险 |
| 6 | | XM017 | 谭湾村 | 地面塌陷 | 中型 | 特大型 | 1 750 | 1 500 | 较差 | 危险 |
| 7 | | XM018 | 打虎亭村 | 地面塌陷 | 中型 | 大型 | 900 | 1 000 | 差 | 次危险 |
| 8 | 米村镇 | XM021 | 宋村 | 地面塌陷 | 小型 | 大型 | 300 | 550 | 差 | 次危险 |
| 9 | 城关镇 | XM026 | 下庄村 | 地面塌陷 | 小型 | 大型 | 320 | 507 | 差 | 次危险 |
| 10 | | XM027 | 下庄村 | 地面塌陷 | 小型 | 大型 | 280 | 560 | 差 | 次危险 |
| 11 | | XM029 | 东瓦店村 | 地面塌陷 | 大型 | 大型 | 500 | 700 | 差 | 次危险 |
| 12 | | XM111 | 翟沟村 | 地面塌陷 | 中型 | 大型 | 570 | 550 | 差 | 危险 |
| 13 | 新华路办事处 | XM033 | 五里店村 | 地面塌陷 | 大型 | 特大型 | 3 000 | 4 200 | 差 | 危险 |
| 14 | 平陌镇 | XM037 | 界河村 | 地面塌陷 | 中型 | 特大型 | 1 500 | 2 620 | 差 | 次危险 |
| 15 | 超化镇 | XM046 | 王村 | 地面塌陷 | 小型 | 大型 | 200 | 420 | 差 | 次危险 |
| 16 | | XM049 | 郑家庄村 | 地面塌陷 | 小型 | 特大型 | 1 500 | 1 950 | 较差 | 危险 |
| 17 | | XM050 | 李坡村 | 地面塌陷 | 大型 | 特大型 | 2 450 | 5 940 | 差 | 危险 |
| 18 | | XM055 | 黄固寺村 | 地面塌陷 | 大型 | 大型 | 120 | 300 | 差 | 危险 |
| 19 | | XM057 | 申沟村 | 地面塌陷 | 中型 | 大型 | 450 | 800 | 差 | 危险 |
| 20 | | XM058 | 杏树岗村 | 地面塌陷 | 大型 | 特大型 | 4 200 | 8 000 | 较差 | 危险 |
| 21 | 来集镇 | XM065 | 郭岗村 | 地面塌陷 | 大型 | 大型 | 350 | 560 | 较差 | 危险 |
| 22 | | XM068 | 沟北村 | 地面塌陷 | 大型 | 大型 | 220 | 450 | 差 | 次危险 |
| 23 | | XM075 | 赵沟村 | 地面塌陷 | 中型 | 大型 | 760 | 120 | 差 | 次危险 |
| 24 | | XM077 | 翟坡村 | 地面塌陷 | 大型 | 大型 | 400 | 550 | 差 | 次危险 |
| 25 | | XM110 | 桧树亭村 | 地面塌陷 | 大型 | 大型 | 600 | 600 | 差 | 危险 |
| 26 | 岳村镇 | XM084 | 司家门村 | 地面塌陷 | 小型 | 大型 | 280 | 350 | 差 | 危险 |
| 27 | | XM088 | 赵寨村 | 地面塌陷 | 中型 | 特大型 | 1 060 | 1 000 | 差 | 次危险 |
| 28 | 白寨镇 | XM099 | 牌坊沟村 | 地面塌陷 | 大型 | 大型 | 120 | 150 | 差 | 危险 |

续表3-1-11

| 序号 | 乡　镇 | 室内编号 | 位　置 | 灾害类型 | 规模 | 险情 | 威胁对象 | | 稳定性 | 危险性预测 |
|---|---|---|---|---|---|---|---|---|---|---|
| | | | | | | | 人口（人） | 资产（万元） | | |
| 29 | 刘寨镇 | XM104 | 刘窝村 | 地面塌陷 | 中型 | 大型 | 240 | 350 | 差 | 次危险 |
| 30 | | XM105 | 崔岗村 | 地面塌陷 | 中型 | 大型 | 600 | 700 | 差 | 次危险 |
| 31 | 苟堂镇 | XM107 | 石庙村 | 地面塌陷 | 中型 | 大型 | 500 | 700 | 差 | 次危险 |
| 32 | | XM108 | 小刘寨村 | 地面塌陷 | 小型 | 大型 | 500 | 650 | 差 | 次危险 |
| 合计 | | | | | | | 26 350 | 41 613 | | |

## 1.3.7　易发程度分区

全市地质灾害易发程度分为高易发区、中易发区、低易发区3个区（见表3-1-12、图3-1-5），其中，高易发区面积448.48 $km^2$，中易发区面积262.96 $km^2$，低易发区面积289.38 $km^2$。

表3-1-12　新密市地质灾害易发程度分区表

| 等级 | 亚区 | 面积（$km^2$） |
|---|---|---|
| 高易发区 | 油房庄滑坡、崩塌高易发亚区 | 12.97 |
| | 月台滑坡、崩塌高易发亚区 | 7.4 |
| | 虎岭—莪沟滑坡、崩塌高易发亚区 | 21.1 |
| | 陈家庄—油房沟滑坡、崩塌高易发亚区 | 19.6 |
| | 牛店—超化—白寨地面塌陷、地裂缝高易发亚区 | 387.41 |
| 中易发区 | 尖山—柳树沟崩塌中易发亚区 | 156.97 |
| | 石窝—苟堂滑坡、崩塌中易发亚区 | 105.99 |
| 低易发区 | 米村—新密市—高庙地质灾害低易发亚区 | 114.87 |
| | 曲梁—大隗地质灾害低易发亚区 | 174.51 |

### 1.3.7.1　地质灾害高易发亚区

位于新密市中部，总面积448.48 $km^2$，占全市总面积的44.8%。该区地形属丘陵岗地，沟壑纵横，人类活动强烈。该区有较多采空区，隐患较多。因切坡建房，切坡坡度近乎直立，垂直节理发育，雨季易造成崩塌、滑坡。该区地质灾害隐患点101处，受威胁人数51 956人，预测经济损失75 517.0万元。

1. 油房庄滑坡、崩塌高易发亚区

该区位于白寨镇东北油房庄一带，面积12.97 $km^2$。属丘陵区，侵蚀作用强烈，沟谷发育，地形高差相对较大，上部多为第四系覆盖，出露岩性主要为上第三系（$N_1$）砂质泥灰岩，泥岩夹砂砾岩，含泥质成分较高，极易风化，雨季易发生滑坡。

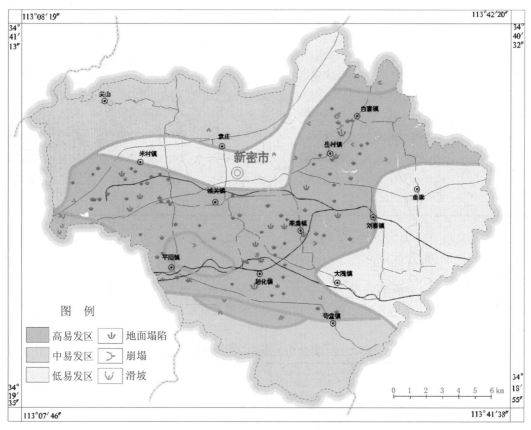

图3-1-5　新密市地质灾害易发程度分区图

2. 月台滑坡、崩塌高易发亚区

该区位于牛店镇月台村一带，面积7.4 km²。属丘陵区，地形起伏相对较大，丘陵较平缓。岩性主要为二叠系（P）砂质页岩、泥质页岩夹砂岩，节理较发育，岩石破碎，人类工程活动较多，主要为修建水库、修筑道路及切坡建房，造成斜坡失稳，形成高危斜坡。

3. 虎岭—莪沟滑坡、崩塌高易发亚区

该段位于平陌镇虎岭、大坡、刘门、龙泉、莪沟一带，面积21.1 km²。属丘陵山地，地表多为第四系亚黏土覆盖，厚度变化较大，垂直节理发育，下伏为寒武系（∈）厚层状灰岩、白云质灰岩夹页岩，裂隙岩溶较发育，但多被紫红色黏土充填。人类的工程活动主要为切坡建房，破坏了原始斜坡的稳定性，易诱发崩塌、滑坡地质灾害。

4. 陈家庄—油房沟滑坡、崩塌高易发亚区

该区位于平陌镇的白龙庙—苟堂镇楚岭村一带，面积19.6 km²。属丘陵岗地，沟谷较发育，地面多为第四系亚黏土所覆盖。该区段断裂构造发育、岩石破碎，人类工程活动较强，如修筑道路、切坡建房，破坏了斜坡的原有稳定性，在雨季易诱发滑坡和崩塌。

5. 牛店—超化—白寨地面塌陷、地裂缝高易发亚区

该区包括牛店镇、超化镇、来集镇的全部，米村、平陌、城关、岳村、白寨镇的大部分及刘寨、大隗镇的部分地区，总面积387.41 km²。地貌类型属丘陵岗地，局部为岗间倾斜平原，相对高差不大，但沟谷发育，多具土质陡坎，坎高5～10 m。断裂发育，岩性变化大。由于煤层分布广，埋藏较浅，上覆地层破碎、松散，力学强度低，人类的采矿活动，使地下形成了大面积的采空区，既无支护，又无回填，因而形成了大面积的地面塌陷，伴生了许多的地裂缝。

#### 1.3.7.2　地质灾害中易发区

1. 尖山—柳树沟崩塌中易发亚区

该区位于市域北部袁庄—朱家庵以北，面积156.97 km²。属低山丘陵区，构造活动相对强烈，地形起伏较大，出露地层较全，岩性较复杂。主要为下元古界嵩山群（$Pt_1$）、震旦系（$Z_1m$）、寒武系（$\in$）等，岩性主要为白云岩、灰岩、石英岩、砂岩、页岩等。节理裂隙较发育，岩石较破碎。人类的工程活动主要为露天采石、修筑道路及零星的切坡建房，形成的高危陡坡和临空岩体，破坏了原有岩体的稳定性，雨季易诱发崩塌、滑坡等地质灾害。

2. 石窝—苟堂滑坡、崩塌中易发亚区

该区位于新密市南部石窝—圣帝庙—苟堂以南至市界，面积105.99 km²。属低山丘陵区，地形起伏较大，构造较发育，植被较好。出露地层岩性为下元古界嵩山群（$Pt_1$）、寒武系（$\in$），主要岩性为白云岩、灰岩、石英岩、页岩等。节理较发育，页岩易风化，岩石较破碎。人类的工程活动主要为切坡建房、开山修路形成的高陡边坡，雨季易发生滑坡、崩塌等地质灾害。

#### 1.3.7.3　地质灾害低易发区

1. 米村—新密市—高庙地质灾害低易发亚区

该区位于米村、新密市、山白、高庙一带，属山前丘陵岗地，面积114.87 km²。地形平坦，植被较发育，仅有1处崩塌隐患点。

2. 曲梁—大隗地质灾害低易发亚区

该区位于市域东部，曲梁、大隗以东至市域东部边界，面积174.51 km²。属山前倾斜平原，地面起伏小，地形较平坦，基岩未出露，全为第四系所覆盖，地质条件较好，不易发生地质灾害。

## 1.3.8　重点防治区

重点防治区主要包括油房庄、牌坊沟—火石岗、月台村、耿台村、陈家庄—油房沟、牛店镇—来集镇等，总面积458.48 km²，占全市总面积的45.8%（见表3-1-13、图3-1-6）。现分述如下。

### 1.3.8.1　油房庄重点防治亚区

该区位于新密市北部，涉及白寨镇的油房庄村和杨树岗村，属丘陵地貌，防治面积14.31 km²。区内已发生地质灾害2处，主要是采石场引起的滑坡和崩塌灾害，已造成4人死亡。

表3-1-13　新密市地质灾害重点防治分区表

| 区及代号 | 亚区及代号 | 面积（km²） | 灾害点数（处） | 隐患点数（处） | 受威胁 | |
|---|---|---|---|---|---|---|
| | | | | | 人数（人） | 财产（万元） |
| 重点防治区（A） | 油房庄重点防治亚区（A₁） | 14.31 | 2 | | | 20.5 |
| | 牌坊沟—火石岗重点防治亚区（A₂） | 7.78 | 5 | 4 | 137 | 1 100 |
| | 月台村重点防治亚区（A₃） | 7.54 | 4 | 3 | 22 | 8 |
| | 耿台村重点防治亚区（A₄） | 19.83 | 1 | 1 | 22 | 30 |
| | 陈家庄—油房沟重点防治亚区（A₅） | 13.46 | 4 | 4 | 49 | 56 |
| | 牛店镇—来集镇重点防治亚区（A₆） | 395.56 | 92 | 91 | 51 837 | 74 457 |

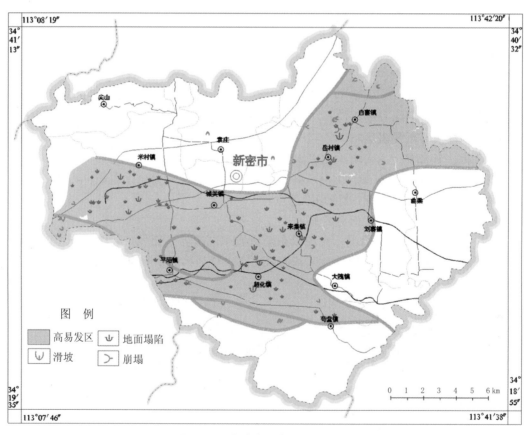

图3-1-6　新密市重点防治分区图

### 1.3.8.2　牌坊沟—火石岗重点防治亚区

该区位于新密市东北部，涉及白寨镇的王家沟、良水寨、牌坊沟、王寨村四个行政村部分村民组，属丘陵地貌，防治面积7.78 km²。有4个在建煤矿，地质灾害隐患点4处。目前造成地面塌陷1处，面积0.15 km²，中心塌陷深度为3 m，规模为中型，威胁120户492人，随着采区的扩大，受威胁人数和资产会有所增加。该区有2处采石场，已发现的崩塌2处，滑坡2处，仍存在隐患。特别是白寨镇的王寨村八组滑坡，后缘拉张裂缝十分发育，裂缝宽0.5～2 m，深0.5～3 m，随时可能发生危险，应及时加以防范。

### 1.3.8.3　月台村重点防治亚区

该区位于新密市西部，涉及牛店镇月台村、谢窑村、郭家门村部分村民组，属丘陵地貌，防治面积7.54 km²。区内地层主要是第四系亚黏土，居民切坡建房居多，坡体较陡，容易引起土体崩塌，应及时避让，进行防护。

### 1.3.8.4　耿台村重点防治亚区

该区位于新密市西南部，属丘陵地貌，防治面积19.83 km²。区内地质灾害隐患点1处，威胁人数22人，威胁资产30万元。平陌镇耿台村土窑洞居多，年久失修，在雨水的浸泡下，极易引起崩塌、滑坡，7户存在崩塌隐患，应对其加强监测。

### 1.3.8.5　陈家庄—油房沟重点防治亚区

该区位于新密市的南部，涉及平陌镇禹寨村、超化镇油房沟村，属丘陵地貌，防治面积13.46 km²。区内地质灾害隐患点4处，威胁人数49人，威胁资产56万元。该区的土窑洞，在雨水长期渗透下，土体疏松，易发生崩塌。居民切坡建房较多，又未进行防护处理，存在隐患，应加强监测、防范。

### 1.3.8.6　牛店镇—来集镇重点防治亚区

该区是新密市煤矿主要开采区，人类工程活动强烈，地面塌陷地质灾害发育，包括牛店镇、来集镇、米村镇、城关镇、超化镇、苟堂镇、大隗镇、刘寨镇、岳村镇、白寨镇等10个乡镇，面积395.56 km²。重要防治地段为牛店镇—来集镇—超化镇等一些煤矿开采地，对采矿已造成开裂房屋的居民要及时搬迁，若以后再有新的矿井投产，应先搬迁后开采。

# 1.4　荥阳市

荥阳市位于郑州市西部，面积955 km²，下辖9个镇、3个乡、2个街道办事处和1个风景区管委会，282个行政村，人口59.6万人（2005年末）。该市耕地面积69万亩，主要粮食及经济作物有小麦、玉米、谷子、棉花、油料、蔬菜等。主要开采利用的矿种有煤、铝土、白云岩、石灰岩（熔剂灰岩、水泥灰岩）、黄铁、铁、黄土（水泥黏土、砖瓦用黏土）、建筑石灰岩石料、建筑用砂等。荥阳市经济发达，综合经济实力跃居全省第2位，是全国财政收入百强（县）市。全市12个乡镇中有9个乡镇跨入河南省乡镇百强行列，成为全省百强乡镇最多的市。

### 1.4.1 地质环境背景概况

#### 1.4.1.1 地形地貌

荥阳市南、西、北三面为低山丘陵环绕，中、东部为冲积平原。地形特点为南、西、北高，东、中部低。海拔在300~700 m。按地貌形态、成因类型，市域地貌可划分为侵蚀剥蚀山区、黄土丘陵岗地、山前冲洪积平原和河流漫滩阶地4种类型。

#### 1.4.1.2 气象、水文

荥阳市属暖温带大陆性季风气候，多年平均气温14.3 ℃，多年平均降水量645.5 mm，历年来最大降水量1 048.5 mm，最小降水量318.9 mm。但降水时间分布不均，多年月平均降水量以6~8月最高，占全年降水总量的55%~60%。

荥阳市地跨黄河、淮河两大流域。主要河流有黄河、汜水河、枯河、索河、贾峪河、须水河等。

#### 1.4.1.3 地层岩性与地质构造

市域内出露地层主要有新生界第四系（Q）、新生界新近系（N）、中生界三叠系（T）、上古生界二叠系（P）和石炭系（C）、下古生界奥陶系（O）与寒武系（∈）、中元古界马鞍山组（$Pt_2$）。

构造以断裂为主，褶皱构造不甚发育。主要褶皱构造有五指岭背斜（五指岭—白寨背斜）。主要构造有徐庄断层（$F_1$）、李新寨断裂（$F_2$）、须水断层（$F_3$）、郭小寨断层（$F_4$）等。

#### 1.4.1.4 新构造运动与地震

荥阳市新构造运动主要表现为，南部及西南部基岩区持续抬升，遭受侵蚀、剥蚀，中部平原区长期下降，接受新生代河流相、湖沼相及山麓洪积的陆源碎屑沉积。荥阳市地震基本烈度为Ⅶ度。

#### 1.4.1.5 水文地质

荥阳市地下水可划分为松散岩类孔隙水、碎屑岩类裂隙水、碳酸盐岩类裂隙岩溶水和基岩裂隙水4种类型。平原区地下水位埋藏浅且水量丰富。山区及丘陵区，地形坡度大，切割强烈，沟谷纵横，使降水大量流失，地下水位埋藏深而水量变化较大。

#### 1.4.1.6 工程地质岩组

按地貌、地层岩性、岩土体坚硬程度及结构特点，荥阳市岩土体工程地质类型分为松散土体类、半坚硬岩类、坚硬岩类3类。其中松散土体类主要分布在黄土丘陵区、岗前平原区及河流两侧；半坚硬岩类主要分布于市域西南、南部丘陵地段；坚硬岩类主要分布于南部山区。

### 1.4.2 人类工程活动特征

主要人类工程活动有矿山开采、交通工程建设、切坡建房等。

矿山开采是荥阳市最主要的人类工程活动，矿山开采造成如滑坡、崩塌、地面塌陷、地裂缝等地质灾害。

荥阳市交通较发达，有陇海铁路、310国道、连霍高速、郑西客运专线等重要生命线工程，各乡（镇）级、村级公路密集分布，这些交通工程建设中产生了大量边坡开挖（如连霍高速公路），部分地段形成滑坡、崩塌隐患，危及过往车辆及行人安全。

中低山区及黄土丘陵区，因受地形条件制约，居民切坡建房较为普遍，由此形成的高陡坡易产生崩塌及滑坡危险，尤其是西、北部黄土丘陵区，因黄土崩塌已造成多起人员伤亡事故。

## 1.4.3　地质灾害类型及特征

### 1.4.3.1　地质灾害类型

荥阳市地质灾害类型有崩塌（河流塌岸）、滑坡、地面塌陷（及伴生地裂缝群）、不稳定斜坡、泥石流5种，共257处（见表3-1-14）。从灾种看，以崩塌数量最多，计167处，占总数的65.0%。其次是不稳定斜坡，计61处，占总数的23.7%。

表3-1-14　荥阳市地质灾害类型及数量分布统计表　　（单位：处）

| 乡镇 | 地质灾害类型 | | | | | 合计 |
|---|---|---|---|---|---|---|
| | 崩塌 | 滑坡 | 不稳定斜坡 | 地面塌陷 | 泥石流 | |
| 广武镇 | 30 | | 3 | | | 33 |
| 高村乡 | 8 | 1 | | | | 9 |
| 王村镇 | | | | 1 | | 1 |
| 汜水镇 | 6 | 3 | 13 | | | 22 |
| 高山镇 | 12 | 1 | 13 | 2 | | 28 |
| 刘河镇 | 11 | | 2 | 2 | | 15 |
| 环翠峪 | 2 | | 6 | | | 8 |
| 崔庙镇 | 70 | 1 | 9 | 9 | 1 | 90 |
| 豫龙镇 | | | 1 | | | 1 |
| 贾峪镇 | 13 | 1 | 7 | 5 | | 26 |
| 乔楼镇 | 4 | 1 | 4 | | | 9 |
| 索河办 | 3 | | | 1 | | 4 |
| 城关乡 | 8 | | 3 | | | 11 |
| 合计 | 167 | 8 | 61 | 20 | 1 | 257 |

### 1.4.3.2　地质灾害特征

已发生的地质灾害分布于荥阳市12个乡镇。从地域分布看，集中在南部刘河—崔庙—贾峪煤矿开采区、建筑石灰岩石料矿采区及西部、北部沿黄河黄土丘陵、冲沟分布区。

1.崩塌（河流塌岸）

山体崩塌是荥阳市数量最多的地质灾害种类，共发生山体崩塌与河流塌岸167处，其中，山体崩塌165处，河流塌岸2处。其中，规模为巨型2处、大型2处、中型25处、小型138处。

土质崩塌164处，多发生于黄土冲沟内陡峭直立的黄土壁临空面一侧，崩塌规模多为小型，体积100～8 000 m³不等。岩质崩塌1处，位于南部环翠峪二郎庙落鹤涧，崩塌体岩性主要为寒武系灰岩，崩塌的形成为降水所致。

河流塌岸主要集中在黄河南岸，塌岸产生原因为河堤土质松散，植被较差，汛期水流速度快、水位高，对河流凹岸产生强烈的冲刷侵蚀，致使河岸下部形成凹槽，上部悬空，经过长期侵蚀，形成塌岸带。

**2. 滑坡**

滑坡共8处，其中规模为中型3处、小型5处。主要分布于高村、汜水、高山、崔庙、贾峪及乔楼6个乡镇。其诱发因素均与切坡修路、采矿开挖等人为活动有关。以土质滑坡为主，共7处，岩性以第四系上更新统（$Q_3$）黄土状粉土为主，部分滑体夹大量碎石型。

**3. 不稳定斜坡**

不稳定斜坡共61处，按岩性分，岩质4处、矿渣及石料堆积斜坡3处、土质54处；按规模分，巨型8处、大型19处、中型21处、小型13处。全市境内广泛分布，而以汜水和高山镇数量最多，各有13处。

不稳定斜坡多数位于民居周围、交通路线两侧等人为切坡形成的陡崖处。规模以中型为主；土质斜坡以$Q_2$、$Q_3$坡积土为主，纵向裂隙发育，遇水易膨胀，可塑性强，控制面多为坡积物与下伏基岩接触面。岩质斜坡岩性以灰岩、砂岩为主，多有裂隙发育，控制面多为岩石层面或节理裂隙面。

不稳定斜坡的成灾条件因位置、岩性而区别较大，多因人工开挖形成，其失稳因素以人工再开挖、降水为主，部分危岩体遇震动亦可能失稳成灾。

**4. 地面塌陷**

地面塌陷（及伴生地裂缝群）主要由采煤及开挖窑洞等人类工程活动引起。地面塌陷主要分布在高山、刘河、崔庙、贾峪4个乡镇和索河办事处辖区。

荥阳市地裂缝发育数量较多，但多属于其他灾种发育过程中衍生而成。主要分布于地下开采的煤矿采空区、窑洞采空塌陷区、黄土湿陷区等地段。

**5. 泥石流**

发现沟谷型泥石流1处，规模为中型，分布在崔庙镇卢庄村外沟组，系采矿遗弃的废土（石）堆积于沟谷内或沟谷两侧山坡形成，大量的废渣阻塞洪水通道并成为沟谷泥石流物源，属低易发泥石流。

## 1.4.4 地质灾害灾情

荥阳市已发生地质灾害194处，类型为崩塌、滑坡、地面塌陷（包括伴生地裂缝）3种，灾情为特大型1处，大型3处，中型13处，小型177处。因灾死亡12人，重伤7人，摧毁房屋9 304间，破坏农田2 907.2亩，破坏道路2 920 m，造成直接经济损失7 313.36万元。

各灾种形成灾情为，崩塌167处，直接经济损失2 104.16万元；滑坡8处，直接经济损失63.8万元；地面塌陷19处，直接经济损失5 145.4万元。

## 1.4.5　地质灾害隐患点特征及险情评价

### 1.4.5.1　地质灾害隐患点分布特征

荥阳市地质灾害集中分布于中、低山区和黄土丘陵区，尤其是冲沟侧壁、民居周围、交通路线两侧及矿山采场等人类工程活动较为强烈的地区。其中崩塌具有分布广、突发性强、发生频率高等特点，又大多位于居民居住集中的地区，尤其是窑洞密集地区，崩塌发育更为集中，危害大。

荥阳市崩塌、滑坡及不稳定斜坡主要分布于北部、西部黄土丘陵区及南部中低山区地形陡峻、风化强烈的斜坡地带。而地面塌陷（及伴生地裂缝群）主要分布于南部山间凹地区，涉及刘河、崔庙、贾峪3个乡镇，因区内矿点较多，采矿业较盛，由此带来的地面塌陷较为严重，影响范围大，涉及人员较多。

### 1.4.5.2　地质灾害隐患点险情评价

全市有257处地质灾害隐患点。其中，险情特大型9处、大型75处、中型132处、小型41处。按灾种分，崩塌，险情特大型2处、大型44处、中型103处、小型18处；滑坡，险情特大型1处、大型1处、中型2处、小型4处；不稳定斜坡，险情特大型2处、大型17处、中型25处、小型17处；地面塌陷，险情特大型4处、大型13处、中型1处、小型2处；泥石流1处，险情级别为中型。

## 1.4.6　特大型、大型地质灾害隐患点

根据险情评价，共确定险情特大型9处。

### 1.4.6.1　高山镇石洞沟后窑崩塌群

位于高山镇石洞沟后窑组，土质崩塌。山体呈二级阶梯状，原始坡高70 m，坡度80°。崩塌体岩性为$Q_2$黄土状粉土，长20 m，宽15 m，厚2 m，坡度坡向180°。稳定性差，2005年7月曾发生崩塌，现威胁1 200人、1 200间房屋及1 200孔窑洞安全。

### 1.4.6.2　贾峪镇大堰村崩塌群

位于贾峪镇大堰村，土质崩塌。崩塌体岩性为$Q_3$黄土状粉土，长150 m，宽13 m，厚8 m，坡向90°。稳定性差，2003～2006年间每年汛期都曾塌过，毁坏房屋57间，威胁1 150人、1 280间房屋及80孔窑洞安全。

### 1.4.6.3　汜水镇西邢村不稳定斜坡

位于汜水镇西邢村，土质斜坡。斜坡体岩性为$Q_3$黄土状粉土，长5 400 m，宽25 m，高15 m，坡度90°，坡向85°。稳定性较差，威胁1 032人、814间房屋及814孔窑洞安全。

### 1.4.6.4　汜水镇东河南曹沟不稳定斜坡

位于汜水镇东河南曹沟，土质斜坡。斜坡体岩性为$Q_3$黄土状粉土，长4 000 m，宽25 m，高25 m，坡度90°，坡向85°。稳定性差，威胁1 024人、768间房屋及768孔窑洞安全。

### 1.4.6.5　崔庙镇老庄徐庄地面塌陷

位于徐庄煤矿采区内，塌陷面积1.0 km²。塌陷坑群列式出现，塌陷坑呈长方形，坑长13.5 m，宽2～15 m，深2～6 m。已造成1 467间房屋开裂，直接经济损失747.9万元，

影响采区内1 862人及1 000名学生、1 008间房屋。

#### 1.4.6.6 崔庙镇邵寨乔沟地面塌陷

位于顺兴、万宝煤矿采区内，塌陷面积0.562 km²。坑呈长条形，坑长8 m，宽3 m，深2 m。因塌陷已造成171户855间房屋开裂，直接经济损失427.5万元，影响采区内1 087人、516间房屋。

#### 1.4.6.7 崔庙镇邵寨阴寨地面塌陷

位于邵兴、新兴煤矿采区内，塌陷面积0.398 km²。2001年4月开始出现，2004年盛发，尚在发展。因塌陷已造成47户230间房屋出现裂缝，直接经济损失115.0万元，影响采区内1 020人、1 012间房屋。

#### 1.4.6.8 崔庙镇崔庙村陈河地面塌陷

位于陈河煤矿采区内，塌陷面积11.4 km²。1982年开始采煤活动，1985年开始出现塌陷，2005年最严重，尚在发展。因塌陷已造成1 000间房屋出现裂缝，1 070亩耕地影响耕种毁村道1 000 m，直接经济损失1 028.4万元，影响采区内1 155人、1 320间房屋。

#### 1.4.6.9 汜水镇虎牢关楼沟滑坡

位于汜水镇虎牢关楼沟，土质滑坡。滑坡体岩性为$Q_3$黄土状粉土。原始坡高56 m，坡度90°。2004年7月发生滑坡，滑坡体规模3.64万 km³，坡向45°。造成2人死亡、1人重伤，3层楼房全毁，直接经济损失达10多万元。现稳定性较差，威胁1 640人、1 230间房屋及820孔窑洞安全。

### 1.4.7 地质灾害易发程度分区

全市地质灾害易发程度分为高易发区、中易发区、低易发区、非易发区4个区，其中，高易发区面积400.3 km²，中易发区面积349.0 km²，低易发区面积111.7 km²，非易发区面积94.0 km²（见表3-1-15、图3-1-7）。

表3-1-15　荥阳市地质灾害易发程度分区表

| 等　级 | 亚　区 | 面积（km²） |
|---|---|---|
| 高易发区（A） | 广武—高村—王村—汜水—高山崩塌、滑坡高易发亚区（A_{1-1}） | 205.5 |
| | 城关—索河办—乔楼崩塌、滑坡高易发亚区（A_{1-2}） | 36.8 |
| | 环翠峪—崔庙—贾峪南部崩塌、滑坡、泥石流高易发亚区（A_3） | 79.6 |
| | 刘河—崔庙—贾峪地面塌陷高易发亚区（A_4） | 78.4 |
| 中易发区（B） | 荥阳中部崩塌、滑坡中易发区 | 349.0 |
| 低易发区（C） | 黄河北岸河漫滩 | 111.7 |
| 非易发区（D） | 荥阳东部 | 94.0 |

#### 1.4.7.1 地质灾害高易发区（A）

1. 广武—高村—王村—汜水—高山崩塌、滑坡高易发亚区（A_{1-1}）

位于广武、高村、王村、汜水及高山5个乡镇，面积205.5 km²，地貌类型为黄土丘陵和低山区。区内有地质灾害隐患点93处，其中崩塌56处、滑坡5处、地面塌陷3处、不

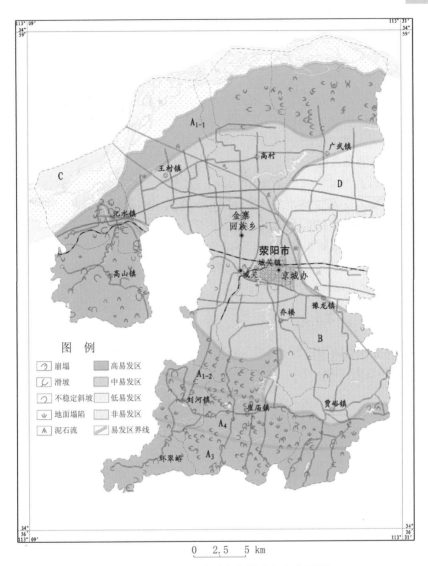

图3-1-7　荥阳市地质灾害易发程度分区图

稳定斜坡29处。该区以崩塌、滑坡为主，其次为地面湿陷。

2. 城关—索河办—乔楼崩塌、滑坡高易发亚区（A$_{1-2}$）

位于城关镇、索河办及乔楼镇的南部一带，面积36.8 km²，地貌类型为山前黄土丘陵。区内有地质灾害隐患点27处，其中崩塌23处、滑坡1处、不稳定斜坡3处。

3. 环翠峪—崔庙—贾峪南部崩塌、滑坡、泥石流高易发亚区（A$_3$）

位于环翠峪、崔庙镇及贾峪镇的南部一带，面积79.6 km²，地貌类型为中低山。区内有地质灾害隐患点50处，其中崩塌36处、滑坡1处、不稳定斜坡12处、泥石流1处。

4. 刘河—崔庙—贾峪地面塌陷高易发亚区（A$_4$）

位于刘河镇、崔庙镇、贾峪镇的中间凹地，呈近东西向长条状，面积78.4 km²。人类工程活动强烈，尤以煤矿开采最盛，随之而来的采空区地面塌陷问题极其严重。区内有地质灾害隐患点76处，其中崩塌50处、滑坡1处、不稳定斜坡9处、地面塌陷16处，是荥阳市地面塌陷地质灾害的集中分布区。

#### 1.4.7.2　地质灾害中易发区（B）

位于荥阳中部，面积349.0 km²，地貌类型为山前倾斜平原（或岗地）。地形较为平坦，冲沟较少，沟谷形态呈"U"形。区内有地质灾害隐患点11处，类型为崩塌2处、地面塌陷1处、不稳定斜坡8处。

#### 1.4.7.3　地质灾害低易发区（C）

位于荥阳北部黄河北岸，面积111.7 km²，地貌类型为河漫滩。岩性为全新统粉细砂、粉质黏土及粉土。滩区高于河床2 m左右，特大洪水被淹没。黄河岸边存在河岸崩塌灾害，属地质灾害低易发地区。

#### 1.4.7.4　地质灾害非易发区（D）

位于荥阳东部，面积94.0 km²，地貌类型为冲积平原。地形相对平坦，冲沟不发育，属地质灾害非易发地区。

### 1.4.8　地质灾害重点防治区

荥阳市共确定重点防治区面积400.3 km²，占市域面积的41.9%，细分为4个重点防治亚区（见表3-1-16、图3-1-8）。

表3-1-16　地质灾害重点防治分区表

| 分区名称 | 亚区 | 代号 | 面积（km²） | 占全市面积（%） | 威胁对象 |
|---|---|---|---|---|---|
| 重点防治区 | 西北部黄土丘陵以崩塌、滑坡为主重点防治亚区 | A₁ | 205.5 | 21.5 | 居民、道路、耕地、河堤、建筑、景区 |
| | 山前黄土丘陵以崩塌、滑坡为主重点防治亚区 | A₂ | 36.8 | 3.9 | 居民、道路、建筑 |
| | 南部中低山以崩塌、滑坡、泥石流为主重点防治亚区 | A₃ | 79.6 | 8.3 | 居民、道路、建筑、景区 |
| | 南部山间凹地以地面塌陷为主重点防治亚区 | A₄ | 78.4 | 8.2 | 居民、道路、耕地、建筑 |

#### 1.4.8.1　西北部黄土丘陵以崩塌、滑坡为主重点防治亚区（A₁）

该亚区地貌类型为黄土丘陵及低山，面积205.5 km²，包括广武、高村、王村的北部及汜水、高山镇。有地质灾害隐患点93处，以崩塌、滑坡为主，其次为黄土湿陷引起的地面塌陷。重点防治点有汜水镇的东河南曹沟、西邢村及虎牢关楼沟，高山镇的石洞沟后窑。区内有汉霸二王城遗址、河王水库及唐岗水库、南水北调及西气东输工程、连霍高速、陇海铁路等重点工程和交通枢纽。

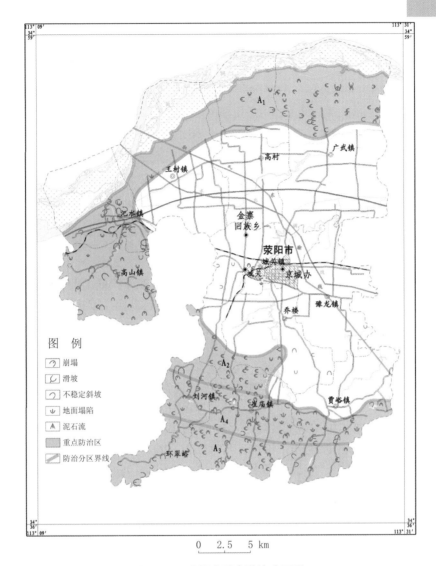

图3-1-8 荥阳市重点防治分区图

#### 1.4.8.2 山前黄土丘陵以崩塌、滑坡为主重点防治亚区（A₂）

该亚区地貌类型为黄土丘陵，面积36.8 km²，主要包括城关—乔楼的南部等地。岩性为黄土，冲沟发育，沟间多为条形黄土平台或黄土岗。有地质灾害隐患点27处，包括崩塌23处、不稳定斜坡3处、滑坡1处。

#### 1.4.8.3 南部中低山以崩塌、滑坡、泥石流为主重点防治亚区（A₃）

该亚区地貌类型为中低山，面积79.6 km²，包括环翠峪风景区、崔庙及贾峪镇的南部地区。出露岩性主要为厚层状坚硬灰岩、砂岩组及半坚硬泥岩、泥灰岩组等。区内石料开采最盛，崩塌、滑坡及泥石流灾害较为发育，有地质灾害隐患点50处。

#### 1.4.8.4 南部山间凹地以地面塌陷为主重点防治亚区（A₄）

该亚区面积78.4 km²，包括刘河—崔庙—贾峪的中间凹地，地形平缓。区内煤矿开采最盛，由此导致地面塌陷（伴生地裂缝群）灾害相当严重，斜坡类地质灾害如崩塌、滑坡次之。区内有地质灾害隐患点76处，其中地面塌陷16处。

# 1.5 新郑市

新郑市位于郑州市南部，全市辖辛店镇、梨河镇、龙湖镇、孟庄镇、薛店镇、新村镇、郭店镇、观音寺镇、和庄镇、城关乡、龙王乡、八千乡、新建路街道办事处、新烟街道办事处、新华路街道办事处，共339个行政村、1 124个自然村，人口63万人，总面积873 km²。

## 1.5.1 地质环境背景概况

### 1.5.1.1 地形地貌

新郑市地势西高东低，西部为低山丘陵区，东部为平原，低山前缘和西北部为山前坡洪积岗地，京广铁路以东多沙丘岗地。区内最高处为具茨山主峰风后岭，海拔793 m。最低处为东南部赵楼，海拔87.5 m，一般海拔140～200 m。

### 1.5.1.2 气象、水文

新郑市属暖温带大陆性季风气候，气候温和，雨量适中，光照充足。据新郑市气象局资料记载，多年平均气温14.2 ℃，酷热天气出现在6～8月，7月最高，平均气温27.3 ℃，历年极端最高气温为42.5 ℃（出现在1967年6月6日和1972年6月11日）；1月气温最低，平均为0.0 ℃，历年极端最低气温为-15.1 ℃（1971年12月27日）。多年平均蒸发量1 859.7 mm，年平均无霜期213 d，年均日照时数为2 368.4 h。多年平均降水量683.64 mm（据1985～2005年资料），年最大降水量为1 174.0 mm（1964年），最小降水量为449.4 mm（1966年），保证率70%的年份降水量为600 mm。最大24 h降水量135.8 mm（2000年），最大1 h降水量77 mm（2000年），30 min最大降水量为46.7 mm（2001年）。

新郑市属淮河流域。主要河流有双洎河、黄水河、溱水河、梅河、十七里河、十八里河等，除双洎河、黄水河、溱水河外，其他河流均为季节性河流。

### 1.5.1.3 地层岩性与地质构造

地层分布比较简单，仅西南部、西北部有小面积基岩出露，其他地区均为第四纪松散堆积物。

新郑市位于秦岭纬向构造东端。区内构造属区域五指岭—白寨复背斜、新密—新郑复向斜、荟萃山—风后岭背斜的东部倾伏端部位，褶皱、断裂发育，构造较复杂。断裂构造多为高角度正断层，并均被第四系地层覆盖。

### 1.5.1.4 新构造运动与地震

区内新构造运动以升降运动为主，表现为西部部分地区上升为剥蚀区，基岩裸露，如风后岭地区。东部地区表现为大幅度的沉降，形成凹陷，接受新生代沉积，第四纪沉积物发生柔性变形，形成平缓的褶曲。新郑市地震动峰值加速度为0.1$g$，相当于地震基本烈度为Ⅶ度。

#### 1.5.1.5　水文地质、工程地质

根据区内地下水赋存条件、介质孔隙的成因及水文地质特征，工作区地下水类型分为松散岩类孔隙水、碎屑岩类孔隙裂隙水、碳酸盐岩类裂隙岩溶水、基岩裂隙水。岩土体可划分为厚层稀裂状硬石英砂岩组，互层状半坚硬砂岩、石英砂岩、黏土岩岩组，黄土、黄土状土单层土体，亚黏土、亚砂土、砂多层土体等4个工程地质岩组。

#### 1.5.1.6　人类工程经济活动特征

主要人类工程活动有矿山开采、交通线路建设、水利工程建设等。

### 1.5.2　地质灾害类型及特征

#### 1.5.2.1　地质灾害类型

新郑市已发生的地质灾害主要有滑坡、崩塌、地面塌陷及伴生地裂缝等类型灾害。根据调查，已发生地质灾害16处，其中滑坡4处，崩塌6处，地面塌陷6处（见表3-1-17）。

表3-1-17　地质灾害类型统计表

| 地质灾害类型 | 数量（处） | 占总数比例（％） |
|---|---|---|
| 崩塌（土质崩塌） | 6 | 37.5 |
| 滑坡（土质滑坡） | 4 | 25 |
| 地面塌陷 | 6 | 37.5 |
| 合计 | 16 | 100 |

#### 1.5.2.2　地质灾害特征

1. 崩塌

崩塌地质灾害6处，为土质崩塌，分布于辛店镇和新华路办事处，规模均为小型，崩塌致3人死亡，毁房20间、窑洞8孔、耕地10亩（见表3-1-18）。

表3-1-18　崩塌主要特征一览表

| 编号 | 位置 | | | 灾害点类型 | 出现时间（年-月） | 规模 | 灾情 | 变形特征 | 稳定性评价 |
|---|---|---|---|---|---|---|---|---|---|
| | 乡镇 | 村 | 组 | | | | | | |
| XZ-01 | 辛店镇 | 马沟 | 老张沟 | 土质崩塌 | 1979-09 | 小型 | 死亡2人，毁房12间 | 坡顶有裂缝 | 差 |
| XZ-03 | 辛店镇 | 马沟 | 白家沟 | 土质崩塌 | 1983-07 | 小型 | 毁坏窑洞8孔 | 坡顶有裂缝 | 较差 |
| XZ-04 | 辛店镇 | 千户寨 | 寨后沟 | 土质崩塌 | 1996-07 | 小型 | 死亡1人，毁房3间 | 坡顶有裂缝 | 差 |
| XZ-05 | 辛店镇 | 千户寨 | 土门后 | 土质崩塌 | 2004-08 | 小型 | 毁房1间 | 坡顶有裂缝 | 差 |
| XZ-31 | 新华路办事处 | 五宅庄 | | 土质崩塌 | 2003-06 | 小型 | 毁房4间 | 坡顶有裂缝 | 差 |
| XZ-32 | | 双龙寨 | | 土质崩塌 | 2001-07 | 小型 | 毁坏耕地10亩 | 坡顶有裂缝 | 差 |

崩塌多发育在低山丘陵区和双洎河两岸，人类工程活动对崩塌的形成有较大影响。崩塌体主要为粉质黏土，坡体结构松散，孔隙、裂隙发育。

2. 滑坡

滑坡集中分布于辛店镇，为低山丘陵区。滑坡均为土质滑坡，平面形态以不规则、圈椅形为主，剖面形态多为直线及台阶形，规模均为小型。滑坡致5人死亡，毁房8间、窑洞5孔。

滑坡的物质构成主要为碎石土、亚黏土、亚砂土，其抗剪强度低，岩体风化后破碎程度较高，碎石土结构松散，均易使降水渗入坡体，降低坡体工程强度。土体节理裂隙、层理等结构面较为发育，为土体下滑提供边界条件。区内斜坡体坡度一般为20°～60°，相对高差较大，沟谷发育为滑坡的产生提供有利的地形条件。除了自然因素，人类工程活动导致斜坡体稳定性降低也是滑坡产生的重要因素，滑坡大多是在人工切坡及降水共同作用下发生的。

3. 地面塌陷

地面塌陷6处，集中分布于龙湖镇张沟村的带状区域和辛店镇的东龙池沟村。塌陷坑平面呈不规则椭圆形，直径10～50 m不等，塌陷面积0.05～0.25 km²。按照规模大小，2处为小型，4处为中型。地面塌陷损坏耕地265亩、房屋1 165间。

地面塌陷均为地下煤矿开采所致，主要受矿体分布形态、地层岩性、地质构造、开采方式、降水等因素制约。地面塌陷常伴随地裂缝及房屋裂缝的产生。

## 1.5.3　地质灾害灾情

根据2003年实地调查，新郑市已发生的地质灾害灾情如下：

1974年8月，辛店镇欧阳寺村东龙池沟组地面塌陷，毁坏房屋5间，毁坏耕地10亩，直接经济损失22.5万元。

1979年9月，辛店镇马沟村老张沟村崩塌，死亡2人，毁坏房屋12间，直接经济损失6万元。

1983年7月，辛店镇马沟村白家沟组崩塌，毁坏窑洞8孔，直接经济损失1.6万元。

1985年7月，辛店镇青岗庙村5组滑坡，死亡5人，毁坏房屋3间，直接经济损失1.5万元。

1996年7月，辛店镇千户寨村寨后沟组崩塌，死亡1人，毁坏房屋3间，直接经济损失1.5万元。

1995～2003年，新郑市区新华路办事处五宅庄村和双龙寨村河岸崩塌，毁坏房屋4间，毁坏耕地30亩，直接经济损失62万元。

2000年7月，龙湖镇张沟村张小庄等组发生地面塌陷及伴生地裂缝，毁坏房屋900间，毁坏耕地200亩，直接经济损失850万元。

2003年8月，龙湖镇张沟村转沟脑村地面塌陷，毁坏房屋260间，毁坏耕地20亩，直接经济损失170万元。

2004年7月～2005年7月，龙湖镇王口村于沟组地面塌陷，毁坏耕地35亩，直接经济损失70万元。

2005年7月，辛店镇柿树行村大槐树组滑坡，毁坏房屋4间，直接经济损失1.4万元。

### 1.5.4 地质灾害隐患点特征及险情评价

新郑市现有地质灾害隐患点32处，其分布、规模、稳定性及潜在危害见表3-1-19、表3-1-20。

表3-1-19　已发生、尚存在危害的地质灾害隐患点特征一览表

| 野外编号 | 位　置 | | | 灾害类型 | 规模 | 变形迹象及变形特征 | 稳定性评价 | 潜在危害评价 | |
|---|---|---|---|---|---|---|---|---|---|
| | 乡镇 | 村 | 组 | | | | | 预测损失（万元） | 险情分级 |
| XZ-01 | 辛店镇 | 马沟 | 老张沟 | 崩塌 | 小型 | 坡顶有裂缝 | 差 | 2 | 小型 |
| XZ-03 | | 马沟 | 白家沟 | 崩塌 | 小型 | 坡顶有裂缝 | 较差 | 1.5 | 小型 |
| XZ-04 | | 千户寨 | 寨后沟 | 崩塌 | 中型 | 坡顶有裂缝 | 差 | 7.5 | 中型 |
| XZ-05 | | 千户寨 | 土门后 | 崩塌 | 小型 | 坡顶有裂缝 | 差 | 3 | 小型 |
| XZ-07 | | 史垌 | 杨家门 | 滑坡 | 小型 | 顶部有裂缝 | 差 | 4 | 小型 |
| XZ-09 | | 青岗庙 | 青岗庙 | 滑坡 | 小型 | 顶部有裂缝 | 差 | 3.5 | 中型 |
| XZ-13 | | 柿树行 | 大槐树门 | 滑坡 | 小型 | 顶部有裂缝 | 差 | 1.9 | 小型 |
| XZ-14 | | 柿树行 | 太白岭 | 滑坡 | 小型 | 顶部有裂缝 | 差 | 3 | 小型 |
| XZ-15 | | 欧阳寺 | 东龙池沟 | 地面塌陷 | 中型 | 房屋裂缝 | 较差 | 10 | 中型 |
| XZ-25 | 龙湖镇 | 王口 | 于沟东南 | 地面塌陷 | 小型 | 地面有陷坑、裂缝 | 差 | 60 | 小型 |
| XZ-26 | | 王口 | 于沟西南 | 地面塌陷 | 中型 | 地面有陷坑、裂缝 | 差 | 80 | 小型 |
| XZ-27 | | 张沟 | 张小庄西北 | 地面塌陷 | 中型 | 地面有陷坑、裂缝 | 差 | 600 | 大型 |
| XZ-28 | | 张沟 | 张小庄 | 地面塌陷 | 中型 | 地面有陷坑、裂缝 | 差 | 350 | 大型 |
| XZ-29 | | 张沟 | 转沟脑 | 地面塌陷 | 中型 | 地面有陷坑、裂缝 | 差 | 420 | 大型 |
| XZ-31 | 新华路办事处 | | 五宅庄 | 崩塌 | 小型 | 坡顶有裂缝 | 差 | 70 | 大型 |
| XZ-32 | | | 双龙寨 | 崩塌 | 小型 | 坡顶有裂缝 | 差 | 120 | 小型 |

表3-1-20 新发现地质灾害隐患点特征一览表

| 野外编号 | 位置 | | | 隐患点类型 | 变形迹象及变形特征 | 稳定性评价 | 潜在危害评价 | |
|---|---|---|---|---|---|---|---|---|
| | 乡镇 | 村 | 组 | | | | 预测损失（万元） | 险情分级 |
| XZ-02 | | 马沟 | 老泉沟 | 潜在崩塌 | 坡顶有裂缝 | 差 | 42 | 中型 |
| XZ-06 | | 史峒 | 西史峒 | 潜在崩塌 | 树木歪斜 | 较差 | 3 | 小型 |
| XZ-08 | | 青岗庙 | 闫家沟 | 潜在崩塌 | 顶部有裂缝 | 较差 | 8 | 中型 |
| XZ-10 | 辛店镇 | 风后岭 | 始祖山景区 | 潜在崩塌 | 中部有坠落物 | 差 | 100 | 小型 |
| XZ-11 | | 风后岭 | 始祖山景区 | 潜在崩塌 | 顶部有裂缝 | 较差 | 10 | 小型 |
| XZ-12 | | 李村 | 涧坡门 | 潜在崩塌 | 中部有坠落物 | 较差 | 1 | 小型 |
| XZ-16 | | 人和寨 | 双洎河岸 | 潜在崩塌 | 中部有坠落物 | 较差 | 4 | 小型 |
| XZ-17 | | 贾庄 | 采石场 | 不稳定斜坡 | 中部有坠落物 | 差 | 100 | 小型 |
| XZ-18 | | 林庄 | 红阳采石场 | 不稳定斜坡 | 中部有坠落物 | 较差 | 50 | 小型 |
| XZ-19 | | 岳口 | 采石场① | 不稳定斜坡 | 中部有坠落物 | 差 | 100 | 小型 |
| XZ-20 | 观音寺镇 | 岳口 | 采石场② | 不稳定斜坡 | 中部有坠落物 | 差 | 100 | 小型 |
| XZ-21 | | 岳口 | 采石场③ | 不稳定斜坡 | 中部有坠落物 | 差 | 50 | 小型 |
| XZ-22 | | 石垴堆 | 采石场① | 不稳定斜坡 | 中部有坠落物 | 较差 | 50 | 小型 |
| XZ-23 | | 石垴堆 | 采石场② | 不稳定斜坡 | 中部有坠落物 | 差 | 120 | 小型 |
| XZ-24 | | 石垴堆 | 采石场③ | 不稳定斜坡 | 中部有坠落物 | 差 | 150 | 中型 |
| XZ-30 | 龙湖镇 | 古城 | 大赵 | 潜在崩塌 | 中部有坠落物 | 差 | 12.5 | 中型 |

## 1.5.5 重要地质灾害隐患点

### 1.5.5.1 张小庄村西侧地面塌陷

位于龙湖镇张沟村张小庄组，始发于2000年7月，形成采空区面积0.2 km²，塌陷坑呈长方形，长35 m，宽15 m，陷坑深3 m，长轴方向140°。伴随塌陷坑周围，发育有4条地面裂缝。该塌陷影响80余户房屋，建议搬迁，采取避让措施。

#### 1.5.5.2　龙湖镇张沟村转沟脑组南地面塌陷

位于龙湖镇张沟村转沟脑组，为采煤塌陷，形成采空区面积0.1 km²，塌陷坑呈长方形，长25 m，宽11 m，陷坑深2 m，长轴方向13°。伴随塌陷坑周围，发育有数条地面裂缝。该塌陷区影响周边500人生产生活。

#### 1.5.5.3　新郑市区新华路办事处五宅庄组崩塌

位于新郑市区新华路办事处五宅庄组，地貌为双洎河河边阶地。由于双洎河河水对坡脚冲刷和浸润，坡顶部有拉张裂缝，中部可见坠落物，坡脚被河水蚀空。2003年7月发生崩塌，毁房4间，直接经济损失6万元，目前还威胁130人生命安全。建议对坡面采取修筑防护坡、草皮护坡等措施，防止河水对坡脚的冲刷，以保护堤岸，防止塌岸。

### 1.5.6　地质灾害易发程度分区

将新郑市划分为地质灾害中易发区、低易发区和非易发区（见表3-1-21、图3-1-9）。

表3-1-21　新郑市地质灾害易发区分区表

| 区名 | 代号 | 亚区名称 | 亚区代号 | 面积（km²） | 占全市面积（%） | 隐患点数（处） | 威胁人数（人） | 危害（万元） |
|---|---|---|---|---|---|---|---|---|
| 中易发区 | B | 始祖山—石堌堆—陉山滑坡、崩塌、不稳定斜坡中易发亚区 | B₁ | 48.05 | 5.5 | 22 | 191 | 910.4 |
| | | 张沟地面塌陷中易发亚区 | B₄ | 8.37 | 1.0 | 5 | 940 | 1 510 |
| | | 合　计 | | 56.42 | 6.5 | 27 | 1 131 | 2 420.4 |
| 低易发区 | C | 梅山—泰山崩塌、滑坡低易发亚区 | C₁₋₁ | 44.01 | 5.1 | 1 | 20 | 12.5 |
| | | 双洎河沿岸崩塌、滑坡低易发亚区 | C₁₋₂ | 21.18 | 2.4 | 3 | 130 | 194 |
| | | 赵家寨—王行庄一带地面塌陷低易发亚区 | C₄ | 205 | 23.4 | 1 | 10 | 10 |
| | | 合　计 | | 270.19 | 30.9 | 5 | 160 | 216.5 |
| 非易发区 | D | 107沿线龙湖—郭店—新村地质灾害非易发亚区 | D₁ | 117.78 | 13.5 | | | |
| | | 郑新公路以东地质灾害非易发亚区 | D₂ | 428.61 | 49.1 | | | |
| | | 合　计 | | 546.39 | 62.6 | | | |
| 合　计 | | | | 873 | 100 | 32 | 1 291 | 2 636.9 |

#### 1.5.6.1　地质灾害中易发区（B）

1. 始祖山—石堌堆—陉山滑坡、崩塌、不稳定斜坡中易发亚区（B₁）

该区地处新郑市西南低山丘陵区，面积48.05 km²，占总面积的5.5%。受构造运动影响，山体抬升强烈，斜坡陡峭，沟谷纵横，基岩破碎、风化程度较高。出露岩性主要为

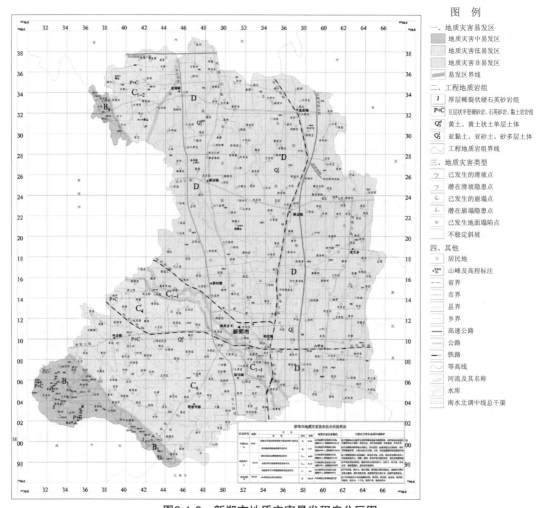

**图3-1-9 新郑市地质灾害易发程度分区图**

元古界的变质岩类和古生代及元古代的火山岩类。区内植被覆盖较好，采矿、筑路、建房等人类工程活动强烈，为崩塌、滑坡中易发区。现有地质灾害隐患点22处，包括滑坡6处、崩塌8处、不稳定斜坡8处，共威胁191人、财产910.4万元。

2. 张沟地面塌陷中易发亚区（$B_4$）

该区位于龙湖镇西南部低山丘陵区，面积8.37 km²，占总面积的1.0%。区内人类工程活动强烈，主要表现为采煤、露天矿山、筑路等，对地质环境影响较大。其中在张沟一带，因数十年来的煤矿地下开采，形成分布范围较大的采空塌陷和地裂缝。该区存在地质灾害隐患点5处，其中地面塌陷5处，共威胁940人、财产1 510万元。

### 1.5.6.2 地质灾害低易发区（C）

1. 梅山—泰山崩塌、滑坡低易发亚区（$C_{1-1}$）

该区位于龙湖镇的西部山前坡洪积岗地，面积44.01 km²，占总面积的5.1%。地表多为新生代第四系黄土覆盖，多片蚀、沟蚀，切割深度10～20 m，相对高差数十米。岗地地势起伏较大。人类工程活动以筑路、建房、修建水库、露天采矿为主。地质灾害隐患点1处，为崩塌，威胁20人、财产12.5万元。

2. 双泊河沿岸崩塌、滑坡低易发亚区（$C_{1-2}$）

该区包括双泊河两岸流域，面积21.18 km²，占总面积的2.4%。地表岩性为冲积的砂土、亚砂土、黏土和亚黏土层，厚10～40 m不等。区内冲沟发育，植被覆盖好。地质灾害类型主要为滑坡、崩塌。区内调查地质灾害隐患点3处，均为崩塌，共威胁130人、财产194万元。

3. 赵家寨—王行庄一带地面塌陷低易发亚区（$C_4$）

该区位于辛店镇、城关乡、观音寺镇、梨河镇大部的低山丘陵区，面积205 km²，占总面积的23.4%。地表多为新生代第四系黄土覆盖，多片蚀、沟蚀，岗地地势起伏较大。区内构造作用强烈，人类工程活动以筑路、建房、开采煤矿为主，地质灾害类型主要为地面塌陷。地面塌陷隐患点1处。

### 1.5.6.3 地质灾害非易发区（D）

该区位于107国道以东以及107国道沿线龙湖—郭店—新村等地，面积546.39 km²，占总面积的62.6%。该区为冲积平原地貌，地形平坦，地质灾害不发育。

## 1.5.7 地质灾害重点防治区

### 1.5.7.1 地质灾害重点防治区（A）

重点防治区包括始祖山—陉山、张沟两个亚区（见表3-1-22、图3-1-10），总面积54.59 km²，占全市总面积的6.25%。目前，区内存在地质灾害隐患点27处，威胁人数1 131人、财产2 420.4万元。

表3-1-22 新郑市地质灾害防治规划分区表

| 区名 | 亚区代号 | 亚区名称 | 面积（km²） | 隐患点数（处） | 威胁人数（人） | 地质灾害类型 | 致灾因素 | 防治措施 |
|---|---|---|---|---|---|---|---|---|
| 重点防治区（A） | $A_1$ | 始祖山—陉山重点防治亚区 | 46.22 | 22 | 191 | 崩塌、滑坡 | 切坡、降水 | 削坡、护坡、挡墙、避让 |
| | $A_2$ | 张沟一带重点防治亚区 | 8.37 | 5 | 940 | 塌陷、地裂缝 | 采矿、降水 | 复垦、避让 |
| 次重点防治区（B） | $B_1$ | 梅山—泰山次重点防治亚区 | 44.11 | 1 | 20 | 崩塌、滑坡 | 切坡、降水 | 削坡、护坡 |
| | $B_2$ | 赵家寨—王行庄次重点防治亚区 | 109.05 | 1 | 10 | 塌陷 | 采矿 | 复垦、避让 |
| | $B_3$ | 双泊河沿岸次重点防治亚区 | 26.09 | 3 | 130 | 崩塌 | 切坡、降水 | 削坡、护坡 |

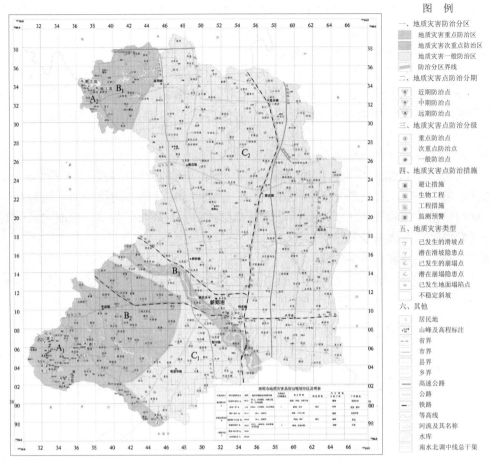

**图3-1-10　新郑市地质灾害防治规划图**

**1. 始祖山—陉山重点防治亚区（A₁）**

位于县境西南的低山丘陵区，面积46.22 km²，包括辛店镇、观音寺镇。该区地质构造较复杂，岩层节理发育，破碎程度较高。区内探明矿产种类较多，储量丰富，采矿等人类工程活动强烈，加之气象及地貌因素影响，为县境内崩塌、滑坡、不稳定斜坡集中发育区。威胁对象主要为居民、房屋及景区道路、游人。地质灾害及隐患点22处，包括滑坡6处、崩塌8处、不稳定斜坡8处，威胁191人、财产910.4万元。

**2. 张沟一带重点防治亚区（A₂）**

位于西北丘陵区，包括龙湖镇张沟村地区，面积8.37 km²。出露岩性主要为二叠系上统石英砂岩，岩体节理、裂隙较发育。区内人类工程活动强烈，主要表现为采煤、露天采矿、筑路等。该区为地面塌陷、地裂缝发育区，威胁对象主要为居民、房屋、交通水利设施和耕地。地质灾害隐患点5处，均为地面塌陷，威胁940人、财产1 510万元。

### 1.5.7.2　地质灾害次重点防治区（B）

次重点防治区包括梅山—泰山亚区、赵家寨—王行庄亚区和双泪河沿岸亚区，面积179.25 km²，占全县总面积的20.53%。地质灾害隐患点5处，威胁人数160人，威胁资产216.5万元。

1. 梅山—泰山次重点防治亚区（$B_1$）

位于县境西北，行政划分属龙湖镇西部，面积44.11 km²。区内为山前坡洪积岗地。地表多为新生代第四系黄土覆盖，地表多片蚀、沟蚀，切割深度10～20 m，相对高差数十米。人类工程活动以筑路、建房、修建水库、露天采矿为主。地质灾害发育类型主要为崩塌。地质灾害隐患点1处。

2. 赵家寨—王行庄次重点防治亚区（$B_2$）

包括辛店镇中部、观音寺镇和城关乡西部，面积109.05 km²，地貌大部属丘陵区。地表多为新生代第四系黄土覆盖，地表多片蚀、沟蚀，岗地地势起伏较大，区内构造作用强烈，人类工程活动以筑路、建房、开采煤矿为主。地质灾害类型主要为地面塌陷。地面塌陷隐患点1处。

3. 双洎河沿岸次重点防治亚区（$B_3$）

该区包括双洎河两岸流域，行政划分属双洎河流经的新村、辛店、城关、新郑城区、梨河和和庄，面积26.09 km²。地质灾害类型主要为滑坡、河岸崩塌。区内筑路、建房等人类工程活动强烈，主要致灾原因为降水和双洎河水位变化对河岸的冲刷。地质灾害隐患点3处。

# 1.6　郑州市区（含上街区）

郑州是河南省省会，是全省的政治、经济、文化、金融、科教中心，中国八大古都之一。现辖6区5市1县和郑州新区、郑州高新技术产业开发区。全市总面积7 446.2 km²，其中市区面积1 010.3 km²；总人口863万人，其中市区人口425万人。

郑州地处中国地理中心，是全国重要的铁路、航空、高速公路、电力、邮政电信主枢纽城市，新亚欧大陆桥上的重要经济中心。郑州为全国普通铁路和高速铁路网中唯一的"双十字"中心，形成了以郑州为中心的中原城市群"半小时经济圈"和全国"3小时经济圈"。

郑州是我国中部地区重要的工业城市。目前有汽车、装备制造、煤电铝、食品、纺织服装、电子信息等六大优势产业。氧化铝产量占全国总产量的50%，拥有亚洲最大、最先进的大中型客车生产企业，冷冻食品占全国市场份额的40%以上。现代物流、会展、文化旅游、服务外包等现代服务业发展迅速，是中部地区最大的物资集散地。郑州商品交易所是三大全国性商品交易所之一。郑州新郑综合保税区是中部地区唯一的综合保税区。

上街区位于郑州市西部，东距省会郑州38 km，是隶属郑州市的一个工业型城区，辖1个镇、5个办事处，人口13万人，面积64.7 km²。上街素有"铝都"之称，是全国铝工业产业聚集地和技术发源地，区内有中国铝业河南分公司、长城铝业公司等具有40多年发展历史的国有大型铝工业企业，聚集着一批实力雄厚的铝业及相关的民营企业，是亚洲最大的铝工业基地。

### 1.6.1　地质环境背景概况

#### 1.6.1.1　地形地貌

郑州市地貌大致以京广铁路为界，京广铁路以西为黄土台塬及冲、洪积岗地，京广铁路以东地区为黄河冲、洪积平原。

上街区西、南部承接丘陵山地，地势起伏不平，大部分位于古黄河一、二、三级阶地上，按地貌形态及成因类型，自南而北可划分为风成黄土岗地、冲洪积倾斜平原和冲积平原三种地貌类型。

#### 1.6.1.2　气象、水文

郑州市属北温带大陆性气候，据1957～2005年的气象资料，年平均气温14.4 ℃，最高气温43 ℃，最低气温-17.9 ℃。多年平均降水量为639.37 mm。

区内河流分属于黄河和淮河两大水系。黄河在郑州市区北部穿境而过。淮河水系有贾鲁河、索须河、金水河、熊耳河、七里河、潮河和渭河等。

#### 1.6.1.3　地层岩性与地质构造

郑州市大部为第四系覆盖，约占总面积的99%，西南三李一带零星分布有寒武系上统、石炭系中上统、二叠系上统及第三系基岩地层。

构造展布以北西向和近东西向断裂为主，近东西向断裂主要断层有古荥断层（$F_1$）、中牟北断层（$F_5$）、中牟断层（$F_7$）、上街断层（$F_8$）、须水断层（$F_9$）、三李北断层（$F_{13}$）、三李南断层（$F_{14}$），北西向断裂主要断层有花园口断层（$F_3$）、老鸦陈断层（$F_2$）、沟赵断层（$F_6$）、小店断层（$F_{10}$）、尖岗断层（$F_{11}$）、郭小寨断层（$F_{12}$）。

#### 1.6.1.4　新构造运动与地震

郑州市老鸦陈断层为活动断裂，使第三系、第四系产生东西差异。第四纪以来，老鸦陈断层仍有活动，但较弱，在与上街断层交会处曾发生过四级地震。郑州市地震基本烈度为Ⅶ度。

#### 1.6.1.5　水文地质条件

郑州市地下水可划分为松散岩类孔隙水、碳酸盐岩类裂隙岩溶水和基岩裂隙水3种类型。松散岩类孔隙水分布于郑州市大部分区域。碳酸盐岩类裂隙岩溶水分布于市区西南三李一带。上街区地下水分布以陇海铁路为界，铁路以北为浅层水，铁路以南为深层水。

#### 1.6.1.6　工程地质岩组

根据地形地貌、岩土体特征，郑州市、上街区岩土体划分为厚层坚硬白云岩岩组（$\in_3$），中厚层具泥化夹层的泥灰岩岩组（C+P），中厚层软弱泥灰岩岩组（N），黏土、中细砂双层土体（$Q_2$），粉质黏土、中、粗砂含砾多层土体（$Q_3$），细砂、粉土多层土体（$Q_4$）等6个工程地质岩组。

### 1.6.2　人类工程活动特征

郑州市内主要人类工程活动有以下几方面。

#### 1.6.2.1 建房、修路引发的地质环境问题

郑州市西北、西南、西部黄土丘陵地区，惠济区古荥镇、二七区马寨镇和侯寨乡及上街区峡窝镇一带，依坡建房、挖窑洞，修筑公路，由于削坡过度，破坏坡体原有力学平衡，土体产生卸荷节理、裂隙或使节理、裂隙面开启程度变大，土体自稳能力降低，常导致崩塌、滑坡等灾害。

#### 1.6.2.2 矿产开采

郑州市主要矿产有煤、石灰岩、水泥灰岩、黏土、矿泉水、建筑用砂等。煤和石灰岩、黏土、地热水等资源开采，容易引发崩塌、地面塌陷、滑坡、地裂缝等地质灾害。郑州市由于地下水、地热矿泉水开采强度较大，已经发生地面沉降灾害问题。

#### 1.6.2.3 地下洞室

由于20世纪六七十年代大量开挖地下洞室，曾多次发生过地面塌陷并伴生地裂缝发生。但因这一工程实施时间较长，有些民房、建筑物仍建在地下洞室之上（如中原区航海西路办事处道李村、棉纺路办事处等地区），存在着地面塌陷灾害隐患。

### 1.6.3 地质灾害类型及特征

#### 1.6.3.1 地质灾害类型

郑州市地质灾害类型以崩塌、河流塌岸、滑坡、地面塌陷（伴生性地裂缝）、泥石流、地裂缝等为主。其分布特点明显受地形、地貌、地质环境条件、人类活动等因素影响。

#### 1.6.3.2 地质灾害特征

1. 崩塌

郑州市共发生53处崩塌，均为黄土崩塌。按规模划分，中型2处、小型51处。其分布特征在地域分布上，主要发生在西北部邙山黄土丘陵区、西南三李台塬区和南部岗丘区。分析崩塌成因：一是坡体结构松散，垂直节理、生物孔隙、植物根系裂隙均较发育，具有较陡的地形坡度，坡面形态凸凹不平，且坡体高，势能大，临空条件较好；二是人类切坡等影响。

河流塌岸7处，主要分布于金水区、二七区黄河漫滩和尖岗水库。其诱发原因主要为河水的长期浸蚀及人工大量抽砂造成河床下沉，从而引起塌岸。

2. 滑坡

滑坡10处，主要分布于西北部惠济区古荥镇黄河桥村、西南部二七区侯寨乡龙岗煤矿、马寨镇阎家嘴村和申河村等地。规模级别均为小型。按滑坡体岩性分，为土质滑坡。滑坡岩性主要为粉砂土、粉质黏土，且分布厚度大，具有质地均一、结构松散、大孔隙、抗剪强度和抗风化能力较低和湿陷性等特性。人为开挖窑洞、陡坡耕植也是影响因素。降水是直接诱发因素。

3. 地面塌陷（地裂缝）

据调查，区内曾发生过地面塌陷7处，并产生有伴生性地裂缝。其规模大型1处、中型1处、小型5处。5处因煤矿引起，分布于侯寨乡上李河村、三李煤矿及马寨镇曹庙、阎家嘴、申富嘴村等地。2处为黄土陷穴，分布于上街区峡窝镇沙固。

4. 地面沉降

根据2004～2010年InSAR监测，郑州市区目前存在5个地面沉降中心，分布在市区北部、东北部、东部、南部及西部（见图3-1-11），年沉降量大于10 mm的沉降区面积为84.8 km²，年沉降速率13～35 mm/a，累积最大沉降量为440 mm。北部漏斗：大致以金世纪小学为中心，东西长约11 km，南北长约8.4 km，沉降速率24 mm/a，年沉降量大于10 mm的面积约36.0 km，累积最大沉降量为440 mm；东北部漏斗：大致以河南省财政厅为中心，东西长约4.5 km，南北长约4.0 km，沉降速率35 mm/a，年沉降量大于10 mm的沉降区面积约6.2 km²，累积最大沉降量为430 mm；东部漏斗：大致以励农桥为中心，东西长约9.1 km，南北长约4.0 km，年沉降量大于10 mm的面积约10.3 km²，累积最大沉降量

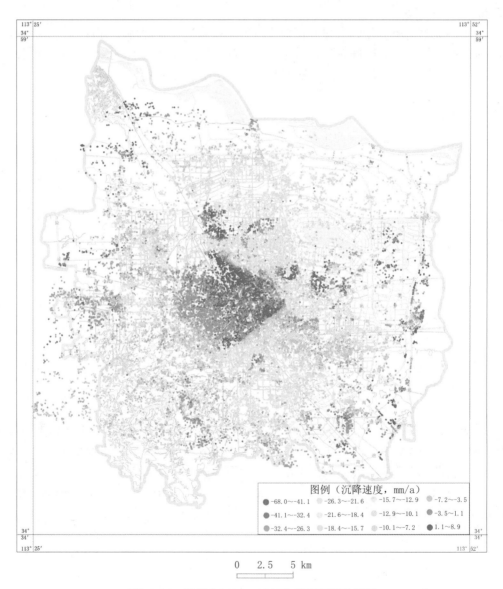

图3-1-11　郑州市2004～2010年地面沉降速率图

为266 mm；南部漏斗：以中陆化工城为中心，年均沉降速率16 mm/a，年沉降量大于10 mm的沉降区面积约22.2 km²，累积最大沉降量为259 mm；西部漏斗：以中铝集团郑州研究院为中心，沉降量大于10 mm的沉降区面积约10.1 km²，累积最大沉降量为252 mm。

据有关资料，石武客运专线原阳县原武镇徐庄—郑州经济开发区二朗庙一线， 2012年1月与2010年1月相比较，地面水准点高程大部分测点下沉了30～40 mm，最大为45.6 mm；2012年6月与2012年1月相比较，地面水准点高程大部分下沉5～15 mm，最大为20.7 mm。铁路沿线地面沉降呈中间低两端剧降的漏斗状。

## 1.6.4 地质灾害灾情

郑州市已发生53处崩塌灾害，损毁房屋213间、窑洞243孔、道路270 m，直接经济损失318.27万元。滑坡10处，致1人受伤，损毁房屋8间，直接经济损失47.4万元。地面塌陷共7处，损坏耕地396亩，房屋1 001间，直接经济损失498.6万元。地裂缝1处，毁坏耕地5亩，损失1.5万元。

## 1.6.5 地质灾害隐患点特征及险情评价

### 1.6.5.1 地质灾害隐患点分布特征

现有地质灾害隐患点95处，按灾害种类分，崩塌53处、滑坡2处、地面塌陷7处、泥石流1处、地裂缝1处、不稳定斜坡31处。

崩塌隐患点主要分布于惠济区古荥镇的张定邦、黄河桥、岭军峪等村，黄河风景区，中原区航海西路街道办事处冯湾村，二七区侯寨乡八卦庙、烤鱼沟、樱桃沟，齐礼阎乡的贾寨，马寨镇张河、申河村，高新技术开发区沟赵乡，金水区花园口乡，上街区峡窝镇的魏岗、冯沟、杨家沟一带等。滑坡隐患点分布于惠济区古荥镇黄河桥村。

地面塌陷隐患点主要分布于二七区侯寨乡上李河村、三李煤矿及马寨镇曹庙、闫家嘴、申富嘴村等地，上街区峡窝镇沙固村。

不稳定斜坡主要分布于惠济区黄河桥村枣榆沟、吕谢洞、贾洞等地及黄河风景区，二七区马寨镇阎家嘴、申河村，侯寨乡的三李、梨园河、袁河等村和烤鱼沟、尖岗水库，管城区十八里河镇刘村西，上街区峡窝镇西林子、魏岗、马古等黄土丘陵地区。

### 1.6.5.2 地质灾害隐患点险情评价

崩塌隐患点，险情大型13处，中型20处，小型20处。滑坡隐患点，险情中型1处，小型1处。地面塌陷隐患点，险情大型1处，中型1处，小型5处。不稳定斜坡隐患点，险情中型12处，小型19处。

## 1.6.6 重要地质灾害隐患点

区内共有重要地质灾害隐患点14处，其中崩塌13处、地面塌陷1处。

### 1.6.6.1 上街区峡窝镇杨家沟西坡组崩塌

位于上街区峡窝镇杨家沟西坡组，斜坡原始坡高15 m，坡度90°。崩塌体长12 m，宽70 m，厚5 m，坡度坡向90°。现威胁108人、81间房屋及81孔窑洞。

#### 1.6.6.2 上街区峡窝镇杨家沟范家沟崩塌

位于上街区峡窝镇杨家沟范家沟组，斜坡原始坡高15 m，坡度90°。崩塌体长10 m，宽85 m，厚5 m，坡度60°，坡向270°。现威胁108人、81间房屋及81孔窑洞。

#### 1.6.6.3 上街区峡窝镇杨家沟赵沟崩塌

位于上街区峡窝镇杨家沟赵沟组，斜坡原始坡高15 m，坡度90°。崩塌体长10 m，宽65 m，厚5 m，坡度60°，坡向270°。现威胁120人、120间房屋及90孔窑洞。

#### 1.6.6.4 上街区峡窝镇杨家沟马张沟崩塌

位于上街区峡窝镇杨家沟马张沟组，斜坡原始坡高10～30 m，坡度90°。崩塌体长12 m，宽150 m，厚5 m，坡度60°，坡向180°。现威胁220人、165间房屋及165孔窑洞。

#### 1.6.6.5 上街区峡窝镇杨家沟崩塌

位于上街区峡窝镇杨家沟，斜坡原始坡高15 m，坡度90°。崩塌体长10 m，宽30 m，厚4 m，坡度60°，坡向135°。2004年7月、2005年7月曾2次发生崩塌。现威胁30户、100人、90间房屋及85孔窑洞。

#### 1.6.6.6 上街区峡窝镇老寨河村老寨河组崩塌

位于上街区峡窝镇老寨河村老寨河组，斜坡原始坡高5～7 m。崩塌体岩性为$Q_3$亚黏土，长5 m，宽65 m，厚3 m，坡度60°，坡向东西向。现威胁36户、128人、115间房屋及109孔窑洞。

#### 1.6.6.7 上街区峡窝镇老寨河村半路河组崩塌

位于上街区峡窝镇老寨河村半路河组，斜坡原始坡高7 m，坡度90°。崩塌体长7 m，宽40 m，厚3 m，坡度60°，坡向东西向。现威胁3户、13人、9间房屋及5孔窑洞。

#### 1.6.6.8 上街区峡窝镇营坡顶村椅子圈组崩塌

位于上街区峡窝镇营坡顶村椅子圈组，斜坡原始坡高18 m。崩塌体长12 m，宽60 m，厚5 m，坡度60°，坡向东西向。现威胁23户、115人、92间房屋及70孔窑洞。

#### 1.6.6.9 上街区峡窝镇方顶村崩塌

位于上街区峡窝镇方顶村，斜坡原始坡高10～25 m，坡度90°。崩塌体长12 m，宽400 m，厚5 m，坡度60°，坡向南北—西向。现威胁74户、260人、222间房屋及145孔窑洞。

#### 1.6.6.10 上街区峡窝镇方顶村程湾组崩塌

位于上街区峡窝镇方顶村程湾组，斜坡原始坡高10～25 m。崩塌体长12 m，宽180 m，厚5 m，坡度60°，坡向90°。现威胁25户、100人、75间房屋及50孔窑洞。

#### 1.6.6.11 上街区峡窝镇冯沟村李家门崩塌

位于上街区峡窝镇冯沟村李家门组，斜坡原始坡高8～10 m，坡度90°。崩塌体长8 m，宽45 m，厚2 m，坡度60°，坡向南北向。现威胁40户、119人、139间房屋及40孔窑洞。

#### 1.6.6.12 上街区峡窝镇关沟村崩塌

位于上街区峡窝镇关沟村，斜坡原始坡高50～70 m。崩塌体长10 m，宽12 m，厚2 m，坡度60°。现威胁31户、121人、93间房屋及62孔窑洞。

#### 1.6.6.13 上街区峡窝镇寨沟村崩塌

位于上街区峡窝镇寨沟村，斜坡原始坡高15 m，坡度90°。崩塌体长12 m，宽110 m，厚4 m，坡度60°。现威胁56户、220人、168间房屋及112孔窑洞。

#### 1.6.6.14　上街区峡窝镇沙固村地面塌陷

位于上街区峡窝镇沙固村，2000年发生塌陷，致使750间房屋出现裂缝。现威胁600人、750间房屋。

### 1.6.7　地质灾害易发程度分区

郑州市区（含上街区）地质灾害易发区划为高易发区、中易发区、低易发区（见图3-1-12、图3-1-13、表3-1-23）。其中，高易发区面积98.73 km²，中易发区面积181.59 km²，低易发区面积771.63 km²。

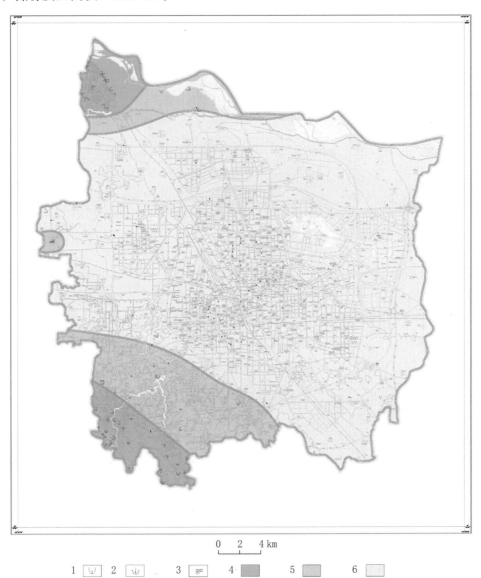

0　2　4 km

1 崩塌　2 地面塌陷　3 地裂缝　4 高易发区　5 中易发区　6 低易发区
1.崩塌　2.地面塌陷　3.地裂缝　4.高易发区　5.中易发区　6.低易发区

**图3-1-12　郑州市地质灾害易发程度分区图**

1. 崩塌　　2. 地面塌陷　　3. 泥石流　　4. 高易发区　　5. 中易发区

**图3-1-13　郑州市上街区地质灾害易发程度分区图**

表3-1-23　郑州市区地质灾害易发程度分区表

| 区名号及代号 | 亚区代号 | 亚区名称 | 面积 (km²) | 隐患点数 (处) | 威胁人数 (人) | 威胁资产 (万元) | 主要易发区地段 | 地质灾害类型 | 致灾因素 |
|---|---|---|---|---|---|---|---|---|---|
| 高易发区 (A) | A₁₋₁ | 郑州市区西北部丘陵崩塌、滑坡高易发亚区 | 25.12 | 11 | 194 | 377.55 | 古荥镇张定邦村邵沟—刘沟黄河南岸一带。古荥镇岭军峪、张定邦、黄河桥等村居民区、黄河风景区、京广铁路古荥镇段河南岸堤一带公路重点路沿段 | 崩塌、滑坡 | 切坡、降水 |
| | A₁₋₂ | 郑州市区西南部崩塌、滑坡高易发亚区 | 34.66 | 24 | 278 | 637.57 | 马寨镇杨寨村—马寨—刁沟—齐寨—侯寨乡曹进—杨寨—大田洞—河西西袁连线以南的地区。三李、桐树洼、上李河、石匠庄、郭家嘴、大路西、袁河村、刁沟、张寨村杨寨村等、马寨镇杨寨村、齐寨村等 | 崩塌、滑坡 | 切坡、降水 |
| | A₁₋₃ | 上街区峡窝镇沙固—马固—关河沟崩塌、滑坡高易发亚区 | 27.15 | 33 | 4 908 | 2 898.9 | 上街区峡窝镇沙固、马固、关河沟、魏岗、西林子、营坡顶、石嘴村及上街铝厂等 | 崩塌、滑坡、泥石流 | 降水、人类活动、切坡 |
| | A₂₋₁ | 二七区侯寨乡、马寨镇 | 9.31 | 6 | 168 | 226.7 | 上李河村、三李、梨园河、陶家嘴、申富嘴 | 地面塌陷 | 采矿活动强烈 |
| | A₂₋₂ | 上街区峡窝镇沙固 | 0.05 | 1 | 600 | 750 | 峡窝镇沙固 | 地面塌陷 | 地表水入渗 |
| | A₃ | 高新技术开发区 | 2.44 | 1 | | 2.44 | 高新技术开发区沟赵乡任寨村 | 地裂缝 | 构造断裂活动 |
| 中易发区 (B) | B₁₋₁ | 岭军峪—保合寨以北、张定邦—贾洞以南中易发亚区 | 39.08 | 7 | | 120 | 惠济区古荥镇邵沟、岭军峪、王村、保合寨等村 | 崩塌、滑坡 | 切坡、降水、人类活动 |
| | B₁₋₂ | 张河—水磨—大路西以北、大止刘—一道李—贾寨以南中易发亚区 | 102.62 | 10 | 81 | 86.7 | 张河—水磨—大路西连线以北、大止刘—一道李区十八里河镇刘村河村段、西南绕城高速申河村西袁段、中原区须水一三十里铺、贾鲁河两岸、西流湖湖岸沟赵乡段等地 | 崩塌、河流塌岸、滑坡 | 切坡、人类活动、河水侵蚀 |
| | B₃ | 高新技术开发区 | 2.44 | 1 | | 2.44 | 高新技术开发区沟赵乡任寨村 | 地裂缝 | 构造断裂活动 |
| | B₄ | 上街区峡窝镇沙固—马固—关河沟东北中易发亚区 | 37.45 | 2 | 220 | 230.4 | 上街市区、峡窝镇东北部地区 | 不稳定斜坡、崩塌、滑坡 | 切坡、降水、人类活动 |
| 低易发区 (C) | C | 除上述外的市区 | 771.63 | | | | 除A、B区外的郑州市区 | 地面塌陷 | 降水、人类活动 |

#### 1.6.7.1 地质灾害高易发区

1. 郑州市区西北部丘陵崩塌、滑坡高易发亚区

位于市区西北部惠济区古荥镇张定邦村邵沟—刘沟黄河南岸一带，地貌属于邙山黄土台塬。该区崩塌、滑坡等地质灾害隐患点共11处，其中崩塌隐患点8处，滑坡隐患点3处。

2. 郑州市区西南部崩塌、滑坡高易发亚区

位于西南部二七区马寨镇杨寨村—马寨—刁沟—齐寨—侯寨乡曹洼—杨垛—大田洞—河西袁连线以南的地区，面积34.66 km²，属于三李黄土台塬。该区现有灾害隐患点24处，其中崩塌灾害隐患点14处，滑坡灾害隐患点10处。

3. 上街区峡窝镇沙固—马固—关沟崩塌、滑坡高易发亚区

位于上街区峡窝镇沙固—马固—关沟西南，地质灾害隐患点33处，其中崩塌隐患31处，滑坡隐患2处。

#### 1.6.7.2 地质灾害中易发区

1. 岭军峪—保合寨以北、张定邦—贾洞以南中易发亚区

分布于惠济区古荥镇邵沟、岭军峪、王村、保合寨村等。崩塌（及河流塌岸）隐患点7处。

2. 张河—水磨—大路西以北、大止刘—道李—贾寨以南中易发亚区

分布于中原区须水—三十里铺、贾鲁河两岸、西流湖湖岸沟赵乡段等地区。崩塌（及河流塌岸）隐患点10处。

3. 上街区峡窝镇沙固—马固—关沟东北中易发亚区

分布于上街市区、峡窝镇东北部地区，崩塌隐患点2处。

#### 1.6.7.3 地质灾害低易发区

分布于广大平原地区，面积为771.63 km²，地质灾害不发育。

### 1.6.8 地质灾害重点防治区

郑州市区地质灾害重点防治区总面积为138.32 km²（见表3-1-24、图3-1-14、图3-1-15）。

#### 1.6.8.1 西北部丘陵区地质灾害重点防治亚区（A₁）

1. 张定邦、岭军峪、黄河桥等村重点防治段

位于市区西北部惠济区古荥镇的张定邦、岭军峪、黄河桥等村居民区，京广铁路古荥镇贾洞—韩洞—吕胡洞—付寨沟—黄河桥村段及黄河南岸堤一带，属于邙山黄土台塬，黄土塬边坡陡立、垂直裂隙发育，易被雨水渗透、冲蚀形成崩塌、滑坡地质灾害。崩塌、滑坡地质灾害隐患点共13处，其中崩塌10处，滑坡3处。

2. 区内旅游景点重点防治段

黄河游览区是国家4A级旅游区、黄河国家地质公园。星海湖路南段、门票房发生过崩塌灾害。迎宾路多处存在崩塌隐患。景区内有地质灾害隐患点2处。

黄河大观景区、引黄干渠沿线有失稳斜坡，存在着崩塌地质灾害隐患，对景区的道路、游客存在威胁。地质灾害隐患点1处，威胁游客生命及景区道路安全。

上述重点防治亚区面积为30.05 km²。

表3-1-24　郑州市区地质灾害重点防治区一览表

| 区名及代号 | 亚区代号 | 亚区（防治段）名称 | 面积（km²） | 隐患点数（处） | 威胁人数（人） | 威胁资产（万元） | 主要易发区地段 | 地质灾害类型 | 致灾因素 |
|---|---|---|---|---|---|---|---|---|---|
| 重点防治区（A） | A₁ | 张定邦、岭军峪、黄河桥等村 | 30.05 | 13 | 294 | 356.75 | 惠济区古荥镇的张定邦、岭军峪、黄河桥等村居民区，京广铁路古荥镇贾洞—韩洞—吕胡洞—付寨沟—黄河桥村段及黄河南岸一带 | 崩塌、滑坡 | 切坡、降水 |
|  |  | 区内旅游景点 |  | 3 | 20 | 19.4 | 黄河大观景区、黄河游览区、引黄干渠沿线 | 崩塌、滑坡 | 切坡、降水 |
|  | A₂ | 侯寨乡、马寨镇崩塌、滑坡灾害隐患 | 80.54 | 26 | 331 | 590.0 | 马寨镇杨寨村—马寨—刁沟—齐寨—侯寨乡曹沟—杨珠—大田洞—河西袁连线以南的地区。申河、陶家嘴、三李、桐树洼、上李河、石匠庄、郭家西、大路西、黄岗、张寨村、杨寨村、刁沟、齐寨村 | 崩塌、滑坡 | 降水、人类活动、切坡 |
|  |  | 侯寨乡、马寨镇地面塌陷区 |  | 6 | 168 | 226.7 | 上李河、三李、梨园河、阎家嘴、申富嘴 | 地面塌陷 | 采矿活动强烈 |
|  |  | 107国道管城区十八里河镇区 |  | 1 |  | 85 | 107国道管城区十八里河镇刘河村西袁段 | 崩塌 | 切坡、降水 |
|  |  | 中原区航西办事处崩塌 |  | 1 | 7 | 50 | 中原区航西办事处冯湾村 | 崩塌 | 切坡、降水 |
|  | A₃ | 高新技术开发区地裂缝 | 0.75 | 1 |  | 4 | 高新技术开发区赵沟赵乡任寨村 | 地裂缝 | 构造断裂带 |
|  | A₄ | 上街区峡窝镇 | 26.98 | 36 | 5 728 | 5 286.4 | 峡窝镇的杨家沟、老寨沟、老寨河、石嘴、营坡顶、方顶、冯沟、关沟、寨沟 | 崩塌、地面塌陷、滑坡、泥石流 | 切坡、降水、地表水入渗 |

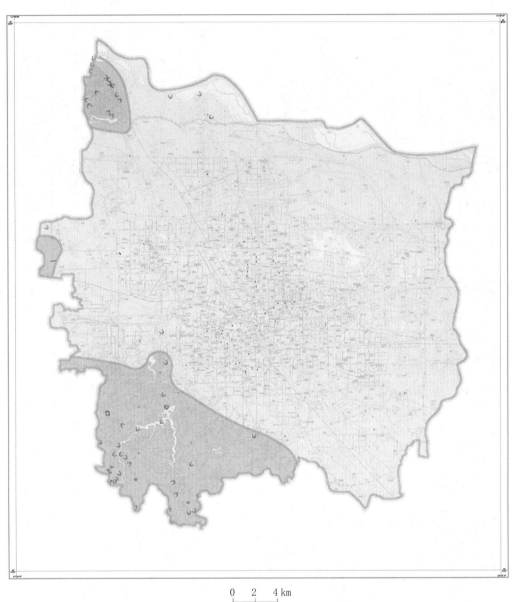

0  2  4 km

1 ⋃  2 ⋃  3 —  4 ▨  5 ▨

1.崩塌    2.地面    3.地裂缝   4.重点    5.一般
          塌陷                  防治区    防治区

图3-1-14  郑州市地质灾害防治区图

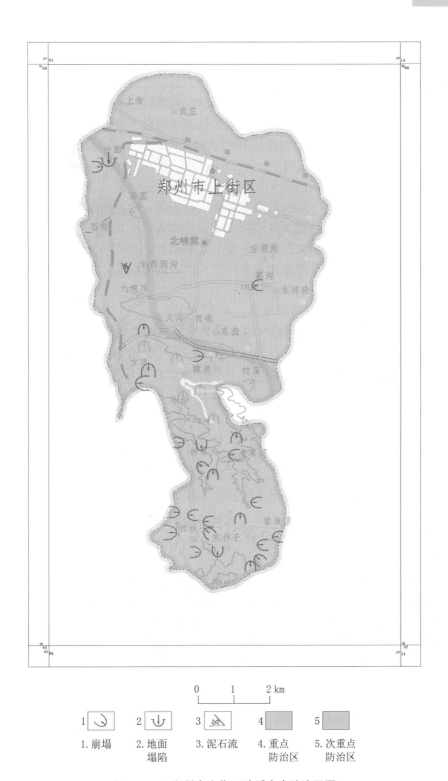

0　　1　　2 km

| 1 | 2 | 3 | 4 | 5 |

1.崩塌　　2.地面　　3.泥石流　　4.重点　　5.次重点
　　　　　　　塌陷　　　　　　　　　防治区　　　防治区

图3-1-15　郑州市上街区地质灾害防治区图

#### 1.6.8.2 西南部丘陵区地质灾害重点防治亚区（A₂）

1. 侯寨乡、马寨镇崩塌、滑坡灾害隐患重点防治段

市区西南部马寨镇杨寨村—马寨—刁沟—齐寨—侯寨乡曹洼—杨垛—大田洞—河西袁连线以南的地区，属于低山丘陵区。主要防治段包括：市区西南部申河、阎家嘴、三李、桐树洼、上李河、石匠庄、郭家嘴、袁河村、大路西、黄岗、张寨村、杨寨村、刁沟、齐寨村等，边坡陡立、垂直裂隙发育，易被雨水渗透、冲蚀，形成崩塌、滑坡地质灾害。该区灾害隐患点26处，其中崩塌19处，威胁资产50.4万元，威胁110人；滑坡7处，威胁资产539.6万元，威胁221人。

2. 侯寨乡、马寨镇地面塌陷区重点防治段

侯寨乡上李河村、三李、梨园河和马寨镇的阎家嘴、申富嘴等地，在煤矿采空区范围内。本区三李煤矿、振兴煤矿、梨园河煤矿、李宅煤矿、龙岗煤矿的开采方式均为洞采，目前这些煤矿已经形成一定范围的采空区、巷道区，面积约5.884 1 km²。此地区存在较大的地面塌陷、伴生地裂缝地质灾害隐患。现有地面塌陷6处，伴生地裂缝2处，威胁资产226.7万元，威胁168人，耕地114.4亩。

3. 107国道管城区十八里河镇崩塌隐患重点防治段

107国道管城区十八里河镇刘村河西袁段，地层属上更新统（Q₃），岩性为粉质黏土、粉砂土，土体孔隙、裂隙发育。由于人类工程活动修路切坡，在降水诱发下，尤其是汛期，崩塌、滑坡时有发生，防治区面积6.7 km²。该区地质灾害1处，威胁资产85万元。

4. 中原区航西办事处崩塌重点防治段

中原区航西办事处冯湾村，存在崩塌灾害隐患1处，威胁7人、房屋18间，潜在经济损失50万元。

上述重点防治亚区面积为80.54 km²。

#### 1.6.8.3 高新技术开发区地裂缝重点防治亚区（A₃）

高新技术开发区沟赵乡任寨村，由于受地质构造带的影响，曾发生过地裂缝灾害。毁坏耕地0.75 km²，经济损失4万元。防治区面积0.75 km²。

#### 1.6.8.4 上街区峡窝镇重点防治亚区（A₄）

上街区峡窝镇的杨家沟、老寨河、营坡顶、方顶、冯沟、关沟、石嘴、寨沟等地；地层属上更新统（Q₃），岩性为粉质黏土、粉砂土，土体孔隙、裂隙发育。由于盖房、挖窑、修路等人类工程活动切坡、削坡过度，在降水诱发下，尤其是汛期，崩塌、滑坡、地面塌陷等时有发生。现存在灾害隐患：崩塌点33处、滑坡1处、地面塌陷1处、泥石流1处，威胁5 728人，潜在经济损失5 286.4万元。防治区面积26.98 km²。

# 第2章 安阳市

## 概 述

安阳市位于河南省北部，辖1个县级市、4县、4区,总面积7 413 km²，人口536.6 万人。地势西高东低，呈阶梯状展布。西部为太行山区，京广铁路以东地区为平原区，中部为丘陵区。

安阳市地质灾害类型主要有滑坡、崩塌、地面塌陷等。崩塌、滑坡主要分布在林州市境内中低山区，崩塌以基岩崩塌为主，规模一般为小型。安阳市西部、西北部及北部，因开采铁矿等矿产资源，易发生地面塌陷。根据地质灾害发育程度，林州市西部中山区是滑坡、崩塌、泥石流高易发区，林州市中部、东姚—河顺、安阳县李珍—清池、漳武水库—小南海水库周边等为地面塌陷、地裂缝高易发区。

安阳市地质灾害危害较为严重。据1993～2003年统计，安阳市共发生地质灾害16次，造成数十人伤亡，财产损失约1.5亿元。现有各类地质灾害隐患点153处。其中，崩塌8处，滑坡30处，泥石流沟22处，地面塌陷63处，地裂缝2处，不稳定斜坡28处。

## 2.1 林州市

林州市位于河南省西北部、太行山东麓，辖14个镇、3个乡，546个行政村，总人口97.1万人，耕地面积5.114万 hm²，总面积2 046 km²。农作物以小麦、红薯、玉米、谷子为主，经济作物有棉花、油菜籽等。林州市是我国花椒、核桃、山楂、柿饼的主要产区之一。矿产资源主要是铁矿，居河南省第四位，非金属矿产主要有石灰岩、白云岩、硅石、钾长石、花岗石、大理石、板石等20余种。林州市旅游业发展迅速，红旗渠—林虑山风景名胜区，被列为全省10条旅游热线之一。

### 2.1.1 地质环境背景概况

#### 2.1.1.1 地形、地貌

境内地貌分为中山、低山、丘陵、盆地4种类型。中山分布在西部，呈北东—南西延伸，属太行山山脉，最高海拔1 632 m。低山分布在南、北，东部为丘陵地貌。在山地和丘陵之间为盆地、谷地。

#### 2.1.1.2 气象、水文

林州市属暖温带半湿润大陆性气候，四季分明。多年平均气温13.7 ℃，最高气温为40.8 ℃，最低气温为-21.5 ℃。多年平均降水量659.4 mm，年最大降水量为1 081.0 mm（1982年），年最小降水量为365.2 mm（1997年）。年内降水多集中在7、8两个月，占全年降水量的55.5%。最大24 h降水量248.9 mm（1996年8月4日），最大1 h降水量71.7 mm（1989年7月21日），最大30 min降水量68.4 mm（1996年8月4日），最大10 min降水量19.7 mm（1999年6月7日）。

主要河流有浊漳河、洹河、淅河、淇河等，属海河流域的卫河水系。除浊漳河水源较充沛外，其余均属季节性河流。

### 2.1.1.3 地层、构造

区内出露地层有太古界登封群（Ardn）、中元古界汝阳群（$Pt_2ry$）、寒武系（∈）、奥陶系（O）、石炭系（C）、二叠系（P）、第四系（Q）。局部有燕山期岩浆岩。

林州市在大地构造单元上位于华北地台中部，太行山东麓深断裂带林州大断裂和青洋口大断裂之间。以北北东向和北西西向两组断裂构造为主体。林州市地震烈度为Ⅶ度，历史上多次发生破坏性地震。

### 2.1.1.4 岩土体工程地质基本特征

林州市岩土体工程地质类型大体可分为五个工程地质岩组：黏性土单层土体、中厚层稀裂状坚硬岩溶化灰岩组、中厚层稀裂状石英砂岩组、块状较软强风化片麻岩组、碎裂状较软强风化闪长岩组。

## 2.1.2 人类工程经济活动特征

近年来，随着林州市经济的快速增长，人口增加，在工农业生产、城乡建设、水利建设、交通建设和矿业开发等人类工程经济活动中，对自然资源的过度利用，诱发产生许多地质灾害。人类工程经济活动可能诱发的地质灾害主要有如下几个方面。

### 2.1.2.1 城乡建设

在城镇、乡村建设中，受地域、地形的限制，建房用地十分紧张。为了满足建设的需要，往往采取开挖坡脚获得更多的建设用地，使边坡增陡增高，成为潜在的不稳定边坡，造成滑坡。

### 2.1.2.2 水利建设

林州市是有名的缺水山区，为解决缺水问题，林州人民修建了举世闻名的人工天河"红旗渠"，解决了林州市缺水问题。但是，由于修筑的渠道都在半山腰切坡而建，易造成不稳定斜坡失稳产生崩塌，加之渠水渗漏浸润坡体造成滑坡。

### 2.1.2.3 交通建设

林州市城乡公路四通八达，安阳至山西高速公路、新河、河嘴、安林等省道的建设，部分地段开挖斜坡修筑公路，使边坡变高变陡，造成许多危岩和不稳定斜坡，发生滑坡及崩塌，造成一定的经济损失。

### 2.1.2.4 矿业开发

林州市矿产资源丰富，使得本地区矿业经济发展很快，特别是20世纪80年代以来，国有、集体、个体矿山企业开采铁矿、煤矿、石灰岩矿以及黏土矿等，在开矿过程中使不稳定斜坡失稳发生崩塌，矿井采空引起塌陷，矿渣、岩石碎屑堆积是形成泥石流的主要物质来源，在有暴雨时会发生泥石流及水石流。

## 2.1.3 地质灾害类型及特征

### 2.1.3.1 地质灾害类型

林州市主要地质灾害类型为滑坡、崩塌、泥石流、地面塌陷4种（见表3-2-1）。

表3-2-1 林州市地质灾害类型调查统计表

| 地质灾害类型 | 物质组成及运动方式 | | 数量（处） | 占同类比（%） | 占总比（%） |
|---|---|---|---|---|---|
| 滑坡 | 物质组成 | 土质 | 51 | 92.7 | 42.5 |
| | | 岩质 | 4 | 7.3 | 3.33 |
| 崩塌 | 物质组成 | 土质 | 1 | 14.3 | 0.83 |
| | | 岩质 | 6 | 85.7 | 5.0 |
| 地面塌陷 | | | 1 | 2.3 | 0.83 |
| | | | 42 | 97.7 | 35.0 |
| 泥石流 | | | 13 | 100 | 10.8 |
| 地裂缝 | | | 2 | 100 | 1.7 |

### 2.1.3.2 地质灾害特征

1. 滑坡

滑坡是林州市境内分布广、数量多、活动频繁、危害较大的灾种之一。经调查，多数滑坡形态较为完整，边界轮廓清晰，外貌具明显的圈椅状地形，滑体滑移特征明显，但滑床、滑带不明显，部分滑坡体前缘的滑舌、鼓丘比较明显地高于周围地形，后缘有拉张裂缝，主要分布在中、低山区。

土质滑坡规模均为小型，多发育在中、低山的斜坡上及居民建房切坡过陡处，滑坡体的物质组成主要为粉土、粉质黏土、坡积碎石黏土，当坡积物下部出露有透水性弱的黏土、粉质黏土、泥质页岩等软弱岩层、基岩层面时，由于地下水及暴雨下渗、浸润软化，抗剪强度下降，使斜坡稳定性降低而产生滑坡。

基岩滑坡数量较少，区内仅调查4处。该类滑坡发育在中、低山的斜坡上，地形坡度一般在45°~80°，滑体岩性主要为片麻岩、石英岩状砂岩，滑面为节理、裂隙面，规模均为小型。

2. 崩塌

崩塌以基岩崩塌为主，多发生在西部中、低山区的悬崖陡壁处及公路两侧。地形坡度较陡，均在85°以上，地层岩性为元古界石英岩状砂岩、寒武系石灰岩。由于该地层均存在软弱夹层，软弱夹层经风化剥蚀后，较硬岩层呈悬空状态，受重力作用，沿裂隙面崩落，无明显滑床、滑面，坡体以坠落、滚动、翻倒等方式破坏。规模一般为小型，破坏速度快，易造成伤亡和财产损失。

3. 泥石流

泥石流是山区沟谷中，由暴雨、冰雪融水等水源激发的、含有大量泥沙石块的特殊洪流。

经调查，林州市有13条泥石流沟，易发程度为中等，5条泥石流沟为中型规模，8条泥石流沟为小型规模。形成、流动区均为太古界片麻岩地层，谷底坡度在20°左右，松散物主要为片麻岩风化坡积物和分水岭陡壁上石英岩状砂岩崩塌碎石，谷地厚度3～5 m，平均厚度0.5 m左右，流域面积0.5 km²，松散堆积物单位储量3万～15万 m³/km²，诱发因素为暴雨，主要造成冲毁民房、淤塞红旗渠、堵塞公路、埋没耕地等危害。

### 4. 地面塌陷

林州市地面塌陷类型主要分为人为作用形成的采空地面塌陷和自然因素作用形成的岩溶地面塌陷两种类型。

采空地面塌陷是由于采矿等人类活动而造成的。采空塌陷根据所采矿种不同，各矿种的规模、储存形态不同，形成的塌陷规模和特性亦不同。林州市采空地面塌陷因铁矿开采、煤矿开采引起，其中铁矿采空塌陷39处，一般规模较小，塌陷形状为圆形，塌陷直径10～300 m，地面塌陷深度较深，一般20 m左右，主要受矿体似层状的储存形态控制，塌陷具突发性，造成的危害较大。煤矿采空塌陷4处，煤层层状较均匀，厚度较小，形成塌陷面积较大，塌陷深度较小，塌陷速度不具突发性，但塌陷周边的拉张裂缝使居民的房屋变形较大，危害较大。

岩溶塌陷1处，位于原康镇口上村，平面形态为圆形，剖面形态为圆锥形，表面形态为一凹下去的坑状，塌陷直径66 m，塌陷深度17 m。

### 5. 地裂缝

地裂缝共发现两处。一处在原康镇政府南部，裂缝发生时间为1970年，裂缝走向260°，宽0.3 m，长150 m。另一处在原康镇西部李家村，裂缝发生时间为1975年8月，裂缝走向205°，宽0.3 m，长270 m。均由暴雨引起开裂，两处裂缝当时均未造成危害。

## 2.1.4　地质灾害灾情

根据不完全统计，林州市已发生地质灾害120处，造成人员死亡11人，其中滑坡造成死亡3人，泥石流造成死亡5人，地面塌陷造成死亡3人。直接经济损失876.51万元。

## 2.1.5　地质灾害隐患点特征及险情评价

通过调查统计，确定林州市存在地质灾害隐患点114处，分布在辖区内的12个乡镇及主要工程沿线，威胁人数8 680人，预测经济损失12 356.92万元。各乡镇地质灾害隐患点分布情况如下：

城郊乡：地质灾害隐患点1处，为采空地面塌陷隐患，威胁对象为矿工及开采设备等。

合涧镇：地质灾害隐患点2处，威胁人数48人，预测经济损失54万元。危害程度中级1处，轻级1处。其中泥石流1处，危害程度为中级，威胁人数为41人。

东姚镇：地质灾害隐患点5处，均为采空区隐患，威胁对象为矿工及开采设备等，威胁人数170人。预测经济损失360万元，危害程度中级1处，轻级4处。

采桑镇：地质灾害隐患点2处。其中，采空区隐患1处，不稳定斜坡1处。威胁人数16人，预测经济损失64万元。危害程度均为轻级。

横水镇：地质灾害隐患点12处。其中，滑坡1处，泥石流隐患2处，采空区隐患9处。威胁人数2 432人，预测经济损失3 653.8万元。

河顺镇：地质灾害隐患点15处。其中，采空区隐患9处，泥石流3处，不稳定斜坡3处。危害程度特级1处，重级4处，中级9处，轻级1处。威胁人数1 380人，预测经济损失3 740.9万元。

东岗镇：采空区隐患4处，危害程度重级2处，中级2处。威胁人数420人，预测经济损失719.6万元。

任村镇：滑坡隐患点11处，危害程度重级2处、中级7处、轻级2处。不稳定斜坡7处，危害程度重级5处，中级2处。威胁人数2 029人，预测经济损失709.4万元。

石板岩乡：地质灾害隐患点15处。其中，滑坡4处，崩塌1处，泥石流2处，不稳定斜坡8处。危害程度重级4处，中级8处，轻级3处。威胁人数869人，预测经济损失552.4万元。

姚村镇：滑坡隐患点1处，危害程度为中级，威胁人数90人，预测经济损失90.0万元。

陵阳镇：采空区地面塌陷隐患2处，威胁人数54人，预测经济损失335.0万元。

红旗渠沿线：地质灾害隐患点8处。其中，滑坡1处，泥石流5处，不稳定斜坡2处。威胁长度约2.54 km，危害程度重级1处，中级3处，轻级4处，预测经济损失1 448.6万元。

## 2.1.6　地质灾害易发程度分区

将林州市地质灾害发育程度划分为地质灾害高易发区、地质灾害中易发区、地质灾害低易发区、地质灾害非易发区（见表3-2-2、图3-2-1）。

表3-2-2　地质灾害易发程度分区表

| 分区名称 | 代号 | 亚区名称 | 亚区代号 | 面积（km²） | 占总面积（%） | 灾害数（处） | 隐患点数（处） |
|---|---|---|---|---|---|---|---|
| 高易发区 | A | 漳河南岸滑坡、崩塌高易发亚区 | $A_1$ | 27.51 | 1.4 | 10 | 9 |
| | | 西部中山区滑坡、崩塌、泥石流高易发亚区 | $A_3$ | 508.17 | 24.8 | 57 | 54 |
| | | 教场—石村铁矿区地面塌陷高易发亚区 | $A_{4-1}$ | 51.44 | 2.5 | 23 | 23 |
| | | 东山—涧西地面塌陷高易发亚区 | $A_{4-2}$ | 37.05 | 1.8 | 9 | 9 |
| | | 晋家庄—马家庄地面塌陷高易发亚区 | $A_{4-3}$ | 34.2 | 1.7 | 10 | 5 |
| | | 东姚—河顺厂铁矿区地面塌陷高易发亚区 | $A_{4-4}$ | 19.37 | 0.9 | 3 | 5 |

续表3-2-2

| 分区名称 | 代号 | 亚区名称 | 亚区代号 | 面积（km²） | 占总面积（%） | 灾害数（处） | 隐患点数（处） |
|---|---|---|---|---|---|---|---|
| 中易发区 | B | 南部低山区滑坡、崩塌、泥石流中易发亚区 | B₃₋₁ | 487.02 | 23.8 | 1 | |
| | | 北部低山区滑坡、崩塌、泥石流中易发亚区 | B₃₋₂ | 229.2 | 11.2 | 4 | 4 |
| | | 南营—河北地面塌陷中易发亚区 | B₄ | 8.14 | 0.4 | | 2 |
| 低易发区 | C | 东部丘陵区滑坡、崩塌低易发亚区 | C | 291.9 | 14.3 | 1 | 1 |
| 非易发区 | D | 中部城关盆地—原康盆地非易发亚区 | D₁ | 236.2 | 11.5 | 2 | 2 |
| | | 南部临淇盆地非易发亚区 | D₂ | 101.9 | 5.0 | | |
| | | 北部东岗山间盆地非易发亚区 | D₃ | 13.9 | 0.7 | | |
| 合计 | | | | 2 046 | 100 | 120 | 114 |

### 2.1.6.1  地质灾害高易发区

分布在林州市西部中山区、东部丘陵区局部，面积677.74 km²。地质环境条件极差，地质灾害发育，已发生地质灾害112处，现有地质灾害隐患点105处。按地貌、灾种不同，划分为6个亚区。

1. 漳河南岸滑坡、崩塌高易发亚区

位于任村东北，漳河以南，面积27.51 km²,占总面积的 1.4%。山势较平缓，偶见陡壁，海拔一般在500～800 m，局部超过800 m，岩性以寒武—奥陶灰岩为主，局部覆盖第四系坡积物。发生地质灾害10处，存在隐患点9处，威胁人数726人。

2. 西部中山区滑坡、崩塌、泥石流高易发亚区

位于林州大断裂以西，为太行山脉南段东缘，东接林州盆地和原康盆地，面积508.17 km²，占总面积的24.8%。

该区西部北段为块断中山，一般海拔800～1 000 m，局部超过1 500 m，东侧受林州大断裂的影响，形成千米陡崖。黄华谷、桃园谷、露水河等沟谷和河流横切山地，形成了陡峻的"V"形峡谷，一般谷深500 m，宽50～150 m。发生地质灾害57处，存在隐患点54处，威胁人数2 628 人。

3. 教场—石村铁矿区地面塌陷高易发亚区

位于东岗镇的教场、东冶、龙山沟，河顺镇的路家垴、王家沟、魏家庄、栗家沟、石村，陵阳镇的南郎垒一带，面积51.44 km²，占总面积的 2.5 %。该区内开采铁矿的矿井较多，采空区面积较大，极易产生地面塌陷。区内有地面塌陷23处，存在隐患点23处，威胁人数1 674 人。

4. 东山—涧西地面塌陷高易发亚区

位于横水镇的马店、涧西、铁炉、寒镇一带，面积37.05 km²，占总面积的1.8%。

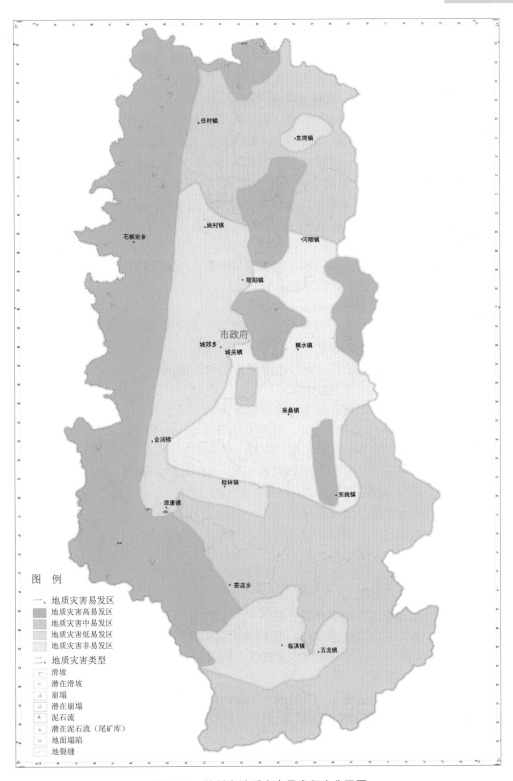

图3-2-1　林州市地质灾害易发程度分区图

区内矿井较多,采空区面积较大,极易产生地面塌陷。区内多被第四系坡洪积黄色、红色亚黏土层所覆盖,局部有燕山期闪长岩和奥陶系灰岩出露。区内有地质灾害隐患点9处,威胁人数1 512人。

**5. 晋家庄—马家庄地面塌陷高易发亚区**

位于陵阳镇西贤城、横水镇的晋家庄、蒋銮,太平庄、达连池、南庄和城郊乡东街一带,面积34.2 km²,占总面积的1.7%。区内煤矿、铁矿开采区面积较大,极易产生塌陷。区内有地面塌陷隐患点5处,威胁人数1 000人。

**6. 东姚—河顺厂铁矿区地面塌陷高易发亚区**

位于东姚镇的东姚、李家湾、河顺厂、李家厂一带,面积19.37 km²,占总面积的0.9%。区内矿井局部密集,采空区面积较大,极易产生地面塌陷。区内已发生地面塌陷3处,存在地面塌陷隐患点5处,威胁人数170人。

### 2.1.6.2 地质灾害中易发区

主要分布在林州中南部的低山区,面积724.36 km²,占总面积的35.4%。地质环境条件较差,地质灾害较为发育,存在隐患点6处。

**1. 南部低山区滑坡、崩塌、泥石流中易发亚区**

位于临淇盆地以南、以东、以北,包括临淇镇、五龙镇、东姚镇和茶店乡的大部分地区,以及桂林镇南部的少部分地区,面积487.02 km²,占总面积的23.8%。该区为柏尖山支脉,海拔多在500 m左右,岩性多由寒武系灰岩组成,河谷、沟谷两侧和山前覆盖有第四系坡洪积的亚黏土和亚砂土。

**2. 北部低山区滑坡、崩塌、泥石流中易发亚区**

位于任村以东,漳河以南,姚村—河顺大断裂以北。断裂发育,山势平缓,偶见陡壁,山中有较宽平的谷地和小规模平地。海拔一般在500~800 m,局部超过800 m,岩性以寒武—奥陶灰岩为主,局部覆盖第四系坡积物。面积229.2 km²,占总面积的11.2%。区内存在隐患点4处,威胁人数680人。

**3. 南营—河北地面塌陷中易发亚区**

位于城郊乡的南营至采桑镇的河北一带,面积8.14 km²,占总面积的0.4%。区内有零星采矿,矿井不密集,采空面积不很大,为地面塌陷中易发。区内存在地面塌陷隐患点2处,威胁人数20人。

### 2.1.6.3 地质灾害低易发区

位于城关盆地和原康盆地以东的丘陵区,面积291.9 km²,占总面积的14.3%。该区海拔多在350~500 m,局部超过500 m。区内多为第四系坡洪积亚黏土和亚砂土覆盖,在丘陵上部多出露奥陶系灰岩,个别地方出露燕山期闪长岩。存在地质灾害隐患点1处。

### 2.1.6.4 地质灾害非易发区

包括城关盆地、原康盆地、临淇盆地、东岗山间平地,总面积352 km²,占总面积的17.2%。区内地势平坦,局部略有高低起伏。

## 2.1.7 地质灾害重点防治区

林州市地质灾害重点防治区分为西部中山区、漳河南岸低山区、丘陵采空塌陷区3

个亚区，面积677.74 km²，占全市总面积的33.1%。地质灾害隐患点105处（见图3-2-2）。
现分述如下。

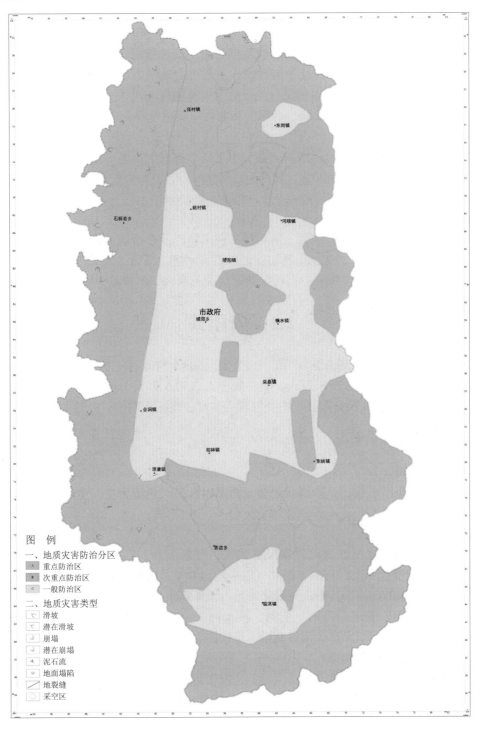

图3-2-2 林州市地质灾害防治分区图

图　例

一、地质灾害防治分区

　　重点防治区

　　次重点防治区

　　一般防治区

二、地质灾害类型

　　滑坡

　　潜在滑坡

　　崩塌

　　潜在崩塌

　　泥石流

　　地面塌陷

　　地裂缝

　　采空区

#### 2.1.7.1　西部中山区

主要分布在任村镇的西部，石板岩乡的全部，城郊乡、合涧镇、原康镇、茶店乡的西部，临淇镇的西北角，面积508.17 km²。灾害类型以土质滑坡、岩质崩塌、泥石流为主。地质灾害隐患点53处，威胁人数2 628人。该区组成山地的岩石为白云岩、白云质石灰岩、石英砂岩、页岩，形成阶梯状绝壁，由于侵蚀作用形成的沟谷、河流横切山地，形成了陡峻的"V"形峡谷及千沟万壑。主要防治地段为沟谷两侧，山坡坡积物及陡峻绝壁的岩石形成滑坡、崩塌和泥石流等地质灾害隐患，对人类工程存在重大隐患的地段有红旗渠总干渠、一干渠沿线，新河公路的盘阳以西地段，合嘴公路。

#### 2.1.7.2　漳河南岸低山区

该区位于任村东北，漳河以南的王墓、小王庄、古城、前峪、后峪。山势较平缓，偶见陡壁，海拔一般在500～800 m，局部超过800 m，岩性以寒武—奥陶灰岩为主，局部覆盖第四系坡积物。区内存在隐患点9处，威胁人数726人。

#### 2.1.7.3　丘陵采空塌陷区

该区位于林州市东部的横水镇、河顺镇、陵阳镇以及东冶镇的南部地区。存在地质灾害隐患点43处，采空区29处。重要防治地段有晋家庄、马店、太平庄、大连池、杨家庄、吴家井、上台、郎垒、城北、石村、栗家沟、王家沟、申家垴、路家垴、教场等。

# 2.2　安阳县

安阳县位于河南省北部，辖7个镇、14个乡，608个行政村（居委会）、896个自然村，面积1 201 km²，人口92.08万人，其中农业人口50.6万人。现有耕地103.62万亩，全县森林覆盖率达17.1%。安阳县矿产资源较为丰富，现已探明的矿产达30多种。

## 2.2.1　地质环境背景概况

### 2.2.1.1　地形地貌

安阳县地势西高东低，呈阶梯状展布。西部以低山、丘陵为主，中、东部主要是平原、洼地。

### 2.2.1.2　气象、水文

安阳县属北温带半湿润大陆性季风气候区，气候温和，四季分明。年平均气温为13.6 ℃，年际间变化不大，1961年最高气温平均14.6 ℃，1956年最低气温平均12.5 ℃，多年平均降水量542.6 mm。其中7、8月降水量占全年降水量的58%。

安阳县有漳河、汤河、洹河、羑河、洪水河、金线河等河流，均属海河流域运河（卫河）水系，沟谷局部发育，沟谷宽敞，呈U形谷，地表有植被发育。

### 2.2.1.3　地层岩性与地质构造

区域出露的地层有古生界奥陶系（O）、古生界石炭系（C）、古生界二叠系（P）及新生界新近系（N）、新生界第四系（Q）。构造以断裂为主，发育NNE、NE及NWW向两组断裂。NNE向的汤西断裂（$F_2$）、汤东断裂（$F_1$）被NWW向安阳南断裂（$F_5$）和安阳北断裂（$F_4$）切割、错移，形成了类棋盘格式的基底构造格局。本区内新构造运动比较明显，主要表现为差异性升降运动、断裂活动和地震。

#### 2.2.1.4　水文地质、工程地质

根据地下水赋存条件、物理化学性质及水力特征，地下水类型有孔隙潜水及承压水、裂隙承压水和岩溶裂隙承压水。根据地貌形态，考虑工作区地质地貌条件、岩土体特征，将区内岩土体划分为中厚层坚硬中等岩溶化石灰岩岩组（$O_2$），中厚层软弱页岩、砂岩岩组（P），中厚层较软泥岩、泥灰岩岩组（N），双层半密实粉土、黏性土土体（Qp）以及多层松散粉质黏土、粉土、粉细砂土体（Qh）等5类工程地质岩组。

### 2.2.2　人类工程活动特征

#### 2.2.2.1　兴建水利工程

为满足境内及周边地区防洪及灌溉需要，新中国成立后安阳县大力修建水利设施，先后修建了小南海、彰武、双全等大中型水库和石门翁、合山、磊口、五里洞、张家庄、西龙山、赵家窑、上营、彪涧、上柏树、北大岷、大屯、张王闫、李葛涧等小型水库，同时修建了跃进渠总干渠及其支渠等多处水利设施。但水利设施的修建，对周围的地质环境影响较大，特别是水库的修建，是库岸的坍塌、滑坡地质灾害现象的诱发因素之一。

#### 2.2.2.2　矿山开采活动

安阳县矿产资源较为丰富。经勘测，现发现的矿种共有30多种，主要有煤、煤层气、铁、锰、长石、石膏、白云岩、石灰岩、溶剂灰岩、水泥灰岩、霞石正长岩、瓷土、膨润土、耐火黏土、砖瓦黏土等，现已开发利用的有10多种。但矿产开采带来经济发展的同时，也严重地破坏了周围的地质环境，易诱发崩塌、滑坡等地质灾害，造成水土流失、植被破坏。特别是煤炭等地下矿产的开采，已经引起局部地区出现地面塌陷、地裂缝。

#### 2.2.2.3　工程建设

在低山丘陵区，因受地形条件制约，建设用地短缺，建房、修路等工程建设易导致坡体失稳而产生崩塌、滑坡灾害，威胁公路、车辆、行人及附近居民生命财产安全。

### 2.2.3　地质灾害类型及特征

#### 2.2.3.1　地质灾害类型

安阳县已发生的地质灾害主要类型有地面塌陷、崩塌两种。据调查统计，安阳县境内共发生地面塌陷26处，崩塌2处（见表3-2-3）。

#### 2.2.3.2　地质灾害特征

经调查统计，全县现有地质灾害隐患点74处，其中地面塌陷隐患点63处，不稳定斜坡9处，崩塌隐患点2处。

1. 地面塌陷

地面塌陷主要分布于安阳县西部善应镇、铜冶镇、许家沟乡、都里乡、磊口乡、马

表3-2-3 安阳县地质灾害统计表

| 乡镇 | 崩塌 | 地面塌陷 | 合计 |
|------|------|----------|------|
| 水冶镇 | | | |
| 白壁镇 | | | |
| 柏庄镇 | | | |
| 曲沟镇 | | | |
| 善应镇 | | 6 | 6 |
| 吕村镇 | | | |
| 铜冶镇 | 1 | 1 | 2 |
| 许家沟乡 | 1 | 9 | 10 |
| 马家乡 | | 1 | 1 |
| 辛村乡 | | | |
| 北郭乡 | | | |
| 蒋村乡 | | | |
| 都里乡 | | 2 | 2 |
| 磊口乡 | | 7 | 7 |
| 洪河屯乡 | | | |
| 安丰乡 | | | |
| 伦掌乡 | | | |
| 韩陵乡 | | | |
| 崔家桥乡 | | | |
| 永和乡 | | | |
| 瓦店乡 | | | |
| 合计 | 2 | 26 | 28 |

家乡。根据地面塌陷规模划分标准，中型地面塌陷2处，分别位于善应镇西善应村、徐家沟乡下堡村，其他均为小型塌陷，规模100～70 000 m²。16处为单体陷坑，3处为陷坑群。7处无明显地面陷坑，但伴生有分布范围较大的地裂缝。伴生地裂缝均为群缝，长30～1 500 m，宽0.2～1 m，深1～80 m。

2. 崩塌

2处崩塌均为岩质崩塌，一处位于许家沟乡下堡村西南沿安林公路，另一处位于铜冶镇石堂村红脑铁矿，危害不大。

## 2.2.4　地质灾害灾情

安阳县地质灾害危害以地面塌陷为主，受灾对象为居民、房屋、道路、农田和矿山。地面塌陷共毁田631亩，毁房485间，造成33人伤亡，阻断公路50 m，淹埋铲车1辆。目前，仍存在较大隐患，威胁人口720人、农田3 885亩、房屋1 736间、公路890 m。

## 2.2.5　各乡镇地质灾害隐患点分布

地质灾害隐患点分布于水冶镇、蒋村乡、伦掌乡、都里乡、铜冶镇、磊口乡、马家乡、善应镇和许家沟乡等乡镇。

善应镇：共有地质灾害隐患点16处，地面塌陷隐患点16处。

铜冶镇：共有地质灾害隐患点20处，地面塌陷隐患点18处，崩塌隐患点1处，不稳定斜坡1处。

许家沟乡：共有地质灾害隐患点18处，地面塌陷隐患点16处，崩塌隐患点1处，不稳定斜坡1处。

马家乡：共有地质灾害隐患点2处，地面塌陷隐患点2处。

蒋村乡：共有地质灾害隐患点1处，不稳定斜坡1处。

都里乡：共有地质灾害隐患点7处，地面塌陷隐患点3处，不稳定斜坡4处。

磊口乡：共有地质灾害隐患点10处，地面塌陷隐患点8处，不稳定斜坡2处。

## 2.2.6　重要地质灾害隐患点

安阳县分布有大型地质灾害隐患点3处，均为地面塌陷，分别为东脑村地面塌陷隐患点、西善应村地面塌陷隐患点和西方山地面塌陷隐患点。

### 2.2.6.1　东脑村地面塌陷隐患点

位于都里乡东脑村，于2005年12月26日发生大型地面塌陷，最大塌陷深度达50 m，由地下采矿引起，共毁田5亩，毁房18间，造成人员死亡12人。目前，尚未稳定，仍存在较大隐患，稳定状态为差，威胁人口220人、田地50亩、房屋890间，潜在经济损失208万元。

### 2.2.6.2　西善应村地面塌陷隐患点

位于小南海水库北岸的河边阶地，属于溶洞型塌陷，群集式排列，塌陷地层为中奥陶系（$O_2$）厚层状灰岩，上覆第四系上更新统（$Q_3$）亚黏土（厚10 m）。此处溶洞发育强烈，富含石膏矿，塌顶溶洞埋深约15 m。分布面积约1 500 $m^2$，曾于2003年8月发生地面塌陷，造成较大损失，毁田5亩，毁房15间。随着水库蓄水、溶蚀剥落等诱发因素的影响，该塌陷隐患点发展仍趋增强，存在隐患，稳定状态为差，威胁人口196人、农田15亩、房屋150间。

### 2.2.6.3　西方山地面塌陷隐患点

据调查，西方山村下部存在煤矿采空区，存在地面塌陷隐患，稳定状态为差，威胁房屋80间、农田100亩、威胁人口710人。

### 2.2.7　地质灾害易发程度分区

将安阳县地质灾害易发程度划分为地质灾害高易发区（A）、地质灾害中易发区（B）、地质灾害低易发区（C）和地质灾害非易发区（D）（见表3-2-4、图3-2-3）。

表3-2-4　安阳县地质灾害易发性分区表

| 分区名称 | 分区代号 | 亚区名称 | 亚区代号 | 面积（km²） | 占总面积（%） | 灾害点数（处） | 隐患点数（处） |
|---|---|---|---|---|---|---|---|
| 高易发区 | A | 磊口—许家沟—善应地面塌陷高易发区 | A | 66.17 | 5.51 | 23 | 44 |
| 中易发区 | B | 都里北部不稳定斜坡中易发亚区 | B₁ | 35.74 | 2.98 | 0 | 4 |
| | | 铜冶—磊口—许家沟—善应地面塌陷中易发亚区 | B₂ | 178.13 | 14.83 | 3 | 16 |
| 低易发区 | C | 都里—铜冶东北部地面塌陷低易发亚区 | C₁ | 43.46 | 3.62 | 2 | 7 |
| | | 马家—善应东南部地面塌陷低易发亚区 | C₂ | 93.43 | 7.78 | 0 | 3 |
| 非易发区 | D | 中、东部地质灾害非易发亚区 | D | 784.07 | 65.28 | 0 | 0 |
| 合计 | | | | 1 201 | 100 | 28 | 74 |

#### 2.2.7.1　地质灾害高易发区（A）

本区包括磊口乡、许家沟乡和善应镇等乡镇，面积66.17 km²。属低山、丘陵地貌，地层岩性主要为中奥陶统（O₂）中厚层坚硬中等岩溶化石灰岩。本区人类工程活动强烈，区内煤矿、铁矿密集，当前及过去采矿形成的采空区在本区大面积存在，地质灾害发育，已发生地质灾害23处，存在44处地质灾害隐患点，威胁农田2 665亩、房屋996间、公路940 m、人口1 106人。

#### 2.2.7.2　地质灾害中易发区（B）

1. 都里北部不稳定斜坡中易发亚区（B₁）

分布在都里北部，属低山区，面积35.74 km²。岩石裂隙发育，修路等工程活动造成多处不稳定斜坡，雨季时易发生崩塌、滑坡等地质灾害。存在地质灾害隐患点4处，威胁公路750 m。

2. 铜冶—磊口—许家沟—善应地面塌陷中易发亚区（B₂）

分布于铜冶—磊口—许家沟—善应一带，面积178.13 km²，为丘陵区。地质灾害隐患点16处，威胁农田760亩、房屋445间、公路220 m、人口239人。

#### 2.2.7.3　地质灾害低易发区（C）

地质灾害低易发区划分为两个亚区：都里—铜冶东北部地面塌陷低易发亚区（C₁）和马家—善应东南部地面塌陷低易发亚区（C₂）。两个亚区均分布于西部丘陵区，面积

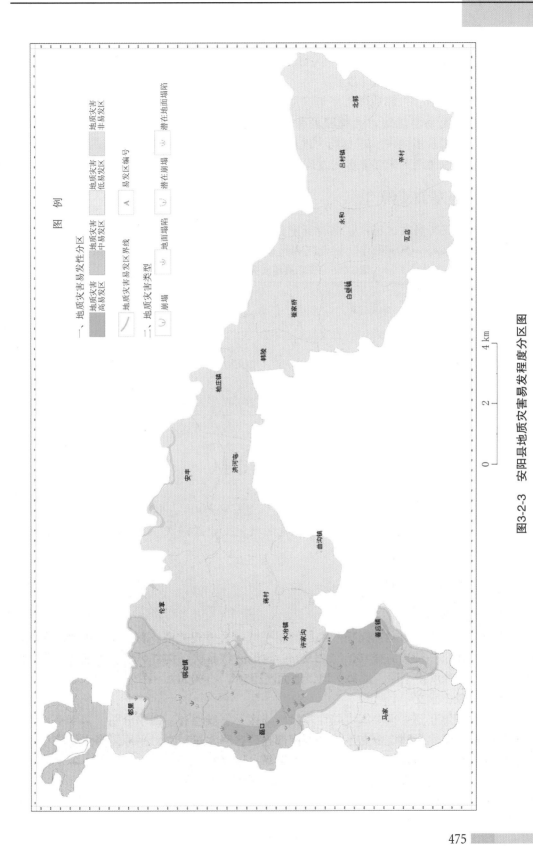

图3-2-3 安阳县地质灾害易发程度分区图

136.89 km²，占调查区面积的11.4%。本次调查确定地质灾害点2处和地质灾害隐患点10处，威胁农田210亩、房屋375间、人口83人。

#### 2.2.7.4 地质灾害非易发区（D）

安阳县境内中、东部地面较平坦，地形起伏不大，海拔一般为50～100 m。在县境的东南部局部有易涝洼地，上部覆盖有较厚的第四系松散堆积层，主要岩性为粉质黏土、粉土。安阳县境内中、东部均为地质灾害非易发区，面积784.07 km²，占调查区面积的65.28%，本次调查未在该区内发现地质灾害及隐患。

### 2.2.8 地质灾害重点防治区

根据地质灾害易发区特征、结合安阳县经济与社会发展规划等因素，确定都里—铜冶—磊口—许家沟—善应重点防治亚区为地质灾害重点防治区（见表3-2-5、图3-2-4）。

表3-2-5 安阳县地质灾害防治分区表

| 分区名称 | 分区代号 | 亚区名称 | 亚区代号 | 面积（km²） | 占全县面积比（%） | 灾害点数（处） | 隐患点数（处） | 威胁人数（人） |
|---|---|---|---|---|---|---|---|---|
| 重点防治区 | A | 都里—铜冶—磊口—许家沟—善应重点防治亚区 | A | 244.87 | 20.4 | 27 | 71 | 1 348 |
| 合计 | | | | 244.87 | 20.4 | 27 | 71 | 1 348 |

# 2.3 安阳市区

安阳市区包括文峰区、北关区、殷都区、龙安区等4区，面积543.6 km²，市区总人口102.6万人。安阳市为国家级的历史文化名城，工业以钢铁、电子、轻纺为主，商贸旅游业繁荣，是豫北区域中心城市。

## 2.3.1 地质环境背景概况

### 2.3.1.1 地形地貌

安阳市区地貌可分剥蚀岗丘和堆积倾斜平原两大地貌类型。剥蚀岗丘主要展布西南部马投涧—龙泉一带，海拔100～243.9 m，地形波状起伏、沟谷纵横。其他区域为冲洪积倾斜平原、冲洪积平原，地势平坦，地面高程56.7～100 m。

### 2.3.1.2 气象、水文

安阳市区属北温带半湿润大陆性季风气候区，气候温和，四季分明。多年平均降水量573.6 mm，降水量时空分布不均，西南部丘陵区降水量较大，平原区降水量较小，最大年降水量1 182.2 mm（1963年），最小年降水量仅268.2 mm（1986年）。降水量年内分配不均，主要集中在7、8、9三个月。多年平均气温13.5 ℃，极端最高气温41.7 ℃，极端最低气温-21.7 ℃。冻土层厚度小于40 cm。

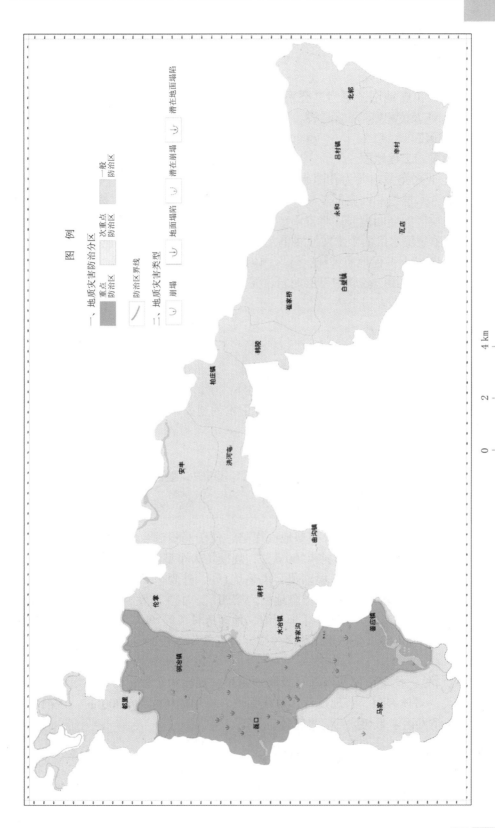

图3-2-4 安阳县地质灾害防治分区图

地表水属海河流域,主要河流有安阳河(洹河)、洪河,其次为羑河。人工渠道有漳南渠、万金渠等。

### 2.3.1.3 地层与构造

安阳市区地表出露地层主要为二叠系、新近系及第四系。区内构造形迹以断裂为主,发育NNE、NE及NWW向两组断裂。根据《中国地震动参数区划图》,安阳市市区地震基本烈度为Ⅷ度。

### 2.3.1.4 水文地质、工程地质

安阳市区地下水类型主要为孔隙水和孔隙裂隙水。含水层有安阳河冲洪积扇第四系松散岩类孔隙含水层组和西南部丘陵区碎屑岩类孔隙裂隙含水层组。按地面形态、地表岩性、含水介质等的空间差异,将安阳市区地下水分为安阳河冲洪积扇松散层孔隙水区、丘陵地带孔隙裂隙水区两个水文地质单元。

根据安阳市区岩土工程地质特征,将区内岩土划分为4类工程地质岩组,分别为中厚层软弱页岩、砂岩岩组,较软中厚层泥岩、泥灰岩岩组,粉土、黏性土双层土体以及粉质黏土、粉土、粉细砂多层土体。

## 2.3.2 人类工程活动特征

安阳市水利工程主要有两座水库——彰武水库、龙泉水库,对周围的生态环境改变较大,局部出现库岸坍塌、干渠被毁等现象。此外,在彰武水库一带,因煤炭开采,形成一定范围的采空区,目前仍有扩展趋势,由此引发的地面塌陷时有发生。

## 2.3.3 地质灾害类型及特征

安阳市地质灾害类型有地面塌陷、崩塌2种4处。其中,地面塌陷3处,崩塌1处。因灾造成直接经济损失61.5万元。

### 2.3.3.1 地面塌陷

地面塌陷3处,属采矿引发的冒顶型地面塌陷,位于马投涧乡陈贺驼村、龙泉镇吴家洞和彰武水库西侧龙安区东龙山村南200 m处,规模均为小型。

彰武水库西侧龙安区东龙山村塌陷现存塌陷坑1处,外观呈不规则圆形,可见深度约10 m,直径约3 m,塌陷面积15 m²,塌陷地层为第四系。主要诱发因素为地下采挖(煤炭)。其余2处地面塌陷表现为塌陷伴生地裂缝,地裂缝长一般100～500 m,最长的地裂缝是600 m。宽1～5 m不等,分布于塌陷区外围,可见深度一般2～4 m。

### 2.3.3.2 崩塌

崩塌灾害点1处,位于市区西南部马投涧—龙泉,规模为小型,为岩质崩塌,坡体构成为碎屑岩类,岩体裂隙、节理发育,风化强烈。崩塌体体积约6 000 m³。该崩塌属于人工卸荷型,诱发因素为切坡,危害轻微。

## 2.3.4 地质灾害隐患点特征及险情评价

安阳市区地质灾害隐患点分布具有明显的地域性,崩塌、不稳定斜坡主要分布于西南部岗丘区,地面塌陷分布于市区西南一带煤炭开采区。其中,不稳定斜坡4处,潜在

地面塌陷3处，崩塌1处。

根据地质灾害隐患点经济损失预测和险情级别统计结果，对8处地质灾害隐患点潜在危害程度进行评价。潜在经济损失605.5万元，险情为大型1处、小型7处。按灾种分，崩塌隐患潜在经济损失120万元，威胁300人，险情为大型。地面塌陷潜在经济损失104万元，险情为小型。不稳定斜坡潜在经济损失381.5万元，险情为小型。

### 2.3.5 地质灾害易发程度分区

将全市地质灾害易发程度分为高易发区、中易发区、低易发区、非易发区4个区（见表3-2-6、图3-2-5）。

表3-2-6 安阳市地质灾害易发程度分区表

| 分区名称 | 亚区代号 | 亚区名称 | 面积（km²） |
|---|---|---|---|
| 高易发区 | $A_{4-1}$ | 西南部彰武水库一带地面塌陷、崩塌高易发区 | 30.45 |
| 中易发区 | $B_{4-1}$ | 龙安区龙泉—马投涧低山丘陵区地面塌陷、崩塌中易发区 | 125.0 |
| 低易发区 | $C_{2-1}$ | 安阳市区西部地质灾害低易发区 | 11.03 |
| 非易发区 | $D_1$ | 安阳市区东北部地质灾害非易发区 | 377.12 |

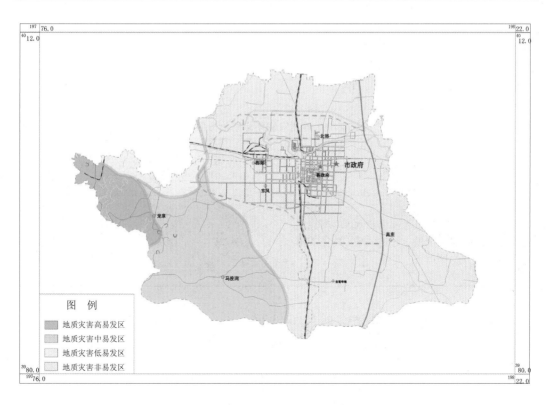

图3-2-5 安阳市区地质灾害易发程度分区图

#### 2.3.5.1 西南部彰武水库一带地面塌陷、崩塌高易发区

地处安阳市西南部剥蚀岗丘区，面积30.45 km²。区内沟谷纵横，构造发育、岩体风化。人类工程活动复杂而强烈，主要表现为采矿、水利工程建设（水库）、修路、建房等，地质灾害发育类型为地面塌陷、崩塌等。地质灾害隐患点3处，包括地面塌陷1处、不稳定斜坡2处。共威胁耕地10亩，公路140 m。威胁资产380万元。

#### 2.3.5.2 龙安区龙泉—马投涧低山丘陵区地面塌陷、崩塌中易发区

位于龙泉西南部—马投涧一带，面积为125.0 km²。主要构造有汤西断裂、郭村断裂。受采矿活动、降水及岩石风化等因素影响，地面塌陷、崩塌（滑坡）等发育。地质灾害隐患3处，包括崩塌1处、不稳定斜坡2处。威胁对象：人口302人、房屋303间、田地15亩、公路50 m。潜在经济损失281.5万元。

#### 2.3.5.3 安阳市区西部地质灾害低易发区

该区位于调查区西部与安阳县接壤地带，面积为11.03 km²。地貌类型以岗丘、冲积平原为主，地质灾害一般不发育。

#### 2.3.5.4 安阳市区东北部地质灾害非易发区

该区位于市区东北部冲洪积平原区，面积为377.12 km²。现状地质灾害不发育。

### 2.3.6 地质灾害重点防治区

地质灾害重点防治区面积47.9 km²（见表3-2-7），北起北彰武—洪岩村，南至市区西南部边界，西起市区西部边界的张家庄，东至洪岩村—东平—张串村—石岩。人类工程活动为采矿。北彰武周边采矿活动较为强烈，存在矿山开采引发的地面塌陷（常有伴生地裂缝）灾害隐患。主要威胁道路、居民、耕地、建筑、矿山等，有关部门应加强矿山地面塌陷地质灾害的防治工作。

表3-2-7 地质灾害重点防治分区表

| 分区名称 | 亚区 | 代号 | 面积（km²） | 占全市面积（%） | 威胁对象 |
|---|---|---|---|---|---|
| 重点防治区 | 安阳市区西部彰武水库一带以崩塌（滑坡）、地面塌陷为主的重点防治区 | A₁ | 47.9 | 6.9 | 居民、道路、耕地、建筑、矿山 |

安阳市区地质灾害重点防治分区图见图3-2-6。

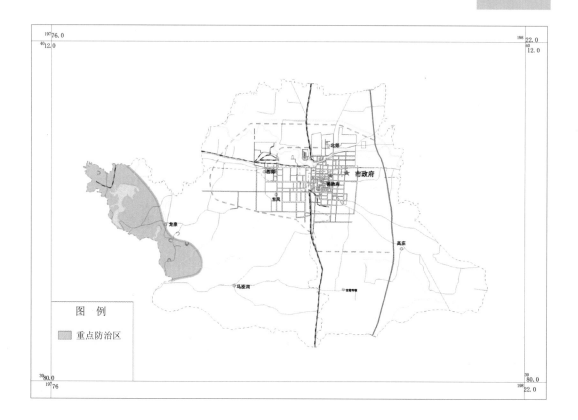

图3-2-6　安阳市区地质灾害重点防治分区图

# 第3章　鹤壁市

## 概　述

鹤壁市位于河南省北部，辖2县（浚县、淇县）、三区（淇滨区、山城区、鹤山区）和经济技术开发区，总人口142.77万人，国土总面积2 182 km²。

鹤壁市位于太行山东麓与华北平原的交接过渡地带，地势为西高东低，依次为低山、丘陵岗地、平原地貌。

鹤壁市地质灾害类型主要有崩塌、滑坡、地面塌陷、泥石流、地裂缝等5种。崩塌主要分布于西部基岩山区和丘陵地区。滑坡以土质滑坡为主，主要分布在西部丘陵地带以及基岩山丘黄土覆盖和风化坡积物地带。泥石流主要分布于西部基岩山区及出山口地带的淇县桥盟乡、淇滨区大河涧乡、上峪乡、庙口乡等地。由于开采煤炭资源，山城区、鹤山区、淇滨区地面塌陷、地裂缝灾害发育。地裂缝分为地面塌陷伴生地裂缝及膨胀土地裂缝。

根据地质灾害发育程度，淇县西部山区及淇河两岸为崩塌、滑坡、泥石流地质灾害高易发区，鹤壁矿区是地面塌陷高易发区。据2006年统计，崩塌、滑坡、泥石流灾害已造成人员伤亡21人，毁坏公路2.696 km，毁坏渠道1.31 km。采煤地面塌陷形成5个大的采煤沉陷区，涉及行政村60余个，累计毁坏耕地约16 612亩。

鹤壁市现有各类地质灾害隐患点164处。其中，崩塌38处，滑坡15处，泥石流6处，地面塌陷78处，地裂缝1处，不稳定斜坡25处，膨胀土1处。

# 3.1　淇　县

淇县国土面积567.43 km²，辖5乡2镇1区，176个行政村、362个自然村，人口25.34万人。现有耕地面积32.3万亩，农作物以小麦、玉米、棉花为主。工业以电力、纺织为主。主要矿产有煤、大理岩、白云岩、石英岩、沙等，其中沙的储量较大。

## 3.1.1　地质环境背景概况

### 3.1.1.1　地形地貌

淇县地势西北高、东南低。地貌类型可划分为低山区、丘陵区、平原区3类。西部三县脑为最高峰，海拔1 019 m。最低处位于淇河与卫河交汇口，海拔63.8 m。

### 3.1.1.2　气象、水文

淇县属北温带大陆性季风气候，多年平均气温13.9 ℃，多年平均降水量610.9 mm。年最大降水量为1 146 mm（1963年），年最小降水量为268.4 mm(1997年)，日最大降水量为258 mm（2000年7月5日），最长连续降水日数11 d（1974年）。

境内主要河流有15条，属海河流域，其中4条为界河，11条为内河。较著名的河流有淇河、卫河、思德河等。

### 3.1.1.3 地层与构造

淇县境内广泛出露寒武系和奥陶系，前寒武系出露很少，仅见基岩区变质岩，与元古界和寒武系呈不整合接触。震旦系零星出露。古生界缺失奥陶系上统和石炭系下统。石炭系仅在庙口、黄洞等地零星出露。新生界有中新统和第四系。

淇县所处大地构造单元，位于新华夏系华北凹陷区西部，以断裂构造为主，其主要断层有西形盆—水峪断层、庙口—漕旺水断层、凉水泉—北岭断层、卧羊湾—狮豹头断层、天井洼断层。活动断裂发育，主要有汤阴地堑西界断裂、汤阴地堑东界断裂、青羊口断裂等，在新构造期仍在活动。据《中国地震动参数区划图》（GB 18306—2001），淇县以东平原区为Ⅷ度地震烈度区，西部山区为Ⅶ度地震烈度区。

### 3.1.1.4 水文地质、工程地质

地下水划分为松散岩类孔隙水、碳酸盐岩类岩溶水和基岩裂隙水3种类型。根据地质地貌、构造、岩性及水文地质特征，分为碎裂状较软花岗岩强风化岩组、厚层稀裂状硬石英砂岩组、厚层稀裂状中等岩溶化硬白云岩组、中厚层具泥化夹层较软粉砂岩组、黏性土单层土体5个工程地质岩组。

## 3.1.2 人类工程活动特征

淇县人类工程活动主要有矿山开采、交通、水利工程等。淇县矿产资源较丰富，特别是20世纪90年代以来，集体、个体矿山企业大量开采花岗岩、石英岩、石灰石及沙等。在开矿过程中斜坡失稳发生崩塌、滑坡，采沙形成的采空区常发生地面塌陷。庙口煤矿在20世纪70年代进行过开采活动，形成了地面塌陷，现今该煤矿已停止开采。部分地段开挖斜坡修筑公路，使边坡变高变陡，造成许多不稳定斜坡及人工危岩体，在降水等因素影响下，易发生滑坡、崩塌等地质灾害。

## 3.1.3 地质灾害类型及特征

### 3.1.3.1 地质灾害类型

淇县地质灾害以滑坡、崩塌、地面塌陷为主，局部有泥石流、地裂缝及河流塌岸地质灾害。调查地质灾害点54处，其中，泥石流3处，河流塌岸4处，滑坡10处，崩塌13处，地面塌陷14处，地裂缝1处，不稳定斜坡9处（见表3-3-1）。

### 3.1.3.2 地质灾害特征

#### 1.滑坡

淇县滑坡均为土质滑坡，规模为小型。多数滑坡形态较完整，边缘轮廓较清晰，滑体滑移明显，但滑床、滑带不明显，部分滑坡体前缘的滑舌、鼓丘比较明显地高于周围地形，后缘拉张裂隙不明显。滑坡的发生主要与降水有关，部分滑坡与开挖坡角有关。滑坡的物质成分多为松散碎石土及粉质黏土。滑坡基本上为软弱基座类型。其次为松散覆盖层与基岩接触形成的滑坡。

表3-3-1 淇县地质灾害及隐患点统计表

| 地质灾害类型 | | 数量（处） | 占同类比例（%） | 占总数比例（%） |
|---|---|---|---|---|
| 崩塌 | 基岩崩塌 | 12 | 92.3 | 22.2 |
| | 土质崩塌 | 1 | 7.7 | 1.9 |
| 土质滑坡 | | 10 | | 18.6 |
| 泥石流 | | 3 | | 5.6 |
| 河流塌岸 | | 4 | | 7.4 |
| 地面塌陷 | | 14 | | 25.9 |
| 地裂缝 | | 1 | | 1.8 |
| 不稳定斜坡 | | 9 | | 16.6 |
| 合计 | | 54 | 100 | 100 |

**2. 崩塌**

崩塌规模均为小型，12处为基岩崩塌，1处为土质崩塌。坡体常发生坠落、滚动等，因其速度快，破坏力大，易造成人员伤亡和财产损失。

**3. 泥石流**

泥石流3处，其中2处为中型，1处为小型。泥石流流域面积在2～4.5 km²，松散物堆积量在2.25 万～3.2 万m³，物质成分多为砂砾石，砾石分选性一般较差；泥石流沟谷形态为"V"形谷，沟谷纵坡降在96‰～189‰，危害对象主要为住户及耕地，危害较大。

**4. 地面塌陷**

地面塌陷主要分布于北阳、铁西两个乡，多为开采沙矿形成，为群坑类型，规模为小型。塌陷坑平面形态多为不规则形，多数已稳定，危害较小。20世纪70年代，庙口煤矿进行过采煤活动，形成庙口地面塌陷，现今该煤矿已停止开采。

### 3.1.4 地质灾害灾情

淇县已发生的地质灾害43处，造成人员伤亡11人，直接经济损失602.76 万元。其中，崩塌13处，均为轻级，直接经济损失16.9 万元；滑坡10处，均为轻级，直接经济损失33.36 万元；泥石流1处，为中级，直接经济损失252 万元；地面塌陷14处，其中中级1处、轻级13处，造成人员伤亡11人，直接经济损失143.5 万元；地裂缝1处，为轻级，直接经济损失1 万元；河流塌岸4处，均为轻级，直接经济损失156 万元。

### 3.1.5 地质灾害隐患点特征及险情评价

地质灾害隐患点43处，分布在辖区内的5个乡镇及公路沿线。危害程度为重大级6处，较大级13处，一般级24处。威胁人数1 727 人，预测经济损失为2 054.3 万元。

崩塌隐患点12处，较大级6处，一般级6处，威胁人数333人，预测经济损失为192.9万元；滑坡隐患点9处，重大级1处，较大级4处，一般级4处，威胁人数347人，预测经济损失为177.9万元；泥石流3处，均为重大级，威胁人数613人，预测经济损失588万元；地裂缝1处，为较大级，威胁人数16人，预测经济损失23万元；不稳定斜坡9处，重大级1处，较大级2处，一般级6处，威胁人数418人，预测经济损失261万元；地面塌陷9处，重大级1处，一般级8处，预测经济损失811.5万元。

## 3.1.6 重要地质灾害隐患点

淇县有特大型、大型重要地质灾害隐患点5处。其中，泥石流隐患3处，滑坡2处（见表3-3-2）。

表3-3-2 重要地质灾害隐患点危险性评估预测结果表

| 序号 | 乡镇 | 野外编号 | 位 置 | 灾害类型 | 规模 | 威胁对象 人口（人） | 威胁对象 资产（万元） | 灾害级别 | 稳定性 | 危险性预测 |
|---|---|---|---|---|---|---|---|---|---|---|
| 1 | 桥盟乡 | QX-10 | 北四井村 | 泥石流 | 小 | 113 | 36 | 重大 | 不易发 | 次危险 |
| 2 | 北阳乡 | QX-26 | 大水头村 | 滑坡 | 小 | 120 | 50 | 重大 | 差 | 危险 |
| 3 | 北阳乡 | QX-31 | 山头村北窑沟 | 泥石流 | 中 | 280 | 140 | 重大 | 中易发 | 危险 |
| 4 | 庙口乡 | QX-33 | 东场村柳树沟 | 泥石流 | 中 | 220 | 412 | 重大 | 中易发 | 危险 |
| 5 | 庙口乡 | QX-34 | 小岩沟村 | 滑坡 | 中 | 340 | 158 | 重大 | 差 | 危险 |

## 3.1.7 地质灾害易发程度分区

淇县地质灾害高易发区分布于淇县西部低山区和中南部丘陵区，低易发区分布于山前丘陵岗地和沙河、淇河冲积平原区（见表3-3-3、图3-3-1）。

表3-3-3 地质灾害易发程度分区表

| 等级 | 代号 | 亚区名称 | 亚区代号 | 面积（km²） | 占总面积（%） | 灾害点数（处） | 隐患点数（处） |
|---|---|---|---|---|---|---|---|
| 高易发区 | A | 北阳—桥盟—庙口西部及黄洞全境低山丘陵区崩塌、滑坡、泥石流高易发亚区 | A₃ | 243.72 | 43 | 24 | 34 |
| | | 北阳地面塌陷高易发亚区 | A₄ | 54.44 | 10 | 9 | 8 |
| 低易发区 | C | 中部丘陵和东部平原区 | C | 269.27 | 47 | 10 | 1 |

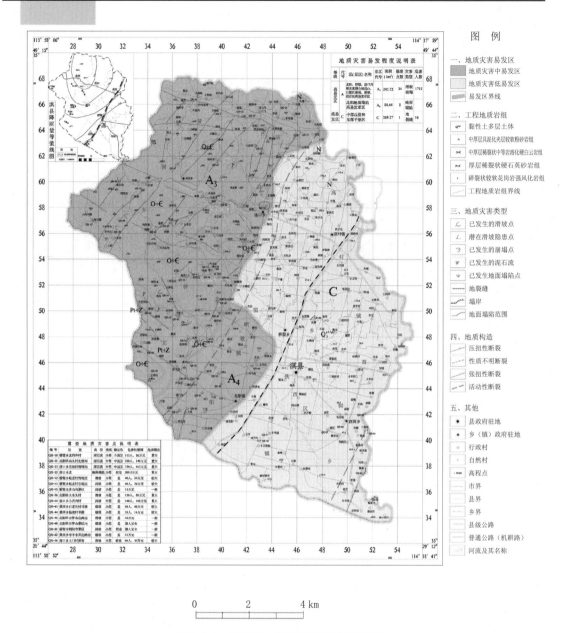

图3-3-1 淇县地质灾害易发程度分区图

### 3.1.7.1 地质灾害高易发区

1. 北阳—桥盟—庙口西部及黄洞全境低山丘陵区崩塌、滑坡、泥石流高易发亚区

位于淇县西部山区，包括黄洞乡的全部和北阳镇、桥盟乡、庙口乡的西部，面积243.72 km²，占全县总面积的43%。地貌为低山区和丘陵区，地形复杂，沟谷深切，山坡坡度一般大于30°，相对高差一般在300 m左右。地层岩性为寒武系和奥陶系石英砂岩、白云岩、灰岩、白云质灰岩等。断层较为发育，导致岩体较为破碎，抗风化能力较差，工程力学性质差，加上人类活动较多，近年来滑坡、泥石流灾害时有发生。已发生地质

灾害24处，其中，滑坡9处，崩塌13处，泥石流1处，地面塌陷1处，直接经济损失299.26万元。存在地质灾害隐患点34处，威胁人数1 711人，预测经济损失1 729.3万元。

　　2. 北阳地面塌陷高易发亚区

　　位于淇县中南部，包括北阳镇东部和铁西区，面积54.44 km²。地貌类型属丘陵，地层岩性主要为第四系中、上更新统及全新统的粉质黏土、粉土、砂土等。已发生地质灾害点9处，全为地面塌陷，伤亡11人，毁坏耕地249亩、房屋30间，直接经济损失125万元。存在地质灾害隐患点8处，预测经济损失302万元。

### 3.1.7.2　地质灾害低易发区

　　分布于淇县东部和中部，包括西岗乡、高村镇、朝歌镇和桥盟乡、庙口乡、北阳镇的西部，面积269.27 km²。存在地质灾害隐患点1处，为吴寨地裂缝。

## 3.1.8　地质灾害重点防治区

　　淇县地质灾害重点防治区位于西南部的云梦山—大黑脑—纣王殿一带和北阳镇中部（见表3-3-4、图3-3-2）。

表3-3-4　地质灾害重点防治分区表

| 分区名称 | 亚区 | 代号 | 面积（km²） | 占全市面积（%） | 威胁对象 |
|---|---|---|---|---|---|
| 重点防治区 | 南部地面塌陷、泥石流、滑坡及崩塌为主重点防治亚区 | A₁ | 61.3 | 5.9 | 居民、道路、耕地、建筑、矿山、景区 |
| | 中东部地面塌陷、泥石流为主重点防治亚区 | A₂ | 56.7 | 5.4 | 居民、道路、矿山、建筑 |
| | 北部崩塌为主重点防治亚区 | A₃ | 48.7 | 6.1 | 居民、道路、河堤、建筑、景区 |

### 3.1.8.1　地质灾害重点防治区

　　位于淇县西南部，主要分布的乡镇有北阳镇、桥盟乡、庙口乡的西部山区及黄洞乡的南部，面积166.7 km²。该地区山体组成岩性主要为白云岩、白云质灰岩、石英砂岩等。存在侵蚀作用的沟谷，形成了陡峻的"V"形峡谷。主要防治沟谷两侧山坡坡积物及陡峻绝壁形成滑坡、崩塌和泥石流等地质灾害隐患。区内存在地质灾害隐患点26处，威胁人数1 280人，预测经济损失1 505.8万元。

### 3.1.8.2　地质灾害次重点防治区

　　1. 北部低山地质灾害防治亚区

　　位于淇县西北部低山区，包括黄洞、庙口两乡，面积约77.01 km²。现存地质灾害隐患点8处，威胁人数431人。

　　2. 北阳镇采空区地质灾害防治亚区

　　该区位于北阳镇中部，涉及北阳村、上庄村、刘庄村、南山门口村、北山门口村、青羊湾村及铁西区的小马庄村，面积54.44 km²。现存在地质灾害隐患点8处，采空区面积为2.25 km²。

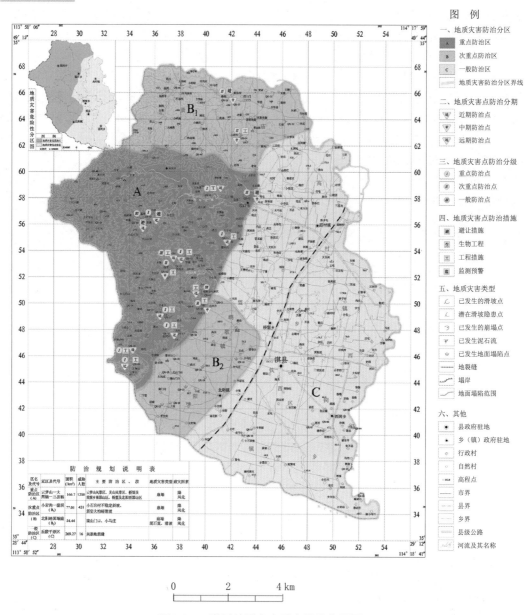

图3-3-2  淇县地质灾害重点防治分区图

# 3.2  浚  县

浚县属鹤壁市管辖，辖8镇2乡，489个行政村，人口66.8万人，面积1 030 km²。浚县农业资源丰富，耕地93.4万亩，自古就有"浚滑收，顾九州"之说。工业基础较好，已基本形成以农产品加工、机械制造、能源化工、建材等为支柱的工业体系，主要产品

150多种，其中环燕轮胎、皎玉系列纸、高蛋白饲料、蜂产品、畜产品、石雕石刻、优质面粉淀粉等产品，在全国享有较高知名度。

### 3.2.1 地质环境背景概况

#### 3.2.1.1 地形地貌

浚县地势特征是中部略高，西部和东部低缓。中部为火龙岗，西部属于淇河冲积扇的一部分，东部属于黄河冲积扇北翼西北边缘地带。

#### 3.2.1.2 气象、水文

浚县属大陆性半湿润季风气候，年均气温14.6 ℃，年极端最高气温41.9 ℃，年极端最低气温-13.8 ℃。年平均降水量518.4 mm，年最大降水量901.1 mm（2000年），年最小降水量185.6 mm（2006年）。日最大降水量为141 mm（1998年8月22日）。

浚县有淇河、卫河及共产主义渠，分属黄河和海河两大流域。共产主义渠以西为海河流域淇河水系，主要河流为淇河。共产主义渠以东为海河流域卫河水系，流域面积555 km$^2$。东南隅浚滑沟属黄河流域金堤河水系，流域面积59 km$^2$。

#### 3.2.1.3 地层与构造

浚县出露地层由老到新依次有寒武系（∈）、奥陶系（O）、新近系(N)、第四系(Q)，大部分为第四系所覆盖。大伾山、俘丘山、善化山、象山、同山、白寺山有寒武系零星出露，火龙岗及其以东有新近系出露。

断裂构造以北北东向、北东向为主，规模较大的断裂有太行山东麓深断裂、屯子断层、浚县断层和卫河断层。

根据《中国地震动参数区划图》（GB 18306—2001），浚县以西地震动峰值加速度为0.20g，地震基本烈度Ⅷ度；浚县以东地震动峰值加速度为0.15g，地震基本烈度Ⅶ度。

#### 3.2.1.4 水文地质、工程地质

本区地下水划分为松散岩类孔隙水、碎屑岩类裂隙孔隙水与碳酸盐岩类裂隙溶洞水3种类型。浅层地下水主要接受大气降水入渗补给，其次是河渠入渗补给、灌溉回渗补给及侧向径流补给。地下水总的流向是由山前流向平原，即由西向东、东北径流。

按地貌、地层岩性、岩土体坚硬程度及结构特点，浚县岩土体工程地质类型分为坚硬厚层状中等岩溶化石灰岩岩组、黏性土双层结构土体2类。

### 3.2.2 人类工程活动特征

主要人类工程活动有矿山开采、地下水开采、交通线路建设、水利工程建设、切坡建房等，其中以矿山开采规模最大，对地质环境影响程度亦最高。

浚县境内的矿山开采以水泥灰岩及建筑石料、水泥黏土及砖瓦黏土、耐火黏土、建筑砂及型砂开采为主。根据1999年鹤壁市地质矿产局编制的《鹤壁市地质矿产暨勘查开发规划》，截至1999年，浚县境内共有建筑石料开采企业16家，水泥厂2家，石灰窑2家，石材加工厂2家，页岩厂2家。

### 3.2.3　地质灾害类型及特征

浚县境内确定地质灾害隐患点共15处，均为潜在崩塌。主要分布于中、西部石灰岩采区、铸造用砂采区，分布于屯子镇、卫贤镇、小河镇、白寺乡、城关镇、钜桥镇、黎阳镇等乡镇。

### 3.2.4　地质灾害隐患点险情评价

根据预测评估，全县崩塌隐患共15处，威胁10亩耕地、25间房、输电线路200 m、人员68人，以及1处测量控制点和自来水厂，潜在经济损失231万元（见表3-3-5）。

表3-3-5　浚县地质灾害隐患点威胁对象一览表

| 乡镇 | 潜在崩塌 | |
|---|---|---|
| | 数量（处） | 威胁对象 |
| 城关镇 | 1 | 浚县自来水厂 |
| 黎阳镇 | 1 | 耕地2亩 |
| 屯子镇 | 7 | 采矿工人41人、耕地1亩 |
| 小河镇 | 2 | 矿工11人，山顶庙宇房屋25间及测量控制点1处 |
| 钜桥镇 | 2 | 耕地7亩及输电线路200 m |
| 卫贤镇 | 1 | 矿工8人 |
| 白寺乡 | 1 | 采矿工人8人 |

### 3.2.5　地质灾害易发程度分区

全县地质灾害易发程度分为中易发区、低易发区、非易发区3个区（见表3-3-6、图3-3-3）。

表3-3-6　地质灾害易发性分区表

| 等级 | 代号 | 区（亚区）名称 | 亚区代号 | 面积（km²） | 占总面积（%） | 隐患点数（处） |
|---|---|---|---|---|---|---|
| 中易发区 | B | 屯子镇善化山—象山崩塌中易发区 | B₁ | 12.72 | 1.24 | 7 |
| | | 同山崩塌中易发区 | B₂ | 4.16 | 0.40 | 3 |
| | | 紫荆山—凤凰山崩塌中易发区 | B₃ | 8.75 | 0.85 | 2 |
| | | 白寺乡崩塌中易发区 | B₄ | 1.77 | 0.17 | 1 |
| 低易发区 | C | 钜桥镇东部崩塌低易发区 | C | 6.96 | 0.68 | 2 |
| 非易发区 | D | 东、中、南部地质灾害非易发区 | D | 995.64 | 96.66 | |

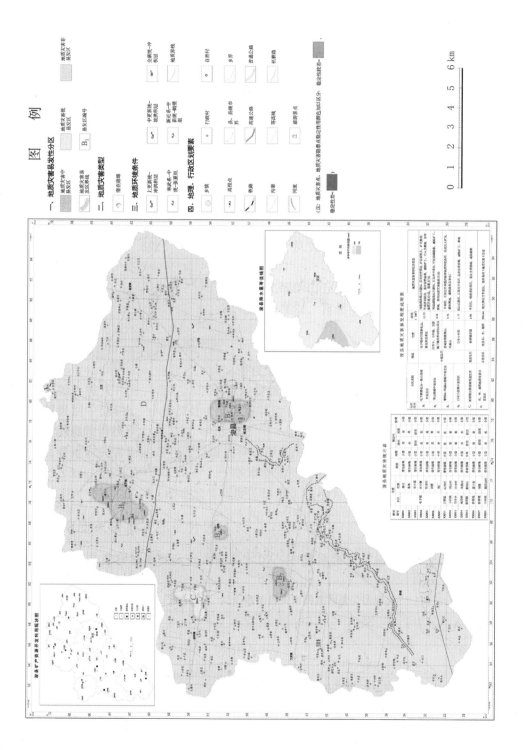

图3-3-3　浚县地质灾害易发程度分区图

#### 3.2.5.1 地质灾害中易发区

**1. 屯子镇善化山—象山崩塌中易发区**

位于屯子镇善化山、象山，面积为12.72 km²。属丘陵地貌，地层岩性为寒武系灰岩。本区人类工程活动强烈，以石灰岩开采为主。石灰岩开采形成多处陡崖，易发岩质崩塌，威胁矿工、行人及耕地，存在地质灾害隐患点7处。

**2. 同山崩塌中易发区**

位于白寺乡、小河镇、卫贤镇3乡镇交界处，面积为4.16 km²。地貌属剥蚀丘陵区，地层岩性为中寒武系张夏组灰岩、白云质灰岩。为石灰岩开采区，易发岩质崩塌。存在崩塌隐患点3处，威胁矿工19人、庙宇25间、测量控制点1处及机耕路。

**3. 紫荆山—凤凰山崩塌中易发区**

位于浚县县城东部黎阳镇、城关镇凤凰山、紫荆山一带，面积8.75 km²。所处地区为平原地貌，石灰岩露天开采强烈破坏地质环境条件，形成巨大矿坑，破坏耕地。地质灾害隐患点2处，威胁浚县县城的水源地浚县自来水厂及耕地2亩。

**4. 白寺乡崩塌中易发区**

位于浚县白寺乡中部，面积1.77 km²，为平原地带，石灰岩开采形成多处陡崖、陡坎。区内发育地质灾害隐患点1处，威胁采矿工人8人。

#### 3.2.5.2 地质灾害低易发区

位于钜桥镇东部，面积6.96 km²，平原地貌。区域内存在较多的铸型砂采厂，毁坏村民耕地。地质灾害隐患点2处，威胁耕地7亩及输电线路200 m。

#### 3.2.5.3 地质灾害非易发区

本区包括东部善堂镇、王庄乡与中部黎阳镇、城关镇及白寺乡、南部小河镇及新镇镇、西部卫贤镇及钜桥镇、北部屯子镇的大部，面积995.64 km²。地处平原，人类活动以种植业为主。

### 3.2.6 地质灾害重点防治区

浚县共确定重点防治区面积27.4 km²，细分为4个重点防治亚区（见表3-3-7、图3-3-4）。

表3-3-7 地质灾害重点防治区说明表

| 分区代号 | 亚区名称 | 面积（km²） | 隐患点数（处） | 威胁人数（人） |
|---|---|---|---|---|
| A | 紫荆山—凤凰山重点防治区 | 8.75 | 2 | |
| B | 屯子镇重点防治区 | 12.72 | 7 | 41 |
| C | 同山重点防治区 | 4.16 | 3 | 19 |
| D | 白寺重点防治区 | 1.77 | 1 | 8 |

#### 3.2.6.1 紫荆山—凤凰山重点防治区

位于浚县县城东部城关镇凤凰山、黎阳镇紫荆山一带，面积8.75 km²。所处地貌为平原地带，地层岩性为灰色—灰黑色薄层鲕状白云岩、薄层—厚层白云质灰岩。存在地质灾害隐患点2处。

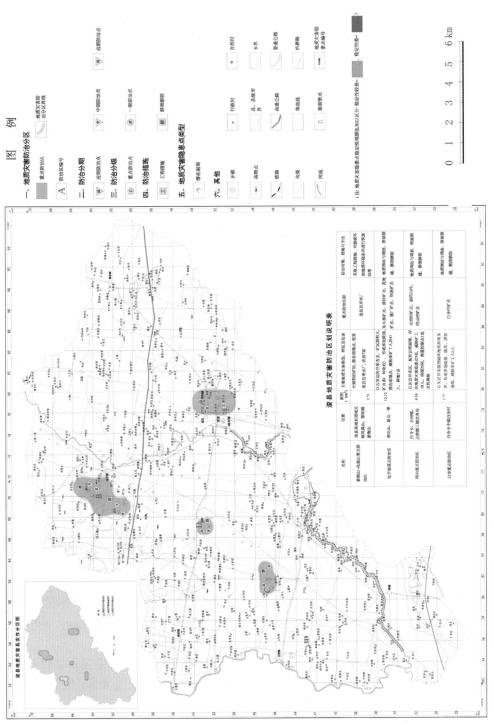

浚县地质灾害防治区划说明表

| 名称 | 位置 | 主要地质灾害类型 | 重点防治区段 | 防治方法 |
|---|---|---|---|---|
| | 面积<br>（km²） | | | |
| 象蹄山~凤凰山地质灾<br>害防治区 | 浚县县城象蹄峰区，<br>碱沟凤山、黎阳镇<br>象蹄山 | 大多数岩石呈碎裂状，将区及危岩<br>8.73 | 凤凰台采石厂 | 回治理整，清填可治理<br>采坑工程措施，对象蹄严<br>的危岩坡体进行清理开发<br>治理 |
| 屯子城镇区防治区 | 屯子镇、善山一带 | 以凡灾的开发为主，扩区周围扇式<br>12.72 | 凤灾台采石厂 | 爆区、地质降与地貌、测地障<br>进地质、矿渣堆积、填灾与 |
| | | 矿区、坡工采工人人941<br>人、村群塌清 | | |
| 同山地点防治区 | 白寺乡、小河侧镇，<br>正侧镇三面交界处 | 右灰岩开采区、基坑双侧侧填、严<br>4.16 | 山小村矿区、前侧山矿<br>阴山村矿矿 | 地质降增与地貌、测地降<br>地、爆侧爆侧 |
| | | 岩市侧侧淡塌点出片场<br>19人、侧塌25屯、侧底型点点A16<br>及侧塌群 | | |
| 白寺重点防治区 | 白寺乡中南侧西村 | 石灰岩开采侧层淡侧侧明岩场填<br>1.77 | 白寺村矿区 | 地质降增与地貌、测地降<br>地、爆侧爆侧 |
| | | 侧、东成侧塌侧层塌点、垃坑，潜在<br>侧矿、滑坡侧侧工人人人 | | |

图3-3-4　浚县地质灾害防治区划图

#### 3.2.6.2 屯子镇重点防治区

位于屯子镇，分布于善化山、象山一带，面积为12.72 km²。属低山、丘陵地貌，地层岩性为寒武系中统张夏组灰岩、白云质灰岩，多具鲕状结构。本区人类工程活动强烈，以石灰岩开采为主，矿区面积大，矿点多（30余处）。石灰岩开采形成多处陡崖，易发生岩质崩塌，存在地质灾害隐患点（潜在崩塌）7处。

#### 3.2.6.3 同山重点防治区

位于白寺乡、小河镇、卫贤镇3乡镇交界处，面积为4.16 km²。地貌属于构造剥蚀低山丘陵区，地层岩性为寒武系中统张夏组灰岩、白云质灰岩。同山为石灰岩开采区，易发生岩质崩塌。此外，几处石灰窑厂，易发生土质崩塌。存在地质灾害隐患点3处（潜在崩塌）。

#### 3.2.6.4 白寺重点防治区

位于浚县白寺乡中部，所处地区为平原地带，面积1.77 km²。石灰岩开采强烈破坏地质环境条件，形成多处陡崖、陡坎，存在崩塌隐患。本区确定地质灾害隐患点1处（潜在崩塌）。

# 3.3 鹤壁市区

鹤壁市区辖8个乡、镇，1个工业区，13个办事处，213个行政村，人口56万人，总面积561 km²。农业以种植小麦、玉米为主，工业以矿产开采及加工业为主。鹤壁市矿产资源主要有煤、白云岩、石灰石、大理岩等，其中煤的蕴藏量极为丰富，是河南省重要的煤炭基地之一。

## 3.3.1 地质环境背景概况

### 3.3.1.1 地形地貌

鹤壁市区位于太行山东麓与华北平原的交接过渡地带，由低山、丘陵岗地、平原地貌类型组成，总的地势为西高东低。低山区位于西部太行山东麓，为侵蚀、剥蚀低山区，海拔一般为500~700 m。丘陵岗地主要分布在京广铁路以西、低山区之东，地面高程一般在150~300 m。平原分布在京广铁路以东，为华北平原的一部分，海拔均在150 m以下，地势开阔，地形平坦。

### 3.3.1.2 气象、水文

鹤壁市属半干旱大陆性气候。多年平均降水量为654.2 mm，年最大降水量1 392.8 mm（1963年），年最小降水量266.6 mm（1997年）。日最大降水量258 mm（2000年7月5日），最长连续降水日数11 d（1974年）。

区内河流属海河水系，最大的河流为淇河等，区内其他次级河流多为季节性河流。盘石头水库属大（Ⅱ）型水利枢纽工程，控制流域面积1 915 km²，总库容6.08亿 m³。

### 3.3.1.3 地层与构造

鹤壁市区境内出露寒武系（∈）、奥陶系（O）、古近系（E）、新近系（N）、第四系（Q），石炭系（C）、二叠系（P）仅零星出露。构造行迹以断裂为主，褶皱不发育。主要断裂构造大体可分为三组方向：北北东向断裂、东西向断裂、南北向断裂。

#### 3.3.1.4 新构造运动与地震

本区新构造运动十分活跃，主要表现形式为差异升降运动，低山丘陵强烈上升，东部平原下降，地震频繁，并伴生有断裂活动等。其特点是呈现明显的继承性、差异性和震荡性。

根据《中国地震动参数区划图》（GB 18306—2001），本区地震基本烈度为Ⅷ度，地震动峰值加速度为0.2$g$。

#### 3.3.1.5 水文地质

本区地下水划分为松散岩类孔隙水、碎屑岩类裂隙孔隙水、碳酸盐岩类裂隙岩溶水3种类型。松散岩类孔隙水主要分布于调查区京广铁路以东地区，地层以第四系为主，松散堆积物厚度大，地形平坦，地下水赋存条件较好。碎屑岩类裂隙孔隙水主要分布于调查区京广铁路以西、基岩山区以东地区，以上新近系含水岩组为主。碳酸盐岩类裂隙岩溶水主要分布在西部的基石山区。地层为寒武、奥陶的灰岩，局部出露有石炭系的灰石。富水性受岩溶、裂隙发育程度和构造控制明显，常以泉的形式溢出。山区地下水主要接受降水补给，丘陵区、平原区以人工开采形式排泄，部分河谷地段则以泉的形式排泄。

#### 3.3.1.6 工程地质岩组

依据岩土体坚硬程度及其结构特征，岩土体工程地质类型分为黏性土、淤泥、细砂多层土体（$Q_2^1$）、中厚层具泥化夹层较软粉砂岩组（P+C）、厚层稀裂状中等岩溶化硬白云岩组（O+∈）三大岩组。

#### 3.3.1.7 人类工程活动

区内与地质灾害相关的人类工程活动主要为矿山开采活动。鹤壁市主要矿产有煤炭、镁、石灰岩等，尤以煤矿开采为甚，年产优质动力煤800万t左右。矿山的开采随之带来地质灾害问题，以采空地面塌陷造成的危害最为严重，破坏耕地、房屋，其次造成边坡失稳，暴雨季节常诱发崩塌、滑坡等斜坡类灾害。

### 3.3.2 地质灾害类型及特征

#### 3.3.2.1 地质灾害类型

鹤壁市地质灾害以滑坡、崩塌、地面塌陷为主，其次是泥石流及膨胀土。已发生地质灾害86处，其中滑坡5处、崩塌12处、地面塌陷65处、泥石流3处、膨胀土1处（见表3-3-8）。

#### 3.3.2.2 地质灾害特征

1. 滑坡

滑坡5处，均为土质，规模均为小型，多数滑坡形态不太完整，滑体滑移明显，但滑床、滑带不明显，部分滑坡体前缘的滑舌、鼓丘比较明显地高于周围地形，后缘拉张裂隙不明显。

滑坡的发生主要与降水有关，部分滑坡与坡角开挖和削坡过陡有关。滑坡的物质成分多为粉质黏土和松散碎石。滑坡大部分为软弱基座类型。

表3-3-8　鹤壁市地质灾害类型及数量分布统计表

| 乡镇 | 滑坡 | 崩塌 | 泥石流 | 地面塌陷 | 膨胀土 | 合计 |
|---|---|---|---|---|---|---|
| 鹤壁集 | 1 | 2 | | 32 | | 35 |
| 姬家山 | 1 | | | 4 | | 5 |
| 上峪 | 1 | 3 | | 3 | | 7 |
| 庞村 | | 3 | | 1 | | 4 |
| 大河涧 | | 2 | 3 | | | 5 |
| 山城区市区 | | | | 1 | | 1 |
| 鹿楼 | 1 | 1 | | 21 | | 23 |
| 石林 | 1 | 1 | | 3 | 1 | 6 |
| 合计 | 5 | 12 | 3 | 65 | 1 | 86 |

2. 崩塌（河流塌岸）

崩塌12处，其中6处基岩崩塌、6处土质崩塌。基岩崩塌主要特征为：坡体中上部岩石为坠落、滚动等方式；土质崩塌以黄土崩塌为主，黄土节理、裂隙发育。崩塌规模均为小型，但因其速度快，破坏力大，极易造成人员伤亡和财产损失。

3. 泥石流

泥石流地质灾害3处，位于淇滨区大河涧乡的低山区，系采矿遗弃的废土（石）堆积于沟谷内或沟谷两侧山坡形成，大量的废渣阻塞洪水通道并成为沟谷泥石流物源。

4. 地面塌陷

地面塌陷点65处，多因采煤引起，塌陷面积较大，影响村庄厂矿较多，造成经济损失巨大。塌陷主要分布在山城区、鹤山区。塌陷呈发展态势。另外，鹤山区有一处采铁引起的地面塌陷。

5. 膨胀土

略。

### 3.3.3　地质灾害灾情

鹤壁市区地质灾害造成人员死亡6人，其中采煤塌陷造成死亡1人，滑坡死亡1人，崩塌死亡4人。由表3-3-8可知：区内已发生的地质灾害86处，其中特大型22处，大型20处，中型15处，小型26处，直接经济损失62 254.6万元。崩塌12处，均为小型，直接经济损失20.2万元；滑坡5处，均为小型，直接经济损失76.8万元；膨胀土1处，中型，直接经济损失250万元；地面塌陷65处，其中小型10处，中型15处，大型19处，特大型21处，直接经济损失61 907.6万元。

### 3.3.4 地质灾害隐患点特征及险情评价

#### 3.3.4.1 地质灾害隐患点分布特征

崩塌、滑坡隐患主要分布在西部山区及淇河两岸；地面塌陷地质灾害隐患点主要分布于中部的丘陵地带；泥石流地质灾害隐患点共3处，分布于大河涧乡的淇河两岸；膨胀土1处，分布于石林乡的沈柏村。

#### 3.3.4.2 地质灾害隐患点险情评价

在102处地质灾害隐患点中，险情为特大型、大型的地质灾害隐患点62处，中型地质灾害点9处，小型地质灾害点31处。其中泥石流隐患点3处，均为小型、低易发；滑坡隐患点5处（小型4处、大型1处）；崩塌隐患点11处（大型1处、中型3处、小型7处）；地面塌陷隐患点65处（特大型、大型56处，中型2处，小型7处）；不稳定斜坡17处（大型3处、中型4处、小型10处）；膨胀土1处，为大型。稳定性差的32处，稳定性较差的52处，稳定性好的15处，3处泥石流为低易发。

### 3.3.5 地质灾害易发程度分区

全市地质灾害易发程度分为高易发区、中易发区、低易发区3个区（见表3-3-9、图3-3-5）。

表3-3-9 地质灾害易发程度分区表

| 等级 | 代号 | 区（亚区）名称 | 亚区代号 | 面积（km²） | 占总面积（%） | 已发生灾害点（处） | 隐患点数（处） |
|------|------|----------------|----------|------------|----------------|--------------------|----------------|
| 高易发区 | A | 上峪、鹿楼、山城五办、鹤壁集、石林、姬家山地面塌陷高易发区 | A₄ | 142 | 25.3 | 70 | 74 |
| | | 淇河中、上游两岸崩塌、滑坡、泥石流高易发区 | A₃ | 72 | 12.8 | 5 | 13 |
| 中易发区 | B | 山城、鹤山低山丘陵及淇河下游崩塌滑坡中易发区 | B | 241 | 43.0 | 8 | 15 |
| 低易发区 | C | 东南部平原区 | C | 106 | 18.9 | | |

#### 3.3.5.1 地质灾害高易发区

1. 上峪、鹿楼、山城五办、鹤壁集、石林、姬家山地面塌陷高易发区

位于鹤壁市区中部，面积142 km²，占全区总面积的25.3%，包括鹿楼、山城五办、鹤壁集大部，上峪、石林、姬家山等。区内已发生地质灾害点70处，其中地面塌陷65处，毁坏耕地30 015亩，房屋全毁6 542户，房屋裂缝8 518户，直接经济损失109 040万元；崩塌3处，直接经济损失5万元，毁房5间、围墙10 m；滑坡2处，直接经济损失1.8万元，毁房5间。存在地质灾害隐患点74处，预测经济损失122 780.2万元。

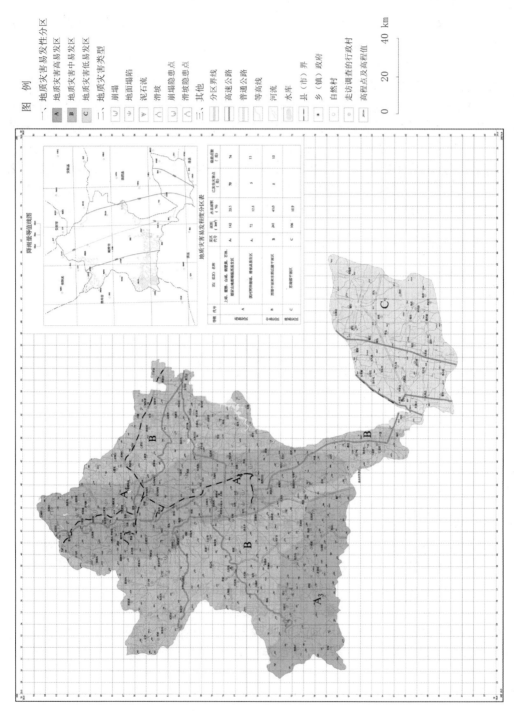

图3-3-5 鹤壁市城区地质灾害易发程度分区图

2. 淇河中、上游两岸崩塌、滑坡、泥石流高易发区

位于鹤壁市淇滨区、山城区西部山区的淇河两岸，面积72 km²，占全区总面积的12.8%。包括上峪乡的大部和大河涧乡的南部。地貌类型为低山区和丘陵区，地形复杂，沟谷深切。断层较为发育，导致岩体较为破碎，抗风化能力较差，工程力学性质差，加上人类活动较多，近年来崩塌、泥石流灾害时有发生。已发生地质灾害5处，均为崩塌，直接经济损失22.2万元。存在地质灾害隐患点13处，预测经济损失434.8万元。

### 3.3.5.2　地质灾害中易发区

位于鹤山区、山城区西部和淇滨区淇河下游，面积241 km²，占全区总面积的43.0%。包括大河涧、庞村乡、上峪、姬家山乡，地貌类型属低山丘陵。有地质灾害点8处，其中5处崩塌、2处滑坡、1处膨胀土，直接经济损失127万元。存在地质灾害隐患点15处，预测经济损失1 357.8万元。

### 3.3.5.3　地质灾害低易发区

位于鹤壁市东南京广铁路东，包括淇滨区大来店、开发区，分布面积106 km²，占全区总面积的18.9%。为平原地貌，未发现地质灾害现象。

## 3.3.6　地质灾害重点防治区

地质灾害重点防治分区表见表3-3-10。地质灾害重点防治分区图见图3-3-6。

表3-3-10　地质灾害重点防治分区表

| 区名及代号 | 重点防治灾种 | 面积（km²） | 主要分布乡、镇 | 防治隐患点（处） | 威胁对象 | |
|---|---|---|---|---|---|---|
| | | | | | 人数（人） | 资产（万元） |
| 地面塌陷重点防治区（A₁） | 地面塌陷 | 142 | 上峪、鹿楼、山城五办、鹤壁集、石林、姬家山 | 74 | 82 213 | 122 780.2 |
| 崩塌、滑坡、泥石流重点防治区（A₂） | 崩塌、滑坡、泥石流 | 72 | 大河涧、上峪、庞村、淇河两岸 | 13 | 580 | 434.8 |

### 3.3.6.1　地面塌陷重点防治区

位于鹤壁市调查区西北部，主要分布乡镇为上峪、鹿楼、山城五办、鹤壁集、石林、姬家山，面积142 km²。区内地质灾害隐患点74处，其中险情大型、特大型地面塌陷隐患点56处，中、小型地面塌陷9处，其他类型地质灾害隐患点9处，影响人员82 213人，预测经济损失122 780.2万元。

### 3.3.6.2　崩塌、滑坡、泥石流重点防治区

该区分布于淇河两岸，地质灾害类型以崩塌、滑坡、泥石流为主，面积72 km²，包括上峪乡的大部和大河涧乡的南部。存在地质灾害隐患点13处，预测经济损失434.8万元。

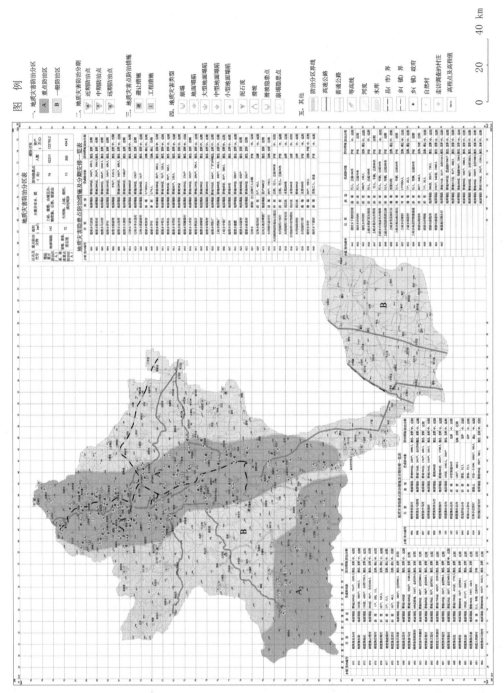

图3-3-6 鹤壁市区地质灾害重点防治分区图

# 第4章 新乡市

## 概 述

新乡市地处黄河以北，辖2市（辉县市、卫辉市）、6县（新乡县、获嘉县、原阳县、延津县、封丘县、长垣县）、4区（卫滨区、红旗区、牧野区、凤泉区）以及高新技术产业开发区、西工区、新乡工业园区，国土总面积8 169 km²，总人口557.89万人。

新乡市位于太行山东麓与华北平原的交接过渡地带，总的地势为西高东低，由低山、丘陵岗地、平原地貌类型组成。

新乡市地质灾害类型主要有崩塌、滑坡、泥石流、地面塌陷等。其中，太行山中低山区为崩塌、滑坡、泥石流高易发区，吴村等地为地面塌陷、地裂缝高易发区。崩塌多为岩质崩塌，主要分布于辉县市、卫辉市西北部的太行山区；滑坡主要分布在山前低缓的丘陵地带，滑坡体多为坡洪积松散堆积物；泥石流主要分布于西北部太行山区及出山口地带，成因均系自然暴雨型；地面塌陷由地下采煤活动引起，主要分布在辉县市。

据不完全统计，新中国成立以来，新乡市共发生地质灾害102起，造成27人死亡、8人受伤，直接经济损失达3 172.6万元。

## 4.1 辉县市

辉县市位于太行山东南麓，辖13个镇、13个乡，534个行政村，总人口约77万人，面积2 007 km²。主要粮食及经济作物有小麦、玉米、谷子、棉花、烟叶、油菜等。主要开采利用的矿种有煤、饰面花岗岩、石灰岩、建筑用砂、砖瓦黏土、地下水、矿泉水等。

### 4.1.1 地质环境背景概况

#### 4.1.1.1 地形地貌

辉县市地势由南向北分别为山前平原、低山、中山，呈阶梯式上升。西北部太行山为中山区，地形陡峭，相对高差较大，切割强烈，海拔500 m以上，最高峰为十字岭，海拔1 732 m。山间盆地分布于南村—南寨一带，为断陷盆地。东部为低山、丘陵区，分布于山前与平原过渡地带，地形坡度小，起伏不大。南部山前平原地形平坦，海拔70～110 m。

#### 4.1.1.2 气象、水文

辉县市属暖温带大陆性季风气候。历年平均气温14.2 ℃，年平均降水量664 mm，最大日降水量可达285.7 mm，最大年降水量为791.1 mm（1998年），最小年降水量为317.1

mm（1997年），降水一般集中在7、8、9月。

境内水系包括海河水系和黄河水系。后庄—南村一线以南的百泉河、黄水河、王村河、峪河等属卫河流域（黄河水系）。南村盆地诸河属淇河支流（海河水系）。较大的水库有宝泉水库、三郊口水库、石门水库、拍石头水库等。

### 4.1.1.3 地层与构造

辉县市出露地层由老至新依次为太古宇登封岩群片麻岩类，中元古界汝阳群石英砂岩，寒武系石灰岩、白云质灰岩、白云岩、页岩、砂岩，奥陶系石灰岩、白云岩，石炭—二叠系灰岩、泥岩、页岩、砂岩夹煤层，第三系砾岩、砂岩及第四系松散堆积物。

辉县市构造以脆性断裂为主要特征，褶皱构造次之。断裂构造主要分布于拍石头乡及黄水乡以北地区，以浅表层次的正断层为主要形式。

### 4.1.1.4 新构造运动与地震

区内新构造运动活跃，主要表现为切割强烈，差异性升降明显。根据《中国地震动参数区划图》，地震基本烈度为Ⅷ度。

### 4.1.1.5 水文地质条件

辉县市地下水分为松散岩类孔隙水、碎屑岩类裂隙孔隙水、碳酸盐岩裂隙岩溶水3种类型。松散岩类孔隙水分布于南部山前倾斜平原区及北部山间盆地，岩性为第三系和第四系黄色、棕黄色亚黏土、亚砂土及砂砾石层；碎屑岩类裂隙孔隙水分布于太行山南麓山前坡地和碎屑岩类分布区，发育有巨厚的新近系砂岩及半胶结的卵砾岩层、粉质黏土等；碳酸盐岩裂隙岩溶水广泛分布于碳酸盐岩地层发育区，是本区内重要的含水岩组，其中在寒武系中统和奥陶系灰岩、白云质灰岩中，发育有岩溶、溶洞、溶纹，断裂、裂隙较发育。

### 4.1.1.6 工程地质岩组

辉县市可划分为变质岩、碎屑岩类工程地质区，碳酸盐岩工程地质区，松散岩类工程地质区。变质岩、碎屑岩类工程地质区主要分布于西北部薄壁—上八里—三郊口一带山区，地层为太古宇登封岩群、中元古界汝阳群。碳酸盐岩工程地质区主要分布于东北部拍石头乡、薄壁镇西北、后庄—三郊口一带中山、低山区，其岩性以碳酸盐岩为主，夹杂色页岩，其上有少量第四系松散堆积物覆盖。岩体呈薄层或厚层状构造，抗压强度高，抗风化能力强，但断裂、节理构造比较发育，形成一些陡崖，在一定程度上破坏了岩土体的稳定性。由于人类活动开挖边坡，往往形成陡壁，在降水季节，易发生崩塌灾害。松散岩类工程地质区主要分布于南部山前平原及北部南村山间盆地。山间盆地为一断陷盆地，丘陵地形，地表岩性为上更新统亚砂土、砂土，但厚度不大，其间有零星奥陶系石灰岩分布。河床及其两侧有第四系全新统砂层、砾石层沉积。

### 4.1.1.7 人类工程活动

主要人类工程活动有矿产开发、交通工程建设、水利工程建设等。辉县市矿产资源比较丰富，已发现各类矿产资源18种。开发利用的矿产资源有煤、水泥用灰岩、饰面花岗岩、建筑石料、建筑用砂、砖瓦黏土、地下水、矿泉水等8种；近年来，实施"村村通"工程，修建了大量县、乡、村级公路，极大地改善了交通状况。但由于地形地貌条件，开挖边坡普遍存在，形成了一些临空面、悬空面，破坏了山体的原始稳定性，致使斜坡失稳，又未采取支护等防范措施，形成崩塌、滑坡隐患。

## 4.1.2 地质灾害类型及特征

### 4.1.2.1 地质灾害类型

辉县市境内的地质灾害主要有崩塌、滑坡、不稳定斜坡、泥石流、地面塌陷、地裂缝6种类型，主要分布于境内北部、中西部中山区及东部丘陵区。现有各类地质灾害点及隐患点139处，其中崩塌52处，滑坡47处，不稳定斜坡22处，泥石流9处，地裂缝7处，地面塌陷2处（见表3-4-1）。

表3-4-1　辉县市地质灾害类型统计

| 地质灾害类型 | 数量（处） | 占总数的比例（%） | 备注 |
|---|---|---|---|
| 崩塌 | 52 | 37.41 | 搜集28处 |
| 滑坡 | 47 | 33.81 | 搜集1处 |
| 泥石流 | 9 | 6.47 | 搜集2处 |
| 不稳定斜坡 | 22 | 15.83 | |
| 地面塌陷 | 2 | 1.44 | |
| 地裂缝 | 7 | 5.04 | |
| 合计 | 139 | 100 | 搜集31处 |

### 4.1.2.2 地质灾害特征

1. 滑坡

土质滑体多为松散碎石土和黏土，岩质滑坡的滑体为灰岩、白云岩、泥岩、页岩。滑面为松散覆盖层与基岩接触面、节理裂隙面。滑坡形成及诱发因素主要包括地形地貌因素、岩性因素、降水因素及人类工程活动等。滑坡的诱发因素主要是降水。如石寨门西滑坡，位于上八里镇鸭口村石寨门西边，长50 m，宽60 m，厚15 m，面积3 000 m²，体积4.5万m³。此处地层为寒武系泥、页岩，节理发育，经水浸泡后强度较低，上部是灰岩及第四系堆积物，结构零乱，碎石含量50%～60%，块度1～50 m。由于人工修隧道，斜坡失稳。

辉县市不稳定斜坡22处，规模均为小型。主要分布于中西部山区及北部山区，在薄壁镇宝泉水库一带、上八里镇松树坪—和寺庵一带、三郊口—沙窑、黄水乡韩口以及拍石头乡一带广泛分布。

2. 崩塌（河流塌岸）

辉县市崩塌，规模以小型为主。主要分布于中西部山区及北部山区，在薄壁镇宝泉水库一带、上八里镇松树坪—和寺庵一带、三郊口—沙窑、黄水乡韩口以及拍石头乡一带广泛分布。它们的形成与地貌、构造、岩性、植被和人为活动有关，具有突发性强、速度快、分布范围广和一定的隐蔽性等特点。人为因素主要体现为人工筑路、开挖石材、隧道施工等工程活动，破坏植被或削坡过陡造成临空面。自然因素则主要表现为岩体节理、裂隙发育，由于遭受风化、重力卸载、地震等自然原因，岩块脱离母体向下滑落而形成崩塌。

3. 泥石流

辉县市境内已调查的泥石流共9处。多发育在植被破坏严重、高陡深谷地段，两侧山坡坡度大，岩石破碎强烈，沟口与主河流的距离较远，地表有残坡积物覆盖，具备形成泥石流的物源条件，且汇水面积大，暴雨季节容易诱发泥石流。堆积区多不完整，仅能观测到部分残余，个别可见完整的冲积扇。典型泥石流有上八里镇和寺庵扁阳沟泥石流，沙窑乡郭亮村庄洼沟泥石流，上八里镇杨和寺上坪沟泥石流等。

4. 地面塌陷

辉县市的地面塌陷主要与人类工程活动有关，已调查的塌陷点有2处。一处位于拍石头乡黑沟水村边墙岭，深度30余 m，直径60~70 m，塌陷面积约190 m$^2$。形成原因是修路、隧道施工使地下采空，上覆构造碎裂岩层陷落造成地面塌陷。另一处位于吴村镇吴村，地面塌陷则是由于采煤后不及时回填，造成采空区顶板冒落，深度270~310 m。

5. 地裂缝

辉县市已发现的7条地裂缝主要集中在张村、常村、吴村一带，均是由地下采煤采空区影响形成，造成公路、耕地出现裂缝、下沉，蓄水池出现裂缝而报废，居民房屋地面及墙壁出现裂缝或下沉而导致倾斜。

## 4.1.3 地质灾害灾情

辉县市已发生的地质灾害69处，造成人员死亡17人，8人受伤，直接经济损失达2 514.6万元。

## 4.1.4 地质灾害隐患点特征及险情评价

全市现有69处地质灾害隐患点，分布在辖区内的11个乡镇。直接威胁人数2 880人，预测经济损失为2 595.1万元，危害程度为重大级9处，较大级11处，一般级49处。

其中，崩塌隐患点43处，重大级1处，较大级3处，一般级39处，威胁人数170人，预测经济损失为328.4万元；滑坡隐患点18处，重大级2处，较大级6处，一般级10处，威胁人数866人，预测经济损失为519.2万元；地裂缝隐患点6处，重大级4处，较大级2处，威胁人数1 164人，预测经济损失为1 207.5万元；泥石流隐患点2处，重大级2处，威胁人数680人，预测经济损失为540万元。

## 4.1.5 重要地质灾害隐患点

辉县市有险情特大型、大型重要地质灾害隐患点17处，滑坡7处，崩塌4处，泥石流1处，地裂缝5处，威胁人数2 472人，威胁资产1 990.8万元（见表3-4-2）。

表3-4-2　辉县市重要地质灾害隐患点危害预测表

| 顺序号 | 乡镇 | 野外编号 | 位　置 | 灾害类型 | 规模 | 威胁对象 | | 灾害级别 | 稳定性 | 危险性预测 |
| --- | --- | --- | --- | --- | --- | --- | --- | --- | --- | --- |
| | | | | | | 人口（人） | 资产（万元） | | | |
| 1 | 三郊口乡 | HX108 | 惚慢村 | 滑坡 | 中 | 120 | 120 | 重大 | 较差 | 次危险 |
| 2 | | HX047 | 三郊口村 | 滑坡 | 小 | 52 | 19.8 | 较大 | 较差 | 危险 |
| 3 | | HX049 | 齐王寨村 | 崩塌 | 小 | 240 | 168 | 重大 | 较差 | 危险 |
| 4 | 沙窑乡 | HX032 | 梯西坡村 | 滑坡 | 巨 | 220 | 186 | 重大 | 差 | 危险 |
| 5 | | HX042 | 中腊江村 | 崩塌 | 小 | 94 | 60 | 较大 | 差 | 危险 |
| 6 | | HX033 | 郭亮村 | 泥石流 | 巨 | 280 | 180 | 较大 | 中等 | 次危险 |
| 7 | 黄水乡 | HX077 | 龙王庙村 | 滑坡 | 大 | 52 | 40.5 | 较大 | 较差 | 次危险 |
| 8 | 上八里镇 | HX017 | 松树坪村 | 滑坡 | 中 | 60 | 10 | 较大 | 差 | 危险 |
| 9 | | HX007 | 石门店村 | 滑坡 | 小 | 60 | 45 | 较大 | 较差 | 次危险 |
| 10 | | HX020 | 鸭口村 | 滑坡 | 小 | 62 | 69 | 较大 | 差 | 危险 |
| 11 | | HX012 | 西连 | 崩塌 | 小 | | | 较大 | 较差 | 次危险 |
| 12 | 薄壁镇 | HX068 | 西沟村 | 崩塌 | 小 | 68 | 50 | 较大 | 差 | 危险 |
| 13 | 张村乡 | HX059 | 大山前村 | 地裂缝 | 小 | 384 | 378 | 重大 | 半毁 | 次危险 |
| 14 | | HX060 | 张村 | 地裂缝 | 小 | 210 | 210 | 重大 | 半毁 | 次危险 |
| 15 | | HX061 | 裴寨村 | 地裂缝 | 小 | 210 | 210 | 重大 | 半毁 | 次危险 |
| 16 | 常村镇 | HX120 | 沿北村 | 地裂缝 | 小 | 150 | 34.5 | 较大 | 半毁 | 次危险 |
| 17 | 吴村镇 | HX122 | 吴村 | 地裂缝 | 小 | 210 | 210 | 重大 | 半毁 | 次危险 |
| 合　计 | | | | | | 2 472 | 1 990.8 | | | |

## 4.1.6　地质灾害易发程度分区

辉县市地质灾害易发程度分为高易发区、中易发区、低易发区、非易发区4个区（见表3-4-3、图3-4-1）。

### 4.1.6.1　地质灾害高易发区

1. 三郊口崩塌、滑坡、泥石流高易发亚区

位于辉县市西北部三郊口水库一带，面积18.00 km²。属太行山脉的东麓，地形高差较大，构造发育，岩石风化程度高，松散岩土体或堆积物容易失去其稳定性诱发崩塌、滑坡、泥石流地质灾害。区内有滑坡10处，崩塌3处，威胁348户、1 090人。

2. 沙窑乡崩塌、滑坡高易发亚区

分布于沙窑乡老汉街一带，面积10.04 km²。为中山区，地形高差较大，构造发育，岩石破碎松散，人类工程活动较多，破坏岩土体的稳定性和地表植被，在多雨季节容易诱发大型滑坡。现有滑坡3处，威胁155户、549人。

表3-4-3　辉县市地质灾害易发程度分区表

| 易发区等级 | 代号 | 亚区代号 | 亚区名称 | 位置 | 面积（km²） | 危害情况 |
|---|---|---|---|---|---|---|
| 地质灾害高易发区 | A | A₃₋₁ | 三郊口崩塌、滑坡、泥石流高易发亚区 | 三郊口水库一带 | 18.00 | 威胁348户1 090人的生命财产安全 |
| | | A₁₋₂ | 沙窑乡崩塌、滑坡高易发亚区 | 沙窑乡老汉街一带 | 10.04 | 威胁155户549人的生命财产安全 |
| | | A₁₋₁ | 郭亮崩塌、滑坡高易发亚区 | 郭亮村一带 | 3.84 | 威胁60户471人的生命财产安全 |
| | | A₁₋₃ | 西连崩塌、滑坡高易发亚区 | 松树坪村西连一带 | 6.17 | 威胁2户4人，行人，公路633 m，30余间房的安全 |
| | | A₁₋₄ | 老爷顶崩塌高易发亚区 | 回龙村老爷顶一带 | 4.96 | 行人，公路570 m |
| | | A₁₋₅ | 关山滑坡高易发亚区 | 上八里镇关山一带 | 4.48 | 停车场，行人，公路110 m |
| | | A₃₋₂ | 和寺庵崩塌、滑坡、泥石流高易发亚区 | 上八里镇东北和寺庵村一带 | 2.62 | 威胁40户380人的生命安全以及渠40 m，耕地25亩 |
| | | A₅₋₁ | 张村乡地裂缝高易发亚区 | 张村乡一带 | 19.02 | 268户780人，房屋922间，公路1 200 m |
| | | A₁₋₆ | 潭头崩塌、滑坡高易发亚区 | 薄壁镇西北潭头—南山根一带 | 3.88 | 16户68人，潭头水电站，疗养院，公路117 m |
| | | A₁₋₇ | 宝泉水库崩塌、滑坡高易发亚区 | 薄壁镇西北宝泉水库一带 | 16.80 | 12人，公路250 m，耕地3亩 |
| | | A₅₋₂ | 吴村镇地裂缝塌陷高易发亚区 | 吴村镇吴村煤矿一带 | 5.91 | 70户220人，500间房屋，耕地3 400亩 |
| 地质灾害中易发区 | B | B₁₋₁ | 三郊口—沙窑崩塌、滑坡中易发亚区 | 沙窑、三郊口、后庄一带 | 114.12 | 96户320人，公路650 m，耕地650亩 |
| | | B₃₋₁ | 上八里镇北崩塌、滑坡、泥石流中易发亚区 | 上八里镇北部和寺庵—松树坪一带 | 124.77 | 36户87人，公路140 m，耕地150亩 |
| | | B₁₋₂ | 拍石头乡北部崩塌中易发亚区 | 拍石头乡西部 | 46.80 | 3间房屋，公路442 m，渠70 m，耕地6亩 |
| | | B₃₋₂ | 薄壁镇西北崩塌、滑坡、泥石流中易发亚区 | 薄壁镇平甸—老爷顶一带 | 39.57 | 12人，公路250 m，耕地3亩 |
| 地质灾害低易发区 | C | C₁ | 南寨—南村低易发亚区 | 南寨—西平罗—南村一带 | 188.29 | 耕地4亩，水渠26 m |
| | | C₂ | 薄壁镇西北—上八里镇西南低易发亚区 | 薄壁镇西北—上八里镇西南一带 | 83.70 | |
| | | C₃ | 拍石头—常村低易发亚区 | 拍石头—常村一带 | 86.07 | |
| 地质灾害非易发区 | 分布于南部平原区，属华北平原的组成部分，面积1 225.56 km²，地表岩性为第四系全新统亚黏土、亚砂土，此类工程地质区地基承载力中等，易发生不均匀地面沉降，此处地下水开采主要用于农田灌溉和居民生活，开采量不大，在此次地质灾害调查中未发现地质灾害 |||||||

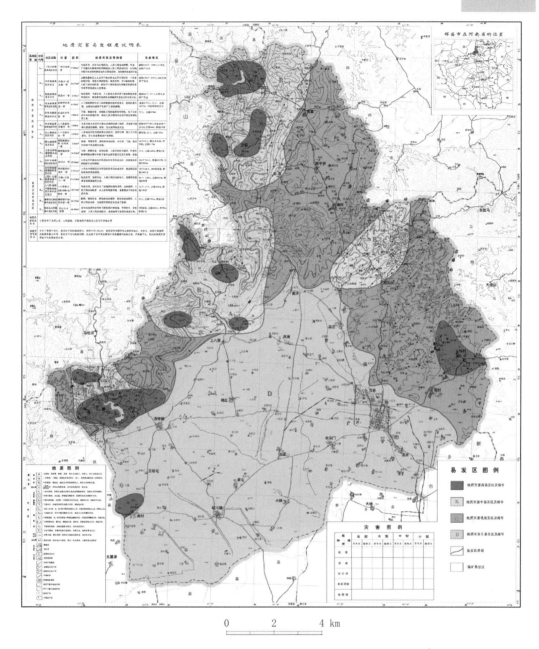

图3-4-1 辉县市地质灾害易发程度分区图

3. 郭亮崩塌、滑坡高易发亚区

位于沙窑乡西部郭亮村一带，处在深山峡谷之中，面积3.84 km²。地形高差较大，构造强烈，节理发育，人工修造公路对岩土体和植被的破坏性较大，降水季节易诱发崩塌地质灾害甚至形成泥石流。崩塌3处，滑坡1处，威胁60户、471人。

4. 西连崩塌、滑坡高易发亚区

位于上八里镇西北松树坪村西连一带，面积6.17 km²。地貌为深山峡谷，冲沟发育，侵蚀作用强烈，构造发育，上部覆盖有残坡积物、冲洪积物。由于人工修路建房，对岩土体和植被的破坏性很大，切坡过陡，形成临空面，造成斜坡失稳，在暴雨的作用下容易产生滑动崩塌。崩塌2处，滑坡4处，威胁寺庙30余间房、公路663 m。

5. 老爷顶崩塌高易发亚区

位于上八里镇西北青峰关风景区老爷顶一带，面积4.96 km²。冲沟发育，侵蚀作用强烈，易于诱发崩塌地质灾害。崩塌4处，滑坡1处，威胁公路570 m。

6. 关山滑坡高易发亚区

分布于上八里镇西部关山一带，面积4.48 km²。地貌复杂，冲沟发育，风化作用强烈，岩石结构疏松，加之人类工程活动，在雨季易诱发滑坡灾害。滑坡4处，威胁停车场1座、公路110 m。

7. 和寺庵崩塌、滑坡、泥石流高易发亚区

位于上八里镇东北和寺庵村一带，面积2.62 km²。处在山区与平原接壤部位，多雨季节逢暴雨易诱发崩塌、滑坡、泥石流等地质灾害。滑坡1处，崩塌1处，泥石流1处，威胁40户、380人。

8. 张村乡地裂缝高易发亚区

位于张村乡一带，面积19.02 km²。属于山前平原地貌，开采煤层造成煤层顶板陷落形成地裂缝。已发现地裂缝7处，威胁268户、780人，房屋922间，公路1 200 m，蓄水池1座。

9. 潭头崩塌、滑坡高易发亚区

位于薄壁镇西北潭头—南山根一带，面积3.88 km²。地貌复杂，沟壑纵横，风化作用强烈，岩石结构疏松，容易诱发崩塌。崩塌4处，泥石流1处，威胁16户、68人，水电站1座、疗养院1所、公路117 m。

10. 宝泉水库崩塌、滑坡高易发亚区

位于薄壁镇西北宝泉水库一带，面积16.80 km²。该区断裂、褶皱发育，新构造活动强烈，人类工程活动多，为地质灾害的发生造成了隐患。滑坡4处，崩塌1处，威胁公路250 m。

11. 吴村镇地裂缝塌陷高易发亚区

位于吴村镇吴村煤矿一带，威胁70户、220人，500间房屋，耕地3 400亩。

#### 4.1.6.2 地质灾害中易发区

1. 三郊口—沙窑崩塌、滑坡中易发亚区

位于三郊口乡、沙窑乡、后庄乡一带，占地面积114.12 km²。峡谷地貌，构造发育，岩体风化强烈，人类工程活动影响大，逢暴雨容易诱发崩塌、滑坡、泥石流地质灾害。分布有18处滑坡、崩塌（不稳定斜坡）11处，1处泥石流，威胁96户、320人，公路650 m、耕地650亩。

2. 上八里镇北崩塌、滑坡、泥石流中易发亚区

位于上八里镇北部和寺庵—松树坪一带，面积124.77 km²。断裂、褶皱发育，新构造活动强烈，人类工程活动多，为地质灾害的发生造成了隐患。分布有崩塌、滑坡、泥石流隐患点5处，威胁36户、87人，耕地150亩、公路140 m。

3. 拍石头乡北部崩塌中易发亚区

位于拍石头乡石井—边墙岭一带，中低山区形成许多陡崖，节理发育，岩体破碎，人类工程活动较多，逢暴雨季节易诱发地质灾害。分布有隐患点7处，威胁3间房屋、公路442 m、渠70 m、耕地6亩。

4. 薄壁镇西北崩塌、滑坡、泥石流中易发亚区

位于薄壁镇平甸—老爷顶一带，山势陡峭，节理、裂隙发育，人类活动较为强烈，在暴雨冲刷下易失去原有稳定性发生崩塌、滑坡、泥石流。有1处泥石流，威胁人数12人，公路250 m、耕地3亩。

### 4.1.6.3　地质灾害低易发区

1. 南寨—南村低易发亚区

分布在南寨镇—西平罗乡—南村镇之间，地貌为山间断陷盆地和低山。

2. 薄壁镇西北—上八里镇西南低易发亚区

该区位于薄壁西北—上八里西南一带，属于太行山脉，以"V"形沟谷为主。存在1处滑坡隐患点。

3. 拍石头—常村低易发亚区

位于拍石头乡—常村镇一带，面积86.07 km²。岩石类型主要为碳酸盐岩，区内断层发育。

### 4.1.6.4　地质灾害非易发区

位于辉县市南部山前平原，面积为1 225.56 km²。该区地形平坦，地质灾害不发育。

## 4.1.7　地质灾害重点防治区

辉县市重点防治区面积109.41 km²，占全市总面积的5.5%，分为11个重点防治亚区（见图3-4-2）。

### 4.1.7.1　三郊口水库防治亚区

位于辉县市最北中偏西地带，面积18.00 km²。主要灾害类型为滑坡和崩塌，隐患点4处。重点防治的村有齐王寨村、三郊口村、柿园村、徐家村、三盘磨村。

### 4.1.7.2　沙窑中腊江防治亚区

位于辉县市西北部，面积10.04 km²。隐患点2处，灾害类型为滑坡。重点防治的村有中腊江村、水寨村、梯西坡村、梯西根村。

### 4.1.7.3　郭亮防治亚区

位于辉县市西北部，面积3.84 km²。隐患点2处，主要灾害类型为泥石流和崩塌。重点防治的村有郭亮村。

### 4.1.7.4　西连防治亚区

位于辉县市中部的西北部，面积6.17 km²。隐患点2处，灾害类型为滑坡和崩塌。重点防治的村有松树坪村。

### 4.1.7.5　老爷顶防治亚区

位于辉县市中部偏西，面积4.96 km²。隐患点2处，灾害类型为崩塌、滑坡。重点防治的村有回龙村。

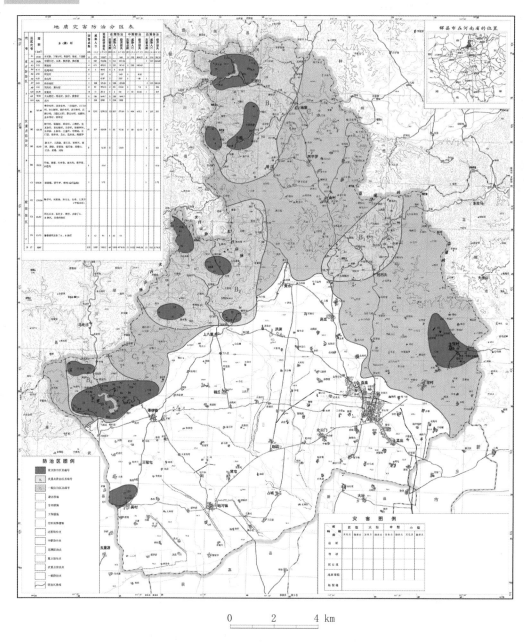

图3-4-2　辉县市地质灾害重点防治区划图

#### 4.1.7.6　关山防治亚区

位于辉县市中西部，面积4.48 km²。隐患点3处，灾害类型为滑坡。重点防治的村为关山村。

#### 4.1.7.7　和寺庵防治亚区

位于辉县市中部地带，面积2.62 km²。主要灾害类型为滑坡、崩塌和泥石流。重点防治村有和寺庵村。

#### 4.1.7.8 张村防治亚区

位于辉县市东北部，面积19.02 km²。隐患点2处，灾害类型为地裂缝。重点防治村有大山前村、沿北村、张村、裴寨村。

#### 4.1.7.9 潭头防治亚区

位于辉县市中西部地带，面积3.88 km²。隐患点3处，地质灾害类型为崩塌和泥石流。重点防治村有西沟村、潭头村。

#### 4.1.7.10 宝泉水库防治亚区

位于辉县市中西部，面积30.49 km²。隐患点19处，主要地质灾害类型为滑坡、崩塌和泥石流。重点防治村有东寨村。

#### 4.1.7.11 吴村防治亚区

位于辉县市西南部，面积5.91 km²。隐患点2处，灾害类型为地裂缝和地面塌陷。重点防治村有吴村一组、二组。

# 4.2 卫辉市

卫辉市辖7镇、6乡，357个行政村、582个自然村，总人口49.09万人，总面积882 km²。粮食作物以小麦、玉米为主，重要经济作物有棉花、油菜籽、芝麻等。矿产资源丰富，现已探明矿产28种，主要有煤炭、铁、重晶石、花岗岩、大理岩、石灰岩等。卫辉市工业基础比较雄厚，基本形成了以机械、轻纺、化工、矿产建材为主导产业的工业体系。

## 4.2.1 地质环境背景概况

### 4.2.1.1 地形地貌

卫辉市地貌类型分为低山丘陵区、山前倾斜平原、冲积平原3种类型。地势自西北向东南呈梯级下降，最高峰海拔1 069 m。由西北部的低山丘陵，逐渐过渡到平原。

### 4.2.1.2 气象、水文

卫辉市属暖温带大陆性季风型气候，多年平均气温13.8 ℃，多年平均降水量576.5 mm，雨季集中在6~8月，多年平均无霜期为209 d。

境内河流发育，有卫河、东孟姜女河、共产主义渠、沧河、香泉河、十里河、大沙河7条主要河流。除大沙河属黄河水系外，其他均属海河水系。区内水利化程度较高，主要有塔岗、狮豹头、正面3座中型水库，香泉水库为小一类。

### 4.2.1.3 地层与构造

出露地层主要有新生界第四系（Q）和新近系（N）、上古生界二叠系（P）和石炭系（C）、下古生界奥陶系（O）与寒武系（∈）、中元古界汝阳群（Pt₂）、太古宇登封岩组（Ard）。

卫辉市西北部是太行山断块隆起，中部是汤阴地堑，东部则是内黄隆起的断陷带。区内断裂比较发育，主要有青羊口断层、汤东断层、卧羊湾断层、汲县断层和天交岭—下天岭断层等。

#### 4.2.1.4 新构造运动与地震

卫辉市新构造运动明显，表现为以地壳垂直运动为主的差异性升降，西北部山区持续隆起，在东部、南部接受新生代河流相沉积。根据《中国地震动参数区划图》，卫辉市地震基本烈度为Ⅷ度。

#### 4.2.1.5 水文地质条件

根据地下水赋存条件、含水介质类型及水文地质特征，卫辉市地下水类型划分为松散岩类孔隙水、碎屑岩类孔隙裂隙水、碳酸盐岩裂隙岩溶水、基岩裂隙水4种类型。

#### 4.2.1.6 工程地质岩组

按地质地貌条件、岩土体特征，卫辉市岩土体工程地质类型分为块状较坚硬花岗岩岩组（γ），碎裂块状较坚硬片麻岩、片岩组（Pt），厚层状坚硬的碳酸盐岩岩组（∈＋O），中厚层状半坚硬泥岩砂砾岩岩组(N)，粉质黏土、粉土、细砂多层土体（Qh＋Qp）5类。其中粉质黏土、粉土、细砂多层土体主要分布在卫河、黄河冲积平原及山前冲积平原，较坚硬岩类主要分布于市域西北部低山丘陵区。

### 4.2.2 人类工程活动特征

主要人类工程活动有矿山开采、城乡建设、交通建设、水利工程建设等。卫辉市矿产资源比较丰富，已开发的矿种主要有煤、灰岩、铁、重晶石等。矿山开采造成了崩塌、地面塌陷、地裂缝地质灾害，矿坑排水疏干破坏地下水系统平衡等。基岩山丘区，因受地形条件制约，建设用地短缺，切坡建房现象较普遍，易导致坡体失稳，产生滑坡、崩塌灾害。卫辉市交通便利，京广铁路、G107国道、京珠高速和S101、S226、S306省道纵横全境，境内各乡镇之间公路畅通，低山丘陵区道路的修建，破坏了周围的地质环境，切坡较陡，易发生边坡失稳，形成崩塌、滑坡，威胁着公路、车辆和行人安全。

### 4.2.3 地质灾害类型及特征

卫辉市地质灾害类型主要为滑坡、地面塌陷、崩塌、地裂缝等，已发生地质灾害23处，分布于4个乡镇（见表3-4-4）。

表3-4-4 卫辉市地质灾害点分布情况统计表

| 乡 镇 | 地质灾害类型 | | | | 合计（处） |
|---|---|---|---|---|---|
| | 滑坡（处） | 地面塌陷（处） | 崩塌（处） | 地裂缝（处） | |
| 狮豹头乡 | 7 | 2 | 5 | | 14 |
| 太公泉镇 | 2 | 5 | | | 7 |
| 顿坊店乡 | | | | 1 | 1 |
| 唐庄镇 | | | 1 | | 1 |
| 合计 | 9 | 7 | 6 | 1 | 23 |

#### 4.2.3.1 滑坡

滑坡9处，主要分布于狮豹头乡和太公泉镇。岩质滑坡5处，土质滑坡4处，规模均为小型。滑坡体岩性以第四系黄色黏土坡积物为主，含少量碎石。人类工程活动和强降水则是主要诱发因素。滑坡毁坏房屋34间，伤亡1人。

此外，有不稳定斜坡共2处，均为岩质，位于狮豹头乡省级道路两侧，切坡较陡，形成临空面，在重力作用下产生拉张裂缝，可能发生滑坡。

#### 4.2.3.2 崩塌

卫辉市共发生崩塌6处，均为岩质崩塌。其中规模为中型1处、小型5处。主要分布于狮豹头乡西部。成因是地形相对高差大，山脊陡峭，在降水和自重的作用下，有剥落现象发生。

#### 4.2.3.3 地面塌陷

地面塌陷是卫辉市主要的地质灾害之一，造成损失大。已发生7处地面塌陷，主要分布在太公泉镇西部及狮豹头乡东北寺村和猴头脑村，由开采煤矿、铁矿造成。地面塌陷规模为中、小型，平面形态呈长条形，长度为200～2 000 m，宽度为30～600 m，深度为0.5～30 m。

#### 4.2.3.4 地裂缝

发生地裂缝1处，位于顿坊店乡清水河村，地处黄河冲积平原，规模为小型，始发于2003年7月。裂缝长度约为200 m，宽度3～8 cm，深度0.2～2.0 m，走向为东南—西北向。

### 4.2.4 地质灾害灾情

根据不完全统计，卫辉市已发生地质灾害23处，因灾伤亡1人，毁坏房屋44间，半毁房屋751间，296亩耕地受到影响，造成直接经济损失319.3万元。

### 4.2.5 地质灾害隐患点评价

卫辉市有地质灾害隐患点25处，险情为大型2处、中型14处、小型9处。按灾种分，滑坡隐患险情级别中型7处、小型2处；地面塌陷隐患险情级别大型2处、中型2处、小型3处；崩塌隐患险情级别中型4处、小型2处；地裂缝隐患险情级别中型1处；不稳定斜坡险情级别小型2处。

### 4.2.6 地质灾害易发程度分区

卫辉市地质灾害易发程度分为高易发区、中易发区、低易发区、非易发区 4 个区（见图3-4-3）。其中，高易发区面积52.9 km²，中易发区面积242.5 km²，低易发区面积231.4 km²，非易发区面积355.2 km²。

#### 4.2.6.1 地质灾害高易发区

1. 祁窑—郭坡地面塌陷、地裂缝高易发亚区

位于太公泉镇的西部，面积17.0 km²。该区地貌类型为丘陵区，岩性主要为第四系的黏土。区内人类活动强烈，主要地质灾害类型有地面塌陷、滑坡、崩塌等。重要隐患点有太公泉镇祁窑村地面塌陷、太公泉镇西陈召村地面塌陷等。

2. 塔岗—西栓马公路沿线滑坡、崩塌高易发亚区

位于狮豹头乡省道公路沿线，面积35.9 km²。该区地貌类型为中低山区，岩性以石英砂岩状砂岩夹页岩、白云岩、灰岩、片麻岩为主，以层状发育为主，地质环境条件较

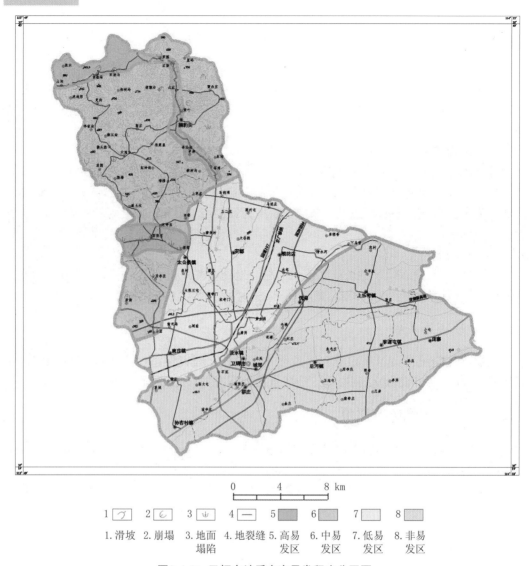

0    4    8 km

1 🗓 2 ⌒ 3 ⛰ 4 — 5 ▨ 6 ▨ 7 ▨ 8 ▨

| 1.滑坡 | 2.崩塌 | 3.地面塌陷 | 4.地裂缝 | 5.高易发区 | 6.中易发区 | 7.低易发区 | 8.非易发区 |

图3-4-3  卫辉市地质灾害易发程度分区图

复杂，构造发育。由于切坡修路、切坡建房造成坡体失稳，易发生滑坡、崩塌。

#### 4.2.6.2  地质灾害中易发区

位于狮豹头乡的大部分地区以及太公泉镇的西部、唐庄镇的西部，面积242.5 km²。地貌类型为中低山区及丘陵区，岩性以寒武系白云岩及灰岩为主。北部为中低山地貌，山势陡峻，地质灾害类型主要为自然形成的崩塌、滑坡隐患，南部为丘陵，采石场较多，易发生崩塌。地质灾害类型以崩塌、滑坡为主。

#### 4.2.6.3  地质灾害低易发区

位于卫辉市的中部，包括顿坊店乡、安都乡以及唐庄镇、太公泉镇、城郊乡的一部分，面积 231.4 km²。地貌为卫河、黄河冲积平原，相对高差较小，第四系松散层堆积物分布较广，岩性主要为粉土、粉质黏土、黏土。顿坊店乡清水河一带，由于集中抽排地下水形成地裂缝。

### 4.2.6.4 地质灾害非易发区

位于卫辉市的东南部，包括汲水镇、李源屯镇、孙杏村镇、后河镇、上乐村镇、城郊乡、柳庄乡、庞寨乡等，面积 355.2 km²。地貌为卫河、黄河冲积平原，地势较平坦，第四系松散层堆积物分布广，岩性为粉土、粉质黏土、黏土。现状未发现突发性地质灾害。

## 4.2.7 地质灾害重点防治区

卫辉市地质灾害重点防治区总面积186.8 km²，占全区总面积的21.2%，有地质灾害隐患点22处，其中重要地质灾害隐患点12处，威胁967人，威胁资产1 056 万元（见图3-4-4）。

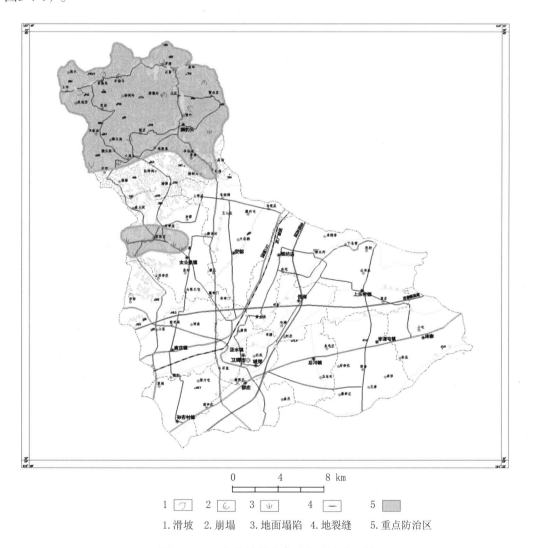

图3-4-4　卫辉市地质灾害重点防治分区图

#### 4.2.7.1　祁窑—郭坡以地面塌陷、地裂缝为主的重点防治亚区

位于太公泉镇的西部，面积17.0 km²。该区地貌类型为丘陵区，区内人类活动强烈，主要是地下采煤，已造成多处长条形地面塌陷，并伴随着地裂缝的发生，威胁人民群众的生命财产安全。防治主要地质灾害类型为地面塌陷。该亚区重点防治点有祁窑村地面塌陷、西陈召村地面塌陷等。

#### 4.2.7.2　塔岗—西栓马以滑坡崩塌为主的重点防治亚区

位于狮豹头乡省道公路沿线，面积169.8 km²。该区地貌类型为中低山区，由于切坡修路、切坡建房造成坡体失稳，易发生滑坡、崩塌。重点防治地段为塔岗—西栓马公路沿线。防治主要地质灾害类型为滑坡、崩塌。该亚区重点防治点有前黄叶滑坡、东栓马村崩塌等。

# 4.3　凤泉区

新乡市凤泉区面积115.6 km²，包括潞王坟、耿黄、大块3个乡镇和宝东、宝西、电力、锦园、白鹭、建材6个办事处，共38个行政村，人口13.9万人。

凤泉区现有耕地8.937万亩，主要粮食作物有小麦、玉米、谷子，主要经济作物有棉花、麻类、油菜等。区内矿种主要有非金属建筑用泥灰岩、石灰岩、水泥用黏土等。其中石灰岩资源丰富且矿石质量优良。

## 4.3.1　地质环境背景概况

### 4.3.1.1　地形地貌

凤泉区地貌类型划分为剥蚀丘陵及岗地、冲洪积平原2大类共4种类型。其中剥蚀丘陵分布在凤凰山、堡上、愚公泉一带，剥蚀岗地位于五陵、黄屯、东张门以北，地表多被黏性土覆盖。微倾斜地分布在张门、鲁堡、耿庄、李士屯等地，交接洼地分布在卫河以北，共产主义渠两侧及大块镇。

### 4.3.1.2　气象、水文

属暖温带大陆性半湿润半干旱季风型气候，四季分明。多年平均气温14 ℃，多年平均降水量617.8 mm，多集中在7、8月间，日最大降水量285.7 mm。

区内主要河流有卫河、共产主义渠等。卫河由耿黄乡杨九屯村东入境，于李士屯村出境，境内长1.5 km。共产主义渠于耿黄乡耿庄村入境，在杨九屯村东南折转东北，于李士屯村东北出境，境内长6 km。

### 4.3.1.3　地层与构造

出露地层有第四系（Q）、奥陶系（O），其中第四系（Q）在区内分布广泛，厚度由北向南逐渐变厚，出露有全新统（Qh）、上更新统（Qp₃）、中更新统（Qp₂）。奥陶系（O）分布于北部凤凰山一带，出露面积6.5 km²，分为中统（O₂）和下统（O₁）出露。

区内构造处于新华夏系与东西向构造带的交接部位，主要构造有青羊口断裂（F₁）、山彪—五陵断裂（F₂）、杨九屯—李士屯宽缓倾伏背斜等。

#### 4.3.1.4　新构造运动与地震

凤泉区新构造运动主要表现为北部上升、南部不断下降的差异运动，从而在北部形成剥蚀丘陵及高岗地，而南部接受下陷沉积形成平原。根据《中国地震动参数区划图》（GB 18306—2001），区内地震峰值加速度为0.20$g$，基本烈度为Ⅷ度。

#### 4.3.1.5　水文地质、工程地质

根据地下水赋存条件、水理性质和水力特征，区内地下水可划分为碳酸盐岩类裂隙岩溶水、松散层孔隙水2种类型。其中碳酸盐岩类裂隙岩溶水分布于青羊口断裂以西的堡上及凤凰山等丘陵区。松散层孔隙水广泛分布在堆积平原区，由山前向平原逐渐增厚，分为强富水、中等富水、弱富水3个区。

按地貌、地层岩性、岩土体坚硬程度及结构特点，凤泉区岩土体工程地质类型分为黄土类土单层土体（$Qp_2$、$Qp_3$），黏性土单层土体（$Qh$），坚硬中厚层状灰岩、白云岩岩组（O）三类。

#### 4.3.1.6　人类工程经济活动

矿业开发是区内最主要的人类工程经济活动。凤泉区固体矿产资源总资源储量6 234万t，矿种主要为非金属建筑材料泥灰岩、白垩土、石灰岩等，主要分布在潞王坟乡北部的低山丘陵区，区内曾是省内重要的石材基地。1946年本区即开始机械化采石，80～90年代达到鼎盛时期，近年来为改善本区生态环境，发展生态旅游，大部分矿山被限采、禁采，目前采矿活动几近停止。

### 4.3.2　地质灾害类型及特征

#### 4.3.2.1　地质灾害类型

凤泉区地质灾害类型仅崩塌一种，分布在潞王坟乡沿凤凰山一带的坟上、分将池、堡上3个行政村，共6处崩塌，均为岩质，其中以崩塌群形式存在3处。

#### 4.3.2.2　地质灾害特征

凤凰山一带崩塌体所在斜坡坡度多接近于90°，斜坡高度最大达128 m，坡面形态以平直类型为主，为崩塌的产生创造了良好的基础条件；另外，岩土体结构也是本区崩塌形成的重要条件。凤凰山区岩性以泥灰岩为主，一般情况下岩性性质坚硬，抗风化能力强，但由于地质营力的作用，其裂隙发育。调查发现崩塌所在斜坡多具1～3组垂向节理，裂隙多为张性，张幅1～3 cm，将近水平产状（315°∠10°）的泥灰岩切割成块体状，使斜坡变得支离破碎，降低斜坡稳定性而在开采、降水条件下发生崩塌。从规模上看，潞王坟乡坟上村新乡县采石场崩塌群确定为大型崩塌，其余5处均为小型崩塌。

### 4.3.3　地质灾害隐患点

凤泉区共发现崩塌隐患点6处，威胁29人、58间房屋、220 m水泥路面的安全，预测经济损失134.2万元。其中，险情中型地质灾害隐患点1处，位于凤凰山东坡原分将池村采石场采区内，崩塌体体积143 $m^3$，岩性为中厚层状灰岩，岩溶发育，节理裂隙将岩体分割，沿采面形成危岩。此崩塌隐患规模为小型，主要威胁在建景点中15人、10间瓦房安全，险情级别为中型。

## 4.3.4 地质灾害易发程度分区

凤泉区地质灾害易发程度分区见图3-4-5。地质灾害高易发区位于以凤凰山为主体的丘陵区，包括坟上、堡上、分将池3个行政村环围的地段，面积2.86 km²。泥灰岩开采造成多处直立陡壁，受风化及节理裂隙控制，岩石分解成块状，受降水、振动等诱发因素影响产生崩塌。崩塌隐患点6处，威胁29人、58间房屋、220 m公路安全，预测经济损失达134.2万元。

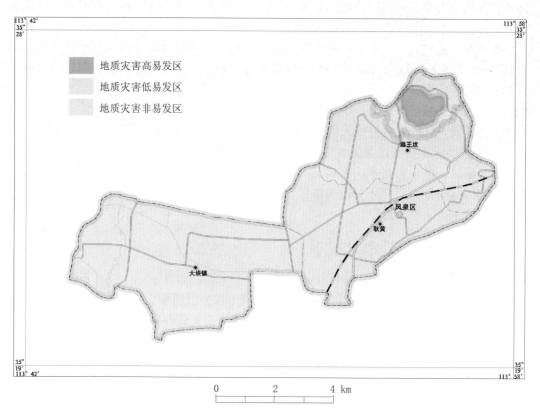

**图3-4-5 新乡市凤泉区地质灾害易发程度分区图**

## 4.3.5 地质灾害重点防治区

凤凰山区泥灰岩开采区为重点防治区，面积3.08 km²，6处崩塌隐患点，其中危害程度中型级别1处，小型级别5处，威胁29人、57间房屋、220 m水泥路面的安全，预测经济损失134.2万元。

图3-4-6为凤泉区地质灾害重点防治区划图。

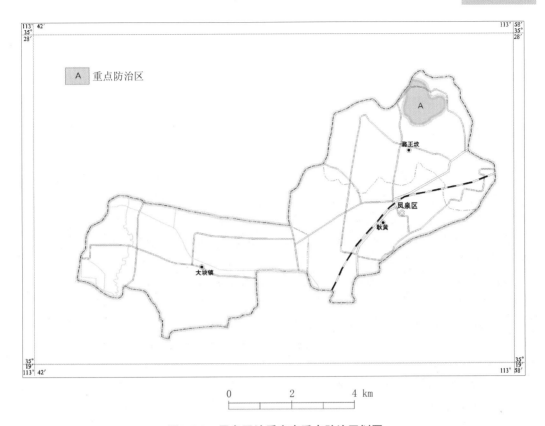

图3-4-6 凤泉区地质灾害重点防治区划图

# 第5章　焦作市

## 概　述

焦作位于河南省西北部，北依太行，南临黄河。现辖沁阳市、孟州市2市，修武县、武陟县、温县、博爱县4县和解放区、山阳区、中站区、马村区4个城区，总面积4 071 km²，人口358万人。

焦作市地处太行山脉与平原的过渡地带。地貌由山地、山前平原两大一级地貌单元构成。地势由西北向东南倾斜，从北部山区到南部平原呈阶梯式变化，层次分明。

焦作市主要地质灾害发育类型有崩塌、滑坡、泥石流、地面塌陷、地裂缝等。崩塌主要分布于焦作北部的太行山区和南部黄河、沁河沿岸；滑坡多为岩质滑坡，主要分布在北部中山区，以暴雨诱发型居多；泥石流主要发生于修武县、焦作市、博爱县和沁阳县等县市北部的太行山区；焦作市是我省的重要煤炭工业基地之一，地面塌陷灾害发育，主要分布在焦作市中站区、解放区、山阳区、马村区及修武县、沁阳市北部的丘陵区和山前倾斜平原区等矿山开采区；地裂缝主要为采矿地面塌陷伴生地裂缝。

焦作市北中部为地质灾害高易发区，西南部黄土丘陵区为滑坡、崩塌、泥石流灾害中等发育区。据不完全统计，自1990年以来，焦作市发生较大规模的地质灾害多起，死亡6人，破坏房屋400余间，毁坏耕地8万亩、公路约10 km、水库1座及公路桥梁2座，直接经济损失6 000万元，间接经济损失近2亿元。焦作市现有各类地质灾害隐患点152处。

## 5.1　沁阳市

沁阳市位于河南省西北隅太行山南麓，面积623.5 km²，辖6镇、3乡、4个办事处，共329个行政村，人口46.68万人。该市耕地面积3.02万 hm²，物产丰富，粮食作物有小麦、玉米、水稻，经济作物有棉花、芝麻、大豆、麻类、烟叶。"四大怀药"（地黄、牛膝、山药、菊花）闻名遐迩。工业以冶炼、采矿、化工为主。主要开采利用的矿产有煤、石灰岩、耐火黏土、高岭土、地下水等。

### 5.1.1　地质环境背景概况

#### 5.1.1.1　地形地貌

沁阳市位于太行山南麓，地貌类型主要为低山、丘陵和平原，以低山和平原为主。地形北西高南东低。北部太行山海拔200~1 000 m，地形陡峭，山峰连绵，高山峡谷，怪石嶙峋；南部平原海拔120~150 m，地势平坦，向南东倾斜，坡度小于3‰。

#### 5.1.1.2　气象、水文

沁阳市属暖温带大陆性季风气候区，四季分明。多年平均气温14.3 ℃，最高42.1 ℃，最低–18.6 ℃，多年平均降水量560.7 mm，最高年降水量853.5 mm（2003年），最低年降水量296.1 mm（1997年），多年平均蒸发量1 786.8 mm，平均无霜期210 d。

沁阳市河流均属黄河水系，主要有沁河、丹河等，以沁河为最大，其他尚有仙神河、云阳河、逍遥石河等季节性河流。人工渠有广济渠、永利渠、广惠渠、丹西干渠、友爱河、丰收渠等。水库有逍遥水库、八一水库、山王庄水库、九渡水库等。

#### 5.1.1.3　地层与构造

沁阳市属华北地层区，其沉积地层主要为古生界的寒武系、奥陶系、石炭系、二叠系，中生界的三叠系和新生界的第四系。

沁阳市所处大地构造位置为华北地台，山西地台背斜太行山复背斜的东南翼。无岩浆岩，褶皱不发育，局部构造形态以断裂为主。断裂构造发育，以东西向断层为主，次为南北向断层。区内主要断裂有盘古寺断层（$F_1$）、行口断层（$F_2$）、常平断层（$F_3$）、甘泉断层（$F_4$）、煤窑庄断层（$F_5$）及簸箕掌断层（$F_6$）等。

#### 5.1.1.4　新构造运动与地震

区内新构造运动较频繁，主要表现在：山区强烈上升，平原区强烈下降，有感地震时有发生。由于山区上升，基岩裸露，山脊狭窄，沟谷深切，断面呈"V"字形。在平原区由于新生代以来大幅度下降，相继沉积了第三系和第四系，厚度大于1 000 m。根据《中国地震动参数区划图》（GB 18306—2001），调查区基本地震烈度为Ⅵ度。

#### 5.1.1.5　水文地质、工程地质

根据含水介质性质，沁阳市地下水划分为松散岩类孔隙水、碎屑岩类裂隙水、碳酸盐岩类裂隙岩溶水和基岩裂隙水4种类型。

按地貌、地层岩性、岩土体坚硬程度及结构特点，划分为岩体和土体2类共5个岩组，即中厚层状稀裂状中等岩溶化硬白云岩组，中厚层具泥化夹层较软粉砂岩组，黏性土单层土体，中细砂、黏性土双层土体，卵砾石、粗砂双层土体。

#### 5.1.1.6　人类工程活动

沁阳矿种以非金属矿产为主，目前已发现的矿种有20余种。矿山开发已成为本地区极其重要的经济活动。采矿开挖山体，既毁坏植被和山林，又破坏了土层，易造成水土流失，耕地也被破坏。另外，碎石、废渣随意堆放在山坡、河滩、沟边、道边等场地，易造成边坡失稳。矿山开采是造成本区地面塌陷、滑坡、崩塌及泥石流隐患等地质灾害的主因。在北部山区，修路时开山炸石易造成边坡体失稳，时常造成高边坡和斜坡失稳，公路两侧人为形成高陡边坡易形成崩塌、滑坡隐患，威胁公路、车辆及行人安全。

### 5.1.2　地质灾害类型及特征

#### 5.1.2.1　地质灾害类型

沁阳市已发生地质灾害有滑坡、崩塌、地面塌陷、泥石流4类，共33处，分布于7个乡镇（见表3-5-1）。其中，常平乡地质灾害点数量最多，为17处，占总数的51.5%。

表3-5-1　沁阳市地质灾害点分布情况统计表

| 乡镇 | 地质灾害类型 | | | | 合计（处） | 占总比例（%） |
|---|---|---|---|---|---|---|
| | 崩塌（处） | 滑坡（处） | 地面塌陷（处） | 泥石流（处） | | |
| 常平乡 | 5 | 1 | 11 | | 17 | 51.52 |
| 王曲乡 | 2 | | | | 2 | 6.06 |
| 王召乡 | 3 | | | | 3 | 9.09 |
| 西向镇 | 2 | | | 1 | 3 | 9.09 |
| 紫陵镇 | 2 | | | 1 | 3 | 9.09 |
| 山王庄镇 | 2 | | | 1 | 3 | 9.09 |
| 西万镇 | | | 2 | | 2 | 6.06 |
| 总计 | 16 | 1 | 13 | 3 | 33 | |
| 占总比例（%） | 48.48 | 3.03 | 39.39 | 9.09 | | |

### 5.1.2.2　地质灾害特征

1. 崩塌

崩塌是本市最主要的地质灾害灾种，共16处。其中，山体崩塌7处、河流塌岸9处。崩塌规模，大型3处，中型6处，小型7处。山体崩塌分布于常平乡、山王庄镇、紫陵镇，河流塌岸位于沿沁河两岸乡镇及山王庄镇的前陈庄丹河段。

山体崩塌以岩质崩塌为主，集中分布于北部中低山及丘陵区，岩性构成大多为变质岩及碎屑岩类，其裂隙、节理较为发育，风化作用强烈，致灾因素为人为工程活动及大气降水；河流塌岸以亚黏土和亚砂土塌岸为主，分布在沁河境内全线及丹河山王庄段，致灾因素为人类采砂工程活动及大气降水引起的洪水冲刷，致灾时间集中在汛期，多数规模不大。

2. 地面塌陷

地面塌陷13处，分布在常平和西万两个乡镇。地面塌陷与采矿活动有密切关系，造成地面塌陷的采矿活动，以历史开采煤矿和现代开采黏土矿两类为主。沁阳市煤矿除局部矿体外，开采煤层较薄且多以透镜状或鸡窝状存在，此种岩性与成矿条件决定了该区采空区地面沉陷速度较慢且地表变形值较小，在地表无明显连续的塌陷坑，规模亦较小，塌陷区多呈点状或小片状分布。

3. 泥石流

沁阳市泥石流3处，属于沟谷型泥石流，分别位于紫陵镇仙神河、西向镇逍遥石河和山王庄丹河。泥石流沟谷上游形成区山势险峻，坡积物及碎石较多，汇水面积比较大，暴雨期易形成泥石流。

4. 滑坡

滑坡仅1处，为中型，位于常平乡簸箕掌村，发生时间在1945年7月，连续月余降水而滑动，滑坡体为黏土夹灰岩石块，厚10 m，与下层基岩接触面为高岭土。滑动后填平北面山沟，已基本稳定。

### 5.1.3 地质灾害灾情

据初步统计，沁阳市已发生地质灾害33处，造成直接经济损失3 359.575万元。其中，崩塌16处，直接经济损失1 711.175万元；滑坡1处，直接经济损失80万元；地面塌陷13处，直接经济损失456.4万元；泥石流3处，直接经济损失1 112万元。

### 5.1.4 地质灾害隐患点特征及险情评价

#### 5.1.4.1 地质灾害隐患点分布特征

沁阳市地质灾害隐患点类型有潜在滑坡、崩塌（潜在崩塌）、泥石流、地面塌陷共4类41处，其中潜在滑坡1处、崩塌（潜在崩塌）25处、地面塌陷12处、泥石流3处。

地质灾害隐患点分布在常平乡、紫陵镇、西向镇、山王庄镇、王召乡、王曲乡、西万镇7个乡镇，其中常平乡作为本市最大的山区乡，地质灾害隐患点数量最多，为17处，其次为紫陵镇（8处）和西向镇（6处）；从灾害类型看，崩塌（潜在崩塌）和地面塌陷数量最多，分别为25处和12处。

沁阳市地质灾害隐患点主要分布于中北部低山丘陵区，岩性构成大多为变质岩及碎屑岩类，其裂隙、节理较为发育，风化作用强烈，自然降水及采矿、修路、建筑等人类工程活动极易诱发地质灾害。

#### 5.1.4.2 地质灾害隐患点险情评价

沁阳市41处地质灾害隐患点中，潜在危害程度（险情）级别为大型2处、中型8处、小型31处。按灾种分，潜在滑坡隐患险情级别小型1处；崩塌、潜在崩塌（含塌岸）隐患险情级别中型4处、小型21处；地面塌陷隐患险情级别大型1处、中型2处、小型9处；泥石流隐患险情级别大型1处、中型2处。

重要地质灾害隐患点为紫陵镇仙神河泥石流，位于沁阳市西北部仙神河，该泥石流沟长15.3 km，流域面积34.3 km²，松散堆积物储量31.95万 m³，威胁下游水库1座、下游居民160人、房屋200间，潜在危害程度（险情）级别为大型。

### 5.1.5 地质灾害易发程度分区

全市地质灾害易发程度分为高易发区、中易发区、非易发区3个区（见表3-5-2、图3-5-1）。

表3-5-2 沁阳市地质灾害易发程度分区表

| 等级 | 亚 区 | 面积（km²） |
|------|------|------|
| 高易发区 | 地面塌陷、崩塌高易发亚区 | 99.83 |
| | 崩塌、泥石流高易发亚区 | 71.73 |
| 中易发区 | 沁河沿岸崩塌（河流塌岸）中易发亚区 | 30.66 |
| | 丹河沿岸崩塌（河流塌岸）中易发亚区 | 6.15 |
| 非易发区 | 中南部平原非易发区 | 415.13 |

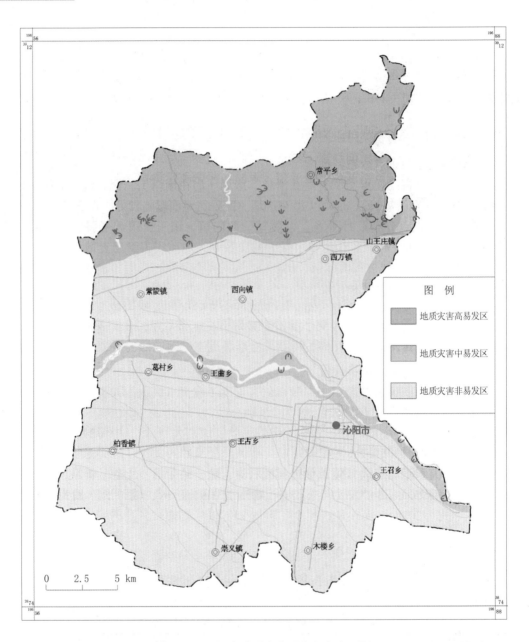

图3-5-1　沁阳市地质灾害易发程度分区图

### 5.1.5.1　地质灾害高易发区

1. 地面塌陷、崩塌高易发亚区

分布于常平乡全境及西万镇、山王庄镇北部山前段，面积99.83 km²，地形高度 200～901.9 m，北部山势陡峻，南部地形较缓，岩性以奥陶系和石炭系灰岩、砂岩为主，自然条件下地质灾害发育较少，多由采矿、修路等人类工程活动引发，灾害类型以地面塌陷、崩塌（潜在崩塌）为主。区内共确定地质灾害隐患点20处，包括地面塌陷及其隐患12处、崩塌（潜在崩塌）8处，威胁288人、房屋194间、耕（林）地200亩、道路950 m、西气东输管道470 m，预测经济损失755.6万元。

2. 崩塌、泥石流高易发亚区

位于紫陵镇、西向镇北部，神农山风景区位于此区，面积71.73 km²。岩性：沿仙神河、逍遥石河地段出露为寒武系白云岩、片麻岩及灰岩，其他地段以奥陶系白云岩、灰岩为主。地貌以低山丘陵为主，地形高度300～1 116.9 m，北部山势陡峻，以采矿为主的人类工程活动少见，地质灾害类型主要为自然形成的崩塌和沟谷崩滑堆积石块而形成的水石流，威胁对象主要为神农山景区的游人和河流下游居民及水库。区内共确定地质灾害隐患点11处，其中潜在滑坡1处，崩塌（潜在崩塌）8处，泥石流2处，威胁景区游人及居民210人、耕地100亩、房屋237间、道路500 m、水库2座、配电站1座，预测经济损失1 285.8万元。

### 5.1.5.2　地质灾害中易发区

1. 沁河沿岸崩塌（河流塌岸）中易发亚区

分布在沁阳市沿沁河两岸地段，面积30.66 km²，占全市总面积的4.9%。地貌类型为冲洪积平原，海拔在110～125 m之间，岩性为黄色、灰黄色亚砂土、亚黏土、淤泥及中细砂和砂砾石。区内地质灾害隐患点8处，地质灾害类型主要为水流冲刷侧蚀形成的河流塌岸，威胁河漫滩耕地2 250亩，预测经济损失1 460万元。

2. 丹河沿岸崩塌（河流塌岸）中易发亚区

分布于山王庄镇丹河下游的前陈庄—阎斜段右岸，面积6.15 km²，占全市面积的0.98%。地貌类型从丘陵过渡到平原，地形等高线130～344 m，岩性主要为奥陶系、石炭系的灰岩和砂岩、第四系中更新统坡积黏土、全新统亚砂土与砂，地质环境条件相对简单，主要人类工程活动为河道采砂等。区内地质灾害隐患点2处，类型主要为泥石流、河流塌岸，按危害程度均分为中型，威胁32人、耕地600亩、房屋24间、护堤2 000 m、桥1座，预测经济损失300万元。

### 5.1.5.3　地质灾害非易发区

分布于中部、南部平原区，以沁河为界分为南北两个亚区，地貌主要为山前冲洪积倾斜平原及冲积平原，面积415.13 km²，占全市总面积的66.58%，岩性主要为第四系上更新统冲洪积黄土状亚砂土、亚黏土及全新统亚砂土及砂，地形等高线112.8～175.4 m。该区地势平坦，现状条件下地质灾害不发育。

## 5.1.6　地质灾害重点防治区

沁阳市共确定重点防治区面积173.95 km²，占市域面积的27.89%，细分为3个重点防治亚区（见表3-5-3、图3-5-2）。

### 5.1.6.1　神农山景区以崩塌、泥石流为主重点防治亚区

防治范围位于逍遥石河以西，面积66.91 km²，共有地质灾害隐患点10处，其中崩塌（潜在崩塌）8处、泥石流2处。防治重点为景区重要景点附近的崩塌、潜在崩塌灾害点，以及仙神河和逍遥石河2处泥石流灾害点。

表3-5-3　地质灾害重点防治分区表

| 分区名称 | 亚区 | 代号 | 面积（km²） | 占全市面积（%） | 威胁对象 |
|---|---|---|---|---|---|
| 重点防治区 | 神农山景区以崩塌、泥石流为主重点防治亚区 | $A_1$ | 66.91 | 10.73 | 景区、道路、建筑 |
| | 北中部地面塌陷、崩塌为主重点防治亚区 | $A_2$ | 68.45 | 10.97 | 居民、道路、建筑 |
| | 丹河峡谷风景区以崩塌为主重点防治亚区 | $A_3$ | 38.59 | 6.19 | 居民、道路、河堤、建筑 |

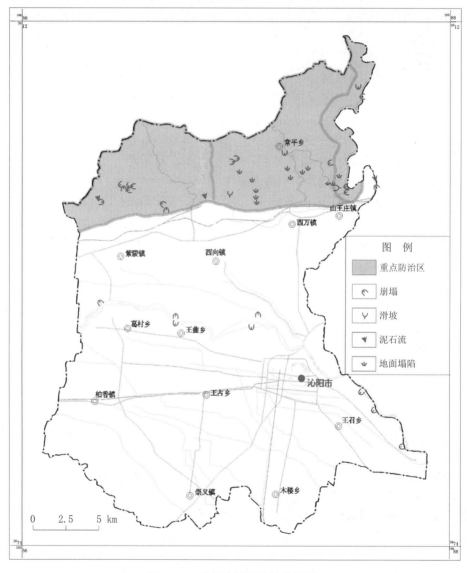

图3-5-2　沁阳市重点防治分区图

#### 5.1.6.2 北中部地面塌陷、崩塌为主重点防治亚区

包括逍遥石河以东、丹河以西的常平乡、西万镇，面积68.45 km²。共有地质灾害隐患点16处，包括地面塌陷11处、崩塌（潜在崩塌）4处、潜在滑坡1处。

#### 5.1.6.3 丹河峡谷风景区以崩塌为主重点防治亚区

主要指丹河峡谷风景区，面积38.59 km²。共有地质灾害隐患点7处，包括崩塌5处、地面塌陷1处、泥石流1处。重要地质灾害隐患点有青丹旅游公路崩塌、丹河泥石流2处。

# 5.2 修武县

修武县位于河南省西北部，辖3个镇、7个乡，223个行政村，总面积678 km²，人口27.4万人。修武县境内蕴藏的矿产资源主要有煤、铁、黏土、石灰石、沉积型大理石等。云台山是著名的山水旅游胜地。

## 5.2.1 地质环境背景概况

### 5.2.1.1 地形地貌

修武县北为太行山区，南为冲积平原，地势北高南低，地形起伏较大。地貌形态可分为构造侵蚀中山、构造溶蚀低山、构造剥蚀丘陵、山前冲洪积倾斜平原和冲积平原5个次级地貌单元。

### 5.2.1.2 气象、水文

修武县地处暖温带大陆性季风气候区，四季分明。多年平均气温14.5 ℃。多年平均降水量为560.3 mm，最大年降水量929.8 mm（1996年），最小年降水量为248.4 mm（1981年），年降水量多集中于6、7、8三个月，山区降水量大于平原区。多年平均蒸发量1 813.6 mm，最大年蒸发量2 117.5 mm（1981年），最小年蒸发量1 618.5 mm（1990年）。全县分属于两个气候区，即平川气候区和山地气候区。平川区属于干热少雨区，山地区属于夏季多雨、冬冷干旱区。

修武县属海河流域卫河水系。有纸坊沟河、山门河、清水河、大沙河、蒋沟、新河、大狮涝河等，均属季节性河流，旱季无水，汛期洪水较大。水库有马鞍石水库和青龙洞水库。

### 5.2.1.3 地层与构造

地层有太古宇（Ar）、中元古界蓟县系（Jx）、寒武系（∈）—奥陶系（O）、石炭系（C）、二叠系（P）、新近系（N）、第四系（Q）。区内断裂构造发育，多为高角度正断层。受断裂控制，区内地层由北向南呈阶梯状下降的单斜构造，倾角一般为10°～20°。分布的主要构造断裂有凤凰岭断层、朱村断层、朱岭断层、九里山断层等。

新构造运动活跃，山区相对上升，平原区相对下降。新生代以来，接受了巨厚的松散物沉积层，最厚达千米以上。修武县地震烈度为Ⅶ度。

### 5.2.1.4 水文地质

根据地下水的赋存条件，地下水分为松散岩类孔隙水、碎屑岩类裂隙孔隙水和碳酸

盐岩类岩溶裂隙水3种类型。

松散岩类孔隙水分布于山前平原地区，埋藏深度在40~85 m。含水层以卵砾石为主，南部冲积平原含水层以中细砂、细砂为主，顶板埋深20 m左右。

#### 5.2.1.5　工程地质岩组

根据本区的地层及其工程力学性质，可划分为5个岩土体工程地质基本类型。其中块状较软强风化片麻岩组仅在本区东北部近峪河口一带有出露；中厚层稀裂状石英砂岩组仅在本区东北部及纸坊沟沟底有出露；中厚层稀裂状坚硬岩溶化灰岩组广泛出露于本区北部山区；中厚层状泥化夹层较软灰岩、砂页岩组主要分布在东交口—孟泉一带的低山丘陵地区；黏性土多层土体分布于近山前地带和广大平原地区。

#### 5.2.1.6　人类工程活动

修武县境内蕴藏的矿产资源有煤炭、铁矿、黏土矿、大理岩、磷灰岩、石灰岩等，采矿活动十分频繁，是造成地面塌陷、地裂缝的主要因素。

黏土矿的大量开采始于1966年，目前建有采矿点30多处。黏土矿的开采多形成串珠状地面塌陷，对民房无大影响，但毁坏部分耕地。

铁矿为鸡窝状赤铁矿，规模小，不能建大矿开采，所以自1958年大炼钢铁以来，一直是小型开采。矿点分布在平窑、崔庄、西村、王窑、赵窑等地。

石灰石分布很广，是烧制石灰和建房的好原料。目前，从西村乡的当阳峪到方庄镇坡前的低山丘陵地带，分布有数十个采石场。

受山区地形限制，村民建房多开挖边坡，形成临空面，破坏了原有的边坡稳定性，降水易诱发小型滑坡、崩塌等地质灾害。

### 5.2.2　地质灾害类型及特征

#### 5.2.2.1　地质灾害类型

修武县地质灾害类型主要为地面塌陷、地裂缝、滑坡、崩塌等，局部发生过泥石流。调查地质灾害共47处，其中地面塌陷18处，地裂缝11处，滑坡4处，崩塌7处，不稳定斜坡2处，泥石流5处，涉及西村乡、岸上乡、方庄镇、王屯乡和郇封镇（见表3-5-4）。其中，西村、方庄、岸上3个乡镇的灾害点占调查点数的91.5%。

#### 5.2.2.2　地质灾害特征

##### 1. 地面塌陷

18处地面塌陷中，仅1处属于岩溶型塌陷，其余均为因人类采矿活动造成的冒顶型塌陷。塌陷区的分布与采矿活动有密切关系，涉及方庄、西村和岸上等3个乡镇，总面积约18 km²。西村乡洼村—大南坡一带和方庄镇的王窑—孙窑一带，小型矿点密布，采矿历史较久，所采煤层多为石炭系太原组（$C_1t$）和二叠系山西组（$P_1s$），厚度小（多在2~6 m），埋藏浅，巷道埋深70~100 m，塌陷区多呈点状或小片状分布。方庄镇坡前—丁村一带，煤层为二叠系山西组（$P_1s$），煤层厚度较大，平均6 m左右，分布较稳定，巷道分布深度多在100~200 m，形成的塌陷区多为大片状，最大达6 km²。

表3-5-4 修武县地质灾害类型及数量分布统计表

| 乡 镇 | 地质灾害类型 | | | | | | 合计<br>（处） |
|---|---|---|---|---|---|---|---|
| | 地面塌陷<br>（处） | 地裂缝<br>（处） | 滑坡<br>（处） | 崩塌<br>（处） | 不稳定斜坡<br>（处） | 泥石流<br>（处） | |
| 城关镇 | | | | | | | |
| 西村乡 | 4 | 5 | 2 | | 1 | 3 | 15 |
| 岸上乡 | 1 | | 2 | 7 | 1 | 2 | 13 |
| 方庄镇 | 13 | 2 | | | | | 15 |
| 五里源乡 | | 1 | | | | | 1 |
| 葛庄乡 | | | | | | | |
| 周庄乡 | | | | | | | |
| 高村乡 | | | | | | | |
| 王屯乡 | | 1 | | | | | 1 |
| 郇封镇 | | 2 | | | | | 2 |
| 合计 | 18 | 11 | 4 | 7 | 2 | 5 | 47 |

2. 地裂缝

地裂缝分布在低山丘陵和平原地带的西村、方庄、郇封、五里源和王屯5个乡镇。其中，5处地裂缝主要与地质构造活动有关，6处地裂缝为采煤所致地面塌陷伴生。地裂缝的规模多为中、小型，3处地裂缝基本稳定，8处仍在发展。

3. 泥石流

低山区和丘陵区，开矿废渣堆积，加上松散物较厚，植被不发育，暴雨季节易诱发泥石流。西村乡分布泥石流3处，总面积约130 km²，但形成区、流通区、堆积区不太明显。

山门河属大沙河支流，有明显的形成区、流通区和堆积区，是一处典型的泥石流沟，西村以上上述3处泥石流沟为山门河泥石流沟的形成区。西村到山口外的巡返一带是泥石流形成的流通区，总长度约1 km。焦作市区境内的巡返—马村一带为堆积区，呈锥字形分布，大小石块混杂堆积。近57年来，山门河共发生7次灾害性泥石流，平均8年发生一次，其中以1970年、1996年、2000年较为严重。

4. 滑坡

区内有滑坡4处，分别位于岸上乡和西村乡，均属土质滑坡。滑坡形态不规则，但边界轮廓清晰，具有明显的圈椅状形态，后缘滑壁保留部分滑体，滑床、滑带不明显。滑体岩性多为亚黏土，因滑坡规模较小，造成的危害不大。

此外，修武县有不稳定斜坡2处，分别位于西村乡和岸上乡。西村乡洼村斜坡位于迤料返断裂带上，为土质斜坡，煤矿采煤致使坡体中部产生宽0.2~2 m的裂缝，绵延近2 km，处于极不稳定状态，若遇暴雨，极易发生滑坡。岸上乡了河斜坡为碳酸盐岩质斜坡，因修路开挖，形成临空面，且坡向与节理面倾向一致，雨后易产生滑动，规模较小。

**5. 崩塌**

区内有崩塌点7处，均位于岸上乡境内的云台山风景区。岩壁高度一般为20~60 m，倾角80°以上，坡体陡峻，岩体多以坠落、流动翻倾等方式落下。

## 5.2.3　地质灾害灾情

据初步调查统计，修武县发生地质灾害41处，其中，崩塌7处、滑坡5处、地面塌陷18处、地裂缝8处、泥石流3处，灾情中等的11处、较轻的30处，共造成3人死亡，直接经济损失4 704.72万元。各乡镇灾情以方庄镇为最重，达3 173.90万元，西村乡次之，为1 479.9万元，五里源乡、郇封乡和岸上乡，损失分别为40.4万元、6万元和4.5万元。

## 5.2.4　地质灾害隐患点特征及险情评价

修武县有42处隐患点，其中19处为重要地质灾害隐患点，主要分布在西村乡、方庄镇、五里源乡、岸上乡。地质灾害隐患威胁6 084人的生命财产安全，预测经济损失6 240.60万元。

按灾害类型分，不稳定斜坡3处，地裂缝3处，地面塌陷10处，泥石流3处。目前，稳定性较差的1处，稳定性差的18处。预测危险的有14处，次危险的有5处。

根据险情评价，险情危险、规模为大型以上的重要地质灾害隐患点7处，分别为洼村不稳定斜坡、洼村地面塌陷、坡前村地面塌陷、丁村地面塌陷、韩庄地面塌陷、方庄地面塌陷、沙墙泥石流。

## 5.2.5　地质灾害易发程度分区

全县地质灾害易发程度分为高易发区、中易发区、低易发区、非易发4个区（见表3-5-5、图3-5-3）。

### 5.2.5.1　地质灾害高易发区

分布于西村—方庄一带，为低山丘陵和山前倾斜平原区，是地面塌陷、地裂缝灾害高易发区，面积109 km²。区内分布的地层为石炭、二叠系含煤地层，人类采矿活动包括采铝土矿、铁矿和煤矿，尤其是采煤已造成地面大面积塌陷，与之相伴的还有地裂缝产生。西村一带还易诱发泥石流。有31处地质灾害点，29处地质灾害隐患点。

### 5.2.5.2　地质灾害中易发区

位于中低山丘陵区，人类活动较为强烈。分为桃园—岸上滑坡、崩塌中易发亚区和孤山—葡萄峪滑坡、崩塌泥石流中易发亚区。区内共有13处地质灾害点，且都存在隐患。

表3-5-5 修武县地质灾害易发程度分区表

| 等级 | 区（亚区）名称 | 分布面积（km²） | 灾害点数（处） | 隐患点数（处） | 灾害特征 |
|---|---|---|---|---|---|
| 高易发区 | 西村—方庄地面塌陷、地裂缝高易发区 | 109 | 31 | 29 | 位于构造剥蚀丘陵及山前倾斜平原区，地下分布有石炭系、二叠系含煤地层，人类采矿活动强烈，采空区规模大，造成地面大面积塌陷，同时伴有地裂缝产生，危害严重 |
| 中易发区 | 桃园—岸上滑坡、崩塌中易发亚区 | 152 | 11 | 11 | 中低山区，分布地层以寒武—奥陶系灰岩为主，局部有第四系坡洪积物覆盖。人类活动如修水库、建房、修路等，切割坡体，形成临空面，雨季易发生滑坡、崩塌等地质灾害，危害较严重 |
| | 孤山—葡萄峪滑坡、崩塌泥石流中易发亚区 | 130 | 2 | 2 | 中低山区，地层以奥陶系厚层状灰岩为主，坡积层较厚，人工开挖坡脚如修渠、建房、修路等，易诱发小型滑坡或崩塌，同时也为泥石流的形成提供了物质来源，暴雨季节易诱发泥石流，造成的危害较大 |
| 低易发区 | 薛延陵—南柳地裂缝低易发区 | 28 | 3 | | 冲积平原区南部，地势平坦，无采矿活动。但20世纪80年代初曾发生过地裂缝灾害，目前基本稳定。若遇构造活动，地裂缝可能还会产生 |
| 非易发区 | 五里源—王屯地质灾害非易发区 | 259 | | | 位于冲积平原区，地势平坦，无人类采矿活动，一般不易发生地质灾害 |

### 5.2.5.3 地质灾害低易发区

位于南部王屯乡的薛延陵—郇封乡的南柳、古庄一带，地势平坦，无地下采矿活动，为地质灾害低易发区，面积28 km²。

### 5.2.5.4 地质灾害非易发区

位于五里源—王屯一带，为冲积平原地区，地势平坦，面积259 km²，为地质灾害非易发区。

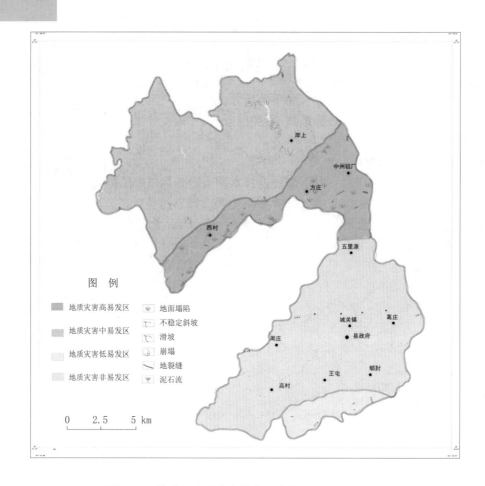

**图3-5-3 修武县地质灾害易发程度分区图**

## 5.2.6 地质灾害重点防治区

修武县共确定重点防治区面积95.25 km²，占县域面积的14%，细分为4个重点防治亚区（见图3-5-4）。

### 5.2.6.1 洼村—大南坡重点防治亚区

该区位于修武县西部，防治面积22.38 km²，已发生地质灾害15处。主要灾害类型为地面塌陷、地裂缝、泥石流。重要防治地段有西村乡的洼村、东交口新村、西村、大东村、大南坡、小南坡、方庄镇的赵窑等地。西村一带易发生泥石流，对下游危害较大。

### 5.2.6.2 西夏庄—丁村重点防治亚区

该区位于方庄镇东部，防治面积44.60 km²，已发生地质灾害11处，主要地质灾害类型为地面塌陷。重要防治地段有方庄镇的坡前、韩庄、方庄、东夏庄、小官庄、丁村、五里源乡的李固等地。

### 5.2.6.3 修（武）—陵（川）公路两侧及云台山风景区重点防治亚区

位于修武县北部，防治面积 18.10 km²，重点防治修—陵公路两侧及云台山风景区。

主要地质灾害类型为小型崩塌、滑坡。

### 5.2.6.4　焦（作）—青（龙峡）公路两侧及青龙峡风景区重点防治亚区

位于修武县西北新开发的青龙峡风景区及焦—青公路两侧，包括双庙—影寺公路段，防治面积10.17 km²。主要地质灾害类型为崩塌、滑坡。

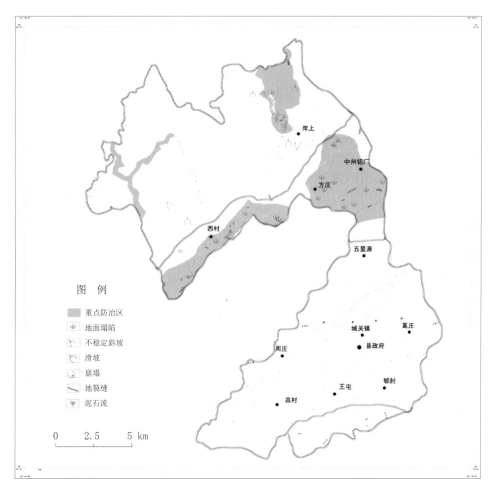

图3-5-4　修武县重点防治分区图

# 5.3　博爱县

博爱县位于河南省西北部，辖7镇3乡，233个行政村，面积487.73 km²。人口约43.3万人，耕地2.2 万 hm²。县域物产丰富，粮食作物有小麦、玉米、水稻，经济作物有棉花、花生、芝麻等。工业以采矿、冶炼加工、陶瓷、建材、玻璃、化工为主。矿产资源主要有煤、耐火黏土、陶瓷土等20余种，矿产地100多处，其中石灰岩、耐火黏土、硫铁矿等储量较大。著名的青天河风景名胜区系云台山世界地质公园的一部分，属国家4A级旅游区。

### 5.3.1 地质环境背景

#### 5.3.1.1 地形地貌

博爱县位于太行山南麓，地貌类型主要为低山、丘陵和平原。地势北高南低，呈阶梯状分布，最高峰靳家岭峰海拔998.2 m。

#### 5.3.1.2 气象、水文

博爱县属暖温带大陆性季风气候区，多年平均气温14.1 ℃，多年平均降水量560.7 mm，年最大降水量853.5 mm（2003年），年最小降水量296.1 mm（1997年），日最大降水量162.7 mm（2005年7月22日）。降水时空分布不均，由北向南，山区大于平原，夏季多于秋冬季。

博爱县跨黄河、海河两大流域。沁河、丹河是调查区过境河流，属黄河流域沁河水系，流域面积约92 km²，运粮河、东大石河、幸福河、勒马河、蒋沟河、横河、官路河属海河流域卫河水系，流域面积385.7 km²。

#### 5.3.1.3 地层与构造

博爱县属华北地层山西分区太行山小区，以沉积岩为主，主要出露地层有古生界寒武系中上统、奥陶系中统、中生界石炭系中上统、二叠系下统和新生界的第四系。

博爱县大地构造处于新华夏系太行山隆起的南段，以断裂构造为主，高角度的正断层近平行排列，褶皱构造不发育。新构造运动特别活跃，山区强烈上升，平原强烈下降。根据《中国地震动参数区划图》（GB 18306—2001），区内基本地震烈度为Ⅵ度，属区域地壳稳定区。

#### 5.3.1.4 水文地质、工程地质

博爱县地下水分为松散层孔隙水、碎屑岩类裂隙孔隙水、碳酸盐岩类裂隙岩溶水3种类型。

区内岩土体工程地质类型可划分为3种类型。坚硬厚层状中等岩溶化石灰岩岩组广泛分布于本县北部山区；坚硬中厚层状砂岩、泥岩岩组主要分布在本县中北部山区；砂性、黏性多层土体广泛分布于中南部近山前地带及冲洪积平原区。

#### 5.3.1.5 人类工程活动

博爱县以矿业开发、交通建设、切坡建房、水利工程建设、景区建设等人类工程活动对地质环境影响最大。

博爱县采矿活动主要分布在寨豁乡、磨头镇、界沟乡和金城乡境内，开采是造成本县地面塌陷、地裂缝、崩塌及泥石流隐患等地质灾害的主因。中北部地处低山丘陵区，切坡修路易造成边坡体失稳。此外，库坝及河渠建设引起库岸崩塌滑坡，河道采砂、洪水侧蚀引起河流塌岸。

### 5.3.2 地质灾害类型及特征

#### 5.3.2.1 地质灾害类型

博爱县已发生地质灾害26处，因灾损毁房屋2 168间、耕地3 413.5亩、道路1 580 m、

蓄水池4座，造成直接经济损失3 481.2万元，未造成人员伤亡。

博爱县地质灾害类型有滑坡、崩塌（河流塌岸）、不稳定斜坡、泥石流、地面塌陷、地裂缝共6类40处（见表3-5-6），其中滑坡1处、崩塌7处、泥石流2处、不稳定斜坡13处、地裂缝（群）6处、地面塌陷11处。

表3-5-6　地质灾害点分布情况统计表 （单位：处）

| 乡镇 | 地质灾害类型 | | | | | | 合计 |
|---|---|---|---|---|---|---|---|
| | 崩塌 | 泥石流 | 地面塌陷 | 地裂缝 | 不稳定斜坡 | 滑坡 | |
| 寨豁乡 | 5 | 1 | 8 | 6 | 9 | | 29 |
| 柏山镇 | | 1 | 2 | | | 1 | 4 |
| 许良镇 | 1 | | | | 2 | | 3 |
| 月山镇 | | | | | 2 | | 2 |
| 阳庙镇 | | | 1 | | | | 1 |
| 金城乡 | 1 | | | | | | 1 |
| 总计 | 7 | 2 | 11 | 6 | 13 | 1 | 40 |

#### 5.3.2.2　地质灾害特征

1. 地面塌陷

博爱县地面塌陷共11处，分布在寨豁、柏山、阳庙3个乡镇。区内采矿活动以采煤为主，且分布不连续。寨豁乡寨豁村、司窑村、江陵村和柏山镇硫铁矿、下岭后村拾背楼等5处地面塌陷，地表出现较明显的陷坑。其余6处，地表均无明显塌陷坑及裂缝特征。塌陷面积小。

2. 崩塌（河流塌岸）

全县7处崩塌，分布于3个乡镇。山体崩塌5处，均位于寨豁乡。河流塌岸2处，分别位于金城乡沁河段和许良镇丹河段。

山体崩塌规模为小型，地貌处于中、低山区，诱发因素为降水。河流塌岸多因河道采砂造成河床摆动或汛期河水冲刷淘蚀凹岸，蚕食漫滩内耕地，对河堤本身并无影响。

3. 地裂缝

博爱县地裂缝均发育在寨豁乡，均为采矿形成。6处地裂缝中，3处为单缝影响宽度大于10 m的中型地裂缝，另外3处规模为小型。随成矿条件与开采强度不同，地裂缝亦沿矿线时隐时现，部分地段甚至以小串珠状塌陷坑作为裂缝的延展方式，因裂缝区覆盖层均较薄，裂缝区多可见新鲜开裂的基岩面，裂缝较深且倾角较陡直。

4. 滑坡

仅小型滑坡1处，位于柏山镇焦枝铁路沿线，属坍滑性质，滑体岩性为卵砾石夹细砂，目前已治理。

5. 泥石流

区内共发育泥石流2处，寨豁乡和柏山镇各1处，均属低易发，沟谷本身发育泥石流的条件并不完整，但沟内矿渣堆积量较大，暴雨期可能形成沟谷型泥石流。

**6. 不稳定斜坡**

共有不稳定斜坡13处，分布于寨豁、许良、月山3个乡镇。其中以寨豁乡最多，为9处，主要分布在青天河风景区内。

不稳定斜坡以点状发育为主，除许良镇、月山镇及寨豁乡方山共6处不稳定斜坡系采矿形成外，其他隐患点均分布在青天河风景区内且属自然因素形成的不稳定斜坡。

### 5.3.3 地质灾害隐患点特征及险情评价

#### 5.3.3.1 地质灾害隐患点分布特征

博爱县地质灾害隐患点共39处，分布在寨豁乡、柏山镇、许良镇、月山镇、阳庙镇、金城乡等6个乡镇。其中，寨豁乡地质灾害隐患点数量最多，为29处。其次为柏山镇和许良镇，各3处。按灾害类型分，不稳定斜坡和地面塌陷数量最多，分别为13处和11处。从险情看，潜在危害程度（险情）级别为特大型1处、大型7处、中型6处、小型25处。

#### 5.3.3.2 重要地质灾害隐患点

险情特大型、大型重要地质灾害隐患点有8处。

**1. 寨豁乡东石河水石流沟**

位于博爱县东北部东石河，该水石流沟长10 km，流域面积49 km$^2$（上游汇水被群英水库截留），松散堆积物储量19.6万 m$^3$，威胁下游馒头山村、水泥厂安全，险情级别为大型。

**2. 焦谷堆地裂缝**

位于寨豁乡焦谷堆村南，为群缝，裂缝呈折线形，为拉张性缝，始发于2002年，2003~2004年为盛发期，稳定性较差，险情级别为大型。

**3. 小王庄地裂缝**

位于寨豁乡下岭后村小王庄、上岭后、下岭后、卫庄、白炭窑等居民点范围内，主要由历史上采煤、硫磺矿形成，采空区面积10.0 km$^2$。未发现明显的陷坑体，但造成水井干涸、蓄水池渗漏、房屋及地面出现大范围裂缝，说明地面变形仍在持续发展，险情级别为大型。

### 5.3.4 地质灾害易发程度分区

博爱县地质灾害易发程度分区共分为高易发区、中易发区、非易发区（见表3-5-7、图3-5-5）。

表3-5-7 博爱县地质灾害易发程度分区表

| 等级 | 代号 | 亚区 | 段 | 面积（km$^2$） | 占全县面积（%） |
|------|------|------|-----|---------------|-----------------|
| 高易发区 | A | 地面塌陷、地裂缝高易发亚区（A$_4$） |  | 70.23 | 14.4 |
|  |  | 崩塌、滑坡高易发亚区（A$_1$） |  | 65.53 | 13.4 |
|  |  | 地面塌陷、泥石流高易发亚区（A$_5$） |  | 28.69 | 5.9 |

续表3-5-7

| 等级 | 代号 | 亚区 | 段 | 面积（km²） | 占全县面积（%） |
|---|---|---|---|---|---|
| 中易发区 | B | 河流塌岸中易发亚区（B₁） | 沁河塌岸中易发段（B₁₋₁） | 3.58 | 0.7 |
| | | | 丹河塌岸中易发段（B₁₋₂） | 1.48 | 0.3 |
| | | 人防工程采空中易发亚区（B₂） | | 0.02 | 0.0 |
| 非易发区 | D | | | 318.20 | 65.2 |

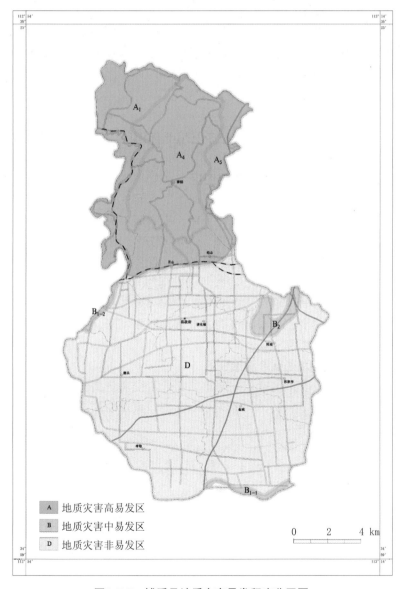

图3-5-5 博爱县地质灾害易发程度分区图

### 5.3.4.1 地质灾害高易发区

位于北部东石河流域范围以西，包括寨豁乡大部、许良镇及月山镇北部地区，面积164.45 km²。此区地质环境条件较复杂，构造发育，以采煤、铁、黏土矿为主的人类工程活动呈数量多、规模小、较分散的特点，发育的地质灾害类型主要为崩塌、地裂缝、地面塌陷，地质灾害隐患点33处。

### 5.3.4.2 地质灾害中易发区

分布在阳庙镇和庄及丹河下游左岸、沁河左岸，面积5.08 km²，主要包括寨豁乡东部、柏山镇北部以及许良、磨头、孝敬、金城4乡镇的沿河地段。主要人类工程活动为采煤、黏土矿等。地质灾害隐患点6处。

### 5.3.4.3 地质灾害非易发区

分布于中部、南部平原区。该区地质灾害极少发育，但地下水埋深为1.5～110 m，变化甚大，已形成地下水降落漏斗，因此本区应对地下水开采进行合理规划与分配，以免造成地面沉降。

## 5.3.5 地质灾害重点防治区

全县重点防治区169.56 km²，主要位于县境北部山区。按防治对象及防治重点的不同，共划分为3个亚区（见图3-5-6）。

### 5.3.5.1 青天河景区以崩塌为主重点防治亚区

景区重点防治范围包括博晋路以西至丹河西岸，面积44.95 km²，防治重点除景区游览线路外，还有博晋公路、小底—青天河公路、青天河—大底公路及景区旅游公路。共有地质灾害隐患点13处，其中崩塌3处、不稳定斜坡7处、地面塌陷3处。

### 5.3.5.2 北中部以地面塌陷、地裂缝为主重点防治亚区

位于寨豁乡两河之间地区（东石河以西、丹河以东），面积112.86 km²。共有地质灾害隐患点19处，包括地面塌陷7处、地裂缝（群）6处、泥石流1处、不稳定斜坡5处。重要地质灾害隐患点有司窑、小底、寨豁、拾背楼地面塌陷，方山崩塌，方山丹河不稳定斜坡，小王庄地裂缝7处。

### 5.3.5.3 东石河以泥石流为主重点防治亚区

位于东石河中、上游段，包括东北部重要交通工程焦晋高速公路、重要企业岩鑫水泥厂等，面积11.75 km²。重点防治对象为东石河泥石流及沿焦晋高速边侧的滑坡、崩塌灾害。

# 5.4 焦作市区

焦作市辖中站、马村、解放、山阳4区，包括11个乡镇、25个办事处，162个村委会，总人口77万人，面积373 km²。

焦作市区矿产资源较为丰富，除煤炭资源外，还有硫铁矿、水泥灰岩等矿产资源。农业种植以小麦为主。

图3-5-6 博爱县地质灾害重点防治区划图

### 5.4.1　地质环境背景概况

#### 5.4.1.1　地形地貌

焦作市区北部为太行山区，南部为山前倾斜平原，总体地势西北高，东南低。根据形态特征和成因，全区可划分为以下3种地貌类型：构造侵蚀中山、构造溶蚀低山丘陵、山前堆积倾斜平原。

#### 5.4.1.2　气象、水文

焦作市属大陆性暖温带季风气候。降水时空分布不均，北部山区降水量较南部平原区大，并由北向南呈递减趋势。北部山区多年平均降水量695.7 mm，年最大降水量1 190 mm（1963年），年最小降水量421.1 mm（1965年）。全年降水量主要集中于汛期。焦作市多年平均蒸发量1 721～2 048 mm。年平均气温为14.4 ℃。全年无霜期218 d。

焦作市地表水资源较为丰富，较大的河流有20余条，分属黄河、海河两大流域。流经焦作市区的河流，主要为大沙河、三门河、白马河等。

#### 5.4.1.3　地层与构造

焦作市区地层，除东北部出露有古生界寒武系、奥陶系和石炭系外，大部地区为第四系覆盖。

#### 5.4.1.4　水文地质、工程地质

区内地下水类型可划分为松散岩类孔隙水、碳酸盐岩裂隙岩溶水。根据各类岩土体工程地质特征，焦作市区岩土体工程地质类型分为中厚层稀裂状中等岩溶化硬白云岩（O＋∈）、较软中厚层泥岩、页岩岩组（P＋C）、粉土、黏性土双层土体（Q₂）、粉质黏土、粉土、粉细砂多层土体（Q₄）等4种类型。

#### 5.4.1.5　人类工程活动

焦作市煤炭资源丰富，是我国重要的优质无烟煤生产基地之一。市区范围内主要采矿单位有王封矿、朱村矿、焦西矿、小马矿、韩王矿、演马矿、冯营矿等。由采矿活动引起的地面塌陷及伴生地裂缝在焦作市中站区、解放区、山阳区、马村区均有分布。

### 5.4.2　地质灾害类型及特征

焦作市区地质灾害类型主要有地面塌陷、崩塌、滑坡、泥石流等。自20世纪70年代以来，共发生地质灾害24处（见表3-5-8），包括崩塌1处，滑坡2处，泥石流2处，地面塌陷19处，共造成直接经济损失10 309.6万元。

表3-5-8　焦作市区地质灾害类型及数量分布统计表

| 地质灾害类型 | 规　模（处） | | | | 数量 | 占已发生地质灾害总数的比例（%） |
| --- | --- | --- | --- | --- | --- | --- |
| | 小型 | 中型 | 大型 | 特大型 | | |
| 地面塌陷 | 1 | 13 | 5 | | 19 | 79.2 |
| 崩塌 | 1 | | | | 1 | 4.2 |
| 滑坡 | 2 | | | | 2 | 8.3 |
| 泥石流 | 1 | 1 | | | 2 | 8.3 |
| 合　计 | 5 | 14 | 5 | | 24 | 100 |

#### 5.4.2.1 地面塌陷

焦作是河南省主要的煤炭生产基地，地面塌陷灾害较为发育，解放区、山阳区、中站区、马村区均有分布。市区内地面塌陷隐患点共19处（见表3-5-9），均为采空塌陷，除1处为开采赤铁矿引发的地面塌陷外，其余18处均为采煤引起的地面塌陷。其中，规模大型5处，中型13处，小型1处；灾情特大型9处、大型3处、中型3处、小型4处。其分布涉及12个乡镇或办事处。

表3-5-9 地质灾害隐患点类型及数量分布统计表

| 地质灾害类型 | 数量（处） | 占地质灾害隐患点总数（%） |
|---|---|---|
| 地面塌陷 | 19 | 35.8 |
| 崩塌 | 6 | 11.3 |
| 滑坡 | 3 | 5.7 |
| 泥石流 | 2 | 3.8 |
| 不稳定斜坡 | 23 | 43.4 |
| 合 计 | 53 | 100 |

塌陷坑平面呈不规则圆形或椭圆形，直径一般为500~2 000 m，个别大于2 000 m。塌陷区边缘常伴生地裂缝，也是采煤所致。地裂缝长一般为100~500 m，最长的地裂缝是600 m，宽1~5 m不等。地裂缝分布于塌陷区外围，可见深度一般为2~4 m。

#### 5.4.2.2 崩塌

焦作市区有崩塌灾害点1处，规模为小型，分布于许衡办事处，属于土质崩塌，灾情为小型。区内崩塌隐患点共有6处，主要由建房或修路切坡引发。险情为中型1处，小型5处。

#### 5.4.2.3 滑坡

区内发现滑坡灾害2处，均为岩质滑坡，滑坡体岩性构成主要为碎屑岩类等，岩体裂隙、节理发育。滑坡平面形态以圈椅形为主，剖面形态多为直线及台阶形。滑坡体体积1 200~5 700 m³，按照滑坡规模分级标准，均为小型。目前仍有滑坡隐患点3处，险情均为小型，分布于许衡办事处、龙翔办事处。

#### 5.4.2.4 泥石流

泥石流发育于北部山区，2处泥石流灾害均为河谷型泥石流，分布在中星办事处、龙翔办事处。经综合评判，山门河泥石流处于易发状态，白马门河泥石流处于中易发状态。泥石流沟平面形态常呈喇叭形或长条形，剖面形态一般呈阶梯形。规模以中小型为主。山门河泥石流曾于2000年7月暴发，冲毁土地、焦辉公路大桥等，造成约400万元的经济损失；白马门河泥石流曾发生于1995年汛期，冲毁房屋、农田、道路等，造成近731.2万元的经济损失，目前仍存在隐患。

#### 5.4.2.5 不稳定斜坡

焦作市区有不稳定斜坡23处，其中20处稳定性差，3处稳定性较差。行政区域涉及上白作办事处、中星办事处、太行办事处、安阳城办事处、九里山办事处、龙翔办事处等6个办事处。区内不稳定斜坡构成以土质为主，其次为岩质，主要集中于道路两侧高陡边坡，以及居民建房切坡处。

### 5.4.3 地质灾害隐患点特征及险情评价

#### 5.4.3.1 地质灾害隐患点分布特征

焦作市区地质灾害隐患点53处,地面塌陷19处,崩塌6处,滑坡3处,泥石流2处,不稳定斜坡23处。

地质灾害分布具有明显的地域性。地面塌陷隐患点主要分布于中部煤炭开采区;崩塌、滑坡和泥石流等地质灾害隐患点主要分布于中山、低山丘陵区。

#### 5.4.3.2 地质灾害隐患点险情评价

53处地质灾害隐患点中,险情级别特大型6处,大型3处,中型22处,小型22处,包括崩塌6处,险情中型1处、小型5处;滑坡3处,险情均为小型;泥石流2处,险情均为中型;地面塌陷19处,险情特大型6处、大型3处、中型9处、小型1处;不稳定斜坡23处,险情中型10处、小型13处。

### 5.4.4 地质灾害易发程度分区

焦作市区地质灾害易发程度分为地质灾害高易发区、中易发区、低易发区、非易发区(见表3-5-10、图3-5-7)。

表3-5-10 焦作市区地质灾害易发程度分区表

| 等级 | 代号 | 区(亚区)名称 | 亚区代号 | 面积(km²) | 占市区总面积(%) | 隐患点数(处) | 威胁资产,人口(万元,人) |
|---|---|---|---|---|---|---|---|
| 高易发区 | A | 北部低山丘陵崩塌、滑坡、泥石流高易发亚区 | A₃₋₁ | 68.16 | 18.27 | 23 | 2 486.4,438 |
| | | 山前采空塌陷高易发亚区 | A₅₋₁ | 163.56 | 43.85 | 18 | 31 561.2,26 003 |
| | | 王庄黏土矿采空塌陷高易发亚区 | A₅₋₂ | 2.39 | 0.64 | 4 | 6 806.4,550 |
| | | 红沙岭铁矿区塌陷高易发亚区 | A₄₋₁ | 1.55 | 0.42 | 2 | 590,10 |
| 中易发区 | B | 西北部崩塌、滑坡中易发区 | B | 58.23 | 15.61 | 6 | 758,15 |
| 低易发区 | C | 焦作市城区地质灾害低易发区 | C₁₋₁ | 12.31 | 3.30 | | |
| 非易发区 | D | 焦枝铁路以南地质灾害非易发区 | D₁₋₁ | 66.80 | 17.91 | | |

#### 5.4.4.1 地质灾害高易发区

1. 北部低山丘陵崩塌、滑坡、泥石流高易发亚区

该区地处太行山南麓,分布于市区西北部,面积68.16 km²。区内地质灾害发育类型以崩塌、滑坡为主,其次为地面塌陷。地质灾害隐患点23处,其中泥石流1处,崩塌3处,不稳定斜坡19处。

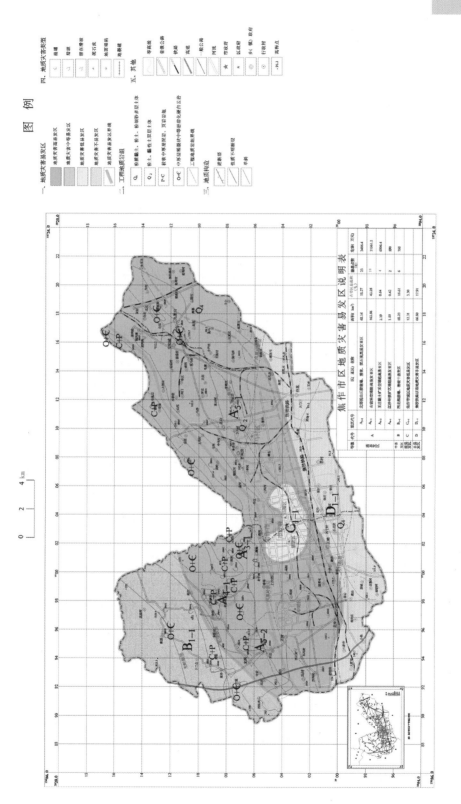

图3-5-7 焦作市区区划地质灾害易发区图

**2. 山前采空塌陷高易发亚区**

位于太行山山前堆积倾斜平原，面积163.56 km²。地质灾害主要发育类型有采空地面塌陷、崩塌、滑坡等。地质灾害隐患点18处，其中地面塌陷16处，泥石流1处，不稳定斜坡1处。

**3. 王庄黏土矿采空塌陷高易发亚区**

位于中站区许衡办事处王庄一带，面积1.55 km²。地质灾害发育类型为地面塌陷(伴生地裂缝)、崩塌、滑坡等。地质灾害隐患点4处，其中崩塌1处，滑坡1处，地面塌陷2处。

**4. 红沙岭铁矿区塌陷高易发亚区**

位于中站区和解放区交界处，面积1.55 km²。地质灾害发育类型为地面塌陷、崩塌、滑坡等。地质灾害隐患点2处，其中地面塌陷1处，不稳定斜坡1处。

### 5.4.4.2 地质灾害中易发区

位于太行山南麓，面积58.23 km²。地质灾害隐患点6处，其中崩塌1处，滑坡2处，不稳定斜坡3处。

### 5.4.4.3 地质灾害低易发区

地处焦作市城区，面积12.31 km²。主要人类工程活动为城市建设。地质灾害一般不发育。

### 5.4.4.4 地质灾害非易发区

位于南部，属堆积倾斜平原，面积66.80 km²。地势较为平坦。地质灾害不发育。

## 5.4.5 地质灾害重点防治区

重点防治区包括中部煤炭开采区重点防治亚区、西北部低山丘陵区重点防治亚区（见表3-5-11），总面积205.71 km²。

表3-5-11 地质灾害重点防治分区表

| 分区名称 | 亚区 | 代号 | 面积（km²） | 占全区面积（%） | 威胁对象 |
|---|---|---|---|---|---|
| 重点防治区 | 中部煤炭开采区重点防治亚区 | A₁ | 173.78 | 46.59 | 居民、公路、铁路、南水北调工程、耕地、建筑、矿山 |
| | 西北部低山丘陵区重点防治亚区 | A₂ | 31.93 | 8.56 | 矿山、公路、影视城、缝山针公园 |

### 5.4.5.1 中部煤炭开采区重点防治亚区（A₁）

位于焦作市区中部，面积173.78 km²。地质灾害及隐患点共17处，其中地面塌陷15处，泥石流1处，不稳定斜坡1处。

### 5.4.5.2 西北部低山丘陵区重点防治亚区（A₂）

位于焦作市区西北部，面积31.93 km²。区内发育崩塌、滑坡、地面塌陷等地质灾害。地质灾害隐患点22处，其中崩塌3处，滑坡1处，泥石流1处，塌陷3处，不稳定斜坡14处。

# 第6章　三门峡市

## 概　述

　　三门峡市位于河南省西部，辖陕县、渑池县、卢氏县、灵宝市、义马市、湖滨区等三县两市一区。总面积10 496 km²，总人口223万人。

　　三门峡市地处豫西山地丘陵，地形地貌复杂，兼有山地、丘陵、黄土台塬、河流阶地等地貌类型，总体地势西南高、东北低，有"五山四陵一分川"之称。

　　三门峡市地质灾害主要类型有崩塌、滑坡、地面塌陷、泥石流、地裂缝等五种。岩质崩塌主要分布于卢氏、灵宝、渑池、陕县等基岩山区。土质崩塌主要分布于灵宝、陕县、渑池等黄土塬、黄土丘陵区。此外，黄河在灵宝、陕县等地段塌岸较为严重；滑坡集中分布于卢氏、灵宝、陕县、湖滨区等地，以自然沟谷边缘、交通沿线两侧及居民房前屋后切坡处等场所较为集中；泥石流主要分布于小秦岭矿区和卢氏盆地一带，以矿渣泥石流为主，其次为自然降水风化型泥石流；地面塌陷集中分布于三门峡东渑池县、陕县、义马市等煤、铝等采矿区；地裂缝分为采空地面塌陷伴生地裂缝和黄土潜蚀作用形成的地裂缝。

　　根据地质灾害发育特征，灵宝小秦岭矿区、灵宝市五亩—寺河、卢氏盆地等地段是崩塌、滑坡、泥石流地质灾害高易发区，陕县观音堂—义马市常村镇为地面塌陷、地裂缝灾害高易发区。三门峡市地质灾害危害较为严重。截止到2006年，全市发生地质灾害418起，伤亡160多人，直接经济损失24 197.73万元。现存各类地质灾害隐患点570个。其中，崩塌198个，滑坡185处，泥石流沟43条，地面塌陷72处，地裂缝3条，不稳定斜坡69个。

## 6.1　灵宝市

　　灵宝市位于河南省西部边陲，地处豫、陕、晋三省交界处，辖17个乡镇，435个行政村，2 169个自然村，国土面积3 007.3 km²，总人口712 721人。

　　灵宝市矿产资源丰富，有金、银、铜、铅、铁、煤、石墨、蛭石、硫铁矿等20余种。小秦岭金矿田的黄金储量居全国第二位，朱阳镇银家沟硫铁矿是河南省目前最大的硫铁矿床，矿产资源经济已成为灵宝市的主要经济支柱。农作物以小麦、玉米、红薯为主，经济作物有棉花、蔬菜、瓜果等，土特产有苹果、大枣。

### 6.1.1　地质环境背景概况

#### 6.1.1.1　地形、地貌

　　灵宝市地貌类型复杂，主要地貌类型有中山、低山、黄土丘陵、河谷阶地等，总地势为南高北低。

### 6.1.1.2 气象、水文

灵宝市属暖温带半干旱大陆性季风气候区。多年平均降水量645.8 mm，年最大降水量984.7 mm(1958年)，年最小降水量为318.7 mm（1997年），年际最大变化量666.0 mm。年内降水量多集中在7~9月，占全年降水量的50.8%，并多暴雨， 最大24小时降水量110.2 mm（1960年7月22日），而12月至次年3月，4个月降水量仅占11.5%。

本区属黄河流域，全市共有大小溪流6 303 条，常年性溪流1 401 条，较大的河流有黄河、好阳河、霸底河、宏农涧河、沙河、阳平河、枣乡河、十二里河、双桥河、淄河、涧河等11条，地表水资源总量为45 653.7 万 m³。

### 6.1.1.3 地层与构造

灵宝地层从老到新有太古界结晶基底，元古界观音堂组、焕池峪组、熊耳群、官道口群，震旦系罗圈组，古生界寒武系，中生界侏罗系、白垩系，新生界第三系、第四系。新构造运动以断裂活动和差异性升降为主，第四纪以来，本区地壳升降交替并具有差异性。

### 6.1.1.4 水文地质、工程地质

依据地下水赋存条件，划分为松散岩类孔隙水、基岩裂隙水两种类型。岩体工程地质类型大体可划分为松散土体类、半坚硬岩类、层状块状坚硬岩类。松散土体类分布于黄土丘陵台塬区及河谷平原区，半坚硬岩类仅出露个别沟谷内及中部山前地带，层状块状坚硬岩类分布于南部山区。

### 6.1.1.5 人类工程活动

灵宝市境内主要人类工程活动有矿山开采、交通线路建设、切坡建房等。灵宝市有丰富的矿产资源，尤其是小秦岭金矿开发，造成了矿渣泥石流、水体污染等矿山地质环境问题。此外，因修路切坡、建房，会构成严重的崩塌、滑坡隐患。

## 6.1.2 地质灾害类型及特征

### 6.1.2.1 地质灾害类型

灵宝市地质灾害主要有崩塌、滑坡、黄河塌岸、地面塌陷、泥石流、地裂缝等6种类型。调查地质灾害点256处，其中滑坡97处，崩塌29处，泥石流沟22条，地面塌陷14处，地裂缝10处，黄河塌岸16处，不稳定斜坡68处（见表3-6-1）。地质灾害具有明显的区域分布特点，阳店镇、川口镇、东村乡、寺河乡、苏村乡、五亩乡位处低山区，滑坡、崩塌地质灾害较发育。朱阳镇、豫灵镇、故县镇、阳平镇地处小秦岭地区，由于采矿活动强烈，泥石流灾害较多，中等易发的9条泥石流均在该区域内。

### 6.1.2.2 地质灾害特征

1. 崩塌（塌岸）

崩塌是区内主要灾害类型之一。其中，基岩崩塌7处，土质崩塌22处。坡体以堕落、滚动、翻倒等方式破坏。一般规模较小。崩塌灾害多发生于滑坡后缘、黄土陡崖及人工切坡形成的陡壁处。

表3-6-1 灵宝市地质灾害类型统计

| 地质灾害类型 | | 数量 | 占同类比例（%） | 占总数比例（%） |
|---|---|---|---|---|
| 崩塌 | 基岩崩塌 | 7 | 24 | 11 |
| | 土质崩塌 | 22 | 76 | |
| 滑坡 | 基岩滑坡 | 2 | 2 | 38 |
| | 土质滑坡 | 95 | 98 | |
| 黄河塌岸 | | 16 | 100 | 6 |
| 地面塌陷 | | 14 | 100 | 5 |
| 地裂缝 | | 10 | 100 | 4 |
| 泥石流 | | 22 | 100 | 9 |
| 不稳定斜坡 | | 68 | 100 | 27 |
| 合计 | | 256 | | 100 |

此外，黄河（灵宝段）塌岸严重。80 km内黄河塌岸16处，规模较大，发展速度快，造成的损失较大。近年来，由于黄河河势变化造成后地、冯佐、东西古驿、盘西等地相继发生大规模的塌岸，损失耕地11 803亩，直接经济损失1 099万元。

2. 滑坡

滑坡是区内主要的地质灾害类型之一。共调查滑坡97处，其中土质滑坡95处，基岩滑坡2处。滑坡形态较完整，边界轮廓清晰，具有明显的圈椅状形态，后缘滑壁保留，滑体滑移特征明显，部分滑坡具有双沟同源现象。

3. 泥石流

泥石流主要分布于小秦岭地区，分布面积大，危害程度大。泥石流沟22条，具中等易发程度的泥石流沟9条。泥石流沟地形纵坡比大，固体物质以开矿废石为主，废石直径0.1~0.3 m，大小混杂，磨圆度差，多呈棱角状。遇强暴雨、暴雨、洪水挟带废石形成泥石流。

4. 地面塌陷

地面塌陷分为采空地面塌陷及黄土陷穴两种。已经发生采空地面塌陷1处，位于朱阳镇的银家沟硫铁矿，塌陷面积2 500 m²，造成8间房塌毁，损失耕地3亩，直接经济损失1.9万元。黄土塬及山前冲洪积扇区土体具有Ⅱ~Ⅲ级湿陷性。降水浇地等因素形成地面积水引起土体湿陷，造成大面积不均匀沉降、房屋开裂等灾害。

5. 地裂缝

由构造因素引起的地裂缝主要分布于大王镇阶地后缘，形态一般为直线形，东西、近东西向展布，长度小于1 000 m，宽度3~10 m；在黄土塬沟边及五亩乡、朱阳镇的陡坡上亦零星分布有地裂缝，该类地裂缝一般沿沟谷方向展布，是由于土体垂向节理发育，在降水条件下，雨水长期潜蚀及陡坡土体内应力变化等原因而形成的地裂缝。

### 6.1.3 地质灾害灾情

根据2002年调查统计，灵宝市危害较重的地质灾害103处，其中特大型1处、大型4处、中型9处、小型89处，共造成104人死亡，800人失踪，18人受伤，直接经济损失7 044.4万元。其中，崩塌灾害9处，均为小型，共造成6人死亡，3人受伤，经济损失17.05万元；滑坡灾害68处，大型2处，中型1处，小型65处，共造成33人死亡，15人受伤，经济损失962.2万元；黄河塌岸灾害14处，大型1处，中型8处，小型5处，共造成经济损失2 298.5万元；地面塌陷灾害7处，均为小型，经济损失44.25万元；泥石流灾害1处，特大型，造成52人死亡，800人失踪，经济损失3 000余万元；地裂缝灾害4处，小型，经济损失32.7万元。

### 6.1.4 地质灾害隐患点特征

灵宝市现有109处地质灾害隐患点，其中，滑坡25处，特大型1处，大型8处，中型13处，小型3处；崩塌9处，中型3处，小型6处；黄河塌岸7处，特大型3处，大型2处，中型1处，小型1处；泥石流19处，特大型5处，大型12处，中型1处，小型1处；地面塌陷6处，大型3处，中型2处，小型1处；地裂缝2处，均为小型；不稳定斜坡41处，大型7处，中型16处，小型18处。地质灾害隐患点分布具有明显的地域性。崩塌、滑坡等地质灾害隐患主要分布于中山、低山丘陵区、黄土台塬等。泥石流主要分布于小秦岭矿区。地面塌陷主要分布于中部煤炭开采区。地质灾害成因受人为活动影响明显。

### 6.1.5 重要地质灾害隐患点

大型以上（险情级别）地质灾害隐患点共14处：大型9处、特大型5处（见表3-6-2）。

表3-6-2 重要地质灾害隐患点稳定性及危害状况一览表

| 编号 | 位置 | 类型 | 规模（万m³） | 稳定性 | | 危害程度 | 危险性 | |
|------|------|------|------|------|------|------|------|------|
| | | | | 现状 | 预测 | | 现状 | 预测 |
| $N_{11}$ | 故县镇枣乡峪 | 水石流 | 243.62 | 差 | 差 | 特大型 | 危险 | 危险 |
| $H_{47}$ | 寺河乡新村村新村组 | 土质滑坡 | 6 | 较差 | 较差 | 大型 | 次危险 | 次危险 |
| $D_{14}$ | 寺河乡磨湾村西洼组 | 地裂缝 | 50 m | 较差 | 较差 | 大型 | 次危险 | 次危险 |
| $H_{23}$ | 苏村乡苏村西南、西北组 | 土质滑坡 | 2.4 | 差 | 差 | 大型 | 危险 | 危险 |
| $H_{25}$ | 五亩乡风脉村13组 | 土质滑坡 | 800 | 较差 | 较差 | 大型 | 危险 | 次危险 |
| $H_8$ | 阳店镇庙头村庙头组 | 土质滑坡 | 262 | 差 | 差 | 大型 | 危险 | 危险 |
| $H_{32}$ | 阳平镇大湖峪村 | 岩质滑坡 | 40/240 | 差 | 差 | 大型 | 危险 | 危险 |
| $N_8$ | 阳平镇大湖峪西峪 | 水石流 | 56.6 | 中等易发 | 中等易发 | 特大型 | 危险 | 危险 |

续表3-6-2

| 编号 | 位置 | 类型 | 规模（万m³） | 稳定性 | | 危害程度 | 危险性 | |
|---|---|---|---|---|---|---|---|---|
| | | | | 现状 | 预测 | | 现状 | 预测 |
| $N_{12}$ | 豫灵镇文峪西峪 | 水石流 | 140.7 | 中等易发 | 中等易发 | 特大型 | 危险 | 危险 |
| $N_{14}$ | 豫灵镇西峪 | 水石流 | 66.8 | 中等易发 | 中等易发 | 特大型 | 危险 | 危险 |
| $N_{15}$ | 朱阳镇苍珠峪 | 水石流 | 18.52 | 中等易发 | 中等易发 | 特大型 | 危险 | 危险 |
| $S_2$ | 朱阳镇蒲陈沟村 | 水石流 | — | 中等易发 | 中等易发 | 大型 | 危险 | 危险 |
| $N_{16}$ | 朱阳镇朱家峪 | 水石流 | 11.58 | 中等易发 | 中等易发 | 大型 | 危险 | 危险 |
| $N_{18}$ | 朱阳镇杨砦峪 | 水石流 | 13.2 | 中等易发 | 中等易发 | 大型 | 危险 | 危险 |

## 6.1.6 地质灾害易发程度分区

灵宝市地质灾害高易发区、中易发区分布情况见表3-6-3、图3-6-1。

### 6.1.6.1 地质灾害高易发区

（1）运头—刘家塬丘陵、低山区滑坡、崩塌高易发亚区：分布在小秦岭南麓及崤山北麓，上接中山，下接西涧河河谷及山前洪积扇，面积591 km²，隐患点8处。

（2）小秦岭矿区泥石流高易发亚区：小秦岭矿区面积约182 km²，由于近20年的矿业开发，产生了大量废渣石，渣石顺坡、顺沟堆放，形成许多松散物斜坡，严重堵塞了沟谷，雨季极易形成滑坡、崩塌、水石流地质灾害。存在水石流沟隐患点9处，大型滑坡隐患点1处，崩塌隐患点3处。

表3-6-3 灵宝市地质灾害易发区

| 等级 | 代号 | 区（亚区）名称 | 亚区代号 | 面积（km²） | 占总面积（%） | 隐患点数 | 危害 |
|---|---|---|---|---|---|---|---|
| 高易发区 | A | 运头—刘家塬丘陵、低山区滑坡、崩塌亚区 | $A_1$ | 591 | 19.65 | 52 | 人员3 676人，房屋2 591间，公路465 m |
| | | 小秦岭矿区泥石流亚区 | $A_2$ | 182 | 6.05 | 9 | 人员22 700人 |
| | | 黄河沿岸塌岸亚区 | $A_3$ | 78 | 2.59 | 10 | 人员2 700人 |
| 中易发区 | B | 黄土塬边缘地带滑坡、崩塌亚区 | $B_{1-1}$ | 252 | 8.38 | 16 | 人员494人，房屋263间，310国道1.8 km，陇海铁路180 m |
| | | 丘陵、低山区滑坡、崩塌亚区 | $B_{1-2}$ | 147 | 4.89 | 7 | 朱麻公路230 m |
| | | 小秦岭矿区泥石流亚区 | $B_{2-1}$ | 104 | 3.46 | 8 | 人员2 505人 |

续表3-6-3

| 等级 | 代号 | 区（亚区）名称 | 亚区代号 | 面积（km²） | 占总面积（%） | 隐患点数 | 危害 |
|---|---|---|---|---|---|---|---|
| 低易发区 | C | 山前洪积扇区亚区 | C₁ | 145 | 4.82 | 4 | 人员463人，房屋402间 |
| | | 小秦岭矿区泥石流亚区 | C₂ | 235 | 7.82 | 8 | 人员2 505人 |
| | | 西涧河、八道河河谷崩塌、泥石流亚区 | C₃ | 67 | 2.23 | | |
| 非易发区 | D | 黄河阶地区 | D₁ | 152 | 5.05 | 2 | 人员204人，房屋104间 |
| | | 黄土台塬区 | D₂ | 110 | 3.66 | | |
| | | 河谷区 | D₃ | 159.3 | 5.30 | | |
| | | 崤山山区 | D₄ | 785 | 26.10 | 1 | 人员80人，房屋100间 |

（3）黄河沿岸塌岸高易发亚区：黄河塌岸主要分布在岸高坡陡的二、三级阶地及黄土塬前缘，包括豫灵镇南城子村—后营村、故县镇盘西村、西闫乡阌东村—东古驿、西闫乡东古驿—函谷关镇北寨村、大王乡后地村—冯佐村，有隐患点10处，长22.21 km。塌岸主要发生在水库蓄水运用阶段，具有激发快、规模大的特点。

#### 6.1.6.2　地质灾害中易发区

（1）黄土塬边缘地带滑坡、崩塌中易发亚区：该区分布于黄土塬地区，面积252 km²，已经发生滑坡、崩塌14处，地面塌陷1处。潜在隐患点11处，受威胁人数810人。

（2）丘陵、低山区滑坡、崩塌亚区：分布在小秦岭及崤山南麓，面积147 km²。区内朱—麻公路沿线，由于爆破开挖，破坏了斜坡的稳定，形成6处崩塌隐患，危害体积1.79万 m³。

#### 6.1.6.3　地质灾害低易发区

该区分布在豫灵镇、程村乡、阳平镇、焦村镇、阳店镇、大王乡山前地带及西涧河、八道河地段，区内高程400～500 m，山势陡峭，岩体较破碎，风化较严重，较易形成崩塌、泥石流等地质灾害。存在隐患点12处。

#### 6.1.6.4　地质灾害非易发区

包括黄河阶地区、河谷区、黄土台塬区及南部崤山中山区，地质环境相对较好，地质灾害不发育，面积1 206.3 km²。

### 6.1.7　地质灾害重点防治区

灵宝市地质灾害重点防治区主要包括朱阳镇运头村至阳店镇刘家塬村的低山丘陵区、黄河沿岸的塌岸区、310国道及陇海铁路沿线以及小秦岭矿区，总面积962 km²，占全市总面积的34.8%，灾害隐患点69处（见图3-6-2）。

（1）朱阳镇运头村至阳店镇刘家塬村重点防治区：该区位于灵宝市东部、东南部，为一南西—北东向展布的弧形地带，共存在51处灾害隐患点，灾害类型以土质滑

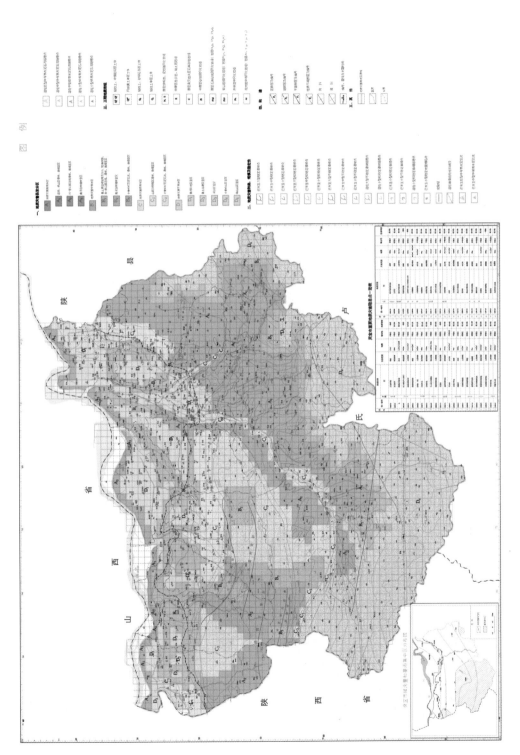

图3-6-1 灵宝市地质灾害易发程度分区图

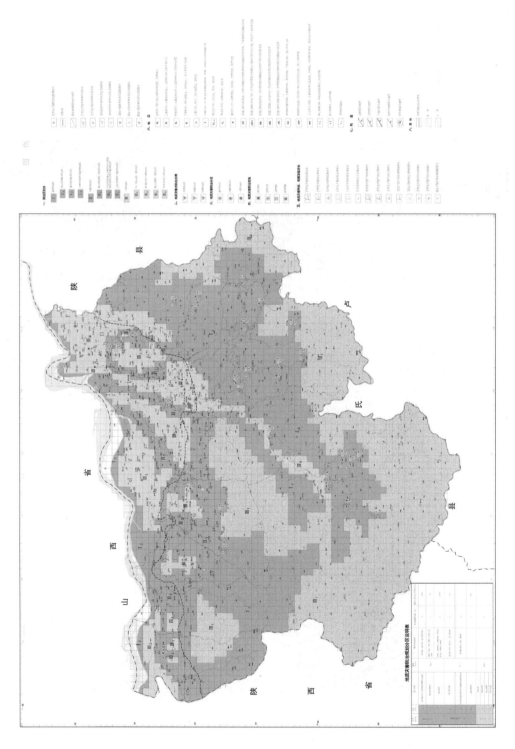

图3-6-2　灵宝市地质灾害重点防治区划图

坡、崩塌、地裂缝为主。

（2）黄河沿岸塌岸重点防治区：该区分布于灵宝市北部黄河沿岸，位于故县镇、西闫乡、函谷关镇、大王镇等四个乡镇的北部，共计塌岸10处，总塌岸线长24.7 km，危害性大，稳定性差。

（3）小秦岭矿区重点防治区：位于灵宝市西部中山区，主要分布于朱阳镇西北部矿区、予灵镇南部矿区、故县镇南部矿区、程村乡南部及阳平镇西南部矿区，存在18处隐患点，主要灾害类型为泥石流，需重点防治的泥石流沟有大西峪、文峪西峪、大湖峪西峪、枣乡峪、苍珠峪、杨寨峪、朱家峪等，受威胁人数22 700人。

# 6.2　卢氏县

卢氏县国土总面积4 004 km²，全县辖6镇13乡，353个行政村，总人口37.3万人，是国家级贫困县。全县耕地42.3万亩，经济以农为主，林牧次之，覆盖面积达32.7%。卢氏县矿藏资源丰富，种类较多，主要有铁、铜、铅、锌、锰、石灰岩、大理岩等。

## 6.2.1　地质环境背景概况

### 6.2.1.1　地形、地貌

卢氏县地势西高东低，南高北低，主要由中山、低山、丘陵和河谷盆地组成。伏牛、熊耳、崤山等山地海拔一般在800~1 800 m，相对高差200~500 m。卢氏、五里川、朱阳关等盆地四周的丘陵海拔一般为700~1 000 m。河谷平地地势平坦、开阔。

### 6.2.1.2　气象、水文

卢氏县跨亚热带、暖温带两个气候带，属大陆性季风气候。年均（1990~1999年）降水量为630 mm，年平均日照时数2 118.0 h。年平均气温12.6 ℃，极端最低为-19.1 ℃，极端最高为42.1 ℃。盆地无霜期平均为184 d。

卢氏居黄河、长江分水岭——熊耳山南北两麓，分别属黄河、长江两大流域。主要河流有洛河、老灌河、淇河。

### 6.2.1.3　地层与构造

卢氏县出露地层由老及新依次为古元古界太华群，元古界熊耳群、管道口群、栾川群，古生界寒武系，新生界新近系、古近系及第四系等。新构造运动特征较明显，如北部山前地带见第四纪地层中发育有小规模褶皱曲和断裂，在区域性大断裂分布有温度偏高的泉水，形成发育两级内迭阶地，河谷中近代堆积物较少等。根据《中国地震动参数区划图》，地震基本烈度Ⅴ~Ⅵ度。

### 6.2.1.4　水文地质、工程地质

区内地下水划分为松散岩类孔隙水、碳酸盐岩裂隙岩溶水、基岩裂隙水三种类型。工程地质分区可划分为山地持续缓慢上升工程地质区和黄土丘陵稳定性不均工程地质区。

### 6.2.1.5　人类工程活动

卢氏自古以来就有"八山一水一分田"之称，绝大多数的工程经济活动都需要进行切坡，而引发崩塌、滑坡灾害较多的就是开山修路和切坡建房。尤其是切坡建房造成的

崩塌、滑坡灾害几乎年年都有发生，其发灾数要占到各类灾害发灾总数的80%以上，给当地居民的生命财产、公路交通运输工程设施的安全造成了严重的危害。

### 6.2.2　地质灾害类型及特征

#### 6.2.2.1　地质灾害类型

卢氏县主要地质灾害类型为崩塌、滑坡、泥石流、地面塌陷等。调查发现地质灾害173处，遍布于全县18个乡镇（见表3-6-4）。其中，滑坡（含崩塌）149处，泥石流沟15条，不稳定斜坡6处，地面塌陷2处，山体裂缝1处。

表3-6-4　卢氏县地质灾害类型及分布统计

| 乡镇 | 崩塌、滑坡 | | | 泥石流 | | | 不稳定斜坡 | | | 地面塌陷 | |
| | 数量 | 面积（万m²） | 体积（万m³） | 数量 | 面积（万m²） | 体积（万m³） | 数量 | 面积（万m²） | 体积（万m³） | 数量 | 面积（万m²） |
|---|---|---|---|---|---|---|---|---|---|---|---|
| 汤河乡 | 16 | 3.978 7 | 32.697 7 | 2 | 360 | 1.8 | | | | | |
| 五里川镇 | 21 | 2.964 | 8.205 1 | 2 | 235 | 1.62 | | | | 1 | 1 |
| 朱阳关镇 | 14 | 0.472 1 | 1.969 2 | | | | | | | | |
| 官坡镇 | 12 | 0.545 1 | 1.431 4 | 1 | 15 | 0.3 | 2 | 0.023 | 1.548 | | |
| 狮子坪乡 | 10 | 1.545 2 | 8.914 1 | | | | | | | | |
| 双槐树乡 | 5 | 0.227 8 | 0.408 9 | | | | | | | 1 | 2 |
| 瓦窑沟乡 | 3 | 0.469 8 | 1.603 8 | 1 | 1 200 | 3 | | | | | |
| 徐家湾乡 | 4 | 0.410 1 | 2.013 2 | | | | 1 | 0.06 | 0.72 | | |
| 城郊乡 | 6 | 29.977 5 | 1 735.826 8 | 1 | 800 | 80 | | | | | |
| 沙河乡 | 2 | 5.88 | 43.8 | 1 | 13 | 0.39 | | | | | |
| 木桐乡 | 4 | 0.530 7 | 2.594 5 | 2 | 554 | 22.048 | 1 | 0.012 | 0.132 | | |
| 潘河乡 | 1 | 0.116 5 | 0.410 4 | 1 | 23 | 1.15 | 1 | 0.048 | 2.4 | | |
| 磨沟口乡 | 14 | 5.123 | 33.753 7 | 1 | 30 | 0.6 | 1 | 0.03 | 0.492 | | |
| 横涧乡 | 14 | 3.665 3 | 20.498 6 | 2 | 1 850 | 316 | | | | | |
| 文峪乡 | 7 | 8.694 4 | 73.645 3 | | | | | | | | |
| 范里镇 | 11 | 168.065 8 | 1 582.831 | | | | | | | | |
| 杜关镇 | | | | 1 | 24 | 4.8 | | | | | |
| 官道口镇 | 4 | 14.559 6 | 146.102 6 | | | | | | | | |

崩塌、滑坡、泥石流主要分布在卢氏盆地及西部、南部变质岩中深山区，包括城郊乡、城关镇、沙河乡、范里镇及横涧乡、文峪乡部分地区。该区岩土体结构疏松、植被相对不发育，滑坡、泥石流较为集中，而且往往规模较大，危害较严重。西部、南部变质岩中深山区、植被覆盖率高，但地形切割强烈，岩石构造变形强烈，是滑坡集中分

布区，灾害规模小，危害程度低，95%以上是由于建房修路等人工切削边坡而形成的。地面塌陷灾害有两处，分布在五里川辉锑矿采矿区和双槐树辉锑矿采矿区，均为采空塌陷，规模较小，危害程度亦较低。

#### 6.2.2.2　地质灾害特征

##### 1. 崩塌、滑坡

崩塌、滑坡是卢氏县地质灾害最主要的类型，占地质灾害点总数的87.28%。除城关镇、杜关镇外，其余17个乡（镇）均有分布，分布范围广，危害严重。滑坡规模，从小型到巨型都有，大者可达10 万 ~ 1 200 万 $m^3$。滑坡表面形态以舌形、圈椅形、喇叭形为主，其次为半圆形、三角形、矩形等，剖面形态呈直线状、弧状、波浪状、阶梯状等。

滑坡的形成机理与自然因素和人类工程活动有关。坡体经降水、风化、振动、卸荷等因素作用，节理、裂隙面逐渐扩大，受大暴雨或连续降水影响，节理、裂隙（尤其垂直或陡倾节理）充水产生沿坡向的动、静水压力，且雨水径流可沿强弱风化层界面、层理面或土岩接触面等结构面贯通。这一方面大大降低了坡体的抗拉（剪）强度，另一方面使坡体饱水、自重增加，如前缘临空较好（坡体遭受切坡），在重力作用下，一般会在坡顶产生弧形拉张裂缝，在两翼产生羽状剪切裂缝，经降水、风化、重力等因素累进性破坏，最终沿滑动面快剪滑动。

##### 2. 不稳定斜坡

不稳定斜坡共6处，主要集中于道路两侧高陡边坡，以及居民建房切坡处。

##### 3. 泥石流

全县19个乡（镇）中，有11个乡（镇）发育有泥石流沟，共有15处。其中，规模等级为巨型的1处，大型的有2处，中型的有3处，其余9处为小型。泥石流的平面形态呈长喇叭形、长条形、扇形，剖面形态呈阶梯状、直线形、波浪形。表面形态呈流态的碎石土堆积，凹凸不平。泥石流的规模从小型到巨型都有，自然因素形成的规模往往较大，而人为因素造成的，则规模往往较小。

从泥石流形成机理分析，豫西深山区，构造、风化破碎及崩塌、滑坡等形成松散堆积物，加之采矿、修路等形成的人工弃体，在重力和降水作用下，经坡面、沟底再搬运，堆积于沟底，尤其在采矿活动强烈的地方，采矿废渣一般沿沟堆放，易造成沟道或河道堵塞，一旦受强降水激发，极易突发泥石流灾害。

##### 4. 地面塌陷

地面塌陷共2处，即古墓窑辉锑矿采空区地面塌陷和寺河院辉锑矿采空区地面塌陷。规模等级均为小型，其成因均为采空塌陷。平面形态一般为长条形、长圆形（椭圆形），且呈长列式排列、串珠状分布。剖面形态呈圆锥形、柱形，表面形态呈凹下去的坑状，其周围常伴生有裂缝，坑内一般可见充水。

### 6.2.3　地质灾害灾情

根据2002年调查统计资料，卢氏县地质灾害造成的直接经济损失总额为1 257.63 万元。其中，滑坡直接经济损失为1 185.63 万元，泥石流直接经济损失为63.15 万元，采空区地面塌陷直接经济损失为8.85 万元。各乡镇地质灾害损失见表3-6-5。

表3-6-5 卢氏县各乡镇地质灾害现状经济损失评估（2002年）　　（单位：万元）

| 乡镇名称 | 滑坡（含崩塌） | 泥石流 | 不稳定斜坡 | 地面塌陷 | 合计 |
|---|---|---|---|---|---|
| 汤河乡 | 20.8 | 5 | | | 25.8 |
| 五里川镇 | 61 | | | 0.6 | 61.6 |
| 朱阳关镇 | 44.5 | | | | 44.5 |
| 官坡镇 | 83 | | | | 83 |
| 狮子坪乡 | 67.5 | | | | 67.5 |
| 双槐树乡 | 45.5 | | | 8.25 | 53.75 |
| 瓦窑沟乡 | 71.5 | 6.4 | | | 77.9 |
| 徐家湾乡 | 27.6 | | | | 27.6 |
| 城郊乡 | 15.2 | | | | 15.2 |
| 沙河乡 | 7.5 | 3 | | | 10.5 |
| 木桐乡 | 43.3 | | | | 43.3 |
| 潘河乡 | 12.2 | | | | 12.2 |
| 磨沟口乡 | 65 | | | | 65 |
| 横涧乡 | 128.15 | 48.75 | | | 176.9 |
| 文峪乡 | 171.7 | | | | 171.7 |
| 范里镇 | 235.5 | | | | 235.5 |
| 杜关镇 | 6.18 | | | | 6.18 |
| 官道口镇 | 79.5 | | | | 79.5 |
| 合计 | 1 185.63 | 63.15 | | 8.85 | 1 257.63 |

## 6.2.4　地质灾害隐患点险情评价

卢氏县地处豫西山区，地形地貌复杂。地质灾害隐患点分布具有明显的地域性，崩塌、滑坡和泥石流等地质灾害隐患主要分布于中山、低山丘陵区。地面塌陷灾害主要发育于矿区，特别是集中发育于道路两侧、居民房前屋后、矿区周围等人为活动强烈部位。

预测全县地质灾害经济损失总额为2 323万元。其中崩塌、滑坡（含不稳定斜坡）灾害经济预损失为1 041万元，泥石流灾害经济预损失为1 224万元，地面（采空）塌陷灾害经济预损失为58万元。县境内地质灾害隐患点经济损失预测评价结果见表3-6-6。

## 6.2.5　重要地质灾害隐患点

险情为大型以上地质灾害隐患点10处，简述如下。

（1）官坡镇前台沟泥石流（点号411224030064）：该泥石流易发程度为低易发。直接威胁下游的前台、沟口等村子，受威胁人数185人，受威胁财产25万元，险情为大型。

表3-6-6  卢氏县地质灾害隐患点经济损失预测评估　　　　（单位：万元）

| 乡镇名称 | 滑坡（含崩塌） | 泥石流 | 不稳定斜坡 | 地面塌陷 | 合计 |
|---|---|---|---|---|---|
| 汤河乡 | 21.5 | 11 | | | 32.5 |
| 五里川镇 | 49.3 | 35 | | 56 | 140.3 |
| 朱阳关镇 | 30 | | | | 30 |
| 官坡镇 | 31.5 | 25 | 4 | | 60.5 |
| 狮子坪乡 | 61 | | | | 61 |
| 双槐树乡 | 16.5 | | | 2 | 18.5 |
| 瓦窑沟乡 | 10.5 | 250 | | | 260.5 |
| 徐家湾乡 | 9 | | 20 | | 29 |
| 城郊乡 | 114 | 500 | | | 614 |
| 沙河乡 | 9.7 | 50 | | | 59.7 |
| 木桐乡 | 21.5 | 75 | 2 | | 98.5 |
| 潘河乡 | 1.1 | 50 | 1 | | 52.1 |
| 磨沟口乡 | 118.5 | 8 | 20 | | 146.5 |
| 横涧乡 | 116.6 | 210 | | | 326.6 |
| 文峪乡 | 60.5 | | | | 60.5 |
| 范里镇 | 190.8 | | | | 190.8 |
| 杜关镇 | | 10 | | | 10 |
| 官道口镇 | 132 | | | | 132 |
| 合计 | 994 | 1 224 | 47 | 58 | 2 323 |

（2）瓦窑沟乡月子河泥石流（点号411224030090）：该泥石流易发程度为低易发。直接威胁庙上村、公路及农田，受威胁人数530人，受威胁财产250万元，险情为大型。

（3）徐家湾乡松木小学不稳定斜坡（点号411224000092）：该斜坡的稳定性为潜在不稳定。直接威胁松木小学，受威胁人数120人，受威胁财产20万元，险情为大型。

（4）城郊乡高庄村老分槽滑坡（点号411224010099）：该滑坡的稳定性为不稳定。直接威胁高庄村老分槽组居民127人、村小学及部分农田，险情为大型。

（5）城郊乡黑马渠泥石流（点号411224030149）：该泥石流的易发程度为中易发。直接威胁下游黑马村及部分县城的安全，受威胁人数约800人，受威胁财产约500万元，危害为大型。

（6）沙河乡三角村泥石流（点号411224030105）：该泥石流的易发程度为中易发。直接威胁三角村的安全，受威胁人数106人，受威胁财产50万元，险情为大型。

（7）潘河乡八宝山泥石流（点号411224030114）：该泥石流的易发程度为中易发。直接威胁矿山的安全，受威胁人数约200人，受威胁财产50万元，险情为大型。

（8）磨沟口乡东虎岭山体滑坡（点号411224010117）：该滑坡的稳定程度为潜在不稳定。直接威胁东虎岭村5组居民的安全，受威胁人数约240人，受威胁财产109万元。

（9）横涧乡杜家岭村杜上滑坡（点号411224010140）：该滑坡的稳定性为基本稳定。可威胁坡体上约160人的生命财产安全。

（10）横涧乡耿家河泥石流（点号411224030173）：该泥石流的易发程度为中易发。直接威胁下游的村庄、公路及农田。受威胁人数315人，受威胁财产130万元，险情为大型。

## 6.2.6 地质灾害易发程度分区

全市地质灾害易发程度分为高、中易发区，低易发区，非易发区3个区（见图3-6-3）。

### 6.2.6.1 地质灾害高、中易发区

该区分布在卢氏盆地，包括城关镇、城郊乡、沙河乡的全部和横涧乡的北部、文峪乡的西北部及范里镇的西部，该区第三系砂砾岩结构疏松，风化强烈，黄土厚度大，冲沟发育，为泥石流的形成提供了丰富的物质来源。汛期易发泥石流活动，冲毁公路、淹没农田，沟口堆积扇发育且具一定规模。典型的泥石流有黑马渠泥石流、耿家河泥石流和锄沟峪泥石流。该区应加强植树造林、水土保持。

### 6.2.6.2 地质灾害低易发区

该区主要分布在黑沟—栾川断裂以南，包括瓦窑沟乡、朱阳关镇、汤河乡、磨沟口乡和横涧乡的南部地区。该区地形相对高差较大，山脊狭窄，沟谷呈典型的"V"形谷，山高谷深，岩石较破碎，但由于该区植被覆盖率高，达90%以上，水土保持较好，物源较少，排导区较通畅，故泥石流相对不发育。一旦该区的植被及地质环境遭到破坏，则极易发生泥石流，因此该区应加强地质环境保护和封山育林。

### 6.2.6.3 地质灾害非易发区

该区主要包括官道口镇、杜关镇、潘河乡、木桐乡的全部及徐家湾乡、磨沟口乡的北部和文峪乡的东南部、范里镇的东部。该区主要是沟谷型泥石流，物源少，排导区通畅，沟口堆积扇不明显。

## 6.2.7 地质灾害重点防治区

### 6.2.7.1 重点防治区

卢氏县重点防治区为卢氏县城关镇、城郊乡、横涧乡、范里镇、沙河乡。这五个乡镇的大部分面积基本上分布在卢氏断陷盆地，由第三系砂砾岩和厚层坡积黄土组成的丘陵区，也是卢氏县政治、经济、文化的中心和人口集中地。该区第三系棕红色砂砾岩结构疏松，风化强烈，黄土厚度大，冲沟发育，植被覆盖率低，每年汛期，水土流失严重，易形成泥石流、滑坡等地质灾害，且往往规模较大，危害较严重。

### 6.2.7.2 次重点防治区

次重点防治区为卢氏县西部、南部中深山区，共包括木桐乡、徐家湾乡、磨沟口乡、五里川镇、汤河乡、朱阳关镇、官坡镇、狮子坪乡、双槐树乡、瓦窑沟乡、文峪乡等共11个乡镇。该区山高林密，地形相对高差大，山谷多为"V"形谷，居民大部分为

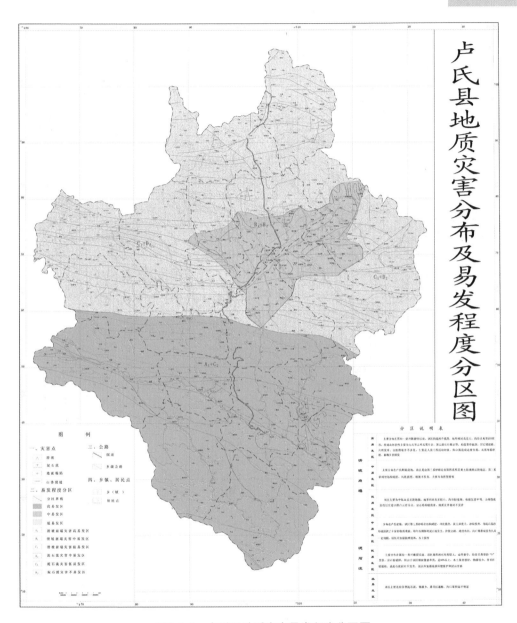

图3-6-3 卢氏县地质灾害易发程度分区图

沿沟谷居住。山体组成岩性主要为元古界变质岩，经过多期构造变形，断裂、褶皱发育，岩石较破碎，由于植被覆盖率高，达90%以上，泥石流相对不发育，主要地质灾害类型为滑坡，其95%以上为人类工程活动引起，或建房开挖坡脚，或修路而炸山，灾害规模多为中小型，危害多属一般级，但数量大，发生率高，应加强控制。

卢氏县地质灾害防治区划见图3-6-4。

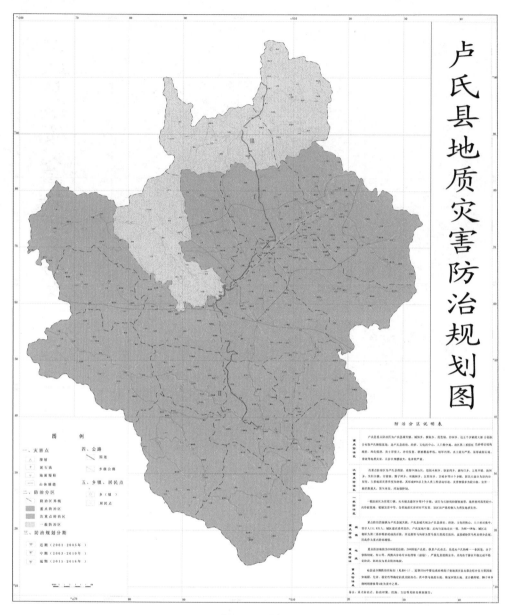

图3-6-4　卢氏县地质灾害防治区划

# 6.3　陕　县

　　陕县地处豫西山区，辖4镇9乡，262个行政村、9个居委会，1 559个村民组。总面积1 609.72 km²，总人口343 863人。农作物以小麦、玉米、水稻、红薯、豆类为主，经济作物以烟叶、棉花、油料为主。全县林业用地104.44万亩，有林地面积59.74万亩，森林覆盖达32.8%。陕县矿产资源丰富，目前已开采的有煤、铝矾土、重晶石、黄金、优质高岭土等。

### 6.3.1　地质环境背景概况

#### 6.3.1.1　地形、地貌

陕县地势南高北低，西北部为黄河阶地和黄土台塬，南部及东北部为中、低山区，东南部为低山丘陵。最高处为南部甘山主峰，海拔1 884.8 m。

#### 6.3.1.2　气象、水文

陕县属暖温带大陆性季风气候。年平均降水量642 mm，降水多集中在7～9月。四季多风，秋冬以西北风为主，每年12月至翌年2月为降雪冰冻期。

全县有大小河流33条，其中流域面积在100 km$^2$以上的5条，属黄河水系。主要河流有黄河、苍龙涧河、青龙涧河、清水河、永昌河和大石涧。

#### 6.3.1.3　地层与构造

陕县地层属华北地层区豫西分区之渑池—确山小区。区内出露地层由老及新依次为太古宇、元古界、古生界、中生界及新生界。陕县大地构造位置处于华北地台南缘，华熊台缘坳陷中部，横跨两个次级构造单元，以硖石大断裂为界，以北为渑池陷褶断束，以南为小秦岭—熊耳山拱褶断束。据《中国地震动参数区划图》，县域地震基本烈度为Ⅶ度。

#### 6.3.1.4　水文地质

区内地下水主要受气象、水文、地质构造、地貌等因素影响。依据地下水赋存条件，划分为松散岩类孔隙水，碎屑岩类孔隙、裂隙水，碳酸盐岩裂隙岩溶水，基岩裂隙水。

#### 6.3.1.5　工程地质

根据各类岩土体工程地质特征，陕县岩土体工程地质类型分为碎裂状较软花岗岩强风化岩组（r），片状较软片麻岩岩组（Arth），中厚层坚硬块状喷出岩岩组（ch），坚硬厚层状中等岩溶化白云岩岩组（O），较软中厚层（泥岩、砂岩）碎屑岩岩组（P+E+N），粉土、粉质黏土双层土体（Q$_2$），粉质黏土、粉土、淤泥质土、细砂多层土体（Q$_4$）等七种类型。

#### 6.3.1.6　人类工程活动

陕县境内主要人类工程活动有矿山开采、交通线路建设、切坡建房等。陕县矿产资源丰富，境内发现或探明的矿产（含亚矿种）已达32种，目前已开采的有煤、铝矾土、重晶石、金矿、优质高岭土等。矿产开发带来一系列矿山环境问题。此外，修路、建房时，局部挖方，构成斜坡隐患。

### 6.3.2　地质灾害类型及特征

#### 6.3.2.1　地质灾害类型

陕县地处豫西地质灾害多发区，主要地质灾害类型为崩塌、滑坡、地面塌陷等。据实地调查，全县已发生地质灾害76处，遍及全县13个乡镇。其中，崩塌30处，滑坡37处，地面塌陷9处。

#### 6.3.2.2 地质灾害特征

##### 1. 滑坡

滑坡灾害37处，分布于张茅乡、菜园乡、张村镇、西李村乡、观音堂镇、硖石乡、宫前乡、店子乡、张汴乡、原店镇等地，规模以小型为主，均为土质滑坡，以降水卸荷型为主，其次为自然降水型，共造成直接经济损失577.6万元。

此外，发现不稳定斜坡15处，主要分布于王家后乡、张茅乡、菜园乡、张村镇、张湾乡、西李村乡、观音堂镇、硖石乡、宫前乡、店子乡等10个乡镇。以土质为主，其次为岩质，主要集中于道路两侧高陡边坡，以及居民建房切坡处。

##### 2. 崩塌

陕县地形地貌复杂，沟谷纵横，岩（土）体风化强烈，人类工程活动复杂而强烈，崩塌灾害较为发育，调查发现崩塌灾害30处，集中分布于西李村乡、观音堂镇、张湾乡、菜园乡、硖石乡、张茅乡等地，均为土质崩塌，规模均为小型，造成直接经济损失478.4万元。

在中低山、丘陵区及黄土塬区边缘，土（岩）体节理、裂隙发育，在这类地区建房、开挖窑洞及修路，因卸荷一方面改变坡体临空条件，另一方面常使土（岩）体内节理、裂隙密集度和结构面（节理、裂隙面）开启度增大。受不同产状节理、裂隙切割，土（岩）体完整性变差，尤其是共轭节理，两组近垂直的结构面，与坡向一致或近垂交时，土体抗拉、抗剪强度明显降低，在降水、振动等因素作用下，发生倾倒或坠落。

##### 3. 地面塌陷

地面塌陷主要分布于王家后乡、菜园乡、张村镇、西李村乡、观音堂镇等地，煤、铝采矿活动强烈，地面塌陷灾害发育。调查发现地面塌陷灾害9处，规模均为小型，直接经济损失883万元。地面塌陷平面呈不规则圆形，有单坑和群坑塌陷，塌陷坑平面呈不规则圆形，直径5～30 m。

##### 4. 泥石流

泥石流主要发生于北部煤、铝矿区，南部金矿区，多为冲沟型泥石流。沿沟底常见自然风化崩坡积锥。修路及采矿等活动形成的废弃矿渣，沿沟堆放量较大，为泥石流的形成提供了丰富的物源。

### 6.3.3 地质灾害灾情

陕县地处豫西山区，地质灾害较为发育。据调查，1970～2006年，全县突发性地质灾害76起，直接经济损失2 119万元，死亡1人。

### 6.3.4 地质灾害隐患点特征及险情评价

#### 6.3.4.1 地质灾害隐患点分布特征

全县有各类地质灾害隐患点111处，包括滑坡（不稳定斜坡）隐患点64处，崩塌39处，地面塌陷5处，泥石流3处。崩塌、滑坡和泥石流隐患点主要分布于中山、低山丘陵区及黄土台塬区。地面塌陷、地裂缝等灾害主要发育于北部煤、铝矿区。

#### 6.3.4.2 地质灾害隐患点险情评价

县境有111处地质灾害隐患点。险情规模，大型9处、中型60处、小型42处。预测潜在经济损失6 168.4万元。其中，滑坡（不稳定斜坡）隐患点潜在经济损失2 807.4万元，崩塌隐患潜在经济损失1 703万元，泥石流隐患潜在经济损失预测48万元，地面塌陷隐患潜在经济损失1 610万元。重要地质灾害隐患点共8处，见表3-6-7。

表3-6-7 重要地质灾害隐患点稳定性及危害状况一览表

| 编号 | 隐患类型 | 地理位置 | 失稳因素 | 稳定性 | 险情 | 危险性 |
|---|---|---|---|---|---|---|
| 1 | 滑坡 | 菜园乡桥洼 | 降水、切坡、开挖窑洞 | 差 | 大型 | 危险 |
| 2 | 崩塌 | 张湾乡柳林村 | 降水、切坡 | 差 | 大型 | 危险 |
| 3 | 崩塌 | 张湾乡新庄村浑水沟组 | 降水、切坡 | 差 | 大型 | 危险 |
| 4 | 崩塌 | 张湾乡关沟六组 | 降水、切坡 | 差 | 大型 | 危险 |
| 5 | 滑坡 | 张湾乡赵村 | 降水、切坡 | 差 | 大型 | 危险 |
| 6 | 滑坡 | 农场村西前组 | 降水、切坡 | 差 | 大型 | 危险 |
| 7 | 滑坡 | 店子乡大石涧Ⅱ处 | 降水、切坡 | 差 | 大型 | 危险 |
| 8 | 滑坡 | 原店镇寨根村 | 降水、切坡 | 差 | 大型 | 危险 |

### 6.3.5 地质灾害易发程度分区

全市地质灾害易发程度分为高易发区、中易发区、低易发区3个区，高易发区占全县总面积的27.13%（见表3-6-8、图3-6-5）。

表3-6-8 陕县地质灾害易发区

| 等级 | 代号 | 区（亚区）名称 | 亚区代号 | 面积（km²） | 占市区总面积（%） | 隐患点数 | 威胁资产/人口（万元/人） |
|---|---|---|---|---|---|---|---|
| 高易发区 | A | 王家后—观音堂地面塌陷、泥石流、滑坡地质灾害高易发区 | A$_{4-1}$ | 205.25 | 12.75 | 25 | 2 656/784 |
| | | 东部低山丘陵区滑坡、崩塌灾害高易发区 | A$_{1-2}$ | 144.13 | 7.55 | 16 | 101.6/365 |
| | | 宽坪—大石涧崩塌、滑坡高易发区 | A$_{1-3}$ | 81.6 | 5.07 | 7 | 203/708 |
| | | 崤山金矿区滑坡、泥石流高易发区 | A$_{3-4}$ | 28.28 | 1.76 | 4 | 267/116 |
| 中易发区 | B | 西北部黄土台塬区崩塌、滑坡中易发区 | B$_{1-1}$ | 374.04 | 23.24 | 37 | 1 802.2/1 958 |
| | | 崤山北麓崩塌、滑坡中易发区 | B$_{1-2}$ | 697.89 | 44.75 | 19 | 470.6/1 048 |
| 低易发区 | C | 黄河阶地区地质灾害低易发区 | C | 78.53 | 4.88 | 3 | 670/250 |

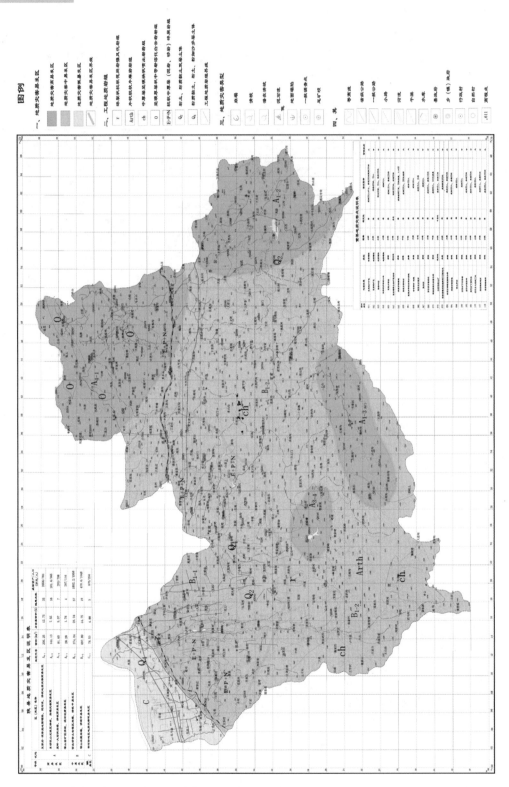

图3-6-5 陕县地质灾害易发程度分区图

#### 6.3.5.1 地质灾害高易发区

（1）王家后—观音堂地面塌陷、泥石流、滑坡地质灾害高易发区：分布于陕县东北部低山区，面积205.25 km²。地质灾害类型有地面塌陷、滑坡和泥石流。地质灾害隐患点25处，包括地面塌陷5处，泥石流隐患2处，滑坡8处，崩塌6处，不稳定斜坡4处。

（2）东部低山丘陵区滑坡、崩塌灾害高易发区：位于陕县东南部西李村一带，面积144.13 km²，属低山丘陵地貌，滑坡、崩塌地质灾害较为发育。地质灾害隐患点16处，包括崩塌11处，滑坡4处，不稳定斜坡1处。

（3）宽坪—大石涧崩塌、滑坡高易发区：分布于陕县南部中低山区，面积81.6 km²，该区崩塌、滑坡发育规模以小型为主。地质灾害隐患点7处，包括滑坡6处，不稳定斜坡1处。

（4）崤山金矿区滑坡、泥石流高易发区：分布于陕县中部中山区，崤山金矿区一带，面积28.28 km²，该区为崤山金矿开采区，矿渣堆放问题突出，汛期易构成泥石流，泥石流、滑坡、崩塌等地质灾害较为发育。地质灾害隐患点4处，包括泥石流隐患1处，滑坡2处，不稳定斜坡1处。

#### 6.3.5.2 地质灾害中易发区

（1）西北部黄土台塬区崩塌、滑坡中易发区：分布于西张村、菜园、张汴等地，面积374.04 km²，黄土台塬地貌，人口较密集，农业经济活动强烈。地质灾害隐患点37处，包括滑坡19处、崩塌14处，不稳定斜坡4处。

（2）崤山北麓崩塌、滑坡中易发区：位于张汴、西张村、店子、宫前等乡镇，地处南部中山区，面积697.89 km²，发育崩塌、滑坡等灾害类型。地质灾害隐患19处，包括滑坡10处、崩塌5处，不稳定斜坡4处。

#### 6.3.5.3 地质灾害低易发区

该区分布于陕县西部黄河一、二级阶地及山前洪积扇，面积78.53 km²，崩塌隐患点3处。

## 6.3.6 地质灾害重点防治区

重点防治区主要包括王家后—观音堂煤铝矿区地面塌陷、泥石流、滑坡地质灾害重点防治区，张茅—硖石—观音堂沿线崩塌、滑坡地质灾害重点防治区（见图3-6-6），面积235.25 km²，占全县总面积的14.6%。

（1）王家后—观音堂煤铝矿区地面塌陷、泥石流、滑坡地质灾害重点防治区：位于陕县西北部低山区，各类地质灾害隐患点23处，灾害类型有崩塌、滑坡、地面塌陷、泥石流等，主要防治对象为矿山（江树腰煤矿、支建煤矿、观音堂煤矿、瓦岔坡铝土矿区、崖底铝土矿区、杜家沟铝矿等）、村镇、交通工程、电力设施等。

（2）张茅—硖石—观音堂沿线崩塌、滑坡地质灾害重点防治区：分布在陕县东部低山丘陵区，地质灾害隐患点9处。重点防护地段有：310国道观音堂段，郑西高速铁路（建设中），连霍高速及省道314等。

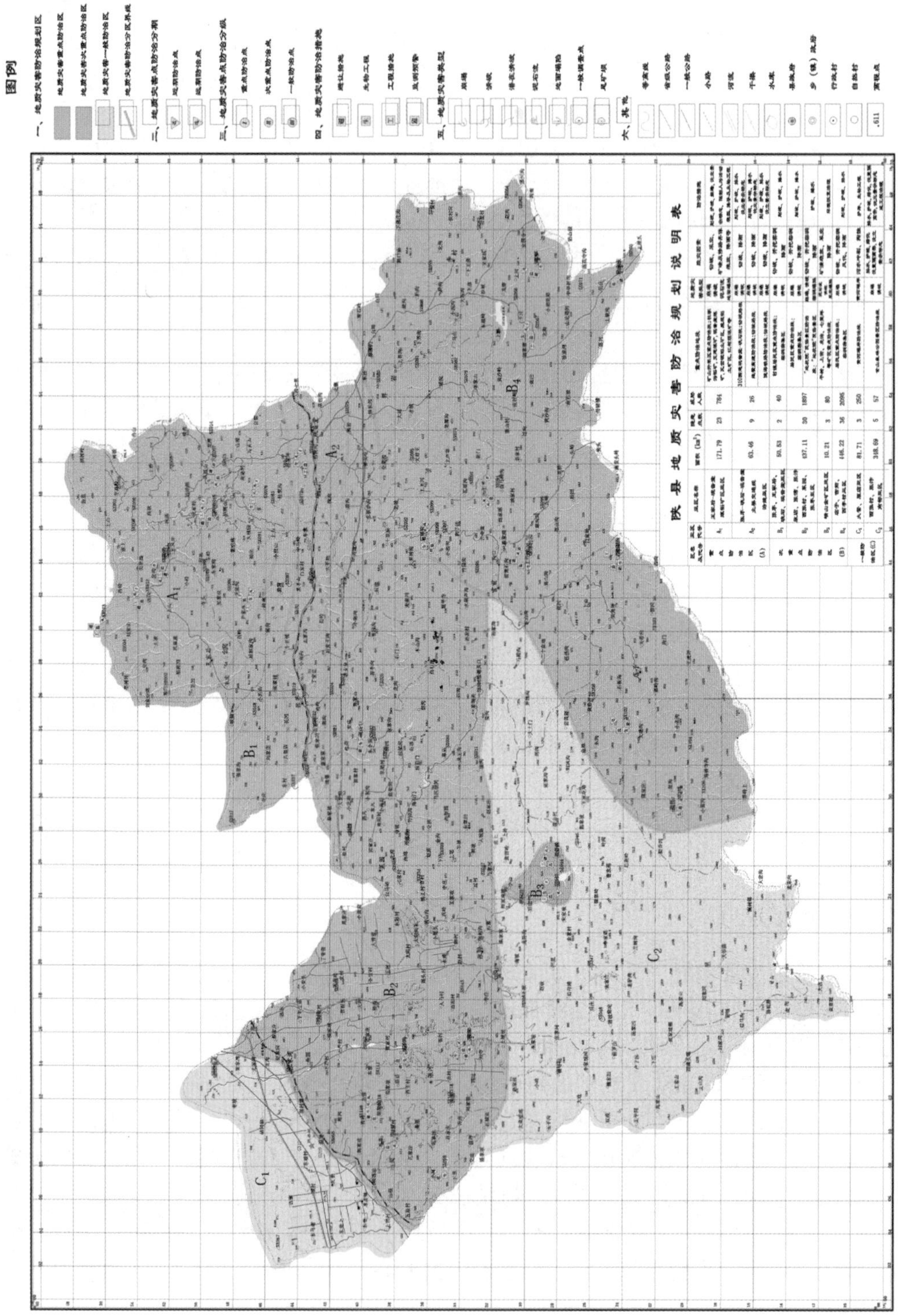

图3-6-6 陕县地质灾害防治区划图

# 6.4　渑池县

渑池县辖12个乡（镇），226个行政村，人口32.80万人，面积1 361.92 km²，耕地面积64 万亩。粮食作物以小麦、玉米为主，经济作物以花生、油菜籽、烟叶为主，主要开采利用的矿种有煤、铝土矿、耐火黏土等。

## 6.4.1　地质环境背景概况

### 6.4.1.1　地形、地貌

渑池县位于豫西丘陵山区，地貌差异很大，按地貌形态分为中低山区和丘陵区。以中部的涧河为界，向北渐高，海拔由500 m升至1 000 m以上，再往北，山脉连绵数十里后陡降为黄河中游谷地，海拔只有200 m。特别是北部中低山地，断层交错、沟谷发育，切割深度达200~500 m。

### 6.4.1.2　气象、水文

渑池县属大陆性气候，年均气温12.6 ℃。年平均降水量为662.4 mm，但降水时间分布不均，多年月平均降水量以7～9月最高，占全年的48%；日最大降水量75.7 mm（2004年7月25日），时最大降水量50.2 mm（1998年7月14时50分）。

渑池县属于黄河流域，共有大小河溪132条，其中主流26条，支流62条，小支流44条。主要河流为黄河，境内长85 km，沿线经碑苑蜿蜒曲折向东流去，河谷狭窄，河岸陡峭，支流发育。其他主要河流有洪阳河、渑水等。

### 6.4.1.3　地层与构造

渑池县地层，从震旦系、古生界、中生界及新生界均有出露，以第四系出露最广。主要褶皱构造有岱嵋寨背斜和渑池向斜。主要断裂构造有坡头正断层（$F_1$）、焦地正断层（$F_2$）、扣门山正断层（$F_5$）、青崖地平推断层（$F_3$）、落峪正断层（$F_4$）等。古近系以来，新构造运动较强烈，主要表现为垂直升降运动。据《中国地震动参数区划图》，渑池县地震烈度为Ⅵ度。

### 6.4.1.4　水文地质

区内地下水可划分松散岩类孔隙水、碎屑岩类裂隙水、碳酸盐岩溶裂隙水、基岩裂隙水四大类型。松散岩类孔隙水分布在境内南部、河谷地带，由全新统砂砾石层、亚砂土组成。碎屑岩类裂隙水分布于马头山、杨庄一带，以震旦系中上统、石炭系、二叠系、三叠系、侏罗系、白垩系及古近系的石英砂岩、长石石英砂岩夹少量白云岩、薄层页岩、砾岩、泥岩组成。碳酸盐岩溶裂隙水分布在坡头以西、仁村一带，主要岩性为灰岩、泥质灰岩、白云岩。基岩裂隙水分布在境内北部由震旦系马家河组，岩性为辉石安山玢岩、安山岩等组成的构造侵蚀中山低山区。

### 6.4.1.5　工程地质岩组

根据工作区地貌、岩土体物理力学特征，将区内岩土体划分为5个工程地质岩组：

（1）中厚层稀裂状硬石英砂岩组，分布在坡头、仁村以北的广大地区及西村以西的局部地带。

（2）中厚层稀裂状灰岩岩组，分布在境内西部、东北部及洪阳镇—仁村一带。

（3）薄层—中层具泥化夹层较软砂岩岩组，分布在渑池东北、西部及洪阳镇西部、南部一带。

（4）砂卵石、中细砂双层土体，分布在渑池县城以南及北部一些丘陵区。

（5）湿陷性黄土，主要分布于河谷两侧及西南部。

### 6.4.1.6 人类工程活动

与地质灾害关系密切的人类工程活动主要是煤矿、铝土矿的开采，修路、小浪底水库蓄水以及房屋建设。矿业开发是渑池县主要的人类工程活动，主要为煤矿、铝土矿开采，造成了大量地质环境问题，如地面塌陷、地裂缝、滑坡等地质灾害，矿渣堆放可能造成泥石流隐患、矿坑排水疏干破坏地下水系统平衡、废水排放形成环境污染等。此外，小浪底水库蓄水、放水、水浪的冲击，造成小浪底上游沿岸边坡失稳、坍塌，引发滑坡、塌岸等地质灾害，特别是在黄河沿岸的南村乡较为严重。

## 6.4.2 地质灾害类型及特征

### 6.4.2.1 地质灾害类型

渑池县地质灾害类型以地面塌陷、滑坡为主，崩塌、地裂缝、泥石流次之。在已发生的45处地质灾害中，地面塌陷27处，滑坡10处，崩塌5处，泥石流沟3条，主要分布于渑池县西部、东南部及北部一带，行政区域涉及段村乡、果园乡、张村镇、仰韶乡、仁村乡、天池镇、坡头乡、英豪镇、南村乡、洪阳镇和陈村乡等11个乡镇（见表3-6-9）。

表3-6-9　渑池县地质灾害分布统计

| 乡镇名称 | | 段村乡 | 果园乡 | 张村镇 | 仰韶乡 | 天池镇 | 坡头乡 | 英豪镇 | 仁村乡 | 南村乡 | 洪阳镇 | 陈村乡 | 合计 |
|---|---|---|---|---|---|---|---|---|---|---|---|---|---|
| 灾害类型 | 地面塌陷 | | 11 | 6 | | 4 | 4 | 1 | | | | 1 | 27 |
| | 滑坡 | | | 1 | 2 | | | 1 | 1 | 2 | 2 | 1 | 10 |
| | 崩塌 | 1 | | 1 | | | | 2 | | 1 | | | 5 |
| | 泥石流 | 3 | | | | | | | | | | | 3 |
| | 小计 | 4 | 11 | 8 | 2 | 4 | 4 | 4 | 1 | 3 | 2 | 2 | 45 |
| | 百分比（%） | 8.7 | 26.2 | 17.4 | 4.3 | 8.7 | 8.7 | 8.7 | 2.2 | 6.5 | 4.3 | 4.3 | 100 |
| 灾情分级 | 巨型 | | | | | 1 | | | | | | | 1 |
| | 大型 | | 4 | 1 | | 2 | 1 | 1 | | | | | 9 |
| | 中型 | | 1 | 2 | 1 | 1 | 3 | | 1 | | | 1 | 11 |
| | 小型 | 4 | 6 | 5 | | | | 3 | | 3 | 2 | 1 | 24 |

### 6.4.2.2 地质灾害发育特征

1. 地面塌陷

地面塌陷是渑池县最典型、最为发育的地质灾害类型，主要集中分布在果园乡、张村镇、天池镇、坡头乡、英豪镇、陈村乡等6个镇的煤矿采空区，同时伴生有大量地裂缝。按规模，巨型1处，大型7处，中型9处，小型10处。

地面塌陷成因为地下矿层大面积采空后，上部岩层失去支撑，产生移动变形，原有平衡条件被破坏，随之产生弯曲、塌落，以致发展到使地表下沉变形。塌陷坑在地表上表现为凹陷盆地形态，渑池县地面塌陷多为碟形洼地，剖面形态为缓漏斗状，常称移动盆地或开采塌陷盆地，其四周略高，中间稍低，中心深度一般为0.5～5.0 m，平均为1.5 m，边缘与非塌陷区逐渐过渡，其间没有明显的界线。凹陷盆地平面形态多为近长条形，其次为方形、近圆形，长度一般为30～2 000 m，宽度一般为20～1 500 m。

2. 滑坡

滑坡主要分布于张村镇、仰韶乡、英豪镇、南村乡、洪阳镇、陈村乡等低山区和丘陵区一带。滑坡规模，大型1处、中型2处、小型1处。滑坡体岩性主要为粉质黏土和碎石土，易渗水，与下伏基岩之间形成软弱滑动面，使上层土体沿软弱面而滑动。滑坡体的形态较为完整，边界轮廓比较清晰，滑体上有多处拉张裂缝。其形成及诱发因素主要包括地形地貌因素、岩性因素、降水因素、河水侵蚀及开挖坡脚、开挖窑洞和小浪底蓄水等。

3. 崩塌

崩塌主要分布于渑池县北部山区、西部低山丘陵区的张村镇、英豪镇、南村乡等丘陵区和南闫公路沿线。其中，规模为大型2处、小型3处。区内崩塌分为土质崩塌和岩质崩塌两种，其中土质崩塌居多，为第四系粉质黏土，节理发育，崩塌土体垂直位移大于水平位移，多以剥离、坠落、滚动等方式下落，滚落速度快。岩质崩塌主要是由于岩体节理发育、破碎，呈悬空状态，在震动和雨水的冲刷下极易倾倒、垮塌。形成条件受地形地貌、地层岩性与岩体结构控制。影响因素有地质构造、气象、人类工程活动等。

4. 泥石流

泥石流主要分布在段村乡、张村镇等中低山区，规模均为小型，危害程度中等。沟谷坡度一般为25°～60°，切割强烈。悬殊的地形高差，为泥石流的形成提供充足的动力条件。物源多为采矿活动所形成的大量矿渣就地沿沟堆放，汛期易堵塞冲沟，成为泥石流物源。降水是泥石流的诱发因素。

## 6.4.3 地质灾害灾情

据2005年不完全统计，渑池县已发生45处地质灾害，灾情达到特大型6处、大型9处、中型9处、小型21处。类型为地面塌陷、崩塌、滑坡、泥石流4种，造成4人死亡，直接经济损失8 892.8万元。

## 6.4.4 地质灾害隐患点

### 6.4.4.1 地质灾害隐患点分布特征

渑池县地面塌陷、地裂缝主要分布在果园乡、天池镇、张村镇、坡头乡等5个乡镇的煤矿采空区，英豪镇和陈村乡也有少量分布；崩塌主要分布在仰韶乡、段村乡；滑坡主要分布在段村乡、南村乡、仁村乡；不稳定斜坡主要分布在段村乡、仰韶乡。

#### 6.4.4.2 地质灾害隐患点险情评价

滗池县现有地质灾害隐患点91处，其中地面塌陷48处，滑坡18处，崩塌13处，不稳定斜坡7处，泥石流5处。危害程度特大型的有3处，大型16处，中型17处，小型55处。

特大型和大型地质灾害隐患点共有19处，影响人员14 292人，威胁资产24 592万元。如段村乡中朝村岭南组滑坡，滑坡体长约500 m，宽度约300 m，厚度约25 m，面积150 000 m$^2$，体积3 750 000 m$^3$，规模为大型。滑坡体岩性为第四系粉质黏土，含大量的钙质结核，原始斜坡坡高约500 m，斜坡坡度68°，坡向60°。威胁滑坡下方11户、78人，受威胁资产156万元。

### 6.4.5 地质灾害易发程度分区

滗池县地质灾害易发区分为高易发区、中易发区、低易发区（见表3-6-10、图3-6-7）。

表3-6-10 滗池县地质灾害易发区

| 等级 | 亚区 | 面积（km$^2$） |
|---|---|---|
| 高易发区 | 南闫公路沿线滑坡、崩塌高易发亚区 | 131.77 |
| | 白浪—张村镇—天坛区地面塌陷高易发亚区 | 202.18 |
| | 耿村—果园—天池地面塌陷高易发亚区 | 86.93 |
| 中易发区 | 吉家岭—段村乡—坡头乡崩塌、滑坡中易发亚区 | 257.26 |
| | 王家坪—上渠—英豪镇段崩塌、滑坡中易发亚区 | 62.54 |
| | 四龙庙—仁村—洪阳镇滑坡、崩塌、地面塌陷中易发亚区 | 308.29 |
| 低易发区 | 观坡—滗池县城及孟家沟—笃忠—天池镇一带 | 312.95 |

#### 6.4.5.1 地质灾害高易发区

（1）南闫公路沿线滑坡、崩塌高易发亚区：位于滗池县城以北的南闫公路沿线，面积131.77 km$^2$，属侵蚀剥蚀中低山区，河流下切幅度大，河谷呈"V"形谷，坡度较陡，多在60°～80°，地质构造发育。人类的工程活动（修筑公路）频繁且坡度较陡，又未加支护，部分路段坡面坡度大于节理面坡度，且倾向相同，易发生滑坡、崩塌。

（2）白浪—张村镇—天坛区地面塌陷高易发亚区：位于县城以北，总面积202.18 km$^2$，主要为地下采煤引起的地面塌陷，也有较多的地下及露天开采铝土矿而引起的地面塌陷及滑坡，采空区面积大、影响面广。

（3）耿村—果园—天池地面塌陷高易发亚区：位于县城以南，总面积86.93 km$^2$，为侵蚀剥蚀堆积的丘陵岗地，自20世纪60年代以来，已开始采用机械化的大量开采，地下留下了大量的采空区及废弃巷道，易发生地面塌陷及地裂缝灾害。

#### 6.4.5.2 地质灾害中易发区

（1）吉家岭—段村乡—坡头乡崩塌、滑坡中易发亚区：分布于县城西北，面积257.26 km$^2$，属中低山地形，局部山坡较陡，局部自然滑坡及切坡给当地居民的生命财产造成一定的危害。

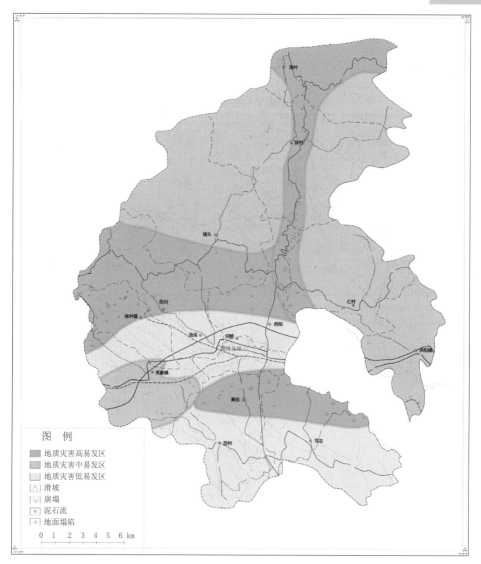

图3-6-7　渑池县地质灾害易发程度分区图

（2）王家坪—上渠—英豪镇段崩塌、滑坡中易发亚区：分布于县城西南，面积62.54 km²，为岗地，地形起伏小。局部少数居民切坡建房及高速公路、陇海铁路修路，破坏了原有斜坡的稳定性，雨季易形成小型滑坡或崩塌。

（3）四龙庙—仁村—洪阳镇滑坡、崩塌、地面塌陷中易发亚区：分布于县城以北的一带，面积308.29 km²，为中低山地貌，北陡、南缓，局部山坡被第四系粉质黏土、碎石土覆盖，雨季易沿斜坡形成滑坡地质灾害。南部由于地下采煤及采铝土矿，采空区的地面塌陷时有发生。

### 6.4.5.3　地质灾害低易发区

该区位于观坡—渑池县城及孟家沟—笃忠—天池镇一带，面积312.95 km²，地形较平坦，为涧河冲积的山间小盆地，地质灾害不发育。

### 6.4.6　地质灾害重点防治区

渑池县共确定重点防治区总面积470.11 km²，占全县总面积的35%，细分为6个重点防治亚区（见表3-6-11、图3-6-8）。

表3-6-11　渑池县地质灾害防治分区

| 区及代号 | 亚区及代号 | 面积（km²） | 灾害点数 | 隐患点数 | 受威胁 | |
|---|---|---|---|---|---|---|
| | | | | | 人数 | 财产（万元） |
| 重点防治区（A） | 南村—南闫公路（A₁） | 89.57 | 28 | 28 | 2 563 | 5 084.8 |
| | 段村乡西部（A₂） | 11.76 | 4 | 3 | 194 | 101 |
| | 张村—陈村一带（A₃） | 185.31 | 40 | 35 | 4 171 | 7 354.6 |
| | 英豪镇西南（A₄） | 63.55 | 4 | 2 | 105 | 98 |
| | 果园乡—天池乡西北（A₅） | 75.94 | 20 | 20 | 11 873 | 24 174.6 |
| | 洪阳镇南部（A₆） | 44.98 | 4 | 2 | | 51 |

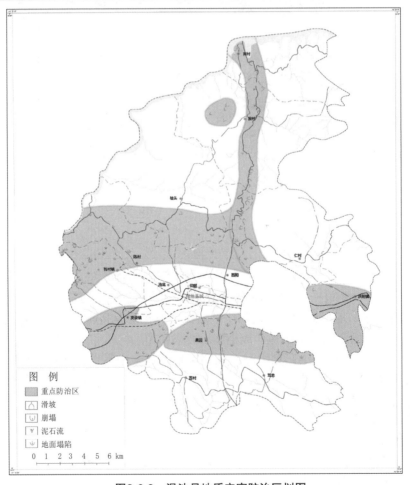

图3-6-8　渑池县地质灾害防治区划图

（1）南村—南闫公路以滑坡、崩塌为主重点防治亚区：位于渑池县北部，涉及南村乡、段村乡、仰韶乡，面积89.57 km²。主要是由于黄河岸侵、修路引起的滑坡和崩塌灾害。

（2）段村乡西部以滑坡、崩塌为主重点防治亚区：位于渑池县北部，涉及段村乡贺家洼、董家洼、前岭村部分村民组，面积11.76 km²，地质灾害隐患点3处。切坡建房居多，坡体较陡，容易引起土体崩塌，应及时避让，进行防护。

（3）张村—陈村一带以滑坡、地面塌陷、地裂缝为主重点防治亚区：位于渑池县西北部，涉及英豪镇的柴洼村、张村镇的关家底村、桑树坪村、峡石村、三化沟村、高桥村，陈村乡的西北、坡头乡的南部，面积185.31 km²。该区为煤矿、铝土矿重要开采基地，人类工程活动强烈，地质灾害隐患点35处。

（4）英豪镇西南以滑坡、崩塌为主重点防治亚区：位于渑池县的西南部，涉及陇海铁路、连霍高速、310国道，英豪镇上渠村、东马村、庵头村等，面积63.55 km²，该区重要工程较多，修建时切坡较多，而此段主要为粉质黏土，在雨水长期渗透下，土体疏松，极易发生滑坡、崩塌现象。现有地质灾害隐患点2处。

（5）果园乡—天池乡西北以地面塌陷为主重点防治亚区：位于渑池县南部地区，包括果园乡、天池镇，面积75.94 km²，是渑池县煤矿重要开采基地，人类工程活动强烈，地面塌陷地质灾害发育，地质灾害隐患点20处。

（6）洪阳镇南部以滑坡、崩塌为主重点防治亚区：位于渑池县的西部，涉及陇海铁路、连霍高速、310国道，洪阳镇东应峪村、堡后村、崤店村、上洪阳村、寨坡村等，面积44.98 km²，地质灾害隐患点2处。

# 6.5　义马市

义马市辖7个办事处，20个行政村，总人口14.01万人，面积100.46 km²。粮食作物有小麦、玉米、红薯、谷子、豆类等10多种，经济作物有油菜、花生、芝麻、烟叶等。煤炭资源丰富，工业以煤炭和煤炭综合利用为主，素有"百里煤城"之称，是我国重要的能源基地之一。

## 6.5.1　地质环境背景概况

### 6.5.1.1　地形、地貌

义马市地貌可分为低山、山前坡洪积岗地和河谷阶地。最高为北部青龙山，海拔732 m，最低为东南部的涧河河谷，海拔350.2 m，相对高差381.8 m。

### 6.5.1.2　气象、水文

义马市属暖温带大陆性季风气候，年平均气温为12.9 ℃，最高气温41.8 ℃，最低气温-18.5 ℃。全年无霜期216 d。多年平均降水量625 mm，日最大降水量138.1 mm（1982年7月30日）。月均降水量7月最大，7~9月的降水量占全年降水量的57.7%。

义马市主要河流为涧河，发源于陕县观音堂一带山区，上段称谷水（渑水），至峪口与石河汇合后称涧河，向东流至洛阳市兴龙寨汇入洛河，全长104 km，流域面积1 430 km²，平时水量很小，雨后河水暴涨，最大流量1 540 m³/s，最小流量0.024 m³/s。

#### 6.5.1.3　地层与构造

义马市地层属华北地层区豫西分区渑池—确山小区。出露地层由老至新依次为二叠系、三叠系、侏罗系、第三系和第四系。近东西向构造渑池向斜为本区主要构造单元。地层总体走向为北西—南东向，倾向南西，地层倾角较缓，北部地层倾角最大为38°，向南部逐渐变小至11°，为一单斜构造层，区域上构成东西向渑池向斜的北翼。晚第三纪以来，义马市新构造运动较强烈，主要表现为垂直升降运动。据《中国地震动参数区划图》，义马市地震基本烈度为Ⅵ度。

#### 6.5.1.4　水文地质

区域上可分为低山丘陵和向斜盆地两个水文地质单元。根据含水介质特征、地下水赋存状态及运移规律，区内地下水划分为松散岩类孔隙水和碎屑岩类孔隙、裂隙水两种类型。

#### 6.5.1.5　工程地质

按地貌、地层岩性、岩土体坚硬程度及结构特点，义马市岩土工程地质特征可划分为碎屑岩岩组和松散土体两类。其中碎屑岩岩组主要分布在义马市南部及北部的基岩山区，其中松散土体类主要分布在山前坡积地带及涧河两侧。

#### 6.5.1.6　人类工程活动

与地质灾害关系密切的人类工程活动主要是煤矿开采、工程建设等。义马市煤炭资源丰富，是我国重要的煤炭生产基地，现有煤产地5处，累计查明资源量60 621.9万t，均已被大规模开发。采煤活动对地质环境的影响主要表现为形成地面塌陷及伴生裂缝以及露天坑、排土场边坡失稳问题。

此外，北部低山丘陵区城乡建设，尤其居民切坡建房等工程建设活动有时也会引发或遭受地质灾害危害。

### 6.5.2　地质灾害类型及特征

#### 6.5.2.1　地质灾害类型

义马市地质灾害类型以地面塌陷、崩塌、滑坡为主。已发生地质灾害21处，其中地面塌陷7处，滑坡5处，崩塌9处（见表3-6-12）。

表3-6-12　义马市地质灾害类型及分布统计

| 灾害类型 | 泰山路办事处 | 千秋路办事处 | 朝阳路办事处 | 常村路办事处 | 新义街办事处 | 东区办事处 | 新区办事处 | 合计 |
|---|---|---|---|---|---|---|---|---|
| 地面塌陷 | | | | | | 3 | 4 | 7 |
| 滑坡 | | | | | | 4 | 1 | 5 |
| 崩塌 | | | | | | 6 | 3 | 9 |
| 小计 | | | | | | 13 | 8 | 21 |
| 百分比（%） | | | | | | 61.91 | 38.09 | 100 |

#### 6.5.2.2 地质灾害特征

##### 1. 地面塌陷

地面塌陷是义马市最主要、最典型的地质灾害，分布范围广，造成损失大。已发生地面塌陷7处，规模为大型6处，中型1处。主要分布于东区办事处和西区办事处，地表塌陷总面积为26.19 km²。

地面塌陷均由采煤引起。地下煤层大面积采空后，上部岩层失去支撑，产生移动变形，原有平衡条件被破坏，随之产生弯曲、塌落，以致发展到使地表下沉变形。塌陷坑在地表上表现为凹陷盆地形态，多为碟形洼地，剖面形态为缓漏斗状，常称移动盆地或开采塌陷盆地，其四周略高，中间稍低，中心深度一般为0.5～5.0 m，平均为1.5 m，边缘与非塌陷区逐渐过渡，其间没有明显的界线。凹陷盆地平面形态多为近长条形，其次为方形、近圆形，长度一般为30～2 000 m，宽度一般为20～1 500 m。

##### 2. 崩塌

崩塌规模均为小型，主要分布于义马市东部、南部丘陵区。崩塌形成与地层岩性以及人类活动有关。崩塌体为第四系粉质黏土，节理发育。开挖窑洞或依坡建房，窑洞顶部土体失稳，遇降水出现坍塌或自裂隙面脱离母体，发生崩塌。该区南部由于修路及露天采矿，开挖山体，存在危岩体，也易发生崩塌现象。

##### 3. 滑坡

滑坡主要分布于北露天矿区及310国道、姚仁（公路）线、连银（公路）线两侧。滑坡体岩性为粉质黏土和侏罗纪泥岩，易渗水，与下伏岩体之间构成软弱滑动面，使上层岩土体沿此软弱面而滑动。形态较为完整，边界轮廓比较清晰，滑体上有多处拉张裂缝。土质滑坡，滑体多为松散碎石土和粉质黏土。岩质滑坡，顺层滑坡，滑体为泥岩。

### 6.5.3 地质灾害灾情

根据调查资料，义马市已发生地质灾害21处，灾害类型为地面塌陷、崩塌、滑坡，灾情为中型的5处，小型灾情16处，造成1人死亡，直接经济损失1 383.4万元。

### 6.5.4 地质灾害隐患点特征及险情评价

义马市现有地质灾害隐患点23处，其中地面塌陷7处，崩塌11处，滑坡5处，主要分布上位于东区办事处和新区办事处。其中，地面塌陷主要集中分布在千秋煤矿、跃进煤矿、常村煤矿的采空区，同时伴生有大量的裂缝，具体分布在新区办事处二十里铺村、礼召村、三十里铺村、千秋村和东区办事处义马村、常村。滑坡主要分布于东区办事处南河村、苗园村、湾子村、石佛村和新区办事处三十里铺村一带，大部分为土质滑坡。崩塌主要分布在新区办事处二十里铺村、付村、石门村和东区办事处河口村、湾子村、石佛村、南河村、义马村。

险情评价结果，特大型6处、中型15处、小型12处。地质灾害隐患点威胁居民1 751人、耕地5 420亩、房屋6 713间。重要地质灾害隐患点有南河村滑坡、北露天矿北部边坡滑坡等。

### 6.5.5 地质灾害易发程度分区

全市地质灾害易发程度分为高易发区、中易发区、低易发区。其中，高易发区面积36.16 km²，占全市总面积的35.99%；中易发区面积58.47 km²，占全市总面积的58.23%；低易发区面积7.94 km²，占全市总面积的7.9%（见图3-6-9）。

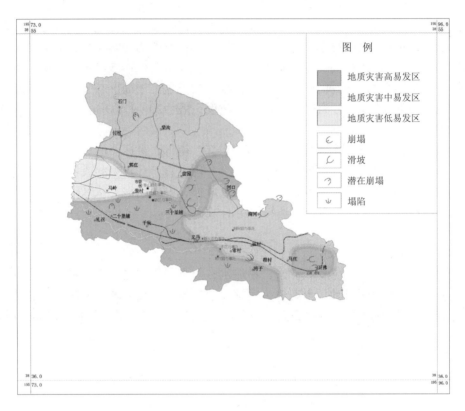

图3-6-9 义马市地质灾害易发程度分区图

#### 6.5.5.1 地质灾害高易发区

（1）滑坡、崩塌高易发亚区：位于义马市东部、东南部，面积9.97 km²。地形变化较大，风化强烈，人类工程活动强烈，易引发滑坡、崩塌地质灾害。地质灾害隐患点7处。

（2）地面塌陷高易发亚区：位于义马市南部千秋矿、跃进矿、常村矿等采煤区内，总面积26.19 km²。主要为地下采煤引起的地面塌陷及伴生裂缝，地质灾害隐患点9处。

#### 6.5.5.2 地质灾害中易发区

（1）常村—南河村崩塌、滑坡中易发亚区：分布于义马市东南部，面积23.55 km²。属中低山地形，局部山坡较陡，地质灾害隐患点4处。

（2）石门—付村—苗园崩塌、滑坡中易发亚区：分布于义马市北部，面积34.92

km²。中低山丘陵地貌，局部容易发生崩塌、滑坡，地质灾害隐患点3处。

### 6.5.5.3　地质灾害低易发区

低易发区位于义马市西部，面积7.94 km²。地势相对较平坦，地层岩性以第四系堆积物为主，地质灾害不发育。

## 6.5.6　地质灾害重点防治区

义马市共确定重点防治区面积42.13 km²，占市域面积的41.9%，细分为3个重点防治亚区（见表3-6-13、图3-6-10）。

表3-6-13　义马市地质灾害防治分区

| 区及代号 | 亚区 | 面积（km²） | 灾害点数 | 隐患点数 | 受威胁 | |
|---|---|---|---|---|---|---|
| | | | | | 人数 | 财产（万元） |
| 重点防治区（A） | 二十里铺—常村以地面塌陷、地裂缝为主重点防治亚区 | 31.02 | 8 | 9 | 1 027 | 3 414 |
| | 石佛村以崩塌、滑坡为主重点防治亚区 | 3.57 | 2 | 2 | 102 | 236.2 |
| | 三十里铺—河口村以崩塌、滑坡为主重点防治亚区 | 7.54 | 5 | 5 | 216 | 2 442 |

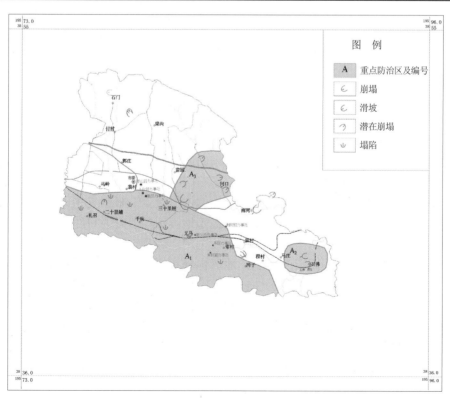

图3-6-10　义马市地质灾害防治区划图

（1）二十里铺—常村以地面塌陷、地裂缝为主重点防治亚区：位于义马市南部，面积31.02 km²。区内地质灾害隐患点9处，主要地质灾害是地面塌陷、地裂缝。重点防治千秋煤矿、跃进煤矿、常村煤矿内的地面塌陷及伴生裂缝灾害。

（2）石佛村以崩塌、滑坡为主重点防治亚区：位于义马市东南部，面积3.57 km²，区内地质灾害隐患点2处，重点防治石佛村范围内的崩塌、滑坡灾害。

（3）三十里铺—河口村以崩塌、滑坡为主重点防治亚区：位于义马市东部，面积7.54 km²，区内地质灾害隐患点5处，主要的地质灾害为崩塌。

# 6.6　三门峡市区

三门峡市区主要为湖滨区，辖5个乡（镇）48个行政村，5个街道办事处40个居委会，总面积200 km²，人口29.7万人。

## 6.6.1　地质环境背景概况

### 6.6.1.1　地形、地貌

三门峡市区地处豫西丘陵山区，地形被侵蚀切割，总轮廓以岭沟相间为特征。市域地貌可划分为构造侵蚀低山、构造剥蚀丘陵、黄土台塬、河谷平原四大地貌单元。

### 6.6.1.2　气象、水文

三门峡市区属暖温带大陆性季风区，年平均气温为13.9 ℃，年平均降水量为564.9 mm，最多为828.5 mm，最少为388.6 mm，年降水量多集中于6～9月。

主要河流有黄河、青龙涧河，属黄河流域。黄河由湖滨区北部沿崖底、会兴和高庙三个乡出境，过境长度为37.1 km，三门峡水库库容达到96亿 m³。

### 6.6.1.3　地层与构造

地层分布齐全，除缺失中生界外，其余从新生界—中元古界均有出露。构造特征以褶皱加断裂为主，比较大的褶皱有刘家山—樱桃山背斜，成为本区矿产资源分界线。区内断裂较为发育，由北东向、北西向及近东西向断裂的发育，将本区地层出露区切成大小不等、形态不同的块体。三门峡市区位于三门峡盆地地震带，盆地与地震关系极为密切，从整体地震构造上看，具备发生强地震的构造背景。根据《中国地震动参数区划图》，湖滨区地震动峰值加速度为0.15g，相当于地震基本烈度为Ⅶ度。

### 6.6.1.4　水文地质

受地形、构造、岩性等因素的影响，地下水分布不平衡。山区被黄土覆盖，部分基岩裸露，地势较高，地下水总体富水性弱。丘陵及台塬区地下水埋藏较深，市区及河谷地带是主要的富水区。根据地下水赋存的空间条件及含水层特性，可将区内地下水划分为松散岩类孔隙水和基岩裂隙水两种类型。

### 6.6.1.5　工程地质

据岩土体工程性质，三门峡市区岩土体划分为砂、粉砂、含小卵砾石土层，黄土类土，坚硬砂砾岩、石英砂岩岩组，坚硬侵入岩岩组四类。

### 6.6.2 地质灾害类型及特征

#### 6.6.2.1 地质灾害类型

三门峡市区地质灾害类型以崩塌、滑坡为主，其中滑坡3处，崩塌7处，主要分布于高庙乡、会兴乡、磁钟乡以及崖底乡。地质灾害造成人员5人死亡，毁房19间，直接经济损失17.2万元。

#### 6.6.2.2 地质灾害特征

1. 滑坡

滑坡3处，其规模均为小型，其形成机理是，黄土丘陵沟壑发育，切割强烈，坡体较陡，坡脚前缘临空宽旷，大孔隙和湿陷性等特性。同时，垂直节理发育，构造上升，斜坡岩土体植被较少，黄土层深厚松散、水土流失严重，在受人类工程活动、降水、地表水地下水动水压力的影响下，发生变形破坏的斜坡岩土体极易以水平位移沿软弱面发生滑动，形成滑坡。如崖底乡东贺家庄张秀广家滑坡，由于开挖坡脚，切坡建房，斜坡稳定性遭破坏，又因房屋距离斜坡较近，遇暴雨发生滑坡，造成3人伤亡。

2. 崩塌

崩塌7处，其规模均为小型，主要分布在黄土丘陵区，以窑体崩塌为主，与村民开挖窑洞、切坡建房等工程活动密切相关，具有突发性强、规模小、危害大等特点。

### 6.6.3 地质灾害隐患点险情评价

经调查，三门峡市区现有地质灾害隐患点54处，其中滑坡隐患点11处，崩塌隐患点42处，地面塌陷隐患1处。各乡镇均有分布，其中危及交通13处、学校4处、居民点32处。对54处地质灾害隐患点进行险情评价，险情特大型1处、大型3处、中型5处、小型45处。按灾种分，滑坡隐患点11处，其中险情等级为大型1处、中型1处、小型9处。崩塌隐患点42处，其中险情等级为大型2处、中型4处、小型36处。地面塌陷1处险情等级为特大型，危险性大。其中，特大型、大型重要地质灾害隐患点4处。

（1）高庙乡陈家山地面塌陷：位于高庙乡陈家山，为开采石膏矿引起，存在着房屋开裂、建筑变形等现象，采空区地面塌陷严重威胁着附近居民的生命财产安全，建议搬迁避让。

（2）磁钟乡磁钟村中心小学滑坡：滑坡长30～40 m，坡宽15～20 m，厚度5～8 m，规模等级为小型，岩性为黄土，斜坡岩土体植被较少，黄土层深厚松散，坡脚临空宽旷。主要威胁对象为磁钟村中心小学教师办公楼及学生教室。目前，滑坡稳定性较差，险情等级为大型，在降水等诱发因素影响下，极易发生滑坡。

（3）高庙乡李家坡村委小学区后方崩塌：崩塌坡高40～50 m，坡长50～70 m，坡宽5～10 m，坡体陡峻，岩性为砂岩泥岩，构造节理和卸荷裂隙发育。威胁小学教室及教师办公室，险性等级为大型，稳定性较差。

（4）交口乡交口村七组与野鹿村交界处石板河新村崩塌：崩塌坡高30～40 m，坡长800～1 000 m，坡宽6～10 m，坡度80°～90°，岩性为黄土，黄土层深厚松散，水土流失严重，坡面风化剥蚀强烈，节理发育，且具大孔隙及湿陷性等特性，遭遇降水，极易诱发崩塌。该处为规划的石板河新村，规划居住人口100～200人，险性等级为大型。

### 6.6.4 地质灾害易发程度分区

全市地质灾害易发程度分为高易发区、中易发区、低易发区、非易发区4个区（见表3-6-14）。

表3-6-14 三门峡市区地质灾害易发区

| 等级 | 亚区 | 面积（km²） |
|---|---|---|
| 高易发区 | 七里沟—李家坡—郭家洼地质灾害高易发亚区 | 11.2 |
| | 豫西石膏矿矿区地质灾害高易发亚区 | 3.8 |
| 中易发区 | 会兴、磁钟东部—高庙乡地质灾害中易发亚区 | 59.13 |
| | 崖底—交口地质灾害中易发亚区 | 34.03 |
| | 交口乡野鹿—小交口地质灾害中易发亚区 | 5.4 |
| 低易发区 | 会兴街道—磁钟乡地质灾害低易发区 | 54.8 |
| 非易发区 | 其他范围 | 31.64 |

#### 6.6.4.1 地质灾害高易发区

（1）七里沟—李家坡—郭家洼地质灾害高易发亚区：该区包括七里沟、沟西、李家坡、岭西、双头、院科、范家坡、郭家洼8个自然村，面积11.2 km²，地质灾害类型以崩塌、滑坡为主。该区地形切割强烈，斜坡较陡，人类工程活动以切坡建房、开山修路、采石等为主，雨季易诱发小型崩塌、滑坡。

（2）豫西石膏矿矿区地质灾害高易发亚区：该区包括磁钟乡的棉洼和高庙乡的上窑头、陈家山、王家泉，面积3.8 km²。属低山丘陵地貌，人类工程活动以采矿、切坡建房为主，矿山开采活动强烈，地质环境破坏严重，地下采空区的不稳定对附近居民生命财产造成极大威胁，遭遇降水、地震等诱发因素，极易发生地面塌陷、地裂缝、崩塌、滑坡等地质灾害。

#### 6.6.4.2 地质灾害中易发区

（1）会兴、磁钟东部—高庙乡地质灾害中易发亚区：该区包括会兴乡、磁钟乡东部和高庙乡大部，面积59.13 km²。磁钟东部为黄土丘陵地貌，高庙乡大部为低山丘陵地貌，地形切割强度大，人类工程活动以切坡建房、采石、修路为主，崩塌滑坡地质灾害较发育。

（2）崖底—交口地质灾害中易发亚区：该区包括崖底街道和交口乡西部地区，面积34.03 km²。丘陵地貌，黄土层深厚松散，斜坡坡度大，植被较少，坡体风化剥蚀强烈，斜坡较陡。主要人类工程活动为切坡建房、开挖窑洞、修路。崩塌、滑坡地质灾害较发育。

（3）交口乡野鹿—小交口地质灾害中易发亚区：该区包括交口乡的野鹿村、大交口、小交口、石板沟村等，面积5.4 km²。地层主要为第四系地层，黄土丘陵地貌，斜坡坡度大，植被较少，主要人类工程活动为切坡建房、开挖窑洞、修路。崩塌、滑坡地质灾害较发育。

### 6.6.4.3　地质灾害低易发区

该区包括会兴街道和磁钟乡大部，面积54.8 km²。该区地层主要为第四系地层，黄土丘陵地貌，黄土层深厚松散，地形坡度不大，以小型崩塌、滑坡为主。

### 6.6.4.4　地质灾害非易发区

该区主要包括三门峡市主城区和青龙涧河河谷平原，面积31.64 km²。为第四系地层，地势平坦，地质灾害不发育。

## 6.6.5　地质灾害重点防治区

三门峡市区巩义市共确定重点防治区面积20.35 km²，细分为3个重点防治亚区。重点防治区内存在地质灾害隐患点10处，其中滑坡3处、崩塌6处、地面塌陷1处。共威胁人口546人，潜在经济损失1 339万元。

（1）七里沟—李家坡—郭家洼地质灾害重点防治区：该区位于低山区的高庙乡东部，包括七里沟、沟西、李家坡、岭西、双头、院科、范家坡、郭家洼8个自然村，面积11.2 km²。地质灾害类型以崩塌、滑坡为主，属于地质灾害高易发区。

（2）豫西石膏矿矿区地质灾害重点防治区：该区属于低山丘陵区，包括磁钟乡的棉洼和高庙乡的上窑头、陈家山、王家泉，面积3.8 km²。该区人类工程活动以采矿、切坡建房为主，地质环境破坏严重，地下采空区的不稳定对附近居民生命财产造成极大威胁，遭遇降水、地震等诱发因素，极易发生地面塌陷、地裂缝、崩塌、滑坡等地质灾害。重要地质灾害隐患点3处。

（3）高庙乡沿黄路地质灾害重点防治区：该区位于高庙乡沿黄路两侧，主要包括上小安、大安村、下侯家坡、上侯家坡、史家滩，面积5.35 km²。该区地层以第四系为主，岩性主要为黄土、砂岩，人类工程活动以修路、切坡建房为主，汛期遭受降水极易诱发崩塌、滑坡地质灾害。重要地质灾害隐患点6处。

# 第7章　洛阳市

## 概　述

洛阳市位于河南省西部，辖偃师市、孟津县、新安县、洛宁县、宜阳县、伊川县、嵩县、栾川县、汝阳县和涧西、西工、老城、瀍河、洛龙、吉利区，总面积15 208 km²，总人口650.45 万。

洛阳市地处崤山和熊耳山东部、外方山的北部，沿洛河呈阶梯状下降，总体地势西高东低。境内山川丘陵交错，地形复杂多样，其中山区、丘陵占86.2%，平原占13.8%。

洛阳市主要地质灾害类型有崩塌、滑坡、泥石流、地面塌陷等。崩塌主要分布在洛阳市基岩山区及黄土台塬区，以黄土崩塌为主，规模多为中小型。滑坡为主要地质灾害类型之一，主要分布于栾川、嵩县、洛宁等南部、西部基岩山区。泥石流主要分布于栾川县、嵩县等西部和西南部的中低山区。地面塌陷分为采空地面塌陷和黄土湿陷，前者主要由人类工程活动引发，多分布在西部、西南部的栾川、宜阳、伊川和洛阳东部偃师等地下采矿区；黄土湿陷以黄土陷穴为主，主要分布在洛河、伊河和大涧河两岸的黄土分布区，洛宁县洛河两岸地带尤为严重。

根据地质环境条件及地质灾害发育程度，洛阳中南部中低山区、新安县岱嵋—荆紫、小浪底库区沿岸、孟津中部—偃师顾县、洛宁县罗岭—七里坪、宜阳中东部—伊川西北、偃师杨楼—古楼沟、偃师杨家门—唐窑、伊川西南—汝阳县、伊川白沙半坡、嵩县沙河沿岸等地段是崩塌、滑坡、泥石流地质灾害高易发区。

洛阳市地质灾害危害严重。据不完全统计，已经发生地质灾害706起，死亡139人，伤8人，直接经济损失近21 828.74 万元。目前，存在各类地质灾害隐患点1 010 处。其中，崩塌367处，滑坡385处，泥石流沟62条，地面塌陷91处，不稳定斜坡105处。

## 7.1　栾川县

栾川县位于伊河上游，辖城关、赤土店、合峪、潭头、陶湾、三川、冷水7镇和栾川、大清沟、石庙、叫河、白土、狮子庙、秋扒、庙子8 个乡，209 个行政村，1 955个村民组。总面积2 473.54 km²，耕地面积22.16 万亩，人口31.15 万，其中农业人口27.67万。栾川县矿产资源主要有钼、铁、白钨、铅、锌、硫、金、镁、萤石、铜、水晶、石煤等，尤以钼矿最为丰富。矿业产值占全县工业产值的75%，已成为栾川县支柱性产业。

### 7.1.1 地质环境概况

#### 7.1.1.1 气象、水文

栾川县属暖温带大陆性季风气候。年均气温12.1 ℃，年日照2 103 h。年均降水量862.8 mm，年际变化较大，最大年降水量为1 370.4 mm（1964年），最小年降水量564.9 mm（1991年）。降水多集中在6、7、8、9四个月，占全年降水量的64.3%。无霜期198 d。

地表水系发育，大小支流总计604条，河网密度0.59 km/km$^2$。主要河流有伊河、小河、明白河、淯河等。地表水年均径流量6.83亿 m$^3$。

#### 7.1.1.2 地形、地貌

栾川县位于豫西山地，四面群山环抱，伏牛、熊耳两大山脉平亘县境东西。地貌类型主要为中山地貌、低山地貌、丘陵地貌、河谷阶地与漫滩地貌等。

#### 7.1.1.3 地层与构造

栾川县属华北地层区豫西分区，跨越熊耳山小区和伏牛山小区。出露地层有太古界太华群、下元古界宽坪群、中元古界长城系熊耳群、蓟县官道口群和栾川群、上元古界青白口系陶湾群、古生界奥陶系二郎坪群、新生界下第三系和第四系。

新构造运动在区内有明显的反映，其主要表现形式为大面积的振荡或抬升。根据2001年版《中国地震动参数区划图》，地震烈度大部处于Ⅵ度区，仅陶湾断裂南部为Ⅴ度区。

#### 7.1.1.4 水文地质、工程地质

地下水类型有松散岩类孔隙水、碎屑岩类孔隙裂隙水、碳酸盐岩类岩溶裂隙水、基岩裂隙水。松散岩类孔隙水主要分布在沟谷和盆地沟谷两侧，由第四系亚砂土、亚黏土和砂卵石组成，主要接受山区基岩地下水径流补给和大气降水入渗补给，一般地下水比较丰富。碎屑岩类孔隙裂隙水主要分布在潭头断陷盆地内，由第三系红色碎屑岩组成，构成低山丘陵地形。因其成岩及胶结作用较差，构造裂隙极不发育。近地表有风化裂隙带，弱含孔隙裂隙水，泉流量0.1～1.01 L/s。碳酸盐岩类岩溶裂隙水位于三川—栾川复向斜核部，由中下元古界白云岩及大理岩构成。基岩裂隙水主要分布于变质岩分布区。

根据本区各类岩土体工程地质特征，划分出坚硬块状侵入岩组（r）、坚硬块状混合片麻岩及变粒岩、石英岩组（Ar）、坚硬块状喷出岩组（Ch）、较软云母片岩、石英片岩组（C）、坚硬厚层状中等岩溶化大理岩、白云岩岩组（D）、坚硬厚层状砂砾岩、石英砂岩岩组（F）、软弱中厚层状泥灰岩、泥岩、砂岩、砂质砾岩、页岩岩组（E），以及第四系松散岩类（Q）八类工程地质岩组。

#### 7.1.1.5 人类工程活动

栾川县矿产资源丰富，尤以钼矿为最。境内主要人类工程活动有矿山开采、交通线路建设、切坡建房等。

栾川县采矿活动以钼矿、金矿、铅锌矿等为主，采矿活动引发可能造成泥石流、崩塌、滑坡、生态环境破坏等矿山地质环境问题。栾川县地处深山区，地形地貌条件复杂，交通建设对地质环境破坏，修路切坡，修路弃体（土、石）堆放等构成地质灾害隐

患。此外，在山区居民因常存在切坡建房，可能引发崩塌、滑坡。

## 7.1.2　地质灾害类型与特征

栾川县地质灾害点147处，其中，滑坡100处，崩塌10处，泥石流沟30处，采矿塌陷7处。其中，滑坡、泥石流灾害共占90%，是境内主要地质灾害类型。

### 7.1.2.1　滑坡

滑坡比较发育，15个乡镇均有分布。主要分布在伊河及小河、清河等河流阶地及其支流两岸、主要交通线侧壁，影响广泛。滑坡体构成以土质居多，主要组成物质为斜坡残坡积物和基岩风化层。

大部分为土质滑坡。滑土成因类型大部分为残坡积，少量为冲洪积。土以粉质及砂质黏土为主。其中碎石含量不等，碎石含量5%～20%，碎石块度1～5cm，少数大于10cm，滑体厚度0.5～3m。岩质滑坡岩性多为碎裂状风化基岩。滑坡体上以张裂缝发育为主，常出现于滑体顶部接近基岩出露部位。滑床多由强弱基岩风化层接触面构成，坡角失稳之后，往往牵连上部风化层向下运移，或在该处形成陡坎或裂缝。

滑坡规模相差悬殊，大者可达22.8万m$^3$（潭头镇西坡滑坡），小者仅为0.018万m$^3$（三川镇三川滑坡）。滑坡平面形态主要受地形、地貌、地层岩性及构造、人为活动等因素控制。滑坡表面形态以纵长形、圈椅形为主，次为舌形、矩形等，剖面形态则以台阶形、直线状为主。大部分滑坡平面呈舌形圈椅形受微地貌及岩层风化特征控制，限制滑坡的侧向发展。滑坡后缘一般形成高陡的下跌坎及弧形控裂圈，剖面上大部分呈阶梯状，表明滑坡经历多期活动，一次次拉裂下跌而逐渐形成。

滑坡体运动变形产生了诸如滑坡体上房屋开裂变形（西坡滑坡）、树木歪斜形成"醉汉林"（兴华路滑坡）和滑动后泉水溢出（马超营滑坡）等现象。

滑坡诱发因素均为降水及人类工程活动。从发生时间分布上看多发于7、8、9月份。

### 7.1.2.2　崩塌

崩塌多发于深山区，为自然崩塌，一般不构成危害。灾害性崩塌多呈与滑坡相伴生关系，调查崩塌10处，均为土质。其中，小型崩塌5处，河岸崩塌5处，分布于伊河沿线。

### 7.1.2.3　泥石流

已查明泥石流沟30处，以河沟型泥石流为主，占80%；其次为溪沟及冲沟型泥石流。按泥石流体性质分属于稀性水石流和泥石流。

泥石流沟分布于伊河、小河支流及冲沟内，南川则以伊河南岸发育较为集中，北川则以小河北岸较为发育。按发灾频率及危害程度，城关镇、栾川乡、石庙、陶湾、庙子、潭头等乡镇受灾最为严重。

泥石流平面形态呈喇叭形、长条形，剖面形态呈阶梯形等。城关镇一带泥石流沟均系在古泥石流扇地基础上发育而成。特殊的汛期水动力条件使得多数泥石流沟以冲为主，淤积次之，沟口扇形地多数完整性较差（部分为后期人为改造）。

泥石流规模0.5万～50万m$^3$，碎石成分复杂，据岩性判断多半来自沟脑基岩风化崩塌产物，分选性差，经过长期风化破坏，散布在沟谷内的流通区及堆积区。

根据有关泥石流灾害记载，泥石流主要危及城镇和居民地、水利工程和农田。

#### 7.1.2.4 地面塌陷

地面塌陷共7处，均为采矿地面塌陷，规模为小型。主要分布于赤土店镇、冷水镇、潭头镇、狮子庙乡等。

采矿塌陷平面形态一般为圆形、椭圆形、串珠形或蜂窝状分布。在山岭脊线一带常形成相对错动的开裂滑动区，如白土乡康山村、潭头镇仓房村、石庙乡庄科村及冷水镇上房沟等。如红庄矿区东岭台塌陷区，展布方向为270°，与该矿区东西向构造控制的中低温热液成因的金矿脉方向相当。

县境内多处古采洞虽已停采并废弃，但其结构复杂、踪迹隐蔽，随人类工程活动的展开加之地震和降水等诱导因素，易对人民生命财产造成威胁。

#### 7.1.2.5 不稳定斜坡

调查确定不稳定斜坡28处，多位于河流阶地及溪沟边坡，坡体物质多由亚黏土等残坡积物构成，其次分布于公路两侧削坡段，由风化破裂程度较高的碎快石或基岩构成。

### 7.1.3 地质灾害灾情

据调查统计，栾川县发生地质灾害有138处，重大级3处，较大级5处，一般级130处。地质灾害共造成39人死亡，直接经济损失达4 652.55万元。

其中，泥石流造成的经济损失最大，滑坡、泥石流造成的人员伤亡最多。滑坡灾害100处，造成9人死亡，直接经济损失101.2万元；崩塌灾害3处，造成直接经济损失1.3万元；河流塌岸共5处，造成经济损失937.25万元；地面塌陷11处，造成经济损失189.6万元；泥石流灾害17处，造成30人死亡，经济损失达3 423.2万元。

### 7.1.4 地质灾害隐患点特征

通过调查，确定地质灾害隐患点164处，滑坡灾害隐患点89处，崩塌灾害隐患点5处，塌岸灾害隐患点5处，地面塌陷灾害隐患点7处，泥石流灾害隐患点30处，不稳定斜坡灾害隐患点28处。危害程度等级分为特大级16处，重大级26处，较大级62处，一般级60处。受威胁人数35 550人，预测经济损失18 381.2万元。

### 7.1.5 地质灾害易发程度分区

全县地质灾害易发程度分为高易发区、中易发区、低易发区3个区（见表3-7-1、图3-7-1）。

### 7.1.6 地质灾害重点防治区划

全县地质灾害重点防治区确定为南川伊河沿岸、赤土店冷水采矿区、小河上游、红庄矿区、潭头盆地、平凉河沿线等地段（见表3-7-2、图3-7-2）。

表3-7-1　栾川县地质灾害易发区

| 等级 | 代号 | 区（亚区）名称 | 亚区代号 | 面积（km²） | 占总面积（%） | 隐患点数（处） | 危害（万元） |
|------|------|----------------|----------|------------|--------------|----------------|--------------|
| 高易发区 | A | 伊河两岸叫河、陶湾至庙子亚区 | $A_1$ | 351.21 | 14.20 | 61 | 23 020 |
| | | 小河两岸、白土至狮子庙至秋扒亚区 | $A_2$ | 227.46 | 9.20 | 40 | 6 963 |
| | | 潭头—大清沟—合峪亚区 | $A_3$ | 206.69 | 8.36 | 29 | 2 355 |
| | | 赤土—冷水—三川亚区 | $A_4$ | 154.10 | 6.23 | 33 | 18 327 |
| 中易发区 | B | 合峪一带缓坡馒头状低山亚区 | $B_1$ | 433.62 | 17.53 | 10 | 135 |
| | | 小河与伊河之间遏遇岭亚区 | $B_2$ | 257.82 | 10.42 | 10 | 12 |
| | | 陶湾北、叫河南亚区 | $B_3$ | 180.63 | 7.30 | 10 | 187 |
| | | 熊耳山南麓的缓坡梁状低山亚区 | $B_4$ | 137.50 | 5.56 | 6 | 261 |
| 低易发区 | C | 伏牛山北坡基岩山地亚区 | $C_1$ | 196.37 | 7.94 | 1 | |
| | | 熊耳山南坡基岩山地亚区 | $C_2$ | 176.93 | 7.15 | 1 | 7 |
| | | 叫河以北、三川西南亚区 | $C_3$ | 84.20 | 3.40 | 1 | 63 |
| | | 遏遇岭都督尖亚区 | $C_4$ | 67.02 | 2.71 | 4 | 123 |

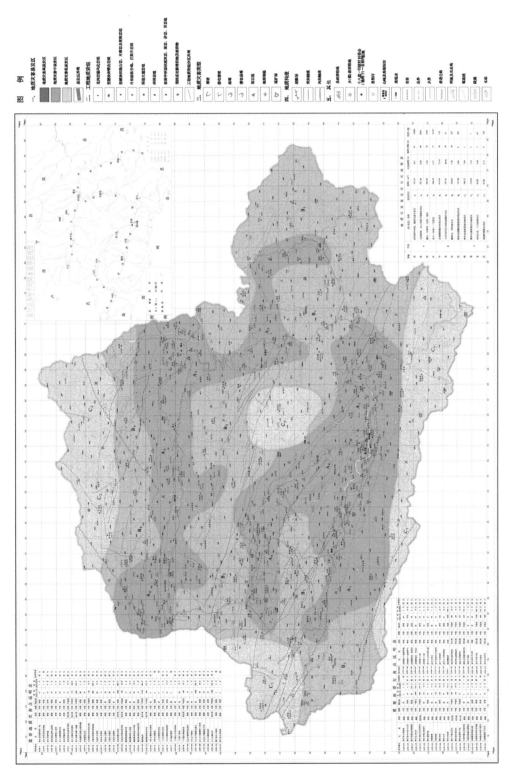

图3-7-1　栾川县地质灾害易发程度分区图

表3-7-2　栾川县地质灾害防治规划分区

| 区名及代号 | 亚区代号 | 亚区名称 | 面积(km²) | 隐患点数 | 威胁人数 | 重点防治地段 | 地质灾害类型 | 致灾因素 | 防治措施 |
|---|---|---|---|---|---|---|---|---|---|
| 重点防治区(A) | A₁ | 南川伊河沿岸 | 337.80 | 58 | 2.3万 | 石庙至栾川乡泥石流发育段 | 水石流 | 洪水、崩塌及矿渣堆积 | 拦、排 |
| | | | | | | 陶湾至海滩伊河塌岸段 | 河流塌岸 | 淤积、堤岸质量低 | 加固堤岸 |
| | | | | | | 城关镇北坡滑坡带 | 滑坡 | 开挖坡脚、降水 | 坡面防护、拦挡 |
| | | | | | | 洪洛河咸池至高崖头塌岸段 | 河流塌岸 | 淤积、堤岸质量低 | 加固堤岸 |
| | | | | | | 常门至光明不稳定斜坡及滑坡段 | 不稳定斜坡、滑坡 | 临空面高、降水 | 拦挡、植树 |
| | | | | | | 311国道庙子至杯子口段 | 不稳定斜坡、滑坡 | 岩体破碎、降水 | 坡面防护、表里排水、减少震动 |
| | A₂ | 赤土店冷水采矿区 | 55.83 | 18 | 2 450 | 龙王庙至南泥湖采矿塌陷区 | 采矿塌陷 | 采矿活动、降水 | 加强安全生产,地面居民撤离 |
| | A₃ | 小河上游 | 60.80 | 33 | 4 674 | 赤土店至青和堂尾矿坝分布段 | 泥石流隐患 | 暴雨、尾矿堆积 | 监测、防护 |
| | | | | | | 康山矿区 | 矿渣堆放采矿塌陷 | 采矿活动、降水 | 搬迁、监测 |
| | A₄ | 红庄矿区 | 4.69 | 3 | 1 230 | 白土至三水沟滑坡段 | 中型滑坡 | 开挖坡脚及降水冲刷 | 勘察、治理 |
| | A₅ | 潭头盆地 | 38.02 | 11 | 1 710 | 东岭合采矿区塌陷及矿渣堆放区 | 采矿塌陷、泥石流 | 采矿活动、降水 | 居民搬迁拦挡矿渣 |
| | | | | | | 井岭沟河村至秋林段 | 泥石流 | 水土流失严重、降水 | 对流域治理加固堤岸 |
| | A₆ | 平凉河治线 | 16.69 | 5 | 70 | 东山村古采洞塌陷区 | 地面塌陷 | 降水 | 搬迁 |
| | | | | | | 酒店至杨洞沟门 | 滑坡 | 降水、开挖坡脚 | 护坡、拦挡、搬迁 |
| 次重点防治区(B) | B₁ | 清河流域 | 294.08 | 16 | 746 | 月沟滑坡段 | 滑坡 | 降水、开挖坡脚 | 挡墙、排水 |
| | | | | | | 卢洛公路石枸山段 | 滑坡 | 降水、开挖坡脚 | 削坡卸载 |
| | | | | | | 张木正沟岩溶塌陷段 | 岩溶塌陷 | 岩溶 | 目视观测、避让 |
| | B₂ | 遏遇岭南麓及小河谷流域 | 755.19 | 47 | 760 | 陶301北部滑溃坡及尾矿坝分布段 | 滑坡、泥石流隐患 | 降水、开挖坡脚 | 监测、护坡 |
| | | | | | | 旧租路、卢潭路 | 滑坡、崩塌 | 降水、修路爆石 | 监测、避让 |
| | | | | | | 柏枝崖不稳定斜坡段 | 不稳定斜坡、滑坡 | 降水、陡峭、岩体破碎 | 拦挡、植树 |
| | B₃ | 合峪镇明白河流域 | 290.45 | 11 | 170 | 合峪街南水土流失段 | 泥石流 | 降水 | 削坡卸载、排水 |
| | | | | | | 卢洛公路改造段 | 滑坡 | 坡体开挖、降水 | 护坡 |
| | | | | | | 马丢村 | 滑坡、采矿塌陷 | 斜坡陡峭、开挖炸石 | 拦挡、避让 |
| 一般防治区(C) | C₁ | 伏牛山北麓中山区 | 262.17 | 2 | | 伊河南岸多数溪沟沟脑 | 滑坡、崩塌 | 斜坡陡峭、岩体风化强烈 | 监测、搬迁 |
| | C₂ | 遏遇岭中山区 | 177.08 | 6 | 16 | 南鸭岭石滑坡发育段 | 滑坡 | 土岩接触面、降水 | 监测、搬迁 |
| | C₃ | 熊耳山中山区 | 175.09 | 1 | 7 | | 滑坡 | 陡坡排种、降水 | 监测、搬迁 |

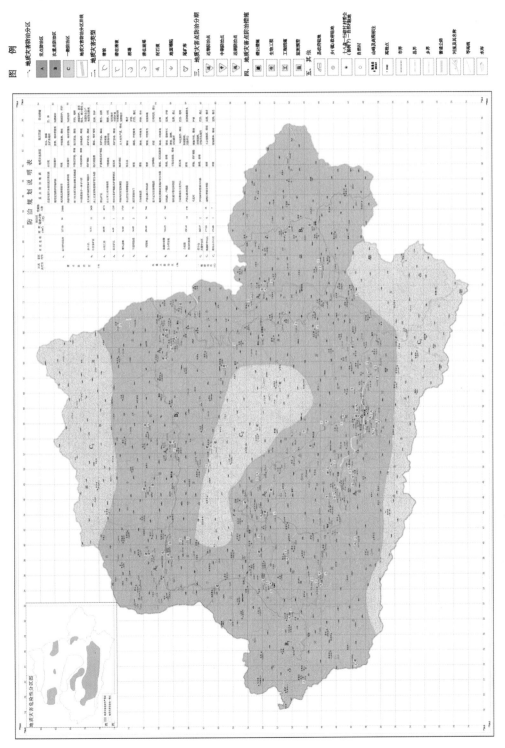

图3-7-2　栾川县地质灾害重点防治区划图

# 7.2 嵩 县

嵩县位于河南省洛阳市西南部，辖16个乡（镇），318个行政村，人口55万人，总面积3 008.9 km²。农业以种植为主，现有耕地面积约71.7万亩。主要农作物有小麦、玉米、红薯、大豆、水稻、花生、烟叶、芝麻等数十种。嵩县矿藏资源丰富，主要有萤石、重晶石、滑石、石英、钾长石、大理岩、黄铁矿、金等17余种。其中，黄金产量位居省内前列，萤石、重晶石储量、质量均属全省之冠。

## 7.2.1 地质环境概况

### 7.2.1.1 气象、水文

嵩县除南部白河乡大青等村属北亚热带气候外，其余地区均为暖温带大陆性季风气候。多年平均降水量由嵩北向嵩南递增，年最大降水量为1 101.7 mm（2003年），年最小降水量为489.6 mm。6、7、8、9四个月降水量较为集中。

嵩县地表水资源丰富，自北向南依次分布有三条比较大的河流：伊河、汝河、白河，分属黄河、淮河、长江流域。

### 7.2.1.2 地形、地貌

地貌类型可分为中山、低山、丘陵、阶地及漫滩。北部及中南部为中山区，中北部为低山丘陵区。海拔超过2 000 m的山峰4座，海拔1 600～2 000 m的山峰18座，千米以上山峰共计700余座。

### 7.2.1.3 地层与构造

嵩县属华北地层区，跨越豫西—豫东南分区的卢明小区和渑确小区。出露地层有太古界太华群，中元古界长城系熊耳群、蓟县洛峪群、宽坪群和上元古界栾川群，古生界寒武系下—中统、古生界奥陶系二郎坪群、新生界下第三系和第四系。

断裂构造走向大致有北西、近南北、北北东、北东和东西等，其中以北西西和北东向最为发育。新构造运动在境内比较活跃，主要表现为振荡或升降运动。根据《中国地震动参数区划图》（GB 18306—2001），县境内地震动峰值加速度为0.05$g$，相当于地震基本裂度Ⅵ度。

### 7.2.1.4 水文地质、工程地质

根据区内地层岩性、岩性组合、构造、地貌等条件，将区内地下水分为松散岩类孔隙水、碎屑岩类裂隙—孔隙水、碳酸盐岩类裂隙—岩溶水、基岩裂隙水四种类型。

根据本区各类岩土体工程地质特征，划分出碎裂状较软花岗岩强风化岩组（r）、中厚层坚硬块状熔岩岩组（Ch）、片状较软石英云母片岩组（D）、中厚层稀裂状中等岩溶化硬白云岩组（O+∈）、中厚层泥化夹层较软粉砂岩组（P+C）、第四系松散土类（Q）六类工程地质岩组。

### 7.2.1.5 人类工程活动

嵩县地上地下资源十分丰富，目前已探明储量矿产种类30余种，其中黄金探明储量420 t，萤石、花岗岩、钼等均有较高的开发价值，因此采矿活动较为强烈。其次，基础

设施建设步伐加快，311国道中修完成，70个行政村264.5 km"村村通"工程完工。旅游设施建设力度加大，对白云山进行大规模综合改建，完成了道路拓宽、景点建设、接待服务、环境整治、配套设施5大类53项工程；投资4 600万元的天池山综合整治工程开工；完成木札岭景区双龙瀑500 m滑道工程等。

## 7.2.2 地质灾害特征

经调查，嵩县地质灾害点136处，其中，滑坡62处、崩塌63处、泥石流8处、地面塌陷3处。

### 7.2.2.1 滑坡

滑坡62处，按滑坡体岩性分有土质滑坡和岩质滑坡。按规模分，中型5处，其余均为小型。

滑坡体以土质为主，其次为岩质。土质滑坡的物质构成主要为亚黏土、亚砂土、碎石土。岩质滑坡主要为片岩、片麻岩、砂岩、砂砾岩等，通常岩体节理发育，风化强烈，较为破碎，节理、裂隙、劈理等结构面均可转化为滑坡面。

土质滑坡带土体结构松散，孔隙、裂隙发育，导致雨水渗入坡体，降低坡体抗剪强度。区内坡体陡峭（25°~50°），高差悬殊，冲沟发育为滑坡的产生提供有利的地形条件。滑坡平面形态以圈椅形、舌形、矩形为主，剖面形态多为直线及台阶形。人类活动对滑坡的影响主要表现为陡坡耕作及坡脚开挖等活动不断降低了斜坡的稳定性。

### 7.2.2.2 崩塌

嵩县地处深山区，地形复杂，地质构造发育，人类工程活动强烈（诸如筑路、采矿、水利工程、民居建设），自然及人为造成崩塌频繁发生。崩塌为境内主要的地质灾害类型之一。共发现崩塌63处，分布遍及14个乡镇。

崩塌发育与地形、地貌、地质条件、植被、气象及人类工程活动等条件有关。崩塌规模均为小型。其中，土质崩塌45处，岩质崩塌18处。土质崩塌体岩性构成主要为亚黏土、砂砾石层及残坡积碎石土等。坡体结构松散，孔隙、裂隙发育。主要分布于县境中北部低山丘陵区。岩质崩塌构成岩性为变质岩类及碎屑岩类，岩体裂隙、节理发育，风化强烈。

崩塌致灾因素主要为降水和人类工程活动。多发生于陆车路、洛栾快速路等主要交通要道沿线及居民区附近等人类工程活动相对强烈地段。

### 7.2.2.3 泥石流

境内泥石流主要分布于伊河流域的高都川、八道沟、通峪沟、白卢沟等地，主要为河谷型及冲沟型泥石流，共8处。按泥石流流体性质来分多为水石流。

泥石流沟的平面形态呈喇叭形、长条形，剖面形态一般呈阶梯形。规模为小型。

### 7.2.2.4 地面塌陷

地面塌陷3处，均为小型采空塌陷，集中分布于车村镇、南上村、陈楼村、官亭村。塌陷坑平面呈不规则椭圆形，直径16~38 m不等，塌陷面积$1.3 \times 10^{-3}$ ~ $4.5 \times 10^{-3}$ $km^2$。

### 7.2.3　地质灾害灾情

嵩县发生地质灾害58处，崩塌灾害27处，滑坡27处，泥石流2处，地面塌陷2处。灾情特大级1处，较大级3处，一般级54处。造成死亡46人、伤2人，经济损失2 479.45万元。各乡镇已发生地质灾害灾情见表3-7-3。

表3-7-3　嵩县各乡镇已发生地质灾害经济损失评估统计

| 乡镇 | 崩塌 | | 滑坡 | | 泥石流 | | 塌陷 | | 合计 | |
|---|---|---|---|---|---|---|---|---|---|---|
| | 数量（处） | 经济损失（万元） | 数量（处） | 经济损失（万元） | 数量（处） | 经济损失（万元） | 数量（处） | 经济损失（万元） | 数量（处） | 经济损失（万元） |
| 车村镇 | 1 | 0.6 | | | 1 | 8 | 2 | 9.6 | 4 | 18.2 |
| 德亭乡 | 3 | 1.8 | 5 | 6.6 | | | | | 8 | 8.4 |
| 旧县镇 | 4 | 5.6 | 3 | 12.4 | | | | | 7 | 18 |
| 城关镇 | | | | | 1 | 2 140 | | | 1 | 2 140 |
| 木植街乡 | 1 | 0.6 | 2 | 22.4 | | | | | 3 | 23 |
| 黄庄乡 | 3 | 1.6 | 1 | 0.8 | | | | | 4 | 2.4 |
| 何村乡 | | | 4 | 4.25 | | | | | 4 | 4.25 |
| 饭坡乡 | | | 3 | 33 | | | | | 3 | 33 |
| 库区乡 | 2 | 201.2 | | | | | | | 2 | 201.2 |
| 大章乡 | 2 | 1.4 | 1 | 7.6 | | | | | 3 | 9 |
| 纸房乡 | 1 | 0.8 | 2 | 1.2 | | | | | 3 | 2 |
| 田湖镇 | 1 | 1 | 1 | 1.8 | | | | | 2 | 2.8 |
| 阎庄乡 | 5 | 4.4 | | | | | | | 5 | 4.4 |
| 九店乡 | 3 | 1.6 | 3 | 8.8 | | | | | 6 | 10.4 |
| 大坪乡 | 1 | 0.6 | 2 | 1.8 | | | | | 3 | 2.4 |
| 合计 | 27 | 221.2 | 27 | 100.65 | 2 | 2 148 | 2 | 9.6 | 58 | 2 479.45 |

### 7.2.4　地质灾害隐患点特征及险情

嵩县现有各类地质灾害隐患点135处，其中崩塌隐患点63处，滑坡隐患点61处，泥石流隐患点8处，地面塌陷3处。危害级别分为特大级2处，重大级20处，较大级71处，一般级42处。共威胁8 517人，预测经济损失16 491万元。

### 7.2.5　地质灾害易发程度分区

嵩县地质灾害易发区分为高易发区、中易发区和低易发区（见图3-7-3）。

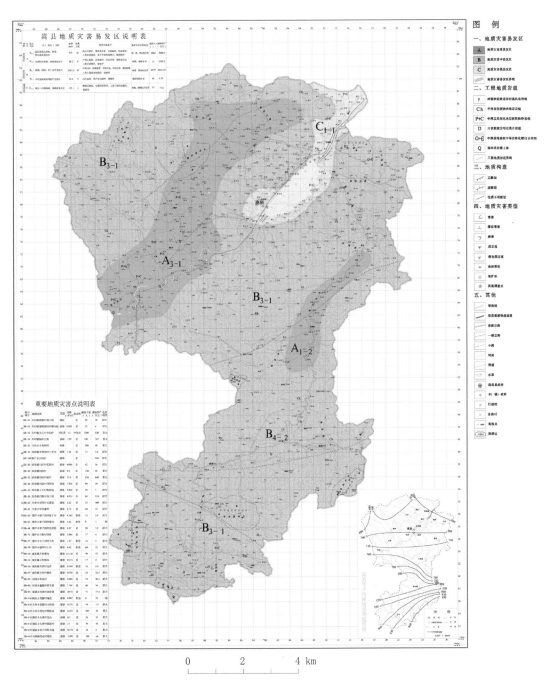

图3-7-3 嵩县地质灾害分布与易发区图

## 7.2.6 地质灾害重点防治区

嵩县地质灾害重点防治区见表3-7-4、图3-7-4。

表3-7-4　嵩县地质灾害防治规划分区

| 区名及代号 | 亚区代号 | 亚区名称 | 面积（km²） | 隐患点数 | 威胁人数 | 重点防治地段 | 地质灾害类型 | 致灾因素 | 防治措施 |
|---|---|---|---|---|---|---|---|---|---|
| 重点防治区（A） | A₁ | 伊河流域低山亚区 | 257.3 | 39 | 2 658 | 洛栾快速通道及洛户路重点防治段 | 崩塌、滑坡 | 切坡、降水 | 削坡、护坡、挡墙 |
| | A₂ | 汝河沿岸重点防治亚区 | 60 | 9 | 51 | 高都川、通峪沟等重点防治段 | 泥石流 | 矿渣堆放、降水 | 稳栏、排导 |
| | A₃ | 库区沿岸重点防治亚区 | 72.1 | 4 | 25 | 陆车路重点防治段 | 崩塌、滑坡 | 切坡、岩体风化、降水 | 削坡、护坡 |
| | A₄ | 车村盆地重点防治亚区 | 45.7 | 6 | 84 | 洛栾快速通道重点防治段 | 崩塌 | 切坡、降水 | 削坡、护坡 |
| | A₅ | 天池山亚区 | 48.2 | 2 | 47 | | 地面塌陷 | 采矿活动强烈 | 避让、回填 |
| | A₆ | 白云山亚区 | 32.6 | 4 | | 白云路重点防治段 | 崩塌、滑坡 | 人类工程活动、降水 | 避让、削坡、护坡 |
| 次重点防治区（B） | B | | 2 436.1 | 69 | 5 595 | 牛头沟公路重点防治段 | 崩塌、滑坡 | 切坡、岩体风化、降水 | 削坡、护坡 |
| 一般防治区（C） | C | 田湖—千秋一般防治区 | 56.9 | 2 | 57 | 蝉木公路重点防治段 | 崩塌 | 坡体陡峭、岩体破碎 | 削坡、护坡 |
| | | | | | | | 崩塌、滑坡 | 切坡、降水 | 削坡、护坡 |
| | | | | | | | 崩塌 | 切坡、降水 | 削坡、护坡 |

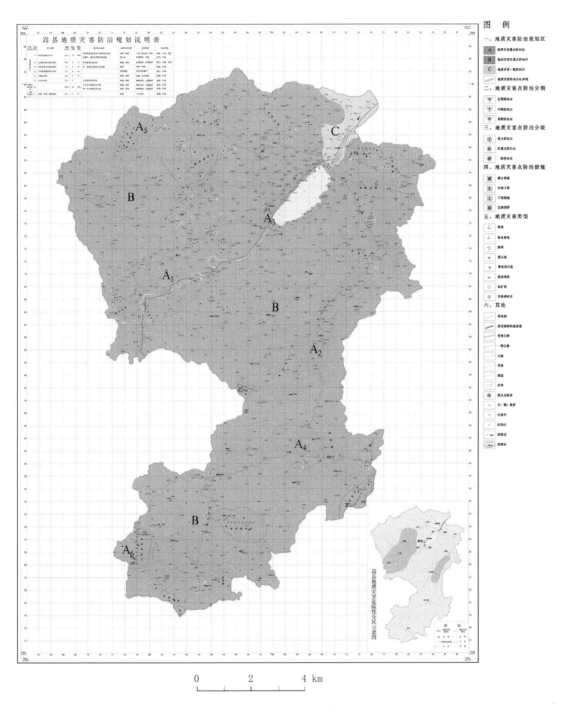

图3-7-4　嵩县地质灾害防治规划图

# 7.3　洛宁县

洛宁县位于河南省洛阳市西部，全县辖21个乡镇，384个行政村，3 048 个村民组，总人口433 470人。全县现有耕地950 366.3亩，农业种植主要为小麦、玉米、大豆、红薯、谷子等数十种。矿产资源较为丰富，主要矿产资源有金、银、铅、锌、铁等金属矿物和萤石、蛭石、重晶石、石英等非金属矿产，已经逐步形成以采矿、机械、电力、建材等为主的工业生产体系。

## 7.3.1　地质环境背景

### 7.3.1.1　地形、地貌

洛宁地处豫西山区，按其成因、形态及地层组合等因素，可将区内地貌类型大致分为侵蚀构造中山地貌、侵蚀构造低山丘陵地貌、侵蚀堆积黄土台塬、堆积倾斜平原。南部为熊耳山，西北部为崤山，中部为洛宁新生代断陷盆地。洛河自西向东横贯全境。涧河呈羽状南、北汇入洛河。总体地势由东向西，由中向南、北逐渐增高。

### 7.3.1.2　气象、水文

洛宁地处暖温带大陆性季风气候区，四季分明。年平均气温13.7 ℃；多年平均降水量606 mm，年最大降水量954.9 mm，年最小降水量399.6 mm。每年6、7、8、9四个月为汛期，降水集中，约占全年的61.1%。降水量空间上由北部向南部呈递增趋势。

洛河为洛宁县唯一的主干河流，属黄河流域。一级支流41条，其中较大的涧河有东宋涧、杨坡涧、河底涧等30余条。

### 7.3.1.3　地层与构造

洛宁县属华北地层区豫西—豫东南分区的渑确小区，出露地层由老及新依次为太古宇太华群、中元古界长城系熊耳群、新元古界青白口系官道口群、新生界古近系、新近系、第四系等。

境内新构造运动，以大面积的差异性断续升降为主。根据《中国地震动参数区划图》，洛宁县地震基本烈度为Ⅵ度。

### 7.3.1.4　水文地质

区内地下水主要受气象、水文、地质构造、地貌等因素影响，它们长期制约和综合作用，为地下水的形成、赋存和分布提供了复杂的自然地理、地质环境。依据地下水赋存条件，可将其划分为松散岩类孔隙水、碎屑岩类孔隙裂隙水、基岩裂隙水三种类型。

### 7.3.1.5　工程地质岩组

根据各类岩土体工程地质特征，洛宁县岩土体工程地质类型分为碎裂状较软花岗岩强风化岩组（r），中厚层坚硬块状喷出岩岩组（Ch），片状较软片麻岩、石英云母片岩岩组，较软中厚层泥岩、泥灰岩、砂岩、黏土岩岩组，粉土、黏性土双层土体、粉质黏土、粉土、粉细砂多层土体等六种类型。

### 7.3.1.6　人类工程活动

洛宁县境内主要有矿山开采、交通线路建设、水利工程建设、切坡建房等。洛宁县矿产资源丰富，区内采矿活动以金、银、铅、萤石、蛭石等矿物开采为主，尤以洛南熊耳山区采矿活动更为集中。采矿活动引发地面塌陷、泥石流、崩塌、滑坡及矿渣堆放等一系列矿山地质环境问题。

洛宁县地处深山区，交通发展受到较大的限制。近年来，洛宁县道路建设步伐也不断加快，道路建设对地质环境的破坏主要表现为修路切坡，修路弃体（土、石）堆放等。县境内有各类水库30余座，灌渠百余条，调查中发现水利设施导致库岸崩塌、滑坡等问题。在山区及丘陵区，居民因用地短缺，常存在切坡建房，构成严重的斜坡隐患。

### 7.3.2 地质灾害类型及特征

#### 7.3.2.1 地质灾害类型

洛宁县各类地质灾害点共171处。其中，崩塌73处、滑坡35处、地面塌陷9处、泥石流8处、不稳定斜坡46处（见表3-7-5）。

**表3-7-5 洛宁县地质灾害类型及数量分布统计**

| 地质灾害类型 | | 规 模 | | | 数量（处） | 占同类型比例（%） | 占总数比例（%） |
|---|---|---|---|---|---|---|---|
| | | 小型 | 中型 | 大型 | | | |
| 崩塌 | 土质崩塌 | 71 | | | 71 | 97.3 | 41.5 |
| | 岩质崩塌 | 2 | | | 2 | 2.7 | 1.2 |
| | 总数 | 73 | | | 73 | 100 | 42.7 |
| 滑坡 | 土质滑坡 | 29 | 4 | 1 | 34 | 97.1 | 19.9 |
| | 岩质滑坡 | 1 | | | 1 | 2.9 | 0.6 |
| | 总数 | 30 | 4 | 1 | 35 | 100 | 20.5 |
| 泥石流 | | 8 | | | 8 | 100 | 4.6 |
| 地面塌陷 | | 9 | | | 9 | 100 | 5.3 |
| 不稳定斜坡 | | | | | 46 | 100 | 26.9 |

#### 7.3.2.2 地质灾害特征

洛宁县地质灾害分布于19个乡镇。从地域分布特征看，黄土塬区边缘、黄土丘陵区、交通线路两侧、居民房前屋后等人类工程活动较为强烈的地区。

1. 滑坡

滑坡35处，是主要灾种之一。其中，大型1处，中型4处，其余均为小型。除1处为岩质滑坡外，其余均为土质滑坡。土质滑坡物质构成一般为第四系中更新统粉土、粉质黏土（夹古土壤）及全新统粉土、粉质黏土等。滑坡平面形态以圈椅形为主，剖面形态多为直线形及台阶形。

区内滑坡形成条件与地形地貌、地层岩性、地质构造，气象、人类工程活动等有关。

2. 崩塌

崩塌分布遍及19个乡镇，具有发生频度高、危害性较大等特点。境内崩塌规模均为小型。就坡体构成而言，73处崩塌中，除2处为岩质崩塌外，其余均为土质崩塌。空间分布上，区内崩塌集中分布于黄土塬区边缘、黄土丘陵区、交通线路两侧、居民房前屋后等人类工程活动较为强烈的地区。尤其是窑洞密集地区，崩塌发育更为集中。根据调查结果，约80%以上的崩塌，是由于开挖窑洞，破坏坡体原有力学平衡，土体产生卸荷节理、裂隙或节理、裂隙面开启程度变大，使土体自稳能力降低。

### 3. 泥石流

县域泥石流共8处，以冲沟型或河谷型泥石流为主，按泥石流流体性质来分多为水石流。

境内泥石流主要发生于洛河流域主要涧河或其两侧大的支沟内，集中分布于洛南基岩山区，如焦子河，崇阳沟、麦张沟等。该地区沟谷自然坡降较大，地质构造复杂，洛宁山前大断裂位于该区中南部，存在断裂破碎带。岩体节理、裂隙发育，多为风化及构造节理。区内岩体风化后，破碎程度较高，沿沟底坡积锥到处可见。此外，修路及采矿等活动强烈，沟谷内采矿废渣及修路弃渣堆放量较大，也形成泥石流物源。

经综合评判，8处泥石流中，除焦子河泥石流处于易发状态下，其余7处均处于中等易发状态。泥石流沟平面形态常呈喇叭形或长条形，剖面形态一般呈阶梯形。规模以中小型为主。

泥石流的形成时间集中于每年的6~9月降水较多的月份，具有突发性强、致灾率高等特点。

### 4. 不稳定斜坡

共调查发现不稳定斜坡46处，以土质为主，各乡镇均有分布。主要集中于道路两侧高陡边坡，以及居民建房切坡处。致灾因素为切坡建房、修路或开挖窑洞、降水、河流侵蚀坡脚等。

### 5. 地面塌陷

已查明地面塌陷9处，其中，6处为采空塌陷，3处为黄土陷穴，均为小型。

采空塌陷分布于罗岭乡罗岭村、赵村乡七里坪村、西山底刘秀沟、金洞沟等地。塌陷坑平面呈不规则圆形或椭圆形，直径一般8~15 m。

黄土陷穴主要分布于黄土塬区，集中分布于东宋牛庄村、贾窑村、大宋，王村乡牙口村等地。均为窜珠状潜蚀土洞塌陷，外观为裂缝状，宽0.5~1.5 m，长几十米至上百米不等，深一般3~6 m。该类塌陷主要由于黄土特殊的性质，发生潜蚀作用形成。

## 7.3.3 地质灾害灾情

洛宁县已发生地质灾害共72处，其中崩塌灾害44处、滑坡19处、泥石流1处、地面塌陷8处。灾情中型2处、小型70处。造成死亡12人、伤4人，经济损失571.76万元。

## 7.3.4 地质灾害隐患点特征及险情评价

### 7.3.4.1 地质灾害隐患点分布特征

洛宁县现有158处地质灾害隐患点，分布于18个乡镇。崩塌隐患点集中分布于涧口、赵村、河底、上戈、罗岭、马店、小界等黄土丘陵区，成因多为降水—人工卸荷型；滑坡隐患点主要分布于上戈、罗岭、马店、小界、故县等乡镇，多为人工切坡所致；泥石流主要分布于兴华、下峪、西山底等乡镇；地面塌陷主要分布于罗岭、河底、东宋、赵村等地，主要为降水、矿渣或修路弃土无序堆放所致。不稳定斜坡，分布涉及15个乡镇，兴华、下峪、西山底等地，坡体结构多为土质。

### 7.3.4.2 地质灾害隐患点险情评价

确定各类地质灾害隐患点158处，共威胁6 693人，预测经济损失8 928.8万元。危害级别分为特大型1处，大型11处，中型83处，小型63处。重要地质灾害隐患点9处（见表3-7-6）。

表3-7-6 重要地质灾害隐患点稳定性及危害状况一览表

| 编号 | 灾害类型 | 地理位置 | 规模 | 变形时间 | 致灾原因 | 稳定性 | 灾　情 | |
|---|---|---|---|---|---|---|---|---|
| | | | | | | | 危害状况 | 危害等级 |
| 1 | 泥石流 | 下峪乡崇阳沟 | | | 河道弃渣堆放、降水 | 中易发 | 威胁1 470人，200亩，1 800间 | 特大 |
| 2 | 不稳定斜坡 | 底张乡中 | | | 降水、坡体切割 | 差 | 威胁733人，110亩，96间，16孔 | 大 |
| 3 | 滑坡 | 西山底杨岭村 | 大 | 1962年8月 | 灌溉渗漏、降水、坡体加载 | 较差 | 威胁170人，160间 | 大 |
| 4 | 泥石流 | 西山底庙沟崖 | | | 弃渣沿沟堆放、降水 | 中易发 | 威胁150人，300亩，200间 | 大 |
| 5 | 不稳定斜坡 | 赵村乡古寨村 | | | 降水、削坡过陡 | 差 | 威胁280人，350间 | 大 |
| 6 | 滑坡 | 河底乡南窑村 | 中 | 1963年6月 | 降水、灌渠渗漏、切坡 | 较差 | 威胁300人，150间，毁4间 | 大 |
| 7 | 塌陷 | 罗岭乡罗岭村 | 中 | | 采矿、降水、风化 | 较差 | 威胁310人，360间，毁1亩，258间 | 大 |
| 8 | 泥石流 | 故县乡焦子河村 | 小 | 2001年8月至2003年8月 | 降水、风化 | 易发 | 威胁720人，50亩，河坝140 m | 大 |
| 9 | 滑坡 | 小界乡三洛路 | 小 | 2000年4月 | 斜坡陡峭、开挖坡脚、降水 | 较差 | 威胁6人，7间，省道85 m堵7天 | 大 |

## 7.3.5 地质灾害易发程度分区

洛宁县地质灾害易发程度分为高易发区、中易发区和非易发区3个区（见表3-7-7）。

表3-7-7 洛宁县地质灾害易发区

| 等级 | 代号 | 区（亚区）名称 | 亚区代号 | 面积（km²） | 占全县面积（%） | 隐患点数（处） | 威胁资产（万元） |
|---|---|---|---|---|---|---|---|
| 高易发区 | A | 洛宁盆地边缘低山丘陵崩塌、滑坡、泥石流高易发区 | A₃₋₁ | 713.21 | 30.93 | 79 | 6 439.24 |
| | | 罗岭地面塌陷高易发区 | A₄₋₂ | 9.22 | 0.40 | 4 | 229.5 |
| | | 虎沟—七里坪矿区采空塌陷、崩塌高易发区 | A₄₋₃ | 68.02 | 2.95 | 6 | 83.1 |
| 中易发区 | B | 中部黄土（缓坡）丘陵、台塬崩塌、滑坡中易发区 | B₁₋₁ | 612.45 | 26.56 | 40 | 658.95 |
| | | 王村—东宋黄土塬（潜蚀）塌陷、崩塌中易发区 | B₄₋₂ | 114.37 | 4.96 | 11 | 167.71 |
| | | 北部中山区崩塌、滑坡中易发区 | B₁₋₃ | 216.29 | 9.38 | 1 | 200 |
| | | 南部中山区崩塌、滑坡中易发区 | B₁₋₄ | 474.32 | 20.57 | 17 | 1 150.3 |
| 非易发区 | D | 洛河冲积平原地质灾害非易发区 | D₁₋₁ | 98.00 | 4.25 | | |

### 7.3.5.1 地质灾害高易发区

1. 洛宁盆地边缘低山丘陵崩塌、滑坡、泥石流高易发区

该区地处中山区与黄土台塬区之间，面积713.21 km²。区内构造发育，山体抬升较为强烈，沟谷纵横。该区共发现地质灾害79处，包括滑坡24处、崩塌28处、泥石流8处、不稳定斜坡19处。

2. 罗岭地面塌陷高易发区

该区位于罗岭乡罗岭村一带，面积9.22 km²。主要类型有采空地面塌陷、崩塌、滑坡。地质灾害隐患4处，其中地面塌陷1处、崩塌2处、不稳定斜坡1处。

3. 虎沟—七里坪矿区采空塌陷、崩塌高易发区

该区位于南部中山区，底张、西山底、赵村等乡南部，面积68.02 km²。地质灾害隐患6处，其中地面塌陷3处、崩塌2处、不稳定斜坡1处。

### 7.3.5.2 地质灾害中易发区

1. 中部黄土（缓坡）丘陵、台塬崩塌、滑坡中易发区

该区沿洛河两侧分布，属缓坡丘陵及黄土台塬地貌类型，面积612.45 km²。地质灾

害隐患点40处，其中崩塌21处、滑坡7处、地面塌陷1处、不稳定斜坡11处。

2. 王村—东宋黄土塬（潜蚀）塌陷、崩塌中易发区

该区地处洛宁盆地东北，面积114.37 km²。区内人口居住相对集中，主要人类工程活动为挖掘窑洞、切坡建房、修路等。各类地质灾害隐患点11处，其中地面塌陷4处、崩塌5处、不稳定斜坡2处。

### 7.3.5.3 地质灾害非易发区

该区面积98 km²，属堆积倾斜平原，地势较为平坦。

## 7.3.6 地质灾害重点防治区

重点防治区包括洛北低山丘陵重点防治亚区、洛南低山丘陵重点防治亚区、东宋—王村重点防治亚区、罗岭重点防治亚区、虎沟—七里坪重点防治亚区、神灵寨重点防治亚区等六个亚区（见表3-7-8）。

表3-7-8 洛宁县地质灾害重点防治分区

| 分区名称 | 亚区 | 代号 | 面积（km²） | 占全县面积（%） | 威胁对象 |
|---|---|---|---|---|---|
| 重点防治区 | 洛北低山丘陵亚区 | $A_1$ | 290.7 | 12.61 | 居民、道路、耕地、建筑、矿山 |
| | 洛南低山丘陵亚区 | $A_2$ | 167.7 | 7.27 | 居民、道路、矿山、建筑 |
| | 东宋—王村亚区 | $A_3$ | 14.7 | 0.64 | 居民、道路、建筑 |
| | 罗岭亚区 | $A_4$ | 7.5 | 0.33 | 居民、道路、耕地、建筑、矿山 |
| | 虎沟—七里坪亚区 | $A_5$ | 50.9 | 2.21 | 矿山、居民、道路 |
| | 神灵寨亚区 | $A_6$ | 10.3 | 0.45 | 景区、道路、民居 |

### 7.3.6.1 洛北低山丘陵亚区

该区位于洛河北部，洛宁盆地西北，中山区与黄土塬区之间地带，面积290.7 km²，为崩塌、滑坡、泥石流高发区，调查发现地质灾害隐患点共40处。

### 7.3.6.2 洛南低山丘陵亚区

该区位于洛河以南，洛宁盆地南部边缘，面积167.7 km²。地质灾害类型为崩塌、滑坡、泥石流，地质灾害隐患点共26处。

### 7.3.6.3 东宋—王村亚区

该区位于洛北黄土塬区，属洛宁盆地，面积14.7 km²。主要地质灾害类型为崩塌、地面塌陷，地质灾害隐患点共6处。

### 7.3.6.4 罗岭亚区

该区位于罗岭乡罗岭村，面积7.5 km²，低山丘陵地貌。该区主要地质灾害类型为崩塌、采空塌陷，地质灾害隐患点共5处。

### 7.3.6.5 虎沟—七里坪重点防治亚区

该区位于熊耳山区的西山底、赵村等乡南部，面积50.9 km²，地质灾害隐患点4处。

#### 7.3.6.6 神灵寨亚区

该区面积10.3 km²。共调查地质灾害隐患点4处，其中不稳定斜坡3处、崩塌1处。

# 7.4 宜阳县

宜阳县位于河南省洛阳市西南部，总面积1 670.5 km²，辖6 镇11 乡， 383 个行政村，1 749 个自然村，总人口67.3 万。宜阳县矿产资源丰富，共发现铝土、铁、金、铜、铅、煤炭、石油、石墨、花岗岩、石灰岩、石英、钾长石、萤石、重晶石等各类矿产35 种。

## 7.4.1 地质环境背景概况

### 7.4.1.1 地形、地貌

宜阳县地貌分为中山、低山、黄土与红土丘陵、黄土平梁、黄土塬地、冲积平原和谷地等地貌类型。中山地貌分布在宜阳县西南部，花果山主峰海拔1 831.8 m，为全县最高峰。低山分布在洛河南部的大部分地区。丘陵分布在宜阳县东南部、东部的局部地区。黄土平梁分布在洛河北部的大部分地区及洛河南部的少部分地区。黄土塬地分布在宜阳县东南部的局部地区。冲积平原和谷地分布在洛河两岸，成条带状分布。

### 7.4.1.2 气象、水文

宜阳县属于暖温带大陆性季风气候，年均气温14.8 ℃，年均降水量为660 mm，最大为1 022.6 mm（1996年），最小为288.6 mm（1997年）；年内降水量极度不均，主要集中在7~9月，降雨量占全年降水量的62.53%。

宜阳县河流属黄河流域伊洛河水系，境内河流发育，河网密布，全县大小河流及山涧溪水360多条。最大的河流为洛河，宜阳县内干流长68 km，流域面积占全县总面积的90.2%，多年平均流量13.878 m³/s，平均水位44.11 m。

### 7.4.1.3 地层与构造

宜阳县位于华北地层区渑池—确山小区，洛河以北出露地层为第四系、新近系和古近系。洛河以南出露地层主要为前新生界，东南部边缘有第四系、新近系和古近系分布。各时代地层由老到新分别为太古宇太华群、中元古界熊耳群许山组、震旦系罗圈组、寒武系、石炭系、二叠系、三叠系、古近系、新近系和第四系。

宜阳县地质构造较复杂。主要褶皱构造有李沟向斜、杨店短轴背斜。主要断层构造有宜阳—龙门断层、李沟—高山断层、陈宅沟—漫流逆断层等。根据《中国地震动参数区划图》，宜阳县地震动峰值加速度为0.05g，地震基本烈度Ⅵ度。

### 7.4.1.4 水文地质条件

根据宜阳县地质构造、地貌特点、含水岩组、地下水富存条件和动力特征，考虑水文、气象等因素，将区内地下水划分为松散岩类孔隙水、碎屑岩类孔隙裂隙水、碳酸盐岩类碎屑岩类裂隙岩溶水、侵入变质岩类裂隙水。

### 7.4.1.5 工程地质条件

境内地层出露较齐全，岩性复杂，既有坚硬、半坚硬岩类，又有松散土类，其中岩浆岩主要分布在西南部中山地区及洛河以南低山地区，变质岩分布在宜阳西南部低山地区，碎屑岩主要分布在城关乡和樊村乡西部，碳酸盐岩分布在宜阳县东部、洛河南部的部分地区，黄土类土广泛分布于洛河两岸、洛河北部的全部地区和南部的部分地区。

#### 7.4.1.6　人类工程活动

宜阳县主要人类工程活动有矿山开采、交通工程建设及切坡建房等。宜阳县矿产资源丰富，矿产开采引发滑坡、崩塌、泥石流、地面塌陷等灾害。在中、低山丘陵区，因受地形条件制约，建设用地短缺，常靠开挖坡脚获取更多建设用地，易导致坡体失稳而产生崩塌、滑坡灾害。

### 7.4.2　地质灾害类型及特征

#### 7.4.2.1　地质灾害类型

宜阳县地质灾害类型有滑坡、崩塌、泥石流、地面塌陷4类，已发地质灾害点共计34处。其中，滑坡5处，崩塌13处，泥石流沟2条，地面塌陷14处。各乡镇已发地质灾害类型及数量分布统计见表3-7-9。

表3-7-9　宜阳县已发地质灾害类型及数量分布统计

| 乡镇 | 滑坡 | 崩塌 | 泥石流 | 地面塌陷 | 合计 | 占总比例（%） |
|---|---|---|---|---|---|---|
| 城关乡 | | 2 | 1 | 6 | 9 | 26.5 |
| 城关镇 | 1 | 1 | | | 2 | 5.9 |
| 樊村乡 | | | | 6 | 6 | 17.6 |
| 白杨镇 | | | | 2 | 2 | 5.9 |
| 赵保乡 | | 2 | | | 2 | 5.9 |
| 董王庄乡 | 1 | | | | 1 | 2.9 |
| 张坞乡 | | 1 | 1 | | 2 | 5.9 |
| 莲庄乡 | | | | | | |
| 高村乡 | | 2 | | | 2 | 5.9 |
| 寻村镇 | | 1 | | | 1 | 2.9 |
| 柳泉镇 | | | | | | |
| 丰李镇 | 1 | 1 | | | 2 | 5.9 |
| 盐镇乡 | | | | | | |
| 穆册乡 | 2 | 1 | | | 3 | 8.9 |
| 上观乡 | | | | | | |
| 韩城镇 | | 1 | | | 1 | 2.9 |
| 三乡乡 | | 1 | | | 1 | 2.9 |
| 总计 | 5 | 13 | 2 | 14 | 34 | 100 |

#### 7.4.2.2　地质灾害特征

宜阳县地质已发生灾害类型中，地面塌陷占总比例的41.2%，崩塌占38.2%，滑坡占14.7%，泥石流占5.9%。洛河以南的中低山区地质灾害种类和程度大于洛河以北的黄土丘陵区。

1. 地面塌陷

地面塌陷共有14处，均为开采煤矿所引起。其中大型地面塌陷1处、中型10处、小型3处，主要分布在城关镇—城关乡—樊村乡—白杨镇采煤区内。采煤而造成的采空区，在降水、动水压力、爆破震动、地面加载、植被破坏、地下水位变化等因素的影响下易形成地面塌陷。

2. 滑坡

滑坡5处，分布在董王庄乡、丰李镇、穆册乡和城关镇。有基岩风化残坡积土层滑坡和碎屑岩体滑坡两种。滑坡规模360～9 000 m³，滑坡规模级别均属小型。其平面形态不一，有半圆形、圈椅状、纵长形、横长形等，剖面多呈凸形或阶梯状，碎石含量10%～50%，最高达95%。滑面呈线形，埋深1～15 m，大都处于不稳定或潜在不稳定状态，有可能继续发生滑动。

3. 崩塌

崩塌共13处，其中土质崩塌9处，岩质崩塌4处。依据崩塌规模，2处为中型，11处为小型。崩塌与地形地貌密切相关，洛河以北主要为黄土丘陵，其主要为土质崩塌；洛河以南主要是低中山或低山丘陵，其主要为岩质崩塌。

4. 泥石流

泥石流灾害共有2处，均为小型。如张坞乡东坡土桥泥石流，位于张坞—穆册公路旁，上龙河的右岸。泥石流沟呈"V"字形，沟高100 m，坡度40°，岩性为强风化花岗岩，沟谷见大量卵石、漂石，最大漂石直径1.5 m。谷底纵坡坡度0.83，几乎无植被，谷底的大量卵石漂石，常伴有少量崩塌、滑坡发生。下方洪积扇长15 m、宽10 m，扩散角30°，潜在危害巨大。

### 7.4.3　地质灾害灾情

宜阳县已发生地质灾害34处，灾情中型8处，小型26处。地质灾害共导致8人死亡，损坏2 126间房、40间楼房、70孔窑洞、779亩耕地、1 235 m公路，导致2个村庄搬迁，堵塞50 m河道。

### 7.4.4　地质灾害隐患点特征及险情评价

#### 7.4.4.1　地质灾害隐患点分布特征

宜阳县有79处地质灾害隐患点，其中滑坡8处、崩塌31处、泥石流3处、地面塌陷15处、不稳定斜坡22处。主要分布在城关乡、樊村乡、白杨镇、赵保乡、董王庄乡、张坞乡、莲庄乡、高村乡、寻村镇、柳泉镇、丰李镇、盐镇乡、穆册乡、上观乡、韩城镇、三乡乡、城关镇等17个乡镇（见表3-7-10）。

表3-7-10　宜阳县地质灾害隐患点统计

| 乡镇 | 滑坡 | 崩塌 | 泥石流 | 地面塌陷 | 不稳定斜坡 | 合计 |
|------|------|------|--------|----------|------------|------|
| 城关乡 | 1 | 5 | 1 | 6 | 2 | 15 |
| 樊村乡 | | 1 | | 7 | 1 | 9 |
| 白杨镇 | | | | 2 | | 2 |
| 赵保乡 | | 4 | | | 4 | 8 |
| 董王庄乡 | 2 | | | | | 2 |
| 张坞乡 | | 3 | 2 | | | 5 |
| 莲庄乡 | | | | | 1 | 1 |
| 高村乡 | | 4 | | | | 4 |
| 寻村镇 | | 1 | | | 1 | 2 |
| 柳泉镇 | | | | | 2 | 2 |
| 丰李镇 | 1 | 1 | | | | 2 |
| 盐镇乡 | | | | | 1 | 1 |
| 穆册乡 | 2 | 1 | | | 3 | 6 |
| 上观乡 | | | | | 5 | 5 |
| 韩城镇 | | 3 | | | | 3 |
| 三乡乡 | | 3 | | | | 3 |
| 城关镇 | 2 | 5 | | | 2 | 9 |
| 合计 | 8 | 31 | 3 | 15 | 22 | 79 |

#### 7.4.4.2　地质灾害隐患点险情评价

宜阳县79处地质灾害隐患点中，险情为大型的4处，中型34处，小型41处。按灾种分，滑坡险情中型3处，小型5处；崩塌险情中型18处，小型13处；泥石流险情大型1处，小型2处；地面塌陷险情大型3处，中型9处，小型3处；不稳定斜坡中型4处，小型18处。

重要地质灾害隐患点有上龙泥石流隐患。位于张坞乡上龙村东坡，属于洛河支流上龙河，河道及两侧河岸见大量花岗岩漂石及卵石，粒径最大达到2 m。该泥石流沟宽约50 m，河道拓展深度100 m，长约2 000 m。至今未有泥石流灾害发生记录。损失预计：威胁600人、400间房、100亩耕地，预测经济损失220万元，险情级别为大型。

### 7.4.5　地质灾害易发程度分区

全县地质灾害易发程度分为高易发区、中易发区、低易发区和非易发区 4 个区（见表3-7-11、图3-7-5）。

表3-7-11　宜阳县地质灾害易发程度分区

| 等级 | 代号 | 区（亚区）名称 | 亚区代号 | 面积（km²） | 占总面积（%） | 灾害点数 | 隐患点数 |
|---|---|---|---|---|---|---|---|
| 高易发区 | A | 城关乡—樊村乡采煤区地面塌陷高易发亚区 | $A_1$ | 43.4 | 2.6 | 16 | 26 |
| | | 张坞乡—穆册乡崩塌滑坡高易发亚区 | $A_2$ | 245.6 | 14.7 | 4 | 11 |
| 中易发区 | B | 白杨镇—张坞乡崩塌滑坡中易发区 | B | 499.5 | 29.9 | 7 | 25 |
| 低易发区 | C | 洛河北黄土丘陵崩塌低易发亚区 | $C_1$ | 596.4 | 35.7 | 4 | 13 |
| | | 张坞乡—樊村乡崩塌滑坡低易发亚区 | $C_2$ | 96.6 | 5.8 | 1 | 2 |
| | | 丰李镇马窑—前窑崩塌滑坡低易发亚区 | $C_3$ | 6.7 | 0.4 | 2 | 2 |
| 非易发区 | D | 洛河冲积平原地质灾害非易发区 | D | 182.1 | 10.9 | 0 | 0 |
| 合计 | | | | 1 670.3 | 100 | 34 | 79 |

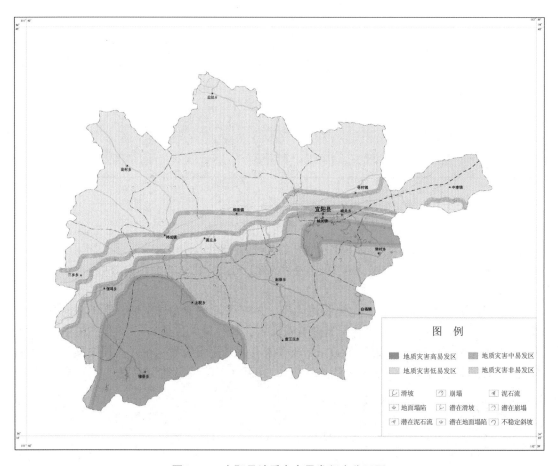

图3-7-5　宜阳县地质灾害易发程度分区图

#### 7.4.5.1 地质灾害高易发区

**1. 城关乡—樊村乡采煤区地面塌陷高易发亚区**

该区位于宜阳县城关乡、城关镇、樊村乡，面积43.4 km²。有地质灾害点16处，地质灾害隐患点26处，主要类型为地面塌陷、崩塌、滑坡、不稳定斜坡、泥石流。

**2. 张坞乡—穆册乡崩塌滑坡高易发亚区**

该区位于宜阳县西南部上观乡、穆册乡、张坞乡，面积245.6 km²。有地质灾害点4处，地质灾害隐患点11处，主要类型为滑坡、崩塌、不稳定斜坡。

#### 7.4.5.2 地质灾害中易发区

该区位于洛河以南的张坞乡、莲庄乡、城关乡、城关镇、赵保乡、董王庄乡、白杨镇，面积499.5 km²。区内构造较发育，岩石节理裂隙较发育，易形成风化甚至全强风化层，地质环境条件较差，有地质灾害点7处，地质灾害隐患点25处，主要类型为崩塌、滑坡、泥石流、地面塌陷、不稳定斜坡。威胁1 125人，790间房屋，40孔窑洞，1 760 m公路，435亩耕地。预测经济损失687.8万元

#### 7.4.5.3 地质灾害低易发区

**1. 洛河北黄土丘陵崩塌低易发亚区**

该区位于洛河以北的三乡乡、韩城镇、高村乡、盐镇乡、寻村镇、柳泉镇等乡镇，面积596.4 km²。区内已发现地质灾害点4处，地质灾害隐患点13处，主要类型为崩塌、不稳定斜坡。

**2. 张坞乡—樊村乡崩塌滑坡低易发亚区**

该区位于洛河以南的樊村乡、城关乡、城关镇、莲庄乡等乡镇，面积96.6 km²。已发现地质灾害点1处，地质灾害隐患点2处，主要类型为崩塌。

**3. 丰李镇马窑—前窑崩塌滑坡低易发亚区**

该区位于丰李镇的马窑、前窑村一带，面积6.7 km²。已发现地质灾害点2处，地质灾害隐患点2处，主要类型为崩塌、滑坡。

#### 7.4.5.4 地质灾害非易发区

该区分布于洛河沿岸的三乡乡、韩城镇、城关乡、柳泉镇、丰李镇等乡镇。地貌类型为洛河冲积平原，岩性以第四系亚黏土、亚砂土为主，该区面积182.1 km²。

### 7.4.6 地质灾害重点防治区

宜阳县共确定重点防治区面积447.9 km²，占全县面积的26.8%（见表3-7-12、图3-7-6）。地质灾害重点防治区主要分布在低中山、低山丘陵区，包括城关镇—白杨镇重点防治亚区和张坞乡—穆册乡重点防治亚区。

表3-7-12 宜阳县地质灾害重点防治区

| 分区名称 | 分区代号 | 亚区名称 | 亚区代号 | 面积（km²） | 灾害点数 | 隐患点数 | 受威胁人数 |
|---|---|---|---|---|---|---|---|
| 重点防治区 | A | 城关镇—白杨镇重点防治亚区 | A₁ | 88.5 | 18 | 33 | 4 477 |
| | | 张坞乡—穆册乡重点防治亚区 | A₂ | 359.4 | 6 | 17 | 895 |
| 合计 | | | | 447.9 | 24 | 50 | 5 372 |

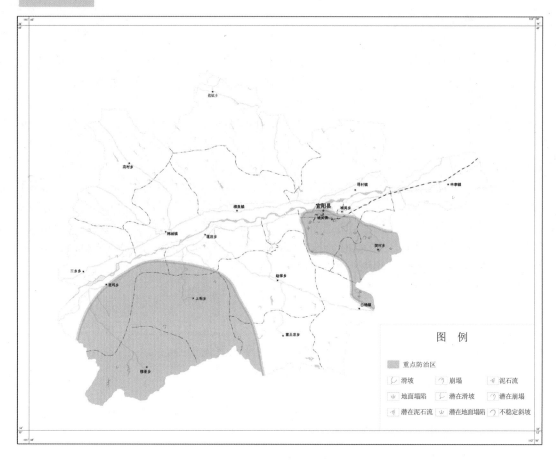

图3-7-6　宜阳县地质灾害重点防治区划图

### 7.4.6.1　城关镇—白杨镇重点防治亚区

该区位于城关镇、城关乡、樊村乡、白杨镇采煤区内，属于采空区，面积88.5 km²。煤矿开采区，人类工程活动强烈。存在地质灾害点18处，地质灾害隐患点33处。

### 7.4.6.2　张坞乡—穆册乡重点防治亚区

该区位于洛河南部的赵保、董王庄乡内，面积359.4 km²。区内地貌是以熊耳山系为主的中山以及低山丘陵，地质条件复杂，地层构造较多，沟谷切割较深。地质灾害类型以崩塌、滑坡、泥石流为主，地质灾害隐患点17处。

# 7.5　伊川县

伊川县面积1 243 km²，辖4镇10乡，373个行政村，728个自然村，总人口72万人。主要粮食及经济作物有小麦、玉米、水稻、烟叶、棉花、油料、药材等。主要开采利用的矿种有煤、铝矾土、磷矿石、花岗石、铁矿石、石油等。

### 7.5.1　地质环境背景

#### 7.5.1.1　地形、地貌

伊川县地处豫西低山丘陵区，四周环山，伊河纵穿南北，形成西南—东北走向的伊川盆地。地势四周高、中间低，坡岭逐渐向伊河川倾斜。按地貌形态、成因类型，可划分为低山区、丘陵区及平原3种类型。

#### 7.5.1.2　气象、水文

伊川县属北亚热带暖温带季风气候区，多年平均气温14.7 ℃，多年平均降水量659.0 mm，最高990.6 mm（1982年），日最大降水量154.4 mm，时最大降水量54.8 mm，多年月平均降水量以7~9月最高，占全年降水总量的67.1 %。

伊川县绝大部分河流属黄河水系，少部分属淮河水系。主要河流为伊河、甘水河及荆河，均属黄河水系。

#### 7.5.1.3　地层与构造

出露地层主要有太古界登封群（Ar），中元古界熊耳群（$Pt_2x$）、汝阳群（$Pt_2r$），上元古界洛峪群（$Pt_3l$），古生界寒武系（∈）、石炭系（C）、二叠系（P），中生界三叠系（T）、白垩系（K），新生界古近系（E）、新近系（N）、第四系（Q）。

以断裂构造为主，褶皱构造不甚发育。主要构造有伊河推测断层、龙门—吕店断层、白杨镇—洁白村断层、石锅镇—葛寨断层、高凹—沙元正断层、九皋山—温泉街断裂及新安—平顶山断裂等。根据《中国地震动参数区划图》，伊川县地震基本烈度为Ⅵ度。

#### 7.5.1.4　水文地质

根据调查区地下水埋藏条件、水理性质和水力特征，将地下水划分为松散岩类孔隙水、碳酸盐岩类裂隙岩溶水、碎屑岩类孔隙裂隙水和基岩裂隙水4种类型。松散岩类孔隙水是区内分布最广的地下水类型，主要赋存于平原及岗地的第四系松散沉积物的孔隙内；碳酸盐岩类裂隙岩溶水主要分布在调查区的北部和东南部鸦岭、高山、彭婆及半坡等乡镇，含水层岩性主要为寒武、奥陶、石炭系灰岩、白云岩等；碎屑岩类孔隙裂隙水主要分布于县境内大部地区，赋存于二叠、三叠、白垩及古近系砂岩、砾岩及页岩、泥岩地层孔隙、裂隙中；基岩裂隙水主要分布于县境内东北、西南基岩山区，赋存于太古界、元古界的片岩、片麻岩、变质砂岩及安山玢岩的构造裂隙、风化裂隙中。

#### 7.5.1.5　工程地质

依据工作区地质地貌条件、岩土体特征，将岩土体划分为5个工程地质岩组，分别为厚层状半坚硬云母片岩混合片麻岩组（Ar），中厚层半坚硬页岩砂岩砂砾岩组（Pt），中厚层坚硬灰岩岩组（∈+C+P），中厚层较软页岩泥岩砂岩砂砾岩组（T+K+E+N），黄土、黄土状土单层土体（$Qp_{2+3}$）。

#### 7.5.1.6　人类工程活动

区内主要人类工程活动有矿山开采、交通线路建设、水利工程建设等。矿业开发是区内最主要的人类工程活动，矿山开采引发大量环境地质问题，如滑坡、崩塌及地面塌陷等地质灾害、矿坑排水疏干破坏地下水系统平衡、废水排放形成环境污染等。中低山区及黄土丘陵区，居民切坡建房较为普遍，由此形成的高陡坡易产生崩塌及滑坡危险，尤其是县境周围黄土丘陵区，因黄土崩塌已造成多起人员伤亡。

## 7.5.2　地质灾害类型及特征

### 7.5.2.1　地质灾害类型

伊川县已发地质灾害类型有滑坡、崩塌、地面塌陷3类53处。其中，崩塌36处、滑坡3处、地面塌陷14处（见表3-7-13）。从地域分布特征看，伊川县地质灾害集中在鸦岭—高山、半坡—白沙2个煤矿、铝土矿采区及南部、北部低山、黄土丘陵、冲沟分布区。

表3-7-13　伊川县地质灾害类型及数量分布统计

| 乡镇 | 地质灾害类型 | | | 合计 | 比例（%） |
| --- | --- | --- | --- | --- | --- |
| | 崩塌 | 滑坡 | 地面塌陷 | | |
| 鸦岭乡 | 4 | | 1 | 5 | 9.4 |
| 高山乡 | | | 6 | 6 | 11.3 |
| 白元乡 | 2 | | | 2 | 3.8 |
| 白沙乡 | 6 | | | 6 | 11.3 |
| 江左乡 | 6 | | | 6 | 11.6 |
| 半坡乡 | 2 | 1 | 7 | 10 | 18.8 |
| 葛寨乡 | 2 | 1 | | 3 | 5.6 |
| 酒后乡 | 10 | | | 10 | 18.8 |
| 彭婆镇 | 2 | 1 | | 3 | 5.6 |
| 吕店乡 | 2 | | | 2 | 3.8 |
| 合计 | 36 | 3 | 14 | 53 | 100 |
| 比例（%） | 67.9 | 5.7 | 26.4 | 100 | |

### 7.5.2.2　地质灾害特征

1. 滑坡

滑坡共3处，主要分布于半坡、葛寨及彭婆3个乡镇，与切坡修路、建房开挖等人为活动有关。其中，规模为中型2处、小型1处。以土质滑坡为主（共2处），滑体岩性以第四系坡积黄土为主。

葛寨乡窑头滑坡较为典型。窑头滑坡地处丘陵地带，原始斜坡呈陡立状，坡体岩性为第四系黄土，土质松散，具大孔隙，直立性好，土体垂直纵穿裂隙发育，降水沿坡面和裂隙下渗，造成土体抗剪强度降低，沿裂隙浸润易产生蠕动而成为滑坡。滑体及失稳斜坡岩性为第四系中更新统黄土，坡高35 m，坡度72°～85°，坡向90°，滑体长22～73 m，宽203 m，厚度11～27 m，平均厚度22 m，体积34万m³，为一中型土质滑坡，滑坡后缘黄土在降水作用下，形成多条大型条形裂缝，使斜坡前部坡体在张力作用下产生滑坡，而在裂缝的后缘亦产生崩塌现象，滑坡前缘有泉水出现。滑坡形成及诱发因素主要包括地形地貌因素、岩性因素、降水因素及人类工程活动等。

2. 崩塌

伊川县崩塌灾害36处，其中岩质崩塌5处，土质崩塌31处，是数量最多的地质灾害种类，也是造成伤亡人数最多的灾种。

岩质崩塌多系采矿和切坡形成，崩塌体及不稳定斜坡岩性主要为寒武系砂质页岩、灰岩，石炭系砂质页岩、灰岩、砂岩，二叠系页岩、砂岩及新近系砂岩、泥岩等，崩塌的形成多因切坡后未实施卸载或护坡所致。

土质崩塌是伊川县最主要的崩塌现象，其表现特征以剥落为主，崩塌多发生于黄土冲沟内陡峭直立的黄土壁临空面一侧，崩塌灾害因其突发性强，形成的危害性极大。

3. 地面塌陷

地面塌陷是伊川县影响范围最广的地质灾害，共14处。中型规模2处，其余均为小型级。塌陷区涉及鸦岭、高山及半坡3个乡，均由采煤造成，因采煤造成塌陷面积6.57 $km^2$。

4. 地裂缝

伊川县地裂缝发育数量较多，均属伴随地面塌陷灾害发育过程中衍生而成。

## 7.5.3　地质灾害灾情

伊川县已发生地质灾害53处，类型为崩塌、滑坡、地面塌陷3种，分布于10个乡镇，因灾死亡13人，毁坏房屋1 046间、破坏耕地1 962亩、破坏道路500 m、毁坏干渠50余 m，造成直接经济损失3 278.3万元。

## 7.5.4　地质灾害隐患点特征及险情评价

### 7.5.4.1　地质灾害隐患点分布特征

伊川县地质灾害隐患点类型有滑坡、崩塌、不稳定斜坡及地面塌陷共4类99处。其中，崩塌74处、滑坡4处、不稳定斜坡4处、地面塌陷17处。分布于12个乡镇，最严重的4个乡镇分别为半坡、酒后、白沙、吕店。从地域分布特征看，地质灾害隐患集中在鸦岭—高山、白沙—半坡煤矿、铝土矿采区及北部、西部黄土丘陵、冲沟分布区、南部低山丘陵区。从统计资料上看，采矿区地质灾害以地面塌陷隐患为主，规模一般较大，黄土区地质灾害以崩塌为主，规模小而突发性强。

### 7.5.4.2　地质灾害隐患点险情评价

99处地质灾害隐患点中，险情大型13处、中型76处、小型10处。按灾种分，崩塌隐患中型63处、小型11处；滑坡隐患潜在危害程度（险情）大型1处、中型3处；地面塌陷隐患险情级别大型9处、中型8处；不稳定斜坡险情级别大型3处、中型1处。重要地质灾害隐患点简述如下：

（1）葛寨乡窑头滑坡。位于葛寨乡窑头村，滑体及失稳斜坡岩性为第四系中更新统黄土，坡高35 m，坡度72°～85°，坡向90°，滑体长22～73 m，宽203 m，厚度11～27 m，平均厚度22 m，体积34.0万 $m^3$，为一中型土质滑坡，滑坡后缘黄土在降水作用下，形成多条大型条形裂缝。该滑坡已造成36亩耕地损毁。

（2）半坡乡白窑村一斗泉组不稳定斜坡隐患。位于半坡乡白窑村一斗泉组，为岩质滑坡隐患，岩性为第四系褐黄色黏土、粉质黏土坡积物，间夹较多碎石土等，下伏基岩为石炭系砂质页岩、灰岩、砂岩。斜坡垂直高度53 m，坡体斜长352 m，坡宽605 m，坡度17°～32°，坡向182°，体积106.5万$m^3$，为一大型滑坡隐患。自2002年6月出现轻微蠕滑，潜在危害程度级别为大型。

（3）酒后乡瑶列不稳定斜坡隐患。位于酒后乡寺沟村瑶列组，为岩质滑坡隐患，失稳坡体岩性为新近系砂质页岩、砂岩及砂砾岩。斜坡为一凹形坡，原始斜坡坡度13°，坡向331°，坡体高30～47 m，长320 m，宽260～380 m，体积71.7万$m^3$，为中型滑坡隐患。已造成30余间房屋出现裂缝，潜在危害程度级别为大型。

（4）酒后乡高凹村不稳定斜坡隐患。位于酒后乡高凹村，为土质滑坡，坡体岩性为第四系褐黄色黏土粉质、黏土坡积物，间夹较多碎石土等，下伏基岩为新近系泥岩、砂岩。原始斜坡坡度13°，坡向21°，坡体高37～48 m，长230 m，宽310 m，体积17.0万$m^3$，为中型滑坡隐患，潜在危害程度级别为大型。

## 7.5.5 地质灾害易发程度分区

伊川县地质灾害易发程度分为高易发、中易发和低易发区3个类型区（见表3-7-14、图3-7-7）。

表3-7-14 伊川县地质灾害易发区

| 等级 | 代号 | 亚区 | 面积（km²） | 占全县面积（%） | 隐患点数 | 威胁人数 | 威胁资产（万元） |
|---|---|---|---|---|---|---|---|
| 高易发区 | A | 城关—鸦岭崩塌为主高易发亚区（A$_{1-1}$） | 165.03 | 13.3 | 6 | 65 | 410.6 |
| | | 酒后—葛寨崩塌滑坡为主高易发亚区（A$_{1-2}$） | 114.35 | 9.2 | 20 | 1 045 | 1 229.0 |
| | | 高山地面塌陷为主高易发亚区（A$_{2-1}$） | 39.89 | 3.2 | 6 | 900 | 2 373.0 |
| | | 白沙—半坡崩塌地面塌陷为主高易发亚区（A$_{2-2}$） | 48.74 | 3.9 | 28 | 3 288 | 5 040.0 |
| 中易发区 | B | 彭婆—吕店—江左崩塌滑坡为主中易发亚区（B$_{1-1}$） | 186.9 | 15.0 | 24 | 575 | 831.0 |
| | | 白元—白沙崩塌为主中易发亚区（B$_{1-2}$） | 92.98 | 7.5 | 8 | 265 | 347.0 |
| 低易发区 | C | | 595.4 | 47.9 | 7 | 119 | 177.0 |

### 7.5.5.1 地质灾害高易发区

（1）城关—鸦岭崩塌为主高易发亚区：位于伊川县西北部，城关镇郭寨至周岭以

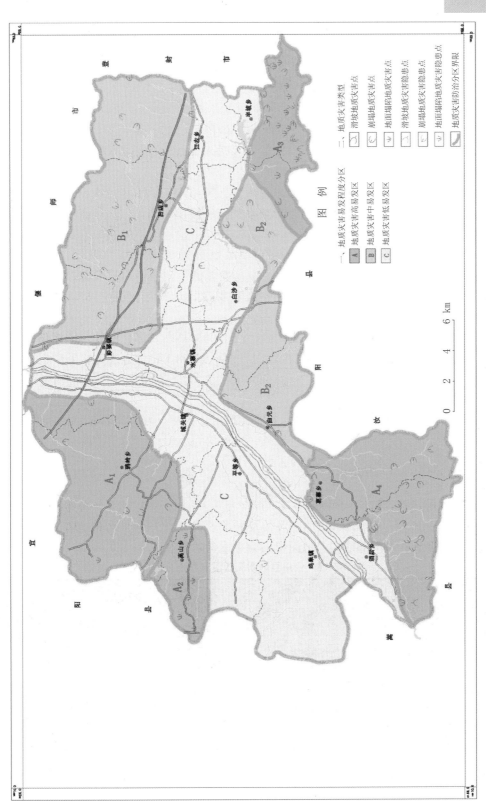

图3-7-7　伊川县地质灾害易发区图

西、鸦岭乡康沟至范沟、樊店以北，面积165.03 km²。人类工程活动主要为采煤，重要矿山有康坪煤矿。地质灾害类型以黄土崩塌、滑坡、不稳定斜坡为主。

（2）酒后—葛寨崩塌滑坡为主高易发亚区：位于伊川县酒后乡—葛寨乡南部，酒后乡梁疙瘩—新庄—燕王至葛寨杨楼—窑头以南，面积114.35 km²。地质灾害类型以黄土岩质崩塌、滑坡为主。

（3）高山地面塌陷为主高易发亚区：位于伊川县西部、高山乡中北部，黄村—侯村—魏庄一带，面积39.89 km²。人类工程活动主要为采煤，地质灾害类型以采煤形成的地面塌陷为主。

（4）白沙—半坡崩塌地面塌陷为主高易发亚区：位于伊川县白沙乡东南部—半坡乡南部，白沙乡程子沟—柳庄—叶村至半坡乡刘窑—段庄—高沟以南，面积48.74 km²。人类工程活动主要为采煤及铝土矿。

### 7.5.5.2 地质灾害中易发区

（1）彭婆—吕店—江左崩塌滑坡为主中易发亚区：位于伊川县北部，彭婆乡东草店—申坡以东、刘沟—张门至吕店乡南村至江左乡五里头以北，面积186.9 km²。采矿活动相对较少，居民点分布稀疏，以崩塌为主。

（2）白元—白沙崩塌为主中易发亚区：位于伊川县中南部，白元乡常峪堡—土门东南、白沙乡小王—高岭—吴堂—樊村以南，面积92.98 km²。地质灾害类型以崩塌为主。

### 7.5.5.3 地质灾害低易发区

该区位于伊河、白绛河两岸，鸣皋大部、高山、吕店、江左南部地区，面积595.4 km²。主要地质灾害类型为黄土崩塌，共7处，规模均为小型。

## 7.5.6 地质灾害重点防治区

伊川县共确定重点防治区面积269.04 km²（见表3-7-15、图3-7-8），分布在县域西北部及东南，包括鸦岭、高山、半坡3个乡镇及城关、白沙，分为西北部崩塌、地面塌陷为主重点防治亚区和东南部崩塌、地面塌陷为主重点防治亚区。

表3-7-15 伊川县地质灾害重点防治分区

| 分区名称 | 亚区 | 代号 | 面积（km²） | 占全县面积（%） | 威胁对象 |
|---|---|---|---|---|---|
| 重点防治区 | 西北部崩塌、地面塌陷为主重点防治亚区 | A₁ | 178.02 | 14.4 | 居民、道路、耕地、建筑、矿山 |
| | 东南部崩塌、地面塌陷为主重点防治亚区 | A₂ | 91.02 | 7.3 | |

### 7.5.6.1 西北部崩塌、地面塌陷为主重点防治亚区

该区包括鸦岭乡、高山乡及城关镇西北部，面积178.02 km²。该区是伊川县煤炭主

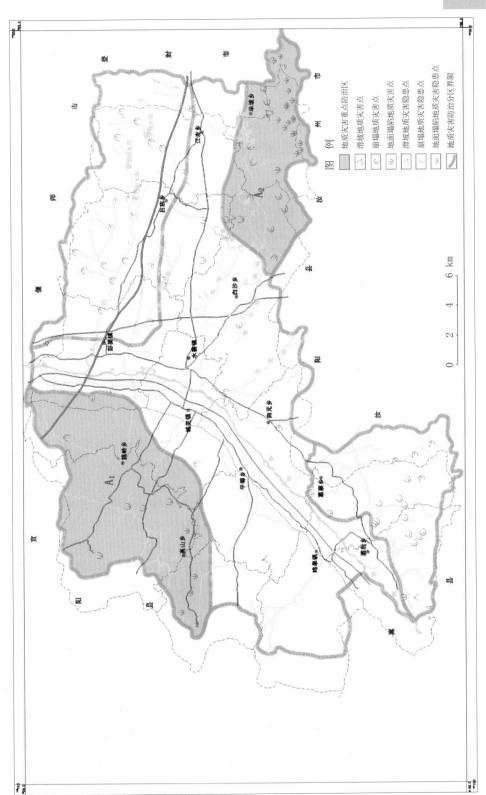

图3-7-8　伊川县地质灾害重点防治区划图

产区之一，采矿企业密集分布，人类工程活动中的不合理成分形成灾害隐患，多发生于高山乡黄村—侯村—魏庄煤矿采区集中地带。地质灾害隐患点12处，其中崩塌隐患5处、地面塌陷7处。

### 7.5.6.2　东南部崩塌、地面塌陷为主重点防治亚区

该区包括半坡乡及白沙乡东部一隅，面积91.02 km²。该区是伊川县煤、铝土矿、灰岩主产区，采矿企业密集分布，人类工程活动中的不合理成分造成地形地貌强烈破坏，形成大量地质灾害隐患。地质灾害隐患点34处，其中，滑坡1处、崩塌21处、地面塌陷10处、不稳定斜坡2处。

# 7.6　汝阳县

汝阳县面积1 325.17 km²，辖14个乡级行政单位，216个行政村，总人口42万，耕地3.45万 hm²，主要粮食作物有小麦、玉米、红薯等。汝阳县矿产资源丰富，已探明储量的有13种，矿产地59处。

## 7.6.1　地质环境背景

### 7.6.1.1　地形、地貌

汝阳县地貌类型主要为山地、丘陵、倾斜平原及河谷阶地。地势南高北低，呈阶梯状分布。全县最高峰鸡冠山海拔1 602.4 m，最低点杜康河底海拔220 m，平均海拔543 m。

### 7.6.1.2　气象、水文

汝阳县地处中纬度暖温带南缘向北亚热带过渡地带，气候温和，四季分明。多年平均气温14.2 ℃，多年平均降水量674 mm，降水季节分配不均，夏季（6~8月）降水占全年的48%，12小时最大降水量117.9 mm（1994年）。

境内大小河流29条，分属黄河及淮河两大水系。属于黄河水系的有县境北部的杜康河、柳沟河、杜庄河等。属于淮河水系的有汝河及荡泽河。

### 7.6.1.3　地层与构造

汝阳县属华北地层区，主要出露地层有上太古宇、中元古界、上元古界、下古生界、上古生界、中生界和新生界。汝阳县南部以东西向及北西向构造为主，北部以北西向及北东向构造为主。侵入岩主要分布于南部及中部，可划分为王屋期侵入和燕山期侵入两个时期，岩浆岩是区内玄武岩和花岗岩矿产的赋存地。

根据《中国地震动参数区划图》（GB 18306—2001），区内基本地震烈度为Ⅵ度，属区域地壳稳定区。

### 7.6.1.4　水文地质

根据含水介质不同，地下水可划分为基岩裂隙水、碎屑岩类孔隙裂隙水、碳酸盐岩类裂隙岩溶水和松散层孔隙水4种类型。其中，基岩裂隙水分布在调查区中南部地区，碎屑岩类孔隙裂隙水分布在县境中部地区，碳酸盐岩类裂隙岩溶水呈块状分布在县域中部，松散层孔隙水分布在汝河及其支流两岸、山前倾斜平原地带。

#### 7.6.1.5　工程地质岩组

根据地形地貌、岩土体特征，将境内岩土体划分为岩体、土体2个大类，共9个工程地质岩组。其中坚硬块状混合岩岩组（Art）分布于调查区中南部广大地区；坚硬厚层状石英砂岩、砂砾岩岩组（$Pt_2$）见于中北部及中东南部；坚硬厚层状中等岩溶化石灰岩岩组（∈）分布于调查区中部；较坚硬薄层状砂岩、页岩夹薄层灰岩岩组（$P_2$）分布在县境东北角一隅；软弱中厚层状泥（灰）岩、砂（砾）岩、页岩岩组（K、E、N）分布在县境中部地区，另外县北部蔡店、内埠及大安三乡的北部亦有分布；坚硬块状侵入岩岩组（$\gamma_5$）主要分布在县境西南部；一般黏性土（$Q_2^{dl-pl}$）分布在县境北部陶营及内埠两乡中部；弱湿陷~中等湿陷性黄土（$Q_3^{al-pl}$）分布在县境东北部；层状结构砂性土（$Q_4^{al}$）分布在县境中部汝河两岸。

#### 7.6.1.6　人类工程活动

汝阳县主要人类工程活动有矿业开发、切坡建房、交通建设、水利工程建设等。汝阳县矿种丰富，采区范围内不但形成崩塌、滑坡等地质灾害，大量矿渣及尾矿还压覆耕地、堵塞河道，形成泥石流等地质灾害隐患。汝阳县素有"七山二陵一分川"之称，山区建房用地短缺，开挖坡脚构筑房屋问题普遍，开挖后斜坡稳定性降低，影响居民生命及财产安全。

### 7.6.2　地质灾害类型及特征

#### 7.6.2.1　地质灾害类型

汝阳县已发地质灾害类型有滑坡、崩塌、地面塌陷、泥石流4类共165处。其中，滑坡118处，崩塌23处，不稳定斜坡（潜在滑坡）12处，地面塌陷2处，泥石流10处（见表3-7-16）。

表3-7-16　汝阳县地质灾害点统计

| 乡镇 | 地质灾害类型 | | | | | 合计 | 占总比例（%） |
| --- | --- | --- | --- | --- | --- | --- | --- |
| | 滑坡 | 崩塌 | 不稳定斜坡（潜在滑坡） | 泥石流 | 地面塌陷 | | |
| 付店镇 | 11 | 3 | 3 | 6 | 2 | 25 | 15.15 |
| 靳村乡 | 25 | 2 | 2 | 1 | | 30 | 18.18 |
| 十八盘乡 | 37 | 2 | 2 | 1 | | 42 | 25.45 |
| 王坪乡 | 8 | | | 2 | | 10 | 6.06 |
| 小店镇 | 2 | 1 | | | | 3 | 1.82 |
| 蔡店乡 | 1 | | 1 | | | 2 | 1.21 |
| 上店镇 | 4 | | | | | 4 | 2.42 |
| 柏树乡 | 4 | 6 | 1 | | | 11 | 6.67 |
| 刘店乡 | 3 | 1 | 1 | | | 5 | 3.03 |
| 城关镇 | 1 | 8 | 1 | | | 10 | 6.06 |
| 三屯乡 | 22 | | 1 | | | 23 | 13.95 |
| 合计 | 118 | 23 | 12 | 10 | 2 | 165 | |
| 占总比例（%） | 71.52 | 13.94 | 7.27 | 6.06 | 1.21 | | |

注：十八盘乡数据统计含原竹园乡。

#### 7.6.2.2 地质灾害特征

**1. 滑坡**

县域内发生滑坡118处,分布于11个乡镇,规模均为小型。其中,土质滑坡96处,岩性多为第四系中更新统坡积黏土,部分灾害点滑体富含下伏基岩砾石碎块,含量在5%~50%。岩质滑坡22处,滑体岩性以风化花岗岩为主,其次为风化砂岩、泥岩、安山岩等。

规模小、点数多、突发性强、空间分布分散是汝阳县滑坡的主要特征。

**2. 崩塌**

崩塌发生共23处,分布于7个乡镇。其中岩质崩塌7处,土质崩塌16处,规模均为小型。从空间分布上看,崩塌多集中于黄土丘陵区、交通线路两侧、居民房前屋后等人类工程活动较为强烈的地区。尤其是黄土丘陵区,崩塌发育更为集中,往往以崩塌群形式出现。经统计,23处崩塌中,有15处是黄土丘陵区开挖边坡建房,形成新的陡坡,破坏了坡体原有力学平衡,降水使黄土原有节理、裂隙面开启程度变大,使土体自稳能力降低而致。

崩塌规模为小型,土质崩塌居多。致灾因素主要为降水和人类工程活动。发生时间一般为雨季或雨季滞后,具致灾性强、随机性大、危害性大等特点。多发生于交通要道沿线及建房切坡处等人类工程活动相对强烈地段。

**3. 地面塌陷**

地面塌陷发生2处,位于付店镇金堆城钼业有限公司采区内,为采空塌陷,塌陷面积分别为0.12 km²和0.049 8 km²,分别为中型、小型地面塌陷。

**4. 泥石流**

泥石流发育与人类工程活动密切相关。除十八盘乡中泥石流沟为自然泥石流沟外,其他9处泥石流沟均属矿渣堆积型。从地域分布上看,泥石流沟多分布在王坪东沟、西沟—付店东沟、马庙—靳村西沟长条型铅锌矿、钼矿成矿带内。

### 7.6.3 地质灾害灾情

根据1949~2005年统计资料,汝阳县已发生地质灾害点143处,因灾死亡8人,损毁房屋617间,阻塞道路828 m,造成直接经济损失273.3万元。地质灾害涉及11个乡镇,灾害点数排在前4位的乡镇分别是十八盘乡、靳村乡、付店镇和三屯乡(见表3-7-17)。

### 7.6.4 地质灾害隐患点特征及险情评价

#### 7.6.4.1 地质灾害隐患点分布特征

汝阳县现有165处地质灾害隐患点,潜在危害程度(险情)级别为大型10处、中型63处、小型92处。按灾种分,滑坡隐患潜在危害程度(险情)大型3处、中型40处、小型75处;崩塌隐患大型2处、中型12处、小型9处;不稳定斜坡险情级别大型1处、中型8处、小型3处;地面塌陷隐患险情级别大型2处;泥石流隐患险情级别大型2处、中型3处、小型5处。

表3-7-17　地质灾害灾情统计

| 乡镇 | 灾害点数 | 土石方（万m³） | 采空区（万m²） | 灾情 | |
| --- | --- | --- | --- | --- | --- |
| | | | | 破坏对象 | 直接损失（万元） |
| 付店镇 | 16 | 564.723 8 | 16.98 | 公路、房屋 | 69.4 |
| 靳村乡 | 27 | 833.030 3 | | 耕地、房屋 | 27.6 |
| 十八盘乡 | 39 | 179.509 2 | | 公路、房屋 | 52.7 |
| 王坪乡 | 8 | 31.198 3 | | 公路、房屋 | 4.8 |
| 小店镇 | 3 | 0.058 2 | | 房屋 | 4.1 |
| 蔡店乡 | 1 | 201.736 8 | | 房屋 | 4.0 |
| 上店镇 | 4 | 2.595 5 | | 房屋 | 7.3 |
| 柏树乡 | 10 | 18.710 5 | | 房屋 | 57.9 |
| 刘店乡 | 4 | 2.892 7 | | 房屋 | 1.0 |
| 城关镇 | 9 | 9.390 7 | | 房屋 | 29.6 |
| 三屯乡 | 22 | 2.928 | | 房屋 | 14.9 |
| 合计 | 143 | 1 846.774 | 16.98 | | 273.3 |

#### 7.6.4.2　重要地质灾害隐患点

根据险情评价，共确定险情大型重要地质灾害隐患点8处。

（1）靳村乡七里村上沟组滑坡：该滑坡位于靳村乡七里村上沟组，滑坡体长60 m，宽300 m，平均厚1.5 m，体积27 000 m³，滑坡坡度40°，坡向110°，平面形态为舌形，剖面上呈凸形，滑体岩性为第四系黏土坡积物，雨季沿滑坡后缘常有土块剥落，判定其稳定性为差，险情为大型。

（2）十八盘乡汝河村小学崩塌：该崩塌隐患位于十八盘乡汝河村小学，崩塌体长20 m，宽10 m，平均厚0.3 m，体积60 m³，崩塌坡度50°，坡向260°，目前危岩体部分高35 m，坡度60°，崩塌体岩性为中元古界砂岩，遇震动或强降水时有块度0.2～0.6 m的碎石块崩落，判定其稳定性为较差，险情为大型。

（3）十八盘乡中乡小泥石流：该泥石流沟位于十八盘乡中、乡小之间，浑椿河左岸，流域面积0.4 km²，主沟纵坡1%，冲淤变幅约0.6 m，沟两侧坡度60°，相对高差40 m，沟内松散物储量0.36万m³，判定其稳定性为差，险情为大型。

（4）王坪乡王坪西沟水石流：该水石流沟位于王坪乡王坪西沟，马兰河左岸，流域面积4.5 km²，主沟纵坡5‰，冲淤变幅约1.5 m，沟两侧坡度40°，相对高差25 m，沟内松散物储量21.88万m³，判定其稳定性为差，险情为大型。

（5）柏树乡一中不稳定斜坡：该斜坡位于柏树乡一中，斜坡高24 m，长40 m，宽

150 m，体积14.4 万 $m^3$，坡度65°，坡向100°，坡面形态凸形，坡体岩性为第四系坡积黏土，雨季沿坡底常有浑水渗出，有导致蠕滑的可能，险情为大型。

（6）城关镇清气沟村小学滑坡：该滑坡隐患位于城关镇清气沟村小学校舍后缘，滑坡体长29 m，宽37 m，平均厚0.4 m，体积429 $m^3$，滑坡坡度30°，坡向240°，平面形态为舌形，剖面上呈凸形，滑体岩性为第四系黏土坡积物，隐患体中上部有细微裂缝，雨季较明显，2003年以来已多次发生滑动，判定其稳定性为较差，险情为大型。

（7）城关镇云梦村郭家湾崩塌群：该崩塌隐患位于城关镇云梦村郭家湾组，崩塌群平均长25 m，总宽190 m，平均厚0.6 m，体积2 850 $m^3$，崩塌体坡度55°，坡向260°，隐患体高27 m，坡度90°，坡顶垂直裂隙发育，裂隙产状：170°∠90°，雨季常沿坡顶前缘产生剥落，判定其稳定性为较差，险情为大型。

（8）三屯乡黄营村小学不稳定斜坡：该斜坡位于三屯乡黄营村小学，斜坡高4 m，长4 m，宽35 m，体积560 $m^3$，坡度70°，坡向200°，坡面平直，坡体岩性为第四系坡积黏土，雨季沿坡顶常有土块坍滑，判定其稳定性为较差，险情为大型。

### 7.6.5　地质灾害易发程度分区

汝阳县地质灾害易发区共分为高易发区、中易发区、低易发区、非易发区4个类型区（见表3-7-18、图3-7-9）。

表3-7-18　汝阳县地质灾害易发区

| 等级 | 代号 | 亚区及代号 | 段及代号 | 面积（km²） | 占全市面积（%） | 隐患点数 |
|---|---|---|---|---|---|---|
| 高易发区 | A | 付店东沟地面塌陷高易发亚区（A₁） | | 0.90 | 0.1 | 2 |
| | | 靳村—十八盘滑坡、崩塌高易发亚区（A₂） | | 249.41 | 18.8 | 76 |
| | | 柏树—城关崩塌高易发亚区（A₃） | | 77.84 | 5.9 | 13 |
| 中易发区 | B | 王坪—付店滑坡、崩塌泥石流中易发亚区（B₁） | | 339.98 | 25.7 | 34 |
| | | 三屯—刘店滑坡中易发亚区（B₂） | | 247.69 | 18.7 | 33 |
| 低易发区 | C | 鸡冠山及汝河沿岸崩塌、滑坡低易发亚区（C₁） | 鸡冠山崩塌、滑坡低易发段（C₁₋₁） | 40.05 | 3.0 | |
| | | | 汝河沿岸滑坡、崩塌低易发段（C₁₋₂） | 187.26 | 14.1 | 7 |
| 非易发区 | D | | | 182.04 | 13.7 | |
| 合计 | | | | 1 325.17 | 100 | 165 |

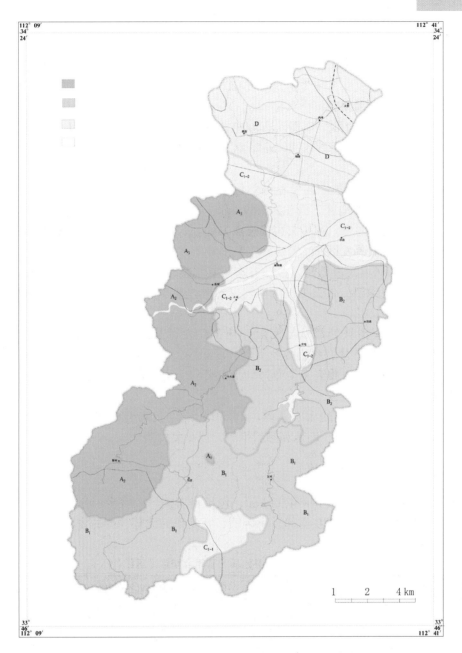

图3-7-9 汝阳县地质灾害易发程度分区图

### 7.6.5.1 地质灾害高易发区

（1）付店东沟地面塌陷高易发亚区：位于付店镇东沟一带，面积0.90 km²。以金堆城钼业公司为主的钼矿、铅锌矿等开采活动强烈。地面塌陷隐患点2处。

（2）靳村—十八盘滑坡、崩塌高易发亚区：位于靳村乡、十八盘乡及柏树乡西南部，面积249.41 km²。主要人类工程活动为建房和修路所进行的边坡开挖，黏土与风化的花岗岩层成为本区滑坡及崩塌的主要物质，尤其是沿十八盘至靳村公路，是汝阳县重要的公路滑坡、崩塌分布区。地质灾害隐患点76处。

（3）柏树—城关崩塌高易发亚区：分布在柏树乡的中北部及城关镇西北部地区，面积77.84 km²，地貌上以丘陵为主，海拔400~730 m。崩塌隐患点13处。

### 7.6.5.2　地质灾害中易发区

（1）王坪—付店滑坡、崩塌泥石流中易发亚区：位于付店镇和王坪乡的大部分地区及靳村乡东部一隅，面积339.98 km²。区内人类工程活动造成大量滑坡、崩塌。地质灾害隐患点34处。

（2）三屯—刘店滑坡中易发亚区：位于三屯乡除马兰河沿岸地区、刘店乡、上店镇和小店镇的汝河以南地区，面积247.69 km²。区内以建房、"村村通"工程为主的人类工程活动形成灾害隐患。地质灾害隐患点33处。

### 7.6.5.3　地质灾害低易发区

（1）鸡冠山崩塌滑坡低易发段：分布于县境南端的鸡冠山区，面积40.05 km²。本区山高沟深，人迹罕至，人类工程活动较少，地貌基本保留了原始形态，可能发生的地质灾害主要为崩塌及滑坡。

（2）汝河沿岸滑坡崩塌低易发段：分布在汝河及其支流马兰河两岸、小店镇北部、城关镇西北部及陶营、蔡店两乡南部，面积187.26 km²。本区切坡建房等人类工程活动较强，诱发的主要地质灾害类型为滑坡和崩塌，地质灾害隐患点7处。

### 7.6.5.4　地质灾害非易发区

该区主要指县域北部的大安、内埠2乡镇和蔡店及陶营中北部地区，面积182.04 km²。地貌类型主要为低丘、岗地和倾斜平原，以小型滑坡为主。

## 7.6.6　地质灾害重点防治区

全县划定重点防治区面积874.92 km²，包括付店镇、王坪乡、三屯乡的大部，刘店乡、上店乡、蔡店乡、陶营乡南部，小店镇、城关镇的北部，靳村乡，十八盘乡，柏树乡等（见表3-7-19、图3-7-10）。

表3-7-19　汝阳县地质灾害重点防治分区统计

| 分区名称 | 代号 | 亚区 | 代号 | 面积（km²） | 占全县面积（%） | 主要威胁对象 |
|---|---|---|---|---|---|---|
| 重点防治区 | A | 北部崩塌为主重点防治亚区 | A₁ | 83.76 | 6.3 | 居民、房屋 |
| | | 中部—西南部滑坡为主重点防治亚区 | A₂ | 431.66 | 32.6 | 居民、房屋、道路、耕地 |
| | | 中南部滑坡泥石流为主重点防治亚区 | A₃ | 239.43 | 18.1 | |
| | | 西泰山景区滑坡崩塌为主重点防治亚区 | A₄ | 119.07 | 9.0 | 居民、房屋、景区道路、景点 |
| | | 付店东沟地面塌陷为主重点防治亚区 | A₆ | 1.00 | 0.1 | 居民、房屋、道路 |

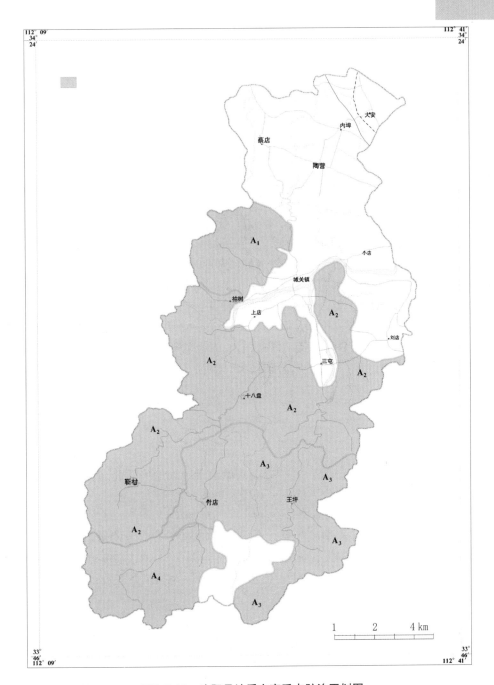

图3-7-10 汝阳县地质灾害重点防治区划图

（1）北部崩塌为主重点防治亚区：包括柏树乡大部、城关镇西北部，面积83.76 km²。主要防治对象是黄土崩塌，共有重要地质灾害隐患点3处。

（2）中部—西南部滑坡为主重点防治亚区：包括柏树乡、上店乡、刘店乡、城关镇南部，十八盘乡，三屯乡大部及靳村乡，面积431.66 km²。该区有重要地质灾害隐患点30处。临木路十八盘段是地质灾害高发区段，应重点防治。

（3）中南部滑坡泥石流为主重点防治亚区：包括付店镇及王坪乡大部地区，面积239.43 km²。该区矿山开采、切坡建房、修路等人类工程活动强烈，全部属地质灾害高易发区。重要地质灾害隐患点9处，包括滑坡5处、泥石流3处、不稳定斜坡1处。沿靳村西沟—付店东沟、马庙—王坪西沟条形钼矿、铅锌矿成矿带，为泥石流重点防治区。

（4）西泰山景区滑坡崩塌为主重点防治亚区：位于泰山庙一带以西泰山为主的风景旅游区及其边缘地带，面积119.07 km²。区内是滑坡及崩塌高易发区。

（5）付店东沟地面塌陷为主重点防治亚区：位于付店镇金堆城钼业公司矿区内，因钼矿开采形成采空区，沿东沟一带均为地面塌陷重点防治区。

# 7.7　新安县

新安县总面积1 160 km²，全县下辖5镇（城关、铁门、磁涧、石寺、五头）、6乡（正村、李村、仓头、北冶、曹村、石井），298个行政村，总人口50.3万余人。该县耕地面积62.3万亩，适宜小麦、玉米、红薯、棉花、烟草、蔬菜等作物生长，主要经济作物有桃、杏、梨、枣、柿、苹果、葡萄、山楂、核桃等。主要开采利用的矿种有煤、铁、硫铁、铝矿、耐火黏土、石英岩、白云岩、石灰岩等20余种。旅游资源十分丰富，主要有汉函谷关、千唐志斋、青要山、紫荆山、黄河八里胡洞、龙潭大峡谷、黛嵋山地质公园等。

## 7.7.1　地质环境背景

### 7.7.1.1　地形、地貌

新安县位于豫西低山丘陵区，属秦岭山系崤山余脉。地势西北高、东南低。根据地貌成因及地貌形态，地貌类型分为低山、丘陵和冲积平原。

### 7.7.1.2　气象、水文

新安县属北暖温带大陆性季风气候。平均气温13.84 ℃，年均降水量595.4 mm，其中7~9月降水量占全年的一半以上，无霜期较长，年均216 d。

新安县境内有黄河、青河、畛河、金水河、涧河、磁河6条主要河流，均属黄河水系。

### 7.7.1.3　地层与构造

新安县地层出露甚为完整。依其由老到新的顺序主要有中元古界熊耳群、汝阳群，上元古界洛峪群崔庄组（$Pt_3c$）和三教堂组（$Pt_3s$），古生界寒武系、奥陶系、石炭系上统、二叠系，中生界三叠系，新生界新近系、第四系中更新统（$Qp_2$）、上更新统（$Qp_3$）、全新统（$Qh$）。

主要褶皱有新渑倾伏背斜（象鼻构造）、新安县城北向斜、郁山—蕨山背斜，主要构造有石井河断层、黄河大断层、李沟断层、游家洼断层、龙鼻大断层、陈沟断层、北涧河断层、东山底断层、懈司断层、普陀山断层。第四纪以来，区内新构造运动主要表现为差异性、间歇性升降运动。根据《中国地震动参数区划图》，新安县地震动峰值加速度为0.05 g，相当于地震基本烈度为Ⅵ度，为区域地壳稳定区。

#### 7.7.1.4　水文地质、工程地质

根据区内地下水赋存条件、介质孔隙的成因及水文地质特征，地下水类型分为松散岩类孔隙水、碳酸盐岩类裂隙岩溶水、碎屑岩岩类裂隙水。

按各类岩、土的成因及工程地质特征，新安县岩土体工程地质类型可分为碎屑岩岩组、碳酸盐岩组和松散岩组。碎屑岩岩组主要分布于峪里、曹村、仓头、正村及北冶、磁涧的部分地区；碳酸盐岩组主要分布于县境北部的低山丘陵区，石井、西沃、曹村、石寺镇及北冶一带；松散岩组主要分布在南部丘陵、冲积平原区。

#### 7.7.1.5　人类工程活动

县域内主要人类工程活动有矿山开采、交通工程、水利工程建设、旅游开发等。

新安县已开发利用矿产13种，年产固体矿石量179.043万t。矿产资源的开采造成水土流失、植被破坏，多处出现滑坡、崩塌、地面塌陷等灾害。新安县交通工程建设快速发展，陇海铁路、310国道和连霍高速公路等构成区内交通框架，修建公路易出现边坡失稳现象，威胁公路、车辆、行人及附近人民生命财产安全。新安县北部为小浪底库区的蓄水区，涉及石井、北冶、石寺、正村、仓头5个乡镇，由于库区建设及库区蓄调水极易发生崩塌、滑坡等灾害。在开发旅游的过程中，修建道路、宾馆等设施，周围地质环境会遭受不同程度的破坏，容易引发崩塌、滑坡隐患。

### 7.7.2　地质灾害类型及特征

#### 7.7.2.1　地质灾害类型

新安县已发生地质灾害类型以崩塌、滑坡、泥石流、地面塌陷为主，主要分布在9个乡镇（见表3-7-20）。

表3-7-20　新安县各乡镇已发生地质灾害分布情况

| 乡　镇 | 崩塌 | 滑坡 | 泥石流 | 地面塌陷 | 合　计 |
|---|---|---|---|---|---|
| 石井乡 | 8 | 13 | | 3 | 24 |
| 北冶乡 | 3 | 16 | | 6 | 25 |
| 石寺镇 | 2 | 3 | | 5 | 10 |
| 铁门镇 | | 1 | | 2 | 3 |
| 曹村乡 | 2 | 4 | 2 | | 8 |
| 南李村乡 | | | | 5 | 5 |
| 磁涧镇 | 3 | | | 1 | 4 |
| 仓头乡 | | | | 2 | 2 |
| 正村乡 | 1 | | | 5 | 6 |
| 合　计 | 19 | 37 | 2 | 29 | 87 |

#### 7.7.2.2　地质灾害特征

（1）崩塌：崩塌19处，分布于石井乡、北冶乡、石寺镇、曹村乡、磁涧镇和正村乡，均为小型崩塌。土质崩塌体主要为粉质黏土、砂砾石层等，坡体结构松散，孔隙、

裂隙发育。岩质崩塌包括白云岩类、变质岩类及碎屑岩类，岩体裂隙、节理发育，风化强烈。

崩塌主要分布于民居房屋前后、交通路线侧壁、矿山采场等人为切坡形成的陡崖处。

（2）滑坡：调查滑坡灾害点37处。其中，土质滑坡26处，岩质滑坡11处。滑坡规模相差悬殊，大者可达86.4万 $m^3$（石井乡峪里村滑坡），小者仅为0.4万 $m^3$（仓头乡云水村滑坡）。依据滑坡规模划分标准，按规模可分为大型2处、中型6处、小型15处。滑坡表面形态以半圆形、矩形为主，其次为舌形、不规则形等，剖面形态则以台阶形、直线状为主。滑坡的发生主要与降水有关，发生时间多为6~8月。

（3）泥石流：泥石流沟2处，均属小型泥石流。致灾因素主要为暴雨。沟口扇形地完整性均较差，危害对象主要为居民、农田、道路。

（4）地面塌陷：地面塌陷分布范围广，造成损失大。已发生地面塌陷29处，均因采矿活动造成，主要为冒顶型塌陷。规模分级分为大型4处，中型11处，小型12处。主要受区内矿体分布形态、地层岩性、地质构造、开采方式、降水及小浪底库区蓄水等因素制约，降水及库区蓄水位涨落是重要的激发因素。

## 7.7.3 地质灾害灾情

据不完全统计，新安县已发生地质灾害87处。其中，崩塌灾害19处，灾情均为小型，直接经济损失105.3万元；滑坡37处，灾情为小型的35处，中型2处，直接经济损失1 988.2万元；泥石流2处，灾情均为小型，直接经济损失66万元；地面塌陷29处，灾情为小型25处，中型4处，直接经济损失1 271.2万元。

## 7.7.4 地质灾害隐患点特征及险情评价

### 7.7.4.1 地质灾害隐患点分布特征

新安县地质灾害隐患点共104处，有崩塌、滑坡、泥石流、地面塌陷及不稳定斜坡。其中，崩塌隐患点29处，滑坡隐患点41处，泥石流隐患点3处，地面塌陷隐患点29处，不稳定斜坡2处。

新安县境内崩塌隐患点分布于石井乡、北冶乡、石寺镇、曹村乡、磁涧镇和正村乡；滑坡隐患点主要分布于石井乡、北冶乡、石寺镇、铁门镇、曹村乡和仓头乡；泥石流隐患主要分布于铁门镇和曹村乡；地面塌陷隐患点主要分布于石井乡、北冶乡、石寺镇、铁门镇、南李村乡、磁涧镇、正村乡和仓头乡；不稳定斜坡主要分布于北冶乡和曹村乡。

### 7.7.4.2 地质灾害隐患点险情评价

104处地质灾害隐患点，险情为大型33处，中型32处，小型39处。按灾种分，崩塌险情中型4处、小型25处；滑坡险情大型19处、中型11处、小型11处；地面塌陷险情大型11处、中型15处、小型3处；泥石流险情级别大型3处；不稳定斜坡险情中型2处。根据险情评价，共确定险情大型重要地质灾害隐患点22处（见表3-7-21）。

表3-7-21 新安县大型地质灾害隐患点危险性评价一览表

| 位 置 | | 类型 | 规模 | 稳定性 | 威胁状况 | | 预测经济损失（万元） | 险情等级 | 危险性 | | 建议防治措施 |
|---|---|---|---|---|---|---|---|---|---|---|---|
| | | | | | 人员 | 其他 | | | 现状 | 预测 | |
| 石井乡 | 山头岭北沟河组 | 滑坡 | 中型 | 差 | 370 | 340间房 | 136 | 大型 | 次危险 | 次危险 | 地表排水、坡面防护 |
| | 峪里村04 | 滑坡 | 大型 | 差 | 290 | 县道320 m | 670 | 大型 | 危险 | 危险 | 避让或工程措施 |
| | 黛嵋村 | 滑坡 | 中型 | 较差 | 280 | 390间房 | 156 | 大型 | 次危险 | 次危险 | 护坡 |
| | 龙潭沟村 | 滑坡 | 小型 | 差 | 300 | 300间房 | 120 | 大型 | 危险 | 危险 | 地表排水、专业监测 |
| 北冶乡 | 仓西村宣沟组 | 滑坡 | 小型 | 较差 | 140 | 96间房 | 38.4 | 大型 | 次危险 | 次危险 | 专业监测 |
| | 马行沟村二组 | 滑坡 | 小型 | 较差 | 150 | 180间房 | 72 | 大型 | 次危险 | 次危险 | 专业监测 |
| | 马行沟村十一组 | 滑坡 | 小型 | 较差 | 160 | 160间房 | 64 | 大型 | 危险 | 危险 | 专业监测 |
| | 马行沟村柴家沟 | 滑坡 | 中型 | 较差 | 110 | 110间房 | 44 | 大型 | 次危险 | 次危险 | 专业监测 |
| | 马行沟村八组 | 滑坡 | 中型 | 较差 | 300 | 360间房 | 144 | 大型 | 次危险 | 次危险 | 专业监测 |
| | 甘泉村九组 | 滑坡 | 中型 | 较差 | 300 | 320间房 | 64 | 大型 | 次危险 | 次危险 | 专业监测 |
| | 甘泉村八组 | 滑坡 | 中型 | 较差 | 150 | 150间房 | 60 | 大型 | 次危险 | 次危险 | 专业监测 |
| | 甘泉村一组 | 滑坡 | 小型 | 差 | 150 | 150间房 | 60 | 大型 | 危险 | 危险 | 专业监测、工程措施 |
| | 张官岭村西沟组 | 滑坡 | 小型 | 较差 | 150 | 120间房 | 48 | 大型 | 次危险 | 次危险 | 专业监测 |
| | 核桃园村 | 滑坡 | 小型 | 较差 | 320 | 400间房 | 160 | 大型 | 次危险 | 次危险 | 专业监测 |
| | 东沟村东上组 | 滑坡 | 小型 | 差 | 199 | 260间房 | 104 | 大型 | 危险 | 危险 | 避让或工程措施 |
| 石寺镇 | 北岭村前坡组 | 滑坡 | 小型 | 差 | 178 | 400间房 | 160 | 大型 | 危险 | 危险 | 专业监测、地表排水 |
| 铁门镇 | 崔家庄坡根组 | 滑坡 | 小型 | 差 | 150 | 一所小学120间房 | 60 | 大型 | 危险 | 危险 | 专业监测、工程措施 |
| | 董沟村下沟组 | 泥石流 | 小型 | 低易发 | 400 | 100间房 | 40 | 大型 | 危险 | 危险 | 群测群防 |
| 曹村乡 | 城崖地村南沟组 | 泥石流 | 小型 | 低易发 | 200 | 240间房 | 96 | 大型 | 次危险 | 次危险 | 群测群防 |
| | 袁山村李河组 | 滑坡 | 小型 | 差 | 360 | 280间房 | 112 | 大型 | 危险 | 危险 | 护坡 |

续表3-7-21

| 位　置 | | 类型 | 规模 | 稳定性 | 威胁状况 | | 预测经济损失（万元） | 险情等级 | 危险性 | | 建议防治措施 |
|---|---|---|---|---|---|---|---|---|---|---|---|
| | | | | | 人员 | 其他 | | | 现状 | 预测 | |
| 曹村乡 | 袁山村 | 泥石流 | 小型 | 低易发 | 120 | 130间房、200亩、公路80 m | 460 | 大型 | 次危险 | 次危险 | 群测群防 |
| | 曹乡村西坡根组 | 滑坡 | 中型 | 差 | 150 | 180间房 | 72 | 大型 | 危险 | 危险 | 搬迁避让 |

## 7.7.5　地质灾害易发程度分区

全县地质灾害易发程度分为高易发区、中易发区和低易发区（见表3-7-22、图3-7-11）。

表3-7-22　新安县地质灾害易发区

| 等级 | 亚区 | 面积（km²） |
|---|---|---|
| 高易发区 | 北部黛嵋—荆紫崩塌、滑坡、泥石流高易发亚区 | 95.92 |
| | 中部库区沿线、采矿区崩塌、滑坡、地面塌陷高易发亚区 | 246.26 |
| 中易发区 | 青要山崩塌、滑坡中易发亚区 | 38.26 |
| | 南部郁山一带崩塌、地面塌陷中易发亚区 | 81.07 |
| 低易发区 | 中北部低易发亚区 | 192.78 |
| | 南部低易发亚区 | 434.09 |

### 7.7.5.1　地质灾害高易发区

（1）北部黛嵋—荆紫崩塌、滑坡、泥石流高易发亚区：地处新安县北部山区，包括石井乡和曹村乡北部区域，面积95.92 km²。区内斜坡陡峭，沟谷纵横，基岩破碎、风化程度较高，采矿、筑路、建房等人类工程活动强烈，为崩塌、滑坡、泥石流高发区。

（2）中部库区沿线、采矿区崩塌、滑坡、地面塌陷高易发亚区：该区地处新安县中部丘陵区，面积246.26 km²。地势起伏，切割严重，多为黄土覆盖。受小浪底库区蓄水涨落的影响及采矿活动的加剧，地质灾害较为发育。

### 7.7.5.2　地质灾害中易发区

（1）青要山崩塌、滑坡中易发亚区：该区地处新安县北部山区，面积38.26 km²。为崩塌、滑坡、泥石流高发区，主要发育场所为石井乡黛嵋村，因水库蓄水位涨落和坡后加载等因素引发滑坡。

（2）南部郁山一带崩塌、地面塌陷中易发亚区：该区地处新安县中部丘陵区，面积81.07 km²。出露岩性主要为第四系粉质黏土与淡黄色粉质轻黏土。受小浪底库区蓄水涨落的影响及采矿活动的加剧，地质灾害较为发育。

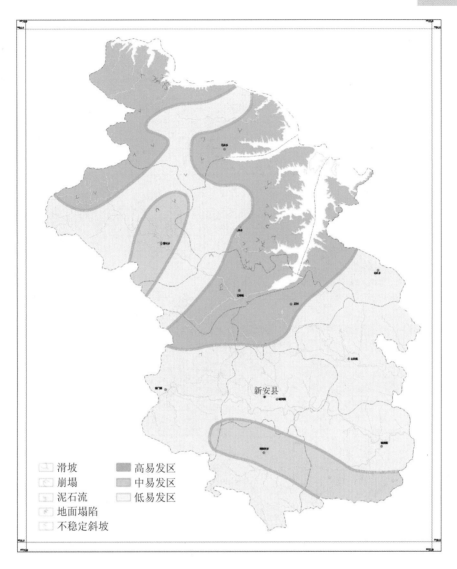

**图3-7-11 新安县地质灾害易发区图**

### 7.7.5.3 地质灾害低易发区

（1）中北部低易发亚区：该区地处新安县北部，包括石井乡、曹村乡、北冶乡和石寺镇的部分区域，面积192.78 km²。属山地、丘陵区，发生地质灾害的可能性较小。

（2）南部低易发亚区：该区地处新安县南部丘陵区，包括城关镇、五头镇、铁门镇及仓头、磁涧的大部分地区，面积434.09 km²。地形属丘陵、涧河冲积平原，地形起伏相对较小。

## 7.7.6 地质灾害重点防治区

新安县共确定重点防治区面积298.62 km²，为3个重点防治地段（见表3-7-23、

图3-7-12）。

表3-7-23　地质灾害重点防治分区

| 分区名称 | 重点防治地段 | 代号 | 主要地质灾害类型 | 致灾因素 |
|---|---|---|---|---|
| 重点防治区 | 小浪底库区、石井乡黛嵋村崩滑、滑坡隐患段 | $A_1$ | 崩塌、滑坡 | 岩体破碎、切坡、降水 |
| | 新峪公路沿线崩塌、滑坡隐患段 | $A_2$ | 崩塌、滑坡 | 岩体破碎、切坡、降水 |
| | 石寺—正村—仓头地面塌陷隐患段 | $A_3$ | 地面塌陷 | 巷道挖掘、顶板冒落 |

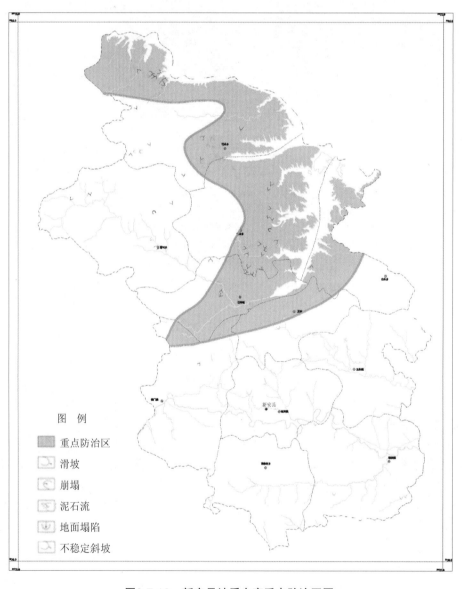

图 例

　　重点防治区

　　滑坡

　　崩塌

　　泥石流

　　地面塌陷

　　不稳定斜坡

图3-7-12　新安县地质灾害重点防治区图

重点防治区分布在小浪底库区沿岸,行政划分属石井乡、北冶乡、石寺镇、正村乡、铁门镇、仓头乡,为县境内崩塌、滑坡、地面塌陷集中发育区,威胁对象主要为居民、游人、房屋及省、国道。地质灾害点75处,其中崩塌18处、滑坡31处、泥石流1处、地面塌陷23处、不稳定斜坡1处。

# 7.8 孟津县

孟津县面积758.7 km²,辖1个乡、9个镇,226个行政村,总人口42.25万人。全县耕地571 815.7亩,主要粮食作物有小麦、玉米、水稻、薯类等,重要经济作物有油菜、烟叶、棉花、花生、芝麻等。全县已勘测探明储量的矿产主要有原煤、紫砂岩、砂岩、砂、黏土等5种。

## 7.8.1 地质环境背景

### 7.8.1.1 地形、地貌

孟津县地处洛阳盆地和济源盆地之间,西北高,东南低,地形起伏较大。根据境内地貌类型和成因,还可分为西北部的构造侵蚀基岩丘陵、中部的黄土地貌、东北和东南部河流堆积阶地三类。

### 7.8.1.2 气象、水文

孟津县属亚热带向暖温带的过渡地带,属大陆性季风气候,年均气温13.7 ℃,年均降水量605.38 mm,年最大降水量1 041.9 mm(2003年),年最小降水量267.9 mm(1997年)。

孟津县地表水均属黄河水系,境内河流发育,河网密布,主要河流有黄河、金水河、瀍河、横水及图河。除黄河外,其余全为季节性河流。

### 7.8.1.3 地层与构造

孟津县前第四系的地层,除西北部有古生界二叠系基岩出露外,其他均被新生界沉积物所覆盖,第四系松散地层广为分布。基岩地层为单斜构造,无明显的褶皱构造。主要断裂构造有:首阳山—平乐—金水河断层、小浪底—煤窑沟—祖师庙正断层、清河口—上岭正断层、霞院—瀍阳及五良—瀍阳推测掩埋断层、霍村—赵洼—王家嘴掩埋断层、孟津老城—西虢断裂。根据《中国地震动参数区划图》,孟津县地震动峰值加速度为0.1g,相当于地震基本烈度为Ⅶ度,为区域地壳较稳定区。

### 7.8.1.4 水文地质

区内地下水类型分为碎屑岩类孔隙裂隙水、松散岩类孔隙水。碎屑岩类孔隙裂隙水主要分布于孟津西北小浪底库区一带。松散岩类孔隙水又可划分为砂卵石孔隙水亚类和黄土孔隙孔洞裂隙水亚类。砂卵石孔隙潜水主要分布于洛河、黄河及其支流沿岸的Ⅰ、Ⅱ级阶地及漫滩地段,南部平乐镇,北部孟津老城一带。砂卵石孔隙层间水、黄土孔隙孔洞裂隙水分布于黄土丘陵、台源地区。

### 7.8.1.5 工程地质岩组

按各类岩、土的成因及工程地质特征,可分为中厚层泥化夹层较软粉砂岩组、砂卵石、中细砂双层土体和黏土、淤泥、细砂多层土体3个工程地质岩组。中厚层泥化夹层较软粉砂岩组主要分布于县境西北部、小浪底库区一带。砂卵石、中细砂双层土体遍及全县大部分地区。黏土、淤泥、细砂多层土体分布在黄河一级阶地白鹤、老城一带。

#### 7.8.1.6 人类工程活动

主要人类工程活动有水利工程建设、矿山开采、城乡建设等。水利工程有小浪底水利枢纽工程和西霞院水利枢纽工程两个国家大型水利工程，库区周边多出现崩塌、滑坡、地面塌陷等灾害。孟津县开发利用的矿产有煤、砖瓦黏土、砂、泥岩，矿产开采严重破坏周围的地质环境，水土流失，植被破坏，多处出现滑坡、崩塌、地面塌陷等灾害。在丘陵、黄土台塬区，因受地形条件制约，建设用地短缺，常靠开挖坡脚获取更多建设用地，易导致坡体失稳，而产生崩塌、滑坡灾害。黄土台塬区开挖窑洞，易产生崩塌灾害。

### 7.8.2 地质灾害类型及特征

#### 7.8.2.1 地质灾害类型

孟津县已发生地质灾害类型有崩塌、滑坡和地面塌陷3种。其中崩塌3处，规模均为小型，主要分布于小浪底镇与会盟镇的黄土丘陵区；滑坡1处，规模为中型，分布于小浪底镇大柿树村后凹组，为小浪底蓄水库区；地面塌陷1处，规模为小型，分布于送庄镇百鹿村。

已经发生的地质灾害5处，灾情均为小型，造成1人死亡，直接经济损失59万元。

#### 7.8.2.2 地质灾害特征

（1）崩塌：崩塌3处，崩塌体体积在600 ~ 12 000 m³，规模均为小型崩塌。崩塌体组成物质多为$Q_2$粉质黏土、黄土。其平面形态为矩形或不规则形，剖面形态为直线。崩塌灾害点大多位于村民的房前和房后，发生时间多集中在7、8月。

（2）滑坡：滑坡1处，体积为319 000 m³，规模为中型。滑坡体组成物质为$Q_2$粉质黏土、二叠系砂岩。其平面形态为矩形，剖面形态为复合型。长110 m，宽290 m，厚度大于10 m，坡度35°，坡向15°。坡体上部有拉张裂缝，缝宽0.5 ~ 5.0 m，深度大于10 m，滑坡下面为小浪底库区，初发时间为2004年8月。

（3）地面塌陷：地面塌陷为开挖窑洞引起的冒顶塌陷，塌陷区地表岩性为粉质黏土，地面塌陷平面形态呈圆形，直径24 m，深7 m。

### 7.8.3 地质灾害隐患点特征及险情评价

#### 7.8.3.1 地质灾害隐患点分布特征

境内分布地质灾害隐患34处，其中崩塌15处（土质12处、岩质3处）、滑坡6处（土质2处、岩质4处）、不稳定斜坡9处（土质8处、岩质1处）、地面塌陷4处。地质灾害隐患点分布情况见表3-7-24。

#### 7.8.3.2 地质灾害隐患点险情评价

在34处地质灾害隐患点中，险情为大型的6处、中型13处、小型15处。共威胁2 626人、1 378间房、93孔窑洞、4所学校、100亩耕地、700 m国道、600 m省道、1 030 m县道、46 m乡道、300 m库岸、1座码头的安全，预测经济损失1 515.7万元。

表3-7-24　新安县地质灾害隐患点分布情况

| 乡 镇 | 地质灾害类型 | | | | 合计 | 占总比例（%） |
|---|---|---|---|---|---|---|
| | 地面塌陷 | 不稳定斜坡 | 滑坡 | 崩塌 | | |
| 小浪底 | | 3 | 5 | 5 | 13 | 38.24 |
| 横水 | 1 | | | 2 | 3 | 8.82 |
| 会盟 | | 3 | | 5 | 5 | 14.71 |
| 平乐 | | | | 2 | 2 | 5.88 |
| 白鹤 | | 3 | | 4 | 7 | 20.59 |
| 送庄 | 2 | | 1 | | 3 | 8.82 |
| 朝阳 | 1 | | | | 1 | 2.94 |
| 合计 | 4 | 9 | 6 | 15 | 34 | 100 |
| 占总比例（%） | 11.76 | 26.47 | 17.65 | 44.12 | 100 | |

根据险情评价，险情大型重要地质灾害隐患点4处。

（1）崔岭村中心小学不稳定斜坡隐患：位于小浪底镇崔岭村小学房后，斜坡体是二叠系砂页岩，坡度较陡，约40°，坡向305°，长320 m，宽500 m，面积160 000 m²。小浪底水库每年的调蓄水，致使水位陡升陡降，水进入裂隙，水侧向压力增大，导致岩体失稳。

（2）横水村崩塌隐患：位于横水镇横水村北沟组，黄土丘陵地貌，崩塌体是第四纪粉质黏土，长度40 m，宽度72 m，厚度平均2 m，面积2 880 m²，体积5 760 m³，坡度70°，坡向310°，平面形态半圆形，剖面形态呈直线状，崩塌体受风化影响，加之居民切坡建房，削坡过陡，遇降水易导致崩塌发生。

（3）古县小学崩塌隐患：位于横水镇古县村，黄土丘陵地貌，崩塌体长度6 m，宽度85 m，平均厚度1 m，面积510 m²，体积510 m³，坡度40°，坡向350°，平面形态呈矩形，剖面形态呈直线形，崩塌体受风化影响，加之人为切坡建房，削坡过陡，遇降水易导致崩塌发生。

（4）沟口村5组崩塌隐患：位于白鹤镇沟口村5组，黄土丘陵地貌，崩塌长度50 m，宽度600 m，平均厚度1 m，面积30 000 m²，体积30 000 m³，坡度35°，坡向194°，平面形态呈不规则形，剖面形态呈阶梯状，崩塌体受风化影响，加之人为切坡建房，削坡过陡，遇降水易导致崩塌发生。

## 7.8.4　地质灾害易发程度分区

孟津县地质灾害易发程度分为高易发区、中易发区、低易发区和非易发区（见表3-7-25、图3-7-13）。

表3-7-25　孟津县地质灾害易发区

| 等级 | 代号 | 区（亚区）名称 | 亚区代号 | 面积（km²） | 占全县面积（%） | 隐患点数 | 威胁人数 | 经济损失（万元） |
|---|---|---|---|---|---|---|---|---|
| 高易发区 | A | 县境西北部小浪底—白鹤滑坡、崩塌高易发区 | A | 59.66 | 7.9 | 15 | 372 | 351.7 |
| 中易发区 | B | 县境中北部崩塌、滑坡中易发区 | B | 239.29 | 31.5 | 17 | 2 003 | 1 130 |
| 低易发区 | C | 县境南部地质灾害低易发区 | C₁ | 283.7 | 37.4 | 2 | 251 | 34 |
| | | 县境东北部地质灾害低易发区 | C₂ | 121.85 | 16.1 | | | |
| | | 小　　计 | | 455.55 | 60.5 | 2 | 251 | 34 |
| 非易发区 | D | 县境中南部地质灾害非易发区 | D | 54.2 | 7.1 | 0 | 0 | 0 |
| 合计 | | | | 758.7 | 100 | 34 | 2 626 | 1 515.7 |

### 7.8.4.1　地质灾害高易发区

该区地处孟津县西北低山丘陵区，包括小浪底镇和白鹤镇部分区域，面积59.66 km²。为崩塌、滑坡高发区，主要发育场所为小浪底水库南岸、小浪底专用公路侧壁，沟谷内民房周围切坡处等。地质灾害隐患15处，包括滑坡5处，崩塌6处，不稳定斜坡4处。

### 7.8.4.2　地质灾害中易发区

该区地处孟津县中北部丘陵区，面积239.29 km²。区内冲沟发育，人类工程活动主要表现为采矿、筑路、建房等。地质灾害类型主要为滑坡、崩塌。地质灾害17处，其中崩塌9处、滑坡1处、不稳定斜坡5处、地面塌陷2处。

### 7.8.4.3　地质灾害低易发区

该区地处孟津县南部黄土丘陵区和东北部黄河阶地，地形起伏不大，坡度较缓，发生崩塌、滑坡灾害的危险性较小。

### 7.8.4.4　地质灾害非易发区

该区地处县境中偏南部，主要分布于朝阳镇、送庄镇、平乐镇一带，面积54.2 km²。地面平坦，地质灾害不发育。

## 7.8.5　地质灾害重点防治区

孟津县地质灾害重点防治区位于县境西北的低山丘陵区，行政划分属小浪底镇、白鹤乡及横水镇。人类工程活动强烈，加之气象及地貌因素影响，为崩塌、滑坡集中发育区。地质灾害隐患点15处，威胁对象主要为居民、游人、房屋及省道。主要防治段有：小浪底专用线沿线崩塌、滑坡隐患段；小浪底水利枢纽工程库岸崩塌、滑坡发育段（见图3-7-14）。

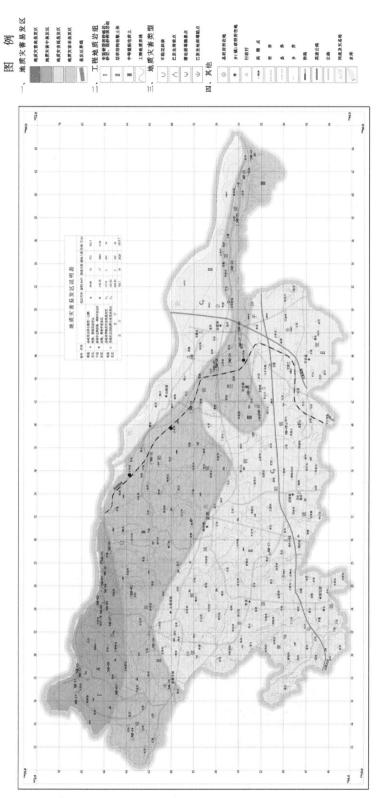

图3-7-13　孟津县地质灾害易发程度分区图

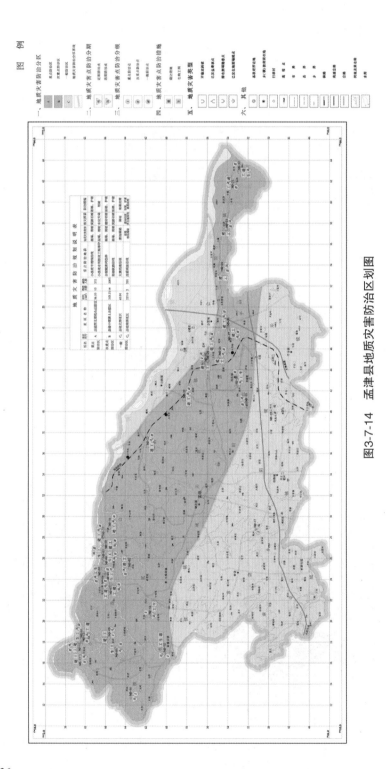

图3-7-14 孟津县地质灾害防治区划图

# 7.9 偃师市

偃师市位于洛阳盆地东隅，面积948 km²，辖13个镇和3个乡，共332个行政村，3 528个村民组，总人口84万人。主要粮食及经济作物有小麦、玉米、棉花、芝麻、红薯等。主要开采利用的矿种有煤炭、铝矾土、石英石、石灰石、白云岩、花岗岩、钾长石、钠长石等23个品种。

## 7.9.1 地质环境背景

### 7.9.1.1 地形、地貌

偃师市总体地势南高北低，南部为中低山，中部为山前倾斜平原和河谷平原，北部为黄土台塬。按地貌形态、成因类型，市域地貌可划分为中低山、黄土台塬、山前倾斜平原、河谷平原4种类型。

### 7.9.1.2 气象、水文

偃师市属暖温带大陆性季风气候。多年平均气温为14.2 ℃，平均年降水量577.62 mm，降水多集中在7、8、9三个月。历年最大降水量924.2 mm（1964年），日最大降水量109.4 mm（1996年7月28日）。全年实际日照时数为2 248.3 h，全年日照百分率为51%。多年平均蒸发量1 451.7 mm。

偃师市境内河流属黄河水系，黄河沿邙岭北麓流过，伊、洛河在境内流程最长（伊河37 km，洛河42 km），还有马涧河、刘涧河、沙河等季节性河流。全市共有水库13座，其中，中型水库2座：桃花店水库、九龙角水库；小型一类水库6座，小型二类水库5座。

### 7.9.1.3 地层与构造

偃师市属华北地层区，境内出露地层有太古宇、元古界、古生界、中生界、新生界。市域内仅在南部大口乡的神树沟—老羊坡和府店镇的黄龙洞山一带，发育了元古代中条期侵入岩。为浅红色黑云母钾长花岗岩，与围岩呈侵入接触关系。

市域总体构造线以东西向和近东西向为主。主要由走向东西或近东西向的坳陷、断陷盆地、褶皱带、冲断层组成。主要断层有偃师断裂、五指岭断层、嵩山断层等。第四纪以来，构造运动以差异性、间歇性升降运动为基本特征。根据《中国地震动参数区划图》，偃师市地震动峰值加速度为0.05g～0.1g，地震基本烈度为Ⅵ～Ⅶ度。

### 7.9.1.4 水文地质

境内地下水可划分为松散岩类孔隙水、碳酸盐岩类裂隙岩溶水、碎屑岩类孔隙裂隙水、基岩裂隙水4种类型。北部、南部地形坡度大，冲沟发育，切割强烈，有利于地下水的径流和排泄，基本上为就近补给，就近排泄，地下水比较贫乏。中部河谷平原区，地表及地下水径流相对缓慢，不利于排泄，有利于补给，加上良好的储存条件，故该区赋存有丰富的地下水资源。

### 7.9.1.5 工程地质岩组

按地貌、地层岩性、岩土体坚硬程度及结构特点，偃师市岩土体工程地质类型分为碎裂状较软花岗岩强风化岩组，片状较软片麻岩岩组，中厚层具软弱夹层较软石英砂岩、砾岩岩组，中厚层较硬灰岩、白云岩岩组，中厚层半坚硬砂岩、页岩岩组，黄土、黄土状土单层土体，粉质黏土、粉土、粉砂多层土体7类。其中松散土体类主要分布在中部和北部，岩类主要分布于市域南部。

#### 7.9.1.6 人类工程活动

主要人类工程活动有矿山开采活动、交通工程、城乡建设等。偃师市南部富含多种矿藏，矿产开采活动严重破坏了周围的地质环境，造成水土流失、植被破坏，已经出现了滑坡、崩塌、泥石流、地面塌陷及地裂缝等地质灾害。偃师市交通发达，在修建过程中，部分路段切坡、填埋等活动破坏了周围的地质环境，出现了边坡失稳。南部低山丘陵地区，由于受地形条件的限制，往往采取开挖坡脚获得更多的建设用地，致使边坡增陡增高，出现边坡失稳或存在边坡不稳定隐患，潜在的崩塌、滑坡威胁居民安全。

### 7.9.2 地质灾害类型及特征

偃师市已发生的地质灾害类型有崩塌、滑坡、泥石流和地面塌陷4种，共83处（见表3-7-26）。偃师市16个乡镇中，有10个乡镇存在已发生地质灾害。从地域分布特征看，地质灾害主要集中分布于南部山区和黄土丘陵区以及诸葛镇—大口乡—缑氏镇—府店镇一线。从统计资料上看，采矿区地质灾害以地面塌陷为主，规模一般较大；黄土区地质灾害以崩塌为主，规模小而突发性强。

表3-7-26 偃师市已发生的地质灾害分布

| 乡镇 | 滑坡 | 崩塌 | 泥石流 | 地面塌陷 | 合计 |
|---|---|---|---|---|---|
| 诸葛镇 | 1 | 7 | | 2 | 10 |
| 李村镇 | 6 | | 1 | | 7 |
| 寇店镇 | 2 | 5 | | | 7 |
| 大口乡 | 2 | 2 | | 1 | 5 |
| 缑氏镇 | | | | 1 | 1 |
| 府店镇 | 2 | 10 | | 2 | 14 |
| 山化乡 | | 12 | | | 12 |
| 邙岭乡 | 3 | 11 | | 2 | 16 |
| 顾县镇 | | 7 | | | 7 |
| 城关镇 | | 4 | | | 4 |
| 合计 | 16 | 58 | 1 | 8 | 83 |

（1）崩塌：崩塌共58处，主要分布在诸葛镇、李村镇、寇店镇、府店镇、山化乡、邙岭乡、顾县镇、城关镇等乡镇。崩塌体积在200～7 500 $m^3$，均为小型。崩塌体组成物质多为$Q_4$粉质黏土、黄土，少量为寒武系的碳酸盐岩。崩塌灾害点多发生在村民的房前和房后，发生时间多集中在7、8月。如2003年7月，偃师全境降暴雨，并持续时间较长，引发了40处崩塌。

（2）滑坡：滑坡共16处，主要分布于南部山区和黄土丘陵区，分布的乡镇有诸葛镇、李村镇、寇店镇、大口乡、府店镇、邙岭乡等。滑坡体组成物质多为粉质黏土、黄土及残坡积物，规模1 800～84 000 m³，均属小型滑坡。这些滑坡平面形态不一，有半圆形、不规则形，剖面多呈凸形或凹形，滑体结构零乱，物质组成多为粉质黏土、黄土、松散碎石土。滑面呈线形，埋深1～5 m。这些滑坡主要发生于山谷的边坡一带。滑坡的发生主要与人类工程活动、降水有关，发生时间多为6～8月。

（3）泥石流：泥石流1处，分布于李村镇的东宋村，泥石流松散物贮量1.8 万m³/km²，属小型泥石流。沟口泥石流堆积活动不明显，流域植被覆盖率40%左右。泥石流沟流域面积1 km²。物质成分多为砾石，分选性差，散布在沟谷内的流通区及堆积区。泥石流的平面形态呈长条形，剖面形态呈阶梯形，沟谷形态呈U形谷，个别地段呈V形谷。主沟纵坡在111‰，流域相对高差200 m，沟岸边坡坡度40°～80°，河沟堵塞程度中，致灾因素主要为暴雨。特殊的水动力条件使得泥石流沟以洪冲为主，淤积次之。沟口扇形地完整性较差。危害对象主要为居民、农田、道路。

（4）地面塌陷：地面塌陷共8处，其中6处为开采煤矿引发，2处为湿陷性黄土引发黄土陷穴。采煤地面塌陷分布于诸葛镇、大口乡、缑氏镇、府店镇；黄土陷穴分布于邙岭乡。塌陷面积0.003～10 km²，小型塌陷3处，中型塌陷2处，大型2处，巨型1处。地面塌陷平面形态不一，有圆形、长条形。

## 7.9.3　地质灾害灾情

根据2006年调查统计资料，新中国成立以来偃师市发生地质灾害83 处，造成14人死亡，3 人受伤，受损耕地7 124 亩、房4 250 间、窑洞252 孔，公路3 000 m，水渠13 400 m，机井50 口，池溏2 个，大牲畜2 头，桥梁1 座，1 座村庄搬迁28 户，经济损失5 432.56 万元。其中，崩塌造成的经济损失146.06 万元，滑坡造成的经济损失624.8 万元，泥石流造成的经济损失115.3 万元，地面塌陷造成的经济损失4 546.4 万元。

## 7.9.4　地质灾害隐患点特征及险情评价

偃师市中南部主采矿区，矿区开发利用程度较高。剧烈的人类工程活动诱发了大量地质灾害，中南部的诸葛镇—大口乡—缑氏镇—府店镇一线矿山主采区，地质灾害类型以地面塌陷为主。

地质灾害以自然因素引发为主。自然因素为主诱发地质灾害达74处。地域分布上以北部黄土丘陵、冲沟区为主，地质灾害类型主要为黄土崩塌，其次为黄土湿陷，南部个别地段体现为土质滑坡隐患。相对于主采矿区而言，北部崩塌分布区人口更为集中，灾害突发性更强，虽规模小但危害大。

偃师市现有83处地质灾害隐患点，预测经济损失4 878.75 万元。按灾种分，滑坡险情大型3处、中型4处、小型9处；崩塌险情大型19处、中型22处、小型17处；地面塌陷险情大型3处、中型2处、小型3处；泥石流险情小型1处。其中，崩塌隐患预测的经济损失3 607.65 万元，滑坡隐患预测的经济损失396.1 万元，泥石流隐患预测的经济损失115万元，地面塌陷隐患预测的经济损失760 万元。隐患点中险情为大型的25处，中型28处，小型30处。

### 7.9.5 重要地质灾害隐患点

根据险情评价，共确定险情大型重要地质灾害隐患点10处。

（1）下徐马崩塌隐患：位于诸葛镇下徐马村西边公路，崩塌体上部是公路，公路东侧是村民的房，西侧为一冲沟，深约20 m，崩塌体是第四系黄土，坡度较陡，约85°，坡向270°。2006年7月，强降水导致崩塌发生，毁坏公路11 m。目前沿该陡坎长度300 m范围内的斜坡存在崩塌隐患，威胁30户居民、110人、150间房、120 m公路。

（2）东宋滑坡隐患：位于李村镇东宋村南，滑坡体为人工填土，长度30 m，宽度120 m，平均厚度10 m，面积3 600 m²，体积36 000 m³，坡度70°，坡向90°，平面呈半圆形，剖面呈凹形。滑坡体上部是道路，邻近道路是村民的房，滑坡体下方是一所学校。2002年曾经发生过滑动，毁房6间，造成直接损失1.8万元。现在滑坡体上的裂缝宽3～10 cm，出现在滑坡体的上部和中部。造成滑坡的原因可能为滑坡体是人工填土，土体比较松散，道路上车辆辗压振动，产生张性裂缝，再加上坡度较陡，遇到降水容易导致滑坡的发生。该滑坡目前仍威胁着6户居民和1所学校、120人、60间房。预测危险。

（3）东宋滑坡隐患：位于李村镇东宋村南，滑坡体为第四系粉质黏土，长度47 m，宽度66 m，平均厚度8 m，面积3 102 m²，体积24 816 m³，坡度70°，坡向0°，平面形态为矩形，剖面形态为直线，滑坡体上部是道路，邻近道路是村民的房，滑坡体北部临空。土体长期受到风化，产生裂缝，同时受到上部车辆辗压振动，产生张性裂缝，遇到降水导致滑坡的发生。现在在滑坡体的上部有裂缝，宽1～7 cm。2000年曾经发生滑动，毁房476间。目前，该滑坡仍威胁64户、225人、350间房。预测危险。

（4）牛窑崩塌隐患：位于府店镇牛窑新村，崩塌体是第四系粉质黏土，长度15 m，宽度28 m，厚度平均2 m，面积420 m²，体积840 m³，坡度85°，坡向180°，平面形态不规则，剖面形态呈复合状，崩塌体受风化影响，产生许多垂直裂缝，加之居民切坡建房，削坡过陡，遇降水易导致崩塌发生，房紧邻崩塌体。目前沿该陡坎长度300 m范围内的斜坡，存在崩塌的隐患，威胁25户、105人、225间房。预测较危险。

（5）葡萄峪滑坡隐患：位于府店镇史家窑村葡萄峪，滑坡体是第四系松散堆积物，滑坡面位于第四系堆积物和基岩接触带，属于顺层滑坡，滑坡体长度50 m，宽度30 m，平均厚度5 m，面积1 500 m²，体积7 500 m³，坡度60°，坡向180°，平面形态呈半圆，剖面形态呈凹形，滑坡体上出现马刀树，前缘鼓胀，附近房开裂，毁坏房50间。目前，该滑坡仍威胁28户、135人、120间房。

（6）西口孜崩塌隐患：位于府店镇西口孜村，崩塌体为第四系粉质黏土，长度13 m，宽度40 m，厚度3 m，面积520 m²，体积1 560 m³，坡度90°，坡向0°，平面形态呈矩形，剖面形态呈直线，上部和边部出现拉张裂缝，裂缝宽2～3 cm，由于风化裂隙比较发育，遇到降水，雨水进入裂隙中，裂隙中水压力增大导致崩塌发生。崩塌已经毁坏80孔窑洞。目前沿该陡坎长度400 m范围内的斜坡存在崩塌的隐患，威胁40户、160人、240间房。

（7）石家庄崩塌隐患：位于山化乡石家庄村，崩塌体为第四系黄土，长度15 m，宽度15 m，厚度5 m，面积225 m²，体积1 125 m³，坡度85°，坡向90°，平面形态呈矩形，剖面形态呈直线，上部和边部出现拉张裂缝，裂缝宽约5 cm，由于黄土中垂直裂隙比较发育，遇到降水，雨水进入裂隙中，裂隙中水压力增大，导致崩塌发生。崩塌已经毁坏1 间房、6 孔窑洞。目前沿该陡坎长度300 m范围内的斜坡，存在崩塌的隐患，威胁28 户、140 人、60 孔窑洞、230 间房。

（8）寺沟崩塌隐患：位于山化乡石寺沟村，崩塌体为第四系黄土，长度16 m，宽度50 m，厚度8 m，面积800 m²，体积6 400 m³，坡度80°，坡向90°，平面形态呈矩形，剖面形态呈直线，上部和边部出现拉张裂缝，裂缝宽约3 cm，由于黄土中垂直裂隙比较发育，遇到降水，雨水进入裂隙中，裂隙中水压力增大，导致崩塌发生。崩塌已经毁坏18 间房、70 孔窑洞。目前沿该陡坎长度500 m范围内的斜坡，还有发生崩塌的隐患，威胁30 户、150 人、180 孔窑洞、240 间房。

（9）王窑崩塌隐患：位于山化乡王窑村，崩塌体为第四系黄土，长度13 m，宽度50 m，厚度5 m，面积650 m²，体积3 250 m³，坡度85°，坡向180°，平面形态呈矩形，剖面形态呈直线，上部和边部出现拉张裂缝，裂缝宽约2 cm，由于黄土中垂直裂隙比较发育，遇到降水，雨水进入裂隙中，裂隙中水压力增大，导致崩塌发生。崩塌曾经毁坏8 孔窑洞。目前沿该陡坎长度500 m范围内的斜坡，存在崩塌的隐患，威胁50 户、250 人、400 间房、100 孔窑洞。

（10）申阳塌陷隐患：位于邙岭乡申阳村，塌陷区为黄土分布区，成因类型为土洞型塌陷，塌陷区下分布有窑洞，年长日久，窑洞坍塌，导致地表发生塌陷。现有大小20 个塌陷坑，分布面积0.03 km²，坑的规模大小不等，最大的坑呈长条形，长100 m，宽30 m，最深达10 m。塌陷始发时间2004年，盛发时间2004～2006年，目前尚在发展，塌陷导致建筑物开裂变形。目前，威胁学校教师和学生145 人生命安全、1 座建筑面积1 300 m²的教学楼和1 排平房。

## 7.9.6 地质灾害易发程度分区

偃师市地质灾害易发程度分为高易发区、中易发区、低易发区和非易发区 4 个区（见表3-7-27、图3-7-15）。

表3-7-27 偃师市地质灾害易发程度分区

| 等级 | 亚区 | 面积（km²） |
|---|---|---|
| 高易发区 | 山化—邙岭滑坡崩塌高易发亚区 | 150.59 |
| | 顾县滑坡崩塌高易发亚区 | 44.70 |
| | 杨沟—古楼沟滑坡崩塌高易发亚区 | 125.37 |
| | 潘家门—唐窑滑坡崩塌高易发亚区 | 110.26 |
| 中易发区 | 中村—刑寨滑坡崩塌中易发区 | 73.46 |
| 低易发区 | 诸葛—府店地质灾害低易发区 | 163.78 |
| 非易发区 | 佃庄—岳滩地质灾害非易发区 | 279.84 |

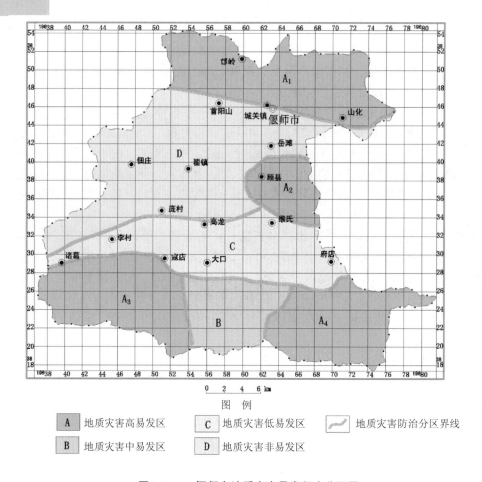

图 例

| A | 地质灾害高易发区 | C | 地质灾害低易发区 | ~ | 地质灾害防治分区界线 |
| B | 地质灾害中易发区 | D | 地质灾害非易发区 |

**图3-7-15　偃师市地质灾害易发程度分区图**

### 7.9.6.1　地质灾害高易发区

（1）山化—邙岭滑坡崩塌高易发亚区：分布于山化乡和邙岭乡大部及城关镇东北部，面积150.59 km²。区内地质环境条件差，黄土塬沟谷纵横，植被稀少，水土流失严重，易产生滑坡、崩塌。区内存在地质灾害隐患点32处。

（2）顾县滑坡崩塌高易发亚区：分布在顾县镇的中东部，面积44.70 km²。区内地质环境条件差，切坡建房现象比较普遍，房后是土质陡坎，遇到降水，容易发生滑坡崩塌。区内存在地质灾害隐患7处，全部为崩塌。

（3）杨沟—古楼沟滑坡崩塌高易发亚区：分布于诸葛镇、李村镇、寇店镇的南部丘陵和中低山区，面积125.37 km²。房前房后的边坡遇降水容易发生崩塌滑坡。区内存在地质灾害隐患点24处，其中崩塌12处，滑坡9处，地面塌陷2处，泥石流1处。

（4）潘家门—唐窑滑坡崩塌高易发亚区：分布于府店镇中南部的大部分地区，面积110.26 km²。地貌上属于中低山丘陵区，岩石破碎。区内矿产资源丰富，煤矿、铝土矿、石灰石矿、石英矿储量丰富，开采较多，采矿造成高陡的临空面、大型的深坑和地面塌陷。区内存在地质灾害隐患点14处。

#### 7.9.6.2　中村—刑寨滑坡崩塌中易发区

该区位于偃师市南部，包括大口乡中南部和缑氏镇南部。面积73.46 km²。地貌类型为中低山丘陵，区内地形起伏较大。区内存在地质灾害隐患点6处，其中崩塌2处，滑坡2处，地面塌陷2处。

#### 7.9.6.3　诸葛—府店地质灾害低易发区

该区位于偃师市中南部。面积163.78 km²。该区属山前倾斜平原，小型冲沟较为发育。区内冲沟中有小型崩塌，危害较小。

#### 7.9.6.4　佃庄—岳滩地质灾害非易发区

该区位于偃师市中西部。面积279.84 km²。该区位于河谷平原。区内未发现地质灾害。

### 7.9.7　地质灾害重点防治区

偃师市共确定重点防治区面积225.21 km²，占市域面积的23.75%，分为5个重点防治亚区（见表3-7-28、图3-7-16）。

表3-7-28　偃师市地质灾害重点防治分区

| 分区名称 | 亚区 | 代号 | 面积（km²） | 隐患点数 | 威胁对象 |
|---|---|---|---|---|---|
| 重点防治区 | 刘坡—游殿重点防治亚区 | $A_1$ | 58.51 | 15 | 居民、道路、耕地、建筑 |
| | 窑头—石家庄重点防治亚区 | $A_2$ | 27.46 | 15 | 居民、道路、耕地、建筑 |
| | 东王—回龙湾重点防治亚区 | $A_3$ | 19.10 | 7 | 居民、道路、耕地、建筑 |
| | 刘窑—刘庄重点防治亚区 | $A_4$ | 83.70 | 28 | 居民、道路、耕地、建筑、矿山 |
| | 史家窑—韩庄重点防治亚区 | $A_5$ | 36.44 | 10 | 居民、道路、耕地、建筑、景区 |

（1）刘坡—游殿重点防治亚区：分布于市境北部的邙岭乡，面积58.51 km²。该区灾害类型以崩塌、滑坡为主，已发生地质灾害15处，地质灾害隐患点15处。

（2）窑头—石家庄重点防治亚区：该区位于偃师市东北部，山化乡的南部和城关镇的东部，面积27.46 km²。该区灾害类型以崩塌为主。已发生地质灾害15处，地质灾害隐患点15处。

（3）东王—回龙湾重点防治亚区：该区位于顾县镇的中部，面积19.10 km²。该区灾害类型以崩塌为主。已发生地质灾害7处，地质灾害隐患点7处。

（4）刘窑—刘庄重点防治亚区：分布于市境西南部诸葛镇、李村镇、寇店镇等，面积83.70 km²。本区矿产资源丰富，煤矿开采引发了地面塌陷，加剧了崩塌滑坡地质灾害。该区灾害类型以崩塌、滑坡、地面塌陷为主。已发生地质灾害28处，地质灾害隐患点28处。

（5）史家窑—韩庄重点防治亚区：分布于市境东南部的府店镇，面积36.44 km²。本区矿产资源丰富，煤矿开采引发了地面塌陷，加剧了崩塌滑坡地质灾害。该区灾害类型以崩塌、地面塌陷为主。已发生地质灾害10处，地质灾害隐患点10处。

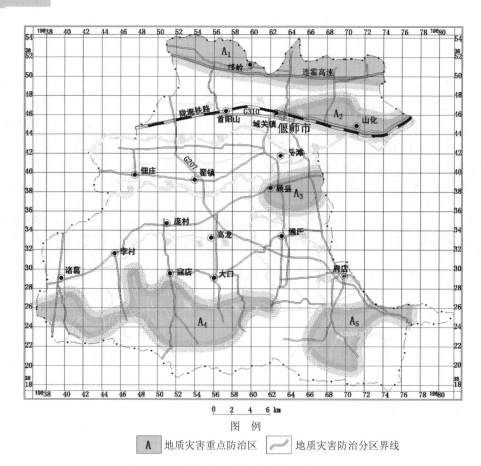

图 例

A 地质灾害重点防治区　　〜〜〜 地质灾害防治分区界线

图3-7-16　偃师市地质灾害重点防治区划图

# 7.10　洛阳市区

　　洛阳市区面积480.99 km², 辖5区, 13个乡镇, 34个办事处, 人口146.8 万人。吉利区位于洛阳市东北部30 km处的黄河北岸, 是洛阳市区的一块"飞地", 面积79.9 km², 辖1个乡镇, 1个办事处, 人口6.9 万。洛阳市经济发达, 现已成为机电、冶金、建材、石化、轻纺食品、能源电力等6大支柱产业的新兴工业基地。粮食作物及经济作物有小麦、玉米、油菜、烟叶、花生等。洛阳市区矿产资源贫乏, 矿种较少。

## 7.10.1　地质环境背景

### 7.10.1.1　地形、地貌

　　洛阳市主城区位于洛阳—偃师盆地西端, 北依邙山, 南临龙门山、洛河伊水, 地势西高东低, 市区海拔150 m左右。按地貌形态、成因类型, 市区地貌可划分为黄土塬、黄土梁、基岩山地、河谷平原4种类型。

#### 7.10.1.2　气象、水文

洛阳市区属暖温大陆性季风气候。年平均气温14.7 ℃，多年平均降水量606.9 mm，最高1 063.2 mm，最低337.9 mm。但降水时间分布不均，多年月平均降水量以6～9月最高，占全年降水总量的64%。

洛阳市区属黄河流域，除过境河流黄河外，还有洛河、伊河、涧河、瀍河及其支流。其中瀍河为季节性河流，其余均为常年性河流。

#### 7.10.1.3　地层与构造

市区内出露地层主要有新生界第四系（Q）、新近系（N）、古近系（E）、上古生界二叠系（P）和石炭系（C）、下古生界寒武系（∈）。

市域以断裂构造为主，褶皱构造不甚发育。主要构造有新安—半坡断裂、宜阳—孟州断裂等。根据《中国地震动参数区划图》，市区地震基本烈度为Ⅶ度。

#### 7.10.1.4　水文地质、工程地质

洛阳市区地下水可划分为松散岩类孔隙水、碳酸盐岩裂隙岩溶水、碎屑岩类孔隙裂隙水3种类型。其中松散岩类孔隙水分布于市区大部分地区，碳酸盐岩裂隙岩溶水分布于市区南部龙门山一带，碎屑岩类孔隙裂隙水分布于吉利区北部。

按地貌、地层岩性、岩土体坚硬程度及结构特点，洛阳市区岩土体工程地质类型分为松散土体类、半坚硬岩类、较坚硬岩类3类。其中松散土体类主要分布在黄土区及河流两侧，半坚硬岩类主要分布于吉利区北部，较坚硬岩类广泛分布于市区南部龙门山一带。

#### 7.10.1.5　人类工程活动

随着社会经济活动的不断发展，各种人类工程经济活动不断加强，对自然环境的破坏日趋严重。主要工程活动有城乡建设、交通工程建设、地下水开采等。随着洛阳市区经济发展，市区高层建筑、地下工程（地下商场、人防工程）日益增多，基坑开挖形成的高陡边坡易产生崩塌及滑坡危险；地下商场、人防工程年久失修，易产生地面塌陷危险。黄土塬、黄土梁区，居民切坡建房、窑洞开挖较为普遍，由此形成的高陡边坡易产生崩塌及滑坡危险。近年来，洛阳市区道路交通发展迅速，铁路、公路已交织成网。修路过程中，除修路弃土（石）堆放造成环境污染外，局部路段因深挖方、高填方，易构成严重的不稳定斜坡隐患。

### 7.10.2　地质灾害类型及特征

#### 7.10.2.1　地质灾害类型

洛阳市区已发生地质灾害类型有滑坡、崩塌、地面塌陷，共30处。其中人为因素为主诱发的27处，占90%，各区地质灾害情况见表3-7-29。

#### 7.10.2.2　地质灾害特征

从地域分布特征看，地质灾害集中在西工—老城—瀍河黄土丘陵、冲沟分布区。从统计资料上看，地质灾害以崩塌为主，规模小而突发性强。

1. 滑坡

滑坡共3处，规模均为小型，滑坡形成土石方量13.52万 m³，分布在洛龙区辛店镇、

涧西区孙旗屯乡境内。滑坡的发生主要与人类工程活动、降水有关，发生时间多为6～8月。从滑体岩性来看，3处滑坡均为土质滑坡，岩性以第四系黄色黏土坡积物为主。

表3-7-29　洛阳市区地质灾害类型及数量分布统计

| 城区 | 地质灾害类型 | | | 合计 |
| --- | --- | --- | --- | --- |
| | 滑坡 | 崩塌 | 地面塌陷 | |
| 洛龙区 | 1 | | | 1 |
| 涧西区 | 2 | 1 | 1 | 4 |
| 西工区 | | 16 | 1 | 17 |
| 老城区 | | 3 | | 3 |
| 瀍河区 | | 3 | | 3 |
| 吉利区 | | 2 | | 2 |
| 合计 | 3 | 25 | 2 | 30 |

2. 崩塌

崩塌共25处，均为土质崩塌，主要分布在涧西区、西工区、老城区、瀍河区、吉利区的黄土梁、黄土塬区，以西工区较为集中。崩塌多发生于黄土冲沟内陡峭直立的黄土壁临空面一侧，崩塌的形成多因切坡后未实施卸载或护坡所致，崩塌体积在35～2 800 m³，均为小型崩塌，共形成土石方量1.27万 m³，但因其突发性强，形成的危害性极大。

3. 地面塌陷

地面塌陷共2处，均为黄土塌陷，分布于涧西区工农乡符家屯村、西工区红山乡圪垱头村。塌陷区地表岩性为亚黏土、黄土。塌陷面积40～180 m²，均为小型塌陷。主要造成民房、窑洞变形、开裂。

4. 地面沉降

洛阳市从1956年开始，先后于1956年、1965年、1978年和1991年进行了四次全市范围的二等水准网观测。其中，在1978年的资料整理中，发现1965年的水准点普遍有下沉现象，这一现象引起有关各方的重视，从这时起，洛阳市城市地面沉降研究工作提上了议事日程。从1979年开始进行局部水准复测，并进行全市范围内建筑物开裂调查，1985年建立分层标，1987年进行正式的地面沉降观测，到1993年再次进行全市范围的二等水准复测，洛阳市城市地面沉降研究一直没有间断过，历年来进行的二、三等水准观测均与地面沉降观测结合起来进行。

2004年观测是继1991年之后的第六次专门观测，由洛阳市规划建筑设计研究院承担，观测前对以往的资料进行了细致的清理，对原来埋设的水准点进行了详细调查并重新进行登记，根据洛阳市的实际，结合原有的资料，沉降网的布设既考虑了与原有资料的衔接，又考虑到洛阳城市发展的现状，并且结合洛阳城市总体规划，为以后的工作提供了较为详尽的资料和观测上的便利。

监测资料表明，洛阳市20世纪90年代之前，1978～1987年沉降速度较快，平均沉降量32.4 mm，年均沉降量3.6 mm，从平均沉降量看，涧西区沉降最大，西工区次之，洛南最小。2004年观测共布设沉降网二等水准点总数204个（其中原有埋石中1991～1993年观测资料的点61个），线路总长328.17 km，其中一等水准1.2 km，二等水准327.15 km，一等水准从基岩点到地震台重力点，为一支线。1993～2004年11年间，城区总体处于下降趋势，平均下降35.0 mm，年平均沉降2.87 mm。洛河以南下沉较为均匀，下沉量也相对较小；洛河以北下降较为明显，下沉中心位于西工、涧西和高新区。沉降中心有2个：横跨涧西和高新的"534医院—土桥沟"，下沉中心落差最大，横跨西工和涧西的"定鼎立交桥—黎明院—310国道"为一比较大的带状范围。"534医院—土桥沟"一带，最大沉降量114.2 mm；黎明院一带属于大范围下降，最大沉降量61.6 mm。

根据统计结果，各区下沉趋势强弱根据下沉点密度排序为：西工→老城瀍河→涧西→高新→洛南。

洛阳市1965～2004年沉降情况统计见表3-7-30。从表中可以看出，最近10年的下沉量是比较大的，仅次于1978～1987年间的下沉速度。

表3-7-30　洛阳市1965～2004年沉降情况统计

| 时间区段 | 1965～1978 | 1978～1987 | 1987～1991 | 1993～2004 |
|---|---|---|---|---|
| 观测点数 | 10 | 27 | 96 | 61 |
| 稳定点数 | 0 | 1 | 2 | 7 |
| 上升点数 | 3 | 0 | 42 | 1 |
| 平均上升量（mm） | +4.7 | 0 | +3.9 | +6.2 |
| 下沉点数 | 7 | 26 | 52 | 53 |
| 平均下沉量（mm） | −34.7 | −33.7 | −5.7 | −35.0 |
| 平均沉降量（mm） | −22.9 | −32.4 | −1.4 | −31.6 |
| 年均沉降量（mm） | −1.76 | −3.6 | −0.36 | −2.87 |

2012年InSAR监测结果表明，洛阳市市区在外围存在3个年沉降量大于10 mm的沉降漏斗区，总面积约53.7 km²（见图3-7-17）。

（1）北部沉降区：以宋岭村、土桥村、蒋家沟村为中心，沉降量大于10 mm/a的沉降区东西长约1.6 km，南部约1.9 km，面积为3.0 km²，最大沉降量为15.0 mm/a；

（2）东北部沉降区：以洛阳中国银行瀍河支行为中心，沉降量大于10 mm/a的沉降区东西长约4.8 km，南北约4.5 km，面积21.6 km²，最大沉降量为15.9 mm/a；

（3）东部沉降区：以洛阳牡丹宫为中心，沉降量大于10 mm/a的沉降区东西长约7.1 km，南北4.1 km，面积为29.1 km²，最大沉降量为14.7 mm/a。

洛阳东部沉降区与东北部沉降区有连成一体的趋势。

2012年InSAR解译结果与2004年监测结果对比："534医院—土桥沟"沉降漏斗向北转移，沉降中心转移到洛阳欧诺机械有限公司，最大沉降量小于9 mm/a，沉降速率已经明显放缓。横跨西工区和老城区的"定鼎立交桥—黎明院—310国道"的沉降漏斗未有发展。

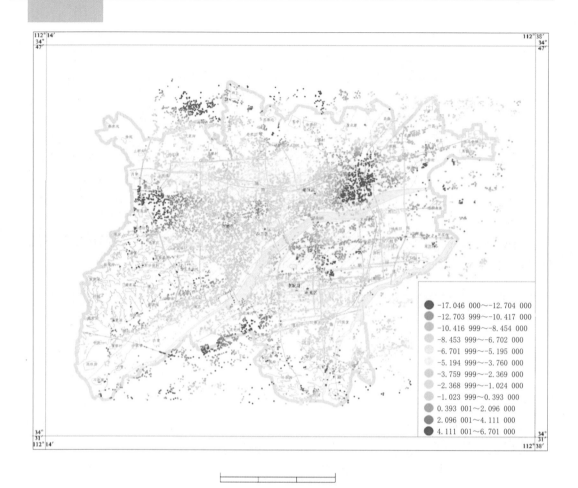

图3-7-17　洛阳市2012年地面沉降速率图

### 7.10.3　地质灾害灾情

根据调查统计，洛阳市区已发生地质灾害30处，灾情中型1处，小型29处。类型为崩塌、滑坡、地面塌陷3种，因灾死亡6人，受伤1人，摧毁房屋54间、窑洞74孔，破坏耕地2亩，破坏道路300 m，造成直接经济损失132.5万元。

### 7.10.4　地质灾害隐患点特征及险情评价

洛阳市区现有34处地质灾害隐患点，遍布在洛龙区、涧西区、西工区、老城区、瀍河区、吉利区6个城区，其中西工区较为集中。有崩塌隐患点28处，不稳定斜坡1处，滑坡隐患点3处，地面塌陷隐患点2处。

按照灾情统计，险情中型9处、小型25处。按灾种分，滑坡险情中型1处、小型2处；崩塌险情特中型7处、小型21处；地面塌陷中型1处、小型1处；不稳定斜坡险情小型1处。

## 7.10.5 地质灾害易发程度分区

洛阳市区地质灾害易发程度分为高易发区、中易发区、低易发区和非易发区4个区（见表3-7-31、图3-7-18）。

表3-7-31 洛阳市区地质灾害易发区

| 等级 | 亚区 | 面积（km²） |
|------|------|-----------|
| 高易发区 | 樱桃沟—王村沟崩塌为主高易发区 | 11.18 |
| 中易发区 | 西沙坡—叶沟滑坡崩塌为主中易发亚区 | 13.52 |
| | 圪垱头—唐屯崩塌地面塌陷为主中易发亚区 | 12.99 |
| | 北部邙山崩塌为主中易发亚区 | 43.25 |
| | 吉利区西北部崩塌为主中易发亚区 | 13.66 |
| 低易发区 | 安沟—遇驾沟崩塌为主低易发亚区 | 54.59 |
| | 柿园—白马寺崩塌为主低易发亚区 | 62.15 |
| | 龙门山不稳定斜坡崩塌为主低易发亚区 | 24.09 |
| | 吉利区东寨—横涧崩塌为主低易发亚区 | 18.01 |
| 非易发区 | 洛河、伊河河谷平原 | 259.22 |
| | 黄河滩区 | 48.23 |

### 7.10.5.1 樱桃沟—王村沟崩塌为主高易发区

该区位于西北部，总面积11.18 km²。主要人类工程活动为冲沟区切坡建房、修路、开挖窑洞等，地质灾害类型为崩塌。已发生地质灾害13处，全部为崩塌。存在地质灾害隐患点14处。

### 7.10.5.2 地质灾害中易发区

（1）西沙坡—叶沟滑坡崩塌为主中易发亚区：位于市区西部西沙坡—叶沟一带，面积13.52 km²。地质灾害类型以滑坡、崩塌为主。该区存在地质灾害隐患点4处，危害程度中型2处、小型2处。

（2）圪垱头—唐屯崩塌地面塌陷为主中易发亚区：位于市区西北部圪垱头—唐屯一带，面积12.99 km²。地质灾害类型以崩塌为主。存在地质灾害隐患点4处，中型1处、小型3处。

（3）北部邙山崩塌为主中易发亚区：位于市区北部邙山黄土塬区，面积43.25 km²。地质灾害类型以崩塌为主。存在地质灾害隐患点6处，全部为崩塌。

（4）吉利区西北部崩塌为主中易发亚区：位于吉利区西北部柴河—韩庄一带，面积13.66 km²。

### 7.10.5.3 地质灾害低易发区

该区位于市区西部安沟—遇驾沟、北部柿园—白马寺、南部龙门、吉利区北部东寨—横涧一带，地质灾害类型以崩塌为主。

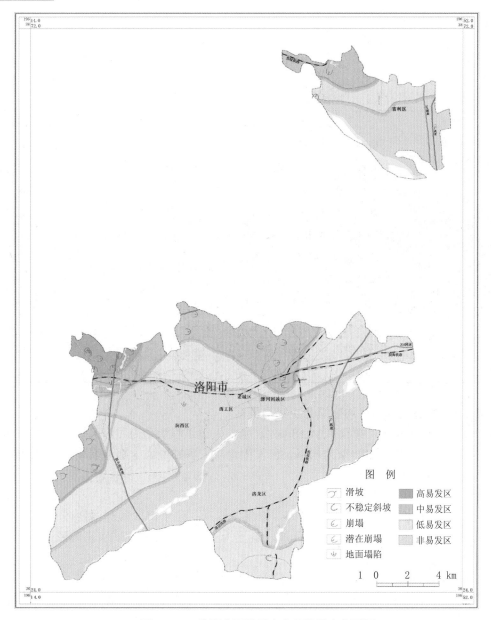

图3-7-18　洛阳市区地质灾害易发程度分区图

#### 7.10.5.4　地质灾害非易发区

该区位于伊河、洛河两岸河谷平原和吉利区南部黄河滩区，地势起伏较小，无采矿等人类工程活动，现状未发现突发性地质灾害。

### 7.10.6　地质灾害重点防治区

洛阳市区地质灾害重点防治区分布在市区西部，包括洛龙、涧西、西工三区的西部，面积38.15 km²（见表3-7-32、图3-7-19）。

表3-7-32 洛阳市区地质灾害重点防治分区

| 分区名称 | 代号 | 亚区 | 代号 | 面积（km²） | 占全市面积（%） | 威胁对象 |
|---|---|---|---|---|---|---|
| 重点防治区 | A | 西部滑坡、崩塌为主重点防治区 | A | 38.15 | 6.8 | 288人、79间房、108孔窑洞、190 m道路、24亩耕地 |

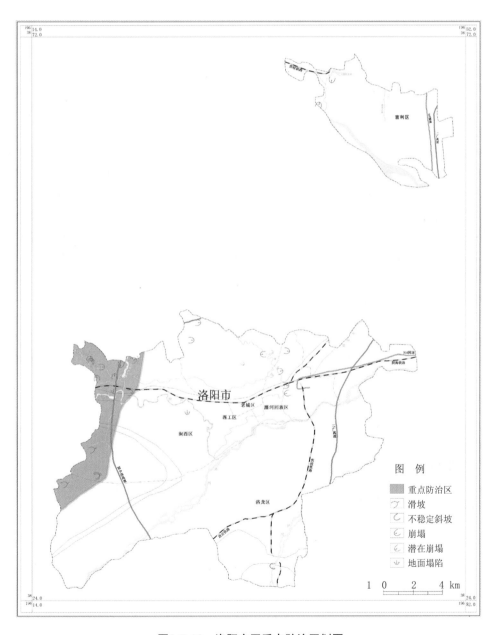

图3-7-19 洛阳市区重点防治区划图

# 第8章　平顶山市

## 概　述

平顶山市位于河南省中南部，辖汝州、舞钢两个县级市和宝丰、郏县、鲁山、叶县四个县以及新华、卫东、湛河、石龙四个区。面积7 925 km²，总人口490 万人。地势西高东低，呈梯形展布。西部为中低山区，中部、东部为丘陵、平原。山区、丘陵占76%，平原占24%。

平顶山市主要地质灾害类型有崩塌、滑坡、泥石流、地面塌陷及地裂缝等。崩塌以岩质崩塌为主，主要分布于鲁山县基岩山区旅游道路沿线，土质崩塌多位于黄土丘陵区。滑坡主要分布于辖区内北部和西部山区，规模均为中小型，一般发生于松散坡积层与基岩接触带。泥石流灾害在西部山区较为发育，尤以鲁山县西部山区和北部丘陵较为集中。平顶山市煤炭资源分布广泛，采矿历史悠久，采煤造成的地面塌陷成为区内分布最广、造成损失最大的一种地质灾害。目前，除平顶山矿区范围内形成的地面塌陷区呈连片集中分布外，在石龙区及汝州市蟒川、小屯、寄料、大峪、临汝等乡镇，鲁山县梁洼镇，宝丰县张八桥，郏县黄道、茨芭、安梁等乡镇均有分布。地裂缝多为地面塌陷伴生地裂缝，主要分布于矿区，在低山丘陵等地形起伏较大的部位，地裂缝尤为明显。

根据地质灾害发育特征，箕山山地、外方山、采矿塌陷高易发区、昭平台水库南北部、下汤镇西北、尧山镇等地段是崩塌、滑坡、泥石流高易发区，平顶山矿区、朝川矿区、黄道地面塌陷高易发区、韩梁矿区等地段是采空地面塌陷、地裂缝高易发区。平顶山市存在各类地质灾害隐患点482处。其中，崩塌76处，滑坡137处，泥石流沟114条，地面塌陷76处，地裂缝21条，不稳定斜坡58处。

# 8.1　汝州市

汝州市辖16个乡镇，448个行政村，1 635个自然村，总人口92.343 5 万人，总面积1 544.1 km²。耕地面积92.98 万亩，主要粮食及经济作物有小麦、玉米、谷子、棉花、烟叶、油菜等。主要开采利用的矿种有煤、铝土、水泥灰岩等。

## 8.1.1　地质环境背景

### 8.1.1.1　地形、地貌

汝州市北靠嵩箕山，南接外方山地。地势南北高、中间低，为两山夹一川的槽状地势。地貌类型可划分为中低山区、丘陵、山前冲洪积扇倾斜平原、冲积平原四大类。

#### 8.1.1.2 气象、水文

汝州市位于北温带大陆性季风气候区，多年平均气温14.2 ℃，多年平均降水量665.3 mm。年最大降水量为1 170.9 mm（1964年），最小降水量为332.8 mm(1966年)，年际最大变化量838.1 mm。有记载最大24小时降水量248 mm（2000年7月15日），降水量主要集中在7、8、9三个月。

汝州市属黄河流域，全市有大小河流26 条，大小沟溪1 304 条，其中常年有水的276条。主要河流有北汝河、洗耳河、荆河、黄涧河、炉沟河、牛家河、燕子河、蟒川河等，地表水径流量为29 309 m³，占全市内水资源总量的73.3%。

#### 8.1.1.3 地层与构造

出露地层有太古界、元古界、下古生界寒武系、上古生界石炭系、二叠系、中生界三叠系，新生界第三系、第四系地层。缺失奥陶系、志留系泥盆、下石炭系、侏罗系、白垩系地层。

汝州市基本构造架为两隆一坳，即箕山隆起带、背孜隆起带和汝州坳陷带，构造线方向多呈北西向和近东西向。第四纪以来的新构造运动以差异性、间歇性抬升运动为基本特征。

#### 8.1.1.4 水文地质

汝州市地下水类型分为基岩裂隙水、碳酸盐岩类岩溶水、碎屑岩类裂隙孔隙水、松散岩类孔隙水。基岩裂隙水主要分布于北部基岩山区，南部山区亦有少量分布；碳酸盐岩类岩溶水主要分布于南、北中低山区，部分山前丘陵地带亦有少量分布；碎屑岩类裂隙孔隙水主要分布于寄料北—杨楼南、蟒川乡政府周围和庙下乡东；松散岩类孔隙水分布于山前冲洪积扇倾斜平原和汝河冲积平原地带，其含水层岩性一般为粉质黏土。

#### 8.1.1.5 工程地质岩组

按地貌、地层岩性、岩土体坚硬程度及结构特点，汝州市岩土体工程地质类型分为碎裂状较软混合片麻岩强风化岩组（Ar）、碎裂状硬石英片岩强风化岩组（Pt）、中厚层稀裂状中等岩溶化硬白云岩组（O+∈）、中厚层泥化夹层较软粉砂岩组（P+C）、厚层较软泥灰岩或粉砂岩组（E+N）和黏土、淤泥、细砂多层土体（Q）。

#### 8.1.1.6 人类工程活动

汝州市人类工程活动主要有矿山开采、交通工程、水利工程等。已发现矿产35种，其中最重要的有煤、铝、水泥炭岩、矿泉水、高岭土、钾长石、硅石等，矿业经济已成为汝州市的支柱行业。但由于矿山开采，矿山地质环境问题也比较突出。开山修建公路、铁路使边坡变高变陡，造成许多不稳定斜坡及人工危岩体，在降水等因素影响下，常发生滑坡、崩塌等地质灾害，如石界岭滑坡，曾经造成公路阻塞。

### 8.1.2 地质灾害类型及特征

#### 8.1.2.1 地质灾害类型

汝州市已发生地质灾害类型有滑坡、崩塌（河流塌岸）、地面塌陷（黄土湿陷）、地裂缝、不稳定斜坡、泥石流6种，共78处（见表3-8-1）。有11个乡镇存在已发生地质灾害。从地域分布特征看，地质灾害集中在寄料、蟒川、大峪、陵头等乡镇。从统计资料上看，采矿区地质灾害以地面塌陷为主，规模一般较大；其他地区以土质崩塌、滑坡为主，规模小而突发性强。

表3-8-1　汝州市地质灾害类型及数量统计

| 地质灾害类型 | | 数量 | 占同类比例（%） |
|---|---|---|---|
| 崩塌 | 基岩崩塌 | 2 | 9.1 |
| | 土质崩塌 | 20 | 90.9 |
| 滑坡 | 基岩滑坡 | 2 | 13.3 |
| | 土质滑坡 | 13 | 86.7 |
| 地面塌陷 | | 16 | |
| 地裂缝 | | 1 | |
| 泥石流 | | 1 | |
| 不稳定斜坡 | | 23 | |

#### 8.1.2.2　地质灾害特征

1. 滑坡

滑坡包括土质滑坡和基岩滑坡。

在元古界石英砂岩地层出露区，滑坡分布较广泛，在其他地层出露区零星分布。滑坡的边坡坡度多集中在30°～60°范围内，物质成分多为松散碎石土。滑坡的发生与降水和人工开挖边坡关系密切，发生的时间多集中在7、8、9三个月。

关于滑坡成因，基本上为松散覆盖层与基岩接触形成，多分布于元古界石英片岩与石英岩地层区，其规模一般在数千至数万立方米不等，规模虽小，但由于该区人口较多，滑坡体威胁人口一般在几十人至上百人不等，危害级别较大。

2. 不稳定斜坡

不稳定斜坡12处，其形成因素是斜坡陡峭、岩体破碎，可能引发滑坡灾害。

3. 崩塌（河流塌岸）

崩塌是山区和丘陵区常见的一种地质灾害，主要分布于大峪乡、陵头乡的灰岩地层出露区和混合片麻岩地层出露区及黄土冲沟区。其陡壁高度一般在15 m以下，部分地段大于15 m，其致灾原因主要为降水，7、8月发生频率高。灾害规模小，造成的经济损失大。

4. 泥石流

调查泥石流沟1处，分布于大峪乡刘何村杂木沟，发生时间为2000年7月15日，经调查确认，造成47亩田地被毁。其规模和危害均较小。

5. 地面塌陷、地裂缝

地面塌陷灾害点分布在蟒川、小屯、寄料、大峪、临汝等乡镇，是由采煤引起的冒顶型塌陷。造成房屋变形、裂缝，田地出现陷坑、裂缝。

汝州市地裂缝基本上为地下采空引起地面塌陷所致。其他如新构造运动、地下水超采等因素引起的地裂缝并不发育。

### 8.1.3　地质灾害隐患点特征及险情评价

大峪及陵头、焦村、尚庄北部等乡镇多为山区或低山丘陵区，以崩塌、滑坡地质灾害为主。寄料、蟒川、小屯等乡镇的低山丘陵采煤区，地面塌陷灾害严重。寄料、蟒川的南部山区多以滑坡灾害为主。

全市存在115处地质灾害隐患点，受威胁人数13 062人，预测经济损失12 896.5万元。危害程度等级划分，重大级8处，较大级38处，一般级69处。其中，崩塌灾害隐患点49处，重大级1处，较大级12处，一般级36处，受威胁人数11 359人，预测经济损失9 275万元；滑坡灾害隐患点16处，重大级2处、较大级6处、一般级8处，受威胁人数767人，预测经济损失544.1万元；不稳定斜坡灾害隐患点23处，重大级4处，较大级11处，一般级8处，受威胁人数936人，预测经济损失569.9万元；存在地面塌陷隐患点27处，其中，重大级1处，较大级6处，一般级20处，预测经济损失2 507.5万元。

### 8.1.4　地质灾害易发程度分区

汝州市地质灾害易发区划分为高易发区、中易发区、低易发区和非易发区（见图3-8-1）。

#### 8.1.4.1　地质灾害高易发区

该区分布于南北基岩山区与人工采煤区，总面积约510 km$^2$。

（1）南北基岩山区滑坡、崩塌亚区：分布于南北的基岩山区，面积约490 km$^2$。存在滑坡、崩塌灾害隐患，各类崩塌、滑坡灾害点80余处。

（2）人工采煤的地面塌陷地质灾害亚区：主要分布于蟒川、寄料、小屯等乡镇的山前低山丘陵地带，大峪、临汝镇等地也有零星分布，分布面积约20 km$^2$。存在地面塌陷地质灾害点20余处。

#### 8.1.4.2　崩塌、滑坡中易发区

该区分布于南北基岩山区的山前丘陵地带，存在各类地质灾害点20余处。

#### 8.1.4.3　地质灾害低易发区

该区分布于冲河冲积两岸的阶地之上及山前冲洪积扇倾斜平原地带。部分地段冲沟存在小型黄土崩塌现象，但对人类本身及建筑物一般不构成威胁，造成经济损失较小。

#### 8.1.4.4　地质灾害非易发区

该区分布于汝河冲积平原地带，地形平坦，地质灾害不发育。

### 8.1.5　地质灾害重点防治区

汝州市地质灾害重点防治区主要包括南北基岩山区，山前低山丘陵人工采煤区两个亚区，总面积约122 km$^2$（见图3-8-2）。

#### 8.1.5.1　南北基岩山区地质灾害重点防治亚区

该区主要分布于汝州市的南、北元古界地层和部分灰岩地层出露区，所属乡镇为蟒川乡南山区，寄料镇南山区，大峪乡、陵头乡东北部，面积102 km$^2$。存在较大灾害隐患

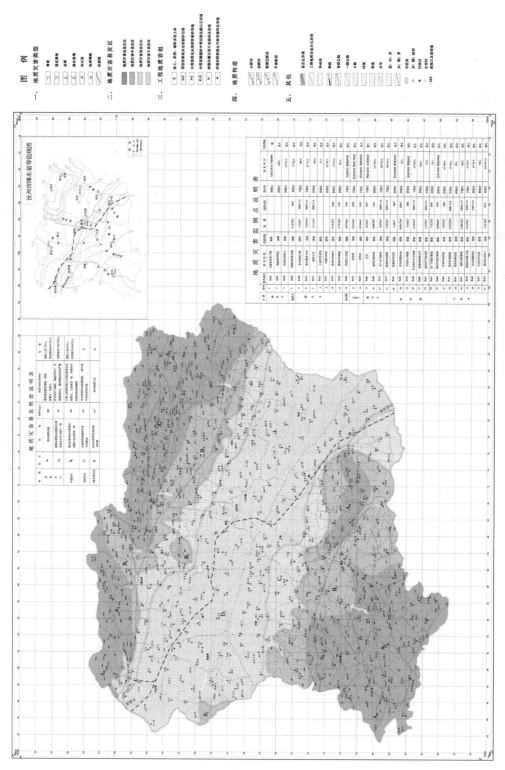

图3-8-1 汝州市地质灾害分布与易发区图

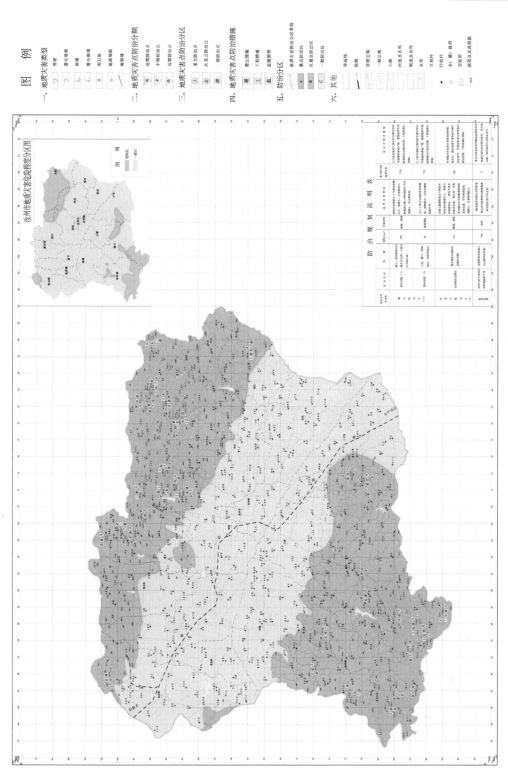

图3-8-2 汝州市地质灾害调查与区划防治规划图

17 处，灾害类型以松散碎石滑坡、黄土崩塌为主。主要防治地段有蟒川乡罗圈、小龙、陈家、寺上、木厂、牛角6 个自然村，寄料镇平王宋、赵沟、车沟、蔡沟、卢沟、董沟，大峪207国道周边，陵头乡东北部黄岭、朱沟、段子铺3 个自然村等。

#### 8.1.5.2 山前低山丘陵地质灾害重点防治亚区

该区主要分布于蟒川、寄料、小屯的低山丘陵区，大峪、临汝镇也有分布，面积约20 km²。重点防治地段为蟒川乡任村、唐沟、张沟、胡沟、严和店、黑龙庙、孙岭，小屯镇贾岭、范湾、李湾、孔店、时屯，寄料镇卢沟、观音堂、观上、太山庙村、高庙、雷湾、马庄、赵庄、崔庄、砂锅窑，临汝镇上庄，大峪乡龙王村、大峪村等。

# 8.2 宝丰县

宝丰县位于河南省中西部，辖12 个乡镇，291 个行政村和3 个居委会，总面积722 km²，人口47.4 万人。耕地面积49.69 万亩，主要农作物为小麦、玉米、红薯、烟叶、棉花、花生、芝麻等30余种，为河南省花椒、烟叶生产基地。主要开采利用的矿种有原煤、铝矾土、紫砂土、石英石、石灰石、硫矿石、正长石、磷矿石、伊利石、铁矿石等20余种。

## 8.2.1 地质环境背景

### 8.2.1.1 地形、地貌

宝丰县地属外方山东麓低山丘陵区，地势西高东低。根据境内地貌形态，地貌类型分为低山丘陵区、丘陵岗地区、平原区。

### 8.2.1.2 气象、水文

宝丰县属暖温带大陆性季风气候，多年平均气温14.6 ℃，多年平均降水量726.8 mm，最大年降水量1 253.3 mm（1964年），最小年降水量424.7 mm（1966年），年内分配不均，6、7、8三个月降水量占年均降水量的50%。

境内河流属淮河流域的沙汝河水系。区内流程最长河流为石河，区内最大河流为北汝河。

### 8.2.1.3 地层与构造

区域内出露地层主要有新生界第四系、新生界新近系、新生界古近系、中生界白垩系、上古生界二叠系和石炭系、中生界三叠系、下古生界寒武系、新元古界震旦系、中元古界蓟县系。

地质构造较简单。主要褶皱构造有韩庄—梁洼向斜和石板河—观音堂背斜、韩庄—梁洼向斜、石板河—观音堂背斜。主要构造有枕头山—琉璃堂断层、罗顶—沈家断层、李坪断层、苗李断层、青草岭逆断层等。根据《中国地震动参数区划图》，宝丰县地震基本烈度为Ⅵ度。

### 8.2.1.4 水文地质、工程地质

根据区内地下水赋存条件、介质孔隙的成因及水文地质特征，工作区地下水类型分为碳酸盐岩夹碎屑岩类裂隙岩溶水、碎屑岩类孔隙裂隙水、松散岩类孔隙水。

区内工程地质条件主要受岩性、地貌、地质构造等因素控制。根据地貌形态，将县境内划分为低山丘陵基岩工程地质区和岗地冲积平原松散土体工程地质区。根据区内岩土体的力学强度划分为坚硬岩类、半坚硬岩类、松软岩类三大工程地质岩类。按各类岩、土的成因及工程地质特征可进一步细分为三个工程地质岩组：厚层弱岩溶化坚硬灰岩、白云岩、白云质灰岩等碳酸盐岩组；中细粒层状半坚硬砂岩、泥岩、页岩、粉砂岩、长石砂岩等碎屑岩组；黏土、亚黏土、亚砂土、砂等松散土体。

#### 8.2.1.5 人类工程活动

宝丰县矿产资源较为丰富，已探明22种矿产资源。特别是煤矿开采业较发达，是全省重点产煤县之一，煤炭年均产量300万t左右。煤矿由浅至深多层次开采，使地下岩层不断变动，造成地表多次下沉。在低山丘陵区修建公路时，常采取切削坡脚的方法，导致较易出现边坡失稳现象。

### 8.2.2 地质灾害类型及特征

#### 8.2.2.1 地质灾害类型

宝丰县已发生地质灾害共计36处，灾害类型主要为地面塌陷、崩塌、滑坡和地裂缝。其中，滑坡6处、地面塌陷27处、崩塌1处、地裂缝2处（见表3-8-2）。

表3-8-2 宝丰县各乡镇已发生地质灾害统计

| 乡 镇 | 崩塌 | 滑坡 | 地面塌陷 | 地裂缝 | 合计 | 占总数（％） |
|---|---|---|---|---|---|---|
| 大营镇 | 1 | 5 | 10 | 1 | 17 | 47.2 |
| 周庄镇 | | | 4 | | 4 | 11.1 |
| 张八桥乡 | | 1 | 9 | | 10 | 27.8 |
| 李庄乡 | | | 4 | 1 | 5 | 13.9 |
| 合计 | 1 | 6 | 27 | 2 | 36 | 100 |

#### 8.2.2.2 地质灾害特征

1. 滑坡

滑坡主要分布于大营镇的低山丘陵区。4处规模为小型，2处规模为中型。按滑坡体岩性分：土质滑坡3处，岩质滑坡3处。土质滑坡岩性主要为第四系残坡积碎石土及采矿废渣石。岩质滑坡岩性主要为粉砂岩、砂砾岩、砂质泥岩等。滑坡点主要处于石炭系、二叠系、白垩系等粉砂岩、砂砾岩、砂质泥岩、页岩等碎屑岩类分布区。

滑坡灾害灾情等级均为小型，共造成16间民房以及50 m国道、80 m水渠损坏，总经济损失60.8万元。

2. 崩塌

崩塌灾害1处，分布于大营镇垛上村公路，规模属小型，灾情级别为小型。形成原因为开拓公路路基，人为切削坡体、坡脚，使坡度变陡，且坡体上部岩体完整性差，节理裂隙较发育，局部岩体受降水、融冻、风化等作用影响，下部失去支撑发生滚落。

### 3. 地面塌陷

宝丰县地面塌陷分布范围广，造成损失大，27处地面塌陷均由采煤活动造成。分布在大营镇琉璃堂矿区、大营镇韩庄矿区、张八桥镇苗李矿区、周庄镇香山矿区及李庄乡龙山—横岭山矿区的煤矿采空区。

地面塌陷造成大量农田毁坏、荒芜或减产，使耕作条件变得更加困难，汛期局部积水形成坑塘或湿地。桥梁、道路、水利、电力等基础设施受到不同程度的破坏等。

### 4. 地裂缝

地裂缝2处，1处分布在大营镇娘娘山至锯齿岭一带的山脊上，为采煤产生地面塌陷伴生的地裂缝群缝，规模为巨型。另1处分布在李庄乡姬家村，亦为采空塌陷伴生，规模为小型。2处地裂缝目前均未稳定，仍在发展。

## 8.2.3 地质灾害灾情

宝丰县已发生地质灾害36处，类型为地面塌陷、崩塌、滑坡、地裂缝4种。灾情特大型5处、大型12处、中型10处、小型9处。其中，滑坡共造成16间民房以及207国道50 m、水渠80 m损坏，总经济损失60.8万元；崩塌1处，造成直接经济损失1万元；地面塌陷27处，灾情等级小型1处、中型9处、大型12处、特大型5处，共造成5 264间民房、7 075亩耕地不同程度受损，总经济损失约16 632万元；地裂缝2处，灾情等级为大型1处，小型1处，经济损失为130万元。

## 8.2.4 地质灾害隐患点特征及险情评价

宝丰县境内地质灾害隐患点共41处，其中地面塌陷隐患27处，滑坡隐患9处，地裂缝2处，潜在崩塌2处，泥石流隐患1处。主要分布于张八桥镇、周庄镇、大营镇和李庄乡。

地质灾害隐患点险情特大型5处、大型21处、中型8处、小型7处。按灾种分，滑坡险情大型5处、中型2处、小型2处；崩塌险情小型2处；地面塌陷险情特大型4处、大型16处、中型5处、小型2处；泥石流险情级别中型1处；地裂缝险情特大型1处、小型1处。

## 8.2.5 地质灾害易发程度分区

宝丰县地质灾害易发程度分为高易发区、中易发区、低易发区和非易发区4个区（见表3-8-3、图3-8-3）。

### 8.2.5.1 地质灾害高易发区

（1）琉璃堂矿区地面塌陷、滑坡高易发亚区：地处大营镇西部，面积5.54 km²。人类工程活动主要为以往地下煤矿开采，地下采空区面积大，地面塌陷发育，损失较严重。

（2）韩庄矿区地面塌陷、滑坡、地裂缝高易发亚区：地处大营镇西南部，面积14.29 km²。人类工程活动主要为地下煤矿开采，形成多层、深度不同、范围较大的采空

表3-8-3 宝丰县地质灾害易发区

| 等级 | 代号 | 区（亚区）名称 | 亚区代号 | 面积（km²） | 占全县面积（%） | 隐患点数 | 威胁人数 | 经济损失（万元） |
|------|------|------|------|------|------|------|------|------|
| 高易发区 | A | 琉璃堂矿区地面塌陷、滑坡高易发亚区 | A<sub>4-1</sub> | 5.54 | 0.8 | 6 | 420 | 1 710.5 |
| | | 韩庄矿区地面塌陷、滑坡、地裂缝高易发亚区 | A<sub>4-2</sub> | 14.29 | 2.0 | 12 | 11 127 | 48 160 |
| | | 苗李矿区地面塌陷高易发亚区 | A<sub>4-3</sub> | 26.38 | 3.6 | 10 | 1 915 | 6 825 |
| | | 香山矿区地面塌陷高易发亚区 | A<sub>4-4</sub> | 10.56 | 1.5 | 4 | 2 150 | 5 600 |
| | | 龙山—横岭山矿区地面塌陷、地裂缝高易发亚区 | A<sub>4-5</sub> | 26.88 | 3.7 | 5 | 1 960 | 5 685 |
| | | 合　计 | | 83.65 | 11.6 | 37 | 17 572 | 67 980.5 |
| 中易发区 | B | 大营镇西部崩塌、滑坡、地面塌陷、泥石流中易发亚区 | B<sub>3-1</sub> | 81.39 | 11.3 | 4 | 106 | 87.5 |
| | | 红石山—横岭山北部地面塌陷、地裂缝中易发亚区 | B<sub>4-1</sub> | 38.38 | 5.3 | — | — | — |
| | | 合　计 | | 119.77 | 16.6 | 4 | 106 | 87.5 |
| 低易发区 | C | 大营—杨庄地质灾害低易发亚区 | C<sub>1</sub> | 138.53 | 19.2 | — | — | — |
| | | 周庄—闹店地质灾害低易发亚区 | C<sub>2</sub> | 98.02 | 13.6 | — | — | — |
| | | 合　计 | | 236.55 | 32.8 | — | — | — |
| 非易发区 | D | 县境中北部地质灾害非易发区 | D | 282.03 | 39.0 | — | — | — |
| 总计 | | | | 722 | | 41 | 17 678 | 68 068 |

区，导致地表出现地面塌陷、地裂缝、滑坡、崩塌灾害，危害甚为严重。

（3）苗李矿区地面塌陷高易发亚区：地处张八桥镇南部，面积26.38 km²。区内煤层埋藏较浅，开采较为剧烈。地面塌陷是主要灾害类型。

（4）香山矿区地面塌陷高易发亚区：位于周庄镇南部，面积10.56 km²。区内人类工程活动以煤矿开采为主。

（5）龙山—横岭山矿区地面塌陷、地裂缝高易发亚区：地处宝丰县东南角，面积26.88 km²。区内煤层埋藏较深，煤矿开采较为剧烈。由于采掘深度大，地表表现的塌陷、裂缝等地形变动范围较广，造成的危害较严重。

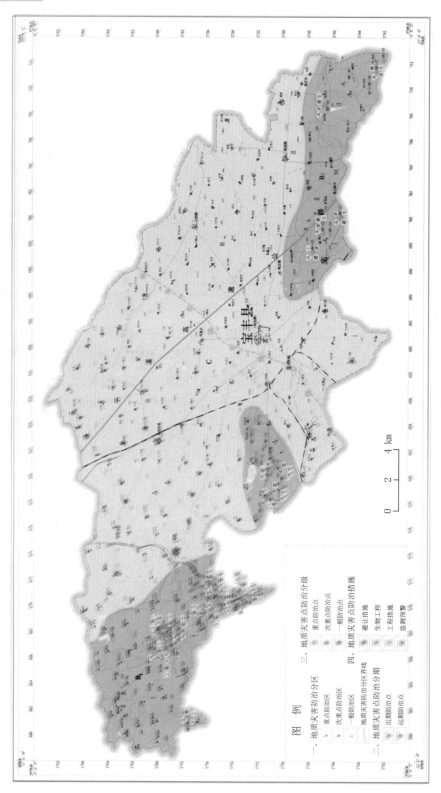

图3-8-3　宝丰县地质灾害易发区图

#### 8.2.5.2 地质灾害中易发区

（1）大营镇西部崩塌、滑坡、地面塌陷、泥石流中易发亚区：包括大营镇西部区域，面积81.39 km²。区内人类工程活动主要表现为矿山开采，主要开采矿种包括铝土、铁、水泥灰岩、建筑石料用灰岩等，采掘方式主要为露天开采，形成大量采矿废渣并多沿坡面沟谷乱堆乱放，造成多处滑坡、泥石流隐患。

（2）红石山—横岭山北部地面塌陷、地裂缝中易发亚区：位于宝丰县东南部，主要包括红石山—横岭山北部的丘陵岗地区，面积38.38 km²。该区深部蕴涵大量可开发煤层，为将来重要煤炭开发区，可能造成地面塌陷、地裂缝等地质灾害。

#### 8.2.5.3 地质灾害低易发区

（1）大营—杨庄地质灾害低易发亚区：包括前营乡西部、大营镇东部、张八桥镇东部及杨庄镇的带状区域，面积138.53 km²。人类工程活动主要为筑路、民居建设及局部陶瓷土、水泥黏土、水泥灰岩等零星小型矿山开采。

（2）周庄—闹店地质灾害低易发亚区：包括石桥镇北部及周庄镇、闹店镇、李庄乡南部，面积98.02 km²。人类主要工程活动为修路、民居建设，不易发生崩塌、滑坡灾害。

#### 8.2.5.4 地质灾害非易发区

该区位于前营乡东部、大营镇东部、张八桥镇北部、周庄镇北部、石桥镇北部及城关镇、商酒务镇、肖旗乡、赵庄乡等，面积282.03 km²。该区属汝河及其支流冲洪积平原，地势平坦，地质灾害不发育。

## 8.2.6 地质灾害重点防治区

宝丰县地质灾害重点防治区有琉璃堂矿区、韩庄矿区、庙李矿区、香山矿区、龙山—横岭山矿区等五个亚区。总面积83.65 km²（见图3-8-4）。

（1）琉璃堂矿区重点防治亚区（$A_1$）：地处大营镇西部，区内历经琉璃堂煤矿等大小煤矿的大力开采，形成较大的地下采空区和地面塌陷区，局部甚至引发滑坡灾害，已造成较大经济损失。主要防治地段为金庄村桃园沟组一带的地面塌陷区。

（2）韩庄矿区重点防治亚区（$A_2$）：地处大营镇西南部，该区煤矿开采活动十分强烈，为宝丰县主要采煤区。主要防治地段为娘娘山—锯齿岭一带的地裂缝、滑坡、地面塌陷灾害发育段。

（3）苗李矿区重点防治亚区（$A_3$）：地处张八桥镇南部，主要防治地段为庙李—张八桥地面塌陷区。段内主要煤矿有庙李煤矿、张八桥煤矿等。

（4）香山矿区重点防治亚区（$A_4$）：位于周庄镇南部，区内人类工程活动以煤矿开采为主，地面塌陷是本区的主要地质灾害类型。主要防治地段为余东村地面塌陷区。

（5）龙山—横岭山矿区重点防治亚区（$A_5$）：地处宝丰县东南角，区内主要为平煤集团一矿、四矿、六矿深部煤层开采，地面塌陷、地裂缝为本区主要地质灾害类型。主要防治地段为焦沟—祁家—袁家一线。

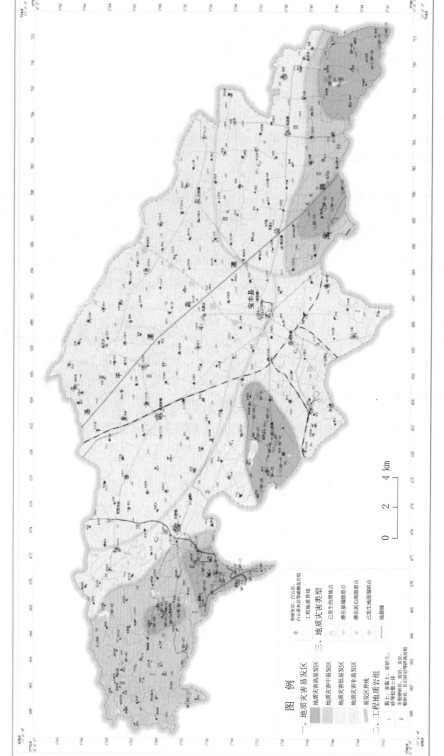

图3-8-4 宝丰县重点防治区划图

# 8.3 鲁山县

鲁山县位于伏牛山与外方山东麓，面积2 430 km²，辖5 个镇、15 个乡，558 个行政村，人口84 万人。主要粮食及经济作物有小麦、玉米、水稻、红薯、大豆、棉花、花生、烟叶、油菜籽、芝麻。森林资源丰富，主要树种有栎树、油松、杨树、泡桐和刺槐等。主要矿种有煤、磷、石膏、石墨、萤石、花岗岩、大理石、重晶石、滑石、硅灰石、石灰岩、白云岩、高岭土、铁、铜、铅、锌、金等。

## 8.3.1 地质环境背景

### 8.3.1.1 地形、地貌

鲁山县地势西高东低，北、西、南三面环山，东部为沙河冲积平原的地貌形态。主要山峰有石人山、没大岭、摩天岭、圣人垛、鸡冠山、晒衣山、焦山、白草垛、大圣人垛、五垛寨等。其中，石人山最高，海拔2 153.1 m。按地貌形态、成因类型，县域地貌可划分为中山、低山、丘陵、平原4种类型。

### 8.3.1.2 气象、水文

鲁山县属暖温带大陆性半湿润季风气候，年平均气温14.8 ℃。年平均降水量828 mm，降水多集中在6~8月，约占全年降水量的53%，最高达63.8%，尤其是暴雨出现的次数较多，往往是地质灾害发生的主要季节。

鲁山县属淮河流域，主要河流为沙河。其他较大河流有清水河、泰山庙河、荡泽河、瀼河、澎河等24条，均注入昭平台水库。

### 8.3.1.3 地层与构造

鲁山县地层由老至新依次为太古界太华群，中元古界的熊耳群、管道口群、汝阳群，上元古界洛裕群，震旦系、寒武系、二叠系、白垩系、第三系及第四系沉积物。岩浆岩出露种类齐全，出露面积约800 km²。褶皱构造发育弱，以压扭性断裂为主。褶皱构造有国贝石—石庙向斜，断裂构造分别为背孜—鲁山断裂、梁洼—鲁山断裂、王坪—土门街断裂、头道沟—水泉岭断裂、车村—下汤断裂。根据《中国地震动参数区划图》，鲁山县地震基本烈度为Ⅵ度。

### 8.3.1.4 水文地质

鲁山县地形西高东低，地层自西向东由老而新呈规律性变化。地层由中低山过渡到平原。根据鲁山县地质情况、地貌特点、含水层组、富存条件和动力特征，地下水分为松散岩类孔隙水、碎屑岩类裂隙水、碳酸盐岩溶水和基岩裂隙水四种类型。沿车村—下汤深大断裂带有温泉群出露。

### 8.3.1.5 工程地质

根据地形地貌、构造、地层岩性和工程地质特征，工程地质岩组分为坚硬岩类和松软岩类。坚硬岩类又细划分为侵入岩岩组、喷出岩岩组、变质岩岩组、碳酸盐岩组、碎屑岩岩组，主要分布于中西部；松软岩类主要分布于鲁山县中东部的冲积平原区、河流阶地和山间洼地。

#### 8.3.1.6 人类工程活动

鲁山县人类工程活动主要有矿产开发、交通建设和旅游开发等。鲁山县矿产资源比较丰富，已发现各类矿产资源39种，探明储量的有22种。在矿产开采过程中，由于一些不当的工程活动，为地质灾害的发生造成了严重隐患。近几年来，鲁山县政府实施"村村通"工程，修建了大量县、乡、村级公路，极大改善了鲁山县的交通状况，方便了人民群众的生活，但受山区的地形地貌条件所限制，在施工过程中，削坡过陡的情况普遍存在，形成了一些临空面、悬空面，破坏了山体的原始稳定性，致使斜坡失稳，又未采取防范措施，形成了崩塌、滑坡等地质灾害隐患。此外，由于山区地形地貌条件的限制，一些村民就近开挖边坡用于住房建设，切坡过陡，形成高危斜坡，造成滑坡、崩塌隐患。

### 8.3.2 地质灾害类型及特征

#### 8.3.2.1 地质灾害类型

鲁山县地质灾害类型有崩塌、滑坡及不稳定斜坡、泥石流、地面塌陷、地裂缝5种，共253处，其中滑坡83处，崩塌29处，泥石流沟102条，地裂缝13条，地面塌陷10处（见表3-8-4）。从地域分布特征看，地质灾害集中在尧山镇、下汤镇、瓦屋乡、梁洼镇等。从统计资料上看，地质灾害以滑坡、崩塌、泥石流为主，规模一般较小。

表3-8-4 鲁山县地质灾害类型及数量分布

| 乡 镇 | 滑坡、崩塌 | 不稳定斜坡 | 泥石流 | 地面塌陷 | 地裂缝 | 合 计 |
|---|---|---|---|---|---|---|
| 尧山镇 | 21 | 3 | 45 | | | 69 |
| 赵村乡 | 11 | | 2 | | | 13 |
| 下汤镇 | 13 | 3 | 5 | 1 | | 22 |
| 鸡塚乡 | 2 | | 14 | | | 16 |
| 昭平台库区 | 5 | 1 | 8 | | | 14 |
| 四棵树乡 | | 1 | 4 | | | 5 |
| 瓦屋乡 | 25 | | 5 | | | 30 |
| 背孜乡 | 11 | | 2 | | | 13 |
| 仓头乡 | 5 | | 5 | | | 10 |
| 董周乡 | | | 4 | | | 4 |
| 熊背乡 | 1 | 4 | 5 | | | 10 |
| 瀼河乡 | 13 | 4 | 2 | | | 19 |
| 梁洼镇 | | | | 9 | 12 | 21 |
| 马楼乡 | | | 1 | | | 1 |
| 张良乡 | 3 | | | | | 3 |
| 磙子营乡 | 2 | | | | 1 | 3 |
| 合 计 | 112 | 16 | 102 | 10 | 13 | 253 |

#### 8.3.2.2 地质灾害特征

##### 1. 滑坡

滑坡共83处，规模中型3处，小型80处。主要分布在鲁山县西部、西北、北部、南部山区。按照性质，分土质滑坡和岩质滑坡两种类型。土质滑体多为松散碎石土和黏性土，岩质滑坡的滑体为片麻岩、石英砂岩、泥岩、板岩。滑动面为松散覆盖层与基岩接触面、节理裂隙面。滑坡诱发因素主要与降水和人类工程活动有关。

##### 2. 崩塌

全县共发生29处崩塌和危岩体，规模均为小型。主要分布于县域西部山区及北部、南部山区，在尧山镇—赵村一带、背孜—瓦屋一带、下汤—昭平台库区、瀼河—熊背一带广泛分布。它们的形成与地貌、构造、岩性、植被和人类活动有关，具有突发性强、速度快、分布范围广和一定的隐蔽性特点。

##### 3. 泥石流

鲁山县是河南省泥石流高发区，有泥石流沟102处。其中，自然因素形成的有87处，人为引起的有15处。主要分布在县域西部、西南和北部山区。山区岩体节理裂隙发育、岩石破碎，物源条件丰富，地形相对高差大，陡峭，切割强烈，为泥石流的形成提供了有利条件。在6～8月山区雨水充沛，平均降水量可达800 mm以上。再加上山区植被覆盖较差，风化程度强和人为因素，均为泥石流的形成创造了条件。典型的泥石流有昭平台库区乡板板沟泥石流、仓头乡纸坊沟泥石流、瓦屋乡石梯沟泥石流、尧山镇霍庄村上刘庄泥石流等。

##### 4. 地面塌陷

鲁山县的地面塌陷主要与采煤有关，调查塌陷点有10个。其形成条件主要是由于在地下采煤过程中，对采空区没有及时回填或支护，又加上采空区顶板岩性的稳定性差异，造成上覆岩土体在重力作用下缓慢下沉，导致产生地面塌陷和大面积的房屋变形倒塌。

##### 5. 地裂缝

鲁山县发生地裂缝13处，主要集中在梁洼镇、下汤镇。下汤镇十亩地洼村地裂缝是由于地下开采萤石矿造成的。梁洼镇地裂缝全部是由于地下采煤矿造成的。据调查，梁洼镇煤矿采空区距地表深度在25～150 m，主要开采2-乙煤层。由于距地表较浅，对采空区上部地表村庄影响巨大，梁洼镇西街、东街、北街、南街村、许坊村、南店村、段店村、郎坟村、张相公村等12个村已出现了不同程度的房屋裂缝、倾斜、倒塌现象。

##### 6. 不稳定斜坡

不稳定斜坡共16处，规模均为小型。主要分布于西部、北部、南部山区，在尧山镇一带、背孜—瓦屋一带、下汤—昭平台库区、熊背—瀼河一带广泛分布。它们的形成与地貌、构造、岩性、植被和人为活动有关，可能引发滑坡或崩塌灾害。

### 8.3.3 地质灾害灾情

鲁山县已发生地质灾害38处，类型为地面塌陷、崩塌、滑坡、地裂缝4种。灾情特大型3处、中型10处，小型15处。因灾死亡11人，摧毁房屋1 843间、窑洞1 263孔，半毁房屋627间、窑洞102孔，破坏耕地1 918亩、影响1 404亩，破坏道路2 577 m、毁坏河堤4 200 m，造成直接经济损失10 551.8 万元。

各灾种形成灾情为：滑坡4处，直接经济损失205.3 万元；崩塌18 处，直接经济损失148.5 万元；地面塌陷15 处，直接经济损失10 121.2 万元；地裂缝1 条，直接经济损失76.8 万元。

## 8.3.4 地质灾害隐患点特征及险情评价

### 8.3.4.1 地质灾害隐患点分布特征

鲁山县有重要地质灾害隐患点58处，分布在辖区内的11个乡镇（见表3-8-5）。

表3-8-5 鲁山县地质灾害隐患点分布及威胁人数统计

| 乡镇 | 崩塌 | | 滑坡 | | 泥石流 | | 地面塌陷 | | 地裂缝 | | 合计 | |
|---|---|---|---|---|---|---|---|---|---|---|---|---|
| | 处 | 威胁人员 | 处 | 威胁人员 | 处 | 威胁人员 | 处 | 威胁人员 | 处 | 威胁人员 | 处 | 威胁人员 |
| 尧山镇 | 14 | 50 | 2 | 32 | 11 | 8 089 | | | | | 27 | 8 171 |
| 赵村乡 | 3 | | | | 2 | 62 | | | | | 5 | 62 |
| 瓦屋乡 | | | 20 | 186 | 1 | 65 | | | | | 21 | 251 |
| 背孜乡 | 2 | | 3 | 15 | 1 | | | | | | 6 | 15 |
| 仓头乡 | | | | | 3 | 200 | | | | | 3 | 200 |
| 董周乡 | | | | | 4 | 1 400 | | | | | 4 | 1 400 |
| 下汤镇 | 2 | 124 | 11 | 385 | 2 | 24 | | | | | 15 | 533 |
| 昭平台库区乡 | | | 4 | | 5 | 126 | | | | | 9 | 126 |
| 四棵树乡 | 1 | 5 | | | 2 | 113 | | | | | 3 | 118 |
| 鸡塚乡 | | | 1 | 4 | 4 | 415 | | | | | 5 | 419 |
| 瀼河乡 | 1 | | 7 | 133 | 2 | 60 | | | | | 10 | 193 |
| 熊背乡 | 2 | | 2 | 5 | 1 | 450 | | | | | 5 | 455 |
| 张良镇 | | | 2 | | | | | | | | 2 | |
| 梁洼镇 | | | | | | | 9 | 8 650 | 12 | 6 549 | 21 | 15 199 |
| 磙子营乡 | | | 2 | 10 | | | | | | | 2 | 10 |
| 马楼乡 | | | | | 1 | | | | | | 1 | |
| 合计 | 25 | 179 | 54 | 770 | 39 | 11 004 | 9 | 8 650 | 12 | 6 549 | 139 | 27 152 |

#### 8.3.4.2 地质灾害隐患点险情评价

重要地质灾害隐患点特大级13处，重大级23处，较大级16处，一般级6处。其中崩塌隐患点较大级1处；滑坡隐患点15处，较大级10处，一般级5处；地裂缝隐患点12处，特大级3处，重大级9处；地面塌陷隐患点9处，特大级5处，重大级4处；泥石流隐患点20处，特大级4处，重大级10处，较大级5处，一般级1处。

### 8.3.5 地质灾害易发程度分区

鲁山县地质灾害易发程度分为高易发区、中易发区和低易发区3个区（见表3-8-6、图3-8-5）。

表3-8-6 鲁山县地质灾害易发区

| 等级 | 亚区 | 面积（km²） |
|---|---|---|
| 高易发区 | 石人山崩塌高易发亚区 | 9.79 |
| | 尧山镇泥石流高易发亚区 | 165.44 |
| | 背孜乡西南滑坡、崩塌高易发亚区 | 83.88 |
| | 瓦屋、仓头乡北部泥石流、滑坡高易发亚区 | 96.98 |
| | 米湾水库西泥石流高易发亚区 | 33.67 |
| | 梁洼镇地面塌陷、地裂缝高易发亚区 | 47.6 |
| | 下汤镇西北崩塌、滑坡、泥石流高易发亚区 | 29.51 |
| | 昭平台库区南滑坡、泥石流高易发亚区 | 108.15 |
| | 鸡塚乡西南泥石流高易发亚区 | 27.6 |
| 中易发区 | 四棵树—赵村崩塌、滑坡、泥石流中易发亚区 | 268.11 |
| | 沙河以北崩塌、滑坡、泥石流中易发亚区 | 418.16 |
| | 沙河以南崩塌、滑坡、泥石流中易发亚区 | 538.67 |
| 低易发区 | 中东部平原地质灾害低易发区 | 602.44 |

#### 8.3.5.1 地质灾害高易发区

（1）石人山崩塌高易发亚区：位于石人山风景区内，面积9.79 km²。属高山区，处在深山峡谷之中，冲沟发育，侵蚀作用强烈，地形高差大，构造强烈，节理发育，易引发崩塌灾害。

（2）尧山镇泥石流高易发亚区：位于鲁山县西部以尧山镇为中心的山区及沙河沿岸，面积165.44 km²。地形高差较大，岩石风化程度高，人类工程活动频繁，形成了大量的松散堆积物，受降水或人类工程活动的影响，松散岩土体或堆积物容易失去其稳定性诱发泥石流地质灾害。

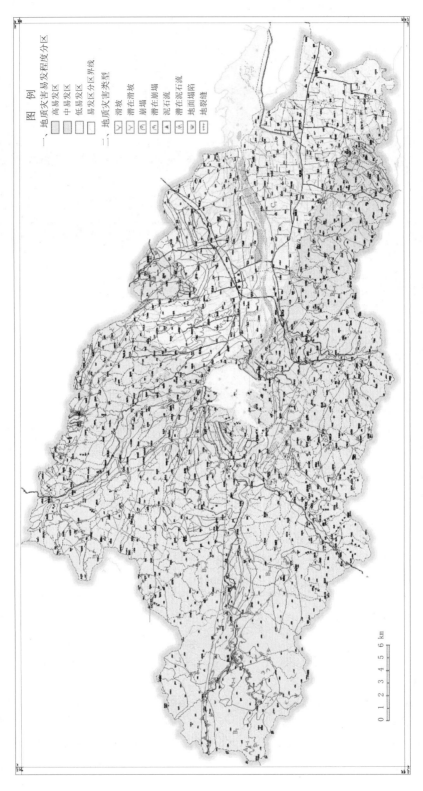

图3-8-5 鲁山县地质灾害易发程度分区图

（3）背孜乡西南滑坡、崩塌高易发亚区：位于背孜乡西南地区，面积83.88 km²。为中低山区，岩层节理、裂隙发育，风化作用强烈，受降水影响容易诱发滑坡与泥石流。

（4）瓦屋、仓头乡北部泥石流、滑坡高易发亚区：位于瓦屋、仓头乡北部中山丘陵区，地形高差较大，面积96.98 km²。构造发育，岩石破碎松散，人类工程活动较多，破坏岩土体的稳定性和地表植被，在多雨季节容易诱发大型滑坡和泥石流。

（5）米湾水库西泥石流高易发亚区：位于米湾水库西部中山丘陵区，面积33.67 km²。丘陵区，地形高差较大。岩石破碎松散，人类工程活动较多，形成大量人工弃渣，雨季易引发泥石流灾害。

（6）梁洼镇地面塌陷、地裂缝高易发亚区：位于梁洼镇，面积47.6 km²。采煤造成地面塌陷并诱发产生地裂缝。

（7）下汤镇西北崩塌、滑坡、泥石流高易发亚区：位于下汤镇西北部丘陵区，面积29.51 km²。人类工程活动较多，多雨季节逢暴雨易诱发崩塌、滑坡、泥石流等地质灾害。

（8）昭平台库区南滑坡、泥石流高易发亚区：位于昭平台库区南，面积108.15 km²。属中山丘陵区，地形高差较大，构造发育，岩石破碎松散，人类工程活动较多，容易发生滑坡和泥石流。

（9）鸡塚乡西南泥石流高易发亚区：位于鸡塚乡西南部，面积27.6 km²。构造发育，岩石风化程度高，并有残坡积物覆盖，人类工程活动频繁，形成了大量的松散堆积物，受降水或人类工程活动的影响，松散岩土体或堆积物容易失去其稳定性诱发泥石流地质灾害。

### 8.3.5.2　地质灾害中易发区

（1）四棵树—赵村崩塌、滑坡、泥石流中易发亚区：位于四棵树—赵村一线南北山区，占地面积268.11 km²。属中山区，逢暴雨容易诱发崩塌、滑坡、泥石流地质灾害。

（2）沙河以北崩塌、滑坡、泥石流中易发亚区：位于沙河以北的丘陵地区，面积418.16 km²。低山丘陵区，河两岸为第四系残坡积物、冲积物，断裂、褶皱发育，新构造活动强烈，人类工程活动多，为地质灾害的发生造成了隐患。

（3）沙河以南崩塌、滑坡、泥石流中易发亚区：位于沙河以南的丘陵地区，面积538.67 km²。低山丘陵区，构造发育，岩石发生了较强烈的变形，岩体破碎。人类工程活动较多，水土流失现象明显，逢暴雨易于诱发崩塌、滑坡、泥石流地质灾害。

### 8.3.5.3　地质灾害低易发区

该区面积602.44 km²，占总面积的24.79%。主要分布于中东部平原区，出露地层主要为第四系砂土和黏土，地质灾害发育较少。

## 8.3.6　地质灾害重点防治区

鲁山县共确定重点防治区面积640.94 km²，占县域面积的26.7%，细分为10个重点防治亚区（见表3-8-7、图3-8-6）。

表3-8-7　地质灾害重点防治分区

| 区位代号 | 亚区 | 面积（km²） | 发生点数 | 隐患点数 | 威胁对象、资产 |
|---|---|---|---|---|---|
| 重点防治区 | 石人山防治亚区 | 9.79 | 1 | 4 | 游客 |
| | 尧山镇防治亚区 | 162.07 | 38 | 21 | 8 171人、33 313.4万元 |
| | 荡泽河西部防治亚区 | 79.66 | 8 | 8 | 70人、6万元 |
| | 荡泽河东部防治亚区 | 28.23 | 1 | 6 | 86人、45万元 |
| | 仓头乡西北防治亚区 | 61.12 | 3 | 10 | 1 200人、221万元 |
| | 米湾水库西防治亚区 | 47.4 | 1 | 6 | 1 385人、213.8万元 |
| | 梁洼镇防治亚区 | 44.8 | 14 | 7 | 11 134人、13 500万元 |
| | 下汤镇防治亚区 | 30.8 | 1 | 11 | 2 281人、1 209.3万元 |
| | 鸡塚—昭平台库区乡防治亚区 | 151.4 | 11 | 25 | 1 200人、300万元 |
| | 鸡塚西南防治亚区 | 25.67 | 5 | 1 | 1 020人、314万元 |
| 合计 | | 640.94 | 83 | 99 | |

（1）石人山防治亚区：位于鲁山县最西部，防治面积9.79 km²，隐患点4处，主要灾害类型为崩塌和泥石流。

（2）尧山镇防治亚区：位于鲁山县尧山镇，防治面积162.07 km²，隐患点21处，发生点38处，主要灾害类型为泥石流、崩塌。重点防治的村为尧山镇、石人山旅游公路、311国道。

（3）荡泽河西部防治亚区：位于鲁山县瓦屋乡和背孜乡的西部，防治面积79.66 km²，隐患点8处，主要灾害类型为滑坡、泥石流、崩塌。重点防治的村有石板河村、上孤山村、长河村、柳岭村、武家庄村、庙庄村、老林村、土门村、虎盘河村等。

（4）荡泽河东部防治亚区：位于瓦屋乡的北部，防治面积28.23 km²，隐患点6处，主要灾害类型为滑坡。重点防治的村有红石崖村、卧羊坪村、长畛地村、郜沟村等。

（5）仓头乡西北防治亚区：位于仓头乡西北，防治面积61.12 km²，隐患点10处，主要灾害类型为滑坡、泥石流、崩塌，以滑坡、泥石流为主。重点防治的村有岳村、北三间房村、雷音寺村、白窑村、赵家庄村、高家庄村等。

（6）米湾水库西防治亚区：位于米湾水库西部，防治面积47.4 km²，隐患点6处，主要灾害类型为泥石流，重点防治的村有西马沟村、胡家岭村、李家岭村等。

（7）梁洼镇防治亚区：位于鲁山县城北部，防治面积44.8 km²，隐患点7处，主要地质灾害类型为地裂缝和地面塌陷。重点防治的村为梁洼镇、楝树店村、许坊村、郎店村、段店村、张相公村、郎坟村等。

（8）下汤镇防治亚区：该区位于昭平台库区西部，防治面积30.8 km²，隐患点11处，主要灾害类型为滑坡、崩塌、泥石流、地面塌陷。重点防治村有十亩地洼、松树庄村、张庄村、松朵沟村、社楼村等。

（9）鸡塚—昭平台库区乡防治亚区：位于鸡塚—昭平台库区之间，属上昭平台库

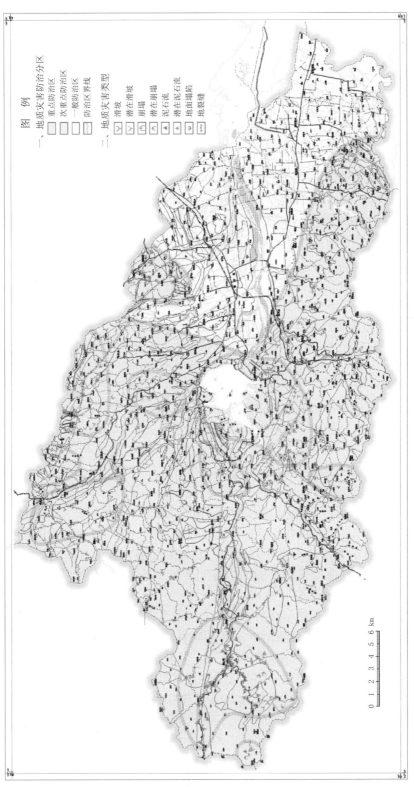

图3-8-6 鲁山县重点地质灾害防治分区图

区、鸡塚乡、瀼河乡管辖，防治面积151.4 km²，隐患点25处，主要地质灾害类型为滑坡、泥石流。重点防治村有五道庙村、玉皇庙村、泰山庙村、稻谷田村、江河村、赊购村、栗村、桐树庄村、铁沟村以及昭平台库区等。

（10）鸡塚西南防治亚区：位于鸡塚西南，防治面积25.67 km²，主要地质灾害类型为泥石流。重点防治村有牛王庙村、代家庄村、花园沟村。

# 8.4　郏　县

郏县位于平顶山市北部，总面积为737 km²，人口53.32万人，辖14个乡镇，374个行政村，775个自然村。耕地面积46 441 hm²，主要农作物为小麦、玉米、红薯、烟叶、棉花、花生、芝麻等30余种，为河南省花椒、烟叶生产基地。郏县矿产资源丰富，已探明有开采价值的矿产资源有原煤、铝矾土、大理石等19种。

## 8.4.1　地质环境背景

### 8.4.1.1　地形、地貌
郏县总体地势呈南北高、中间低的地貌格局，其中中部为北汝河平原，西北部和东南部为低山丘陵区。根据境内地貌成因和地貌形态，地貌类型分为低山丘陵、侵蚀岗地、冲积平原。

### 8.4.1.2　气象、水文
郏县属暖温带大陆性季风气候区。多年平均气温为14.68 ℃，多年平均降水量709.1 mm，最大年降水量1 119.8 mm，最小年降水量422.1 mm，6～8月降水量占年均降水量的50%。

地表水属淮河流域沙颍河水系，大小河流共15条。

### 8.4.1.3　地层与构造
出露地层主要有第四系（Q）、新近系(N)、二叠系（P）、石炭系（C）、寒武系（∈）、震旦系（Z）。主要褶皱构造有段沟向斜、襄—郏背斜、令武山向斜、白石山背斜、李口向斜。主要构造有宝—郏断层、襄县大断层。参考《中国地震动参数区划图》，工作区地震动峰值加速度为0.05g，相当于地震基本烈度Ⅵ度。

### 8.4.1.4　水文地质、工程地质
根据区内地下水赋存条件、介质孔隙的成因及水文地质特征，地下水类型分为碳酸盐裂隙岩溶水、碎屑岩类孔隙裂隙水、松散岩类孔隙水3种类型。

根据岩土体的力学强度划分为坚硬岩类、半坚硬岩类、松软岩类三大工程地质岩类。按各类岩、土的成因及工程地质特征可进一步细分为中厚层稀裂状中等岩化硬白云岩组（Q+C），中厚层具泥化夹层较软粉砂岩组(P+C)，黏土、淤泥、细砂多层土体（$Q_2^l$）3个工程地质岩组。

### 8.4.1.5　人类工程活动
人类工程活动主要有矿山开采、切坡建房等。郏县矿产资源较为丰富，矿产开采破坏地质环境，造成水土流失、植被破坏，多处出现地面塌陷、地裂缝等灾害。在低山丘

陵区，常开挖坡脚建房，易导致坡体失稳，而产生崩塌、滑坡灾害，如堂街镇龙王庙村滑坡及多处崩塌。

## 8.4.2 地质灾害类型及特征

### 8.4.2.1 地质灾害类型与危害

郏县地质灾害以崩塌、地面塌陷灾害为主，调查发现已发生地质灾害10处，分布在北部的低山丘陵区和煤矿开采区。地质灾害毁坏耕地970亩、房屋1 407间、公路560 m、水渠800 m等，直接经济损失3 065.5万元。

### 8.4.2.2 地质灾害特征

（1）崩塌：崩塌分布在堂街镇、茨芭乡、黄道乡、渣圆乡、长桥乡，小型3个，中型1个。崩塌体组成物质多为$Q_2$粉质黏土、黄土与砂岩。其平面形态为矩形或不规则形，剖面形态为直线。崩塌灾害点大多位于村民的房前和房后，发生时间多集中在7、8月。

（2）滑坡：滑坡1处，位于堂街镇龙王庙村，规模为小型。滑体岩性以第四系松散坡积物为主，滑坡面位于第四纪堆积物和基岩接触带，属于顺层滑坡，滑坡土石方量4.43万 $m^3$，其诱发因素均与切坡修路、采矿开挖等人为活动有关。

（3）泥石流：沟谷型泥石流1处，位于李口乡，主要因姚孟电厂排出的大量灰渣沿双桥河沟堆放，沟谷基本被阻塞，在雨季如遇大量降水，易引发泥石流灾害。

（4）地面塌陷：地面塌陷6处，均发生在大刘山矿区、王英沟矿区、西黄道矿区、山头赵矿区、平煤十三矿区、兴国寺矿区等煤矿采空区。

（5）不稳定斜坡：不稳定斜坡共4处，岩性为土质。不稳定斜坡仍以点状分布为主，比较分散。其失稳因素以人工再开挖、降水为主，部分危岩体遇震动亦可能失稳成灾。

## 8.4.3 地质灾害隐患点特征及险情评价

### 8.4.3.1 地质灾害隐患点分布特征

全县共有22处地质灾害隐患点，分布在7个乡镇，包括茨芭乡、黄道乡、堂街镇、安良乡、渣园乡、李口乡、长桥乡。其中，崩塌隐患点10处，滑坡隐患点1处，泥石流沟隐患点1条，地面塌陷隐患点6处，不稳定斜坡隐患点4处（见表3-8-8）。

### 8.4.3.2 地质灾害隐患点险情评价

在22处地质灾害隐患点中，险情为大型的12处，中型8处，小型2处。根据险情评价，共确定险情大型地质灾害隐患点有12处。

（1）龙王庙村汝河岸崩塌：位于堂街镇龙王庙村，崩塌体长度22 m，宽度100 m，厚度平均1 m，面积2 200 $m^2$，体积2 200 $m^3$，坡度33°，坡向18°，平面形态矩形，剖面形态呈直线状，崩塌体受风化及河水冲刷影响，加之居民切坡修路，削坡过陡，遇降水易导致崩塌发生。

（2）龙王庙村滑坡：位于堂街镇龙王庙村，滑坡体是第四纪松散堆积物，滑坡面位于第四纪堆积物和基岩接触带，属于顺层滑坡，滑坡体长度86 m，宽度260 m，平均厚

表3-8-8　地质灾害隐患点分布情况统计

| 乡镇 | 地质灾害类型 | | | | | 合计 | 占总比例（%） |
| --- | --- | --- | --- | --- | --- | --- | --- |
| | 地面塌陷 | 不稳定斜坡 | 滑坡 | 崩塌 | 泥石流 | | |
| 茨芭乡 | | 3 | | 1 | | 4 | 18.18 |
| 黄道乡 | 4 | | | 1 | | 5 | 22.73 |
| 堂街镇 | | 1 | 1 | 5 | | 7 | 31.82 |
| 安良乡 | 1 | | | | | 1 | 4.55 |
| 渣园乡 | | | | 1 | | 1 | 4.55 |
| 李口乡 | 1 | | | | 1 | 2 | 9.09 |
| 长桥乡 | | | | 2 | | 2 | 9.09 |
| 合计 | 6 | 4 | 1 | 10 | 1 | 22 | 100 |
| 占总比例（1%） | 27.27 | 18.18 | 4.55 | 45.45 | 4.55 | 100 | 100 |

度2 m，面积22 360 m²，体积44 720 m³，坡度35°，坡向15°，平面形态呈半圆形，剖面形态呈阶梯状，滑坡体上出现马刀树，前缘鼓胀，附近房开裂。

（3）西长桥村汝河崩塌：位于长桥乡西长桥村，崩塌体是第四纪粉质黏土，长度8 m，宽度400 m，厚度平均1 m，面积3 200 m²，体积3 200 m³，坡度60°，坡向200°，平面形态矩形，剖面形态呈直线状，崩塌体受风化及河水冲刷影响，削坡过陡，遇降水易导致崩塌发生。

（4）北竹园村小学不稳定斜坡：位于茨芭乡北竹园村小学后，斜坡下面是公路和小学，西侧为一冲沟，深约15 m，斜坡体是寒武系中统砂页岩，坡度较陡，约46°，坡向115°，长140 m，宽212 m，面积29 680 m²。砂页岩裂隙发育，当遇到强降水时，导致岩体失稳。

（5）孔湾西村不稳定斜坡：位于堂街乡孔湾西村，斜坡下面是汝河，坡体上为居民，斜坡体是寒武系中统砂页岩及坡积土，坡度较陡，约35°，坡向240°，长40 m，宽300 m，面积12 000 m²。

（6）东南村双桥组泥石流：位于李口乡东南村，山体坡度25°～60°，沟谷发育。电厂排出的大量灰渣，沿双桥河沟堆放，沟谷基本被阻塞，在雨季如遇大量降水，易引发泥石流灾害。

## 8.4.4 地质灾害易发程度分区

郏县地质灾害易发程度分为高易发区、中易发区、低易发区、非易发区4个区（见表3-8-9、图3-8-7）。

表3-8-9 郏县地质灾害易发区

| 等级 | 代号 | 区（亚区）名称 | 亚区代号 | 面积（km²） |
|---|---|---|---|---|
| 高易发区 | A | 县境西北低山区不稳定斜坡、地面塌陷、崩塌高易发亚区 | A₁ | 44.1 |
| | | 县境东南龙王庙一带崩塌、滑坡高易发亚区 | A₂ | 6.09 |
| | | 合计 | | 50.19 |
| 中易发区 | B | 县境中北部中易发亚区 | B₁ | 72.34 |
| | | 县境东南不稳定斜坡、崩塌、泥石流中易发亚区 | B₂ | 101.17 |
| | | 合计 | | 173.51 |
| 低易发区 | C | 县境北部地质灾害低易发亚区 | C₁ | 85.77 |
| | | 县境南部地质灾害低易发亚区 | C₂ | 45.5 |
| | | 合 计 | | 131.27 |
| 非易发区 | D | 县境中部地质灾害非易发区 | D | 358.94 |

### 8.4.4.1 地质灾害高易发区

（1）县境西北低山区不稳定斜坡、地面塌陷、崩塌高易发亚区：分布于郏县西北部的茨芭、黄道、安良一带，总面积44.1 km²，为崩塌、不稳定斜坡、地裂缝高发区。地质灾害10处，包括崩塌2处，不稳定斜坡3处，地面塌陷5处。

（2）县境东南龙王庙一带崩塌、滑坡高易发亚区：分布于堂街镇龙王庙一带，总面积6.09 km²。基岩破碎、风化程度较高，黄土竖状节理发育，为崩塌、滑坡高发区。崩塌4处，滑坡1处。

### 8.4.4.2 地质灾害中易发区

（1）县境中北部中易发亚区：地处郏县中北部丘陵区，面积72.34 km²。岩体节理裂隙发育，风化程度较高。未来采矿可能发生地面塌陷。

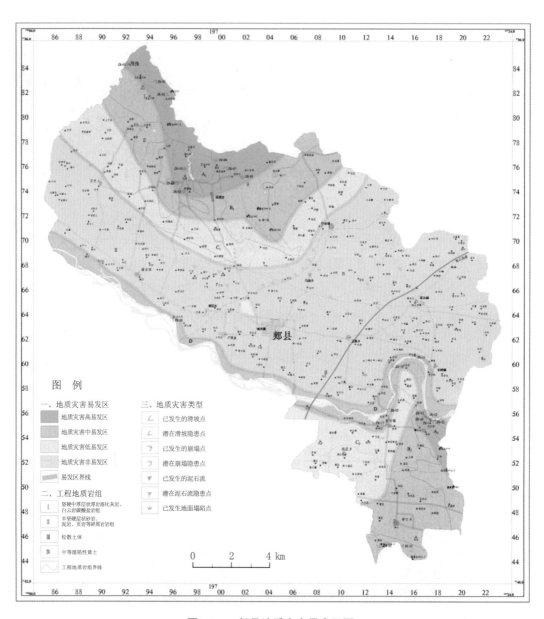

图3-8-7 郏县地质灾害易发区图

（2）县境东南不稳定斜坡、崩塌、泥石流中易发亚区：地处郏县东南部低山丘陵区及南部的汝河两岸，面积101.17 km²。地质灾害类型主要为不稳定斜坡、地面塌陷、崩塌、泥石流。地质灾害7处，包括崩塌4处，泥石流1处，地面塌陷1处，不稳定斜坡1处。

#### 8.4.4.3 地质灾害低易发区

（1）县境北部地质灾害低易发亚区：地处郏县中北部黄土丘陵区与山前倾斜平原地带，面积85.77 km²。地形起伏不大，坡度较缓，一般小于25°，不易发生大规模崩塌、滑坡。

（2）县境南部地质灾害低易发亚区：地处县境南部，面积45.5 km²。因坡度较缓，发生崩滑灾害的危险性较小。主要地质灾害类型为采矿引起的地面塌陷，规模较小，危害不大。

#### 8.4.4.4 地质灾害非易发区

地处县境中部平原区，面积358.94 km²。地质灾害不发育。

### 8.4.5 地质灾害重点防治区

郏县共确定北部山区、东南部山区两个重点防治区，总面积95.51 km²，占全县总面积的12.96%（见表3-8-10、图3-8-8）。

表3-8-10 郏县地质灾害重点防治分区

| 区名 | 亚区代号 | 亚区名称 | 面积（km²） | 隐患点数 | 威胁人数 | 重点防治地段 | 地质灾害类型 | 致灾因素 | 防治措施 |
|---|---|---|---|---|---|---|---|---|---|
| 重点防治区 | A₁ | 县境北部山区 | 68.71 | 10 | 3 954 | 西黄道、景家洼、三岔沟一带 | 地面塌陷、崩塌、不稳定斜坡 | 地下采空、顶板冒落、切坡、降水 | 避让、回填、削坡、支挡 |
| | A₂ | 县境东南部山区 | 26.8 | 5 | 480 | 龙王庙一带 | 崩塌、滑坡 | 顺向坡、切坡、降水 | 避让、护坡、支挡 |

（1）县境北部山区地质灾害重点防治区：地处茨芭乡、黄道乡及安良镇的北部，区内地形起伏，沟谷较发育，人类工程活动较强烈。西黄道煤矿、大桥煤矿等开采，形成较大的地下采空区和地面塌陷区。主要防治地段为西黄道、景家洼、老庄、三岔沟一带的地面塌陷及地裂缝区。

（2）县境东南部山区地质灾害重点防治区：地处堂街镇、李口乡的东部，区内冲沟发育，黄土节理裂隙发育，沿沟居民多切坡建房，为崩塌、滑坡的发育区。主要防治地段为龙王庙一带。

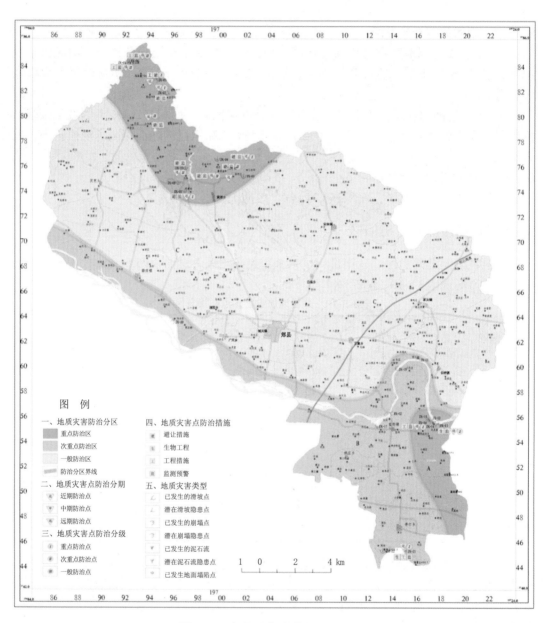

**图3-8-8 郏县重点防治区划图**

# 8.5 叶 县

叶县面积1 387 km²，辖5个镇、13个乡，580个行政村，人口85.3万人。境内矿产资源较为丰富，主要开采利用的矿种为岩盐、煤、石料、水泥灰岩、铁、砖瓦黏土。叶县盐田为中国第二大内陆盐田，展布面积270 km²，总储量2 300亿 t，品位居全国井矿之首。

## 8.5.1 地质环境背景

### 8.5.1.1 地形、地貌

叶县地处黄淮平原与伏牛山余脉结合部，总体地势由西南向东北倾斜。县境南及西南部为低山丘陵区，多数山峰海拔在200～300 m。中部、北部为平原，海拔一般在80 m左右，最低处海拔69.8 m。

### 8.5.1.2 气象、水文

叶县地处北暖温带南缘，为半湿润大陆性季风气候区，多年平均气温为14.8 ℃，多年平均降水量816.2 mm，最大年降水量1 320.2 mm（2002年），最小年降水量408.2 mm（1966年），6～8月降水量占年均降水量的57%左右。

叶县地表水属淮河流域沙颍河水系，主要河流自北而南依次有汝河、湛河、沙河、灰河、澧河、干江河。

### 8.5.1.3 地层与构造

县域出露地层主要有新生界第四系、古生界寒武系、新元古界青白口系和震旦系、中元古界长城系熊耳群、蓟县系汝阳群和洛峪群。

县境大地构造位置处于豫西断隆、华北断坳和北秦岭褶皱带的交接部位，构造较复杂。褶皱主要为瓦店—王桥复向斜和常村—李九思—红石岩砦向斜。主要断裂有坟沟逆断层、牛角沟正断层、黑叶沟正断层、马庄正断层、莲花庵—彦池沟正断层，隐伏断裂主要有鲁山—漯河大断裂、杨村—合水大断裂、仙台—砖探大断裂、拐河—常村断层、大郭沟—常村断层、枣庄—龙泉断层、保安—旧县断层。参考《中国地震动参数区划图》，工作区地震动峰值加速度≤0.05g，相当于地震基本烈度≤Ⅵ度。本区区域地壳属基本稳定区。

### 8.5.1.4 水文地质

地下水类型分为基岩裂隙水、碳酸盐岩类夹碎屑岩类裂隙岩溶水、松散岩类孔隙水3种类型。松散岩类孔隙水主要分布于西南部丘陵区、中部及东北部平原区。富水性自西南向东北渐次增强。地下水动态类型为降水入渗—蒸发径流型和降水入渗—开采蒸发型。碳酸盐岩类夹碎屑岩类裂隙岩溶水零星分布于西南部的丘陵区，碳酸盐岩与碎屑岩接触带岩溶较发育，其他部位溶洞、溶隙较少，地表地下径流均弱，富水性差且不均一，地下水主要接受大气降水补给，以泉和人工抽汲的形式排泄。基岩裂隙水主要分布于西南部低山丘陵区，富水性较差，地下水主要接受大气降水补给，以泉的形式排泄。

#### 8.5.1.5 工程地质

按地貌、地层岩性、岩土体坚硬程度及结构特点，叶县岩土体工程地质类型分为松散土体类、半坚硬岩类、坚硬岩类3类。其中，松散土体类广泛分布在中部及东部平原区，半坚硬岩类和坚硬岩类主要分布于西南、东南部丘陵地带。

#### 8.5.1.6 人类工程活动特征

县域内主要人类工程活动有矿山开采、交通工程建设、水利工程建设、城乡建设等。主要开发矿种为岩盐、煤、石料、水泥灰岩、铁、砖瓦黏土等。叶县交通发达，311国道、郑南、平桐、时南、逍白公路及许平南、洛平漯两条高速公路、平舞铁路等构成区内交通框架，其他县乡级公路密集分布。境内建成的水利水电工程主要包括大型水库2座（孤石滩水库、燕山水库），中小型水库30座。

### 8.5.2 地质灾害类型及特征

#### 8.5.2.1 地质灾害类型

叶县地质已发生灾害类型有滑坡、崩塌（河流塌岸）、地面塌陷、泥石流4种，共13处。分布于洪庄杨乡、遵化店镇、常村乡、辛店乡、保安镇及旧县乡等6个乡镇（见表3-8-11）。

表3-8-11 叶县地质灾害类型及数量分布

| 乡镇 | 地质灾害类型 | | | | 合计 | 占总比例（%） |
| --- | --- | --- | --- | --- | --- | --- |
| | 滑坡 | 崩塌 | 地面塌陷 | 泥石流（沟） | | |
| 遵化店镇 | | 1 | | | 1 | 7.7 |
| 洪庄杨乡 | | | 1 | | 1 | 7.7 |
| 辛店乡 | 1 | 3 | | 1 | 5 | 38.5 |
| 保安镇 | 1 | | | | 1 | 7.7 |
| 常村乡 | 4 | | | | 4 | 30.7 |
| 旧县乡 | | 1 | | | 1 | 7.7 |
| 合计 | 6 | 5 | 1 | 1 | 13 | |

#### 8.5.2.2 地质灾害特征

叶县地质灾害主要分布于南部低山丘陵区，以滑坡和崩塌为主。

1. 滑坡

滑坡共6处，主要分布在处于低山丘陵区的辛店乡、保安镇、常村乡境内。其中，规模为中型1处、小型5处。按滑坡体岩性，分为土质滑坡4处，岩质滑坡2处。土质滑坡岩性主要为第四系中上更新统的残坡积碎石土及粉土。岩质滑坡岩性主要为黏土岩、泥岩、粉砂岩、泥砾岩等。

滑坡平面形态以圈椅形及不规则形为主，剖面形态多为直线形及台阶形。滑坡分布分散，规模小，以浅层滑坡为主，成灾范围小。滑坡发育程度与降水关系密切，人为因素影响显著。

2. 崩塌（河流塌岸）

境内崩塌灾害共5处，遵化店镇1处、辛店乡3处、旧县乡1处，均为河流塌岸，规模均为中型，主要分布在干江河、沙河及澧河沿岸。干江河、沙河及澧河境内沿线河流塌岸现象普遍存在，5处调查点分别为各河流塌岸现象较为严重的地段，均为多年塌岸积累形成。河岸坡度42°～65°，坡长8～25 m，塌岸宽度1 300～2 200 m，坍落体厚度均1 m左右，岩性为第四系上更新统或全新统的粉土、粉质黏土及黏土。

塌岸产生原因多为堤岸护坡不力，河堤土质松散，植被较差，汛期水流速度快、水位高，对河流凹岸产生强烈冲刷侵蚀，致使河岸下部形成凹槽，上部悬空，经过数年至数十年的蚕食，损毁大片岸侧耕地。另外，河道内的采砂活动也使部分河段岸坡出现了塌岸现象。

3. 地面塌陷

境内地面塌陷1处，分布于叶县北部的洪庄杨乡贾庄村一带。洪庄杨乡属平顶山煤田的东部，地面塌陷为河南省平顶山煤业集团八矿地下煤层采空所致。地面塌陷始发于1998年6月，2003年以来有逐渐增强的趋势。塌陷总面积约0.87 $km^2$，塌陷规模属中型，一般塌陷深度为1.5～2.5 m，最大塌陷深度约3 m。

4. 泥石流

境内泥石流灾害1处，位于辛店乡汴沟村。该处沟谷宽缓，沟底纵坡降小（25‰左右），但汇水面积相对较大，约5 $km^2$。主要物源为中加矿业公司叶县铁矿排渣场及尾矿库的废渣石，废渣、尾矿总储量约16万 $m^3$。2004年7月中旬，因突降暴雨，尾矿库坝体溃决，引发泥石流灾害，造成下游30余亩耕地被淤埋或冲毁，直接经济损失20万元，幸未造成人员伤亡。

## 8.5.3　地质灾害灾情

叶县已发生地质灾害13处，造成1人死亡，摧毁房屋79间、半毁房屋900间，破坏耕地423亩，还造成水库溢洪道阻塞、公路阻塞等损失，累计造成直接经济损失749万元。

已发生的13处地质灾害，1处地面塌陷灾害灾情级别为大型，其余灾情级别均为小型。其中，崩塌灾害造成的直接经济损失共计72万元，滑坡灾害造成直接经济损失7万元，1人死亡。地面塌陷灾害造成直接经济损失共计650万元。泥石流灾害造成直接经济损失共计20万元。

## 8.5.4　地质灾害隐患点特征及险情评价

### 8.5.4.1　地质灾害隐患点分布特征

叶县地质灾害隐患点21处，主要分布于县境北部的洪庄杨乡、遵化店镇和县境南部的常村乡、辛店乡、保安镇以及中部的旧县乡。境内各乡镇中，处于县境南部低山丘陵区的辛店乡和常村乡地质灾害隐患点分布最多，各占隐患点总数的33%。在各类隐患点中，崩塌和滑坡灾害隐患点较多，分别占总数的28.6%、42.8%。

#### 8.5.4.2 地质灾害隐患点险情评价

地质灾害隐患点威胁2 608人及3 128.6万元财产安全（见表3-8-12）。险情等级为特大型2处、大型2处、中型5处、小型12处。

表3-8-12 叶县地质灾害隐患点类型及数量分布

| 乡镇 | 地质灾害类型 | | | | | | | | | 合计 | 占总比例（%） |
| --- | --- | --- | --- | --- | --- | --- | --- | --- | --- | --- | --- |
| | 滑坡 | | 崩塌 | | 不稳定斜坡 | 地面塌陷 | | 泥石流 | | | |
| | a | b | a | b | | a | b | a | b | | |
| 遵化店镇 | | | 1 | 1 | | | | | | 2 | 10 |
| 洪庄杨乡 | | | | | | 1 | 1 | | | 2 | 10 |
| 辛店乡 | 1 | | 3 | 2 | | | | | 1 | 7 | 33 |
| 保安镇 | 1 | | | 1 | | | | | | 2 | 10 |
| 常村乡 | 4 | | | | 3 | | | | | 7 | 33 |
| 旧县乡 | | | 1 | | | | | | | 1 | 4 |
| 小计 | 6 | | 5 | 4 | 3 | 1 | 1 | | 1 | | |
| 合计 | 6 | | 9 | | 3 | 2 | | 1 | | 21 | |
| 占总比例（%） | 28.6 | | 42.8 | | 14.3 | 9.5 | | 4.8 | | | |

注：a为已发生但未稳定的地质灾害；b为潜在地质灾害。

### 8.5.5 重要地质灾害隐患点

根据险情评价，共确定险情特大型、大型重要地质灾害隐患点2处。

（1）罗冲村柳树沟水库溢洪道滑坡：该滑坡体自2000年7月以来，不断发生蠕滑，局部挤占水库溢洪道，已造成一定的危害和经济损失。因该滑坡体处于水库溢洪道北侧山体上，水库下游即为柳树沟村，雨季一旦发生滑坡阻塞溢洪道，可能因溃坝引发洪水灾害，使柳树沟村45户、160余居民的生命财产安全遭受严重威胁。

（2）孤石滩水库溢洪道不稳定斜坡：该斜坡为人工开挖溢洪道堆填而成。2002年8月，局部曾出现裂缝等变形迹象，现在斜坡稳定性较差。雨季遇连续降水或因水流冲蚀坡脚，可能使坡体失稳而阻塞溢洪道，影响行洪，进而威胁到下游村民150人生命财产安全。

### 8.5.6 地质灾害易发程度分区

全县地质灾害易发程度分为中易发区、低易发区、非易发区（见表3-8-13、图3-8-9）。

#### 8.5.6.1　地质灾害中易发区

（1）常村、保安滑坡、崩塌中易发亚区：地处叶县西南部，包括常村乡西部、南部和夏李乡南部以及保安镇西部，面积165.31 km²。地貌属低山丘陵，岩体破碎，节理裂隙发育，风化程度较高。地质灾害隐患点9处，包括滑坡5处、崩塌1处、不稳定斜坡3处。

表3-8-13　叶县地质灾害易发区

| 等级 | 区（亚区）名称 | 面积（km²） | 占全县面积（%） | 隐患点数 | 威胁人数 |
|---|---|---|---|---|---|
| 中易发区 | 常村、保安滑坡、崩塌中易发亚区 | 165.31 | 11.92 | 9 | 380 |
| | 辛店崩塌、滑坡、泥石流中易发亚区 | 117.54 | 8.47 | 7 | 85 |
| | 洪庄杨地面塌陷中易发亚区 | 36.25 | 2.61 | 2 | 2 140 |
| | 小　计 | 319.1 | 23 | 18 | 2 605 |
| 低易发区 | 常村—旧县—龙泉地质灾害低易发亚区 | 378.99 | 27.32 | 1 | 3 |
| | 马庄—廉村—仙台地质灾害低易发亚区 | 306.20 | 22.08 | — | — |
| | 遵化店—邓李北部地质灾害低易发亚区 | 86.71 | 6.25 | 2 | — |
| | 小　计 | 771.9 | 55.65 | 3 | 3 |
| 非易发区 | 任店—龚店—水寨地质灾害非易发亚区 | 296 | 21.35 | — | — |
| 合计 | | 1 387 | 100 | 21 | 2 608 |

（2）辛店崩塌、滑坡、泥石流中易发亚区：位于叶县南部，主要包括辛店乡中南部和保安镇东南部，面积117.54 km²。主要为缓坡丘陵及岗地，岩体较为破碎。区内人类工程活动较强烈，主要表现为采矿、筑路、民居和水利设施等工程建设。地质灾害隐患点7处，包括滑坡1处、崩塌5处、泥石流1处。

（3）洪庄杨地面塌陷中易发亚区：位于叶县北部，包括洪庄杨乡的大部地区，面积36.25 km²。地貌为河流冲积平原，人类工程活动强烈，主要表现为地下煤矿采掘。地面塌陷灾害隐患点2处。

#### 8.5.6.2　地质灾害低易发区

（1）常村—旧县—龙泉地质灾害低易发亚区：位于叶县中南部，主要包括常村乡东部、夏李乡中部、旧县乡、龙泉乡、保安镇东部以及辛店乡西北部，面积378.99 km²。地貌属山前倾斜平原，地形较平坦。

（2）马庄—廉村—仙台地质灾害低易发亚区：位于叶县中部，主要包括城关乡、昆阳镇南部、廉村乡南部、任店镇东部、田庄乡、马庄乡及仙台镇，面积306.20 km²。地貌属河流冲积平原，地形平坦。该区地下盐矿储量丰富，人类工程活动主要表现为地下岩盐矿开采，未来有可能出现因采盐引发的地面塌陷或地面沉降问题。

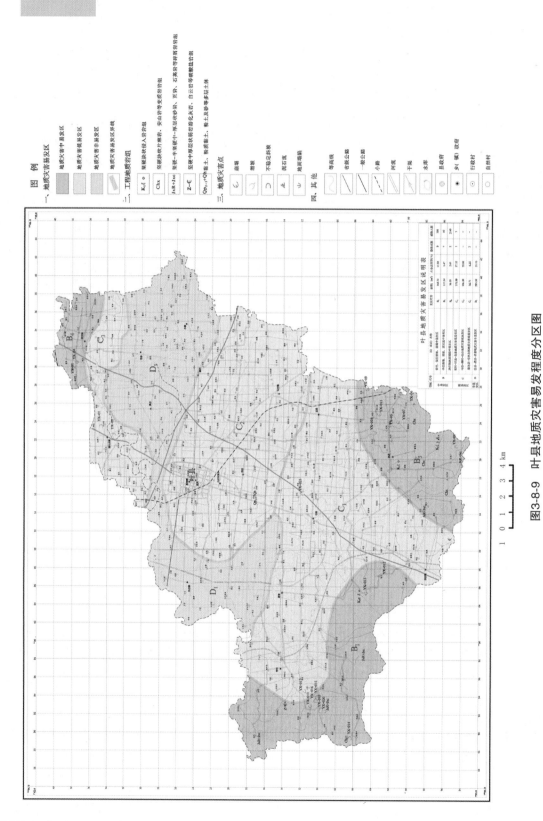

图3-8-9 叶县地质灾害易发程度分区图

（3）遵化店—邓李北部地质灾害低易发亚区：位于叶县北部，主要包括遵化店镇北部、龚店乡西部及邓李乡北部，面积86.71 km²。地貌属河流冲积平原，地形平坦。人类工程活动强度一般，主要包括河道采砂、砖瓦黏土等采矿活动。地质灾害隐患2处，均为河流塌岸。

### 8.5.6.3 地质灾害非易发区

该区分布于夏李乡北部、任店镇中西部、昆阳镇北部、遵化店镇南部、龚店乡中南部、廉村乡北部、邓李乡南部及水寨乡，面积296 km²。该区属沙河冲洪积平原，地势平坦，地质灾害不发育。

## 8.5.7 地质灾害重点防治区

叶县共确定重点防治区面积319.1 km²，占全县总面积的23%，细分为县境西南低山丘陵重点防治亚区、县境东南低山丘陵重点防治亚区、县境北部重点防治亚区（见表3-8-14、图3-8-10）。

表3-8-14 叶县地质灾害重点防治分区

| 区名 | 亚区名称 | 面积（km²） | 隐患点数 | 威胁人数 | 地质灾害类型 | 致灾因素 | 防治措施 |
|---|---|---|---|---|---|---|---|
| 重点防治区 | 县境西南低山丘陵亚区 | 165.31 | 9 | 380 | 滑坡 | 岩体破碎、切坡、坡脚冲刷、降水 | 削坡、护坡、挡墙 |
| | 县境东南低山丘陵亚区 | 117.54 | 7 | 85 | 崩塌、泥石流、滑坡 | 岩体破碎、切坡、降水 | 削坡、护坡、避让，建拦渣坝、泄洪渠 |
| | 县境北部亚区 | 36.25 | 2 | 2 140 | 地面塌陷 | 巷道挖掘、顶板冒落 | 避让、回填 |

（1）西南低山丘陵重点防治亚区：位于县境西南部，包括常村乡西部、南部和夏李乡南部以及保安镇西部，面积165.31 km²。地貌属低山丘陵，以丘陵为主，地形起伏较大。地质灾害隐患点9处，包括滑坡5处、崩塌1处、不稳定斜坡3处。

（2）东南低山丘陵重点防治亚区：位于叶县东南部，主要包括辛店乡中南部和保安镇东部，面积117.54 km²。地貌为缓坡丘陵及岗地。地质灾害隐患点7处，包括滑坡1处、崩塌5处、泥石流1处，主要防治段有辛店乡汴沟村叶县铁矿采场、排渣场及尾矿库和三岔口村桐树庄组滑坡段。

（3）北部重点防治亚区：位于叶县北部，包括洪庄杨乡的西部地区，面积36.25 km²。地貌为河流冲积平原，地形平坦。区内地下煤矿采掘活动强烈，现已造成大面积的地面塌陷灾害。主要防治区段为贾庄—焦庄地面塌陷。

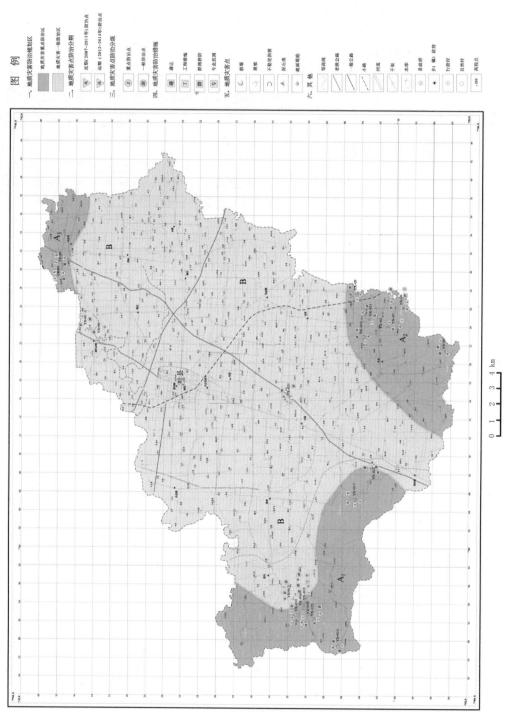

图3-8-10　叶县地质灾害重点防治区划图

# 8.6　舞钢市

舞钢市位于河南省西南部，总面积645.67 km²。全市辖7个乡、3 个镇、4 个街道办事处，190 个行政村，总人口321 237 人。舞钢市经济以农业为主，全市耕地面积为2.004 万 hm²，农作物以小麦、玉米、豆类为主。舞钢市矿产资源丰富，具有工业价值和潜在工业价值的矿产有24种，其中铁矿、玻璃用石英岩矿是舞钢市的优势矿产。

## 8.6.1　地质环境背景

### 8.6.1.1　地形、地貌

舞钢市地处伏牛山东部余脉与黄淮海平原交接地带，地势西北、东南高，东北、西南低，大致可分为平原、岗地、丘陵和山地等地貌类型。

### 8.6.1.2　气象、水文

舞钢市属大陆性季风气候。全年平均气温为14.6 ℃。南北降水有一定差异，东南山区和西南丘陵区年平均降水量1 100 mm；中部浅山区平均降水量990 mm；北部平原年平均降水量850 mm。全年无霜期210～230天，最长为246天，最短为190天。

舞钢境内属淮河水系，河流流向以南北和东西为主，均发源于东南和中西部山区。除甘江河向西流经方城县、叶县至舞阳市域注入澧河外，其余均向东北出境汇入洪河。

### 8.6.1.3　地层与构造

出露地层由老及新依次为太古宇太华群、中元古界长城系熊耳群、新元古界青白口系—震旦系、下古生界寒武系中下统、古近系古新统—始新统、第四系等。境内新构造运动以大幅度的差异性升降为主。新生代以来，西中部、东南部山区长期差异性上升遭受剥蚀，东北部坳陷带长期下沉接受堆积，并几度抬升。从河流发育的阶地类型来看，区内河流以发育内叠阶地为主，基本反映了第四系长期的下沉过程。根据《中国地震动参数区划图》，舞钢市地震基本烈度为Ⅵ度。

### 8.6.1.4　水文地质、工程地质

舞钢市地下水类型可划分为松散岩类孔隙水、基岩裂隙水。按地貌、地层岩性、岩土体坚硬程度及结构特点，岩土体工程地质类型分为碎裂状较软花岗岩强风化岩组，片状较软片麻岩岩组，中厚层坚硬块状砂岩、砂砾岩岩组，中厚层稀裂状中等岩溶化硬碳酸岩岩组，较软中厚层泥岩、泥灰岩、黏土岩岩组，粉土、黏性土双层土体，粉质黏土、粉土、淤泥质土、细砂多层土体等7种类型。

### 8.6.1.5　人类工程活动

人类工程活动主要有矿山开采、水利工程建设、切坡建房等。舞钢市主要矿区有铁山矿、经山寺矿、赵案庄—王道行矿等，近年来采矿业迅速发展，由此而引发崩塌、滑坡、地面塌陷，环境污染及原始地貌破坏等矿山地质环境问题。在山区及丘陵区，居民因用地短缺，常存在切坡建房，构成严重的斜坡隐患。

### 8.6.2 地质灾害类型及特征

#### 8.6.2.1 地质灾害类型

舞钢市地质灾害发育类型主要有滑坡、崩塌、泥石流。已发生地质灾害点有12处（见表3-8-15），其中，滑坡2处，崩塌4处，泥石流6处，共造成3人死亡，直接经济损失7 120.8万元。

表3-8-15 舞钢市各乡镇已发生地质灾害规模、灾情统计

| 乡镇 | 滑坡 | | | | 崩塌 | | | | 泥石流 | | | | 合计（处） |
|------|------|------|------|------|------|------|------|------|------|------|------|------|------|
| | 处 | 规模 | 灾情 | 岩性 | 处 | 规模 | 灾情 | 岩性 | 处 | 规模 | 灾情 | 类型 | |
| 尹集镇 | 1 | 小 | 小 | 土质 | | | | 土质 | 1 | 中 | 大 | 水石流 | 2 |
| 杨庄乡 | | | | 土质 | 1 | 小 | 小 | 土质 | 2 | 1中1大 | 2特大 | 水石流 | 3 |
| 尚店镇 | | | | 土质 | 1 | 小 | 小 | 土质 | 1 | 1大 | 1特大 | 水石流 | 2 |
| 庙街乡 | 1 | 小 | 小 | 土质 | 1 | 小 | 小 | 土质 | | | | 水石流 | 2 |
| 铁山乡 | | | | 土质 | | | | 土质 | 2 | 2中 | 2特大 | 水石流 | 2 |
| 武功乡 | | | | 土质 | 1 | 小 | 小 | 土质 | | | | 水石流 | 1 |
| 合计 | 2 | 2小 | 2小 | | 4 | 4小 | 4小 | | 6 | 4中2大 | 1大5特大 | | 12 |

注：特大型、大型、中型、小型，分别简化为特大、大、中、小。

#### 8.6.2.2 地质灾害特征

舞钢市有12个乡镇存在已发生地质灾害。从地域分布特征看，地质灾害集中在米河—小关—大峪沟、西村—夹津口—涉村2个煤矿、铝土矿、磁铁矿、硅石矿采区及北部沿黄河、伊洛河黄土丘陵、冲沟分布区。从统计资料上看，采矿区地质灾害以地面塌陷为主，规模一般较大；黄土区地质灾害以崩塌为主，规模小而突发性强。

1.滑坡

滑坡主要分布于舞钢市境内丘陵及中低山区，滑体岩性一般为粉土、粉质黏土和碎石土，坡体结构松散，下部相对隔水层常充当滑动面。在降水和切坡等因素影响下，发生滑动。已发生滑坡2处，均为土质、小型滑坡。分布于尹集镇楼房湾、庙街乡党庄村，发育共同特点为：平面形态呈圈椅状，滑体上有多处拉张裂缝，树木歪斜，坡脚渗冒浑水。灾情级别均为小型。

2.崩塌（河流塌岸）

区内崩塌主要分布于丘陵山地区，多为修路或居民建房切坡引发。崩塌灾害4处，规模均为小型，属土质崩塌。主要分布于杨庄乡、尚店镇、庙街乡、武功乡等地。致灾因素主要为降水和人类工程活动。常集中发育于雨季或雨季滞后，时间上具有不确定性、突发性强、成灾概率高等特点。

3.泥石流

舞钢市地处豫西南山区，境内东南部为中、低山，西南部、中部为低山丘陵，地形陡峻，河谷密布，地质构造发育，岩体风化，自然堆积作用较强烈，人类工程活动（河

道挖沙、采石等）强烈，在强降水激发下，具备泥石流发生条件。泥石流分布在尹集镇、杨庄乡、尚店镇、铁山乡等4个乡镇，并造成较大的经济损失。泥石流流域平面形态呈喇叭形，一般发生于汛期，来势迅猛。成因类型以冲沟型或河谷型泥石流为主，按泥石流流体性质来分，均为水石流。泥石流6处，按照规模划分，4处中型、2处大型。根据灾情分级标准，特大型（灾情）5处，大型（灾情）1处。

4. 不稳定斜坡

不稳定斜坡21处，按岩性分，岩质7处，土质14处。分布于尹集镇、杨庄乡、尚店镇、庙街乡、武功乡、铁山乡、城区、八台等9个乡镇。岩质不稳定斜坡构成以灰岩、砂岩、页岩为主，多有裂隙发育，控制面多为岩石层里面或节理裂隙面。土质斜坡多为$Q_2$坡积亚黏土、碎石土，控制面多为坡积物与下伏基岩接触面。失稳因素以人工切坡、降雨为主。

## 8.6.3　地质灾害隐患点特征及险情评价

舞钢市地质灾害隐患点45处，其中滑坡10处、崩塌7处、不稳定斜坡21处、泥石流7处。

地质灾害隐患点分布具有明显的地域性。滑坡隐患点主要分布于尹集镇、杨庄乡、尚店镇、庙街乡等地。崩塌隐患点分布于尹集镇、杨庄乡、尚店镇、武功乡、庙街乡等地。泥石流主要分布于尹集镇、杨庄乡、尚店镇、铁山乡等地。不稳定斜坡主要分布于垭口办、尹集镇、杨庄乡、尚店镇、庙街乡、武功乡、铁山乡、城区、八台等地（见表3-8-16）。

表3-8-16　舞钢市各乡镇地质灾害隐患点发育类型一览表

| 乡镇（办） | 崩 塌 | 滑 坡 | 不稳定斜坡 | 泥石流 | 合计 |
|---|---|---|---|---|---|
| 垭口办 | | | 1 | | 1 |
| 尹集镇 | 1 | 4 | 5 | 1 | 11 |
| 杨庄乡 | 2 | 3 | 6 | 2 | 13 |
| 尚店镇 | 2 | 1 | 1 | 2 | 6 |
| 武功乡 | 1 | | 1 | | 2 |
| 庙街乡 | 1 | 2 | 1 | | 4 |
| 铁山乡 | | | 2 | 2 | 4 |
| 城区 | | | 3 | | 3 |
| 八台镇 | | | 1 | | 1 |
| 总计 | 7 | 10 | 21 | 7 | 45 |

地质灾害隐患点共威胁2 054人，潜在经济损失8 388.8万元。按照险情，大型8处，中型15处，小型22处。

## 8.6.4　地质灾害易发程度分区

舞钢市地质灾害发育程度分为地质灾害高易发区、中易发区、低易发区和非易发区（见表3-8-17）。

表3-8-17　舞钢市地质灾害易发区

| 等级 | 区（亚区）名称 | 面积（km²） | 隐患点数（处） | 威胁资产/人口（万元/人） |
|---|---|---|---|---|
| 高易发区 | 西部低山丘陵崩塌、滑坡、泥石流高易发区 | 102.66 | 19 | 2 991.2/892 |
| | 南部低山丘陵崩塌、滑坡、泥石流高易发区 | 96.65 | 21 | 4 280/1 172 |
| 中易发区 | 东南部灯台架—九头崖崩塌、滑坡、泥石流中易发区 | 65.99 | 3 | 1 017.6/512 |
| 低易发区 | 尚店镇—八台镇地质灾害低易发区 | 257.82 | 2 | 100/ |
| 非易发区 | 武功—枣林地质灾害非易发区 | 122.55 | | |

#### 8.6.4.1　地质灾害高易发区

（1）西部低山丘陵崩塌、滑坡、泥石流高易发亚区：分布于舞钢市西部低山丘陵区，涉及铁山、杨庄、寺坡、垭口等地，人类工程活动主要为采矿、修路、城乡建设等。地质灾害隐患点19处，类型有崩塌、滑坡、泥石流等。

（2）南部低山丘陵崩塌、滑坡、泥石流高易发亚区：分布于杨庄、尚店、尹集等地。地质灾害隐患点21处，类型有崩塌、滑坡、泥石流等。

#### 8.6.4.2　地质灾害中易发区

东南部灯台架—九头崖崩塌、滑坡、泥石流中易发区：分布于市境东南部，地质灾害发育类型主要为崩塌、滑坡、泥石流等，隐患点3处。

#### 8.6.4.3　地质灾害低易发区

尚店镇—八台镇地质灾害低易发区：分布于舞钢市尚店镇、杨庄乡、尹集镇、武功乡、八台镇等地，岗地地貌。具备小型崩塌、滑坡发生条件，地质灾害隐患点2处。

#### 8.6.4.4　地质灾害非易发区

分布于舞钢市武功、枣林、八台一带，冲积平原地貌，地质灾害不发育。

### 8.6.5　地质灾害重点防治区

舞钢市地质灾害重点防治区，包括2个防治亚区（见表3-8-18）。

表3-8-18　地质灾害重点防治分区

| 分区名称 | 亚区 | 代号 | 面积（km²） | 占全市面积（%） | 威胁对象 |
|---|---|---|---|---|---|
| 重点防治区 | 舞钢西部低山丘陵区崩塌、滑坡、泥石流地质灾害重点防治亚区 | A₁ | 84.29 | 13.05 | 居民、道路、耕地、建筑、矿山、景区 |
| | 舞钢东南部低山丘陵区崩塌、滑坡、泥石流地质灾害重点防治亚区 | A₂ | 65.14 | 10.09 | 居民、道路、耕地、建筑、矿山、景区 |

（1）舞钢西部地质灾害重点防治区：位于舞钢市西部低山丘陵区，面积84.29 km²，

各类地质灾害隐患点17处，包括崩塌3处、滑坡5处、泥石流2处、不稳定斜坡7处。主要防治段为S220小王庄—先人寨段。

（2）舞钢东南部地质灾害重点防治区：位于舞钢市东南部，低山丘陵地貌，面积65.14 km²，各类地质灾害隐患点17处，包括崩塌1处、滑坡6处、泥石流4处、不稳定斜坡6处。

# 8.7 平顶山市区

平顶山市区面积439.97 km²，辖4区、3镇、2乡，28个街道办事处，169个行政村，人口92.38万人。平顶山是我国的重要煤炭工业基地，现有21对生产矿井，年生产煤炭量2 341.1 万 t。随着煤炭资源的开发，市区电力工业、纺织工业也有很大的发展，平顶山市已由单一的煤城发展成为以煤电为主，钢、轻纺、化工、机械、建材和食品为辅的综合性的新兴工业城市。

## 8.7.1 地质环境背景

### 8.7.1.1 地形、地貌

区内地貌类型分为低山丘陵区、丘陵岗地区和平原区3类。低山丘陵区主要分布于石龙区、市区北部的落凫山、平顶山一带，属外方山余脉。丘陵岗地区主要分布于区内白龟山水库北岸、市区北部的部分区域，地势波状起伏，缓坡丘陵、岗地、山间凹地相间。平原区分布于市区及其南部、东南部，地势平坦，略向东倾斜。

### 8.7.1.2 气象、水文

平顶山市地处北亚热带向暖温带的过渡地带，气候具有明显的过渡特征，四季分明。年平均气温14.5～15.2℃。年平均降水量801 mm，降水年际变化大，年内分配不均，年最大降水量1 288.5 mm（1964年），年最小降水量408.2 mm（1966年），年降水量的62.5%集中在6～9月。

区内河流均属淮河流域沙颍河水系，水系发育，河网密布。主要河流有沙河、湛河、应河、泥河。水库主要有白龟山水库、外口水库、凤凰岭水库等。

### 8.7.1.3 地层与构造

地层从老到新依次有太古界太华群、中元古界蓟县系汝阳群云梦山组、上元古界震旦系罗圈组、古生界寒武系、石炭系、二叠系、新生界老第三系、新第三系及第四系等。

地质构造较为简单。主要褶皱有李口向斜、辛集背斜。主要断裂有鲁—叶正断层、北蚩—吴湾正断层、九里山逆断层、锅底山平移断层、青草岭逆断层组、阎口—余官营正断层、井营平移断层。参考《中国地震动参数区划图》，工作区地震动峰值加速度为0.05g，相当于地震基本烈度Ⅵ度。

### 8.7.1.4 水文地质

根据区内地下水赋存条件、介质孔隙的成因及水文地质特征，地下水类型分为碳酸盐岩类岩溶水、碎屑岩类孔隙裂隙水、松散岩类孔隙水。松散岩类孔隙水主要分布于山前倾斜平原及河流冲洪积平原地区；碎屑岩类孔隙裂隙水主要赋存于二叠纪地层，该地层主要出露于平顶山及石龙区的低山丘陵区，地下水赋存于中粗粒砂岩中，砂岩裂隙不发育，含承压水；碳酸盐岩出露于平顶山、石龙区的低山区，碳酸盐岩类岩溶水含水介质为中上寒武系灰岩和石炭系太原组灰岩。

### 8.7.1.5　工程地质

根据区内岩土体的力学强度划分为坚硬岩类、半坚硬岩类、松软岩类三大工程地质岩类。按各类岩、土的成因及工程地质特征可进一步细分为四个工程地质岩组，即黏土、粉土、砂、砂砾岩等多层土体，坚硬半坚硬中厚层状砂岩、页岩、黏土岩、砾岩等碎屑岩岩组，坚硬中厚层状中等岩溶化灰岩等碳酸岩岩组和坚硬块状片麻岩、页岩、石英岩状砂岩变质岩岩组。

### 8.7.1.6　人类工程活动

主要人类工程活动有矿山开采、交通线路建设等。平顶山矿区面积767 km²，总保有储量75亿t(含预测区)。区内煤质优良，煤种齐全，有焦精煤、肥精煤、1/3焦精煤、筛混煤、筛混中块煤。现有21对生产矿井，年生产能力2 341.1万t。已经形成采空区达94.83 km²，多煤组、多煤层的重复开采，使得地面多次反复沉陷，已造成塌陷区145.65 km²，塌陷区变形十分严重。

## 8.7.2　地质灾害类型及特征

### 8.7.2.1　地质灾害类型

地质灾害主要有地面塌陷、地裂缝和滑坡（不稳定斜坡），主要分布于辖区内的卫东区、新华区及石龙区。已发生地质灾害27处，其中滑坡2处、地裂缝4处、地面塌陷21处（见表3-8-19）。

表3-8-19　平顶山市区已发生地质灾害分布统计

| 区 | 滑坡 | 地裂缝 | 地面塌陷 | 合计 | 占总比例（%） |
|---|---|---|---|---|---|
| 卫东区 | 1 | 3 | 5 | 9 | 33.0 |
| 新华区 | 1 | | 7 | 8 | 30.0 |
| 石龙区 | | 1 | 9 | 10 | 37.0 |
| 合计 | 2 | 4 | 21 | 27 | 100 |

### 8.7.2.2　地质灾害特征

1. 地面塌陷

平顶山市区已经发现地面塌陷21处，其中，巨型地面塌陷6处，大型地面塌陷6处，中型地面塌陷9处，均为采煤引起的采空塌陷。卫东区、新华区及石龙区均有分布（见表3-8-20）。

表3-8-20 平顶山煤矿区主要煤矿产生的地面塌陷特征表

| 矿区名称 | 塌陷区面积（km²） | 采空区面积（km²） | 塌陷区与采空区面积之比 | 塌陷规模 | 已发生灾情（毁损）房屋（间） | 耕地（亩） | 经济损失（万元） |
|---|---|---|---|---|---|---|---|
| 一矿 | 20.2 | 13.2 | 1.53 | 巨型 | 9 000 | 7 500 | 33 600 |
| 二矿 | 5.95 | 3.54 | 1.68 | 大型 | 8 192 | 2 000 | 11 276 |
| 三矿 | 3.18 | 2.37 | 1.34 | 大型 | 7 200 | 950 | 6 680 |
| 四矿 | 11.66 | 8.57 | 1.36 | 巨型 | 3 400 | 4 200 | 18 160 |
| 五矿 | 12.69 | 8.75 | 1.45 | 巨型 | 13 000 | 3 500 | 19 200 |
| 六矿 | 14.89 | 9.51 | 1.57 | 巨型 | 14 400 | 3 800 | 20 960 |
| 七矿 | 9.18 | 6.12 | 1.5 | 大型 | 2 800 | 2 100 | 9 520 |
| 八矿 | 21.46 | 12.5 | 1.72 | 巨型 | 19 000 | 5 400 | 29 200 |
| 九矿 | 2.56 | 1.49 | 1.72 | 大型 | 6 400 | 800 | 5 760 |
| 十矿 | 14.48 | 9.83 | 1.47 | 巨型 | 4 800 | 4 800 | 21 120 |
| 十一矿 | 5.66 | 3.95 | 1.43 | 大型 | 3 800 | 2 100 | 10 320 |
| 十二矿 | 8.30 | 4.98 | 1.67 | 大型 | 14 000 | 3 300 | 13 760 |
| 韩梁煤田（石龙区） | 15.44 | 10.02 | 1.54 | 巨型 | 4 572 | 1 340 | 4 217 |
| 合计 | 145.65 | 94.83 | | | 110 564 | 41 790 | 203 773 |

**2. 地裂缝**

地裂缝4处。其中，石龙区青草岭地裂缝为巨型，北山油库和落凫山电视塔地裂缝为中型，金牛山风景区地裂缝为小型。空间分布上，区内地裂缝集中分布于塌陷区边缘，为采空塌陷之伴生地裂缝。

青草岭地裂缝位于石龙区西部，北端（俗称"大口子"）与宝丰县境内的娘娘山相连，南端与鲁山县境内燕子岭相连。已经形成宽度85～170 m的裂缝带，长度约4 500 m，裂缝带面积为0.35 km²，且裂缝带仍有加剧之势。

**3. 滑坡**

滑坡2处，规模均为中型。滑坡岩性主要为第四系残坡积碎石土及冲洪积亚黏土、亚砂土。滑坡平面形态以圈椅形、舌形、矩形为主，剖面形态多为直线形及台阶形。如卫东区寺沟滑坡为一近年新出现滑坡迹象的灾害体，始发现于1998年7月，坡体上出现了数条裂缝。该滑坡现正处于动态极限平衡状态。该滑坡体长约180 m，宽120 m，厚13～15 m，滑动体主要由第四系冲洪积及坡积物构成，坡度40°，坡向204°。滑坡体上马刀状树随处可见，滑坡体后缘已出现5条弧形裂缝，裂缝宽度一般在40～50 cm，最宽处达260 cm，可测到的最大深度为100 cm，一般深度为30～60 cm。

## 8.7.3 地质灾害灾情

根据调查统计，已发生地质灾害27处，以地面塌陷为主，灾害共造成经济损失

204 767 万元。

按灾情划分：特大型14处，中型11处，小型1处。按灾害类型划分，地面塌陷21处，受损居民住户共27 835户，人口共98 169人，住宅受损建筑面积224.11万 $m^2$，共造成经济损失203 773万元。地裂缝4处，共造成经济损失856万元。滑坡2处，造成8人死亡，直接经济损失138万元。

### 8.7.4 地质灾害隐患点特征及险情评价

#### 8.7.4.1 地质灾害隐患点分布特征

平顶山市区地质灾害隐患点共计39处（见表3-8-21），其中地面塌陷21处，地裂缝4处，不稳定斜坡11处，滑坡2处，潜在崩塌1处。

表3-8-21 地质灾害隐患点分布情况统计

| 区 | 地质灾害隐患点类型 | | | | | 合计（处） | 占总比例（%） |
|---|---|---|---|---|---|---|---|
| | 滑坡 | 崩塌 | 不稳定斜坡 | 地面塌陷 | 地裂缝 | | |
| 卫东区 | 1 | | 7 | 5 | 3 | 16 | 41 |
| 新华区 | 1 | 1 | 4 | 7 | | 13 | 33 |
| 石龙区 | | | | 9 | 1 | 10 | 26 |
| 占总比例（%） | 5.1 | 2.6 | 28.2 | 53.8 | 10.3 | | 100 |

按规模划分，以特大型为主（特大型19处、大型5处、中型9处、小型6处），危害严重。地面塌陷是最为发育的地质灾害类型，主要分布在卫东区、新华区和石龙区等煤矿开采区，属采空塌陷，并伴生有地裂缝。

#### 8.7.4.2 地质灾害隐患点险情评价

地质灾害隐患点共威胁到46 578人，预测经济损失106 317万元。按危害程度分级，特大型19处，大型5处，中型9处，小型6处。

### 8.7.5 地质灾害易发程度分区

地质灾害易发程度分为高易发区、中易发区、低易发区和非易发区4类（见图3-8-11、表3-8-22）。

#### 8.7.5.1 地质灾害高易发区

（1）市区北部矿区采矿塌陷、地裂缝高易发亚区：地处平顶山市区北部低山丘陵区，面积71.9 $km^2$。分布有平煤集团一矿、二矿等10余个大型矿山，为平煤集团主要采煤区，因采煤造成地面塌陷灾害，已发生地质灾害点16处，存在隐患25处。

（2）石龙区采矿塌陷、地裂缝高易发亚区：该区覆盖石龙区全境，面积37.9 $km^2$。区内有大庄矿和高庄矿两个主要矿井，因采煤造成的地面塌陷地质灾害是该区的主要地质灾害类型。区内地质灾害点10处，存在隐患10处。

#### 8.7.5.2 地质灾害中易发区

该区地处平顶山市区东北部及东部，面积59.9 $km^2$。平煤集团八矿、十矿、十二矿的煤矿开采造成本区内的地裂缝、不稳定斜坡等地质灾害及隐患。

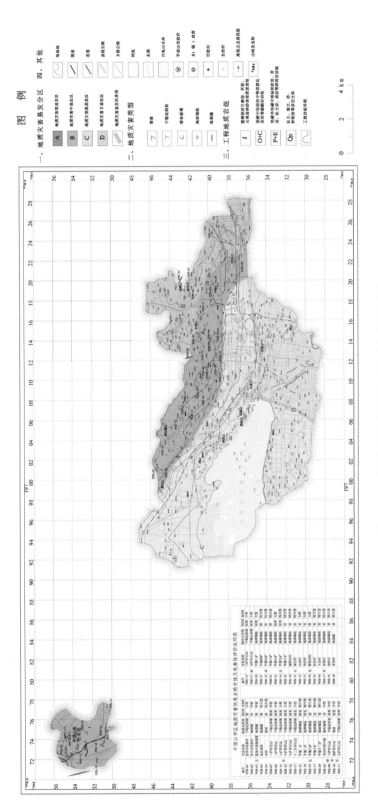

图3-8-11　平顶山市区地质灾害分布与易发区图

表3-8-22　平顶山市区地质灾害易发区

| 等级 | 代号 | 区（亚区）名称 | 亚区代号 | 面积（km²） | 占全市面积（%） | 隐患点数 | 威胁人数 | 经济损失（万元） |
|---|---|---|---|---|---|---|---|---|
| 高易发区 | A | 市区北部矿区采矿塌陷、地裂缝高易发亚区 | A₄₋₁ | 71.9 | 16.344 | 25 | 29 192 | 87 698 |
| | | 石龙区采矿塌陷、地裂缝高易发亚区 | A₄₋₂ | 37.9 | 8.612 | 10 | 17 330 | 18 470 |
| | | 合计 | | 109.8 | 24.96 | 35 | 46 522 | 106 168 |
| 中易发区 | B | 市区东北部、东部不稳定斜坡中易发区 | B | 59.9 | 13.61 | 4 | 56 | 149 |
| 低易发区 | C | 市区西部地质灾害低易发区 | C | 210.61 | 47.87 | | | |
| 非易发区 | D | 市区南部地质灾害非易发区 | D | 59.64 | 13.56 | | | |
| 总计 | | | | 439.97 | | 39 | 46 578 | 106 317 |

#### 8.7.5.3　地质灾害低易发区

该区位于市区西部，面积210.61 km²。该区为丘陵岗地地貌，地势起伏相对较小，发生崩滑灾害的危险性小。

#### 8.7.5.4　地质灾害非易发区

该区位于市区南部，白龟山水库以东，面积59.64 km²。该区属冲洪积平原地貌，地势平坦，地质灾害不发育。

### 8.7.6　地质灾害重点防治区

平顶山市区地质灾害防治划分为重点防治区、一般防治区（见表3-8-23、图3-8-12）。重点防治区包括市区北部、石龙区两个亚区，总面积175.75 km²。

表3-8-23　平顶山市区地质灾害防治规划分区表

| 区名 | 亚区名称 | 面积（km²） | 隐患点数 | 威胁人数 | 地质灾害类型 | 致灾因素 | 防治措施 |
|---|---|---|---|---|---|---|---|
| 重点防治区 | 市区北部重点防治亚区 | 137.85 | 29 | 29 248 | 地面塌陷、不稳定斜坡、地裂缝、滑坡 | 地下采空、顶板冒落 | 避让、房屋加固、裂缝填埋、塌陷坑稳定后复垦 |
| | 石龙区重点防治亚区 | 37.9 | 10 | 17 330 | 地面塌陷、地裂缝 | | |
| 一般防治区 | 市区西部、南部地区 | 264.22 | | | | | |

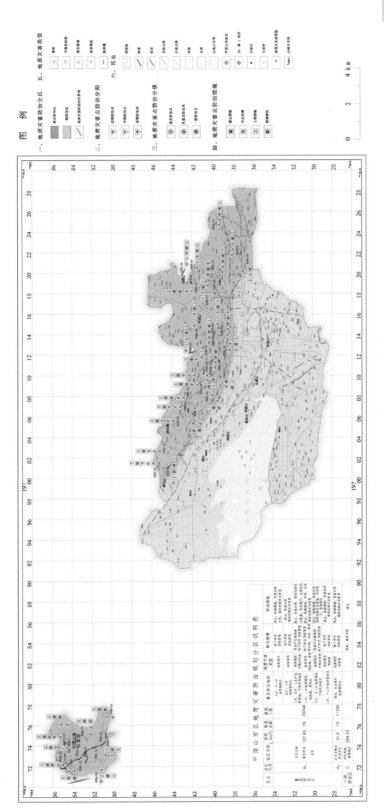

图3-8-12 平顶山市区地质灾害防治规划图

（1）市区北部重点防治亚区：地处平顶山市区北部，为平煤集团主要采煤区，形成大规模的地下采空区和地面塌陷区。主要防治地段有九矿、十一矿地面塌陷区，五矿、六矿地面塌陷区，三矿、四矿、七星矿地面塌陷、不稳定斜坡区，一矿、二矿地面塌陷、地裂缝、滑坡区，十矿、十二矿地面塌陷、不稳定斜坡区，八矿地面塌陷区。

（2）石龙区重点防治亚区：石龙区属浅山丘陵区，该区煤矿开采活动十分强烈，有大庄矿和高庄矿两个主要矿井，因采煤造成的地面塌陷和地裂缝是该区的主要地质灾害类型。

# 第9章 许昌市

## 概 述

许昌市位于河南省中部，辖许昌县、鄢陵县、襄城县、禹州市、长葛市和魏都区，总面积4 996 km²，总人口447万。西部为低山、丘陵，东部为淮海平原西缘，地势西北高、东南低，自西北向东南缓慢倾斜。

许昌市地质灾害类型有崩塌、滑坡及地面塌陷等。崩塌主要分布于长葛市、禹州市低山丘陵区；滑坡主要分布于禹州市西、北部山区；地面塌陷均为采空地面塌陷，主要分布于禹州西北部古城—浅井—苌庄区，西部方山—鸠山区，东南部文殊—磨街区，南部神垕—鸿畅—梁北等矿山开采区。此外，许昌市城区曾发生地面沉降，据1958~1985年城建部门观测资料，1958~1985年累计沉降量30.2~188 mm，年均沉降量2.79~20.9 mm，沉降量大于150 mm的面积为3.31 km²，沉降量100~150 mm的面积为8.96 km²，沉降量50~100 mm的面积为54 km²，分别占城区面积的3.76%、10.18%和61.14%。1989年，又对1985年布设的高程点进行了复测，测得最大沉降值为82 mm，年均地面沉降量为20.5 mm。最大沉降量达277 mm，沉降面积达54 km²。

根据地质灾害发育程度，西部、北部低山丘陵区为滑坡、崩塌、采空地面塌陷的高易发区。据不完全统计，全市共发生地质灾害116起，死伤多人，毁房9 514间，毁田13 092亩，毁路650 m，道路120 m，直接经济损失9 013.9万元。现有各类地质灾害隐患点63个。其中，滑坡16处，崩塌17处，地面塌陷28处，不稳定斜坡2处。

# 9.1 禹州市

禹州市位于河南省中部，总面积1 467.2 km²，辖22个乡镇、4个街道办事处，654个行政村，2 042个自然村，总人口114万人。耕地面积118万亩，主要粮食及经济作物有小麦、玉米、红薯、大豆及烟叶、花生等。主要开采利用的矿种有煤、铁、铝、黏土、灰岩、耐火材料等。

## 9.1.1 地质环境背景

### 9.1.1.1 地形、地貌

禹州市位于嵩箕山系的南部，西、北、南三面环山，总体地势西高东低，西部、北部为山地丘陵，城区周围为岗地、平原区。最高处为大洪寨，海拔1 150.5 m。按地貌形态、成因类型，市域地貌可划分为低山区、丘陵区、岗地、平原区4种类型。

#### 9.1.1.2 气象、水文

禹州市属暖温带大陆性气候，半湿润地区，多年平均气温14.4 ℃，多年平均降水量680.3 mm，年最大降水量1 107.00 mm（2000年），日最大降水量158.00 mm（2000年7月7日），时最大降水量82.10 mm（1995年8月29日5时）。降水时间分布不均，多年月平均降水量以6～9月最高，占全年降水总量的69%。

禹州市属淮河流域，主要河流为颍河及其支流涌泉河、潘家河、小泥河等，北汝河支流有肖河、兰河、青龙河、吕梁江等。水利工程有纸房水库、金盆水库、牛头山水库、龙尾水库、郑湾水库等。

#### 9.1.1.3 地层与构造

出露地层主要有下元古界嵩山群，中元古界五佛山群，下古生界寒武系、奥陶系，上古生界石炭系、二叠系，中生界三叠系及新生界第三系、第四系等。

以断裂构造为主，褶皱构造不甚发育。主要构造有近东西向景家庄断裂、鸠山断裂，北西向白坡头—大坡断裂、张家庄—枣树坪断裂。根据《中国地震动参数区划图》，禹州市地震基本烈度为Ⅵ～Ⅶ度。

#### 9.1.1.4 水文地质、工程地质

地下水可划分为松散岩类孔隙水岩、碎屑岩类孔隙裂隙水、碳酸盐类裂隙岩溶水、变质岩类裂隙岩溶水等4种类型。

按地貌、地层岩性、岩土体坚硬程度及结构特点，禹州市岩土体工程地质类型分为松散土体类、半坚硬岩类、坚硬岩类3类。其中，松散土体类主要分布于平原、岗地、丘陵地带，半坚硬岩类主要分布于低山、丘陵区，坚硬岩类广泛分布于西、北部低山—丘陵区。

#### 9.1.1.5 人类工程活动

人类工程活动主要有矿山开采、交通建设等。矿业开采是禹州市最主要的人类工程活动，矿山开采造成了大量地质环境问题，重点表现为煤矿采空区塌陷，给人民的生命和财产造成巨大损失。修筑公路时开挖斜坡形成人工切坡，使斜坡变高变陡，造成斜坡不稳，从而诱发滑坡、崩塌。

### 9.1.2 地质灾害类型及特征

#### 9.1.2.1 地质灾害类型

禹州市地质灾害类型有崩塌、滑坡、不稳定斜坡、地面塌陷、河流塌岸等。调查发现已发生地质灾害点110个（见表3-9-1）。其中，滑坡15个、崩塌1个、地面塌陷93个、河流塌岸1个。地面塌陷均为矿山采空区塌陷，为禹州市最主要的地质灾害。

#### 9.1.2.2 地质灾害特征

禹州市地质灾害主要分布于该市西部低山、丘陵区的方山、鸠山、磨街、神垕、鸿畅、文殊、方岗、梁北等乡镇以及北部岗地，平原区的芣庄、浅井及平原区古城、朱阁等地。

1. 地面塌陷

禹州市地面塌陷均为矿山采空区塌陷，是禹州市重要地质灾害，其控制因素为人类矿业开采活动。地面塌陷形态多样，有长条形、圆形、椭圆形、三角形、方形、不规则状等，以不规则长条形或椭圆形为主，陷区长轴方向随地层的走向而变化。规模大小不

表3-9-1 禹州市地质灾害类型及数量分布统计

| 地质灾害类型 | | | 数量（个） | 占总数比例（%） |
|---|---|---|---|---|
| 已发生 | 崩塌 | 崩塌 | 1 | <1 |
| | 滑坡 | 岩质滑坡 | 2 | 13.3 |
| | | 土质滑坡 | 13 | |
| | 地面塌陷 | | 93 | 82.3 |
| | 河流塌岸 | | 1 | <1 |
| 潜在 | 不稳定斜坡 | | 2 | <1.8 |
| | 危岩体 | | 1 | <1 |

等，最大的陷区长2 500 m，宽1 200 m；最小的陷区长70 m，宽50 m。陷区内由一个或若干个陷坑组成，有的陷区陷坑多达上百个，陷坑一般呈圆形、矩形、方形等，剖面上呈碟状或锅状，大小不等，一般直径在50～100 m，陷坑深一般3～10 m，最深达23 m，陷坑呈群集式或单坑出现。

2. 滑坡

滑坡以土质为主，少数发生在嵩山群罗汉洞组的绢云石英片岩之上，属岩质与土质混合体。滑坡体形态特征较为明显，形态完整，呈舌状、长条形、不规则状、扇状等，以舌状或不规则长条状为主，剖面上呈阶梯状，边界轮廓清晰，滑坡后壁具有明显的圈椅形态，后壁清晰，滑坡体上具有密集的拉张裂缝、马刀树、次级小滑坡，拉张裂缝垂直于坡体，次级滑坡与滑坡体性质、运动方向相同，滑坡体位移特征明显，前缘呈半圆形凸丘。由于后期人为破坏，滑床、滑带已不明显。规模大小不等，最大的滑坡体长490 m，宽250 m，最小的长50 m，宽20 m，最大厚度40 m，滑坡体下滑1.5～20 m。滑坡体大部分单体出现。

3. 崩塌

山体崩塌仅有1处，位于禹州市—磨街公路大涧段，其形成条件主要为修路切坡造成，由采空区地面塌陷诱发。崩塌体属岩质，形态为不规则矩形，坡体近直立，上部由坚硬长石石英岩组成，下部为灰黄色泥岩，上硬下软，是一个典型的软基座崩塌，崩塌体为堕落震动式塌落。

4. 河流塌岸

河流塌岸1处，位于鸠山乡李庄村南，为一季节性河流，由于汛期河道阻塞，水流侧向冲刷引发河岸崩塌。由第四系冲洪积物及二叠系粉砂岩组成，属岩质与土质混合体。平面形态呈月牙形，剖面呈弧形。规模不大，崩塌体长20 m，宽8 m，高3 m，崩塌体积约480 $m^3$。

## 9.1.3 地质灾害灾情

禹州市已发生地质灾害110处，灾情重大级3处、较大级40处、一般级30处。因灾死亡32人，损毁房屋9 514间，土地13 092亩，公路770 m，直接经济损失9 000.3万元。

## 9.1.4 地质灾害隐患点特征及险情评价

禹州市是河南省重要的煤炭产地之一，分布有10个井田，大小煤矿455个，集中分布在北部古城—浅井—苌庄区，西部方山—鸠山区，东南部文殊—磨街区，南部神垕—鸿畅—梁北区。地面塌陷隐患分布范围广。

全市有92处地质灾害隐患点，其中，地面塌陷71处，滑坡15处，崩塌2处，不稳定斜坡4处。险情特大型3处、大型40处、中型38处、小型9处。

## 9.1.5 地质灾害易发程度分区

全市地质灾害易发程度分为高易发区、中易发区、低易发区和非易发区4个区（见表3-9-2、图3-9-1）。

**表3-9-2　禹州市地质灾害易发区**

| 等级 | 亚区 | 面积（km²） |
|---|---|---|
| 高易发区 | 苌庄—古城地面塌陷高易发亚区 | 44.50 |
| | 方山—鸠山地面塌陷、滑坡高易发亚区 | 32.93 |
| | 文殊—磨街地面塌陷、滑坡高易发亚区 | 46.34 |
| | 神垕—梁北地面塌陷高易发亚区 | 58.97 |
| 中易发区 | 苌庄—浅井滑坡中易发亚区 | 21.99 |
| | 方山老龙窝—鸠山磨山滑坡、地面塌陷中易发亚区 | 28.44 |
| | 文殊—神垕地面塌陷中易发亚区 | 36.63 |
| | 鸿畅—梁北岗地面塌陷中易发亚区 | 30.19 |
| 低易发区 | 西部、北部低山丘陵地质灾害低易发区 | 451.09 |
| 非易发区 | 颖河两岸岗地平原地质灾害非易发区 | 716.12 |

### 9.1.5.1 地质灾害高易发区

（1）苌庄—古城地面塌陷高易发亚区：位于禹州市北部苌庄—浅井—古城一带，面积44.50 km²。人类工程活动强烈，易产生地面塌陷。地质灾害隐患点10处。

（2）方山—鸠山地面塌陷、滑坡高易发亚区：位于禹州市西部，分布于方山镇太平寨、方山、鸠山唐庄、官庄一带，面积32.93 km²。人类工程活动极为强烈，开采点多，且开采历史悠久，留下的采空区多，易发生地面塌陷。地质灾害隐患点24处，其中地面塌陷19处、滑坡5处。

（3）文殊—磨街地面塌陷、滑坡高易发亚区：位于禹州市西部文殊镇陈岗经大涧—磨街一带，面积46.34 km²。人类工程活动强烈，采空区多。地质灾害隐患点24处，其中地面塌陷21处、滑坡2处、崩塌1处。

（4）神垕—梁北地面塌陷高易发亚区：位于禹州市西南部神垕镇于沟、神垕、鸿畅、峰山一带，面积58.97 km²。人类工程活动强烈，塌陷严重。地质灾害隐患点18处，

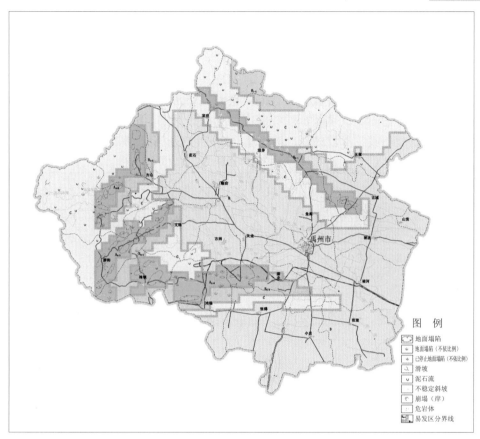

图3-9-1　禹州市地质灾害易发区图

全部为地面塌陷。

### 9.1.5.2　地质灾害中易发区

（1）苌庄—浅井滑坡中易发亚区：位于禹州市北部苌庄乡九里山村—浅井书堂一带，面积21.99 km²。地质灾害隐患4处。

（2）方山老龙窝—鸠山磨山滑坡、地面塌陷中易发亚区：位于禹州市西部白沙水库、庄沟老龙窝、方山、鸠山磨山一带，面积28.44 km²。滑坡灾害隐患3处。

（3）文殊—神垕地面塌陷中易发亚区：位于禹州市的西部文殊陈岗、云盖山、垕镇槐树湾一带，面积36.63 km²。

（4）鸿畅—梁北岗地塌陷中易发亚区：位于禹州市西南玉皇山、三峰山一带，分布面积30.19 km²。

### 9.1.5.3　地质灾害低易发区

该区分布于西部、北部低山丘陵区和岗地平原区，分布面积451.09 km²。

### 9.1.5.4　地质灾害非易发区

本区位于禹州市城区周围及颍河两岸，分布于花石、顺店、火龙、朱阁、山货、郭莲、褚河、小吕、范坡、张得等地，面积716.12 km²，地貌类型属于平原，地势平坦，地质灾害不发育。

## 9.1.6 地质灾害重点防治区

禹州市地质灾害重点防治区面积108.41 km²，占市域面积的7.4%，细分为6个重点防治亚区（见表3-9-3、图3-9-2）。包括北部苌庄—浅井—古城、方山—鸠山、文殊—磨街、神垕—梁北，该区是矿业主采区，同时也是人口密度较高地区，重要交通如永登高速、郑尧高速均经过本区，主要地质灾害类型为地面塌陷、滑坡及不稳定斜坡等。有地质灾害隐患点46处，其中滑坡15处、地面塌陷29处、不稳定斜坡2处。

表3-9-3　地质灾害重点防治分区

| 分区名称 | 亚区 | 代号 | 面积（km²） | 占全市面积（%） | 威胁对象 |
|---|---|---|---|---|---|
| 重点防治区 | 磊磊石滑坡为主亚区 | $I_1$ | 20.02 | 1.37 | 学校、居民 |
| | 苌庄地面塌陷为主亚区 | $I_2$ | 4.36 | 0.3 | 居民、耕地、建筑 |
| | 方山地面塌陷为主亚区 | $I_3$ | 8.58 | 0.6 | 居民、耕地、建筑 |
| | 鸠山滑坡、地面塌陷为主亚区 | $I_4$ | 11.74 | 0.8 | 居民、耕地、建筑 |
| | 磨街地面塌陷、滑坡为主亚区 | $I_5$ | 32.01 | 2.18 | 居民、道路、耕地、建筑 |
| | 鸿畅地面塌陷、滑坡为主亚区 | $I_6$ | 31.70 | 2.16 | 居民、耕地、建筑 |

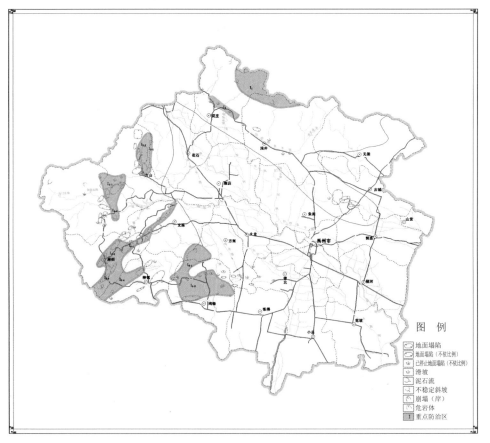

图3-9-2　禹州市重点防治区划图

# 9.2 长葛市

长葛市辖12个乡镇、4个街道办事处，365个行政村，面积648.6 km²，人口69.7万人。耕地面积4.38万hm²，主要粮食及经济作物有小麦、玉米、花生、大豆、棉花、烟草等。主要开采利用的矿种有磁铁矿和石英砂岩。

## 9.2.1 地质环境背景

### 9.2.1.1 地形、地貌

长葛市地处豫西山区向豫东平原的过渡地带，总体地势西北高、东南低，呈缓倾斜状。最高处为陉山海拔329.7 m。地貌类型主要为丘陵、古黄河冲积扇和冲积平原。

### 9.2.1.2 气象、水文

长葛市属暖温带大陆性季风气候区，多年平均气温14.3 ℃，多年平均降水量687.7 mm，历年月最大降水量469.2 mm（2000年7月），历年日最大降水量335.9 mm（2006年7月2日），历年时最大降水量78.0 mm（2006年7月2日07：09～08：09）。降水集中在7～8月，其降水量占全年降水量的44%。

长葛市属淮河流域颍河水系，主要河流还有双泊河、清潩河、石梁河、汶河等。其中双泊河为常年性河流，其余多数河流为季节性河道。

### 9.2.1.3 地层与构造

出露地层主要有中元古界马鞍山组，新生界下更新统、中更新统、上更新统及全新统。

构造以断裂为主，褶皱不甚发育。主要有佛耳岗断层和董村断层，均为北东向隐伏断层。根据《中国地震动参数区划图》，长葛市地震基本烈度为Ⅶ度。

### 9.2.1.4 水文地质

长葛市地下水类型分为基岩裂隙水、松散岩类孔隙水。地下水主要接受大气降水补给，地下水径流方向总体为自西向东，径流较缓慢，排泄方式有出市境向东南方向排泄的自然排泄和开采地下水两种，水文地质条件属简单型。

### 9.2.1.5 工程地质

按地貌、地层岩性、岩土体坚硬程度及结构特点，长葛市岩土体工程地质类型分为坚硬厚层状石英砂岩岩组和多层结构黏性土土体。坚硬厚层状石英砂岩岩组分布在后河镇西北部丘陵区，多层结构黏性土土体分布于除西北部丘陵区外的广大地区。

### 9.2.1.6 人类工程活动

人类工程活动主要有矿山开发、城乡建设及农业种植等。西北部陉山出露的变质石英砂岩（本地俗称红石）可作为建筑材料和石料应用。矿业开发仍以开采铁路道渣用石英砂岩为主。许昌铁矿位于石固镇桥庄、花杨、岗河、谷马一带。地下开采铁矿可能引发地面塌陷、地裂缝等地质灾害。

### 9.2.2 地质灾害类型及特征

#### 9.2.2.1 地质灾害类型

长葛市已发生地质灾害类型有滑坡、崩塌，共6处。其中，滑坡2处、崩塌4处（见表3-9-4）。长葛市地质灾害危害较轻，灾情均为小型，未造成人员伤亡，受损耕地8亩，房18间，公路40 m。

表3-9-4　长葛市地质灾害类型及数量分布统计

| 乡镇 | 地质灾害类型 | | 合计 | 占总数（%） |
|---|---|---|---|---|
| | 滑坡 | 崩塌 | | |
| 后河镇 | 2 | 4 | 6 | 100 |
| 占总比例（%） | 33.3 | 66.7 | 100 | |

#### 9.2.2.2 地质灾害特征

长葛市地质灾害分布在西北部后河镇陉山一带，包括陉山石英砂岩采石场，以石英砂岩开采引起的崩塌最为严重。诱发因素多为矿山开采、修路、暴雨冲蚀等。

1. 滑坡

滑坡2处，均为土质滑坡，1处位于后河针陉山行政村郑家门自然村，另1处位于后河镇榆林行政村郭家门自然村。规模和危害均为小型。

2. 崩塌

崩塌4处，2处为土质崩塌，2处为岩质崩塌。主要分布于后河镇西北部丘陵区。其中岩质崩塌位于后河镇陉山采石场内，主要是因为采石后形成的高陡采面，岩体破碎松散，倾角一般大于55°，部分近直立。土质崩塌因居民建房时切坡所致，威胁居民房屋安全。

### 9.2.3 地质灾害隐患点特征及险情评价

长葛市现有14处地质灾害隐患点，主要分布在后河镇、坡胡镇、增福庙乡、老城镇等4个乡镇（见表3-9-5）。

表3-9-5　长葛市地质灾害隐患点分布情况统计

| 乡镇 | 地质灾害隐患点类型 | | | 占总比例（%） | 说明 |
|---|---|---|---|---|---|
| | 潜在滑坡 | 潜在崩塌 | 合计 | | |
| 后河镇 | 1 | 6 | 7 | 50.0 | |
| 坡胡镇 | | 1 | 1 | 7.1 | 河流塌岸隐患点 |
| 增福庙乡 | | 2 | 2 | 14.3 | 河流塌岸隐患点 |
| 老城镇 | | 4 | 4 | 28.6 | 河流塌岸隐患点 |
| 合计 | 1 | 13 | 14 | 100 | |
| 占总比例（%） | 7.1 | 92.9 | 100 | | |

后河镇地质灾害隐患点数量最多，为7处，其中潜在崩塌6处，潜在滑坡1处，地质灾害隐患点占总数的50.0%。其次为老城镇，共有潜在崩塌4处。

危害程度（险情）级别，1处为中型，其余均为小型。

## 9.2.4 地质灾害易发程度分区

长葛市地质灾害易发程度分为中易发区、低易发区和非易发区3个区（见表3-9-6、图3-9-3）。

表3-9-6 长葛市地质灾害易发区

| 等级 | 区代号 | 亚区 | 面积（km²） |
|---|---|---|---|
| 中易发区 | B | 后河镇西北部（丘陵滑坡、崩塌）中易发亚区（$B_1$） | 6.94 |
| | | 石固镇（许继集团有限公司许昌铁矿）地面塌陷中易发亚区（$B_2$） | 10.04 |
| 低易发区 | C | 后河镇东南部—坡胡镇西部河流塌岸(潜在崩塌)低易发亚区（$C_1$） | 35.14 |
| | | 清潩河河涯刘庄段河流塌岸(潜在崩塌)低易发亚区（$C_2$） | 3.79 |
| | | 金鱼河打绳赵—马庄段河流塌岸(潜在崩塌)低易发亚区（$C_3$） | 8.42 |
| 非易发区 | D | | 584.27 |

#### 9.2.4.1 地质灾害中易发区

（1）后河镇西北部中易发亚区：位于后河镇西北部，包括陉山村、榆林村、西樊楼等行政村，总面积6.94 km²。该区地貌类型为丘陵，主要地质灾害类型为滑坡、崩塌。地质灾害隐患点6 处，其中潜在滑坡1 处、潜在崩塌5 处；险情分级1 处中型、5 处小型。

（2）石固镇地面塌陷中易发亚区：位于石固镇南部桥庄、花杨、岗河、谷马一带，面积10.04 km²。地貌类型为冲积平原。由于该区将开采铁矿，可能会引发地面塌陷等地质灾害。

#### 9.2.4.2 地质灾害低易发区

（1）后河镇东南部—坡胡镇西部河流塌岸低易发亚区：分布于后河镇东南部和坡胡镇的西部，面积35.14 km²，地貌类型为冲积平原。共有地质灾害隐患点2 处，均为潜在崩塌（河流塌岸）。

（2）清潩河河涯刘庄段河流塌岸低易发亚区：分布于增福庙乡西部的河涯刘庄村一带，面积3.79 km²，冲积平原地貌。清潩河堤坝较低，可能会在洪水期发生河流塌岸（潜在崩塌）。

（3）金鱼河打绳赵—马庄段河流塌岸低易发亚区：位于老城镇打绳赵、马庄村一带，面积8.42 km²，冲积平原地貌。双泊河支流金鱼河河道狭窄，多为陡直松散土质边岸，雨季易发生河流塌岸（潜在崩塌）。

#### 9.2.4.3 地质灾害非易发区

除上述地区外的其余地区为非易发区，面积584.27 km²，地貌为冲积平原、古黄河冲积扇，地势平坦。

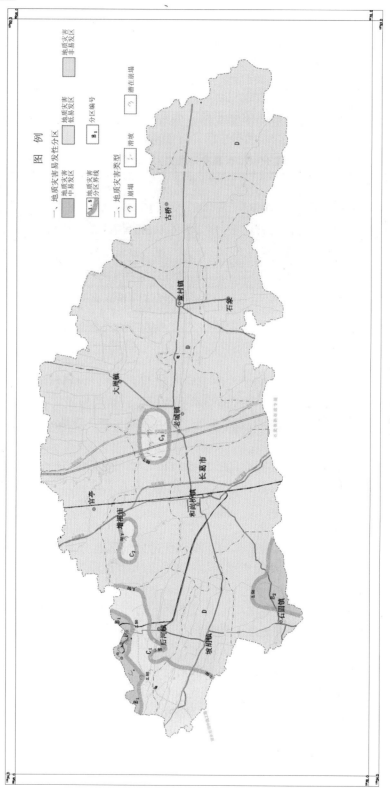

图3-9-3　长葛市地质灾害易发区图

### 9.2.5 地质灾害重点防治区

长葛市重点防治区面积41.37 km$^2$，占全市总面积的6.4%，细分为3个重点防治亚区（见表3-9-7、图3-9-4）。

**表3-9-7 长葛市地质灾害重点防治分区**

| 区及代号 | 亚区及代号 | 面积（km$^2$） | 重点防治隐患点数（处） | 受威胁 | |
|---|---|---|---|---|---|
| | | | | 人数 | 财产（万元） |
| 重点防治区（A） | 后河镇西北部、坡胡镇西部崩塌滑坡重点防治亚区（A$_1$） | 22.92 | 8 | 50 | 32.4 |
| | 老城镇打绳赵—马庄河流塌岸重点防治亚区（A$_2$） | 8.41 | 4 | | 8.3 |
| | 石固镇（许继集团有限公司许昌铁矿）地面塌陷重点防治亚区（A$_3$） | 10.04 | | | |
| 合计 | | 41.37 | 12 | 50 | 40.7 |

（1）后河镇西北部、坡胡镇西部崩塌滑坡重点防治亚区：分布于后河镇的西北部和坡胡镇的西部，面积22.92 km$^2$。区内人类工程活动较强烈，矿业开采活动较发达。开山修路，切坡建房，导致斜坡失稳，造成滑坡、崩塌。有地质灾害隐患点8处。重点防治地段陉山—榆林村。对南水北调中线工程应加强监测工作，积极预防地质灾害的发生。

（2）老城镇打绳赵—马庄河流塌岸重点防治亚区：分布于老城镇北部，面积8.41 km$^2$。金鱼河打绳赵—马庄段易在雨季发生河流塌岸，地质灾害隐患点4处，均为潜在崩塌（河流塌岸）。

（3）石固镇地面塌陷重点防治亚区：主要分布于石固镇南部的桥庄、花杨、岗河、谷马一带，面积10.04 km$^2$。正在进行地下开采铁矿的工程活动，可能会引发地面塌陷等地质灾害。

# 9.3 襄城县

襄城县县域面积897 km$^2$，辖6镇、10乡、434个行政村，人口81万人。经济以农业为主，工业为辅。现有耕地94万亩，粮食作物有小麦、玉米、红薯等10余种，经济作物有烟叶、棉花、芝麻等20多种。襄城县属国家烤烟重点产区，烟叶种植历史悠久，素有"金襄"之称。已发现矿产16种，以煤为主，利用程度最高，其资源储量200 254万t，保有资源储量231 937.6万t。另外，还有水泥用泥灰岩、水泥黏土、砖瓦黏土等8个矿种、40处矿产地被不同程度开发利用。

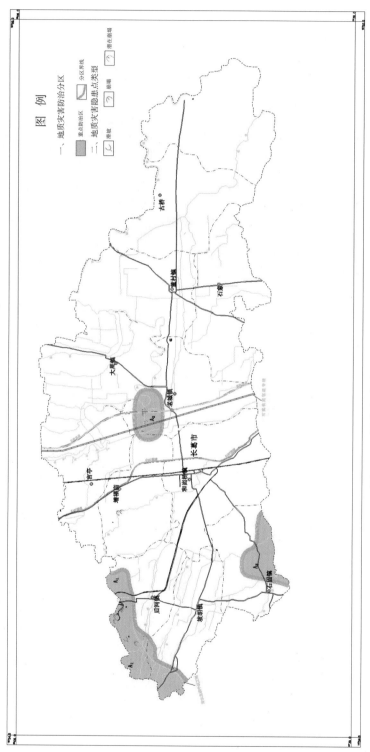

图3-9-4 长葛市地质灾害重点防治区划图

### 9.3.1 地质环境背景

#### 9.3.1.1 地形、地貌

襄城县地势西高东低，以县境西南部紫云山马棚峰最高，海拔462.7 m，东部平原区最低处海拔64 m。根据成因、形态的不同，将本区地貌划分为丘陵和冲洪积平原2大类型。丘陵区主要分布在紫云镇、山头店乡、湛北乡3个乡镇。

#### 9.3.1.2 气象、水文

襄城县属暖温带大陆性季风气候，多年平均气温14.5～15.2 ℃，多年平均降水量745.8 mm。从空间上看，降水量地域分布不均，由南向北渐次减少。从时间上看，降水年际变化大，年内分配不均，多集中在7、8、9月间，占全年降水量的62.5%。年最大降水量1 323.6 mm（1994年），年最小降水量373.9 mm（1996年）。

襄城县属淮河流域，境内有大小河流16条。南部为沙汝河水系，东北部属颍河水系。北汝河、颍河为两条主干河流，自县西部、西北部入境，流经11个乡镇。

#### 9.3.1.3 地层与构造

出露地层主要有第四系、二叠系。较大断裂为襄—郏断层和后商断层，为隐伏断层。襄城县发生过多次地震，但震级均不高。根据《中国地震动参数区划图》，调查区地震峰值加速度为0.05$g$，基本烈度为Ⅵ度。

#### 9.3.1.4 水文地质

根据地下水赋存条件、水理性质和水力特征，区内地下水可划分为碎屑岩类裂隙水、松散岩类孔隙水两种类型。碎屑岩类裂隙水主要分布于西南部山区的二叠系地层中，松散岩类孔隙水广泛分布于山前倾斜平原和河流冲积洪积平原地区，分为浅层和中深层两个含水层。

#### 9.3.1.5 工程地质岩组

按地貌、地层岩性、岩土体坚硬程度及结构特点，将区内岩土体工程地质类型分为如下两个工程地质岩组：黏性土多层土体分布于除西南部丘陵区以外的广大地区，由粉质黏土、粉土、泥质粉砂等多层结构土体组成；坚硬厚层状石英砂岩岩组分布在西南部丘陵区，由中粗粒、细至中粒长石石英砂岩、粉砂岩、页岩组成。

#### 9.3.1.6 人类工程活动

人类工程活动以矿山开采为主。襄城县矿产资源丰富，已发现和查明的矿产资源有16种，其中煤、水泥用泥灰岩、水泥黏土、砖瓦黏土、建筑用砂、建筑用砂岩等9个矿种、40处矿产地被不同程度开发利用。主要煤矿矿井有八矿和十三矿，煤炭开采造成大面积地面塌陷。

### 9.3.2 地质灾害类型及特征

#### 9.3.2.1 地质灾害类型

襄城县地质灾害类型有地面塌陷、崩塌、滑坡3类共16处。其中，地面塌陷9处，崩塌6处，滑坡1处。地质灾害主要分布在湛北乡、十里铺乡、紫云镇3个乡镇的14个行政村内，其中湛北乡5处、十里铺乡5处、紫云镇6处。从灾种上看，尤以地面塌陷分布面积广，危害最重（见表3-9-8）。

表3-9-8 襄城县地质灾害点统计

| 乡镇 | 地质灾害点类型 | | | | 所在行政村 |
|------|------|------|------|------|------|
| | 滑坡 | 崩塌 | 地面塌陷 | 合计 | |
| 湛北乡 | 1 | | 4 | 5 | 武湾、周庄、坡李、侯楼、山前姚庄 |
| 十里铺乡 | | | 5 | 5 | 鲍楼、单庄、余庄、侯东、侯西 |
| 紫云镇 | | 6 | | 6 | 马涧沟、魏沟、张村、侯庄 |

#### 9.3.2.2 地质灾害特征

1. 地面塌陷

襄城县地面塌陷与采煤活动有关。主要由平煤集团八矿、十三矿开采后形成，其中八矿采空塌陷区分布在湛北乡的武湾村、周庄村、坡李村、侯楼村等4个行政村，十三矿采空塌陷区分布在十里铺乡的鲍楼村、单庄村、余庄村、侯东村、侯西村等5个行政村。

采煤塌陷造成的变形十分严重，采煤形成采空区560万 $m^2$，形成地面塌陷955万 $m^2$。塌陷坑在地表上表现为凹陷盆地形态，多为碟形洼地，剖面形态为缓漏斗状。

2. 崩塌

发生崩塌3处，均为黄土崩塌，共破坏房屋10间，造成2人死亡，直接经济损失3.8万元。

崩塌规模以小型为主，多为土质崩塌。致灾因素主要为降水等自然因素和切坡等人类工程活动。发生时间一般为雨季或雨季滞后，具致灾性强、随机性大、危害性大等特点。

3. 滑坡

襄城县滑坡隐患1处，位于湛北乡山前姚庄村黄沟组，为岩质，其成分为多年露采砂岩后抛弃的矿渣与 $Q_2$ 坡积黏土的混合体，废渣沿坡堆积，斜长60 m，宽40 m，平均厚度1.5 m，体积3 600 $m^3$，规模为小型。滑体中上部已出现细微裂缝，稳定性差，险情为中型。

### 9.3.3 地质灾害灾情与险情

襄城县有记录（1960年）以来已发生地质灾害点12处，灾害造成2人死亡、5人受伤，3 006亩耕地、6 170间房屋、2 950 m河堤不同程度受损，160余户800余人被迫搬迁，直接经济损失达2 727.1万元（见表3-9-9）。

表3-9-9 襄城县地质灾害灾情统计

| 乡镇 | 灾害点数 | 灾种 | 塌陷区（万 $m^2$） | 采空区（万 $m^2$） | 灾情 | |
|------|------|------|------|------|------|------|
| | | | | | 破坏对象 | 直接损失（万元） |
| 湛北乡 | 4 | 地面塌陷 | 786.0 | 461.0 | 耕地、房屋 | 1 391.5 |
| 十里铺乡 | 5 | 地面塌陷 | 169.0 | 99.0 | 耕地、房屋、河堤 | 1 331.8 |
| 紫云镇 | 3 | 崩塌 | | | 房屋 | 3.8 |
| 合计 | 12 | | 955.0 | 560.0 | | 2 727.1 |

襄城县有地面塌陷、崩塌、滑坡隐患点共16处。其中，地面塌陷9处，崩塌6处，滑坡1处。潜在危害程度（险情）级别为特大型2处、大型6处、中型6处、小型2处。

### 9.3.4　地质灾害易发程度分区

襄城县地质灾害易发区分为高易发区、中易发区、低易发区和非易发区（见表3-9-10、图3-9-5）。

表3-9-10　地质灾害易发区分区

| 区名称及代号 | 亚区代号及名称 | 范围 | 面积（km²） | 占县面积比例（%） |
|---|---|---|---|---|
| 地面塌陷地质灾害高易发区（A） | 八矿高易发亚区（$A_1$） | 湛北乡周庄、武湾、坡李、侯楼 | 8.30 | 0.9 |
| | 十三矿高易发亚区（$A_2$） | 十里铺乡鲍坡、单庄、余庄、侯东、侯西 | 3.88 | 0.4 |
| 崩塌地质灾害中易发区（B） | 马涧沟—紫云书院中易发亚区（$B_1$） | 紫云镇马涧沟、魏沟 | 7.11 | 0.8 |
| | 张村—侯庄—万楼西中易发亚区（$B_2$） | 紫云镇张村、侯庄至万楼村西 | 11.11 | 1.2 |
| 崩塌滑坡地质灾害低易发区（C） | 孟沟—道庄东低易发亚区（$C_1$） | 紫云镇中部 | 20.12 | 2.2 |
| | 首山低易发亚区（$C_2$） | 湛北乡首山 | 7.54 | 0.8 |
| 地质灾害非易发区（D） | | 山前倾斜平原及冲洪积平原 | 838.94 | 93.5 |

#### 9.3.4.1　地面塌陷地质灾害高易发区

该区主要分布在湛北乡的周庄、武湾、坡李、侯楼和十里铺乡的鲍坡、单庄、余庄、侯东、侯西等9个行政村，面积12.18 km²。因平煤集团地下采煤活动造成大面积采空塌陷，采空区面积5.60 km²，塌陷区面积9.55 km²，地质灾害隐患点9处。

#### 9.3.4.2　崩塌地质灾害中易发区

该区主要分布在紫云镇以黄土状黏土为坡积物的低丘及丘间冲沟地段，行政区包括紫云镇的马涧沟、魏沟、张村、侯庄等行政村，面积共18.22 km²。该区地貌上属黄土低丘，冲沟发育，冲沟两侧沟壁陡直，居民多沿沟侧切坡建房或开挖窑洞居住，易引发崩塌灾害。

#### 9.3.4.3　崩塌滑坡地质灾害低易发区

该区分布在襄城县西南部低丘区，面积27.66 km²。西南部丘陵区地形起伏不平，部分地段开山修路形成小陡坡，可能发生小型崩塌。

#### 9.3.4.4　地质灾害非易发区

该区主要分布在广大平原区，面积838.94 km²。地貌以平原为主，属地质灾害非易发区。

图3-9-5　襄城县地质灾害易发程度分区图

## 9.3.5　地质灾害重点防治区

襄城县地质灾害重点防治区包括十里铺地面塌陷、崩塌重点防治亚区，湛北地面塌陷、崩塌重点防治亚区及黄沟滑坡重点防治点（见表3-9-11、图3-9-6）。

表3-9-11　襄城县地质灾害重点防治分区统计表

| 分区民称 | 代号 | 面积（km²） | 主要威胁对象 |
|---|---|---|---|
| 十里铺地面塌陷、崩塌重点防治亚区 | $A_1$ | 9.82 | 窑洞、居民、河堤、耕地 |
| 湛北地面塌陷、崩塌重点防治亚区 | $A_2$ | 19.23 | 居民、房屋 |
| 黄沟滑坡重点防治区 | $A_3$ | | 房屋、居民 |

### 9.3.5.1　十里铺地面塌陷、崩塌重点防治亚区（$A_1$）

该区主要分布于襄城县西南部十里铺乡的余庄、鲍坡、单庄、侯东、侯西及紫云镇的张村、侯庄等，面积9.82 km²。属地面塌陷灾害高易发区，黄土冲沟为崩塌高易发区。区内地质灾害隐患点7处，包括地面塌陷5处、崩塌2处。

#### 9.3.5.2　湛北地面塌陷、崩塌重点防治亚区（A$_2$）

该区主要分布于襄城县西南部湛北乡的武湾、周庄、坡李、侯楼村及紫云镇的魏沟、马涧沟等，面积19.23 km$^2$。区内东部为平煤集团八矿采区，地面塌陷严重。黄土冲沟为崩塌高易发区。区内地质灾害隐患点8处，包括地面塌陷4处、崩塌4处。

#### 9.3.5.3　黄沟滑坡重点防治点（A$_3$）

该区位于首山南侧的湛北乡山前姚庄村黄沟组，为多年采石弃渣形成滑坡隐患，滑坡隐患体长60 m，宽40 m，平均厚1.5 m，面积2 400 m$^2$，体积3 600 m$^3$，规模为小型，威胁滑坡体下方庙宇一座，黄沟组房屋26间。

图3-9-6　襄城县地质灾害重点防治区划图

# 第10章 驻马店市

## 概 述

驻马店市位于河南省南部，辖汝南、平舆、新蔡、上蔡、西平、遂平、确山、正阳、泌阳县和驿城区，总面积15 083 km²，总人口853万人。境内山地、丘陵、岗地、平原等地貌类型齐全，山地面积为1 950 km²。

驻马店市主要地质灾害类型有崩塌、滑坡、泥石流、地面塌陷等。崩塌、滑坡、泥石流主要分布于确山、泌阳等地。地面塌陷多为采空地面塌陷，主要分布于泌阳县东南部的低山丘陵区，多由开采小型铁矿形成地下采空区而引发。

据不完全统计，自1975年以来，全市共发生地质灾害百余起，因灾造成11人死亡，毁坏房屋数百间，破坏耕地、电力及水利设施等，直接经济损失超过8 000万元。现存各类地质灾害隐患点70个。其中，滑坡13处，崩塌14个，泥石流沟33条，不稳定斜坡10处。

## 10.1 泌阳县

泌阳县位于南阳盆地东缘，淮河流域上游，全县辖24个乡镇，404个行政村，3 810个自然村，总人口97万余人，总面积2 790 km²。现有耕地面积139.4万亩，粮食作物以小麦、玉米、大豆为主。矿产资源种类较多，有铁、金、铜、萤石矿及板材等，主要分布于马谷田镇，石油主要集中在高店乡。

### 10.1.1 地质环境背景

#### 10.1.1.1 地形、地貌

泌阳县总体地势呈北部、中部和东南部高，东北、西南两边低平的趋势。中东部白云山海拔983 m，为全县最高峰，其次是横亘在北部与舞钢市交界的诸山峰，海拔均在700 m以上。最低的沙河店镇梨树湾海拔为83 m，区内地形相对高差在900 m以上。地貌类型可划分为中低山区、丘陵岗地区、平原区三类。

#### 10.1.1.2 气象、水文

泌阳县属北温带大陆性气候，四季分明，气候湿润，多年平均气温14.6 ℃，多年平均降水量932.9 mm。年最大降水量为1 451.1 mm（1975年），年最小降水量为536.1 mm(1966年)，日最大降水量336.8 mm（1975年8月7日）。泌阳县年降水量主要集中在6、7、8三个月，三个月平均降水总量达到494.9 mm，占全年降水总量的53.1%。

桐柏山余脉在县境内呈"S"形走向，形成南阳盆地东缘的隆起地带和长江、淮河两大水系的分水岭。境内有大小河流153条，分属长江、淮河两大流域，大部分为季节性河流，常年性河流较大的有泌阳河、汝河、马谷田河等。

### 10.1.1.3 地层与构造

出露地层有中元古界、中元古界汝阳群、上元古界洛峪群、震旦系、下古生界二郎坪群、下第三系、第四系等。地质构造比较复杂。断裂较发育，分布普遍，褶皱次之。根据《中国地震动参数区划图》，泌阳县处于河南省地震烈度Ⅴ度区。

### 10.1.1.4 水文地质

区内地下水划分为松散岩类孔隙水、碳酸盐岩裂隙岩溶水、碎屑岩类隙孔隙水及基岩裂隙水4种类型。

松散岩类孔隙水分布于本区东北、西南部平原区及山前岗地沟谷地带；碳酸盐岩裂隙岩溶水分布较少，主要在区内北部大顶山及邓庄铺等地；碎屑岩类隙孔隙水分布面积较小，主要分布于泌阳城北至二十里铺一带及羊册等地；基岩裂隙水主要分布于东北、西及西南部平原、岗地外的广大地区。

### 10.1.1.5 工程地质

根据岩体工程组合特征，将区内岩土体工程地质类型划为黏性土多层土体、中厚层具泥化夹层较软粉砂岩组、厚层稀裂状硬石英砂岩组、碎裂状较软花岗岩强风化岩组4大类。

黏性土多层土体主要分布于沙河及泌阳河两岸的冲洪积平原及垄岗地带。中厚层具泥化夹层较软粉砂岩组零星分布于二铺、高店、马谷田北部。厚层稀裂状硬石英砂岩组主要分布于陈庄南部山区、马谷田、铜山和羊册、官庄北部丘陵及县城北部的五峰山—大顶山—尖山一带。碎裂状较软花岗岩强风化岩组主要分布于白云山、铜山、盘古山等地。

### 10.1.1.6 人类工程活动

泌阳县人类工程活动有矿山开采、交通工程、水利工程等。泌阳县矿产资源较丰富，特别是20世纪90年代以来，集体、个体矿山企业大量开采铁矿、萤石、石灰石及黏土矿等，在开矿过程中使斜坡失稳发生崩塌。境内城乡公路四通八达，部分地段开挖斜坡修筑公路，使边坡变高变陡，造成许多不稳定斜坡及人工危岩体。水利工程设施较多，区内有大小水库72座，塘堰工程1 399处，引河渠314条，边坡开挖、库水渗漏浸润等易引发河流塌岸、滑坡、崩塌等地质灾害。

## 10.1.2 地质灾害类型及特征

### 10.1.2.1 地质灾害类型

泌阳县发生的地质灾害以泥石流、滑坡、崩塌（河流塌岸）为主，其次为地面塌陷、地裂缝及膨胀土地质灾害。已发生地质灾害67处，其中泥石流沟19条，河流塌岸20处，滑坡14处，崩塌6处，地面塌陷3处，地裂缝1处，膨胀土3处，不稳定斜坡1处（见表3-10-1）。目前存在地质灾害隐患点43处，重要地质灾害隐患点20处。

表3-10-1  泌阳县地质灾害统计

| 地质灾害类型 | | 数量 | 占同类比例（%） | 占总数比例（%） |
|---|---|---|---|---|
| 崩塌 | 基岩崩塌 | 1 | 16.7 | 1.4 |
| | 土质崩塌 | 5 | 83.3 | 7.5 |
| 滑坡 | 基岩滑坡 | 1 | 7.1 | 1.4 |
| | 土质滑坡 | 13 | 92.9 | 19.4 |
| 泥石流 | | 19 | | 28.4 |
| 河流塌岸 | | 20 | | 29.9 |
| 地面塌陷 | | 3 | | 4.5 |
| 地裂缝 | | 1 | | 1.5 |
| 不稳定斜坡 | | 1 | | 1.5 |
| 膨胀土 | | 3 | | 4.5 |

### 10.1.2.2  地质灾害特征

**1. 滑坡**

滑坡共14处，土质滑坡13处，岩质滑坡1处。滑坡规模均为小型，多数滑坡形态较完整，边缘轮廓较清晰，滑体滑移明显，但滑床、滑带不明显，部分滑坡体前缘的滑舌、鼓丘明显高于周围地形，后缘拉张裂隙不明显。

滑坡的发生与开挖坡角、水位升降及渠塘渗漏有关。降水是主要诱发因素。滑坡的物质成分多为松散碎石土及粉质黏土。滑坡基本上为松散覆盖层与基岩接触形成的滑坡，其次为软弱基座类型。

**2. 崩塌（河流塌岸）**

崩塌6处，均为土质。规模均为小型，坠落、滚动等方式，破坏速度快，易造成人员伤亡和财产损失。

区内查明河流塌岸20处，均为小型规模，主要集中分布在山前河流阶地地段。平原区则主要因人工采砂，使河流改道，造成河流塌岸。

**3. 泥石流**

区内已查明泥石流沟19条。其中，17条泥石流规模为中型，2条泥石流规模为小型。流域面积多在2.5～5.5 km²，个别泥石流流域面积达到9 km²，松散物堆积量在2万～8万 m³，个别泥石流沟的松散物堆积量达14万 m³。物质成分多为砂砾石，砾石分选性一般较差；泥石流沟谷形态多为V形谷，其次为U形谷，沟谷纵坡降多在100‰～200‰，少量沟谷纵坡降大于200‰。泥石流发生时间一般集中在6、7、8三个月。危害对象主要为住户及耕地，危害级别大。

**4. 地裂缝**

地裂缝1条，发生于1996年，位于老河乡韩张村村北，长5 m，宽0.1～0.3 m，规模小。现已被黏土填平。

5. 地面塌陷

区内查明地面塌陷3处，主要分布于马谷田乡，均为小型，成因为开采铁矿。塌陷区平面形态多为圆形，多已稳定，危害较小。

## 10.1.3 地质灾害灾情

根据调查统计，泌阳县发生地质灾害65处，其中，重级3处，中级10处，轻级52处。造成人员死亡11人，直接经济损失8 110.98万元。

其中，崩塌6处，均为轻级，直接经济损失105.7万元；滑坡14处，均为轻级，直接经济损失71.98万元；泥石流沟8条，其中重级8条，中级8条，轻级8条，6人死亡，直接经济损失5 290.2万元；地面塌陷3处，其中中级1处，轻级2处，直接经济损失320.4万元；地裂缝1处，为轻级，直接经济损失1.2万元；河流塌岸20处，均为轻级，5人死亡，直接经济损失1 960.6万元；膨胀土3处，均为轻级，直接经济损失360.9万元。

## 10.1.4 地质灾害隐患点特征及险情评价

区内地质灾害隐患点43处，分布在辖区内的22个乡镇及公路、铁路沿线。危害程度为特大级3处，重大级12处，较大级15处，一般级13处。其中，崩塌隐患点6处，滑坡隐患点13处，泥石流沟19条，地裂缝1处，不稳定斜坡1处。

根据险情评价，共确定险情特大型、大型重要地质灾害隐患点20处（见表3-10-2）。其中特大级的3处，重大级的8处，较大级的8处，一般级1处。其中，泥石流隐患14处，易发的4条，中等易发的10条；滑坡、崩塌隐患6处，稳定性差。危险的有15处，次危险的5处。

表3-10-2　泌阳县重要地质灾害隐患点危险性评估预测结果

| 序号 | 乡 镇 | 位 置 | 灾害类型 | 规模 | 威胁对象 | | 灾害级别 | 稳定性 | 危险性预测 |
| --- | --- | --- | --- | --- | --- | --- | --- | --- | --- |
| | | | | | 人口（人） | 资产（万元） | | | |
| 1 | 沙河店镇 | 赵窑村牛沟 | 泥石流 | 小 | 170 | 472 | 重大 | 中等 | 危险 |
| 2 | 沙河店镇 | 赵窑村叶沟 | 泥石流 | 中 | 219 | 720 | 重大 | 易发 | 危险 |
| 3 | 板桥镇 | 白果树正沟 | 泥石流 | 中 | 126 | 472 | 重大 | 中等 | 危险 |
| 4 | 板桥镇 | 程楼村响水潭沟 | 泥石流 | 中 | 40 | 124 | 较大 | 中等 | 危险 |
| 5 | 板桥镇 | 口门村陈沟 | 泥石流 | 中 | 60 | 248 | 较大 | 易发 | 危险 |
| 6 | 下碑寺乡 | 石灰窑村东沟 | 泥石流 | 中 | 110 | 466 | 重大 | 中等 | 危险 |
| 7 | 象河乡 | 陈平村陈平沟 | 泥石流 | 中 | 550 | 440 | 重大 | 中等 | 次危险 |
| 8 | 黄山口乡 | 安庄村康沟 | 泥石流 | 中 | 70 | 76 | 较大 | 易发 | 危险 |
| 9 | 贾楼乡 | 陡岸村大龙潭沟 | 泥石流 | 中 | 1 493 | 1 542 | 特大 | 易发 | 危险 |
| 10 | 付庄乡 | 竹林村老陈沟 | 泥石流 | 中 | 72 | 233.6 | 较大 | 中等 | 危险 |
| 11 | 付庄乡 | 南和庄村南和沟 | 泥石流 | 小 | 88 | 142 | 较大 | 中等 | 危险 |
| 12 | 铜山乡 | 闵庄村闵沟 | 泥石流 | 中 | （耕地1600亩） | 3 200 | 特大 | 中等 | 危险 |

续表3-10-2

| 序号 | 乡镇 | 位　置 | 灾害类型 | 规模 | 威胁对象 | | 灾害级别 | 稳定性 | 危险性预测 |
| --- | --- | --- | --- | --- | --- | --- | --- | --- | --- |
| | | | | | 人口（人） | 资产（万元） | | | |
| 13 | 铜山乡 | 肖庄村肖沟 | 泥石流 | 中 | 600 | 960 | 重大 | 中等 | 危险 |
| 14 | 铜山乡 | 柳河村田沟 | 泥石流 | 中 | 590 | 582 | 重大 | 中等 | 次危险 |
| 15 | 官庄乡 | 蒋庄村何庄 | 崩塌 | 小 | 40 | 124 | 较大 | 差 | 次危险 |
| 16 | 高邑乡 | 党庄村 | 崩塌 | 小 | 40 | 124 | 较大 | 差 | 次危险 |
| 17 | 板桥镇 | 口门村车场 | 滑坡 | 小 | 6 | 4.4 | 一般 | 差 | 危险 |
| 18 | 花园乡 | 高新庄村高庄 | 滑坡 | 小 | 180 | 120 | 重大 | 差 | 危险 |
| 19 | 黄山口乡 | 崔湾村柿树湾 | 滑坡 | 小 | 16 | 11.2 | 较大 | 差 | 次危险 |
| 20 | 马谷田镇 | 陶店村 | 滑坡 | 小 | （小铁路1 km） | 1 000 | 特大 | 差 | 危险 |

## 10.1.5　地质灾害易发程度分区

泌阳县地质灾害高易发区分布在北部的五峰山—大顶山一带及中部的白云山周围，面积490.13 km²（见表3-10-3、图3-10-1）。

表3-10-3　泌阳县地质灾害易发区

| 等级 | 代号 | 区（亚区）名称 | 亚区代号 | 面积（km²） | 占总面积（%） | 灾害点数 | 隐患点数 |
| --- | --- | --- | --- | --- | --- | --- | --- |
| 高易发区 | A | 五峰山—大顶山滑坡、崩塌、泥石流高易发亚区 | A₁ | 212.21 | 7.60 | 13 | 13 |
| | | 白云山泥石流高易发亚区 | A₂ | 277.92 | 9.96 | 9 | 9 |
| 中易发区 | B | 大寨子山—大尖山滑坡、崩塌、泥石流中易发亚区 | B₁ | 316.36 | 11.34 | 7 | 3 |
| | | 盘古山—黑石山滑坡、崩塌中易发亚区 | B₂ | 127.71 | 4.58 | 3 | 6 |
| | | 条山地面塌陷中易发亚区 | B₃ | 74.21 | 2.66 | 3 | 3 |
| 低易发区 | C | 山前丘陵岗地区 | C | 1 781.62 | 63.86 | 10 | 9 |

### 10.1.5.1　地质灾害高易发区

（1）五峰山—大顶山滑坡、崩塌、泥石流高易发亚区：位于泌阳县北部上曹—石灰窑—赵窑一带，面积212.21 km²。地形复杂，岩体较为破碎，加上人类活动较多，滑坡、泥石流灾害时有发生。

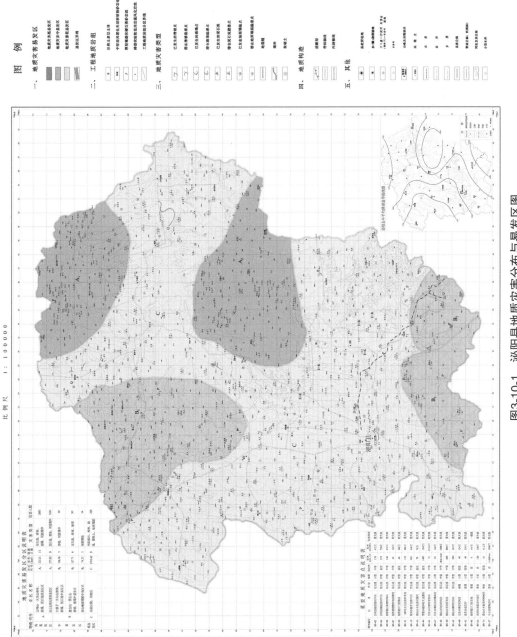

图3-10-1 泌阳县地质灾害分布与易发区图

（2）白云山泥石流高易发亚区：位于泌阳县中东部白云山周围，面积277.92 km²。地貌属低山丘陵，地质构造发育，人类工程活动较多，易造成泥石流、滑坡地质灾害。

#### 10.1.5.2　地质灾害中易发区

（1）大寨子山—大尖山滑坡、崩塌、泥石流中易发亚区：位于泌阳县西北部黄山街—上冯—秦老庄一带，面积316.36 km²。地形起伏较大，岩层裂隙发育，风化强烈，人类工程活动较多，常发生滑坡、崩塌等。

（2）盘古山—黑石山滑坡、崩塌中易发亚区：位于泌阳县南部盘古山—大磨—栗园—马道一带，面积127.71 km²。低山丘陵区，地形有一定起伏。地层裂隙较发育，风化强烈，人类工程活动较多，造成滑坡、崩塌地质灾害时有发生。

（3）条山地面塌陷中易发亚区：位于泌阳县东南部南岗一带，面积74.21 km²，地貌属丘陵，地形有一定起伏。矿产资源开采造成地面塌陷地质灾害时有发生。

#### 10.1.5.3　地质灾害低易发区

该区分布于沙河、泌阳河两岸的冲积平原及岗地，分布面积1 781.62 km²。地形平缓，为第四系松散冲积物覆盖。地质灾害以膨胀土及河流塌岸为主。

### 10.1.6　地质灾害重点防治区

泌阳县共确定重点防治区面积490.13 km²，占县域面积的17.4%，细分为2个重点防治亚区（见表3-10-4、图3-10-2）。

表3-10-4　泌阳县地质灾害防治分区

| 区名及代号 | 亚区名称及代号 | 面积（km²） | 重点防治区 | 重点防治隐患点 | 受威胁 | |
|---|---|---|---|---|---|---|
| | | | | | 人数 | 资产 |
| 重点防治区（A） | 五峰山—大顶山（A₁） | 212.21 | 象河东部山区、下碑寺北部山区、板桥北部山区、沙河店北部山区 | 6 | 1 115 | |
| | 白云山（A₂） | 277.92 | 板桥南部山区、付庄东部山区、贾楼东部山区、铜山北部山区 | 8 | 3 009 | 耕地1 600亩 |
| 次重点防治区（B） | 大寨子—大尖山（B₁） | 316.36 | 康沟泥石流、山庄—崔湾滑坡段 | 2 | 86 | |
| | 盘古山—黑石山—条山（B₂） | 205.23 | 陶店—盘古山滑坡崩塌段 | 1 | | 小铁路1 km |
| 一般防治区（C） | 丘陵平原区 | 1 778.31 | 蒋庄、党庄河流崩塌段 | 2 | 100 | |
| | | | 高新庄滑坡段 | 1 | 180 | |

（1）五峰山—大顶山地质灾害防治亚区：分布于泌阳县北部低山丘陵区，所属乡镇为沙河店镇、板桥镇、下碑寺乡北部及象河乡东部山区，面积212.21 km²，存在较大的地质灾害隐患点6处，主要防治地段有象河乡东部山区、下碑寺乡北部山区、板桥镇

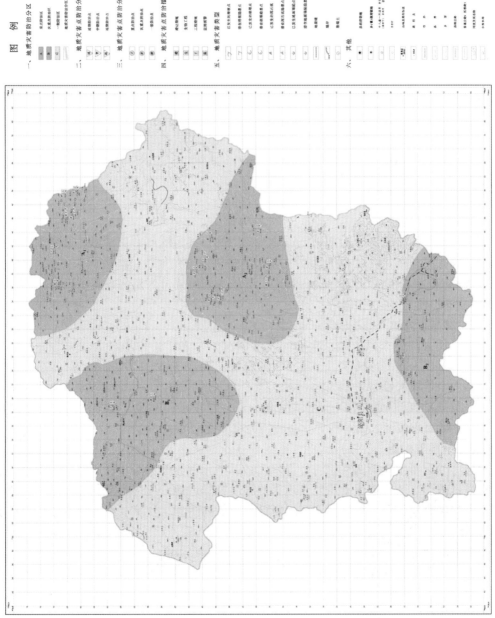

图3-10-2 泌阳县地质灾害防治规划图

北部山区、沙河店镇北部山区。

（2）白云山地质灾害防治亚区：分布于泌阳县中东部低山丘陵区，所属乡镇为老河、板桥、付庄、贾楼、王店、铜山等，面积277.92 km²。存在较大的地质灾害隐患点8处，以泥石流为主。主要防治地段有板桥乡南部山区、付庄乡东部山区、贾楼乡东部山区、铜山乡北部山区。

# 10.2 遂平县

遂平县位于河南省中南部，总面积1 080.2 km²。辖3个镇、10个乡，205个行政村，人口53.65万人。耕地面积86万亩，主要粮食及经济作物有小麦、玉米、大豆、棉花、烟叶、花生、芝麻、秋麻、茶叶等。主要开采利用的有花岗岩、磷、石英岩、大理岩、铁、钼、含钾页岩、地下热水。

## 10.2.1 地质环境背景

### 10.2.1.1 地形、地貌

遂平县地势西高东低，西部为低山丘陵，中、东部为淮河冲积平原。最高点为西部大顶山主峰，高程757.5 m，最低点为东部汝河分洪道出口地段，高程54.0 m，平原区地面坡降1‰~2‰。按地貌形态、成因类型，县域地貌可划分为低山丘陵、山前岗地、冲洪积倾斜平原3种类型。

### 10.2.1.2 气象、水文

遂平县属大陆性季风气候，年平均气温14.9 ℃，多年平均降水量886.3 mm，最大年降水量1 434.7 mm（1984年），最小年降水量仅394.0 mm（1992年）。降水多集中在6~9月，占全年降水量的60%以上。

遂平县属淮河流域洪汝河水系，河流主要有奎旺河和汝河。其中汝河为常年性河流，支流主要有小黄河、阳丰河等。奎旺河为季节性河流。

### 10.2.1.3 地层与构造

地层主要有新生界第四系、古生界寒武系、中元古界蓟县系。以断裂构造为主，褶皱构造发育较弱。新构造运动主要表现为差异性升降运动，形迹为隆起、坳陷及活动的断裂，并伴随小地震等。根据《中国地震动参数区划图》，遂平县地震基本烈度为Ⅵ度和小于Ⅵ度。

### 10.2.1.4 水文地质

根据赋存地下水的介质和介质孔隙的成因，地下水划分为松散岩类孔隙水、碳酸盐岩类裂隙岩溶水、碎屑岩类裂隙水、基岩裂隙水4个类型。

松散岩类孔隙水富水性较好。浅层地下水补给来源以大气降水入渗补给为主，地下水径流相对缓慢，在县城及其他工业开采区，地下水已形成降落漏斗。浅层地下水的排泄多以蒸发、人工开采为主。深层地下水的补给主要有径流和浅层水越流补给，径流微弱，在县城等工业开采区周围，由于人工开采形成降落漏斗。深层地下水的排泄方式以人工开采为主。

基岩裂隙水和岩溶水接受大气降水的入渗补给，沿裂隙及孔隙（洞）向下游径流，并以径流或泉点出露方式排泄。

#### 10.2.1.5 工程地质

按岩土体结构、强度、岩性组合特征和其他力学性质，遂平县岩土体划分为块状坚硬花岗岩岩组、块状坚硬石英砂岩岩组、黏性土单层土体、上黏性土下砂性土双层土体和黏性土砂性土相间多层土体等5个工程地质岩组。

#### 10.2.1.6 人类工程活动

人类工程活动主要有矿山开采、水利工程建设等。遂平县有中小型水库17座，其中中型水库1座、小（Ⅰ）型3座、小（Ⅱ）型13座。遂平县嵖岈山乡和花庄乡矿产资源比较丰富，有铁矿、铀矿、磷矿、石灰石、花岗岩、石英岩等。矿产开采严重破坏周围的地质环境，水土流失、植被破坏，多处出现滑坡、崩塌、泥石流等灾害。

### 10.2.2 地质灾害类型及特征

#### 10.2.2.1 地质灾害类型

遂平县地质灾害发育类型主要为崩塌、滑坡、地裂缝等3种，共80处。其中，崩塌73处、滑坡6处、地裂缝1处（见表3-10-5）。主要分布于花庄乡、嵖岈山乡、凤鸣谷景区、玉山镇、阳丰乡、文城乡、槐树乡、沈寨乡、石寨铺乡、车站镇、嵖岈山景区、褚堂乡、县城等乡镇。其中，嵖岈山乡、凤鸣谷景区、玉山镇、阳丰乡、槐树乡、嵖岈山景区为遂平县主要山区乡，发生地质灾害较多，共53处，占总数的66.25%。

表3-10-5 遂平县地质灾害类型及数量分布统计

| 地质灾害类型 | | 规 模 | | | | 数量（处） | 占同类型比例（%） | 占总数比例（%） |
|---|---|---|---|---|---|---|---|---|
| | | 小型 | 中型 | 大型 | 特大型 | | | |
| 崩塌 | 土质崩塌 | 65 | 3 | | | 68 | 93.15 | 85 |
| | 岩质崩塌 | 5 | | | | 5 | 6.85 | 6 |
| | 总数 | 70 | 3 | | | 73 | 100 | 91 |
| 滑坡 | 土质滑坡 | 4 | | | | 4 | 66.67 | 5 |
| | 岩质滑坡 | 2 | | | | 2 | 33.33 | 3 |
| | 总数 | 6 | | | | 6 | 100 | 8 |
| 地裂缝 | 总数 | 1 | | | | 1 | 100 | 1 |

#### 10.2.2.2 地质灾害特征

1. 滑坡

滑体共6处，主要分布于凤鸣谷景区、玉山镇、嵖岈山乡3个山区乡镇，其诱发因素均与建房、筑路、水库修建等人为活动有关。凤鸣谷南斗寺滑坡规模最大，滑体体积约2.5万 m³，其余规模均不超过2.2万 m³。

从滑体岩性来看，以土质滑坡为主，共4处，岩性以第四系上更新统黏土坡积物为主，部分滑体挟大量碎石。

### 2. 崩塌

崩塌73处，土质崩塌68处，岩质崩塌5处。岩质崩塌主要由古生界寒武系的页岩、白云岩、砾岩，中元古界蓟县系灰岩、石英岩、砂岩，更新统粉质黏土等组成。土质崩塌体主要由中、上更新统冲积、冲洪积、坡洪积及残坡积亚黏土、亚砂土、全新统冲积、冲洪积亚黏土等组成。坡体一般结构松散，垂直节理、裂隙发育。

崩塌规模常为小型，达70处。土质崩塌居多。致灾因素主要为降水和人类工程活动。集中发育于雨季，具突发性强、成灾概率高等特点。

### 3. 地裂缝

地裂缝1处，分布于阳丰乡赵楼村。该裂缝约1987年发生，长约1 000 m，宽0.3 m，深0.5 m，南北走向，无次级裂缝。

## 10.2.3  地质灾害灾情

遂平县已发生地质灾害80处，灾情中型3处，小型77处。类型为崩塌、滑坡、地裂缝3种，破坏耕地209亩、道路1 381 m，毁坏渠道4 108 m，造成直接经济损失1 078.79 万元。

其中，滑坡6处，直接经济损失95.1 万元；崩塌73处，直接经济损失979.69 万元；地裂缝1 条，直接经济损失4.0 万元。

## 10.2.4  地质灾害隐患点特征及险情评价

### 10.2.4.1  地质灾害隐患点分布特征

遂平县地质灾害隐患点102处，分布于县境西部的嵖岈山乡和县境西南部的凤鸣谷景区，其次为槐树乡、玉山镇及阳丰乡。境内各乡镇中，处于县境西部低山丘陵区的嵖岈山乡和凤鸣谷景区地质灾害隐患点分布最多，分别占隐患点总数的23.53%、30.39%。在各类隐患点中，崩塌和不稳定斜坡灾害隐患点较多，分别占总数的55.88%、34.31%（见表3-10-6）。

表3-10-6  遂平县地质灾害隐患点分布情况统计

| 乡镇 | 地质灾害类型 | | | | | | | | | 合计 | 占总比例(%) |
| | 滑坡 | | 崩塌 | | 不稳定斜坡 | 地面塌陷 | | 泥石流 | | | |
| | a | b | a | b | | a | b | a | b | | |
| 花庄乡 | | | 4 | 1 | 1 | | | | | 6 | 5.88 |
| 嵖岈山乡 | 1 | 2 | 5 | 5 | 9 | | | | 2 | 24 | 23.53 |
| 凤鸣谷景区 | 2 | | 10 | 4 | 14 | | | | 1 | 31 | 30.39 |
| 玉山镇 | | | 1 | 5 | 2 | | | | | 8 | 7.84 |
| 阳丰乡 | | | 1 | | 1 | | | | | 2 | 1.96 |
| 文城乡 | | | | | 1 | | | | | 1 | 0.98 |
| 槐树乡 | | 1 | 2 | | 2 | | | | | 5 | 4.90 |

续表3-10-6

| 乡镇 | 地质灾害类型 | | | | | | | | | 合计 | 占总比例(%) |
|------|------|------|------|------|------|------|------|------|------|------|------|
| | 滑坡 | | 崩塌 | | 不稳定斜坡 | 地面塌陷 | | 泥石流 | | | |
| | a | b | a | b | | a | b | a | b | | |
| 沈寨乡 | | | 2 | | | | | | | 2 | 1.96 |
| 石寨铺乡 | | | 2 | | 1 | | | | | 3 | 2.94 |
| 车站镇 | | | 1 | 4 | 3 | | | | | 8 | 7.84 |
| 褚堂乡 | | | 1 | 4 | 1 | | | | | 6 | 5.88 |
| 嵖岈山风景区 | | | 1 | 4 | | | | | 1 | 6 | 5.88 |
| 小计 | 3 | 3 | 30 | 27 | 35 | | | | 4 | 102 | |
| 合计 | 6 | | 57 | | 35 | | | 4 | | | |
| 占总比例（％） | 5.88 | | 55.88 | | 34.31 | | | 3.92 | | | |

注：a为已发生但未稳定的地质灾害；b为潜在地质灾害。

### 10.2.4.2 地质灾害隐患点险情评价

在县域102处地质灾害隐患点中，险情中型35处、小型67处。按灾种分，滑坡险情中型1处、小型5处；崩塌险情中型18处、小型39处；不稳定斜坡险情中型14处、小型21处；泥石流险情级别中型2处、小型2处。重要地质灾害隐患点特征如下：

（1）红石崖遂袁路潜在崩塌：位于嵖岈山乡红石崖遂袁路右岸。为人工修路形成的高边坡。坡体岩性为亚黏土。坡体高15 m，坡长约15 m，宽约30 m，坡度65°，坡面形态呈凸形，坡向180°。2007年6月，因连续强降水，前缘运移压覆路面20 m。斜坡稳定性较差，雨季仍对公路行车造成较大威胁，险情为中型。

（2）李尧村月亮湾度假村南潜在崩塌：位于七蚁路西段李尧村中部，为人工修路形成的高边坡。坡体岩性为亚黏土。坡体高4.5 m，坡长约4.5 m，宽约70 m，坡度80°，坡面形态呈直线形。2007年6月，因连续强降水，前缘运移压覆路面100 m。现斜坡稳定性较差，雨季仍对公路行车造成较大威胁，险情等级为中型。

（3）宋沟泥石流：位于凤鸣谷景区宋庄村附近沟谷，流域面积0.14 km$^2$，沟道坡降100‰。扇形形态相对完整，扇长50 m，宽20 m，扩散角30°，中轴厚度1.7 m。沟内崩塌、滑坡较为发育，且无合理有效的排水设施，遇强降水，有发生泥石流的可能。对沟谷内的游人、下游居民及耕地构成较大威胁，险情等级为中型。

## 10.2.5　地质灾害易发程度分区

全县地质灾害易发程度分为高易发区、中易发区、低易发区、非易发区4个区（见表3-10-7、图3-10-3）。

### 10.2.5.1 地质灾害高易发区

（1）嵖岈山、凤鸣谷西部低山丘陵泥石流、滑坡、崩塌高易发亚区：分布于嵖岈山乡、嵖岈山景区大部分地区，面积198.17 km$^2$。地质灾害类型以泥石流、滑坡、崩塌

表3-10-7　遂平县地质灾害易发区

| 等级 | 区（亚区）名称 | 面积（km²） |
|---|---|---|
| 高易发区 | 嵖岈山、凤鸣谷西部低山丘陵泥石流、滑坡、崩塌高易发亚区 | 198.17 |
| | 汝河河谷崩塌、滑坡高易发亚区 | 163.11 |
| 中易发区 | 中西部崩塌、滑坡中等易发区 | 251.11 |
| 低易发区 | 褚堂—石寨铺崩塌低易发亚区 | 118.59 |
| | 奎旺河崩塌低易发亚区 | 140.27 |
| 非易发区 | 北部非易发区 | 208.05 |

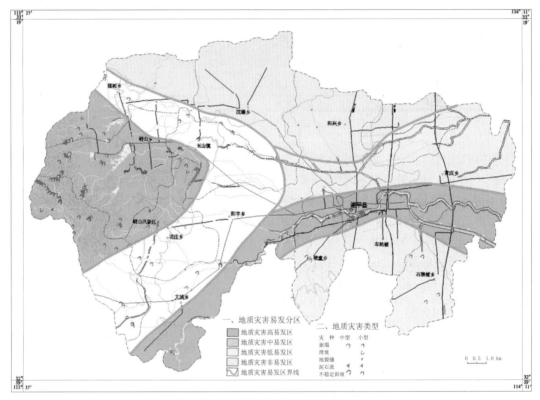

图3-10-3　遂平县地质灾害易发区图

为主，区内共确定地质灾害隐患点69处。

（2）汝河河谷崩塌、滑坡高易发亚区：分布于文城乡东南部、阳丰乡东部、车站镇中部、常庄乡南部、石寨铺乡北部，汝河河谷地区，面积163.11 km²，地质灾害类型以滑坡、崩塌为主，地质灾害隐患点12处。

#### 10.2.5.2　地质灾害中易发区

该区分布于县境中西部，主要包括槐树乡南部、凤鸣谷景区东部、嵖岈山景区东部、玉山镇、花庄乡大部、沈寨乡的一部分，面积251.11 km²。地质环境条件相对简单，主要人类工程活动为石料开采。地质灾害隐患点16处。

### 10.2.5.3 地质灾害低易发区

（1）褚堂—石寨铺崩塌低易发亚区：分布于褚堂—石寨铺以南大部分地区，面积118.59 km²。地质灾害类型以崩塌为主，地质灾害隐患点5处。

（2）奎旺河崩塌低易发亚区：分布于奎旺河中下游，面积140.27 km²。

### 10.2.5.4 地质灾害非易发区

分布于北部、东部平原区，地貌上主要为山前冲洪积倾斜平原及冲积平原，面积208.05 km²。

## 10.2.6 地质灾害重点防治区

遂平县共确定重点防治区面积361.28 km²，占县域面积的33.53%，细分为2个重点防治亚区（见表3-10-8、图3-10-4）。

表3-10-8 遂平县地质灾害防治规划分区

| 区名 | 亚区名称 | 面积（km²） | 隐患点数 | 威胁人数 | 地质灾害类型 | 防治措施 |
|---|---|---|---|---|---|---|
| 重点防治区 | 西部崩塌、滑坡、泥石流为主重点防治亚区 | 198.17 | 69 | 934 | 崩塌、滑坡、泥石流 | 削坡、护坡、稳拦、排导及生物工程 |
| | 汝河崩塌地质灾害重点防治亚区 | 163.11 | 12 | 150 | 崩塌 | 削坡、护坡、回填 |

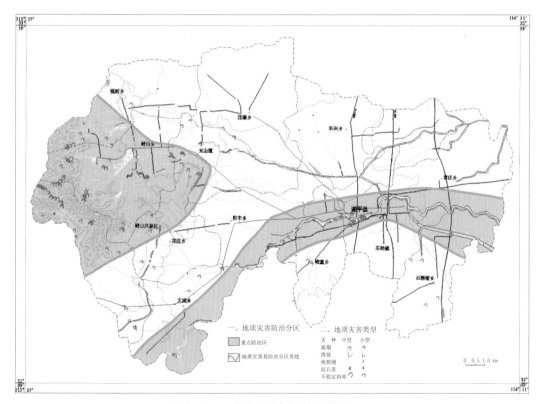

图3-10-4 遂平县重点防治区划图

（1）西部崩塌、滑坡、泥石流为主重点防治亚区：位于县境西部，面积198.17 km²。地质灾害隐患点69处，包括崩塌34处、滑坡6处、泥石流沟4条、不稳定斜坡25处。

（2）汝河崩塌地质灾害重点防治亚区：位于县境西南部，面积163.11 km²。地质灾害隐患点12处，包括崩塌9处、不稳定斜坡3处。

# 10.3　确山县

确山县辖13个乡镇，198个行政村，人口48万人，总面积1 783 km²。耕地面积124万亩，主要粮食及经济作物有麦、稻谷、玉米、豆类、芝麻、花生、油菜、茶叶、板栗等。水泥灰岩、熔剂灰岩、白云岩、硅石等非金属矿产丰富，主要开采灰岩、白云岩。

## 10.3.1　地质环境背景

### 10.3.1.1　地形、地貌

确山县地势西高东低，西部为低山丘陵，中部为山前岗地，东部为冲洪积平原。根据地貌成因、形态，地貌有低山丘陵、岗地、平原3个类型。

### 10.3.1.2　气象、水文

确山县属大陆性湿润季风气候区。年平均气温15.1 ℃，年平均无霜期228天。年平均蒸发量1 259.8 mm，年平均降水量985.5 mm，日最大降水量231.2 mm，时最大降水量56.6 mm。降水量时空分布不均，6~9月降水量占全年降水量的60%左右。

确山县地处淮河流域汝河水系。区内水系发育，多呈辐射状，有大小河流24条。

### 10.3.1.3　地层与构造

确山县出露地层主要有元古界、古生界、中生界、新生界古近系及第四系。确山县位于中朝准地台与秦岭褶皱系的分界处，有纬向新华夏系、华夏式、伏牛—大别弧、经向构造形迹。根据《中国地震动参数区划图》，确山县地震基本烈度为Ⅵ度。

### 10.3.1.4　水文地质、工程地质岩组

地下水可划分为松散岩类孔隙水、碳酸盐岩类裂隙岩溶水、碎屑岩类裂隙水及基岩裂隙水4种类型。

按岩土体结构、强度、岩性组合特征和其他力学性质，岩土体划分为碎裂状较软花岗岩强风化岩组，厚层稀裂状硬石英砂岩岩组，厚层稀裂状中等岩溶化硬灰岩白云岩组，中厚层具泥化夹层较软砂岩组，黏性土单层土体，亚黏土、亚砂土、细砂多层土体等6个工程地质岩组。其中,松散土体类分布最为广泛。

### 10.3.1.5　人类工程活动

人类工程活动主要有矿山开采、交通线路建设、水利工程建设和风景区建设等。确山县现有大型水库一座——薄山水库，以防洪、灌溉为主，结合发电、养鱼等综合利用。矿产开采以开采灰岩为主，多为露天采矿。近几年，确山县旅游业发展迅猛，境内有"豫南生态乐园"薄山、乐山两个国家森林公园和金顶山省级森林公园、"中原漓江"之称的薄山湖风景区。这些风景区的建设在创造效益、陶冶人的情操的同时，也对

大自然自身的环境加以了改变。

## 10.3.2 地质灾害类型及特征

### 10.3.2.1 地质灾害类型

确山县地质灾害类型有崩塌、滑坡、泥石流3种类型，共30处。其中崩塌8处、滑坡6处、泥石流沟16条（见表3-10-9）。从地域分布特征看，有6个乡镇存在地质灾害，集中在西部、西南部低山丘陵区。从统计资料上看，地质灾害以泥石流为主。

表3-10-9　确山县地质灾害类型及数量分布统计

| 乡镇 | 崩塌 | 滑坡 | 泥石流 | 合计 |
|---|---|---|---|---|
| 竹沟镇 | 3 | 2 | 9 | 14 |
| 蚁蜂镇 | | | 2 | 2 |
| 任店镇 | 3 | 1 | 2 | 6 |
| 瓦岗乡 | 2 | 1 | 2 | 5 |
| 石滚河乡 | | 1 | | 1 |
| 三里河乡 | | 1 | 1 | 2 |
| 总计 | 8 | 6 | 16 | 30 |

### 10.3.2.2 地质灾害特征

1. 滑坡

滑坡共6处，均为土质滑坡，岩性为第四系粉质黏土、黄土及残坡积物。滑坡主要分布于竹沟镇、瓦岗乡、石滚河乡和三里河乡，规模为小型，体积一般为160~63 000 $m^3$。其诱发因素均与切坡修路等人为活动有关。

2. 崩塌

崩塌共8处，5处为土质崩塌，3处为岩质崩塌。其体积在21~1 000 $m^3$，为小型。崩塌体组成物质多为$Q_2$亚黏土，少量为元古界片岩。其平面形态为矩形、舌形或不规则形，剖面形态为直线。诱发因素为坡体人为切坡及降水。发生时间多集中在7、8月。

3. 泥石流

县域内沟谷型泥石流16处，中型规模1处、小型15处。主要分布在西部、南部山区，系自然松散物堆积于沟谷内或沟谷两侧山坡形成，大量的堆积物阻塞洪水通道并成为沟谷泥石流物源。其易发程度为低易发级别，但沟谷本身泥石流沟条件并不完整，没有明显区别的形成区、流通区和堆积区。

## 10.3.3 地质灾害灾情

确山县已发生地质灾害30处，类型为崩塌、滑坡、泥石流3 种，灾情中型1 处，小型29 处。损毁房屋14 间、耕地142 亩、公路156 m、桥梁2 座、河岸440 m，直接经济损失606.6 万元。其中，滑坡6 处，直接经济损失14.7 万元；崩塌8处，直接经济损失14.4 万元；泥石流16 处，直接经济损失577.5 万元。

## 10.3.4　地质灾害隐患点特征及险情评价

确山县地质灾害隐患点共 39 处。其中，崩塌 8 处、滑坡 6 处、泥石流 16 条、不稳定斜坡 9 处（见表 3-10-10）。险情中型 2 处、小型 37 处。按灾种分，滑坡险情中型 1 处、小型 5 处；崩塌险情小型 8 处；不稳定斜坡险情小型 9 处；泥石流险情级别中型 1 处、小型 15 处。威胁 64 人，60 间房，250 亩耕地，750 m 公路，1 座厂房，2 座桥。预测经济损失 3 282.5 万元。

表3-10-10　地质灾害隐患点分布统计

| 乡镇 | 地质灾害类型 | | | | 合计 | 占总比例（%） |
| --- | --- | --- | --- | --- | --- | --- |
| | 崩塌 | 滑坡 | 泥石流 | 不稳定斜坡 | | |
| 竹沟镇 | 3 | 2 | 9 | 2 | 16 | 41 |
| 石滚河乡 | | 1 | | 3 | 4 | 10 |
| 瓦岗乡 | 2 | 1 | 2 | 4 | 9 | 23 |
| 任店镇 | 3 | 1 | 2 | | 6 | 15.4 |
| 三里河乡 | | 1 | 1 | | 2 | 5.3 |
| 蚁蜂镇 | | | 2 | | 2 | 5.3 |
| 总计 | 8 | 6 | 16 | 9 | 39 | |
| 占总比例（%） | 21 | 15 | 41 | 23 | | 100 |

## 10.3.5　地质灾害易发程度分区

全县地质灾害易发程度分为高易发区、中易发区、低易发区、非易发区 4 个区（见表 3-10-11、图 3-10-5）。

表3-10-11　确山县地质灾害易发区

| 等级 | 区（亚区）名称 | 面积（km²） |
| --- | --- | --- |
| 高易发区 | 竹沟、瓦岗北部低山丘陵崩塌、滑坡、泥石流高易发亚区 | 204.9 |
| | 南部低山丘陵崩塌、滑坡、泥石流高易发亚区 | 301.79 |
| 中易发区 | 中部崩塌、滑坡中易发区 | 184.29 |
| 低易发区 | 竹沟盆地泥石流、崩塌低易发亚区 | 133.81 |
| | 三里河乡—盘龙镇滑坡低易发亚区 | 7.74 |
| | 蚁蜂低易发亚区 | 75.44 |
| | 任店—普会寺采矿低易发亚区 | 20.20 |
| | 刘店—普会寺采矿低易发亚区 | 9.92 |
| | 新安店采矿低易发亚区 | 35.87 |
| 非易发区 | 中部、东部非易发区 | 809.03 |

图3-10-5 确山县地质灾害易发区图

### 10.3.5.1 地质灾害高易发区

（1）竹沟、瓦岗北部低山丘陵崩塌、滑坡、泥石流高易发亚区：分布于竹沟镇大部、蚁蜂镇南部、瓦岗乡北部地区，面积204.9 km²。地质灾害类型以泥石流、滑坡、崩塌为主，地质灾害隐患点17处。

（2）南部低山丘陵崩塌、滑坡、泥石流高易发亚区：分布于石滚河乡南部、瓦岗乡南部、任店镇西南部地区，面积301.79 km²。地质灾害类型以泥石流、滑坡、崩塌为主，地质灾害隐患点16处。

### 10.3.5.2 地质灾害中易发区

该区分布于县境中部，面积184.29 km²。主要人类工程活动为石料开采。地质灾害隐患点3处，类型为崩塌、泥石流、不稳定斜坡等。

### 10.3.5.3 地质灾害低易发区

该区分布于竹沟盆地、蚁蜂镇北部及中东石料场，面积282.98 km²，地质灾害隐患点3处。

### 10.3.5.4 地质灾害非易发区

该区分布于中部、东部平原区，面积809.03 km²。普会寺、新安店以东，中东部大部分地区存在膨胀土。

### 10.3.6　地质灾害重点防治区

确山县共确定重点防治区面积447.93 km²，占县域面积的17.4%，细分为2个重点防治亚区（见表3-10-12、图3-10-6）。

表3-10-12　确山县地质灾害重点防治分区

| 区名 | 亚区名称 | 面积（km²） | 隐患点数 | 威胁人数 | 地质灾害类型 | 防治措施 |
|---|---|---|---|---|---|---|
| 重点防治区 | 千年岭—平项山地质灾害重点防治亚区 | 196.66 | 17 | 39 | 崩塌、滑坡、泥石流 | 削坡、护坡、稳拦、排导及生物工程 |
| | 石滚河—任店地质灾害重点防治亚区 | 251.27 | 16 | 20 | 滑坡、泥石流 | 削坡、护坡、限制开采、支护、回填 |

（1）千年岭—平项山地质灾害重点防治亚区：位于县境西北部，面积196.66 km²。有地质灾害隐患点17处，包括崩塌2处、滑坡2处、泥石流沟8条、不稳定斜坡5处。

（2）石滚河—任店地质灾害重点防治亚区：位于县境西南部，面积251.27 km²。共有地质灾害隐患点16处，包括崩塌4处、滑坡3处、泥石流沟6条、不稳定斜坡3处。

图3-10-6　确山县重点防治区划图

# 第11章　南阳市

## 概　述

南阳市位于河南省西南部，辖10县2区和1个县级市，总面积2.66万 km²，总人口1 085.48万人。南阳市东、北、西三面环山，中南部为开阔的盆地，山区、丘陵、平原各占1/3。

南阳市主要地质灾害类型有崩塌、滑坡、泥石流、地裂缝和地面塌陷等。崩塌主要分布在伏牛山中低山、丘陵区；滑坡较为发育，主要分布在伏牛山中山区、伏牛山东南部低山丘陵区；泥石流灾害主要分布在西峡县、内乡县、淅川县及桐柏县；地面塌陷主要分布在南阳市桐柏老湾金矿、大河铜矿、银洞坡金矿、西峡嵩坪金矿、隐山蓝晶石矿、方城杨楼铅锌矿等矿山开采区；在丘陵、垄岗及平原地带广泛分布膨胀土；地裂缝多分布在镇平、唐河、南阳市区及社旗等膨胀土广泛分布的地区。

南阳市伏牛山中低山、丘陵区以及桐柏—大别山区是崩塌、滑坡、泥石流灾害高易发区。平原区以地裂缝灾害为主。南阳市地质灾害比较严重。据不完全统计，1989年以来，发生较大地质灾害14起，重伤55人，死亡23人，失踪5人，毁坏房屋5 937间，直接经济损失5 778.5万元。现存各类地质灾害隐患点776处。其中，崩塌251处，滑坡245处，泥石流沟60条，地面塌陷30处，地裂缝8条，不稳定斜坡182处。

## 11.1　南召县

南召县辖16个乡镇，339个行政村，人口62万人，面积2 933.14 km²。主要粮食及经济作物有小麦、玉米、油菜等。已发现矿产资源36种。

### 11.1.1　地质环境背景

#### 11.1.1.1　地形、地貌

南召县西部、北部、西南部均为伏牛山区，中间开阔向东南敞开，与南阳盆地相连，形成一个三面环山的"簸箕"形。地势为西部、北部高，东南部低，海拔在143～2 153.1 m。按地貌形态、成因类型，可划分为构造侵蚀中低山、构造剥蚀丘陵、侵蚀堆积河谷平原和山间盆地。

#### 11.1.1.2　气象、水文

南召县位于北亚热带大陆性季风气候区的北缘，多年平均气温14.8 ℃，多年平均降水量851.9 mm左右，多年平均降水日数为103 d。1 h、1 d最大降水量分别为89.6 mm（1967年7月9日）、328.9 mm（2005年7月1日）。

南召县河流均属汉江水系。境内最大的河流是白河，流入白河的支流有黄鸭河、鸭河、松河、灌河、留山河、空山河及其支流沟溪数百条。

### 11.1.1.3　地层与构造

出露地层以磨平—上官庄断裂为界，南侧为秦岭地层区，北侧为华北地层区。磨平—上官庄断裂以北，出露有太古界太华群，元古界熊耳群、栾川群，古生界陶湾群。磨平—上官庄断裂以南，出露有元古界宽坪群、古生界二郎坪群，泥盆系地层。

县域断裂构造、褶皱构造较发育。主要褶皱构造有小演艺山—鲤鱼垛向斜、乔端—白土岗—刘庄背斜、栋草湖—云阳向斜、九里山—太子山向斜。主要构造有磨平—上官庄断裂、佛爷沟—跑马岭断裂、三道岗—小罗沟断裂、乔端—冯庄—苇湾断裂、洞街—果子沟口断裂等。根据《中国地震动参数区划图》，南召县地震基本烈度≤Ⅶ度。

### 11.1.1.4　水文地质、工程地质

南召县地形西部、北部高，东南部低，地层以岩浆岩和变质岩为主。中部为河谷平原和山间盆地松散堆积。区内地下水可划分为松散岩类孔隙水、碳酸盐岩类裂隙—岩溶水和基岩裂隙水3种类型。

按地貌、地层岩性、岩土体坚硬程度及结构特点，南召县岩土体工程地质类型分为松散土体类、中等坚硬岩类、块状坚硬岩类3类。其中松散土体类分布于东南部平原区及河谷区；中等坚硬岩类主要分布于低山、丘陵地带；块状坚硬岩类分布于南部、北部的中低山区。

### 11.1.1.5　人类工程活动

人类工程活动有矿山开采、交通线路建设、水利工程建设、切坡建房、旅游开发等。南召县矿产资源较为丰富，金属矿产以地下开采为主，形成大面积采空区，产生地面塌陷。地表采矿形成高陡边坡或采坑等。在修建公路的过程中，出现边坡失稳，威胁公路、车辆、行人。

## 11.1.2　地质灾害类型及特征

### 11.1.2.1　地质灾害类型

南召县地质灾害类型有崩塌、滑坡、泥石流、地面塌陷和地裂缝5种，共64处（见表3-11-1），分布于13个乡镇。崔庄乡、太山庙乡、小店乡、云阳镇、马市坪乡腹部较为集中。

### 11.1.2.2　地质灾害特征

（1）滑坡：滑坡共37处，中型规模1处、小型36处。土质滑坡30处，岩质滑坡7处。主要分布于中部和东部低山区及东部低山丘陵区崔庄乡、留山镇、太山庙乡、小店乡、云阳镇、马市坪乡等。滑坡平面形态不一，有半圆形、不规则形，剖面多呈凸形或凹形，滑体结构零乱，滑面呈线形，埋深0.3~10 m。滑坡的发生主要与人类工程活动、降水有关，发生时间多为6~8月。

（2）崩塌：崩塌共6处，体积在100~10 000 m³。崩塌体组成物质多为岩质。其平面形态为矩形或不规则形，剖面形态为直线。

表3-11-1 南召县地质灾害类型及数量分布统计

| 乡镇 | 滑坡 | 崩塌 | 泥石流 | 地面塌陷 | 地裂缝 | 合计 |
|------|------|------|--------|----------|--------|------|
| 崔庄乡 | 5 | 1 | 2 | | | 8 |
| 留山镇 | 3 | | 6 | 1 | | 10 |
| 白土岗镇 | 1 | 1 | | | | 2 |
| 四棵树乡 | | 1 | | | | 1 |
| 板山坪乡 | | | 3 | | | 3 |
| 太山庙乡 | 5 | | 2 | | | 7 |
| 小店乡 | 6 | 1 | | 5 | | 12 |
| 皇后乡 | 1 | 1 | | | | 2 |
| 云阳镇 | 6 | 1 | | 1 | | 8 |
| 城郊乡 | 2 | | | | | 2 |
| 马市坪乡 | 5 | | | | | 5 |
| 乔端乡 | 3 | | | | | 3 |
| 皇路店镇 | | | | | 1 | 1 |
| 合计 | 37 | 6 | 13 | 7 | 1 | 64 |

（3）泥石流：泥石流共13处，分布于中低山区。沟谷深切，纵坡比大，固体物由破碎岩块、沟底卵石、漂石和坡积物组成，岩块直径为0.5～1.0 m，特殊的水动力条件使得多数泥石流沟以洪冲为主，淤积次之。沟口扇形地完整性较差。

（4）地面塌陷：地面塌陷共7处，6处为开采铁矿引发，主要分布于小店乡、云阳镇。塌陷区塌陷面积80～15 000 m²，皆为小型塌陷。地面塌陷平面形态不一，有圆形、长条形。

（5）地裂缝：地裂缝1条，位于皇路店镇杨寨村地，裂缝长200 m，宽0.15 m，未造成损失。

### 11.1.3 地质灾害灾情

根据统计，南召县发生地质灾害64处，其中小型59处，中型3处，大型2处。共造成20人死亡，直接经济损失1 252.4万元。其中，滑坡37处，造成人员死亡8人，经济损失286.6万元；崩塌6处，直接经济损失304.5万元；泥石流灾害13处，死亡12人，经济损失59.3万元；地面塌陷7处，直接经济损失601.0万元；地裂缝1条，经济损失轻微。

### 11.1.4 地质灾害隐患点特征及险情评价

#### 11.1.4.1 地质灾害隐患点分布特征

南召县共有地质灾害隐患点90处。其中，崩塌隐患点26处，滑坡隐患点22处，泥石流沟隐患点6条，地面塌陷隐患点2处，不稳定斜坡34处。分布在13个乡镇，包括云阳镇、留山镇、白土岗镇、太山庙乡、崔庄乡、四棵树乡、城郊乡、小店乡、南河店镇、乔端乡等（见表3-11-2）。

表3-11-2 南召县地质灾害隐患点统计

| 乡 镇 | 崩 塌 | | 滑 坡 | | 地面塌陷 | 泥石流 | 不稳定斜坡 | 合计 |
|---|---|---|---|---|---|---|---|---|
| | 土质 | 岩质 | 土质 | 岩质 | | | | |
| 崔庄乡 | | 5 | 1 | | | 4 | 4 | 14 |
| 南河店镇 | | | | | | | 2 | 2 |
| 留山镇 | | 1 | 6 | | | | 2 | 9 |
| 白土岗镇 | | | 3 | | | | 1 | 4 |
| 四棵树乡 | 1 | 11 | | | | | 8 | 20 |
| 板山坪乡 | | | | | | | 2 | 2 |
| 太山庙乡 | | 4 | | 1 | | 2 | 1 | 8 |
| 小店乡 | | | 2 | | 2 | | 2 | 6 |
| 皇后乡 | | | 2 | 1 | | | 1 | 4 |
| 云阳镇 | 2 | 1 | | 1 | | | 6 | 10 |
| 城郊乡 | | 1 | 3 | 1 | | | 3 | 8 |
| 马市坪乡 | | | | | | | 2 | 2 |
| 乔端乡 | | | | 1 | | | | 1 |
| 合 计 | 3 | 23 | 17 | 5 | 2 | 6 | 34 | 90 |

#### 11.1.4.2 地质灾害隐患点险情评价

90处地质灾害隐患点险情评价结果为，大型8处，中型28处，小型54处。按灾种分，滑坡险情特大型1处、中型13处、小型8处；崩塌险情中型5处、小型21处；不稳定斜坡险情大型4处、中型6处、小型24处；地面塌陷险情中型2处；泥石流险情级别大型3处、中型2处、小型1处。

### 11.1.5 重要地质灾害隐患点

确定险情特大型、大型重要地质灾害隐患点8处。

（1）回龙沟泥石流隐患：位于崔庄乡回龙沟村回龙沟，流域面积14.25 km²，沟长6 km，相对高差450 m，主沟纵坡度75‰，山体坡度30°～60°。废弃的岩石碎块堆积在河道达5 m高，沿坡、沿沟谷物质贮量约有72 000 m³，造成河流严重阻塞，坡体破碎严重，极易引发崩塌、滑坡，为低易发。该泥石流威胁河流两岸及下游居民300余人、250间房、207国道5 km。

（2）石窑沟水石流隐患：位于崔庄乡前河村石窑沟组，流域面积4.4 km²，相对高差781 m，主沟纵坡度177‰，山体坡度35°～60°，泥石流松散物贮量5.0万 m³/km²。沟口泥石流堆积活动不明显，流域植被覆盖率60%左右。物质成分多为卵石，分选性差，散布在沟谷内的流通区及堆积区。沟谷形态呈V形谷。为低易发。威胁槐树底居民150余人，160间房及土地。

（3）寺上矿区不稳定斜坡：位于白土岗乡寺上村大理石矿区，斜坡坡体是由于开采大理石矿产生的大量弃石，弃石块度大小不一，顺坡堆放，坡度较陡，约65°，坡向220°，沿青山岭分布有十余处弃石堆，长120～150 m，宽50～100 m，厚度5～8 m。威胁寺上村100余户居民，500人，600间房，1 200 m公路。

（4）楼园小学不稳定斜坡：位于四棵树镇楼园小学后，斜坡体为花岗岩风化层，长度50 m，宽度40 m，平均厚度3 m，面积2 000 m²，体积6 000 m³，坡度40°，坡向175°，平面呈半圆形，剖面呈直线形，坡体下方是楼园小学，遇到降水容易导致坡体失稳。

（5）东河沟泥石流隐患：位于太山庙乡太山庙村东河沟，流域面积0.45 km²，相对高差155 m，主沟纵坡度134‰，山体坡度30°～60°，泥石流松散物贮量1.2万 m³/km²。沟口泥石流堆积活动不明显，流域植被覆盖率50%左右。物质成分多为棱角状—次棱角状卵石，分选性差，散布在沟谷内的流通区及堆积区。沟谷形态呈V形谷，为低易发。威胁居民50户，200余人，乡敬老院及100余亩土地。

（6）小关不稳定斜坡隐患：位于云阳镇小关村中韩医学院西，斜坡体是中元古界宽坪群谢湾组云英片岩风化堆积物，坡体长度25 m，宽32 m，平均厚度8 m，面积800 m²，体积6 400 m³，坡度52°，坡向93°，平面形态呈不规则，剖面形态呈凸形，前缘鼓胀。威胁中韩医学院宿舍楼、食堂及学生100余人。

（7）大庄滑坡隐患：位于留山镇大庄村大庄组，滑坡体为白垩系上统$K_2$砂砾岩、板岩强风化层，长度100 m，宽度50 m，平均厚度3 m，面积5 000 m²，体积15 000 m³，坡度30°，坡向270°，平面呈半圆形，剖面呈凹形。属于顺层滑坡。滑坡现威胁36户居民、180人、200间房。

（8）稻田沟不稳定斜坡隐患：位于板山坪镇寺大青村稻田沟组大理石矿区，斜坡坡体是由于开采大理石矿爆破产生的大量危岩体，斜坡坡度较陡，约70°，坡向300°，斜坡长150 m，宽100 m。威胁20余户居民、100余人、120间房、200 m公路。

## 11.1.6　地质灾害易发程度分区

全县地质灾害易发程度分为高易发区、中易发区、低易发区、非易发区4个区（见表3-11-3、图3-11-1）。

表3-11-3　南召县地质灾害易发区

| 等级 | 代号 | 区（亚区）名称 | 亚区代号 | 面积（km²） | 占总面积（%） | 隐患点数 | 威胁人数 | 危害（万元） |
|---|---|---|---|---|---|---|---|---|
| 高易发区 | A | 杨树坪—辛庄低山丘陵崩塌、滑坡、地面塌陷亚区 | $A_1$ | 78.04 | 2.6 | 12 | 199 | 460.5 |
| | | 瓦房庄—白鹿—横山及豫02云青公路丘陵地带崩塌、滑坡、泥石流亚区 | $A_2$ | 203.58 | 6.9 | 20 | 526 | 250.1 |
| | | 207国道、岭南高速公路低山地带崩塌、滑坡、泥石流亚区 | $A_3$ | 8.18 | 0.3 | 3 | 300 | 71.3 |
| | | 小　计 | | 289.8 | 9.8 | 35 | 1 025 | 781.9 |
| 中易发区 | B | 乔端—崔庄、洞街—大庄及S331公路低山丘陵崩塌、滑坡亚区 | $B_1$ | 517.48 | 17.6 | 11 | 620 | 251.0 |
| | | 四棵树乡、207国道丘陵地带崩塌、滑坡亚区 | $B_2$ | 117.19 | 4.0 | 17 | 281 | 128.8 |
| | | 曹村—龙潭沟—老庙村丘陵区崩塌、滑坡亚区 | $B_3$ | 140.4 | 4.8 | 6 | 230 | 203.5 |
| | | 小　计 | | 775.07 | 26.4 | 34 | 1 131 | 583.3 |
| 低易发区 | C | 粮食川—大沟—天桥、沙石—樊楼—白草垛中低山区崩塌、滑坡、泥石流亚区 | $C_1$ | 818.28 | 27.9 | 13 | 278 | 242.3 |
| | | 鸭河口水库库岸崩塌、滑坡亚区 | $C_2$ | 127.28 | 4.3 | 0 | 0 | 0 |
| | | 石鼓—火神庙低山丘陵崩塌、滑坡亚区 | $C_3$ | 465.25 | 15.9 | 4 | 90 | 21.5 |
| | | 小　计 | | 1 410.81 | 48.1 | 17 | 368 | 263.8 |
| 非易发区 | D | 焦园—转角石、百尺潭风景区及五垛山景区中山区亚区 | $D_1$ | 122.26 | 4.2 | 1 | 0 | 17.0 |
| | | 山间盆地、河谷亚区 | $D_2$ | 180.54 | 6.2 | 4 | 18 | 32.7 |
| | | 皇路店镇平原区亚区 | $D_3$ | 154.64 | 5.3 | 0 | 0 | 0 |
| | | 小　计 | | 457.44 | 15.7 | 5 | 18 | 49.7 |
| 合计 | | | | 2 933.12 | 100 | 91 | 2 542 | 1 678.7 |

### 11.1.6.1　地质灾害高易发区

（1）杨树坪—辛庄低山丘陵崩塌、滑坡、地面塌陷亚区：位于南召县东北部，面积78.04 km²。斜坡高陡，河谷深切，极易诱发滑坡、崩塌。杨树沟铁矿开采，形成地面塌陷较多。有隐患点12处。

（2）瓦房庄—白鹿—横山及豫02云青公路丘陵地带崩塌、滑坡、泥石流亚区：位于南召县东部，面积203.58 km²。区内有灾害点33处，其中隐患点20处。

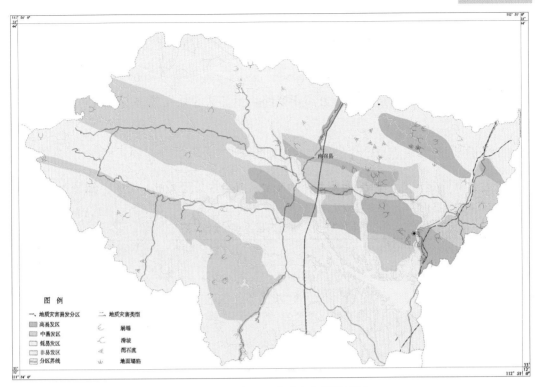

图3-11-1 南召县地质灾害易发区图

（3）207国道、岭南高速公路低山地带崩塌、滑坡、泥石流亚区：沟深坡陡，裂隙发育，加上修建207国道、岭南高速公路时开挖路堑、边坡，破坏了斜坡稳定性，造成滑坡、崩塌等地质灾害发育。

### 11.1.6.2 地质灾害中易发区

（1）乔端—崔庄、洞街—大庄及S331公路低山丘陵崩塌、滑坡亚区：位于南召县南部、北部，面积517.48 km²。岩体较破碎，风化程度较高。地质灾害点19处，其中隐患点11处，崩塌6处、变形斜坡4处、滑坡1处。

（2）四棵树乡、207国道丘陵地带崩塌、滑坡亚区：位于南召县南部，面积 117.19 km²。由于居民建房、修公路等工程活动，引发地质灾害隐患较多。

（3）曹村—龙潭沟—老庙村丘陵区崩塌、滑坡亚区：位于南召县云阳一带，面积140.4 km²。该区地质灾害点9处，其中隐患点6处。

### 11.1.6.3 地质灾害低易发区

（1）粮食川—大沟—天桥、沙石—樊楼—白草垛中低山区崩塌、滑坡、泥石流亚区：分布在粮食川—大沟—天桥地区，面积 818.28 km²。据统计，该区地质灾害点34处，其中隐患点13处。

（2）鸭河口水库库岸崩塌、滑坡亚区：地处鸭河口水库库区周围，面积 127.28 km²。该区已发生滑坡地质灾害点1处，未造成损失。

（3）石鼓—火神庙低山丘陵崩塌、滑坡亚区：分布于石鼓—火神庙一带低山丘陵区，面积 465.25 km²。据统计，该区地质灾害隐患点4处。

#### 11.1.6.4 地质灾害非易发区

（1）焦园—转角石、百尺潭风景区及五垛山景区中山区亚区：主要分布于南召县马市坪乡北部，面积122.26 km²。

（2）山间盆地、河谷亚区：主要分布于南召、云阳一带，面积180.54 km²。

（3）皇路店镇平原区亚区：分布于皇路店镇，该区只发现一条地裂缝，位于杨寨村西北。

### 11.1.7 地质灾害重点防治区

南召县共确定重点防治区面积406.99 km²，占全县总面积的13.0%，细分为4个重点防治亚区（见表3-11-4、图3-11-2）。

表3-11-4 地质灾害重点防治分区

| 区号及代号 | 亚区代号 | 亚区名称 | 面积（km²） | 防治隐患点数 | 受威胁人数（人） |
|---|---|---|---|---|---|
| 重点防治区（Ⅰ） | Ⅰ₁ | 杨树坪—辛庄低山丘陵亚区 | 406.99 | 12 | 199 |
| | Ⅰ₂ | 瓦房庄—白鹿—横山及豫02、S331云阳镇—南召段丘陵亚区 | | 20 | 526 |
| | Ⅰ₃ | 207国道回龙沟段及岭南高速低山亚区 | | 3 | 300 |
| | Ⅰ₄ | 四棵树乡、207国道低山丘陵亚区 | | 17 | 281 |

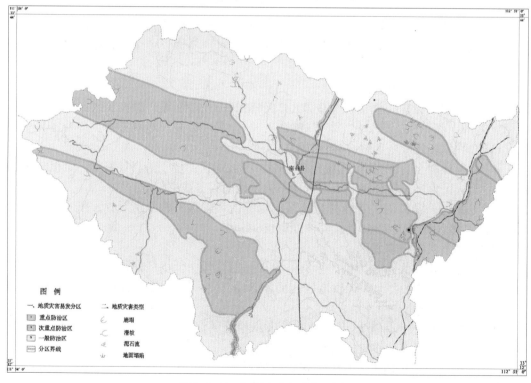

图3-11-2 南召县重点防治区划图

（1）杨树坪—辛庄低山丘陵亚区：位于南召县小店乡北部、云阳镇西北部、皇后乡东部，面积为78.04 km²。在斜坡高陡、河谷深切地段，极易诱发滑坡、崩塌。地质灾害隐患点12处。

（2）瓦房庄—白鹿—横山及豫02、S331云阳镇—南召段丘陵亚区：位于南召县东部，面积为203.58 km²。由于修公路、采矿、建筑等人类活动频繁，山体破坏严重，地质灾害频繁发生，灾害类型以滑坡、崩塌、不稳定斜坡、泥石流为主。

（3）207国道回龙沟段及岭南高速低山亚区：重点防治段为207国道崔庄乡回龙沟段沿线，有崩塌、不稳定斜坡隐患点，直接威胁公路长约1 500 m，总方量为5.6 万m³，严重威胁过往行人及车辆安全。

（4）四棵树乡、207国道低山丘陵亚区：位于南召县南部，面积为117.19 km²。地质灾害类型以不稳定斜坡、崩塌、滑坡为主。地质灾害隐患点17处。

# 11.2  镇平县

镇平县地处豫西南山区，辖12镇11乡，409个行政村，2 780个自然村，全县共94万人，总面积1 580 km²。耕地面积为109.3万亩，农作物以小麦、玉米、水稻、红薯、豆类为主，经济作物以烟叶、棉花、油料为主。镇平县境内初步探明的矿藏有20种。

## 11.2.1  地质环境背景

### 11.2.1.1  地形、地貌

镇平县地处伏牛山南麓，北部为中山、低山丘陵，北中部为岗地，南部为堆积平原，总体地势北高南低。

### 11.2.1.2  气象、水文

镇平县属北亚热带暖温带半湿润气候。县境内年平均气温15 ℃，极端最高气温42.6 ℃，极端最低气温-14.7 ℃；年最大降水量1 165.7 mm，年最小降水量437.1 mm，降水量主要集中于6、7、8、9四个月，约占全年降水总量的62.4%，且空间变化较大。

镇平县属汉水流域唐白河水系，较大的河流有赵河、潦河、严陵河等。

### 11.2.1.3  地层与构造

镇平县出露地层由老及新依次为古元古界秦岭岩群雁岭沟组、新元古界清白口系耀岭河组、泥盆系南湾组、白垩系白湾组、高沟组、马家沟组、寺沟组以及新生界新近系、第四系等。境内北部山前地带，见第四纪地层中发育有小规模褶皱曲和断裂，在区域性大断裂一侧或两侧分布有温度偏高的泉水。根据《中国地震动参数区划图》，县境内地震基本烈度为Ⅵ度。

### 11.2.1.4  水文地质、工程地质

依据赋存条件，可将地下水划分为松散岩类孔隙水、碳酸盐岩裂隙岩溶水、基岩裂隙水3种类型。

根据各类岩土体工程地质特征，镇平县岩土体工程地质类型分为碎裂状较软花岗岩强风化岩组，中厚层稀裂状中等岩溶化大理岩岩组，片状较软石英片岩岩组，中厚层坚

硬块状砂岩、砂砾岩岩组，中厚层较软泥岩、粉砂岩、黏土岩岩组，黏性土单层土体，粉质黏土、粉土、淤泥质土、细砂多层土体等7种类型。

### 11.2.1.5　人类工程活动

镇平县主要人类工程活动有矿山开采、交通线路建设、水利工程建设、切坡建房等。镇平县境内初步探明的矿藏有20种。老庄矿区、二龙皂爷庙大理石矿区、遮山矿区等采矿活动强烈。镇平县道路交通发展迅速，局部路段因深挖方，构成斜坡隐患。由于当地建设用地较为短缺，居民建房过程中为拓宽宅地，常切坡形成高陡边坡，斜坡隐患较大。

## 11.2.2　地质灾害类型及特征

### 11.2.2.1　地质灾害类型

镇平县地质灾害类型主要为崩塌、滑坡、泥石流、地面塌陷等。据野外实地调查，全县已发生的灾害点有7处（见表3-11-5），其中崩塌2处，滑坡3处，地面塌陷1处，泥石流1处。其分布主要在二龙乡、老庄镇、高丘镇、石佛寺镇等北部低山丘陵、中山区一带（见表3-11-6）。

表3-11-5　镇平县地质灾害类型及数量分布统计

| 地质灾害类型 | 数量 | 占灾害总数比例（%） |
| --- | --- | --- |
| 崩塌 | 2 | 28.6 |
| 滑坡 | 3 | 42.8 |
| 地面塌陷 | 1 | 14.3 |
| 泥石流 | 1 | 14.3 |
| 合计 | 7 | 100 |

表3-11-6　镇平县各乡镇已发生地质灾害一览表

| 乡　镇 | 崩　塌 | 滑　坡 | 泥石流 | 地面塌陷 | 合　计 |
| --- | --- | --- | --- | --- | --- |
| 二龙乡 | 1 | | 1 | | 2 |
| 高丘镇 | | 3 | | | 3 |
| 石佛寺镇 | 1 | | | | 1 |
| 老庄镇 | | | | 1 | 1 |
| 合计 | 2 | 3 | 1 | 1 | 7 |

### 11.2.2.2　地质灾害特征

1. 滑坡

滑坡3处，规模均为小型。2处为岩质，1处为土质。岩质滑坡组成岩性为片岩、片麻岩、砂岩、泥岩等，土质滑坡物质构成以第四系中更新统粉土、粉质黏土等为主。滑坡平面形态以圈椅形为主，剖面形态多为直线及台阶形。主要分布于四山、高丘等地（属高丘镇），灾情等级为小型。

此外，不稳定斜坡31处，涉及二龙、高丘、老庄、卢医、石佛寺等9个乡镇，岩质、土质均较发育，主要集中于道路两侧高陡边坡，以及居民建房切坡处。

2. 崩塌

区内北部山区地形地貌复杂，沟谷纵横，岩（土）体风化，人类工程活动复杂而强烈，崩塌灾害较为发育。崩塌灾害2处，集中分布于二龙乡、石佛寺镇等地。1处为岩质，1处为土质，规模均为小型。崩塌灾害级别为小型。

崩塌一般发育于自然沟谷侧壁上部，交通线路两侧斜坡的中上部，居民房屋切坡处等，即坡体临空好且位能差较大、易失稳崩落或倾倒的场所。卸荷节理、裂隙发育，节理、裂隙面开启度0.4~1.5 cm，延续深度0.4~1 m，局部大于2 m。多呈垂直或陡倾切割坡体。雨水易于沿节理、裂隙下灌，并在动、静水压力共同作用下，加剧崩塌产生。

3. 泥石流

北部山区，构造、风化破碎及崩塌、滑坡等形成的松散堆积物，加之采矿、修路等形成的人工弃体，在重力和降水作用下，经坡面、沟底再搬运，堆积于沟底，尤其在采矿活动强烈的地方，采矿废渣一般沿沟堆放，易造成沟道或河道堵塞，一旦受强降水激发，易突发泥石流灾害。调查发现泥石流灾害1处，即赵河泥石流，规模为大型。该泥石流曾于2004年7月16日及2005年6月30日，先后两次突发泥石流，冲毁大量耕地，损毁道路、桥梁等，直接经济损失4 100多万元。

4. 地面塌陷

调查地面塌陷灾害1处，为（钼矿）采空塌陷，该塌陷为小型地面塌陷。位于老庄镇任家沟村、徐家庄村钼矿区，塌陷坑平面呈不规则圆形，直径约15 m。现仍存在隐患。

## 11.2.3　地质灾害灾情

根据初步调查统计，20世纪60年代以来，全县共发生地质灾害点7处，灾情等级特大型1处，小型6处。包括崩塌2处、滑坡3处、地面塌陷1处、泥石流1处，共造成2人死亡，直接经济损失4 105.8万元。

2004年7月16日，二龙乡赵河流域突发泥石流灾害，造成1人死亡，毁房900余间，冲毁道路60 km、桥梁8座等，直接经济损失约5 000万元。

1987年，在老庄镇徐庄钼矿区，矿洞突然冒顶，在地面形成椭圆形塌陷坑，直径约15 m，共造成2人死亡。

2003年，在207国道沿线郭老庄段，发生基岩滑坡。滑坡体积为6 972 m³。造成该公路15 h堵塞中断。

## 11.2.4　地质灾害隐患点特征及险情评价

### 11.2.4.1　地质灾害隐患点分布特征

全县有各类地质灾害隐患点57处，包括崩塌11处、滑坡10处、地面塌陷1处、泥石流4处、不稳定斜坡31处。主要分布于老庄镇、二龙乡、高丘镇（高丘镇与四山乡合并）、卢医镇、石佛寺、遮山乡等乡镇。

县境57处地质灾害隐患点，预测潜在经济损失6 857.9万元，潜在危害级别：特大型

2处、大型2处、中型17处、小型36处。其中，滑坡隐患潜在危害级别：中型3处、小型7处；崩塌隐患潜在危害级别：中型3处、小型8处；泥石流隐患潜在危害级别：特大型2处、大型2处；地面塌陷隐患潜在危害级别：小型1处；不稳定斜坡潜在危害级别：中型11处、小型20处。

镇平县57处地质灾害及隐患点稳定性：滑坡7处稳定性差，3处稳定性较差；崩塌9处稳定性差，2处稳定性较差；不稳定斜坡24处稳定性差，7处稳定性较差；泥石流3处中等易发，1处易发；地面塌陷1处稳定性较差。

### 11.2.4.2 重要地质灾害隐患点

重要地质灾害隐患点共4处，均为泥石流灾害隐患，包括特大型2处、大型2处（见表3-11-7）。

表3-11-7 重要地质灾害隐患点稳定性及危害状况一览表

| 编号 | 灾害类型 | 地理位置 | 可能失稳因素 | 稳定性 | 险情 | 危险性 |
|------|----------|----------|--------------|--------|------|--------|
| 004 | 泥石流 | 镇平县老庄镇大栗树 | 自然风化堆积、人为活动、降水 | 中易发 | 大型 | 次危险 |
| 16 | 泥石流 | 二龙乡赵河 | 降水、自然风化堆积 | 易发 | 特大型 | 危险 |
| 29 | 泥石流 | 四山乡、政府西200 m | 降水、自然风化堆积 | 中易发 | 特大型 | 危险 |
| 47 | 泥石流 | 城郊乡周家村 | 降水、采矿弃渣 | 中易发 | 大型 | 危险 |

## 11.2.5 地质灾害易发程度分区

全县地质灾害易发程度分为高易发区、中易发区、低易发区、非易发区4个区（见表3-11-8、图3-11-3）。

表3-11-8 镇平县地质灾害易发区分区

| 等级 | 代号 | 区（亚区）名称 | 亚区代号 | 面积（km²） | 占全县面积（%） | 隐患点数 | 威胁资产（万元） |
|------|------|----------------|----------|-------------|------------------|----------|------------------|
| 高易发区 | A | 北部低山丘陵泥石流、崩塌、滑坡高易发区 | A_{4-1} | 456.84 | 28.9 | 48 | 6 506.9 |
| 中易发区 | B | 菊花场—三潭崩塌、滑坡中易发亚区 | B_{2-1} | 79.16 | 5.0 | 5 | 31.5 |
| | | 遮山崩塌、滑坡中易发亚区 | B_{2-2} | 53.36 | 3.4 | 3 | 24 |
| 低易发区 | C | 中部山前岗地地质灾害低易发区 | C_{2-1} | 373.71 | 23.7 | 1 | 300 |
| 非易发区 | D | 南部冲、洪积平原地质灾害非易发区 | D_{1-1} | 616.93 | 39.0 | | |

### 11.2.5.1 北部低山丘陵泥石流、崩塌、滑坡高易发区

地处镇平县北部低山丘陵区，面积456.84 km²。该区共发现各类地质灾害隐患点48处，包括滑坡9处，崩塌9处，泥石流4处，不稳定斜坡25处，地面塌陷1处。

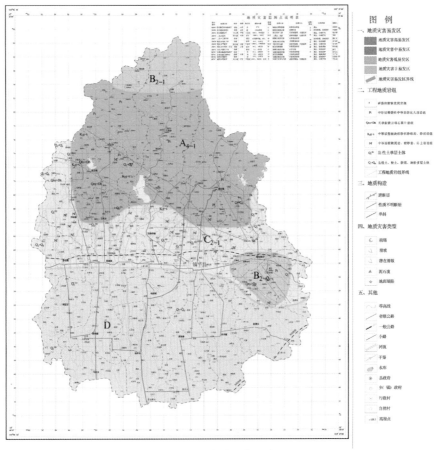

图3-11-3　镇平县地质灾害易发区图

## 11.2.5.2　地质灾害中易发区

（1）菊花场—三潭崩塌、滑坡中易发亚区：地处镇平北部中山区，面积79.16 km²。主要发育崩塌、滑坡，调查发现各类隐患点共5处，其中，不稳定斜坡隐患4处，崩塌1处。

（2）遮山崩塌、滑坡中易发亚区：地处镇平县城东部，面积53.36 km²。区内人类工程活动主要为采矿及居民建房等，主要发育崩塌、滑坡，地质灾害隐患点3处，其中不稳定斜坡2处，滑坡1处。

## 11.2.5.3　中部山前岗地地质灾害低易发区

该区面积373.71 km²，属剥蚀岗地，地势起伏较小，一般不发育大型规模地质灾害。

## 11.2.5.4　南部冲、洪积平原地质灾害非易发区

该区面积616.93 km²，为冲洪积倾斜平原及冲积带状平原，地势较为平坦，地质灾害不发育。

## 11.2.6　地质灾害重点防治区

重点防治区为二龙—老庄地段，总面积325.84 km²，占全县总面积的20.62%，灾害隐患点40处（见表3-11-9、图3-11-4）。位于县境北部赵河流域—草河流域一带，属于中山、低山丘陵地貌，面积325.84 km²。地形起伏、冲沟发育，岩体节理、裂隙发育。地质灾害发育类型以泥石流、崩塌、滑坡、地面塌陷等为主。调查发现地质灾害隐患点共40处，威胁4 630人。

表3-11-9　地质灾害重点防治分区表

| 分区名称 | 亚区 | 代号 | 面积（km²） | 占全县面积（%） | 威胁对象 |
|---|---|---|---|---|---|
| 重点防治区 | 二龙—老庄地质灾害重点防治区 | $A_1$ | 325.84 | 20.62 | 居民、道路、耕地、建筑、矿山 |

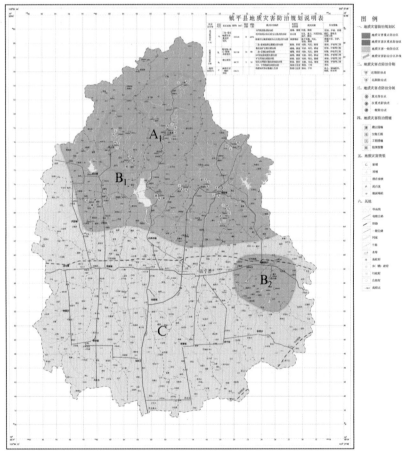

图3-11-4　镇平县地质灾害防治规划图

# 11.3  内乡县

内乡县地处河南省西南部，辖10乡6镇，2个居委会，289个行政村，3 516个自然村，人口62.52万人，总面积2 300.7 km²。为山区农业县，自古以农业种植为主，现有耕地面积70万亩，主要农作物为小麦、玉米、红薯、烟叶、棉花、花生、芝麻等30余种，为河南省烟叶生产基地。已形成机械、建材、化学、医药、酿酒、造纸印刷等工业体系。

## 11.3.1  地质环境背景

### 11.3.1.1  地形、地貌

内乡县总体地势北高南低，自西北向东南倾斜。最高处夏馆镇白草尖海拔1 845 m，最低处大桥乡大周村海拔145 m，相对高差1 700 m。境内地貌类型大致分为中山、低山、丘陵和冲积平原四类。

### 11.3.1.2  气象、水文

内乡县地处暖温带向亚热带过渡地带，为北亚热带大陆性季风气候区，四季分明。多年平均气温15.1 ℃，极端最高气温为42.1 ℃，极端最低气温为-14.4 ℃。年均日照时数1 973.6小时。多年平均降水量756.5 mm，最大年降水量1 498.8 mm（1983年），最小年降水量506.5 mm（1999年），24小时最大雨强为213 mm。年内分配不均，6、7、8、9四个月降水量占多年平均降水量的61.57%。

县境属长江流域，有湍河、默河、刁河、长生观河等大小河流40余条，均为常年性河流，无冰期。

### 11.3.1.3  地层与构造

洛宁境内出露地层由老及新依次为下元古界秦岭群、中元古界毛堂群、古生界、寒武系、奥陶系、志留系、泥盆系、石炭系、中生界、新生界。区内岩浆岩岩性主要为斑状（黑云）花岗岩、粗粒花岗岩、中粒花岗岩、石英闪长岩、辉长岩等。分布于北部的板场、夏馆、马山等地及南部的西庙岗等地。

褶皱构造主要有西峡捷道沟—马山口复式背斜、淅川荆紫关—师岗复式向斜、西峡—桐柏—南湾向斜。主要断裂有卢氏朱阳关—夏馆活动断裂带、西峡北堂沟—内乡余关断裂、西峡—田关断裂、毛堂—内乡断裂带。根据《中国地震动参数区划图》，内乡县地震基本烈度为Ⅴ~Ⅵ度。

### 11.3.1.4  水文地质、工程地质

依据地下水的赋存条件，将地下水分为松散岩类孔隙水、碎屑岩类孔隙裂隙水，碳酸盐岩裂隙岩溶水、基岩裂隙水4类。

依据区内各类岩土体工程地质特征，可将其划分为五类工程地质岩组：碎裂状较软花岗岩强风化岩组、中厚层泥化夹层较软粉砂岩组、片状较软石英云母片岩组、中厚层稀裂状中等岩溶化硬碳酸盐岩组和黏土、淤泥、细砂多层土体。

#### 11.3.1.5 人类工程活动

内乡县素有"七山一水二分田"之称。农业以种植、养殖、林副业为主体。内乡县矿山资源开发以开采大理石、石墨、海泡石为主。山区修路、建房形成众多不稳定斜坡，产生滑坡及崩塌隐患。

### 11.3.2 地质灾害类型及特征

#### 11.3.2.1 地质灾害类型

内乡县调查各类地质灾害点57处，其中崩塌8处、滑坡7处、泥石流9处，不稳定斜坡33处 (见表3-11-10)。

表3-11-10 内乡县地质灾害发育类型一览表

| 地质灾害类型 | | 数量 | 占同类百分比（%） | 占总数百分比（%） |
|---|---|---|---|---|
| 崩塌 | 土质崩塌 | 3 | 38 | 5 |
| | 岩质崩塌 | 5 | 62 | 9 |
| 滑坡 | 土质滑坡 | 3 | 43 | 5 |
| | 岩质滑坡 | 4 | 57 | 7 |
| 泥石流 | | 9 | | 16 |
| 不稳定斜坡 | | 33 | | 58 |

#### 11.3.2.2 地质灾害特征

1. 崩塌

崩塌是主要地质灾害之一。共调查崩塌灾害点8处，岩质崩塌5处，土质崩塌3处。崩塌主要集中分布于北部山区，地形复杂，沟谷纵横，坡体陡峭，岩体风化强烈。其次是南部浅山丘陵地区。就规模而言，除1处为中型外，其余均为小型。主要交通沿线侧壁及人类工程活动较强烈的地区，为崩塌隐患较为集中发育区。此外，居民切坡建房，形成不稳定斜坡威胁住户安全的情况也很普遍。

2. 滑坡

滑坡主要发育于北部中低山区及西南部低山丘陵区，分布于夏馆、马山口、余关、七里坪、西庙岗等乡镇。滑坡7处，其中岩质滑坡4处，土质滑坡3处。除2处为中型滑坡外，其余5处均为小型。滑体体积0.02 万～14.1 万 $m^3$。岩质滑坡组成岩性主要为片岩（绿泥石片岩、角闪片岩、石英片岩等）、炭质页岩、石墨大理岩、泥灰岩等。滑坡平面形态以圈椅形、舌形、矩形为主，剖面形态多为直线形及台阶形。

3. 不稳定斜坡

经调查，发现不稳定斜坡33处，可能发生滑坡。

4. 泥石流

泥石流9处，多数为河谷型。按泥石流体性质划分，均为水石流。分布于北部山区湍河、默河上游。以马山口、七里坪、夏馆和板场等乡镇泥石流分布较为集中。其中，马山口镇、七里坪乡受灾较为严重。

泥石流平面形态为喇叭形、长条形，剖面形态呈阶梯形等。就规模而言，以中、小型泥石流为主。

### 11.3.3 地质灾害隐患点特征及险情评价

内乡县重要地质灾害隐患点有3处，特征见表3-11-11。

表3-11-11 内乡县重要地质灾害点灾情与危险程度评价

| 编号 | 灾害类型 | 地理位置 | 变形日期 | 过去灾情 | | 潜在危险 | |
|---|---|---|---|---|---|---|---|
| | | | | 损失评估 | 灾情级别 | 预损失评估 | 危害程度 |
| 1 | 中型泥石流 | 马山口镇关帝坪村竹园组 | | | | 150人，10亩耕地 | 重大 |
| 2 | 大型泥石流 | 马山口青山河泥石流 | 1970年 | 2 008间，240亩，死45人，计1亿元 | 特大 | 2 000人，2 400亩，9 600万元 | 特大 |
| 3 | 小型泥石流 | 七里坪乡张凹村 | 2000年7月 | 6间，70亩，241.2万元 | 较大 | 150人，160间，32万元 | 重大 |

### 11.3.4 地质灾害易发程度分区

全县地质灾害易发程度分为高易发区、中易发区、低易发区、非易发区4个区（见表3-11-12、图3-11-5）。

表3-11-12 内乡县地质灾害易发区

| 等级 | 代号 | 区（亚区）名称 | 亚区代号 | 面积（km²） | 占全县面积（%） | 隐患点数 | 危害（万元） |
|---|---|---|---|---|---|---|---|
| 高易发区 | A | 湍河上游崩塌滑坡高易发区 | A₁ | 533.1 | 23.2 | 13 | 904.4 |
| | | 瀼河流域泥石流高易发区 | A₂ | 14 | 0.6 | 1 | 120 |
| | | 蚌峪—后会泥石流、滑坡高易发区 | A₃₋₁ | 56.9 | 2.4 | 4 | 125.2 |
| | | 马山盆地泥石流、崩塌高易发区 | A₃₋₂ | 206.6 | 9 | 12 | 453.4 |
| 中易发区 | B | 伏牛山南麓崩塌、滑坡中易发区 | B₁₋₁ | 245.2 | 10.7 | 2 | 64 |
| | | 云磨垛崩塌、滑坡中易发区 | B₁₋₂ | 46.9 | 2.0 | | |
| | | 湍河、默河中游崩塌、滑坡中易发区 | B₁₋₃ | 177.1 | 7.7 | 12 | 341.2 |
| | | 南部低山丘陵崩塌、滑坡中易发区 | B₁₋₄ | 291.4 | 12.7 | 10 | 1 726.4 |
| 低易发区 | C | 湍河、默河中下游地质灾害低易发区 | C₁ | 389.2 | 16.9 | | |
| | | 西南丘陵地质灾害低易发区 | C₂ | 135.8 | 5.9 | | |
| 非易发区 | D | 默河冲积平原地质灾害非易发区 | D₁ | 121.5 | 5.3 | | |
| | | 长生观河冲积平原地质灾害非易发区 | D₂ | 83 | 3.6 | | |

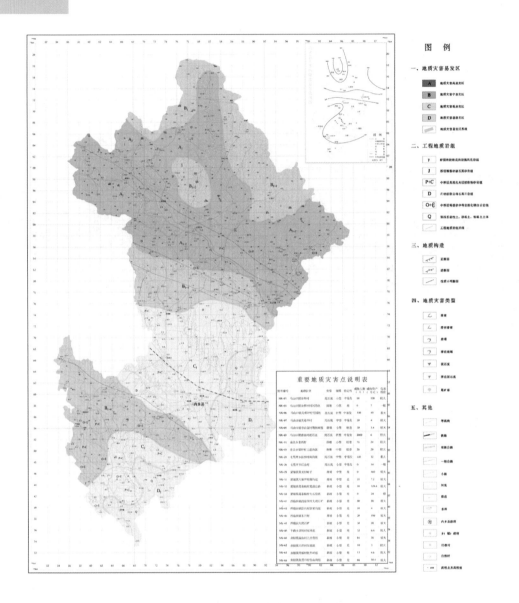

图3-11-5 内乡县地质灾害分布与易发区图

### 11.3.4.1 地质灾害高易发区

（1）蚌峪—后会泥石流、滑坡高易发区：该区面积56.9 km²，该区海泡石采矿点到处可见，废矿渣随地堆放，遇暴雨天气，极易产生泥石流、崩塌、滑坡。

（2）马山盆地泥石流、崩塌高易发区：该区面积206.6 km²，北部大雨沟、潭沟上游及东南部柿园沟、布袋沟上游地势险峻，山高谷深，沟床纵坡降大，物理风化强烈，残坡积物发育，崩塌、滑坡、泥石流较为发育。

#### 11.3.4.2　地质灾害中易发区

（1）伏牛山南麓崩塌、滑坡中易发区：该区为中低山区，风化较为强烈，人为活动相对较少。虽具备有崩塌、滑坡发生条件，但居民稀少，且居住分散，崩塌、滑坡造成的破坏及威胁相对较小。

（2）云磨垛崩塌、滑坡中易发区：位于中低山区，面积46.9 km²，占总面积的2.0%，海拔400~1 156.3 m，相对高差756.3 m。山体坡度25°~45°，局部大于45°，沟谷发育。

（3）湍河、默河中游崩塌、滑坡中易发区：该区面积177.1 km²，山体较为陡峭，沟谷纵横。地质灾害隐患点12处。

（4）南部低山丘陵崩塌、滑坡中易发区：该区为低山丘陵区，面积291.4 km²，小型冲沟较为发育。地质灾害隐患点10处。

#### 11.3.4.3　地质灾害低易发区

（1）湍河、默河中下游地质灾害低易发区：该区属冲积平原及丘陵地貌，面积389.2 km²，地势起伏不大，小型冲沟较发育。发生崩塌、滑坡灾害的危险性小。

（2）西南丘陵地质灾害低易发区：该区地处伏牛山余脉南丘陵岗坡区，面积135.8 km²，小冲沟发育，坡度较缓，滑坡、崩塌灾害危险性小。

### 11.3.5　地质灾害重点防治区

重点防治区包括默河中上游中低山丘陵区、县境西北中低山区、县境西南部低山丘陵区3个亚区，合计面积985.6 km²（见表3-11-13、图3-11-6）。

（1）默河中上游中低山丘陵亚区：该亚区位于伏牛山南麓，包括青山河、梅子河、花北河流域，为泥石流灾害集中发育区。主要防治段有青山河沿岸、花北河、梅子河中下游。

（2）县境西北中低山亚区：包括西北中低山区湍河上游及鱼道河中上游，主要人类活动为旅游线路开辟和采矿活动（主要为万沟金矿）。主要防治段有万沟金矿、夏湍公路、瀼河泥石流、蚌峪—后会泥石流。

（3）县境西南部低山丘陵亚区：包括西庙岗、乍曲大部并东延至湍东、大桥、师岗结合部。主要地质灾害类型为采矿崩塌及路侧滑坡。主要防治段有大理岩、水泥灰岩采矿段、内西公路西庙岗—方山段、东川省道沿线。

表3-11-13　内乡县地质灾害防治规划分区

| 区名 | 亚区 | 亚区名称 | 面积 | 隐患 | 威胁 | 重点防治地段 | 地质灾害类型 | 致灾因素 | 防治措施 |
|---|---|---|---|---|---|---|---|---|---|
| 重点防治区（A） | A₁ | 默河中上游中低山丘陵区 | 241.7 | 13 | 2 455 | 青山河沿岸崩塌及泥石流发育段 | 泥石流、崩塌 | 洪水、切坡 | 拦、排 |
| | | | | | | 花北河、梅子河中下游泥石流发育段 | 泥石流 | 打磨岗水库工程隐患 | 水库大坝加固 |
| | | | | | | 万沟金矿 | 尾矿库诱发泥石流 | 矿渣堆放 | 尾矿库加固 |
| | A₂ | 县境西北中低山区 | 469.4 | 16 | 351 | 夏馆公路 | 滑坡、崩塌 | 岩层（体）风化切坡过陡 | 护坡 |
| | | | | | | 灌河中下游 | 泥石流 | 洪水、上游崩塌堆积 | 上拦下排 |
| | | | | | | 蚌峪一后会泥石流、滑坡发育段 | 泥石流、滑坡 | 矿渣堆放、切坡过陡 | 拦挡、护坡 |
| | A₃ | 县境西南部低山丘陵区 | 274.5 | 10 | 243 | 大理岩、水泥灰岩采矿区 | 崩塌 | 临空面过高、岩体破碎 | 护坡 |
| | | | | | | 新修内乡西公路西庙岗一方山段 | 崩塌、滑坡 | 坡面陡峭、岩体破碎 | 护坡 |
| | | | | | | 东川省道沿线 | 滑坡 | 坡面陡峭、构造破碎 | 削方减载、避让 |

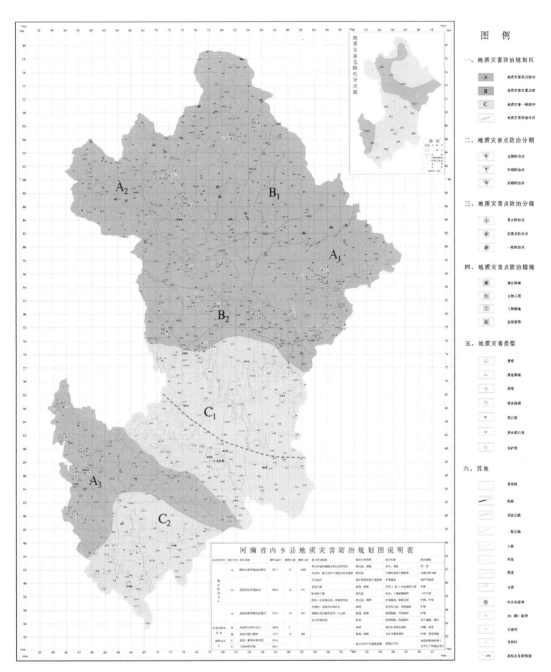

图3-11-6 内乡县地质灾害防治规划

# 11.4 淅川县

淅川县位于豫、鄂、陕三省结合部，辖12镇4乡，517个行政村，总人口71.87万人，总面积2 798.4 km²。现有耕地面积69.9万亩，主要农作物为小麦、玉米、红薯、烟叶、棉花、花生、芝麻等30余种，为河南省辣椒、烟叶生产基地。境内工业目前已形成化工、机械、建材、工艺美术、冶金、医药、食品、造纸印刷等十大门类，产品千余种。矿产资源较为丰富，已探明39种矿产资源，开发利用22种。

## 11.4.1 地质环境背景

### 11.4.1.1 地形、地貌

淅川县地处秦岭支脉伏牛山南麓山区，境内四面环山，西北高、东南低，略向东南开口。总体地势由西北向东南倾斜。低山区分布于县境西部、北部，丘陵区分布于县境中部，岗地及冲积平原区分布于县境东南部的香花、九重、厚坡3镇，河谷阶地及河漫滩区主要分布于丹江、鹳河和丹江水库沿岸的川谷地带。

### 11.4.1.2 气象、水文

淅川县属北亚热带季风型大陆性气候，多年平均气温为15.8 ℃，多年平均降水量797.8 mm，最大年降水量1 423.7 mm（1958年）；最小年降水量391.1 mm（1975年）。6~9月降水量占年均降水量的59.75%。

淅川县境内有丹江、灌河、淇河、滔河、刁河等五大河流，均属长江流域汉江水系，除刁河外，均属山区型河流，河槽深，坡降大，洪枯流量变化悬殊。亚洲第一大人工淡水湖—丹江水库，水域总面积846 km²，库容174.5亿 m³，是举世瞩目的南水北调中线工程的源头。

### 11.4.1.3 地层与构造

淅川县出露地层自老到新为古元古界陡岭群瓦屋场组和大沟组，中元古界武当群，新元古界青白口系耀岭河组，震旦系陡山沱组和灯影组，下古生界寒武系水沟口组、岳家坪组、蔡沟组、蜈蚣丫组，奥陶系秀子沟组、白龙庙组、牛尾巴山组、峏曲组、蛮子营组，志留系下统张湾组，上古生界泥盆系中统白山沟组、上统王冠沟组和葫芦山组，石炭系下统下集组、梁沟组和上统三关垭组、周营组，中生界白垩系上统高沟组、马家村组地层，新生界古近系白营组、玉皇顶组、大仓房组、核桃园组，新近系凤凰镇组，第四系下更新统、中更新统、上更新统、全新统。

境内以褶皱构造为主，总体构造方向为北西至南东。县境北部元古界地层分布区为复式单斜构造，中部为荆紫关—师岗复向斜构造，南部大龙山至四峰山一带为复背斜构造。主要断裂有新屋场—田关断裂带、淅川—黄风垭断裂带、荆紫关—寺湾—老城—香花断裂带。

### 11.4.1.4 水文地质

根据区内地下水赋存条件、介质孔隙的成因及水文地质特征，地下水类型分为基岩裂隙水、碎屑岩类孔隙裂隙水、碳酸盐岩类裂隙岩溶水、松散岩类孔隙水。松散岩类孔隙水主要分布于丹江、鹳河等河流和丹江水库沿岸的川谷地带及香花、九重、厚坡的岗地、冲积平原区。碎屑岩类孔隙裂隙水主要分布于丹江两岸古近系和白垩系的砂砾岩、泥岩、粉砂岩地层中。碳酸盐岩类裂隙岩溶水分布于荆师复向斜两翼及丹江两岸低山区。基岩裂隙水分布于荆师复向斜两翼局部带状区域和以北地区。

### 11.4.1.5  工程地质

境内岩土体工程地质条件主要受岩性、地貌、地质构造等因素控制。根据地貌形态，将县境内划分为低山丘陵基岩工程地质区和岗地冲积平原松散土体工程地质区。根据区内岩土体的力学强度划分为坚硬岩类、较坚硬岩类、半坚硬岩类、松软岩类四大工程地质岩类。按各类岩、土的成因及工程地质特征可进一步细分为5个工程地质岩组。侵入岩组分布于荆紫关、西簧、寺湾北部，属坚硬岩类。变质岩组广泛分布于县境北部基岩山区。碳酸盐岩组分布于荆师复向斜两翼的广大地区。碎屑岩组主要分布于荆师复向斜核部两侧的带状区域及丹江两侧。松散土体主要分布于丹江、鹳河河漫滩、阶地，丹江水库沿岸，香花、九重、厚坡等镇。

### 11.4.1.6  人类工程活动

境内主要人类工程活动有水利工程建设、矿山开采、交通工程建设、城乡建设等。丹江水库为淅川县最大的水利工程，为南水北调中线工程的引水源，水库扩容、水位抬升，将对周边地质环境产生较大影响，并可能因库岸再造而出现库岸坍塌等现象。淅川县已探明39种矿产资源，已开发或部分开发利用的有22种。矿产开采严重破坏周围的地质环境，水土流失、植被破坏，多处出现滑坡、崩塌、泥石流、地面塌陷等灾害。近年来，县境内交通工程建设取得快速发展，出现边坡失稳，威胁公路、车辆、行人及附近居民生命财产安全。

## 11.4.2  地质灾害类型及特征

### 11.4.2.1  地质灾害类型

淅川县地质灾害主要有崩塌、滑坡、泥石流、地面塌陷四种类型，主要分布于境内西部、西北部、北部及中部低山丘陵区。各类地质灾害共计79处，其中崩塌33处、滑坡41处、泥石流沟2条、地面塌陷3处（见表3-11-14）。

表3-11-14  淅川县各乡镇地质灾害分布统计

| 乡 镇 | 崩 塌 | 滑 坡 | 泥石流 | 地面塌陷 | 合 计 |
|---|---|---|---|---|---|
| 仓房 | | 5 | | | 5 |
| 盛湾 | 3 | 3 | 1 | | 7 |
| 滔河 | 1 | 3 | | | 4 |
| 大石桥 | 5 | 3 | | | 8 |
| 老城 | 2 | | | | 2 |
| 金河 | | 3 | | | 3 |
| 马蹬 | 3 | 5 | | 3 | 11 |
| 上集 | 1 | 1 | | | 2 |

续表3-11-14

| 乡镇 | 崩塌 | 滑坡 | 泥石流 | 地面塌陷 | 合计 |
|---|---|---|---|---|---|
| 毛堂 | 3 | | | | 3 |
| 寺湾 | 6 | 6 | 1 | | 13 |
| 西簧 | 4 | 6 | | | 10 |
| 荆紫关 | 5 | 6 | | | 11 |
| 合计 | 33 | 41 | 2 | 3 | 79 |

### 11.4.2.2 地质灾害特征

1. 崩塌

崩塌33处，分布于低山丘陵区的乡镇，发生频度高，危害较大。崩塌主要分布于民居周围、交通路线侧壁、矿山采场等人为切坡形成的陡崖处。

2. 滑坡

滑坡遍及低山丘陵区的乡镇，平面形态以圈椅形、舌形、矩形为主，剖面形态多为直线形及台阶形。境内滑坡大多在人工切坡及降水共同作用下发生。

3. 泥石流

2处泥石流均为河谷型泥石流，按泥石流流体性质来分均为水石流。分布于盛湾镇阴坡村阴坡沟、寺湾镇杜家河村葛藤沟。

4. 地面塌陷

地面塌陷3处，均为小型采空塌陷。集中分布于马镫镇关防村、云岭村、葛家沟村带状区域。

## 11.4.3 地质灾害灾情

淅川县已发生地质灾害79处，其中灾情中型4处，小型75处，共造成11人死亡、1人受伤，直接经济损失911.3万元。

崩塌灾害33处，灾情均为小型，直接经济损失166.6万元；滑坡41处，灾情小型40处、中型1处，直接经济损失284.7万元；泥石流2处，直接经济损失244万元；地面塌陷3处，灾情小型2处、中型1处，直接经济损失216万元。

## 11.4.4 地质灾害隐患点特征及险情评价

### 11.4.4.1 地质灾害隐患点分布特征

淅川县各类地质灾害隐患点200处，其中崩塌91处、滑坡55处、不稳定斜坡47处、泥石流沟4条、地面塌陷3处。

崩塌91处。按规模划分，90处为小型、1处为中型。土质崩塌37处、岩质崩塌54处。主要分布于县境中、北部低山丘陵区，多发于G209、豫332、荆淅公路等交通干线沿线、居民区附近、矿山采场等人类工程活动相对强烈地段。

滑坡55处，规模中型13处、小型42处。土质滑坡42处、岩质滑坡13处。分布遍及处于低山丘陵区的乡镇。土质滑坡岩性主要为第四系残坡积碎石土及冲洪积亚黏土、亚砂土。岩质滑坡岩性主要为黏土岩、泥岩、粉砂岩、片麻岩、片岩类等。滑坡平面形态以圈椅形、舌形、矩形为主，剖面形态多为直线形及台阶形。

不稳定斜坡47处，分布遍及处于低山丘陵区的乡镇，其中土质不稳定斜坡27处，岩质不稳定斜坡20处。土质不稳定斜坡岩性主要为第四系残坡积碎石土及冲洪积亚黏土、亚砂土。岩质不稳定斜坡岩性主要为黏土岩、泥岩、粉砂岩、片麻岩等碎屑岩类和变质岩类。

泥石流4处，主要为河谷型泥石流，按泥石流流体性质来分均为水石流。分布于盛湾镇阴坡村阴坡沟、寺湾镇杜家河村葛藤沟、西簧乡柳林村樟花沟、荆紫关镇吴家沟村吴家沟。

地面塌陷3处，均为小型采空塌陷。集中分布于马镫镇关防村、云岭村、葛家沟村带状区域。

#### 11.4.4.2 地质灾害隐患点险情评价

各类灾害隐患点，险情大型20处、中型124处、小型56处。其中，崩塌共91处，险情大型3处、中型49处、小型39处，受威胁人数950人，损失预测10 652万元；滑坡55处，险情大型7处、中型36处、小型12处，受威胁人数2 168人，损失预测1 987.2万元；泥石流4处，大型2处、中型1处、小型1处，受威胁人数815人，损失预测850万元；地面塌陷3处，大型1处、小型2处，受威胁人数105人，损失预测396万元；不稳定斜坡47处，险情大型7处、中型38处、小型2处，受威胁人数2 773人，经济损失预测2 147.2万元。

### 11.4.5 重要地质灾害隐患点

根据险情评价，共确定险情特大型、大型重要地质灾害隐患点37处（见表3-11-15）。

表3-11-15 淅川县重要地质灾害隐患点稳定性与危害性评价

| 序号 | 灾害类型 | 位　置 | 稳定性 | 危害程度 | 威胁对象 |
|---|---|---|---|---|---|
| 1 | 中型滑坡 | 仓房镇党子口村大王沟西组 | 差 | 重大 | 130人，110间房 |
| 2 | 中型滑坡 | 仓房镇王家井堰沟组 | 差 | 重大 | 130人，140间房 |
| 3 | 中型滑坡 | 仓房镇侯家坡村 | 差 | 较大 | 44人，42间房 |
| 4 | 中型滑坡 | 仓房镇刘裴村黄连树组 | 较差 | 重大 | 120人，103间房 |
| 5 | 中型滑坡 | 盛湾镇袁坪村 | 差 | 重大 | 125人，140间房，50亩耕地 |
| 6 | 小型滑坡 | 盛湾镇马沟村顾家营 | 差 | 重大 | 150人，200间房，变电所1座 |
| 7 | 小型滑坡 | 盛湾镇陈岗村田湾组 | 差 | 较大 | 40人，50间房 |
| 8 | 中型滑坡 | 盛湾镇秀子沟大山槽组 | 差 | 重大 | 132人，160间房，15亩耕地 |
| 9 | 不稳定斜坡 | 滔河乡朱沟村 | 差 | 重大 | 232人，250间房 |

续表3-11-15

| 序号 | 灾害类型 | 位　置 | 稳定性 | 危害程度 | 威胁对象 |
|---|---|---|---|---|---|
| 10 | 不稳定斜坡 | 滔河乡朱山村 | 差 | 重大 | 348人，435间房 |
| 11 | 小型滑坡 | 滔河乡清泉村6组 | 差 | 重大 | 105人，120间房 |
| 12 | 不稳定斜坡 | 大石桥乡陡岭村西沟组 | 差 | 较大 | 95人，118间房 |
| 13 | 滑坡 | 大石桥乡石燕河村砑子湾组 | 差 | 较大 | 35人，40间房 |
| 14 | 滑坡 | 大石桥乡郭家渠村火星岗 | 差 | 较大 | 78人，92间房 |
| 15 | 崩塌 | 大石桥乡郭家渠村火星岗 | 较差 | 较大 | 32人，40间房 |
| 16 | 滑坡 | 大石桥乡郭家渠村火星岗 | 差 | 较大 | 36人，30间房 |
| 17 | 滑坡 | 大石桥乡郭家渠村火星岗 | 差 | 较大 | 63人，63间房 |
| 18 | 不稳定斜坡 | 老城镇下湾村柴家沟 | 差 | 重大 | 220人，210间房 |
| 19 | 地面塌陷 | 马蹬镇葛家沟 | 不稳定 | 一般 | 30亩耕地 |
| 20 | 地面塌陷 | 马蹬镇关防村青龙沟 | 不稳定 | 重大 | 105人，140间房，30亩耕地 |
| 21 | 崩塌 | 马蹬镇黑龙村石家沟组 | 差 | 较大 | 15人，15间房 |
| 22 | 地面塌陷 | 马蹬镇云岭村高台子组 | 不稳定 | 一般 | 25亩耕地 |
| 23 | 滑坡 | 马蹬镇孙庄徐家营组 | 差 | 较大 | 20人，14间房 |
| 24 | 滑坡 | 上集镇三关垭村温楼组 | 差 | 较大 | 17人，20间房 |
| 25 | 不稳定斜坡 | 寺湾镇大峪沟村烧锅组 | 差 | 较大 | 53人，50间房，20亩耕地 |
| 26 | 滑坡 | 寺湾镇罗岗村高沟 | 差 | 较大 | 28人，25间房 |
| 27 | 崩塌 | 寺湾镇老庄村上庄 | 差 | 较大 | 32人，37间房 |
| 28 | 滑坡 | 寺湾镇老庄村上庄 | 差 | 较大 | 72人，56间房 |
| 29 | 滑坡 | 西簧乡樟花沟村中沟组 | 差 | 较大 | 24人，24间房 |
| 30 | 滑坡 | 西簧乡落阳村小落阳组 | 差 | 较大 | 25人，29间房 |
| 31 | 崩塌 | 西簧乡关帝村上街组 | 较差 | 较大 | 85人，82间房 |
| 32 | 滑坡 | 西簧乡卧龙岗村北峪沟组 | 差 | 较大 | 80人，60间房 |
| 33 | 滑坡 | 西簧乡解元村解元组 | 差 | 较大 | 42人，45间房 |
| 34 | 滑坡 | 荆紫关镇大扒村新屋场组 | 差 | 较大 | 77人，75间房 |
| 35 | 滑坡 | 荆紫关镇大扒村中扒组 | 差 | 较大 | 33人，38间房 |
| 36 | 滑坡 | 荆紫关镇双河村水鱼沟组 | 差 | 较大 | 35人，30间房 |
| 37 | 滑坡 | 荆紫关镇小石槽沟村 | 差 | 较大 | 50人，80间房 |

## 11.4.6　地质灾害易发程度分区

全县地质灾害易发程度分为高易发区、中易发区、低易发区、非易发区4类（见表3-11-16、图3-11-7）。

表3-11-16 淅川县地质灾害易发区

| 等级 | 区（亚区）名称 | 面积（km²） | 占全县面积（%） | 隐患点数 | 威胁人数 | 危害（万元） |
|---|---|---|---|---|---|---|
| 高易发区 | 荆紫关—寺湾—西簧滑坡、崩塌高易发区（A₁₋₁） | 444.68 | 15.9 | 90 | 1 760 | 6 406.6 |
| | 老城滑坡、崩塌高易发区（A₁₋₂） | 84.68 | 3.0 | 21 | 852 | 716.4 |
| | 仓房滑坡高易发区（A₁₋₃） | 69.63 | 2.5 | 9 | 729 | 401.2 |
| | 马蹬地面塌陷、崩塌、滑坡高易发区（A₄） | 24.01 | 0.9 | 13 | 191 | 410.4 |
| | 小 计 | 623.0 | 22.3 | 133 | 3 532 | 7 934.6 |
| 中易发区 | 丹江上游崩塌、滑坡中易发区（B₁₋₁） | 277.07 | 9.9 | 30 | 2 057 | 2 730.6 |
| | 县境中部崩塌、滑坡中易发区（B₁₋₂） | 848.93 | 30.3 | 31 | 1 113 | 3 892.8 |
| | 毛堂—上集北部崩塌、滑坡中易发区（B₁₋₃） | 195.62 | 7.0 | 6 | 109 | 1 474.4 |
| | 小 计 | 1 321.62 | 47.2 | 67 | 3 279 | 8 097.8 |
| 低易发区 | 城关—金河—上集地质灾害低易发区（C₁） | 62.37 | 2.2 | | | |
| | 香花地质灾害低易发区（C₂） | 178.49 | 6.4 | | | |
| | 小 计 | 240.86 | 8.6 | | | |
| 非易发区 | 九重—厚坡地质灾害非易发区（D₁） | 263.87 | 9.4 | | | |
| 合计 | | 2 449.35 | | 200 | 6 811 | 16 032.4 |

#### 11.4.6.1 地质灾害高易发区

（1）荆紫关—寺湾—西簧滑坡、崩塌高易发区：地处淅川县西北低山丘陵区，面积444.68 km²。斜坡陡峭，沟谷纵横，基岩破碎、风化程度较高。采矿、筑路、建房等人类工程活动强烈，为崩塌、滑坡高发区。地质灾害90处，包括滑坡21处，崩塌46处，不稳定斜坡21处，泥石流2处。

（2）老城滑坡、崩塌高易发区：地处丹江水库上游北岸丘陵区，面积84.68 km²。冲沟发育，岩体节理裂隙发育，风化带岩性破碎。区内人类工程活动主要为荆淅公路切坡、居民建房等。主要灾害类型为崩塌、滑坡。

（3）仓房滑坡高易发区：地处丹江水库西岸丘陵区，面积69.63 km²。冲沟发育，岩体破碎，节理裂隙发育，风化程度较高。人类工程活动为筑路切坡、居民切坡建房、石膏矿开采等，为崩塌、滑坡高发区。

（4）马蹬地面塌陷、崩塌、滑坡高易发区：位于马蹬镇南部丘陵区，面积24.01 km²。地形相对高差50~150 m，山间沟谷发育，区内人类工程活动强烈，为采矿、筑路等造成了多处崩塌、滑坡隐患。

#### 11.4.6.2 地质灾害中易发区

（1）丹江上游崩塌、滑坡中易发区：包括丹江上游两岸的带状区域及丹江水库南岸滔河和盛湾的部分区域，面积277.07 km²。地质灾害类型主要为滑坡、崩塌。地质灾

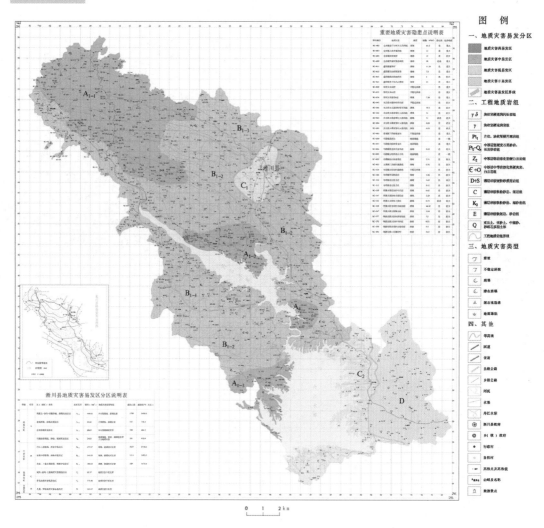

图3-11-7　淅川县地质灾害分布与易发区图

害30处，其中崩塌11处、滑坡8处、不稳定斜坡10处、泥石流1处。

（2）县境中部崩塌、滑坡中易发区：位于淅川县中部丘陵区，包括荆师复向斜两翼广大地区，面积848.93 km²。以崩塌、滑坡为主，地质灾害31处，其中崩塌16处、滑坡10处、不稳定斜坡4处、泥石流1处。

（3）毛堂—上集北部崩塌、滑坡中易发区：位于毛堂乡和上集镇的北部低山丘陵区，面积195.62 km²。地质灾害类型主要为崩塌、滑坡，地质灾害6处，其中崩塌3处、不稳定斜坡3处。

### 11.4.6.3　地质灾害低易发区

（1）城关—金河—上集地质灾害低易发区：包括城关镇及金河镇、上集镇的邻近区域，面积62.37 km²。坡度较缓，坡体临空条件较差，发生崩滑灾害的危险性小，危害不大。

（2）香花地质灾害低易发区：包括香花镇的大部分区域，面积178.49 km²。坡度较缓，一般小于25°，崩塌、滑坡灾害危险性小。

#### 11.4.6.4 地质灾害非易发区

该区位于九重镇、厚坡镇，面积263.87 km²。属刁河冲洪积平原，地势平坦，地质灾害不发育。

### 11.4.7 地质灾害重点防治区

淅川县地质灾害防治规划分区见表3-11-17、图3-11-8。

**表3-11-17 淅川县地质灾害防治规划分区**

| 区名 | 亚区名称 | 面积（km²） | 隐患点数 | 威胁人数 | 重点防治地段 | 防治措施 |
|------|---------|-----------|---------|---------|------------|---------|
| 重点防治区（A） | 县境西北低山丘陵亚区（A₁） | 444.68 | 90 | 1 760 | 209国道沿线崩塌隐患段、双河—大扒崩滑发育段、陈家山—石燕河崩滑隐患段 | 削坡、护坡、挡墙、避让 |
| | 丹江水库上游北岸亚区（A₂） | 84.68 | 21 | 852 | 七里边—郭家渠崩滑段 | 削坡、护坡、支挡 |
| | 丹江水库下游西岸亚区（A₃） | 69.63 | 9 | 729 | 水库沿岸沟岔居民点所在地段 | 护坡、支挡 |
| | 马蹬南部亚区（A₄） | 24.01 | 13 | 191 | 云岭—关防—葛家沟地面塌陷区、马蹬至八仙洞新修公路 | 避让、回填、削坡、护坡 |
| 次重点防治区（B） | 丹江水库上游南岸亚区（B₁） | 409.97 | 41 | 2 963 | 丹江及丹江水库沿岸陡坡段 | 削坡、护坡 |
| | 县境东部、北部亚区（B₂） | 722.60 | 24 | 295 | 鹳河及丹江水库沿岸陡坡段 | |
| 一般防治区（C） | 县境中部亚区（C₁） | 218.58 | 2 | 21 | | 削坡、护坡、地基处理 |
| | 县境南部亚区（C₂） | 152.61 | | | | |
| | 县境东南亚区（C₃） | 310.49 | | | | |

重点防治区包括县境西北低山丘陵区、丹江水库上游北岸区、丹江水库下游西岸区、马蹬南部区四个亚区，总面积623 km²，占全县总面积的22.3%。

（1）县境西北低山丘陵亚区：位于县境西北的低山丘陵区，包括境内淇河流域及

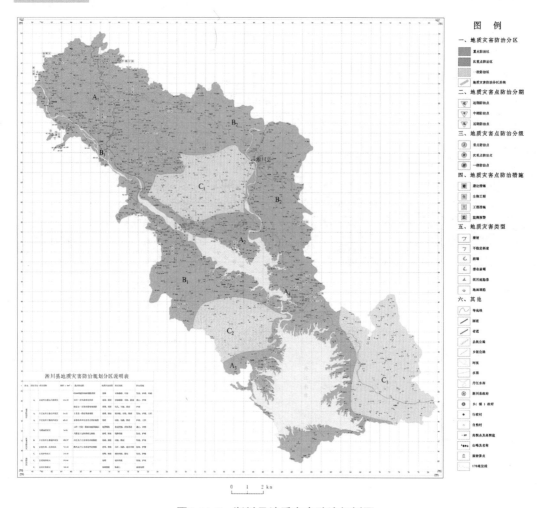

图3-11-8 淅川县地质灾害防治规划图

丹江流域上游北侧地区，属荆紫关镇、西簧乡、寺湾镇及毛堂乡。为崩塌、滑坡集中发育区，威胁对象主要为居民、房屋及省、国道。主要防治段有209国道沿线崩塌隐患段、双河—大扒崩滑发育段、陈家山—石燕河崩滑隐患段。

（2）丹江水库上游北岸亚区：位于丹江水库上游北岸的丘陵区，包括老城镇南部及大石桥乡东部和金河镇南部局部地区。因居民建房及公路修筑切坡，人为形成临空面，再加上地层产状的不利因素，多形成崩塌、滑坡灾害和隐患。主要防治段为七里边—郭家渠崩滑段。

（3）丹江水库下游西岸亚区：位于仓房镇南部丘陵区，丹江水库下游西岸。地质灾害类型主要为滑坡，主要防治段为水库沿岸沟岔居民点所在地段。

（4）马蹬南部亚区：位于马蹬镇南部丘陵区，地质灾害发育类型为地面塌陷、崩塌、滑坡。主要防治段有云岭—关防—葛家沟地面塌陷区、马蹬至八仙洞新修公路。

# 11.5　方城县

方城县辖16个乡镇，565个村民委员会（含街道居民委员会），3 880个自然村，总面积2 542 km²，人口100.66万人。全县总耕地面积153万亩，林地62万亩，牧地79.7万亩，水面26.4万亩。

## 11.5.1　地质环境背景

### 11.5.1.1　地形、地貌

依据成因、形态差异，方城县地貌可分为侵蚀构造低山、剥蚀构造丘陵岗地、河谷冲积平原三种类型。

### 11.5.1.2　气象、水文

方城县年平均气温为14.4 ℃，多年平均年降水量为803.9 mm。降水量最多的1964年达到1 323.1 mm，降水量最少的1966年仅420.7 mm。降水一般集中在6～9月，占全年总降水量的60%以上，且多为暴雨，个别年份为特大暴雨。日最大降水量273.7 mm。

方城县位于长江水系和淮河水系的分界处，沿江淮分水岭两侧，东部、北部为淮河水系，西部、南部为长江水系。主要河流有潘河、赵河、白河、干江河、澧河、澎河等。

### 11.5.1.3　地层与构造

方城县出露地层有太古宙、青白口系、震旦系、下古生界、寒武系、上古生界、三叠系、白垩系、古近系、新近系、第四系。

主要褶皱构造有西峰寨向斜、栋草湖—云阳向斜、牛心山背斜、红石岩寨向斜。主要构造有柳河逆断层、陌平—云阳—维摩寺断裂带、南阳—方城隐伏断层、牛郎庄—何庄隐伏断层、羊册逆断层。参考《中国地震动参数区划图》，方城县地震动峰值加速度为 ≤0.05 g，相当于地震基本烈度Ⅵ度。

### 11.5.1.4　水文地质

方城县地下水可划分为松散岩类孔隙水、碳酸盐岩类裂隙岩溶水和基岩裂隙水3种类型。松散岩类孔隙水主要分布于河谷平原地带及山前岗地一带。含水层主要为亚黏土、黏土、砂砾、砂、砂砾石，埋深小于50 m，地下水富水性较好；碳酸盐岩类裂隙岩溶水主要分布在拐河—四里店之间的低山区，燕山水库也有零星分布，主要含水层岩性为结晶灰岩和大理岩。基岩裂隙水分布在南、北部低山区，西北部和望花亭水库附近，为燕山期、晋宁期加里东期侵入岩，含水岩性为斜长片麻岩、石英岩、花岗岩等。

### 11.5.1.5　工程地质

按地貌、地层岩性、岩土体坚硬程度及结构特点，方城县岩土体工程地质类型分为6类。碎裂状较软花岗岩强风化岩组，分布在拐河、四里店、小史店、古庄店等乡镇；片状较软片麻岩、片岩组，主要分布在柳河—维摩寺—拐河及南部的二廊庙一带；厚层稀裂状硬石英砂岩、石英岩组，分布在方城县北部的拐河、四里店山区；中厚层具软弱夹层较软砂岩岩组，主要分布在柳河、杨集一带；双层土体黏性土，主要分布在方城县中部的垅岗地带；粉质黏土、砂土、细砂多层土体，分布在河谷及其沿岸地带，由全新统冲积物组成。

### 11.5.1.6 人类工程活动

人类工程活动主要有矿山开采、交通线路建设、水利工程建设、切坡建房等。矿业开发是方城县最主要的人类工程活动，矿山开采造成了大量地质环境问题，如滑坡、崩塌、地面塌陷、地裂缝地质灾害。水库建设中的库岸边坡不稳，易对水库及库坝下村庄及耕地形成威胁。河流河岸存在规模较大的塌岸现象。城镇、乡村建设中，边坡开挖成为潜在的不稳定边坡，威胁居民生命财产安全。

## 11.5.2 地质灾害类型及特征

### 11.5.2.1 地质灾害类型

方城县发现地质灾害点47处，其中崩塌14处，滑坡15处，泥石流沟3条，地面塌陷15处（见表3-11-18）。

表3-11-18 方城县各乡镇地质灾害统计

| 乡镇 | 滑坡 | 崩塌 | 泥石流 | 地面塌陷 | 合计 |
|---|---|---|---|---|---|
| 杨集乡 | | 1 | | 1 | 2 |
| 拐河镇 | 1 | 1 | | 6 | 8 |
| 四里店乡 | 8 | | | 2 | 10 |
| 博望镇 | | 1 | | | 1 |
| 清河乡 | 2 | 1 | | 1 | 4 |
| 袁店乡 | 1 | | | | 1 |
| 小史店镇 | | 4 | 1 | | 5 |
| 独树镇 | | 1 | 2 | 4 | 7 |
| 杨楼乡 | | 1 | | 1 | 2 |
| 广阳镇 | 1 | 1 | | | 2 |
| 柳河乡 | 1 | 1 | | | 2 |
| 二郎庙乡 | 1 | 1 | | | 2 |
| 券桥乡 | | 1 | | | 1 |
| 合计 | 15 | 14 | 3 | 15 | 47 |

### 11.5.2.2 地质灾害特征

1. 崩塌

崩塌14处，主要是河流塌岸，分布在杨集乡1处、独树镇1处、广阳镇1处、柳河乡1处、拐河镇1处、清河乡1处、博望镇1处、小史店镇4处、杨楼乡1处、券桥乡1处、二郎庙乡1处。均属小型崩塌。

河岸在河流侧向侵蚀下,以坠落方式破坏农田,堵塞河道,威胁村庄。发生时间多集中在7、8月。崩塌体组成物质多为$Q_4$粉质黏土、砂土,其平面形态为矩形或不规则形,剖面形态为直线,崩塌体结构零乱。河流塌岸产生原因多为河堤土质松散,汛期水流速度快、水位高,对河流凹岸产生强烈冲刷侵蚀,致使河岸下部形成凹槽,上部悬空,经过数年至数十年的蚕食,损毁大片岸侧耕地,甚至对较近的村庄农户造成威胁。另外,河道内的采砂活动也造成部分河段岸坡出现塌岸现象。

2. 滑坡

滑坡15处,土质滑坡13处,岩质滑坡2处。其中广阳镇1处、柳河乡1处、四里店乡8处、拐河镇1处、清河乡2处、二郎庙乡1处、袁店乡1处,全部位于低山丘陵地区。

滑坡平面形态不一,有半圆形、矩形、不规则形,剖面多呈凸形或凹形,滑体结构零乱,物质组成多为松散碎石土及粉质黏土。中南机械厂家属区滑坡为中型规模,其余均为小型滑坡。体积在140~180 000 $m^3$,滑面呈线形。滑坡体岩性多为第四系中上更新统的松散堆积物,往往受人为建房、筑路、水库修建等工程活动影响。

3. 泥石流

泥石流沟3条,其中独树镇2处,小史店镇1处。泥石流松散物贮量0.4 万~2.0 万 $m^3/km^2$,小史店贾沟村泥石流为中型,其余两条均属小型泥石流。流域面积在0.8~4.5 $km^2$,物质成分多为卵砾石、砂土,分选性差,散布在沟谷内的流通区及堆积区。泥石流的平面形态呈喇叭形、长条形,剖面形态多呈阶梯形,沟谷形态呈"V"形谷。主沟纵坡在134‰~228‰。泥石流发生时间一般集中在6、7、8三个月。危害对象主要为居民、农田、公路。

4. 地面塌陷

地面塌陷15处,均为采矿诱发,采掘矿种主要为萤石矿、铁矿。其中,拐河镇6处、四里店乡2处、清河乡1处、杨楼乡1处、独树镇4处、杨集乡1处。15处地面塌陷中,有3处地面塌陷规模为中型,其余12处均属小型。塌陷面积19.6~500 000 $m^2$。地面塌陷平面形态不一,有圆形、椭圆形及不规则形,多为陷坑出现,局部有裂缝。

## 11.5.3 地质灾害灾情

通过调查访问,方城县已发生地质灾害47 处,共造成470 间居民房屋遭到破坏,3 764 亩农田被毁,死亡4 人,造成的经济损失2 315.8 万元。其中,崩塌(主要为河流塌岸)造成的经济损失2 104 万元,滑坡造成的经济损失31.8 万元,泥石流造成的经济损失96 万元,地面塌陷造成的经济损失84 万元。灾情以小型为主。

## 11.5.4 地质灾害隐患点特征及险情评价

### 11.5.4.1 地质灾害隐患点分布特征

方城县境内存在地质灾害隐患点52处(见表3-11-19),分布于县境北部的四里店乡、拐河镇、独树镇、广阳镇、清河乡、杨集乡和县境东南部的小史店镇等。

表3-11-19　方城县各乡镇地质灾害隐患统计

| 乡镇 | 滑坡 | 崩塌 | 泥石流 | 地面塌陷 | 不稳定斜坡 | 合计 |
|------|------|------|--------|----------|------------|------|
| 杨集乡 | | 1 | | 1 | 2 | 4 |
| 拐河镇 | 1 | 1 | | 6 | 1 | 9 |
| 四里店乡 | 6 | | | 2 | 4 | 12 |
| 博望镇 | | 1 | | | | 1 |
| 清河乡 | 1 | 1 | | 1 | | 3 |
| 袁店乡 | 1 | | | | | 1 |
| 小史店镇 | | 4 | 1 | | | 5 |
| 独树镇 | | 1 | 2 | 4 | 1 | 8 |
| 杨楼乡 | | 1 | | 1 | | 2 |
| 广阳镇 | 1 | 1 | | | | 2 |
| 柳河乡 | 1 | 1 | | | | 2 |
| 二郎庙乡 | 1 | 1 | | | | 2 |
| 券桥乡 | | 1 | | | | 1 |
| 合计 | 12 | 14 | 3 | 15 | 8 | 52 |

#### 11.5.4.2　地质灾害隐患点险情评价

52处地质灾害隐患点，险情大型15处、中型29处、小型8处。共威胁3 217人，3 859间房，家属楼3座，1 400 m公路以及5 640亩耕地，预测经济损失7 419.8万元。按灾种分，滑坡险情大型3处、中型4处、小型5处；崩塌险情中型11处、小型3处；地面塌陷险情大型3处、中型10处、小型2处；泥石流险情级别大型2处、小型1处；不稳定斜坡险情中型4处、小型4处。

### 11.5.5　重要地质灾害隐患点

方城县重要地质灾害隐患点5处。分别为滑坡3处，泥石流沟2条。

（1）广阳镇中南机械厂桥东家属区滑坡：位于广阳镇中南机械厂桥东家属区，滑坡体长120 m，宽300 m，总体坡度30°，坡向42°，平面呈矩形，剖面呈阶状。滑坡下面为中南机械厂的3座家属楼，滑坡体前缘距家属楼只有6.7 m。2005年7月，滑坡体的前缘发生小规模滑动，规模为长30 m、宽50 m、厚5 m，毁坏房屋1间。现滑坡体后缘有裂缝出现，缝宽0.2～0.4 m，长约40 m。威胁人数400人，120户，险情级别为大型。

（2）袁店乡梁庄村竹园滑坡：位于袁店乡梁庄村竹园组，长122 m，宽130 m，厚0.2～3 m，坡度27°，坡向130°，平面呈矩形，剖面为阶梯形。2003年7月降雨时，该滑坡发生滑动，造成100间房屋毁坏。该滑坡处于构造剥蚀丘陵地带，表层为$Q_4$残坡积物，厚0.2～3 m，下部为砂岩夹薄层泥岩、细砂岩，产状为65∠32°，总体坡度27°。险情级别为大型。

（3）拐河镇西关村阮庄滑坡：位于袁店乡梁庄村竹园组，长92 m，宽130 m，厚1～5 m，坡度40°，坡向130°，平面呈矩形，剖面为阶梯形。分别在1975年和1990年两次发生滑动，造成3间房屋毁坏。滑坡坡脚处为竹园村。险情级别为大型。

（4）小史店镇贾沟村唐磨沟泥石流：位于小史店镇，没有明显的形成区、流通区和堆积区。2003年该沟暴发泥石流，冲毁耕地100亩，直接经济损失60万元，并且造成交通中断。险情等级为大型。

（5）独树镇马库庄村石山沟泥石流：位于独树镇，没有明显的形成区、流通区和堆积区。2006年该沟暴发泥石流，冲毁耕地10亩，直接经济损失6万元，并且造成交通中断。险情等级为大型。

## 11.5.6　地质灾害易发程度分区

全市地质灾害易发程度分为高易发区、中易发区、低易发区3个区（见表3-11-20、图3-11-9）。

表3-11-20　方城县地质灾害易发区

| 等级 | 亚区 | 面积（km$^2$） |
|---|---|---|
| 高易发区 | 三贤山滑坡、崩塌高易发区 | 64.26 |
| | 北部山区滑坡、崩塌高易发区 | 593.51 |
| | 白河沿岸河岸崩塌高易发区 | 10.76 |
| | 独树镇范营—杏园地面塌陷高易发区 | 16.51 |
| | 黄土岭萤石矿区地面塌陷高易发区 | 24.45 |
| 中易发区 | 东部低山丘陵区滑坡、崩塌、泥石流中易发区 | 537.4 |
| 低易发区 | 中部平原地质灾害低易发区 | 1 295.11 |

### 11.5.6.1　地质灾害高易发区

（1）三贤山滑坡、崩塌高易发区：位于方城县西部，包括广阳镇、柳河乡、袁店乡的部分地区，面积64.26 km$^2$。地貌为低山丘陵，沟谷纵横，构造发育。区内存在地质灾害点4处，其中滑坡2处，崩塌2处。主要隐患点是中南机械厂滑坡和竹园滑坡。

（2）北部山区滑坡、崩塌高易发区：位于方城县北部山区，包括四里店乡、拐河镇的全部和独树镇、杨集乡、清河乡、柳河乡的北部地区，面积593.51 km$^2$。区内存在地质灾害点22处，其中滑坡12处、崩塌4处、泥石流2处、地面塌陷4处。存在地质灾害隐患点27处，其中滑坡9处、崩塌3处、泥石流2处、不稳定斜坡8处、地面塌陷5处。

（3）白河沿岸河岸崩塌高易发区：位于方城县和南召县的交界处，面积10.76 km$^2$。多次发生河岸崩塌现象，河岸坍塌仍存在隐患。

（4）独树镇范营—杏园地面塌陷高易发区：位于独树镇、杨集乡的北部境内，主要分布在范营朱沟和杏园村，面积16.51 km$^2$。该区矿产资源丰富，目前有4个矿山在开采，造成局部地面塌陷地质灾害发生。存在地质灾害隐患点5处。

（5）黄土岭萤石矿区地面塌陷高易发区：位于方城县北部拐河乡西部，主要在该

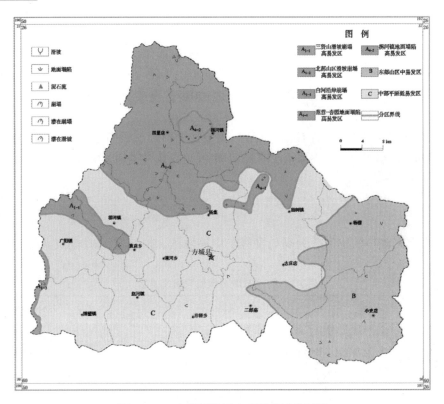

图3-11-9　方城县地质灾害易发区分区图

乡大麦沟黄土岗和姚店村分布，面积24.45 km²。存在地质灾害点5处，均为地面塌陷地质灾害。

### 11.5.6.2　地质灾害中易发区

该区位于方城县东部—东南部一带，面积537.4 km²。已发生地质灾害点7处，存在地质灾害隐患点6处。

### 11.5.6.3　地质灾害低易发区

该区位于方城县中部及西南部的广大平原地区，主要发育崩塌（河流塌岸），面积1 295.11 km²。

## 11.5.7　地质灾害重点防治区

方城县地质灾害重点防治区主要分布在低山区、丘陵区以及白河沿岸，为三贤山重点防治区、北部山区重点防治区、白河沿岸重点防治区3个亚区（见图3-11-10）。

（1）三贤山重点防治亚区：位于方城县的西部，以三贤山为中心，丘陵地貌，分布的乡镇有广阳镇、柳河乡、袁店乡。面积64.26 km²，灾害类型以崩塌、滑坡为主。重要隐患点为中南机械厂桥东家属区滑坡和袁店乡竹园村滑坡。

（2）北部山区重点防治亚区：位于县境北部低山丘陵区，分布的乡镇有拐河镇、四里店乡、独树镇、杨集乡、清河乡、袁店乡、柳河乡等7个乡镇。面积634.4 km²。主

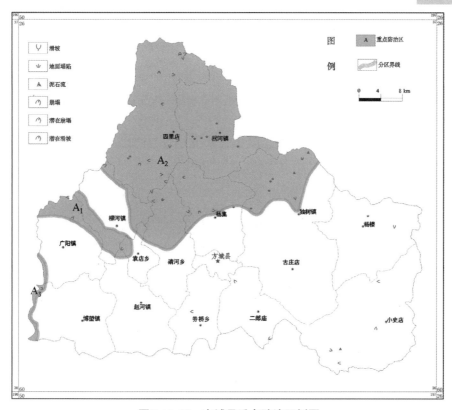

**图3-11-10　方城县重点防治区划图**

要为地面塌陷、滑坡、泥石流，存在地质灾害隐患点37处。重点防治点为范营村地面塌陷、朱沟地面塌陷、养马口地面塌陷、张庄河岸崩塌、黄土岭滑坡。

（3）白河沿岸重点防治亚区：该区位于方城县和南召县的交界处，面积10.76 km²。该区内河岸坍塌仍存在隐患，重点防治地段为傅村—沙沟寨村段。

# 11.6　西峡县

西峡县辖16个乡镇，297个行政村，总面积3 454.7 km²，人口42.9万人。主要粮食作物有小麦、玉米、薯类等，经济作物有辣椒、烟叶、棉花、花生、芝麻等。农村初步形成"菌、果、药"三大主导产业。林地面积396万亩，森林覆盖率76.8%。西峡县矿产资源丰富，已探明具有开采价值的共有5类38种。

## 11.6.1　地质环境背景

### 11.6.1.1　地形、地貌

西峡县地处秦岭支脉伏牛山南麓山区，老界岭、青铜山、牛心垛三道主要山脉与鹳、淇、丹三条河流由西北交错向东南延伸，形成西北部群山盘结、东南部丘陵纵横之地势，依次为中山区、低山区、山口盆地和丘陵区，总体地势由西北向东南倾斜。根据西峡县境内地貌成因和地貌形态，地貌类型分为中山地貌、低山地貌、丘陵地貌、河谷阶地地貌。

### 11.6.1.2　气象、水文

西峡县属北亚热带季风型大陆性气候，多年平均气温为15.1℃，多年平均降水量820.91 mm，最大年降水量1 755 mm，最小年降水量348.5 mm。年内分配不均，6、7、8、9四个月降水量占年均降水量的62%。

地表水均属长江流域汉水水系，按小流域可分为老鹳河流域、淇河流域、湍河流域。境内河流发育，河网密布，大小河流共计526条。主要河流有鹳河、淇河、湍河、峡河、双龙河、丹水河等。

### 11.6.1.3　地层与构造

出露地层主要有第四系、三叠系地层、前侏罗纪地层。地质构造发育。褶皱表现为复式背斜、向斜、侧转背向斜。主要褶皱构造有米坪向斜、捷道沟—马山口复背斜、河前庄背斜、西峡—内乡向斜。主要构造有小寨断裂带、朱阳关断裂带、寨根断裂带、西官庄断裂带、丁河—内乡剪切带、木家垭断裂带等。参考《中国地震动参数区划图》，西峡县地震动峰值加速度为≤0.05g，相当于地震基本烈度≤Ⅵ度。

### 11.6.1.4　水文地质、工程地质

根据区内地下水赋存条件、介质孔隙的成因及水文地质特征，地下水类型分为基岩裂隙水、碎屑岩类孔隙裂隙水、碳酸盐岩类裂隙岩溶水、松散岩类孔隙水。

根据地貌形态，将县境内划分为中、低山丘陵基岩工程地质区和岗地冲积平原松散土体工程地质区。根据区内岩土体的力学强度划分为坚硬岩类、较坚硬岩类、半坚硬岩类、松软岩类四大工程地质岩类。按各类岩、土的成因及工程地质特征可进一步细分为5个工程地质岩组：碎裂状较软花岗岩强风化岩组，片状软云母石英片岩组，中厚层稀裂状中等岩溶化硬白云岩组，中厚层泥化夹层较软粉砂岩组，黏土、细砂、砂卵石多层土体。

### 11.6.1.5　人类工程活动

人类工程活动主要有矿山开采、旅游开发、交通线路建设等。西峡县矿产资源较为丰富，已探明48种矿产资源，已开发或部分开发利用的有23种。矿产开采破坏周围的地质环境，出现滑坡、崩塌、泥石流、地面塌陷等灾害。旅游业作为"无烟工业"和"朝阳产业"，在西峡迅猛发展，修建道路、宾馆、索道、滑道等设施，可能引发崩塌、滑坡隐患。县境内国道、省道、县乡级公路密集分布，局部出现边坡失稳，形成了滑坡、崩塌隐患。居民开挖坡脚建房易导致坡体失稳，而产生崩塌、滑坡灾害。

## 11.6.2　地质灾害类型及特征

### 11.6.2.1　地质灾害类型

根据调查，西峡县已发生地质灾害类型有崩塌、滑坡、泥石流、地面塌陷4种，地质灾害点63处，其中崩塌7处，滑坡37处，泥石流16处，地面塌陷3处。崩塌主要分布于田关、石界河、桑坪、双龙、重阳等乡镇。滑坡主要分布于丹水、桑坪、军马河、重阳、丁河等乡镇。泥石流主要分布于太平镇、石界河、桑坪、西坪、米坪等乡镇。地面

塌陷分布于二郎坪、米坪、双龙三个乡镇。

#### 11.6.2.2 地质灾害特征

（1）滑坡：分布于中、低山丘陵区。滑坡37处，按规模，中型4处、小型33处。按滑坡体岩性，土质滑坡29处，岩质滑坡8处。滑坡规模相差悬殊，大者可达70万 $m^3$（重阳乡重阳寺滑坡），小者仅为0.036万 $m^3$（丁河乡蝎子村4组滑坡）。滑坡表面形态以纵长形、圈椅形为主，其次为舌形、矩形等，剖面形态则以台阶形、直线状为主。

（2）崩塌：崩塌7处，3处岩质崩塌，4处土质崩塌。主要分布于田关、石界河、桑坪、双龙、重阳等乡镇。崩塌体积在210～27 540 $m^3$。2处规模为中型，5处为小型。崩塌体组成物质多为片岩、粉质黏土、黄土，其平面形态为矩形或不规则形，剖面形态为直线。崩塌灾害点多位于村民的房前和房后及公路沿线，发生时间多集中在7、8月。

（3）泥石流：泥石流16处，以河沟型泥石流为主，其次为溪沟及冲沟型泥石流。按泥石流体性质分属于稀性水石流和泥石流。县境北部泥石流沟分布较多，南部次之，中部较少，北部则在老鹳河北岸较为发育。按发灾频率及危害程度，米坪、桑坪、太平、二郎坪、军马河、石界河等乡镇受灾最为严重。

（4）地面塌陷：3处地面塌陷，均为开采矿引发，分别位于二郎坪、米坪等乡镇。塌陷面积0.001 936～0.225 $km^2$，1处塌陷为中型规模，2处为小型。主要造成耕地和道路损坏、房屋开裂。地面塌陷平面形态不一，有圆形、长条形。

### 11.6.3 地质灾害灾情

根据调查统计，已经发生地质灾害63处，崩塌灾害7处，滑坡37处，泥石流16处，地面塌陷3处。灾情为特大型10处，大型6处，中型2处，一般级45处。造成23人死亡、6人受伤，直接经济损失36 121.4万元。

### 11.6.4 地质灾害隐患点特征及险情评价

#### 11.6.4.1 地质灾害隐患点分布

西峡县存在地质灾害隐患点285处，分布在16个乡镇。

五里桥乡：崩塌隐患点1处，滑坡隐患点1处；

田关乡：崩塌隐患点3处，滑坡隐患点2处，泥石流1处；

阳城乡：滑坡隐患点2处，不稳定斜坡隐患点2处；

丹水镇：崩塌隐患点1处，滑坡隐患点4处，泥石流1处；

回车镇：崩塌隐患点4处，不稳定斜坡隐患点1处，泥石流1处；

太平镇：崩塌隐患点4处，泥石流隐患点6处；

二郎坪乡：崩塌隐患点1处，不稳定斜坡隐患点1处，泥石流3处，地面塌陷1处；

石界河乡：崩塌隐患点3处，滑坡隐患点5处，不稳定斜坡隐患点2处，泥石流2处；

桑坪镇：崩塌隐患点3处，滑坡隐患点6处，不稳定斜坡隐患点3处，泥石流3处；

寨根乡：滑坡隐患点1处；

西坪镇：滑坡隐患点2处，不稳定斜坡隐患点2处，泥石流3处；

米坪镇：滑坡隐患点16处，不稳定斜坡隐患点4处，泥石流3处，地面塌陷隐患点1处；

军马河乡：崩塌隐患点2处，滑坡隐患点2处，泥石流1处；

双龙镇：崩塌隐患点2处，滑坡隐患点7处，不稳定斜坡隐患点1处，泥石流1处，地面塌陷隐患点2处；

重阳乡：崩塌隐患点2处，滑坡隐患点21处，不稳定斜坡隐患点3处；

丁河镇：崩塌隐患点4处，滑坡隐患点27处，不稳定斜坡隐患点6处，泥石流1处；

交通沿线：崩塌隐患点6处，滑坡隐患点36处，不稳定斜坡隐患点7处，地面塌陷隐患点1处。

#### 11.6.4.2　地质灾害隐患点险情评价

西峡县285处地质灾害隐患点中，险情为大型的38处，中型86处，小型161处。危害对象为，人员11 750人、房屋12 984间、学校6所、厂矿5座、耕地3 843亩、国道15 150 m、省道19 130 m、乡道74 176 m、铁路632 m、河道300 m、渠道50 m、隧道35 m、景区2处等。

### 11.6.5　重要地质灾害隐患点

重要地质灾害隐患点有10处。现分别描述如下：

（1）大岭村铁沟泥石流隐患：位于田关乡大岭村，为低易发泥石流，目前为发展期。威胁72户、278人、360间房。

（2）黑虎庙沟泥石流隐患：位于回车乡黑虎庙村，为低易发泥石流，目前为发展期。威胁300人、300间房、耕地210亩。

（3）银寺沟泥石流隐患：位于太平镇银寺沟村，为中易发泥石流，目前为形成期。威胁470人、420间房、小学1所。

（4）西牛漫泥石流隐患：位于太平镇上口村，为低易发水石流，目前为形成期。威胁300人、260间房、耕地200亩、乡路2 km。

（5）磨沟泥石流隐患：位于桑坪乡磨沟村，为中易发水石流，目前为发展期。威胁380人、300间房、耕地140亩、乡路10 km。

（6）岈子河泥石流隐患：位于西坪乡木家矸村，为中易发水石流，目前为发展期。威胁500人、500间房。

（7）子母沟泥石流隐患：位于米坪乡子母村，为中易发泥石流，目前为发展期。威胁400人、500间房、耕地200亩。

（8）野牛沟泥石流隐患：位于米坪乡河西村，为低易发泥石流，目前为衰退期。威胁300人、380间房、耕地200亩。

（9）白果村郭墁组滑坡隐患：位于军马河乡白果村郭墁组，滑坡体是第四系黏土，滑坡面为覆盖层与基岩接触面，滑坡体长度447 m，宽度385 m，平均厚度4.0 m，面积172 095 m$^2$，体积688 380 m$^3$，坡度35°，坡向90°，平面形态呈半圆形，剖面形态呈阶梯状，滑坡体前沿鼓胀，后缘有裂缝，附近房开裂，房后冒水，已毁坏房屋400间。现威胁134户、490人、670间房。

（10）虫蚜沟泥石流隐患：位于丁河乡虫蚜村，为低易发泥石流，目前为衰退期。威胁400人、400间房、耕地200亩。

## 11.6.6 地质灾害易发程度分区

全县地质灾害易发程度分为高易发区、中易发区、低易发区3个区（见表3-11-21）。

表3-11-21 西峡县地质灾害易发区

| 等级 | 代号 | 区（亚区）名称 | 亚区代号 | 面积（km²） | 占全县面积（%） | 隐患点数 | 威胁人数 | 经济损失（万元） |
|---|---|---|---|---|---|---|---|---|
| 高易发区 | A | 北山老界岭崩塌、滑坡、泥石流、地面塌陷高易发区 | A₁₋₁ | 1 418.09 | 41.0 | 159 | 7 706 | 34 851.7 |
| | | 南山牛心剁崩塌、滑坡高易发区 | A₁₋₂ | 533.91 | 15.5 | 72 | 1 916 | 5 848.6 |
| | | 合 计 | | 1 952 | 56.5 | 231 | 9 622 | 40 700.3 |
| 中易发区 | B | 中部崩塌、滑坡中易发区 | B | 1 212.01 | 35.1 | 48 | 2 062 | 7 694.95 |
| 低易发区 | C | 东南部地质灾害低易发区 | C | 290.69 | 8.4 | 6 | 66 | 110.2 |
| 合 计 | | | | 3 454.7 | 100 | 285 | 11 750 | 48 505.45 |

### 11.6.6.1 地质灾害高易发区

（1）北山老界岭崩塌、滑坡、泥石流、地面塌陷高易发区：分布于西峡县北部中山区，面积1 418.09 km²。为崩塌、滑坡、泥石流、地面塌陷高发区，主要发育场所为311国道、331省道侧壁，沟谷内民房周围切坡处和露天采矿场等。地质灾害159处，包括崩塌69处，滑坡54处，泥石流19处，不稳定斜坡12处，地面塌陷5处。

（2）南山牛心剁崩塌、滑坡高易发区：地处西峡县西南部低山丘陵区，面积533.91 km²。区内人类工程活动强烈，主要灾害类型为崩塌、滑坡、泥石流。地质灾害72处，其中崩塌6处、滑坡51处、泥石流3处、不稳定斜坡12处。

### 11.6.6.2 地质灾害中易发区

该区位于西峡县中部中、低山丘陵区，面积1 212.01 km²。地形起伏较大，山间沟谷发育。地质灾害类型主要为崩塌、滑坡、泥石流，地质灾害48处，其中崩塌14处、滑坡22处、泥石流4处、不稳定斜坡8处。

### 11.6.6.3 地质灾害低易发区

该区位于西峡县东部中、低山丘陵区，面积290.69 km²。地势起伏相对较小，发生灾害的危险性小。

### 11.6.7 地质灾害重点防治区

西峡县地质灾害重点防治区包括北部中山区、南部低山丘陵区两个亚区，总面积 1 782.67 km²（见表3-11-22）。

表3-11-22　西峡县地质灾害防治规划分区

| 区名 | 亚区代号 | 亚区名称 | 面积（km²） | 隐患点数 | 威胁人数 | 重点防治地段 | 地质灾害类型 | 致灾因素 | 防治措施 |
|---|---|---|---|---|---|---|---|---|---|
| 重点防治区 | A₁ | 县境北部中山区 | 1 083.98 | 157 | 4 743 | 311国道沿线崩塌、滑坡、泥石流隐患段 | 崩塌、滑坡、泥石流 | 岩体破碎、切坡、降雨 | 削坡护坡挡墙 |
| | | | | | | 331省道沿线崩塌、滑坡、泥石流隐患段 | 崩塌、滑坡、泥石流 | 岩体破碎、切坡、降雨 | 削坡护坡挡墙 |
| | | | | | | 双龙—二郎坪—太平镇崩塌、滑坡、泥石流隐患段 | 崩塌、滑坡、泥石流 | 岩体破碎、切坡、降雨、采矿 | 削坡护坡挡墙排导 |
| | A₂ | 南部低山丘陵区 | 698.69 | 88 | 1 916 | 312国道沿线崩塌、滑坡隐患段 | 崩塌、滑坡 | 顺向坡、切坡、降雨 | 削坡护坡支挡 |
| | | | | | | 209国道沿线崩塌、滑坡隐患段 | 崩塌、滑坡 | 岩体破碎、切坡、降雨 | 削坡护坡支挡 |
| | | | | | | 西坪、重阳、丁河镇一带崩塌、滑坡、泥石流隐患段 | 崩塌、滑坡、泥石流 | 岩体破碎、切坡、风化、降雨 | 削坡护坡支挡排导 |

（1）县境北部中山区：位于伏牛山南麓的中山区，主要为老鹳河沿线以北地区，属桑坪镇、米坪镇、石界河乡、军马河乡、双龙镇、太平镇、二郎坪镇。为崩塌、滑坡集中发育区。主要防治段有311国道沿线、331省道沿线、双龙—二郎坪—太平镇段。

（2）南部低山丘陵区：位于县境南部，包括西坪、重阳、丁河镇、五里桥、田关、丹水一带。崩塌、滑坡灾害威胁居民生命财产安全及公路交通安全。主要防治段312国道沿线、209国道沿线以及西坪、重阳、丁河镇一带。

# 11.7　桐柏县

桐柏县位于河南省南部，辖16个乡镇，214个行政村，人口42万人，面积1 941 km²。主要粮食及经济作物有水稻、小麦、大豆、绿豆、薯类、茶叶、麻类、花生、板栗、银杏等。已探明或部分探明的矿产有23种，已开发或部分开发利用的有23种。

## 11.7.1　地质环境背景

### 11.7.1.1　地形、地貌

桐柏县位于大别山北坡。地势南北高西东部低。由西南部的低山，逐渐过渡到西北部及北部的丘陵、岗地，以及西部、东部平原。按地貌形态、成因类型，县域地貌可划分为构造侵蚀低山、构造剥蚀丘陵、堆积剥蚀岗地、冲积河谷平原4种类型。

### 11.7.1.2　气象、水文

桐柏县属亚热带向暖温带过渡地区气候。年平均气温14.9 ℃，极端高温41.1 ℃，极端低温-20.3 ℃。年平均降水量1 173.4 mm，年最大降水量1 542.9 mm，年最小降水量628.9 mm，6～9月降水量占全年降水量的40%以上，年平均降水量南部高于北部。

以淮源镇固庙村西岭和大河镇土门村新坡岭一线为分水岭，东属淮河流域淮河水系，西属长江流域三家河水系。淮河水系主要河流有淮河、月河、陈留店河、五里河、毛集河，三家河水系主要河流有三家河、鸿仪河、鸿鸭河、江河等。

### 11.7.1.3　地层与构造

出露地层主要有新生界第四系、新近系、古近系，中生界三叠系，古生界二叠系、泥盆系、二郎坪群，元古界马鞍山群，太古宇。

县域构造较发育。主要褶皱构造有堡子复向斜、鳌子岭倒转向斜、彭家寨倒转倾伏背斜、庙对门向斜、朱庄背斜。主要断裂构造有破山断裂、大河断裂、松扒断裂带、老湾断裂、程湾—桐柏断裂带、固庙断裂等。根据《中国地震动参数区划图》，桐柏县地震基本烈度为Ⅵ度。

### 11.7.1.4　水文地质

据区内地下水赋存条件、介质孔隙的成因及水文地质特征，桐柏县地下水类型分为基岩裂隙水、碎屑岩类孔隙裂隙水、碳酸盐岩类裂隙岩溶水、松散岩类孔隙水4种类型。低山区、岗区富水性差，平原区地下水富水强。

### 11.7.1.5　工程地质

按地质地貌条件、岩土体特征，桐柏县岩土体工程地质岩组分为碎裂状较软花岗岩强风化岩组，片状较软片麻岩片岩组，厚层稀裂状硬石英砂岩石英岩组，中厚层具软弱夹层较软砂岩岩组，黏性土单层土体，亚黏土、亚砂土、细砂多层土体6种。

### 11.7.1.6　人类工程活动

人类工程活动主要有矿山开采、交通线路建设、水利工程建设、切坡建房等。桐柏县各类矿产资源56种，其中金、银、铜、铁、石油、天然碱、萤石、大理石、花岗石等23种已不同程度地被开发利用。矿产开采破坏地质环境，引发滑坡、崩塌、地面塌陷及伴生的地裂缝隐患。交通建设出现边坡失稳，威胁公路、铁路安全。

### 11.7.2 地质灾害类型及特征

#### 11.7.2.1 地质灾害类型

桐柏县地质灾害类型有崩塌、滑坡、不稳定斜坡、泥石流、地面塌陷，共38处（见表3-11-23）。有15个乡镇存在地质灾害。从地域分布特征看，地质灾害集中在县域南部、北部山区。从统计资料上看，地质灾害以崩塌为主，规模为小型。

表3-11-23 桐柏县地质灾害类型及数量分布统计

| 乡镇 | 滑坡 | 崩塌 | 泥石流 | 地面塌陷 | 不稳定斜坡 | 合计 |
|------|------|------|--------|----------|------------|------|
| 朱庄乡 | | 2 | | 3 | | 5 |
| 大河镇 | 2 | 1 | | 1 | 1 | 5 |
| 桐柏山风景区 | | | | | 3 | 3 |
| 月河镇 | | 3 | 1 | | | 4 |
| 城关镇 | 1 | | 1 | | 1 | 3 |
| 城郊乡 | 1 | 2 | | | | 3 |
| 毛集镇 | | 1 | | | | 1 |
| 回龙乡 | | 2 | | | | 2 |
| 吴城镇 | | 1 | | | | 1 |
| 程湾乡 | 1 | 1 | 5 | | 1 | 8 |
| 淮源镇 | 1 | | 1 | | 1 | 3 |
| 固县镇 | | | | | | |
| 安棚乡 | | | | | | |
| 埠江镇 | | | | | | |
| 平氏镇 | | | | | | |
| 新集乡 | | | | | | |
| 合计 | 6 | 13 | 8 | 4 | 7 | 38 |

#### 11.7.2.2　地质灾害特征

**1. 滑坡**

滑坡6处，规模小型，体积为320～60 000 m³。主要分布于程湾乡、淮源镇、大河镇、城郊乡、城关镇，其诱发因素均与切坡修路等人为活动有关。从岩性来看，均为土质滑坡，岩性以第四系残坡积物和基岩风化层为主，部分滑体夹大量砾石。

**2. 崩塌**

崩塌13处，土质崩塌9处，主要分布于月河镇淮河沿岸及吴城镇、毛集镇、大河镇、朱庄乡公路沿线；岩质崩塌4处，主要分布于回龙乡、城郊乡、程湾乡公路沿线。崩塌体积61～6 412 m³，均属小型崩塌。其诱发因素和公路切坡等人为活动有关。

**3. 泥石流**

县域内沟谷型泥石流8处，主要分布于山区，程湾乡5处，淮源镇1处，月河镇1处，城关镇1处。2处为中型泥石流，其余均属小型泥石流。

泥石流流域面积多在3～10 km²，个别达到28 km²。松散物贮量多在1.2 万～2 万 m³/km²。物质成分多为卵砾石，分选性差，散布在沟谷内的流通区及堆积区。泥石流的平面形态呈喇叭形、长条形，剖面形态多呈阶梯形，沟谷形态多呈U形谷，个别呈V形谷。主沟纵坡多在20°～37°，个别达45°。特殊的水动力条件使得多数泥石流沟以洪冲为主，淤积次之。沟口扇形地完整性均较差。泥石流发生时间一般集中在6、7、8三个月。

**4. 地面塌陷**

地面塌陷4处，均为采矿诱发。分布于朱庄乡和大河镇，其中朱庄乡3处、大河镇1处。塌陷面积314～48 300 m²，均属小型塌陷。

**5. 不稳定斜坡**

不稳定斜坡共7处，其中大河镇1处、桐柏山风景区3处，城关镇1处，程湾乡1处，淮源镇1处。斜坡组成有Q₄残坡积粉质黏土、侏罗纪花岗岩、桐柏岩群片麻岩、变粒岩。土层疏松—稍密，基岩浅部风化强烈，呈破碎状。斜坡规模大小不一，规模最大为桐柏山风景区水帘寺斜坡，体积为20.5 万 m³，该斜坡为潜在中型滑坡。

### 11.7.3　地质灾害灾情

桐柏县发生地质灾害31处，共造成17 人死亡、9 人受伤、2 317 间居民房屋遭到破坏、820 亩农田被毁、1 座桥梁毁坏、6 km公路毁坏及几百米公路阻塞等，直接经济损失6 720.8 万元。

### 11.7.4　地质灾害隐患点特征及险情评价

桐柏县地质灾害隐患点类型有崩塌、滑坡、泥石流、地面塌陷、不稳定斜坡共38处，其中崩塌13处、滑坡6处、泥石流8条、地面塌陷4处、不稳定斜坡7处。险情特大型1处、大型10处、中型8处、小型19处。各乡镇重要地质灾害隐患点见表3-11-24。

表3-11-24 重要地质灾害隐患点情况统计

| 乡镇 | 重要灾害点 | 规模 | 灾情 | 稳定性预测 | 危害程度分级 | 危险性预测 |
|---|---|---|---|---|---|---|
| 毛集 | 1 | 小1 | 轻1 | 不稳定1 | 较大1 | 危险1 |
| 回龙 | 1 | 小1 | 轻1 | 不稳定1 | 一般1 | 危险1 |
| 城郊 | 1 | 小1 | 轻1 | 不稳定1 | 重大1 | 危险1 |
| 朱庄 | 1 | 小1 | 轻1 | 不稳定1 | 一般1 | 危险1 |
| 淮源 | 3 | 小3 | 轻3 | 不稳定3 | 重大2，较大1 | 危险3 |
| 城关 | 3 | 小2，中1 | 重大1，轻2 | 不稳定3 | 特大1，一般2 | 危险3 |
| 大河 | 2 | 小2 | 轻2 | 不稳定2 | 重大1，较大1 | 危险2 |
| 程湾 | 5 | 小4，中1 | 轻5 | 不稳定5 | 重大4，较大1 | 危险5 |
| 月河 | 1 | 小1 | 轻1 | 不稳定1 | 较大1 | 危险1 |
| 桐柏山风景区 | 3 | 小3 | 轻3 | 不稳定3 | 重大1，较大1，一般1 | 危险3 |

## 11.7.5 地质灾害易发程度分区

全县地质灾害易发程度分为高易发区、中易发区、低易发区3个区（见表3-11-25、图3-11-11）。

表3-11-25 桐柏县地质灾害易发区

| 等级 | 区（亚区）名称 | 面积（km$^2$） |
|---|---|---|
| 高易发区 | 桐柏—大河铜矿公路沿线滑坡、崩塌高易发区 | 56.67 |
| | 程湾—淮源—城郊桐柏山区滑坡、崩塌、泥石流高易发区 | 430.84 |
| | 围山—馆驿地面塌陷高易发区 | 17.32 |
| | 朱庄地面塌陷高易发区 | 8.12 |
| | 大河铜矿地面塌陷高易发区 | 3.95 |
| 中易发区 | 大河—朱庄—黄岗—回龙滑坡、崩塌中易发区 | 754.62 |
| | 月河—固县淮河沿岸滑坡、崩塌中易发区 | 33.85 |
| 低易发区 | 城郊—吴城—月河—固县地质灾害低易发区 | 408.72 |
| | 平氏—埠江—安棚地质灾害低易发区 | 226.91 |
| 合计 | | 1 941.00 |

### 11.7.5.1 地质灾害高易发区

（1）桐柏—大河铜矿公路沿线滑坡、崩塌高易发区：该区位于桐柏县北部大河镇，沿桐柏至大河铜矿公路呈带状展布，面积56.67 km$^2$。区内存在地质灾害点3处，其中滑坡2处、崩塌1处。

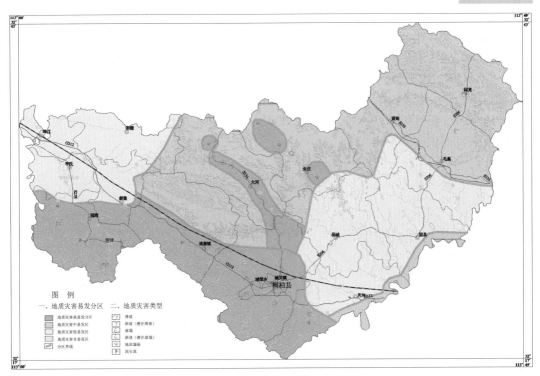

**图3-11-11　桐柏县地质灾害易发区图**

（2）程湾—淮源—城郊桐柏山区滑坡、崩塌、泥石流高易发区：该区位于程湾乡、淮源镇和城郊乡南部、月河镇西南部一带，面积430.84 km²。地貌类型为低山区，地形复杂，沟谷深切，岩体较为破碎，易造成泥石流、滑坡、崩塌。区内存在地质灾害点22处，其中滑坡3处、崩塌4处、泥石流8处、不稳定斜坡6处。

（3）围山—馆驿地面塌陷高易发区：该区位于桐柏县北部朱庄乡西北部，主要包括银洞坡金矿矿区、围山银矿矿区及周围地区，面积17.32 km²。矿产资源丰富，是桐柏县重要矿产资源基地，银洞坡金矿、围山银矿在持续开采中，造成地面塌陷地质灾害时有发生。

（4）朱庄地面塌陷高易发区：该区位于桐柏县北部朱庄乡东部，主要包括河坎银矿矿区及周围地区，面积8.12 km²。河坎银矿开采造成局部地面塌陷地质灾害发生。

（5）大河铜矿地面塌陷高易发区：该区位于桐柏县西北部大河镇西北部，主要包括大河铜矿矿区及周围地区，面积3.95 km²。大河铜矿开采造成地面塌陷、崩塌地质灾害时有发生。

### 11.7.5.2　地质灾害中易发区

（1）大河—朱庄—黄岗—回龙滑坡、崩塌中易发区：该区位于桐柏县北部—东北部一带，包括淮源镇北部、大河镇、朱庄乡、黄岗乡北部、毛集镇北部、回龙乡，面积754.62 km²。区内已发生地质灾害点7处，存在地质灾害隐患点7处。

（2）月河—固县淮河沿岸滑坡、崩塌中易发区：该区位于桐柏县东南部沿淮河月河镇、固县镇一线呈带状分布，面积33.85 km²。地貌为平原区，已发生地质灾害点2处，均为河流塌岸。

### 11.7.5.3　地质灾害低易发区

（1）城郊—吴城—月河—固县地质灾害低易发区：该区位于桐柏县东部及东北部城郊乡东北部、月河镇东部、固县镇、吴城镇、毛集镇南部广大地区，主要发育崩塌、膨胀土灾害，面积408.72 km²。

（2）平氏—埠江—安棚地质灾害低易发区：该区位于桐柏县西部埠江镇、安棚乡、平氏镇、新集乡平原地区，面积226.91 km²。该区属冲积河谷平原及岗地，主要发育崩塌、膨胀土灾害。

## 11.7.6　地质灾害重点防治区

桐柏县重点防治区面积553.19 km²，占全县面积的28.50%。地质灾害重点防治区主要分布在低山区、丘陵区以及淮河沿岸，按其位置不同分为程湾—城关—固县及城关—大河—黄岗重点防治亚区、围山—馆驿重点防治亚区、回龙—黄楝岗重点防治亚区3个亚区（见表3-11-26、图3-11-12）。

表3-11-26　地质灾害重点防治分区

| 分区名称 | 亚区名称 | 面积（km²） | 灾害点数 | 重要灾害点数 | 威胁人数 |
|---|---|---|---|---|---|
| 重点防治区 | 程湾—城关—固县及城关—大河—黄岗重点防治亚区 | 474.19 | 29 | 17 | 42 685 |
| | 围山—馆驿重点防治亚区 | 17.32 | 2 | | |
| | 回龙—黄楝岗重点防治亚区 | 61.68 | 3 | 2 | 16 |

（1）程湾—城关—固县及城关—大河—黄岗重点防治亚区：分布于程湾乡、新集乡、淮源镇、城郊乡、城关镇、月河镇、固县镇、大河镇、朱庄乡、黄岗乡等，面积474.19 km²。已发生地质灾害29处，重要地质灾害隐患点17处。重大隐患的地段有程湾—姚河段、曹河—石头庄段、仓房—城关段、桐柏—安棚公路大河镇段、朱庄—黄岗公路段、月河—固县淮河沿岸等。

（2）围山—馆驿重点防治亚区：位于县境北部丘陵区朱庄乡，面积17.32 km²。已发生地质灾害2处，灾害类型为地面塌陷。

（3）回龙—黄楝岗重点防治亚区：位于县境东北部丘陵区回龙乡和毛集镇，面积61.68 km²。已发生地质灾害3处，重要地质灾害隐患点2处。重要隐患地段有回龙村、毛集镇张湾村。

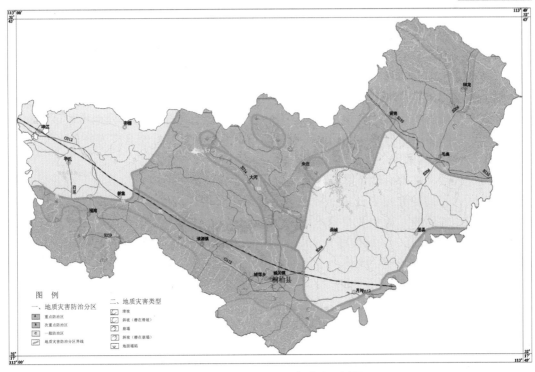

图3-11-12 桐柏县重点防治区划图

# 11.8 社旗县

社旗县位于唐河上游,南阳盆地东北边缘。全县辖赊店镇、桥头镇、饶良镇、兴隆镇、晋庄镇、李店镇、苗店镇、郝寨镇、城郊乡、大冯营乡、太和乡、朱集乡、下洼乡、陌陂乡、唐庄乡等15个乡镇,243个行政村,人口60.1万人,总面积1 203 km²。

## 11.8.1 地质环境背景

### 11.8.1.1 地形、地貌

社旗县地貌分为侵蚀缓坡低山、剥蚀馒头状丘陵、剥蚀垄岗、冲湖积倾斜平原、冲积带状平原。最高海拔711.2 m,最低海拔100 m,相对高差611.2 m,一般海拔在130～170 m。

### 11.8.1.2 气象、水文

社旗县处于北亚热带向暖温带过渡地区,具有明显的大陆性季风气候特征。多年平均年降水量827.4 mm,其中夏季平均降水量占全年的52%以上。24小时最大降水量188.6 mm。

社旗县属长江流域唐河水系。除唐河外,有赵河、潘河、沙河3条支流。

### 11.8.1.3 地层与构造

出露地层有中元古界堡子组、古近系、新近系、下更新统、中更新统、上更新统、全新统。根据《中国地震动参数区划图》，社旗县地震基本烈度为Ⅴ度。

#### 11.8.1.4　水文地质、工程地质

根据地下水赋存介质及其孔隙性质，将地下水分为松散岩类孔隙水和基岩裂隙水。松散岩类孔隙水细分为浅层水含水层组和中深层水含水层组2个含水岩组。

根据岩土体结构、强度、岩性组合特征和其他力学性质，将社旗县岩土体划分为3类，分别为坚硬块状岩体工程地质亚区、均一黏性土层、单层结构工程地质亚区和黏性土、砂性土相间多层结构土体工程地质亚区。除东北山区外，社旗县广为分布膨胀土。

#### 11.8.1.5　人类工程活动

人类工程活动主要有地下水开采、交通建设、农业活动等。社旗县地下水开采主要集中在城区，目前主要集中开采水源地包括自来水公司原水源地0.7 万 m³/a、新建水源地3 万 m³/a、赊店酒厂等企业自备水源井0.8 万 m³/a。社旗县主要干线为S333、S239、S240一横两纵3条省道，全县油路、水泥路总里程581.3 km，公路密度达到43 km/km²。社旗县东部、东南部等胀缩性土体上建筑面积不断扩大，建筑物建设期间缺少对膨胀土的防护措施，受膨胀土威胁较严重；沿赵河、潘河、唐河村庄部分新建房屋靠近河岸，甚至紧邻十余米高陡岸坡，受河岸崩塌威胁。

### 11.8.2　地质灾害类型及特征

#### 11.8.2.1　地质灾害类型及分布

社旗县地质灾害发育程度为弱发育，地质灾害类型包括地裂缝、崩塌、滑坡、泥石流，共计75处，规模一般为小型，危害轻微。有15个乡镇存在地质灾害。膨胀土胀缩引发的地裂缝是社旗县最主要的地质灾害，共42处，分布于境内东部、南部、西部广大剥蚀垄岗和冲湖积倾斜平原。崩塌25处，其中24处土质，主要分布于唐河及其主要支流赵河、潘河沿线，1处岩质，分布于下洼乡北部山区。滑坡、泥石流仅在下洼乡北部山区存在，其中滑坡3处、泥石流沟5条（见表3-11-27）。

#### 11.8.2.2　地质灾害特征

1. 滑坡

滑坡3处，规模均为小型。滑坡形成土石方量2.06 万 m³，均位于下洼乡东北部山区，其一发生在洞沟北部山坡，其余发生在白庄东南道路旁，均为第四系与下伏基岩之间的顺层滑坡。滑坡形成及诱发因素主要包括地形地貌因素、岩性因素、降水因素及人类工程活动等。

2. 崩塌（河流塌岸）

崩塌包括山体崩塌与河流塌岸，共25处。其中山体崩塌1处，河流塌岸24处；岩质1处，土质24处。

岩质崩塌点1处，位于下洼乡白庄东部，该区地势险峻，山坡坡度约50°，崩塌点地貌为一裸露陡崖，崩塌部位距离地面高度约20 m，规模约200 m³，属小型。

河流塌岸主要分布于唐河及其主要支流赵河、潘河等主要河流沿线，马河、沙河、涅河沿线零星分布，九缬流水库库岸亦有分布，全县共计24处。唐河、赵河、潘河河岸

表3-11-27　社旗县地质灾害分布一览表

| 乡镇 | 崩塌 | 滑坡 | 泥石流 | 地裂缝 | 总计 |
|------|------|------|--------|--------|------|
| 赊店镇 | 4 | | | | 4 |
| 朱集乡 | 2 | | | 3 | 5 |
| 饶良镇 | 5 | | | 3 | 8 |
| 太和乡 | 2 | | | | 2 |
| 苗店镇 | 1 | | | 1 | 2 |
| 郝寨镇 | | | | 4 | 4 |
| 陌陂乡 | 2 | | | 3 | 5 |
| 下洼乡 | 1 | 3 | 5 | 1 | 10 |
| 唐庄乡 | 1 | | | 2 | 3 |
| 李店镇 | 3 | | | 5 | 8 |
| 兴隆镇 | 1 | | | 5 | 6 |
| 城郊乡 | 2 | | | | 2 |
| 晋庄镇 | 1 | | | 4 | 5 |
| 大冯营乡 | | | | 5 | 5 |
| 桥头镇 | | | | 6 | 6 |
| 总计 | 25 | 3 | 5 | 42 | 75 |

岸坡形态多下缓上陡，凹岸受侵蚀整体或部分出现高度4～10 m高陡岸坡，坡度一般大于60°，局部超过80°，在水的作用下一般发生整体坍塌，后缘呈圈椅状，可见单级或多级裂缝，规模相对较大，一次崩塌体积数十到数百立方米。砂性土体整体性差、质松散，一般发生局部崩落，后缘可见垂向裂缝，规模一般较小。土体崩塌规模均属小型，但多次暴发累计规模较大。受河流流量、流速、弯曲程度、河岸土体性质等因素综合影响，仅数立方米到数百立方米，但多次洪水作用下在数百至数千米河岸发生反复崩塌，体积总量较大。

3. 泥石流

社旗县泥石流沟5条（见表3-11-28），分布在下洼乡北部低山丘陵区。包括山坡型泥石流和沟谷型泥石流，山坡型泥石流沟多分布在低山丘陵区边缘的强烈剥蚀区。泥石流沟道呈狭长条形，沟窄山高，主沟道长度1.5～4.8 km，流域面积1.4～7.6 km$^2$，沟道两侧山坡为泥石流形成区，沟道为流通通道，沟道内一般堆积较多石块，流通区与堆积区界线不明显。从泥石流沟的演化阶段看，社旗县泥石流沟属于衰退期泥石流，青坛沟、马义沟等可见泥石流活动痕迹。现阶段均属于衰退期中的相对稳定阶段，但在暴雨等条件的激发下仍可能恢复活动。

**表3-11-28　社旗县泥石流沟特征汇总一览表**

| 序号 | 编号 | 名称 | 分类 | | | 流域面积(km²) | 沟道长度(km) | 相对高差(m) | 山坡坡度(°) | 主沟纵坡(‰) | 植被覆盖率(%) | 松散物储量(万m³) | 泥沙沿程补给比(%) | 易发程度 |
|---|---|---|---|---|---|---|---|---|---|---|---|---|---|---|
| | | | 形态 | 流态 | 活动 | | | | | | | | | |
| 1 | SQ66 | 程庄北沟 | 山坡型 | 水石流 | 衰退期 | 0.4 | 1.2 | 223 | 20~30 | 190 | 10 | 2.0 | 45 | 低 |
| 2 | SQ67 | 山口北沟 | 沟谷型 | 水石流 | 衰退期 | 7.4 | 4.8 | 491 | 30~40 | 11 | 55 | 35.0 | 60 | 中 |
| 3 | SQ69 | 土门沟 | 沟谷型 | 水石流 | 衰退期 | 1.8 | 3.0 | 380 | 20~55 | 150 | 80 | 9.0 | 40 | 低 |
| 4 | SQ71 | 石门沟 | 沟谷型 | 水石流 | 衰退期 | 4.3 | 3.2 | 280 | 20~60 | 87 | 80 | 13.0 | 60 | 低 |
| 5 | SQ76 | 媳妇沟 | 沟谷型 | 水石流 | 衰退期 | 2.8 | 2.3 | 358 | 20~30 | 160 | 80 | 11.0 | 70 | 低 |

**4. 地裂缝**

南阳盆地是我国膨胀土主要分布区之一，社旗县位于南阳盆地东北边缘，县境内广大垄岗地区和冲湖积平原区地表出露更新统洪积地层和冲湖积土体均为膨胀土体。膨胀土是具有吸水后显著膨胀、失水后显著收缩特性的高液限黏性土，控制土体胀缩性能的主要矿物成分为蒙脱石和伊利石，可引发地裂缝。社旗县地裂缝均为膨胀土胀缩引发，全县42处。

社旗县东部、南部郝寨、苗店、朱集、饶良、太和等乡镇普遍出露中更新统黏土、粉质黏土，该土体蒙脱石含量最高24.6%，平均16.4%，膨胀潜势中等—弱；西部、北部晋庄、大冯营、桥头、唐庄、陌陂等乡镇以上更新统冲湖积粉质黏土为主，蒙脱石含量最高24.6%，平均20.1%，胀缩潜势中等；唐河沿线狭窄地区带状分布全新统冲积粉土、粉质黏土，蒙脱石最高11.7%，平均7.0%，膨胀潜势弱—无。根据长江科学院对南阳盆地膨胀土的理化性质特性的研究，该区大多地区下伏中更新统灰白色黏土富含钙核的土层，膨胀潜蚀中等—强。

调查认为，朱集、饶良、郝寨等东部、南部乡镇出露的中上更新统粉质黏土胀缩膨胀潜势仅为中等—弱，但房屋、道路等破坏情况远比西部上更新统湖沼相沉积区（膨胀潜势中等）严重。

## 11.8.3　地质灾害灾情

社旗县发生地质灾害75处，包括崩塌25处、滑坡3处、泥石流沟道5条、地裂缝42处，规模和灾情分级均为小型，总计经济损失为4 946.04万元，其中膨胀土引发地裂缝损毁民房、道路，经济损失为4 886.54万元，占经济损失总额的98.79%。土体崩塌经济损失47.8万元，占经济损失总额的0.97%，滑坡、泥石流、山体崩塌经济损失总计11.7万元，占经济损失总额的0.24%。

## 11.8.4 地质灾害隐患点特征及险情评价

### 11.8.4.1 地质灾害隐患点分布特征

社旗县地质灾害隐患点类型有不稳定斜坡、地裂缝、崩塌、泥石流等共4类，总计57处。其中，崩塌12处，泥石流1处，膨胀土地裂缝42处，不稳定斜坡2处（见表3-11-29）。

表3-11-29 地质灾害隐患点分布情况一览表

| 乡镇 | 地质灾害隐患点类型 | | | | 合计 |
| --- | --- | --- | --- | --- | --- |
| | 不稳定斜坡 | 泥石流 | 崩塌 | 地裂缝 | |
| 苗店 | | | | 1 | 1 |
| 陌陂 | | | | 3 | 3 |
| 下洼 | 2 | 1 | | 1 | 4 |
| 太和 | | | 2 | | 2 |
| 李店 | | | 3 | 5 | 8 |
| 城郊 | | | 2 | 1 | 3 |
| 赊店 | | | 5 | | 5 |
| 朱集 | | | | 3 | 3 |
| 饶良 | | | | 3 | 3 |
| 郝寨 | | | | 4 | 4 |
| 兴隆 | | | | 4 | 4 |
| 桥头 | | | | 6 | 6 |
| 唐庄 | | | | 2 | 2 |
| 晋庄 | | | | 4 | 4 |
| 大冯营 | | | | 5 | 5 |
| 总 计 | 2 | 1 | 12 | 42 | 57 |
| 占总比例（%） | 3.51 | 1.75 | 21.05 | 73.69 | 100 |

### 11.8.4.2 地质灾害隐患点险情评价

各类地质灾害隐患点险情评价结果，1处为中型，56处小型，威胁人口31人，威胁财产1 945.06万元。重要地质灾害隐患点4处。

（1）山口村山口水库北泥石流：位于下洼乡山口村山口水库北，沟谷型水石流，流域面积7.4 km²，沟谷长度4.8 km，相对高度491 m，两边山坡坡度30°～40°，主沟纵坡11‰，植被覆盖率55%，松散物储量35万m³，中等易发。

（2）金富庄西唐河左岸崩塌：位于太和乡金富庄西唐河左岸，岸高6 m，宽100 m，厚度1～3 m，后缘有裂缝，稳定性较差。

（3）周庄村东潘河右岸崩塌：位于赊店乡周庄村东盘和右岸，岸高8 m，宽12.5 m，厚度5 m，后缘有裂缝，稳定性较差。

（4）埠北村东唐河右岸崩塌：位于城郊乡埠北村东唐河右岸，岸高6 m，宽30～50 m，厚度2～5 m，后缘有裂缝，稳定性较差。

## 11.8.5　地质灾害易发程度分区

全县地质灾害易发程度分为中易发区、低易发区、非易发区3个区（见表3-11-30、图3-11-13）。

### 11.8.5.1　地质灾害中易发区

该区位于下洼乡北端，面积16.17 km²，属下洼乡山口村，主要灾种为泥石流、滑坡、崩塌，包括泥石流沟道4条、滑坡2处、崩塌1处、不稳定斜坡2处。

表3-11-30　社旗县地质灾害易发区

| 等级 | 亚区 | 面积（km²） |
|---|---|---|
| 中易发区 | 下洼北部泥石流、滑坡中易发区 | 16.17 |
| 低易发区 | 下洼北部泥石流、滑坡低易发区 | 39.35 |
| | 唐河沿线崩塌低易发区 | 24.06 |
| | 西部、中东部地裂缝低易发区 | 899.18 |
| 非易发区 | 中部、下洼南部地质灾害非易发区 | 224.24 |

### 11.8.5.2　地质灾害低易发区

该区分布于社旗县西部、中东部、南部广大地区，以地裂缝、崩塌为主，面积962.59 km²。

### 11.8.5.3　地质灾害非易发区

该区分布于唐河及其主要支流冲积倾斜平原区和下洼乡中南部，面积224.24 km²，地质灾害不发育。

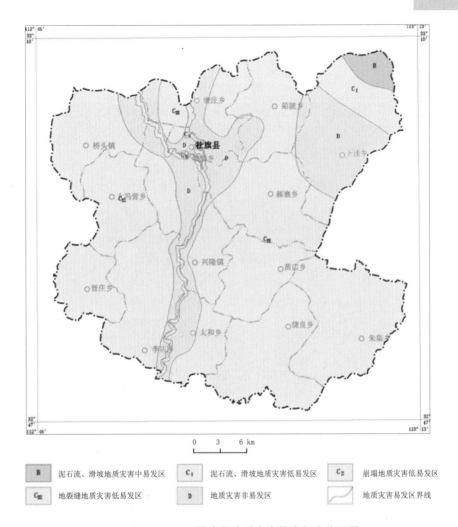

图3-11-13　社旗县地质灾害易发程度分区图

### 11.8.6　地质灾害重点防治区

社旗县地质灾害重点防治区位于下洼乡北部低山丘陵区，面积55.52 km²，占全县总面积的4.62%，主要地质灾害类型为泥石流、滑坡，区内分布潜在泥石流沟道1条、不稳定斜坡2处，险情均为小型（见图3-11-14）。

# 11.9　新野县

新野县位于豫西南边陲，辖9镇、5乡，264个行政村，总人口73万，总面积1 056 km²。主要农作物有小麦、玉米、油料、棉花、蔬菜等。

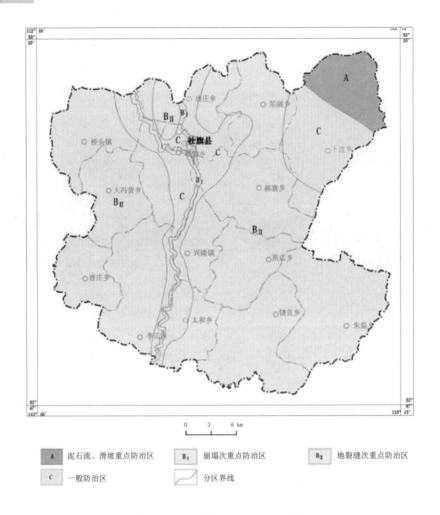

图3-11-14　社旗县重点防治区划图

## 11.9.1　地质环境背景

### 11.9.1.1　地形、地貌

新野县地处白河和唐河的中下游，地形较平坦，总地势自西北向东南倾斜，海拔77.3～108 m。根据微地貌形态和成因，分为冲洪积、湖沼堆积倾斜平原和冲积带状平原两个地貌类型。

### 11.9.1.2　气象、水文

新野县属北亚热带地区，具有明显的大陆性季风气候特征。年平均气温15.1℃。多年平均降水量为764.51 mm，最大降水量为1 410.8 mm，最小降水量为473.5 mm。降水量在地域分布上，自西北向东南逐渐增大。年内降水量分布不均，夏季7～9月降水量最多。

新野县属于长江流域唐白河水系。主要河流有白河、唐河、湍河等。

### 11.9.1.3 地层与构造

县境内地层属于秦岭地层区北秦岭分区南阳小区，前第四纪地层未出露，第四系出露中更新统、上更新统和全新统。

新野县构造以断裂构造为主。主要断裂构造有白落—郭滩压性断裂、刘集—龙潭压性断裂、五星断裂、王庄—古城断裂。根据《中国地震动参数区划图》，县境地震动峰值加速度为0.05$g$，地震基本烈度为Ⅵ度。

### 11.9.1.4 水文地质

新野县地下水主要赋存于第四纪冲洪积堆积平原，含水介质结构松散，类型简单，地下水水循环具有连续性和完整性。以埋藏深度40~65 m的粉质黏土作为浅层地下水隔水底板，将区内地下水划分为浅层地下水和中深层地下水。地下水含水量丰富，流向总体趋势是由北向南。浅层地下水的补给以大气降水入渗补给为主，主要排泄方式为蒸发、人工开采。中深层地下水主要接受北部和西部边界的区外径流补给，排泄主要为侧向径流排泄和人工开采。

### 11.9.1.5 工程地质

依据分布特征、强度和力学性质，境内土体划分为两个工程地质区。黏性土单层松软土体，分布于河道之间的中间地带及西南部岗地前沿地带。黏性土与砂性土相间多层松散土体，分布在河流及古河道摆动地带。其中，黏性土单层土体区为弱膨胀土分布区。

### 11.9.1.6 人类工程活动

白河、唐河、湍河等白沙储量丰富，河道内无序采砂、采铁活动强烈，年采砂量20万~30万m³。采砂、采铁活动造成河流侵蚀作用加强，岸坡坍塌，河流改道，耕地减少，水土流失严重。以往砖瓦窑场分布较多，取土坑面积广，深度大，坑边坡崩塌严重，直接毁坏农田耕地，主要分布于河道两侧冲积带状平原区内，现已全部关闭。

施庵镇、沙堰镇石油丰富，含油面积约15.5 km²，属河南油田的一部分，油井分布密集。新野县地下水资源丰富，城区以中深层地下水开采为主。造成水位埋深持续下降5~6 m，已在县城自来水公司一带形成降落漏斗。

## 11.9.2 地质灾害类型及特征

### 11.9.2.1 地质灾害类型与危害

新野县地质灾害类型有滑坡、崩塌（河流塌岸）、地裂缝3种，共79处（见表3-11-31）。其中，崩塌57处、滑坡3处、地裂缝19处。地质灾害已造成经济损失3 300.04万元。其中，崩塌已造成经济损失1 893.0万元，滑坡已造成经济损失22.8万元，地裂缝已造成经济损失1 384.24万元。

### 11.9.2.2 地质灾害特征

地质灾害在新甸铺镇、城郊乡、上港乡分布较多。地质灾害类型以河岸崩塌、地裂缝居多。

表3-11-31　新野县地质灾害类型及数量分布统计

| 地质灾害类型 | 规　　模 | | | | 合计 | 占总数比例（%） |
| --- | --- | --- | --- | --- | --- | --- |
| | 小型 | 中型 | 大型 | 特大型 | | |
| 崩塌 | 20 | 37 | | | 57 | 72.15 |
| 滑坡 | 3 | | | | 3 | 3.80 |
| 地裂缝 | 19 | | | | 19 | 24.05 |
| 总计 | 42 | 37 | | | 79 | 100.00 |

1. 崩塌（河流塌岸）

崩塌共57处，主要分布于冲积带状平原地貌类型区内，表现为河岸崩塌和取土坑边坡崩塌，均为土质。规模小型20处，中型37处。其中河岸崩塌50处，取土坑边坡崩塌7处。

河流塌岸主要集中在白河、唐河、湍河、刁河、潦河，河堤土质松散，植被较差，汛期水流速度快、水位高，对河流凹岸产生强烈的冲刷侵蚀，致使河岸下部形成凹槽，上部悬空，经过数年至数十年的蚕食，形成数千米长的塌岸带。

取土坑边坡崩塌主要发生在砖瓦窑取土坑和高速公路取土坑。人工边坡土体结构松散、裂隙发育，坡高5～12 m，坡角大多在75°以上，坡脚处多有水参与作用，加之降水、河流侵蚀、人类活动等引发因素，导致崩塌发生。

2. 滑坡

境内滑坡3处，位于新甸铺镇白河、刁河沿岸，均为小型。滑坡多发生于河流岸坡，与河流侵蚀有密切关系。滑体构成为土质，滑坡物质构成一般为全新统粉土、粉质黏土等。滑坡平面形态以圈椅形为主，剖面形态多为阶梯状、内凹形。斜坡上部均为耕地，土层深厚，裂隙发育，坡脚遭受河流侵蚀，水位陡降陡落，以及受降水、人类工程活动影响等。

3. 地裂缝

区内19处地裂缝为膨胀土形成，主要分布于白河、唐河之间的中间地带及西南部岗地前沿，第四系中更新统（$Qp_2$）、上更新统（$Qp_3$）地层出露地区。裂缝宽度1～10 cm，深0.2～2 m，长度0.5～30 m不等，形状为折线状及不规则状，具有随气候条件张开或闭合、集中大面积出现等特点。膨胀土的往复胀缩变形，引发地表建筑物开裂、变形。

### 11.9.3　地质灾害隐患点特征及险情评价

区内各类地质灾害隐患点79处，为崩塌、滑坡及地裂缝3种类型，在各乡镇均有分布。威胁耕地31.37 hm²、房屋277间、220人、旧房21 630间、教学楼1座、乡道5 m、渡口1座，预测经济损失6 109.06万元。

危害级别，中型10处，小型69处。其中，崩塌隐患点共57处，中型10处，小型47处；滑坡隐患点3处，均为小型；地裂缝隐患点19处，均为小型。

### 11.9.4　地质灾害易发程度分区

全县地质灾害易发程度分为低易发区、非易发区两类（见表3-11-32、图3-11-15）。

（1）地质灾害低易发区：分布于白河、唐河、湍河两侧，面积623.91 km²。地质环境条件简单，地质灾害隐患点71处，类型主要为崩塌、滑坡及地裂缝3种。

表3-11-32　新野县地质灾害易发区划分

| 区 | 代号 | 亚　区 | 代号 | 面积（km²） | 占全县面积（%） | 隐患点数 | 威胁资产（万元） |
|---|---|---|---|---|---|---|---|
| 低易发区 | C | 白河岸崩塌、滑坡低易发亚区 | $C_{1-1}$ | 50.47 | 4.78 | 41 | 3 956.6 |
| | | 唐河右岸崩塌低易发亚区 | $C_{1-2}$ | 10.63 | 1.01 | 8 | 405 |
| | | 五星镇—溧河铺镇—施庵镇一线倾斜平原地裂缝、崩塌低易发亚区 | $C_{2-1}$ | 347.19 | 32.88 | 12 | 985.33 |
| | | 歪子镇西倾斜平原地裂缝低易发亚区 | $C_{2-2}$ | 103.04 | 9.76 | 4 | 292.32 |
| | | 新甸铺镇—上港乡一线倾斜平原地裂缝、崩塌低易发亚区 | $C_{2-3}$ | 104.18 | 9.86 | 6 | 313.56 |
| | | 王集镇西倾斜平原地裂缝低易发亚区 | $C_{2-4}$ | 8.4 | 0.80 | | 22.39 |
| 非易发区 | D | 湍河右岸—白河右岸一线带状平原非易发亚区 | $D_{1-1}$ | 60.69 | 5.75 | | |
| | | 湍河左岸—白河右岸一线带状平原非易发亚区 | $D_{1-2}$ | 116.43 | 11.02 | 4 | 56.4 |
| | | 白河左岸带状平原非易发亚区 | $D_{1-3}$ | 167.17 | 15.83 | 3 | 78 |
| | | 唐河右岸带状平原非易发亚区 | $D_{1-4}$ | 87.8 | 8.31 | 1 | 微小 |

（2）地质灾害非易发区：分布于白河、唐河两侧一级阶地，面积432.09 km²。地貌为冲积带状平原区，地势平坦。分布地质灾害隐患点8处，均为小型，危害较小。

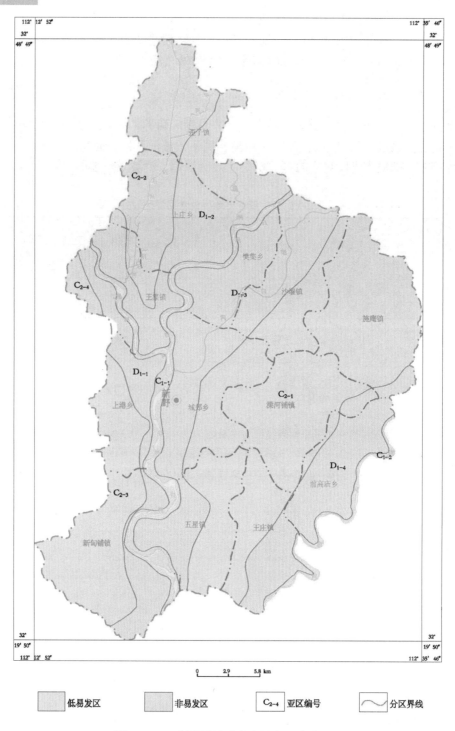

图3-11-15　新野县地质灾害易发程度分区图

# 第12章 信阳市

## 概　述

信阳市位于河南省南部，辖息县、淮滨县、潢川县、光山县、固始县、商城县、罗山县、新县、浉河区、平桥区等8县2区，总人口780万人，总面积1.8万多 $km^2$。地势南高北低，西部和南部是由桐柏山、大别山构成的豫南山地，中部是丘陵岗地，北部是平原和洼地。

信阳市地质灾害类型有崩塌、滑坡、泥石流、地面塌陷及地裂缝等。岩质崩塌分布于光山、罗山、新县、商城等地基岩山区。土质崩塌分布于浉河区、平桥区、罗山、光山等地；岩质滑坡分布于南部基岩山区，光山、新县、商城等地。土质滑坡分布于罗山、光山、新县、商城等低山丘陵区，多发生于松散坡积层与基岩接触处；泥石流分布于中低山区，以罗山、新县、商城、光山等地较为集中；地面塌陷以采空地面塌陷为主，分布于平桥区、罗山、光山等地下采矿活动集中地区，规模一般较小；地裂缝按成因可分为构造地裂缝、膨胀土地裂缝。构造地裂缝主要分布在息县、潢川、光山、商城、固始、淮滨等地区。膨胀土形成的地裂缝主要分布在罗山县、光山县和固始县的中北部等膨胀土发育地带。

根据地质灾害发育程度，商城县中南部—固始西南部、浉河区双井—董家河、罗山县朱堂—浉河区李家寨及罗山县周党—新县沙窝一带为滑坡、崩塌、泥石流高易发区，新县郭家河、新集镇为滑坡高易发区，平桥区高堰—高粱店为地面塌陷高易发区。

信阳市地质灾害危害较大。据不完全统计，全市共发生较大规模的地质灾害200余起，造成直接经济损失近8 355.67万元，伤亡46人。现存各类地质灾害隐患点461处。其中，崩塌69处，滑坡264处，泥石流沟23条，地面塌陷7处，地裂缝5条，不稳定斜坡93处。

## 12.1　新　县

新县位于大别山腹地，辖17个乡镇，198个行政村、9个居委会，总人口约34.1万人，总面积1 612 $km^2$。经济以农业为主，工业不发达，为全国特困县之一。农作物以稻谷为主，经济作物主要有油菜籽、花生、板栗、银杏、茶叶、中药材、山野菜和猕猴桃等。

### 12.1.1　地质环境背景

#### 12.1.1.1　地形、地貌

新县山峦起伏，大别山主峰横贯东西，境内峰高谷深、溪河交叉。中部及南部地形高，最高点是东南部的黄毛尖，海拔1 011 m。根据地貌成因和地貌形态，地貌类型为低山区、丘陵区、河谷阶地3类。

#### 12.1.1.2　气象、水文

新县属亚热带北部大陆性气候，年平均气温15.2 ℃。年平均降水量1 277.5 mm，集中在7～9月。年最大降水量1 325.2 mm（1984年），日最大降水量195.3 mm（1990年8月2日）。全年无霜期225 d。

新县境内有长江和淮河两大流域。河流89条，河网密度为0.6 km/km$^2$。最大河流是小潢河，发源于县域南部，自南而北贯穿全境。水库有香山水库、长洲河水库等。

#### 12.1.1.3　地层与构造

新县境内出露地层有古元古界天台山岩群，中新元古界的浒湾岩组、定远岩组，古生界的南湾组，新生界第四系全新统。岩浆活动十分频繁，侵入岩种类比较齐全，超基性—基性—中性—酸性均有分布，尤以酸性岩分布最为广泛，其中新县岩体和商城岩体规模最大。

新县区域地质构造复杂。主要褶皱构造有天台山背斜、白马山—西张店复杂向斜、白云山穹窿。主要断裂构造有桐柏—商城断裂带、小潢河断裂、晏家河—陡山河断裂、八里棚—檀树岗断层、莲花背断层。根据《中国地震动参数区划图》，新县地震动峰值加速度为<0.05$g$，地震基本烈度为Ⅴ度。

#### 12.1.1.4　水文地质、工程地质

区内地下水可划分为基岩裂隙水和松散岩类孔隙水2种类型。按地貌、地层岩性、岩土体坚硬程度及结构特点，新县岩土体工程地质类型分为侵蚀剥蚀低山丘陵坚硬岩类、河谷剥蚀堆积松散岩类2类。其中，松散岩类主要分布在山前、山间、沟谷、河流两侧，坚硬岩类主要分布于低山丘陵区。

#### 12.1.1.5　人类工程活动

人类工程活动主要为矿产开发、交通建设等。实施"村村通"工程，修建了大量县、乡、村级公路，极大改善了交通状况，但由于山区的地形地貌条件所限制，施工过程中，开挖边坡普遍存在，形成了一些临空面、悬空面，破坏了山体的原始稳定性，致使斜坡失稳，又未采取支护等防范措施，形成崩塌、滑坡隐患。新县矿产资源主要为铁、钼、萤石矿和黄铁矿等，主要分布在苏河乡、陡山河乡、千斤乡等。新县位于大别山区，一些村民靠山就近开挖边坡平整土地用于住房建设，切坡过陡，形成高危斜坡，易造成滑坡、崩塌隐患。

### 12.1.2　地质灾害类型及特征

#### 12.1.2.1　地质灾害类型

新县地质灾害发育类型有滑坡（不稳定斜坡）、崩塌、泥石流3种，共200处（见表3-12-1）。

#### 12.1.2.2　地质灾害特征

1. 滑坡

滑坡共134处，按照规模，大型1处，中型4处，其余均为小型。分布在北部、西

表3-12-1　新县地质灾害类型及数量分布统计

| 乡 镇 | 滑坡 | 不稳定斜坡 | 泥石流 | 崩塌 | 合 计 |
|---|---|---|---|---|---|
| 新集镇 | 12 | | 2 | 2 | 16 |
| 卡房乡 | 4 | 2 | | 1 | 7 |
| 苏河乡 | 5 | | 1 | | 6 |
| 千斤乡 | 47 | 12 | 1 | 1 | 61 |
| 吴陈河镇 | 7 | 2 | 1 | | 10 |
| 浒湾乡 | 8 | 6 | | 1 | 15 |
| 八里畈乡 | 2 | 8 | | | 10 |
| 沙窝镇 | 19 | 9 | 1 | | 29 |
| 陡山河乡 | 2 | 2 | | 1 | 5 |
| 箭厂河乡 | 2 | 3 | | | 5 |
| 郭家河乡 | 10 | 1 | 1 | | 12 |
| 泗店乡 | 2 | 1 | | | 3 |
| 周河乡 | 3 | 2 | | | 5 |
| 代嘴乡 | 5 | 2 | | | 7 |
| 田铺乡 | 3 | 3 | | | 6 |
| 沙石镇 | 3 | | | | 3 |
| 合 计 | 134 | 53 | 7 | 6 | 200 |

北、东部、南部一带。滑坡形成与地形地貌、地层岩性、降水和人类工程经济活动等因素密切相关。有土质滑坡和岩质滑坡两种类型，土质滑坡滑体多为松散碎石土和亚黏土，岩质滑坡的滑体为片麻岩、云母石英片岩、花岗岩。滑动面主要为松散覆盖层与基岩接触面、节理裂隙面。

2. 崩塌

崩塌及危岩体6处，均为小型。其中有1处为自然因素形成，其他5处为工程活动引起。分布于中西部和西南部山区的新集镇—千斤乡、陡山河乡—泗店乡一带。它们的形成与地貌、构造、岩性、植被和人类活动有关，具有突发性强、速度快、分布范围广和一定的隐蔽性等特点。

3. 泥石流

新县地处大别山腹地，相对高差较大，山坡坡度多为40°以上，年平均降水量为1 277.5 mm，主要集中在7～9月，具有形成泥石流的有利地形条件和充足水源条件。泥石流7处，2处为自然因素形成，5处为采矿活动造成。

4. 不稳定斜坡

不稳定斜坡共53处，中型规模2处，小型51处。有25处为人为因素导致斜坡不稳，28处为自然形成的不稳定斜坡。分布于新县山区，特别在千斤乡、吴陈河、浒湾、八里畈、沙窝镇、田铺乡一带广泛分布。它们的形成与地貌、构造、岩性、植被和人为活动有关。

## 12.1.3 地质灾害灾情

新县已发生地质灾害36处，崩塌4处，滑坡32处。造成10人死亡，11人受伤，直接经济损失达1 264.3万元。

有记载的、危害最严重的地质灾害发生于2003年7月10日，由于连续的强降雨，京九铁路新县泗店乡草塘河段发生滑坡，损毁铁路石砌护坡约40 m，造成中断行车20多个小时，直接经济损失1 000余万元。

## 12.1.4 地质灾害隐患点特征及险情评价

### 12.1.4.1 地质灾害隐患点分布特征

新县地质灾害隐患点共有164处，类型有崩塌、滑坡、泥石流、不稳定斜坡4种。其中，崩塌2处，滑坡102处，泥石流沟7条，不稳定斜坡53处。分布于新集镇、卡房乡、苏河乡、千斤乡、吴陈河镇、浒湾乡、八里畈乡、沙窝镇、陡山河乡、箭厂河乡、郭家河乡、周河乡、泗店乡、代嘴乡、田铺乡、沙石镇等乡镇。

### 12.1.4.2 地质灾害隐患点险情评价

164处地质灾害隐患点威胁人员40 551人，预测的经济损失达15 981.4万元。其中，崩塌2处，小型1处，大型1处，威胁人员225人，预测经济损失约225万元；滑坡102处，小型66处，中型26处，大型9处，特大型1处，威胁人员6 579人，预测经济损失约3 857.7万元；泥石流沟7条，小型4处，中型2处，大型1处，威胁人员490人，预测经济损失8.2万元；不稳定斜坡53处，小型13处，中型12处，大型14处，特大型14处，威胁人员33 257人，预测经济损失约11 890.5万元。

根据险情评价，对危及人身安全的中型（10人以上）以上隐患点进行评估，重要地质灾害隐患点50处（见表3-12-2）。

表3-12-2　新县重要地质灾害隐患点一览表

| 顺序号 | 乡镇 | 位置 | 灾害类型 | 规模 | 威胁对象 | |
|---|---|---|---|---|---|---|
| | | | | | 人口（人） | 资产（万元） |
| 1 | 新集镇 | 新集镇 | 滑坡 | 小 | 300 | 800 |
| 2 | | 新集镇 | 滑坡 | 小 | 111 | 160 |
| 3 | | 新集镇 | 滑坡 | 小 | 60 | 75 |
| 4 | | 新集镇 | 滑坡 | 小 | 50 | 50 |
| 5 | 千斤乡 | 东洼村 | 滑坡 | 中 | 48 | 48 |
| 6 | | 余店村 | 滑坡 | 小 | 8 | 5 |
| 7 | | 娘洼村 | 滑坡 | 小 | 10 | 30 |

续表3-12-2

| 顺序号 | 乡镇 | 位置 | 灾害类型 | 规模 | 威胁对象 | |
|---|---|---|---|---|---|---|
| | | | | | 人口（人） | 资产（万元） |
| 8 | 千斤乡 | 杨店村 | 不稳定斜坡 | 小 | 10 | 8 |
| 9 | | 余店村 | 滑坡 | 小 | 16 | 12 |
| 10 | | 土主岭村 | 滑坡 | 小 | 22 | 20 |
| 11 | | 杨高山村 | 滑坡 | 小 | 88 | 120 |
| 12 | | 曹棚湾村 | 滑坡 | 中 | 68 | 70 |
| 13 | | 娘洼村 | 滑坡 | 小 | 12 | 6 |
| 14 | | 土主岭村 | 不稳定斜坡 | 小 | 80 | 30 |
| 15 | | 娘洼村 | 滑坡 | 小 | 15 | 20 |
| 16 | | 西湾村 | 滑坡 | 小 | 11 | 3 |
| 17 | | 东湾村 | 滑坡 | 小 | 240 | 200 |
| 18 | | 土主岭村 | 滑坡 | 小 | 18 | 20 |
| 19 | | 东洼村 | 滑坡 | 中 | 120 | 160 |
| 20 | | 大范洼村 | 滑坡 | 小 | 6 | 8 |
| 21 | | 娘洼村 | 滑坡 | 小 | 16 | 20 |
| 22 | | 土主岭村 | 滑坡 | 小 | 10 | 6 |
| 23 | | 杨店村 | 滑坡 | 小 | 9 | 20 |
| 24 | | 王店村 | 不稳定斜坡 | 小 | 16 | 20 |
| 25 | | 王店村 | 不稳定斜坡 | 小 | 10 | 10 |
| 26 | | 代湾村 | 不稳定斜坡 | 小 | 14 | 30 |
| 27 | 浒湾乡 | 郑店村 | 滑坡 | 小 | 25 | 25 |
| 28 | | 浒湾街村 | 不稳定斜坡 | 中 | 200 | 500 |
| 29 | | 黄墩村 | 不稳定斜坡 | 小 | 40 | 45 |
| 30 | | 华湾村 | 不稳定斜坡 | 中 | 140 | 100 |
| 31 | | 李寺村 | 不稳定斜坡 | 小 | 11 | 24 |
| 32 | 苏河乡 | 文昌村 | 滑坡 | 小 | 30 | 15 |
| 33 | 吴陈河镇 | 王洼村 | 滑坡 | 小 | 51 | 48 |
| 34 | 卡房乡 | 王畈村 | 滑坡 | 大 | 行人 | |
| 35 | | 王畈村 | 滑坡 | 小 | 行人 | |
| 36 | 沙窝镇 | 沙窝村 | 滑坡 | 小 | 180 | 500 |
| 37 | | 油榨村 | 滑坡 | 小 | 10 | 23 |
| 38 | | 刘湾村 | 滑坡 | 小 | 138 | 50 |
| 39 | | 油榨村 | 滑坡 | 小 | 25 | 50 |

续表3-12-2

| 顺序号 | 乡镇 | 位置 | 灾害类型 | 规模 | 威胁对象 | |
|---|---|---|---|---|---|---|
| | | | | | 人口（人） | 资产（万元） |
| 40 | 沙窝镇 | 汪冲村 | 滑坡 | 小 | 260 | 30 |
| 41 | | 杨畈村 | 滑坡 | 小 | 220 | 50 |
| 42 | 八里畈乡 | 鳌山村 | 滑坡 | 小 | 12 | 20 |
| 43 | | 七龙山村 | 不稳定斜坡 | 小 | 48 | 240 |
| 44 | 郭家河乡 | 土门村 | 滑坡 | 小 | 12 | 5 |
| 45 | 周河乡 | 熊湾村 | 滑坡 | 小 | 26 | 20 |
| 46 | 沙石镇 | 沙石初中 | 滑坡 | 小 | 300 | 30 |
| 47 | | 街道居委会 | 滑坡 | 小 | 24 | 30 |
| 48 | 泗店乡 | 泗店村 | 滑坡 | 大 | 铁路 | 500 |
| 49 | 田铺乡 | 黄土岭村 | 滑坡 | 小 | 12 | 30 |
| 50 | | 田铺村 | 滑坡 | 小 | 25 | 5 |
| 合计 | | | | | 3 157 | 4 291 |

## 12.1.5　地质灾害易发程度分区

全县地质灾害易发程度分为高易发区、中易发区、低易发区3个区（见表3-12-3、图3-12-1）。其中，高易发区面积395.1 km²，中易发区面积923.3 km²，低易发区面积293.6 km²。

表3-12-3　新县地质灾害易发区

| 等级 | 亚区 | 面积（km²） |
|---|---|---|
| 高易发区 | 千斤—吴陈河滑坡高易发亚区 | 169.2 |
| | 浒湾乡滑坡、崩塌高易发亚区 | 105.3 |
| | 八里—沙窝滑坡高易发亚区 | 73.6 |
| | 新集滑坡高易发亚区 | 14.8 |
| | 郭家河滑坡高易发亚区 | 32.2 |
| 中易发区 | 京九铁路以西崩塌中易发亚区 | 923.3 |
| | 京九铁路以东滑坡中易发亚区 | |
| 低易发区 | 陡山河—陈店地质灾害低易发亚区 | 172.2 |
| | 周河—田铺地质灾害低易发亚区 | 121.4 |

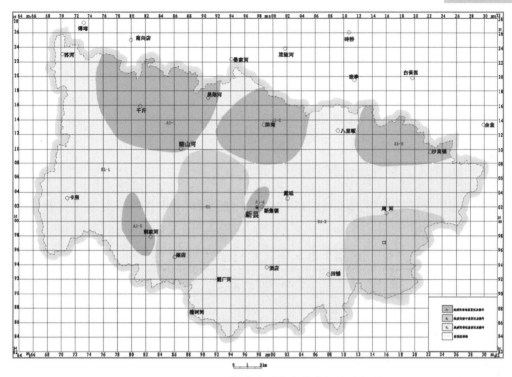

图3-12-1 新县地质灾害易发程度分区图

#### 12.1.5.1 地质灾害高易发区

（1）千斤—吴陈河滑坡高易发亚区：位于千斤乡、吴陈河镇一带，面积169.2 km²。属大别山山前地带，地形高差较大，岩石破碎、风化程度高，特别是劈山建房，形成了大量的顺层不稳定斜坡，受降水或人类工程经济活动的影响，很容易失去其稳定性诱发滑坡、崩塌地质灾害。

（2）浒湾乡滑坡、崩塌高易发亚区：位于新县西北部浒湾乡一带，面积105.3 km²。属低山丘陵区，容易诱发滑坡、崩塌地质灾害。

（3）八里—沙窝滑坡高易发亚区：处在八里畈—沙窝镇一带，面积73.6 km²。属低山丘陵区，地形高差较小。雨季容易诱发滑坡。

（4）新集滑坡高易发亚区：位于新县县城，面积14.8 km²。构造强烈，节理发育，人类工程活动较多，县城围绕着山体建筑，劈山建房较多，破坏了原始山体的稳定性，降雨季节易诱发滑坡地质灾害。

（5）郭家河滑坡高易发亚区：位于新县西南部，面积32.2 km²。冲沟发育，侵蚀作用强烈。由于人类切坡建房，对岩土体和植被的破坏性较大，切坡过陡，形成临空面，造成斜坡失稳，在暴雨的作用下容易产生滑动。

#### 12.1.5.2 地质灾害中易发区

（1）京九铁路以西崩塌中易发亚区：位于新县境内京九铁路以西，包括苏河、卡房、箭厂河、泗店等地。人类工程经济活动多，岩体风化强烈、破碎，为地质灾害的发生造成了隐患，逢暴雨容易诱发滑坡地质灾害。

（2）京九铁路以东滑坡中易发亚区：位于新县境内京九铁路以东，包括八里畈、代嘴、沙窝、田铺等乡镇。人类工程经济活动多，为地质灾害的发生造成隐患。

#### 12.1.5.3 地质灾害低易发区

（1）陡山河—陈店地质灾害低易发亚区：分布在陡山河乡东南的国营林场—陈店乡之间，地貌为中低山区，面积172.2 km²。

（2）周河—田铺地质灾害低易发亚区：位于周河向东南—田铺乡的东部之间，面积121.4 km²。

### 12.1.6 地质灾害重点防治区

新县地质灾害重点防治区面积455.6 km²，细分为8个重点防治亚区（见表3-12-4、图3-12-2）。

表3-12-4 地质灾害重点防治分区

| 分区名称 | 亚区 | 代号 | 面积（km²） | 隐患点数 | 威胁对象 |
|---|---|---|---|---|---|
| 重点防治区 | 千斤—吴陈河镇防治亚区 | A₁ | 169.2 | 63 | 威胁335户，10 394人 |
| | 浒湾乡防治亚区 | A₂ | 105.3 | 22 | 威胁24户，1 487人 |
| | 八里畈—沙窝镇防治亚区 | A₃ | 73.6 | 19 | 威胁77户，5 933人 |
| | 新集镇防治亚区 | A₄ | 14.8 | 7 | 威胁260户，1 073人 |
| | 郭家河乡防治亚区 | A₅ | 32.2 | 8 | 威胁92户，10 765人 |
| | 长州河水库防治亚区 | A₆ | 10.6 | 2 | 威胁6户，26人 |
| | 香山水库防治亚区 | A₇ | 16.2 | | 暂无地质灾害发生 |
| | 京九铁路防治亚区 | A₈ | 33.7 | 2 | 威胁200户，1 100人，京九铁路，耕地900亩 |

（1）千斤—吴陈河镇防治亚区：位于千斤乡、吴陈河镇、浒湾乡一带，面积169.2 km²。目前区内有地质灾害隐患点63处。

（2）浒湾乡防治亚区：位于新县西北部浒湾乡一带，面积105.3 km²。目前区内有地质灾害隐患点22处。

（3）八里畈—沙窝镇防治亚区：位于八里畈—沙窝镇一带，面积73.6 km²。区内有地质灾害隐患点19处。

（4）新集镇防治亚区：位于新县县城，面积14.8 km²。该区有地质灾害隐患点7处。

（5）郭家河乡防治亚区：位于新县西南部，属于郭家河乡，面积32.2 km²。区内地质灾害隐患点8处。

（6）长州河水库防治亚区：位于新县东部，面积10.6 km²。该区有滑坡隐患点2处。

（7）香山水库防治亚区：位于新县南部，总面积16.2 km²。

（8）京九铁路防治亚区：位于新县南部，属于低山区，面积33.7 km²。京九铁路是新县交通枢纽，所处地质环境较差。该区有地质灾害隐患点2处。

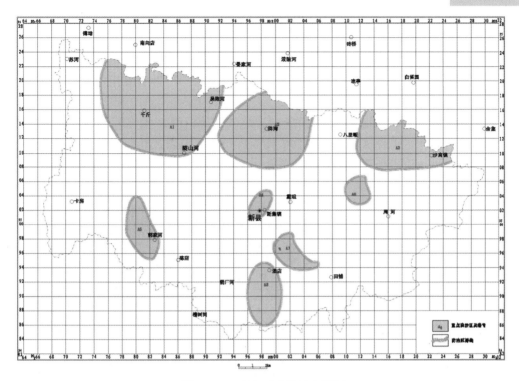

图3-12-2 新县重点防治区划图

# 12.2 罗山县

罗山县辖9镇10乡，297个行政村（居委会）、5 035个村（居）民小组，面积2 065 km²，总人口72 万人。该县盛产水稻、茶叶、板栗、银杏、大豆、芝麻、药材等。已探明的矿产有珍珠岩、膨润土、萤石等20多种，地质条件好，品位高，浅藏易采，储量大。

## 12.2.1 地质环境背景

### 12.2.1.1 地形、地貌

罗山县位于大别山北麓，地势南高北低。南部山峦起伏，峰高壑深，最高峰王坟顶海拔840 m。北部岗川相间，最低标高43 m。根据地貌成因和地貌形态，地貌类型分为构造剥蚀低山、剥蚀丘陵、侵蚀岗地、冲积河谷平原。

### 12.2.1.2 气象、水文

罗山县气候处于亚热带向暖温带过渡地带。年平均气温15.1 ℃。多年平均降水量1 023.4 mm（1971～2000年），年最大降水量1 325.2 mm（1984年），日最大降水量195.3 mm（1990年8月2日）。

县境河流主要为淮河及其支流竹竿河、浉河等。淮河流域占全县面积的98.7%，南部与湖北省接壤处有1.3%面积的地表水流向长江支流。石山口水库为大型水库，总蓄水量3.53亿 $m^3$。

### 12.2.1.3 地层与构造

罗山县地层分区，龟山—梅山断裂以南属于扬子地层区南秦岭分区西大小区，龟山—梅山断裂以北属于华北地层区北秦岭分区信商小区。出露地层有太古宇、元古界、古生界、中生界、新生界。

总体构造以北西向或近东西向为主。发育有罗山坳陷带、莽张隆起带、龙镇坳陷。主要断裂有桐柏—商城断裂、龟山—梅山断裂、竹竿河断裂、刘家畈断裂、花门楼—铁铺断层等。根据《中国地震动参数区划图》，罗山县地震动峰值加速度为0.05$g$，地震基本烈度为Ⅵ度。

### 12.2.1.4 水文地质、工程地质

罗山县地下水可划分为基岩裂隙水、碎屑岩类孔隙裂隙水、松散岩类孔隙水3种类型。

按地貌、地层岩性、岩土体坚硬程度及结构特点，罗山县岩土体工程地质类型分为碎裂状较软花岗岩强风化岩组，片状较软片麻岩、片岩组，片状较软石英片岩岩组，中厚层具软弱夹层较软砂岩岩组，黏性土单层土体，粉质黏土、粉土、细砂多层土体6类。其中松散土体类主要分布在山前丘陵地带及山间沟谷、河流两侧，岩体类主要分布于县域南部山区。

### 12.2.1.5 人类工程活动

人类工程活动主要有矿山开采活动、交通工程建设等。罗山县发现各类矿产24种，开发矿产主要有萤石矿、铁矿、铅锌矿、建筑石料、建筑用砂等。县境内有京珠高速、信叶高速、312国道、宁西铁路等重要交通线工程及旅游公路。

## 12.2.2 地质灾害类型及特征

### 12.2.2.1 地质灾害类型

罗山县地质灾害发育类型有崩塌、滑坡、泥石流、地面塌陷、地裂缝5种，共29处（见表3-12-5）。

### 12.2.2.2 地质灾害特征

1. 崩塌

崩塌17处，均为土质崩塌，分布于竹竿河沿岸的竹竿镇、莽张乡、周党镇、定远乡及淮河沿岸的东铺乡、高店乡等。体积在160~86 400 $m^3$。6处规模为中型，11处为小型。崩塌体组成物质为$Q_4$粉质黏土、碎石土，其平面形态为矩形或不规则形，剖面形态为直线。崩塌体结构零乱。发生时间多集中在7、8月。

2. 滑坡

滑坡4处，均为土质滑坡。分布于灵山镇、铁铺乡。滑坡组成物质多为基岩风化层及残坡积物，规模80~1 500 $m^3$，均属小型滑坡。滑坡平面形态不一，有半圆形、不规则形，剖面多呈凸形或凹形。滑坡的发生主要与降雨有关。

3. 泥石流

泥石流3处，均分布于铁铺乡。流域面积在1~13.34 $km^2$。物质成分多为卵砾石，分选性差，散布在沟谷内的流通区及堆积区。泥石流的平面形态呈喇叭形、长条形，剖面

表3-12-5 罗山县地质灾害类型及数量分布统计

| 乡镇 | 滑坡 | 崩塌 | 泥石流 | 地面塌陷 | 地裂缝 | 合计 |
|------|------|------|--------|----------|--------|------|
| 莽张乡 | | 4 | | | | 4 |
| 周党镇 | | 2 | | | | 2 |
| 定远乡 | | 1 | | | | 1 |
| 彭新镇 | | | | | | |
| 铁铺乡 | 2 | | 3 | | | 5 |
| 楠杆镇 | | 1 | | | | 1 |
| 东铺乡 | | 1 | | | | 1 |
| 竹竿镇 | | 3 | | | | 3 |
| 庙仙乡 | | 1 | | | | 1 |
| 朱堂乡 | | 2 | | 3 | | 5 |
| 灵山镇 | 2 | | | | | 2 |
| 山店乡 | | | | 1 | | 1 |
| 高店乡 | | 1 | | | 1 | 2 |
| 城关镇 | | 1 | | | | 1 |
| 龙山乡 | | | | | | |
| 合计 | 4 | 17 | 3 | 4 | 1 | 29 |

形态多呈阶梯形,沟谷形态多呈U形谷,个别地段呈V形谷。泥石流分布区地形起伏大,人类工程活动较强烈。泥石流松散物贮量0.8 万 ~ 1.8 万 $m^3/km^2$,均属小型泥石流。

4. 地面塌陷

地面塌陷4处,分布于朱堂乡和山店乡,均为地下开采萤石矿引发。开采方式为地下开采,开采深度一般5 ~ 20 m。塌陷面积314 ~ 5 500 $m^2$,均属小型塌陷,主要造成山坡植被毁坏。地面塌陷平面形态不一,有圆形、长条形。

5. 地裂缝

地裂缝发育数量较多,分布在高店乡西南一带。地裂缝长10 ~ 100 m,宽0.05 ~ 0.2 m,深度0.5 ~ 2.0 m,属小型地裂缝。展布方向为南北方向,平面上呈直线,剖面多呈上宽下窄的楔形,裂口粗糙不平,无明显水平位移和垂向错动现象,显示为张性。成因初步确定为膨胀土胀缩引起。

## 12.2.3 地质灾害灾情

根据2005年调查统计,罗山县已发生地质灾害29 处,其中崩塌17 处,滑坡4 处,泥石流3 处,地面塌陷4 处,地裂缝1 处。损坏23 间房,公路300 m,耕地540 亩,2 座村庄搬迁(190户),150 户民房裂缝等,直接经济损失1 280.05 万元。

### 12.2.4 地质灾害隐患点特征及险情评价

罗山县地质灾害隐患点共有36处。其中，崩塌17处，滑坡点4处，泥石流沟3条，地面塌陷点4处，地裂缝1处，不稳定斜坡7处。主要分布于南部山区以及竹竿河、淮河沿岸、山区和丘陵区的公路沿线。

地质灾害隐患点险情为大型的4处，中型6处，小型26处。威胁1 598人生命安全，潜在危害房屋1 183间、公路1 270 m、耕地1 446亩，预测经济损失2 060.4万元。

### 12.2.5 重要地质灾害隐患点

根据险情评价，重要地质灾害隐患点有4处。

（1）雷畈崩塌隐患：位于周党镇雷畈村东南公路边，崩塌体上部是公路，公路北西侧是村民的房屋，南东侧为一西南—东北方向的河沟，深约6 m。崩塌体是第四系粉质黏土，坡度较陡，约80°，坡向150°，长5 m，宽600 m，厚度4 m，面积3 000 m²，体积12 000 m³。2002年8月以来多次发生崩塌，毁坏公路，目前还有崩塌隐患。

（2）淮河崩塌隐患：位于竹竿乡淮河村东北淮河边，崩塌体上部是村庄和耕地，河岸高约8 m，崩塌体为第四系粉质黏土，坡度较陡，约80°，坡向330°，长8 m，宽1 500 m，厚度3 m，面积12 000 m²，体积36 000 m³。2000年8月以来多次发生崩塌，毁坏耕地。现在还有发生崩塌的隐患。

（3）大于湾崩塌隐患：位于高店乡澌淮村大于湾北淮河边，崩塌体上部是村庄和耕地，河岸高约10 m，崩塌体是第四系粉质黏土，坡度较陡，约81°，坡向300°，长12 m，宽1 200 m，厚度6 m，面积14 400 m²，体积86 400 m³。1998年8月以来多次发生崩塌，毁坏耕地。现在还有发生崩塌的隐患。

（4）何冲泥石流隐患：位于铁铺乡何冲湾向何冲村方向的沟中，流域面积约13.34 km²，相对高差420 m，山坡坡度65°，主沟纵坡约77‰，沟边松散堆积物平均厚约1.0 m，沟谷堵塞轻微，沟边有小型滑坡、崩塌等不良地质现象，沟槽横断面呈V形。经评价，该沟为泥石流中易发沟谷。

### 12.2.6 地质灾害易发程度分区

全县地质灾害易发程度分为高易发区、中易发区、低易发区3个区（见表3-12-6、图3-12-3）。

**表3-12-6 罗山县地质灾害易发区**

| 等级 | 亚区 | 面积（km²） |
|---|---|---|
| 高易发区 | 淮河—竹竿河沿岸崩塌高易发亚区 | 51.49 |
| | 朱堂—铁铺滑坡、崩塌、泥石流高易发亚区 | 282.30 |
| | 昌湾—卢湾地面塌陷高易发亚区 | 5.28 |
| | 熊店地面塌陷高易发亚区 | 1.36 |
| 中易发区 | 灵山—定远滑坡、崩塌、泥石流中易发区 | 710.42 |
| 低易发区 | 东铺—青山地质灾害低易发区 | 1 014.15 |

## 12.2.6.1 地质灾害高易发区

（1）淮河—竹竿河沿岸崩塌高易发亚区：位于罗山县北部淮河沿岸和东部竹竿河沿岸，面积51.49 km²。已发生地质灾害10处，均为崩塌地质灾害。仍存在10处崩塌隐患。

（2）朱堂—铁铺滑坡、崩塌、泥石流高易发亚区：该区包括铁铺乡、朱堂乡大部及灵山镇西部、青山镇南部，面积282.30 km²。已发生地质灾害点9处。存在地质灾害隐患点14处，其中不稳定斜坡5处，潜在滑坡4处、潜在崩塌5处。

（3）昌湾—卢湾地面塌陷高易发亚区：位于罗山县西南部朱堂乡西北主要萤石矿采区，面积5.28 km²。已发生地质灾害点2处。仍存在隐患点2处。

（4）熊店地面塌陷高易发亚区：位于罗山县南部山店乡熊店东北，为萤石矿采

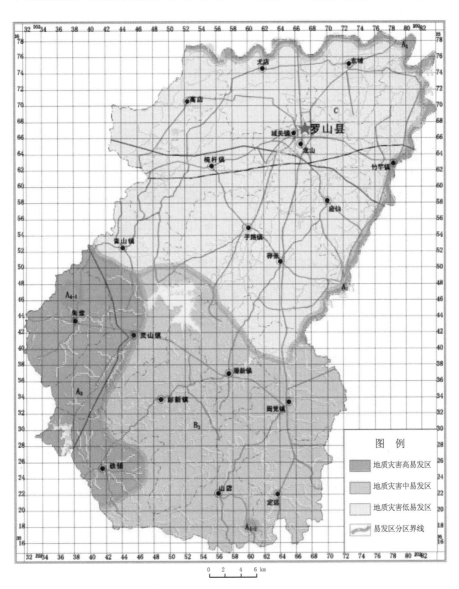

图3-12-3 罗山县地质灾害易发区图

区，面积1.36 km²。萤石矿开采造成地面塌陷、崩塌地质灾害时有发生。

#### 12.2.6.2 灵山—定远滑坡、崩塌、泥石流中易发区

该区位于罗山县中南部灵山镇东部、彭新镇南部一带，面积710.42 km²。地貌类型为低山丘陵区，地形复杂，沟谷深切，岩体较为破碎，易造成滑坡、崩塌地质灾害的发生。

#### 12.2.6.3 东铺—青山地质灾害低易发区

该区位于罗山县中北部，主要发育崩塌、地裂缝灾害，面积1 014.15 km²。

### 12.2.7 地质灾害重点防治区

罗山县地质灾害重点防治区面积446.52 km²，占总面积的21.62%，细分为3个重点防治亚区（见图3-12-4、表3-12-7）。

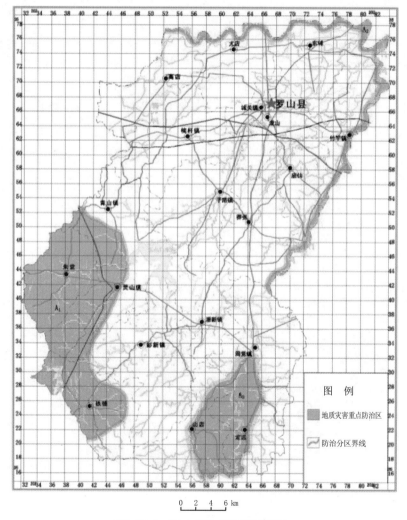

图3-12-4 罗山县重点防治区划图

表3-12-7　罗山县地质灾害重点防治分区

| 分区名称 | 亚区 | 代号 | 面积（km²） | 隐患点数 | 威胁对象 |
|---|---|---|---|---|---|
| 重点防治区 | 朱堂—铁铺重点防治亚区 | A₁ | 287.58 | 16 | 居民、道路、耕地、建筑、矿山、景区 |
| | 淮河—竹竿河沿岸重点防治亚区 | A₂ | 51.50 | 10 | 居民、道路、耕地 |
| | 周党—山店重点防治亚区 | A₃ | 107.44 | 6 | 居民、道路、河堤、建筑 |

（1）朱堂—铁铺重点防治亚区：分布于县境西南部青山镇、朱堂乡、铁铺乡、灵山镇等，面积287.58 km²。已发生地质灾害11处，地质灾害隐患点16处。

（2）淮河—竹竿河沿岸重点防治亚区：位于罗山县北部淮河沿岸和东部竹竿河沿岸莽张乡、竹竿镇、庙仙乡、东铺乡、尤店乡、高店乡等，面积51.50 km²。区内地质灾害10处，均为崩塌地质灾害。

（3）周党—山店重点防治亚区：位于罗山县东南部周党镇、定远乡、山店乡一带，面积107.44 km²。存在隐患点6处。

# 12.3　商城县

商城县位于河南省东南部，辖25个乡镇，369个行政村，总面积2 130 km²，总人口708 528人，可耕地55 100 hm²，森林覆盖率为50.05%。主要农作物有水稻、小麦、豆类、花生、芝麻、油菜、茶叶、棉花、红麻等。主要矿产有煤、铁、钼、磷、大理石、石灰石、花岗石，但开采规模不大。

## 12.3.1　地质环境背景

### 12.3.1.1　地形、地貌

商城县位于大别山中段北麓，地形南高北低。南部为中山、低山，中部为丘陵，北部为平缓的河谷阶地及垄岗地形。

### 12.3.1.2　气象、水文

商城县属亚热带半湿润半干燥大陆性气候，四季分明，雨量充沛。多年平均气温15.4 ℃，多年平均降水量1 225.9 mm，最大1 705.8 mm（1982年），最小649.9 mm（1966年），降水主要集中在4～9月，日最大降水量259.6 mm（2004年8月14日）。由南向北降水量逐渐减少。

境内共有大小河流728条，皆为淮河南侧支流上源，发源于大别山北麓，流向南北或呈西南—东北向。主要河流有灌河、白鹭河、史河等。

### 12.3.1.3　地层与构造

地层有太古宇、古元古界、中元古界、新元古界、下古生界、上古生界、石炭系、侏罗系、白垩系、古近系及第四系等。境内岩浆活动频繁，其中以侵入岩最为发育，岩石类型以酸性为主，中性次之。大部分属花岗岩，部分属于石英闪长岩及钾长花岗岩。

商城县地质构造复杂。主要构造有东西向构造、南北向构造及新华夏系。其中，东西向构造为主要构造，呈北西西向展布，属秦岭—昆仑东西复杂构造带。南北向构造在区内分中、东、西三带展布。而新华夏系主要表现为断裂及节理带、片理带等。断裂多呈北北东向展布，走向12°~25°。区内主要断裂为商城—麻城断裂。根据《中国地震动参数区划图》，商城县地震基本烈度为Ⅵ度。

#### 12.3.1.4 水文地质

根据地下水赋存条件及水文地质特征，将区内地下水分为松散层孔隙水、碎屑岩类孔隙裂隙水、碳酸盐岩类裂隙岩溶水及基岩裂隙水4种类型。其中，松散层孔隙水分布在北部河谷平原及垄岗地带，南部基岩山区局部坡积、冲坡积层中亦有分布。碎屑岩类孔隙裂隙水分布在县域中北部，含水层包括石炭系各组、侏罗系的朱集组及古近系等。碳酸盐岩类裂隙岩溶水分布在石门冲一带，面积仅14 km$^2$。基岩裂隙水分布在调查区南部及中部的低中山、低山和丘陵地带，据其成因及赋存特征，可细分为构造裂隙水和风化带网状裂隙水两种。

#### 12.3.1.5 工程地质岩组

根据地形地貌、岩土体特征，将区内岩土体划分为7个工程地质岩组。坚硬块状混合岩、混合质片麻岩岩组分布在药铺—青山断裂以南及县中部的观庙、汪岗一带。较坚硬块状片麻岩岩组分布在商城—麻城断裂两侧及汪岗、伏山、达权店交界地段。坚硬块状侵入岩岩组广泛分布于县境中部。坚硬中厚层状钙质、硅质胶结砂岩、砾岩岩组分布在金刚台风景区一带及河凤桥北侧剥蚀丘陵地段。坚硬厚层状砂砾岩、石英砂岩岩组分布在县境中部的汪桥乡、丰集乡及四顾墩乡东部、苏仙石乡北部。坚硬厚层状中等岩溶化大理岩、白云岩岩组分布在三里坪乡北中部一带。黏性土、亚砂土、细砂多层土体分布于北部垄岗区及河谷阶地。

#### 12.3.1.6 人类工程活动

人类工程活动主要有切坡建房、矿山开采、水利工程建设、交通线路建设等。部分居民建房存在切坡造地，砂岩、片岩、片麻岩等岩石多风化、疏松泥化，容易引发滑坡灾害。区内矿种丰富，但规模化开采的较少。已开采的主要矿种有煤、磷、铁、花岗石、大理岩等。大理岩及花岗石一般为露天沿坡开采，易破坏边坡稳定性而诱发崩塌或滑坡灾害。全县共有大小河流728条，库容在1 000万 m$^3$以上的大中型水库就有3座，其中鲇鱼山水库库容达8.19亿 m$^3$，小型水库及塘堰湖坝不计其数，总蓄水能力达10.315亿 m$^3$。交通工程穿过丘陵、中低山区，切坡形成了滑坡、崩塌隐患。

### 12.3.2 地质灾害类型及特征

#### 12.3.2.1 地质灾害类型

经调查，商城县各类地质灾害135处。其中，滑坡84处、不稳定斜坡33处、泥石流（沟）5处（条）、崩塌12处、地裂缝1条。主要分布于长竹园乡、达权店乡、吴河乡、四顾墩乡和伏山乡（见表3-12-8）。

表3-12-8　地质灾害点分布情况统计

| 乡镇 | 地质灾害类型 | | | | | 合计 |
|---|---|---|---|---|---|---|
| | 滑坡 | 不稳定斜坡 | 泥石流（沟） | 崩塌 | 地裂缝 | |
| 丰集乡 | 2 | | 2 | | | 4 |
| 四顾墩乡 | 8 | 3 | | | | 11 |
| 汪岗乡 | 2 | 1 | | | | 3 |
| 苏仙石乡 | 7 | 1 | 1 | | | 9 |
| 鲇鱼山乡 | 8 | | 1 | | | 9 |
| 吴河乡 | 9 | 3 | | | | 12 |
| 伏山乡 | 8 | | | | | 9 |
| 长竹园乡 | 7 | 3 | 1 | 3 | | 14 |
| 黄柏山森林公园 | | | | 1 | | 1 |
| 汤泉池管理处 | 5 | | | | | 5 |
| 达权店乡 | 3 | 9 | | 1 | | 13 |
| 冯店乡 | | 1 | | 4 | | 5 |
| 余集镇 | 4 | 1 | | | | 5 |
| 观庙乡 | 5 | 3 | | | | 8 |
| 双椿铺镇 | 2 | 1 | | | | 3 |
| 汪桥镇 | 4 | 2 | | 1 | | 7 |
| 李集乡 | 3 | | | | | 3 |
| 河凤桥乡 | | 1 | | | | 1 |
| 三里坪乡 | 5 | 3 | | | | 8 |
| 白塔集乡 | | | | | 1 | 1 |
| 金刚台自然保护区 | 1 | | | | | 1 |
| 鄢岗乡 | | | | 2 | | 2 |
| 城关镇 | 1 | | | | | 1 |
| 合计 | 84 | 33 | 5 | 12 | 1 | 135 |

### 12.3.2.2　地质灾害特征

1. 滑坡

滑坡是最主要的地质灾害类型，共84处。其中，岩质滑坡62处，土质滑坡22处。规模一般为小型，以浅层滑坡为主，滑床埋藏浅，滑坡位移距离短，位移速度快，单体成灾范围不大。但危害较大，常常造成人员伤亡。已发生滑坡至少造成7人死亡，直接经济损失65.55万元。滑坡主要由强降水诱发，但人类工程活动的影响也是重要原因。

2. 崩塌（河流塌岸）

崩塌12处，分布在6个乡镇。其中，山体崩塌9处，冯店乡4处、长竹园乡3处、达权店乡、黄柏山森林公园各1处。河流塌岸3处，鄢岗乡2处，汪桥镇1处。崩塌（塌岸）共造成直接经济损失80.35万元，2人死亡。

山体崩塌均为岩质，规模均为小型，崩塌体岩性以侏罗纪早期侵入的花岗岩为主，其次为元古界片麻岩类。其空间分布较分散，多形成于中低山地貌区，崩塌体裂隙较发育，诱发因素为人工切坡造成陡坡失稳及暴雨。

河流塌岸主要集中在白鹭河及灌河沿岸，规模均为中型。

3. 泥石流

泥石流分为坡面型和沟谷型泥石流。泥石流共5处，其中坡面型泥石流2处、沟谷型泥石流（隐患）3处。主要分布在丰集乡的青山、洞冲两个行政村。

坡面泥石流的特征是规模小、坡度大。所在山坡坡度在30°～50°，低缓坡很少。自然植被破坏严重，以耕植层为主；流体岩性主要为松散坡积物夹碎石。

以琉璃河泥石流为例，说明沟谷型泥石流的基本特征。琉璃河泥石流为一自然沟谷堆积型，形成区流域面积大，且多为峡谷地带，沟谷深切，纵坡梯度大，沟谷两侧山坡坡形陡峻。流通区则沟谷狭长，长约3.7 km。形成区及流通区滑坡、崩塌分布较多。物源以砾石、碎石为主。流通区以河谷两岸的松散物或风化层滑坡为主要物源。运移物质以水、石为主，松散物次之，为稀性泥石流。

以矿渣为主要物源的沟谷型泥石流主要位于鲇鱼山乡的马鞍山煤矿及长竹园铁矿区，矿渣堆放点均位于沟谷的源头，矿山废石、煤矸石成为泥石流隐患固体物质的主要来源，其中马鞍山煤矿矸石堆放量为1.3万 m³，长竹园铁矿废石堆放量达20万 m³。

4. 地裂缝

地裂缝不甚发育，仅白塔集乡李湖村王楼组于1996年5月出现地面裂缝，裂缝所处区域地貌为垄岗—平原区。该裂缝的形成与地层岩性和气候有关。当时久旱不雨，气候干燥，中更新统冲积黏土具膨胀性，遇水膨胀，失水收缩，干旱季节引起黏土失水开裂，产生裂缝。

5. 不稳定斜坡

全县共有14个乡镇分布有不稳定斜坡，共计33处。其中，岩质斜坡30处，土质斜坡3处。以达权店乡最多，达9处，其余分布在四顾墩乡、汪岗乡、苏仙石乡、吴河乡、长竹园乡、伏山乡、冯店乡、余集镇、观庙乡、汪桥镇、河凤桥乡、双椿铺镇、三里坪乡。

不稳定斜坡点状分布，靠近居民区，规模以小型为主。岩质斜坡岩性以花岗岩、砂岩为主，其次为片（麻）岩，岩层风化程度较高，砂岩多有裂隙分布。控制面多为风化层与半风化或风化岩层接触面或裂隙面。

## 12.3.3　地质灾害灾情

自有记录以来，商城县有18个乡镇发生过地质灾害，受灾居民428户，致死4人，伤7人。损坏房屋939间，直接和间接经济损失248.08万元。

### 12.3.4 地质灾害隐患点特征及险情评价

#### 12.3.4.1 地质灾害隐患点特征

商城县共有123处地质灾害点存在隐患，分别位于22个乡镇中，区内地质灾害隐患点共威胁到4 682人，预测经济损失达1 744.9万元，123处地质灾害隐患点中，按危害程度划分，重大级16处，威胁3 354人，预测经济损失813.5万元，主要为不稳定斜坡与河流塌岸；较大级38处，威胁989人，预测经济损失651.5万元，主要由不稳定斜坡形成，其次为滑坡与崩塌；一般级69处，威胁339人，预测经济损失279.9万元。

#### 12.3.4.2 重要地质灾害隐患点险情评价

重要地质灾害点33处，其中滑坡23处、崩塌4处、不稳定斜坡6处，其现状危险性与预测危险性评价见表3-12-9。

表3-12-9　重要地质灾害点危险性初步评估与预测

| 序号 | 乡镇 | 野外编号 | 位置 | 类型 | 规模（万m³） | 危险性 现状 | 危险性 预测 | 危害程度预测 |
|---|---|---|---|---|---|---|---|---|
| 1 | 丰集乡 | SC003 | 袁河村曾大塆 | 滑坡 | 0.088 | 次危险 | 次危险 | 重大级 |
| 2 | 四顾墩乡 | SC006 | 南楼村鹰窝 | 滑坡 | 0.160 | 次危险 | 危险 | 重大级 |
| 3 | | SC011 | 柳坪村堰边子 | 滑坡群 | 0.516 | 危险 | 危险 | 较大级 |
| 4 | | SC005 | 杜畈村门楼 | 不稳定斜坡 | 1.176 | 次危险 | 危险 | 较大级 |
| 5 | 汪岗乡 | SC013 | 蒋岗村蔡塆 | 滑坡 | 0.042 | 次危险 | 危险 | 重大级 |
| 6 | | SC014 | 郑河村穆家塆 | 不稳定斜坡 | 30.000 | 危险 | 危险 | 较大级 |
| 7 | 苏仙石乡 | SC015 | 喻畈村中塆 | 滑坡 | 48.000 | 危险 | 次危险 | 一般级 |
| 8 | | SC016 | 关帝庙村小学 | 滑坡 | 0.205 | 危险 | 危险 | 重大级 |
| 9 | 鲇鱼山乡 | SC022 | 庙岗村冲口 | 滑坡 | 0.125 | 次危险 | 危险 | 一般级 |
| 10 | | SC024 | 陈洼村小学 | 滑坡群 | 0.019 | 危险 | 危险 | 重大级 |
| 11 | 吴河乡 | SC028 | 开觉寺村开觉寺 | 滑坡 | 0.165 | 次危险 | 次危险 | 较大级 |
| 12 | | SC031 | 吴河一中 | 不稳定斜坡 | 2.610 | 次危险 | 危险 | 重大级 |
| 13 | 伏山乡 | SC032 | 石冲村欧塆 | 滑坡 | 1.344 | 危险 | 次危险 | 一般级 |
| 14 | | SC040 | 汪冲村朝阳小区 | 滑坡 | 0.081 | 次危险 | 危险 | 较大级 |
| 15 | | SC042 | 汪冲村粉坊 | 滑坡 | 0.138 | 次危险 | 次危险 | 较大级 |
| 16 | 长竹园乡 | SC053 | 王畈村王畈 | 滑坡 | 0.018 | 次危险 | 次危险 | 一般级 |
| 17 | | SC050 | 两河口村（S216） | 崩塌 | 0.516 | 危险 | 危险 | 一般级 |
| 18 | | SC041 | 汪冲村杜冲（S216） | 不稳定斜坡 | 70.000 | 危险 | 危险 | 较大级 |
| 19 | | SC062 | 狮子塘村柴宴 | 滑坡 | 0.302 | 次危险 | 次危险 | 较大级 |
| 20 | 达权店乡 | SC064 | 新店村下塆 | 崩塌 | 0.036 | 次危险 | 次危险 | 较大级 |
| 21 | | SC059 | 香子岗村谢塆 | 不稳定斜坡 | 2.509 | 次危险 | 危险 | 一般级 |
| 22 | 余集镇 | SC071 | 花塆村小冲组 | 滑坡 | 0.134 | 危险 | 危险 | 较大级 |
| 23 | 观庙乡 | SC077 | 柳大塆村新建 | 滑坡 | 0.053 | 危险 | 危险 | 一般级 |
| 24 | | SC076 | 赵塆村学塆 | 滑坡群 | 0.054 | 次危险 | 次危险 | 较大级 |
| 25 | 汪桥镇 | SC084 | 土地庙村李塆 | 滑坡 | 0.095 | 危险 | 危险 | 一般级 |

续表3-12-9

| 序号 | 乡镇 | 野外编号 | 位置 | 类型 | 规模（万m³） | 危险性 现状 | 危险性 预测 | 危害程度预测 |
|---|---|---|---|---|---|---|---|---|
| 26 | 李集乡 | SC086 | 韩楼村土门 | 滑坡群 | 0.008 | 危险 | 危险 | 较大级 |
| 27 | | SC087 | 韩楼村下河东 | 滑坡群 | 0.378 | 次危险 | 危险 | 较大级 |
| 28 | | SC088 | 韩楼村李塆 | 滑坡群 | 0.021 | 次危险 | 危险 | 较大级 |
| 29 | 三里坪乡 | SC090 | 三教洞村玉庄 | 滑坡 | 0.300 | 危险 | 危险 | 较大级 |
| 30 | 冯店乡 | SC067 | 石关口村铁棚 | 崩塌 | 0.020 | 次危险 | 次危险 | 较大级 |
| 31 | | SC069 | 通城店村武家洼 | 崩塌 | 0.009 | 次危险 | 次危险 | 一般级 |
| 32 | 双椿铺镇 | SC079 | 龙塘村歪庙 | 不稳定斜坡 | 0.630 | 次危险 | 危险 | 一般级 |
| 33 | 城关镇 | SC098 | 南街村半个店 | 滑坡 | 0.015 | 次危险 | 危险 | 一般级 |

### 12.3.5　地质灾害易发程度分区

全县共划分为地质灾害高易发区、中易发区、低易发区、非易发区4个大区（见图3-12-5）。

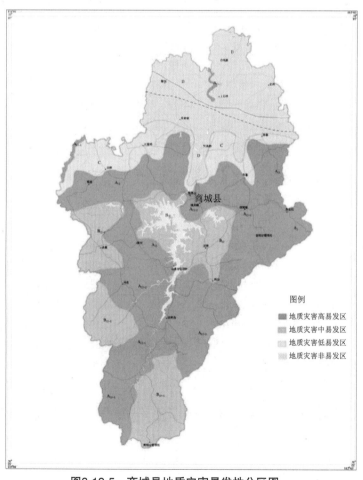

图3-12-5　商城县地质灾害易发性分区图

#### 12.3.5.1 地质灾害高易发区

该区位于县域中部及南部，总面积1 016.79 km²。主要地质灾害类型为滑坡、崩塌（包括河流塌岸）、不稳定斜坡、泥石流（包括险坝、矿渣堆放等泥石流隐患），有地质灾害隐患点114处。

（1）灌河、白鹭河崩塌（河流塌岸）高易发亚区：分布于鄢岗镇与上石桥镇交界处的灌河左岸、汪桥镇与潢川县交界处的白鹭河右岸地区，面积10.5 km²。

（2）琉璃河滑坡、泥石流高易发亚区：分布于苏仙石乡中南部，面积75.04 km²。有地质灾害隐患点8处，包括泥石流沟1条、滑坡6处、不稳定斜坡1处。

（3）冯店—长竹园—四顾墩滑坡、崩塌高易发亚区：分布于余集镇东部、冯店乡北东部、达权店乡大部、长竹园乡北部与东南部、伏山乡大部、汪岗乡东部、四顾墩乡西部，面积596.91 km²。有地质灾害隐患点52处，包括滑坡25处、崩塌6处、不稳定斜坡19处、坡面泥石流2处。

（4）观庙—苏仙石滑坡高易发亚区：分布于观庙乡大部、吴河乡西部与中南部、汤泉池管理处、丰集乡东南部及苏仙石乡北部，面积334.34 km²。有地质灾害隐患点51处，其中滑坡40处、不稳定斜坡11处。

#### 12.3.5.2 地质灾害中易发区

该区分布于县域中部的汪岗乡中西部、鲇鱼山乡水库区、伏山乡西北部、余集镇西部、冯店乡西南部、长竹园乡中南部、达权店乡东南部，面积495.44 km²。地质灾害类型以崩塌、滑坡、不稳定斜坡为主，共有地质灾害隐患点9处。

#### 12.3.5.3 地质灾害低易发区

该区分布在汪桥及观庙的西北部，面积192.08 km²。地貌处于丘陵至平原的过渡地带。

#### 12.3.5.4 地质灾害非易发区

该区分布于北部平原区，面积425.69 km²，未发现地质灾害。

### 12.3.6 地质灾害重点防治区

全县共确定重点防治区2处，面积共862.65 km²（见图3-12-6）。

（1）中部丘陵区以滑坡为主重点防治亚区：分布于县境中部的城关镇、观庙乡大部、余集镇东北部、吴河乡、鲇鱼山乡、三里坪乡南东部、汪桥镇中南部、双椿铺镇南部、丰集乡大部、四顾墩乡大部、苏仙石乡北部、汪岗乡东北部及汤泉池管理处，面积536.68 km²。重要地质灾害隐患点20处，包括滑坡17处、不稳定斜坡3处。包括人口密集区城关镇、风景区汤泉池及三教洞。

（2）中南、东南部低山、丘陵区以滑坡、崩塌为主重点防治亚区：分布于长竹园乡西北部、冯店乡东部、达权店乡南部和东部、伏山乡，面积325.97 km²。地貌属中低山区，以切坡建房形成的滑坡及崩塌为主。重要地质灾害隐患点10处，包括滑坡4处、崩塌4处、不稳定斜坡2处。

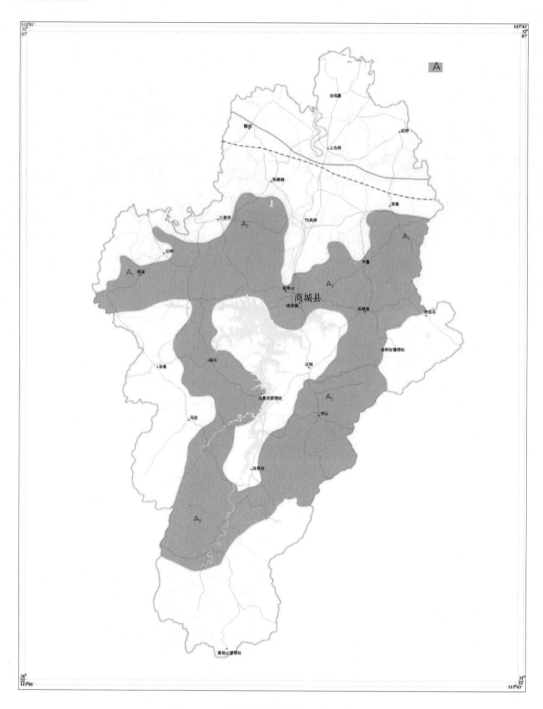

图3-12-6 商城县地质灾害重点防治区划图

# 12.4　固始县

固始县南依大别山，北临淮河，面积2 946 km²，辖32个乡镇（合并后），601个行政村，人口160万人。耕地170万亩，林地42万亩，宜渔水面18万亩，水稻种植面积140万亩，油菜面积90万亩。其他主要经济作物还有麻类、棉花、花生、大豆、茶叶、毛元竹、板栗等。此外，农副产品固始鸡、固始鸭、固始白鹅、淮南猪、槐山羊等驰名国内外。已发现各类矿产19种，探明储量的矿产有煤炭、铀、铁、铜、水泥用灰岩等。

## 12.4.1　地质环境背景

### 12.4.1.1　地形、地貌

固始县位于大别山北麓与淮河冲积平原的接壤处，地貌可分为构造侵蚀低山、构造剥蚀丘陵、剥蚀堆积垄岗、堆积平原4种地貌类型。低山分布于县境南部，丘陵分布于县域南部及东部一带，垄岗分布于河谷冲积平原两侧，堆积平原区内分布广泛，主要分布于中北部地区。

### 12.4.1.2　气象、水文

固始县属亚热带向暖温带过渡的气候区，气候湿润，雨量充沛，多年平均降水量1 287 mm，最高1 662.3 mm（1980年），最低628.7 mm（2001年），降水集中在6~9月，月最大降水量为446.4 mm（1975年6月），日最大降水量为203.3 mm（1980年7月17日）。多年平均气温16 ℃。

固始县属淮河流域，淮河流经本县北部，属省界河流，向东流至三河尖入皖，境内长59 km。淮河一级支流史河、灌河、白鹭河、泉河共长325 km，由南向北流经全县，二级支流有石槽、急流涧、羊行、长江、春河等10余条。全县中小型水库61座，堰塘4.2万处。

### 12.4.1.3　地层与构造

固始县出露地层主要有第四系、古近系、白垩系、侏罗系、石炭系、寒武系、中元古界。

岩浆岩均为早白垩世时期侵入，分布在段集中部、武庙南部及陈淋子西南部，侵入体岩性为闪长玢岩、石英二长岩、钾长花岗斑岩及二长花岗斑岩。

以断裂构造为主，可划分为北西西向断裂和南北向断裂。主要有长江河—汪岭断层、驻马—东冲断层、李集—五尖山断层、丰集—东冲断层、确固断裂、固始断裂、临水集—张广庙断层。根据《中国地震动参数区划图》，区内地震烈度为Ⅵ度，属区域地壳稳定区。

### 12.4.1.4　水文地质

根据地下水埋藏条件、水理性质和水力特征，区内地下水可划分为松散岩类孔隙水、碎屑岩类孔隙裂隙水、碳酸盐岩类裂隙岩溶水和基岩裂隙水4种类型。其中松散岩类孔隙水主要分布于中北部广大平原区。碎屑岩类孔隙裂隙水主要分布在县域南部丘陵地带。碳酸盐岩类裂隙岩溶水分布在四十里长山一带基岩丘陵区。基岩裂隙水分布在县域南部侵入岩区及东部四十里长山丘陵区中元古界地层区。

#### 12.4.1.5　工程地质

按地貌、地层岩性、岩土体坚硬程度及结构特点，固始县岩土体工程地质类型分为岩体、土体2类，共5个工程地质岩组。其中粉土、粉质黏土、细粗砂多层土体分布在河谷及其阶地、漫滩地段；黏性土单层土体分布于中北部垄岗区；坚硬中厚层状砂岩、砂砾岩岩组分布于县境南部山区；坚硬厚层状中等岩溶化大理岩、白云岩岩组、坚硬厚层状中等岩溶化大理岩、白云岩岩组、坚硬半坚硬薄层—厚层状石英片岩岩组分布在四十里长山一带；坚硬块状侵入岩岩组分布在县域南部。

#### 12.4.1.6　人类工程活动

人类工程活动主要有矿山开采、交通线路建设、水利工程建设、切坡建房等。固始县已开发利用水泥用灰岩、煤及建筑用砂、建筑用石料等矿产，造成地质地貌景观被破坏等环境地质问题。县南部低山丘陵区、村村通工程及乡间公路修路时开山炸石造成边坡体失稳，在公路两侧人为形成高陡边坡，易形成崩塌、滑坡隐患。南部山区居民建房用地短缺，建房开挖坡脚问题普遍，汛期易产生崩塌、滑坡灾害隐患。

### 12.4.2　地质灾害类型及特征

#### 12.4.2.1　地质灾害类型

固始县地质灾害类型有滑坡、泥石流、地面塌陷、地裂缝4类共19处（见表3-12-10），其中滑坡13处，泥（水）石流2处，地面塌陷1处，地裂缝3处。从空间分布特征看，主要分布在固始县南部的方集、段集、武庙3个乡镇，其中以武庙乡地质灾害隐患点数量最多，为8处。

表3-12-10　固始县地质灾害统计

| 序号 | 乡镇 | 地质灾害隐患点类型及数量 | | | |
| --- | --- | --- | --- | --- | --- |
| | | 滑坡 | 泥石流 | 地面塌陷 | 地裂缝 |
| 1 | 方集 | 1 | 1 | 1 | |
| 2 | 段集 | 3 | 1 | | |
| 3 | 武庙 | 8 | | | |
| 4 | 城关 | 1 | | | |
| 5 | 三尖河、往流 | | | | 1 |
| 6 | 胡族铺、城关镇、沙河铺、分水亭、泉河铺 | | | | 1 |
| 7 | 方集、段集、黎集 | | | | 1 |
| 合计 | | 13 | 2 | 1 | 3 |

#### 12.4.2.2　地质灾害特征

1. 滑坡

滑坡13处，规模中型2处、小型11处。均为土质滑坡，岩性多为第四系中更新统坡积黏土，部分灾害点滑体充填下伏基岩碎块，含量在1%～10%不等，规模小、突发性强、埋藏浅是区内滑坡的基本特征。滑坡点多位于房屋或公路边坡，对人员安全危害较大。造成88间房屋全毁或半毁，摧毁耕地17亩、桥梁1座，直接经济损失228.0万元。

### 2. 泥石流

已发生泥（水）石流2处，方集镇和段集乡各1处。其中方集镇大千寺沟泥石流较为典型。

大千寺沟泥石流形成区流域面积小，仅2 km²。大千寺沟地处峡谷地带，沟谷深切，纵坡梯度大，为8‰～12‰，沟谷两侧山坡坡形陡峻，坡度45°～70°。形成区及流通区植被较好，滑坡相对少见，但流域范围内山坡可见巨大滚岩，巨岩及沿坡分散堆积的碎石在水动力作用下失稳而成为水石流物源。流通区则沟谷短促，以水、石为主，松散物为次，为稀性泥石流，中易发。2004年8月14日暴雨后，洪水挟巨大的石块咆哮而下，瞬间摧毁20间房屋、填埋30亩耕地、1 000 m乡道被完全破坏。

### 3. 地裂缝

1974年、1975年、1976年间，固始县山前倾斜平原地区出现了大量地裂缝，可大致分为3个近东西向延伸的地裂缝密集带。北带自淮滨县城延至淮河南岸的固始三河一带，东出安徽霍邱。中带从潢川隆古、城关、桃林，延至固始县城东北的分水乡。南带从潢川仁和，经商城延至固始县城南部，东出霍邱。

据记载，固始县境内，3条地裂缝带宽15～20 km，带内地裂缝密集，带间地裂缝比较稀少。单个地裂缝规模不等，长度一般在10～30 m，宽10～50 cm，个别宽达1 m左右，深一般3～5 m。

固始县地裂缝成因主要与岩性有关，历史上发生地裂缝的地段，岩性主要为中更新统厚层状粉质黏土，其涨缩性质明显，经与当年气象对比，地裂缝的发生时间具有湿合干开特征，充分说明地裂缝的发生与土体的涨缩性有关。

### 4. 地面塌陷

地面塌陷1处，位于方集镇吴上楼村杨山煤矿。1970年起始发，塌陷范围小且位于人员稀少区域，影响不大。

## 12.4.3 地质灾害灾情

根据调查统计，固始县已发生滑坡、泥石流地质灾害共15处，以土质滑坡为主，其次为地裂缝，损毁房屋198间、道路7 000 m、耕地317亩、桥梁1座，并致使1人受伤，直接经济损失1 387.0万元（见表3-12-11）。

表3-12-11　固始县地质灾害灾情统计

| 乡镇 | 土石方（万m³） | 灾情 | |
| --- | --- | --- | --- |
| | | 破坏对象 | 直接损失（万元） |
| 方集 | 43.42 | 房屋、道路、耕地、桥梁 | 1 022.6 |
| 段集 | 80.43 | 房屋、道路、牲畜、耕地 | 209.6 |
| 武庙 | 2.18 | 房屋 | 4.8 |

续表3-12-11

| 乡镇 | 土石方（万m³） | 灾情 | |
| --- | --- | --- | --- |
| | | 破坏对象 | 直接损失（万元） |
| 城关 | 41.00 | 房屋 | 150.0 |
| 胡族铺、城关镇、沙河铺、分水亭、泉河铺、三尖河、往流、黎集 | | 耕地、房屋、道路 | 现已灭失，因时间较长，无法统计具体损失 |
| 合计 | 167.03 | | 1 387.0 |

## 12.4.4 地质灾害隐患点特征及险情评价

### 12.4.4.1 地质灾害隐患点分布特征

固始县地质灾害隐患点类型有滑坡、泥石流、地面塌陷3类共16处，其中滑坡隐患13处，泥（水）石流隐患2处，地面塌陷隐患1处。主要分布在固始县南部的方集、段集、武庙3个乡镇，其中以武庙乡地质灾害隐患点数量最多，为8处。

16处地质灾害隐患点中，险情级别为特大型2处、中型9处、小型5处。按灾种分，滑坡隐患险情特大型1处、中型8处、小型4处；2处泥（水）石流隐患险情级别特大型1处、中型1处，1处地面塌陷险情级别为小型。

### 12.4.4.2 重要地质灾害隐患点特征

（1）东冲沟泥石流：位于方集镇吴上楼村，多见小型滑坡，沿吴上楼村一带为杨山煤矿开采区，煤矸石大量堆积，形成泥石流物源。威胁2 300人、815亩耕地、1 840间房屋安全，险情为特大级。

（2）城关镇蓼东路古城墙滑坡：位于城关镇蓼东路古城墙段，滑坡体岩性为夯填土，平面形状呈L形，总长700 m，宽70 m，土体结构松散，孔裂隙较为发育，抗剪强度低，工程稳定性差。因雨水下渗并沿裂缝贯入，在坡体薄弱带产生局部贯通面，导致坡体失稳并滑动。威胁坡上坡下350户、1 500人安全，险情为特大级。

## 12.4.5 地质灾害易发程度分区

全县共分为高易发、中易发、非易发3个区（见表3-12-12、图3-12-7）。

表3-12-12 固始县地质灾害易发区

| 等级 | 代号 | 亚区及代号 | 面积（km²） | 占全县面积（%） | 隐患点数 | 威胁人数 | 威胁资产（万元） |
| --- | --- | --- | --- | --- | --- | --- | --- |
| 高易发区 | A | 南部低山丘陵滑坡、泥石流高易发亚区（A₁） | 144.86 | 4.9 | 14 | 2 528 | 3 683.4 |
| | | 蓼东路古城墙滑坡高易发点（A₂） | 0.57 | | 1 | 1 500 | 3 000.0 |

续表3-12-12

| 等级 | 代号 | 亚区及代号 | 面积（km²） | 占全县面积（%） | 隐患点数 | 威胁人数 | 威胁资产（万元） |
|---|---|---|---|---|---|---|---|
| 中易发区 | B | 南部低丘滑坡中易发亚区（B₁） | 103.61 | 3.5 | | | |
| | | 四十里长山孤丘崩塌中易发亚区（B₂） | 11.14 | 0.4 | | | |
| 非易发区 | D | | 2 685.82 | 91.2 | | | |
| 合计 | | | 2 946.00 | 100 | 15 | 4 028 | 6 683.4 |

#### 12.4.5.1 地质灾害高易发区

（1）南部低山丘陵滑坡、泥石流高易发亚区：位于县域南部，包括方集镇中南部、段集乡及武庙乡南部地区，面积144.86 km²。地貌属低山丘陵区，地质灾害类型以滑坡与泥石流为主，有地质灾害隐患点14处。

（2）蓼东路古城墙滑坡高易发亚区：指城区内蓼东路古城墙滑坡，面积0.57 km²。威胁坡上坡下350户、1 500人生命安全，预测直接经济损失3 000万元。

#### 12.4.5.2 地质灾害中易发区

（1）南部低丘滑坡中易发亚区：位于固始县南部，包括段集乡及武庙乡中部、祖师庙乡南部、陈淋子乡西南部地区，面积103.61 km²。地质灾害类型以小型滑坡为主。

（2）四十里长山孤丘崩塌中易发亚区：位于县境东部陈集乡及泉河铺乡东部四十里长山一带，面积11.14 km²。地质灾害以小型崩塌为主。

#### 12.4.5.3 地质灾害非易发区

指县域除南部、东部的大部分地区，面积2 685.82 km²。地质灾害不发育。

### 12.4.6 地质灾害重点防治区

全县共划定重点防治区2处（见表3-12-13、图3-12-8）。分布在县境南部地区及城关镇蓼东路一带，包括方集镇、段集乡、武庙乡3乡镇南部及城关镇镇区，面积162.44 km²，占全县面积的5.5%。地质灾害隐患点15处，其中滑坡13处、泥（水）石流2处。

表3-12-13 固始县地质灾害重点防治区统计表

| 分区名称 | 代号 | 亚区 | 代号 | 面积（km²） | 占全县面积（%） | 威胁对象 |
|---|---|---|---|---|---|---|
| 重点防治区 | A | 南部低山丘陵滑坡、泥石流重点防治亚区 | A₁ | 160.99 | 5.5 | 居民、道路、耕地、建筑 |
| | | 蓼东路古城墙滑坡重点防治点 | A₂ | 1.45 | | 居民、道路、建筑、古城墙 |

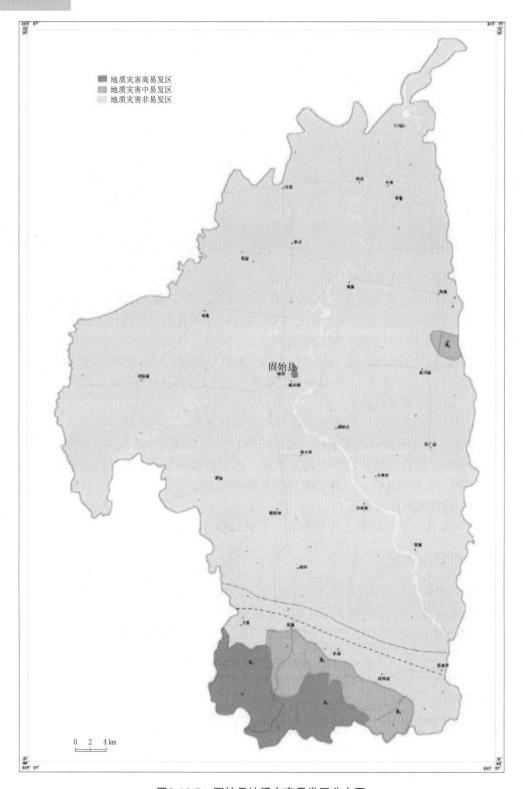

图3-12-7　固始县地质灾害易发区分布图

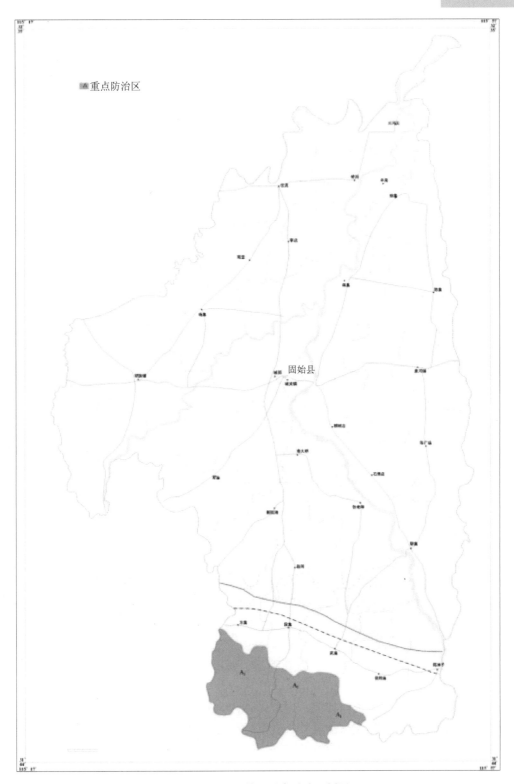

**图3-12-8 固始县重点防治区划图**

# 12.5　光山县

光山县辖25个乡镇，343个行政村，总面积1 831 km²，人口78万。主要粮食作物有水稻、小麦、大豆等，重要经济作物有茶叶、板栗、棉花、麻类、花生等。全县森林覆盖率达17.4%。已发现有金、银、铜、铅、锌、铁、萤石、水泥、大理石、沸石等23种矿产资源，除水泥、大理石开采规模较大外，其余矿产仅有少量开发。

## 12.5.1　地质环境背景

### 12.5.1.1　地形、地貌

光山县地势由西南向东北倾斜，地貌可划分为构造剥蚀丘陵、剥蚀残山、剥蚀堆积岗地、河流侵蚀堆积河谷平原4种类型。丘陵分布在南部，岗地分布在中北部，河谷平原主要分布在北部。最高点为县境南部的王母观，海拔433.9 m；最低点为县境北部的王乡村，海拔40 m，相对高差达393.9 m。

### 12.5.1.2　气象、水文

光山县具有亚热带向暖温带过渡的气候特点，雨量充沛，气候温和湿润，四季分明。年平均气温15.4 ℃，年平均无霜期226天。年平均降水量1 094 mm，年最大降水量1 949 mm（1956年），年最小降水量666 mm（1988年）。年内分配不均，6～9月降水量占全年降水量的40%以上，日最大降水量290.2 mm。

县境内流域面积在30 km²以上的河流有18条，其中白露河、小潢河、寨河和竹竿河为淮河一级支流，均为常年性河流。另外14条小河流分别为白露河、小潢河、寨河和竹竿河的支流。

### 12.5.1.3　地层与构造

出露地层主要有元古界浒湾岩组、龟山岩组、汝阳群，古生界二郎坪群、定远组、泥盆系南湾岩组，中生界石炭系胡油坊组、侏罗系段集组、白垩系陈棚组，新生界新近第三和第四系。

构造以断裂为主，褶皱构造不甚发育。主要褶皱构造有南向店单斜构造、泼陂河坳陷。主要构造有龟山—梅山断裂带、桐柏—商城断裂带、新洼—锡山寨断裂、油榨—李庄断裂、余冲断裂、晏湾断裂等。根据《中国地震动参数区划图》，光山县地震基本烈度为Ⅶ度。

### 12.5.1.4　水文地质、工程地质

光山县地下水可划分为松散岩类孔隙水、碎屑岩类孔隙裂隙水、基岩裂隙水3种类型。

按地质地貌条件、岩土体特征，岩土体划分为碎裂状较软花岗岩强风化岩组，片状较软片麻岩片岩组，片状较软石英片岩岩组，厚层稀裂状硬石英砂岩岩组，中厚层具软弱夹层较软砂岩岩组，黏性土单层土体，亚黏土、亚砂土、细砂多层土体7个工程地质岩组。其中，松散土体是区内主要工程地质岩组，主要分布在平原地带。

#### 12.5.1.5　人类工程活动

光山县人类工程活动较强，主要有矿山开采、修筑公路和铁路、水利工程等。全县有大小水库139座，其中大型水库泼陂河水库、五岳水库2座，小型水库137座；县域内发现各类矿产资源23种，水泥大理岩、萤石、建筑石料、砖瓦黏土等矿种已不同程度被开发利用，其中砖瓦黏土开发规模最大，其次为建筑石料、水泥大理岩等。交通干线有312国道、106国道、罗山—叶城高速公路、京九铁路、宁西铁路等。

### 12.5.2　地质灾害类型及特征

#### 12.5.2.1　地质灾害类型

光山县地质灾害类型有崩塌、滑坡（不稳定斜坡）、泥石流、地面塌陷、地裂缝5种，共54处。分布于17个乡镇，集中在南部丘陵山区乡镇（见表3-12-14）。地质灾害以崩塌、滑坡为主，规模一般较小。

表3-12-14　光山县地质灾害类型及数量分布统计

| 乡镇 | 滑坡 | 崩塌 | 泥石流 | 地面塌陷 | 地裂缝 | 不稳定斜坡 | 合计 |
|---|---|---|---|---|---|---|---|
| 马畈镇 | 5 | 1 | 1 | | | | 7 |
| 泼陂河镇 | 3 | 1 | | | | 2 | 6 |
| 殷棚乡 | 3 | 2 | | 1 | | | 6 |
| 雷堂乡 | 1 | 1 | | | | | 2 |
| 白雀镇 | 2 | 5 | | | | | 7 |
| 凉亭乡 | 1 | | | | | | 1 |
| 斛山乡 | 1 | | | | | 1 | 2 |
| 槐店乡 | | 2 | | | | | 2 |
| 文殊乡 | 1 | | | | | | 1 |
| 南向店乡 | 7 | | | | | 1 | 8 |
| 寨河镇 | | 2 | | | 1 | | 3 |
| 孙铁铺镇 | | 1 | | | 1 | | 2 |
| 卧龙台乡 | | 1 | | | 1 | | 2 |
| 仙居乡 | | 2 | | | | | 2 |
| 长兴镇乡 | | | | | 1 | | 1 |
| 罗陈乡 | | 1 | | | | | 1 |
| 城关镇 | | 1 | | | | | 1 |
| 合计 | 24 | 19 | 1 | 2 | 4 | 4 | 54 |

#### 12.5.2.2　地质灾害特征

1.滑坡

滑坡24处，分布于南部马畈、殷棚、南向店、泼陂河、雷堂、白雀、文殊等乡镇。

土质滑坡22处，岩质滑坡2处。组成物质多为基岩风化层及残坡积物，规模48～6 072 m³，均属小型滑坡。主要影响因素为降雨及人类活动。

### 2. 崩塌

崩塌19处，分布于南部殷棚、白雀及中北部槐店、寨河、孙铁铺、仙居、卧龙台、罗陈、城关等乡镇。均为小型土质崩塌。崩塌组成物质为残坡积物和基岩风化层，规模480～1 792 m³。河岸崩塌组成物质为$Q_4$亚砂土、亚黏土或$Q_3$亚黏土，规模15～11 250 m³。

### 3. 泥石流

县境内仅马畈镇南东沟发生过泥石流1处。有6条支沟，呈喇叭口状分布，马畈镇位于喇叭口的部位。历史上曾遭受过多次泥石流地质灾害的危害。根据不完全统计，自1975年以来发生的泥石流，毁坏房屋844间，吞没良田8 589亩，冲毁桥梁4座，伤亡人数16人，损失牲畜213头，直接经济损失达2 360万元。

泥石流流域主要分布石英闪长岩体和斜长花岗岩体，节理十分发育，风化强烈，风化深度大于10 m，岩石非常破碎，结构松散，有小型滑坡、崩塌现象，在山脚下有松散物质堆积。坡谷区表层岩石风化强烈，破碎严重，沟谷中有人为堆积的大量石灰岩砾石及破碎产生的变粒岩、角斑岩和大理岩等碎石，还有残坡积物和冲洪积物广泛分布，最厚达7～11 m。物源区面积约8 km²，马畈镇位于暴雨区，历史上最大降水量达1 276.5 mm，一次最大降水量593.3 mm，日最大降水量达290.2 mm，年暴雨日数达4 d。强劲的降水易携带沟坡及沟谷中大量碎石、黏土，形成泥石流，造成危害。

### 4. 地面塌陷

地面塌陷2处，分布于西南部马畈镇张北洼和殷棚乡易凉亭，位于南部丘陵区，张北洼塌陷面积1 540 m²，深6 m，呈长方形，长轴方向170°；易凉亭塌陷位于山坡，面积201 m²，深10 m，呈圆形。规模小，危害轻微。

### 5. 地裂缝

地裂缝4条，分布在北部寨河、孙铁铺、卧龙台、长兴镇等地。地裂缝发育于$Q_3$亚黏土中，长30～200 m，宽0.03～0.2 m，深度0.5～2.0 m，均属小型地裂缝。展布方向分别为东南及南北方向，平面上呈直线，剖面多呈上宽下窄的楔形，裂口粗糙不平，无明显水平位移和垂向错动现象，显示为张性。目前均被亚黏土充填，未造成危害。

### 6. 不稳定斜坡

不稳定斜坡4处，分布在南部丘陵区。规模最大为斛山乡大山脚斜坡，体积为1 008万 m³，该斜坡为潜在巨型滑坡；规模最小为泼陂河新街杨洼斜坡，体积为5.85万 m³，该斜坡为潜在小型崩塌，坡面形态均呈凸形，坡度60°～70°。下伏基岩倾角56°～67°。

## 12.5.3　地质灾害灾情

自1975年以来，光山县已发生崩塌、滑坡、泥石流、地面塌陷、地裂缝灾害54处，灾情特大型2处、小型52处。因灾毁坏房屋844间、农田8 589亩、桥4座，16人伤亡，直接经济损失共计24 446.92万元。除泥石流地质灾害为特重级外，灾情均较轻。

### 12.5.4　地质灾害隐患点特征及险情评价

#### 12.5.4.1　地质灾害隐患点分布特征

光山县有47处地质灾害隐患点，主要分布在中南部15个乡镇。险情特大型1处、大型3处、中型20处、小型23处。

#### 12.5.4.2　重要地质灾害隐患点

（1）马畈街道居委会滑坡：位于马畈镇北公路，处于构造剥蚀丘陵地带，表层为$Q_4$残坡积物，下部为花岗岩。长22 m，宽138 m，坡度45°，坡向290°，平面呈矩形，剖面为凸形。2002年6月19日发生滑动，在楼房后墙堆积物厚度达3 m，威胁160人，94间房屋。

（2）杨洼崩塌：位于泼陂河镇新街村杨洼自然村，斜坡处于南部丘陵地带，紧靠泼陂河水库。坡高13 m，坡长15 m，坡宽300 m，坡度70°，坡向275°，坡面呈凸形。表层为厚度较薄的$Q_4$亚黏土，疏松。下部为泥盆系南湾组石英片岩、变粒岩。该地带处于桐柏—商城断裂带，基岩破碎，厚度较大。人类工程活动强烈，切坡坡角近90°，易形成崩塌临空面。2000年7月出现崩塌，损坏房屋35间。威胁40人35间房。

### 12.5.5　地质灾害易发程度分区

全县地质灾害易发程度分为高易发区、中易发区、低易发区、非易发区 4 个区（见表3-12-15、图3-12-9）。

表3-12-15　光山县地质灾害易发区

| 等级 | 区（亚区）名称 | 面积（km²） |
| --- | --- | --- |
| 高易发区 | 马畈滑坡、崩塌、泥石流高易发区 | 9.08 |
| 中易发区 | 马畈—河棚滑坡、崩塌中易发区 | 296.00 |
| | 泼陂河—白雀滑坡、崩塌中易发区 | 255.22 |
| 低易发区 | 中北部地质灾害低易发区 | 776.70 |
| 非易发区 | 南王岗—晏河—槐店—砖桥地质灾害非易发区 | 494.00 |
| 合计 | | 1 831.00 |

#### 12.5.5.1　地质灾害高易发区

该区分布在光山县西南部丘陵区，面积9.08 km²。存在地质灾害点3处，地质灾害隐患点1处。居民沿山坡开挖坡脚建房及修筑公路，形成较陡的临空面，加之基岩风化强烈，在暴雨诱发下，易产生滑坡、崩塌。

#### 12.5.5.2　地质灾害中易发区

（1）马畈—河棚滑坡、崩塌中易发区：位于工作区西南部马畈镇、殷棚乡、南向店乡、河棚乡一带，面积296.00 km²。岩石节理、裂隙发育，易风化，人工切坡易产生崩塌、滑坡。已发生地质灾害点22处，存在地质灾害隐患点20处。

（2）泼陂河—白雀滑坡、崩塌中易发区：位于东南部的泼陂河镇、凉亭乡、白雀

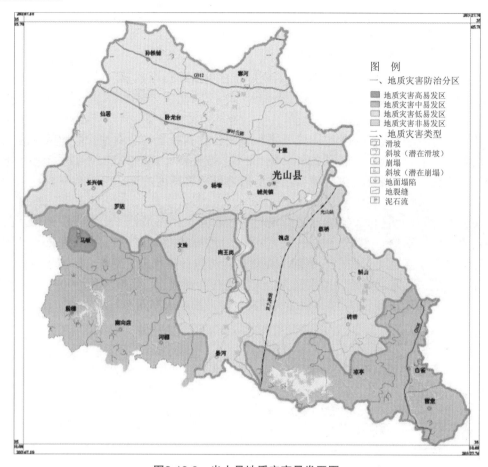

图3-12-9　光山县地质灾害易发区图

镇、雷堂乡一带，面积255.22 km²。构造发育，岩石节理裂隙发育，易风化。已发生地质灾害点16处，存在地质灾害隐患点16处。

### 12.5.5.3　地质灾害低易发区

该区位于长兴镇—杨墩—县城以北广大地区，主要发育崩塌、地裂缝及膨胀土灾害，面积776.70 km²。已发生地质灾害点11处，存在地质灾害隐患点9处。

### 12.5.5.4　地质灾害非易发区

该区分布在光山县南部，为丘陵及岗地地貌，面积494.00 km²。已发生地质灾害点2处，存在地质灾害隐患点1处。

## 12.5.6　地质灾害重点防治区

光山县重点防治区面积560.30 km²，占市域面积的30.6%，细分为2个重点防治亚区（见表3-12-16、图3-12-10）。

表3-12-16　光山县地质灾害重点防治分区

| 分区名称 | 亚区名称 | 面积（km²） | 受威胁人数（人） |
|---|---|---|---|
| 重点防治区 | 马畈—河棚重点防治亚区 | 305.08 | 326 |
| | 泼陂河—白雀重点防治亚区 | 255.22 | 457 |

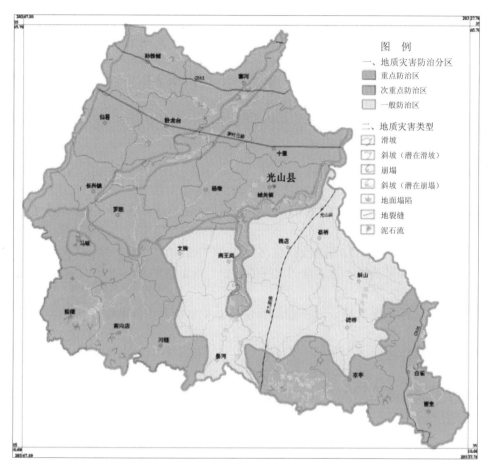

图3-12-10　光山县重点防治区划图

（1）马畈—河棚重点防治亚区：位于县境西南部丘陵区马畈、殷棚、河棚、南向店及文殊等地，面积305.08 km²，已发生地质灾害25处，重要地质灾害隐患点9处。灾害类型以崩塌、滑坡为主。防治地段有马畈镇、南向店乡王围孜、杨树湾、王湾、竹林湾、罗沟、汗泥冲、文殊乡猪楼、殷棚乡张洼等。

（2）泼陂河—白雀重点防治亚区：位于县境东南部丘陵区泼陂河、凉亭、白雀、雷堂及斛山等地，面积255.22 km²，已发生地质灾害16处，重要地质灾害隐患点11处。灾害类型为崩塌、滑坡、不稳定斜坡。防治地段有泼陂河镇的王围孜、邱刘洼、杨树洼、田坡洼，白雀镇的陶岗、付畈、吴畈、赛一、赛山及斛山乡大山脚，对人类工程有重大隐患的地段有雷堂乡的新光桥、龙寨。

# 12.6 平桥区

平桥区总面积1 882 km²，辖20个乡镇272个行政村及上天梯非金属管理区、羊山新区、信阳市工业城等区域，总人口78.0万人。土地总面积122.93万亩，粮食作物以水稻、小麦为主，重要经济作物有棉花、油菜籽、花生、百合等。"信阳毛尖"被誉为中国十大名茶之一，畅销国内外。矿产资源丰富，现已探明可采金属和非金属38种，其中上天梯非金属矿珍珠岩储量居亚洲第一位，世界第二位。平桥区工业基础比较雄厚，基本形成了以电力、食品、饮料、化工、矿产、建材为主导产业的工业体系，已成为信阳市城区的重要组成部分和豫南政治、经济、文化中心。

## 12.6.1 地质环境背景

### 12.6.1.1 地形、地貌
平桥区位于大别山北麓及桐柏山的山前地带，地势由西南向东北倾斜。根据地貌成因和地貌形态，地貌类型分为剥蚀低山丘陵、侵蚀岗地、侵蚀堆积河谷平原3种类型。

### 12.6.1.2 气象、水文
平桥区属亚热带向北温带过渡气候区，平均气温14.1～16.1 ℃，多年平均降水量1 079.44 mm，多年平均降水量由南向北逐渐减少，雨季集中在6～9月，多年平均无霜期为221天。

区内水系发育，坑、塘、堰、坝星罗棋布。主要河流有淮河、浉河、洋河、明河等，均属淮河水系。

### 12.6.1.3 地层与构造
平桥区地层主要有新生界第四系、新近系、古近系，中生界白垩系，上古生界石炭系，中元古界商城群和信阳群，下元古界毛集群。大部分地区被新生代沉积物所覆盖。

主要断层有信阳—方集断层、长台山—光山断层、明港—光山断层、凉水泉—郭庄断层、龟山—梅山断层、信阳—正阳断层、长台山—邱庄断层、信阳—明港断层等。根据《中国地震动参数区划图》，平桥区地震基本烈度为Ⅵ度。

### 12.6.1.4 水文地质、工程地质
依据区内地下水赋存条件、介质孔隙的成因及水文地质特征，地下水类型分为基岩裂隙水、碎屑岩类孔隙裂隙水、松散岩类孔隙水3种类型。

依据地质地貌条件、岩土体特征，平桥区岩土体工程地质类型分为块状较软花岗岩强风化岩组，薄层状较软片麻岩、片岩组，中厚层具软弱泥岩夹砂砾岩岩组，黏性土单层土体，粉质黏土、粉土、细砂多层土体5类。块状较软花岗岩强风化岩主要分布在区南部清水塘、西北部老寨山、杨堂等地段；薄层状较软片麻岩、片岩组主要分布在南部两河口—曹家湾、西部高粱店—罗楼一带；粉质黏土、粉土、细砂多层土体分布于淮河、浉河、洋河等河谷及沿岸地带。

### 12.6.1.5 人类工程活动
平桥区主要人类工程活动有矿山开发、切坡建房、水利工程建设、交通建设等。区

内矿产资源比较丰富，已开发的矿种主要有上天梯非金属矿、萤石矿等，矿山开采造成了崩塌、地面塌陷、地裂缝等灾害。区内有京广铁路、107国道、京珠高速、信正公路和312国道、宁西铁路、叶信高速公路等重要交通工程、低山丘陵区道路的修建，切坡易边坡失稳。区内水利化程度较高，有中型水库6座，小一类水库26座，小二类水库50座，塘堰坝两万多处，总蓄水量35 408万 $m^3$。

## 12.6.2 地质灾害类型及特征

### 12.6.2.1 地质灾害类型

平桥区地质灾害类型主要为滑坡、地面塌陷、崩塌等，集中分布在邢集镇、上天梯非金属矿区采矿区。已发生各类地质灾害15处（见表3-12-17），灾情均为小型。因灾伤亡6人，毁坏房屋144间，造成直接经济损失62.6万元。

表3-12-17 平桥区地质灾害点分布情况统计

| 乡镇 | 地质灾害类型 | | | 合计 |
| --- | --- | --- | --- | --- |
| | 滑坡 | 地面塌陷 | 崩塌 | |
| 邢集镇 | 1 | 5 | | 6 |
| 洋河乡 | 2 | | | 2 |
| 王岗乡 | | | 1 | 1 |
| 五里镇 | 1 | | | 1 |
| 九店乡 | 1 | | | 1 |
| 肖王乡 | 1 | | | 1 |
| 上天梯村 | 1 | | | 1 |
| 冯楼村 | | | 1 | 1 |
| 前进办事处 | 1 | | | 1 |
| 合计 | 8 | 5 | 2 | 15 |

### 12.6.2.2 地质灾害特征

1. 滑坡

已发生滑坡8处，主要分布于洋河乡。规模均为小型。从滑体岩性来看，均为土质滑坡，岩性以第四系粉质黏土为主。人类工程活动和强降雨是主要诱发因素。

2. 崩塌

崩塌2处，分布于上天梯非金属矿区，均为岩质崩塌，规模均为小型。上天梯露天开采珍珠岩、膨润土、沸石等非金属矿，矿坑的数量多且规模大，坑深且坡陡，个别坑坡度达90°，在降雨和自重的作用下，易产生崩塌。

3. 地面塌陷

地面塌陷5处，主要与采矿有关，主要分布在邢集镇。规模为中型、小型。平面形态呈长条形，长度一般为1 500～2 000 m，宽度一般为30～120 m，塌陷深度一般为2～60 m。

## 12.6.3 地质灾害隐患点特征及险情评价

平桥区有地质灾害隐患点8处。地面塌陷隐患点主要分布在采矿活动强烈的邢集镇。滑坡、崩塌隐患点主要分布在上天梯非金属矿区采矿区和河道两岸。险情为中型3处、小型5处。按灾种分，滑坡隐患险情级别中型1处、小型1处；地面塌陷隐患险情级别中型2处、小型3处；崩塌隐患险情级别小型1处。

## 12.6.4 地质灾害易发程度分区

平桥区地质灾害易发程度分为高易发区、中易发区、低易发区、非易发区4个区（见表3-12-18、图3-12-11）。

表3-12-18 平桥区地质灾害易发区

| 等级 | 亚区 | 面积（km²） |
|------|------|-----------|
| 高易发区 | 尖山—罗楼地面塌陷高易发亚区 | 57.67 |
| | 唐家湾—火石山滑坡、崩塌高易发亚区 | 17.07 |
| 中易发区 | | 39.42 |
| 低易发区 | | 1 613.86 |
| 非易发区 | | 153.98 |

#### 12.6.4.1 地质灾害高易发区

（1）尖山—罗楼地面塌陷高易发亚区：位于邢集镇西北部，面积57.67 km²。开采矿产有萤石、铁等，规模不大。地质灾害类型有地面塌陷、滑坡等。

（2）唐家湾—火石山滑坡、崩塌高易发亚区：位于上天梯非金属开采区，面积17.07 km²。采矿单位数量多，采矿规模大，形成的采坑110多个，采坑大且深，坡陡，易发生滑坡、崩塌。

#### 12.6.4.2 地质灾害中易发区

该区位于洋河乡的南部、羊山新区中部，面积39.42 km²。地貌为岗区，地质灾害类型以滑坡为主。

#### 12.6.4.3 地质灾害低易发区

平桥区的大部分地区，面积1 613.86 km²。地貌为岗区和淮河冲积平原，相对高差较小。

#### 12.6.4.4 地质灾害非易发区

该区位于平桥区北部，面积153.98 km²。地貌为淮河冲积平原，地势平坦，地质灾害不发育。

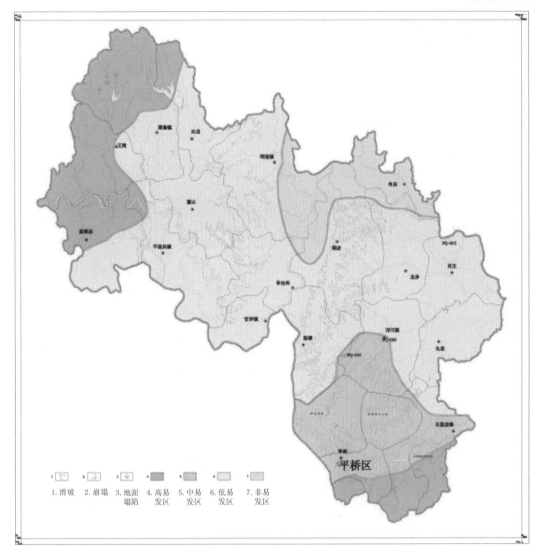

**图3-12-11　信阳市平桥区地质灾害易发区图**

### 12.6.5　地质灾害重点防治区

平桥区地质灾害重点防治区面积147.50 km²，占全区总面积的7.8%，共有地质灾害隐患点6处（见图3-12-12）。

（1）条山—罗楼重点防治亚区：分布于区西北部，面积116.27 km²。区内人类活动强烈，萤石矿的开采已造成多处地面塌陷，威胁人民群众的生命财产安全。有地质灾害隐患点5处，均为地面塌陷。重点防治地段为高堰—罗楼。

（2）上天梯—冯楼重点防治亚区：分布于区东南部的上天梯非金属开采区，面积31.23 km²。矿区采矿规模大，采坑大且深，边坡陡峭，防治地质灾害类型为滑坡、崩塌。

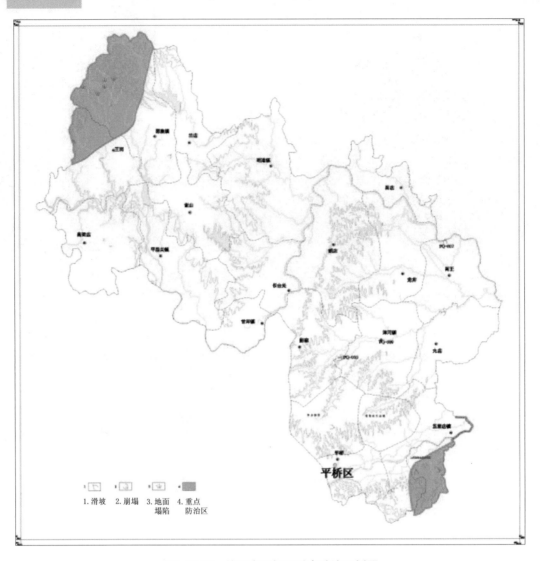

图3-12-12　信阳市平桥区重点防治区划图

# 12.7　浉河区

　　信阳市浉河区为信阳市的政治、经济和文化中心，面积1 520 km²，辖4个办事处、8个乡、2个镇、2个管理区，共16个乡镇，161个行政村，64个居委会，总人口55.6 万。耕地面积25.5 万亩，山林面积165 万亩（森林覆盖率58.5%）。区内矿产资源较为丰富，已探明的矿产资源有30多种，已开采的矿种主要有水泥用灰岩、大理岩、白云岩、萤石、铁、建筑用砂等。

## 12.7.1 地质环境背景

### 12.7.1.1 地形、地貌

浉河区位于大别山北麓，以山地丘陵为主，地形起伏大。最高海拔906 m，最低海拔54 m。地貌划分为构造侵蚀低山、构造剥蚀丘陵、侵蚀垄岗及侵蚀堆积河谷平原4种地貌类型。

### 12.7.1.2 气象、水文

浉河区属亚热带向暖温带过渡的气候区，四季分明，气候宜人。多年平均降水量1 194 mm，多年平均气温15.1 ℃，极端最高气温40.9 ℃，极端最低气温-20 ℃，相对湿度76%。

河流均属淮河水系，主要河流有淮河、浉河、游河、东双河、五道河、飞沙河等。其中浉河系淮河上游支流，源出豫、鄂两省边境桐柏山支脉，东北流入淮河。主要水库为南湾水库（大型），建于1955年，具有防洪、灌溉、城市供水、发电、养殖、航运及旅游等多种功能，水库控制流域1 100 km²，最大库容16.3 亿 m³。

### 12.7.1.3 地层与构造

浉河区出露地层主要有第四系、白垩系、泥盆系、寒武系、奥陶系下统—震旦系、中元古界、古元古界、太古宇等。区内岩浆岩分布较为广泛，以酸性岩最为发育。总体构造以北东向、北西向和近南北向为主。根据《中国地震动参数区划图》，调查区地震峰值加速度为0.05g，基本烈度为Ⅵ度，属区域地壳稳定区。

### 12.7.1.4 水文地质

区内地下水划分为松散层孔隙水、碎屑岩类裂隙孔隙水、基岩裂隙水3种类型。其中，松散层孔隙水主要分布在浉河区北部河谷及山前岗地一带，碎屑岩类裂隙孔隙水主要分布在浉河区北部的吴店、游河、南湾等乡镇，基岩裂隙水分布在区内广大地区。地下水主要赋存在中、古元古界变质岩、侵入岩类的构造裂隙和风化裂隙。

### 12.7.1.5 工程地质

按地貌、地层岩性、岩土体坚硬程度及结构特点，岩土体工程地质类型分为岩体和土体2类，共5个工程地质岩组。其中坚硬块状混合岩岩组分布在李家寨南部，坚硬半坚硬薄层—厚层状石英片岩片麻岩岩组分布在调查区中部及中东南部，半坚硬厚层状砂砾岩岩组分布在浉河区北部的吴店、游河、双井、董家河等乡镇境内，坚硬块状侵入岩岩组分布在区内南部及西部广大地区，在南湾水库以北的游河、南湾等乡镇亦有分布，黏性土单层土体分布在浉河区北部淮河以南至山前地带。

### 12.7.1.6 人类工程活动

人类工程活动主要有矿山开采、交通线路建设、水利工程建设、切坡建房等。区内已开采矿种主要有水泥用灰岩、白云岩、铁矿、萤石矿、蛇纹岩、河砂等。矿山多集中在北部的游河、双井、董家河、南湾4个乡镇及南部的柳林、谭家河、李家寨3个乡镇，其中以柳林乡采矿业较为集中。区内旅游资源丰富，主要景区有国家级鸡公山风景名胜区及省级南湾风景名胜区。为发展经济，区内近年修建大量山区公路，局部切坡造成边坡失稳。南湾水库库岸边坡可能引发滑坡灾害。低山丘陵区，部分居民于沟谷边依坡取土，整平后建房而居，切坡造成坡体失稳，形成灾害隐患。

## 12.7.2 地质灾害类型及特征

### 12.7.2.1 地质灾害类型

浉河区地质灾害类型有滑坡、不稳定斜坡、崩塌、地面塌陷4类共26处，分布于10个乡镇。其中滑坡12处，崩塌隐患10处，不稳定斜坡3处，地面塌陷隐患1处（见表3-12-19）。已发生灾害共23处，以董家河乡最多，为12处，其次为柳林乡和南湾办事处，分别为3处、1处。滑坡灾害造成43间房屋全毁或半毁、填埋公路60 m，直接经济损失55.9万元。

表3-12-19 信阳市浉河区地质灾害点统计

| 序号 | 乡镇 | 地质灾害隐患点类型及数量 | | | |
| --- | --- | --- | --- | --- | --- |
| | | 滑坡 | 崩塌 | 不稳定斜坡 | 地面塌陷 |
| 1 | 董家河 | 8 | 4 | | |
| 2 | 浉河港 | | 1 | 1 | |
| 3 | 谭家河 | | 1 | 1 | |
| 4 | 柳林 | 2 | 1 | | |
| 5 | 李家寨 | 1 | | 1 | |
| 6 | 鸡公山 | | 1 | | |
| 7 | 吴家店 | 1 | | | |
| 8 | 南湾 | | 1 | | |
| 9 | 游河 | | 1 | | |
| 10 | 双井 | | | | 1 |
| 合计 | | 12 | 10 | 3 | 1 |

### 12.7.2.2 地质灾害特征

1. 滑坡

滑坡12处。土质滑坡8处，岩性多为第四系残坡积黏土，部分灾害点滑体富含下伏基岩砾石碎块。岩质滑坡4处，滑体岩性以全风化花岗岩为主，其次为采矿弃渣（水泥灰岩）。

2. 崩塌

崩塌10处，岩质崩塌8处、土质崩塌2处。分布于董家河等7个乡镇。崩塌规模小，危害不大。

3. 地面塌陷

区内地面塌陷1处，系开采铁矿形成，塌陷范围小且距离居民区较远，危害较小。

4. 不稳定斜坡

不稳定斜坡3处，稳定性较差，威胁部分房屋及村道。

## 12.7.3　地质灾害隐患点特征及险情评价

### 12.7.3.1　地质灾害隐患点分布特征

浉河区现有26处地质灾害隐患点，险情级别为特大型1处、大型3处、中型6处、小型16处。按灾种分，滑坡险情特大型1处、大型2处、中型3处、小型6处；崩塌中型2处、小型8处；不稳定斜坡险情级别中型1处、小型2处；地面塌陷险情级别大型1处。

### 12.7.3.2　重要地质灾害隐患点

险情特大型、大型重要地质灾害隐患点3处，特征如下：

（1）正冲水库滑坡：位于高岭村东北约300 m、正冲水库（小型）东南侧溢洪道东侧山坡，滑坡体长45 m、宽35 m，平均厚度0.7 m，体积1 102.5 $m^3$，滑动后滑坡体后缘可见基岩。2005年8月第一次滑动，滑壁后缘可见弧状裂缝，在暴雨作用下仍有再次滑坡的可能，险情为特大型。

（2）董家河居委会滑坡：位于董家河乡镇区居委会所在地，原始斜坡坡度较大，切坡陡直使坡体临空，险情为大型。

（3）胡塆村小学滑坡：位于董家河乡胡塆村小学院内，自2003年7月以来，斜坡坡顶地面、学校围墙、教室均出现程度不同的裂缝，并有扩展趋势，险情为大级。

## 12.7.4　地质灾害易发程度分区

本区地质灾害易发程度共分为高易发区、中易发区、低易发区3个区（见表3-12-20、图3-12-13）。

表3-12-20　浉河区地质灾害易发程度分区

| 等级 | 代号 | 亚区及代号 | 面积（km²） | 隐患点数（处） | 威胁人数（人） | 威胁资产（万元） |
|---|---|---|---|---|---|---|
| 高易发区 | A | 谭家河—李家寨崩塌、滑坡地质灾害高易发亚区（A₁） | 138.9 | 7 | 129 | 152.8 |
| | | 双井地面塌陷地质灾害高易发亚区（A₂） | 5.4 | 1 | 360 | 96.0 |
| | | 董家河—南湾滑坡、崩塌地质灾害高易发亚区（A₃） | 241.8 | 14 | 1 588 | 2 922.0 |
| 中易发区 | B | 浉河港—谭家河—鸡公山崩塌、滑坡地质灾害中易发亚区（B₁） | 389.3 | 2 | 8 | 70.6 |
| | | 游河南崩塌、滑坡地质灾害中易发亚区（B₂） | 62.3 | 1 | 8 | 12.8 |
| | | 南湾水库滑坡、崩塌地质灾害中易发亚区（B₃） | 227.6 | 1 | | 105.0 |
| 低易发区 | C | 东部地质灾害低易发亚区（C₁） | 302.4 | | | |
| | | 北部地质灾害低易发亚区（C₂） | 152.3 | | | |
| 合计 | | | 1 520 | 26 | 2 093 | 3 359.2 |

图3-12-13 浉河区地质灾害易发区分布图

### 12.7.4.1 地质灾害高易发区

（1）谭家河—李家寨崩塌、滑坡高易发亚区：位于浉河区东南部，包括谭家河乡东部、柳林乡西部及李家寨北部地区，面积138.9 km²。人类工程活动较为强烈，地质灾害类型以崩塌、滑坡为主，有地质灾害隐患点7处。

（2）双井地面塌陷高易发亚区：位于双井乡赐儿山铁矿采区，面积5.4 km²。人类工程活动主要为铁矿开采，地质灾害类型以地面塌陷隐患（采空区）为主。

（3）董家河—南湾滑坡、崩塌高易发亚区：位于南湾水库北部及西北部，包括董家河乡、南湾办事处中部及吴店乡南部一隅，面积241.8 km²，地质灾害类型以滑坡为主，其次为崩塌。地质灾害隐患点14处。

#### 12.7.4.2　地质灾害中易发区

该区位于浉河区的中北部、中南部和西南部，总面积679.2 km²。部分地段发育有小型崩塌及滑坡，隐患点4处。

#### 12.7.4.3　地质灾害低易发区

该区位于浉河区东部与北部地带，面积454.7 km²。现状无突发性地质灾害。

### 12.7.5　地质灾害重点防治区

信阳市地质灾害重点防治区包括董家河、南湾中南部、浉河港东部、十三里桥西部、柳林及李家寨大部，面积660.7 km²（见表3-12-21、图3-12-14）。

表3-12-21　信阳市浉河区地质灾害防治分区

| 分区名称 | 代号 | 亚区 | 代号 | 面积（km²） | 占全市面积（%） | 威胁对象 |
|---|---|---|---|---|---|---|
| 重点防治区 | A | 董家河—南湾湖滑坡、崩塌重点防治亚区 | A₁ | 416.4 | 27.4 | |
| | | 柳林—鸡公山（李家寨）崩塌、滑坡重点防治亚区 | A₂ | 244.3 | 16.1 | 居民、道路、建筑、景区 |

（1）董家河—南湾湖滑坡、崩塌重点防治亚区：包括董家河、南湾中南部、浉河港东部、十三里桥西部，面积416.4 km²。该区地质灾害隐患点16处，其中滑坡9处、崩塌6处、不稳定斜坡1处。

（2）柳林—鸡公山（李家寨）崩塌、滑坡重点防治亚区：包括柳林乡及李家寨乡（含鸡公山风景区）大部地区，面积244.3 km²，地质灾害隐患点8处，其中崩塌3处、不稳定斜坡2处、滑坡3处。

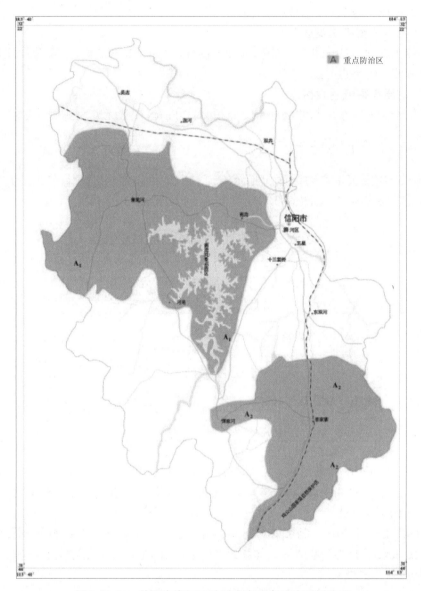

图3-12-14　信阳市浉河区地质灾害重点防治区划分图

# 第13章　济源市

## 概　述

济源市位于河南省西北部，辖8镇4乡4个街道办事处，面积1 931 km²，人口66万人。北部和西部为中低山区，南部和东南部为黄土丘陵及平原。其中，山区占全市总面积的67.8%，丘陵区占全市总面积的20.4%，平原区占全市总面积的11.8%。

济源市地质灾害类型有崩塌、滑坡、泥石流、地面塌陷及地裂缝等。崩塌主要分布在王屋镇、下冶镇、邵原镇、大峪镇、轵城镇等北部山区和西南部丘陵区；滑坡主要分布于邵原镇、王屋镇、大峪镇、下冶镇、坡头镇、承留镇、思礼镇、轵城镇一带；泥石流主要分布在邵原镇和王屋镇；地面塌陷主要分布在克井镇、下冶镇、王屋镇等采煤活动集中地区；地裂缝主要由采空地面塌陷伴生引起。

根据地质灾害发育程度，下湫浦、邵原镇东部、西坪—林山、九里沟景区、王屋镇东部、南窑—金沟、下冶镇、砚瓦河、卫佛安—泥沟河、大峪镇、店留等地段为滑坡、崩塌灾害高易发区，克井镇、小浪底沿岸为地面塌陷、地裂缝高易发区。

据统计，20世纪80年代以来，济源市已发生突发性地质灾害116起，造成2人死亡、数人受伤，破坏房屋近600间，毁坏耕地3 000亩。

济源市现存各类地质灾害隐患点353处。其中，崩塌62处，滑坡174处，泥石流6处，地面塌陷40处，地裂缝11处，不稳定斜坡60处。

## 13.1　地质环境背景

### 13.1.1　地形地貌

济源市北部和西部为太行山与中条山，南部和东南部为黄土丘陵。地势西北高、东南低。最高处为鳌背山，海拔1 929.6 m。地貌可划分为中山区、低山区、丘陵区和倾斜平原区4类。

### 13.1.2　气象、水文

济源市属温带大陆性季风气候，年平均气温为14.4 ℃，年平均降水量648 mm，年最大降水量为978.9 mm（2003年），年最小降水量为329.5 mm（1997年）。

境内为黄河流域，黄河干流流经市域南部，其他河流有沁河、济水、蟒河、漭河、大店河、逢石河等。

### 13.1.3　地层与构造

济源市属华北地层区，分布地层有太古界林山群，古元古界银鱼沟群、铁山河群、双房群，上元古界震旦系，古生界寒武系、奥陶系、石炭系、二叠系，中生界三叠系、侏罗系、白垩系及新生界沉积层。

区内构造复杂，褶皱及断裂均很发育。主要褶皱构造有安坪复式倒转背斜、天台山复背斜、西坪向斜及邵原向斜等。主要构造有铜罗正断层、封门口正断层、天台山北正断层及盘古寺断层等。根据《中国地震动参数区划图》，济源市地震基本烈度为Ⅶ度。

### 13.1.4　水文地质

济源市地下水划分为松散岩类孔隙水、碎屑岩类裂隙水、碳酸盐岩类裂隙岩溶水和基岩裂隙水四大类型。其中，松散岩类孔隙水主要分布于济源市中东部倾斜平原区，碎屑岩类裂隙水主要分布于济源市西南部，碳酸盐岩类裂隙岩溶水主要分布于克井镇东部和北部、五龙口镇北部、思礼镇西北部山地，基岩裂隙水分布于市域西北部的中、低山区。

### 13.1.5　工程地质

根据岩土体特征，划分为6个工程地质岩组。较坚硬块状片麻岩岩组分布在邵原镇东北、王屋镇北部、思礼镇北部中低山区。坚硬块状喷出岩岩组分布在邵原镇、王屋镇北部。较坚硬的中厚层状砂岩、泥岩、泥灰岩、页岩岩组分布在承留镇西、西南，王屋镇西南部一带。坚硬厚层状砂砾岩、石英砂岩岩组分布在邵原镇的南部、王屋镇西南部、大峪乡、坡头镇西北部。坚硬厚层状灰岩、白云岩岩组分布在克井镇东部、北部，思礼镇西北部、五龙口镇北部平原区，零星分布在下冶镇西南部丘陵区。黏性土单层土体及亚黏土、亚砂土、细砂多层土体主要分布在亚桥乡、五龙口镇等一些平原区，零星分布于邵原镇、王屋镇、大峪镇、坡头镇。

### 13.1.6　人类工程活动

济源市的矿产资源比较丰富，开发利用的矿产资源有煤、铝矾土、石灰岩、铁等。矿山开采导致地面塌陷、地裂缝、泥石流、滑坡等地质灾害隐患。乡村公路建设导致局部削坡过陡，致使斜坡失稳，形成了崩塌、滑坡隐患。小浪底水库蓄水、放水，造成山体边坡失稳，矿坑进水、坍塌，岩体风化加速，岩土体松软，引发了滑坡、崩塌、塌岸、地面塌陷等地质灾害。山区村民就近开挖边坡建房、开挖土窑洞，引发了崩塌等灾害。

# 13.2 地质灾害分布与特征

## 13.2.1 地质灾害类型及特征

### 13.2.1.1 地质灾害类型

济源市已经发生地质灾害158处,以滑坡、崩塌、地面塌陷、地裂缝为主,分布在邵原镇、王屋镇、下冶镇、大峪镇、坡头镇、克井镇、思礼镇、承留镇、轵城镇、梨林镇、五龙口镇等11个镇。其中,滑坡72处,崩塌32处,泥石流3处,地面塌陷40处,地裂缝11处(见表3-13-1)。

表3-13-1 济源市各镇已发生地质灾害灾情分布统计表

| 乡镇 | 滑坡 | | 崩塌 | | 泥石流 | | 地面塌陷 | | 地裂缝 | | 合计 | |
|---|---|---|---|---|---|---|---|---|---|---|---|---|
| | 数量(处) | 灾情分级 | 数量(处) | 灾情分级 | 数量(处) | 灾情分级 | 数量(处) | 灾情分级 | 数量(处) | 灾情分级 | 数量(处) | 灾情分级 |
| 邵原镇 | 9 | 5小4中 | 6 | 6小 | 1 | 1小 | 2 | 1小1中 | | | 18 | 13小5中 |
| 王屋镇 | 25 | 24小1中 | 10 | 10小 | 2 | 2小 | 2 | 1小1中 | | | 39 | 37小2中 |
| 下冶镇 | 5 | 5小 | 6 | 5小1中 | | | 4 | 2中2大 | 4 | 3小1大 | 19 | 13小3中3大 |
| 大峪镇 | 8 | 6小2中 | 2 | 2小 | | | 4 | 3中1大 | 6 | 5小1大 | 20 | 13小5中2大 |
| 坡头镇 | 5 | 4小1中 | 1 | 1小 | | | 1 | 1小 | | | 7 | 6小1中 |
| 克井镇 | 1 | 1小 | 1 | 1小 | | | 23 | 3小15中3大2特大 | 1 | 1小 | 26 | 6小15中3大2特大 |
| 思礼镇 | 10 | 10小 | | | | | | | | | 10 | 10小 |
| 承留镇 | 6 | 6小 | 4 | 4小 | | | 1 | 1中 | | | 11 | 10小1中 |
| 轵城镇 | 1 | 1中 | 1 | 1中 | | | 3 | 2小1中 | | | 5 | 2小3中 |
| 梨林镇 | 1 | 1小 | | | | | | | | | 1 | 1小 |
| 五龙口镇 | 1 | 1小 | 1 | 1小 | | | | | | | 2 | 2小 |
| 合计 | 72 | 63小9中 | 32 | 30小2中 | 3 | 3小 | 40 | 8小24中6大2特大 | 11 | 9小2大 | 158 | 113小35中8大2特大 |

#### 13.2.1.2 地质灾害特征

**1. 滑坡**

滑坡72处。主要分布于邵原镇、王屋镇、大峪镇、下冶镇、坡头镇、承留镇、思礼镇、轵城镇一带。多发于低山区和丘陵区，坡脚开挖，加大了坡体的临空面，破坏了斜坡的原始稳定状态，造成斜坡失稳，形成滑坡。此外，小浪底水库水位涨落引起地下水位升降，易引起坡体下滑力和抗滑力的变化，造成滑坡。多数滑坡形态较为完整，边界轮廓清晰，滑体上有多处拉张裂缝。前缘有渗冒混水现象，滑体滑移特征明显，但滑床、滑带不明显。土质滑坡的滑体多为松散碎石土和亚黏土。岩质滑坡为砂岩、页岩、泥岩等。

**2. 崩塌**

崩塌32处。主要分布于北部、西南部山区王屋镇、下冶镇、邵原镇、大峪镇、轵城镇等一带。地层以寒武系灰岩、页岩，二叠系石英砂岩、页岩，三叠系砂岩、泥岩为主，节理、裂隙发育，加之人类不规范的工程活动，使坡体临空面陡直，破坏了斜坡的原始稳定状态，雨后大量雨水沿节理、裂隙面下渗，边缘破碎岩体在水的渗透下，稳定性降低，往往顺节理、裂隙面滑动，形成崩塌。坡面多不平整，上陡下缓。由于切坡修路，山坡坡度均大于80°，处于裸露临空面，相对高度在10~20 m，具有突发性强、速度快且有一定的隐蔽性等特点。

**3. 泥石流**

泥石流不太发育，泥石流3处，规模均为小型。分布在邵原镇和王屋镇。上游地形多为三面环山一面出口的瓢状，周围山高坡陡，高差悬殊，切割强烈，沟谷两侧坡度多在30°以上，有利于水和碎屑物的集中。沟谷地形多为狭窄陡深的峡谷，下游堆积区为开阔的河谷阶地，是形成泥石流的有利条件。受地质构造作用及人类工程活动影响，岩体破碎强烈，再加上开矿的废渣堆积沟谷中，构成泥石流的物质来源，当暴雨来临时，易诱发泥石流。

**4. 地面塌陷**

地面塌陷40处，有采空地面塌陷和黄土塌陷两种类型。由采矿引起的地面塌陷36处，黄土塌陷4处，分布在克井镇、下冶镇、大峪镇、王屋镇一带。尤以克井镇采空塌陷最为严重。主要原因为地下煤矿开采，可采煤层主要为二叠系山西组（$P_1s$）二$_1$煤，埋藏深度为200~450 m，煤系地层上覆新生界松散沉积物，平均厚250 m左右。地下煤层被大面积采空后，往往造成大面积地面塌陷。

**5. 地裂缝**

地裂缝11处。主要分布在下冶镇、大峪镇、克井镇。地裂缝的产生主要与人类采矿活动、水库蓄水及降水等因素有关。下冶镇、大峪镇地裂缝主要是由于地下采矿和小浪底水库蓄水两种因素共同作用引起的。克井镇地裂缝主要是由于地下采矿引起的。

### 13.2.2 地质灾害灾情

济源市已发生地质灾害158处，灾情特大型2处，大型8处，中型35处，小型113处（见表3-13-2）。

表3-13-2 济源市各镇已发生地质灾害灾情分布统计表

| 镇名 | 灾情分级（已发生点） | | | | | | |
| --- | --- | --- | --- | --- | --- | --- | --- |
| | 损失财产<br>（万元） | 特大型<br>（处） | 大型<br>（处） | 中型<br>（处） | 小型<br>（处） | 死亡<br>（人） | 伤<br>（人） |
| 邵原镇 | 987 | | | 5 | 13 | | 2 |
| 王屋镇 | 966.2 | | | 2 | 37 | | |
| 下冶镇 | 1 564.5 | | 3 | 3 | 13 | | |
| 大峪镇 | 1 885 | | 2 | 5 | 13 | | |
| 坡头镇 | 81.2 | | | 1 | 6 | | |
| 克井镇 | 4 499 | 2 | 3 | 15 | 6 | | |
| 思礼镇 | 25 | | | | 10 | | |
| 承留镇 | 21 | | | 1 | 10 | | |
| 轵城镇 | 116 | | | 3 | 2 | | |
| 梨林镇 | 6 | | | | 1 | | |
| 五龙口镇 | 10 | | | | 2 | | |
| 合计 | 10 160.9 | 2 | 8 | 35 | 113 | | 2 |

## 13.2.3 地质灾害隐患点特征及险情评价

### 13.2.3.1 地质灾害隐患点分布特征

济源市有地质灾害隐患点260处，以滑坡、崩塌、不稳定斜坡、地面塌陷、地裂缝为主。滑坡112处，崩塌42处，不稳定斜坡60处，泥石流3处，地面塌陷32处，地裂缝11处。

崩塌、滑坡主要分布在邵原镇、王屋镇、下冶镇、大峪镇、坡头镇、思礼镇、承留镇、轵城镇、梨林镇、五龙口镇等10个镇；泥石流主要分布在邵原镇、王屋镇；不稳定斜坡主要分布在邵原镇、王屋镇、下冶镇、大峪镇、承留镇、轵城镇、克井镇、五龙口镇等8个镇；地面塌陷、地裂缝主要分布在邵原镇、王屋镇、下冶镇、大峪镇、轵城镇、克井镇、承留镇等7个镇（见表3-13-3）。

表3-13-3 济源市各镇地质灾害隐患点分布统计表 （单位：处）

| 镇名 | 滑坡 | 崩塌 | 不稳定斜坡 | 泥石流 | 地面塌陷 | 地裂缝 | 合计 |
| --- | --- | --- | --- | --- | --- | --- | --- |
| 邵原镇 | 27 | 5 | 6 | 1 | 2 | | 41 |
| 王屋镇 | 36 | 17 | 18 | 2 | 1 | | 74 |
| 下冶镇 | 2 | 3 | 8 | | 4 | 4 | 21 |
| 大峪镇 | 11 | 3 | 18 | | 4 | 6 | 42 |
| 坡头镇 | 5 | 2 | | | | | 7 |

续表3-13-3

| 镇名 | 滑坡 | 崩塌 | 不稳定斜坡 | 泥石流 | 地面塌陷 | 地裂缝 | 合计 |
|------|------|------|------------|--------|----------|--------|------|
| 克井镇 | | | 1 | | 17 | 1 | 19 |
| 思礼镇 | 10 | 1 | | | | | 11 |
| 承留镇 | 7 | 2 | 4 | | 1 | | 14 |
| 轵城镇 | 9 | 8 | 4 | | 3 | | 24 |
| 梨林镇 | 1 | | | | | | 1 |
| 五龙口镇 | 4 | 1 | 1 | | | | 6 |
| 合计 | 112 | 42 | 60 | 3 | 32 | 11 | 260 |

#### 13.2.3.2 地质灾害隐患点险情评价

济源市260处地质灾害隐患点，险情特大型3处、大型22处、中型67处、小型168处。按灾种分，滑坡险情大型5处、中型32处、小型75处；崩塌险情中型10处、小型32处；不稳定斜坡险情大型2处、中型16处、小型42处；地面塌陷险情特大型3处、大型11处、中型6处、小型12处；泥石流险情大型2处、小型1处；地裂缝险情大型2处、中型3处、小型6处。

### 13.2.4 重要地质灾害隐患点

重要地质灾害隐患点3处，分布特征说明如下。

#### 13.2.4.1 贾岭组不稳定斜坡

位于大峪镇小横岭村贾岭组，规模较大，宽约400 m，长120 m。平面形态为平直形，剖面形态为阶梯式。上覆土层岩性为第四系亚黏土，下伏基岩为二叠系砂岩。后缘产生裂缝，缝宽1～80 cm，横切整个坡体，现裂缝已被填埋。其形成原因主要是居民切坡建房，使斜坡失去了稳定性，岩性与土体接触，上覆土层在雨水的浸蚀后，与下伏基岩的接触面产生滑动面，在重力作用下，易蠕动下滑，形成不稳定斜坡。威胁256人，险情为大型。

#### 13.2.4.2 王屋镇小学旁滑坡

位于王屋镇王屋村，土质滑坡，岩性为第四系亚黏土，下伏基岩为三叠系砂岩、页岩互层。滑坡长30 m，宽25 m，厚度约6 m，规模为小型。平面形态为半圆形，纵剖面形态为凹形，后缘陡坎高3～4 m，前缘有剥落和渗冒混水现象。目前滑坡极不稳定，威胁学校师生450人安全，险情为大型。

#### 13.2.4.3 铁山河泥石流

位于王屋镇铁山河村，上游三面环山，一面出口，河谷呈"V"字形，沟长2 km，汇水面积约1.5 km²。两侧山坡坡度约55°，沟谷纵坡8°。物源来自上、中、下游，大量矿渣堆积，物源丰富。上、中游河道狭窄、弯曲，淤积严重，堆积区较为开阔。在暴雨作用下，极易引发泥石流，威胁1 000人，险情为大型。

## 13.2.5　地质灾害易发程度分区

全市地质灾害易发程度可分为高易发区、中易发区、低易发区和非易发区（见表3-13-4、图3-13-1）。

表3-13-4　济源市地质灾害易发程度分区表

| 等级 | 亚区 | 面积（km²） |
|---|---|---|
| 高易发区 | 下湫浦滑坡高易发亚区 | 2.81 |
| | 邵原镇东部滑坡、崩塌高易发亚区 | 83.16 |
| | 西坪—林山滑坡、崩塌高易发亚区 | 5.25 |
| | 九里沟滑坡高易发亚区 | 5.78 |
| | 克井镇地面塌陷高易发亚区 | 34.33 |
| | 王屋山东部滑坡、崩塌高易发亚区 | 32.18 |
| | 南窑—金沟滑坡、崩塌高易发亚区 | 11.98 |
| | 下冶镇滑坡、崩塌高易发亚区 | 12.74 |
| | 砚瓦河滑坡、崩塌高易发亚区 | 2.35 |
| | 卫佛安—泥沟河滑坡、崩塌高易发亚区 | 26.98 |
| | 黄河沿岸地面塌陷、地裂缝高易发亚区 | 38.10 |
| | 大峪镇滑坡、崩塌高易发亚区 | 19.55 |
| | 店留滑坡高易发亚区 | 11.02 |
| 中易发区 | | 921.42 |
| 低易发区 | | 593.14 |
| 非易发区 | | 228.79 |

### 13.2.5.1　地质灾害高易发区

**1. 下湫浦滑坡高易发亚区**

该区面积2.81 km²。属低山区，冲沟发育，侵蚀作用强烈，地形高差较大，构造强烈，岩性主要为二叠系泥岩、页岩，层理发育，岩性极易风化，易引发滑坡灾害。区内有滑坡4处。

**2. 邵原镇东部滑坡、崩塌高易发亚区**

位于邵原镇东部一带，面积83.16 km²。岩体稳定性差，风化作用强，人类工程活动较多，在雨季容易诱发滑坡、崩塌。区内有滑坡37处，崩塌6处，泥石流3处，不稳定斜坡8处，地面塌陷2处。

**3. 西坪—林山滑坡、崩塌高易发亚区**

位于王屋镇西北地区的西坪—林山公路，面积5.25 km²。属中山区，地形高差较大，风化作用强烈，岩石结构疏松，由于切坡修路，斜坡失稳，诱发滑坡和崩塌。区内有滑坡5处，崩塌2处，不稳定斜坡1处。

**4. 九里沟滑坡高易发亚区**

位于济源市北部九里沟景区内，面积5.78 km²。地形高差较大，表层风化强烈，由于切坡修路，破坏岩土体的稳定性，在多雨季节容易发生滑坡。

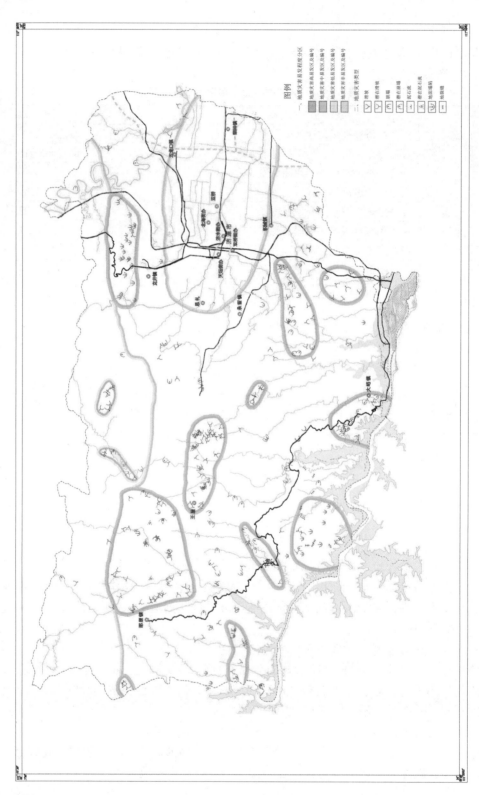

图3-13-1　济源市地质灾害易发程度分区图

5. 克井镇地面塌陷高易发亚区

位于克井镇东北一带，面积34.33 km²。属山前平原区，地形较为平坦，多由采煤造成地面塌陷。区内有地面塌陷21处，滑坡1处，崩塌1处。

6. 王屋山东部滑坡、崩塌高易发亚区

位于王屋山乡西部地区，面积32.18 km²。岩石风化强烈，加上切坡修路，破坏了原始斜坡的稳定性，坡度变陡，基岩临空，很容易诱发滑坡、崩塌地质灾害。区内共发现滑坡30处，崩塌6处，不稳定斜坡13处。

7. 南窑—金沟滑坡、崩塌高易发亚区

分布在邵原镇的南窑村、赵圪塔村、金沟村，面积11.98 km²。属低山区，人类工程活动较多，多雨季节逢暴雨易诱发崩塌、滑坡等地质灾害。区内有滑坡6处，崩塌6处。

8. 下冶镇滑坡、崩塌高易发亚区

位于下冶镇，面积12.74 km²。属低山区，岩性主要为二叠系砂质泥岩、页岩、石英砂岩，节理发育、岩石破碎，人类工程活动较多，主要为修路切坡，造成斜坡失稳，形成高危陡坡，处于临界稳定状态，为滑坡和崩塌的发生埋下了隐患。目前区内共发现滑坡6处，崩塌3处，威胁人数120人，威胁财产196.7万元。

9. 砚瓦河滑坡、崩塌高易发亚区

位于大峪乡砚瓦河村，面积2.35 km²。岩石软硬岩相间，风化程度高，人类工程活动频繁，在多雨季节容易诱发滑坡、崩塌等地质灾害。

10. 卫佛安—泥沟河滑坡、崩塌高易发亚区

位于济源市西南地区，包括承留卫佛安村、轵城镇柏树庄村、泥沟和村等地，面积26.98 km²。区内有地质灾害点26处。

11. 黄河沿岸地面塌陷、地裂缝高易发亚区

位于黄河北岸的下冶镇—大峪镇之间，面积38.10 km²。小浪底水库蓄水后，水位上升，巷道因蓄水及受到侵蚀、冲刷、变形垮塌，引起地面塌陷和地裂缝等地质灾害。

12. 大峪镇滑坡、崩塌高易发亚区

位于大峪镇的西部地区，面积19.55 km²。岩石破碎，切坡修路，岩体局部直立陡峭，土体结构松散，斜坡上部软弱面形成临空状态，使斜坡上部土体或基岩处于不稳定状态，易发生滑坡、崩塌地质灾害。

13. 店留滑坡高易发亚区

位于坡头镇北部地区，面积11.02 km²。属黄土丘陵区，区内有滑坡5处，崩塌1处。

#### 13.2.5.2 地质灾害中易发区

位于济源市的西部、西南、南部、东部低山丘陵区，面积921.42 km²。区内分布有滑坡50处，崩塌30处，地面塌陷5处，地裂缝2处，泥石流3处。

#### 13.2.5.3 地质灾害低易发区

位于济源市北部中山区，面积593.14 km²。区内分布有崩塌3处，滑坡7处，地裂缝1处，地面塌陷1处。

#### 13.2.5.4 地质灾害非易发区

位于东部平原区，该区面积228.79 km²。分布于东部平原区，地势平坦，区内无地质灾害。

### 13.2.6 地质灾害重点防治区

济源市地质灾害重点防治区面积376.48 km²，占全市总面积的19%（见图3-13-2、表3-13-5）。主要包括王屋山风景区、九里沟风景区、黄河小浪底风景区、五龙口风景区、济邵公路、克井镇煤矿塌陷区、下冶镇、邵原镇以及承留镇与轵城镇交会处等。

#### 13.2.6.1 邵原镇西南崩塌、滑坡为主重点防治亚区

位于济源市邵原镇，面积17.75 km²，地质灾害隐患点13处。重点防治对象是济邵公路和白坡涯村、卫凹村、洪村、马坡村。

#### 13.2.6.2 王屋镇西北滑坡、崩塌、地面塌陷、泥石流为主重点防治亚区

位于济源市王屋镇，面积17.12 km²，地质灾害隐患点16处。重点防治对象是济邵公路、铁山河村、麻院村、上关村、燕庄村等。

#### 13.2.6.3 王屋山地质公园滑坡、崩塌为主重点防治亚区

位于济源市王屋山地质公园，面积25.97 km²，地质灾害隐患点6处。重点防治对象是王屋山景区。

#### 13.2.6.4 九里沟风景区滑坡、崩塌为主重点防治亚区

位于济源市九里沟风景区，面积26.89 km²，地质灾害隐患点1处。重点防治对象是九里沟景区公路。

#### 13.2.6.5 五龙口风景区滑坡、崩塌为主重点防治亚区

位于济源市五龙口景区，面积44.79 km²，地质灾害隐患点3处。重点防治对象是景区公路、高速公路、引沁渠等。

#### 13.2.6.6 王屋镇西部滑坡、崩塌为主重点防治亚区

位于济源市王屋镇西部，面积21.17 km²，地质灾害隐患点32处。重点防治对象为杨沟村、大店村、封门村以及济邵公路等。

#### 13.2.6.7 邵原镇金沟村—南窑村滑坡、崩塌为主重点防治亚区

位于济源市邵原镇金沟村、南窑村、赵圪塔村，面积11.59 km²，地质灾害隐患点6处。重点防治对象有金沟村、南窑村、赵圪塔村等。

#### 13.2.6.8 下冶镇下冶村滑坡、崩塌为主重点防治亚区

位于济源市下冶镇下冶村，面积9.47 km²，地质灾害隐患点5处。重点防治对象有下冶村、乡政府所在地等。

#### 13.2.6.9 黄河小浪底风景区滑坡、崩塌、地面塌陷、地裂缝为主重点防治亚区

位于济源市黄河小浪底景区、大峪镇西北、下冶乡的东南，面积117.38 km²，地质灾害隐患点37处。重点防治对象有官洗沟村、圪台村、探马庄村、小横岭村、大横岭村、冢堌堆村、堂岭村、寺郎腰村、老坟沟村、桐树岭村以及黄河小浪底景区等。

#### 13.2.6.10 卫佛安—南王庄滑坡、崩塌为主重点防治亚区

位于济源市承留镇南部卫佛安村、轵城镇西南部南王庄村，面积12.92 km²，地质灾害隐患点14处。重点防治对象有卫佛安、南王庄村、聂庄村。

#### 13.2.6.11 焦枝铁路滑坡、崩塌为主重点防治亚区

位于济源市轵城镇与坡头镇之间，面积17.78 km²，地质灾害隐患点3处。

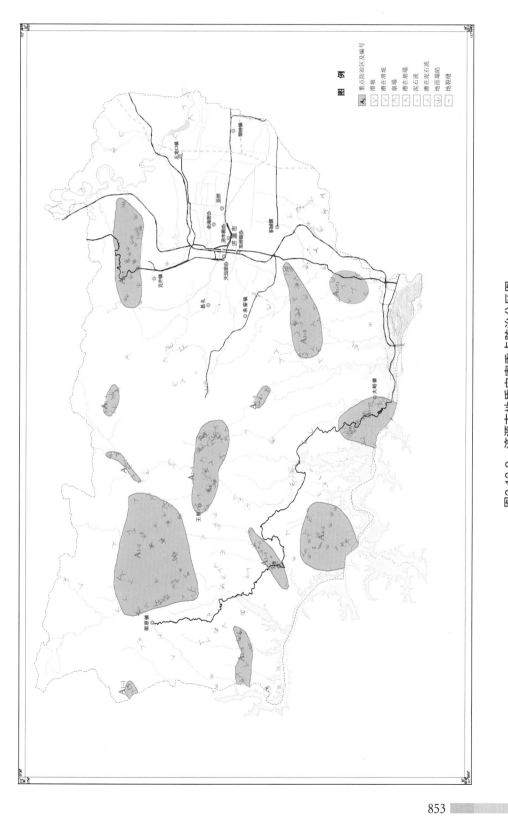

图3-13-2　济源市地质灾害重点防治分区图

表3-13-5　济源市地质灾害防治区划表

| 区位代号 | 防治亚区位置 | 面积（km²） | 发生点（处） | 隐患点（处） | 威胁对象（人） | 资产（万元） |
|---|---|---|---|---|---|---|
| 重点防治区（A） | 邵原镇西南 | 17.75 | 7 | 13 | 912 | 1 925 |
| | 王屋镇西北 | 17.12 | 7 | 16 | 1 864 | 1 697 |
| | 王屋山地质公园 | 25.97 | 5 | 6 | 6 | 6.7 |
| | 九里沟风景区 | 26.89 | 7 | 1 | 10 | 8 |
| | 五龙口风景区 | 44.79 | 1 | 3 | | 30 |
| | 王屋镇西部 | 21.17 | 15 | 32 | 655 | 1 952 |
| | 邵原镇金沟村—南窑村 | 11.59 | 6 | 6 | 244 | 115.6 |
| | 下冶镇下冶村 | 9.47 | 3 | 5 | 120 | 196.7 |
| | 黄河小浪底风景区 | 117.38 | 7 | 37 | 5 453 | 3 781 |
| | 卫佛安—南王庄 | 12.92 | 6 | 14 | 157 | 255.5 |
| | 焦枝铁路（坡头—轵城段） | 17.78 | 1 | 3 | 53 | 90 |
| 次重点防治区（B） | 济源市中低山丘陵区 | 1 121.51 | 43 | 80 | 1 682 | 3 108.8 |
| 一般防治区（C） | 邵原镇北部山区 | 148.68 | | 3 | 70 | 78 |
| | 济源市东部平原区 | 284 | | | | |

# 第14章 商丘市

## 概　述

商丘市位于河南省东部，辖梁园、睢阳2区，虞城县、夏邑县、民权县、宁陵县、柘城县、睢县6县及永城市。面积10 704 km²，人口820万人。

商丘市地处黄淮冲积平原，除永城市北部芒砀山为残丘地貌外，其他地区地势平坦。

商丘市地质灾害主要分布于永城市。灾害类型为采矿形成的地面塌陷、地裂缝。此外，芒砀山有岩体崩塌现象。

据不完全统计，永城市共发生地质灾害25起，死亡3人。采煤地面塌陷20处，塌陷面积31.93 km²，毁坏房屋44 947 间，影响耕地25 046 亩，部分基础设施被毁，造成直接经济损失25 570.6 万元。现存地质灾害隐患点18个。

## 永城市

永城市位于河南省的东部，总面积1 994.4 km²，辖11个镇、19个乡，共750个行政村（含8个居委会）、3 706个自然村，人口123.95 万人。耕地面积11.65 万 hm²，主要粮食及经济作物有小麦、大豆、玉米、棉花、芝麻等，是全国商品粮基地、优质棉基地和山羊板皮基地。主要矿产资源有煤、铁矿及伴生钴矿、水泥灰岩、花岗岩、大理岩、膨润土、瓷土、砖瓦黏土等17种，煤炭地质储量达50 亿 t，为全国六大无烟煤基地之一。永城市经济发达，2010年底生产总值288.71 亿元，是全国粮油百强市、面粉之城。

### 14.1.1 地质环境背景

#### 14.1.1.1 地形地貌

永城市地处黄淮冲积平原交接部位，总体地势西北略高，东南稍低，由西北向东南微倾斜。北部芒砀山一带为剥蚀残丘，地势较高。地貌类型划分为剥蚀残丘、黄淮冲积平原两类。

#### 14.1.1.2 气象、水文

永城市属暖温带半干旱、半湿润大陆性季风气候，多年平均气温14.3 ℃，多年平均降水量831 mm，由西北向东南逐渐增加，年最大降水量为1 193.3 mm（1985年），年最小降水量为556.2 mm（1973年），降水量分配不均，6～8三个月降水量约占全年降水量的54%。

永城市地处黄河故道南缘，水系发育，走向多呈西北—东南向展布，流向东南，均属淮河水系。主要河流有沱河、浍河、王引河、包河等，除沱河、浍河外，其他河流均为季节性河流。

### 14.1.1.3 地层与构造

在北部芒砀山一带，出露有少量的古生界寒武系、奥陶系和燕山期花岗岩、花岗斑岩，其他地区被第四系地层所覆盖。第四纪松散沉积物覆盖于基岩之上，平均厚度350 m。

地质构造隶属于永城断陷褶皱带，构造均呈隐伏，以北北东—北东向为主体，东西向构造次之。主要断裂有王庄断裂、刘河断裂、薛湖断裂、顺和—徐庄断裂、龙岗断裂、程楼断裂等。据《中国地震动参数区划图》（GB 18306—2001），永城地震基本烈度为Ⅵ度。

### 14.1.1.4 水文地质

市域内地下水可分为松散岩类孔隙水、碎屑岩类孔隙裂隙水、碳酸盐岩类裂隙岩溶水、基岩裂隙水4种类型。松散岩类孔隙水广泛分布于广大冲积平原区；碎屑岩类孔隙裂隙水主要分布于永城复背斜两翼；碳酸盐岩类裂隙岩溶水主要分布于煤区；基岩裂隙水分布于永城北部徐山、韶山及鱼山一带。

### 14.1.1.5 工程地质

依据地层及岩土体工程力学性质，工程地质岩组划分为4类。其中，黏性土、砂层多层土体分布广泛。半坚硬厚层砂岩、砂砾岩、泥岩组地表未出露。坚硬中厚层中等岩溶化灰岩、白云岩组主要分布于北部芒山镇及侯岭乡。块状坚硬中等风化花岗岩组主要分布在条河乡。

### 14.1.1.6 人类工程活动

主要人类工程活动为煤炭资源开采。永城矿区是我国六大优质无烟煤生产基地之一，共包括5个勘探区、11个井田，煤系地层总厚度1 205 m，埋深225～1 000 m。目前，已有陈四楼、城郊、车集、葛店、新庄、薛湖等7对矿井投入生产，煤炭年开采量10.6 Mt。煤炭资源的开采易产生地面塌陷、地裂缝等地质灾害，并且对土地破坏严重，已形成的采空塌陷面积达31.93 km²，地面塌陷20处，地裂缝多条，塌陷区内大部分房屋不同程度开裂，大批土地遭受破坏，部分基础设施被毁坏。此外，北部芒山镇及条河乡境内的芒砀山群、鱼山、徐山、韶山等20余座大小山体，开采水泥灰岩、白云岩、瓷土矿及膨润土矿等矿产，形成大量的陡崖危岩及山体开裂，易发生崩塌、滑坡灾害。

## 14.1.2 地质灾害类型及特征

### 14.1.2.1 地质灾害类型

永城市地质灾害类型主要为地面塌陷、地裂缝、崩塌灾害等3种，共25处，其中地面塌陷20处、9个塌陷区，占地质灾害总数的80%；地裂缝3处，崩塌2处（见表3-14-1）。

### 14.1.2.2 地质灾害特征

1. 地面塌陷

区内地面塌陷均为人类采煤活动造成的采空塌陷。分布在城关、城厢、陈集、苗

表3-14-1 永城市地质灾害类型及数量分布统计表

| 乡镇 | 地质灾害类型 | | | 合计（处） | 占总比例（%） |
|---|---|---|---|---|---|
| | 地面塌陷（处） | 地裂缝（处） | 崩塌（处） | | |
| 城关镇 | 1 | | | 1 | 4 |
| 城厢乡 | 4 | 1 | | 5 | 20 |
| 陈集镇 | 2 | 1 | | 3 | 12 |
| 高庄镇 | 6 | | | 6 | 24 |
| 苗桥乡 | 7 | | | 7 | 28 |
| 芒山镇 | | | 2 | 2 | 8 |
| 侯岭乡 | | 1 | | 1 | 4 |
| 合计 | 20 | 3 | 2 | 25 | 100 |
| 占总比例（%） | 80 | 12 | 8 | 100 | |

桥、高庄等5个乡镇，共9个塌陷区，地表塌陷总面积为31.93 km$^2$。

按照规模划分，大型地面塌陷12处、中型8处。塌陷坑在地表上表现为凹陷盆地形态，多为碟形洼地，剖面形态为缓漏斗状，其四周略高，中间稍低，中心深度一般为0.5～5.0 m，平均为3 m。边缘与非塌陷区逐渐过渡，其间没有明显的界线。凹陷盆地平面形态多为近长条形，其次为方形、近圆形，长度一般为300～2 000 m，宽度一般为200～800 m。单个塌陷坑最大塌陷面积达3.42 km$^2$。

2. 地裂缝

地裂缝3条，分布在城厢乡、陈集镇的煤矿采空区，其中2条为采煤产生地面塌陷伴生的地裂缝群缝，规模为巨型，目前尚未稳定，仍在发展；1条与黏性土胀缩有关，为小型地裂缝，已稳定。据调查访问，蒋口乡西北部李楼—前板桥村、酂城西北部夏庄—张庄村及大王集乡中部余庄—王油坊村，历史上也曾发生过地裂缝灾害，但因时代久远，其规模、成因不详。

煤矿采空塌陷伴生的地裂缝多位于地面移动盆地的外边缘，呈弧线形，分布密集，规模小。长2 000～2 500 m，走向近南北，倾角90°，一般由3～4条呈直线或折线形、长500～1 000 m、宽0.3～1.8 m、可视深0.7～2.5 m的单缝组成，单缝间距30～60 m，总影响宽度150～200 m，可贯穿数个塌陷坑，规模为巨型，危害性大，雨后部分地段被充填。

3. 崩塌

崩塌2处，位于芒山镇文物旅游区和僖山，为岩质崩塌，岩体为寒武、奥陶系灰岩，规模为小型。岩体临空面陡直，倾角80°以上，垂直高差20～30 m，两组节理发育，崩塌面为岩体的其中一组节理面，崩塌岩体垂直位移大于水平位移，多以坠落、滚动翻倾等方式落下，滚落速度快。

## 14.1.3 地质灾害灾情

永城已发生地质灾害25处，以地面塌陷为主，按灾情划分，特重级7处，重级8处，中级8处，轻级2处。因灾造成3人死亡，经济损失25 570.6万元。

按灾害类型划分，地面塌陷20处，共造成经济损失24 284.6万元，其中特重级7处，直接经济损失17 958.7万元；重级7处，直接经济损失4 572.7万元；中级6处，直接经济损失1 753.2万元。地裂缝3处，共造成经济损失1 286.0万元，其中重级1处，直接经济损失873.2万元；中级1处，直接经济损失412.8万元；轻级1处，无直接经济损失。崩塌2处，其中中级1处，死亡3人，无直接经济损失；轻级1处，未造成经济损失。

## 14.1.4 地质灾害隐患点特征及险情评价

永城市存在18处地质灾害隐患点，主要分布在城厢乡、陈集镇、城关镇、苗桥乡、高庄镇及芒山镇等6个乡镇，灾种以地面塌陷为主，其次为地裂缝和崩塌。

险情评价结果为，特大级10处、重大级6处、较大级1处、一般级1处。按灾种分，地面塌陷特大级9处、重大级6处；地裂缝特大级1处、较大级1处；崩塌险情一般级1处。

## 14.1.5 地质灾害易发程度分区

全市地质灾害易发程度分为高易发区、中易发区、低易发区、非易发区4个区（见表3-14-2、图3-14-1）。

表3-14-2 永城市地质灾害易发程度分区表

| 等级 | 亚区 | 面积（km²） |
|---|---|---|
| 高易发区 | 李香庄—张楼地面塌陷、地裂缝高易发亚区 | 17.79 |
| | 刘岗及东大营地面塌陷、地裂缝高易发亚区 | 1.78 |
| | 贾庄—赫楼地面塌陷、地裂缝高易发亚区 | 4.35 |
| | 蒋洼—黄老家地面塌陷、地裂缝高易发亚区 | 23.56 |
| 中易发区 | 磨山—柿园崩塌中易发亚区 | 6.19 |
| | 鱼山—徐山崩塌中易发亚区 | 2.42 |
| 低易发区 | 东南部周庄—黄水寨地面塌陷低易发亚区 | 12.29 |
| 非易发区 | 大部分地区 | 1 926.02 |

### 14.1.5.1 地质灾害高易发区

1. 李香庄—张楼地面塌陷、地裂缝高易发亚区

包括城厢乡、陈集镇一部分，面积17.79 km²。分布有陈四楼大型煤矿，采矿活动强烈，地面塌陷发育。

2. 刘岗及东大营地面塌陷、地裂缝高易发亚区

位于城厢乡刘岗村、小刘岗、城关镇东大营，面积1.78 km²。人类工程活动主要为城郊煤矿开采，采空区规模大，地面塌陷发育。

3. 贾庄—赫楼地面塌陷、地裂缝高易发亚区

位于高庄镇贾庄—赫楼一带，呈南北向长条形分布，面积4.35 km²。车集煤矿采煤活动强烈，采空区规模大，危害严重，地面塌陷发育。

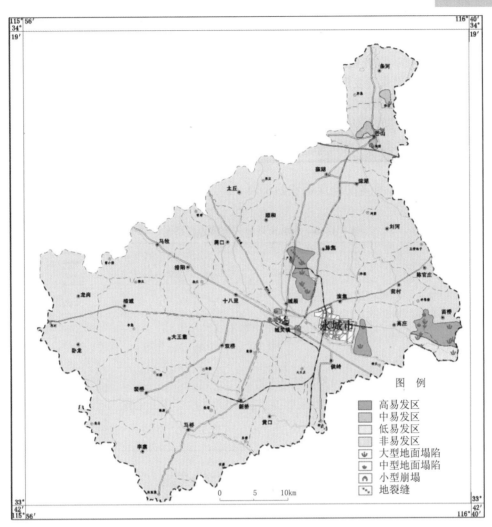

图3-14-1 永城市地质灾害易发程度分区图

4. 蒋洼—黄老家地面塌陷、地裂缝高易发亚区

位于永城市东南部苗桥乡、高庄镇，面积23.56 km²。有新庄煤矿、葛店煤矿2对矿井，煤矿开采活动强烈，采空区规模大，危害严重。

### 14.1.5.2 地质灾害中易发区

1. 磨山—柿园崩塌中易发亚区

位于芒山镇磨山—柿园一带，面积6.19 km²。历史上采石活动强烈，形成大量陡崖危岩及山体开裂，地质灾害类型以小型崩塌为主。

2. 鱼山—徐山崩塌中易发亚区

位于条河乡鱼山—徐山一带，面积2.42 km²。山体因开采形成大量的陡崖危岩，对环境破坏严重。

### 14.1.5.3 地质灾害低易发区

分布于东南部周庄—黄水寨一带，面积12.29 km$^2$。分布有葛店及新庄煤矿2对矿井，采空区规模小，原有的地面塌陷已基本稳定，大部分塌陷地段进行了复垦治理。

### 14.1.5.4 地质灾害非易发区

分布于市域的大部分地区，面积1 926.02 km$^2$，占全市总面积的96.6%。为黄淮冲积平原，地势平坦，目前无人类地下采矿活动，无地质灾害发生。

## 14.1.6 地质灾害重点防治区

永城市地质灾害重点防治区面积216.09 km$^2$，占市域面积的10.83%（见表3-14-3、图3-14-2）。

表3-14-3 永城市地质灾害重点防治分区表

| 分区名称 | 亚区 | 代号 | 面积（km$^2$） | 占全市面积（%） | 威胁对象 |
|---|---|---|---|---|---|
| 重点防治区 | 陈集—新桥地面塌陷、地裂缝为主重点防治亚区 | A$_1$ | 122.14 | 6.12 | 居民、道路、耕地、建筑 |
| | 车集—苗桥地面塌陷为主重点防治亚区 | A$_2$ | 74.29 | 3.72 | 居民、道路、耕地、建筑 |
| | 刘河—周庄地面塌陷、地裂缝为主重点防治亚区 | A$_3$ | 6.33 | 0.32 | 居民、道路、耕地、建筑 |
| | 薛湖—陈楼地面塌陷、地裂缝为主重点防治亚区 | A$_4$ | 13.33 | 0.67 | 居民、道路、耕地、建筑 |

### 14.1.6.1 陈集—新桥地面塌陷、地裂缝为主重点防治亚区

位于永城市中部，涉及永城市城关镇、城厢乡、陈集镇、新桥乡、侯岭乡等乡镇的部分，面积122.14 km$^2$。重点防治灾种为地面塌陷、地裂缝。重要防治地段有陈集镇的李香庄—城厢乡的张楼和城厢乡的小刘岗、城关镇东大营一带，以及拟开采的新桥煤矿首采区、分布有磁铁矿的大王庄等地。

### 14.1.6.2 车集—苗桥地面塌陷为主重点防治亚区

位于永城市东部，包括高庄、苗桥两乡镇的部分，面积74.29 km$^2$。有地面塌陷地质灾害隐患点8处。需重要防治地段有高庄镇的贾庄—赫楼、苗桥乡的蒋洼—黄老家。

### 14.1.6.3 刘河—周庄地面塌陷、地裂缝为主重点防治亚区

位于永城市东部，包括刘河乡部分，面积6.33 km$^2$。随着井田开采，应对地面塌陷及地裂缝进行重点防治。

### 14.1.6.4 薛湖—陈楼地面塌陷、地裂缝为主重点防治亚区

位于永城市北部，包括薛湖北部，面积13.33 km$^2$。区内在建薛湖井田，随着井田开采，应对地面塌陷及地裂缝进行重点防治。

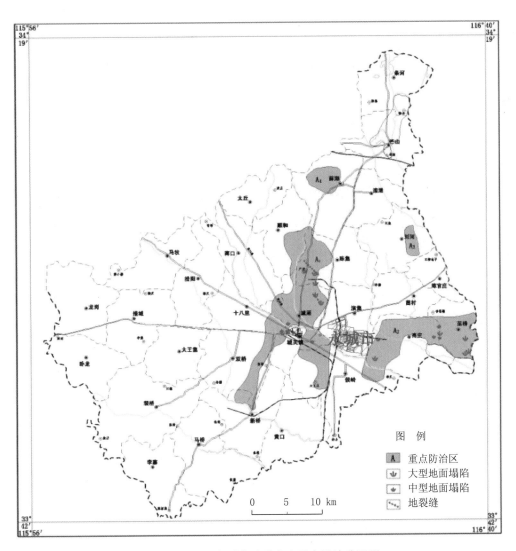

**图3-14-2　永城市地质灾害重点防治分区图**

# 第15章 开封市

## 概 述

开封市位于河南省中东部，辖尉氏县、杞县、通许县、兰考县、开封县5县和鼓楼区、龙亭区、禹王台区、顺河回族区、金明区5区，面积6 444 km²，人口480万人。其中，市区面积359 km²，市区人口80万人。

开封市气候温和，土质肥沃，是国家小麦、花生、棉花重要产区，所属5县小麦、棉花、花生跃入全国百强县，4个县被确定为国家优质粮食产业工程项目县。西瓜、花生产量位居河南之首，大蒜总产量位居全国第二。矿产资源已探明的有石油和天然气（隶属中原油田），预计石油总生成量5.6亿t，天然气含量485亿m³。地热资源丰富，开采强度较大。

开封市地处平原，突发性地质灾害不发育。在开封市城区，由于地质环境条件、开采地下水、工程建设等因素，存在地面沉降。

## 15.1 地质环境背景

### 15.1.1 自然地理

开封市属暖温带大陆性季风气候，四季分明。年均气温为14.52 ℃，年均无霜期为221 d，年均降水量为627.5 mm，降水多集中在夏季7、8月。

境内河流众多，分属两大水系。黄河大堤以北滩区为黄河水系，黄河大堤以南属淮河水系，主要河道有惠济河、马家河、黄汴河、贾鲁河、涡河等。

开封地势平坦，土壤多为黏土、壤土和沙土，适宜农作物种植，是河南省重要的农业种植区，主要有粮食作物、经济作物、蔬菜、瓜果及落叶乔木等，是全国著名的小麦、棉花、花生、大蒜、西瓜及泡桐生产和出口基地。

### 15.1.2 水文地质

开封市地处黄河冲积平原，地下水类型主要为松散岩类孔隙水。浅层地下水为潜水，含水层顶板埋深10~30 m，底板埋深40~70 m，厚度20~55 m，岩性由中砂、细砂、粉砂组成，单井出水量600~2 700 m³/d，水位埋深1.77~13.67 m。中深层地下水为承压水，含水层顶板埋深70~80 m，底板埋深150~170 m，厚度12.1~46.35 m，岩性由中砂、细砂组成，单井出水量600~4 140 m³/d，水位埋深3.78~20.31 m。水化学类型北部以HCO₃—Na·Mg型为主。大部分地区矿化度大于1.0 g/L。

根据河南省地质环境监测院2007年观测资料，开封市浅层地下水水位降落漏斗面积为43.50 km$^2$，漏斗中心水位埋深11.55 m。中深层地下水水位降落漏斗面积为49.63 km$^2$，漏斗中心水位埋深12.26 m。

# 15.2　地面沉降

## 15.2.1　地面沉降分布特征

根据开封市节水办、城建局等单位1988～1990年完成的《开封市地面沉降研究报告》等资料分析，1954～1989年，开封市地面总沉降大于20 mm范围约200 km$^2$，东至开封县，西南到马家河，北到北门附近，最大地面沉降量为242 mm，年均沉降量2.2～4.8 mm。现将1980～1985年、1985～1988年、1988～1989年3个时段沉降特征论述如下：

1980～1985年：沉降量大于20 mm的中心区范围东郊大致以收割机厂为中心，面积约7.1 km$^2$，中心沉降量为38 mm，年平均沉降量为76 mm。另外，以Ⅲ6点和Ⅲ10点为中心形成东边到Ⅲ7点，北边到Ⅱ1点和Ⅱ14点以北，西边到Ⅲ20点以东，南边到Ⅲ13点以南，面积约4.2 km$^2$的沉降中心区。中心沉降点最大值为79 mm和87 mm，年平均沉降量为15.8～17.4 mm。

1985～1988年：沉降量大于20 mm的沉降区范围东郊仍以收割机厂为中心，面积为3.22 km$^2$，最大沉降量为23 mm，年平均沉降量为7.7 mm。以469号点和Ⅲ10号点为中心形成南部沉降中心区，面积约13.8 km$^2$，中心最大沉降量为36 mm和42 mm，年平均沉降量为12 mm和14 mm；北部以Ⅱ12点为中心形成约3.2 km$^2$的小沉降中心区，中心最大沉降量为46 mm，年平均沉降量是15.3 mm。

1988～1989年：沉降量大于2 mm的沉降区分为东区、南区、西南区和西北区4个区沉降中心。东区以收割机厂为中心的沉降区，面积约3.5 km$^2$，中心沉降量为4 mm；南区和西南区以Ⅱ17点和Ⅲ16点为沉降中心，面积分别为13.5 km$^2$和7 km$^2$，中心最大沉降量为6 mm和5 mm。西北区为Ⅲ2点和黄河水利职业技术学院Ⅰ1点以西沉降中心区，面积约为2 km$^2$，最大沉降值为2 mm。各沉降中心年平均沉降量分别是15.8～17.4 mm、12～14 mm、5～6 mm，平均沉降量逐年减小，沉降趋于稳定。

## 15.2.2　地面沉降原因分析

地下水过量开采是地面沉降产生的主要原因，其次为建筑荷载和基坑降水及地质构造因素。

开封市浅层地下水底板埋深一般为40～60 m，在古河道主流带及泛流带，垂直方向上一般具"二元结构"沉积构造特征，上层为以亚砂土及亚黏土为主的弱含水层，下层为含水砂层。在天然条件下，大气降水等通过包气带补给浅层水，水位抬高，水体积增大，由于蒸发消耗，水位下降，水体积变小，达到天然状态下的水位动平衡。但在过量开采地区，上层弱含水层出现部分或全部疏干，局部还出现含水砂层的部分疏干，导致土层释水压密，即可出现不同程度的地面沉降量。

资料表明，开封市地面沉降与地下水位变化相关。浅层地下水水位下降漏斗分布与地面沉降分布区相一致，以及水位下降漏斗中心与地面沉降中心的一致性，充分说明了浅层地下水具微承压水性质，受开采影响其水位大幅度下降是诱发地面沉降的根本原因（见图3-15-1、图3-15-2）。

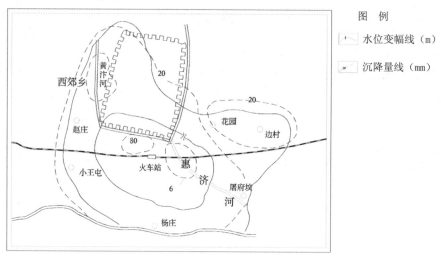

图例

水位变幅线（m）

沉降量线（mm）

图3-15-1　1980～1985年浅层地下水位变幅与地面沉降分布图

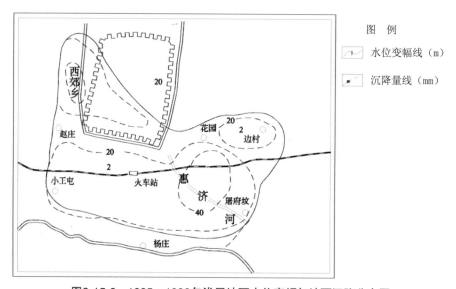

图例

水位变幅线（m）

沉降量线（mm）

图3-15-2　1985～1989年浅层地下水位变幅与地面沉降分布图

此外，由于高层建筑大量施工及高铁等重大工程建设，附加荷载的快速增加及开挖基坑降水是地面沉降另一较大的原因。

目前，开封市地面沉降尚处于初始阶段，累计沉降量和沉降速率较小，除在城市中造成建筑物及基础设施变形破坏、地下管网受损、井管抬升外，平原区地面沉降所造成的危害还不太明显，但应引起有关部门的高度重视，需重点加强监测，合理开发地下水，避免过量开采。

# 第16章　濮阳市

## 概　述

濮阳市位于河南省东北部，辖濮阳县、清丰县、南乐县、范县、台前县和华龙区5县1区及濮阳高新技术产业开发区（市政府派出机构），下辖59个乡、16个镇、10个办事处，共有2 970个村民委员会。全市土地面积为4 188 km²，市区土地面积255 km²。全市总人口384 万人。其中，农业人口 246.09 万人，非农业人口137.91 万人，市区人口78.91万人。

濮阳市地势平坦，属于河冲平原，气候宜人，土地肥沃，灌溉便利，是中国重要的商品粮生产基地和河南省粮棉主要产区之一。主要农作物有小麦、玉米、水稻、大豆、棉花、花生等。

濮阳市是随着中原油田的开发而兴建的一座石油化工城市，是河南省确定的重点石油化工基地。境内矿产资源主要有石油、天然气、盐、煤等资源，其中石油储量10 亿t，天然气储量3 000 亿 m³，且油气品质优良，综合利用价值高。目前，正在着力构建石油、乙烯、肥料、玻璃制品、塑料编织和羽绒加工六大产业基地。

濮阳市地质灾害类型主要为地裂缝和地面沉降。地裂缝主要分布在内黄县东南、濮阳市西、清丰—南乐县一线。地面沉降主要分布在城区和石油开采区。

## 16.1　地质环境背景

### 16.1.1　地形地貌

濮阳市地处黄河冲积平原，地势较为平坦。自西南向东北略有倾斜，地面海拔一般在48～58 m。历史上黄河沉积、淤塞、决口、改道等作用，造就了平地、岗洼、沙丘、沟河相间等微地貌特征。

### 16.1.2　气象、水文

濮阳市属暖温带半湿润大陆性季风气候，四季分明。年平均气温为13.3 ℃，年极端最高气温达43.1 ℃，年极端最低气温为–21 ℃。年平均降水量为502.3～601.3 mm。无霜期一般为205 d。

境内有河流97条，多为中小河流，分属于黄河、海河两大水系。过境河流主要有黄河、金堤河和卫河。另外，较大的河流还有天然文岩渠、马颊河、潴龙河、徒骇河等。

### 16.1.3　地质构造

濮阳市大地构造属华北地台，位于东濮凹陷。东濮凹陷夹在鲁西隆起区、太行山隆起带、秦岭隆起带大构造体系之间。东有兰聊断裂，南接兰考凸起，北界马陵断层，西连内黄隆起。东濮凹陷是一个以结晶变质岩系及其上地台构造层为基底，在新生代地壳水平拉张应力作用下逐渐裂解断陷而成的双断式凹陷，走向北窄南宽，呈琵琶状。该凹陷在形成过程中，在古生界基岩上，沉积了一套巨厚的以第三系为主的中、新生界陆相沙泥岩地层，是油气生成与储存的极有利地区。

### 16.1.4　水文地质

濮阳市地下水类型均为松散岩类孔隙水。划分为浅层含水层组、中深层含水层组、深层含水层组。

浅层含水层组是本区主要的含水层组，底板埋深90～120 m，全为黄河冲积层。在主流带颗粒较粗，厚度较大，质地较纯。泛流带颗粒稍细，厚度较薄。在平面上多呈片状或条带状分布，范围较大，在剖面上多呈珠状。一般可见3～6层，单层厚一般5～34 m，总厚50～90 m，是本区浅层地下水的主要富集地带。

中深层含水层组位于浅层含水层组之下，底板埋深290～310 m，厚度190～210 m。岩性多为细砂，局部有中砂，一般可见5～10层，单层厚4～26 m，总厚40～90 m，砂层顶板以上有4～16 m的粉质黏土，分层较稳定，隔水性好，属承压水。水化学类型为$SO_4 \cdot Cl—Na \cdot Mg$型，矿化度2.25 g/L，属微咸水。

深层含水层组埋于中层含水层组以下，为上第三系含水层组，特点是砂土互层，分布广，连续性较好，较密实，富水性弱，含水层岩性为细砂、粉砂，偶见中、粗砂，已揭露7～8层，单层厚3～18 m，总厚56～80 m。砂层顶板为一层厚9～18 m的粉质黏土，分布稳定，隔水性强，与中层含水层组无水力联系，属承压水，水化学类型为$Cl \cdot SO_4—Na$型，矿化度1.13 g/L。

濮阳市区浅层地下水水位降落漏斗面积193.0 km²，漏斗中心最大水位埋深27.68 m。

### 16.1.5　矿产资源

濮阳主要矿藏是石油、天然气、煤炭，另外还有盐、铁、铝等。石油、天然气储量较为丰富，且油气质量好，经济价值高。本区石炭至二叠系煤系地层分布面积为5 018.3 km²，煤储量800多亿t，盐矿资源储量初步探明1 440亿t。铁、铝土矿因埋藏较深，其储量尚未探明。

# 16.2　地面沉降

1996年开始，河南省地质矿产勘查局第一水文地质工程地质队在濮阳市开展地面沉降监测工作。根据测量资料，以1997年的地面作为初始值，沉降量逐步增大。

1997年8月～2002年8月，濮阳市区平均沉降量为37 mm，累计沉降量13～83.3 mm，平均沉降速率7.4 mm/a，最大16.7 mm/a，沉降中心位于市政府一带。2010～2011年，年沉降量1～8 mm。

目前，沉降中心位置基本未变，沉降区域在不断扩大，已从最初的西环路以东、石化路以北、大庆路以西的局部范围，几乎扩大到整个市区。累计地面沉降量已达57 mm，沉降区面积140 km²。

# 参考文献

[1] 姚兰兰，豆敬峰，等.郑州市城区地质灾害调查与区划［R］.郑州：河南省地质环境监测院，2007.

[2] 戚赏，豆敬峰，等.巩义市地质灾害调查与区划［R］.郑州：河南省地质环境监测院，2007.

[3] 梁慧娟，尚茹，等.新密市地质灾害调查与区划［R］.郑州：河南省地质环境监测院，河南省地矿局区调队，2007.

[4] 徐振英，井书文，等.荥阳市地质灾害调查与区划［R］.郑州：河南省地质环境监测院，2007.

[5] 于松晖，王煜，等.登封地质灾害调查与区划［R］.郑州：河南省地质环境监测院，2007.

[6] 莫德国，刘磊，等.新郑市地质灾害调查与区划［R］.郑州：河南省地质环境监测院，2007.

[7] 张青锁，杨进朝，等.偃师市地质灾害调查与区划［R］.郑州：河南省地质环境监测院，2007.

[8] 赵振杰，黄景春，等.新安县地质灾害调查与区划［R］.郑州：河南省地质环境监测院，2007.

[9] 岳超俊，黄景春，等.栾川县地质灾害调查与区划［R］.郑州：河南省地质环境监测总站，2002.

[10] 岳超俊，张伟，等.嵩县地质灾害调查与区划［R］.郑州：河南省地质环境监测总站，2004.

[11] 戚赏，郭功喆，等.汝阳县地质灾害调查与区划［R］.郑州：河南省地质环境监测院，2007.

[12] 庞良，杨扬，等.宜阳县地质灾害调查与区划［R］.郑州：河南省地质环境监测院，2008.

[13] 张伟，朱洪生，等.洛宁县地质灾害调查与区划［R］.郑州：河南省地质环境监测总站，2005.

[14] 方林，霍光杰，等.伊川县地质灾害调查与区划［R］.郑州：河南省地质环境监测院，2007.

[15] 刘占时，赵振杰，等.洛阳市地质灾害调查与区划［R］.郑州：河南省地质环境监测院，2007.

[16] 黄景春，刘占时，等.孟津县地质灾害调查与区划［R］.郑州：河南省地质环境监测院，2006.

[17] 郭功喆，豆敬峰，等.平顶山市地质灾害调查与区划［R］.郑州：河南省地质环境监测院，2006.

[18] 马喜，张伟，等.汝州市地质灾害调查与区划［R］.郑州：河南省地质环境监测总站，2002.

[19] 张伟，陈广东，等.舞钢市地质灾害调查与区划［R］.郑州：河南省地质环境监测院，2007.

[20] 杨军伟，刘磊，等.宝丰县地质灾害调查与区划［R］.郑州：河南省地质环境监测院，2007.

[21] 雷正化，梁慧娟，等.鲁山县地质灾害调查与区划［R］.郑州：河南省地质环境监测总站，2005.

[22] 杨军伟，莫德国，等.叶县地质灾害调查与区划［R］.郑州：河南省地质环境监测院，2007.

[23] 黄景春，赵振杰，等.郏县地质灾害调查与区划［R］.郑州：河南省地质环境监测院，2007.

[24] 张伟，朱洪生，等.焦作市区地质灾害调查与区划［R］.郑州：河南省地质环境监测院，2006.

[25] 魏秀琴，郭功喆，等.修武县地质灾害调查与区划［R］.郑州：河南省地质环境监测总站，2005.

[26] 井书文，徐振英，等.沁阳市地质灾害调查与区划［R］.郑州：河南省地质环境监测院，2007.

[27] 戚赏，井书文，等.博爱县地质灾害调查与区划［R］.郑州：河南省地质环境监测院，2006.

[28] 马喜，于松晖，等.淇县地质灾害调查与区划［R］.郑州：河南省地质环境监测总站，2004.

[29] 马喜，王煜，等.鹤壁市地质灾害调查与区划［R］.郑州：河南省地质环境监测院，2007.

[30] 韩国童，李学问，等.浚县地质灾害调查与区划［R］.郑州：河南省地质环境监测院，河南省地

质测绘总院，2007.

[31] 雷正化，程双喜，等.辉县市地质灾害调查与区划［R］.郑州：河南省地质环境监测总站，河南省地矿局区调队，2004.

[32] 郭功喆，豆敬峰，等.卫辉市地质灾害调查与区划［R］.郑州：河南省地质环境监测院，河南省地质测绘总院，2004.

[33] 戚赏，豆敬峰，等.凤泉区地质灾害调查与区划［R］.郑州：河南省地质环境监测院，2007.

[34] 冯乃琦，李学问，等.安阳县地质灾害调查与区划［R］.郑州：河南省地质环境监测院，河南省地质测绘总院，2008.

[35] 赵承勇，张青锁，等.林州市地质灾害调查与区划［R］.郑州：河南省地质环境监测总站，2002.

[36] 赵郑立，董伟，等.安阳市地质灾害调查与区划［R］.郑州：河南省地质环境监测院，2007.

[37] 杨怀军，张伟，等.陕县地质灾害调查与区划［R］.郑州：河南省地质环境监测院，2007.

[38] 李华，朱洪生，等.义马市地质灾害调查与区划［R］.郑州：河南省地质环境监测院，2007.

[39] 梁慧娟，尚茹，等.渑池县地质灾害调查与区划［R］.郑州：河南省地质环境监测院，河南省地矿局区调队，2006.

[40] 王现国，商真平，等.灵宝市地质灾害调查与区划［R］.郑州：河南省地质环境监测总站，河南省第二水文地质队，2001.

[41] 薛泉，魏秀琴，等.卢氏县地质灾害调查与区划［R］.郑州：河南省地质环境监测总站，河南省地质科学研究所，2001.

[42] 赵郑立，霍光杰，等.三门峡市区地质灾害调查与区划［R］.郑州：河南省地质环境监测院，2007.

[43] 陈峰，冯琳，等.南召县地质灾害调查与区划［R］.郑州：河南省地质环境监测院，河南省郑州地质工程勘察院，2007.

[44] 于松晖，贾宏辉，等.方城县地质灾害调查与区划［R］.郑州：河南省地质环境监测院，2007.

[45] 黄景春，赵振杰，等.西峡县地质灾害调查与区划［R］.郑州：河南省地质环境监测院，2007.

[46] 张伟，朱洪生，等.镇平县地质灾害调查与区划［R］.郑州：河南省地质环境监测院，2006.

[47] 岳超俊，张伟，等.内乡县地质灾害调查与区划［R］.郑州：河南省地质环境监测院，2003.

[48] 杨军伟，刘磊，等.淅川县地质灾害调查与区划［R］.郑州：河南省地质环境监测总站，2005.

[49] 田东升，张青锁，等.桐柏县地质灾害调查与区划［R］.郑州：河南省地质环境监测院，2005.

[50] 吕志涛，王邦贤，等.新野县地质灾害调查与区划［R］.郑州：河南省地质环境监测院，2008.

[51] 郭东兴，刘运涛，等.社旗县地质灾害调查与区划［R］.郑州：河南省地质环境监测院，2008.

[52] 田东升，朱洪生，等.确山地质灾害调查与区划［R］.郑州：河南省地质环境监测院，2007.

[53] 马喜，于松晖，等.泌阳县地质灾害调查与区划［R］.郑州：河南省地质环境监测总站，2003.

[54] 赵海军，王二军，等.遂平县地质灾害调查与区划［R］.郑州：河南省地质环境监测院，河南省地质工程勘察院，2008.

[55] 田东升，张青锁，等.光山县地质灾害调查与区划［R］.郑州：河南省地质环境监测院，2003.

[56] 戚赏，豆敬峰，等.固始县地质灾害调查与区划［R］.郑州：河南省地质环境监测院，2007.

[57] 戚赏，郭功喆，等.商城县地质灾害调查与区划［R］.郑州：河南省地质环境监测总站，2005.

[58] 张青锁，张福然，等.罗山县地质灾害调查与区划［R］.郑州：河南省地质环境监测院，2006.

［59］雷正化，梁慧娟，等.新县地质灾害调查与区划［R］.郑州：河南省地质环境监测总站，河南省地矿局区调队，2004.

［60］郭功喆，豆敬峰，等.信阳市平桥区地质灾害调查与区划［R］.郑州：河南省地质环境监测院，2006.

［61］戚赏，豆敬峰，等.信阳市浉河区地质灾害调查与区划［R］.郑州：河南省地质环境监测院，2007.

［62］梁慧娟，贾秀阁，等.济源市地质灾害调查与区划［R］.郑州：河南省地质环境监测院，河南省地矿局区调队，2005.

［63］张贤良，李战明，等.禹州市地质灾害调查与区划［R］.郑州：河南省地质环境监测总站，河南省许昌岩土工程公司，2002.

［64］庞良，彭智博，等.长葛市地质灾害调查与区划［R］.郑州：河南省地质环境监测院，河南省地质测绘总院，2007.

［65］戚赏，等.襄城县地质灾害调查与区划［R］.郑州：河南省地质环境监测院，2007.

［66］王继华，戚赏，等.永城市地质灾害调查与区划［R］.郑州：河南省地质环境监测院，2003.

［67］戚赏，等.河南省地质灾害分布规律与防治对策研究［R］.郑州：河南省地质环境监测院，2012.

［68］岳超俊，等.中原城市群地质灾害风险区划研究［R］.郑州：河南省地质环境监测院，2011.

［69］商真平，等.河南省新县新集镇向阳新村滑坡应急勘查治理［R］.郑州：河南省地质环境监测院，2007.

［70］宋云力，等.栾川县潭头乡大练沟泥石流应急勘查治理［R］.郑州：河南省地质环境监测院，2008.

［71］李满洲，魏玉虎，等.泌阳县贾楼乡陡岸村泥石流应急治理［R］.郑州：河南省地质环境监测院，2008.

［72］魏玉虎，等.新安县石井乡峪里滑坡群应急勘查［R］.郑州：河南省地质环境监测院，2012.